高等学校教材

电路理论

——基础篇

颜秋容

高等教育出版社·北京

内容简介

本套教材分为《电路理论——基础篇》和《电路理论——高级篇》。

《电路理论——基础篇》共13章，包含电路模型与基本定律，电阻电路等效变换，电路分析方程，电路定理，含运算放大器的电路，非线性电阻电路，电容、电感及动态电路，一阶电路的暂态分析，二阶电路的暂态分析，正弦稳态分析，正弦稳态电路的功率，三相止弦稳态电路，含磁耦合的电路。

《电路理论——高级篇》共8章，包含正弦稳态电路的频率响应、周期性非正弦稳态电路、二端口网络、暂态过程的复频域分析法、暂态过程的状态变量分析法、电路的计算机辅助分析基础、均匀传输线的正弦稳态分析、均匀传输线的暂态分析。

本书主要面向电气、电子、信息、自动化等工程专业教学，将基础理论、思维方法与工程应用三者结合。适合于讨论式、翻转课堂和传统课堂教学模式。全书有270道例题，285道紧随例题的目标检测题，588道按节内容综合运用的习题，116道按章内容综合运用的检测题，48个拓展与应用问题。采用提出问题、展开分析、归纳总结、例题应用、目标检测、综合检测、工程应用的教学思路，对知识合理分层，既不失去其逻辑性与完整性，又便于根据不同层次的对象选取教学内容。

本书特别适合作为大专院校电路理论课程教材，也非常适合自学，对于高校教师、相关工程技术人员都是非常适合的参考书。

图书在版编目(CIP)数据

电路理论. 基础篇/颜秋容编著. --北京：高等教育出版社，2017.10(2023.11重印)

ISBN 978-7-04-048447-2

Ⅰ.①电… Ⅱ.①颜… Ⅲ.①电路理论-高等学校-教材 Ⅳ.①TM13

中国版本图书馆CIP数据核字(2017)第210088号

策划编辑 王勇莉 责任编辑 孙 琳 封面设计 李卫青 版式设计 马敬茹
插图绘制 杜晓丹 责任校对 李大鹏 责任印制 田 甜

出版发行	高等教育出版社	网　址	http://www.hep.edu.cn
社　址	北京市西城区德外大街4号		http://www.hep.com.cn
邮政编码	100120	网上订购	http://www.hepmall.com.cn
印　刷	山东新华印务有限公司		http://www.hepmall.com
开　本	787mm×1092mm 1/16		http://www.hepmall.cn
印　张	36		
字　数	880千字	版　次	2017年10月第1版
购书热线	010-58581118	印　次	2023年11月第7次印刷
咨询电话	400-810-0598	定　价	70.00元

本书如有缺页、倒页、脱页等质量问题，请到所购图书销售部门联系调换

物 料 号 48447-00

前　　言

电路理论是电气、电子、信息、自动化类工程专业重要的基础理论。工程技术人才的专业素养主要体现于学习能力、思维能力、解决工程问题的能力。本套教材主要面向电气、电子、信息、自动化等工程专业教学，将基础理论、思维方法、工程应用三者结合。便于开展讨论式教学、翻转课堂教学，有利于建构系统的理论体系、形成科学的思维方法、培养解决复杂工程问题的能力。

1. 特色

➢ 先有全局，再看细节。每章的第 1 节为概述，承上启下，提出新问题，分析问题的背景，明确学习目标，指出学习难点。

➢ 内容论述兼顾思维方法和知识掌握效率。对知识合理分层，既不失逻辑性与完整性，又便于根据不同层次的对象选取内容。采用双色印刷，用恰当的逻辑主线，章内按三级标题分层次展开。

- 用色彩、边框突出重点和不能忽视的细节。
- 用花边框总结概念、归纳方法。
- 用逻辑主线引导思维。
- 用归纳和总结提升知识掌握效果。
- 用步骤化方式降低学习难度。

➢ 对学习效果进行层次化检测。全书贯彻“提出问题、展开分析、归纳总结、例题应用、目标检测、综合检测、工程应用”的教学思路。

- 知识点由问题引出，知识应用由例题示范，紧随例题的目标检测题(附答案)起着模仿知识运用的作用。
- 习题分为按节内容综合运用与按章内容综合检测。本套教材共有 270 道例题、285 道目标检测题、588 道按节内容综合运用习题、116 道按章内容综合检测习题、48 个拓展与应用问题。
- 许多例题与习题设计成多问形式，用逐步追问的方式引导分析复杂问题，并培养结果正确性自我验证习惯。
- 知识运用由模仿例题开始，按节内容综合运用习题加深理解，按章内容综合检测习题训练灵活运用，拓展与应用问题引导创新。

➢ 满足工程专业培养目标中解决复杂工程问题能力培养的要求。每章末有 1 ~7 个拓展与应用问题，内容贴近工程实际、题材广泛。包含从最简单的安全用电，到复杂的脉冲反射法电缆故障测距原理。一些拓展与应用问题来自于作者的科学研究项目，它们既能展示电路理论的应用，又能体现解决工程问题的方法。

➢ 特别针对讨论式、翻转课堂教学模式。讨论式教学、翻转课堂教学，是把课堂变为对学生自主学习效果检验的场所，它有效地将学习主动权转移到学生。此时，构建知识体系、提升思维能力的任务必须由教材来承担。本套教材力求用符合逻辑的知识分层与分步、恰当的总结与归纳、递进式的效果检测、引导式的综合运用来配合教学方法改革，消除因知识碎片化、学习方式零散化导致的知识掌握不系统、综合运用不足、逻辑思维能力提升不够等隐忧。从精品课程建设、到精品资源共享课程建设，再到MOOC建设，这些改革的重点是教学方式与手段，虽然知识的呈现形式变得丰富多样，但经过多年各类教学资源的建设与使用，作者还是认为教材是知识的核心载体，具有不可替代的地位。教材是串起碎片化知识与零散化学习方式的主线，教学视频和课件等是围绕主线的辅助手段。掌握理论知识、培养思维方式、学习工程问题解决方法三者结合则是教学的目标。

➢ 用简单、直接的方式，将常用的数学知识融入与之相关的内容中。对线性代数方程组求解、一阶和二阶微分方程求解、三角函数运算、傅里叶级数、拉普拉斯变换等数学知识，从应用的角度进行论述，不仅为不具备或没有掌握好这些知识的读者提供方便，也会逐渐提高读者用数学语言严密阐述工程问题的意识和能力。

2. 内容体系

➢ 本套教材分为《电路理论——基础篇》和《电路理论——高级篇》，基础篇可以单独使用。具体内容如下表。

《电路理论——基础篇》	电阻电路	第1章 电路模型与基本定律 第2章 电阻电路等效变换 第3章 电路分析方程 第4章 电路定理 第5章 含运算放大器的电路 第6章 非线性电阻电路
	暂态电路	第7章 电容、电感及动态电路 第8章 一阶电路的暂态分析 第9章 二阶电路的暂态分析
	正弦稳态电路	第10章 正弦稳态分析 第11章 正弦稳态电路的功率 第12章 三相正弦稳态电路 第13章 含磁耦合的电路
《电路理论——高级篇》	复杂电路	第14章 正弦稳态电路的频率响应 第15章 周期性非正弦稳态电路 第16章 二端口网络 第17章 暂态过程的复频域分析法 第18章 暂态过程的状态变量分析法 第19章 电路的计算机辅助分析基础
	分布参数电路	第20章 均匀传输线的正弦稳态分析 第21章 均匀传输线的暂态分析

- 每章以“概述”开始，以“拓展与应用”结束。拓展意指基于本章内容的拓展学习，应用则指知识的工程应用，具有综合性。少量打*号的内容有一定的难度，它们能对优秀学生起引导作用，但与后续内容没有太紧密的联系，可以取舍。
- 对相关内容设计逻辑主线。例如：
  - 设计从串并联，到桥式电路对称，再到桥式电路平衡，最后到星-三角变换的从简单到复杂的逻辑主线，不断提出问题又解决问题，兼顾学习兴趣、思维方法与学习效率。
  - 以含耦合电感电路的分析方法为主线，将电压-电流关系运用、映射阻抗运用、去耦等效串起来，三种方法用于同一例题，将这些知识有机地联系到一起。
  - 在讨论特勒根定理与互易定理时，设计从功率守恒，到似功率守恒，再到线性电阻二端口网络的似功率守恒的从一般到特殊的逻辑主线，使得理解与应用互易定理较为容易。
- 在第1章阐明非线性元件的概念，第6章介绍非线性电阻电路的分析方法。因此去掉第6章的内容，不影响对非线性元件概念的建立与认识，包括分析含理想二极管的电路。
- 图论的概念与运用集中在第19章。去掉第19章内容不会对其他内容的学习带来影响。19.1节至19.3节是比较容易理解的基础内容，学习该章其他节的内容则要具备较好的电路理论和数学基础。学习第19章时，可以组织学习小组开展电路分析程序设计。
- 对于暂态过程分析的经典法，在内容编排上有以下几点特别的考虑。
  - 为了能够理解电气工程中因不合理操作引起的过电流或过电压现象，在7.3.5小节讨论电容串联与并联、7.4.5小节讨论电感串联与并联时，考虑连接前已具有储能的情况，并由此引出了电荷守恒、磁链守恒、跳变换路等概念。
  - 暂态分析的概念较多，为了加强这部分内容的逻辑性，首先阐述经典法的总体思路，在分析一阶电路的暂态过程时再提出相关概念。因此，7.5节专门阐述经典法的思路，包括列写微分方程、计算初始值的一般思路，以及求解一阶与二阶微分方程。
  - 第8章分析一阶电路的暂态过程，由于有了7.5节的基础，这一章的教学重点是理解暂态过程的规律和相关的物理概念。
  - 二阶电路有着广泛的工程应用，为了加深理解，第9章专门阐述二阶电路的暂态过程。
  - 冲激响应通常是教学中的难点。掌握冲激响应的概念是十分必要的，而用时域方法计算冲激响应则可以取舍。因此，将冲激响应的概念与冲激响应的计算方法分离。如果对冲激响应只要求有概念，则可舍去关于冲激响应计算的8.7节和9.6节。

3. 预备知识

- 《电路理论——基础篇》以微积分、电磁学为基础。知识涉及的数学内容包括：微分与积分计算、线性微分方程求解、线性代数方程组求解、复数及三角函数运算、矩阵与行列式的概念。相关的电磁学知识包括：麦克斯韦方程，电荷、电压、电流、电场、磁场等概念。
- 《电路理论——高级篇》除了上述数学和物理基础外，需要完整地学习了《电路理论——基础篇》，还需要积分变换、偏微分方程的知识，最好还掌握了计算机程序设计基础。

4. 使用方法

本套教材能满足多种层次的教学要求，内容选取建议如下表。“拓展与应用”的知识综合度较高,可以灵活掌握。舍去7.5节可以降低暂态分析的起点和难度。

层次	适用对象	参考学时	建议教学内容
基础	非电类专业	40~60学时	内容:第1章至第13章,不包含打*的内容。 1.2.4、3.6、4.7、4.8、第6章、7.5、8.6、8.7、9.6、9.7、10.6、11.6、12.5、12.6等内容可取舍。 舍去以上内容后,第5章、8.5、9.4、10.5.6等内容还可取舍。
中级	电子、信息与自动化专业	60~90学时	内容:第1章至第16章。 3.6、4.7、4.8、7.5、8.6、8.7、9.6、9.7、10.5.4、10.6、13.6.3、14.3.4、14.4、15.5等内容可取舍。
高级	电气专业	90~110学时	内容:第1章至第21章。 19.4.3、19.4.4、19.4.5、19.5、19.6、21.3.2等内容可取舍。

5. 致谢

大连理工大学陈希有教授全面审读了书稿,提出许多宝贵意见,陈希有教授严谨的治学态度与很高的专业水准给我留下深刻印象。写作过程中,与电磁场理论和变压器相关的问题,得到过华中科技大学陈德智教授、周理兵教授颇有意义的启发。在作者近30载的教学生涯中,电路理论教学楷模、老前辈陈崇源教授给予过颇多指点。与我共同承担电路理论教学与教改的同事谭丹、曹娟、袁芳、李妍、石晶,对电路理论教学内容与方法提出过诸多宝贵意见。谨在此向各位表示衷心感谢!

本书不妥与错误之处,恳请读者批评指正。联系方式:yan_qiurong@ sina. com。

颜秋容

2017年4月于华中科技大学

目 录

第 1 章 电路模型与基本定律

1.1 概述

电路(electric circuits)是由电器件互相连接、能够实现电能转换的系统。电路存在于电力系统、通信系统、计算机系统、控制系统和信号处理系统中。图 1-1-1 为某一电路实例。

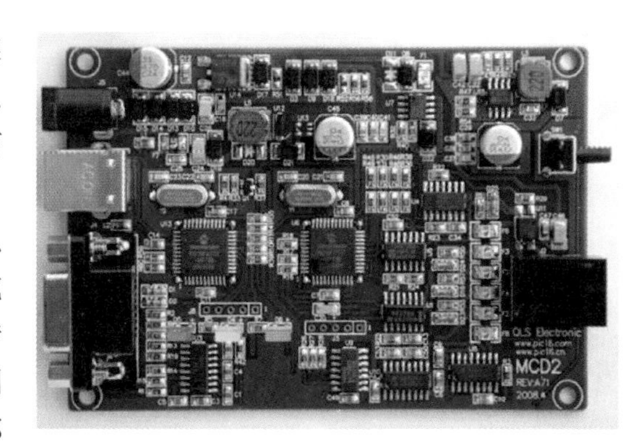

图 1-1-1 电路实例

电力系统将煤、油、气等化石能源,光、风、潮汐、地热等可再生能源,以及原子核裂变(或聚变)的能量,通过发电机等能量转换部件转换为电能,通过传输网络(电网)将电能传输到各地用户,用户再通过电动机等能量转换部件,将电能转换为其他形式的能量。电能传输网络是一个庞大而复杂的、电压和电流等级高的电路,电压可高达 1 000 kV,电流可达千安级。

通信系统将语音、图像、数据等信息转换为电信号,并对电信号进行放大、滤波、组合、调制、压缩等处理,通过空间电磁波(无线通信)、电缆(有线通信)、光缆(光纤通信)等传输方式传输到接收部件,接收部件再将电信号转化为语音、图像、数据等信息。通信系统电压在几伏至几十伏范围内,电流为毫安级。

计算机系统的科学计算、文字处理、数据存储都是通过电信号来实现的,系统包含多种集成芯片,一个集成芯片内可包含成千上万个器件,构成复杂电路,电压为几伏、电流为微安级。

控制系统对炼钢、炼油等工业生产过程的控制,对电梯、汽车、机器人的控制,对高速列车、飞机的控制,均要通过电信号来实现。控制电路根据要求,按一定的原理产生相应的电信号,电信号驱动执行机构完成相应的操作。

信号处理系统对包含信息的电信号进行处理(处理方法包括:滤波、变换、检测、谱分析、估计、压缩、识别),提取能反映某些特征的电信号,并用一定的方式呈现出来。X 射线断层扫描是图像处理系统的典型例子。

任何电路都包含电源或信号源部件、负载部件、连接和控制部件。电源或信号源将其他形式的能量转换为电能并提供给电路。负载部件消耗电能,将电能转换为其他形式的能量。连接和控制部件在电源或信号源、负载之间起着电能输送、信号处理和控制的作用。

电路理论是表 1-1-1 所示一级学科的基础理论。以电气工程学科的本科教育为例,与电路理论相关的主要课程大致如图 1-1-2 所示。数学、物理是工程学科的公共基础课程,电路理论、电磁场理论是电气工程学科的基础理论课程。电路理论以微积分、微分方程、工程数学、电磁学为基础,应用于学科基础课程、专业基础课程和专业方向课程。

表 1-1-1 以电路理论为基础的一级学科

学科门类	一级学科名称	包含电路的系统
工学	电气工程	电力系统
	电子科学与技术	集成电路
	信息与通信工程	通信系统
	控制科学与工程	控制系统
	计算机科学与技术	计算机系统
	生物医学工程	信号处理系统

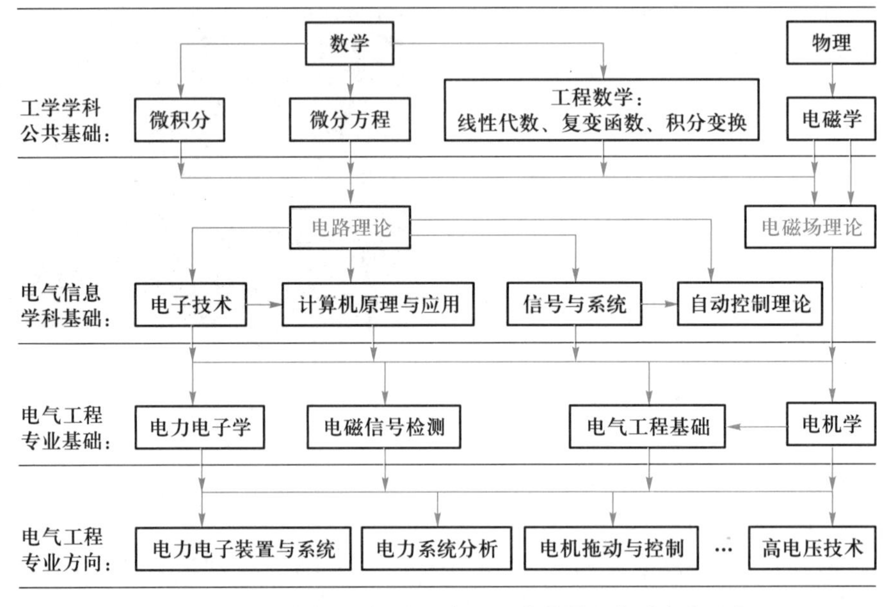

图 1-1-2 电路理论课程在电气工程学科课程体系中的地位

电路理论解决三方面的问题:电路分析问题、电路综合(或电路设计)问题和电路故障诊断问题。

电路分析是在给定电路结构和电器件参数条件下获得电路中的变量。电路分析问题是电路理论的基本问题。

电路分析:电路结构+电器件参数⟶电路变量

电路综合是在给定电路功能的条件下,设计具体的电路结构、选定电器件参数。电路设计要综合性能、成本、可靠性等多个方面进行优化设计,遵循"设计—分析—修改设计—再分析"的流程,电路分析是电路设计的基础。

电路综合:电路变量⟶电路结构+电器件参数

电路故障诊断是对运行不正常的电路进行故障判断和定位。电路故障源于某个(或某几个)电器件的参数变化或电路结构的局部改变,表现为电路变量的实测结果偏离了设计值。在已知电路原始结构和电器件原始参数条件下,通过一些实测的电路变量来进行故障类型判断和故障定位。电路分析也是故障诊断的基础。

电路故障诊断:电路变量+电路结构⟶电器件参数

电路理论首先要解决的是电路分析问题,因此,电路分析是电路理论的基础,是本科电路理论课程的主要内容。

目标 1　理解电路模型、集中参数电路假设。
目标 2　理解电压、电流、电功率的含义,能正确使用参考方向。
目标 3　理解电阻、独立电源、受控电源的特性。
目标 4　理解基尔霍夫定律的含义,能正确应用基尔霍夫定律。

难点　理解集中参数电路假设;理解独立电源、受控电源的特性。

1.2 电路模型

用电路理论分析电路时,首先建立实际电路的电路模型,然后对电路模型展开分析计算。

1.2.1 电路分析思路

电路分析的基本思路为:

(1) 确定分析目标,列出所有已知条件与假设条件。工程问题常常出现已知条件不够的情况,需要假设一些条件才能获得目标。

(2) 建立电路模型,称为建模。电路模型也简称为电路或原理图,画出电路,标明已知条件和目标变量。

(3) 选用恰当的分析方法对电路模型进行计算,获得目标变量。分析电路模型的方法有多种,计算最简单的方法就是最恰当的方法。

(4) 对结果进行校验。判断结果的合理性,采用一定的方法验证结果的正确性。

以手电筒电路为例具体说明电路分析思路。图 1-2-1(b)为手电筒电路,两节干电池串联构成电源,灯珠为负载,导线、开关为连接与控制部件。假定分析目标为手电筒点亮时流过灯珠的电流,则电路模型如图 1-2-1(c)所示。

干电池的特性曲线如图 1-2-1(d)所示的实线,其端电压随电流增大而略有下降,当电流超过 I_{max}后,电压快速下降。用图 1-2-1(d)中的虚线近似干电池的特性曲线,该虚线对应的电路模型为电压源 U_S 和电阻 R_S 串联,如图 1-2-1(c)所示。R_S 代表电池工作时内部消耗的功率。由于金属的电阻率随其温度上升而增大,灯珠的灯丝为金属,灯丝电阻随电流增大而增大,特性如图 1-2-1(e)所示的实线,用虚线近似灯珠的特性曲线,因此图 1-2-1(c)中 R_L 为灯珠的模型。滑动开关用接通电阻为零、断开电阻为∞的理想开关为近似模型,导线用没有电阻的理想导线为近似模型。

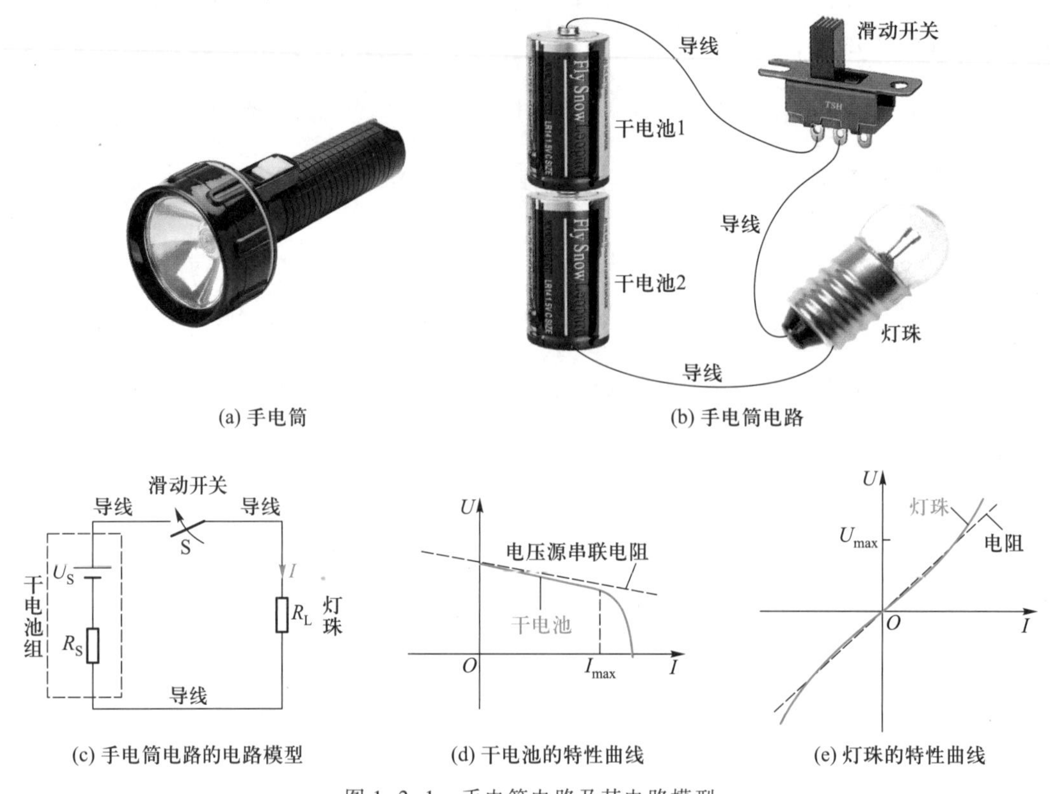

(a) 手电筒　(b) 手电筒电路

(c) 手电筒电路的电路模型　(d) 干电池的特性曲线　(e) 灯珠的特性曲线

图 1-2-1　手电筒电路及其电路模型

选择列写方程的方法分析图 1-2-1(c)所示的电路模型。开关闭合时有

$$U_S=(R_S+R_L)I$$

由此得到电路变量

$$I=\frac{U_S}{R_S+R_L} \tag{1-2-1}$$

电路分析思路

1. 确定分析目标:通常为计算电压、电流、功率等变量。
2. 建立电路模型:用理想电路元件的特性或理想电路元件组合所得特性来近似电路中每个电器件的特性,得到电路模型。
3. 分析电路模型:选择恰当的电路分析方法,对电路模型进行计算,获得目标变量。但由于电路模型的近似性,得到的结果是目标变量的近似值。

1.2.2 理想电路元件

要完成电路建模,既要掌握电器件的特性,也要有满足拟合电器件特性需求的理想电路元件。有些电器件的特性可通过实验测量获得,如干电池、灯珠的特性曲线。有些电器件的特性要通过专门的课程学习才能掌握,例如,在电子技术课程中掌握晶体管的特性,在电机学课程中掌握发电机、电动机、变压器的特性。电路理论作为基础理论,定义了能满足其服务学科需求的若干理想电路元件。

理想电路元件(简称为电路元件)符合以下要求:① 没有空间大小;② 表征单一电磁现象;③ 有精确的特性方程。图 1-2-1(c)中的电压源 U_S、电阻 R_S、开关 S 都是理想电路元件,电路模型是理想电路元件的相互连接,电路模型中的电路变量与对应的实际电路相近似。

虽然电器件的种类繁多,但电磁现象可分类为:提供电能、消耗电能、变换电能、存储电场能量、存储磁场能量、变量耦合。定义对应于这些电磁现象的电路元件,用电路元件组合得到不同电器件的电路模型。

消耗电能、存储电场能量、存储磁场能量是最基本的电磁现象。定义电阻元件、电容元件、电感元件,分别表征消耗电能、存储电场能量、存储磁场能量。图 1-2-2 为这 3 个元件的电路符号,它们没有空间大小,电阻元件只消耗电能,电容元件只存储电场能量,电感元件只存储磁场能量。本书将分别在 1.4 节、7.3 节、7.4 节详细介绍电阻元件、电容元件、电感元件的特性。

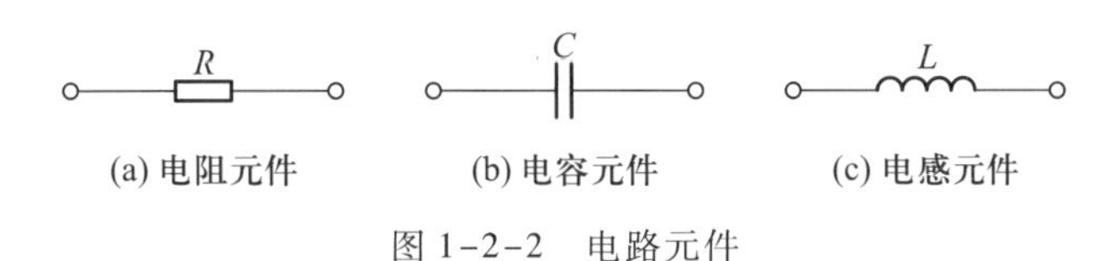

图 1-2-2　电路元件

通常,多种电磁现象共存于一个电器件中。图 1-2-3 所示的线圈(即螺线管)通有电流时,内部和周围存在磁场 $\boldsymbol{B}$,电能转换为磁场能量存储于线圈内部和周围;同时,由于导线的电阻和磁心的磁化,线圈发热,电能转换为热能;另外,线圈匝间存在电场 $\boldsymbol{E}$,电能转换为电场能量存储于匝间。如果工作电流的频率低,则线圈的感应电动势小,因而匝间电场小,存储的电场能量相比于磁场能量可以忽略,其电路模型如图 1-2-4(a)所示。如果工作电流的频率高,则不能忽略电场储能,其电路模型如图 1-2-4(b)所示。

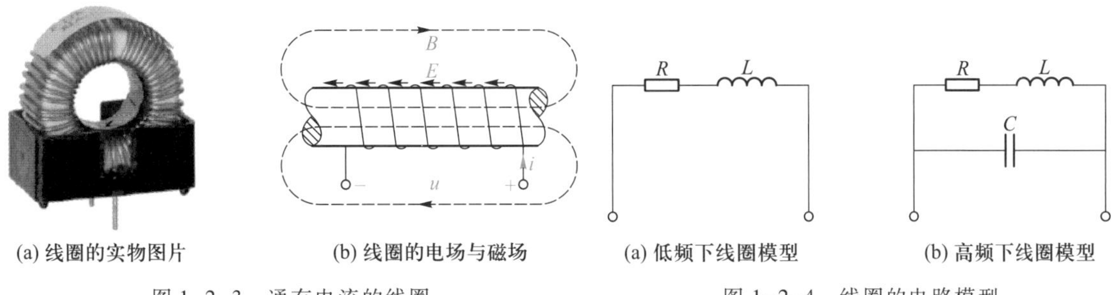

图 1-2-3　通有电流的线圈　　图 1-2-4　线圈的电路模型

1.2.3 集中参数电路模型

任何实际电路都有空间大小,电路中的电磁场在空间中分布,消耗电能也有空间分布特点。严格来说,电路变量是时间和空间的函数,以电磁波的形式传播。当电路变成电路模型后,理想电路元件没有空间大小,电路模型并不表征上述空间分布性。那么,这种忽略空间分布性的近似,在什么条件下可以接受呢?

当电路的尺寸 d 远小于电磁波的波长 λ 时，电磁波在电路中传播的时间可以忽略，电路就可以近似为由理想电路元件互连而成的电路模型。工程上通常要求

$$\boxed{d\leqslant 0.01\lambda} \tag{1-2-2}$$

满足 $d\leqslant 0.01\lambda$ 的电路称为集中参数电路(lumped circuits)，否则称为分布参数电路(distributed circuits)。理想电路元件也称为集中参数元件。由理想电路元件互连而成的电路模型称为集中参数电路模型。

电力系统中的架空输电线路，电磁波在架空输电线上的传播速度 v 接近于光速($\mathrm{c}=3\times10^8\ \mathrm{m/s}$)，当传输电流的频率 $f=50\ \mathrm{Hz}$(周期 $T=f^{-1}$)时，其波长

$$\lambda=vT=\frac{\mathrm{c}}{f}=\frac{3\times10^8}{50}\ \mathrm{m}=6\times10^6\ \mathrm{m}$$

按照式(1-2-2)，长于 $6\times10^4\ \mathrm{m}$(60 km)的架空输电线路就要作为分布参数电路。有线通信网络中的电缆，若传输的信号频率 $f=10^6\ \mathrm{Hz}$(1 MHz)、电磁波在电缆中的传播速度要低于光速，取 $v=0.6\mathrm{c}$，则波长

$$\lambda=\frac{0.6\mathrm{c}}{f}=\frac{1.8\times10^8}{1\times10^6}\ \mathrm{m}=180\ \mathrm{m}$$

按照式(1-2-2)，长于 1.8 m 的通信电缆就要作为分布参数电路。

集中参数电路

当电路的几何尺寸 d 远小于电路中信号的波长 λ 时，信号与空间坐标的关系可以忽略，使用没有空间大小的理想元件构成电路模型，称其为集中参数电路。

$$d\leqslant 0.01\lambda$$

*1.2.4 电路理论的基本假设

电路问题是电磁场问题，可用电磁学的方法精确分析，在满足一定假设条件下，又可用电路理论方法近似分析，两种分析理论的对比概括于图 1-2-5 中。理解本节内容需要大学物理中的电磁学知识，若不具备则暂时跳过本节。

电磁学的分析思路是将麦克斯韦方程、媒质特性方程、媒质边界条件三者结合，得到关于电场强度 $\boldsymbol{E}$、磁场强度 $\boldsymbol{H}$ 的矢量方程组，计算繁杂，分析复杂工程问题的难度太大。

电路理论则以三点基本假设为前提，利用电路的近似模型获得可以接受的近似结果。电路理论的三点基本假设如下：

基本假设1 电磁效应瞬时传遍全电路。当电路的尺寸 d 和信号的波长 λ 满足 $d\ll\lambda$ 时，电路可用集中参数电路模型来近似。这是因为电源产生的电磁效应以有限速度 v 向电路传播，若电源的变化规律为

$$u(t)=U_{\mathrm{m}}\cos\omega t$$

则在距离电源 x 处，要滞后 $\dfrac{x}{v}$ 的时间才能体现电源的变化规律，即 x 处的电磁波为

$$u(x,t)=U_{\mathrm{m}}(x)\cos\left[\omega\left(t-\frac{x}{v}\right)+\theta\right]$$

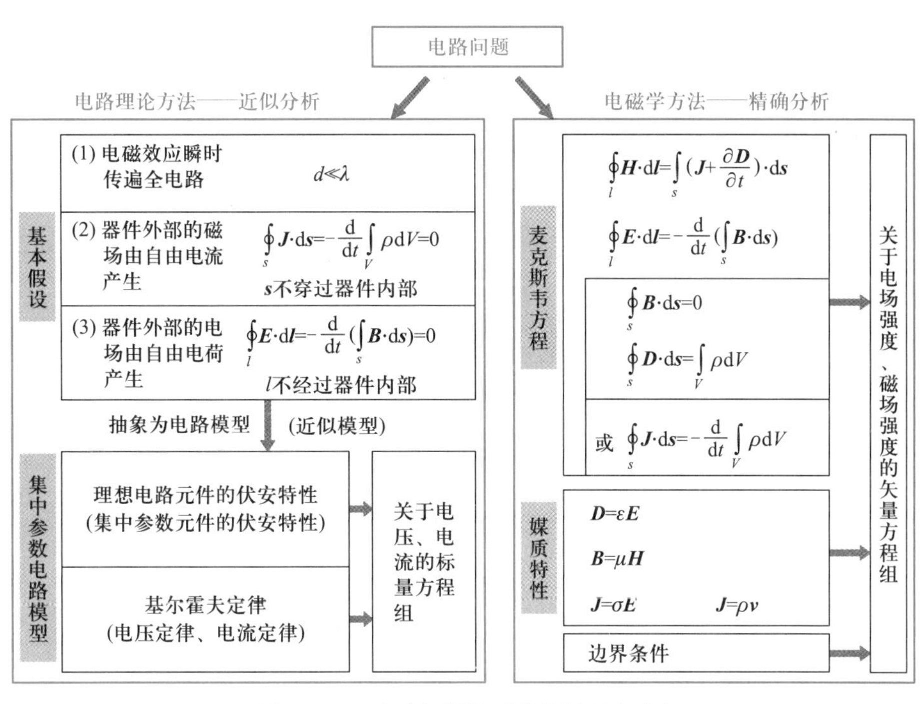

图 1-2-5　电路问题的两种分析理论对比

电磁波从 $x=0$ 传输到 $x=d$ 所需时间为 d/v,当这个时间远小于电磁波的周期 T 时,滞后效应可忽略。因此要求

$$\frac{d}{v}\ll T$$

若波长为 λ、周期为 T,则有

$$\frac{\omega\lambda}{v}=2\pi,\quad \omega T=2\pi$$

将 $v=\dfrac{\omega\lambda}{2\pi}$、$T=\dfrac{2\pi}{\omega}$代入$\dfrac{d}{v}\ll T$,得

$$\boxed{d\ll\lambda}\tag{1-2-3}$$

基本假设 2　器件外部的磁场由自由电流产生。麦克斯韦第一方程(全电流安培环路定理)

$$\oint_l \boldsymbol{H}\cdot d\boldsymbol{l}=\int_S\left(\boldsymbol{J}+\frac{\partial \boldsymbol{D}}{\partial t}\right)\cdot d\boldsymbol{S}$$

表明:由自由电流密度矢量 $\boldsymbol{J}$ 和变化的电场$\dfrac{\partial \boldsymbol{D}}{\partial t}$共同产生磁场 $\boldsymbol{H}$。但在低频下,$\dfrac{\partial \boldsymbol{D}}{\partial t}\ll\boldsymbol{J}$,而在 $\boldsymbol{J}$ 不随时间变化的直流下,$\dfrac{\partial \boldsymbol{D}}{\partial t}=0$。电路理论忽略器件外部由$\dfrac{\partial \boldsymbol{D}}{\partial t}$产生的磁场,麦克斯韦第一方程变为

$$\oint_l \boldsymbol{H}\cdot d\boldsymbol{l}=\int_S \boldsymbol{J}\cdot d\boldsymbol{S}\quad(l\text{ 不经过器件内部})\tag{1-2-4}$$

由此导出电路满足的电荷守恒定律为

$$\oint_S \boldsymbol{J}\cdot \mathrm{d}\boldsymbol{S}=-\frac{\mathrm{d}}{\mathrm{d}t}\int_V \rho \mathrm{d}V=-\frac{\mathrm{d}q}{\mathrm{d}t}=0 \quad (S\text{不穿过器件内部}) \tag{1-2-5}$$

因此在电路理论中,由自电流密度矢量 $\boldsymbol{J}$ 在包围整个电器件的闭合面上的积分为零。

基本假设3 器件外部的电场由自由电荷产生。麦克斯韦第二方程(法拉第电磁感应定律)

$$\oint_l \boldsymbol{E}\cdot \mathrm{d}\boldsymbol{l}=-\frac{\mathrm{d}}{\mathrm{d}t}\left(\int_S \boldsymbol{B}\cdot \mathrm{d}\boldsymbol{S}\right)$$

和第四方程(高斯定理)

$$\oint_S \boldsymbol{D}\cdot \mathrm{d}\boldsymbol{S}=\int_V \rho \mathrm{d}V$$

表明:自由电荷 $\int_V \rho \mathrm{d}V$ 和变化的磁场 $\frac{\mathrm{d}}{\mathrm{d}t}\left(\int_S \boldsymbol{B}\cdot \mathrm{d}\boldsymbol{S}\right)$ 都能产生电场 $\boldsymbol{E}$。但在低频下,变化的磁场产生的电场远小于自由电荷产生的电场,而在电荷分布不随时间而变的直流下,$\frac{\mathrm{d}}{\mathrm{d}t}\left(\int_S \boldsymbol{B}\cdot \mathrm{d}\boldsymbol{S}\right)=0$,此时电场 $\boldsymbol{E}$ 仅由自由电荷产生。电路理论忽略器件外部由变化的磁场产生的电场,麦克斯韦第二方程变为

$$\oint_l \boldsymbol{E}\cdot \mathrm{d}\boldsymbol{l}=-\frac{\mathrm{d}}{\mathrm{d}t}\left(\int_S \boldsymbol{B}\cdot \mathrm{d}\boldsymbol{S}\right)=0 \quad (l\text{不经过器件内部}) \tag{1-2-6}$$

因此在电路理论中,电场 $\boldsymbol{E}$ 对不经过器件内部的闭合路径的线积分为零,即 $\boldsymbol{E}$ 的线积分与路径无关。

在上述三点基本假设下,电路可用集中参数模型来近似,且用电压 u 取代电场强度 $\boldsymbol{E}$、电流 i 取代磁场强度 $\boldsymbol{H}$,电压 u、电流 i 分别满足基尔霍夫电压定律、电流定律。分析电路的方程是关于电压、电流的方程组。电路理论使得复杂工程问题的分析变得容易,结果的准确度能满足大多数工程问题的要求。

值得说明的是:电路理论的三点基本假设并非相互独立,从基本假设2可得基本假设1,从基本假设3也可得基本假设1。基本假设1的意义在于用相对直观的方式确定了集中参数电路模型的适用范围。我们将从基本假设2、基本假设3导出电路理论的基本定律,即基尔霍夫定律。

建模与计算是电路分析的两个主要方面,电路理论课程一般包含:

(1) 建立集中参数电路模型的思路;

(2) 计算集中参数电路模型的方法;

(3) 分析电气、电子与信息工程中的电路问题。

计算集中参数电路模型的方法又分为三大类:等效变换方法、电路方程分析法和电路定理分析法。本套教材第2章介绍等效变换方法,第3章介绍电路方程分析法,第4章介绍电路定理分析法。从第5章开始,讨论与电路相关的各种工程问题及其分析计算,包括:含运算放大器的电路分析(第5章),非线性电阻电路分析(第6章),电路的暂态过程分析(第7、8、9、17、18章),正弦稳态电路分析(第10、11、12、13、14章),非正弦稳态电路分析(第15章),二端口网络分析(第16章),电路计算机辅助分析(第19章)、分布参数电路分析(第20、21章)。

本套教材中,“电路”既指由实际电器件相连的“实际电路”,又指由理想电路元件相连的

"电路模型","元件"一般指"理想电路元件",有时也指"实际电器件",根据具体情况不难分辨。电路分析方法是指对电路模型的分析方法。

目标 1 检测:理解电路模型、理解集中参数电路假设

测 1-1 如果电磁波在电缆中的传播速度为光速的 80%,则电磁波通过 60 km 长的电缆需要多少微秒的时间?电力系统中的电缆输电线路长度满足什么要求才能使用集中参数电路模型?

答案:250 μs,≤48 km。

1.3 电路变量

电流、电压、电功率、电能、电荷、磁通是常用的电路变量。下面重点介绍电流和电压的定义、方向及单位,电功率、电能的计算方法,电荷、磁通将在第 7 章涉及。

1.3.1 国际单位制

工程中通过测量来获得物理量的大小,要使测量结果能够进行对比和相互交流,必须采用统一的标准。为此,在 1960 年提出了国际单位制(International System of Units,SI)。国际单位制(SI)定义了 7 个物理量的单位,为 SI 的基本单位,如表 1-3-1 所示。其他物理量的单位由国际单位导出,表 1-3-2 列出了本书中用到的导出单位。

常采用前缀来表示比国际单位更大或更小的量值,表 1-3-3 列出了所有前缀。例如:

$$60\ \text{km} = 60\times10^3\ \text{m} = 60\times10^6\ \text{mm}$$

在 SI 单位 m(米)上使用了前缀 k(千)、m(毫)。工程中习惯使用以 10^3 递增(减)的前缀,很少用"厘、分、十、百"的前缀。表 1-3-3 中阴影部分为常用前缀。

表 1-3-1 国际单位制(SI)

物理量	单位名称	符号
长度	米	m
质量	千克	kg
时间	秒	s
电流	安[培]	A
热力学温度	开[尔文]	K
物质的量	摩尔	mol
发光强度	坎[德拉]	cd

表 1-3-2 本书中用到的 SI 导出单位

物理量	单位名称(符号)	导出公式	物理量	单位名称(符号)	导出公式
频率	赫[兹](Hz)	s^{-1}	电阻	欧[姆](Ω)	V/A
力	牛[顿](N)	$kg \cdot m/s^2$	电导	西[门子](S)	A/V
能量或功	焦[耳](J)	N·m	电容	法[拉](F)	C/V
功率	瓦[特](W)	J/s	磁通量	韦[伯](Wb)	V·s
电荷量	库[仑](C)	A/s	电感	亨[利](H)	Wb/A
电位或电压	伏[特](V)	W/A			

表 1-3-3 SI 单位前缀

前缀		符号	幂	前缀		符号	幂
幺[科托]	yocto	y	10^{-24}	尧[它]	yotta	Y	10^{24}
仄[普托]	zepto	z	10^{-21}	泽[它]	zetta	Z	10^{21}
阿[托]	atto	a	10^{-18}	艾[可萨]	exa	E	10^{18}
飞[母托]	femto	f	10^{-15}	拍[它]	peta	P	10^{15}
皮[可]	pico	p	10^{-12}	太[拉]	tera	T	10^{12}
纳[诺]	nano	n	10^{-9}	吉[咖]	giga	G	10^{9}
微	micro	μ	10^{-6}	兆	mega	M	10^{6}
毫	milli	m	10^{-3}	千	kilo	k	10^{3}
厘	centi	c	10^{-2}	百	hecto	h	10^{2}
分	deci	d	10^{-1}	十	deka	da	10^{1}

1.3.2 电荷与电流

1. 电荷

电荷(electric charge)及电荷的运动是所有电磁现象的根源,电荷是电路理论中最基本的物理量。

电荷分为正电荷与负电荷。物质由质子、中子和电子三种基本粒子组成,质子带正电荷(+e),中子不带电荷,电子带负电荷(-e),$e \approx 1.602 \times 10^{-19}$ C(库仑)。任何粒子与宏观物体的带电量 q 只能是 e 的整数倍,从这个意义上讲,电荷量 q 是一个离散量。但是,研究由大量基本粒子组成的电荷产生的电磁效应时,电荷量 q 被视为连续量。

电荷又分为自由电荷与束缚电荷。在导电物质中可以定向运动的自由电子或离子、在半导体中可以定向运动的电子与空穴、真空或气体中可定向运动的带电粒子都属于自由电荷。质子和中子构成原子核,被紧密束缚在原子核周围、不能做宏观运动的电子则是束缚电荷。通常所论电荷为自由电荷。

2. 电流

电荷的定向运动形成电流(current)。自由电荷的宏观定向运动形成的电流为自由电流,包括传导电流和运流电流。束缚电荷在外加电场、磁场作用下产生的极化、磁化电流为束缚电流。本书中涉及的电流为自由电流。

传导电流是阻力空间(导体、电解液、半导体)中的自由电荷定向运动形成的电流。例如:在电池内部,化学力将正电荷(正离子)与负电荷(负离子)分别移向正极板与负极板;在导体内部,自由电子定向运动。

运流电流是真空或稀薄气体中自由电荷定向运动形成的电流。例如:在日光灯管中,电子从灯管一端的灯丝逸出,穿过灯管到达另一端的灯丝。

3. 电流的大小

若 dt 时间内有 dq 的净电荷定向通过截面 S,则流过截面 S 的电流为

$$i=\frac{\mathrm{d}q}{\mathrm{d}t} \tag{1-3-1}$$

SI 单位制中,电荷单位为库(C),时间单位为秒(s),电流单位为安(A)。

4. 电流的参考方向

图 1-3-1 中,假定在 1 s(秒)内匀速通过截面 S 的净正电荷为 5 C(库),则电流的大小为 5 A(安),实际方向为净正电荷的流向。要明确表达电流,不仅要有大小,还须指明净正电荷流向。

在对复杂电路分析前确定净正电荷流向是困难的,尤其是方向随时间而改变的电流。为此,我们随意假定一个方向,称为参考方向。图 1-3-1(a)中,假定箭头为电流 i 的参考方向,则 $i=+5$ A。而在图 1-3-1(b)中假定的参考方向下,$i=-5$ A。假定不同的参考方向,电流 i 的代数值有正、负差别,但参考方向和代数值相结合反映出的本质是相同的。

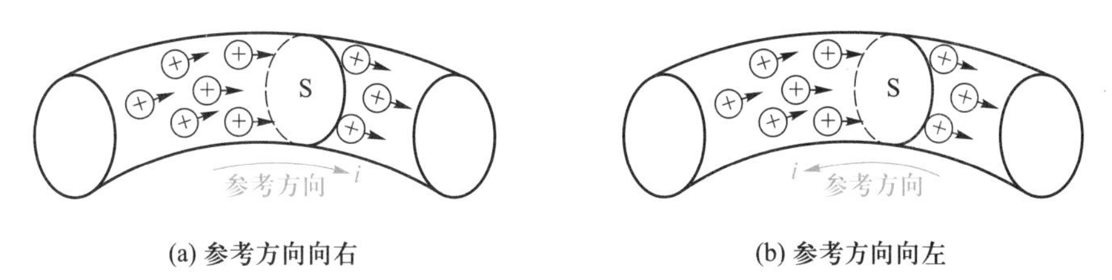

(a) 参考方向向右　　(b) 参考方向向左

图 1-3-1　电流的参考方向

5. 直流与交流

恒定不变的电流称为直流(direct-current),简记为 dc,如图 1-3-2(a)所示。大小随时间变化且平均值为零的电流称为交流(alternating-current),简记为 ac,图 1-3-2(b)所示为正弦交流电流。直流用大写字母 I 表示,交流则用小写字母 i 表示。

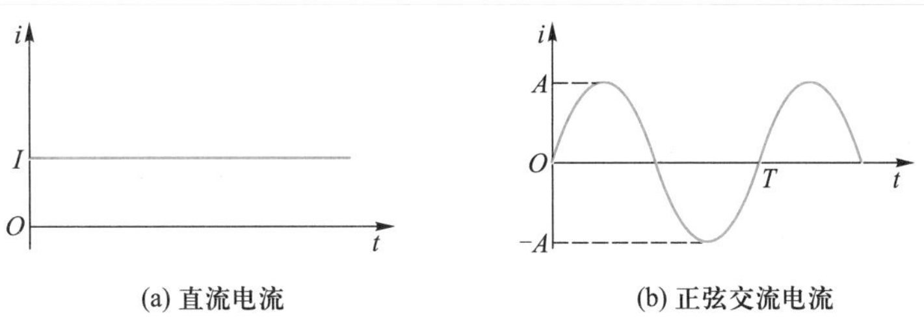

(a) 直流电流　　(b) 正弦交流电流

图 1-3-2　直流与交流

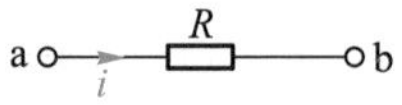

例 1-3-1 在图 1-3-3 中,净正电荷流 $q=5\sin\pi t$ mC 从 b 向 a 流动,在图中参考方向下,计算 $t=1$ s、$t=2$ s 时刻流过电阻的电流 i。

图 1-3-3 例 1-3-1 图

解:由式(1-3-1)得,电流

$$i=-\frac{\mathrm{d}q}{\mathrm{d}t}=-\frac{\mathrm{d}(5\sin\pi t)}{\mathrm{d}t}=-5\pi\cos\pi t\ \mathrm{mA}$$

在 $t=1$ s、$t=2$ s 时

$$i(1)=-5\pi\cos\pi\ \mathrm{mA}=5\pi\ \mathrm{mA}=15.71\ \mathrm{mA}$$

$$i(2)=-5\pi\cos2\pi\ \mathrm{mA}=-5\pi\ \mathrm{mA}=-15.71\ \mathrm{mA}$$

目标 2 检测:理解电流的定义与参考方向

测 1-2 在图 1-3-3 中:

(1) 若 $i=-2$ A,确定在 $\Delta t=2$ s 内流过 R 的净正电荷量及方向。

(2) 若 $i=2\cos\pi t$ A,计算在 $t=1$ s、$t=2$ s 时刻流过 R 的电流。

(3) 若 $i=2\cos\pi t$ A,确定在 $t=1$ s 到 $t=2$ s 之间流过 R 的净正电荷量及方向。

(4) 若 $i=2\sin\pi t$ A,确定在 $t=1$ s 到 $t=2$ s 之间流过 R 的净正电荷量及方向。

答案:(1) 4 C 由 b 流到 a;(2) $i(1)=-2$ A,$i(2)=2$ A;(3) 0;(4) 1.273 2 C,由 b 流到 a。

1.3.3 电压与电位

1. 电压

电压(voltage)是用来表征电场力移动电荷时做功能力的物理量。若电场力将电荷 $\mathrm{d}q$ 由 a 移动到 b 做功 $\mathrm{d}w$,如图 1-3-4 所示,则 a、b 间的电压为

$$u_{\mathrm{ab}}=\frac{\mathrm{d}w}{\mathrm{d}q} \tag{1-3-2}$$

图 1-3-4 中,电荷 $\mathrm{d}q$ 受力 $\boldsymbol{F}=\mathrm{d}q\boldsymbol{E}$,因此

$$\mathrm{d}w=\int_{\mathrm{a}}^{\mathrm{b}}\boldsymbol{F}\cdot\mathrm{d}\boldsymbol{l}=\int_{\mathrm{a}}^{\mathrm{b}}(\mathrm{d}q\boldsymbol{E})\cdot\mathrm{d}\boldsymbol{l}=\mathrm{d}q\left(\int_{\mathrm{a}}^{\mathrm{b}}\boldsymbol{E}\cdot\mathrm{d}\boldsymbol{l}\right)$$

所以,a、b 间的电压也为

$$u_{\mathrm{ab}}=\int_{\mathrm{a}}^{\mathrm{b}}\boldsymbol{E}\cdot\mathrm{d}\boldsymbol{l} \tag{1-3-3}$$

这里,$\boldsymbol{E}$ 是自由电荷产生的电场(即库仑电场),电场力做功与移动电荷的路径无关。

SI 单位制中,功的单位为焦(J),电荷的单位为库(C),电压的单位为伏(V)。直流电压(不随时间变化的电压,dc 电压)可用大写字母 U 表示,交流电压(随时间变化且平均值为零的电压,ac 电压)必须用小写字母 u 表示。

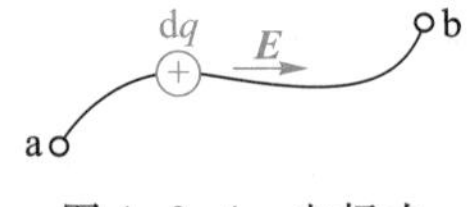

图 1-3-4 电场力移动正电荷

2. 电压的参考方向

电压的实际方向是正电荷在电场力作用下移动的方向。与电流类似,用参考方向和代数

量结合来表示电压。电场力将 1 C 正电荷从 a 移动到 b，做功 10 J，则 a、b 间的电压为 10 V，可用图 1-3-5 所示 3 种方法表示。图 1-3-5(a)为双下标表示法。图 1-3-5(b)、(c)中的"+、-"为电压的参考方向。

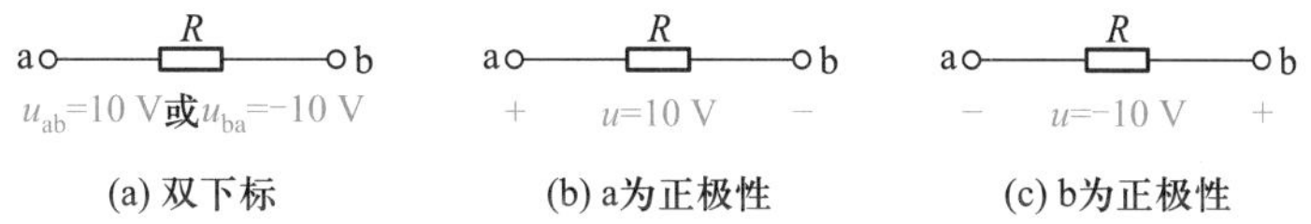

a　R　b　　a　R　b　　a　R　b

u_{ab}=10 V或u_{ba}=-10 V　　+　u=10 V　-　　-　u=-10 V　+

(a) 双下标　　(b) a为正极性　　(c) b为正极性

图 1-3-5　电压的参考方向

3. 电位

电位(potential)是特殊的电压。在电路中，若所有电压共用一个"-"极性点，这些电压就可以称为电位，公共"-"极性点称为电位参考点。可选择电路中任意一点为电位参考点。在图 1-3-6(a)中，取 d 为电位参考点，则：

- 电压 U_{ad}就是 a 点的电位，用 U_a 表示，$U_a=5$ V；
- 电压 U_{bd}就是 b 点的电位，用 U_b 表示，U_b 要通过电路分析才能得到，为 5.5 V；
- 电压 U_{cd}就是 c 点的电位，用 U_c 表示，$U_c=12$ V。

两点间的电压等于电位之差，如

$$U_{ac}=U_a-U_c=(5-12)\ \text{V}=-7\ \text{V}$$

在电子电路中，为了简单，图 1-3-6(a)常被简化为图 1-3-6(b)，省掉电源符号。

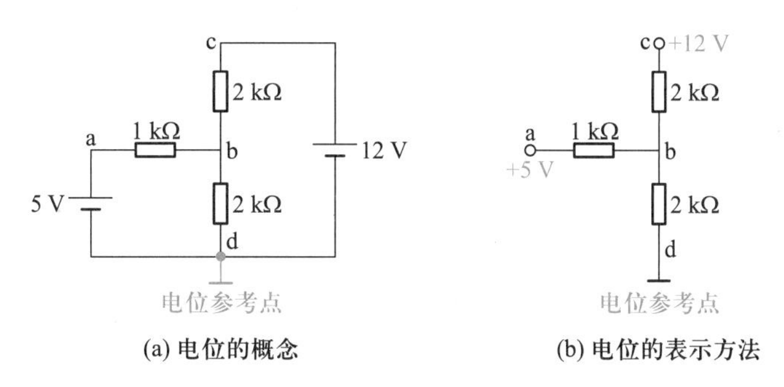

(a) 电位的概念　　(b) 电位的表示方法

图 1-3-6　电位

例 1-3-2　在图 1-3-7 中，$i=5\sin100\pi t$ A，$u=100\sin100\pi t$ V。(1)确定 u_{ab}、u_{ba}；(2)计算在 $\Delta t=20$ ms 内电场力做的功。

+　u　-
a　i　元件　b

图 1-3-7

解：(1) $u_{ab}=u=100\sin100\pi t$ V，$u_{ba}=-u=-100\sin100\pi t=100\cos(100\pi t+90°)$ V。

(2) 由电压的定义式(1-3-2)得，电场力做的功

$$\mathrm{d}w=u\mathrm{d}q$$

而

$$\mathrm{d}q=i\mathrm{d}t$$

因此

$$\mathrm{d}w=u\mathrm{d}q=ui\mathrm{d}t$$

在 $\Delta t=20$ ms 内电场力做的功

$$\Delta w=\int_{t_0}^{t_0+0.02}\mathrm{d}w=\int_{t_0}^{t_0+0.02}ui\mathrm{d}t$$

将 $i=5\sin100\pi t$ A、$u=100\sin100\pi t$ V 代入上式，得

$$\begin{aligned}\Delta w&=\int_{t_0}^{t_0+0.02}\mathrm{d}w=\int_{t_0}^{t_0+0.02}(100\sin100\pi t\times5\sin100\pi t)\mathrm{d}t=500\int_{t_0}^{t_0+0.02}\sin^2100\pi t\mathrm{d}t\\&=\frac{500}{2}\int_{t_0}^{t_0+0.02}(1-\cos200\pi t)\mathrm{d}t=250\left(t\Big|_{t_0}^{t_0+0.02}-\frac{\sin200\pi t}{200\pi}\Big|_{t_0}^{t_0+0.02}\right)\\&=5-\frac{5}{4\pi}[\sin200\pi(t_0+0.02)-\sin200\pi t_0]\\&=5\ \mathrm{J}\end{aligned}$$

目标 2 检测：理解电压的定义与参考方向

测 1-3 在图 1-3-7 中：

（1）若 $i=2$ A，$u=10$ V，确定在 $\Delta t=5$ s 内电场力做的功。

（2）若 $i=2\cos\pi t$ A，$u=20\cos\pi t$ V，计算在 $\Delta t=2$ s 内电场力做的功。

（3）若 $i=2\cos\pi t$ A，$u=20\cos\pi t$ V，计算在 $t_1=1$ s 至 $t_2=1.5$ s 期间电场力做的功。

答案：(1) 100 J；(2) 40 J；(3) 10 J。

1.3.4 功率与能量

电路中，能量的转换通过正负电荷的分离与运动实现。如图 1-3-8 所示，蓄电池中的化学能将电解液中的正、负电荷分离，分别积聚于电池的正、负极。正、负极上的电荷在电池外部形成库仑电场，该电场对电荷做功，使电荷流过电池外的电器件。电器件吸收电荷的能量，并转换为其他能量。

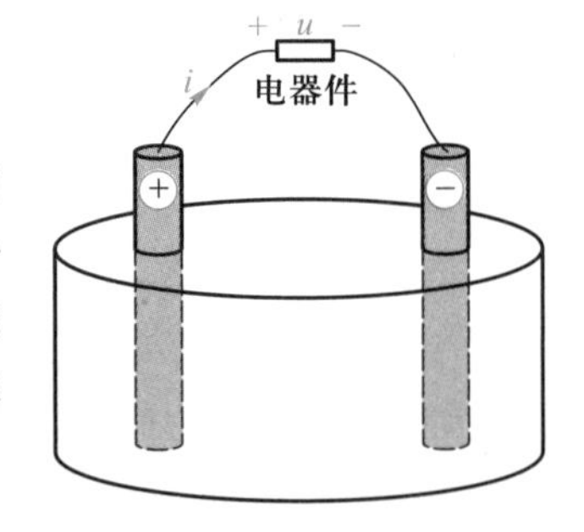

图 1-3-8 化学能转化为电能

1. 功率

电路元件吸收电能的速率称为电功率，简称为功率（power），即

$$\boxed{p=\frac{\mathrm{d}w}{\mathrm{d}t}} \tag{1-3-4}$$

SI 单位制中，功的单位为焦（J），时间的单位为秒（s），功率的单位为瓦（W）。用小写字母 p 表示功率，不随时间变化的功率用大写字母 P 表示。

元件吸收的功率由元件的电压、电流确定。假定电压、电流方向如图 1-3-9(a) 所示，即假定了正电荷 $\mathrm{d}q$ 在电场力作用下由 a 向 b 移动。若正电荷 $\mathrm{d}q$ 由 a 移动到 b，电场力做功 $\mathrm{d}w$（$\mathrm{d}w$ 也就是元件吸收的电能），则有：$i=\frac{\mathrm{d}q}{\mathrm{d}t}$，$u=\frac{\mathrm{d}w}{\mathrm{d}q}$。显然，$u$、$i$ 之积就是元件吸收的功率，即

$$\boxed{p=ui} \tag{1-3-5}$$

图 1-3-9(a) 中的电压、电流参考方向称为关联参考方向（associated direction），电流由电压

的“+”指向“-”。图 1-3-9(b)中的电压、电流参考方向称为非关联参考方向。在非关联参考方向下，u、i 之积的负值才是元件吸收的功率。

a ○ i → R ○ b，+ u -

吸收功率：$p=+ui$

(a) 关联参考方向下

a ○ ← i R ○ b，+ u -

吸收功率：$p=-ui$

(b) 非关联参考方向下

图 1-3-9 吸收功率与参考方向

功 率

元件吸收电能的速率称为元件吸收的功率。关联参考方向下，元件吸收的功率 $p=ui$。非关联参考方向下，元件吸收的功率 $p=-ui$。

例 1-3-3 计算图 1-3-10 中元件的功率。

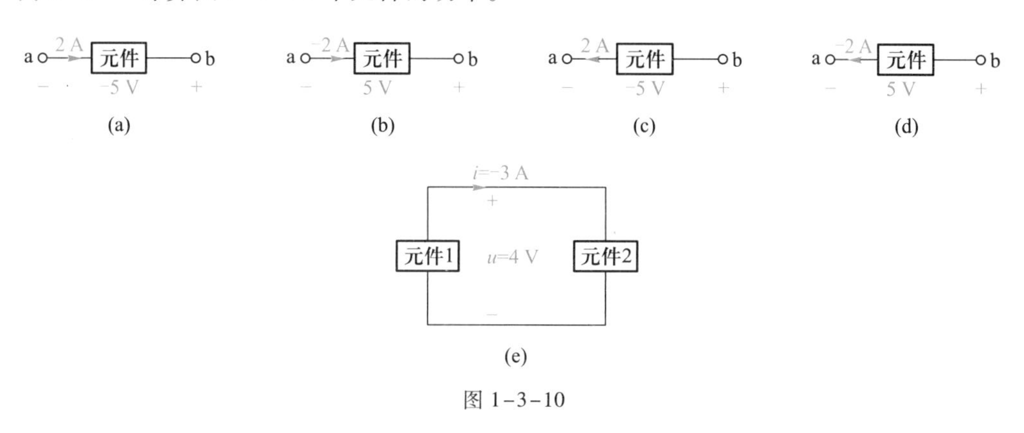

图 1-3-10

解：图 1-3-10(a)为非关联参考方向，元件吸收功率

$$p=-[(-5)\times 2]\ \mathrm{W}=10\ \mathrm{W}$$

图 1-3-10(b)为非关联参考方向，元件吸收功率

$$p=-[5\times(-2)]\ \mathrm{W}=10\ \mathrm{W}$$

图 1-3-10(c)为关联参考方向，元件吸收功率

$$p=+[(-5)\times 2]\ \mathrm{W}=-10\ \mathrm{W}(\text{元件发出 10 W})$$

图 1-3-10(d)为关联参考方向，元件吸收功率

$$p=+[5\times(-2)]\ \mathrm{W}=-10\ \mathrm{W}(\text{元件发出 10 W})$$

图 1-3-10(e)中，对于元件 1，u、i 为非关联参考方向，元件 1 吸收功率

$$p_1=-ui=-[4\times(-3)]\ \mathrm{W}=12\ \mathrm{W}$$

对于元件 2，u、i 为关联参考方向，元件 2 吸收功率

$$p_2=+ui=+[4\times(-3)]\ \mathrm{W}=-12\ \mathrm{W}(\text{元件 2 发出 12 W})$$

$p_1+p_2=0$ 表明电路功率守恒。

2. 功率守恒

集中参数电路都满足功率守恒(conservation of power)。设电路的元件总数为 b 个,第 k 个元件吸收的功率为 p_k,则任何时刻都有

$$\boxed{\sum_{k=1}^{b} p_k = 0} \tag{1-3-6}$$

3. 能量

由式(1-3-4)可知,如果元件吸收的功率为 p,则在 t_0 到 t 时段内,元件消耗的电能

$$\boxed{w = \int_{t_0}^{t} p\mathrm{d}t = \int_{t_0}^{t} ui\mathrm{d}t} \tag{1-3-7}$$

SI 单位制中,功率的单位为瓦(W),能量的单位为焦(J)。电力企业用“度”来计量用户消耗的电能,有

$$1\ 度 = 1\ 千瓦 \cdot 时(\mathrm{kW \cdot h}) = 3.6\times10^6\ \mathrm{J} = 3.6\ \mathrm{MJ}$$

目标 2 检测:理解电压、电流、电功率的含义,正确使用参考方向

测 1-4 在测 1-4 图中,电场力将 -2 C 电荷在 0.1 s 内从 a 移到 b,做功 30 J。计算:(1)电流 i、电压 u;(2)元件吸收的功率;(3)元件消耗的电能。

a ○—i→—[元件]—○ b
− u +

测 1-4 图

答案:(1) $i=-20$ A、$u=15$ V;(2) $p=300$ W;(3) $w=30$ J。

1.4 电路元件

电路元件是组成电路模型的基本单元。在 1.2 节已提出电阻元件、电容元件、电感元件,分别表征消耗电能、储存电场能量、储存磁场能量。这里将详细定义:表征消耗电能的电阻元件的特性,表征提供电能的独立电源的特性,表征电路变量控制关系的受控电源的特性。

电路元件可分为无源元件(passive element)和有源元件(active element)。能够提供净能量的元件是有源元件,反之则是无源元件。在电压 u、电流 i 为关联参考方向下,u、i 变化规律用 u-i 平面的曲线表示,称为 u-i 特性或伏安特性。在 u-i 特性上,恒有 $p=ui\geqslant0$ 的元件必为无源元件,恒有 $p=ui<0$ 的元件必为有源元件,其他情况要视元件能否提供净能量而定。

1.4.1 电阻

1. 欧姆定律

自由电荷在阻力空间(导体、电解液、半导体)定向运动过程中,与空间中的其他粒子碰撞,其动能转换为热能,这种现象称为电流阻碍现象,用电阻来表征。德国物理学家 Georg Simon Ohm(1787—1854 年)在 1827 年提出用电压、电流关系来描述物质的电流阻碍作用,电压与电流

的比值称为电阻 R,这就是欧姆定律(Ohm's Law)。金属导线的电阻 R,由金属材料的电阻率 ρ、导线长度 l、导线截面积 A 共同决定,有

$$R=\rho\frac{l}{A}$$

2. 线性电阻元件

线性电阻元件(resistor)是表征电阻现象的理想元件,符号如图 1-4-1(a)所示。当电压、电流为关联参考方向时,线性电阻元件的 $u-i$ 特性或伏安特性方程为

$$\boxed{u=Ri} \quad \text{(Ohm's Law)} \tag{1-4-1}$$

或

$$\boxed{i=Gu} \quad \text{(Ohm's Law)} \tag{1-4-2}$$

R 为电阻[值](resistance),$G=R^{-1}$ 为电导[值](conductance)。SI 单位中,电压的单位为 V,电流的单位为 A,电阻的单位为 Ω(欧),电导的单位为 S(西)。

若 R 是不随时间变化的常数,则称为线性非时变电阻,$u-i$ 特性曲线如图 1-4-1(b)所示。若 R 随时间变化,则称为线性时变电阻,$u-i$ 特性曲线如图 1-4-1(c)所示。

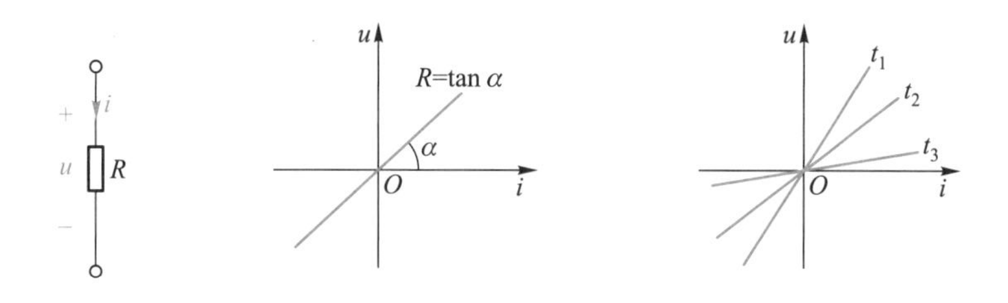

(a) 符号　(b) 线性非时变电阻元件的特性　(c) 线性时变电阻元件的特性

图 1-4-1　线性电阻元件

图 1-4-2 所示实际电阻器,在其允许的电压、电流范围内,通常用线性电阻元件来近似。事实上,实际电阻器的电阻[值]与环境温度、信号频率有关。

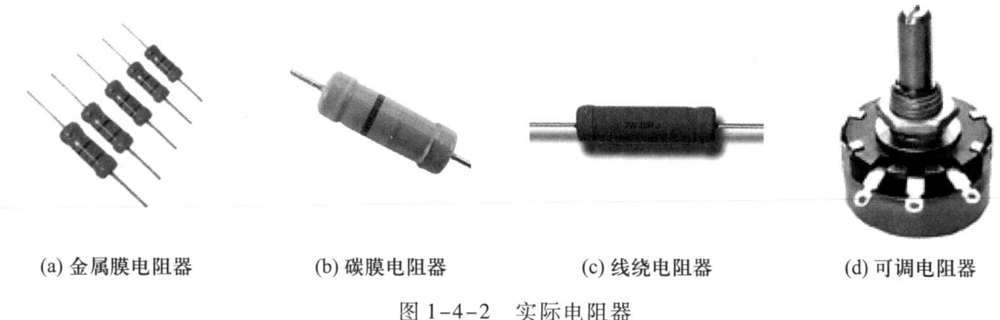

(a) 金属膜电阻器　(b) 碳膜电阻器　(c) 线绕电阻器　(d) 可调电阻器

图 1-4-2　实际电阻器

3. 非线性电阻元件

电压、电流没有式(1-4-1)所示线性关系的电阻元件,都称为非线性电阻元件,电路符号如图 1-4-3 所示。非线性非时变电阻元件的特性方程可写为

$$f(u,i)=0 \qquad (1-4-3)$$

图 1-4-3 非线性电阻的电路符号

非线性时变电阻元件的特性方程可写为

$$f(u,i,t)=0 \qquad (1-4-4)$$

若电压是电流的单值函数，如 $u=i^2$，则为流控型非线性电阻。若电流是电压的单值函数，如 $i=2+u^2$，则为压控型非线性电阻。

4. 半导体二极管

由半导体材料构成的二极管，其电压、电流呈现非线性关系。图 1-4-4(a) 为二极管实物，图 1-4-4(b) 为其电路符号。在图 1-4-4(b) 所示参考方向下，二极管（硅管）的 $u-i$ 特性如图 1-4-4(c) 所示。正向电压大于 0.5 V 时开始导通，稳定导通时电压为 0.6 ~ 0.8 V，正向电流为几十毫安；正向电压小于 0.5 V 或加反向电压时处于截止状态，反向电流为微安级。由图 1-4-4(c) 所示 $u-i$ 特性可知，半导体二极管是压控型非线性非时变电阻器件。通常将导通时的电压和截止时的电流近似为零，图 1-4-4(c) 近似为图 1-4-4(d)，即近似为理想二极管。理想二极管既非压控型、也非流控型。

半导体二极管的 $u-i$ 特性不具有对称性，两个端子要区别。图 1-4-4(b) 中，端子 a 称为正向端或导通端，端子 b 称为反向端或截止端。若改变图 1-4-4(b) 中电压、电流的参考方向，$u-i$ 特性将与图 1-4-4(c) 的形状不同。

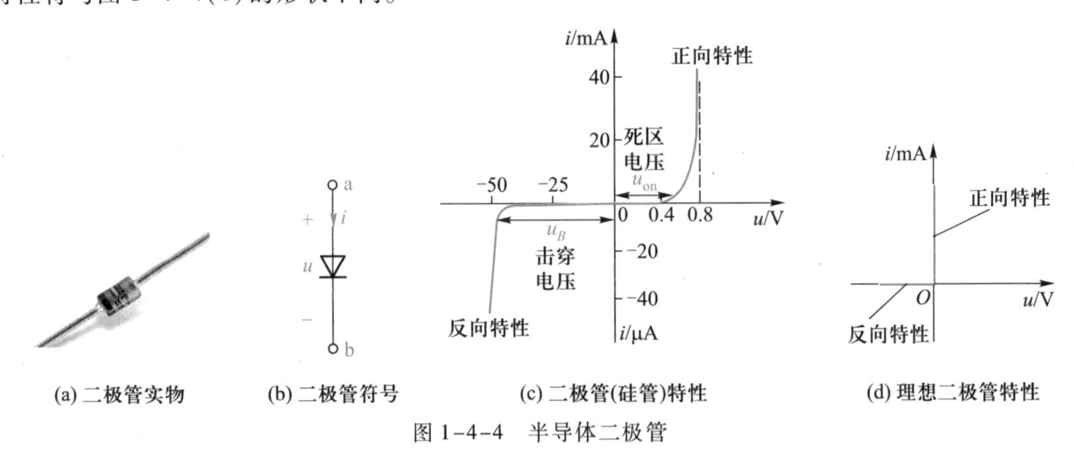

(a) 二极管实物　(b) 二极管符号　(c) 二极管(硅管)特性　(d) 理想二极管特性

图 1-4-4 半导体二极管

例 1-4-1 图 1-4-5(a) 中的二极管采用图 1-4-5(b) 所示近似 $u-i$ 特性。(1) 计算图 1-4-5(a) 中的电流 i；(2) 用理想二极管与理想电压源构造图 1-4-5(a) 中实际二极管的电路模型。

解：(1) 图 1-4-5 中，a、b、c、d 各点的电位为

$$u_a=12\ \text{V},u_b=5\ \text{V},u_c=3\ \text{V},u_d=1\ \text{V}$$

经初步判断，D_1、D_2、D_3 不可能两个同时导通。因为：若 D_1、D_2 同时导通，则既要有

$$u_e=u_b+0.7=5.7\ \text{V}$$

又要有

$$u_e=u_c+0.7=3.7\ \text{V}$$

显然是矛盾的。又由于 a 点电位与 b、c、d 各点的电位之差都大于 0.7 V，故 D_1、D_2、D_3 中必有一个导通。

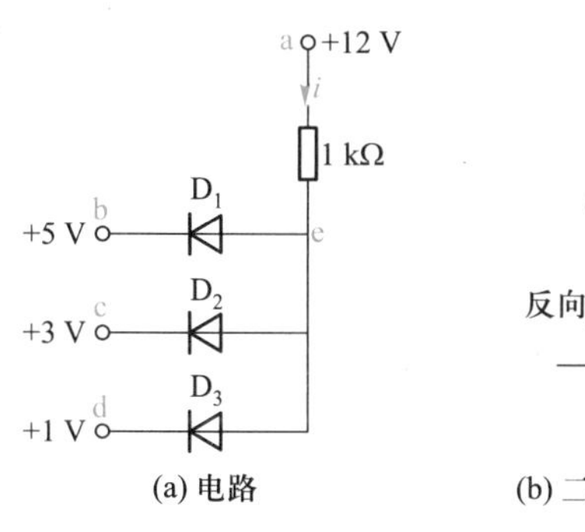

(a) 电路

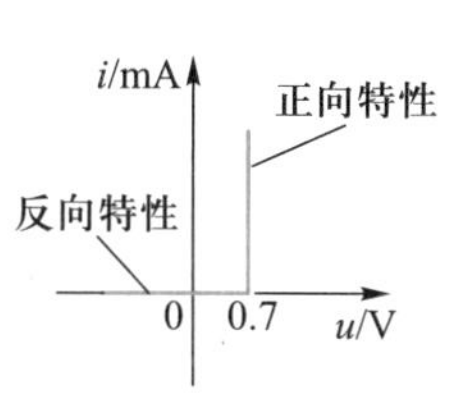

(b) 二极管的近似u-i特性

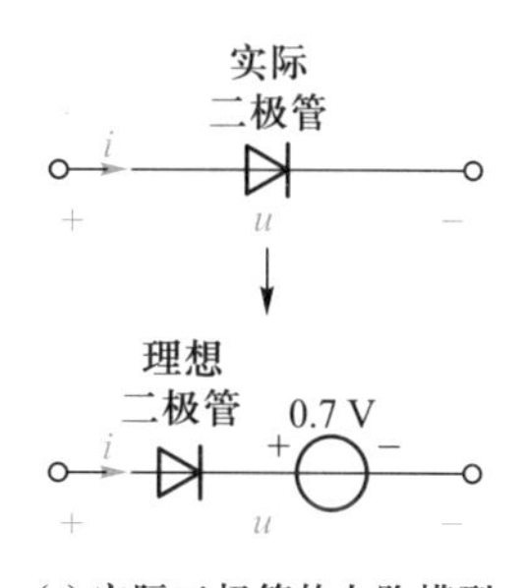

(c) 实际二极管的电路模型

图 1-4-5

假定 D_1 导通，D_2、D_3 截止，则

$$u_e=u_b+0.7=(5+0.7)\ \mathrm{V}=5.7\ \mathrm{V}$$

由于 $u_e-u_c>0.7$ V，则 D_2 也导通，导致

$$u_e=u_c+0.7=(3+0.7)\ \mathrm{V}=3.7\ \mathrm{V}$$

与 $u_e=5.7$ V 矛盾。故 D_1 为截止状态。

假定 D_2 导通，D_1、D_3 截止，则

$$u_e=u_c+0.7=(3+0.7)\ \mathrm{V}=3.7\ \mathrm{V}$$

由于 $u_e-u_d>0.7$ V，则 D_3 也导通，导致

$$u_e=u_d+0.7=(1+0.7)\ \mathrm{V}=1.7\ \mathrm{V}$$

与 $u_e=3.7$ V 矛盾。故 D_2 为截止状态。

假定 D_3 导通，D_1、D_2 截止，则

$$u_e=u_d+0.7=(1+0.7)\ \mathrm{V}=1.7\ \mathrm{V}$$

此时：$u_b>u_e$，满足 D_1 截止条件，$u_c>u_e$，满足 D_2 截止条件。假定成立。

因此，D_3 导通，D_1、D_2 截止。$u_e=1.7$ V，则

$$i=\frac{u_a-u_e}{1}=\frac{12-1.7}{1}\ \mathrm{mA}=10.3\ \mathrm{mA}$$

（2）理想二极管与 0.7 V 理想电压源串联，如图 1-4-5(c)所示，就是具有图 1-4-5(b)所示特性的实际二极管的电路模型。

目标 3 检测：理解电阻的特性

测 1-5 在测 1-5 图中二极管的导通电压取 0.7 V，截止电流为零。计算 S 断开、合上时的 u_o 和 i。

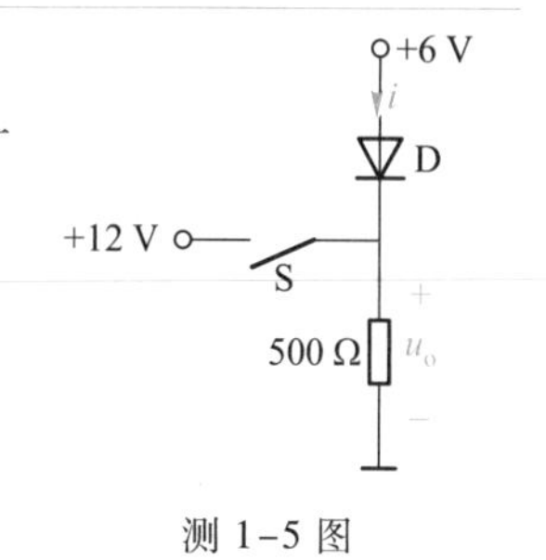

测 1-5 图

答案：S 断开时，5.3 V，10.6 mA；S 合上时，12 V，0。

1.4.2 独立电源

将其他能量转换为电能的电器件或装置称为电源。发电机将机械能转换为电能，电池将化学能转换为电能，它们以端电压基本不受外部电路影响的方式向外部电路提供电能，建立这些类型电源的电路模型，必须先定义独立电压源。光伏电池将光能转化为电能，以流出电流基本不受外部电路影响的方式向外部电路提供电能，建立这类电源的电路模型，必须先定义独立电流源。

1. 独立电压源

独立电压源（independent voltage source）是端电压独立于其他电路变量、能够提供电能的电路元件，电路符号如图 1-4-6(a)所示，直流电压源也可用图 1-4-6(b)所示符号来表示。

(a) 电压源符号　　(b) 直流电压源符号

图 1-4-6　独立电压源的电路符号

在图 1-4-7(a)所示参考方向下，直流电压源（如 $U_S=10$ V）的特性如图 1-4-7(b)所示，交流电压源（如 $u_S=10\cos100\pi t$ V）的特性如图 1-4-7(c)所示。

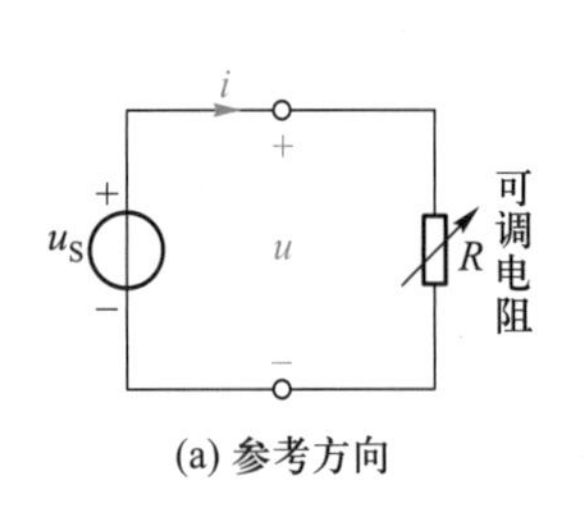

(a) 参考方向

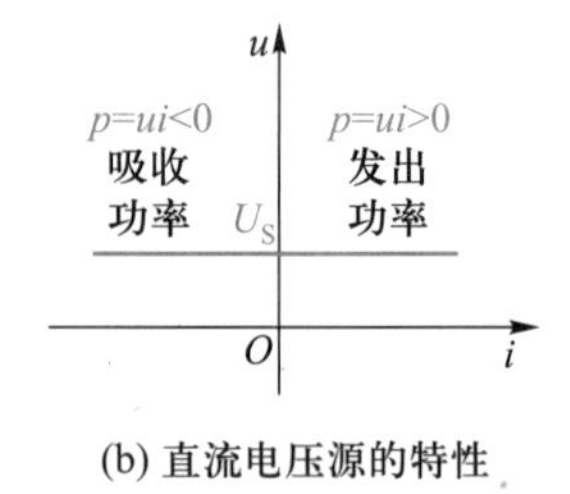

(b) 直流电压源的特性

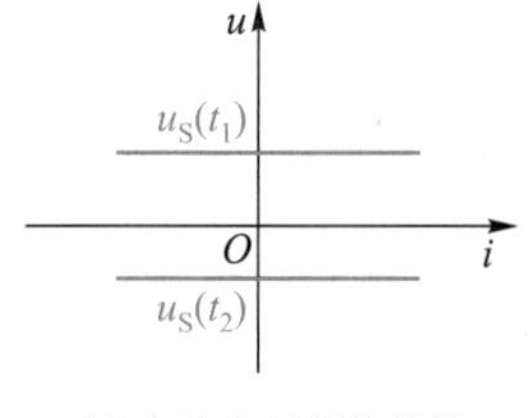

(c) 交流电压源的特性

图 1-4-7　独立电压源的特性

2. 独立电流源

独立电流源是输出电流独立于其他电路变量、能够提供电能的电路元件，电路符号如图 1-4-8(a)所示。在图 1-4-8(b)所示参考方向下，直流电流源（如 $I_S=1$ A）的特性如图 1-4-8(c)所示，交流电流源（如 $i_S=0.2\sin100\pi t$ A）的特性如图 1-4-8(d)所示。

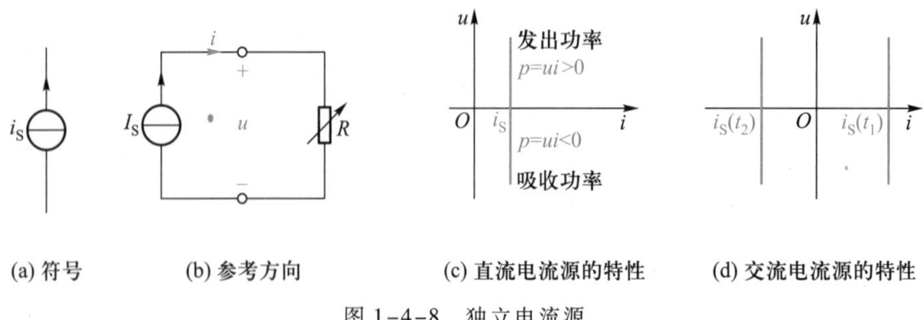

(a) 符号　　(b) 参考方向　　(c) 直流电流源的特性　　(d) 交流电流源的特性

图 1-4-8　独立电流源

3. 电池的特性及其电路模型

化学电池为实际直流电压源。在图 1-4-9(a)所示参考方向下，调节负载电阻 R_L，获得化学电池的伏安特性，如图 1-4-9(b)所示。化学电池开路($R_L=\infty$)时电压为最高 U_S，当化学电池电流增大到一定值 I_{max} 时，电压急剧下降，因此，化学电池的正常工作范围是 $0<i<I_{max}$。电阻 R_L 的伏安特性与化学电池的伏安特性的交点就是电路的工作点。在化学电池的正常工作范围内，用斜率为 $-R_S$、与 u 轴相交于 U_S 的直线来近似化学电池的伏安特性，如图 1-4-9(c)所示，该直线也就是图 1-4-9(d)所示电路模型的端口伏安特性。图 1-4-9(d)就是化学电池的电路模型。U_S 为开路电压，R_S 为内阻，R_S 越小，化学电池的伏安特性越接近独立电压源。

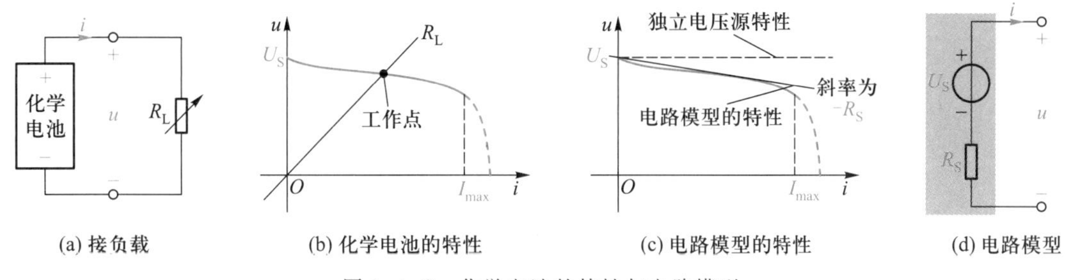

图 1-4-9 化学电池的特性与电路模型

光伏电池为实际直流电流源。在图 1-4-10(a)所示参考方向下，调节负载电阻 R_L，获得光伏电池的伏安特性，如图 1-4-10(b)所示。光伏电池的正常工作范围是 $0<u<U_{max}$。在光伏电池的正常工作范围内，用斜率为 $-G_S$、与 i 轴相交于 I_S 的直线来逼近光伏电池的伏安特性，如图 1-4-10(c)所示，该直线也就是图 1-4-10(d)所示电路模型的端口伏安特性。因此，图 1-4-10(d)就是光伏电池的电路模型。I_S 为短路电流，G_S^{-1} 为内阻，G_S 越小，光伏电池的伏安特性越接近独立电流源。

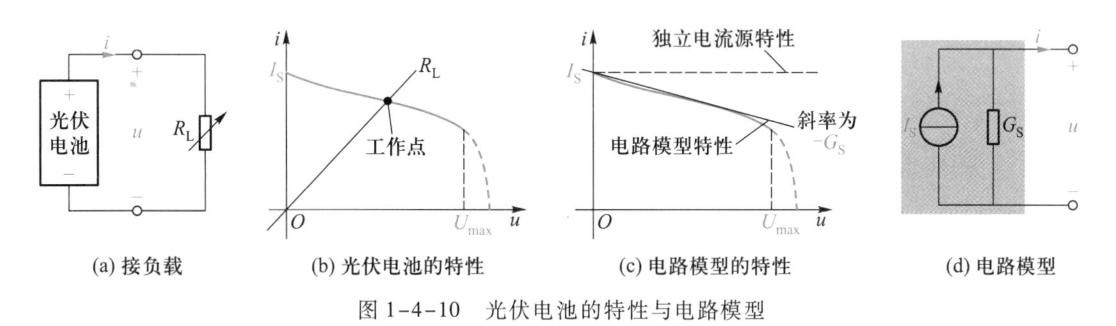

图 1-4-10 光伏电池的特性与电路模型

例 1-4-2 计算图 1-4-11 所示电路中各元件的功率、电压源的电流。

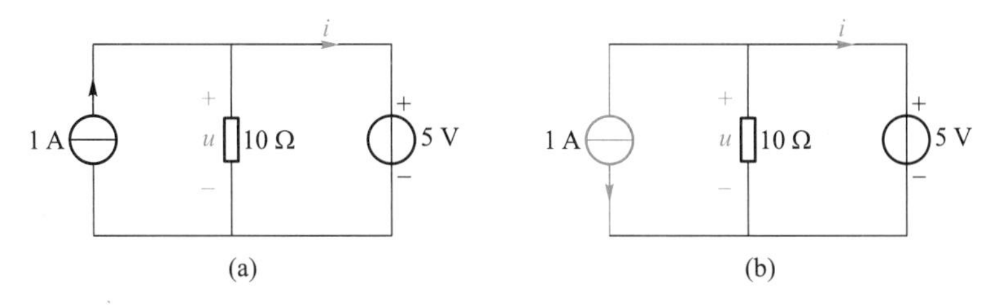

图 1-4-11

解:图 1-4-11(a)中,电阻的电压等于电压源的电压,即 $u=5$ V,因此,电阻吸收的功率为

$$p_R=\frac{u^2}{R}=\frac{5^2}{10}\ \text{W}=2.5\ \text{W}\quad(吸收)$$

电流源的电压也等于电压源的电压,故电流源发出的功率为

$$p_{is}=u\times1=5\times1\ \text{W}=5\ \text{W}\quad(发出)$$

由功率守恒得,电压源吸收的功率为

$$p_{us}=p_{is}-p_R=(5-2.5)\ \text{W}=2.5\ \text{W}\quad(吸收)$$

电流

$$i=\frac{p_{us}}{5}=\frac{2.5}{5}\ \text{A}=0.5\ \text{A}$$

图 1-4-11(b)中,电流源的方向改变,但仍有 $u=5$ V,电阻吸收的功率还是 $p_R=2.5$ W,但电流源处于吸收功率状态,电流源吸收功率为 $p_{is}=5$ W。此时,电压源发出的功率为

$$p_{us}=p_{is}+p_R=(5+2.5)\ \text{W}=7.5\ \text{W}\quad(发出)$$

电流

$$i=-\frac{p_{us}}{5}=-\frac{7.5}{5}\ \text{A}=-1.5\ \text{A}$$

目标 3 检测:理解电阻、独立电源的特性

测 1-6 计算测 1-6 图中各元件的功率、电压 u。

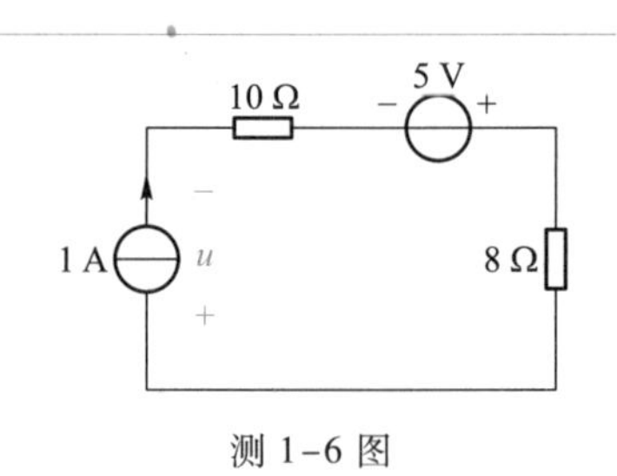

测 1-6 图

答案:电阻吸收 10 W、8 W,电压源发出 5 W,电流源发出 13 W,$u=-13$ V。

1.4.3 受控电源

电路中存在某个变量被另外一个变量控制的情况,称为变量间的耦合。晶体管放大电路是这种耦合关系的典型代表。

1. 晶体管放大电路

图 1-4-12 中的晶体管,它对电流具有放大作用,即 $I_C=\beta I_B$,β 为电流放大倍数,典型值在 30~100。电流 I_C 独立于除 I_B 以外的其他变量,I_C 对 R_C 而言相当于独立电流源。但是,I_C 受 I_B 的控制,调节 R_B 改变 I_B 时,I_C 随 I_B 而变。为了建立含有类似变量控制关系电路的电路模型,定义受控电源。

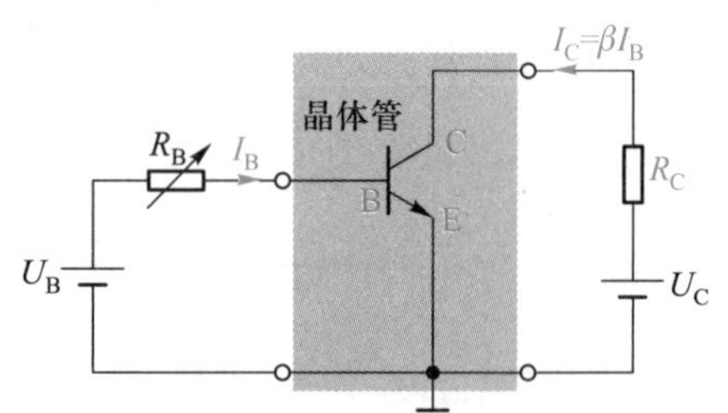

图 1-4-12 晶体管放大电路

2. 受控电源

受控电源(dependent source)分为受控电压源和受控电流源,其控制量又有电压与电流之

分。因此,受控电源有 4 种:

➢ 电压控制的电压源(voltage-controlled voltage source,VCVS);

➢ 电流控制的电压源(current-controlled voltage source,CCVS);

➢ 电压控制的电流源(voltage-controlled current source,VCCS);

➢ 电流控制的电流源(current-controlled current source,CCCS)。

受控电源的电路符号如图 1-4-13 所示。将独立电源符号的圆形变成菱形就是受控电源的符号。

与独立电源不同,受控电源有一个控制变量。图 1-4-13 中,受控电压源的电压与控制量成线性关系,受控电流源的电流与控制量成线性关系,称为线性受控电源。

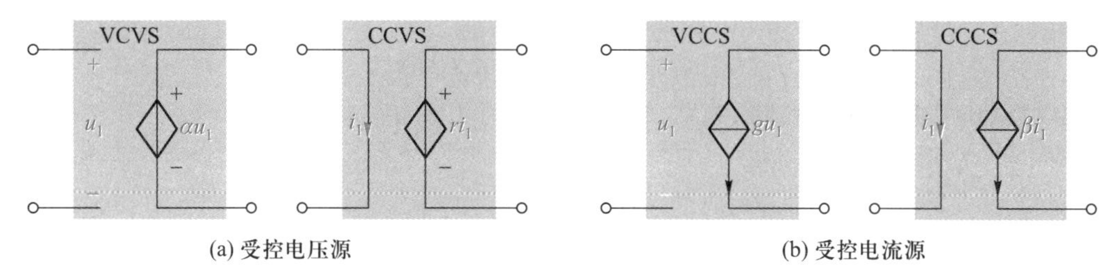

图 1-4-13　受控电源的电路符号

回到图 1-4-12 所示晶体管放大电路,晶体管用受控电流源表征,如图 1-4-14 所示。U_{BE} 恒定为 0.7 V(也有为 0.2 V 的,与晶体管的材料有关),用 0.7 V 电压源代表。

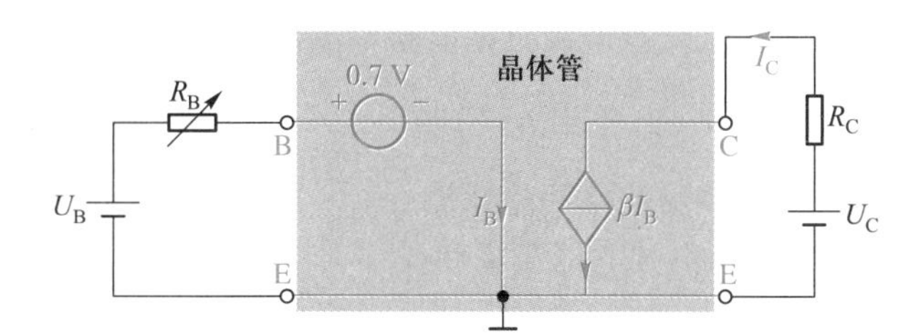

图 1-4-14　图 1-4-12 所示晶体管放大电路的电路模型

例 1-4-3　计算图 1-4-15 中受控电流源的功率。

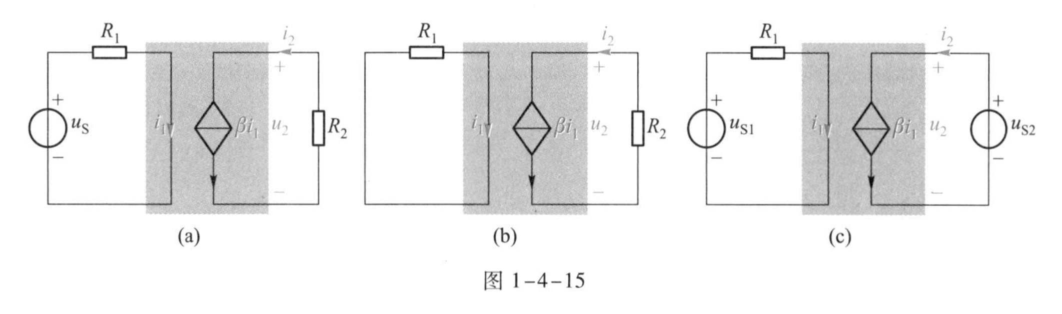

图 1-4-15

解:图 1-4-15(a)中,由线性电阻的特性得

$$i_1=\frac{u_S}{R_1}\qquad (对\ R_1\ 而言,u_S、i_1\ 为关联方向)$$

$$u_2=-R_2i_2 \qquad (对 R_2 而言,u_2、i_2 为非关联方向)$$

$$i_2=\beta i_1=\beta\frac{u_S}{R_1}$$

受控电流源吸收的功率为

$$p=u_2i_2=(-R_2i_2)i_2=-R_2i_2^2 \qquad (对受控电流源而言,u_2、i_2 为关联方向)$$

将 i_2 的表达式代入上式,得

$$p=-R_2i_2^2=-R_2\left(\beta\frac{u_S}{R_1}\right)^2<0$$

受控电流源吸收的功率小于零,表明是提供功率。由此可见,受控电源为有源元件。

在图 1-4-15(b)中,由于 $i_1=0$,因此

$$i_2=\beta i_1=0, \quad u_2=-R_2i_2=0$$

即图 1-4-15(b)中的电压、电流均为零,受控电流源的功率自然也为零。

在图 1-4-15(c)中

$$i_2=\beta i_1, \qquad i_1=u_{S1}/R_1, \qquad u_2=u_{S2}$$

受控电流源吸收的功率为

$$p=u_2i_2=\frac{\beta u_{S1}u_{S2}}{R_1}>0 \quad (当 u_{S1}>0、u_{S2}>0 时)$$

即图 1-4-15(c)中的受控电流源吸收功率。

对比图 1-4-15 中的(a)和(b),受控电源虽然是有源元件,能够输出功率,但若没有独立电源,电路中就不会有电压和电流。受控电源只是电路中电压、电流的控制(或耦合)关系,独立电源则是电路中存在电压、电流的根本原因,称为激励。

目标 3 检测:理解电阻、独立电源、受控电源的特性

测 1-7 计算测 1-7 图中的电压 u_O、独立电流源和受控电流源发出的功率。

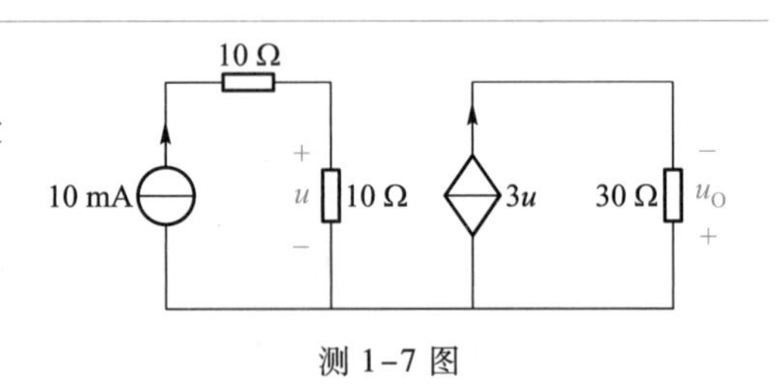

测 1-7 图

答案:$u_O=-9$ V,独立电流源发出 2 mW 功率,受控电流源发出 2.7 W 功率。

1.5 基本定律

电路元件的电压和电流关系(u-i 关系)由元件的特性决定。电路中不同元件电流之间的关系、不同元件电压之间的关系,由电路的基本定律来决定。

电路的基本定律就是基尔霍夫定律,包括基尔霍夫电流定律、基尔霍夫电压定律。为便于

叙述,先介绍电路术语,再提出基尔霍夫定律。

1.5.1 电路术语

支路(branch):一个二端元件为一条支路。但是,电阻和电压源串联视为一条支路,称为戴维南支路,电阻与电流源并联视为一条支路,称为诺顿支路。图 1-5-1(a)有 6 条支路:2 条电阻支路(5、6 号支路),1 条戴维南支路(2 号支路),1 条诺顿支路(1 号支路),1 条电压源支路(4 号支路),1 条电流源支路(3 号支路)。

支路电流与支路电压:如图 1-5-1(a)中的 2 号支路,支路电流为 i_2、支路电压为 u_2。通常取关联参考方向,为了简便,只在图中标出支路电流,默认支路电压方向与电流方向关联,变量下标相同。

结点(node):支路的相交点。图 1-5-1(a)有 4 个结点,每个结点上连接了 3 条支路。图 1-5-1(a)中的闭合面 S,将结点 2、3 包围在面内,这样的闭合面称为广义结点(super-node)。图 1-5-1(a)有多个广义结点。

回路(loop):由支路形成的闭合路径。图 1-5-1(b)中,m_1、m_2、m_3、l 都是回路,但是,m_1、m_2、m_3 包围的平面内没有支路,也称为网孔(mesh),而 l 包围的平面内有 4 号支路,只能称为回路。

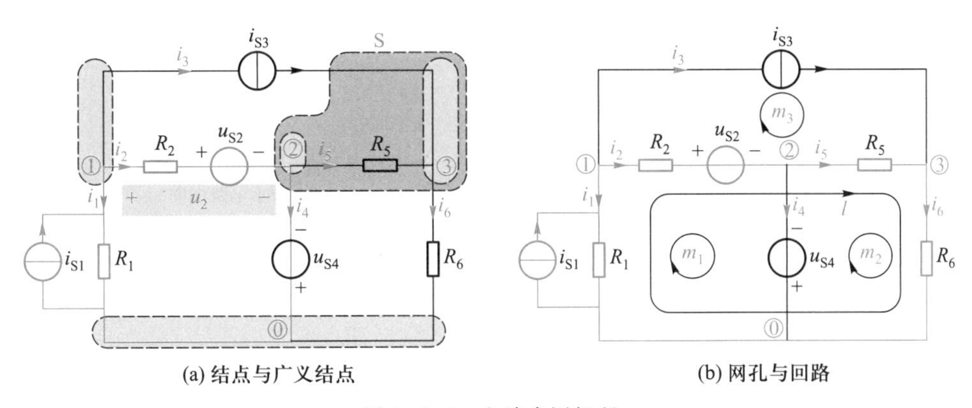

图 1-5-1 电路术语解释

平面电路:能够画在平面(或球面)上,且可避免支路在空间交叉的电路。图 1-5-1 所示的是平面电路;图 1-5-2(a)所示电路中,R_6、R_7 支路空间交叉,不是平面电路。如果图 1-5-2(a)中没有 R_3,则可通过改画电路去掉空间交叉,如图 1-5-2(b)所示,则为平面电路。

网孔的概念只适用于平面电路,若平面电路网孔的个数是一定的,则有

平面电路网孔个数 = 支路数 - 结点数 + 1

图 1-5-2(b)的支路数为 6,结点数为 4,因此网孔数为 3。图 1-5-2(b)中,R_1 和 R_6 可合并为一个电阻,R_4 和 R_7 可合并为一个电阻,故支路数为 6,而结点数为 4,因此网孔数为 3。

将平面电路画在球面上,电路的边界支路也是一个网孔,称为外网孔。图 1-5-1(b)中的支路 1、3、6 形成外网孔,图 1-5-2(b)中,R_1、R_6、R_5、R_2 形成外网孔。通常所说的网孔不包括外网孔。

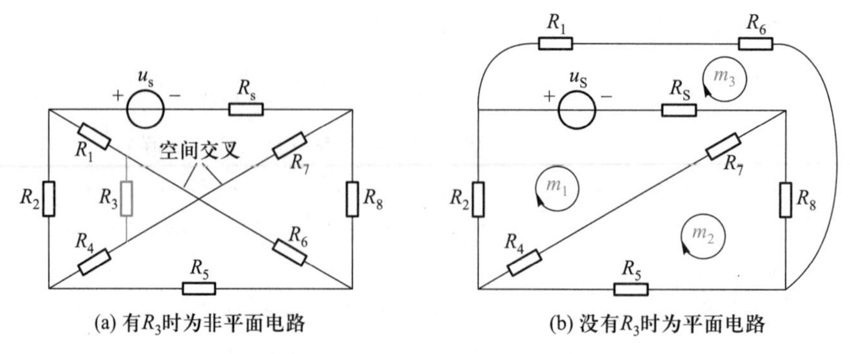

(a) 有R_3时为非平面电路　　(b) 没有R_3时为平面电路

图 1-5-2　平面电路与非平面电路

有向图(graph):电路的结构就是支路和结点间的连接关系,用"点"代表结点、用"线段(或线弧)"代表支路,线段(或线弧)上的箭头代表支路电流方向,如图 1-5-3(b)所示,它是图 1-5-1(a)所示电路的有向图。有向图体现电路的结构和支路电流的方向。如果没有支路电流方向,就称为图,图 1-5-3(b)就是图 1-5-2(b)所示电路的图。

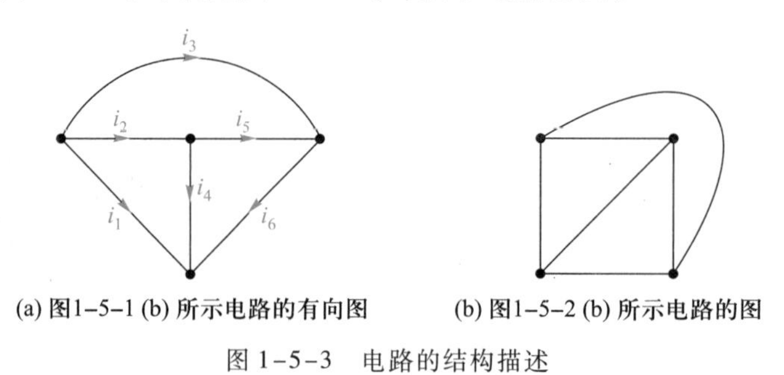

(a) 图1-5-1 (b) 所示电路的有向图　　(b) 图1-5-2 (b) 所示电路的图

图 1-5-3　电路的结构描述

1.5.2 基尔霍夫电流定律

基尔霍夫电流定律(Kirchhoff's Current Law),简称为 KCL,是支路电流的关系方程。

1. KCL 方程

我们已由电路理论的**基本假设 2** 得出了式(1-2-5),即电路中流出电器件(或电路元件)的自由电流密度矢量 $\boldsymbol{J}$ 的闭合面积分等于零。图 1-5-4(a)中,闭合面 S 将电路中的一个元件包围在其中,有

$$\oint_S \boldsymbol{J} \cdot \mathrm{d}\boldsymbol{S} = -i_1 + i_2 = 0$$

因此

$$i_1 - i_2 = 0 \tag{1-5-1}$$

流入元件的电流等于流出元件的电流,这个电流就是支路电流。

图 1-5-4(b)中,i_1、i_2 和 i_3 为支路电流,闭合面 S 将电路中的一个结点包围在其中,同理有

$$i_1 + i_2 - i_3 = 0 \tag{1-5-2}$$

图 1-5-4(c)中,闭合面 S 将电路的某个部分包围在其中(即广义结点),仍然有

$$i_1 + i_2 - i_4 - i_5 = 0 \tag{1-5-3}$$

式(1-5-2)、式(1-5-3)就是基尔霍夫电流定律,即 KCL 方程。

> **基尔霍夫电流定律(KCL)**
>
> 集中参数电路中,任何时刻流入一个结点(或一个闭合面)的支路电流之代数和为零。即
>
> $$\sum_{k=1}^{b} i_k = 0$$

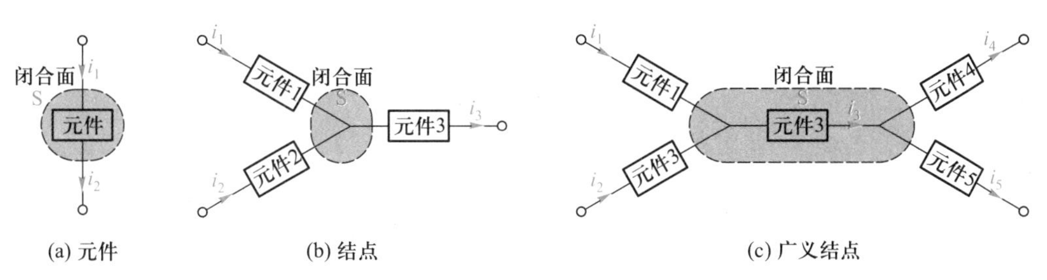

(a) 元件　　(b) 结点　　(c) 广义结点

图 1-5-4　基尔霍夫电流定律说明

图 1-5-4(c)中,不仅有式(1-5-3),还有 2 个结点的 KCL 方程,即

$$i_1+i_2=i_3 \tag{1-5-4}$$

$$i_3=i_4+i_5 \tag{1-5-5}$$

但是,式(1-5-3)、式(1-5-4)、式(1-5-5)是一组线性相关(不独立)的方程,显然,式(1-5-4)、式(1-5-5)相加得到式(1-5-3)。由此可得,广义结点的 KCL 方程,是它所包围的结点的 KCL 方程之和。

2. KCL 方程的独立性

用方程计算电路时,所列方程必须是独立的。电路有多少个独立的 KCL 方程呢?如何确保列写的 KCL 方程是独立的呢?

在图 1-5-1(a)中,结点 1、2、3 的 KCL 方程各有一个不在其他方程中出现的电流,分别是 i_1、i_4、i_6,因此,结点 1、2、3 的 KCL 方程是一组独立方程。广义结点 S 的 KCL 方程与结点 2、3 的 KCL 方程线性相关。结点 0 的 KCL 方程就是包围结点 1、2、3 的广义结点的 KCL 方程,它与结点 1、2、3 的 KCL 方程线性相关。因此,图 1-5-1(a)所示电路只有 3 个独立的 KCL 方程。任意 3 个结点的 KCL 方程,就是一组数目最大的独立 KCL 方程。

> **KCL 方程的独立性**
>
> 1. 有 n 个结点、b 条支路的电路,可以列写 $n-1$ 个独立的 KCL 方程。
> 2. 电路中任意 $n-1$ 个结点的 KCL 方程就是 $n-1$ 个独立的 KCL 方程。
> 3. 广义结点的 KCL 方程是被闭合面包围的结点的 KCL 方程之代数和。

3. 支路电流的独立性

KCL 方程是关于支路电流的一组线性约束。有 n 个结点、b 条支路的电路,可以列写关于 b 个支路电流的 $n-1$ 个独立的 KCL 方程。b 个支路电流满足 $n-1$ 个方程,因此,有 $b-n+1$ 个支路电流是独立变量。如果已知这 $b-n+1$ 个独立的支路电流,就能应用 KCL 求得其他支路电流。

例如,图 1-5-3(a)中,如果已知 1、3、6 号支路电流,通过 KCL 就能求得 2、4、5 号支路电流,因此,1、3、6 号支路电流是独立电流。

1.5.3 基尔霍夫电压定律

基尔霍夫电压定律(Kirchhoff's Voltage Law),简称为 KVL,是支路电压的关系方程。

1. KVL 方程

我们已由电路理论的**基本假设 3** 得出了式(1-2-6),即在电路中,积分路径不经过器件内部时,电场 $\boldsymbol{E}$ 的闭合线积分等于零,或电场 $\boldsymbol{E}$ 的线积分与路径无关。对于图 1-5-5 中的网孔 m_1,按照网孔绕向进行电场 $\boldsymbol{E}$ 的线积分,有

$$\oint_l \boldsymbol{E}\cdot \mathrm{d}\boldsymbol{l}=\int_{\mathrm{a}}^{\mathrm{b}}\boldsymbol{E}\cdot \mathrm{d}\boldsymbol{l}+\int_{\mathrm{b}}^{\mathrm{c}}\boldsymbol{E}\cdot \mathrm{d}\boldsymbol{l}+\int_{\mathrm{c}}^{\mathrm{d}}\boldsymbol{E}\cdot \mathrm{d}\boldsymbol{l}+\int_{\mathrm{d}}^{\mathrm{a}}\boldsymbol{E}\cdot \mathrm{d}\boldsymbol{l}=0$$

由电压的概念式(1-3-3)得

$$\int_{\mathrm{a}}^{\mathrm{b}}\boldsymbol{E}\cdot \mathrm{d}\boldsymbol{l}=u_1,\quad \int_{\mathrm{b}}^{\mathrm{c}}\boldsymbol{E}\cdot \mathrm{d}\boldsymbol{l}=u_2,\quad \int_{\mathrm{c}}^{\mathrm{d}}\boldsymbol{E}\cdot \mathrm{d}\boldsymbol{l}=-u_3,\quad \int_{\mathrm{d}}^{\mathrm{a}}\boldsymbol{E}\cdot \mathrm{d}\boldsymbol{l}=-u_4$$

因此

$$u_1+u_2-u_3-u_4=0 \tag{1-5-6}$$

这就是网孔 m_1 的 KVL 方程。同理可得,网孔 m_2 的 KVL 方程为

$$u_5+u_6-u_7-u_2=0 \tag{1-5-7}$$

基尔霍夫电压定律(KVL)

集中参数电路中,任何时刻,任意一个回路中所有支路电压之代数和为零。即

$$\sum_{k=1}^{b} u_k=0$$

2. KVL 方程的独立性

电路有多少个独立的 KVL 方程呢?如何确保列写的 KVL 方程是独立的呢?在图 1-5-5 所示电路中,网孔 m_1、m_2 的 KVL 方程是独立方程。由网孔 m_1、m_2 形成的回路 l 的 KVL 方程为

$$u_1+u_5+u_6-u_7-u_3-u_4=0 \tag{1-5-8}$$

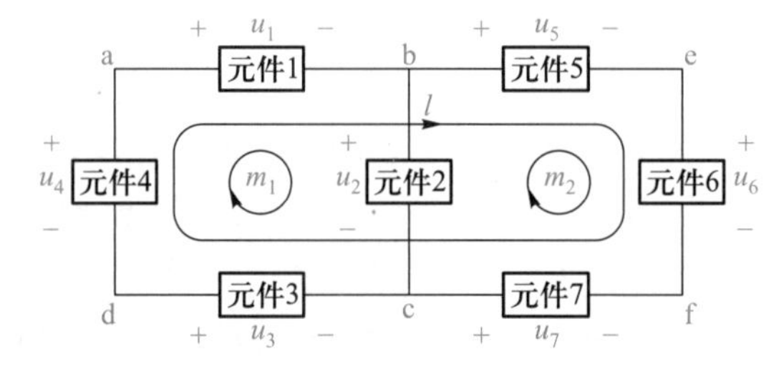

图 1-5-5　基尔霍夫电压定律说明

显然,式(1-5-8)是式(1-5-6)和式(1-5-7)相加的结果。图 1-5-5 只有 2 个独立的 KVL 方程。图 1-5-1(b)所示电路,网孔 m_1、m_2、m_3 的 KVL 方程就是一组数目最大的独立 KVL 方程。

KVL 方程的独立性

1. 有 n 个结点、b 条支路的电路,可以列写 $b-n+1$ 个独立的 KVL 方程。
2. 平面电路所有网孔的 KVL 方程就是 $b-n+1$ 个独立 KVL 方程。
3. 回路的 KVL 方程是被回路所包含的网孔的 KVL 方程之代数和。

3. 支路电压的独立性

KVL 方程是关于支路电压的一组线性约束。有 n 个结点、b 条支路的电路，可列写关于 b 个支路电压的 $b-n+1$ 个独立的 KVL 方程。b 个支路电压满足 $b-n+1$ 个方程，因此，有 $n-1$ 个支路电压是独立变量。如果已知这 $n-1$ 个独立的支路电压，就能应用 KVL 求得其他支路电压。例如，图 1-5-3(a) 中，如果已知 1、4、6 号支路电压，通过 KVL 就能求得 2、3、5 号支路电压，因此，1、4、6 号支路电压是独立电压。

例 1-5-1 电路如图 1-5-6(a) 所示。(1) 指定支路电流方向，画出有向图；(2) 结点数、支路数各为多少？(3) 有多少个独立的 KCL 方程？列写一组独立的 KCL 方程；(4) 有多少个独立的支路电流？举例说明；(5) 有多少个独立的 KVL 方程？列写一组独立的 KVL 方程；(6) 有多少个独立的支路电压？举例说明。

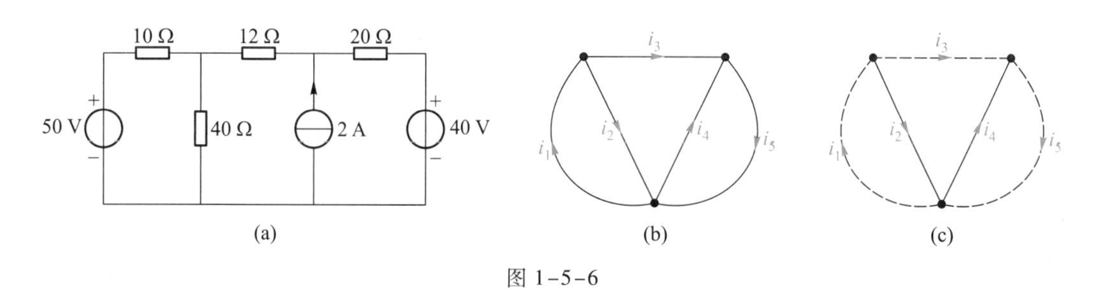

图 1-5-6

解：(1) 图 1-5-6(a) 的有向图如图 1-5-6(b) 所示，支路 1 和 5 是电压源和电阻串联的戴维南支路，支路 2 为 40 Ω 电阻，支路 3 为 12 Ω 电阻，支路 4 为电流源。

(2) 图 1-5-6(b) 所示有向图表明，结点数 $n=3$、支路数 $b=5$。

(3) 独立 KCL 方程数为

$$n-1=2$$

任意两个结点的 KCL 方程就是独立的 KCL 方程，如

$$i_1-i_2-i_3=0,\quad i_3+i_4-i_5=0$$

其他 KCL 方程都会与以上两个 KCL 方程线性相关。

(4) 5 个支路电流满足两个 KCL 方程，因此，3 个支路电流为独立变量，用独立的 3 个支路电流表示其他两个支路电流。例如：i_1、i_3、i_5 可以是独立支路电流，即图 1-5-6(c) 中的虚线支路，由前面的 KCL 方程得，i_2、i_4 用 i_1、i_3、i_5 表示为

$$i_2=i_1-i_3,\quad i_4=i_5-i_3$$

(5) 独立 KVL 方程数为

$$b-n+1=3$$

网孔的 KVL 方程是独立的 KVL 方程，即

$$u_1+u_2=0,\quad u_2-u_3+u_4=0,\quad u_4+u_5=0$$

(6) 5 个支路电压满足 3 个 KVL 方程，因此，两个支路电压为独立变量。例如：图 1-5-6(c) 中实线支路的 u_2、u_4 为独立支路电压，由 KVL 方程得

$$u_1=-u_2,\quad u_3=u_2+u_4,\quad u_5=-u_4$$

目标 4 检测:正确应用基尔霍夫定律

测 1-8 电路如测 1-8 图所示。(1)指定支路电流方向,画出有向图;(2)结点数、支路数各为多少?(3)有多少个独立的 KCL 方程?列写一组独立的 KCL 方程;(4)有多少个独立的支路电流?举例说明;(5)有多少个独立的 KVL 方程?列写一组独立的 KVL 方程;(6)有多少个独立的支路电压?举例说明。

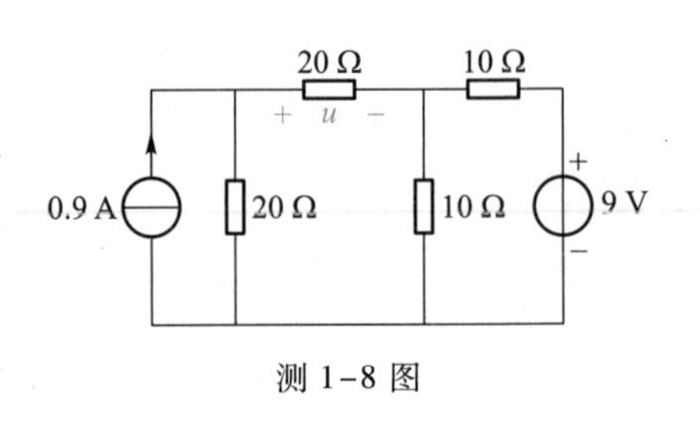

测 1-8 图

答案:$n=3$、$b=4$。

1.5.4 基尔霍夫定律应用

在电路中,支路电流受 KCL 约束、支路电压受 KVL 约束、元件上的电压和电流受元件的 $u-i$ 关系约束,这些约束给出的方程是电路的基本方程。由电路的基本方程可解得所有支路电压、支路电流。

例 1-5-2 图 1-5-7(a)中,N_1、N_2 为内部结构未知的网络(即黑盒子),计算电流 i。

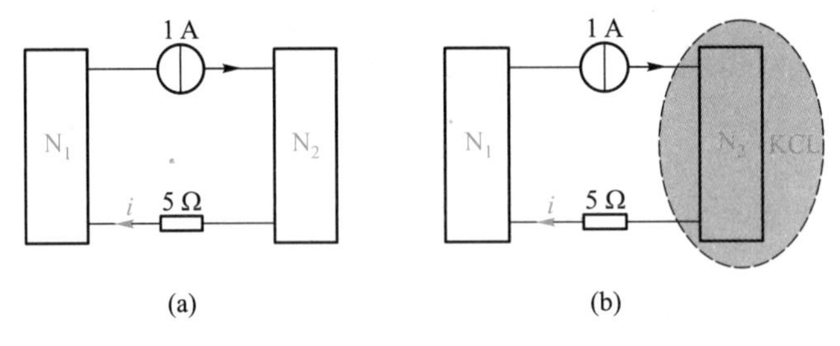

图 1-5-7

解:应用 KCL,如图 1-5-7(b)所示,得

$$i=1\ \text{A}$$

目标 4 检测:正确应用基尔霍夫定律

测 1-9 确定测 1-9 图中的电流 i。

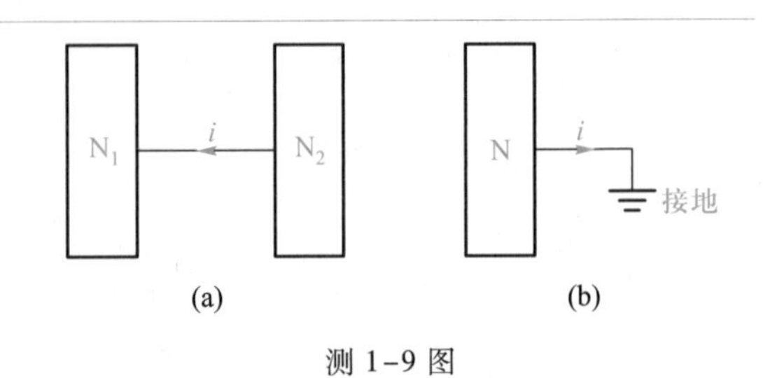

测 1-9 图

答案:$i=0$。

例 1-5-3 计算图 1-5-8(a)中的 i、u_1、u_2。

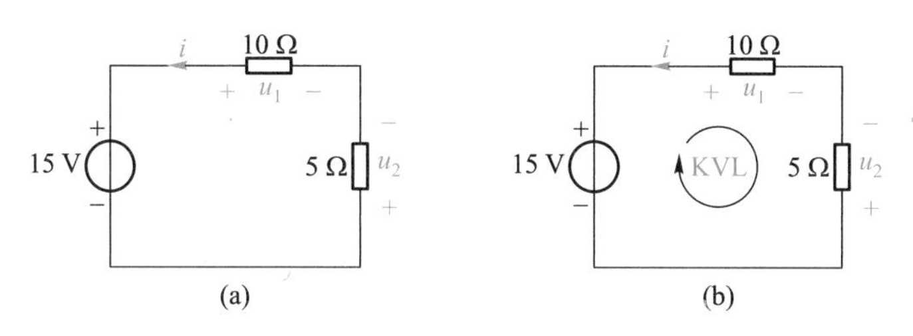

图 1-5-8

解:在图 1-5-8(a)中应用欧姆定律,得

$$u_1 = -10i,\quad u_2 = 5i$$

应用 KVL,如图 1-5-8(b)所示,得

$$15 = u_1 - u_2$$

将 $u_1 = -10i$、$u_2 = 5i$ 代入上式,得

$$15 = u_1 - u_2 = -10i - 5i = -15i$$

$$i = -1\ \text{A}$$

$$u_1 = -10i = 10\ \text{V},\quad u_2 = 5i = -5\ \text{V}$$

目标 4 检测:正确应用基尔霍夫定律

测 1-10 计算测 1-10 图中的电压 u_1、u_2。

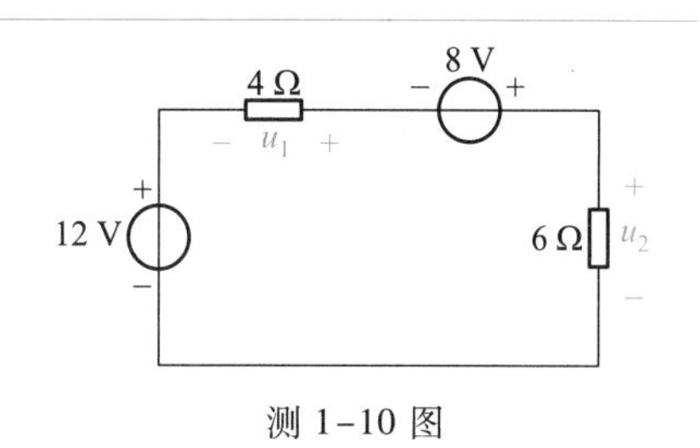

测 1-10 图

答案:-8 V,12 V。

例 1-5-4 计算图 1-5-9(a)中的 u_0、i。

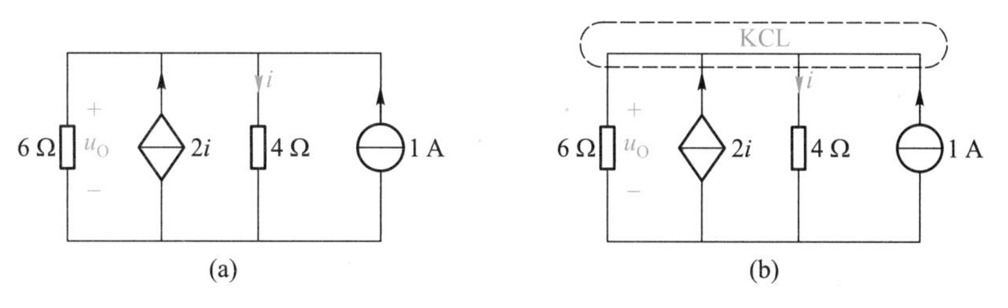

图 1-5-9

解:在图 1-5-9(a)中应用 KVL,4 Ω 电阻的电压为 u_0,应用欧姆定律得

$$i=\frac{u_0}{4}$$

6 Ω 电阻的电流为

$$i_0=\frac{u_0}{6}\quad (i_0 与 u_0 为关联参考方向)$$

对结点应用 KCL,如图 1-5-9(b)所示,得

$$i_0-2i+i-1=0$$

将 $i_0=\frac{u_0}{6}$、$i=\frac{u_0}{4}$代入上式,得

$$\frac{u_0}{6}-\frac{u_0}{4}-1=0$$

因此

$$u_0=-12\ \text{V}$$

$$i=\frac{u_0}{4}=-\frac{12}{4}\ \text{A}=-3\ \text{A}$$

目标 4 检测:正确应用基尔霍夫定律

测 1-11　计算测 1-11 图中的 i、u_1、u_2。

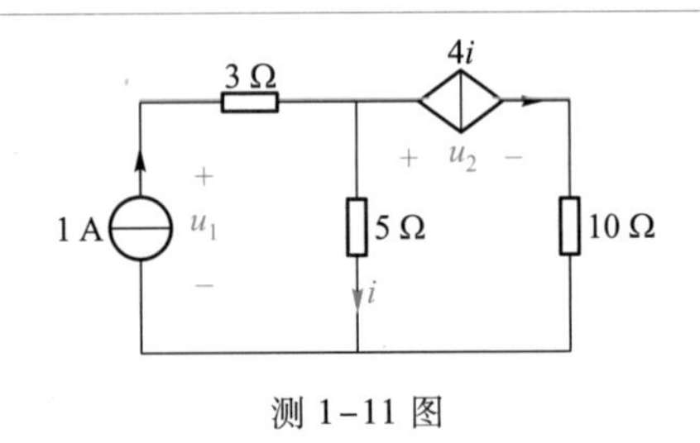

测 1-11 图

答案:0.2 A,4 V,-7 V。

例 1-5-5　计算图 1-5-10(a)中的 u_1、u_2。

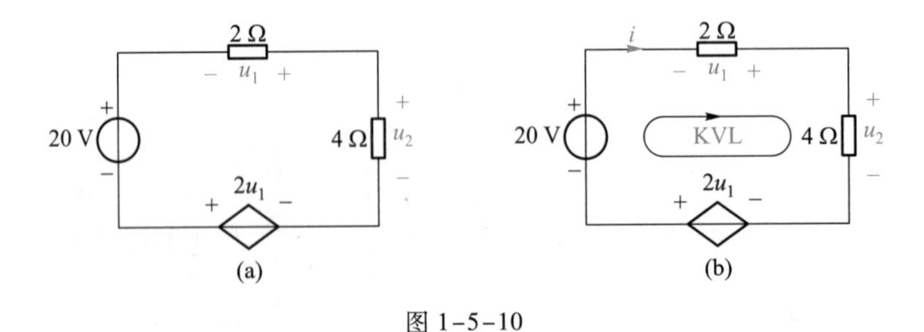

图 1-5-10

解:设电流 i 的参考方向如图 1-5-10(b)所示,应用欧姆定律得

$$u_1=-2i,\quad u_2=4i$$

在图 1-5-10(b)中应用 KVL 得

$$20=-u_1+u_2-2u_1$$

将 $u_1=-2i$、$u_2=4i$ 代入上式，得

$$20=-(-2i)+4i-2(-2i)=10i$$

$$i=2\ \text{A}$$

因此

$$u_1=-2i=-4\ \text{V},\quad u_2=4i=8\ \text{V}$$

目标 4 检测：正确应用基尔霍夫定律

测 1-12 计算测 1-12 图中的电压 u_1、u_2。

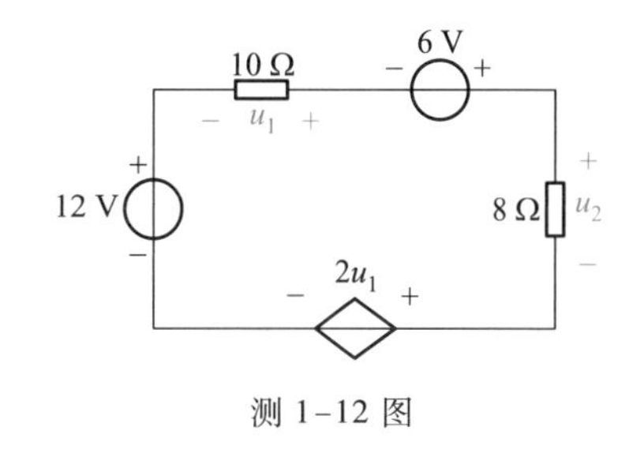

测 1-12 图

答案：90 V，-72 V。

例 1-5-6 计算图 1-5-11(a)中各支路的电流。

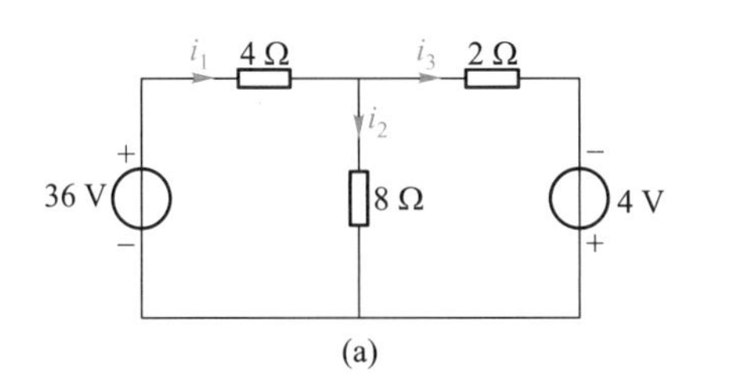

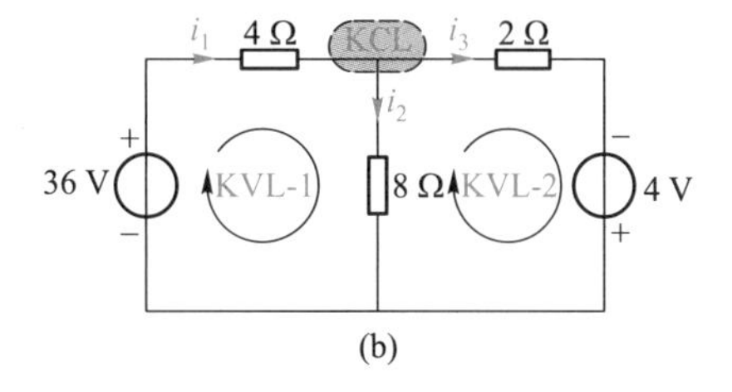

图 1-5-11

解：图 1-5-11(a)中的支路电流 i_1、i_2、i_3 要通过方程组求解。图 1-5-11(a)有 2 条戴维南支路，1 条电阻支路，支路数 $b=3$，结点数 $n=2$。因此，有 1 个独立的 KCL 方程、2 个独立的 KVL 方程，如图 1-5-11(b)所示，有

$$i_1-i_2-i_3=0\quad(\text{KCL})$$

$$4i_1+8i_2-36=0\quad(\text{KVL-1})$$

$$2i_3-4-8i_2=0\quad(\text{KVL-2})$$

由 KVL-1 得 $i_1=-2i_2+9$，由 KVL-2 得 $i_3=2+4i_2$，将它们代入 KCL 中，得

$$(-2i_2+9)-i_2-(2+4i_2)=0$$

解得

$$i_2=1\ \text{A}$$

$$i_1=-2i_2+9=7\ \text{A},\quad i_3=2+4i_2=6\ \text{A}$$

目标 4 检测:正确应用基尔霍夫定律

测 1-13 计算测 1-13 图中的独立电压源提供的功率。

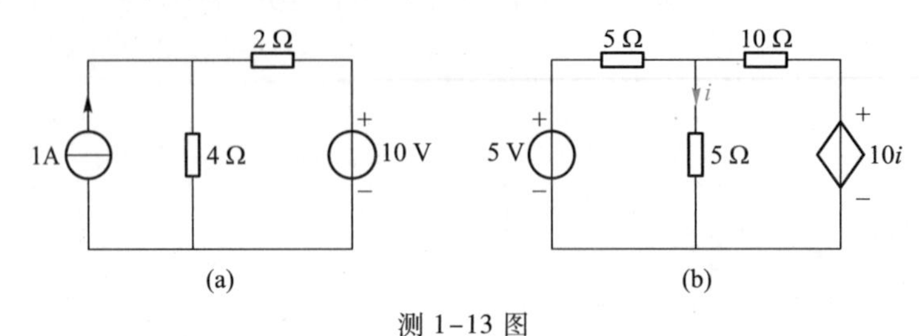

测 1-13 图

答案:(a)10 W;(b)5/3 W。

例 1-5-7 计算图 1-5-12(a)中的电压 u。二极管导通时压降为 0.7 V,截止时电流为零。

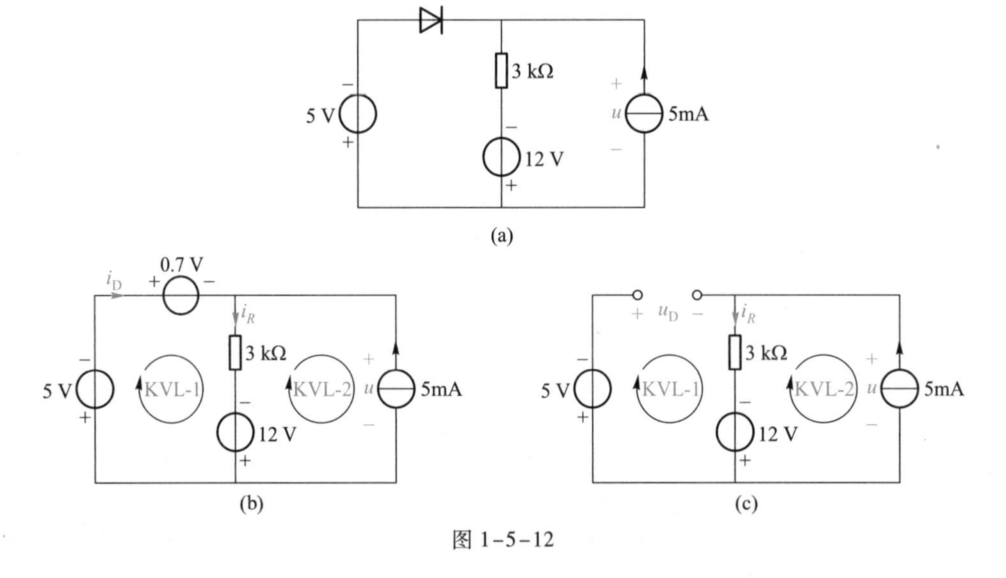

图 1-5-12

解:假定图 1-5-12(a)中的二极管导通,导通时压降为 0.7 V,二极管相当于 0.7 V 电压源,如图 1-5-12(b)所示。

在图 1-5-12(b)中,应用 KCL 得

$$i_R = i_D + 5 \quad (\text{KCL})$$

对左边网孔应用 KVL,得

$$0.7 + 3i_R - 12 + 5 = 0 \quad (\text{KVL-1})$$

将 KCL 代入 KVL-1 中,得

$$0.7 + 3(i_D + 5) - 12 + 5 = 0$$

$$i_D = -2.9 \text{ mA}$$

$i_D = -2.9$ mA<0,与二极管导通的假设矛盾,因此,二极管工作于截止状态。

二极管工作于截止状态,电路如图 1-5-12(c)所示。由 KCL 得,图中 $i_R = 5$ mA,应用 KVL 得

$$u=3i_R-12=(3\times5-12)\ \text{V}=3\ \text{V}\quad(\text{KVL-2})$$
$$u_D=-5-u=(-5-3)\ \text{V}=-8\ \text{V}\quad(\text{KVL-1})$$

$u_D=-8\ \text{V}<0$，表明二极管确实工作于截止状态。

目标 4 检测：正确应用基尔霍夫定律

测 1-14 计算测 1-14 图中的电压 u。二极管导通时压降为 0.7 V，截止时电流为零。

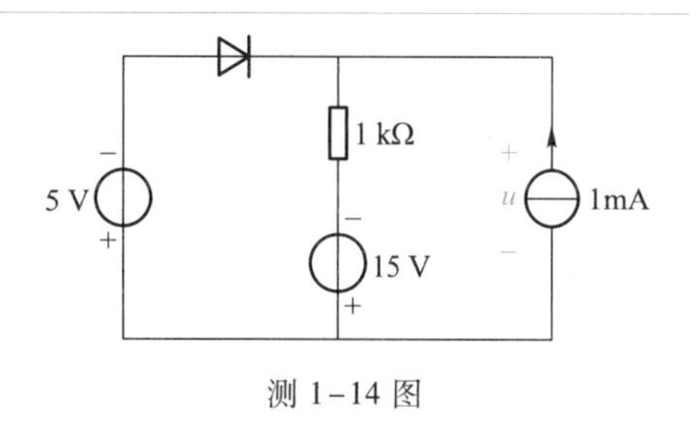

测 1-14 图

答案：-5.7 V。

例 1-5-8 以图 1-5-13(a)所示电路为例，证明：当电路满足基尔霍夫定律（即为集中参数电路）时，电路的功率守恒。

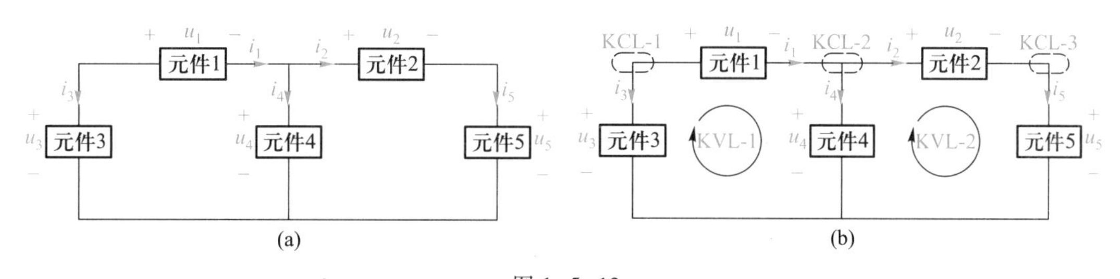

图 1-5-13

解：图 1-5-13(a)中，支路数 $b=5$、结点数 $n=4$，因此，KCL 方程数为 $n-1=3$，KVL 方程数为 $b-n+1=2$，如图 1-5-13(b)中所示。有

$$i_1+i_3=0\qquad(\text{KCL-1})$$
$$i_1-i_2-i_4=0\qquad(\text{KCL-2})$$
$$i_2-i_5=0\qquad(\text{KCL-3})$$
$$u_1+u_4-u_3=0\qquad(\text{KVL-1})$$
$$u_2+u_5-u_4=0\qquad(\text{KVL-2})$$

电路元件吸收的总功率

$$p=u_1i_1+u_2i_2+u_3i_3+u_4i_4+u_5i_5$$

独立的支路电流数为 $b-n+1=2$，选 i_3、i_5 为独立的支路电流，由 KCL-1、KCL-3、KCL-2 将 i_1、i_2、i_4 用 i_3、i_5 表示，即

$$i_1=-i_3,\quad i_2=i_5,\quad i_4=i_1-i_2=-i_3-i_5$$

独立的支路电压数为 $n-1=3$，选 u_1、u_2、u_4 为独立的支路电压，由 KVL-1、KVL-2 将 u_3、u_5 用 u_1、u_2、u_4 表示，即

$$u_3=u_1+u_4,\quad u_5=u_4-u_2$$

将 i_1、i_2、i_4、u_3、u_5 的表达式代入功率 p 的表达式，得

$$\begin{aligned} p &= u_1 i_1 + u_2 i_2 + u_3 i_3 + u_4 i_4 + u_5 i_5 \\ &= u_1(-i_3) + u_2(i_5) + (u_1 + u_4) i_3 + u_4(-i_3 - i_5) + (u_4 - u_2) i_5 \\ &= -u_1 i_3 + u_2 i_5 + u_1 i_3 + u_4 i_3 - u_4 i_3 - u_4 i_5 + u_4 i_5 - u_2 i_5 \\ &= 0 \end{aligned}$$

$p=0$，表明电路元件吸收的总功率为零，即电路的功率守恒。

目标 4 检测：正确应用基尔霍夫定律

测 1-15 对测 1-15 图，证明：当电路满足基尔霍夫定律时，电路的功率守恒。

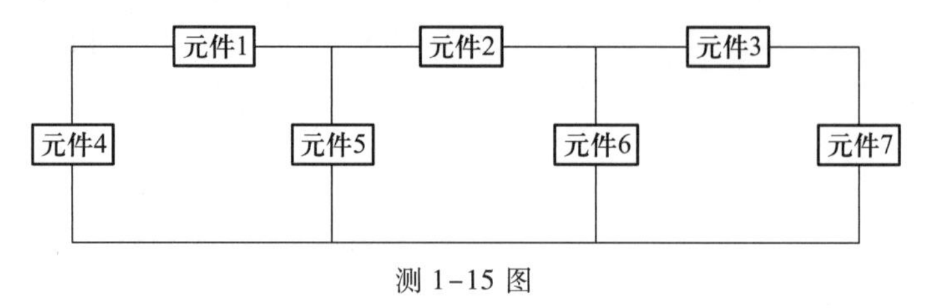

测 1-15 图

1.6 拓展与应用

本节讨论安全用电、伏安特性测量方法和商业电阻器的参数。我们的生活与工作中都离不开电，安全用电对每个人来说至关重要。伏安特性测量方法是我们通过实验手段了解电器件特性的基本手段。本章定义的线性非时变电阻元件只有一个参数，那就是阻值，而商业电阻器还有其他参数。

1.6.1 用电安全

当人体接触带电电器件时，可能有电流流过人体，称为触电。电流流过人体时会造成人体伤害，电流对人体的伤害不仅仅是灼伤，更严重的是对神经系统的伤害。人体的神经元通过电信号传递信息，流过人体的电流改变人体神经系统的电信号，导致肌肉收缩、痉挛与麻痹，从而导致大脑缺氧、呼吸停止、心跳停止。

流过人体电流的大小决定受伤害的程度。表 1-6-1 列出了不同电流下人体的生理反应。

表 1-6-1 不同电流下人体的生理反应

电流/mA	生理反应
3～5	有感觉
8～10	刺痛、麻木
20～25	极端痛苦
50～80	肌肉痉挛，心房震颤
>100	呼吸麻痹，心跳停止

流过人体电流的分布与人体触电方式有关。如果是两手触电，可建立图 1-6-1 所示电路模

型。两手之间存在电压 u,形成流经两臂和胸部的电流 i,可能导致与呼吸和心跳相关的肌肉麻痹。图 1-6-1 所示模型中,人体各部分用线性电阻元件表示。人体电阻与皮肤的潮湿度、电压的频率相关,皮肤潮湿或电压频率高时人体电阻变小,人体两个触电点之间的电阻约在几百欧到几千欧之间。

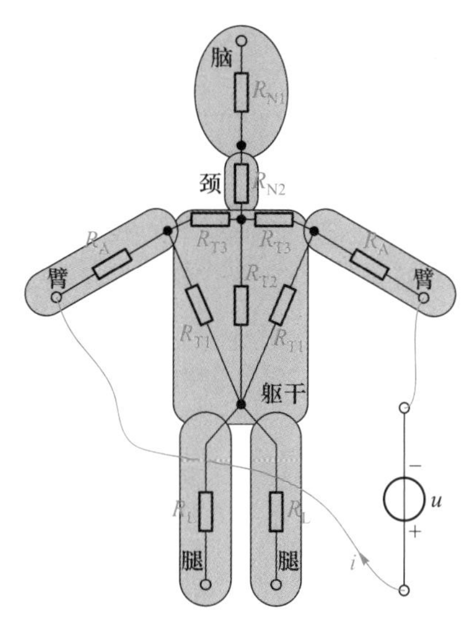

图 1-6-1 人体两手触电时的电路模型

允许持续触电的电压称为安全电压。表 1-6-2 中列出了我国规定的安全电压标准。在表中所列场合使用可能与人体接触的电器时,电器的供电电压不能超过相应的安全电压值。

表 1-6-2 中国安全电压标准

安全电压/V	使用场所	使用电器件举例
42	干燥、不导电环境	手持电动工具应采用 42 V 特低电压
36、24	潮湿、多导电粉尘环境	手持照明灯和局部照明灯应采用 36 V 或 24 V 特低电压
12	特别潮湿环境、金属容器内	手持照明灯应采用 12 V 特低电压
6	充满导电液体的环境	水下作业等场所应采用 6 V 特低电压

为了防止人体触电,电气设备必须有牢固的安全接地。电气设备的带电部分与可触及部位(通常指外壳)必须绝缘,可触及部位与设备所在处的大地可靠相连称为安全接地,确保设备可触及部位与人体处于相同电位。不允许触及的设备必须使用防触电警示标志。

1.6.2 伏安特性测量

电阻器的伏安特性是建立其电路模型的依据。例如,二极管的伏安特性是建立二极管电路模型的依据。下面介绍两种测量电阻器伏安特性的方法。

方法 1:用直流电源、直流电压表、直流电流表测量

图 1-6-2 所示电路可以测量压控型电阻器件的伏安特性。调节直流电压源,使直流电压表的读数从零开始上升,记录不同电压下的电流。例如,被测电阻器若为碳膜电阻,可得表 1-6-3

所示数据。将表 1-6-3 的数据绘成图 1-6-3 所示伏安特性。在图 1-6-2 中，电流表内阻为 R_A，它的压降含在电压表的读数中，带来测量误差。为了消除 R_A 带来的误差，对测量数据进行如下处理：被测器件的电流 i 等于电流表的读数，而电压 u 等于电压表的读数减去 $R_A i$，再用 i、u 的值绘制伏安特性，就消除了电流表内阻带来的测量误差。

表 1-6-3 碳膜电阻伏安特性测量数据

	图 1-6-2 中直流电压源的端子对调					按图 1-6-2 测量					
电压表读数/V	…	-4.0	-3.0	-2.0	-1.0	0.0	1.0	2.0	3.0	4.0	…
电流表读数/A	…	-0.4	-0.3	-0.2	-0.1	0.0	0.1	0.2	0.3	0.4	…

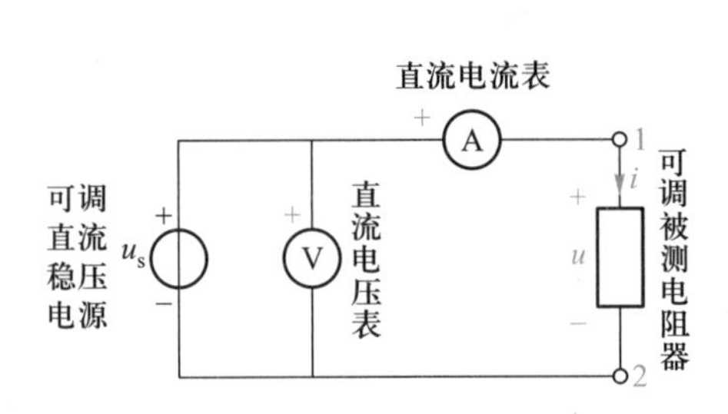

图 1-6-2 电阻器伏安特性测量方法 1

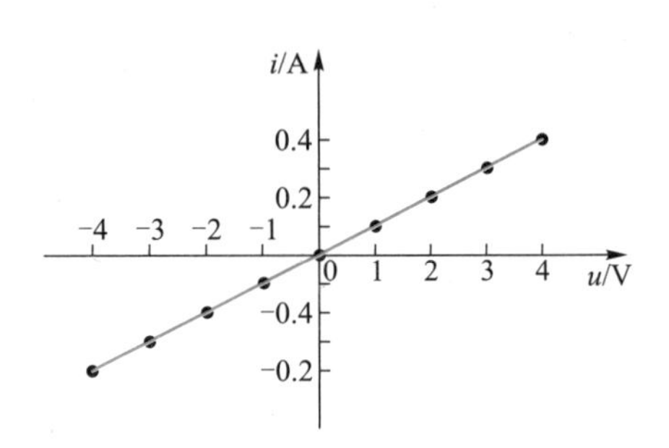

图 1-6-3 测量方法 1 得到的碳膜电阻伏安特性

方法 2：用交流电源、示波器测量

图 1-6-4(a)所示电路可以测量压控型电阻器的伏安特性。信号源提供幅值为 U_{sm}、频率一定的正弦波，取样电阻 r 将电流 i 变成电压 ri，输入示波器的通道 2，用信号源电压 u_s 近似电压 u，输入示波器的通道 1，示波器工作于 $x-y$ 方式，显示 u_s-u_r 曲线。若被测电阻器为碳膜电阻，则示波器显示的曲线如图 1-6-5 所示，将纵坐标的刻度除以 r 就是碳膜电阻的伏安特性。这里，除了示波器的测量误差外，用 u_s 近似 u 给测量带来了误差，另外电源频率对伏安特性也有影响。图 1-6-4(a)的测量误差大。

可以通过示波器的数学运算功能消除取样电阻 r 带来的误差。数字示波器可以对其通道 1、2 的信号进行运算，得到 $u=u_s-u_r$ 的波形，再用 $x-y$ 工作方式显示 $u-u_r$ 曲线。

图 1-6-4(a)的测量线路适用于交流信号源的一个输出端子、示波器每个通道的一个端子均在设备内部与大地相连的情况下，这些与大地相连的端子(⊥)已是等位点，必须接在一起。

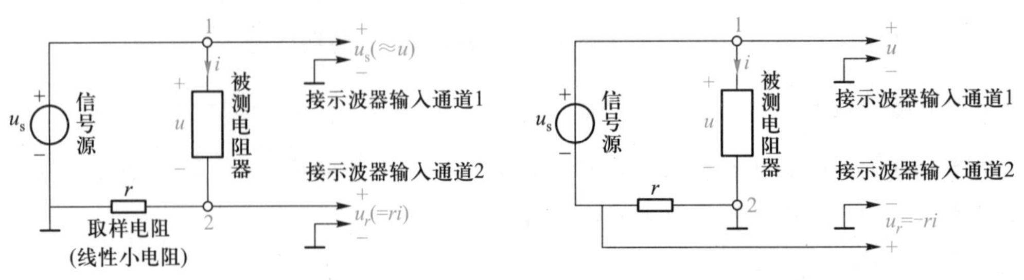

图 1-6-4 电阻器伏安特性测量方法 2

有些信号源的输出端子不与大地相连,此时可以采用图 1-6-4(b)所示测量线路,该线路中的取样电阻 r 不会带来测量误差。图 1-6-4(b)中,示波器通道 1 的电压为 u,通道 2 的电压为 u_r,将 u_r 反相后,用 $x-y$ 工作方式显示 $u-ri$ 曲线。

1.6.3 商业电阻器的参数

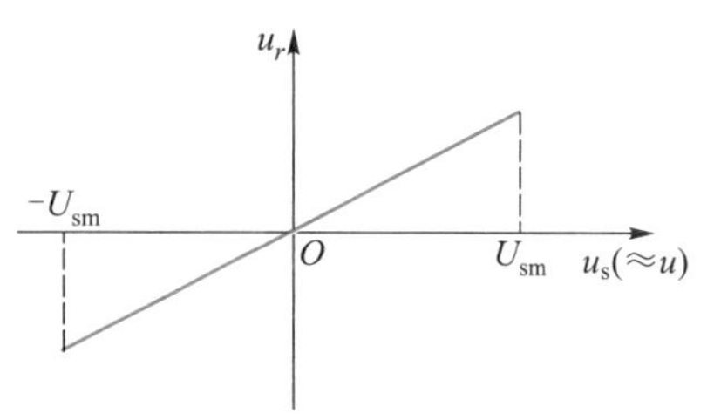

图 1-6-5 测量方法 2 得到的碳膜电阻伏安特性

商业电阻器就是作为产品销售的电阻器,按照其结构主要分为绕线式电阻、金属膜电阻和碳膜电阻。商业电阻器的基本参数包括:标称阻值、误差、额定功率。

标称阻值是电阻器上所标示的阻值。常用标记方法有色标法与直标法。

误差是标称阻值和实际阻值的差值与标称阻值之比的百分数,也就是电阻的精度,有±0.1%、±0.25%、±0.5%、±1%、±2%、±5%、±10%、±20%等标准。

额定功率是在正常的大气压力(90～106.6 kPa)及环境温度为-55 ℃～+70 ℃的条件下,电阻器长期工作所允许耗散的最大功率。有 1/20 W、1/8 W、1/4 W、1/2 W、1 W、2 W、4 W、8 W、10 W、16 W 等标准。绕线式电阻的标称功率范围为 3～500 W,非绕线式电阻的标称功率范围为 1/20～5 W。

电阻器的生产遵照国际电工委员会(IEC)于 1952 年发布的标称值标准,即 E 系列标准。±1%的电阻器采用 E96 标准,±2%的电阻器采用 E48 标准,±5%的电阻器采用 E24 标准,±10%的电阻器采用 E12 标准。

所谓 E12 标准,是指用 12 个标称阻值覆盖 1～10 Ω 的所有阻值,只生产 12 个标称阻值的电阻器,我们能从中选到 1～10 Ω 的所有阻值。在 1～10 Ω 范围内,E12 标准的第 1 个标称阻值为 1 Ω,由于生产工艺缺陷,存在±10%的误差,实际阻值分布于 0.9～1.1 Ω 区间。第 2 个标称阻值假定为 x,为了使实际阻值连续分布,x 要满足

$$0.9x \leqslant 1.1, \quad 即\ x \leqslant \frac{1.1}{0.9}\ \Omega = 1.22\ \Omega$$

取 $x=1.2\ \Omega$。依此类推,第 3 个标称阻值 $\leqslant \frac{1.2\times1.1}{0.9}\ \Omega = 1.47\ \Omega \approx 1.5\ \Omega$,取 1.5 Ω。表 1-6-4 列出了 E12 标准下的 12 个标称值,生产厂家按这 12 个标称值分别乘以 $10^n(n=1,2,\cdots)$ 的标称阻值提供产品,误差为±10%。

E 系列标准的标称阻值是离散的,实际阻值分布是连续的。如果需要 1.1 Ω、±10%的电阻,可选择标称阻值为 1 Ω 或 1.2 Ω、±10%的电阻器,也可选择标称阻值为 1.1 Ω、±5%的电阻器。电阻精度越高,对生产工艺要求越高,因而生产成本越高。

表 1-6-4 标称电阻值标准

误差	E 系列标准	标称值(单位:$\times10^n$ Ω,$n=1,2,\cdots$)
±10%	E12	1.0,1.2,1.5,1.8,2.2,2.7,3.3,3.9,4.7,5.6,6.8,8.2 总共 12 个

续表

误差	E 系列标准	标称值(单位:$\times10^n$ Ω,n=1,2,…)
±5%	E24	1.0,1.1,1.2,1.3,1.5,1.6,1.8,2.0,2.2,2.4,2.7,3.0,3.3,3.6,3.9,4.3,4.7,5.1,5.6,6.2,6.8,7.5,8.2,9.1 总共 24 个
±1%	E96	1.00,1.02,1.05,1.07,1.10,1.13,1.15,… 总共 96 个

色标法是在电阻器上用彩色环来标记标称阻值和误差的方法。

±1%(以及±0.1%、±0.25%、±0.5%)的电阻器标 5 环。前端 3 环代表标称阻值有效数位的第 1 位、第 2 位、第 3 位,第 4 环代表次幂数,第 5 环(末端环)代表误差,如图 1-6-6(a)所示。要通过颜色先确定第 5 环的位置,才能确定哪是前端。表 1-6-5 中列出颜色对应的数字。如绿、黑、黑、黄、蓝代表标称阻值为 500×10^4 Ω、误差为±0.25% 的电阻器。

±5%、±10% 的电阻器标 4 环,如图 1-6-6(b)所示。前端 2 环代表标称阻值有效数位的第 1、第 2 位,第 3 环代表次幂数,第 4 环代表误差。4 环电阻器的误差为金色或银色,因此很容易确定哪是前端。

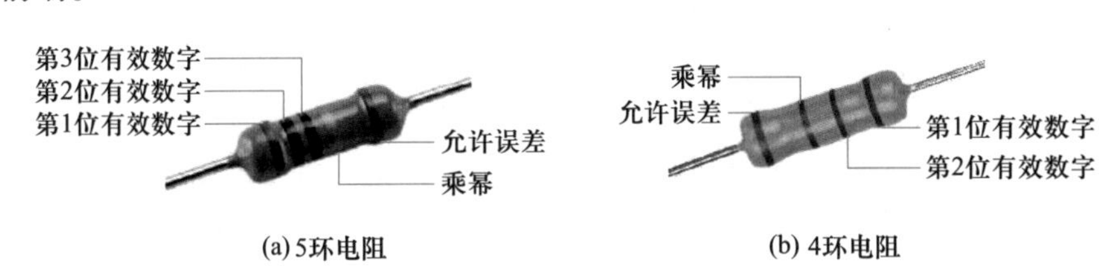

图 1-6-6　电阻色标法

表 1-6-5　电阻色标法颜色与数值对应关系

颜色	黑	棕	红	橙	黄	绿	蓝	紫	灰	白	金	银
数值	0	1	2	3	4	5	6	7	8	9		
误差		±1%	±2%			±0.5%	±0.25%	±0.1%			±5%	±10%

▶ 习题 1

电路模型(1.2 节)

1-1 (1) 什么是集中参数元件?什么是集中参数电路模型?

(2) 某实际电路中信号源的频率为 10 MHz,信号源到最远负载的距离为 10 cm,电磁波在电路中传播速度为 2×10^5 km/s。该电路能否用集中参数电路模型分析?

1-2 电荷与变化的磁场是电场的源,电流与变化的电场是磁场的源。将电磁场问题用集中参数电路模型来分析,忽略了产生磁场、电场的哪些源?

电路变量(1.3 节)

1-3 题 1-3 图中,从 b 到 a 流过元件截面的电荷流为 $q(t)$,计算电流 i。(1)$q(t)=(5t+2)$ mC;(2)$q(t)=10\mathrm{e}^{-2t}$ pC;(3)$q(t)=5\sin100t$ μC;(4)$q(t)=10t^2$ nC。

1-4 计算题 1-3 图中在 $t=0$ 到 $t=10$ ms 期间流过元件截面的净电荷量，并说明净电荷流的方向。(1) $i=-2$ A；(2) $i=200\sin10t$ mA；(3) $i=(2t-100)$ μA。

1-5 题 1-3 图中，电流 $i=200\sin(100\pi t)$ mA。(1) 分析在 $t_1=5$ ms、$t_2=10$ ms 时刻电流的实际方向；(2) 说明在交流情况下，是否需要标明电流参考方向。

1-6 如题 1-6 图所示矩形波电流的周期为 6 s。计算：(1) 平均电流；(2) 在 2 s<t<12 s 间流过的电荷；(3) 若 $q(0)=0$，画出 $q(t)$ 曲线。

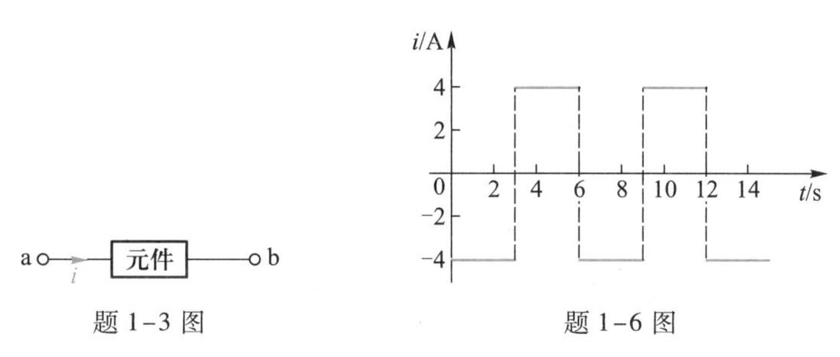

题 1-3 图　　　题 1-6 图

1-7 电子带负电荷，电荷量为 c（$6.241\,46\times10^{18}c=-1$ C），用电压的定义解答：(1) 一个电子在 9 V 电池内部从正极移到负极，电子吸收的能量为多少（焦耳）？(2) 一个电子通过一个电压为 9 V 的电阻元件从负极移到正极，电子是吸收能量还是放出能量？

1-8 一个二端元件，其电压 u、电流 i 取关联参考方向，$u=\begin{cases}0 & t<0\\ (75-75\mathrm{e}^{-1\,000t})\ \mathrm{V} & t\geqslant0\end{cases}$，$i=\begin{cases}0 & t<0\\ 50\mathrm{e}^{-1\,000t}\ \mathrm{A} & t\geqslant0\end{cases}$。求：(1) 元件在 $t=0.1$ ms 时的吸收功率；(2) 元件吸收功率的最大值；(3) 元件到何时吸收功率为零？(4) 元件吸收的总能量。

1-9 一个 12 V 电池，最大储能为 1.08 MJ。现用 1 A 恒定电流对电池充电，充电开始时电池还有 20% 的电能。求电池充电到 100% 的电能所需的时间。

1-10 一个电压为 12 V、容量为 1 000 mA·h（毫安·时）的电池，假定电池内阻为零，电压恒定。(1) 它能提供多少电能？(2) 该电池为 0.25 W 功率的负载供电，负载能工作多长时间？负载电流为多大？

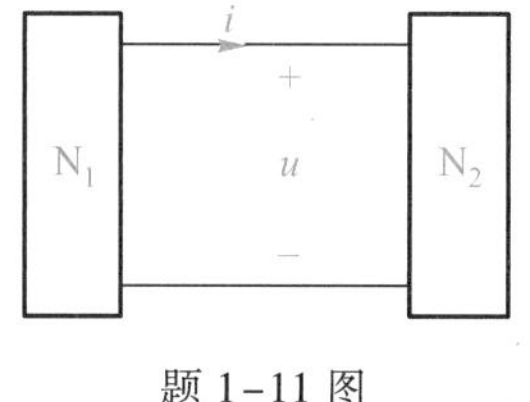

题 1-11 图

1-11 题 1-11 图为两个一端口网络相连，$u=-10$ V，$i=1$ A。(1) 功率流向哪个网络？(2) 流过的功率为多少？(3) 1 min 内流过的能量为多少？

电路元件（1.4 节）

1-12 电路如题 1-12 图所示，计算：(1) 电流 i_1、i_2；(2) 各电阻吸收的功率；(3) 电压源提供的功率。

1-13 电路如题 1-13 图所示，计算：(1) 电压 u_1、u_2；(2) 各电阻吸收的功率；(3) 电流源提供的功率。

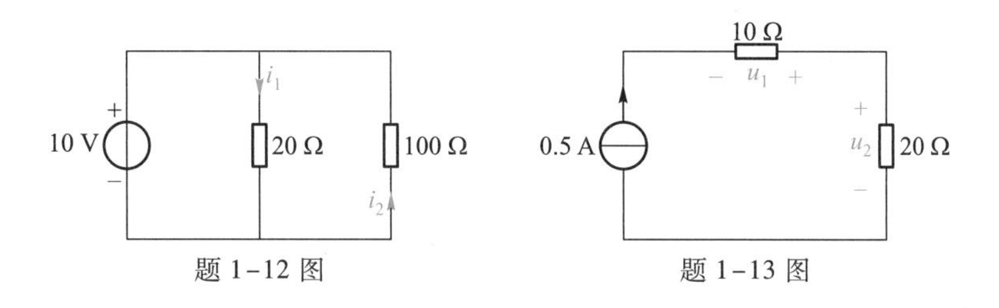

题 1-12 图　　　题 1-13 图

1-14 电路如题 1-14 图所示,计算:(1)电压 u_2;(2)受控源吸收的功率;(3)独立电源发出的功率。

1-15 电路如题 1-15 图所示,计算各元件的功率,并用功率守恒验证结果的正确性。

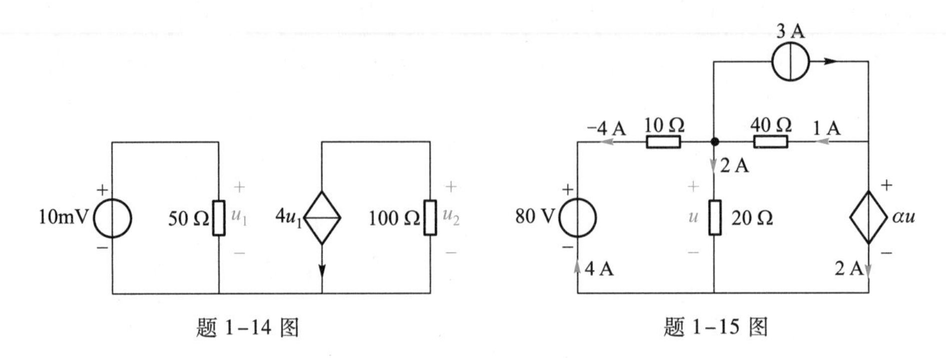

题 1-14 图　　题 1-15 图

基本定律(1.5 节)

1-16 判断题 1-16 图中哪些电路是平面电路,哪些电路是非平面电路。

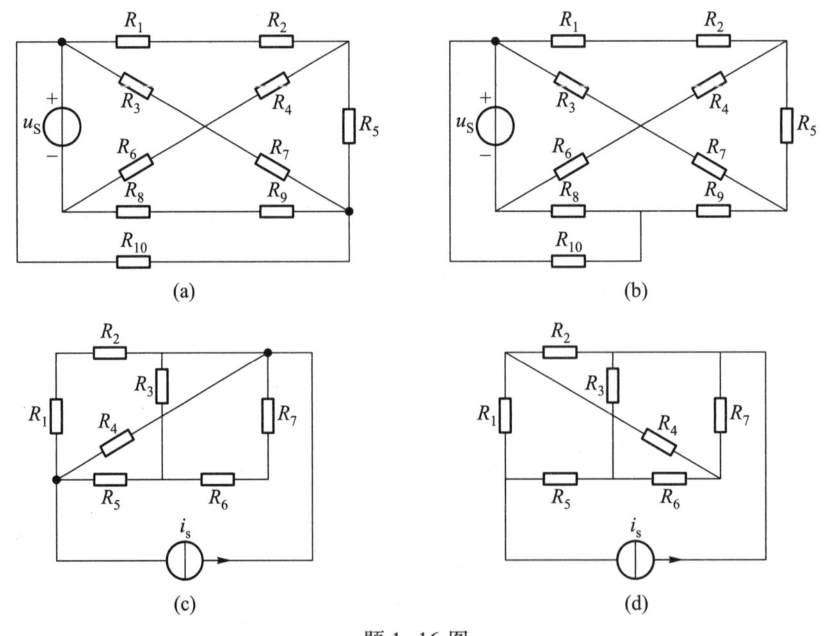

题 1-16 图

1-17 计算题 1-17 图中 u 和 i。

1-18 计算题 1-18 图中电流源和网络 N 的功率。

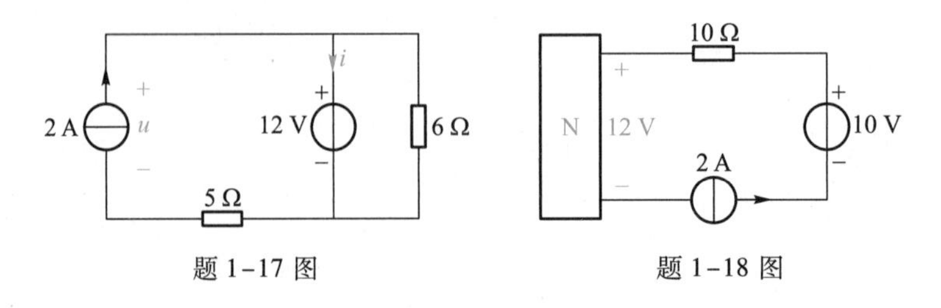

题 1-17 图　　题 1-18 图

1-19 计算题 1-19 图中电压 u。

1-20 (1)计算题 1-20 图中电压 u_8;(2)还能计算哪些元件的电压?确定这些电压。

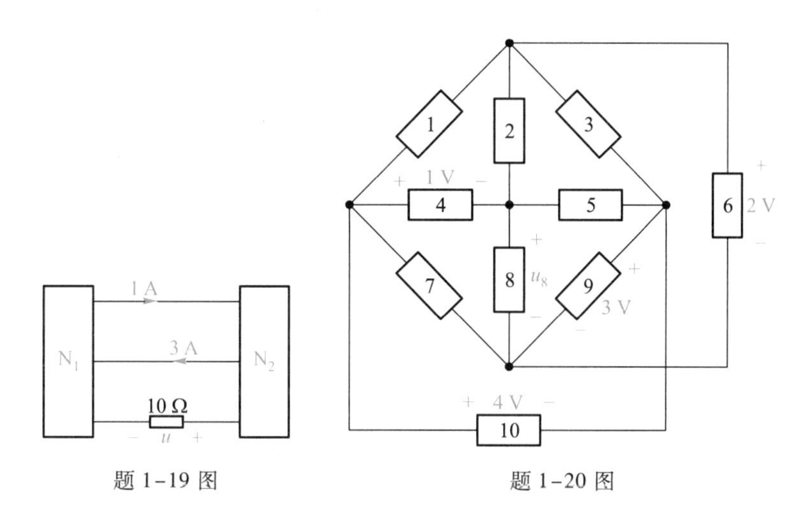

题 1-19 图　　题 1-20 图

1-21 题 1-21 图中的二极管视为理想二极管,计算电压 u (1) $u_S=5$ V 时;(2) $u_S=15$ V 时。

1-22 题 1-22 图中的二极管视为理想二极管,计算电流 i。

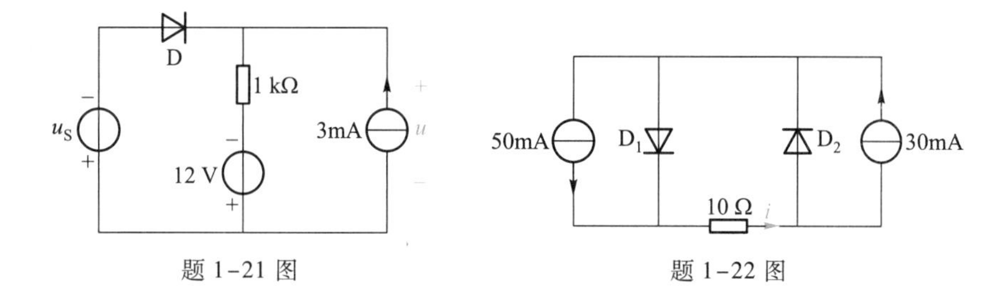

题 1-21 图　　题 1-22 图

1-23 对题 1-23 图所示电路:(1)写出 3 A 电流源、4 V 电压源提供功率的表达式,并计算结果;(2)计算所有元件的功率,并计算发出功率总和、吸收功率总和。

1-24 对题 1-24 图所示电路,计算:(1)电流 i;(2)受控源提供的功率。

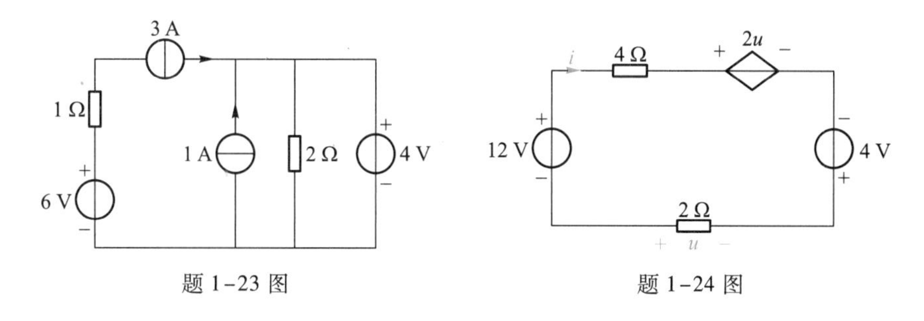

题 1-23 图　　题 1-24 图

1-25 对题 1-25 图所示电路,计算独立电源提供的功率。

1-26 对题 1-26 图所示电路,计算独立电源提供的功率。

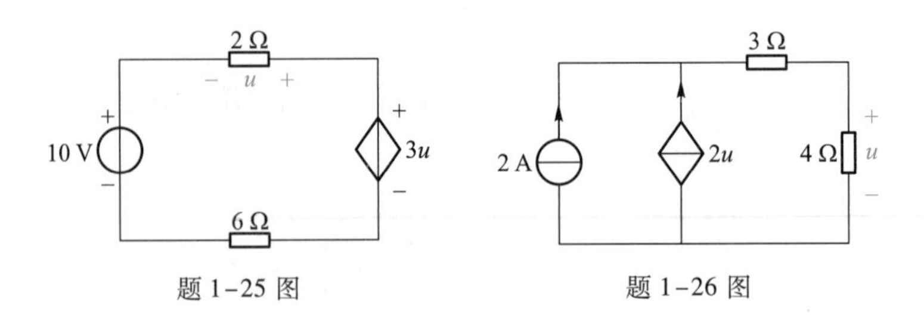

题 1-25 图　　题 1-26 图

▶ 综合检测

1-27 (1)计算题 1-27 图(a)中各电阻的电流和功率;(2)计算题 1-27 图(a)中各电压源的电流与功率;(3)用功率守恒验证(1)、(2)的结果;(4)计算题 1-27 图(b)中各电流源发出的功率,并验证结果的正确性。

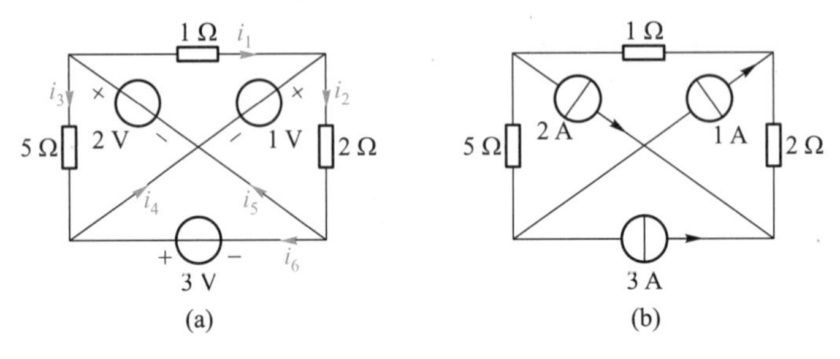

题 1-27 图

1-28 某电路的有向图如题 1-28 图所示。(1)对该电路可以列出多少个独立的 KCL 方程,如何列写?(2)对该电路可以列出多少个独立的 KVL 方程,如何列写?(3)由于支路参数未知,你可以任意指定一些支路的电压和电流,如何指定才能确保它们满足 KCL、KVL 方程?举例说明。(4)若用电压表、电流表去测量所有支路的电压和电流,至少需要多少个电压表、电流表?如何连接电压表、电流表?举例说明。(5)若已知 $u_2=10$ V、$u_5=4$ V、$u_6=3$ V、$u_7=2$ V、$u_9=9$ V、$u_{10}=5$ V,能求出哪些支路的电压?若要求得全部支路的电压,请补充已知条件。

1-29 题 1-29 图所示电路中:(1)哪些元件的电压、电流为关联参考方向?填入题 1-29 表中。(2)各元件的电压、电流如题 1-29 表,计算各元件吸收的功率,填入题 1-29 表中。(3)计算电路吸收、发出的总功率。从电路吸收、发出的总功率可否判定表中电压、电流数据正确?(4)若对(3)的回答是不能,那么该如何判断?具体说明题 1-29 表电压、电流数据是否正确。

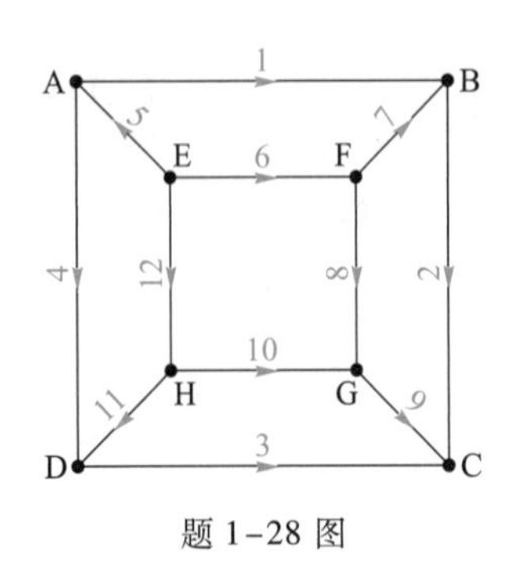

题 1-28 图

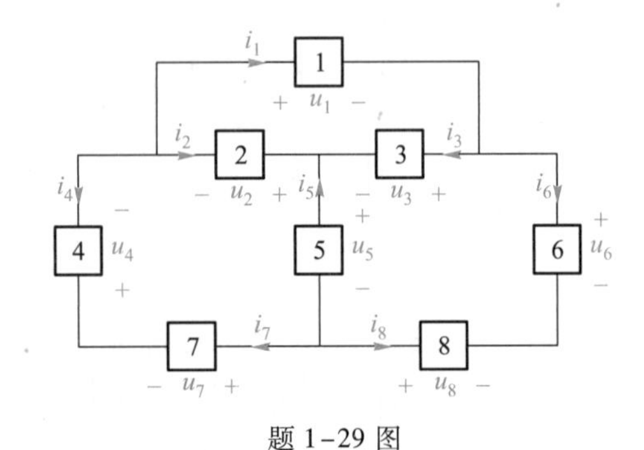

题 1-29 图

题 1-29 表

元件	电压/mV	电流/μA	参考方向	吸收功率/μW
1	300	25		
2	-100	10		
3	-200	15		
4	-200	-35		
5	350	-25		
6	200	10		
7	-250	35		
8	50	-10		

1-30 题1-30图所示电路中，$i_1=4$ A。(1)求 i_2；(2)在电路参数已知的条件下，通过电路分析可以求得所有支路电流，因此，$i_1=4$ A 条件是多余的，请验证该条件的正确性。

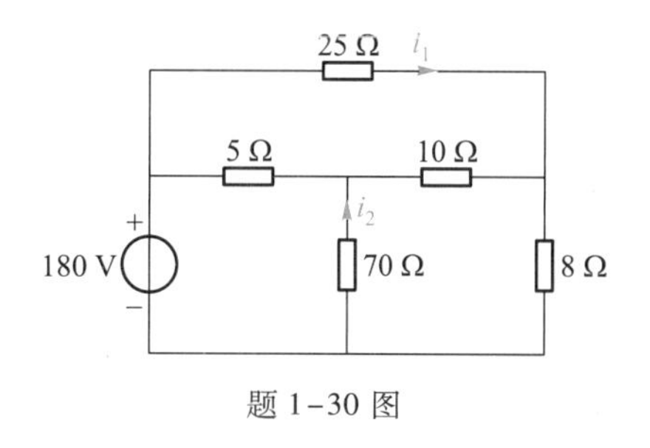

题 1-30 图

习题1参考答案

电阻电路等效变换

2.1 概述

由电阻、受控电源、独立电源构成的电路称为电阻电路。我们已在前一章学习了利用基尔霍夫定律、元件的电压-电流关系（u-i 关系）来计算简单电阻电路（参见例 1-5-1 ~ 例 1-5-6）。例如，要确定图 2-1-1(a)所示简单电阻电路中电压源提供的功率，先要确定电压源的电流，于是，假设各支路电流参考方向如图 2-1-1(b)所示，再应用基尔霍夫定律和欧姆定律得

$$\begin{cases} i_1-i_2-i_3=0 & \text{(KCL)} \\ R_1i_1+R_2i_2=u_S & \text{(KVL-1)} \\ R_3i_3-R_2i_2=0 & \text{(KVL-2)} \end{cases}$$

求解方程组得到 i_1，电压源提供的功率为

$$p_S=u_Si_1$$

然而，我们通常会将图 2-1-1(a)中电阻 R_1、R_2 和 R_3 的连接视为一端口网络（网络常用来指复杂一点的电路），如图 2-1-1(c)所示，点画线框内为一端口网络，将一端口网络等效为一个电阻 R_{eq}，如图 2-1-1(d)所示，再由欧姆定律得

$$i_1=u_S/R_{eq}$$

电压源提供的功率

$$p_S=u_Si_1=u_S^2/R_{eq}$$

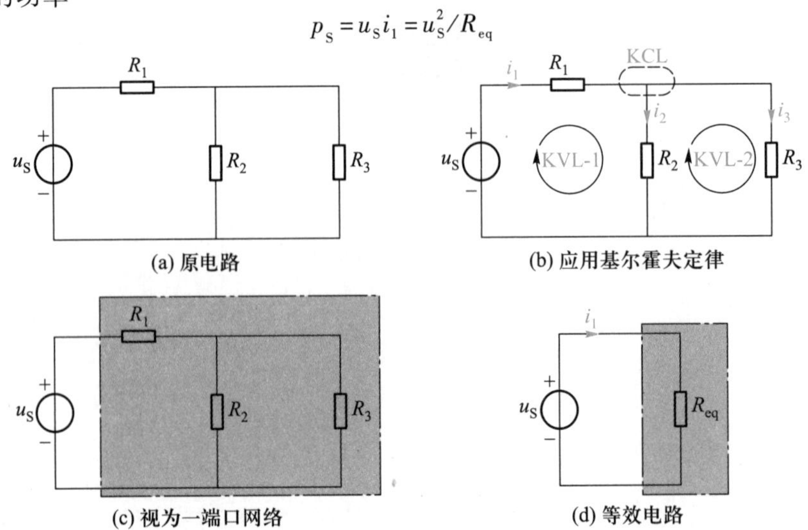

图 2-1-1　等效概念说明

将电阻 R_1、R_2 和 R_3 的连接视为一端口网络，再等效为一个电阻，称为等效变换（equivalent transformation）。等效变换将相对复杂的电路等效为简单电路，从而简化计算。

两个不同的一端口网络 N_1 和 N_2，如图 2-1-2 所示，如果它们有相同的端口 u-i 关系，则对外部网络 N 而言，N_1 与 N_2 等效，用 N_2 替换 N_1，N 内部的所有电压、电流不变，包括端口 u 和 i 不变。

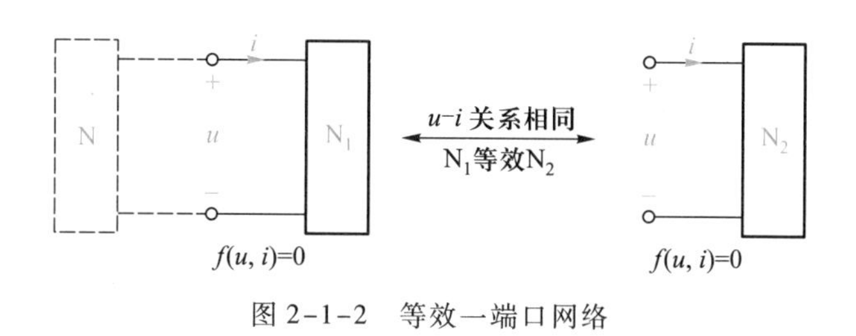

图 2-1-2　等效一端口网络

本章讨论电阻电路的各种等效变换方法及其应用，包括电阻串联、电阻并联、对称电路、电桥、星形与三角形互换、电源变换。

目标 1　理解等效的意义，掌握获得等效电路的基本原则。

目标 2　熟练掌握电阻串联等效与分压关系、电阻并联等效与分流关系以及电阻混联等效。

目标 3　熟练掌握电路对称、电桥平衡、星形联结与三角形联结互换在化简电路中的应用。

目标 4　熟练掌握电源变换及其应用。

难点　含受控电源电路的等效变换。

2.2 串联与并联

两个元件通过同一个电流，称为串联（series）。两个元件承受同一个电压，称为并联（parallel）。同类型元件可以串联与并联，不同类型元件也可以串联与并联。下面，先讨论独立电压源、独立电流源之间及独立电压源、独立电流源与其他元件之间的串联与并联，再讨论线性电阻的串联与并联。

2.2.1 独立电源串联与并联

端口 u-i 关系相同的电路为等效电路，依据这个原则，图 2-2-1 所示电压源串联，对网络 N 而言，等效为 $u_S=u_{S1}+u_{S2}$ 的电压源，端口 u-i 关系为

$$u=u_{S1}+u_{S2}=u_S$$

类似地，图 2-2-2 所示电流源并联，对网络 N 而言等效为 $i_S=i_{S1}+i_{S2}$ 的电流源，端口 u-i 关系为

$$i=i_{S1}+i_{S2}=i_S$$

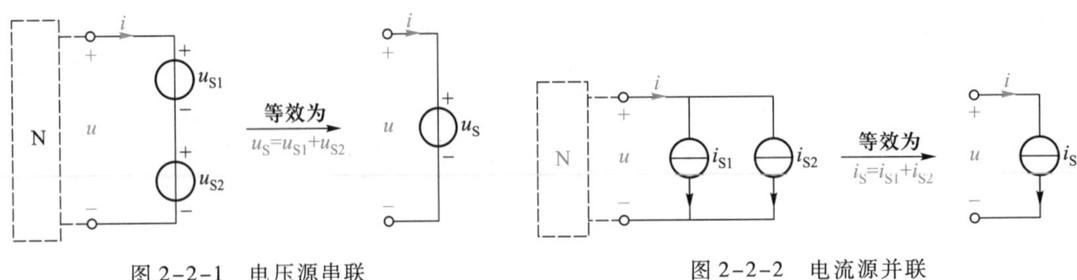

图 2-2-1 电压源串联

图 2-2-2 电流源并联

图 2-2-3 为电流源 i_S 分别与电压源、电流源、电阻、一端口网络串联，端口 $u-i$ 关系都为

$$i=i_S$$

因此，对端口而言，都等效为电流源 i_S。但就电流源本身而言，等效电流源 i_S 的电压与串联电流源 i_S 的电压不相等。电流源与电流源串联必须满足 KCL，因此，相串联的电流源必须大小相同、方向一致。

图 2-2-4 为电压源 u_S 分别与电压源、电流源、电阻、一端口网络并联，端口 $u-i$ 关系都为

$$u=u_S$$

对端口而言，都等效为电压源 u_S。就电压源本身而言，等效电压源 u_S 的电流与并联电压源 u_S 的电流不相等。电压源并联必须满足 KVL，大小相同、方向一致的电压源才能并联。

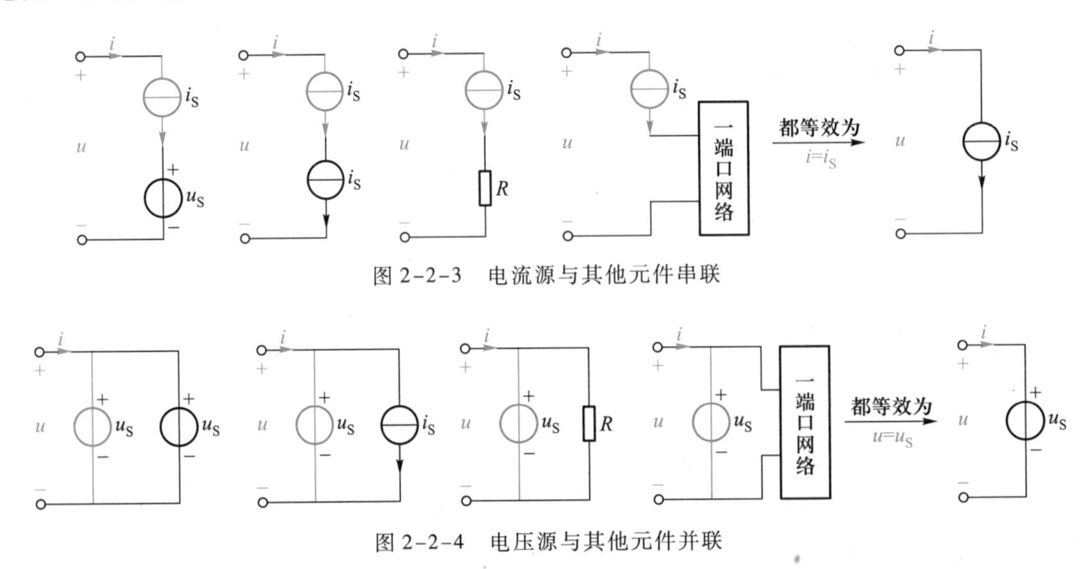

图 2-2-3 电流源与其他元件串联

图 2-2-4 电压源与其他元件并联

例 2-2-1 求图 2-2-5(a)所示电路中的电流 i、电压源提供的功率。

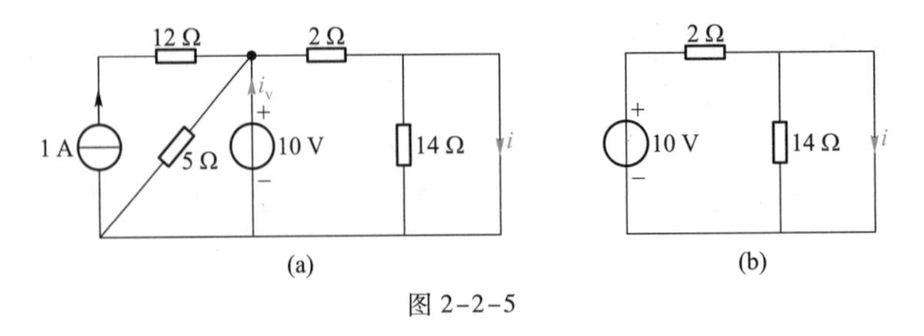

图 2-2-5

解：对于电流 i 而言，图 2-2-5(a)中 10 V 电压源以左的部分等效为 10 V 电压源，如图 2-2-5(b)所示。

图 2-2-5(b)中，14 Ω 电阻的电压为零，由欧姆定律可知 14 Ω 电阻的电流也为零，因此

$$i=10/2\ \text{A}=5\ \text{A}$$

图 2-2-5(b)中电压源的电流为 i，而图 2-2-5(a)中电压源的电流为 i_v，在图(a)中应用 KCL，得

$$i_v=i-1+\frac{10}{5}=\left(5-1+\frac{10}{5}\right)\ \text{A}=6\ \text{A}$$

电压源提供的功率为非关联参考方向下电压与电流之积，即

$$p=10i_v=10\times6\ \text{W}=60\ \text{W}$$

目标 1 检测：理解等效的意义，掌握获得等效电路的基本原则

测 2-1 对测 2-1 图所示电路，画出计算电流 i 的等效电路，并计算 i、电压源提供的功率。

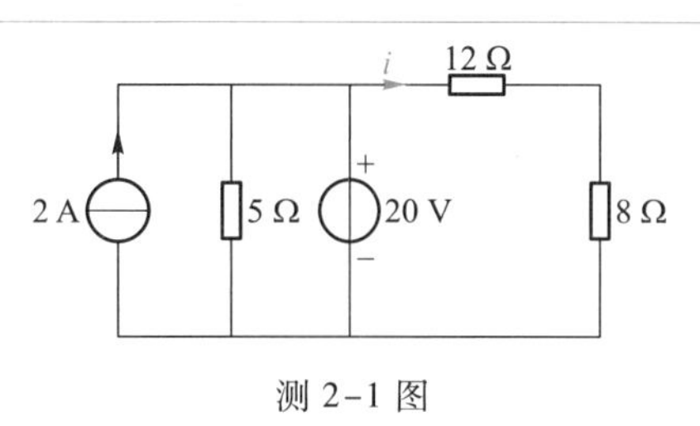

测 2-1 图

答案：1 A，60 W。

2.2.2 线性电阻串联与并联

1. 串联等效电阻

图 2-2-6(a)为 n 个线性电阻串联，各电阻通过同一个电流 i，形成一端口网络。应用 KVL 和欧姆定律得到端口 u-i 关系，为

$$u=\sum_{k=1}^{n}u_k=\sum_{k=1}^{n}(R_k i)=\left(\sum_{k=1}^{n}R_k\right)i \tag{2-2-1}$$

当

$$R_{eq}=\sum_{k=1}^{n}R_k \tag{2-2-2}$$

时，图 2-2-6(a)和图 2-2-6(b)的端口 u-i 关系相同，二者等效，R_{eq} 为图 2-2-6(a)的等效电阻。

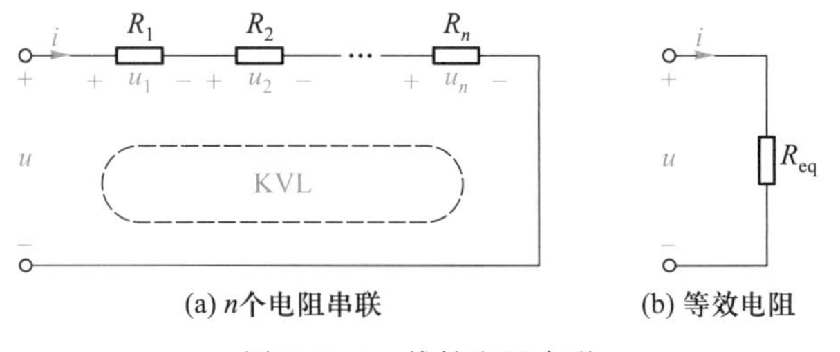

图 2-2-6 线性电阻串联

2. 分压关系

在图 2-2-6(a)中,端口电压为 u,第 k 个电阻的电压为 $u_k=R_k i$,线性电阻串联的分压关系为

$$\frac{u_k}{u}=\frac{R_k}{\sum_{k=1}^{n} R_k} \tag{2-2-3}$$

如图 2-2-7(a)所示两个线性电阻串联,则有

$$R_{\mathrm{eq}}=R_1+R_2;\quad u_1=\frac{R_1}{R_1+R_2}u,\quad u_2=\frac{R_2}{R_1+R_2}u$$

当 $R_2\to\infty$ 时,如图 2-2-7(b)所示,则

$$R_{\mathrm{eq}}\to\infty;\quad u_1=0,\quad u_2=u$$

当 $R_2=0$ 时,如图 2-2-7(c)所示,则

$$R_{\mathrm{eq}}=R_1;\quad u_1=u,\quad u_2=0$$

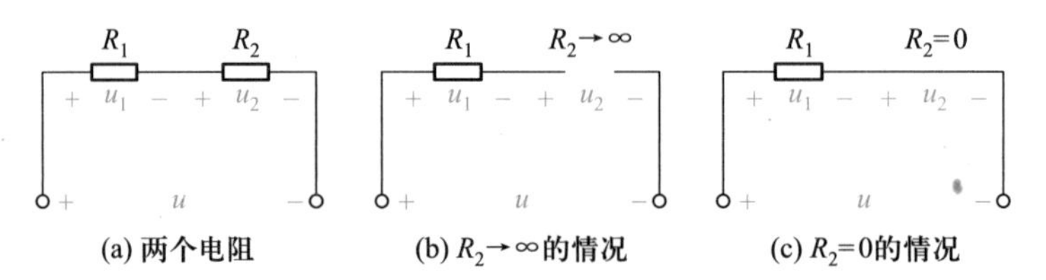

图 2-2-7　两个线性电阻串联

3. 并联等效电阻(电导)

图 2-2-8(a)为 n 个线性电阻并联,各电阻承受同一个电压 u,形成一端口网络。由 KCL 和欧姆定律得到端口 u-i 关系,为

$$i=\sum_{k=1}^{n} i_k=\sum_{k=1}^{n}\left(\frac{u}{R_k}\right)=\left(\sum_{k=1}^{n}\frac{1}{R_k}\right)u=\left(\sum_{k=1}^{n}G_k\right)u \tag{2-2-4}$$

当

$$\frac{1}{R_{\mathrm{eq}}}=\sum_{k=1}^{n}\frac{1}{R_k}\quad 或\quad G_{\mathrm{eq}}=\sum_{k=1}^{n}G_k \tag{2-2-5}$$

时,图 2-2-8(a)和图 2-2-8(b)的端口 u-i 关系相同,二者等效,R_{eq} 为等效电阻,G_{eq} 为等效电导。

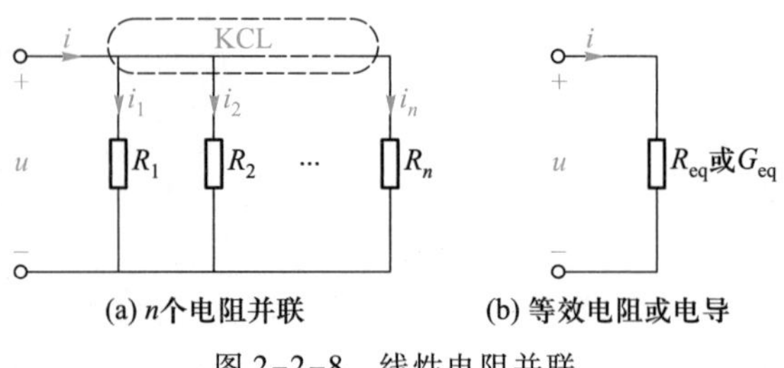

图 2-2-8　线性电阻并联

4. 分流关系

在图 2-2-8(a)中,端口电流为 i,第 k 个电阻的电流为 $i_k=u/R_k=G_k u$,线性电阻并联的分流关系为

$$\frac{i_k}{i}=\frac{G_k}{\sum\limits_{k=1}^{n} G_k} \tag{2-2-6}$$

如图 2-2-9(a)所示两个线性电阻并联,则有

$$G_{\text{eq}}=G_1+G_2,\qquad R_{\text{eq}}=\frac{1}{G_1+G_2}=\frac{R_1R_2}{R_1+R_2}$$

$$i_1=\frac{G_1}{G_1+G_2}i=\frac{R_2}{R_1+R_2}i,\qquad i_2=\frac{G_2}{G_1+G_2}i=\frac{R_1}{R_1+R_2}i$$

当 $R_2\to\infty(G_2=0)$时,如图 2-2-9(b)所示,则

$$G_{\text{eq}}=G_1,\quad R_{\text{eq}}=R_1;\quad i_1=i,\quad i_2=0$$

当 $R_2=0(G_2\to\infty)$时,如图 2-2-9(c)所示,则

$$G_{\text{eq}}=G_2\to\infty,\quad R_{\text{eq}}=0;\quad i_1=0,\quad i_2=i$$

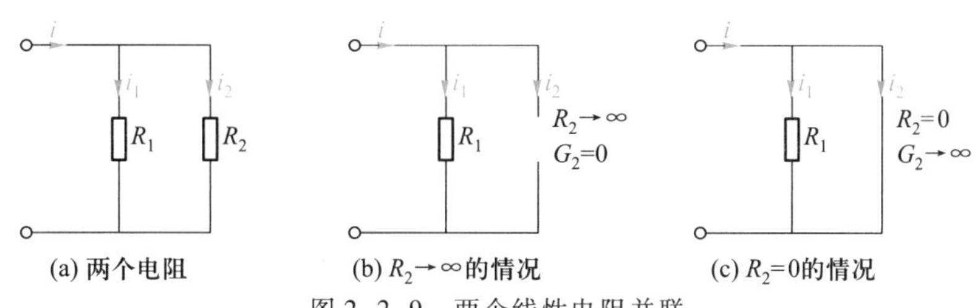

(a) 两个电阻　(b) $R_2\to\infty$的情况　(c) $R_2=0$的情况

图 2-2-9　两个线性电阻并联

线性电阻串联与并联		
串联:	等效电阻	$R_{\text{eq}}=R_1+R_2+\cdots+R_n$
	分压关系	$\frac{u_k}{u}=\frac{R_k}{R_1+R_2+\cdots+R_n}$
并联:	等效电导	$G_{\text{eq}}=G_1+G_2+\cdots+G_n$
	分流关系	$\frac{i_k}{i}=\frac{G_k}{G_1+G_2+\cdots+G_n}$

例 2-2-2　计算图 2-2-10(a)中电压源提供的功率。

解:先通过电阻串联、并联等效,确定电压源右边一端口网络的等效电阻,如图 2-2-10(b)所示,再计算电压源提供的功率。

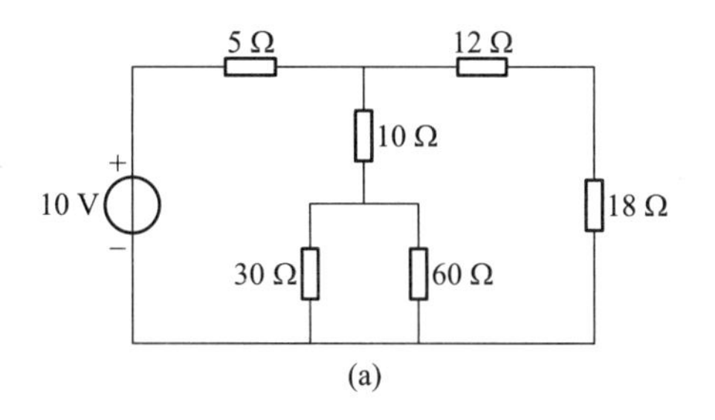

(a)

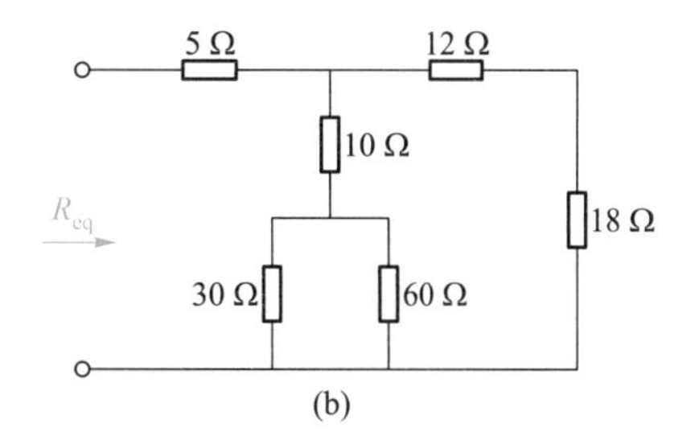

(b)

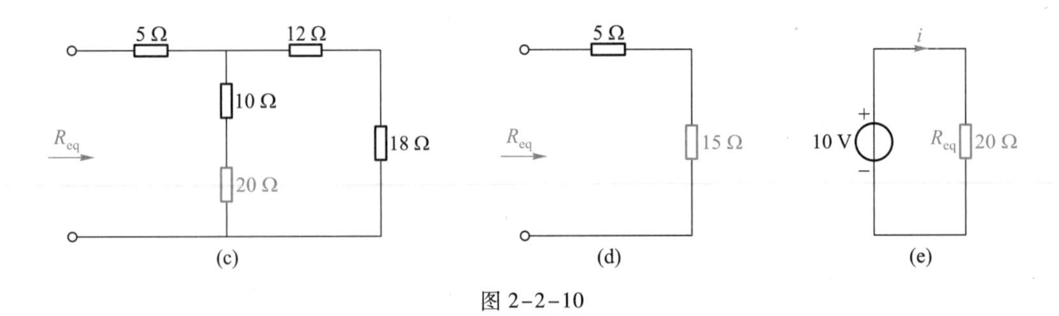

图 2-2-10

图 2-2-10(b)中,30 Ω 和 60 Ω 并联,等效为

$$\frac{30\times60}{30+60}\ \Omega=20\ \Omega$$

得到图 2-2-10(c)。

图 2-2-10(c)中,10 Ω 和 20 Ω 串联,等效为

$$10\ \Omega+20\ \Omega=30\ \Omega$$

12 Ω 和 18 Ω 串联,等效为

$$12\ \Omega+18\ \Omega=30\ \Omega$$

两个 30 Ω 并联,等效为

$$\frac{30\times30}{30+30}\ \Omega=15\ \Omega$$

得到图 2-2-10(d)。

图 2-2-10(d)中,5 Ω 和 15 Ω 串联,等效为

$$5\ \Omega+15\ \Omega=20\ \Omega$$

因此,等效电阻为

$$R_{eq}=20\ \Omega$$

得到图 2-2-10(e)。

对图 2-2-10(e)应用欧姆定律,电流

$$i=\frac{10}{R_{eq}}=\frac{10}{20}\ \text{A}=0.5\ \text{A}$$

电压源提供的功率为

$$p=10i=10\times0.5\ \text{W}=5\ \text{W}$$ (10 V 与 0.5 A 对电压源为非关联参考方向)

目标 2 检测:熟练掌握电阻串联等效、并联等效

测 2-2 确定测 2-2 图中电流源提供的功率。

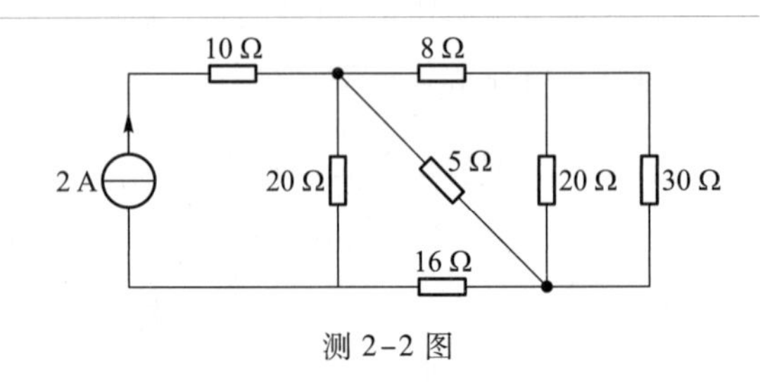

测 2-2 图

答案:80 W。

例 2-2-3 求图 2-2-11(a)所示电路中电流源发出的功率。

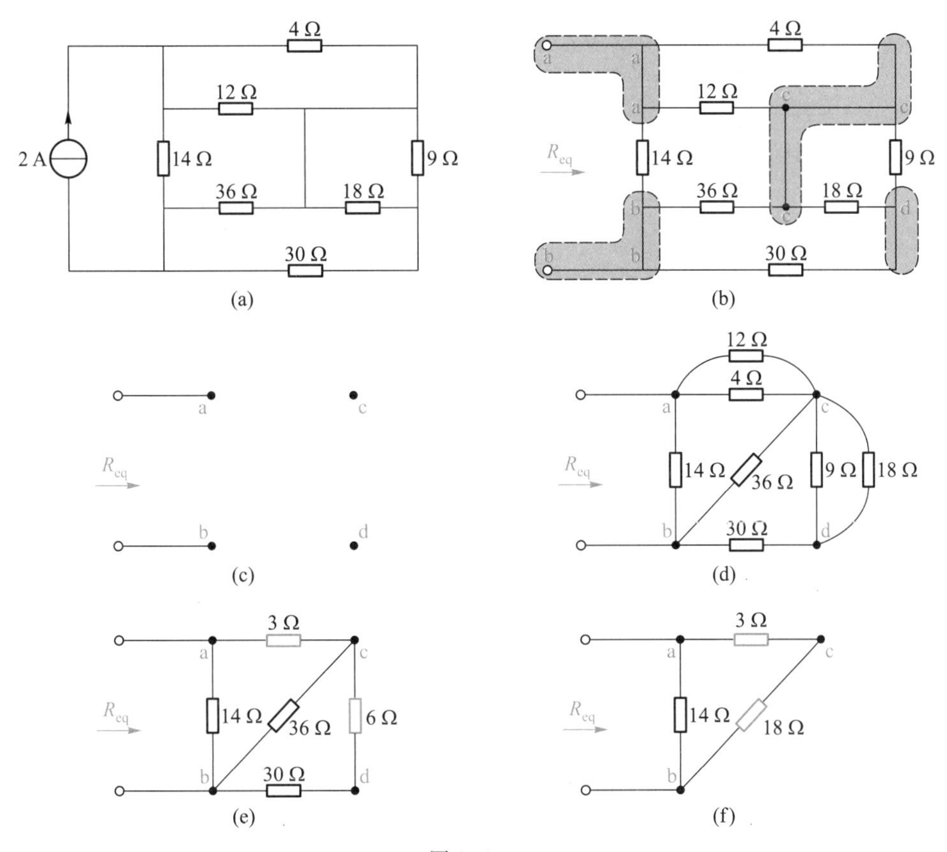

图 2-2-11

解:先确定电流源右边一端口网络的等效电阻,再计算电压源发出的功率。图 2-2-11(a)中有多处短接线,不易看清电阻的连接关系。采用标出结点、重画电路去掉短接线的方法,来明确电阻的连接关系。

在图 2-2-11(a)中只有 a、b、c、d 四个结点,如图(b)所示。将 a、b、c、d 四个结点任意布局,如图(c)所示,再将图(b)中的电阻逐个画到图(c)中的结点间,得到图(d)。

在图 2-2-11(d)中,12 Ω 和 4 Ω 并联、9 Ω 和 18 Ω 并联,有

$$\frac{12\times4}{12+4}\ \Omega=3\ \Omega,\quad \frac{9\times18}{9+18}\ \Omega=6\ \Omega$$

得到图 2-2-11(e)。

在图 2-2-11(e)中,6 Ω 和 30 Ω 串联得 36 Ω,36 Ω 和 36 Ω 并联得 18 Ω,得到图(f)。

图 2-2-11(f)中,3 Ω 和 18 Ω 串联得 21 Ω,21 Ω 和 14 Ω 并联,得

$$R_{eq}=\frac{21\times14}{21+14}\ \Omega=8.4\ \Omega$$

回到图 2-2-11(a),电流源发出的功率 p_s 等于 R_{eq}吸收的功率,即

$$p_s=2^2\times R_{eq}=2^2\times8.4\ \text{W}=33.6\ \text{W}$$

目标 2 检测:熟练掌握电阻串联等效、并联等效

测 2-3 求测 2-3 图所示各电路中电源发出的功率。

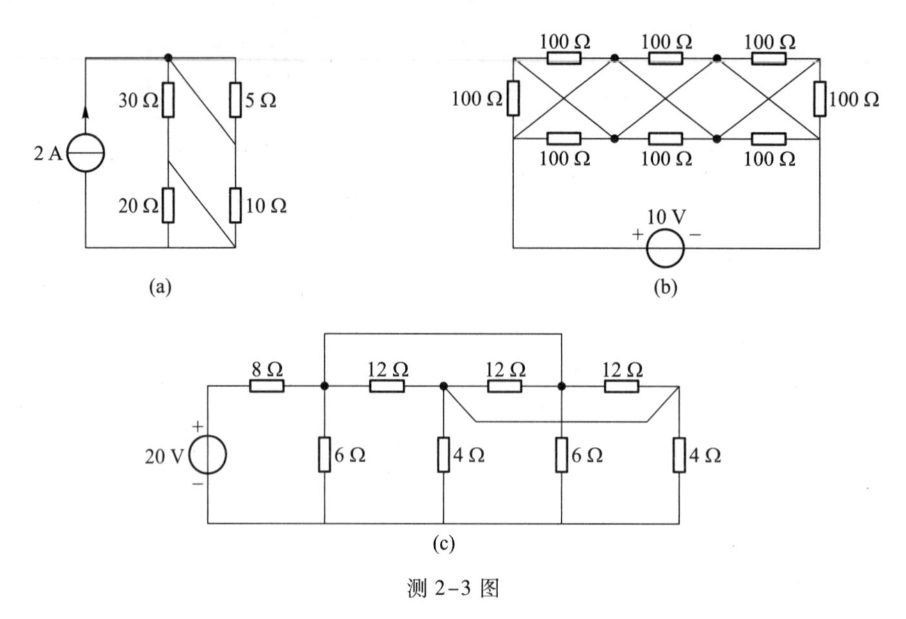

测 2-3 图

答案:(a) 30 W;(b) 8 W;(c) 40 W。

2.3 星形电路与三角形电路

如何计算如图 2-3-1 所示电路的电流 i 呢?先计算等效电阻 R_{eq},再由 $i=u_S/R_{eq}$得到 i。但是,图 2-3-1 中的 5 个线性电阻既不是串联也不是并联,用已有的知识不能获得 R_{eq}。

图 2-3-1 中的 5 个线性电阻有两种连接方式:R_1、R_2、R_5 是三角形联结(或 Δ 联结),R_5、R_3、R_4 也是三角形联结;R_1、R_5、R_4 是星形联结(或 Y 联结),R_2、R_5、R_3 也是星形联结。下面讨论获得图 2-3-1 之 R_{eq}的 3 种方法,它们是:电路对称、电桥平衡、星形与三角形互换。

2.3.1 电路对称

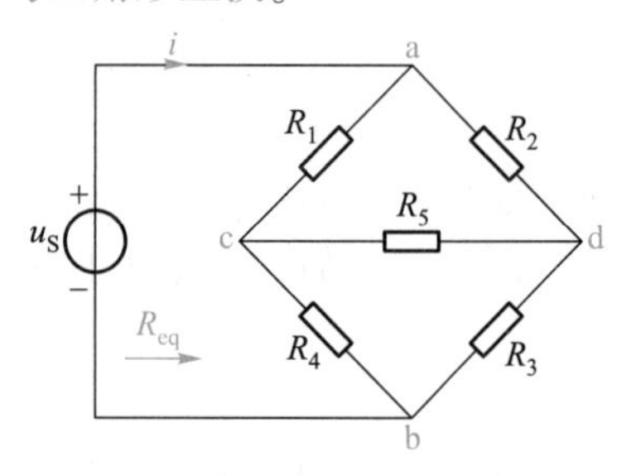

图 2-3-1 线性电阻星形与三角形联结

1. 对称面通过端口

若图 2-3-1 中的电阻满足

$$R_1=R_2, \quad R_3=R_4$$

则电路存在一个通过端口 ab 的对称面,即左、右对称,如图 2-3-2(a)所示。对称面两侧有相同的电流分布,如图 2-3-2(a)所示的 i_1、i_4、i_5。对称面两侧相同的电

流分布导致某些支路电流为零、某些结点为等位点。

对称面两侧相同的电流分布，使得垂直通过对称面支路的电流为零。图 2-3-2(a) 中，R_5 支路与对称面垂直相交，电流 i_5 要满足 KCL 方程，即

$$i_5+i_5=0 \quad (\text{KCL})$$

因此

$$i_5=0$$

R_5 支路可以断开，得到图 2-3-2(b) 所示电路，由此，等效电阻

$$R_{\text{eq}}=\frac{1}{2}(R_1+R_4)$$

对称面两侧相同的电流分布，使得对称位置上的一对结点为等位点。图 2-3-2(a) 中，结点 c、d 是一对等位点，可以短接结点 c、d，得到如图 2-3-2(c) 所示电路，由此，等效电阻

$$R_{\text{eq}}=0.5R_1+0.5R_4$$

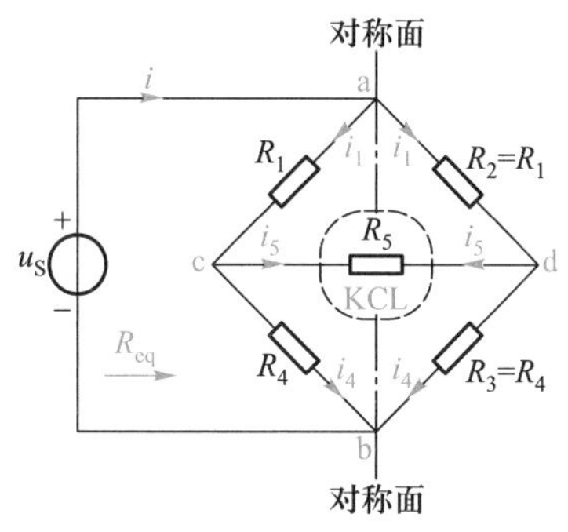

(a) 通过端口ab的对称面

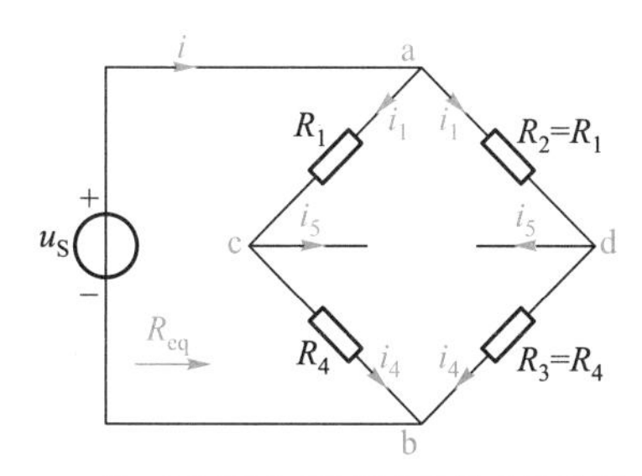

(b) 垂直通过对称面支路的电流为零

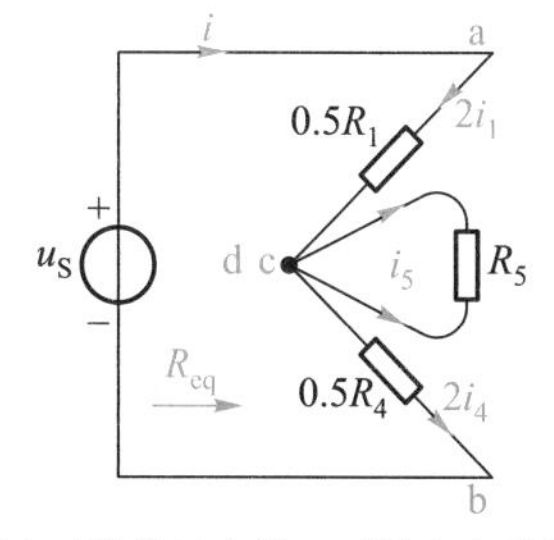

(c) 对称位置上的一对结点为等位点

图 2-3-2 电路中存在通过端口的对称面

2. 对称面垂直于端口

若图 2-3-1 中的电阻满足

$$R_1=R_4,\quad R_2=R_3$$

则电路存在一个垂直于端口 ab 的对称面，即上、下对称，如图 2-3-3(a) 所示。位于对称面上的结点 c、d 电位相同，因为

$$u_{\text{cb}}=\frac{1}{2}u_{\text{ab}},\quad u_{\text{db}}=\frac{1}{2}u_{\text{ab}}$$

故

$$u_{cb}=u_{db}=\frac{1}{2}u_{ab}$$

由于结点 c、d 电位相等，可以短接，得到图 2-3-3(b)，于是等效电阻

$$R_{eq}=2(R_1/\!/R_2)=\frac{2R_1R_2}{R_1+R_2}$$

由于结点 c、d 电位相等，所以 R_5 的电流为零，可以将 R_5 断开，得到如图 2-3-3(c)所示电路，于是等效电阻

$$R_{eq}=2R_1/\!/2R_2=\frac{2R_1R_2}{R_1+R_2}$$

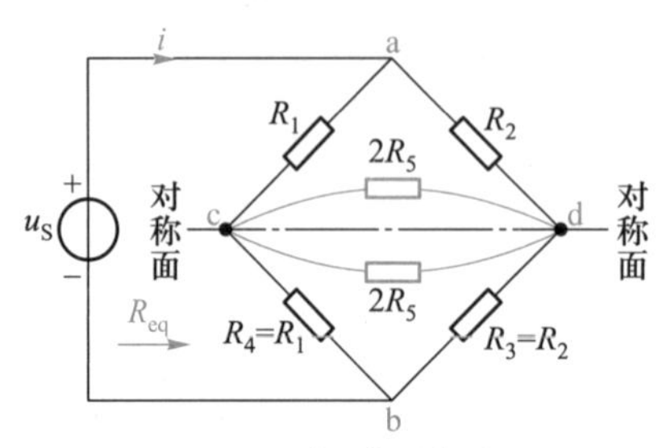

(a) 垂直于端口的对称面

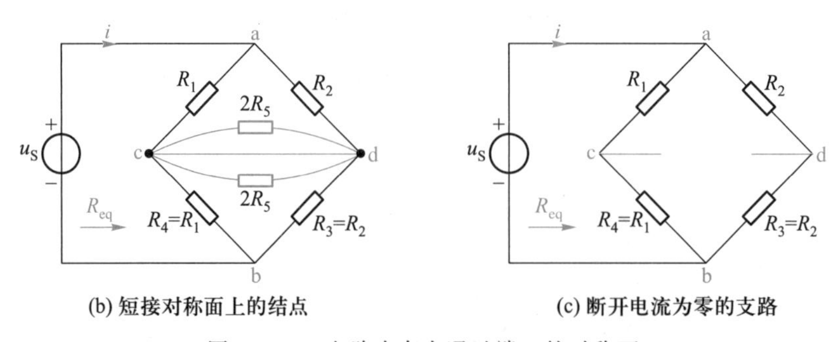

(b) 短接对称面上的结点　　(c) 断开电流为零的支路

图 2-3-3　电路中存在通过端口的对称面

需要注意有交叉支路的电路。图 2-3-4 所示为有交叉支路的电路，表面上看存在垂直于端口的对称面，但实际上电路不对称，因为将电路改画成没有交叉支路的形式时，电路不对称。

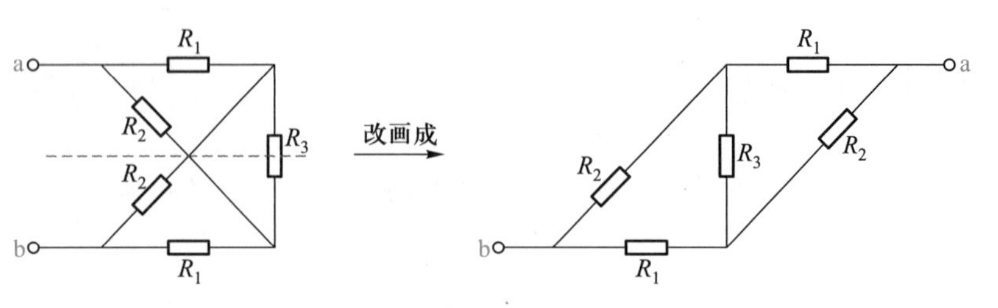

图 2-3-4　有交叉支路的不对称电路

对称电路

1. 当电路存在通过端口的对称面时，垂直通过对称面的支路的电流为零，可以断开该支路，对称结点是等位点对，可以短接这些等位点对。
2. 当电路存在垂直于端口的对称面时，对称面上的各结点为等位点，可以短接这些结点。

例 2-3-1 求图 2-3-5(a)所示电路中的电流 i。

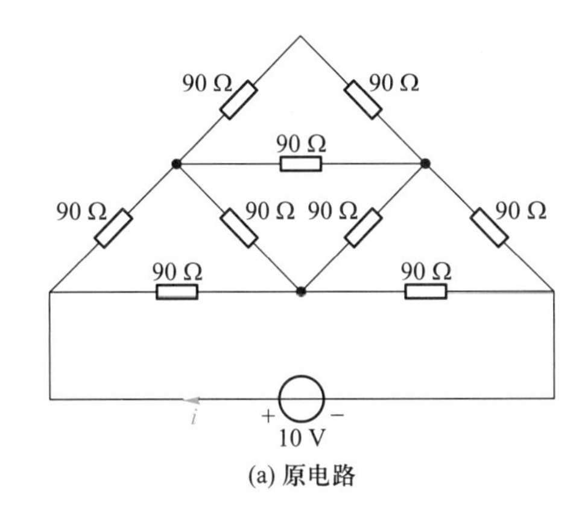

(a) 原电路

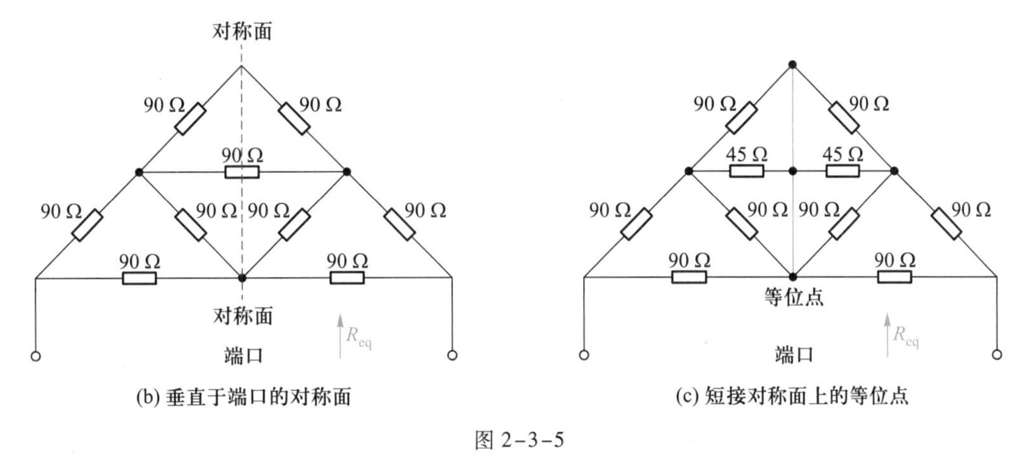

(b) 垂直于端口的对称面　　(c) 短接对称面上的等位点

图 2-3-5

解：图 2-3-5(a)所示电路存在垂直于端口的对称面，如图 2-3-5(b)所示，将对称面上的 3 个等位点短接得到图 2-3-5(c)。在图(c)中应用电阻串联和并联，等效电阻

$$R_{eq}=2\times\{[(90/\!/90/\!/45)+90]/\!/90\}\ \Omega=2\times\left[\left(\frac{90}{4}+90\right)/\!/90\right]\ \Omega=2\times\frac{5\times90}{9}\ \Omega=100\ \Omega$$

端口电流

$$i=10/R_{eq}=10/100\ \text{A}=0.1\ \text{A}$$

目标 3 检测:熟练掌握电路对称的特点及其应用

测 2-4 测 2-4 图的电阻均为 10 Ω,计算电流源提供的功率。

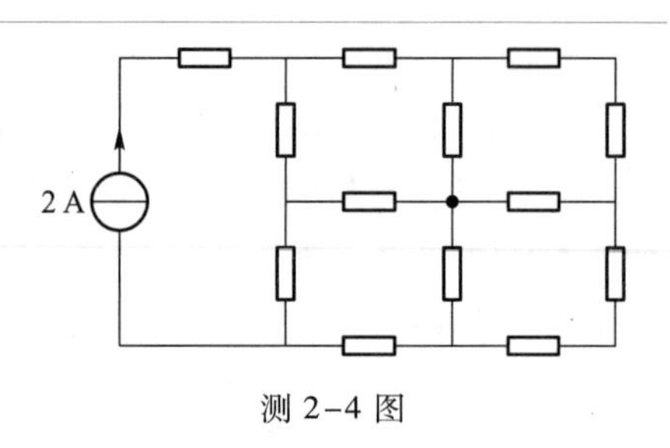

测 2-4 图

答案:90 W。

例 2-3-2 图 2-3-6(a)所示电路中,$R=100\ \Omega$。求电流 i。

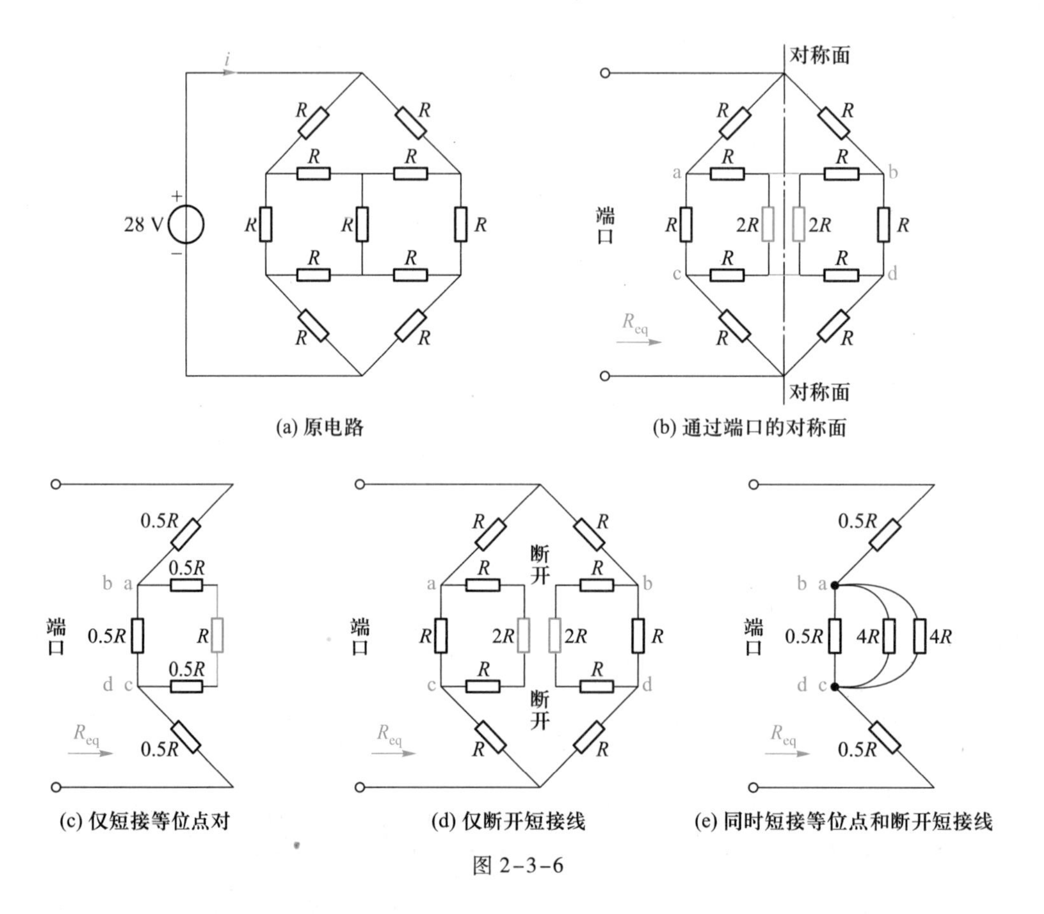

(a) 原电路 (b) 通过端口的对称面

(c) 仅短接等位点对 (d) 仅断开短接线 (e) 同时短接等位点和断开短接线

图 2-3-6

解:图 2-3-6(a)所示既有垂直于端口的对称面,也有通过端口的对称面。但是,利用通过端口的对称面进行计算更为简单,如图(b)所示。

图 2-3-6(b)有两对等位点,分别是 a、b 和 c、d,短接 a 和 b、短接 c 和 d,得到图(c)。图(c)中的等效电阻

$$R_{eq}=0.5R+(0.5R/\!/2R)+0.5R=1.4R=140\ \Omega$$

图 2-3-6(b)也有两条垂直通过对称面的支路，就是将两个 $2R$ 并联的两条短接线，这两条短接线的电流为零，断开这两条短接线得到图(d)。图(d)中的等效电阻为左右两个相同部分并联，因此

$$0.5R_{eq}=R+(R//4R)+R=0.7R$$
$$R_{eq}=1.4R$$

亦可对图 2-3-6(b)同时短接 a 和 b、短接 c 和 d、断开两条短接线，得到图(e)。图(e)中的等效电阻

$$R_{eq}=0.5R+(0.5R//2R)+0.5R=1.4R$$

求得 $R_{eq}=140\ \Omega$ 后，回到图 2-3-6(a)计算电流，有

$$i=28/140\ \text{A}=0.2\ \text{A}$$

目标 3 检测：熟练掌握电路对称的特点及其应用

测 2-5　计算测 2-5 图中电压源提供的功率。

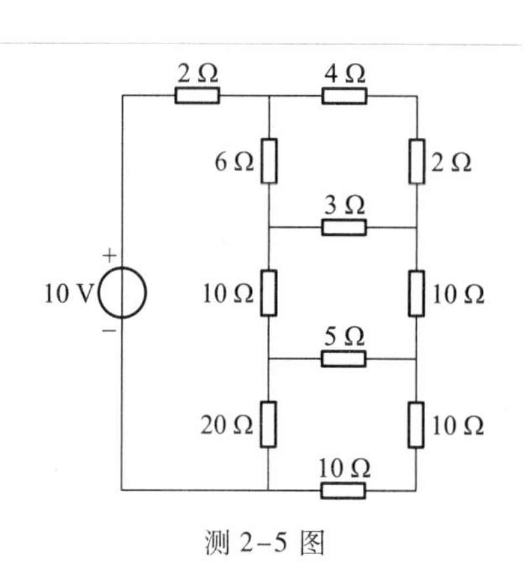

测 2-5 图

答案：5 W。

例 2-3-3　求图 2-3-7(a)所示电路中的电流 i。

解：图 2-3-7(a)所示有通过端口的对称面，a、b 为等位点，短接 a 和 b 得到图(b)。由图(b)得

$$i=\frac{10}{(3+1)//2+3+5}\ \text{A}=\frac{15}{14}\ \text{A}$$

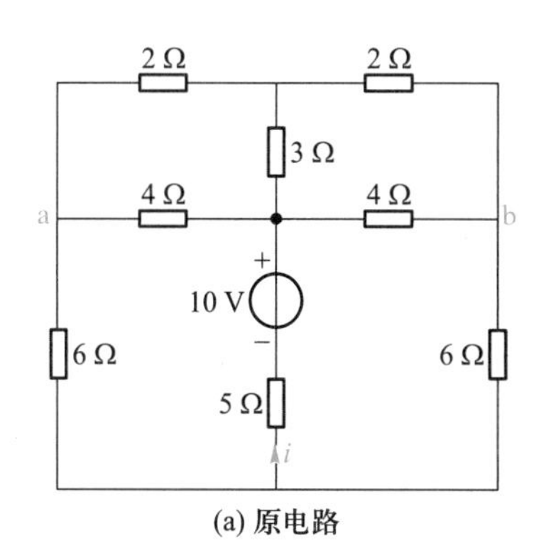

(a) 原电路

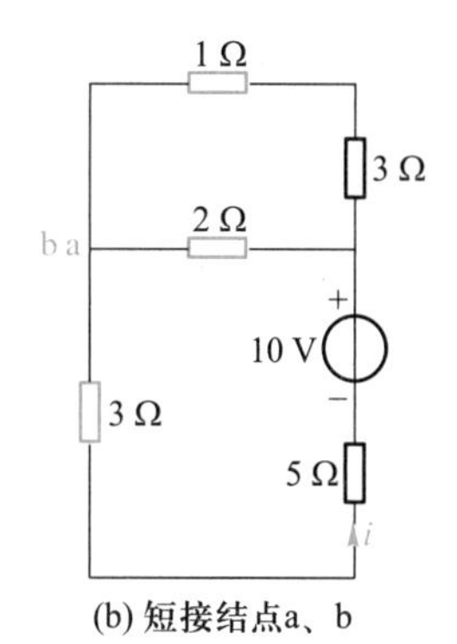

(b) 短接结点a、b

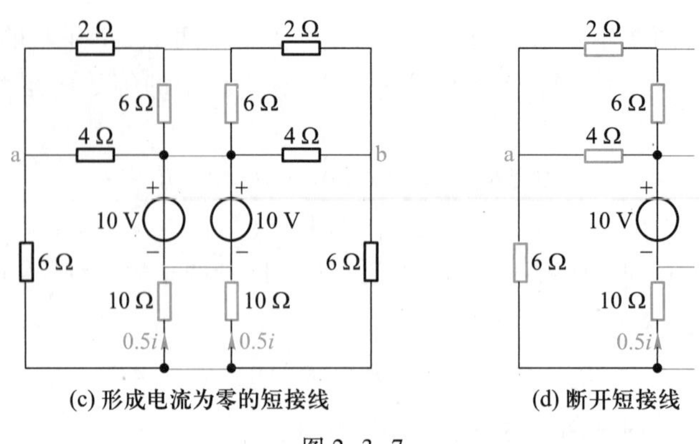

(c) 形成电流为零的短接线　　(d) 断开短接线

图 2-3-7

也可将图 2-3-7(a)改画为图(c),中间出现4条短接线,由于电路对称,这4条短接线的电流均为零,断开4条短接线得到图(d)。由图(d)得

$$0.5i=\frac{10}{(6+2)/\!/4+6+10}\ \mathrm{A}=\frac{15}{28}\ \mathrm{A},\quad i=\frac{15}{14}\ \mathrm{A}$$

目标3检测:熟练掌握电路对称的特点及其应用

测2-6　计算测2-6图中电流源提供的功率。

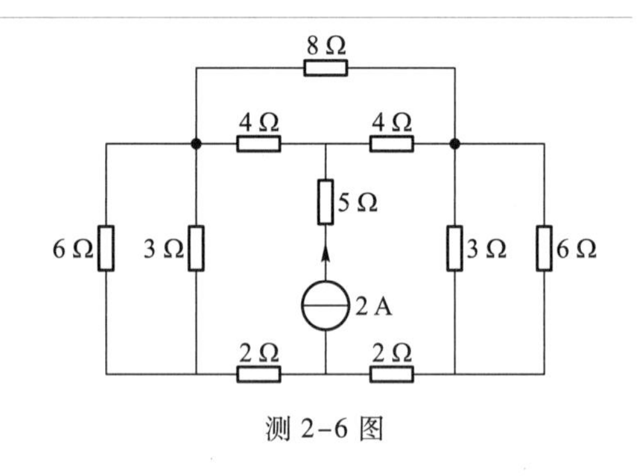

测2-6图

答案:36 W。

2.3.2 电桥平衡

如果图2-3-1所示的电路没有任何对称面,如何确定等效电阻 R_{eq} 呢?将图2-3-1重画于图2-3-8(a),并标明各支路电流参考方向。图2-3-8(a)中,5个线性电阻相连的部分称为电桥(bridge circuit),$R_1 \sim R_4$ 为4个桥臂,R_5 为桥。值得注意的是:$R_1 \sim R_5$ 必须是线性电阻,桥 R_5 两端与桥臂形成Y联结。

可以证明:若 $R_1 \sim R_4$ 满足

$$\boxed{R_1R_3=R_2R_4}\quad (对臂电阻之积相等) \tag{2-3-1}$$

或

$$\boxed{\frac{R_1}{R_4}=\frac{R_2}{R_3}}\quad (邻臂电阻之比相等) \tag{2-3-2}$$

则桥电阻 R_5 上电流为零，桥电阻 R_5 的电压也为零，桥电阻 R_5 既可以断开也可以短接，如图 2-3-8(b)和(c)所示。式(2-3-1)或式(2-3-2)为电桥平衡条件。

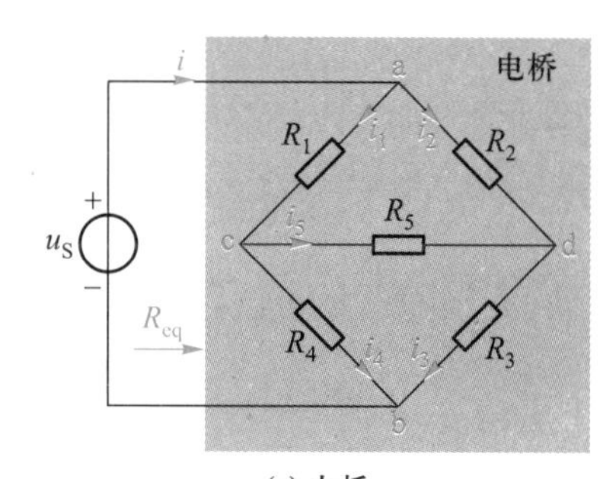

(a) 电桥

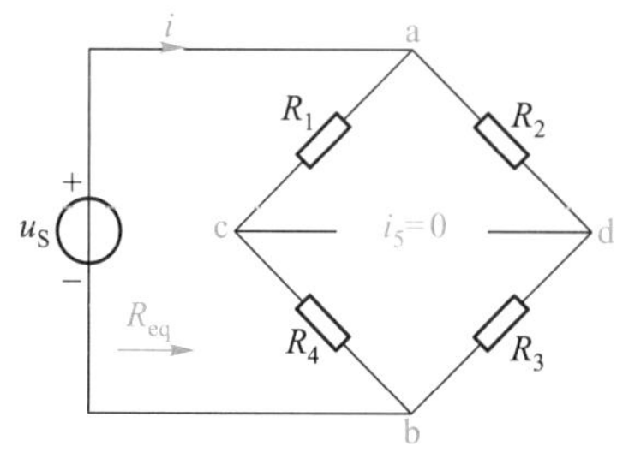

(b) 平衡电桥等效电路1

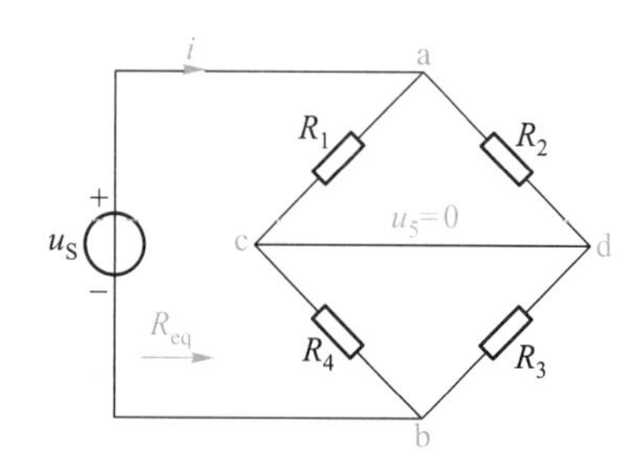

(c) 平衡电桥等效电路2

图 2-3-8 电桥

电桥平衡条件可以在图 2-3-8(a)中应用基尔霍夫定律导出。图(a)中，上、下两个 Δ 联结的 KVL 方程为

$$R_1 i_1 + R_5 i_5 = R_2 i_2 \tag{2-3-3}$$

$$R_3 i_3 + R_5 i_5 = R_4 i_4 \tag{2-3-4}$$

桥 R_5 两端两个 Y 联结的 KCL 方程为

$$i_1 = i_4 + i_5 \tag{2-3-5}$$

$$i_3 = i_2 + i_5 \tag{2-3-6}$$

以上 4 个方程中包含 $i_1 \sim i_5$ 五个变量，通过代入消元得到 i_5 的表达式。将两个 KCL 方程分别代入两个 KVL 方程，得

$$R_1(i_4 + i_5) + R_5 i_5 = R_2 i_2 \tag{2-3-7}$$

$$R_3(i_2 + i_5) + R_5 i_5 = R_4 i_4 \tag{2-3-8}$$

联立式(2-3-7)、式(2-3-8)，消除 i_2(或 i_4)得

$$[R_3(R_1 + R_5) + R_2(R_3 + R_5)]\, i_5 = (R_2 R_4 - R_1 R_3)\, i_4 \tag{2-3-9}$$

可见，当

$$R_2 R_4 - R_1 R_3 = 0 \tag{2-3-10}$$

时，无论 i_4 为何值，都有 $i_5 = 0$。由线性电阻的特性可知，$i_5 = 0$ 必有 $u_5 = 0$。因此，式(2-3-10)就是电桥平衡条件。

例 2-3-4 图 2-3-9(a)所示电路中，已知电压源发出功率 150 W，确定电阻 R。

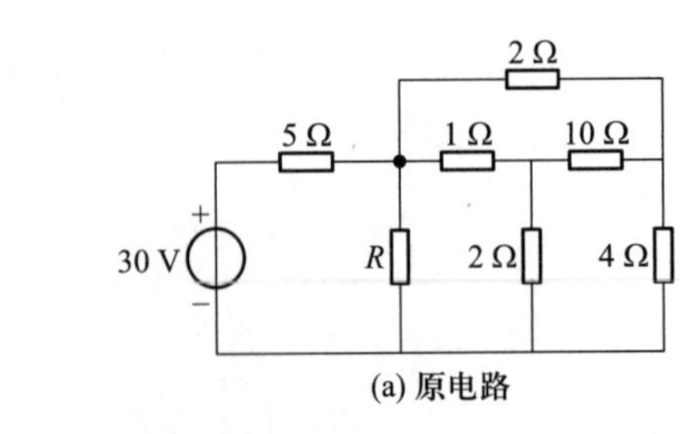

(a) 原电路

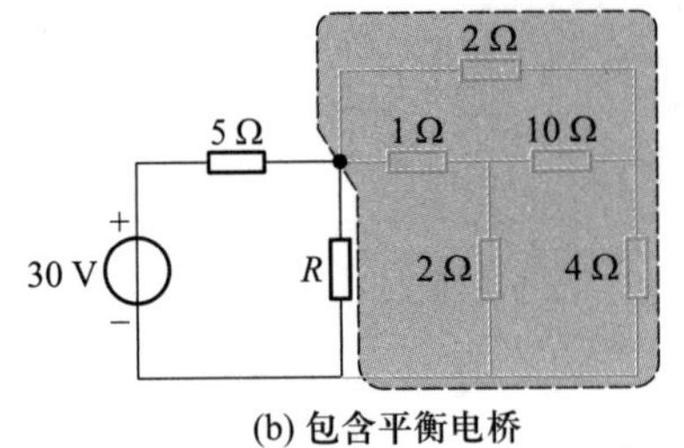

(b) 包含平衡电桥

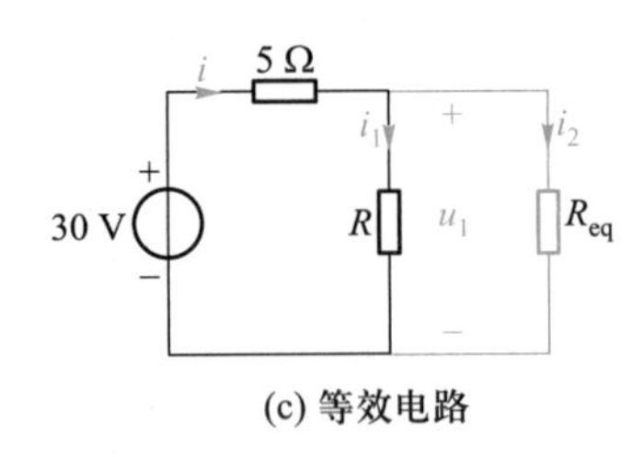

(c) 等效电路

图 2-3-9

解：图 2-3-9(a)所示电路包含一个电桥，如图(b)所示，10 Ω 电阻为桥，桥臂参数满足电桥平衡条件(1/2=2/4)。因此，断开 10 Ω 电阻，平衡电桥的等效电阻

$$R_{eq}=(1+2)\mathbin{/\!/}(2+4)\ \Omega=2\ \Omega$$

电路等效为图(c)。

图 2-3-9(c)中，电压源发出功率 150 W，因此

$$i=\frac{p}{u}=\frac{150}{30}\ \text{A}=5\ \text{A}$$

应用 KVL 得

$$u_1=30-5i=(30-25)\ \text{V}=5\ \text{V}$$

由此

$$i_2=\frac{u_1}{R_{eq}}=\frac{5}{2}\ \text{A}=2.5\ \text{A},\quad i_1=i-i_2=(5-2.5)\ \text{A}=2.5\ \text{A}$$

所以

$$R=\frac{u_1}{i_1}=\frac{5}{2.5}\ \Omega=2\ \Omega$$

目标 3 检测：熟练掌握电桥平衡的特点及其应用

测 2-7 (1)在何种参数关系下，图 2-3-4 所示电路中 R_3 的电流为零？(2)图 2-3-7(a)中上端 5 个线性电阻为何不是平衡电桥？(3)测 2-5 图中，用平衡电桥解释 3 Ω、5 Ω 电阻的电流为何等于零；(4)测 2-7 图中，何种参数关系下 R_7 或 R_8 的电流为零？

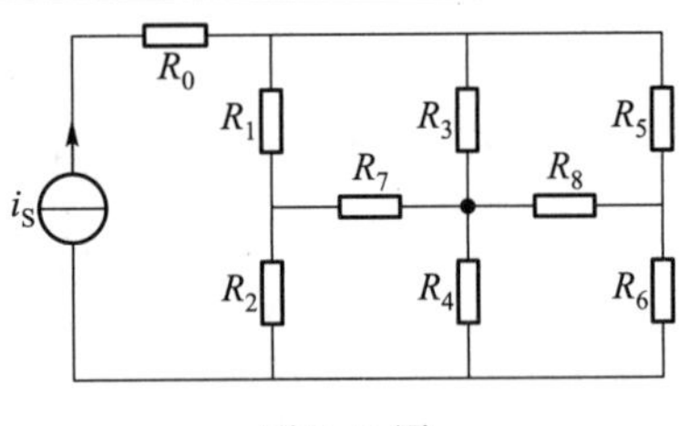

测 2-7 图

2.3.3 星形电路与三角形电路互换

当图 2-3-1 所示电路既没有对称面又不满足电桥平衡条件时，如何确定等效电阻 R_{eq} 呢？图 2-3-1 所示电路中：R_1、R_2、R_5 是三角形（Δ）联结，若将其等效转换为星形（Y）联结，如图 2-3-10（a）所示，就能应用串联与并联确定 R_{eq}；R_1、R_5、R_4 是星形联结，若将其等效转换为三角形联结，如图 2-3-10（b）所示，也能应用串联与并联确定 R_{eq}。

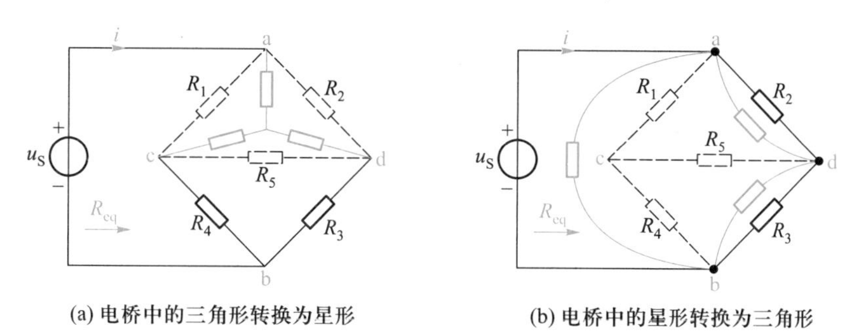

(a) 电桥中的三角形转换为星形　　(b) 电桥中的星形转换为三角形

图 2-3-10　电桥中的星形联结与三角形联结互换

线性电阻的星形联结与三角形联结互换，改变了电阻的连接关系，从而能够应用串联与并联确定等效电阻。那么，星形联结与三角形联结互换的参数关系如何？哪些变量是等效的呢？

依据保持端子间 u-i 关系不变的等效变换原则来推导互换的参数关系。如图 2-3-11 所示，将 Δ 联结变换为 Y 联结，对 Δ 联结、Y 联结以外的电路两者等效，端子间电压 u_{12}、u_{23}、u_{31} 与电流 i_1、i_2、i_3 不变。u_{12}、u_{23}、u_{31} 用 i_1、i_2、i_3 表示，就是端子间 u-i 关系。这里称为“端子间 u-i 关系”，而不能称“端口 u-i 关系”。因为，能称为端口的两个端子必须满足从一个端子流入的电流等于从另一个端子流出的电流。

为了写出 Δ 联结电路的端子间 u-i 关系，在 Δ 联结内设电流 i，如图 2-3-11 所示，Δ 联结内的 KVL 方程为

$$R_{12}i+R_{23}(i+i_2)-R_{31}(-i+i_1)=0 \tag{2-3-11}$$

解得

$$i=\frac{R_{31}i_1-R_{23}i_2}{R_{12}+R_{23}+R_{31}} \tag{2-3-12}$$

于是，Δ 联结的 u-i 关系为

$$u_{12}=R_{12}i=\frac{R_{12}R_{31}i_1-R_{12}R_{23}i_2}{R_{12}+R_{23}+R_{31}} \tag{2-3-13}$$

而 Y 联结的 u-i 关系为

$$u_{12}=R_1i_1-R_2i_2 \tag{2-3-14}$$

Δ 联结和 Y 联结要有相同的 u-i 关系，对比式（2-3-13）和式（2-3-14）得

$$R_1=\frac{R_{12}R_{31}}{R_{12}+R_{23}+R_{31}},\quad R_2=\frac{R_{23}R_{12}}{R_{12}+R_{23}+R_{31}} \tag{2-3-15}$$

从式（2-3-15）总结出 Δ 联结变换为 Y 联结的参数关系的规律，为

$$\Delta\to \mathrm{Y}: R_k=\frac{\text{连于 } k \text{ 结点的两个电阻之积}}{\Delta \text{ 内三个电阻之和}} \quad (k=1,2,3)$$

若 $R_{12}=R_{23}=R_{31}=R_\Delta$，则 $R_1=R_2=R_3=R_\Delta/3$。

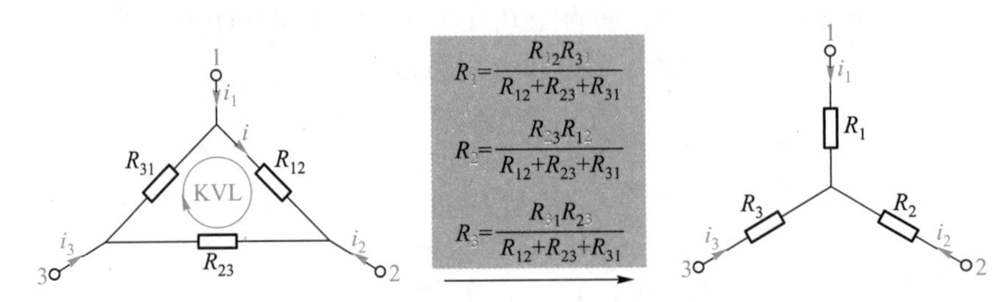

图 2-3-11　Δ 联结转换为 Y 联结的参数关系

图 2-3-12 所示将 Y 联结变换为 Δ 联结，为了写出 Y 联结电路的端子间 $u-i$ 关系，在 Y 联结内设电压 u，Y 联结内的 KCL 方程为

$$G_1u+G_2(u-u_{12})+G_3(u+u_{31})=0 \tag{2-3-16}$$

解得

$$u=\frac{G_2u_{12}-G_3u_{31}}{G_1+G_2+G_3} \tag{2-3-17}$$

于是，Y 联结的 $i-u$ 关系为

$$i_1=G_1u=\frac{G_1G_2u_{12}-G_1G_3u_{31}}{G_1+G_2+G_3} \tag{2-3-18}$$

而 Δ 联结的 $u-i$ 关系为

$$i_1=G_{12}u_{12}-G_{31}u_{31} \tag{2-3-19}$$

Δ 联结和 Y 联结要有相同的 $u-i$ 关系，对比式(2-3-18)和式(2-3-19)，得

$$G_{12}=\frac{G_1G_2}{G_1+G_2+G_3},\qquad G_{31}=\frac{G_3G_1}{G_1+G_2+G_3} \tag{2-3-20}$$

从式(2-3-20)总结出 Y 联结变换为 Δ 联结的参数关系的规律，为

$$\mathrm{Y}\to\Delta: G_{kj(k\neq j)}=\frac{\text{连于 } k\text{、连于 } j \text{ 结点的两个电导之积}}{\mathrm{Y} \text{ 内三个电导之和}} \quad (k=1,2,3\quad j=1,2,3)$$

若 $R_1=R_2=R_3=R_\mathrm{Y}$，则 $R_{12}=R_{23}=R_{31}=3R_\mathrm{Y}$。

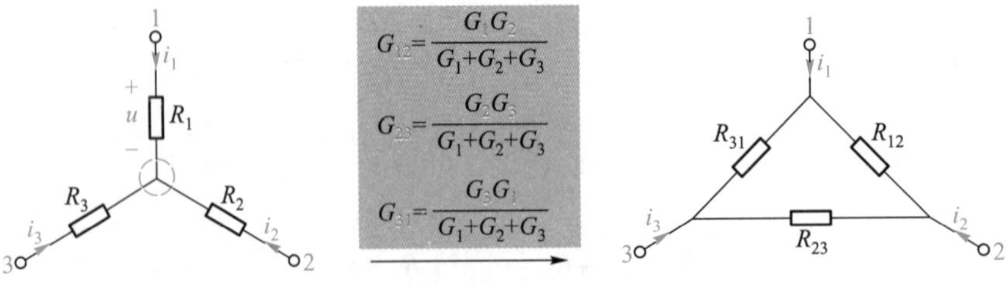

$$G_{12}=\frac{G_1G_2}{G_1+G_2+G_3},\quad G_{23}=\frac{G_2G_3}{G_1+G_2+G_3},\quad G_{31}=\frac{G_3G_1}{G_1+G_2+G_3}$$

图 2-3-12　Y 联结转换为 Δ 联结的参数关系

例 2-3-5 求图 2-3-13(a)所示电路中的电压 u。

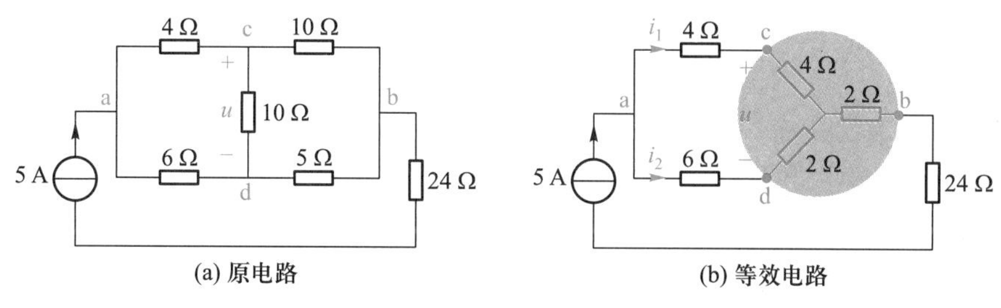

图 2-3-13

解:图 2-3-13(a)中,5 个电阻连接而成的电桥既没有对称性,也不满足平衡条件,下面通过 Y 联结与 Δ 联结互换,改变电阻的连接关系。电路中有 2 个 Δ 联结:acd 和 cbd。电路中有 3 个 Y 联结,分别以 c、d、b 为 Y 联结的中点。选择哪一个进行变换呢?

若将以 c(或 d)为中点的 Y 联结变换为 Δ 联结,则待求的变量 u 消失了,不可取。而 24 Ω 电阻与电流源串联,不影响变量 u,也不应该选择以 b 为中点的 Y 联结变换为 Δ 联结。在 acd 和 cbd 两个 Δ 联结中,由于 Δ 联结 cbd 中有两个电阻相同(10 Ω),计算量小,因此选择 Δ 联结 cbd 变换为 Y 联结,如图 2-3-13(b)所示。

由于 $R_{cb}=10\ \Omega$、$R_{bd}=5\ \Omega$、$R_{dc}=10\ \Omega$,因此

$$R_c=\frac{R_{cb}R_{dc}}{R_{cb}+R_{bd}+R_{dc}}=\frac{10\times10}{10+5+10}\ \Omega=4\ \Omega$$

$$R_b=\frac{R_{bd}R_{cb}}{R_{cb}+R_{bd}+R_{dc}}=\frac{10\times5}{10+5+10}\ \Omega=2\ \Omega$$

$$R_d=R_b=2\ \Omega$$

得到图 2-3-13(b)中的电阻值。应用分流关系得

$$i_1=i_2=2.5\ \text{A}$$

应用 KVL 得

$$u=-4i_1+6i_2=(-4\times2.5+6\times2.5)\ \text{V}=5\ \text{V}$$

目标 3 检测:熟练掌握星形联结与三角形联结互换及其应用

测 2-8 求测 2-8 图中的电流 i。

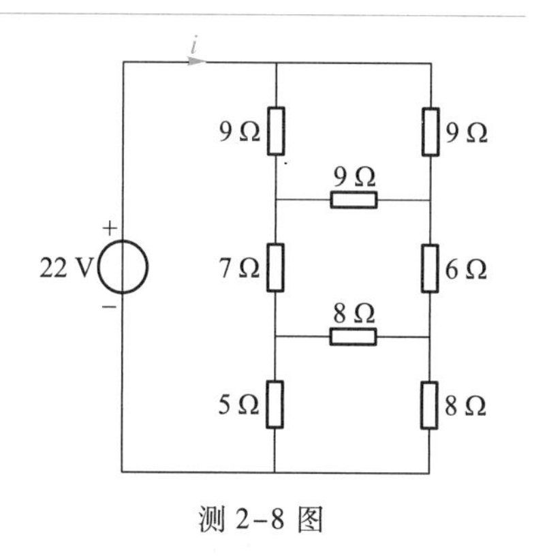

测 2-8 图

答案:2.02 A。

2.4 电源变换

仅由线性电阻互连构成的一端口网络,就端口而言可等效为一个线性电阻 R_{eq},应用线性电阻串联与并联、对称性、电桥平衡、星形联结与三角形联结互换等手段,可以确定任何线性电阻互连电路的等效电阻 R_{eq}。对于含有电源(独立电源、受控电源)的一端口网络,还需应用电源变换,才能确定一端口网络最为简单的等效电路。

电源变换(source transformation)是指电压源与电流源之间的互换,包括独立电压源与独立电流源之间的互换、受控电压源与受控电流源之间的互换。

2.4.1 独立电源变换

我们已经知道,独立电压源的 u-i 关系是平行于 i 轴的直线,独立电流源的 u-i 关系是平行于 u 轴的直线,两者垂直相交,不可能重合,因此,独立电压源不能等效为独立电流源,反之亦然。但是,当独立电压源与线性电阻串联构成戴维南支路、独立电流源与线性电阻并联构成诺顿支路时,两者的端口 u-i 关系就可以重合。

图 2-4-1 中,左边的戴维南支路、右边的诺顿支路的 u-i 关系分别为

$$u=u_S+R_Si \quad (\text{戴维南支路}) \tag{2-4-1}$$

$$u=R_p(i_S+i)=R_pi_S+R_pi \quad (\text{诺顿支路}) \tag{2-4-2}$$

当式(2-4-1)与式(2-4-2)相同时,戴维南支路与诺顿支路对外部电路而言是等效的。当戴维南支路变换为诺顿支路时,电压源变换为电流源;当诺顿支路变换为戴维南支路时,电流源变换为电压源。故称之为电源变换。

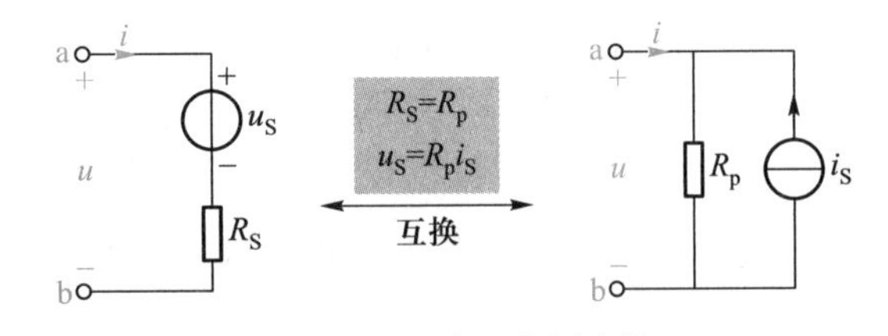

图 2-4-1 独立电源变换

式(2-4-1)与式(2-4-2)相同的条件,也就是戴维南支路与诺顿支路互换的条件,为

$$\boxed{R_S=R_p,u_S=R_pi_S} \tag{2-4-3}$$

电源变换(戴维南支路与诺顿支路互换)规则

1. 戴维南支路与诺顿支路的电阻相等;
2. 电压源、电流源、电阻三者的值满足类似于欧姆定律的关系;
3. 电压源与电流源的方向类似于非关联参考方向。

例 2-4-1 求图 2-4-2(a)所示电路中的电流 i。

解: 可以用等效化简的方法计算图 2-4-2(a)中的电流 i。保持电流 i 所在支路不变,应用电源变换,实现电源串联与并联化简、电阻串联与并联化简。得到最简单等效电路后,再计算电流 i。

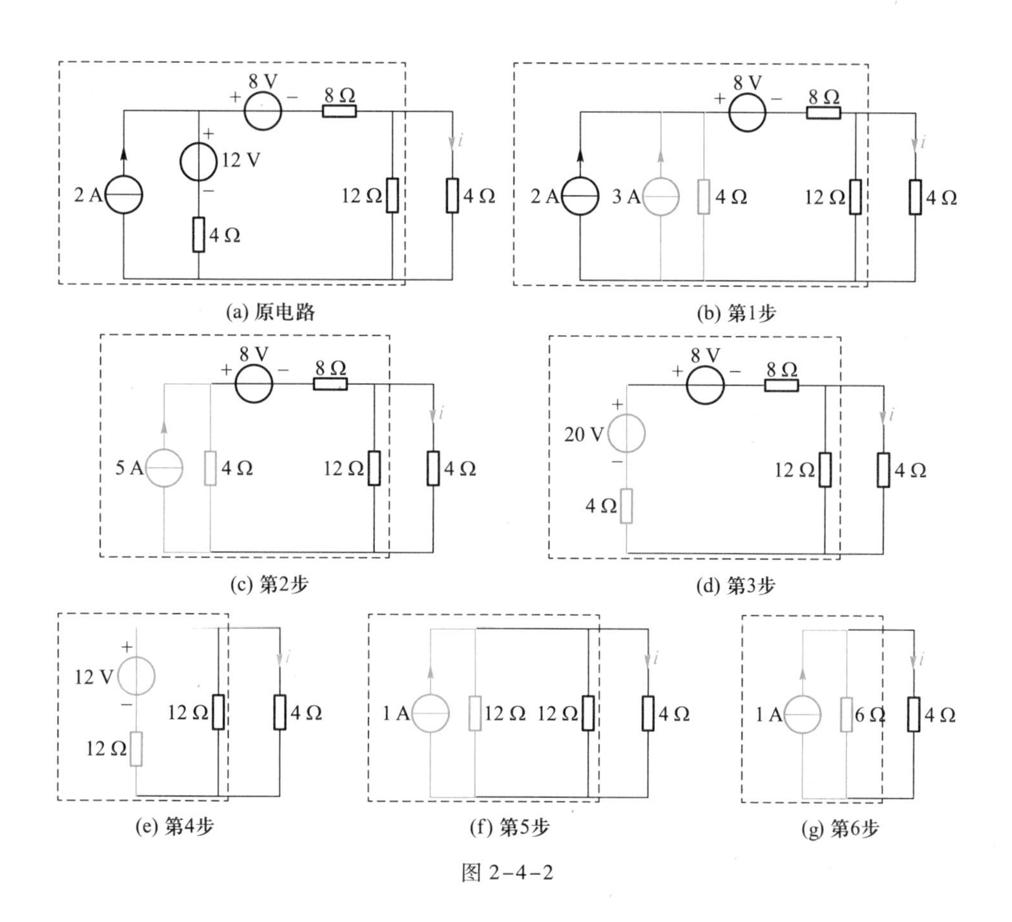

(a) 原电路 (b) 第1步

(c) 第2步 (d) 第3步

(e) 第4步 (f) 第5步 (g) 第6步

图 2-4-2

第 1 步:将 12 V 电压源所在戴维南支路变换成诺顿支路,如图 2-4-2(b)所示。诺顿支路的电阻还是 4 Ω,电流源为 12 V/4 Ω=3 A,与 12 V 电压源构成类似非关联参考方向,故电流方向向上。上述变换对电流 i 而言是等效的。

第 2 步:3 A 与 2 A 电流源并联成 5 A,如图 2-4-2(c)所示。

第 3 步:将 5 A 电流源、4 Ω 构成的诺顿支路变换为戴维南支路,如图 2-4-2(d)所示。戴维南支路的电阻还是 4 Ω,电压源为 5 A×4 Ω=20 V,与 5 A 电流源构成类似于非关联参考方向,故上正下负。

第 4 步:将 20 V 与 8 V 电压源串联为 12 V,4 Ω 与 8 Ω 串联为 12 Ω,如图 2-4-2(e)所示。

第 5 步:将 12 V 电压源所在戴维南支路变换为诺顿支路,如图 2-4-2(f)所示。

第 6 步:将两个 12 Ω 并联成 6 Ω,如图 2-4-2(g)所示。应用分流关系得

$$i=\frac{6}{6+4}\times 1\ \text{A}=0.6\ \text{A}$$

上述每一步变换都保持 u-i 关系不变,而电流 i 所在支路保持不变,因此,对电流 i 而言是等效的。

图 2-4-2(a)中,虚线框内电路为含独立电源的一端口网络(简称含源一端口网络),其最终的等效电路为图(g)中的诺顿支路,当然,诺顿支路也可变换为戴维南支路。可见,含源一端口

网络最简单的等效电路为戴维南支路或诺顿支路，这个结论具有普遍性。

含独立电源的一端口网络最简单等效电路为：**戴维南支路或诺顿支路**。

目标 4 检测：熟练掌握电源变换及其应用

测 2-9 求测 2-9 图中的电压 u。

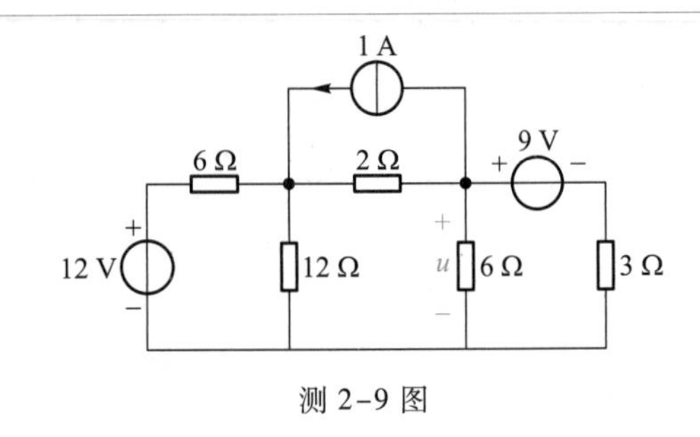

测 2-9 图

答案：$u=6$ V。

2.4.2 受控电源变换

受控电压源与电阻串联形成戴维南支路，受控电流源与电阻并联形成诺顿支路。将这样的戴维南支路变换为诺顿支路时，受控电压源变换成了受控电流源，当诺顿支路变换成戴维南支路时，受控电流源就变换成了受控电压源。

受控电源变换规则与独立电源变换规则相同，但是，在受控电源变换过程中，要注意控制量转移，且线性受控电源最终都可以变换成线性电阻。以图 2-4-3(a) 所示电路为例说明受控电源变换过程中控制量如何转移、受控电源如何变换为线性电阻。

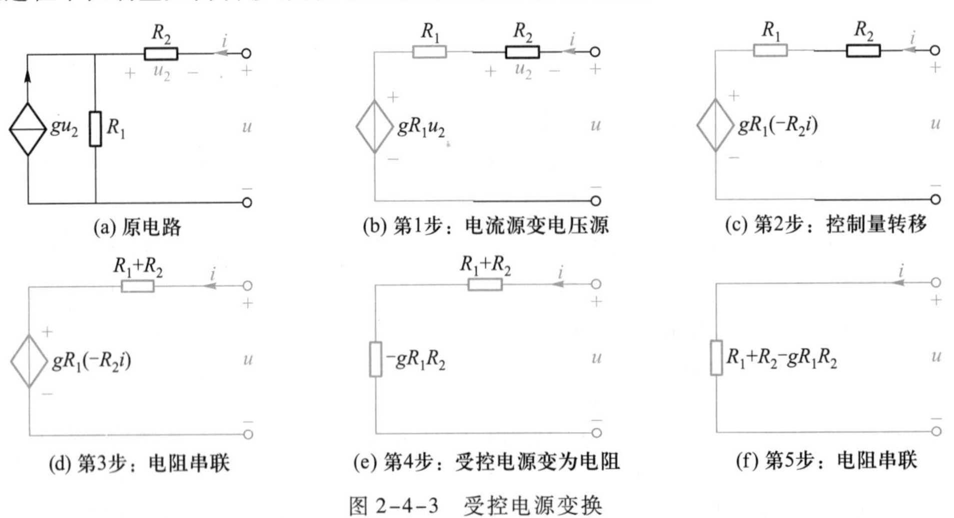

图 2-4-3 受控电源变换

第 1 步：受控电流源变换为受控电压源。将图 2-4-3(a) 中的诺顿支路变换为戴维南支路，如图(b)所示。在将 R_1、R_2 串联为 R_1+R_2 时，控制量 u_2 消失，因此，在电阻串联前要将控制量 u_2 用其他不会消失的变量替换。

第 2 步:控制量转移。这里,用端口电流 i 表示 u_2,$u_2=-R_2i$,受控电压源由 gR_1u_2 变为 $gR_1(-R_2i)$,控制量则由 u_2 换成了 i,如图 2-4-3(c)所示。端口电压 u 和电流 i 是永不消失的变量,尽可能将控制量替换成端口电压 u 或电流 i。

第 3 步:电阻串联。由于受控电压源的控制量已是电流 i 了,R_1、R_2 就可以串联为 R_1+R_2,如图 2-4-3(d)所示。

第 4 步:受控电源变为电阻。图 2-4-3(d)为戴维南支路,受控电压源的电压为 $gR_1(-R_2i)$,流过受控电压源的电流为 i,且为关联参考方向,$gR_1(-R_2i)$ 与 i 的关系与线性电阻 $-gR_1R_2$ 的 $u-i$ 关系相同,因此,受控电压源可以用线性电阻 $-gR_1R_2$ 来等效,如图 2-4-3(e)所示。当受控电源和控制量在同一条支路上时,受控电源就可以变换为线性电阻了。

第 5 步:电阻串联。线性受控电源变换成了线性电阻,图 2-4-3(a)所示电路的最简单等效电路为线性电阻,如图(f)所示。图(a)中没有独立电源,线性受控电源又可以变换为线性电阻,因此,不难理解等效电路为线性电阻。这正好说明了电路中的电压、电流来源于独立电源,独立电源是电路中的激励,受控电源只是电路中变量的耦合关系。

对于图 2-4-3(a)所示简单电路,还可以应用基尔霍夫定律写出端口 $u-i$ 关系,再根据 $u-i$ 关系获得等效电路。由 KCL 得,R_1 的电流为 $i+gu_2$,由 KVL 得

$$u=-u_2+R_1(i+gu_2)$$

将 $u_2=-R_2i$ 代入上式得

$$u=R_2i+R_1(i-gR_2i)=(R_2+R_1-gR_1R_2)i=R_{eq}i$$

因此,图 2-4-3(a)的等效电阻为

$$R_{eq}=R_2+R_1-gR_1R_2$$

例 2-4-2 表 2-4-1 中列出了 6 种受控电源和控制量在同一条支路上的情况,在这些情况下,受控电源都可以变换为线性电阻。分别用"等效变换"和"写端口 $u-i$ 关系"两种方法,推导表中等效电阻表达式。

表 2-4-1 受控电源变换为线性电阻的典型情况

电路		等效电阻	电路		等效电阻
图(a)	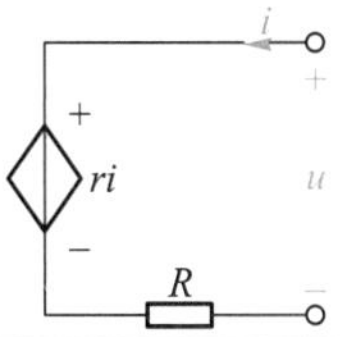	$R_{eq}=R+r$	图(d)	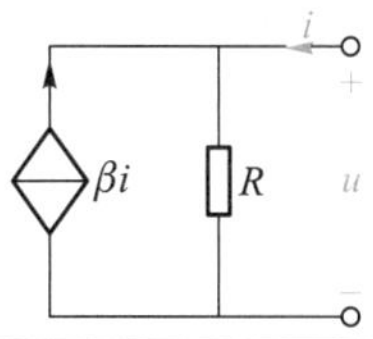	$R_{eq}=(1+\beta)R$
图(b)	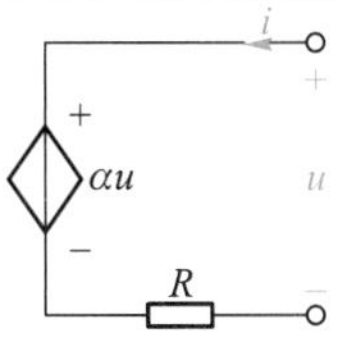	$R_{eq}=\dfrac{R}{1-\alpha}$	图(e)	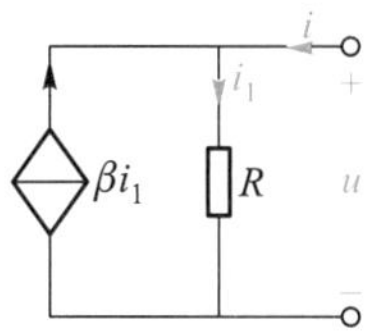	$R_{eq}=\dfrac{R}{1-\beta}$
图(c)	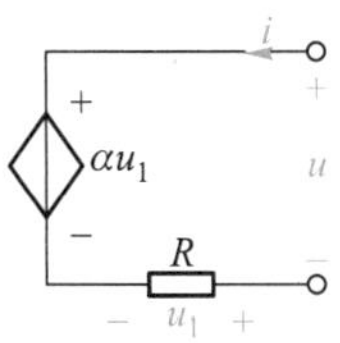	$R_{eq}=(1-\alpha)R$	图(f)	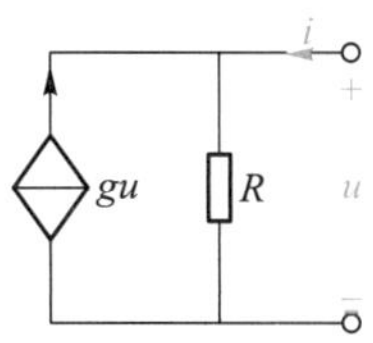	$R_{eq}=\dfrac{R}{1-gR}$

解：对图(a)应用等效变换，流过受控电压源 ri 的电流为 i，方向关联，因此，受控电源等效为电阻$\frac{ri}{i}=r$，故 $R_{eq}=R+r$。应用 KVL 写出端口 u-i 关系，有

$$u=ri+Ri=(r+R)i$$

u、i 为关联参考方向，故 $R_{eq}=R+r$。

对图(b)应用电源变换，变为诺顿支路，受控电流源为$\frac{\alpha u}{R}$，方向向上，此时受控电流源等效为电阻 $u\Big/\left(-\frac{\alpha u}{R}\right)=-\frac{R}{\alpha}$，电阻$-\frac{R}{\alpha}$和 R 并联，得 $R_{eq}=\frac{R}{1-\alpha}$。应用 KVL 写出端口 u-i 关系，有

$$u=\alpha u+Ri$$

因此

$$u=\frac{R}{1-\alpha}i$$

u、i 为关联参考方向，故 $R_{eq}=\frac{R}{1-\alpha}$。

对图(c)应用等效变换，流过受控电压源 au_1 的电流为$\frac{u_1}{R}$，方向非关联，因此，受控电源等效为电阻$\frac{\alpha u_1}{-(u_1/R)}=-\alpha R$，故 $R_{eq}=-\alpha R+R$。应用 KVL 写出端口 u-i 关系，有

$$u=\alpha u_1-u_1$$

又 $u_1=-Ri$，将其代入上式得

$$u=(1-\alpha)Ri$$

u、i 为关联参考方向，故 $R_{eq}=(1-\alpha)R$。

对图(d)应用电源变换，变为戴维南支路，受控电压源为 βRi，方向与 i 关联，此时受控电压源等效为电阻$\frac{\beta Ri}{i}=\beta R$，电阻 βR 和 R 串联，得 $R_{eq}=(1+\beta)R$。应用 KCL 写出端口 u-i 关系，有

$$i=\frac{u}{R}-\beta i$$

因此

$$u=(1+\beta)Ri$$

u、i 为关联参考方向，故 $R_{eq}=\frac{u}{i}=(1+\beta)R$。

对图(e)应用等效变换，受控电流源 βi_1 的电压为 Ri_1，方向非关联，因此，受控电源等效为电阻$-\frac{Ri_1}{\beta i_1}=-\frac{R}{\beta}$，电阻$-\frac{R}{\beta}$与 R 并联，故 $R_{eq}=\frac{R}{1-\beta}$。应用 KCL 写出端口 u-i 关系，有

$$i=i_1-\beta i_1$$

又 $i_1=\frac{u}{R}$，将其代入上式得

$$u=\frac{R}{1-\beta}i$$

u、i 为关联参考方向,故 $R_{eq}=\frac{R}{1-\beta}$。

对图(f)应用等效变换,受控电流源 gu 的电压为 u,方向非关联,因此,受控电流源等效为电阻 $-\frac{u}{gu}=-\frac{1}{g}$,电阻 $-\frac{1}{g}$ 与 R 并联,故 $R_{eq}=\frac{R}{1-gR}$。应用 KCL 写出端口 u-i 关系,有

$$i=\frac{u}{R}-gu$$

因此

$$u=\frac{R}{1-gR}i$$

u、i 为关联参考方向,故 $R_{eq}=\frac{R}{1-gR}$。

目标 4 检测:熟练掌握电源变换及其应用

测 2-10 计算测 2-10 图的等效电阻 R_{eq}。

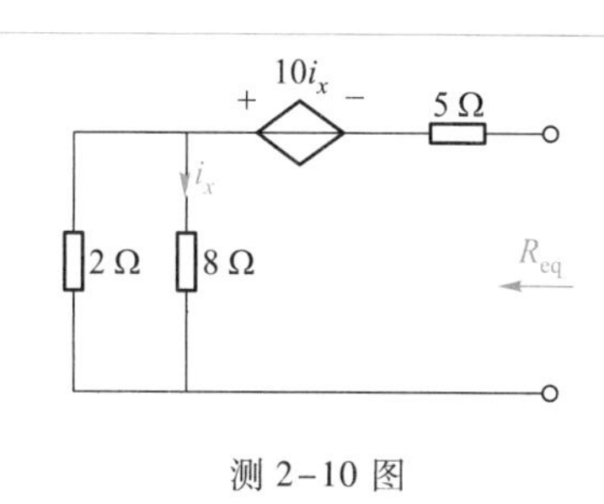

测 2-10 图

答案:4.6 Ω。

例 2-4-3 求图 2-4-4(a)所示电路的端口等效电路。

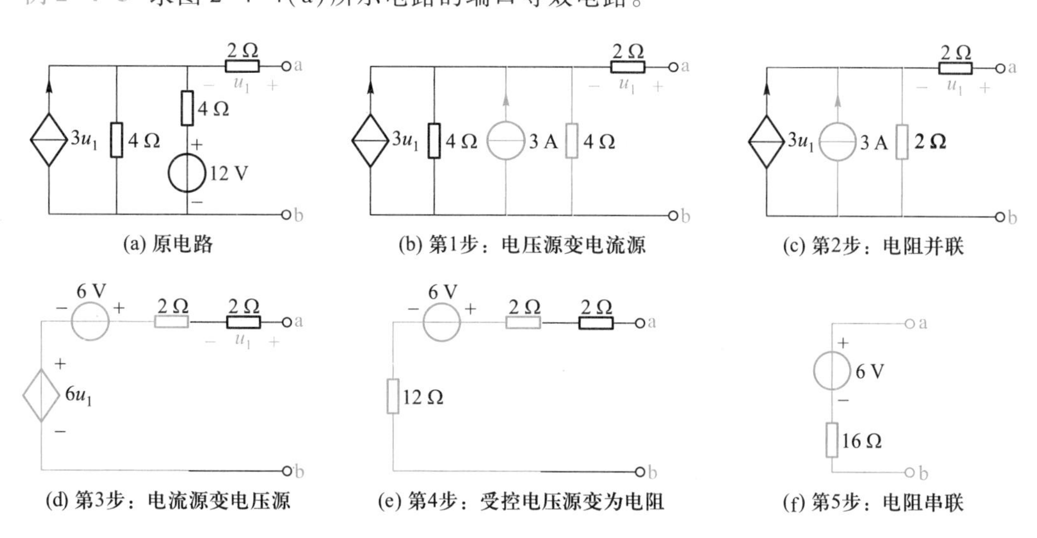

图 2-4-4

解:应用电源变换。

第 1 步:将 12 V 电压源变换为电流源,如图 2-4-4(b)所示。

第 2 步:将两个 4 Ω 电阻并联,如图 2-4-4(c)所示。

第 3 步:将 3 A 独立电流源、$3u_1$ 受控电流源同时变为电压源,如图 2-4-4(d)所示。

第 4 步:受控电压源的电压为 $6u_1$,流过它的电流为 $u_1/2$,且为关联参考方向,因此,受控电压源变为电阻$(6u_1)/(0.5u_1)=12\ \Omega$,如图 2-4-4(e)所示。

第 5 步:将电阻串联,如图 2-4-4(f)所示。

目标 4 检测:熟练掌握电源变换及其应用

测 2-11 求测 2-11 图中的诺顿等效电路。

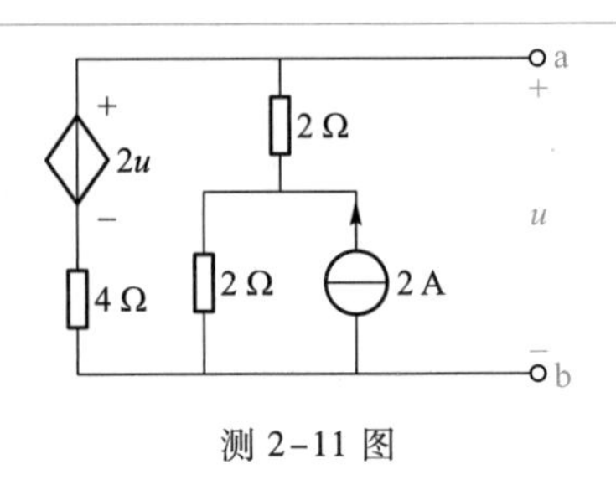

测 2-11 图

答案:$i_S=1$ A(由 b 指向 a),$R_p=\infty$。

例 2-4-4 求图 2-4-5(a)中的电流 i_x。

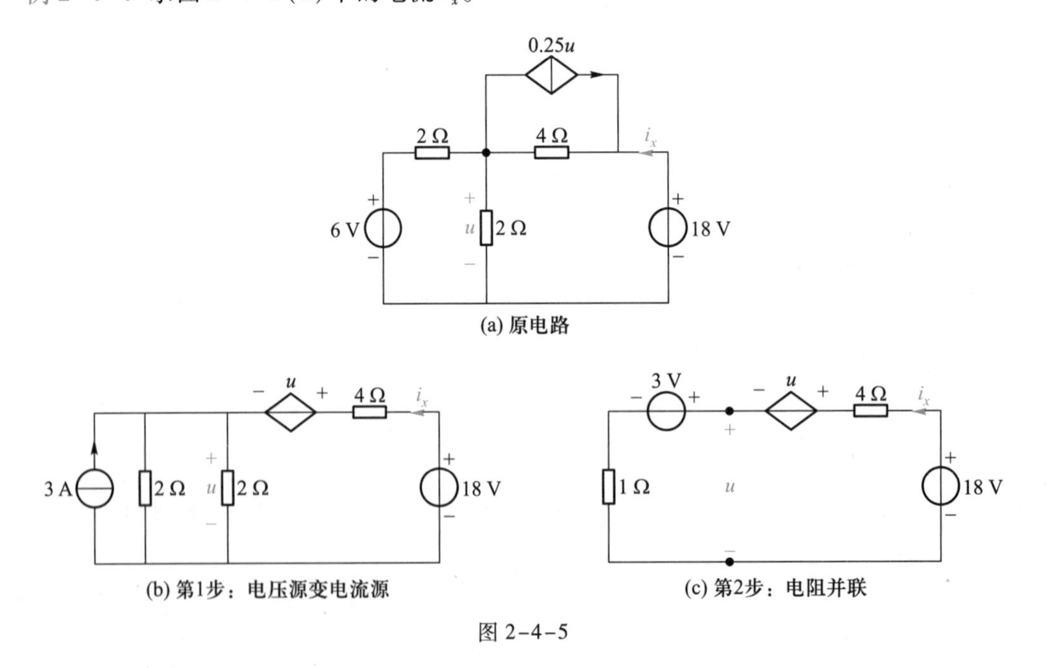

(a) 原电路

(b) 第1步:电压源变电流源

(c) 第2步:电阻并联

图 2-4-5

解:应用电源变换。

第 1 步:将 6 V 电压源变换为电流源、受控电流源变换为受控电压源,如图 2-4-5(b)所示。

第 2 步:将两个 2 Ω 电阻并联、再将 3 A 电流源变换为电压源,如图 2-4-5(c)所示,注意 u 的位置。

第 3 步:在图 2-4-5(c)中按照电流 i_x 的方向应用 KVL,得

$$4i_x+u+3+i_x=18$$

且有 $u=3+i_x$,代入上式得

$$4i_x+3+i_x+3+i_x=18$$

解得

$$i_x=2\ \mathrm{A}$$

目标 4 检测:熟练掌握电源变换及其应用

测 2-12 求测 2-12 图中的电流 i_x。

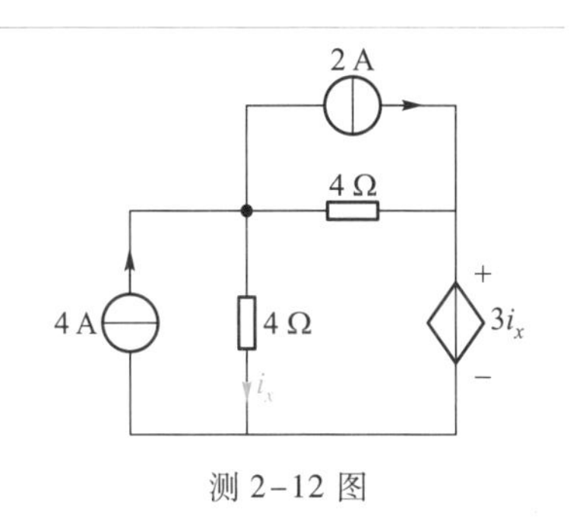

测 2-12 图

答案:$i_x=1.6$ A。

2.5 拓展与应用

电压、电流和电阻测量是工程实际中的常见问题。在此,将电压、电流和电阻测量作为电阻串联与并联、分压与分流的应用问题。

测量电压、电流和电阻的仪表分为数字仪表与模拟仪表两大类。数字仪表以一定的时间间隔对连续信号进行测量,并进行适当的运算,以数字形式显示测量结果。模拟仪表基于电磁原理,电磁相互作用使得仪表指针偏转,读取指针位置得到测量结果。本节介绍数字万用表、模拟直流电压表和电流表、直流电桥的使用。

2.5.1 数字万用表

数字万用表(digital multimeter,DMM)是最常用的电测量工具,可以测量直流电压和直流电流、交流电压和交流电流、电阻值。图 2-5-1 为手持式数字万用表,黑色表笔接公共端(COM),红色表笔接“A”时测量电流、接“V/Ω”时测量电压或电阻。用转换开关选择被测量的类型,“~”或“ac”代表交流,“⎓”或“dc”代表直流,“V”代表电压,“A”代表电流,“Ω”代表电阻。

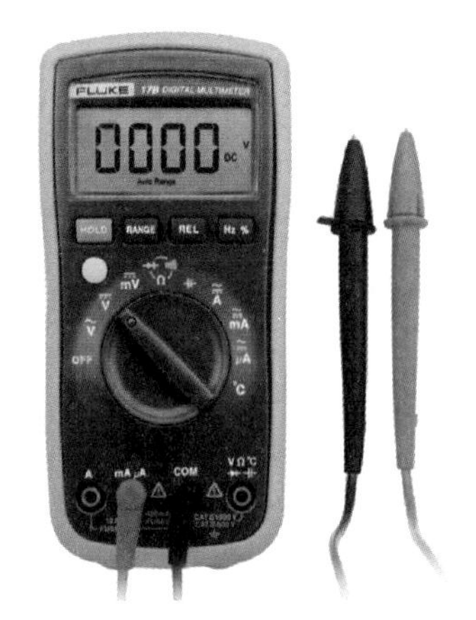

图 2-5-1 手持式数字万用表

(来源:http://img06.taobaocdn.com/)

1. 电压测量

图 2-5-2(a)为用数字万用表测量直流电压 u 的接线图,按照电阻分压,u 的理论值为 6 V,但测量值不一定为6 V。测量原理如图(b)所示,数字万用表等效为电阻 R_V,R_V 称为电压表内阻,典型值为 $R_V=10\ \text{M}\Omega$。在图(b)中各元件参数精确的条件下,10 MΩ 电阻和 1 kΩ 电阻并联的等效电阻为 $1\ \text{k}\Omega /\!/ 10\ \text{M}\Omega=0.999\ 9\ \text{k}\Omega$,电压 u 的测量值为

$$u=\frac{0.999\ 9}{1+0.999\ 9}\times 12\ \text{V}=5.999\ 7\ \text{V}$$

由于 $R_V\neq\infty$ 导致了测量误差。但是,$R_V=10\ \text{M}\Omega$ 远大于电路中与之并联的电阻(1 kΩ),$R_V\neq\infty$ 带来的误差非常微小,此时可近似认为 $R_V=\infty$。

如果图 2-5-2(a)为两个 10 MΩ 电阻串联,还用 $R_V=10\ \text{M}\Omega$ 的电压表测量,此时,u 的测量值为:$u=\dfrac{10/\!/10}{10+10/\!/10}\times 12\ \text{V}=4\ \text{V}$,而理论值还是 6 V,如此大的误差是不可接受的。由此可见,测量误差的计算是测量中必不可少的工作。

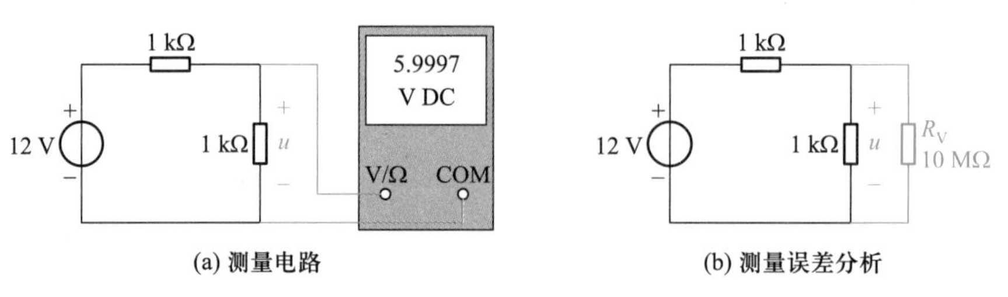

(a) 测量电路　　(b) 测量误差分析

图 2-5-2　电压测量

2. 电流测量

图 2-5-3(a)为用数字万用表测量电路中直流电流 i 的接线图,i 的理论值为 6 mA,但电流表测量时也会带来误差。测量原理如图(b)所示,数字万用表等效为电阻 R_A(称为电流表内阻),假定 $R_A=0.1\ \Omega$ 且图(b)中各元件参数精确,电流 i 的测量值为

$$i=\frac{12}{2\ 000+0.1}\ \text{A}=5.999\ 7\ \text{mA}$$

由于 $R_A\neq 0$ 导致了测量误差,但 $R_A=0.1\ \Omega$ 远小于被测回路的总电阻(2 kΩ),由 $R_A\neq 0$ 带来的相对误差为

$$\frac{6-5.999\ 7}{6}\times 100\%=0.005\%$$

非常微小,此时可近似认为 $R_A=0$。显然,被测回路的总电阻越小,电流表测量的误差则越大。

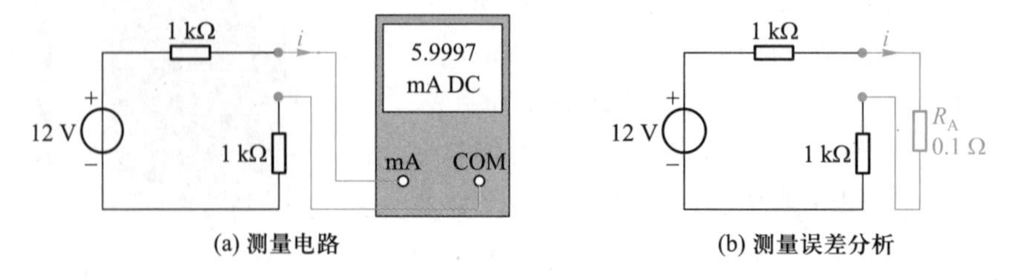

(a) 测量电路　　(b) 测量误差分析

图 2-5-3　电流测量

3. 电阻测量

图 2-5-4(a)为用数字万用表测量电阻 R 的接线图。被测电阻 R 不能与其他电路相连，否则测得的是等效电阻。被测电阻也不能带电。万用表测量电阻的测量原理如图 2-5-4(b)所示，万用表等效为诺顿电路，I_N 为内部提供的恒定电流源，R_Ω 是万用表电阻挡的内阻。测得被测电阻 R 上的电压，显示电压和电流之比值，也就是电阻 R 的值。由于 $R_\Omega \neq \infty$，在 I_N 与电路参数都精确的条件下，万用表的测量也是存在误差的。图 2-5-4(b)中，R 的精确值是 5 kΩ，假设 $R_\Omega = 10$ MΩ，R 的测量值为

$$R = 5\ \text{k}\Omega /\!/ 10\ \text{M}\Omega = 4.997\ 5\ \text{k}\Omega$$

由于万用表的内阻 R_Ω(10 MΩ)远大于被测电阻 R(5 kΩ)，由万用表带来的相对误差为

$$\frac{5-4.997\ 5}{5} \times 100\% = 0.05\%$$

比较小。但是，当被测电阻 R 为 10 MΩ 时，万用表测得的值将是 5 MΩ，这当然是不可接受的。因此，被测电阻越大，测量误差也就越大。该万用表可以用来测量中值电阻(1 Ω ~ 1 MΩ)，不能用于测量大电阻(≥1 MΩ)，也不能用于测量小电阻(<1 Ω)。小电阻测量要消除接触电阻带来的误差，通常用微欧表。中值电阻还可用惠斯登电桥来测量。大电阻测量要用兆欧表。现代高档万用表可精确测量大于 1 MΩ 的电阻。

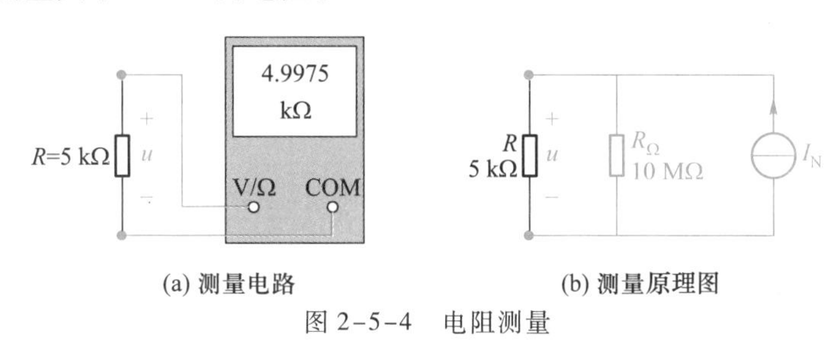

(a) 测量电路　　(b) 测量原理图

图 2-5-4　电阻测量

2.5.2 模拟直流电压表和电流表

图 2-5-5 为模拟直流电表实物图片。图 2-5-5(a)为有 75 V、150 V、300 V、600 V 四个量

(a) 多量限直流电压表　　(b) 多量限直流电流表

图 2-5-5　模拟直流电表实物图片(http://www.zhonghuanyb.com/)

限的直流电压表，用转换开关选择量限。图 2-5-5(b)为有 25 mA、50 mA、100 mA 三个量限的直流电流表，用不同接线端子选择量限。量限是指针偏转到满刻度位置时的测量值。

模拟直流电压表和电流表的测量机构基于电磁相互作用原理，这种测量机构也称达松伐仪表装置(d'Arsonval meter)。图 2-5-6 为测量机构立体与平面示意图，在永久磁铁的磁场中放置可转动线圈，当被测电压或电流加到线圈时，线圈中有电流而产生磁场，与永久磁铁的磁场相互作用，使得线圈和固定在线圈框架上的指针偏转，指针的偏转角度与线圈中的电流成正比。线圈偏转时，还使固定在线圈框架上的阻尼弹簧弹性变形，产生阻止线圈偏转的阻尼力矩，当磁场转动力矩和弹簧阻尼力矩平衡时，线圈与指针稳定于某个角度。

一个额定值为 1 mA、50 mV 的商用测量机构，意味着指针偏转到满刻度位置时，线圈的电流为 1 mA、电压为 50 mV，用它测量电流时量限为 1 mA，测量电压时量限为 50 mV，其等效电阻为 50 mV/1 mA=50 Ω。

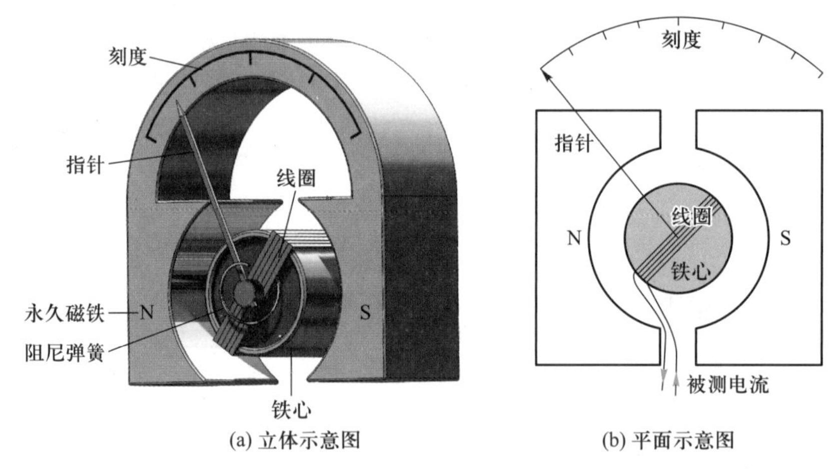

(a) 立体示意图　　(b) 平面示意图

图 2-5-6　测量机构(达松伐仪表装置)示意图

利用电阻分压、分流原理可设计多量限直流电压表和电流表。如图 2-5-7 所示，用 1 mA、50 mV 的测量机构，设计成量限为 75 V 与 150 V 的直流电压表、量限为 50 mA 与 100 mA 的直流电流表。图 2-5-7 中，测量机构的等效电阻 $R_d=50\ \Omega$，串联电阻(也称分压器)用来提高电压量限，并联电阻(也称分流器)用来提高电流量限。

图 2-5-7(a)中，串联电阻要满足

$$\frac{75\ \text{V}}{R_1+50\ \Omega}=1\ \text{mA},\quad \frac{150\ \text{V}}{R_2+50\ \Omega}=1\ \text{mA}$$

解得

$$R_1=74\ 950\ \Omega,\quad R_2=149\ 950\ \Omega$$

该电压表的内阻为

$$75\ \text{V 量限下},\quad R_V=R_1+R_d=(74\ 950+50)\ \Omega=75\ \text{k}\Omega$$

$$150\ \text{V 量限下},\quad R_V=R_2+R_d=(149\ 950+50)\ \Omega=150\ \text{k}\Omega$$

图 2-5-7(b)中，并联电阻要满足

$$\frac{R_1}{R_1+50\ \Omega}\times 50\ \text{mA}=1\ \text{mA},\quad \frac{R_2}{R_2+50\ \Omega}\times 100\ \text{mA}=1\ \text{mA}$$

解得

$$R_1=\frac{50}{49}\ \Omega=1.020\ 4\ \Omega,\quad R_2=\frac{50}{99}\ \Omega=0.505\ 1\ \Omega$$

该电流表的内阻为：

$$50\ \text{mA 量限下},\quad R_A=R_1 /\!/ R_d=\frac{50}{49} /\!/ 50\ \Omega=1\ \Omega$$

$$100\ \text{mA 量限下},\quad R_A=R_2 /\!/ R_d=\frac{50}{99} /\!/ 50\ \Omega=0.5\ \Omega$$

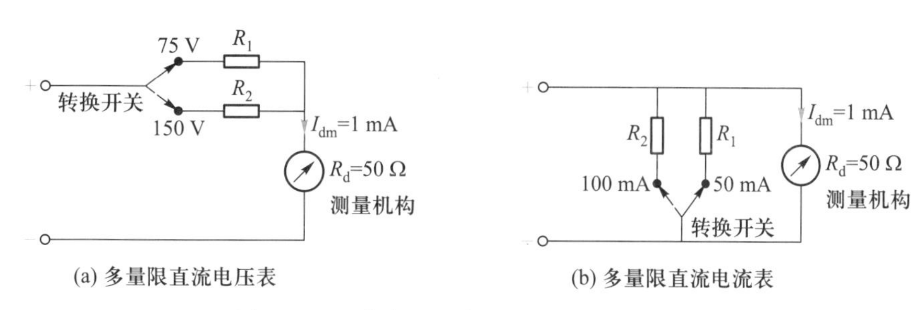

图 2-5-7 直流电压表和电流表的量限扩展

2.5.3 直流电桥

直流电桥分为直流单电桥和直流双电桥。直流单电桥也称惠斯登电桥(Wheatstone-bridge),用来测量中值电阻(1 Ω ~ 1 MΩ),直流双电桥也称凯文电桥(Kelvin-bridge),用来测量小电阻(10^{-5} ~ 1 Ω)。

直流单电桥的电路模型如图 2-5-8(a)所示,内部包含直流电压源、检流计(即达松伐测量机构)。接好被测电阻 R_x,调节可调电阻 R_4 使检流计的电流为零,则

$$R_x=\frac{R_2}{R_3}\times R_4=\text{比率}\times\text{可调电阻的阻值}$$

图 2-5-8(b)所示为直流单电桥图片,右边旋钮为比率,左边旋钮为可调电阻,左上角为检流计,两个接线柱间接被测电阻。

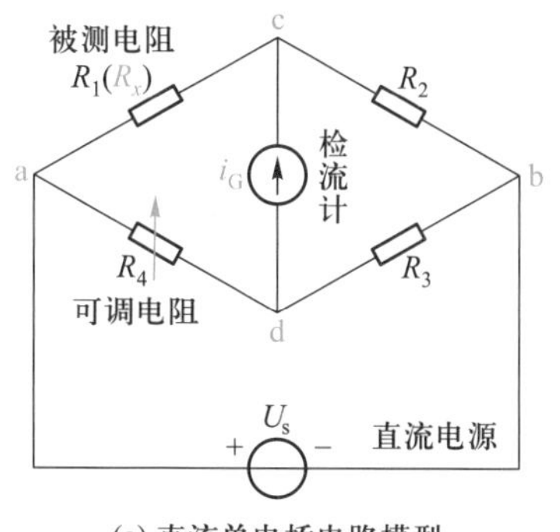

(a) 直流单电桥电路模型

(b) 直流单电桥图片(来源：http://i.ebaying.com/)

图 2-5-8 直流单电桥

直流双电桥的电路模型如图 2-5-9(a)所示,R_x 为被测电阻,R_n 为可调标准电阻。小电阻测量时,由于被测电阻很小,接线电阻和接触电阻对测量结果的影响不可忽略。为此,R_x 和 R_n 都要采用 4 个端钮的形式,电压端钮(P_{x1}、P_{x2}、P_{n1}、P_{n2})要紧靠电阻,电流端钮(C_{x1}、C_{x2}、C_{n1}、C_{n2})在电压端钮外。这样,电压端钮的接线电阻和接触电阻串入桥臂电阻 $R_1 \sim R_4$ 中,接线电阻和接触电阻远小于桥臂电阻而忽略不计,电流端钮的接线电阻和接触电阻串入 R 及电源回路,亦忽略不计。

当电桥平衡时,检流计电流为零(检流计两端电压也为零)。此时,由 KCL 得

$$i_1 = i_2, \quad i_4 = i_3$$

且 R_x 和 R_n 上的电流都是 $i+i_4$。由 KVL 方程可得到被测电阻的表达式。应用 KVL,且结合 $i_1 = i_2$、$i_4 = i_3$、R_x 和 R_n 上的电流为 $i+i_4$,得

$$R_1 i_1 = R_x(i+i_4) + R_4 i_4 \quad (\text{左上网孔的 KVL})$$

$$R_2 i_1 = R_n(i+i_4) + R_3 i_4 \quad (\text{右上网孔的 KVL})$$

$$Ri = (R_3+R_4) i_4 \quad (\text{中间网孔的 KVL})$$

由第 3 个方程解得 $i = \dfrac{R_3+R_4}{R} i_4$,将其代入第 1、2 两个方程得

$$R_1 i_1 = \frac{R_x(R+R_3+R_4)+RR_4}{R} i_4$$

$$R_2 i_1 = \frac{R_n(R+R_3+R_4)+RR_3}{R} i_4$$

两式相除得

$$\frac{R_1}{R_2} = \frac{R_x(R+R_3+R_4)+RR_4}{R_n(R+R_3+R_4)+RR_3}$$

将电桥平衡条件 $R_1R_3 = R_2R_4$ 代入上式得

$$R_x = \frac{R_1}{R_2} \times R_n = \text{比率} \times \text{可调电阻值}$$

图 2-5-9(b)所示为直流双电桥图片,被测电阻接于左边 4 个接线柱上,3 个可调旋钮在下方成一排,右边为可调电阻旋钮,中间是比率 R_1/R_2 调节旋钮,左边为测量范围选择旋钮。

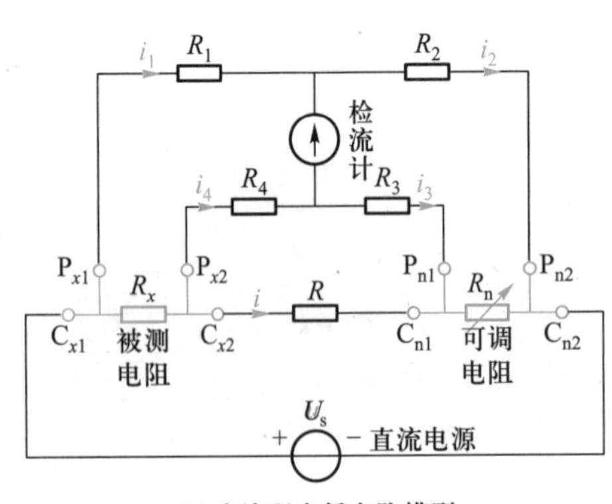

(a) 直流双电桥电路模型

(b) 直流双电桥图片(来源:http://www.mcpsh.com/)

图 2-5-9 直流双电桥

习题 2

串联与并联(2.2 节)

2-1 确定题 2-1 图中电压 u。

2-2 确定题 2-2 图中电流 i、电压 u。

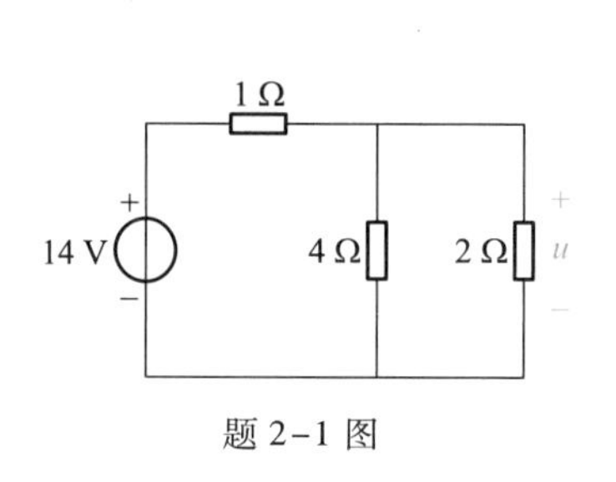

题 2-1 图

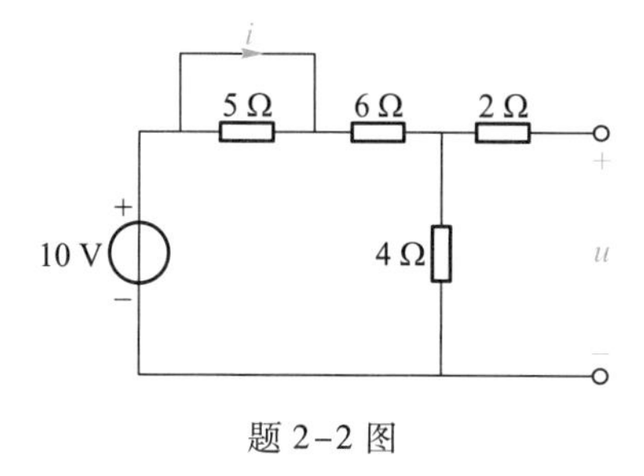

题 2-2 图

2-3 确定题 2-3 图中电压 u。

2-4 确定题 2-4 图中电流 i。

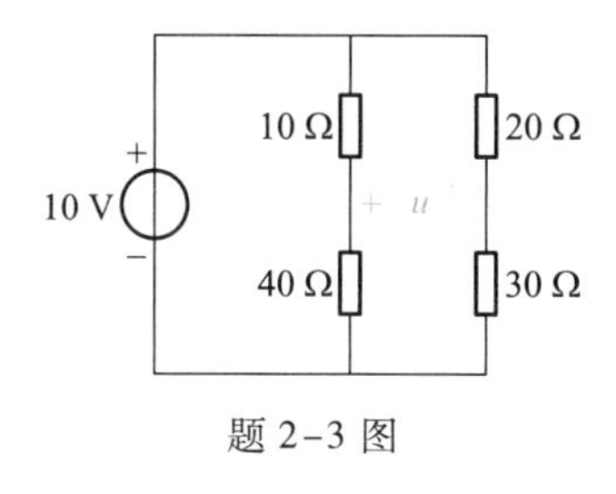

题 2-3 图

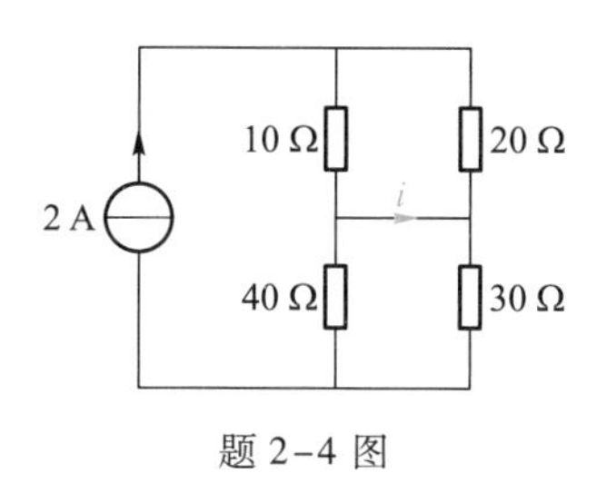

题 2-4 图

2-5 确定题 2-5 图中电压 u。

2-6 确定题 2-6 图中电压 u。

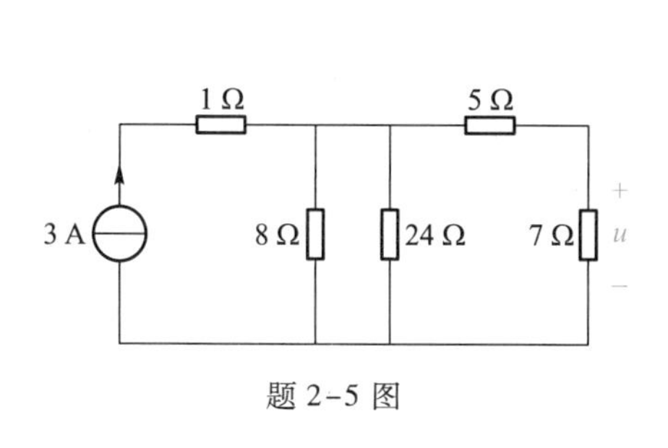

题 2-5 图

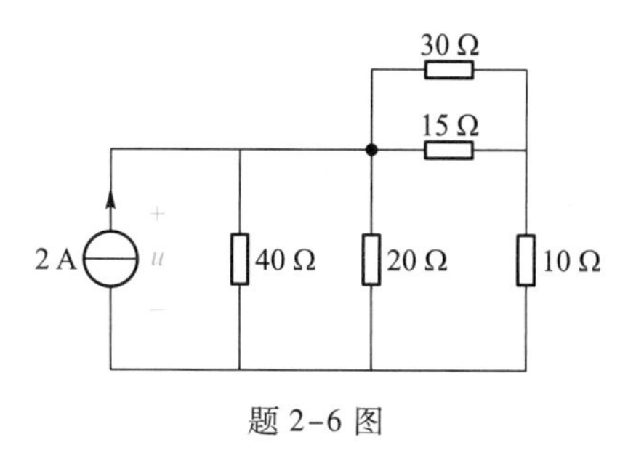

题 2-6 图

2-7 确定题 2-7 图中电流 i。

2-8 确定题 2-8 图中电流 i。

2-9 确定题 2-9 图中电流 i_1、i_2。

2-10 确定题 2-10 图中电流 i。

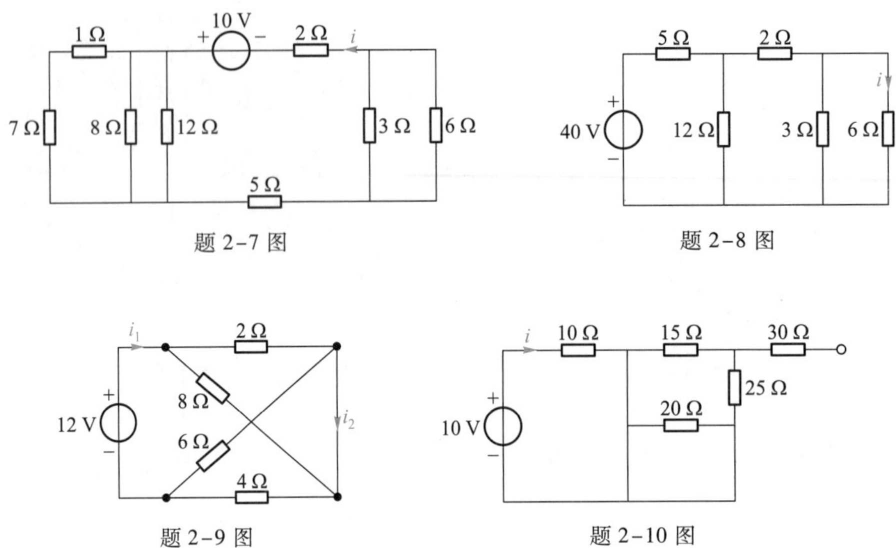

题 2-7 图　　题 2-8 图

题 2-9 图　　题 2-10 图

2-11　确定题 2-11 图中电流 i。

2-12　确定题 2-12 图中电压 u。

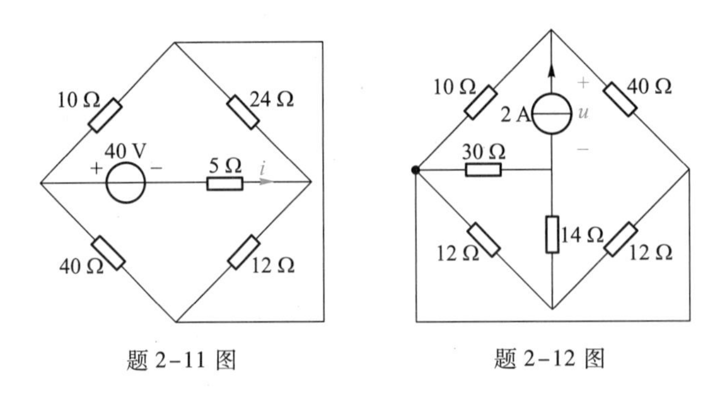

题 2-11 图　　题 2-12 图

2-13　确定题 2-13 图中电压 u。

2-14　确定题 2-14 图中电流 i。

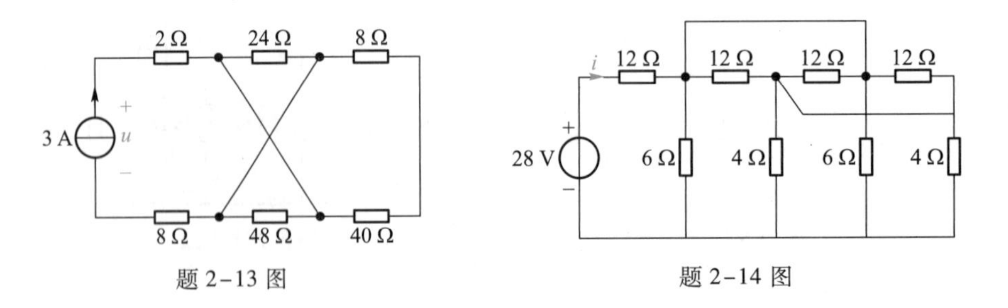

题 2-13 图　　题 2-14 图

星形电路与三角形电路(2.3 节)

2-15　确定题 2-15 图中电流 i,电阻均为 27 Ω。

2-16　确定题 2-16 图中电压 u、电流 i_1、i_2,电阻均为 20 Ω。

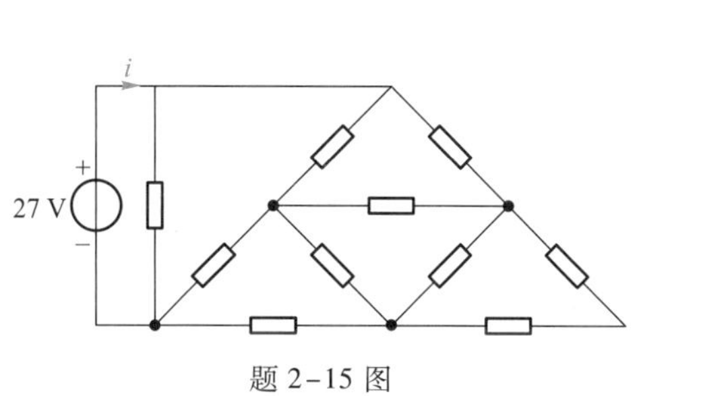

题 2-15 图

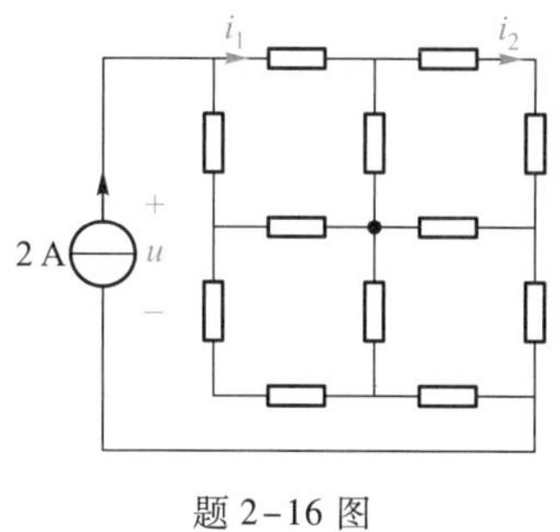

题 2-16 图

2-17 确定题 2-17 图中电流 i。

2-18 确定题 2-18 图中电流 i_1、i_2。

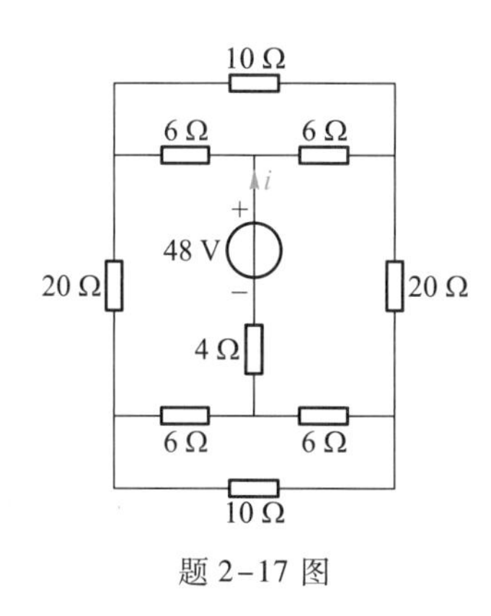

题 2-17 图

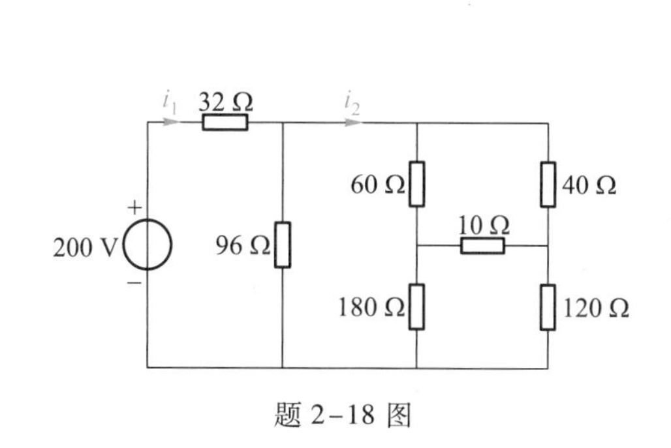

题 2-18 图

2-19 确定题 2-19 图中电压 u、电流 i。

2-20 确定题 2-20 图中电流 i、电压 u。

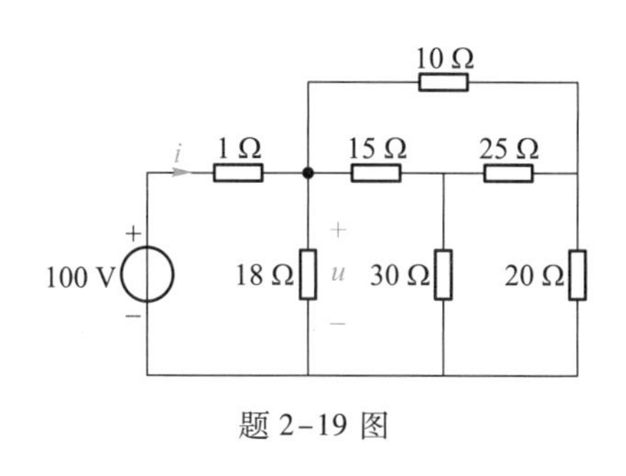

题 2-19 图

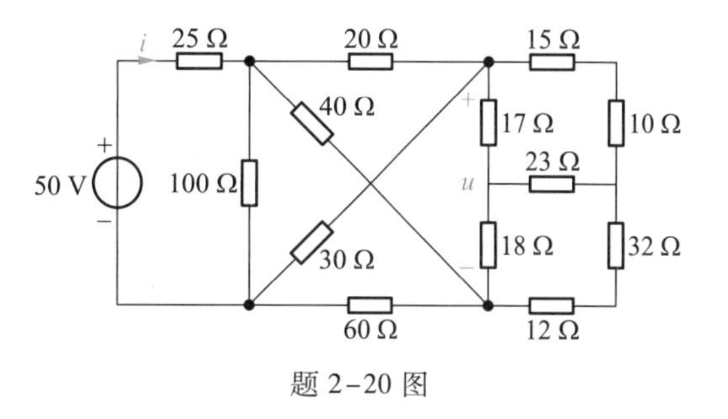

题 2-20 图

2-21 确定题 2-21 图中电压 u、电流 i。

2-22 确定题 2-22 图中电压 u。

2-23 确定题 2-23 图中电压 u。

2-24 确定题 2-24 图中电压 u_1、u_2。

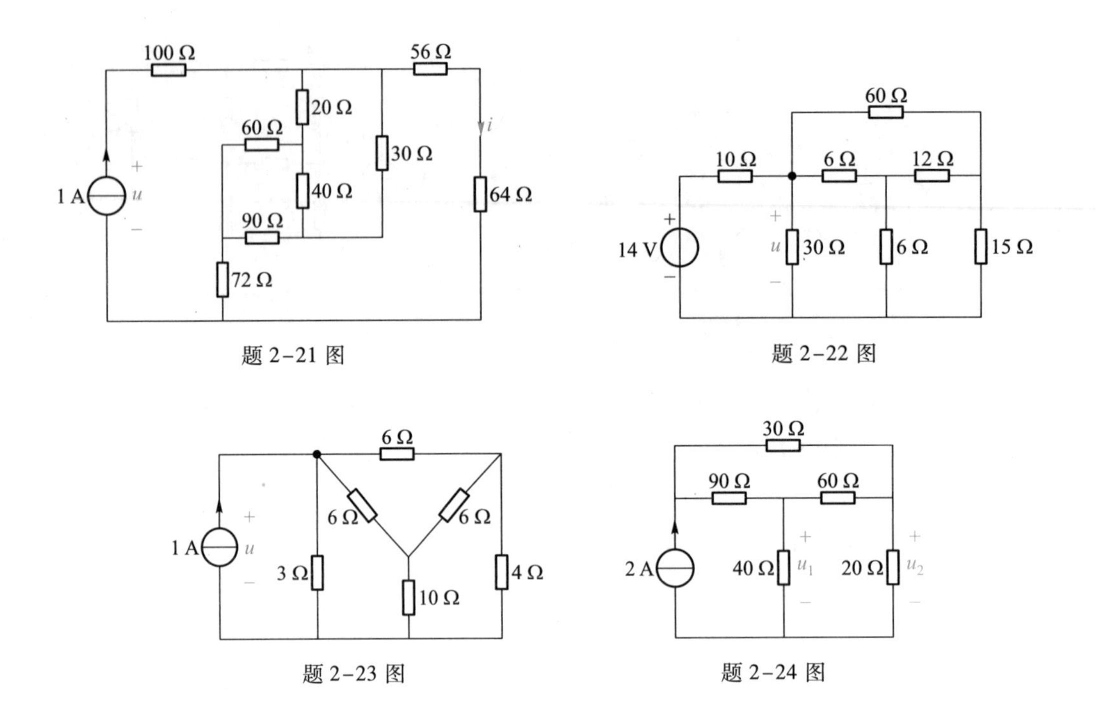

题 2-21 图　　题 2-22 图

题 2-23 图　　题 2-24 图

电源变换(2.4 节)

2-25 题 2-25 图中,图(a)所示网络 N 的端口 u-i 关系如图(b)所示。(1)将 N 等效为图(c)所示电路,确定 u_S 与 R_S;(2)将 N 等效为图(d)所示电路,确定 i_S 与 R_p。

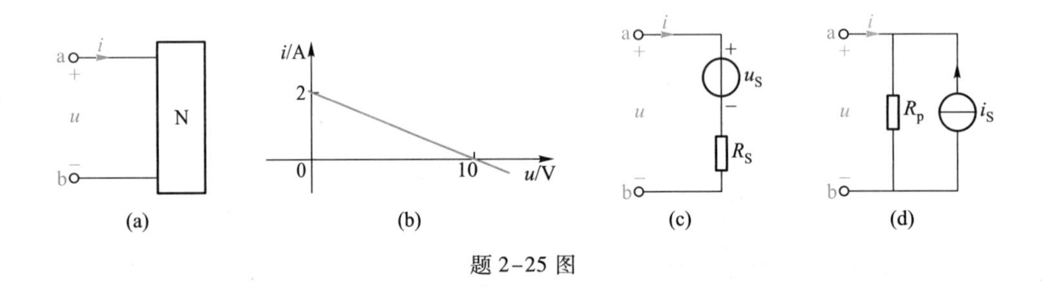

题 2-25 图

2-26 确定题 2-26 图中各电路的最简单等效电路。

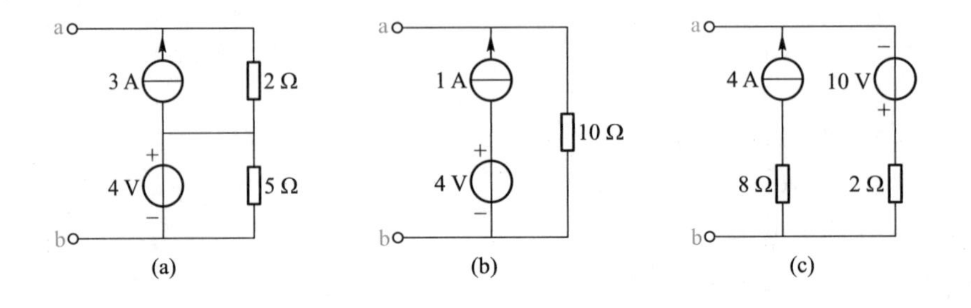

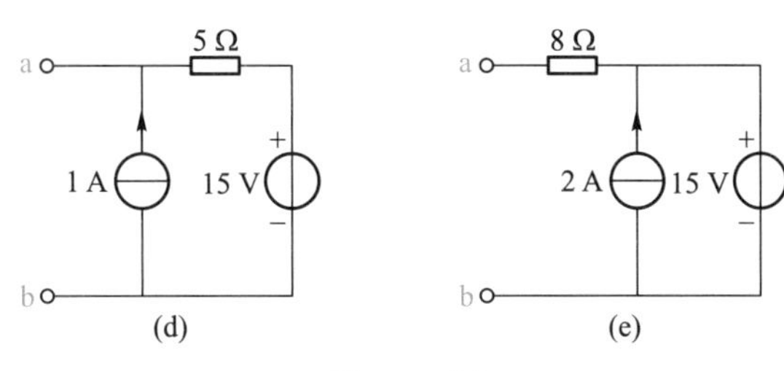

题 2-26 图

2-27 确定题 2-27 图所示电路的最简单等效电路。

2-28 确定题 2-28 图所示电路的最简单等效电路。

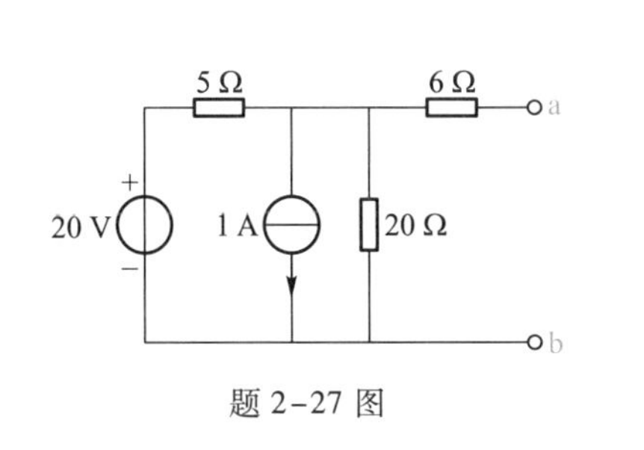

题 2-27 图

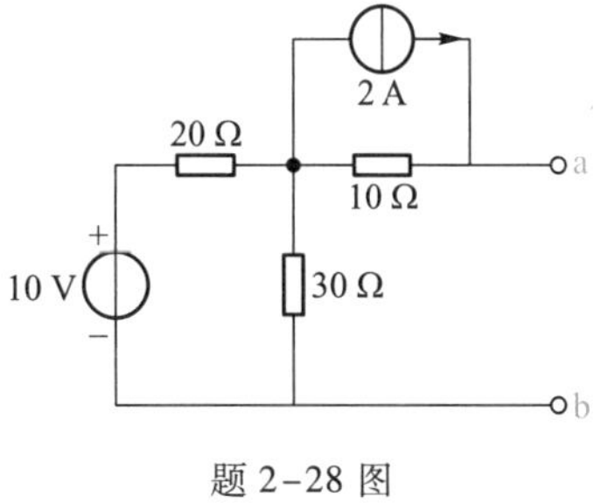

题 2-28 图

2-29 求题 2-29 图所示电路的等效电阻。

2-30 求题 2-30 图所示电路的等效电阻。

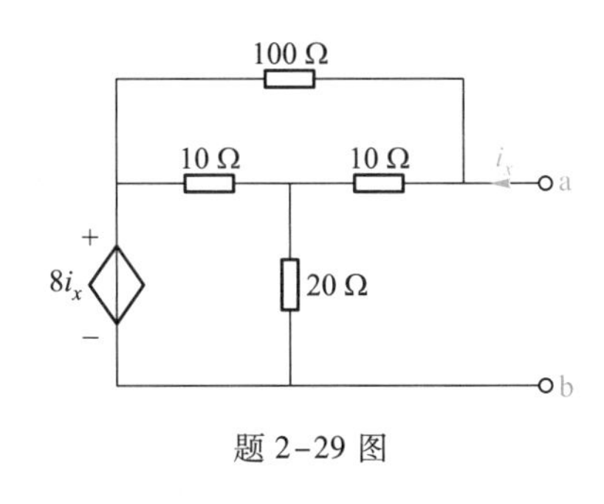

题 2-29 图

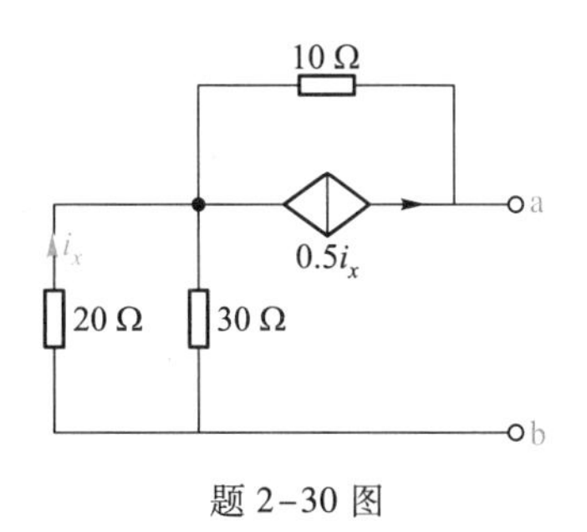

题 2-30 图

2-31 求题 2-31 图所示电路的最简单等效电路。

2-32 求题 2-32 图所示电路的最简单等效电路。

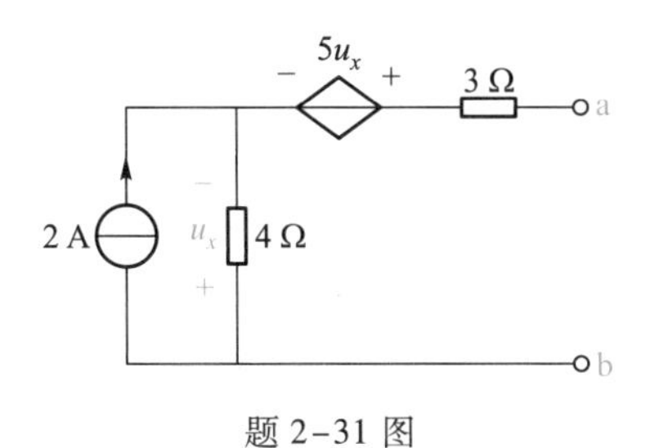

题 2-31 图

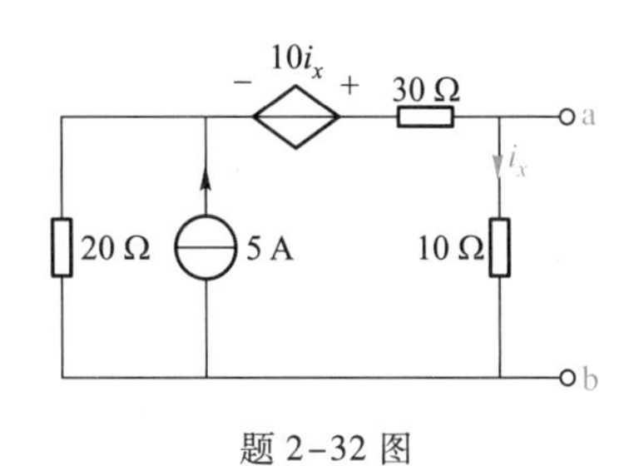

题 2-32 图

2-33 求题 2-33 图所示电路的电压 u。

▶ 综合检测

2-34 求题 2-34 图所示电路中电流源提供的功率。

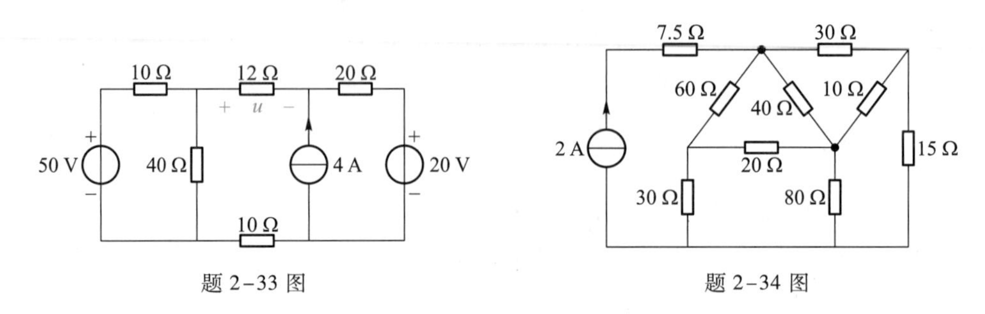

题 2-33 图　　题 2-34 图

2-35 求题 2-35 图所示电路中电压源提供的功率。

2-36 求题 2-36 图所示电路的电流 i。

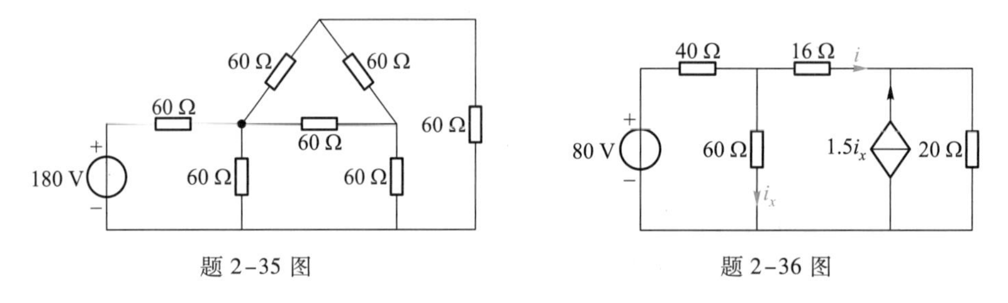

题 2-35 图　　题 2-36 图

2-37 题 2-37 图中，测量机构的量限为 200 μA、电阻为 200 Ω，用该测量机构设计多量限电压表和电流表。(1) 三量限电压表内部电路如图(a)所示，确定电阻 R_1、R_2 和 R_3；(2) 三量限电流表内部电路如图(b)所示，确定电阻 R_1、R_2 和 R_3。

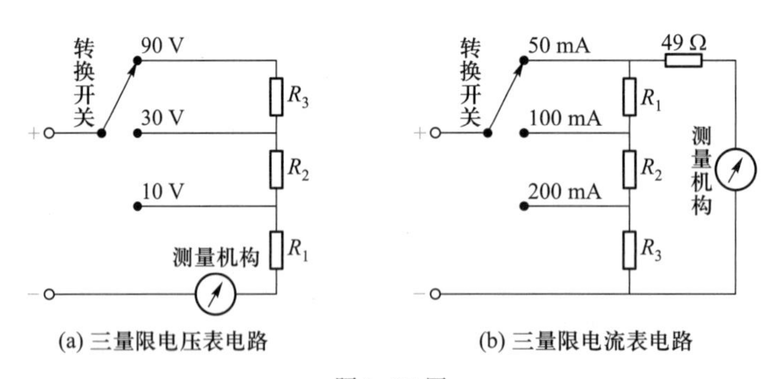

(a) 三量限电压表电路　　(b) 三量限电流表电路

题 2-37 图

2-38 利用开关串联实现电气设备多点控制。开关可分为两种：题 2-38 图(a)为三端二位开关，1 与 2 接通为位置 1，1 与 3 接通为位置 2；题 2-38 图(b)为四端二位开关，1 与 3 接通、2 与 4 接通为位置 1，1 与 4 接通、2 与 3 接通为位置 2。题 2-38 图(c)为单点控制的白炽灯电气接线图，1 与 2 接通时灯亮，1 与 3 接通时灯熄。利用图(a)、(b)两种开关，分别设计二点控制、三点控制、四点控制的白炽灯电气接线图。

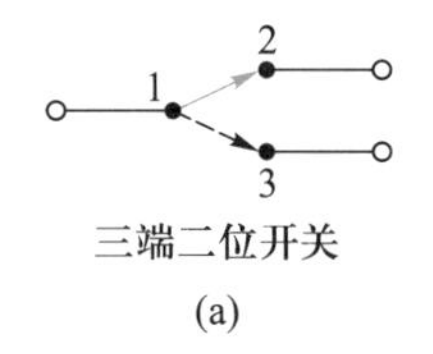

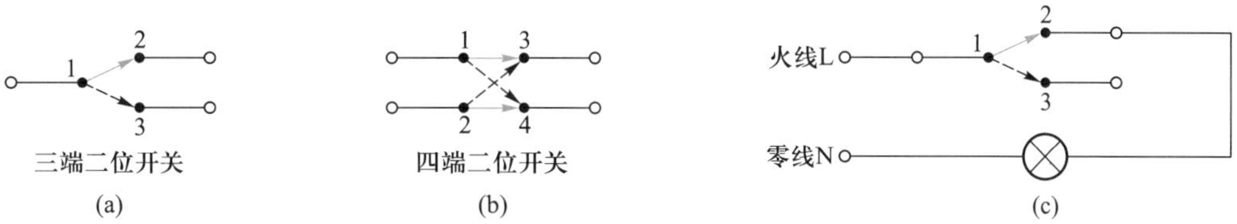

(a)

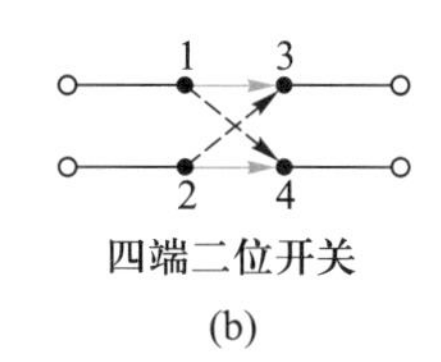

(b)

火线L

1

2

3

零线N

(c)

题 2-38 图

习题 2 参考答案

第 3 章

电路分析方程

3.1 概述

在电路中，支路电流受基尔霍夫电流定律（KCL）约束、支路电压受基尔霍夫电压定律（KVL）约束、元件上的电压和电流受元件的电压-电流关系（u-i 关系）约束，这些约束给出的方程是电路的基本方程，由基本方程可以解得所有支路电压和电流。

图 3-1-1 所示电路，有 4 个结点，由 KCL 给出 3 个关于支路电流的独立方程，如

$$\text{结点 1}: i_1+i_2+i_3=0$$

$$\text{结点 2}: -i_2+i_4+i_5=0$$

$$\text{结点 3}: -i_3-i_5+i_6=0$$

有 3 个网孔，由 KVL 给出 3 个关于支路电压的独立方程，即

$$\text{网孔 1}: -u_1+u_2+u_4=0$$

$$\text{网孔 2}: -u_4+u_5+u_6=0$$

$$\text{网孔 3}: -u_2+u_3-u_5=0$$

有 6 条支路，由元件的 u-i 关系给出 6 个独立方程，如

$$\text{支路 1}: u_1=R_1(i_1+i_{S1}) \qquad \text{支路 2}: u_2=R_2i_2+u_{S2}$$

$$\text{支路 3}: u_3=R_3(i_3-i_{S3}) \qquad \text{支路 4}: u_4=R_4i_4-u_{S4}$$

$$\text{支路 5}: u_5=R_5i_5 \qquad \text{支路 6}: u_6=R_6i_6$$

以上 12 个方程就是图 3-1-1 所示电路的基本方程，联立解得 6 个支路电压、6 个支路电流。

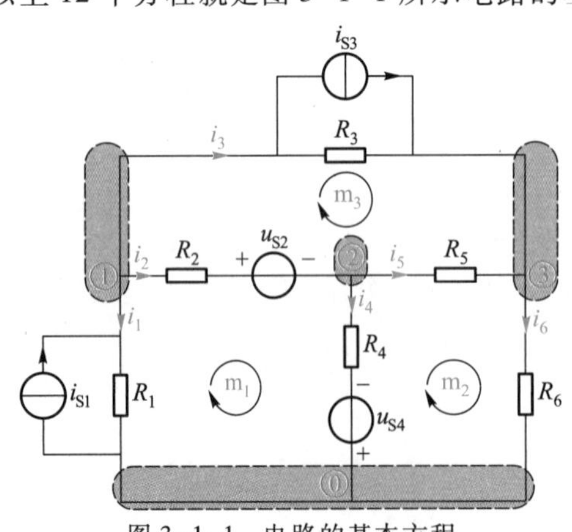

图 3-1-1　电路的基本方程

电路的基本方程

具有 n 个结点、b 条支路的电路，可列写 $2b$ 个基本方程，它们是：

1. 由 KCL 约束给出的 $n-1$ 个关于支路电流的方程；
2. 由 KVL 约束给出的 $b-n+1$ 个关于支路电压的方程；
3. 由元件的 u-i 关系给出的 b 个支路电压和支路电流的关系方程。

直接利用基本方程分析电路，联立求解的方程数目为 $2b$ 个。为了减少方程数目，提出结点方程和网孔方程。结点方程数目、网孔方程数目都显著少于基本方程数目，是最有效的电路分析方法。

目标 1　掌握结点方程的形式，能快速列写结点方程，并利用方程计算电路。
目标 2　能够利用电压源支路减少结点方程数目。
目标 3　掌握网孔方程的形式，能快速列写网孔方程，并利用方程计算电路。
目标 4　能够利用电流源支路减少网孔方程数目。
目标 5　能够根据电路情况选择最合适的分析方程。

难点　合理选择分析方程，利用电路中的电源支路减少方程数目。

3.2 线性代数方程组的解

在提出结点方程、网孔方程前，先讨论线性代数方程组的求解方法，为应用方程分析电路做准备。求解线性代数方程组

$$\begin{cases} a_1 x+b_1 y=c_1 \\ a_2 x+b_2 y=c_2 \end{cases} \tag{3-2-1}$$

的方法有代入消元、克莱姆法则、矩阵求逆 3 种方法。

1. 利用克莱姆法则求解

将第 2 个方程变成 $y=\dfrac{c_2-a_2 x}{b_2}$，代入第 1 个方程，得

$$x=\frac{b_2 c_1-b_1 c_2}{a_1 b_2-a_2 b_1},\quad y=\frac{a_1 c_2-a_2 c_1}{a_1 b_2-a_2 b_1} \tag{3-2-2}$$

将式(3-2-2)中的分母写成二阶行列式，为

$$\Delta=\begin{vmatrix} a_1 & b_1 \\ a_2 & b_2 \end{vmatrix}=a_1 b_2-a_2 b_1$$

x、y 的分子也分别写成二阶行列式，为

$$\Delta_1=\begin{vmatrix} c_1 & b_1 \\ c_2 & b_2 \end{vmatrix}=c_1 b_2-c_2 b_1,\quad \Delta_2=\begin{vmatrix} a_1 & c_1 \\ a_2 & c_2 \end{vmatrix}=a_1 c_2-a_2 c_1$$

显然，Δ_1 是将 Δ 的第 1 列换成式(3-2-1)等号右边元素 c_1、c_2，Δ_2 是将 Δ 的第 2 列换成 c_1、c_2。由此

$$x=\frac{\Delta_1}{\Delta},\quad y=\frac{\Delta_2}{\Delta} \tag{3-2-3}$$

由式(3-2-3)得到式(3-2-1)的解，称为克莱姆法则(Cramer's rule)。

对于三元线性代数方程组

$$\begin{cases} a_1x+b_1y+c_1z=d_1 \\ a_2x+b_2y+c_2z=d_2 \\ a_3x+b_3y+c_3z=d_3 \end{cases} \tag{3-2-4}$$

则有

$$\Delta=\begin{vmatrix} a_1 & b_1 & c_1 \\ a_2 & b_2 & c_2 \\ a_3 & b_3 & c_3 \end{vmatrix}$$

$$\Delta_1=\begin{vmatrix} d_1 & b_1 & c_1 \\ d_2 & b_2 & c_2 \\ d_3 & b_3 & c_3 \end{vmatrix} \qquad \Delta_2=\begin{vmatrix} a_1 & d_1 & c_1 \\ a_2 & d_2 & c_2 \\ a_3 & d_3 & c_3 \end{vmatrix} \qquad \Delta_3=\begin{vmatrix} a_1 & b_1 & d_1 \\ a_2 & b_2 & d_2 \\ a_3 & b_3 & d_3 \end{vmatrix}$$

$$x=\frac{\Delta_1}{\Delta} \quad y=\frac{\Delta_2}{\Delta} \quad z=\frac{\Delta_3}{\Delta} \tag{3-2-5}$$

计算三阶行列式的值,可以直接展开,也可以将三阶行列式展开成 3 个二阶行列式之和。

直接展开计算三阶行列式的值。以计算 Δ 为例,Δ 的展开式如式(3-2-6)所示。在 Δ 下面重复列出 Δ,实线上的 3 个元素之积前面冠"+"号,虚线上的 3 个元素之积前面冠"-"号。计算其他阶次行列式,依此类推。

$$\Delta=\begin{vmatrix} a_1 & b_1 & c_1 \\ a_2 & b_2 & c_2 \\ a_3 & b_3 & c_3 \end{vmatrix}=a_1b_2c_3+a_2b_3c_1+a_3b_1c_2-c_1b_2a_3-c_2b_3a_1-c_3b_1a_2 \tag{3-2-6}$$

$$\begin{matrix} - & a_1 & b_1 & c_1 & + \\ - & a_2 & b_2 & c_2 & + \\ - & a_3 & b_3 & c_3 & + \end{matrix}$$

将三阶行列式按一行或一列展开成 3 个二阶行列式之和。还是以计算 Δ 为例,如按第 1 行展开,为

$$\Delta=\begin{vmatrix} a_1 & b_1 & c_1 \\ a_2 & b_2 & c_2 \\ a_3 & b_3 & c_3 \end{vmatrix}=a_1(-1)^{1+1}\begin{vmatrix} b_2 & c_2 \\ b_3 & c_3 \end{vmatrix}+b_1(-1)^{1+2}\begin{vmatrix} a_2 & c_2 \\ a_3 & c_3 \end{vmatrix}+c_1(-1)^{1+3}\begin{vmatrix} a_2 & b_2 \\ a_3 & b_3 \end{vmatrix} \tag{3-2-7}$$

其中:$(-1)^{1+1}\begin{vmatrix} b_2 & c_2 \\ b_3 & c_3 \end{vmatrix}$为元素 a_1 的代数余子式,$(-1)^{1+1}$的指数是 a_1 所在的行号与列号之和,$\begin{vmatrix} b_2 & c_2 \\ b_3 & c_3 \end{vmatrix}$为 Δ 中去掉 a_1 所在的行和列后剩下的行列式(即余子式)。如果按第 2 列展开,则为

$$\Delta=\begin{vmatrix} a_1 & b_1 & c_1 \\ a_2 & b_2 & c_2 \\ a_3 & b_3 & c_3 \end{vmatrix}=b_1(-1)^{2+1}\begin{vmatrix} a_2 & c_2 \\ a_3 & c_3 \end{vmatrix}+b_2(-1)^{2+2}\begin{vmatrix} a_1 & c_1 \\ a_3 & c_3 \end{vmatrix}+b_3(-1)^{2+3}\begin{vmatrix} a_1 & c_1 \\ a_2 & c_2 \end{vmatrix}$$

计算其他阶次行列式,依此类推。

2. 利用逆矩阵求解

式(3-2-4)的线性代数方程组可以写成矩阵形式,即

$$\begin{bmatrix} a_1 & b_1 & c_1 \\ a_2 & b_2 & c_2 \\ a_3 & b_3 & c_3 \end{bmatrix}\begin{bmatrix} x \\ y \\ z \end{bmatrix}=\begin{bmatrix} d_1 \\ d_2 \\ d_3 \end{bmatrix} \tag{3-2-8}$$

系数矩阵

$$\boldsymbol{A}=\begin{bmatrix} a_1 & b_1 & c_1 \\ a_2 & b_2 & c_2 \\ a_3 & b_3 & c_3 \end{bmatrix}$$

其逆矩阵为 $\boldsymbol{A}^{-1}$。由于 $\boldsymbol{A}\boldsymbol{A}^{-1}=\mathbf{1}$($\mathbf{1}$ 为单位矩阵,其对角线元素为 1,其他元素为零)。在式(3-2-8)两边同时左乘 $\boldsymbol{A}^{-1}$,有

$$\boldsymbol{A}^{-1}\boldsymbol{A}\begin{bmatrix} x \\ y \\ z \end{bmatrix}=\begin{bmatrix} 1 & 0 & 0 \\ 0 & 1 & 0 \\ 0 & 0 & 1 \end{bmatrix}\begin{bmatrix} x \\ y \\ z \end{bmatrix}=\boldsymbol{A}^{-1}\begin{bmatrix} d_1 \\ d_2 \\ d_3 \end{bmatrix}$$

$$\begin{bmatrix} x \\ y \\ z \end{bmatrix}=\boldsymbol{A}^{-1}\begin{bmatrix} d_1 \\ d_2 \\ d_3 \end{bmatrix} \tag{3-2-9}$$

逆矩阵 $\boldsymbol{A}^{-1}$的计算如下

$$\boldsymbol{A}^{-1}=\frac{1}{|\boldsymbol{A}|}\begin{bmatrix} A_{11} & A_{21} & A_{31} \\ A_{12} & A_{22} & A_{32} \\ A_{13} & A_{23} & A_{33} \end{bmatrix} \tag{3-2-10}$$

$|\boldsymbol{A}|$为矩阵 $\boldsymbol{A}$ 的行列式,即

$$|\boldsymbol{A}|=\begin{vmatrix} a_1 & b_1 & c_1 \\ a_2 & b_2 & c_2 \\ a_3 & b_3 & c_3 \end{vmatrix}$$

A_{ij}为行列式$|\boldsymbol{A}|$的第 i 行、第 j 列元素的代数余子式,例如

$$A_{23}=(-1)^{2+3}\begin{vmatrix} a_1 & b_1 \\ a_3 & b_3 \end{vmatrix}$$

计算其他阶次矩阵的逆矩阵,依此类推。

例 3-2-1 求解线性代数方程组

$$\begin{cases} 2x-4y=3 \\ x-5y+2z=0 \\ x+y+z=-1 \end{cases}$$

解:分别利用克莱姆法则、逆矩阵求解。克莱姆法则是手工求解线性代数方程组的最佳方法。

方法1：利用克莱姆法则求解。有

$$\Delta=\begin{vmatrix}2&-4&0\\1&-5&2\\1&1&1\end{vmatrix}=2\times(-5)\times1+1\times1\times0+1\times(-4)\times2-0\times(-5)\times1-2\times1\times2-1\times(-4)\times1=-18$$

$$\Delta_1=\begin{vmatrix}3&-4&0\\0&-5&2\\-1&1&1\end{vmatrix}=3(-1)^{1+1}\begin{vmatrix}-5&2\\1&1\end{vmatrix}+0(-1)^{1+2}\begin{vmatrix}-4&0\\1&1\end{vmatrix}$$

$$+(-1)(-1)^{1+3}\begin{vmatrix}-4&0\\-5&2\end{vmatrix}=3(-5-2)-1(-8-0)=-13$$

$$\Delta_2=\begin{vmatrix}2&3&0\\1&0&2\\1&-1&1\end{vmatrix}=6+4-3=7,\qquad \Delta_3=\begin{vmatrix}2&-4&3\\1&-5&0\\1&1&-1\end{vmatrix}=10+3+15-4=24$$

因此

$$x=\frac{\Delta_1}{\Delta}=\frac{13}{18}\qquad y=\frac{\Delta_2}{\Delta}=-\frac{7}{18}\qquad z=\frac{\Delta_3}{\Delta}=-\frac{24}{18}$$

方法2：利用逆矩阵求解。线性代数方程组的系数矩阵为

$$\boldsymbol{A}=\begin{bmatrix}2&-4&0\\1&-5&2\\1&1&1\end{bmatrix}$$

其9个代数余子式为

$$A_{11}=\begin{vmatrix}-5&2\\1&1\end{vmatrix}=-7,\quad A_{12}=-\begin{vmatrix}1&2\\1&1\end{vmatrix}=1,\quad A_{13}=\begin{vmatrix}1&-5\\1&1\end{vmatrix}=6$$

$$A_{21}=-\begin{vmatrix}-4&0\\1&1\end{vmatrix}=4,\quad A_{22}=\begin{vmatrix}2&0\\1&1\end{vmatrix}=2,\quad A_{23}=-\begin{vmatrix}2&-4\\1&1\end{vmatrix}=-6$$

$$A_{31}=\begin{vmatrix}-4&0\\-5&2\end{vmatrix}=-8,\quad A_{32}=-\begin{vmatrix}2&0\\1&2\end{vmatrix}=-4,\quad A_{33}=\begin{vmatrix}2&-4\\1&-5\end{vmatrix}=-6$$

行列式

$$|\boldsymbol{A}|=\begin{vmatrix}2&-4&0\\1&-5&2\\1&1&1\end{vmatrix}=2A_{11}+(-4)A_{12}+0A_{13}=-14-4+0=-18$$

逆矩阵

$$\boldsymbol{A}^{-1}=\frac{1}{|\boldsymbol{A}|}\begin{bmatrix}A_{11}&A_{21}&A_{31}\\A_{12}&A_{22}&A_{32}\\A_{13}&A_{23}&A_{33}\end{bmatrix}=\frac{1}{-18}\begin{bmatrix}-7&4&-8\\1&2&-4\\6&-6&-6\end{bmatrix}$$

方程的解为

$$\begin{bmatrix}x\\y\\z\end{bmatrix}=\boldsymbol{A}^{-1}\begin{bmatrix}3\\0\\-1\end{bmatrix}=\frac{1}{-18}\begin{bmatrix}-7&4&-8\\1&2&-4\\6&-6&-6\end{bmatrix}\begin{bmatrix}3\\0\\-1\end{bmatrix}=\begin{bmatrix}13/18\\-7/18\\-24/18\end{bmatrix}$$

检测：

测 3-1 求解以下线性代数方程组

(1) $\begin{cases}x+2y=1\\3x-y=2\end{cases}$； (2) $\begin{cases}5x-2y=30\\8x+10y=28\end{cases}$； (3) $\begin{cases}x+2y-z=2\\3x-2y+z=0\\x-y-z=4\end{cases}$； (4) $\begin{cases}2x-z=12\\3y-z=-24\\2x-y-z=0\end{cases}$

答案：(1) $x=5/7$、$y=1/7$；(2) $x=5.39$、$y=-1.52$；(3) $x=1/2$、$y=-2/3$、$z=-17/6$；(4) $x=36$、$y=12$、$z=60$。

3.3 结点方程

结点方程是关于结点电位的一组线性代数方程。通过这组方程计算结点电位，再用结点电位计算支路电压和电流，称为结点分析法，简称结点法。结点法是一种普遍适用且广泛使用的电路分析方法，它也是实现电路计算机辅助分析的基本原理。下面通过具体电路来理解结点方程的形式，掌握其列写方法，学会应用它来分析电路。

3.3.1 结点方程的形式

结点分析法的核心是结点方程，要能正确且快速列写结点方程，必须深刻理解结点方程的形式。图 3-3-1 所示电路中，取 0 号结点为参考结点，1、2、3 号结点对 0 号结点的电压就是结点的电位，分别用 u_{n1}、u_{n2}、u_{n3} 表示。如果已知 u_{n1}、u_{n2}、u_{n3}，则应用 KVL 可得到各支路电压（电压与电流参考方向关联），为

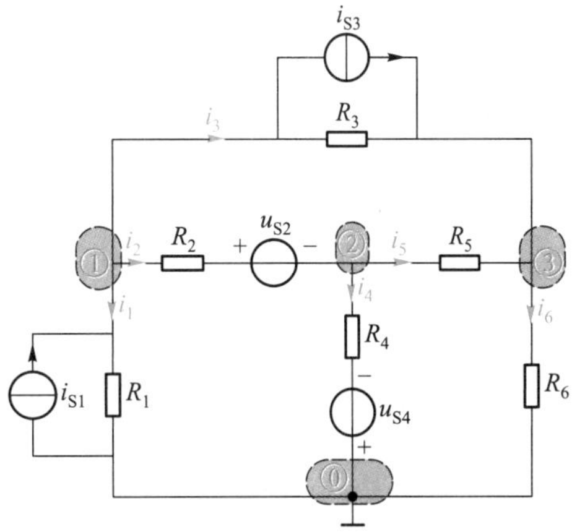

$$u_1=u_{n1},\quad u_2=u_{n1}-u_{n2},\quad u_3=u_{n1}-u_{n3},$$
$$u_4=u_{n2},\quad u_5=u_{n2}-u_{n3},\quad u_6=u_{n3}$$

由各支路电压得到各支路电流，为

$$i_1=\frac{u_1}{R_1}-i_{S1}=\frac{u_{n1}}{R_1}-i_{S1}\quad 或\quad i_1=G_1u_{n1}-i_{S1}\quad（诺顿支路）\tag{3-3-1}$$

图 3-3-1 结点方程

$$i_3=\frac{u_3}{R_3}+i_{S3}=\frac{u_{n1}-u_{n3}}{R_3}+i_{S3}\quad 或\quad i_3=G_3(u_{n1}-u_{n3})+i_{S3}\quad（诺顿支路）\tag{3-3-2}$$

$$i_2=\frac{u_2-u_{S2}}{R_2}=\frac{u_{n1}-u_{n2}-u_{S2}}{R_2}\quad 或\quad i_2=G_2(u_{n1}-u_{n2})-G_2u_{S2}\quad（戴维南支路）\tag{3-3-3}$$

$$i_4=\frac{u_4+u_{S4}}{R_4}=\frac{u_{n2}+u_{S4}}{R_4}\quad 或\quad i_4=G_4u_{n2}+G_4u_{S4}\quad（戴维南支路）\tag{3-3-4}$$

$$i_5=\frac{u_5}{R_5}=\frac{u_{n2}-u_{n3}}{R_5} \quad 或 \quad i_5=G_5(u_{n2}-u_{n3}) \quad (电阻支路) \tag{3-3-5}$$

$$i_6=\frac{u_6}{R_6}=\frac{u_{n3}}{R_6} \quad 或 \quad i_6=G_6u_{n3} \quad (电阻支路) \tag{3-3-6}$$

为了求得图 3-3-1 所示电路的结点电位，需要列写以 u_{n1}、u_{n2}、u_{n3} 为变量的 3 个方程。图 3-3-1 所示电路有 3 个独立的 KCL 方程，结点 1、2、3 的 KCL 方程就是独立方程。以流出结点的电流为正列写 KCL 方程，有

$$结点 1：i_1+i_2+i_3=0 \tag{3-3-7}$$

$$结点 2：-i_2+i_4+i_5=0 \tag{3-3-8}$$

$$结点 3：-i_3-i_5+i_6=0 \tag{3-3-9}$$

式(3-3-1)～(3-3-6)已将各支路电流用结点电位表示，将它们代入上面的 KCL 方程得

$$结点 1：(G_1u_{n1}-i_{S1})+[G_2(u_{n1}-u_{n_2})-G_2u_{S2}]+[G_3(u_{n1}-u_{n3})+i_{S3}]=0 \tag{3-3-10}$$

$$结点 2：-[G_2(u_{n1}-u_{n2})-G_2u_{S2}]+[G_4u_{n2}+G_4u_{S4}]+[G_5(u_{n2}-u_{n3})]=0 \tag{3-3-11}$$

$$结点 3：-[G_3(u_{n1}-u_{n3})+i_{S3}]-[G_5(u_{n2}-u_{n3})]+G_6u_{n3}=0 \tag{3-3-12}$$

式(3-3-10)至式(3-3-12)就是图 3-3-1 所示电路的结点方程(nodal equations)。由结点方程得到结点电位 u_{n1}、u_{n2}、u_{n3}，再计算支路电压和电流的分析方法，就是结点分析法(nodal analysis)。

结点方程的形式

结点方程是除参考结点以外所有结点的 KCL 方程，方程中的支路电流用结点电位表示。列写结点方程的步骤为：

1. 选定参考结点，标明各独立结点电位变量；
2. 用结点电位表示电流，写出各独立结点的 KCL 方程。

例 3-3-1 用结点法求图 3-3-2(a)所示电路中各支路电流。

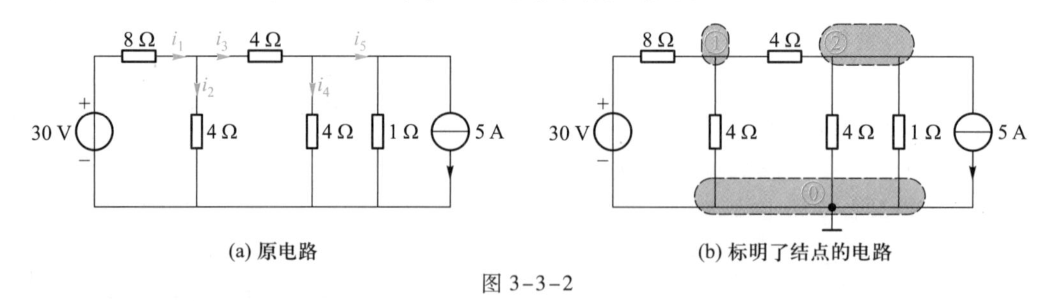

图 3-3-2

解：图 3-3-2(a)为 3 结点电路，选结点 0 为参考结点，如图(b)所示，独立结点 1、2 的电位为 u_{n1}、u_{n2}。结点方程虽然是 KCL 方程，但其最终结果与支路电流方向无关，因此，图(b)中去掉了支路电流。对图(b)列写独立结点的 KCL 方程时，直接用结点电位表示从结点流出的电流。例如结点 1：从 8 Ω 电阻流出的电流为 $\frac{u_{n1}-30}{8}$，从下边 4 Ω 电阻流出的电流为 $\frac{u_{n1}}{4}$，从右边4 Ω 电阻流出的电流为 $\frac{u_{n1}-u_{n2}}{4}$，这 3 个电流相加就是结点 1 的结点方程。由此，图(b)的结点方程为

$$\text{结点 1}:\frac{u_{n1}-30}{8}+\frac{u_{n1}}{4}+\frac{u_{n1}-u_{n2}}{4}=0$$

$$\text{结点 2}:\frac{u_{n2}-u_{n1}}{4}+\frac{u_{n2}}{4}+\frac{u_{n2}}{1}+5=0$$

整理得

$$\begin{cases}\left(\frac{1}{8}+\frac{1}{4}+\frac{1}{4}\right)u_{n1}-\frac{1}{4}u_{n2}=\frac{30}{8}\\-\frac{1}{4}u_{n1}+\left(\frac{1}{4}+\frac{1}{4}+1\right)u_{n2}=-5\end{cases},\quad \text{即为}\begin{cases}5u_{n1}-2u_{n2}=30\\-u_{n1}+6u_{n2}=-20\end{cases}$$

用克莱姆法则求解方程

$$\Delta=\begin{vmatrix}5 & -2\\-1 & 6\end{vmatrix}=30-2=28$$

$$\Delta_1=\begin{vmatrix}30 & -2\\-20 & 6\end{vmatrix}=180-40=140,\quad \Delta_2=\begin{vmatrix}5 & 30\\-1 & -20\end{vmatrix}=-100+30=-70$$

$$u_{n1}=\frac{\Delta_1}{\Delta}=\frac{140}{28}\ \text{V}=5\ \text{V},\quad u_{n2}=\frac{\Delta_2}{\Delta}=\frac{-70}{28}\ \text{V}=-2.5\ \text{V}$$

求得结点电位后,再计算图 3-3-2(a)中各支路的电流。有

$$i_1=\frac{30-u_{n1}}{8}=\frac{30-5}{8}\ \text{A}=\frac{25}{8}\ \text{A},\quad i_2=\frac{u_{n1}}{4}=\frac{5}{4}\ \text{A}$$

$$i_3=\frac{u_{n1}-u_{n2}}{4}=\frac{5-(-2.5)}{4}\ \text{A}=\frac{15}{8}\ \text{A},\quad i_4=\frac{u_{n2}}{4}=\frac{-2.5}{4}\ \text{A}=-\frac{5}{8}\ \text{A}$$

$$i_5=\frac{u_{n2}}{1}+5=\left(\frac{-2.5}{1}+5\right)\ \text{A}=\frac{5}{2}\ \text{A}$$

将结果代入结点 0 的 KCL 方程$-i_1+i_2+i_4+i_5=0$ 中,方程成立,表明结果正确。

目标 1 检测:掌握结点方程的形式与应用方法

测 3-2 用结点法求测 3-2 图中各支路电流,并验证结果的正确性。

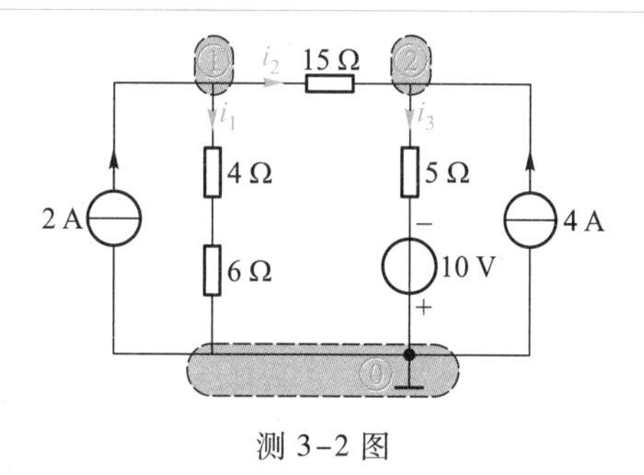

测 3-2 图

答案:$i_1=\frac{5}{3}$ A、$i_2=\frac{1}{3}$ A、$i_3=\frac{13}{3}$ A。

例 3-3-2 用结点法求图 3-3-3(a)所示电路中各独立电源、受控电源发出的功率。

解:标明结点编号,如图 3-3-3(b)所示,独立结点 1、2 的电位设为 u_{n1}、u_{n2}。对图(b)列写结点方程,流出结点的电流取正,反之取负。

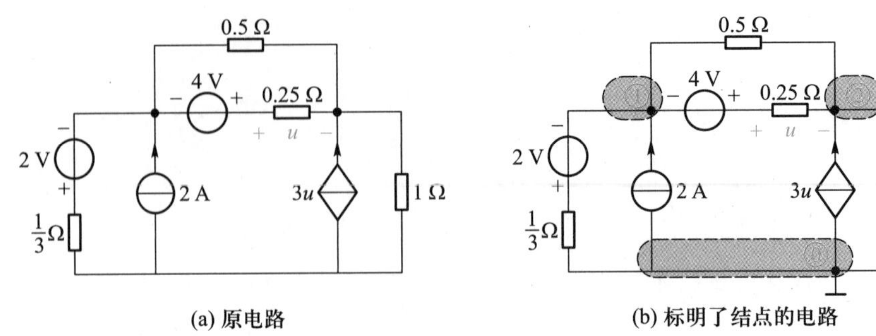

(a) 原电路　　(b) 标明了结点的电路

图 3-3-3

$$结点1:\frac{u_{n1}-(-2)}{1/3}-2+\frac{u_{n1}-u_{n2}}{0.5}+\frac{u_{n1}-u_{n2}-(-4)}{0.25}=0$$

$$结点2:\frac{u_{n2}-u_{n1}}{0.5}+\frac{u_{n2}-u_{n1}-4}{0.25}+\frac{u_{n2}}{1}-3u=0$$

整理得

$$\begin{cases}(3+2+4)u_{n1}-(2+4)u_{n2}=-6+2-16\\-(2+4)u_{n1}+(2+4+1)u_{n2}=16+3u\end{cases}$$

受控源的控制量 u 要用结点电位表示。由 KVL 得

$$u=u_{n1}-u_{n2}-(-4)$$

代入上面的方程得

$$\begin{cases}9u_{n1}-6u_{n2}=-20\\-9u_{n1}+10u_{n2}=28\end{cases}$$

用克莱姆法则求解方程

$$\Delta=\begin{vmatrix}9 & -6\\-9 & 10\end{vmatrix}=90-54=36$$

$$\Delta_1=\begin{vmatrix}-20 & -6\\28 & 10\end{vmatrix}=-200+168=-32,\quad \Delta_2=\begin{vmatrix}9 & -20\\-9 & 28\end{vmatrix}=252-180=72$$

$$u_{n1}=\frac{\Delta_1}{\Delta}=\frac{-32}{36}\ \text{V}=-\frac{8}{9}\ \text{V},\quad u_{n2}=\frac{\Delta_2}{\Delta}=\frac{72}{36}\ \text{V}=2\ \text{V}$$

用参考结点的 KCL 方程对结果进行验证

$$\frac{u_{n1}-(-2)}{1/3}-2-3[u_{n1}-u_{n2}-(-4)]+\frac{u_{n2}}{1}=3\times\frac{10}{9}-2-3\times\frac{10}{9}+2=0$$

结果正确。

求得结点电位后，再计算图 3-3-3(a)中独立电源、受控电源发出的功率。发出功率为非关联方向下电压和电流之积。用结点电位表示流过电压源的电流，有

$$p_{2\text{ V}}=2\times\frac{u_{n1}-(-2)}{1/3}=2\times3\left(-\frac{8}{9}+2\right)\ \text{W}=\frac{20}{3}\ \text{W}$$

$$p_{4\text{ V}}=4\times\frac{u_{n1}-u_{n2}-(-4)}{0.25}=4\times4\left(-\frac{8}{9}-2+4\right)\ \text{W}=\frac{160}{9}\ \text{W}$$

用结点电位表示电流源两端的电压，有

$$p_{2\text{ A}}=2\times u_{n1}=2\times\left(-\frac{8}{9}\right)\ \text{W}=-\frac{16}{9}\ \text{W}$$

$$p_{3u}=2u\times u_{n2}=3(4+u_{n1}-u_{n2})\times u_{n2}=3\left(4-\frac{8}{9}-2\right)\times 2\ \mathrm{W}=\frac{20}{3}\ \mathrm{W}$$

独立电源、受控电源发出的总功率为

$$p_S=\left(\frac{20}{3}+\frac{160}{9}-\frac{16}{9}+\frac{20}{3}\right)\ \mathrm{W}=\frac{88}{3}\ \mathrm{W}$$

电阻吸收的总功率为

$$p_R=\left[\frac{\left(-\frac{8}{9}+2\right)^2}{1/3}+\frac{\left(-\frac{8}{9}-2+4\right)^2}{0.25}+\frac{\left(-\frac{8}{9}-2\right)^2}{0.5}+\frac{2^2}{1}\right]\ \mathrm{W}=\frac{88}{3}\ \mathrm{W}$$

p_R 和 p_s 相等，即电路功率守恒，表明结果正确。

目标 1 检测：掌握结点方程的形式与应用方法

测 3-3　用结点法求测 3-3 图中各独立电源、受控电源发出的功率，并验证结果的正确性。

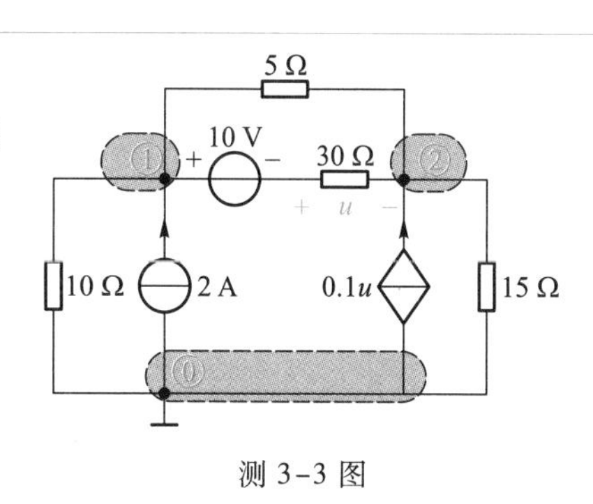

测 3-3 图

答案：$u_{n1}=11.2\ \mathrm{V}$、$u_{n2}=6\ \mathrm{V}$，$p_{2\ \mathrm{A}}=22.4\ \mathrm{W}$、$p_{10\ \mathrm{V}}=1.6\ \mathrm{W}$、$p_{0.1u}=-2.88\ \mathrm{W}$。

3.3.2 结点方程快速列写法

应用 KCL 列写结点方程的过程中，要用结点电位表示支路电流、并且要对方程进行整理，费时且易出错。为此，我们将寻找结点方程的规律，从而能够快速、准确地写出结点方程。

还是用图 3-3-1 来寻找结点方程的规律。对图 3-3-1 的结点方程式(3-3-10)至式(3-3-12)进行同类项合并、移项，整理成

结点 1：$(G_1+G_2+G_3)u_{n1}-G_2u_{n2}-G_3u_{n3}=i_{S1}+G_2u_{S2}-i_{S3}$　(3-3-13)

结点 2：$-G_2u_{n1}+(G_2+G_4+G_5)u_{n2}-G_5u_{n3}=-G_2u_{S2}-G_4u_{S4}$　(3-3-14)

结点 3：$-G_3u_{n1}-G_5u_{n2}+(G_3+G_5+G_6)u_{n3}=i_{S3}$　(3-3-15)

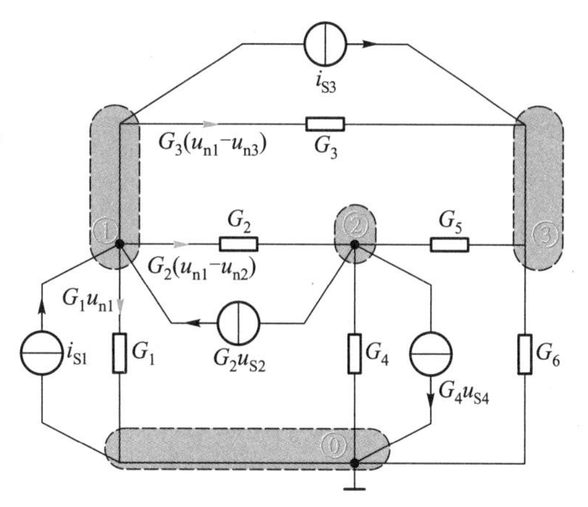

图 3-3-4　结点方程的规律

式(3-3-13)至式(3-3-15)中每项的量纲是电流，与电源相关的电流项全部移到了等号的右边，G_2u_{s2}、G_4u_{s4}是电压源通过电源变换转换而来的电流源，将图 3-3-1 改画为图 3-3-4 就能清楚地看到这一点。对照图 3-3-4，式(3-3-13)至式(3-3-15)

的等号左边是从电导流出结点的电流之和，而右边则是电流源流入结点的电流之和。例如图 3-3-4 中的结点 1，从电导流出结点的总电流为$(G_1+G_2+G_3)u_{n1}-G_2u_{n2}-G_3u_{n3}$，由电流源流入结点的总电流为 $i_{S1}+G_2u_{S2}-i_{S3}$。

将式(3-3-13)至式(3-3-15)写成矩阵形式

$$\begin{bmatrix} G_1+G_2+G_3 & -G_2 & -G_3 \\ -G_2 & G_2+G_4+G_5 & -G_5 \\ -G_3 & -G_5 & G_3+G_5+G_6 \end{bmatrix}\begin{bmatrix} u_{n1} \\ u_{n2} \\ u_{n3} \end{bmatrix}=\begin{bmatrix} i_{S1}+G_2u_{S2}-i_{S3} \\ -G_2u_{S2}-G_4u_{S4} \\ i_{S3} \end{bmatrix}$$

结点方程有如下一般形式

$$k\begin{bmatrix} & \overset{j}{\vdots} & \\ \cdots & G_{kj} & \cdots \\ & \vdots & \end{bmatrix}\begin{bmatrix} \vdots \\ u_{nk} \\ \vdots \end{bmatrix}=\begin{bmatrix} \vdots \\ i_{Snk} \\ \vdots \end{bmatrix} \quad 或 \quad \boxed{\boldsymbol{G}_n\boldsymbol{U}_n=\boldsymbol{I}_{Sn}} \tag{3-3-16}$$

$\boldsymbol{G}_n$ 的各元素为电导，称 $\boldsymbol{G}_n$ 为结点电导矩阵(conductance matrix)。$\boldsymbol{G}_n$ 的对角线元素 G_{kk} 等于 k 结点上所有支路的电导之和，称为 k 结点的自电导(self-conductance)。$\boldsymbol{G}_n$ 的非对角线元素 $G_{kj}(k\neq j)$ 等于 k、j 结点之间支路电导之负值，称为 k、j 结点的互电导(mutual-conductance)，且 $G_{kj}=G_{jk}$，当 k、j 结点之间有多条并联的电导支路时，G_{kj} 为并联电导之和的负值。$\boldsymbol{I}_{Sn}$ 的各项为与独立电源相关的电流，称为结点等效电流源列向量，i_{Snk} 等于 k 结点上电流源电流之代数和，称为 k 结点的等效电流源，流入结点的电流源取正，流出结点的电流源取负，电压源全部转换为电流源。$\boldsymbol{U}_n$ 是结点电位列向量，u_{nk} 为 k 结点的电位。

结点方程快速列写法

1. 确定结点方程的形式 $k\begin{bmatrix} & \overset{j}{\vdots} & \\ \cdots & G_{kj} & \cdots \\ & \vdots & \end{bmatrix}\begin{bmatrix} \vdots \\ u_{nk} \\ \vdots \end{bmatrix}=\begin{bmatrix} \vdots \\ i_{Snk} \\ \vdots \end{bmatrix}$

2. 将所有电压源转换为电流源后填写矩阵中的元素：
   结点自电导 $G_{kk}=k$ 结点上所有支路的电导之和；
   结点互电导 $G_{kj}=k$、j 结点之间所有支路电导之和的负值，$k\neq j$，且 $G_{kj}=G_{jk}$；
   结点等效电流源 $i_{Snk}=k$ 结点上电流源电流之代数和，流入结点取正，包括电压源转换而得的电流源。

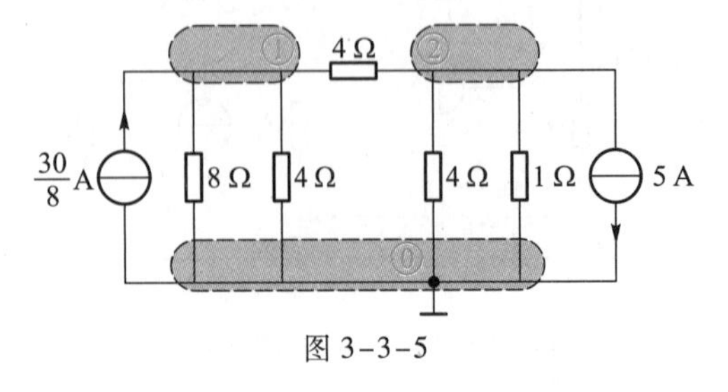

图 3-3-5

例 3-3-3 用快速列写法列出例 3-3-1 中图 3-3-2(b)所示电路的结点方程。

解：为明了起见，列写方程前将图 3-3-2(b)所示电路中的电压源转换为电流源，重画电路如图 3-3-5 所示(应用熟练后不必重画电路)。设结点方程为

$$\begin{bmatrix} G_{11} & G_{12} \\ G_{21} & G_{22} \end{bmatrix} \begin{bmatrix} u_{n1} \\ u_{n2} \end{bmatrix} = \begin{bmatrix} i_{Sn1} \\ i_{Sn2} \end{bmatrix}$$

则

$$G_{11} = \left(\frac{1}{8} + \frac{1}{4} + \frac{1}{4}\right)\ S = \frac{5}{8}\ S,\quad G_{22} = \left(\frac{1}{4} + \frac{1}{4} + \frac{1}{1}\right)\ S = \frac{6}{4}\ S,\quad G_{12} = G_{21} = -\frac{1}{4}\ S$$

$$i_{Sn1} = \frac{30}{8}\ A,\quad i_{Sn2} = -5\ A$$

因此

$$\begin{bmatrix} \frac{5}{8} & -\frac{1}{4} \\ -\frac{1}{4} & \frac{6}{4} \end{bmatrix} \begin{bmatrix} u_{n1} \\ u_{n2} \end{bmatrix} = \begin{bmatrix} \frac{30}{8} \\ -5 \end{bmatrix}$$

与例 3-3-1 结果一致。

目标 1 检测：能快速列写结点方程并利用方程计算电路

测 3-4 用快速列写法列写测 3-2 图所示电路的结点方程。

例 3-3-4 用快速列写法列写例 3-3-2 中图 3-3-3(b)所示电路的结点方程。

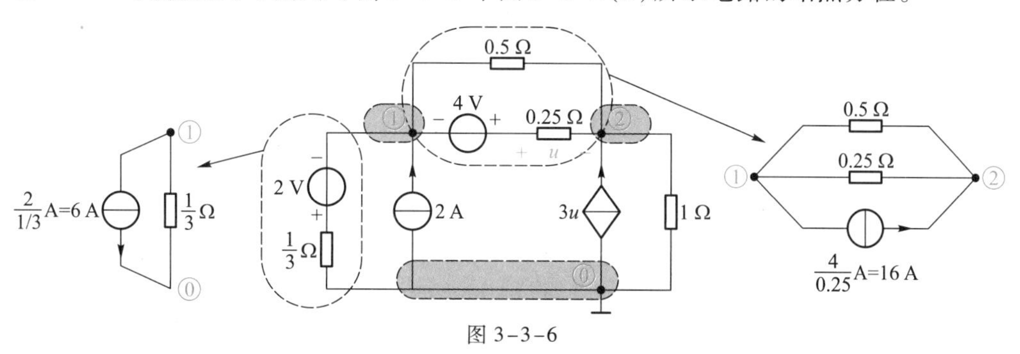

图 3-3-6

解：在列写方程前，还是将图 3-3-3(b)所示电路中的电压源转换为电流源，如图 3-3-6 所示。但是，将 4 V 电压源转换为电流源后，受控源的控制变量 u 消失，u 与结点电位的关系必须由原电路确定，即

$$u = u_{n1} - u_{n2} + 4$$

设结点方程为

$$\begin{cases} G_{11}u_{n1} + G_{12}u_{n2} = i_{Sn1} \\ G_{21}u_{n1} + G_{22}u_{n2} = i_{Sn2} \end{cases}$$

其中

$$G_{11} = \left(\frac{1}{1/3} + \frac{1}{0.25} + \frac{1}{0.5}\right)\ S = 9\ S,\quad G_{22} = \left(\frac{1}{0.5} + \frac{1}{0.25} + \frac{1}{1}\right)\ S = 7\ S$$

$$G_{12} = G_{21} = -\left(\frac{1}{0.25} + \frac{1}{0.5}\right)\ S = -6\ S \quad (0.5\ \Omega \text{ 与 } 0.25\ \Omega \text{ 并联})$$

$$i_{\mathrm{Sn1}}=(-6+2-16)\ \mathrm{A}=-20\ \mathrm{A}$$

$$i_{\mathrm{Sn2}}=16+3u=16+3(u_{\mathrm{n1}}-u_{\mathrm{n2}}+4)=(3u_{\mathrm{n1}}-3u_{\mathrm{n2}}+28)\ \mathrm{A}$$

因此

$$\begin{cases}9u_{\mathrm{n1}}-6u_{\mathrm{n2}}=-20\\-6u_{\mathrm{n1}}+7u_{\mathrm{n2}}=3u_{\mathrm{n1}}-3u_{\mathrm{n2}}+28\end{cases}$$

移项整理成

$$\begin{cases}9u_{\mathrm{n1}}-6u_{\mathrm{n2}}=-20\\-9u_{\mathrm{n1}}+10u_{\mathrm{n2}}=28\end{cases}$$

与例 3-3-2 结果一致。

目标 1 检测:能快速列写结点方程并利用方程计算电路

测 3-5 用快速列写法列写测 3-3 图所示电路的结点方程。

3.3.3 对电源支路的处理方法

应用电源变换将戴维南支路等效为诺顿支路时,电压源转换成了电流源,反之,则电流源转换成了电压源。而图 3-3-7 中,电流源 i_{S} 不可转换为电压源,电压源 u_{S} 亦不可转换为电流源,它们是电压源支路和电流源支路。

如果电路中的支路类型是戴维南支路、诺顿支路和电阻支路,如图 3-3-1 所示电路,则无论用 KCL 列写结点方程,还是快速列写结点方程,都是顺畅的。但是,当电路中存在电源支路时,需要对电源支路做特别处理。

1. 对电流源支路的处理方法

图 3-3-8 中,最左边的电流源支路可视为电导为零的诺顿支路,该支路在自电导 G_{kk}、G_{jj} 和互电导 $G_{kj}(k\neq j)$ 中都以 0 计入,在等效电流源 $i_{\mathrm{Sn}k}$ 中以 i_{S} 计入,$i_{\mathrm{Sn}j}$ 中以 $-i_{\mathrm{S}}$ 计入。

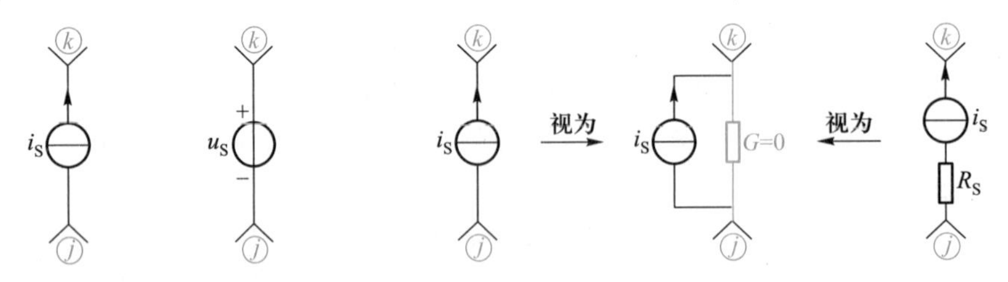

图 3-3-7 电源支路　　图 3-3-8 将电流源支路视为并联电导为零的诺顿支路

对于结点方程(就是 KCL 方程)来说,图 3-3-8 中最右边的支路与最左边的支路等价,都是 i_{S} 流入结点 k、流出结点 j,电阻 R_{S} 不应出现在结点方程中,但它影响电流源的电压。

例 3-3-5 用快速列写法列写图 3-3-9 所示电路的结点方程,并计算独立电源、受控电源发出的功率。

解:图 3-3-9 所示电路中,独立结点 1、2、3 的电位为 u_{n1}、u_{n2}、u_{n3},电流源支路视为电导为零的诺顿支路,受控电流源串联了 5 Ω 电阻,也视为电导为零的诺顿支路,5 Ω 电阻不出现在结点

方程中。受控源的控制量要用结点电位表示，即

$$i=\frac{u_{n1}-u_{n3}}{4}$$

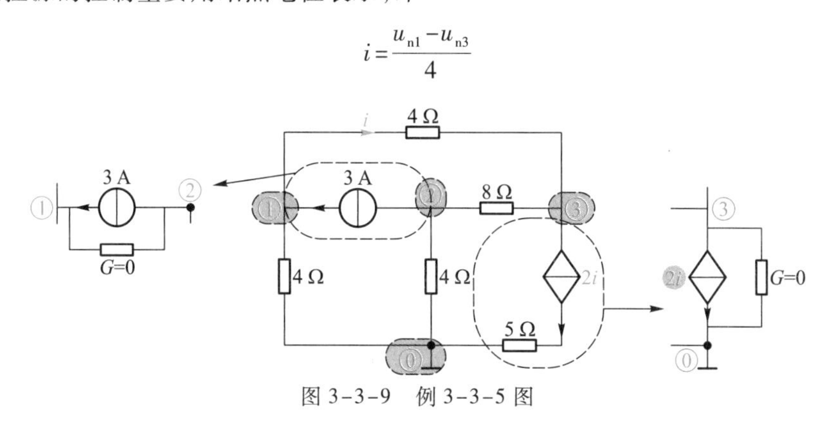

图 3-3-9　例 3-3-5 图

结点方程为

$$\begin{bmatrix}\frac{1}{4}+0+\frac{1}{4} & 0 & -\frac{1}{4}\\ 0 & 0+\frac{1}{4}+\frac{1}{8} & -\frac{1}{8}\\ -\frac{1}{4} & -\frac{1}{8} & \frac{1}{4}+\frac{1}{8}+0\end{bmatrix}\begin{bmatrix}u_{n1}\\ u_{n2}\\ u_{n3}\end{bmatrix}=\begin{bmatrix}3\\ -3\\ -2i\end{bmatrix}=\begin{bmatrix}3\\ -3\\ -2\times\frac{u_{n1}-u_{n3}}{4}\end{bmatrix}$$

移项、整理成

$$\begin{bmatrix}0+\frac{1}{4}+\frac{1}{4} & 0 & -\frac{1}{4}\\ 0 & \frac{1}{4}+\frac{1}{8} & -\frac{1}{8}\\ -\frac{1}{4}+\frac{1}{2} & -\frac{1}{8} & \frac{1}{4}+\frac{1}{8}-\frac{1}{2}\end{bmatrix}\begin{bmatrix}u_{n1}\\ u_{n2}\\ u_{n3}\end{bmatrix}=\begin{bmatrix}3\\ -3\\ 0\end{bmatrix}$$

可见，受控源的存在导致 $\boldsymbol{G}_n$ 矩阵不再为对称矩阵。为方便求解，将方程变为

$$\begin{bmatrix}2 & 0 & -1\\ 0 & 3 & -1\\ 2 & -1 & -1\end{bmatrix}\begin{bmatrix}u_{n1}\\ u_{n2}\\ u_{n3}\end{bmatrix}=\begin{bmatrix}12\\ -24\\ 0\end{bmatrix}$$

用克莱姆法则求解方程

$$\Delta=\begin{vmatrix}2 & 0 & -1\\ 0 & 3 & -1\\ 2 & -1 & -1\end{vmatrix}=-6+6-2=-2,\quad \Delta_1=\begin{vmatrix}12 & 0 & -1\\ -24 & 3 & -1\\ 0 & -1 & -1\end{vmatrix}=-36-24-12=-72$$

$$\Delta_2=\begin{vmatrix}2 & 12 & -1\\ 0 & -24 & -1\\ 2 & 0 & -1\end{vmatrix}=48-24-48=-24,\quad \Delta_3=\begin{vmatrix}2 & 0 & 12\\ 0 & 3 & -24\\ 2 & -1 & 0\end{vmatrix}=-72-48=-120$$

$$u_{n1}=\frac{\Delta_1}{\Delta}=\frac{-72}{-2}\text{ V}=36\text{ V},\quad u_{n2}=\frac{\Delta_2}{\Delta}=\frac{-24}{-2}\text{ V}=12\text{ V},\quad u_{n3}=\frac{\Delta_3}{\Delta}=\frac{-120}{-2}\text{ V}=60\text{ V}$$

用参考结点的 KCL 方程验证，结果正确。

计算独立电流源发出的功率。发出功率为非关联方向下电压、电流之积，有

$$p_{3\text{ A}}=3\times(u_{n1}-u_{n2})=3\times(36-12)\ \text{W}=72\ \text{W}$$

计算受控电流源发出的功率时，要考虑与之串联的 5 Ω 电阻，5 Ω 电阻的电压为 $5\times2i$。而

$$i=\frac{u_{n1}-u_{n3}}{4}=\frac{36-60}{4}\ \text{A}=-6\ \text{A}$$

受控电流源发出的功率

$$p_{2i}=-2i\times(u_{n3}-5\times2i)=-2\times(-6)\times[60-5\times2\times(-6)]\ \text{W}=1\ 440\ \text{W}$$

独立电流源和受控电流源发出的总功率为

$$p_S=(72+1\ 440)\ \text{W}=1\ 512\ \text{W}$$

电路中电阻吸收的总功率为

$$p_R=\left\{\frac{36^2}{4}+\frac{12^2}{4}+\frac{(36-60)^2}{4}+\frac{(12-60)^2}{8}+5\times[2\times(-6)]^2\right\}\ \text{W}=1\ 512\ \text{W}$$

$p_R=p_S$，功率守恒，表明结果正确。

目标 1 检测：能快速列写结点方程并利用方程计算电路

测 3-6 快速列写测 3-6 图所示电路的结点方程，并计算各独立电源、受控电源发出的功率，验证结果的正确性。

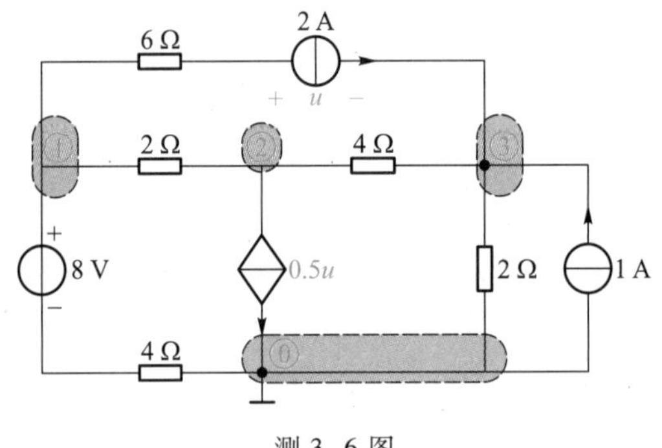

测 3-6 图

答案：$u_{n1}=12$ V、$u_{n2}=18$ V、$u_{n3}=10$ V；$p_{8\text{ V}}=-8$ W、$p_{2\text{ A}}=20$ W、$p_{1\text{ A}}=10$ W、$p_{0.5u}=90$ W。

2. 对电压源支路的处理——方法 1

图 3-3-10 中，电压源支路的一端为参考结点，因此结点 k 的电位已知，$u_{nk}=u_S$。要列写 k 结点的 KCL 方程，必须先假设电流 i_x，k 结点的方程中包含了未知量 i_x。然而，不列写结点 k 的方程也能解得结点电位，这样，不仅避开了电压源支路，而且联立方程数还减少了 1 个。

对结点方程而言，图 3-3-10 中的两条支路等价。当然，两个电压源的电流不同。

例 3-3-6 快速列写图 3-3-11 所示电路的结点方程，计算各独立电源发出的功率。

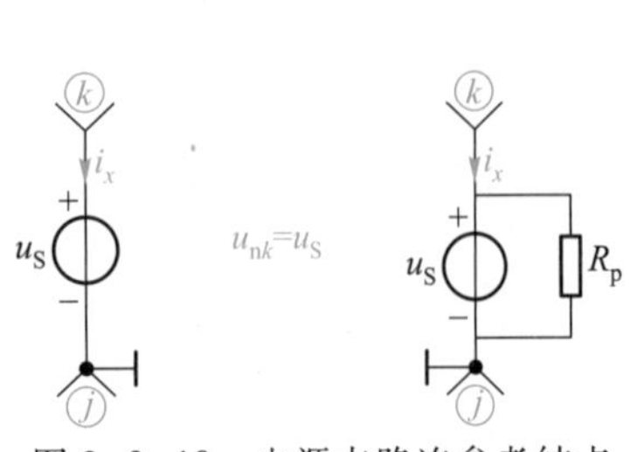

图 3-3-10 电源支路连参考结点

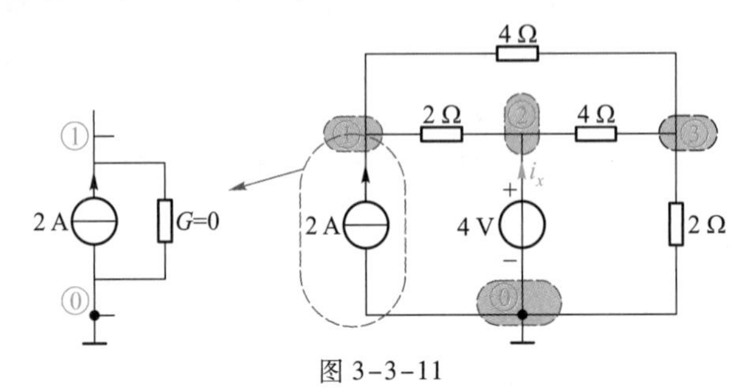

图 3-3-11

解:图 3-3-11 所示电路中,独立结点 1、2、3 的电位设为 u_{n1}、u_{n2}、u_{n3}。电流源支路视为电导为零的诺顿支路。$u_{n2}=4$ V,结点 2 的方程不必列写。结点方程为

$$\begin{cases}\left(0+\dfrac{1}{2}+\dfrac{1}{4}\right)u_{n1}-\dfrac{1}{2}\times4-\dfrac{1}{4}u_{n3}=2\\ -\dfrac{1}{4}u_{n1}-\dfrac{1}{4}\times4+\left(\dfrac{1}{4}+\dfrac{1}{4}+\dfrac{1}{2}\right)u_{n3}=0\end{cases},\quad 即\begin{cases}3u_{n1}-u_{n3}=16\\ -u_{n1}+4u_{n3}=4\end{cases}$$

解得

$$u_{n1}=\frac{65}{11}\text{ V}=5.91\text{ V},\quad u_{n3}=\frac{19}{11}\text{ V}=1.73\text{ V}$$

用结点 1 的 KCL 方程验证,结果正确。

结点 2 的 KCL 方程可用来确定 i_x。用非关联参考方向下电压、电流之积来计算独立电源发出的功率,有

$$p_{2\text{ A}}=2\times u_{n1}=2\times5.91\text{ W}=11.82\text{ W}$$

$$p_{4\text{ V}}=4i_x=4\times\left(\frac{u_{n2}-u_{n1}}{2}+\frac{u_{n2}-u_{n3}}{4}\right)=4\times\left(\frac{4-5.91}{2}+\frac{4-1.73}{4}\right)\text{ W}=-1.55\text{ W}$$

目标 2 检测:能够利用电压源支路减少结点方程数目

测 3-7 快速列写测 3-7 图所示电路的结点方程,计算各独立电源发出的功率,并验证结果的正确性。

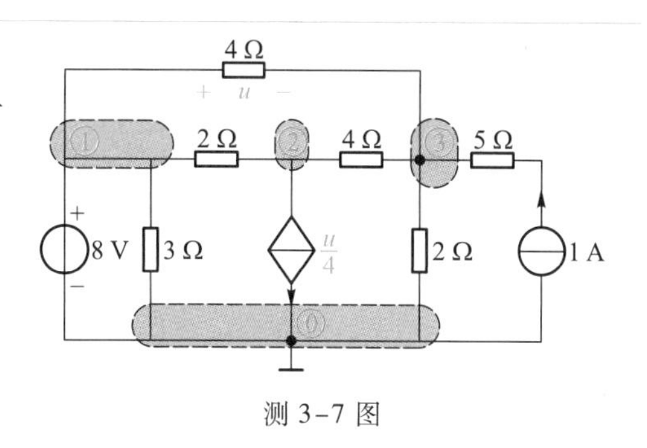

测 3-7 图

答案:$u_{n1}=8$ V、$u_{n2}=5.6$ V、$u_{n3}=4.4$ V,$p_{8\text{ V}}=38.1$ W、$p_{1\text{ A}}=9.4$ W。

3. 对电压源支路的处理——方法 2

图 3-3-12 所示电压源支路,结点 k、j 都不是参考结点,没有已知的结点电位。此时,结点 k、j 的方程中均含 i_x。将结点 k、j 的方程相加,成为一个方程,这个方程就是由结点 k、j 构成的广义结点的 KCL 方程,称为广义结点方程,广义结点方程中不含 i_x。因此,当电压源支路的结点都不是参考结点时,用广义结点方程取代两个结点方程,并结合 $u_{nk}-u_{nj}=u_S$,联立方程数目不变。

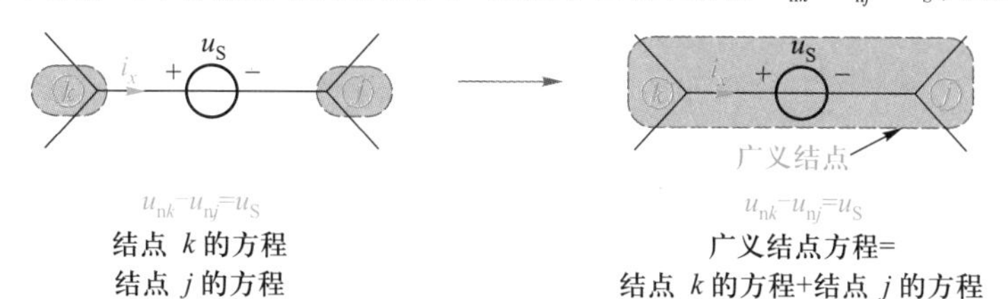

图 3-3-12 广义结点方程

例 3-3-7 快速列写图 3-3-13 所示电路的结点方程,计算独立电源发出的功率。

解：图 3-3-13 所示电路中有两条电压源支路，一条连到参考结点，使得 $u_{n1}=5\ \text{V}$，另一条使得

$$u_{n2}-u_{n3}=10\ \text{V}$$

结点 1 的方程不必列写，结点 2、3 形成广义结点。广义结点方程为

$$\left(\frac{1}{8}+\frac{1}{2}\right)u_{n2}+\left(\frac{1}{4}+\frac{1}{6}\right)u_{n3}-\left(\frac{1}{2}+\frac{1}{6}\right)u_{n1}=0$$

$\left(\frac{1}{8}+\frac{1}{2}\right)$ 和 $\left(\frac{1}{4}+\frac{1}{6}\right)$ 是广义结点的自电导，$-\left(\frac{1}{2}+\frac{1}{6}\right)$ 是广义结点和结点 1 之间的互电导。当然，也可以将广义结点的各支路电流用结点电位表示，再应用 KCL 得到广义结点方程，那就是

图 3-3-13

$$\frac{u_{n2}-u_{n1}}{2}+\frac{u_{n2}}{8}+\frac{u_{n3}}{4}+\frac{u_{n3}-u_{n1}}{6}=0$$

所以，图 3-3-13 所示电路的结点方程为

$$\begin{cases}\left(\frac{1}{8}+\frac{1}{2}\right)u_{n2}+\left(\frac{1}{4}+\frac{1}{6}\right)u_{n3}-\left(\frac{1}{2}+\frac{1}{6}\right)u_{n1}=0\\ u_{n2}-u_{n3}=10\ \text{V}\\ u_{n1}=5\ \text{V}\end{cases},\quad 即\begin{cases}15u_{n2}+10u_{n3}=80\\ u_{n2}-u_{n3}=10\end{cases}$$

用克莱姆法则求解方程

$$\Delta=\begin{vmatrix}15 & 10\\ 1 & -1\end{vmatrix}=-25,\quad \Delta_1=\begin{vmatrix}80 & 10\\ 10 & -1\end{vmatrix}=-180,\quad \Delta_2=\begin{vmatrix}15 & 80\\ 1 & 10\end{vmatrix}=70$$

$$u_{n2}=\frac{\Delta_1}{\Delta}=\frac{-180}{-25}\ \text{V}=7.2\ \text{V},\quad u_{n3}=\frac{\Delta_2}{\Delta}=\frac{70}{-25}\ \text{V}=-2.8\ \text{V}$$

用参考结点的 KCL 方程验证，结果正确。

独立电源发出的功率

$$p_{5\ \text{V}}=5\times\left(\frac{u_{n1}-u_{n3}}{6}+\frac{u_{n1}-u_{n2}}{2}\right)=5\times\left(\frac{5+2.8}{6}+\frac{5-7.2}{2}\right)\ \text{W}=1\ \text{W}$$

$$p_{10\ \text{V}}=10\times\left(\frac{u_{n2}-u_{n1}}{2}+\frac{u_{n2}}{8}\right)=10\times\left(\frac{7.2-5}{2}+\frac{7.2}{8}\right)\ \text{W}=20\ \text{W}$$

目标 2 检测：能够利用电压源支路减少结点方程数目

测 3-8　求测 3-8 图所示电路的结点电位，并计算各独立电源发出的功率，验证结果的正确性。

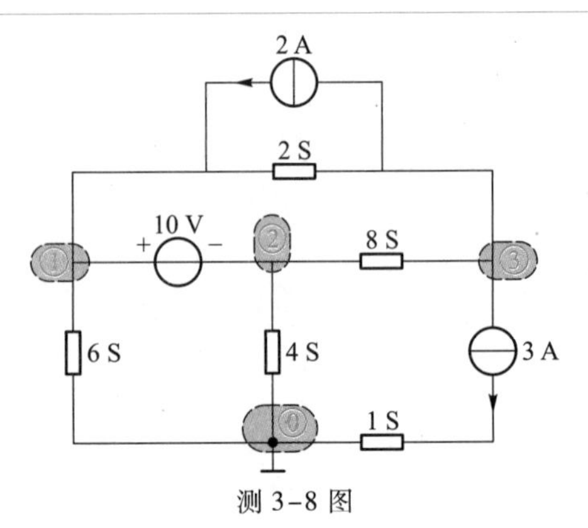

测 3-8 图

答案：$u_{n1}=3.7\ \text{V}$、$u_{n2}=-6.3\ \text{V}$、$u_{n3}=-4.8\ \text{V}$，$p_{10\ \text{V}}=372\ \text{W}$、$p_{2\ \text{A}}=17\ \text{W}$、$p_{3\ \text{A}}=23.4\ \text{W}$。

结点法——对电源支路的处理方法

1. 电流源支路视为电导为零的诺顿支路。
2. 选择电压源支路的一端为参考结点，其另一端的结点电位已知，该结点的方程不需列写，列写其他 $n-2$ 个独立结点方程，方程数因此减少 1 个，n 为结点数。
3. 当电压源支路不与参考结点相连时，列写由电压源支路两端结点形成的广义结点方程、其他 $n-3$ 个独立结点方程和结点电位与电压源电压的关系方程，方程数不变。

例 3-3-8 用结点方程分析图 3-3-14(a)所示电路，计算独立电源、受控电源发出的功率。

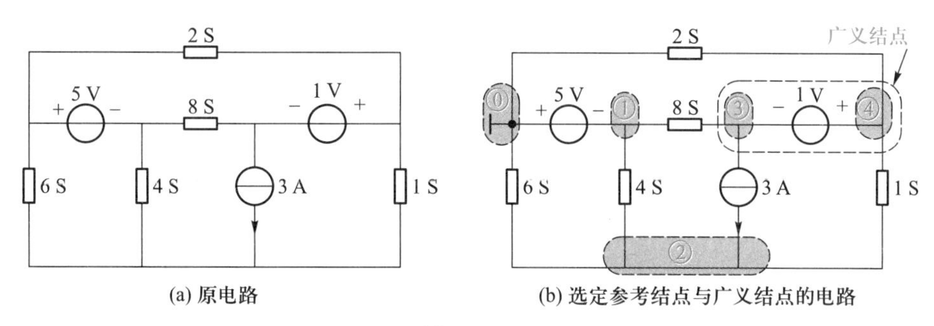

图 3-3-14

解：图 3-3-14(a)中，视 3 A 电流源支路为电导为零的诺顿支路，让 5 V 电压源支路连参考结点，1 V 电压源支路对应于广义结点，如图 3-3-14(b)所示。由此

$$u_{n1}=-5\ \text{V}$$

$$u_{n3}-u_{n4}=-1\ \text{V}$$

结点 1 的电位已知，其方程不必列写，用快速列写法列写结点 2 和广义结点的方程。

$$\text{结点 2：}(6+4+0+1)u_{n2}-4u_{n1}-0u_{n3}-1u_{n4}=3$$

$$\text{广义结点：}(8+0)u_{n3}+(2+1)u_{n4}-8u_{n1}-(0+1)u_{n2}=-3$$

将 $u_{n1}=-5\ \text{V}$、$u_{n3}-u_{n4}=-1\ \text{V}$ 代入以上方程并整理得

$$\begin{cases}11u_{n2}-u_{n4}=-17\\-u_{n2}+11u_{n4}=-35\end{cases}$$

用克莱姆法则求解方程

$$\Delta=\begin{vmatrix}11 & -1\\-1 & 11\end{vmatrix}=120,\quad \Delta_1=\begin{vmatrix}-17 & -1\\-35 & 11\end{vmatrix}=-222,\quad \Delta_2=\begin{vmatrix}11 & -17\\-1 & -35\end{vmatrix}=-402$$

$$u_{n2}=\frac{\Delta_1}{\Delta}=\frac{-222}{120}\ \text{V}=-\frac{37}{20}\ \text{V},\quad u_{n4}=\frac{\Delta_2}{\Delta}=\frac{-402}{120}\ \text{V}=-\frac{67}{20}\ \text{V},\quad u_{n3}=u_{n4}-1=-\frac{87}{20}\ \text{V}$$

用参考结点的 KCL 方程验证，结果正确。

独立电源发出的功率为

$$p_{5\ \text{V}}=-5\times[4(u_{n1}-u_{n2})+8(u_{n1}-u_{n3})]=-5\times\left[4\left(-5+\frac{37}{20}\right)+8\left(-5+\frac{87}{20}\right)\right]\ \text{W}=89\ \text{W}$$

$$p_{3\,\mathrm{A}}=-3(u_{n3}-u_{n2})=-3\left(-\frac{87}{20}\right)\ \mathrm{W}=7.5\ \mathrm{W}$$

$$p_{1\,\mathrm{V}}=-1\times[3+8(u_{n3}-u_{n1})]=-8.2\ \mathrm{W}$$

目标 2 检测:能够利用电压源支路减少结点方程数目

测 3-9 合理选择参考结点,用结点方程求测 3-9 图所示电路中各独立电源发出的功率。

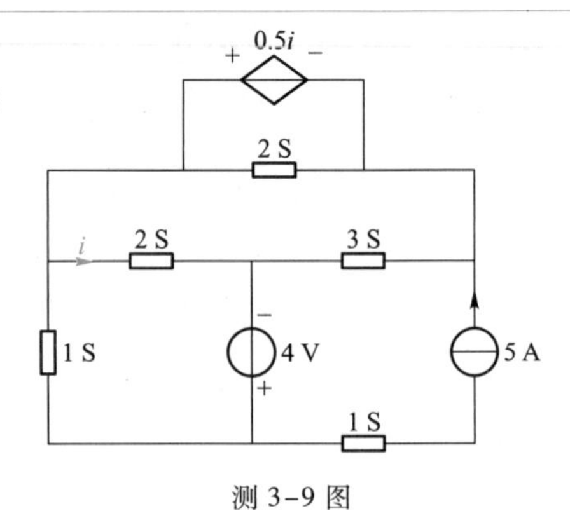

测 3-9 图

答案:$p_{4\,\mathrm{V}}=24$ W、$p_{5\,\mathrm{A}}=5$ W。

3.4 网孔方程

网孔是一类特殊回路,当由支路形成的闭合路径圈定的面积内没有任何支路时,称为网孔,它只适用于平面电路。网孔方程是关于网孔电流的一组线性代数方程。通过这组方程计算网孔电流,然后用网孔电流计算支路电压和电流,这种电路分析方法称为网孔分析法,简称为网孔法,可用于分析平面电路。学习网孔分析法,要在理解网孔电流的基础上,理解网孔方程的形式,掌握其列写方法,学会应用它来分析电路。

3.4.1 网孔方程的形式

1. 网孔电流

图 3-4-1 所示电路,画在平面上而没有支路在空间交叉,为平面电路,它有 3 个网孔,假想 3 个环流 i_{m1}、i_{m2} 和 i_{m3},分别沿着网孔 1、2、3 的支路流动,i_{m1}、i_{m2}、i_{m3} 为网孔电流,支路电流可以用网孔电流表示,即

$$i_1=-i_{m1},\quad i_2=i_{m1}-i_{m3},\quad i_3=i_{m3},$$
$$i_4=i_{m1}-i_{m2},\quad i_5=i_{m2}-i_{m3},\quad i_6=i_{m2}\qquad(3\text{-}4\text{-}1)$$

支路电流用网孔电流表示后,电路各结点的 KCL 方程自动满足。

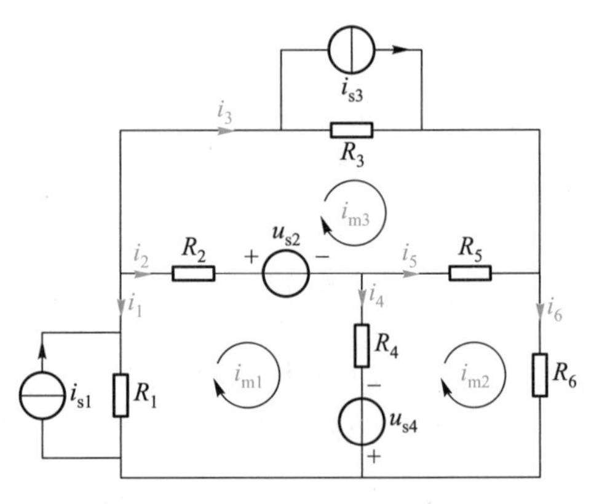

图 3-4-1 网孔电流

2. 网孔方程的形式

网孔方程就是网孔的 KVL 方程,只是方程中的

各项电压用网孔电流表示。列写图 3-4-1 所示电路每个网孔的 KVL 方程时，顺着网孔电流绕向，直接用网孔电流表示电阻上的电压，有

$$网孔1:[R_1(i_{m1}-i_{s1})]+[R_2(i_{m1}-i_{m3})+u_{s2}]+[R_4(i_{m1}-i_{m2})-u_{s4}]=0 \tag{3-4-2}$$

$$网孔2:[u_{s4}+R_4(i_{m2}-i_{m1})]+[R_5(i_{m2}-i_{m3})]+[R_6 i_{m2}]=0 \tag{3-4-3}$$

$$网孔3:[R_3(i_{m3}-i_{s3})]+[R_5(i_{m3}-i_{m2})]+[-u_{s2}+R_2(i_{m3}-i_{m1})]=0 \tag{3-4-4}$$

方括号内为一条支路的电压，这 3 个方程就是网孔方程。解得网孔电流后，再由式(3-4-1)得到支路电流，称为网孔分析法，简称为网孔法。

网孔方程的形式

网孔方程是平面电路中网孔的 KVL 方程，但 KVL 方程中的支路电压用网孔电流表示，方程个数为 $b-n+1$，b 为支路数，n 为结点数。

列写网孔方程的步骤为：

1. 选定网孔电流及其绕向；
2. 列写各网孔的 KVL 方程，且将网孔中电阻的电压用网孔电流表示。

例 3-4-1 用网孔法求图 3-4-2(a)所示电路中各支路电流。

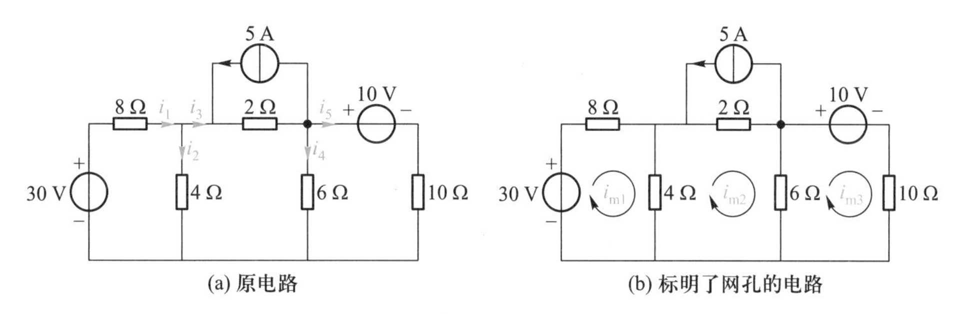

图 3-4-2

解：网孔电流如图 3-4-2(b)所示，为了体现支路电流对网孔方程没有影响，图(b)中去掉了支路电流。列写图(b)中网孔的 KVL 方程时，顺着网孔电流方向，用网孔电流表示电阻上的电压。要特别注意诺顿支路中的 2 Ω 电阻，2 Ω 电阻的电流为 $i_{m2}+5$，其电压为$2(i_{m2}+5)$。网孔方程为

$$网孔1:8i_{m1}+4(i_{m1}-i_{m2})-30=0 \tag{3-4-5}$$

$$网孔2:2(i_{m2}+5)+6(i_{m2}-i_{m3})+4(i_{m2}-i_{m1})=0 \tag{3-4-6}$$

$$网孔3:10+10i_{m3}+6(i_{m3}-i_{m2})=0 \tag{3-4-7}$$

整理得

$$\begin{cases}12i_{m1}-4i_{m2}-0i_{m3}=30\\-4i_{m1}+12i_{m2}-6i_{m3}=-10\\-0i_{m1}-6i_{m2}+16i_{m3}=-10\end{cases} \tag{3-4-8}$$

用克莱姆法则求解方程

$$\Delta=\begin{vmatrix}12&-4&0\\-4&12&-6\\0&-6&16\end{vmatrix}=12\begin{vmatrix}12&-6\\-6&16\end{vmatrix}-(-4)\begin{vmatrix}-4&0\\-6&16\end{vmatrix}=1\ 616$$

$$\Delta_1=\begin{vmatrix}30&-4&0\\-10&12&-6\\-10&-6&16\end{vmatrix}=30\begin{vmatrix}12&-6\\-6&16\end{vmatrix}-(-4)\begin{vmatrix}-10&-6\\-10&16\end{vmatrix}=3\ 800$$

$$\Delta_2=\begin{vmatrix}12&30&0\\-4&-10&-6\\0&-10&16\end{vmatrix}=12\begin{vmatrix}-10&-6\\-10&16\end{vmatrix}-30\begin{vmatrix}-4&-6\\0&16\end{vmatrix}=-720$$

$$\Delta_3=\begin{vmatrix}12&-4&30\\-4&12&-10\\0&-6&-10\end{vmatrix}=12\begin{vmatrix}12&-10\\-6&-10\end{vmatrix}-(-4)\begin{vmatrix}-4&30\\-6&-10\end{vmatrix}=-1\ 280$$

$$i_{m1}=\frac{\Delta_1}{\Delta}=\frac{3\ 800}{1\ 616}\text{ A}=2.35\text{ A},\quad i_{m2}=\frac{\Delta_2}{\Delta}=\frac{-720}{1\ 616}\text{ A}=-0.45\text{ A},\quad i_{m3}=\frac{\Delta_3}{\Delta}=\frac{-1\ 280}{1\ 616}\text{ A}=-0.79\text{ A}$$

用外网孔(由电路的边界支路构成的回路)的 KVL 方程验证结果的正确性。外网孔的 KVL 方程为

$$8i_{m1}+2(i_{m2}+5)+10+10i_{m3}-30=0$$

网孔电流值满足该方程,结果正确。

利用网孔电流计算图 3-4-2(a)中各支路的电流,有

$$i_1=i_{m1}=2.35\text{ A},\qquad i_2=i_{m1}-i_{m2}=[2.35-(-0.45)]\text{ A}=2.80\text{ A}$$

$$i_3=i_{m2}=-0.45\text{ A},\qquad i_4=i_{m2}-i_{m3}=[-0.45-(-0.79)]\text{ A}=0.34\text{ A}$$

$$i_5=i_{m3}=-0.79\text{ A}$$

目标 3 检测:掌握网孔方程的形式与应用方法

测 3-10　用网孔法求测 3-10 图中各支路电流,并验证结果的正确性。

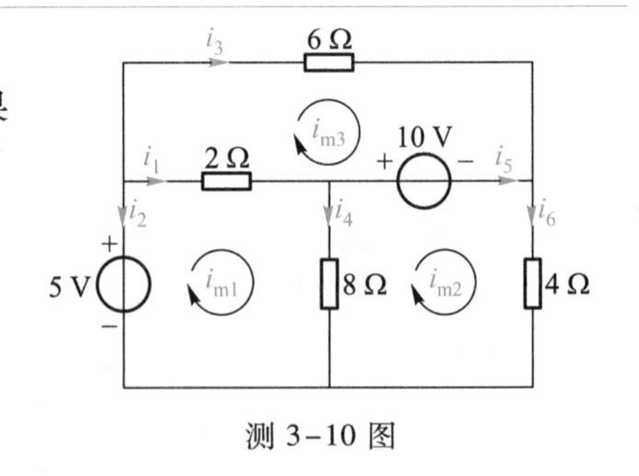

测 3-10 图

答案:$i_{m1}=0.2$ A,$i_{m2}=-0.7$ A,$i_{m3}=1.3$ A;$i_1=-1.1$ A,$i_2=-0.2$ A,$i_3=1.3$ A,$i_4=0.9$ A,$i_5=-2$ A,$i_6=-0.7$ A。

例 3-4-2　用网孔法求图 3-4-3 所示电路中独立电源、受控电源发出的功率。

解:按照网孔电流绕向列写图 3-4-3 中网孔的 KVL 方程,有

网孔 1:$10(i_{m1}-i_{m2})+2i-20=0$

网孔 2:$10(i_{m2}-i_{m1})+12i_{m2}+4(i_{m2}-i_{m3})=0$

网孔 3:$4(i_{m3}-i_{m2})+24i_{m3}-2i=0$

将 $i=i_{m2}$ 代入并整理得

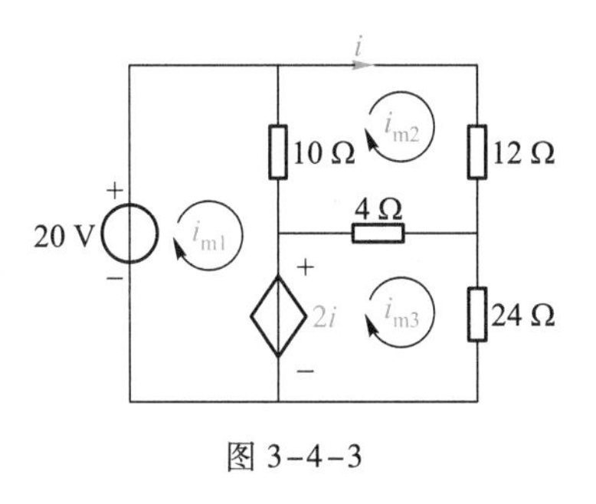

图 3-4-3

$$\begin{cases}10i_{m1}-8i_{m2}-0i_{m3}=20\\-10i_{m1}+26i_{m2}-4i_{m3}=0\\-0i_{m1}-6i_{m2}+28i_{m3}=0\end{cases}$$

用克莱姆法则求解方程

$$\Delta=\begin{vmatrix}10&-8&0\\-10&26&-4\\0&-6&28\end{vmatrix}=4\ 800,\qquad \Delta_1=\begin{vmatrix}20&-8&0\\0&26&-4\\0&-6&28\end{vmatrix}=14\ 080$$

$$\Delta_2=\begin{vmatrix}10&20&0\\-10&0&-4\\0&0&28\end{vmatrix}=5\ 600,\qquad \Delta_3=\begin{vmatrix}10&-8&20\\-10&26&0\\0&-6&0\end{vmatrix}=1\ 200$$

$$i_{m1}=\frac{\Delta_1}{\Delta}=\frac{14\ 082}{4\ 800}\ \text{A}=\frac{176}{60}\ \text{A},\quad i_{m2}=\frac{\Delta_2}{\Delta}=\frac{5\ 600}{4\ 800}\ \text{A}=\frac{70}{60}\ \text{A},\quad i_{m3}=\frac{\Delta_3}{\Delta}=\frac{1\ 200}{4\ 800}\ \text{A}=\frac{15}{60}\ \text{A}$$

用外网孔的 KVL 方程验证结果的正确性。外网孔的 KVL 方程为

$$12i_{m2}+24i_{m3}=20$$

网孔电流值满足该方程,结果正确。

计算独立电源、受控电源发出的功率。有

$$p_{20\ \text{V}}=20i_{m1}=20\times\frac{176}{60}\ \text{W}=58.67\ \text{W}$$

$$p_{2i}=2i\times(i_{m3}-i_{m1})=2i_{m2}\times(i_{m3}-i_{m1})=2\times\frac{70}{60}\left(\frac{15}{60}-\frac{176}{60}\right)\ \text{W}=-6.26\ \text{W}$$

目标 3 检测:掌握网孔方程的形式与应用方法

测 3-11 用网孔法求测 3-11 图中独立电源和受控电源的功率,用功率守恒验证结果的正确性。

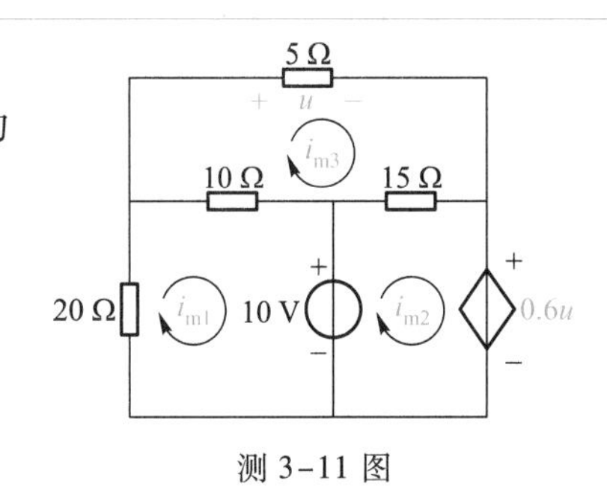

测 3-11 图

答案:$i_{m1}=-0.18$ A,$i_{m2}=1.03$ A,$i_{m3}=0.45$ A;$p_{10\ \text{V}}=12.12$ W,$p_{0.6u}=-1.40$ W。

3.4.2 网孔方程快速列写法

用图 3-4-1 来总结网孔方程的规律。将图 3-4-1 的网孔方程式(3-4-2)至式(3-4-4)经过同类项合并、移项整理成

$$\text{网孔 1}:(R_1+R_2+R_4)i_{m1}-R_4i_{m2}-R_2i_{m3}=R_1i_{S1}-u_{S2}+u_{S4}\qquad(3-4-9)$$

$$\text{网孔 2}:-R_4i_{m1}+(R_4+R_5+R_6)i_{m2}-R_5i_{m3}=-u_{S4}\qquad(3-4-10)$$

$$\text{网孔 3}:-R_2i_{m1}-R_5i_{m2}+(R_2+R_3+R_5)i_{m3}=u_{S2}+R_3i_{S3}\qquad(3-4-11)$$

式(3-4-9)至式(3-4-11)中每项的量纲是电压,与电源相关的电压项全部移到了等号的右边,$R_1 i_{S1}$、$R_3 i_{S3}$是电流源转换而来的电压源。将图3-4-1改画为图3-4-4,对照图3-4-4,式(3-4-9)至式(3-4-11)的等号左边是顺着网孔电流方向、网孔内电阻压降之和,右边则是逆着网孔电流方向、网孔内电压源电压之和。例如图3-4-4中的网孔1,顺着网孔电流方向的电阻压降为$R_2(i_{m1}-i_{m3})$、$R_4(i_{m1}-i_{m2})$、$R_1 i_{m1}$,逆着网孔电流方向的电压源电压为$-u_{S2}$、$+u_{S4}$、$+R_1 i_{S1}$,网孔1的方程就是:顺着网孔电流方向的电阻压降之和等于逆着网孔电流方向的电压源电压之代数和。

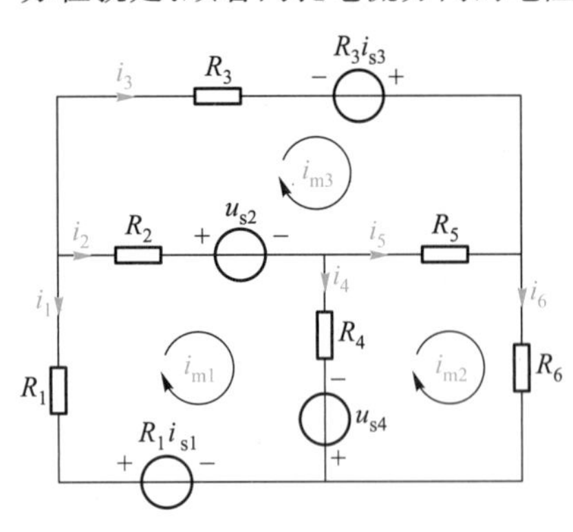

图3-4-4 网孔方程的规律说明

将式(3-4-9)至式(3-4-11)写为矩阵形式

$$\begin{bmatrix} R_1+R_2+R_4 & -R_4 & -R_2 \\ -R_4 & R_4+R_5+R_6 & -R_5 \\ -R_2 & -R_5 & R_2+R_3+R_5 \end{bmatrix}\begin{bmatrix} i_{m1} \\ i_{m2} \\ i_{m3} \end{bmatrix}=\begin{bmatrix} R_1 i_{S1}-u_{S2}+u_{S4} \\ -u_{S4} \\ u_{S2}+R_3 i_{S3} \end{bmatrix} \tag{3-4-12}$$

归纳成一般形式

$$k\begin{bmatrix} & \vdots^{j} & \\ \cdots & R_{kj} & \cdots \\ & \vdots & \end{bmatrix}\begin{bmatrix} \vdots \\ i_{mk} \\ \vdots \end{bmatrix}=\begin{bmatrix} \vdots \\ u_{Smk} \\ \vdots \end{bmatrix} \quad 或 \quad \boxed{\boldsymbol{R}_m \boldsymbol{I}_m=\boldsymbol{U}_{Sm}} \tag{3-4-13}$$

$\boldsymbol{R}_m$的各元素为电阻,称$\boldsymbol{R}_m$为网孔电阻矩阵(resistance matrix)。$\boldsymbol{R}_m$的对角线元素R_{kk}等于k网孔内所有支路的电阻之和,称为k网孔的自电阻(self-resistance)。$\boldsymbol{R}_m$的非对角线元素$R_{kj}(k\neq j)$等于k、j网孔的公共支路电阻的负值,称为k、j网孔的互电阻(mutual-resistance),当k、j网孔有多条公共的电阻支路时,R_{kj}为公共电阻之和的负值,在网孔电流绕向一致的条件下,互电阻都是负值,且$R_{kj}=R_{jk}$。$\boldsymbol{U}_{Sm}$的各项为与独立电源相关的电压,称为网孔等效电压源列向量,u_{Smk}等于k网孔内电压源电压的代数和,称为k网孔的等效电压源,电压源方向与网孔电流方向非关联时取正,反之取负,电流源全部转换为电压源。$\boldsymbol{I}_m$是网孔电流列向量,i_{mk}为k网孔的电流。

网孔方程快速列写法

1. 选取绕向一致的网孔电流,确定网孔方程的形式 $k\begin{bmatrix} & \vdots^{j} & \\ \cdots & R_{kj} & \cdots \\ & \vdots & \end{bmatrix}\begin{bmatrix} \vdots \\ i_{mk} \\ \vdots \end{bmatrix}=\begin{bmatrix} \vdots \\ u_{Smk} \\ \vdots \end{bmatrix}$

2. 将所有电流源转换为电压源,填写矩阵中的元素:

   网孔自电阻$R_{kk}=k$网孔内各支路的电阻之和;

   网孔互电阻$R_{kj}=k$、j网孔之间公共支路电阻之和的负值,且$R_{kj}=R_{jk}$;

   网孔等效电压源$u_{smk}=k$网孔内电压源电压的代数和,与网孔绕向非关联取正,包括由电流源转换而得的电压源。

例3-4-3 用快速列写法列写图3-4-2(a)所示电路的网孔方程。

解:选定网孔电流的参考方向,并将诺顿支路变换为戴维南支路,如图3-4-5所示。用快速列写法列写网孔方程,有

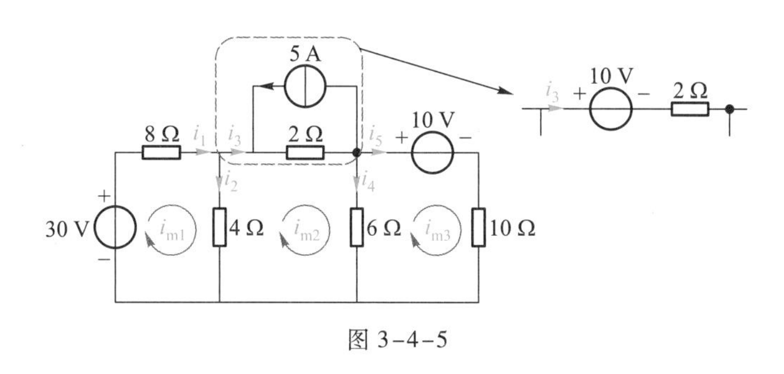

图 3-4-5

$$\begin{bmatrix} 8+4 & -4 & 0 \\ -4 & 4+2+6 & -6 \\ 0 & -6 & 6+10 \end{bmatrix}\begin{bmatrix} i_{m1} \\ i_{m2} \\ i_{m3} \end{bmatrix}=\begin{bmatrix} 30 \\ -10 \\ -10 \end{bmatrix}$$

与式(3-4-8)一致。网孔 1、3 之间没有公共支路,因此互电阻 $R_{13}=R_{31}=0$。

目标 3 检测:掌握网孔方程的快速列写方法

测 3-12 用快速列写法列写测 3-10 图的网孔方程。

3.4.3 对电源支路的处理方法

与结点方程相似,如果电路中存在电源支路,列写网孔方程时也需要对电源支路做特别处理。

1. 对电压源支路的处理方法

在快速列写网孔方程时,将电压源支路视为电阻为零的戴维南支路,如图 3-4-6 所示,电压源支路在网孔 k 的自电阻 R_{kk}、网孔 j 的自电阻 R_{jj}、网孔 k 和 j 的互电阻 R_{kj} 中均以零计入,在网孔 k 的等效电压源 u_{Smk} 中以 $-u_S$ 计入,在网孔 j 的等效电压源 u_{Smj} 中以 u_S 计入。

对网孔方程(即 KVL 方程)而言,图 3-4-6 中最右边的支路和最左边的支路等价,R_p 不应出现在网孔方程中,但它影响电压源的电流。

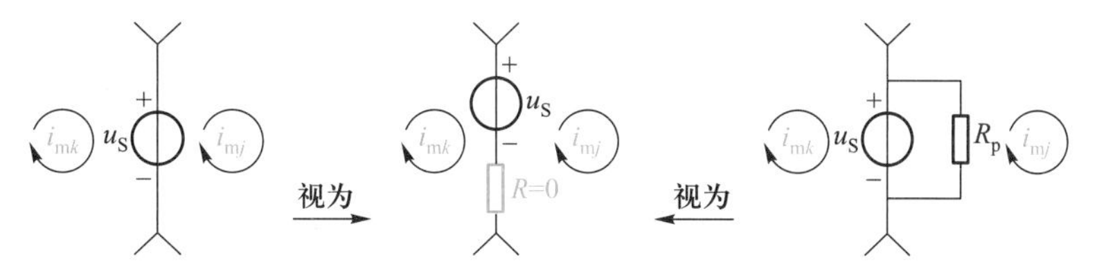

图 3-4-6 将电压源支路视为电阻为零的戴维南支路

例 3-4-4 用快速列写法列写图 3-4-3 所示电路的网孔方程。

解:将图 3-4-3 所示电路中独立电压源支路、受控电压源支路分别视为电阻为零的戴维南支路,如图 3-4-7 所示。网孔方程为

$$\text{网孔 1:}(0+10+0)i_{m1}-10i_{m2}-0i_{m3}=20-2i$$

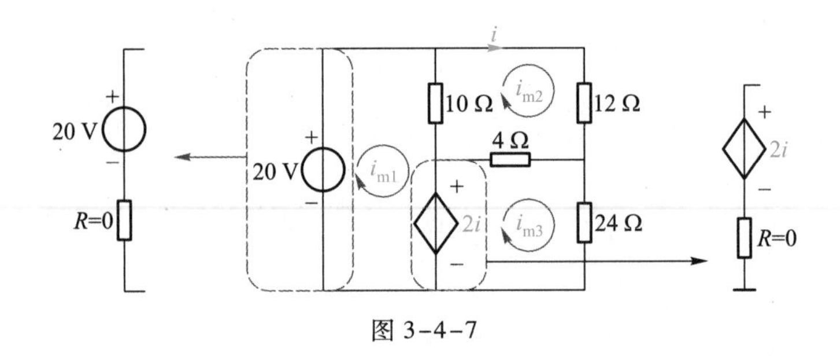

图 3-4-7

$$网孔2:-10i_{m1}+(10+12+4)i_{m2}-4i_{m3}=0$$

$$网孔3:-0i_{m1}-4i_{m2}+(0+4+24)i_{m3}=2i$$

受控源的控制量 $i=i_{m2}$,代入上面的方程得

$$\begin{cases}10i_{m1}-8i_{m2}-0i_{m3}=20\\-10i_{m1}+26i_{m2}-4i_{m3}=0\\-0i_{m1}-6i_{m2}+28i_{m3}=0\end{cases}$$

将受控电压源支路视为电阻为零的戴维南支路后,不难理解 $R_{13}=R_{31}=0$。

目标3检测:掌握网孔方程的快速列写法

测3-13 用快速列写法列写测3-11图的网孔方程。

2. 对电流源支路的处理——方法1

用快速列写法列写网孔方程时,电流源要转换为电压源。当电路中存在电流源支路时,电流源支路的电压不能用网孔电流表示,必须设为未知量,并包含于网孔方程中。

如图3-4-8所示,当电流源支路是电路的边界支路时,它只属于一个网孔,该网孔电流已知,不必列写该网孔方程。这样,不仅避开了电流源,且联立方程数目减少1个。

对网孔方程(就是KVL方程)而言,图3-4-8中的两条支路等价,R_S 不影响网孔电流,但它影响电流源的电压。

例3-4-5 用快速列写法列写图3-4-9所示电路的网孔方程,并计算各独立电源发出的功率。

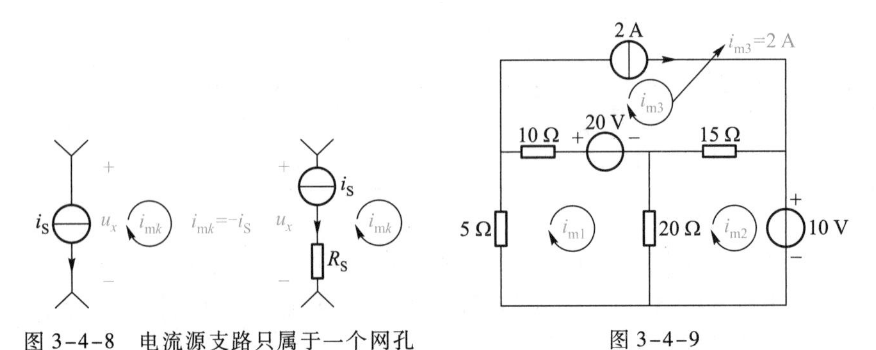

图3-4-8 电流源支路只属于一个网孔 图3-4-9

解:图3-4-9所示电路中,2 A电流源支路使得网孔3的电流已知($i_{m3}=2$ A),10 V电压源

支路视为电阻为零的戴维南支路。用快速列写法列写网孔 1、网孔 2 的方程,有

$$\text{网孔 1}:(5+10+20)i_{m1}-20i_{m2}-10i_{m3}=-20$$

$$\text{网孔 2}:-20i_{m1}+(20+15+0)i_{m2}-15i_{m3}=-10$$

将 $i_{m3}=2$ A 代入以上方程并整理得

$$\begin{cases}35i_{m1}-20i_{m2}=0\\-20i_{m1}+35i_{m2}=20\end{cases}$$

解得

$$i_{m1}=0.48\ \text{A},\quad i_{m2}=0.85\ \text{A}$$

计算各独立电源发出的功率。非关联参考方向下:10 V 电压源的电流为 $-i_{m2}$;20 V 电压源的电流为 $i_{m3}-i_{m1}$;2 A 电流源的电压由外网孔的 KVL 确定,为 $10+5i_{m1}$。因此

$$p_{10\ \text{V}}=10(-i_{m2})=-10\times0.85\ \text{W}=-8.5\ \text{W}$$

$$p_{20\ \text{V}}=20(i_{m3}-i_{m1})=20\times(2-0.48)\ \text{W}=30.4\ \text{W}$$

$$p_{2\ \text{A}}=2(10+5i_{m1})=2\times(10+5\times0.48)\ \text{W}=24.8\ \text{W}$$

用功率守恒验证结果的正确性。电源发出的总功率为

$$p_S=p_{10\ \text{V}}+p_{20\ \text{V}}+p_{2\ \text{A}}=(-8.5+30.4+24.8)\ \text{W}=46.7\ \text{W}$$

电阻吸收的总功率为

$$\begin{aligned}p_R&=5i_{m1}^2+10(i_{m1}-i_{m3})^2+15(i_{m2}-i_{m3})^2+20(i_{m1}-i_{m2})^2\\&=[5\times0.48^2+10\times(0.48-2)^2+15\times(0.85-2)^2+20\times(0.48-0.85)^2]\ \text{W}\\&=46.83\ \text{W}\end{aligned}$$

$p_S\approx p_R$,差别来源于 i_{m1}、i_{m2} 结果的舍入误差。

目标 4 检测:能够利用电流源支路减少网孔方程数目

测 3-14 用网孔分析法求测 3-14 图各独立电源、受控电源发出的功率,并验证结果的正确性。

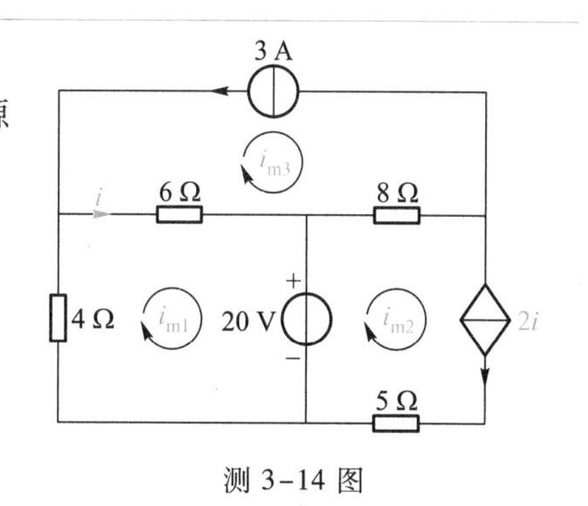

测 3-14 图

答案:$i_{m1}=-3.8$ A,$i_{m2}=-1.6$ A,$i_{m3}=-3$ A;$p_{20\text{V}}=44$ W,$p_{3\text{A}}=19.2$ W,$p_{2i}=26.88$ W。

3. 对电流源支路的处理——方法 2

当电流源支路同属于网孔 k、j 时,网孔 k、j 的方程中都包含未知电压 u_x。但是,将网孔 k、j 的方程相加,得到一个不含 u_x 的方程,它就是由网孔 k、j 形成的回路之 KVL 方程,如图 3-4-10 中所示,这个回路又称为广义网孔,这个 KVL 方程为广义网孔方程。因此,当电流源支路同属于 2 个网孔时,用广义网孔方程取代 2 个网孔方程,避开电流源支路,结合 $i_{mk}-i_{mj}=i_S$ 的关系,联立方程数目不变。

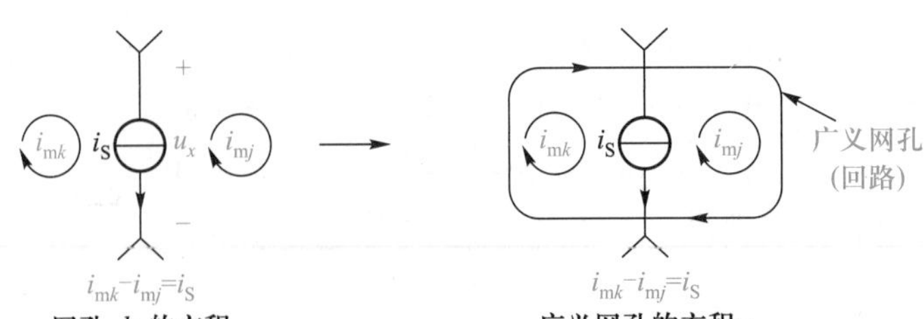

图 3-4-10 电流源支路属于两个网孔

网孔法——对电源支路的处理方法

1. 将电压源支路视为电阻为零的戴维南支路。
2. 当电流源支路只属于一个网孔时，该网孔电流已知，不列写该网孔方程，列写其他 $m-1$ 个网孔方程，方程数因此减少 1 个。m 为网孔数。
3. 当电流源支路同属于 2 个网孔时，由这 2 个网孔形成广义网孔(回路)，列写广义网孔方程、其他 $m-2$ 个网孔方程和网孔电流与电流源电流的关系方程，方程总数不变。

例 3-4-6 应用广义网孔方程求图 3-4-11 所示电路的网孔电流。

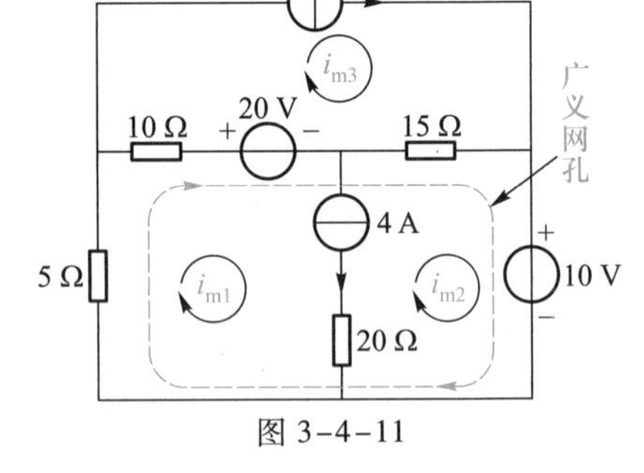

图 3-4-11

解：图 3-4-11 所示电路中，有

$$i_{m3}=2\ \text{A},\quad i_{m1}-i_{m2}=4\ \text{A}$$

10 V 电压源支路视为电阻为零的戴维南支路，用快速列写法列写广义网孔方程，得

$$(5+10)i_{m1}+(15+0)i_{m2}-(10+15)i_{m3}=-20-10$$

方程中：(5+10)、(15+0)为广义网孔的自电阻，0 来自于 10 V 电压源支路；(10+15)为广义网孔和网孔 3 的互电阻；20 V 电压源、10 V 电压源与网孔电流均为关联方向，都取负。结合 $i_{m3}=2$ A、$i_{m1}-i_{m2}=4$ A，整理得

$$\begin{cases}15i_{m1}+15i_{m2}=20\\ i_{m1}-i_{m2}=4\end{cases}$$

解得

$$i_{m1}=\frac{8}{3}\text{A},\quad i_{m2}=-\frac{4}{3}\text{A}$$

目标 4 检测：能够利用电流源支路减少网孔方程数目

测 3-15 应用广义网孔方程求测 3-15 图所示电路的网孔电流。

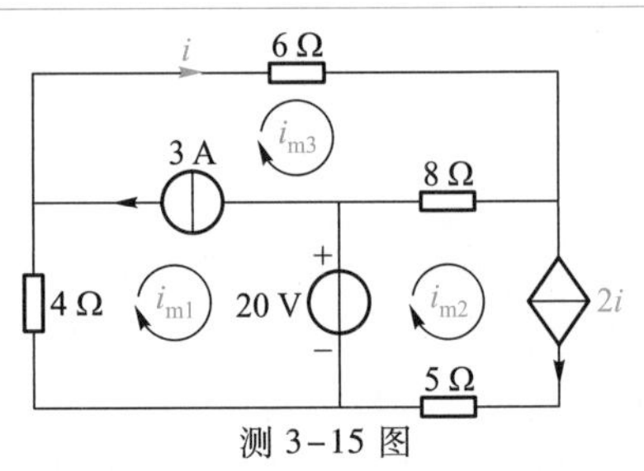

测 3-15 图

答案：$i_{m1}=-7$ A，$i_{m2}=-8$ A，$i_{m3}=-4$ A。

例 3-4-7 求图 3-4-12(a)所示电路中各独立电源发出的功率。

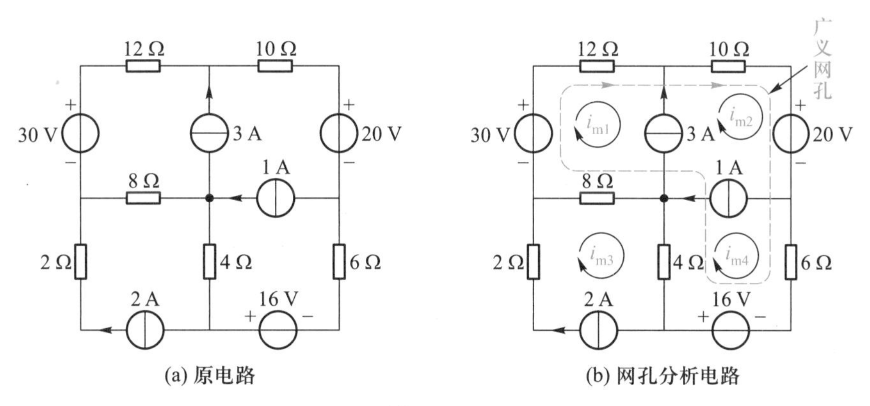

(a) 原电路 (b) 网孔分析电路

图 3-4-12

解:图 3-4-12(a)所示电路有 8 条支路、5 个结点,有 3 条电流源支路,适合用网孔分析法。设网孔电流如图(b)所示,网孔 3 的电流已知,即

$$i_{m3}=2\ \text{A}$$

网孔 1、2、4 形成广义网孔,且有

$$i_{m2}-i_{m1}=3\ \text{A},\quad i_{m2}-i_{m4}=1\ \text{A}$$

用快速列写法列写广义网孔方程,得

$$(12+8)i_{m1}+10i_{m2}+(6+4)i_{m4}-(8+4)i_{m3}=30-20+16$$

$$(\text{用 KVL 列写为}:-30+12i_{m1}+10i_{m2}+20+6i_{m4}-16+4(i_{m4}-i_{m3})+8(i_{m1}-i_{m3})=0)$$

将 $i_{m3}=2$ A、$i_{m1}=i_{m2}-3$、$i_{m4}=i_{m2}-1$ 代入广义网孔方程,得

$$20(i_{m2}-3)+10i_{m2}+10(i_{m2}-1)-12\times2=26$$

解得

$$i_{m2}=3\ \text{A}$$

因此

$$i_{m1}=i_{m2}-3=(3-3)\ \text{A}=0\ \text{A}$$
$$i_{m4}=i_{m2}-1=(3-1)\ \text{A}=2\ \text{A}$$

计算独立电源发出的功率

$$p_{1\text{ A}}=1\times[4(i_{m3}-i_{m4})+16-6i_{m4}]=1\times[4(2-2)+16-6\times2]\ \text{W}=4\ \text{W}$$

$$p_{2\text{ A}}=2\times[2i_{m3}+8(i_{m3}-i_{m1})+4(i_{m3}-i_{m4})]=2\times[2\times2+8(2-0)+4(2-2)]\ \text{W}=40\ \text{W}$$

$$p_{3\text{ A}}=3\times[-12i_{m1}+30+8(i_{m3}-i_{m1})]=3\times[-12\times0+30+8(2-0)]\ \text{W}=138\ \text{W}$$

$$p_{30\text{ V}}=30\times i_{m1}=20\times0\ \text{W}=0\ \text{W}$$

$$p_{20\text{ V}}=20\times(-i_{m2})=20\times(-3)\ \text{W}=-60\ \text{W}$$

$$p_{16\text{ V}}=16\times i_{m4}=16\times2\ \text{W}=32\ \text{W}$$

目标 4 检测：能够利用电流源支路减少网孔方程数目

测 3-16 求测 3-16 图所示电路中各独立电源发出的功率。

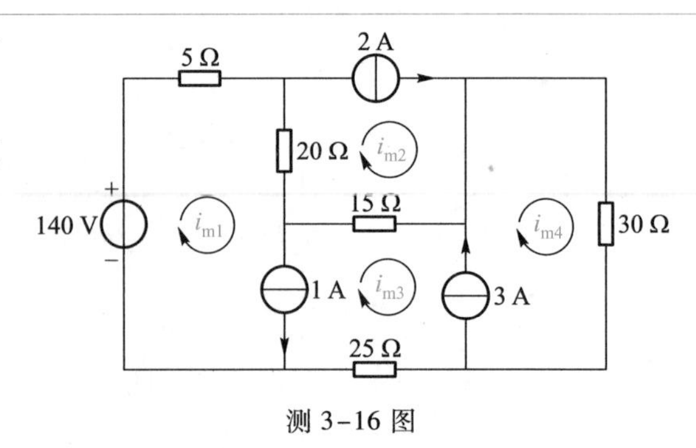

测 3-16 图

答案：2 A，2 A，1 A，4 A；$p_{140\ V}=280$ W，$p_{1\ A}=-130$ W，$p_{2\ A}=30$ W，$p_{3\ A}=360$ W。

3.5 结点法与网孔法对比

结点法、网孔法都是通过联立方程来分析电路的方法，联立方程的数目对分析电路的工作量起决定作用。因此，针对具体问题应该选择方程数目少的分析方法。当然，网孔法不能用于非平面电路。

在着手列写方程前，我们要比较一下两种方法的方程数目。假设电路的结点数为 n、支路数为 b，在没有电压源支路的情况下，结点方程为 $n-1$ 个，在没有电流源支路的情况下，网孔方程为 $b-n+1$ 个。我们要考虑以下几方面：

(1) 比较 $n-1$ 和 $b-n+1$ 的大小；

(2) 电路的电压源支路是否导致一个或多个结点电位已知；

(3) 电路的电流源支路是否导致一个或多个网孔电流已知；

(4) 能否应用广义结点方程；

(5) 能否应用广义网孔方程；

(6) 电路参数方便于计算电阻矩阵还是电导矩阵；

(7) 电路是平面电路还是非平面电路。

本章的例 3-3-5，我们用了结点法，而该电路更适合于用网孔法。图 3-5-1 所示为用网孔法分析例 3-3-5，只要列写 1 个广义网孔方程、1 个网孔电流关系方程，而结点法列写了 3 个结点方程，网孔法方程数少。图 3-5-1 的网孔法方程为

广义网孔方程：$(4+4)i_{m1}+(4+8)i_{m3}-(4+8)i_{m2}=0$

（用 KVL 列写为：$4i_{m1}+4i_{m3}+8(i_{m3}-i_{m2})+4(i_{m1}-i_{m2})=0$）

网孔电流关系方程：$i_{m3}-i_{m1}=3$

已知网孔电流：$i_{m2}=2i=2i_{m3}$

将后面 2 个方程代入广义网孔方程即可求解。

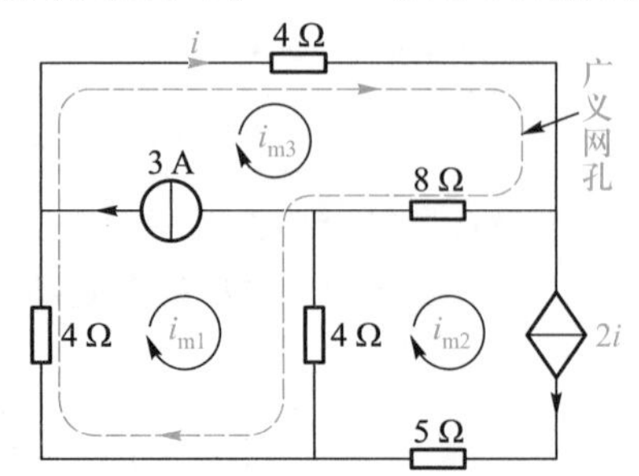

图 3-5-1 用网孔法分析例 3-3-5

本章的例 3-4-3,我们用了网孔法,而该电路更适合于用结点法。图 3-5-2 所示为用结点法分析例 3-4-3,只要列写 2 个结点方程,而网孔法列写了 3 个网孔方程。图 3-5-2 的结点方程为

$$结点\ 1:\left(\frac{1}{8}+\frac{1}{4}+\frac{1}{2}\right)u_{n1}-\frac{1}{2}u_{n2}=\frac{30}{8}+5$$

$$结点\ 2:-\frac{1}{2}u_{n1}+\left(\frac{1}{2}+\frac{1}{6}+\frac{1}{10}\right)u_{n2}=-5+\frac{10}{10}$$

以上 2 个方程一起求解。

本章的例 3-4-4,我们用了网孔法,而该电路更适合于用结点法。图 3-5-3 所示为用结点法分析例 3-4-4,结点法只要列写 1 个结点方程,而网孔法列写了 3 个网孔方程。图 3-5-3 的结点方程为

$$结点\ 3:\left(\frac{1}{4}+\frac{1}{12}+\frac{1}{24}\right)u_{n3}-\frac{1}{12}u_{n1}-\frac{1}{4}u_{n2}=0$$

$$已知结点电位:u_{n1}=20,\quad u_{n2}=2i=2\,\frac{u_{n1}-u_{n3}}{12}$$

将已知结点电位代入结点 3 的方程,就能得到方程的解。

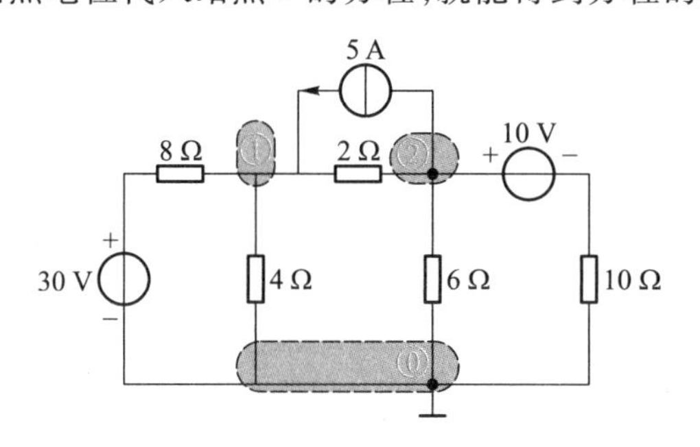

图 3-5-2 用结点法分析例 3-4-3

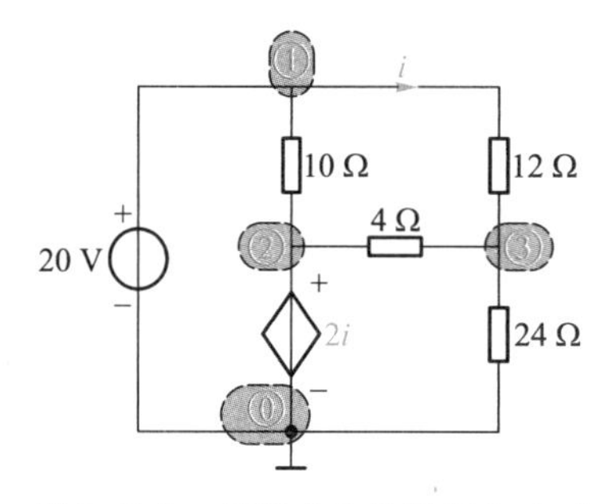

图 3-5-3 用结点法分析例 3-4-4

目标 5 检测:根据电路情况选择最合适的分析方程

测 3-17 分析本章各目标检测题的电路,确定最佳分析方法,填入下表中,并简述理由。

目标检测题	已用分析方法	最佳分析方法	理由
测 3-3 图	结点法		
测 3-6 图	结点法		
测 3-7 图	结点法		
测 3-8 图	结点法		
测 3-9 图	结点法		
测 3-10 图	网孔法		
测 3-11 图	网孔法		
测 3-14 图	网孔法		
测 3-15 图	网孔法		
测 3-16 图	网孔法		

答案:结点法、网孔法、结点法、结点法、结点法、结点法、结点法、网孔法、网孔法、网孔法。

*3.6 回路方程

网孔电流是一组假想的、彼此独立的环流，电路的各支路中流过1个或2个网孔电流。如果将这种假想环流推广到回路，会有什么样的结果呢？

例如，例3-4-6中的图3-4-11所示电路，选取图3-6-1所示环流，显然 i_1、i_3 是网孔环流，也可称为回路环流，i_2 则是回路环流，称为回路电流。图3-6-1中各支路电流仍然可用 i_1、i_2、i_3 这3个回路电流表示。例如：10 Ω电阻的电流从左向右为 $i_1+i_2-i_3$，这条支路上流过3个回路电流；20 Ω电阻所在支路只流过1个回路电流(i_1)，因此 $i_1=4$ A；5 Ω电阻流过2个回路电流(i_1、i_2)。

对图3-6-1所示电路，选取 i_1、i_2、i_3 这样的回路电流，电路分析会更简单。因为，已知 $i_1=4$ A和 $i_3=2$ A，只需列写一个方程求 i_2。顺着回路电流 i_2 的方向列写回路的KVL方程，有

$$10(i_2+i_1-i_3)+20+15(i_2-i_3)+10+5(i_2+i_1)=0$$

这个方程称为回路方程。将 $i_1=4$ A、$i_3=2$ A代入方程，得

$$i_2=-\frac{4}{3}\text{ A}$$

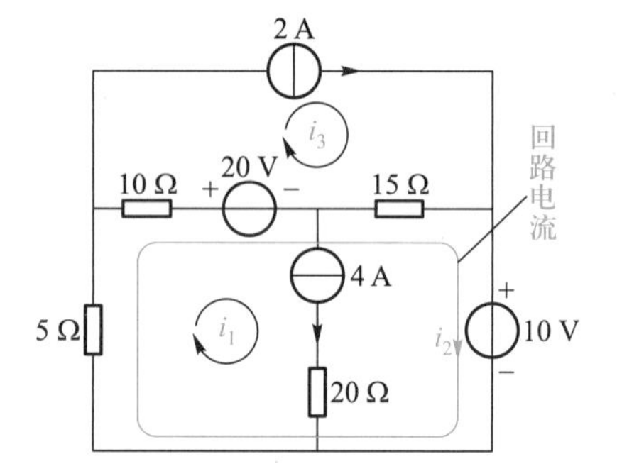

图3-6-1 回路环流（即回路电流）

得到了 i_1、i_2、i_3 的值，就可求得每条支路的电流。这种分析方法称为回路分析法，简称为回路法。显然，网孔法也可称为回路法。与网孔法对比，回路法让电流源支路只属于一个回路，使得该回路电流已知，进一步减少了联立方程的数目。

回路电流的个数与网孔电流的个数是相同的。但是，应用回路法时，一条电流源支路使得一个回路电流成为已知量，而应用网孔法时，同属于两个网孔的电流源支路只能给出两个网孔电流的关系方程。因此，在分析包含多条电流源支路的电路时，回路法的计算量小于网孔法。

回路方程的形式

1. 回路方程是以一组独立的回路电流为变量的KVL方程，适用于平面和非平面电路。网孔电流也是一组独立的回路电流，因此，网孔方程也可称为回路方程。
2. 独立回路电流个数与网孔电流个数相同，为 $b-n+1$，b 是支路数，n 是结点数。
3. 回路方程的列写步骤为：选定一组独立回路，标明各回路电流绕向，列写各回路的KVL方程，电阻上的电压用回路电流表示。

回路方程与网孔方程没有本质差别，也可以快速列写。快速列写时要特别注意回路互电阻的正负。当两个回路电流同向流过公共电阻时，互电阻为正，反向流过公共电阻时，互电阻为负。在网孔方程中，当网孔电流均为顺时针（或逆时针）方向时，网孔电流总是以相反的方向流过公共电阻，故网孔方程中的互电阻均为负值。

回路方程应用更灵活，常用于分析含有多条电流源支路的电路，且适用于平面与非平面电路。网孔方程列写简单，易于理解和掌握，只适用于平面电路。

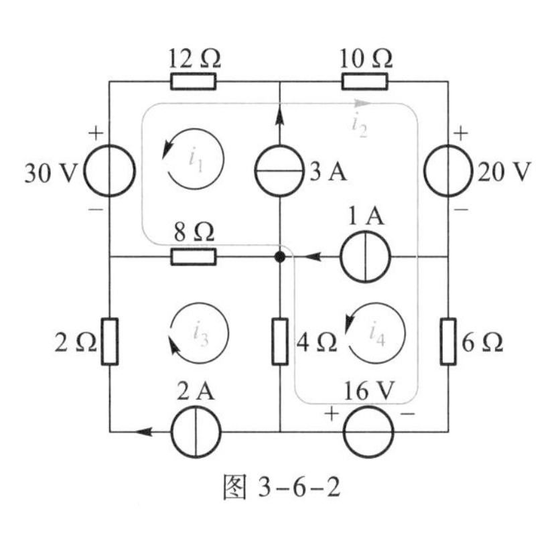

图 3-6-2

例 3-6-1 用回路电流法分析例 3-4-7，并和网孔电流法进行对照。

解：在例 3-4-7 的图 3-4-12(a)中，有 8 条支路、5 个结点，独立回路数为：8-5+1=4，选取回路电流如图 3-6-2 所示，电流源支路都只属于一个回路。由此

$$i_1=3\ \mathrm{A},\quad i_3=2\ \mathrm{A},\quad i_4=1\ \mathrm{A}$$

只有 i_2 待求。用快速列写法列写回路 2 的方程，有

$(12+10+6+4+8)i_2-(8+12)i_1-(8+4)i_3-(4+6)i_4=30-20+16$

或顺着 i_2 方向列写回路 2 的 KVL 方程，有

$$-30+12(i_2-i_1)+10i_2+20+6(i_2-i_4)-16+4(i_2-i_3-i_4)+8(i_2-i_1-i_3)=0$$

这两个方程是相同的。将 $i_1=3$ A、$i_3=2$ A、$i_4=1$ A 代入回路 2 的方程，得

$$40i_2-20\times3-12\times2-10\times1=26$$

$$i_2=3\ \mathrm{A}$$

计算独立电源发出的功率。非关联参考方向下，电源的电压、电流之积为发出功率，有

$$p_{1\ \mathrm{A}}=1\times[4(i_3+i_4-i_2)+16+6(i_4-i_2)]=1\times[4(2+1-3)+16+6(1-3)]\ \mathrm{W}=4\ \mathrm{W}$$

$$p_{2\ \mathrm{A}}=2\times[2i_3+8(i_3+i_1-i_2)+4(i_3+i_4-i_2)]=2\times[2\times2+8(2+3-3)+4(2+1-3)]\ \mathrm{W}=40\ \mathrm{W}$$

$$p_{3\ \mathrm{A}}=3\times[12(i_1-i_2)+30+8(i_1+i_3-i_2)]=3\times[12(3-3)+30+8(3+2-3)]\ \mathrm{W}=138\ \mathrm{W}$$

$$p_{30\ \mathrm{V}}=30(i_2-i_1)=30(3-3)\ \mathrm{W}=0\ \mathrm{W}$$

$$p_{20\ \mathrm{V}}=20(-i_2)=20(-3)\ \mathrm{W}=-60\ \mathrm{W}$$

$$p_{16\ \mathrm{V}}=16(i_2-i_4)=16(3-1)\ \mathrm{W}=32\ \mathrm{W}$$

结果与例 3-4-7 采用网孔法一致，但回路法只列写了一个方程，计算工作量较小。

目标 5 检测：能够根据电路情况选择最合适的分析方程

测 3-18 用回路电流法分析测 3-16。

3.7 拓展与应用

复杂电路分析与设计必须依靠计算机来完成。依靠计算机的常用手段是利用成熟的电路仿真软件。结点法是电路仿真软件普遍采用的基本分析方法。掌握一种或几种流行的电路仿真软件，我们才具备探究复杂一些的电路问题的能力，设计出功能复杂的实用电路。

如果要在很专业的领域依靠计算机，如电路仿真软件开发、复杂电力系统计算，就涉及电路计算机辅助分析原理，关于这方面的详细讨论放在本套教材第 19 章。

电路设计通常采用图 3-7-1 所示流程。利用仿真软件自带的器件模型建立电路仿真分析

模型，通过仿真分析得到我们关心的性能指标，由此来评判设计方案是否满足设计目标。

目前较为常用的电路仿真软件有 PSpice、Matlab、Protel、Multisim、System View 等，其中 PSpice 软件应用最为广泛。PSpice 软件是最早出现的电路仿真软件之一，1985 年由 Microsim 公司推出，后 Microsim 公司被 OrCAD 公司兼并，于 1998 年推出 OrCAD PSpice9 软件。OrCAD PSpice9 软件在Windows 下的电路图形输入功能大大提升了使用的方便性，它可以进行模拟电路、数字电路、模数混合电路分析，侧重于模拟电路分析。

学习 PSpice 软件应用，可参考专门介绍 PSpice 软件的教材，网络上也有颇多教学视频可以利用。

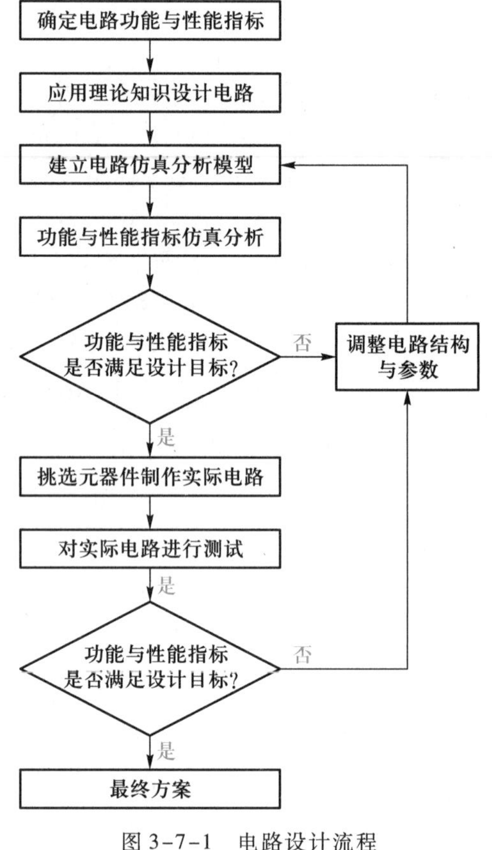

图 3-7-1　电路设计流程

习题 3

结点方程(3.3 节)

3-1　对题 3-1 图所示电路：(1)用 KCL 列写结点方程；(2)用快速列写法列写结点方程。

3-2　对题 3-2 图所示电路：(1)求结点电位；(2)计算电流 i_1、i_2、i_3；(3)对结果进行校验。

3-3　对题 3-3 图所示电路：(1)求结点电位；(2)计算电流 i_1、i_2、i_3；(3)对结果进行校验。

3-4　对题 3-4 图所示电路：(1)求结点电位，并对结果进行校验；(2)计算各独立电源提供的功率。

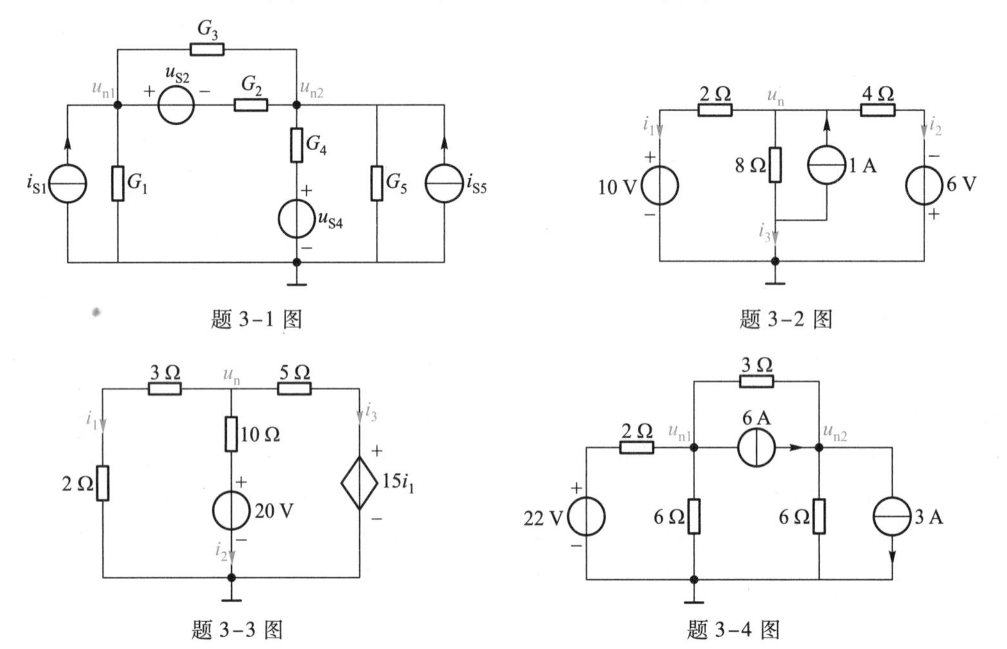

题 3-1 图　　题 3-2 图

题 3-3 图　　题 3-4 图

3-5 求题 3-5 图中电压 u_1、u_2。

3-6 求题 3-6 图中电压 u_0

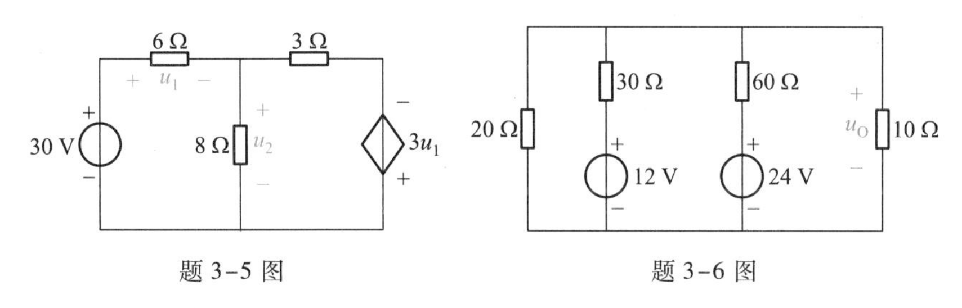

题 3-5 图　　题 3-6 图

3-7 计算题 3-7 图所示电路中电流 i_1、i_2。

3-8 计算题 3-8 图所示电路中的 i_1、i_2、i_3 并对结果进行校验。

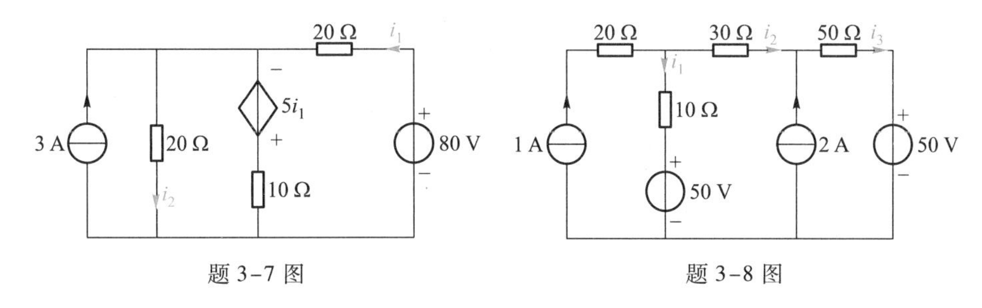

题 3-7 图　　题 3-8 图

3-9 求题 3-9 图中 u_1、u_2。

3-10 计算题 3-10 图所示电路中的 i_1、i_2、i_3、i_4，并对结果进行校验。

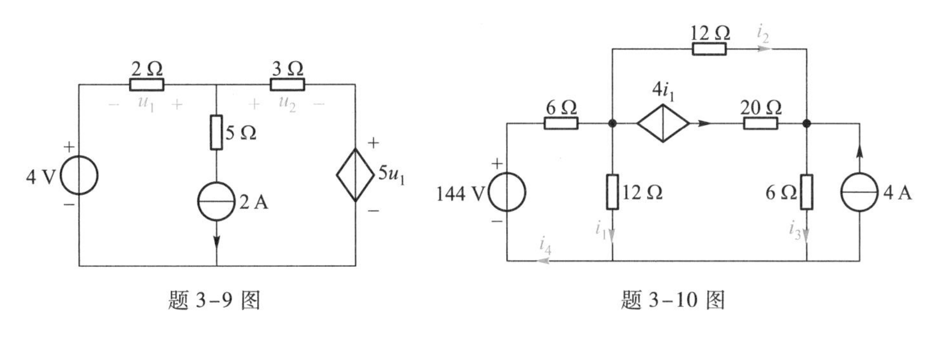

题 3-9 图　　题 3-10 图

3-11 计算题 3-11 图所示电路的结点电位，并对结果进行校验。

3-12 对题 3-12 图所示电路：(1)求结点电位，并对结果进行校验；(2)计算 6 V 电压源提供的功率。

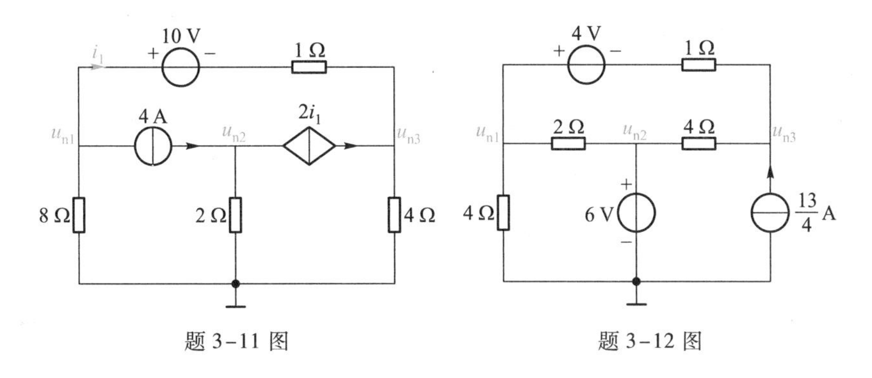

题 3-11 图　　题 3-12 图

3-13 对题 3-13 图所示电路:(1)求结点电位,并对结果进行校验;(2)计算 4 V 电压源提供的功率。

3-14 计算题 3-14 图所示电路的结点电位,并对结果进行校验。

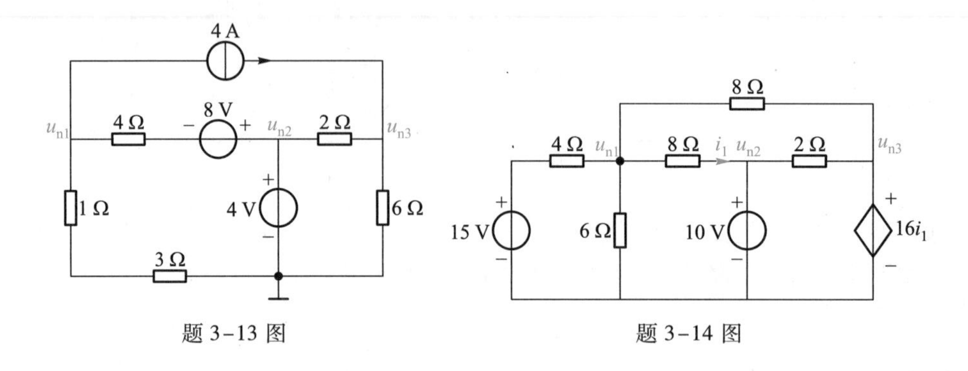

题 3-13 图　　　　题 3-14 图

3-15 对题 3-15 图所示电路:(1)求结点电位;(2)计算 4 V 电压源提供的功率。

3-16 计算题 3-16 图所示电路的结点电位,并对结果进行校验。

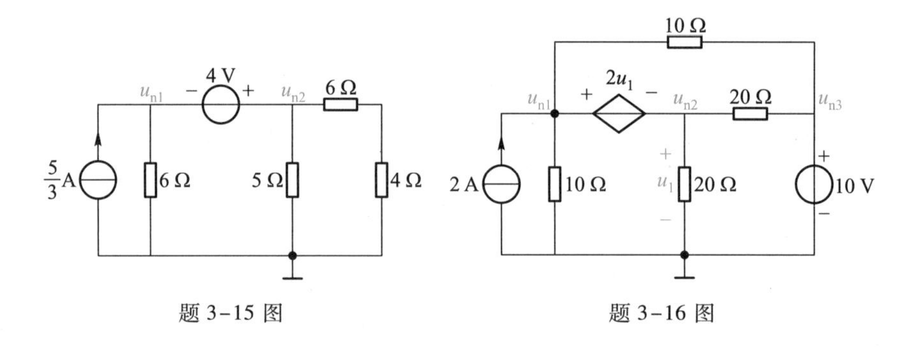

题 3-15 图　　　　题 3-16 图

3-17 对题 3-17 图所示电路:(1)求结点电位,并对结果进行校验;(2)计算独立电压源分别提供的功率。

3-18 求题 3-18 图所示电路的等效电阻 R_{eq}。

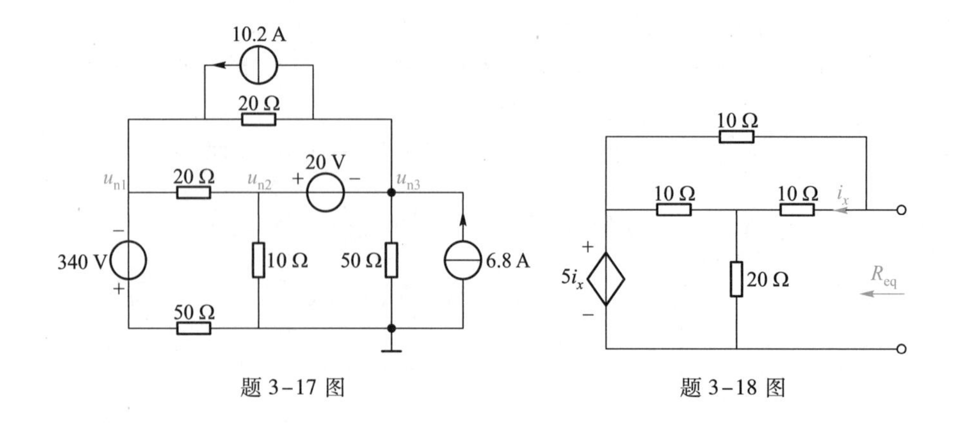

题 3-17 图　　　　题 3-18 图

3-19 求题 3-19 图中各电压源提供的功率。

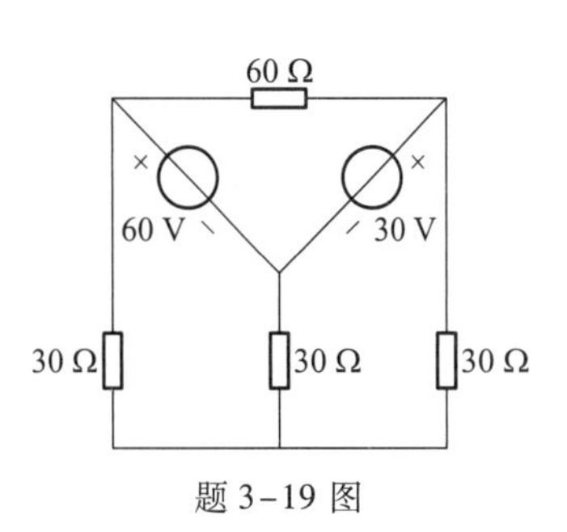

题 3-19 图

网孔方程(3.4 节)

3-20 对题 3-20 图所示电路:(1)用 KVL 网孔列写网孔方程;(2)用快速列写法列写网孔方程。

3-21 对题 3-21 图所示电路:(1)求电流 i_m;(2)计算各电流源提供的功率;(3)对结果进行校验。

3-22 用网孔方程求题 3-2 图中的 i_1、i_2、i_3,并说明最佳选择是网孔方程还是结点方程。

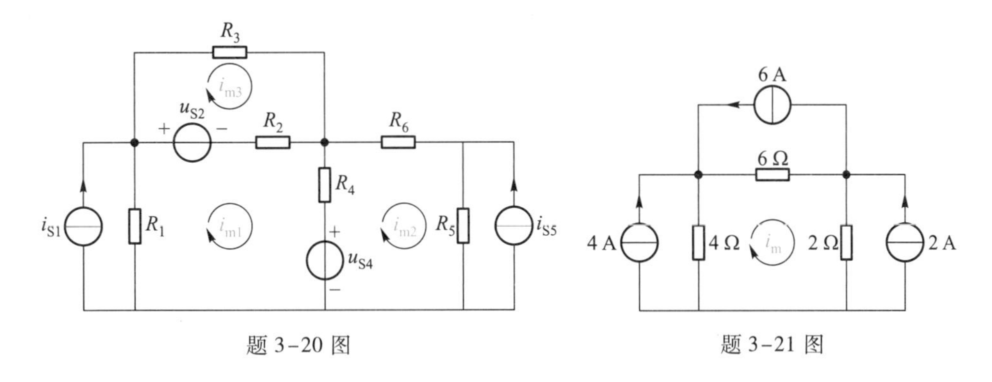

题 3-20 图　　题 3-21 图

3-23 用网孔方程求题 3-3 图中的 i_1、i_2、i_3,并说明最佳选择是网孔方程还是结点方程。

3-24 用网孔方程求题 3-4 图中各独立电源提供的功率,并说明最佳选择是网孔方程还是结点方程。

3-25 用网孔方程求题 3-7 图中的 i_1、i_2,并说明最佳选择是网孔方程还是结点方程。

3-26 用网孔方程求题 3-8 图中的 i_1、i_2、i_3,并说明最佳选择是网孔方程还是结点方程。

3-27 用网孔方程求题 3-9 图中的 u_1、u_2,并说明最佳选择是网孔方程还是结点方程。

3-28 用网孔方程求题 3-10 图中的 i_1、i_2、i_3、i_4,并说明最佳选择是网孔方程还是结点方程。

3-29 用网孔方程求题 3-11 图中各独立电源提供的功率,并说明最佳选择是网孔方程还是结点方程。

3-30 用网孔方程求题 3-12 图中各独立电源提供的功率,并说明最佳选择是网孔方程还是结点方程。

3-31 用网孔方程求题 3-13 图中各独立电源提供的功率,并说明最佳选择是网孔方程还是结点方程。

3-32 对题 3-32 图所示电路:(1)求电流 i_1、i_2、i_3;(2)计算各电流源提供的功率;(3)对结果进行校验。

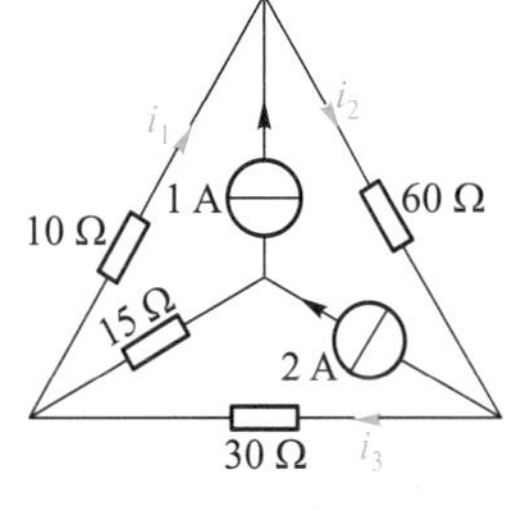

题 3-32 图

回路方程(3.6 节)

3-33 用回路方程求题 3-8 图中的 i_1、i_2、i_3。

3-34 用回路方程求题 3-10 图中的 i_1、i_2、i_3、i_4。

3-35 用回路方程求题 3-11 图中各独立电源提供的功率。

3-36 用回路方程求题 3-32 图中的 i_1、i_2、i_3。

综合检测

3-37 对题 3-37 图所示电路,选择最佳方程确定各独立电源提供的功率,并说明选择理由。

3-38 对题 3-38 图所示电路,选择最佳方程确定电压 u,并说明选择理由。

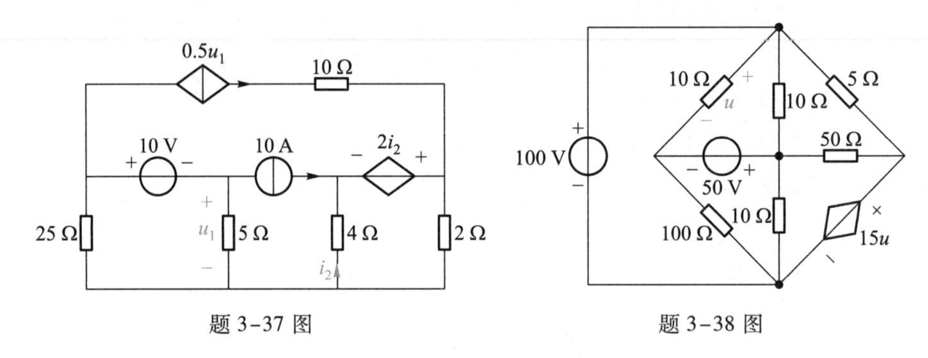

题 3-37 图　　题 3-38 图

3-39 对题 3-39 图所示电路,选择最佳方程确定 u_1、i_2,并说明选择理由。

3-40 确定题 3-40 图所示电路各支路的电流。

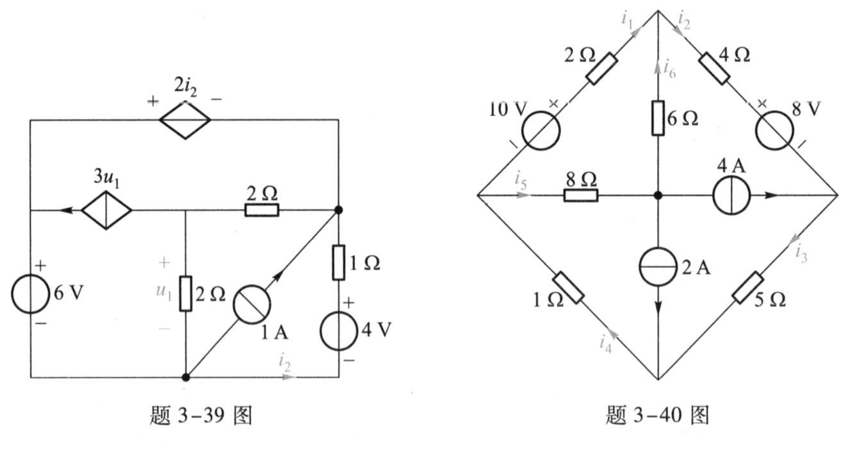

题 3-39 图　　题 3-40 图

3-41 确定题 3-41 图所示电路各独立电源提供的功率。

3-42 求题 3-42 图所示电路各支路的电流。

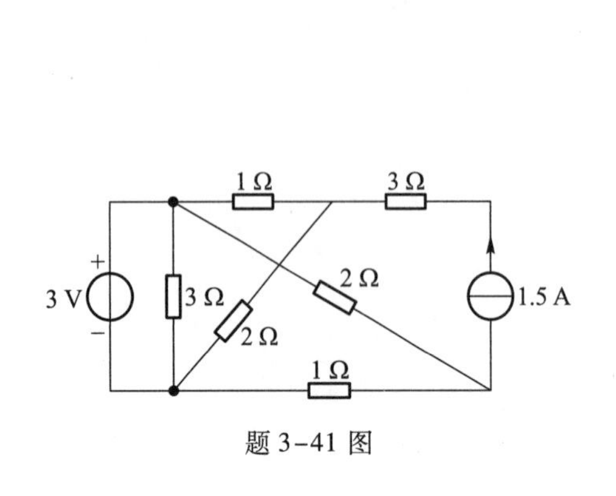

题 3-41 图

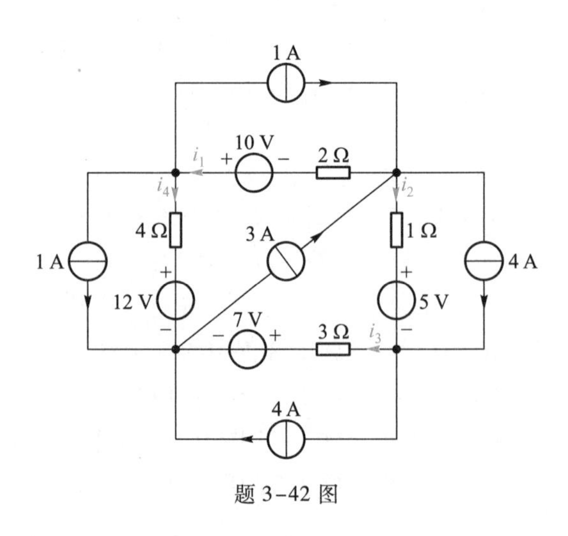

题 3-42 图

3-43 (1)某电路的结点方程为$\begin{cases}7u_{n1}-5u_{n2}=70\\-5u_{n1}+6u_{n2}=-20\end{cases}$,其中:电导的单位为 S,电流的单位为 A。用电导、独立电流源构造对应于该方程的一种电路;(2)某电路的结点方程为$\begin{cases}25u_{n1}-13u_{n2}=84\\-21u_{n1}+23u_{n2}=-92\end{cases}$,用电导、独立电流源、受控电流源构造对应于该方程的一种电路;(3)分析受控电源对结点方程的影响;(4)解释为什么由结点方程构造的电路非唯一。

3-44 某电路的结点方程为$\begin{cases}25u_{n1}+20u_{n2}-35u_{n3}=10\\0u_{n1}+53u_{n2}-3u_{n3}=0\\-25u_{n1}-7u_{n2}+105u_{n3}=20\end{cases}$,不构造电路,根据要求修改方程:

(1) 在 2、3 结点之间并联 0.5 Ω 电阻;

(2) 在结点 2 与参考结点之间并联 0.5 Ω 电阻;

(3) 在 2、3 结点之间并联电阻为 0.5 Ω、电压源为 2 V 的戴维南支路,电压源正极连接到结点 2;

(4) 在结点 2 与参考结点之间并联电阻为 0.5 Ω、电压源为 2 V 的戴维南支路,电压源正极连接到结点 2;

(5) 在 2、3 结点之间并联 2 V 电压源支路,电压源正极连接到结点 2;

(6) 断开一条并联在 2、3 结点之间的 0.5 Ω 电阻支路;

(7) 将 2、3 结点短接;

(8) 将结点 2 短接到参考结点。

习题 3 参考答案

第 4 章 电路定理

4.1 概述

第 2 章讨论了线性电路的等效变换。等效变换是在维持端口 u-i 关系不变的条件下,将复杂电路逐步简化,从而获得某个电路变量。

第 3 章讨论了电路方程。电路方程是在不对电路进行任何变化的条件下,应用基尔霍夫定律,再结合元件的电压-电流关系,列写出的符合一定规律的方程,由此求得电路的一组变量。

本章讨论电路定理。电路定理是在特定条件下,由基尔霍夫定律和元件的电压-电流关系得出的结论,是电路性质的概括,可以直接应用于电路分析中。

等效变换、电路方程和电路定理是电路分析的三类方法。它们都是基尔霍夫定律、元件电压-电流关系相结合的结果。熟练运用这三类方法分析线性电阻电路,并能针对具体问题选择最合适的分析方法,是学习电路理论最为基本的要求。我们还会将这三类方法拓展到其他类型电路的分析中。

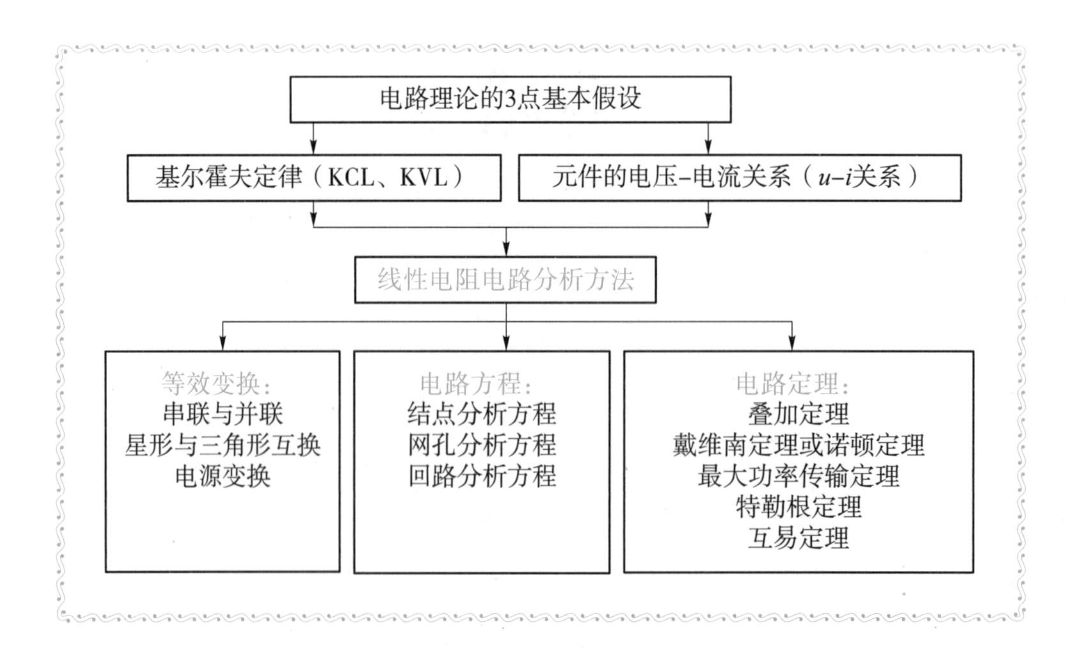

目标 1 熟练应用线性特性和叠加定理。
目标 2 能应用替代定理。
目标 3 熟练应用戴维南和诺顿定理。
目标 4 熟练分析最大功率传输问题。
目标 5 能应用互易定理和特勒根定理。
*目标 6 能综合运用多个电路定理分析问题。

难点 特勒根定理与互易定理应用,综合运用多个电路定理分析问题。

4.2 线性特性与线性电路

线性元件是其因果关系为齐次线性方程的元件。电阻元件的因果关系是电压-电流关系。而受控电源的因果关系是输出量-控制量关系,控制量是因,输出量是果。

齐次线性因果关系有齐次性与可加性。例如:线性电阻元件若以电流为因,则电阻两端的电压就是果,因果关系为 $u=Ri$;若电流为 i 时电压为 u,则电流为 ki 时(k 为任意常数),电压为 $Rki=ku$,这是齐次性(homogeneity property);若电流为 i_1 时电压为 u_1、电流为 i_2 时电压为 u_2,则电流为 i_1+i_2 时,电压为 $R(i_1+i_2)=Ri_1+Ri_2=u_1+u_2$,这是可加性(additivity property)。齐次性与可加性一起称为线性特性(linearity)。

由独立电源、线性元件组成的电路,称为线性电路(linear circuit)。由独立电源、线性电阻、线性受控电源组成的电路,称为线性电阻电路(linear resistive circuit)。线性电阻电路中,独立电源是因,称为激励;支路电压、电流是果,称为响应。线性电路的响应和激励是否也构成齐次线性关系呢?

图 4-2-1 所示线性电阻电路中,i_S 为激励,u_2 为响应,应用 KCL、KVL 得

$$\begin{cases} i_1+\dfrac{u_2}{R_2}=i_S & \text{(KCL)} \\ ri_1+u_2=R_1 i_1 & \text{(KVL)} \end{cases} \tag{4-2-1}$$

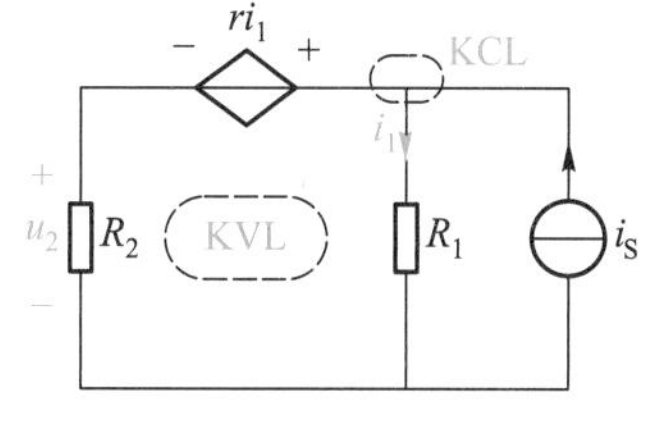

图 4-2-1 线性电阻电路的齐次性

消除 i_1 得

$$u_2=\frac{R_2(R_1-r)}{R_1+R_2-r}i_S=ki_S \tag{4-2-2}$$

可见,响应 u_2 与激励 i_S 为齐次线性关系。式(4-2-2)中的系数 k 由电路结构和元件参数决定,与激励 i_S 的大小无关。

线性电路

1. 由独立电源、线性元件组成的电路称为线性电路。
2. 由独立电源、线性电阻、线性受控源组成的电路称为线性电阻电路。
3. 线性电阻电路的响应(电压或电流)与激励(独立电源)为齐次线性关系。

例 4-2-1 利用线性电阻电路的线性特性,确定图 4-2-2(a)所示电路中的 i_0。

(a) 原电路

(b) 假设 i_o=1 A的电路

图 4-2-2

解:直接计算图 4-2-2(a)中的 i_0 较为繁琐。图(a)为线性电阻电路,利用齐次性来计算。假定 $i_0=1$ A,如图(b)所示,从右向左应用 KVL、KCL,逐一推得结点电位和 1 Ω 电阻的电流,最后确定左边端口电压 u。图(b)中的数据表明,当电压源的电压为 $u_S=21.375$ V 时,$i_0=1$ A。因此,图(a)中响应 i_0 和激励 u_S 的关系为

$$i_0=\frac{1}{21.375}u_S=\frac{8}{171}u_S$$

利用线性电路的齐次性,当 $u_S=17.1$V 时,有

$$i_0=\frac{8}{171}\times 17.1\ \text{A}=0.8\ \text{A}$$

目标 1 检测:线性电路的线性特性应用

测 4-1 应用线性特性,确定测 4-1 图所示电路当 $u_S=14$ V、$u_S=21$ V 时的电压 u_0。

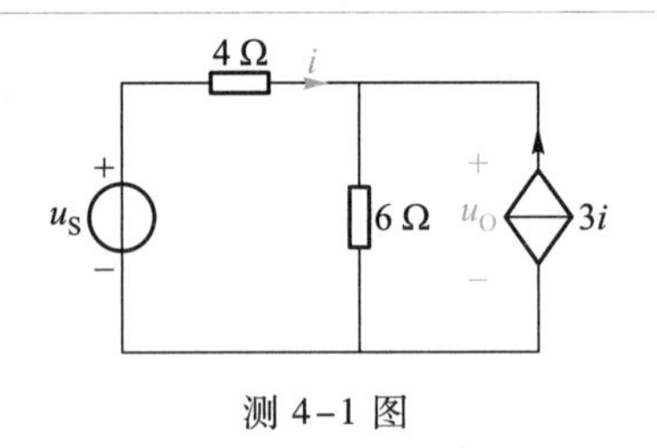

测 4-1 图

答案:12 V、18 V。

4.3 叠加定理

只有一个激励的线性电阻电路,其响应和激励构成齐次线性关系。若线性电阻电路有多个激励,其响应和激励的关系又如何呢?图 4-3-1 所示线性电阻电路有 2 个独立电源,i_2 为响应。用结点分析法确定 i_2,R_2i_2 为结点电位,结点分析方程为

$$\left(\frac{1}{R_1}+\frac{1}{R_2}\right)R_2i_2=\frac{1}{R_1}u_S+i_S \tag{4-3-1}$$

解得

$$i_2=\frac{1}{R_1+R_2}u_S+\frac{R_1}{R_1+R_2}i_S=k_1u_S+k_2i_S \tag{4-3-2}$$

i_2 由两部分相加而成,写为

$$i_2=i_2'+i_2''=k_1u_S+k_2i_S \tag{4-3-3}$$

不难得出

$$i_2'=k_1u_S=i_2\big|_{i_S=0},\quad i_2''=k_2i_S=i_2\big|_{u_S=0} \tag{4-3-4}$$

式(4-3-4)表明:i_2'是在 $i_S=0$、仅由 u_S 激励下的响应;i_2''是在 $u_S=0$,仅由 i_S 激励下的响应。也就是说,图 4-3-1(a)中的响应 i_2 等于图 4-3-1(b)中的响应 i_2'和图 4-3-1(c)中的响应 i_2''之和。式(4-3-3)体现了有多个激励的线性电阻电路中,响应和激励的关系满足可加性。

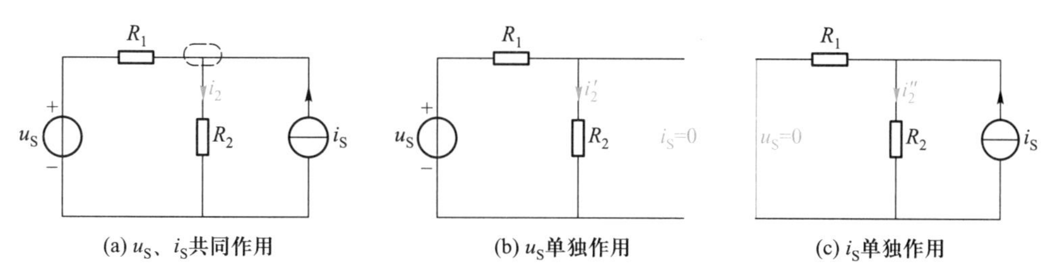

图 4-3-1 线性电阻电路的可加性

> **叠加定理(Superposition theorem)**
> 线性电阻电路中,多个独立电源共同激励下的响应(任何电流或电压),等于独立电源单独(或分组)激励下响应的代数和。

叠加定理是线性电阻电路可加性的体现。线性电阻电路中,因元件(独立电源除外)的电压-电流关系是齐次线性关系,故响应和激励的关系类似式(4-3-3)的线性关系,关系式中的系数与独立电源的大小无关。

叠加定理提出了计算包含多个独立电源的线性电路的又一种方法。独立电源可以单个激励,也可以分组激励,但每个电源只能激励一次。对暂不激励的电源要置零处理,电压源置零是令其电压为零,相当于将其短路,电流源置零是令其电流为零,相当于将其开路。

受控电源虽然能提供功率,但它们不是电路的激励。因为电路中如果没有独立电源,即使有再多的受控电源,也不会存在响应,参考例 1-4-3。

叠加定理可用于计算线性电路中的任何电压、电流,但不能用功率之和来得到元件的功率。因为功率是电压和电流之积。可先用叠加定理计算电压、电流,然后通过电压和电流之积得到功率。

例 4-3-1 用叠加定理计算图 4-3-2(a)所示电路的 i_0。

解:图 4-3-2(a)是有 3 个独立电源的线性电阻电路,应用叠加定理,各独立电源单独激励的电路如图(c)、(d)、(e)所示。由此

$$i_0=i_0'+i_0''+i_0'''$$

图 4-3-2(c)中,30 Ω 与 45 Ω 并联,$\frac{30\times45}{30+45}$ Ω = 18 Ω,故

$$i_0'=\frac{24}{10+20+18}\ \text{A}=\frac{1}{2}\ \text{A}$$

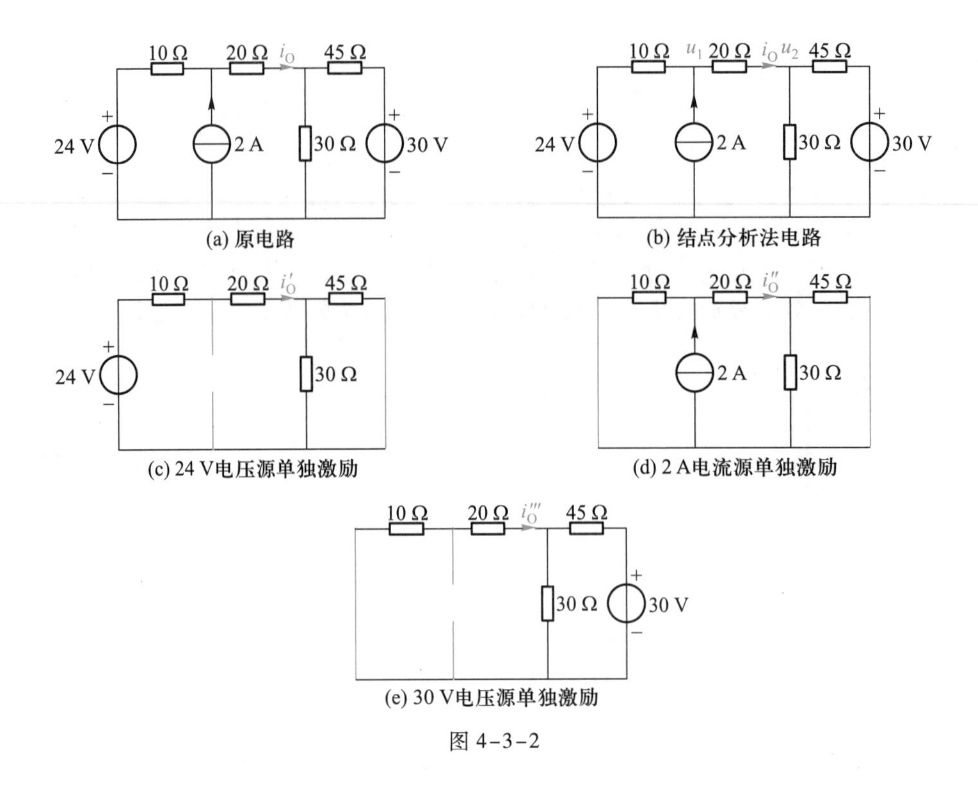

(a) 原电路
(b) 结点分析法电路
(c) 24 V电压源单独激励
(d) 2 A电流源单独激励
(e) 30 V电压源单独激励

图 4-3-2

图 4-3-2(d)中,由分流关系得

$$i''_O=\frac{10}{10+20+18}\times 2\ \text{A}=\frac{5}{12}\ \text{A}$$

图 4-3-2(e)中,10 Ω 与 20 Ω 串联得 30 Ω,再与 30 Ω 并联得 15 Ω,由分流关系得

$$i'''_O=-\frac{30}{45+15}\times\frac{1}{2}\ \text{A}=-\frac{1}{4}\ \text{A}$$

由此

$$i_O=i'_O+i''_O+i'''_O=\left(\frac{1}{2}+\frac{5}{12}-\frac{1}{4}\right)\ \text{A}=\frac{2}{3}\ \text{A}$$

将图 4-3-2(a)分为图 4-3-2(c)、(d)、(e)3 个电路来计算,各电源单独激励的电路计算很简单,因此,本例应用叠加定理分析是合适的。

但是,用结点分析法计算本例也很简单,相比于应用叠加定理,少了画图 4-3-2(c)、(d)、(e)3 个电路的工作量。设定结点电位如图 4-3-2(b)所示,结点方程为

$$\begin{cases}\left(\dfrac{1}{10}+\dfrac{1}{20}\right)u_1-\dfrac{1}{20}u_2=2+\dfrac{24}{10}\\-\dfrac{1}{20}u_1+\left(\dfrac{1}{20}+\dfrac{1}{30}+\dfrac{1}{45}\right)u_2=\dfrac{30}{45}\end{cases}$$

化简得

$$\begin{cases}3u_1-u_2=88\\-9u_1+19u_2=120\end{cases}$$

用克莱姆法则求解方程

$$\Delta=\begin{vmatrix}3 & -1\\ -9 & 19\end{vmatrix}=48,\quad \Delta_1=\begin{vmatrix}88 & -1\\ 120 & 19\end{vmatrix}=1\ 792,\quad \Delta_2=\begin{vmatrix}3 & 88\\ -9 & 120\end{vmatrix}=1\ 152$$

$$u_1=\frac{\Delta_1}{\Delta},\quad u_2=\frac{\Delta_2}{\Delta}$$

因此

$$i_0=\frac{u_1-u_2}{20}=\frac{\Delta_1-\Delta_2}{20\Delta}=\frac{1\ 792-1\ 152}{20\times 48}\ \text{A}=\frac{2}{3}\ \text{A}$$

目标 1 检测:叠加定理应用

测 4-2 应用叠加定理计算测 4-2 图所示电路的 u,并用结点分析法验证结果。

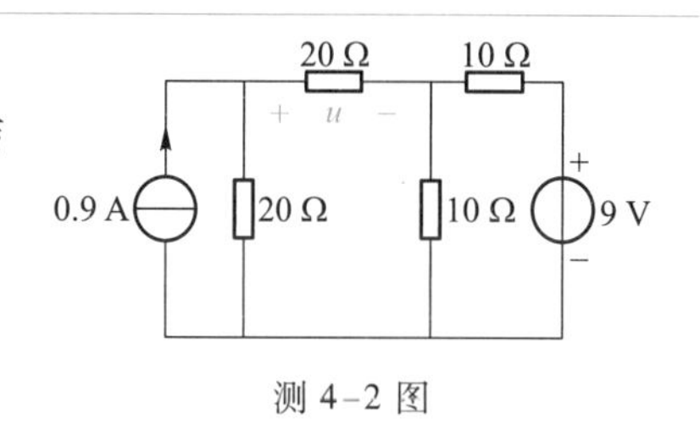

测 4-2 图

答案:6 V。

例 4-3-2 用叠加定理计算图 4-3-3(a)所示电路的 u_0,以及 5 A 电流源发出的功率、2 Ω 电阻吸收的功率。

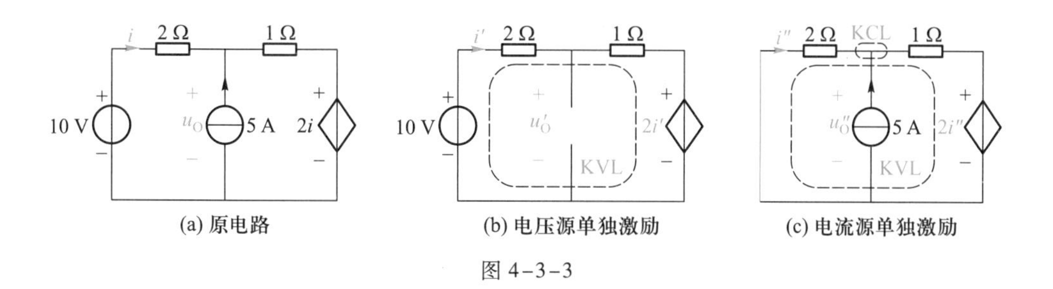

(a) 原电路　　(b) 电压源单独激励　　(c) 电流源单独激励

图 4-3-3

解:图 4-3-3(a)中的 2 个独立电源各自单独激励,如图(b)、(c)所示,应用叠加定理,有

$$u_0=u_0'+u_0''$$

受控电源不是激励,独立电源单独激励的电路中均要包含受控电源。

在图 4-3-3(b)中应用 KVL,得

$$(2+1)i'+2i'=10$$

解得 $i'=2$ A,由此

$$u_0'=10-2i'=6\ \text{V}$$

在图 4-3-3(c)中应用 KCL、KVL,得

$$2i''+1\times(i''+5)+2i''=0$$

解得 $i''=-1$ A,由此

$$u''_0=-2i''=2\ \text{V}$$

因此,图4-3-3(a)所示电路中,u_0 为

$$u_0=u'_0+u''_0=(6+2)\ \text{V}=8\ \text{V}$$

5 A电流源提供的功率为

$$\begin{aligned}p_{5\text{A}}&=5u_0\\&=5u'_0+5u''_0=30\ \text{W}+10\ \text{W}=40\ \text{W}\end{aligned}$$

2 Ω电阻吸收的功率为

$$\begin{aligned}p_{2\Omega}&=2i^2=2(i'+i'')^2\\&=2i'^2+4i'i''+2i''^2=8\ \text{W}-8\ \text{W}+2\ \text{W}=2\text{W}\end{aligned}$$

显然,5 A电流源提供的功率不等于图(b)、(c)中电流源提供的功率 $0\times u'_0$、$5u''_0$之和,2 Ω电阻吸收的功率也不等于图(b)、(c)中2 Ω电阻吸收的功率 $2i'^2$、$2i''^2$ 之和。

目标1检测:叠加定理应用

测4-3 应用叠加定理,计算测4-3图所示电路的电压 u_0、受控源提供的功率,并用网孔分析法验证结果。

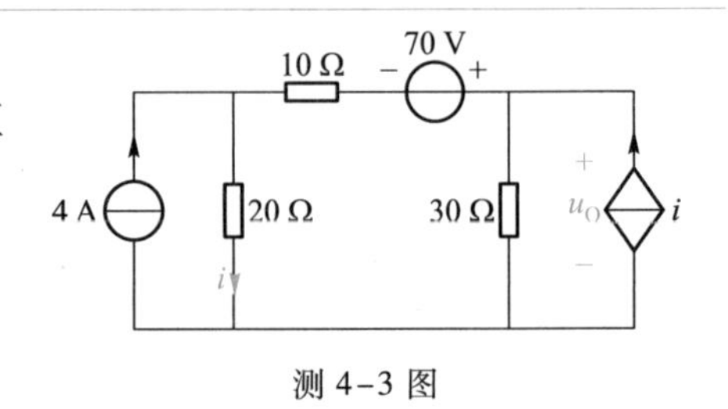

测4-3图

答案:120V、360W。

例4-3-3 图4-3-4所示电路中,$u_{S2}=40$ V,$u_{S3}=60$ V。当开关S接到1位时,$i_2=40$ mA;当开关S接到2位时,$i_2=60$ mA。求当开关S接到3位时,i_2 为何值。

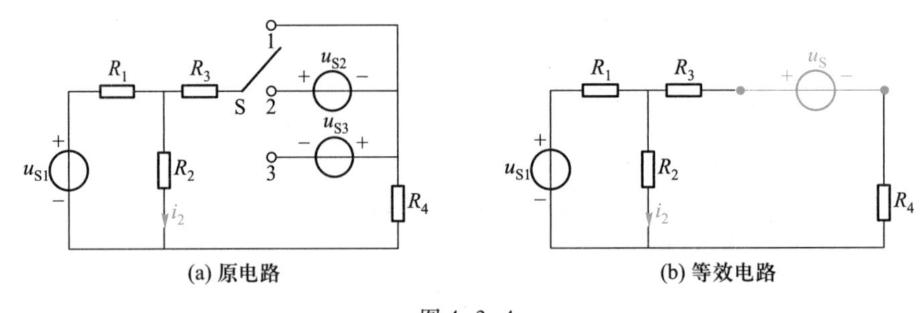

图4-3-4

解:图4-3-4(a)中,开关S接到1、2、3位,等同于接通电压源 u_S,u_S 分别等于 0、u_{S2}、$-u_{S3}$,如图4-3-4(b)所示。图4-3-4(b)为有2个独立电源的线性电阻电路,响应 i_2 和激励的关系为

$$i_2=k_1u_{S1}+k_2u_S=a+k_2u_S \tag{4-3-5}$$

式中 a 为 u_{S1}单独激励下的响应 i'_2,k_2u_S 为 u_S 单独激励下的响应 i''_2。利用已知条件确定 a、k_2,就

能确定任何 u_S 下的响应 i_2。

当开关 S 接到 1 位时,等同于 $u_S=0$,此时 $i_2=40$ mA,代入式(4-3-5)得

$$40=a+k_2\times0$$

解得 $a=40$ mA。

当开关 S 接到 2 位时,等同于 $u_S=u_{S2}=40$ V,此时 $i_2=60$ mA,且 $a=40$ mA,代入式(4-3-5)得

$$60=40+k_2\times40$$

解得 $k_2=0.5$ mA/V。k_2 为单位 u_S(即 $u_S=1$ V)激励下的电流 i_2。

当开关 S 接到 3 位时,等同于 $u_S=-u_{S3}=-60$ V,且 $a=40$ mA、$k_2=0.5$ mA/V,代入式(4-3-5)得

$$i_2=[40+0.5\times(-60)]\text{ mA}=10\text{ mA}$$

目标 1 检测:叠加定理应用

测 4-4 测 4-4 图所示电路中,当 $i_{S1}=1$ A、$i_{S2}=2.5$ A 时,$u_4=10$ V;当 $i_{S1}=2.5$ A、$i_{S2}=1$ A 时,$u_4=-5$ V。求当 $i_{S1}=2$ A、$i_{S2}=-2$ A 时,u_4 为何值。

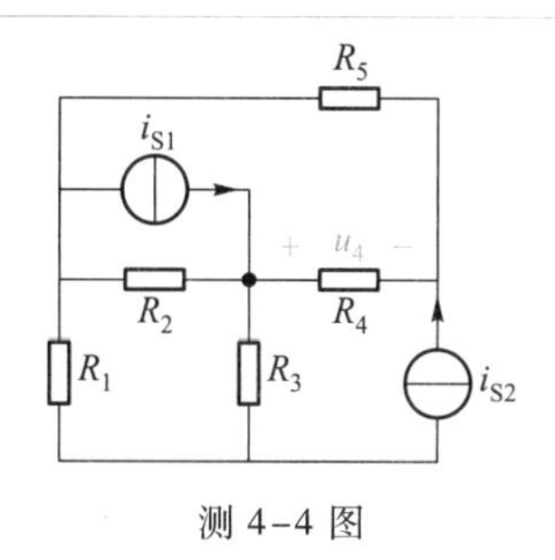

测 4-4 图

答案:-20 V。

例 4-3-4 图 4-3-5 所示电路中,N 由线性电阻和线性受控电源组成。i_S 与 u_{S1} 共同激励($u_{S2}=0$)时,$i=2$ A;i_S 与 u_{S2} 共同激励($u_{S1}=0$)时,$i=-0.5$ A;3 个电源共同激励时,$i=1.2$ A。求各电源单独激励时,i 为何值。

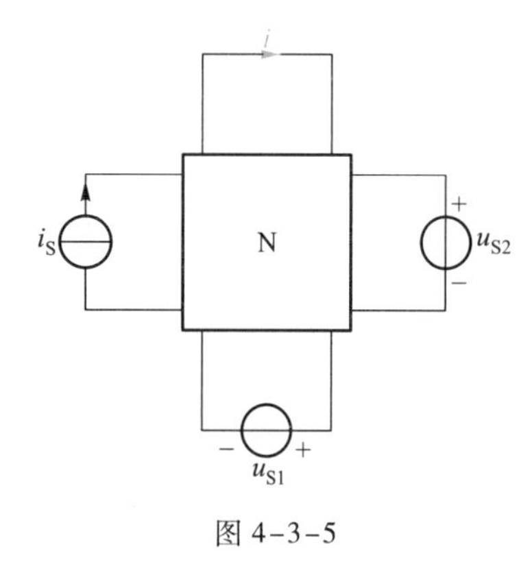

图 4-3-5

解:图 4-3-5 所示电路为线性电阻电路,可以应用叠加定理。假定 i_S、u_{S1}、u_{S2} 单独激励时的响应分别为 i'、i''、i''',则由已知条件得

$$\begin{cases}i'+i''=2\\i'+i'''=-0.5\\i'+i''+i'''=1.2\end{cases}$$

用克莱姆法则求解

$$\Delta=\begin{vmatrix}1&1&0\\1&0&1\\1&1&1\end{vmatrix}=-1,\quad \Delta_1=\begin{vmatrix}2&1&0\\-0.5&0&1\\1.2&1&1\end{vmatrix}=-0.3,$$

$$\Delta_2=\begin{vmatrix}1&2&0\\1&-0.5&1\\1&1.2&1\end{vmatrix}=-1.7,\quad \Delta_3=\begin{vmatrix}1&1&2\\1&0&-0.5\\1&1&1.2\end{vmatrix}=0.8$$

$$i'=\frac{\Delta_1}{\Delta}=0.3\ \text{A},\quad i''=\frac{\Delta_2}{\Delta}=1.7\ \text{A},\quad i'''=\frac{\Delta_3}{\Delta}=-0.8\ \text{A}$$

目标 1 检测:叠加定理应用

测 4-5 测 4-5 图所示电路中,N 由线性电阻和线性受控电源组成。当 $u_S=1$ V、$i_S=1$ A 时,$u=0$;当 $u_S=10$ V、$i_S=0$ 时,$u=20$ V。求当 $u_S=0$、$i_S=5$ A 时,u 为何值。

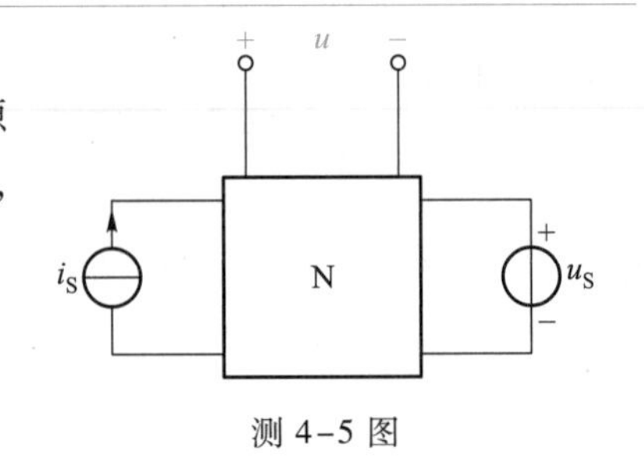

测 4-5 图

答案:−10 V。

4.4 替代定理

在提出替代定理前,先分析一个简单电路。图 4-4-1(a)中,经计算得:3 Ω 电阻的电压 $u=3$ V、电流 $i=1$ A。将图 4-4-1(a)中的 3 Ω 电阻用 3 V 电压源替代,得到图(b),或用 1A 电流源替代,得到图(c),图(b)、(c)还是维持 $u=3$ V、$i=1$ A。也就是说,图 4-4-1 中的 3 个电路工作状态相同。可见,在电压已知的条件下,电阻可以用电压源替代;在电流已知的条件下,电阻可以用电流源替代。

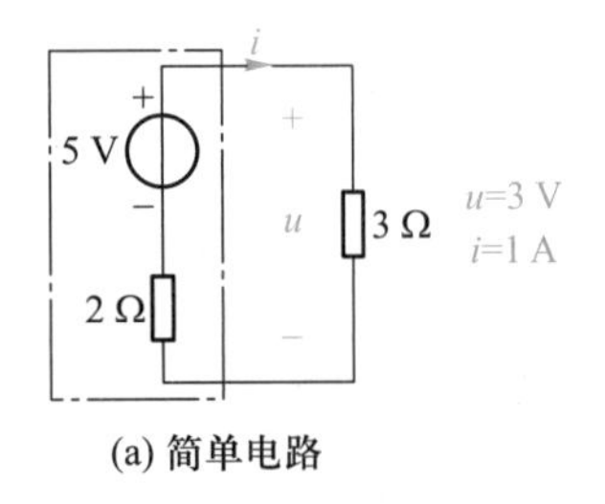

(a) 简单电路

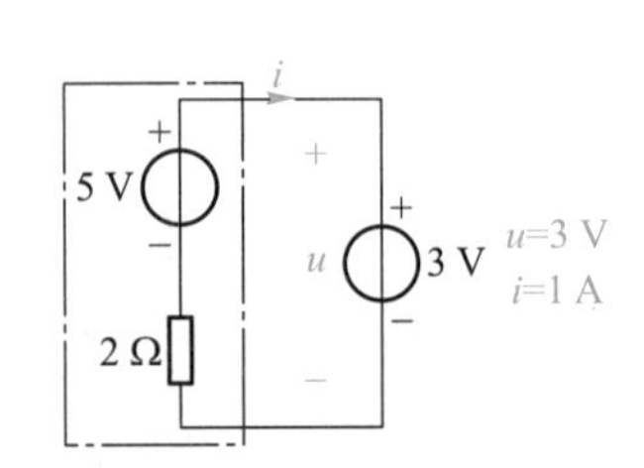

(b) 电阻用电压源替代

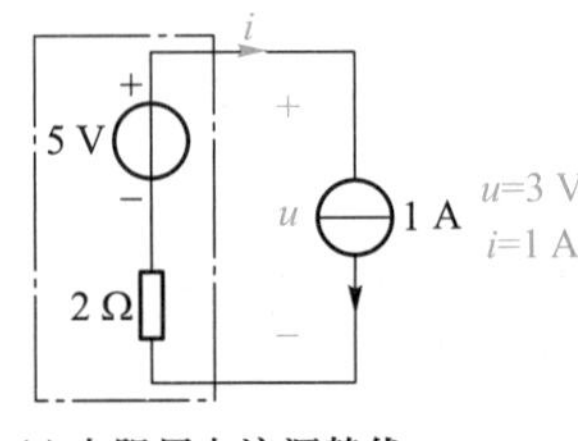

(c) 电阻用电流源替代

图 4-4-1 电阻用电源替代

用图解法来看替代与等效的区别。图 4-4-1 中 3 个电路的 u、i,可用直线相交方法确定。图 4-4-1(a)中,点画线框内戴维南支路的 u-i 关系为 $u=5-2i$,3 Ω 电阻的 u-i 关系为 $u=3i$,将 $u=5-2i$、$u=3i$ 画于 u-i 平面,如图 4-4-2(a)所示,交点处 $u=3$ V、$i=1$ A。将图 4-4-2(a)中 $u=3i$ 的直线用 $u=3$ V 的直线替代,如图 4-4-2(b)所示,相当于将 3 Ω 电阻用 3 V 电压源替代。将图 4-4-2(a)中 $u=3i$ 的直线用 $i=1$ A 的直线替代,如图 4-4-2(c)所示,相当于将 3 Ω 电阻用1 A 电流源替代。可见,替代的本质是在 $u=5-2i$ 关系不变的条件下,用不同的 u-i 直线替换电阻的 u-i 直线,但保持了交点不变。显然,替代时要求保持 $u=5-2i$ 关系不变,也就是要求点画线框内电路不能有任何改变。

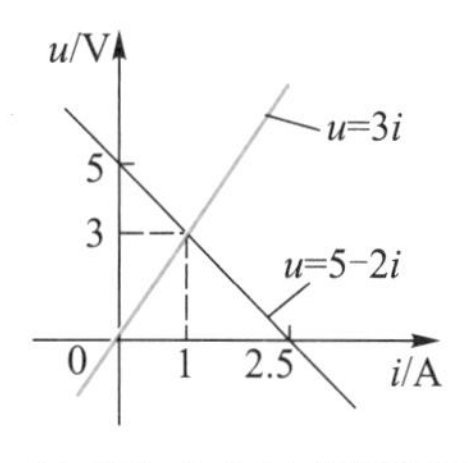

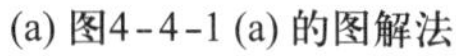

(a) 图4-4-1 (a) 的图解法

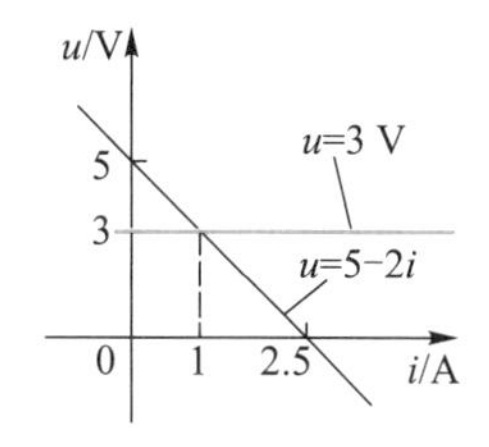

(b) 图4-4-1 (b) 的图解法

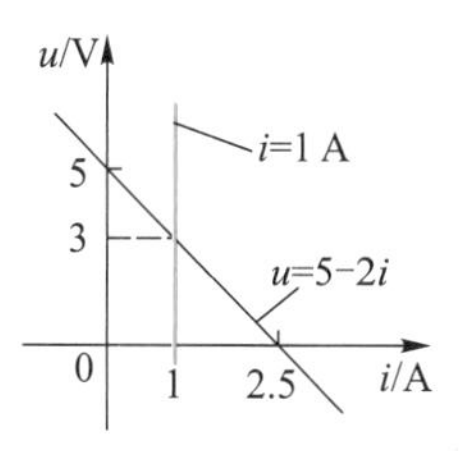

(c) 图4-4-1 (c) 的图解法

图 4-4-2 替代和等效的区别

替代定理(substitution theorem)

在任何电路中,若某条支路 k 的电压为 u_k,则支路可用电压源 u_k 替代,

若某条支路 k 的电流为 i_k,则支路可用电流源 i_k 替代,

在原电路和替代后的电路均具有唯一解的条件下,两个电路工作状态相同。

用图 4-4-3 来证明替代定理。图 4-4-3(a)中,支路 k 的电压为 u_k,在 k 支路串入电压为 u_k、方向相反的两个电压源,电路的工作状态不变,支路 k 的电压还是 u_k,因而支路 k 的电压和其中一个电压源的电压大小相同而方向相反,两者串联的总电压为零,相当于短路,短接后电路的工作状态还是不变,因此,支路 k 可用电压源 u_k 替代。图 4-4-3(b)中,支路 k 的电流为 i_k,在 k 支路并上电流为 i_k、方向相反的两个电流源,电路的工作状态不变,支路 k 的电流还是 i_k,因而支路 k 的电流和其中一个电流源的电流大小相同而方向相反,两者并联的总电流为零,相当于开路,断开后电路的工作状态仍然不变,因此,支路 k 可用电流源 i_k 替代。

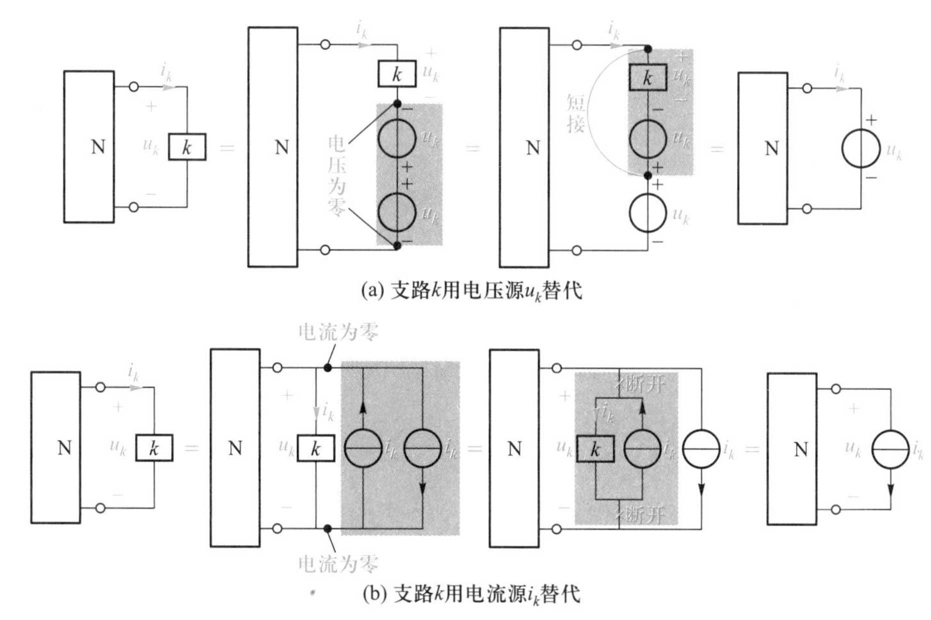

(a) 支路k用电压源u_k替代

(b) 支路k用电流源i_k替代

图 4-4-3 替代定理证明

替代定理应用的前提条件是原电路和替代后的电路均要具有唯一解。线性电路通常具有

唯一解。图 4-4-4(a)所示电路具有唯一解,5 Ω 电阻的 $i=1$ A、$u=5$ V。将 5 Ω 电阻替代成 1 A 电流源,如图(b)所示,仍然具有唯一解,且 $i=1$ A、$u=5$ V。若将 5 Ω 电阻替代成 5 V 电压源,如图(c)所示,这里 i 不一定是 1 A,事实上 i 取任何值均不会违背电路定律,因此,图(c)没有唯一解,这种替代不可行。

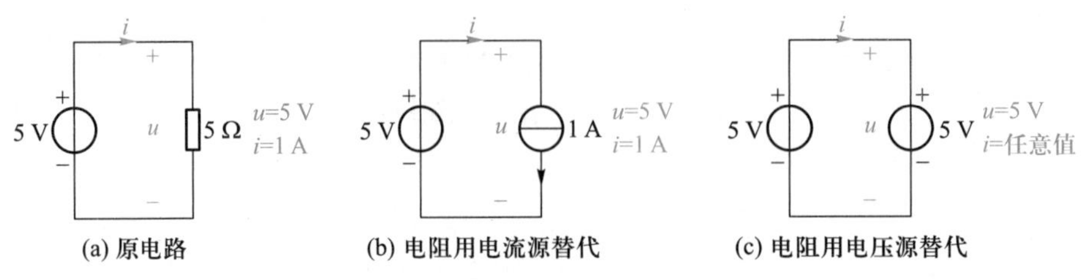

图 4-4-4 替代定理应用的前提条件

例 4-4-1 求图 4-4-5(a)所示电路中的电阻 R。

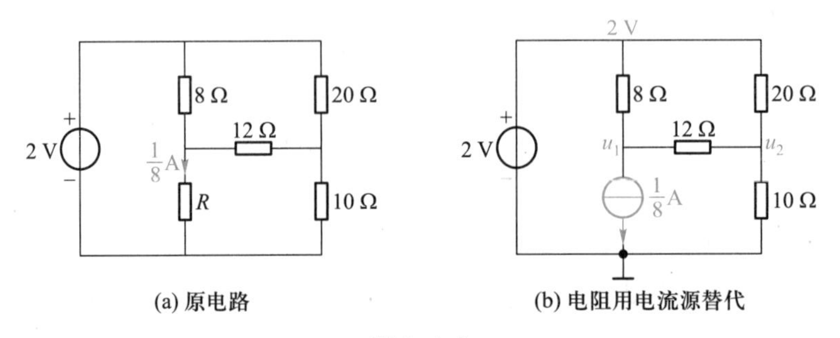

图 4-4-5

解:图 4-4-5(a)中,已知 R 的电流,若能求得 R 的电压,就可通过电压、电流的比值确定电阻值。先将电阻 R 替代成电流源,如图(b)所示,再应用结点分析法,可避免结点方程中出现未知量 R,易于求解。一个结点电位已知(2 V),列写另外两个结点的方程,为

$$\begin{cases}\left(\frac{1}{8}+\frac{1}{12}\right)u_1-\frac{1}{12}u_2-\frac{1}{8}\times 2=-\frac{1}{8}\\ -\frac{1}{12}u_1+\left(\frac{1}{20}+\frac{1}{12}+\frac{1}{10}\right)u_2-\frac{1}{20}\times 2=0\end{cases}$$

整理成

$$\begin{cases}5u_1-2u_2=3\\ -5u_1+14u_2=6\end{cases}$$

用克莱姆法则求解

$$\Delta=\begin{vmatrix}5 & -2\\ -5 & 14\end{vmatrix}=5\times 14-(-2)\times(-5)=60,\quad \Delta_1=\begin{vmatrix}3 & -2\\ 6 & 14\end{vmatrix}=3\times 14-(-2)\times 6=54$$

因此

$$u_1=\frac{\Delta_1}{\Delta}=\frac{54}{60}\ \text{V}=\frac{9}{10}\ \text{V}$$

$$R=\frac{u_1}{1/8}=\frac{9}{10}\times\frac{8}{1}\ \Omega=7.2\ \Omega$$

目标 2 检测:替代定理应用

测 4-6 应用替代定理确定测 4-6 图所示电路中的电阻 R。

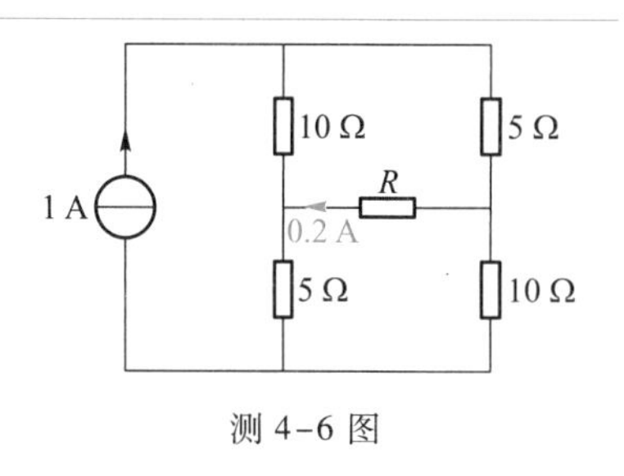

测 4-6 图

答案:$R=5\ \Omega$。

4.5 戴维南定理与诺顿定理

我们已学会利用等效变换获得一端口含源线性电阻网络的最简单等效电路,也就是戴维南支路或诺顿支路。戴维南定理与诺顿定理是获得这种最简单等效电路的又一种方法。

1. 定理

戴维南定理(Thevenin's theorem)

含有独立电源的一端口线性电阻网络,对端口以外的电路而言,等效为由电压源 u_{OC} 和电阻 R_{eq} 串联的戴维南支路,称为戴维南等效电路。

在戴维南等效电路中:u_{OC} 是网络的端口开路电压(open-circuit voltage),

R_{eq} 是网络内部独立电源全部置零后的端口等效电阻。

诺顿定理(Norton's theorem)

含有独立电源的一端口线性电阻网络,对端口以外的电路而言,等效为由电流源 i_{SC} 和电阻 R_{eq} 并联的诺顿支路,称为诺顿等效电路。

在诺顿等效电路中:i_{SC} 是网络的端口短路电流(short-circuit current),

R_{eq} 是网络内部独立电源全部置零后的端口等效电阻。

用图 4-5-1 来进一步说明戴维南定理、诺顿定理。图 4-5-1 中,含独立电源的一端口线性电阻网络,简称为含源线性电阻网络,既有戴维南等效电路也有诺顿等效电路,两者可以等效互换,因此,在图 4-5-1 中所规定的参考方向下,u_{OC}、i_{SC}、R_{eq}之间存在如下关系:

$$\boxed{u_{OC}=R_{eq}i_{SC}} \qquad (4-5-1)$$

只要确定 u_{OC}、i_{SC}、R_{eq}中的任意两个,就能得到戴维南等效电路和诺顿等效电路,应用时选择计算相对简单的两个。

必须注意以下 3 个对应关系:

➢ 计算 u_{OC}的参考方向与戴维南等效电路中电压源 u_{OC}方向的对应关系;

➢ 计算 i_{SC}的参考方向与诺顿等效电路中电流源 i_{SC}方向的对应关系；

➢ 应用式(4-5-1)时，u_{OC}和 i_{SC}方向的对应关系。

参数 u_{OC}、i_{SC}、R_{eq}仅取决于被等效的网络，与外部电路无关，无论外部电路如何变化，只要被等效网络内部结构和参数不变，等效电路就不变。当然，被等效网络不能和外部电路存在受控源耦合，如果存在受控源耦合，在等效前要将控制量转移到端口 ab 处。

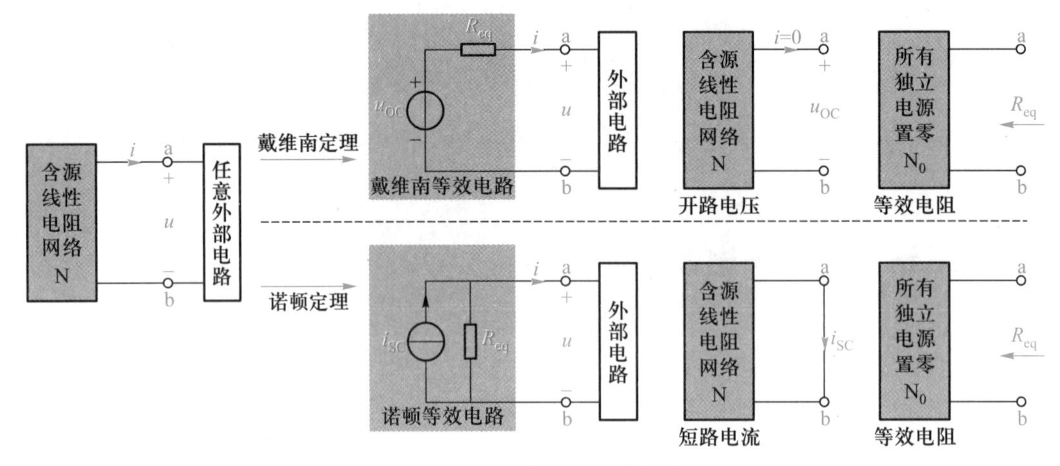

图 4-5-1 戴维南定理与诺顿定理

2. 证明

应用替代定理、叠加定理来证明戴维南定理。图 4-5-1 中，戴维南等效电路的端口 $u-i$ 关系为

$$u=u_{OC}-R_{eq}i \tag{4-5-2}$$

证明网络 N 的端口 $u-i$ 关系也为式(4-5-2)，也就证明了戴维南定理。证明过程如图 4-5-2 所示。因流过外部电路的电流为 i，故将外部电路用电流源替代。替代后的电路是线性电阻电路，应用叠加定理来计算端口电压 u。网络 N 内部的独立电源一起激励，ab 端口的电流源 i 单独激励。网络 N 内部的独立电源一起激励时，电流源 i 置零，即 ab 端口开路，电压 u'用 u_{OC}表示；电流源 i 单独激励时，网络 N 内部的独立电源都置零，变成松弛网络(dead network) N_0，对端口 ab 而言，等效为电阻 R_{eq}，电压 $u''=-R_{eq}i$。将 u'、u''相加得

$$u=u'+u''=u_{OC}-R_{eq}i \tag{4-5-3}$$

式(4-5-3)就是网络 N 的端口 $u-i$ 关系，与式(4-5-2)一致，戴维南定理得证。

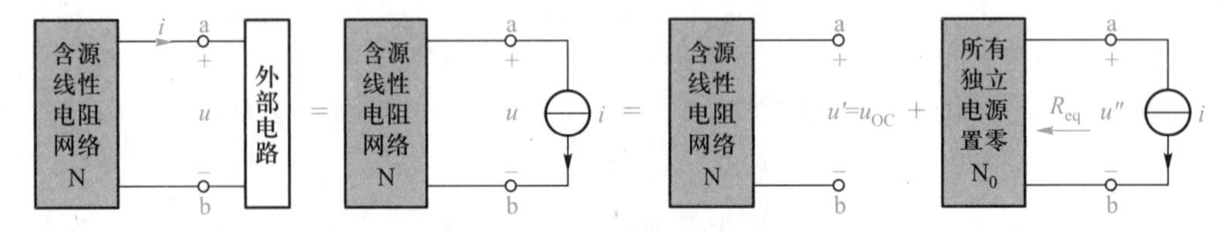

图 4-5-2 戴维南定理的证明过程

用类似的思路证明诺顿定理。图 4-5-1 中诺顿等效电路的 $u-i$ 关系为

$$i=i_{SC}-R_{eq}^{-1}u \tag{4-5-4}$$

证明网络 N 的端口 u-i 关系也是式(4-5-4)。证明过程如图 4-5-3 所示,将外部电路用电压源 u 替代,并应用叠加定理计算端口电流 i。网络 N 内部的独立电源一起激励、电压源 u 置零(即 ab 端口短路)时,$i'=i_{SC}$;电压源 u 激励、网络 N 内部的独立电源置零时,$i''=-R_{eq}^{-1}u$。将 i'、i''相加得

$$i=i'+i''=i_{SC}-R_{eq}^{-1}u \tag{4-5-5}$$

式(4-5-5)是网络 N 的端口 u-i 关系,与式(4-5-4)一致,诺顿定理得证。

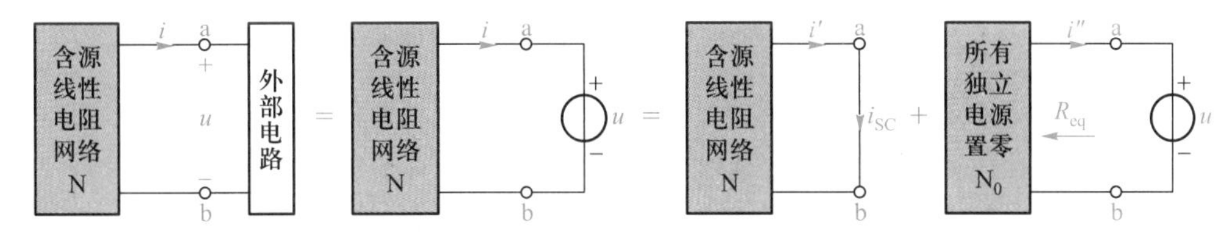

图 4-5-3 诺顿定理的证明过程

3. 应用

戴维南定理、诺顿定理是简化电路的最佳工具,它不仅明确了任何含源一端口线性电阻网络的最简单等效电路是戴维南等效电路或诺顿等效电路,而且给出了获得等效电路参数的方法,即计算 u_{OC}、i_{SC}、R_{eq}中的任意两个。

戴维南定理、诺顿定理常应用于以下情况。当我们要了解电路中负载的电压或电流如何随负载的阻值变化时,先将负载以外的电路等效为戴维南电路或诺顿电路,就容易得到负载电压或电流随负载阻值变化的规律;当我们只关心一个复杂电路中某一条支路的电压或电流时,先将该支路以外的电路等效为戴维南电路或诺顿电路,就能简化计算。

不包含受控电源的一端口线性电阻网络,其戴维南等效电阻 R_{eq} 为正值;含受控电源的一端口线性电阻网络,其戴维南等效电阻 R_{eq} 可能为负值,甚至为 0 或∞。当 $R_{eq}=0$ 时,意味着网络的等效电路为电压源 u_{OC},是戴维南等效电路的特例,此时必有 $i_{SC}\to\infty$;当 $R_{eq}\to\infty$ 时,意味着网络的等效电路为电流源 i_{SC},是诺顿等效电路的特例,此时必有 $u_{OC}\to\infty$。

例 4-5-1 计算图 4-5-4(a)电路在 R_L 分别为 6 Ω、18 Ω、36 Ω 时的电流 i_L。

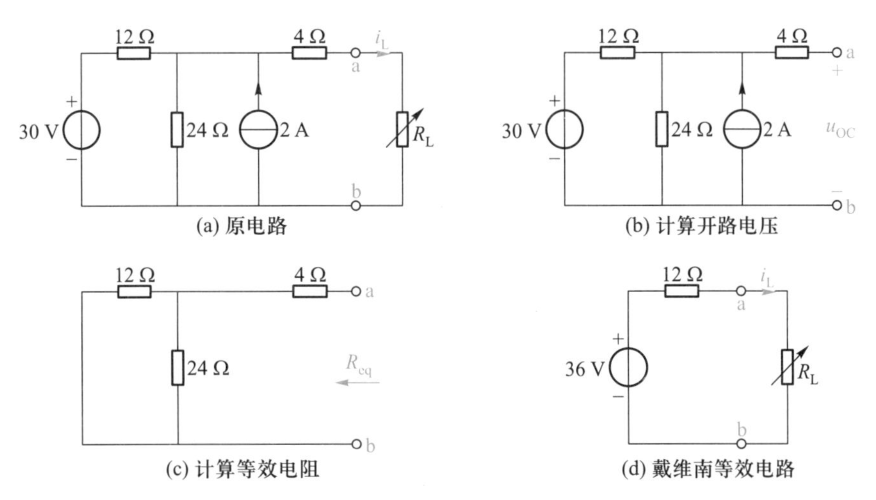

图 4-5-4

解:分析方法选择。对图 4-5-4(a),若用结点方程分析,只有一个方程,列写容易,但要求解不同 R_L 下的结点方程,工作量较大;若应用戴维南等效定理,先确定端口 ab 以左网络的戴维南等效电路,再由等效电路计算不同 R_L 下的 i_L,计算容易。因此,后者较为合适。

确定戴维南等效电路。相对而言,计算图 4-5-4(a)的短路电流较为繁琐,选择计算开路电压和等效电阻。由图 4-5-4(b)计算开路电压,应用叠加定理得

$$u_{OC}=u'_{OC}\big|_{30\text{ V}}+u''_{OC}\big|_{2\text{A}}=\left(\frac{24}{12+24}\times30+\frac{12\times24}{12+24}\times2\right)\ \text{V}=36\ \text{V}$$

由图 4-5-4(c)计算等效电阻,得

$$R_{eq}=\left(4+\frac{12\times24}{12+24}\right)\ \Omega=12\ \Omega$$

计算 i_L。戴维南等效电路如图 4-5-4(d)所示,由此得

$$i_L=\frac{36}{12+R_L}$$

$$\text{当 } R_L=6\ \Omega \text{ 时},\quad i_L=\frac{36}{12+6}\ \text{A}=2\ \text{A}$$

$$\text{当 } R_L=18\ \Omega \text{ 时},\quad i_L=\frac{36}{12+18}\ \text{A}=1.2\ \text{A}$$

$$\text{当 } R_L=36\ \Omega \text{ 时},\quad i_L=\frac{36}{12+36}\ \text{A}=0.75\ \text{A}$$

目标 3 检测:戴维南定理、诺顿定理应用

测 4-7 计算测 4-7 图所示电路在 R_L 分别为 6 Ω、15 Ω、31 Ω 时的电压 u_L。

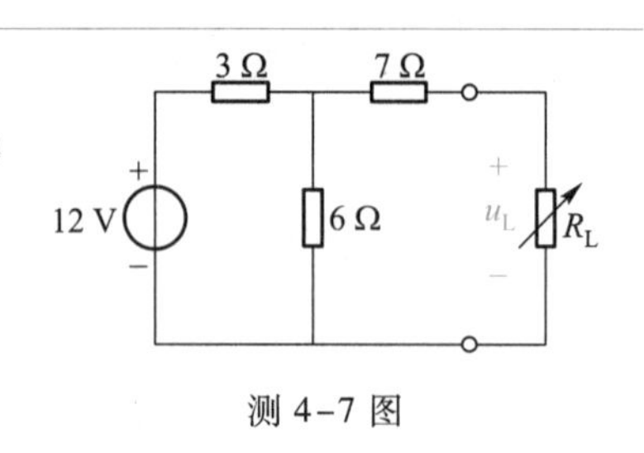

测 4-7 图

答案:3.2 V、5 V、6.2 V。

例 4-5-2 计算图 4-5-5(a)所示电路中的电流 i。

解:计算图 4-5-5(a)中的电流 i 最简单的方法是应用戴维南定理,将电流 i 所在支路以外的网络等效为戴维南电路,再由等效电路计算电流 i。断开电流 i 所在支路,开路电压很容易得出;不含受控源的网络,通过电阻串并联化简就能得到等效电阻。

由图 4-5-5(b)计算开路电压。依据 KCL,图中 2 Ω 电阻的电流为零,应用电阻分压和 KVL 得

$$u_{OC}=\left(\frac{4}{4+4}\times2-\frac{4}{4+4}\times14\right)\ \text{V}=-6\ \text{V}$$

由图 4-5-5(c)计算等效电阻,得

$$R_{eq}=\left(\frac{4\times4}{4+4}+2+\frac{4\times4}{4+4}\right)\ \Omega=6\ \Omega$$

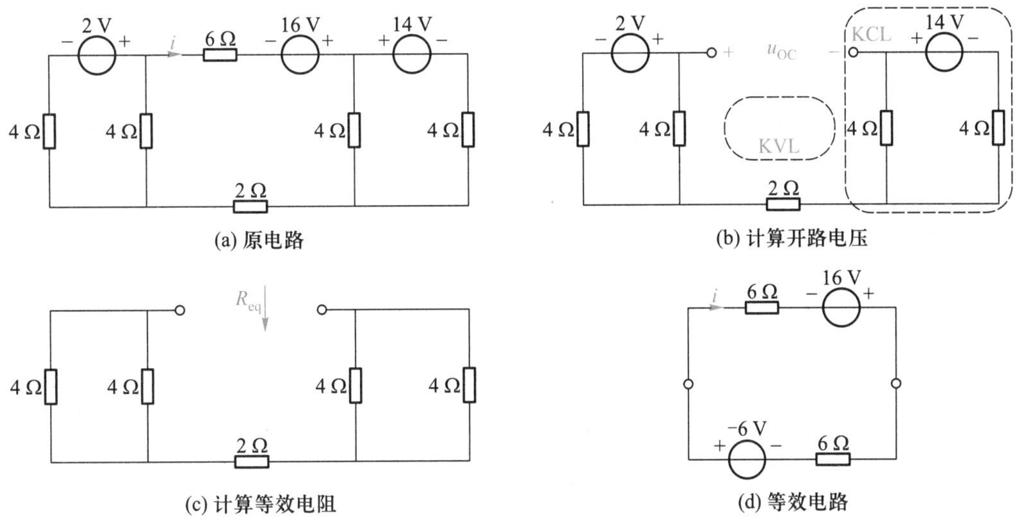

(a) 原电路
(b) 计算开路电压
(c) 计算等效电阻
(d) 等效电路

图 4-5-5

戴维南等效电路如图 4-5-5(d)所示，由此得

$$i=\frac{-6+16}{6+6}\ \text{A}=\frac{5}{6}\ \text{A}$$

目标 3 检测：戴维南定理、诺顿定理应用

测 4-8 用戴维南定理计算测 4-8 图所示电路中的电压 u。

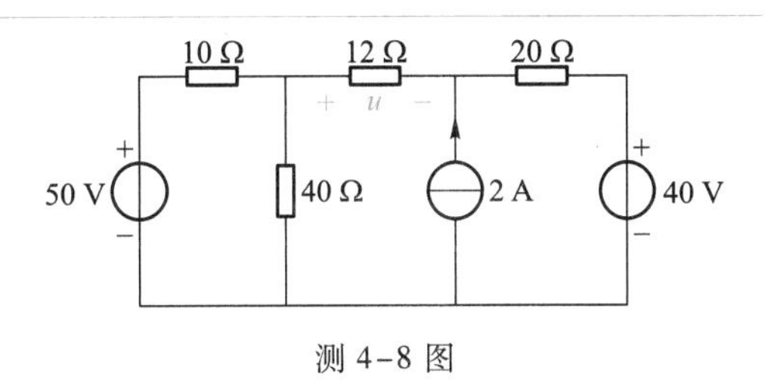

测 4-8 图

答案：−12 V。

例 4-5-3 求图 4-5-6(a)所示电路中电压 u_L 随 R_L 变化的表达式。

解：要确定 u_L 随 R_L 变化的表达式，必须先确定 R_L 以左网络的戴维南等效电路。等效电路如图 4-5-6(b)所示，由此写出 u_L 的表达式。选择计算短路电流和等效电阻，当然，计算开路电压也很容易。

由图 4-5-6(c)计算短路电流。应用电阻分流关系得

$$i_1=\frac{20}{10+\dfrac{20\times20}{20+20}}\times\frac{1}{2}\ \text{A}=0.5\ \text{A}$$

两个 20 Ω 电阻的电流均为 i_1，应用 KCL 得

$$i_{SC}=i_1+5i_1=3\ \text{A}$$

由图 4-5-6(d)计算等效电阻。采用写出端口 u-i 关系的方法，因 20 Ω 电阻的电流为 i_1，故 10 Ω 电阻的电流 $2i_1$，应用 KCL 得

$$i=-5i_1+i_1+2i_1=-2i_1$$

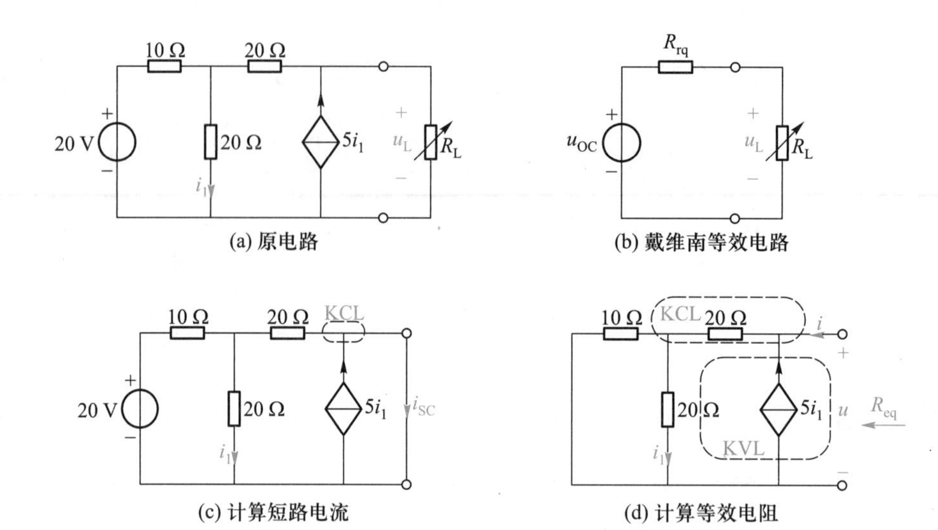

(a) 原电路　(b) 戴维南等效电路

(c) 计算短路电流　(d) 计算等效电阻

图 4-5-6

应用 KVL 得

$$u=20(i+5i_1)+20i_1=80i_1$$

等效电阻

$$R_{eq}=\frac{u}{i}=\frac{80i_1}{-2i_1}=-40\ \Omega$$

开路电压

$$u_{OC}=R_{eq}i_{SC}=-40\times3\ \text{V}=-120\ \text{V}$$

由等效电路得

$$u_L=\frac{-120R_L}{-40+R_L}$$

目标 3 检测:戴维南定理、诺顿定理应用

测 4-9　确定测 4-9 图所示电路中 i_L 随 R_L 变化的表达式。

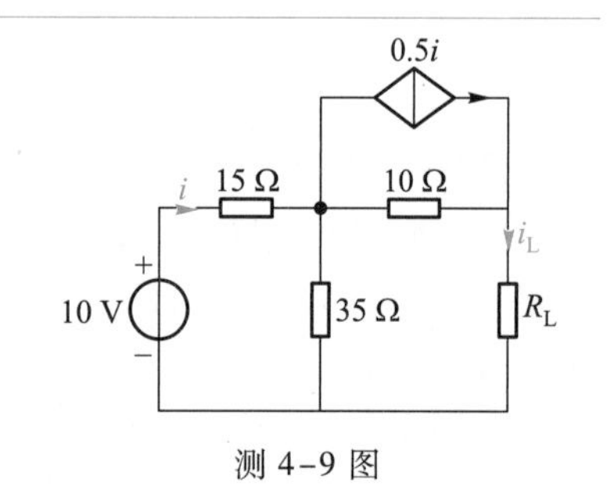

测 4-9 图

答案:$i_L=\dfrac{8}{17+R_L}$

例 4-5-4　计算图 4-5-7(a)的开路电压和短路电流,并确定其戴维南或诺顿等效电路。

解:图 4-5-7(a)中,当 ab 端口开路时,$i=0$,因此受控电流源开路,电路如图(b)所示,得

$$u_{OC}=\frac{6}{4+2+6}\times10\ \text{V}=5\ \text{V}$$

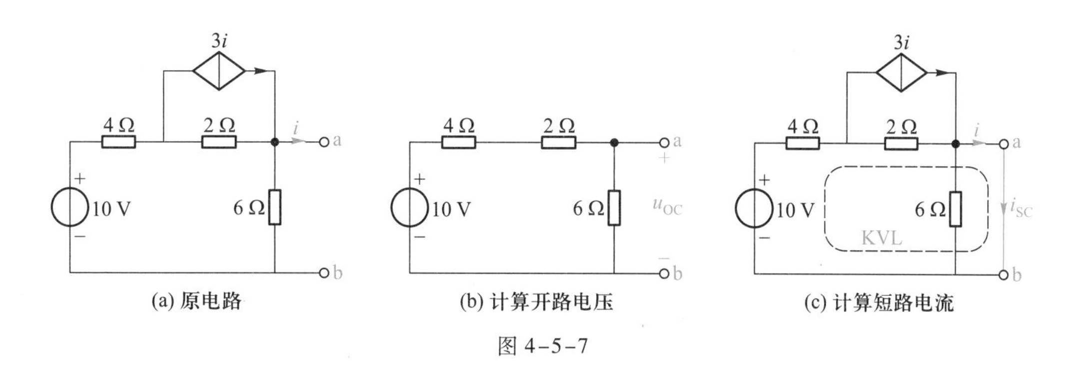

图 4-5-7

由图 4-5-7(c)计算短路电流。被短路的 6 Ω 电阻的电流为零,且 $i_{SC}=i$,列写网孔分析方程(即 KVL 方程)得

$$(4+2)i_{SC}=10+2\times 3i_{SC}$$

解得

$$i_{SC}\to\infty$$

图 4-5-7(a)的等效电路是 5 V 的电压源,即电阻为零的戴维南等效电路,不存在诺顿等效电路。

目标 3 检测:戴维南定理、诺顿定理应用

测 4-10 计算测 4-10 图的开路电压和短路电流,并确定其戴维南或诺顿等效电路。

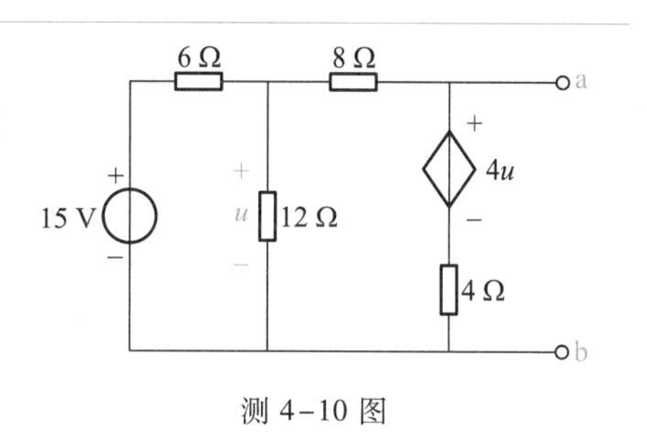

测 4-10 图

答案:$u_{OC}\to\infty$,$i_{SC}=7.5$ A,电流源。

例 4-5-5 计算图 4-5-8(a)所示电路中的电压 u_{ab}。

解:图 4-5-8(a)中,ab 端口以左的电路较为复杂,结点方程、网孔方程数目较多,不可取,最佳方法是应用戴维南定理,将 ab 端口以左的电路等效为戴维南电路。

但是,ab 端口左、右电路存在受控源耦合,左边网络等效成戴维南电路后,控制量 i 消失,等效前须将 i 转换为其他变量,一般是端口电压或电流。图 4-5-8(a)中,$u_{ab}=1\times i$,将 i 转换为端口电压 u_{ab},受控源变为 $2u_{ab}$,等效后的电路如图(b)所示。

由图 4-5-8(c)计算等效电阻。电路顶部为平衡电桥,电桥总电阻为 2 Ω,等效电阻

$$R_{eq}=[(1+2)/\!/1]\ \Omega=0.75\ \Omega$$

由图 4-5-8(d)计算开路电压。应用叠加定理,图(d)等于图(e)和图(f)叠加。图(e)中,电桥总电阻为 2 Ω、4 V 电压源和 1 Ω、2 Ω、1 Ω 串联,因此

$$u'_{OC}=\frac{1}{1+2+1}\times 4\ \text{V}=1\ \text{V}$$

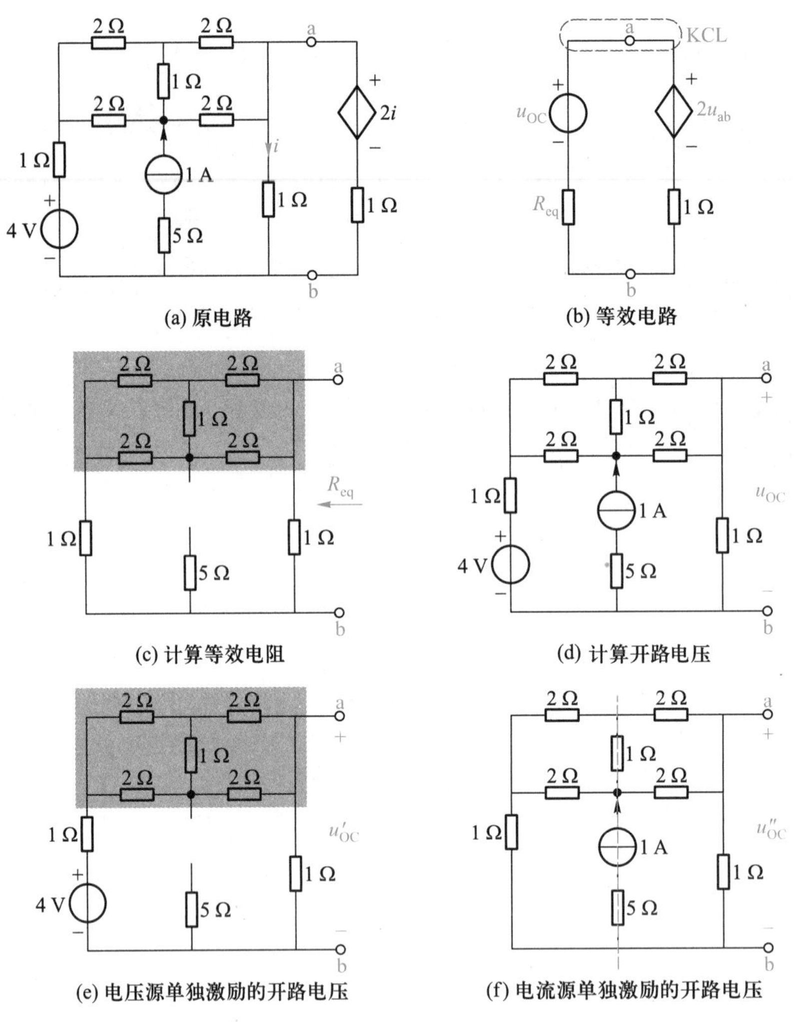

(a) 原电路　(b) 等效电路

(c) 计算等效电阻　(d) 计算开路电压

(e) 电压源单独激励的开路电压　(f) 电流源单独激励的开路电压

图 4-5-8

图 4-5-8(f)存在通过端口的对称面,如虚线所示,1 A 电流源的电流平分到左右两个 1 Ω 上,因此

$$u''_{OC}=0.5\times1\ \text{V}=0.5\ \text{V}$$

故

$$u_{OC}=u'_{OC}+u''_{OC}=1.5\ \text{V}$$

由图(b)计算 u_{ab}。视 u_{ab}为结点电位,结点方程为

$$\left(\frac{1}{R_{eq}}+\frac{1}{1}\right)u_{ab}=\frac{u_{OC}}{R_{eq}}+\frac{u_{ab}}{1}$$

将 $R_{eq}=0.75\ \Omega$、$u_{OC}=1.5\ \text{V}$ 代入上式,解得

$$u_{ab}=1.5\ \text{V}$$

目标 3 检测：戴维南定理、诺顿定理应用

测 4-11 应用戴维南定理计算测 4-11 图中的电流 i。

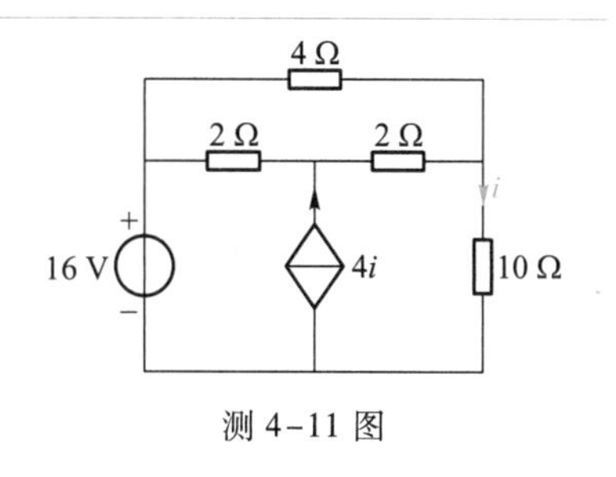

测 4-11 图

答案：$u_{OC}=16\ \text{V}, R_{eq}=-2\ \Omega, i=2\ \text{A}$。

4.6 最大功率传输定理

信号传输网络在信号源与负载间起着能量传输作用，传输网络要能使负载获得的信号最强，即负载获得的电功率最大。最大功率传输定理就是关于负载要满足什么条件才能从一个信号传输网络获得最大功率的定理。

如图 4-6-1(a)所示线性电阻电路，为了研究负载 R_L 获得最大功率的条件，将虚线框内含独立电源的一端口线性电阻网络等效为戴维南电路，如图 4-6-1(b)所示，R_L 吸收的功率为

$$p_L=i_L^2R_L=\left(\frac{u_{OC}}{R_{eq}+R_L}\right)^2R_L \tag{4-6-1}$$

通过选择 R_L 的值来使 R_L 获得最大功率，电路的其他参数不变，则 u_{OC}、R_{eq}不变。式(4-6-1)表示 R_L 获得的功率 p_L 随 R_L 变化的规律，当 $R_L=0$、$R_L\to\infty$ 时，均有 $p_L=0$，且 p_L 恒为正，故 P_L 有一个极大值。用求极值方法确定 p_L 的极大值 p_{Lmax}，当

$$\frac{dp_L}{dR_L}=u_{OC}^2\left[\frac{(R_{eq}+R_L)^2-2R_L(R_{eq}+R_L)}{(R_{eq}+R_L)^4}\right]=0 \tag{4-6-2}$$

时，p_L 取极大值 p_{Lmax}。由式(4-6-2)得

$$(R_{eq}+R_L)^2-2R_L(R_{ep}+R_L)=0$$

解得

$$\boxed{R_L=R_{eq}} \tag{4-6-3}$$

式(4-6-3)为 R_L 获得最大功率的条件，R_L 的取值与 R_{eq}相等时获得的功率最大。将式(4-6-3)代入式(4-6-1)得，R_L 获得的最大功率为

$$\boxed{p_{Lmax}=\frac{u_{OC}^2}{4R_{eq}}} \tag{4-6-4}$$

p_L 随 R_L 变化的曲线如图 4-6-1(c)所示。

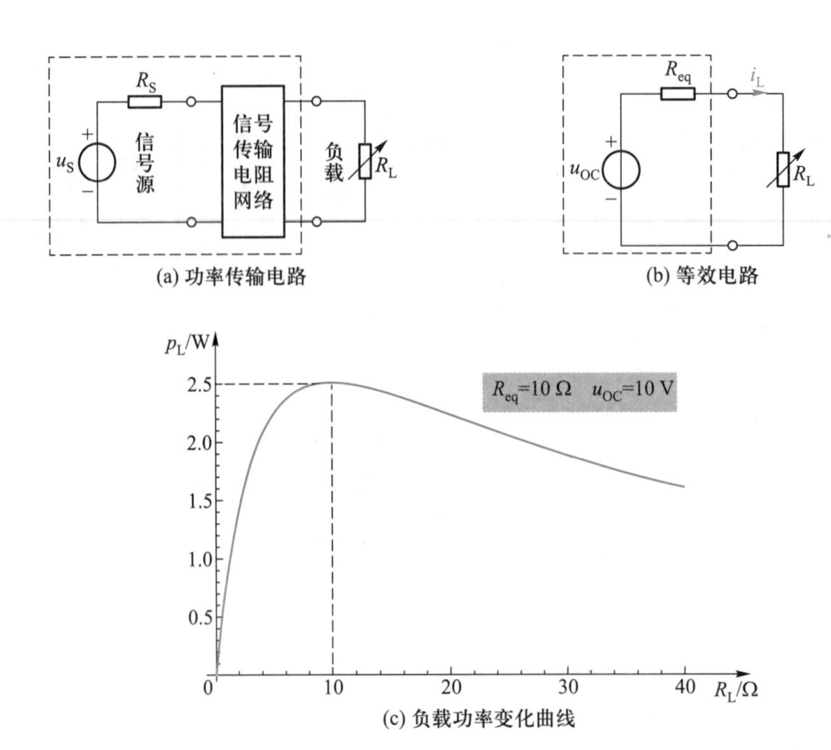

(a) 功率传输电路 (b) 等效电路

(c) 负载功率变化曲线

图 4-6-1 最大功率传输定理

最大功率传输定理(maximum power transfer theorem)

负载电阻 R_L 从一个戴维南等效电路为 u_{OC} 和 R_{eq} 的线性电阻网络的端口获得最大功率的条件是 $R_L=R_{eq}$，负载电阻 R_L 获得的最大功率为

$$p_{L\max}=\frac{u_{OC}^2}{4R_{eq}}$$

必须强调最大功率传输定理的应用条件，那就是：(1) u_{OC}、R_{eq} 固定不变；(2) R_L 的取值没有限制条件；(3)获得最大功率的是电阻 R_L 本身。图 4-6-2 所示电路中，若 R_L 固定不变，要通过调节 R_S 的值来使 R_L 获得最大功率，则应取 $R_S=0$，而不是 $R_S=R_L$。

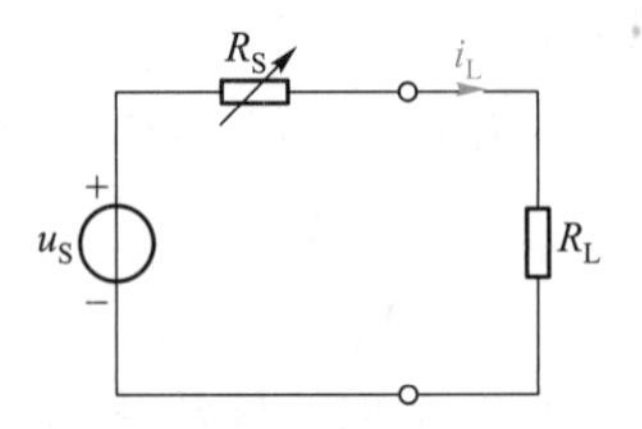

图 4-6-2 最大功率传输定理应用条件说明

例 4-6-1 图 4-6-3(a)所示电路中，R 为何值时获得最大功率？最大功率是多少？

解：分析最大功率传输问题，必须是：先确定 R 以外电路的戴维南等效电路，再应用最大功率传输定理。计算开路电压的电路如图 4-6-3(b)所示，应用叠加定理，并结合电阻分流、分压关

系,得

$$u_{\mathrm{OC}}=u'_{\mathrm{OC}}\big|_{3\mathrm{A}}+u''_{\mathrm{OC}}\big|_{50\mathrm{V}}=\left[\frac{10}{10+(20+20)}\times3\times20+\frac{10+20}{10+20+20}\times50\right]\ \mathrm{V}=42\ \mathrm{V}$$

由图 4-6-3(c)计算等效电阻,得

$$R_{\mathrm{eq}}=\frac{(10+20)\times20}{(10+20)+20}\ \Omega=\frac{30\times20}{30+20}\ \Omega=12\ \Omega$$

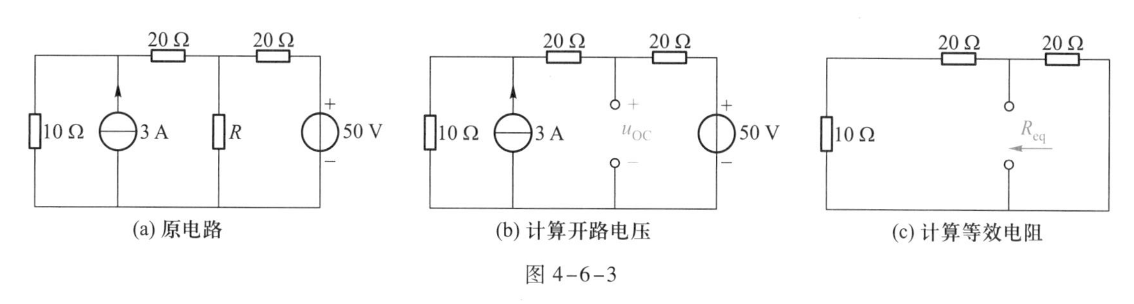

图 4-6-3

由最大功率传输定理得

$$R=R_{\mathrm{eq}}=12\ \Omega$$

时,R 获得最大功率,最大功率为

$$p_{\max}=\frac{u_{\mathrm{OC}}^2}{4R_{\mathrm{eq}}}=\frac{42^2}{4\times12}\ \mathrm{W}=36.75\ \mathrm{W}$$

目标 4 检测:最大功率传输定理应用

测 4-12 对测 4-12 图所示电路:(1)求 R 获得最大功率时的阻值,并确定 R 获得的最大功率;(2)若 $R=5\ \Omega$,求此时 R 获得的功率;(3)若 $R=20\ \Omega$,再求此时 R 获得的功率,并与前面得出的两个功率进行对比。

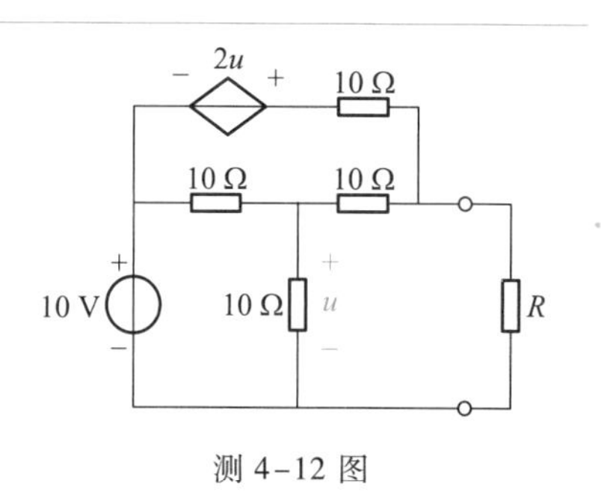

测 4-12 图

答案:(1) 10 Ω,10 W;(2) 8.9 W;(3) 8.9 W。

4.7 特勒根定理与互易定理

我们已通过具体例子验证过:一个电路中各条支路吸收功率的代数和为零,称之为功率守恒。特勒根定理是关于功率守恒的定理,互易定理是特勒根定理的特例。

4.7.1 特勒根定理

在提出特勒根定理前,先回顾一下有向图的概念。图 4-7-1 所示的两个电路有相同的结构,都有 3 个结点、4 条支路,支路编号与支路方向相同。但是,两个电路中相同编号的支路形式不尽相同、参数亦不相同,用 R_k、$\hat{R}_k$ 区分。因此,相同编号支路的电压、电流值不同,用 u_k、$\hat{u}_k$ 和 i_k、$\hat{i}_k$ 区分。用图 4-7-2 所示的由点和线构成且带有支路电流方向的图来表示图 4-7-1 中两个电路的结构,这种由点和线构成且带有支路电流方向的图称为电路的有向图。显然,图 4-7-1 中两个电路有相同的有向图。

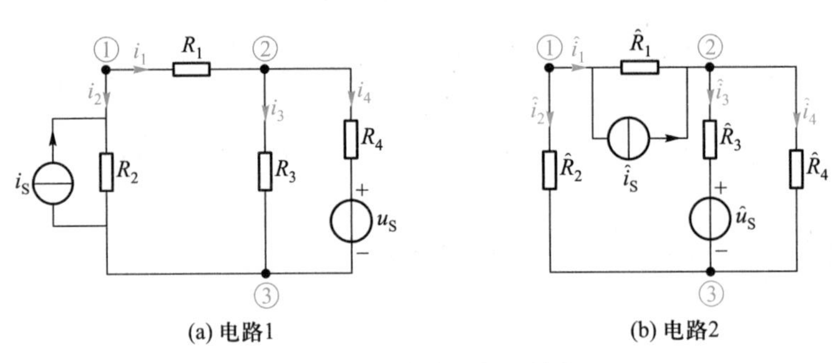

图 4-7-1　特勒根定理说明

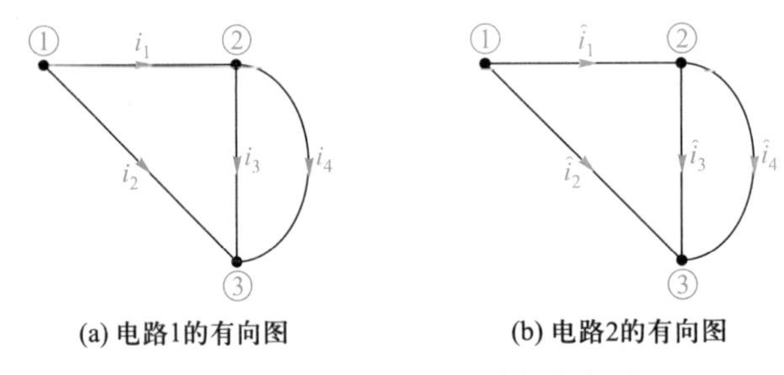

图 4-7-2　图 4-7-1 电路的有向图

有向图相同的电路具有相同的 KCL 方程、相同的 KVL 方程。从电路的有向图来列写 KCL、KVL 方程。图 4-7-2 中,支路电压 u_k 和电流 i_k、支路电压 $\hat{u}_k$ 和电流 $\hat{i}_k$ 为关联参考方向,两个电路的 KCL、KVL 方程分别为

电路 1　　　　电路 2

KCL 方程: $\begin{cases} i_1+i_2=0 \\ -i_1+i_3+i_4=0 \end{cases}$　　$\begin{cases} \hat{i}_1+\hat{i}_2=0 \\ -\hat{i}_1+\hat{i}_3+\hat{i}_4=0 \end{cases}$

KVL 方程: $\begin{cases} u_1+u_3-u_2=0 \\ -u_3+u_4=0 \end{cases}$　　$\begin{cases} \hat{u}_1+\hat{u}_3-\hat{u}_2=0 \\ -\hat{u}_3+\hat{u}_4=0 \end{cases}$

显然,电路 1 和电路 2 有相同的 KCL 方程、相同的 KVL 方程。

1. 特勒根定理之功率守恒

我们以前没有留意过功率守恒的条件,事实上,功率守恒只在满足基尔霍夫定律的电路中成立,也就是在集中参数电路中成立。图 4-7-1 中两个电路的功率守恒方程为

$$u_1 i_1+u_2 i_2+u_3 i_3+u_4 i_4=0 \tag{4-7-1}$$

$$\hat{u}_1\hat{i}_1+\hat{u}_2\hat{i}_2+\hat{u}_3\hat{i}_3+\hat{u}_4\hat{i}_4=0 \tag{4-7-2}$$

将电路 1 的 KCL、KVL 方程代入式(4-7-1)中,证明式(4-7-1)成立。先将电路 1 的 KCL、KVL 方程改写为

$$\text{KCL:}\begin{cases}i_2=-i_1\\ i_3=i_1-i_4\end{cases}\qquad \text{KVL:}\begin{cases}u_1=u_2-u_3\\ u_4=u_3\end{cases} \tag{4-7-3}$$

再将它们代入式(4-7-1)中,得

$$\begin{aligned}u_1i_1+u_2i_2+u_3i_3+u_4i_4&=(u_2-u_3)i_1+u_2(-i_1)+u_3(i_1-i_4)+u_3i_4\\&=u_2i_1-u_3i_1-u_2i_1+u_3i_1-u_3i_4+u_3i_4\\&=0\end{aligned}$$

同样的方法可以证明式(4-7-2)成立。将图 4-7-1(b)的 KCL、KVL 方程改写为

$$\text{KCL:}\begin{cases}\hat{i}_2=-\hat{i}_1\\ \hat{i}_3=\hat{i}_1-\hat{i}_4\end{cases}\qquad \text{KVL:}\begin{cases}\hat{u}_1=\hat{u}_2-\hat{u}_3\\ \hat{u}_4=\hat{u}_3\end{cases} \tag{4-7-4}$$

将其代入式(4-7-2)得

$$\begin{aligned}\hat{u}_1\hat{i}_1+\hat{u}_2\hat{i}_2+\hat{u}_3\hat{i}_3+\hat{u}_4\hat{i}_4&=(\hat{u}_2-\hat{u}_3)\hat{i}_1+\hat{u}_2(-\hat{i}_1)+\hat{u}_3(\hat{i}_1-\hat{i}_4)+\hat{u}_3\hat{i}_4\\&=\hat{u}_2\hat{i}_1-\hat{u}_3\hat{i}_1-\hat{u}_2\hat{i}_1+\hat{u}_3\hat{i}_1-\hat{u}_3\hat{i}_4+\hat{u}_3\hat{i}_4\\&=0\end{aligned}$$

特勒根定理(Tellgen's theorem)之功率守恒

在集中参数电路中,各支路吸收功率的代数和为零。对于有 b 条支路的电路,支路电压为 u_k,支路电流为 i_k,u_k 和 i_k 取关联参考方向,则有

$$\sum_{k=1}^{b} u_k i_k=0$$

2. 特勒根定理之似功率守恒

图 4-7-1 所示两个有向图相同的电路中,将电路 1 的电压 u_k 与电路 2 的电流 $\hat{i}_k$ 相乘,$u_k\hat{i}_k$ 具有功率的量纲,但没有功率的物理含义,称为似功率,$\hat{u}_k i_k$ 也是似功率。在满足基尔霍夫定律且有向图相同的两个电路中,存在以下似功率守恒方程

$$u_1\hat{i}_1+u_2\hat{i}_2+u_3\hat{i}_3+u_4\hat{i}_4=0 \tag{4-7-5}$$

$$\hat{u}_1i_1+\hat{u}_2i_2+\hat{u}_3i_3+\hat{u}_4i_4=0 \tag{4-7-6}$$

这是因为,两个电路有相同的 KCL 方程、相同的 KVL 方程。将电路 1 的 KVL 方程(见式(4-7-3))、电路 2 的 KCL 方程(见式(4-7-4))代入式(4-7-5)中,得

$$\begin{aligned}u_1\hat{i}_1+u_2\hat{i}_2+u_3\hat{i}_3+u_4\hat{i}_4&=(u_2-u_3)\hat{i}_1+u_2(-\hat{i}_1)+u_3(\hat{i}_1-\hat{i}_4)+u_3\hat{i}_4\\&=u_2\hat{i}_1-u_3\hat{i}_1-u_2\hat{i}_1+u_3\hat{i}_1-u_3\hat{i}_4+u_3\hat{i}_4\\&=0\end{aligned}$$

式(4-7-5)成立。将电路 1 的 KCL 方程(见式(4-7-3))、电路 2 的 KVL 方程(见式(4-7-4))

代入式(4-7-6)中,得

$$\begin{aligned}\hat{u}_1 i_1+\hat{u}_2 i_2+\hat{u}_3 i_3+\hat{u}_4 i_4 &=(\hat{u}_2-\hat{u}_3)i_1+\hat{u}_2(-i_1)+\hat{u}_3(i_1-i_4)+\hat{u}_3 i_4\\ &=\hat{u}_2 i_1-\hat{u}_3 i_1-\hat{u}_2 i_1+\hat{u}_3 i_1-\hat{u}_3 i_4+\hat{u}_3 i_4\\ &=0\end{aligned}$$

式(4-7-6)成立。

特勒根定理(Tellgen's theotem)之似功率守恒

两个有向图相同的集中参数电路,各电路的支路数为 b,电路 1 的支路电压为 u_k,支路电流为 i_k,电路 2 的支路电压为 $\hat{u}_k$,支路电流为 $\hat{i}_k$,则有

$$\sum_{k=1}^{b} u_k \hat{i}_k=0 \qquad \sum_{k=1}^{b} \hat{u}_k i_k=0$$

3. 线性电阻构成的二端口网络之似功率守恒

电网络中,若从一个端子流入的电流总等于从另一个端子流出的电流,这两个端子就成为一个端口,只有一个端口与外部电路相连的网络就是一端口网络,有两个端口与外部电路相连的网络则称为二端口网络(two-port network)。

将特勒根定理之似功率守恒应用于由线性电阻构成的二端口网络,似功率守恒方程变为端口变量关系方程,从而可用于确定端口变量。

图 4-7-3 所示电路中,由线性电阻构成的二端口网络的两个端口各接一条支路,电路 1 和电路 2 的支路 1 在形式和参数上不同,支路 2 在形式和参数上也不同,但是,电路 1 和电路 2 的二端口网络是完全相同的网络,且由线性电阻构成。显然,电路 1 和电路 2 有相同的有向图,也都满足基尔霍夫定律。应用特勒根定理之似功率守恒得

$$u_1\hat{i}_1+u_2\hat{i}_2+\sum_{k=3}^{b} u_k\hat{i}_k=0 \tag{4-7-7}$$

$$\hat{u}_1 i_1+\hat{u}_2 i_2+\sum_{k=3}^{b} \hat{u}_k i_k=0 \tag{4-7-8}$$

而在由线性电阻构成的二端口网络内部,则有

$$\sum_{k=3}^{b} u_k\hat{i}_k=\sum_{k=3}^{b} R_k i_k\hat{i}_k=\sum_{k=3}^{b}(R_k\hat{i}_k)i_k=\sum_{k=3}^{b}\hat{u}_k i_k \tag{4-7-9}$$

于是,式(4-7-7)和式(4-7-8)相减,得到端口变量关系方程,为

$$\boxed{u_1\hat{i}_1+u_2\hat{i}_2=\hat{u}_1 i_1+\hat{u}_2 i_2} \tag{4-7-10}$$

特勒根定理之似功率守恒也可应用到由线性电阻构成的多端口网络,得出类似于式(4-7-10)的结论。

例 4-7-1 图 4-7-4(a)所示电路中,N_R 由线性电阻构成,已知 3 Ω 电阻的电流为 0.5 A。现将 5 V 电压源置零,并在 3 Ω 电阻上并联 6 A 电流源,如图 4-7-4(b)所示。计算图 4-7-4(b)中的电压 $\hat{u}_1$。

解:取电路 1、电路 2 端口支路的参考方向如图 4-7-4(c)所示,由此,图 4-7-4(a)中有

$$u_1=5+4i_1,\quad i_2=0.5\ \text{A},\quad u_2=3i_2=1.5\ \text{V} \tag{4-7-11}$$

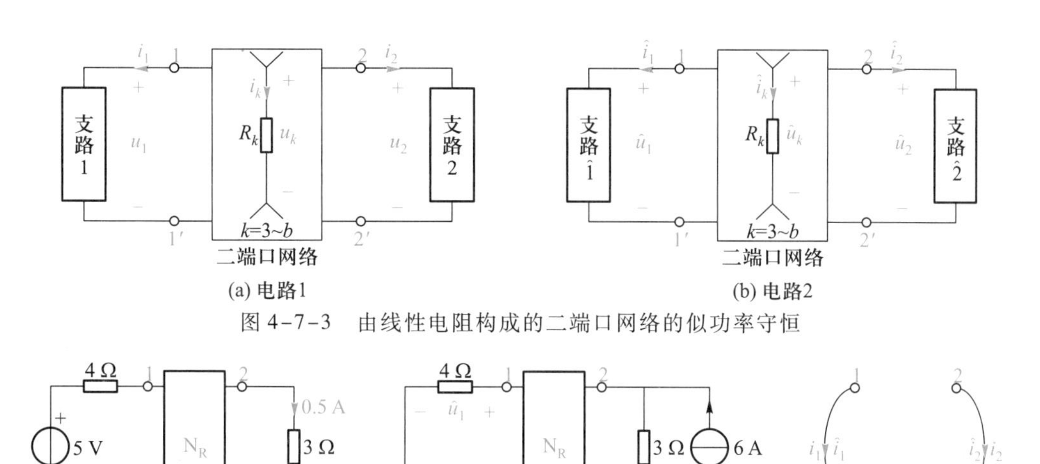

(a) 电路1　(b) 电路2

图 4-7-3　由线性电阻构成的二端口网络的似功率守恒

(a) 电路1　(b) 电路2　(c) 端口支路的参考方向

图 4-7-4

图 4-7-4(b)中有

$$\hat{u}_1=4\hat{i}_1,\quad \hat{u}_2=3(\hat{i}_2+6) \tag{4-7-12}$$

图 4-7-4(a)和(b)是有向图相同的两个电路,且二端口网络 N_R 由线性电阻构成,满足应用式(4-7-10)的条件。因此有

$$u_1\hat{i}_1+u_2\hat{i}_2=\hat{u}_1 i_1+\hat{u}_2 i_2 \tag{4-7-13}$$

将式(4-7-11)、式(4-7-12)代入式(4-7-13)中,得

$$(5+4i_1)\times\hat{i}_1+1.5\times\hat{i}_2=4\hat{i}_1\times i_1+3(\hat{i}_2+6)\times 0.5$$

$$5\hat{i}_1+4i_1\hat{i}_1+1.5\hat{i}_2=4\hat{i}_1 i_1+1.5\hat{i}_2+9$$

解得

$$\hat{i}_1=1.8\ \text{A}$$

$$\hat{u}_1=4\hat{i}_1=7.2\ \text{V}$$

目标 5 检测:特勒根定理应用

测 4-13　测 4-13 图(a)所示电路中:N_R 由线性电阻构成,2 Ω 电阻的电压为 3 V。现将电流源移到另一个端口,如测 4-13 图(b)所示。计算测 4-13 图(b)中的电流 $\hat{i}_1$。

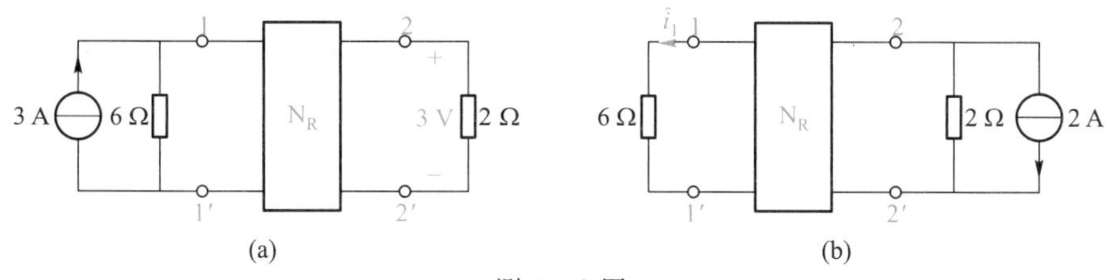

(a)　(b)

测 4-13 图

答案:-1/3 A。

4.7.2 互易定理

互易定理是将式(4-7-10)应用于特定的 3 种情况下的简单结论。式(4-7-10)应用时,除要求两个电路有向图相同外,还要求两个电路包含同一个由线性电阻构成的二端口网络,即只允许两个电路中的二端口网络端口所接支路形式、参数不同。表 4-7-1 中列出了互易定理(reciprocity theorem)的三种端口支路形式,以及由式(4-7-10)得出的端口变量关系。

表 4-7-1 互易定理的三种形式

	电路 1	电路 2	变量关系
互易定理 1	1, 2, +, u_{S1}, −, N_R, i_2, 1′, 2′	1, 2, $\hat{i}_1$, N_R, +, u_{S2}, −, 1′, 2′	$\frac{i_2}{u_{S1}}=\frac{\hat{i}_1}{u_{S2}}$
互易定理 2	1, 2, i_{S1}, N_R, +, u_2, −, 1′, 2′	1, 2, +, $\hat{u}_1$, −, N_R, i_{S2}, 1′, 2′	$\frac{u_2}{i_{S1}}=\frac{\hat{u}_1}{i_{S2}}$
互易定理 3	1, 2, +, u_{S1}, −, N_R, +, u_2, −, 1′, 2′	1, 2, $\hat{i}_1$, N_R, i_{S2}, 1′, 2′	$\frac{u_2}{u_{S1}}=\frac{\hat{i}_1}{i_{S2}}$

互易定理 1:电路 1 的端口 1-1′接理想电压源,端口 2-2′短路,因此,$u_1=u_{S1}$,$u_2=0$;电路 2 的端口 1-1′短路,端口 2-2′接理想电压源,因此,$\hat{u}_1=0$,$\hat{u}_2=u_{S2}$。应用式(4-7-10)得

$$u_{S1}\hat{i}_1+0=0+u_{S2}i_2 \tag{4-7-14}$$

写为响应和激励的比值,见表 4-7-1 的变量关系,即电路 1、电路 2 的响应与激励之比相等。

互易定理 2:电路 1 的端口 1-1′接理想电流源,端口 2-2′开路,因此,$i_1=-i_{S1}$,$i_2=0$;电路 2 的端口 1-1′开路,端口 2-2′接理想电流源,因此,$\hat{i}_1=0$,$\hat{i}_2=-i_{S2}$。应用式(4-7-10)得

$$0+u_2(-i_{S2})=\hat{u}_1(-i_{S1})+0 \tag{4-7-15}$$

也写成响应与激励之比的形式,见表 4-7-1,还是电路 1、电路 2 的响应与激励之比相等。

互易定理 3:电路 1 的端口 1-1′接理想电压源,端口 2-2′开路,因此,$u_1=u_{S1}$,$i_2=0$;电路 2 的端口 1-1′开路,端口 2-2′接理想电流源,因此,$\hat{u}_1=0$,$\hat{i}_2=-i_{S2}$。应用式(4-7-10)得

$$u_{S1}\hat{i}_1+u_2(-i_{S2})=0+0 \tag{4-7-16}$$

仍然得到电路 1、电路 2 的响应与激励之比相等,见表 4-7-1。

将互易定理的 3 种情况归纳于表 4-7-1 中,便于对照。表 4-7-1 中的变量关系对应着电

路中变量的参考方向，应用互易定理时要特别注意选取正确的参考方向。变量关系有统一的规律，那就是电路 1 的响应与激励之比等于电路 2 的响应与激励之比。如果电路 1 的激励值等于电路 2 的激励值，则电路 1 的响应值也等于电路 2 的响应值，此时，电路 2 就是将电路 1 的激励和响应所处位置对调后的结果，称之为端口互易，互易定理因此得名，由线性电阻构成的二端口网络 N_R 被称为互易网络(reciprocity network)。

例 4-7-2 用互易定理求解例 4-7-1。

解：将图 4-7-4 中的电路 1、电路 2 改画成图 4-7-5 所示的电路 1、电路 2，虚线框内包含了 3 Ω、4 Ω 两个电阻的二端口网络还是由线性电阻构成的，为互易网络，应用互易定理 3 得

$$\frac{1.5\ \text{V}}{5\ \text{V}}=\frac{\hat{i}_1}{6\ \text{A}}$$

因此

$$\hat{i}_1=1.8\ \text{A}$$

$$\hat{u}_1=4\hat{i}_1=7.2\ \text{V}$$

这里用到的是互易定理 3。思考：能否用互易定理 1、互易定理 2 求解。

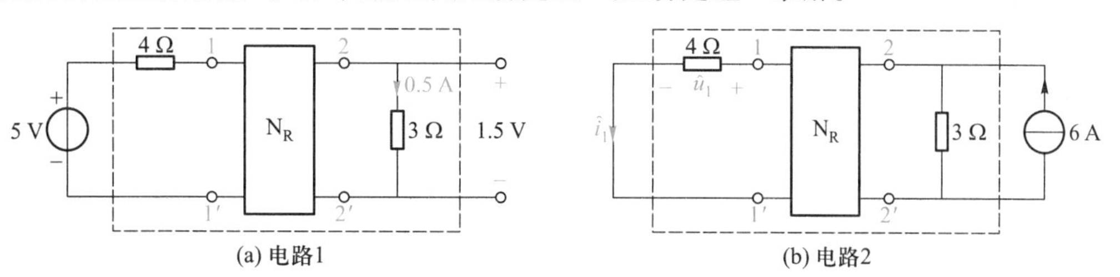

图 4-7-5 求解例 4-7-2 用图

目标 5 检测：互易定理应用

测 4-14 用互易定理求解测 4-13 题。

例 4-7-3 用互易定理计算图 4-7-6(a)所示电路中的电流 i。

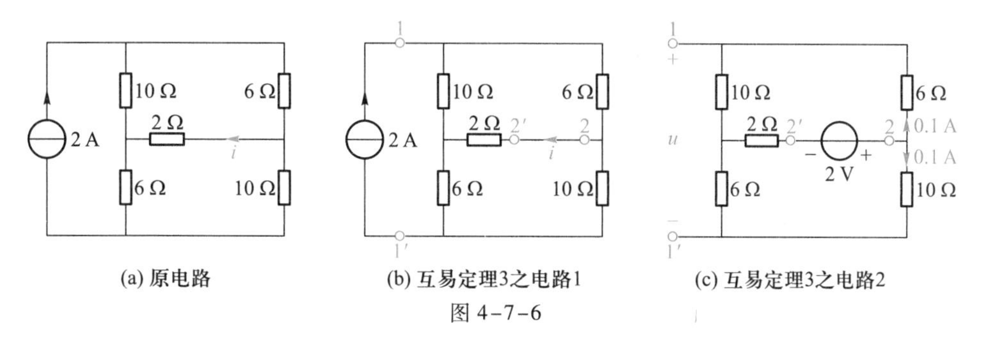

图 4-7-6

解：计算图 4-7-6(a)所示电路中的电流 i，可以应用戴维南定理，也可以应用互易定理，还可以应用网孔分析方程。这里应用互易定理来计算。

对图 4-7-6(a)标出端口 1-1′、端口 2-2′,如图 4-7-6(b)所示,端口 1-1′、端口 2-2′以外电路是一个由线性电阻构成的二端口网络,即互易网络。按照互易定理 3,将端口 1-1′、端口 2-2′所接支路互易,得到图 4-7-6(c)所示电路,图(c)中的 u 和图(b)中的 i 数值相等,即

$$i=u$$

计算图 4-7-6(c)中的 u 是很容易的。图(c)中,6 Ω 和 10 Ω 串联得 16 Ω,两个 16 Ω 并联得 8 Ω,8 Ω 和 2 Ω 串联得 10 Ω,电压源输出电流为 2 V/10 Ω=0.2 A,最右边 6 Ω 和 10 Ω 的电流都是 0.1 A,电压 u 为

$$u=(-6\times0.1+10\times0.1)\ \text{V}=0.4\ \text{V}$$

于是,图 4-7-6(a)所示电路中的电流 i 为

$$i=u=0.4\ \text{A}$$

目标 5 检测:互易定理应用

测 4-15 用互易定理计算测 4-15 图所示电路中的电流 i,并用戴维南定理验证结果。

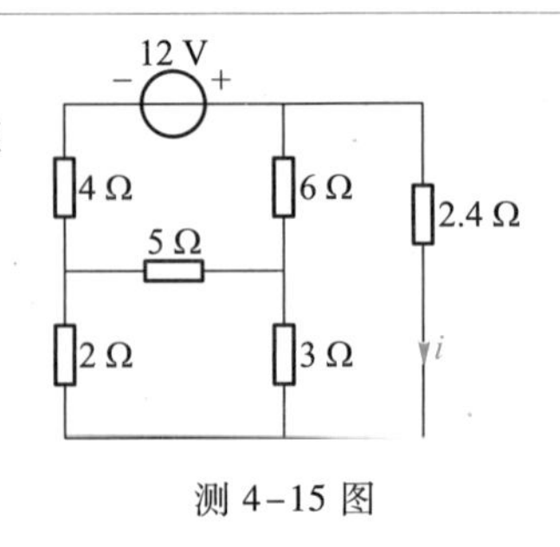

测 4-15 图

答案:1.2 A。

*4.8 电路定理综合运用

有些问题必须同时用到多个电路定理来分析,这类问题的分析具有一定的难度,能加深对电路定理的理解,提升综合运用能力。下面以例题形式论述替代定理、戴维南定理、叠加定理、互易定理综合运用方法。

例 4-8-1 图 4-8-1 所示电路中,N_R 为线性电阻构成的同一个二端口网络。图 4-8-1(a)中,$i_1=5$ A、$i_2=1$ A,求图 4-8-1(b)中的 $\hat{i}_1$。

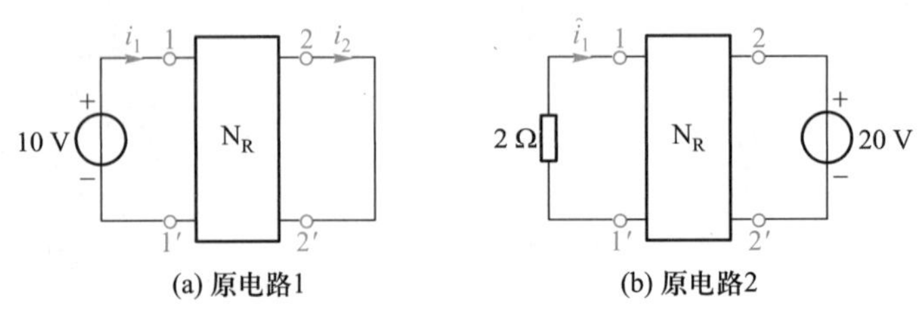

图 4-8-1

解:图 4-8-1 所示电路中,N_R 为线性电阻构成的二端口网络,互易定理、特勒根定理之似功

率守恒都适用。下面用 3 种方法分析本例。

方法 1:应用替代定理、叠加定理、互易定理。图 4-8-1(b)中 2 Ω 电阻的电压为 $2\hat{i}_1$,将 2 Ω 电阻用电压源替代,如图 4-8-2(a)所示。对图 4-8-2(a)应用叠加定理,得到图 4-8-2(b)和(c)。图 4-8-2(b)与图 4-8-1(a)相同,图 4-8-1(a)中,10 V 电压源激励下 $i_1=5$ A,图 4-8-2(b)中,$-2\hat{i}_1$ 电压源激励下 $i_1=\hat{i}_1'$,由线性特性得

$$\frac{10}{5}=\frac{-2\hat{i}_1}{\hat{i}_1'} \tag{4-8-1}$$

对图 4-8-2(c)和图 4-8-1(a)应用互易定理 1,得

$$\frac{10\ \text{V}}{1\ \text{A}}=\frac{20\ \text{V}}{-\hat{i}_1''} \tag{4-8-2}$$

解得

$$\hat{i}_1''=-2\ \text{A}$$

将 $\hat{i}_1-\hat{i}_1'+\hat{i}_1''=\hat{i}_1'-2$ 代入式(4-8-1)得

$$\frac{10}{5}=\frac{-2(\hat{i}_1'-2)}{\hat{i}_1'},\quad 即得\ \hat{i}_1'=1\ \text{A}$$

因此

$$\hat{i}_1=\hat{i}_1'+\hat{i}_1''=(1-2)\ \text{A}=-1\ \text{A}$$

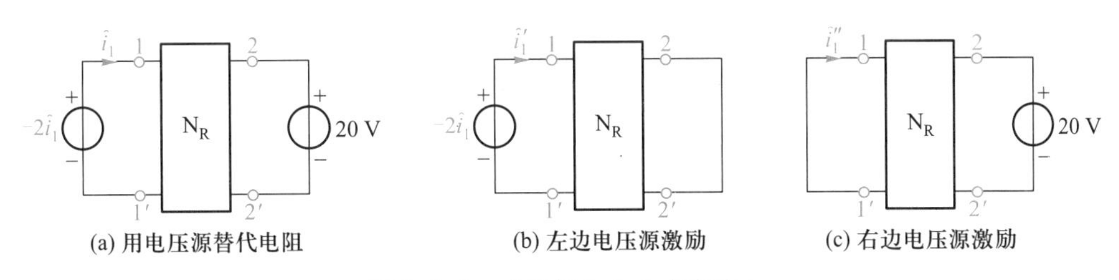

(a) 用电压源替代电阻 (b) 左边电压源激励 (c) 右边电压源激励

图 4-8-2 求解例 4-8-1 之方法 1

方法 2:应用戴维南定理、替代定理、互易定理。图 4-8-1(b)端口 1-1′右边电路为一端口网络,如图 4-8-3(a)中虚线框所示,将一端口网络等效为戴维南电路,如图 4-8-3(b)所示,确定了戴维南电路的参数,就能求得 $\hat{i}_1$。由图 4-8-3(c)计算等效电阻 R_{eq},对照图 4-8-1(a),已知 $i_1=5$ A,因此

$$R_{eq}=\frac{10}{i_1}=\frac{10}{5}\ \Omega=2\ \Omega$$

由图 4-8-3(d)计算开路电压 u_{OC}。为了计算 u_{OC},先将 4-8-1(a)中 10 V 电压源替代成 5 A 电流源(因已知 $i_1=5$ A),如图 4-8-3(e)所示(已知 $i_2=1$ A),对图 4-8-3(d)和(e)应用互易定理 3,得

$$\frac{20}{u_{OC}}=\frac{5}{i_2}=\frac{5}{1},\quad 即得\ u_{OC}=4\ \text{V}$$

回到图 4-8-3(b),由此

$$\hat{i}_1=-\frac{u_{OC}}{2+R_{eq}}=-\frac{4}{2+2}\ \mathrm{A}=-1\ \mathrm{A}$$

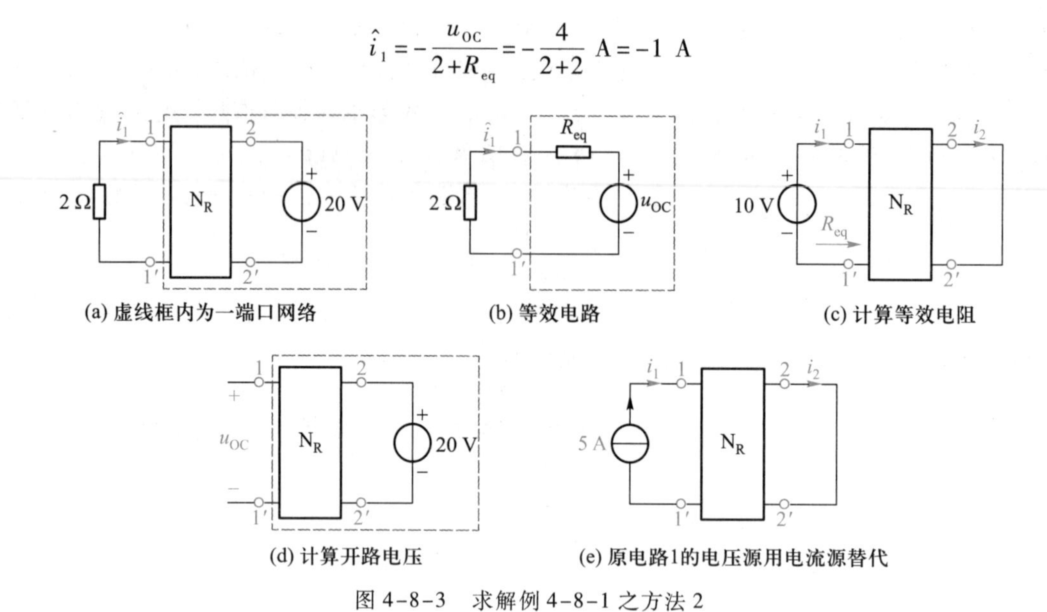

图 4-8-3　求解例 4-8-1 之方法 2

方法 3:应用特勒根定理之似功率守恒。为了正确写出似功率守恒方程,先要选定图 4-8-1 中两个电路端口支路的方向,如图 4-8-4 中黑色箭头所示,确保两个电路的有向图相同。在似功率守恒方程中,与支路方向相反的电压、电流前要加负号。图 4-8-4 的似功率守恒方程为

$$10\times(-\hat{i}_1)+0=(-i_1)(-2\hat{i}_1)+i_2\times 20$$

将 $i_1=5\ \mathrm{A}$、$i_2=1\ \mathrm{A}$ 代入,解得

$$\hat{i}_1=-1\ \mathrm{A}$$

i_1　1　2　i_2　10 V　N_R　1′　2′

$\hat{i}_1$　1　2　2 Ω　N_R　20 V　1′　2′

(a) 原电路1　　(b) 原电路2

图 4-8-4　求解例 4-8-1 之方法 3

目标 6 检测:电路定理综合运用

测 4-16　测 4-16 图所示电路中:N_R 为互易二端口网络;当 $R_L\to\infty$ 时,$i_1=2.4\ \mathrm{A}$,$u_2=24\ \mathrm{V}$;当 $R_L=0$ 时,$i_2=1.6\ \mathrm{A}$。确定 $R_L=5\ \Omega$ 时 i_1 和 i_2 的值。

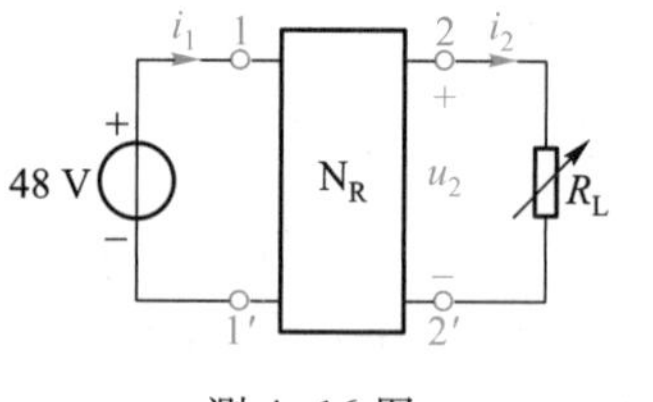

测 4-16 图

答案:$i_1=3\ \mathrm{A}$,　$i_2=1.2\ \mathrm{A}$。

例 4-8-2 图 4-8-5(a)所示电路中，N 为含独立电源的二端口线性电阻网络。当 $R_L=4\ \Omega$ 时，$i_1=1.5$ A，$u_2=4$ V；当 $R_L=12\ \Omega$ 时，$i_1=1.75$ A，$u_2=6$ V。确定 R_L 获得的最大功率以及 R_L 为何值时 $i_1=1.9$ A。

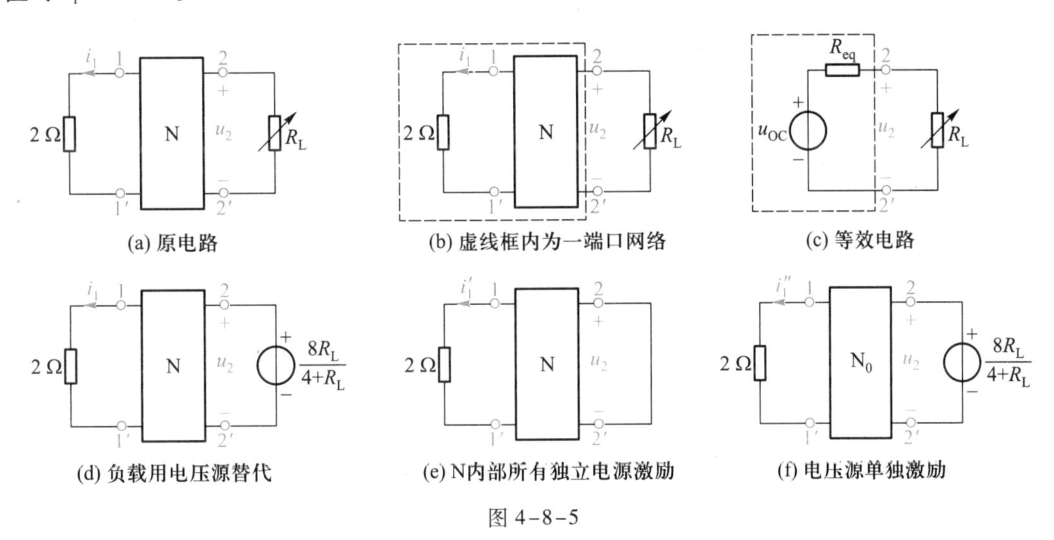

图 4-8-5

解：图 4-8-5(a)所示电路中，N 为含独立电源的二端口线性电阻网络，内部可能含有受控电源，因此，不适用于互易定理和特勒根定理之似功率守恒。为了确定 R_L 变化对 i_1、u_2 影响的规律，将 R_L 替代为随电阻值变化的独立电源。R_L 以外的电路为一端口网络，如图(b)中虚线框所示，将一端口网络等效为戴维南电路，得到图(c)所示电路，戴维南电路的参数可由已知条件确定。确定了戴维南电路的参数后，就可求得 R_L 的电压表达式，然后将 R_L 替代为电压源，再应用叠加定理，得出 i_1、u_2 随 R_L 变化的表达式。

由戴维南定理知，图 4-8-5(b)的等效电路如图(c)所示，由图(c)得

$$u_2=\frac{R_L u_{OC}}{R_{eq}+R_L} \tag{4-8-3}$$

分别将 $R_L=4\ \Omega$ 时 $u_2=4$ V 与 $R_L=12\ \Omega$ 时 $u_2=6$ V 代入上式，得

$$4=\frac{4u_{OC}}{R_{eq}+4},\quad 6=\frac{12u_{OC}}{R_{eq}+12}$$

解得

$$u_{OC}=8\ \text{V},\quad R_{eq}=4\ \Omega$$

因此，u_2 随 R_L 变化的表达式(4-8-3)写为

$$u_2=\frac{8R_L}{4+R_L} \tag{4-8-4}$$

由最大功率传输定理知，当 $R_L=4\ \Omega$ 时获得最大功率，最大功率

$$p_{L\max}=\frac{u_{OC}^2}{4R_{eq}}=\frac{8^2}{4\times4}\ \text{W}=4\ \text{W}$$

R_L 的电压 u_2 为式(4-8-4)，应用替代定理将 R_L 替代成独立电源，如图 4-8-5(d)所示。对图(d)应用叠加定理，分成 N 内部全部独立电源激励和端口 2-2′的电压源激励的叠加。N 内部

全部独立电源激励时，如图 4-8-5(e)所示，响应 i_1'不随 R_L 的变化而变化，为常数，即

$$i_1'=C$$

端口 2-2′的电压源激励时，如图 4-8-5(f)所示，响应 i_1''与电压源构成齐次线性关系，即

$$i_1''=k\times\frac{8R_L}{4+R_L}\quad (k\text{ 为常数})$$

叠加得

$$i_1=i_1'+i_1''=C+k\times\frac{8R_L}{4+R_L}\tag{4-8-5}$$

分别将 $R_L=4\ \Omega$ 时 $i_1=1.5$ A 与 $R_L=12\ \Omega$ 时 $i_1=1.75$ A 代入上式，得

$$1.5=C+k\times\frac{8\times4}{4+4},\quad 1.75=C+k\times\frac{8\times12}{4+12}$$

解得 $C=1$，$k=0.125$。由此，i_1 随 R_L 变化的表达式(4-8-5)写为

$$i_1=1+0.125\times\frac{8R_L}{4+R_L}\tag{4-8-6}$$

要使 $i_1=1.9$ A，则

$$1.9=1+0.125\times\frac{8R_L}{4+R_L}$$

$$R_L=36\ \Omega$$

目标 6 检测：电路定理综合运用

测 4-17 测 4-17 图所示电路中，N 由独立电源和线性电阻构成。已知：虚线框所示一端口网络的戴维南等效电阻为 R_{eq}；当 $R_2\to\infty$ 时，$i_1=I_0$；当 $R_2=0$ 时，$i_1=I_S$。确定 R_2 取任意值时 i_1 的表达式。

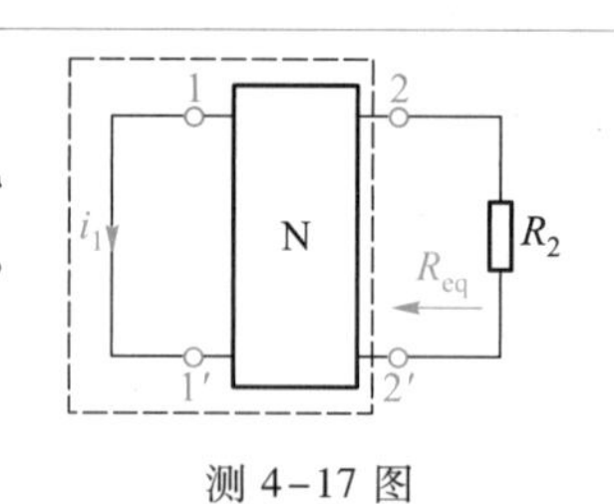

测 4-17 图

答案：$i_1=I_S+(I_0-I_S)\dfrac{R_2}{R_2+R_{eq}}$。

例 4-8-3 图 4-8-6 所示电路中，N 由独立电源和线性电阻构成。在图(a)中，当 $i_S=0$ 时，$u_1=2$ V，$i_2=1$ A；当 $i_S=6$ A 时，$i_2=3$ A。求图(b)中的 $\hat{u}_1$。

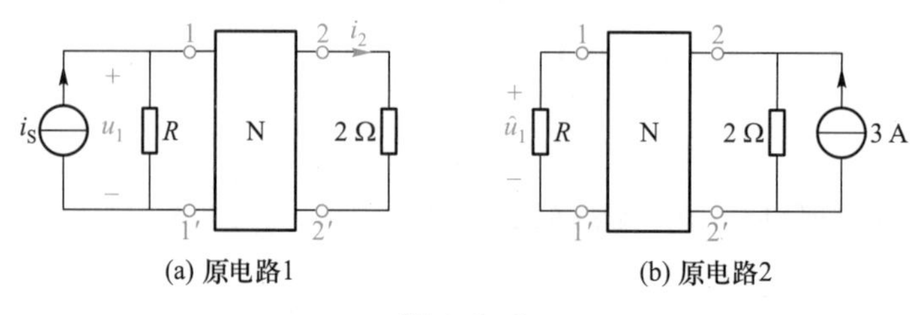

(a) 原电路1 (b) 原电路2

图 4-8-6

解：N 由独立电源和线性电阻构成，在内部独立电源全部置零后，才适用于互易定理和特勒

根定理之似功率守恒。用叠加定理、互易定理分析。

方法 1：为了论述方便，将题目给出的已知条件用电路表示。$i_S=0$ 时 $u_1=2\ \mathrm{V}$、$i_2=1\ \mathrm{A}$ 的条件用图 4-8-7(a)表示，$i_S=6\ \mathrm{A}$ 时 $i_2=3\ \mathrm{A}$ 的条件用图(b)表示。对图(b)应用叠加定理，结合图(a)可得出 6 A 电流源单独激励时流过 2 Ω 电阻的电流，如图(c)所示。已知条件能提供的信息就由图 4-8-7(a)、(b)、(c)表示了。

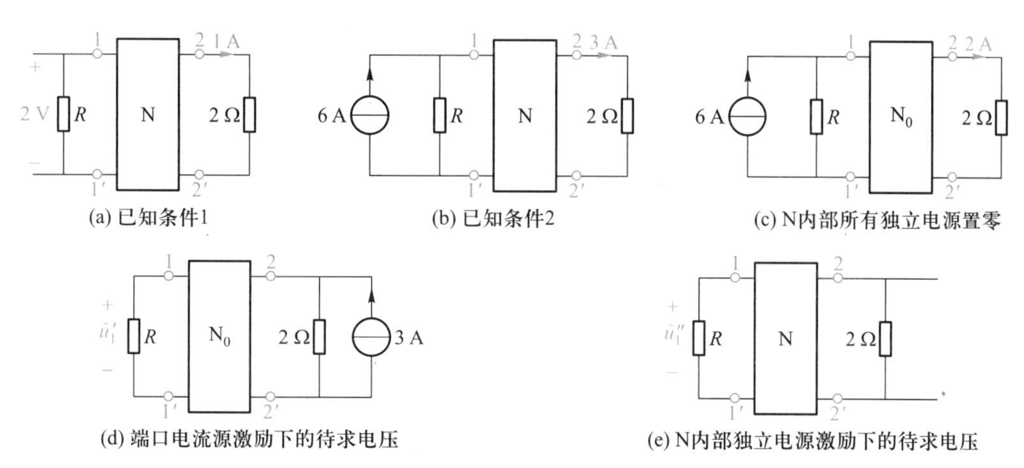

图 4-8-7 求解例 4-8-3 之方法 1

要确定图 4-8-6(b)中的 $\hat{u}_1$，应用叠加定理，图 4-8-6(b)为图 4-8-7(d)和(e)的叠加。图 4-8-7(c)中 2 Ω 电阻的电压为 4 V，对图 4-8-7(c)和(d)应用互易定理 2，得

$$\frac{6\ \mathrm{A}}{4\ \mathrm{V}}=\frac{3\ \mathrm{A}}{\hat{u}_1'}$$

$$\hat{u}_1'=2\ \mathrm{V}$$

图 4-8-7(e)与图(a)完全相同，因此

$$\hat{u}_1''=2\ \mathrm{V}$$

$$\hat{u}_1=\hat{u}_1'+\hat{u}_1''=4\ \mathrm{V}$$

方法 2：将图 4-8-6(a)、(b)综合成图 4-8-8，题目给定已知条件为：

当 $i_{S1}=0$、$i_{S2}=0$ 时，　$u_1=2\ \mathrm{V}$、$u_2=2\ \mathrm{V}$；

当 $i_{S1}=6\ \mathrm{A}$、$i_{S2}=0$ 时，　u_1 未知、$u_2=6\ \mathrm{V}$；

要确定：当 $i_{S1}=0$、$i_{S2}=3\ \mathrm{A}$ 时，$u_1=?$ 由线性特性和叠加定理得

$$u_1=k_1 i_{S1}+C+k_2 i_{S2}$$

$$u_2=h_1 i_{S1}+D+h_2 i_{S2}$$

其中：C、D 为仅由 N 内部独立电源激励下的响应 u_1、u_2。将已知条件代入上面两式，得

$$2=k_1\times0+C+k_2\times0$$

$$2=h_1\times0+D+h_2\times0$$

$$6=h_1\times6+D+h_2\times0$$

解得

$$C=2\ \mathrm{V}、\quad D=2\ \mathrm{V}、\quad h_1=\frac{2}{3}\ \mathrm{V/A}$$

由于 $k_2 i_{S2}$ 是 i_{S2} 单独激励时的 u_1，$h_1 i_{S1}$ 是 i_{S1} 单独激励时的 u_2，图 4-8-8 中虚线框内网络在内部独立电源置零后是互易网络，由互易定理 2 得

$$k_2 = h_1 = \frac{2}{3}\ \text{V/A}$$

于是，当 $i_{S1}=0$、$i_{S2}=3$ A 时，有

$$u_1 = k_1 i_{S1} + C + k_2 i_{S2} = \left(k_1 \times 0 + 2 + \frac{2}{3}\times 3\right)\ \text{V} = 4\ \text{V}$$

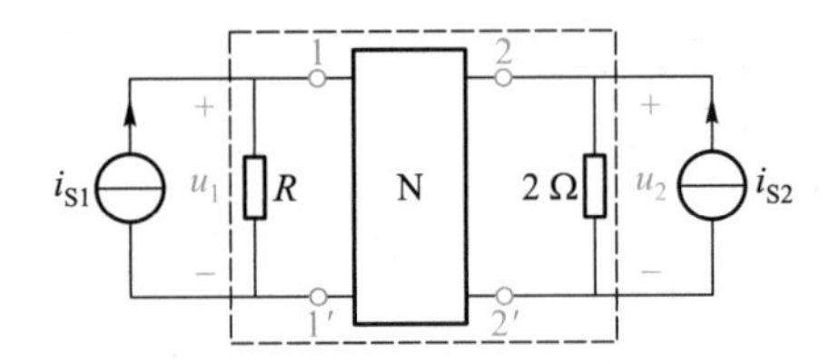

图 4-8-8　求解例 4-8-3 之方法 2

目标 6 检测：电路定理综合运用

测 4-18　测 4-18 图所示电路中，N 由独立电源和线性电阻构成。图(a)中：当 $u_S=0$ 时，$i_1=1$ A、$u_2=2$ V；当 $u_S=6$ V 时，$u_2=8$ V。确定图(b)中的电流 $\hat{i}_1$。

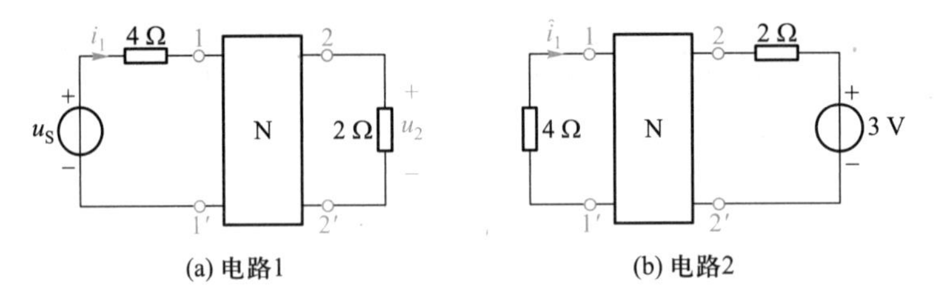

(a) 电路1　　(b) 电路2

测 4-18 图

答案：$\hat{i}_1=-0.5$ A。

例 4-8-4　图 4-8-9(a)所示电路中，当 $u_S=0$ 时，$i_1=0$、$i_2=1$ A；当 $u_S=5$ V 时，$i_1=0.2$ A、$i_2=1.4$ A。求当 $u_S=10$ V 且 R 减小 5 Ω 时，i_2 的值。

解：图 4-8-9(a)所示电路中，除电压源外，各元件的参数未知，将感兴趣的两条支路抽出，电路等价为图(b)，N 由独立电源和线性电阻构成。应用替代定理、叠加定理、戴维南定理分析图(b)。

将图 4-8-9(b)中端口 1-1′的支路替代为电流源 i_1，如图(c)所示。对图(c)应用叠加定理，在 N 内部独立电源激励下的响应 i_2' 不随 u_S、R 的变化而变化，为常数，即

$$i_2' = C$$

1-1′端口电流源单独激励的响应 i_2'' 与电流源构成齐次线性关系，即

$$i_2'' = k \times i_1$$

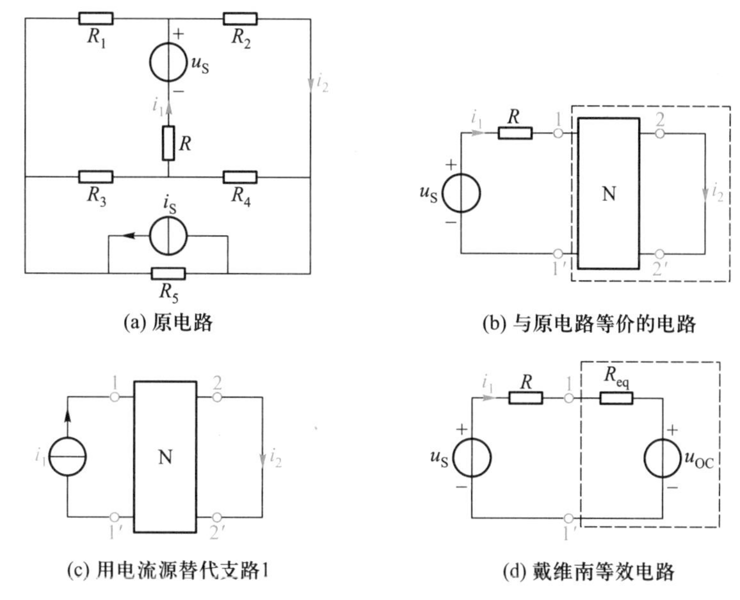

(a) 原电路

(b) 与原电路等价的电路

(c) 用电流源替代支路1

(d) 戴维南等效电路

图 4-8-9

因此

$$i_2=i_2'+i_2''=C+k\times i_1 \tag{4-8-7}$$

分别将 $u_S=0$ 时 $i_1=0$、$i_2=1$ A 及 $u_S=5$ V 时 $i_1=0.2$ A、$i_2=1.4$ A 代入上式，得

$$1=C+k\times 0,\quad 1.4=C+k\times 0.2$$

解得

$$C=1,\quad k=2$$

将 $C=1$、$k=2$ 代入式(4-8-7)，得到 i_2 和 i_1 的关系，为

$$i_2=1+2\times i_1 \tag{4-8-8}$$

图 4-8-9(b)中，虚线框内为一端口网络，等效为戴维南支路，如图(d)所示，由此得到 i_1 和 u_S、R 的关系式，为

$$i_1=\frac{u_S-u_{OC}}{R+R_{eq}} \tag{4-8-9}$$

分别将 $u_S=0$ 时 $i_1=0$ 及 $u_S=5$ V 时 $i_1=0.2$ A 代入上式得

$$0=\frac{-u_{OC}}{R+R_{eq}},\quad 0.2=\frac{5-u_{OC}}{R+R_{eq}}$$

解得

$$u_{OC}=0,\quad R+R_{eq}=25\ \Omega$$

当 $u_S=10$ V 且 R 减小 5 Ω 时，由式(4-8-9)及 $u_{OC}=0$、$R+R_{eq}=25\ \Omega$ 得

$$i_1=\frac{10-0}{25-5}\ \text{A}=0.5\ \text{A}$$

由 i_2 和 i_1 的关系式(4-8-8)得

$$i_2=1+2\times i_1=(1+2\times 0.5)\ \text{A}=2\ \text{A}$$

目标6检测:电路定理综合运用

测4-19 测4-19图所示电路中,N由独立电源和线性电阻构成。图(a)中,2-2′端口开路:当$i_S=1$ A时,$u_1=18$ V、$u_2=8$ V;当$i_S=2$ A时,$u_1=30$ V、$u_2=14$ V。确定图(b)所示电路1-1′端口的戴维南等效电路。

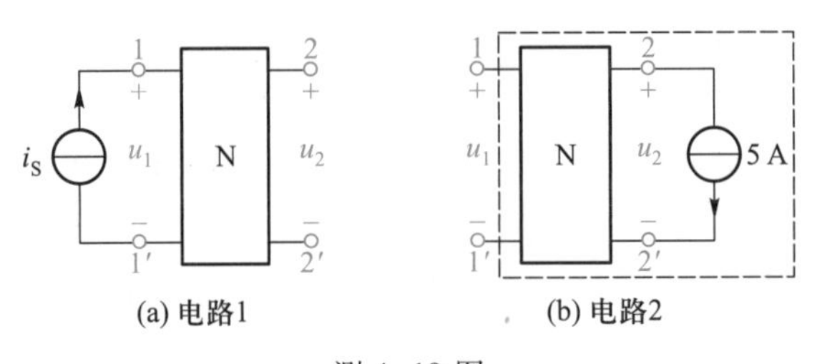

(a) 电路1　　(b) 电路2

测4-19图

答案:$u_{1OC}=-24$ V, $R_{eq}=12$ Ω。

4.9 拓展与应用

实际直流电源是常用的电工仪表和设备。电路参数变化对电路响应的影响分析是电路设计必备的知识。本节内容包含工程实际中一些非常重要的概念。

4.9.1 实际直流电源

实际直流电源是一个电子装置,如图4-9-1所示,它能对外提供1路或多路恒定电压(为直流电压源时)或恒定电流(为直流电流源时)。作为戴维南定理和诺顿定理应用的实例,下面讨论实际直流电源的电路模型、负载效应和参数测定。

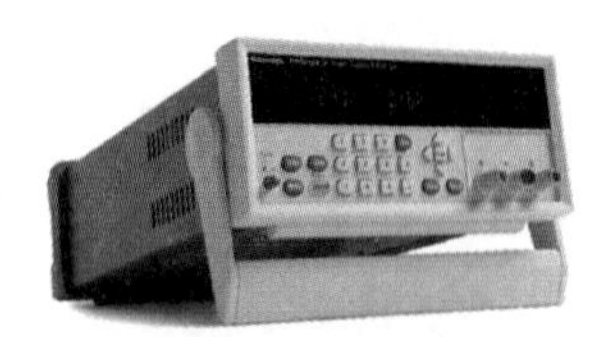

(a) 1路输出直流电源

(b) 可编程多路输出直流电源

图4-9-1 实际直流电源(图片来源:http://cn.tek.com)

1. 电路模型

实际直流电压源对外提供的电压会随所接负载的变化而变化,无论实际直流电压源内部结构如何,其电路模型为戴维南电路,如图4-9-2(a)所示,R_S为电压源内阻,$U_S=U|_{I=0}$,为空载电压。内阻R_S越小越好,若$R_S\to 0$,就是理想电压源了。

实际直流电流源对外提供的电流也会随所接负载的变化而变化,其电路模型为诺顿电路,

如图 4-9-2(b)所示,R_p 就是电流源的内阻,$I_S=I|_{U=0}$,为空载电流。R_p 越大越好,若 $R_p\to\infty$,即为理想电流源。

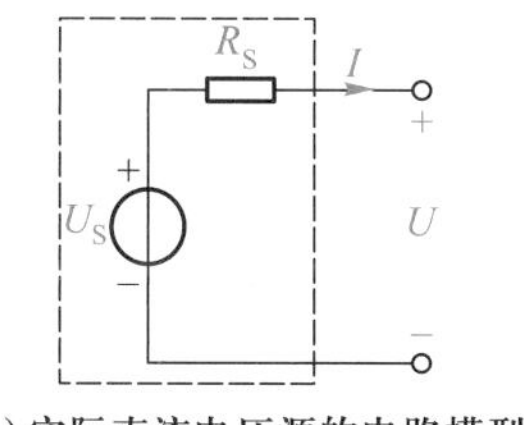

(a) 实际直流电压源的电路模型

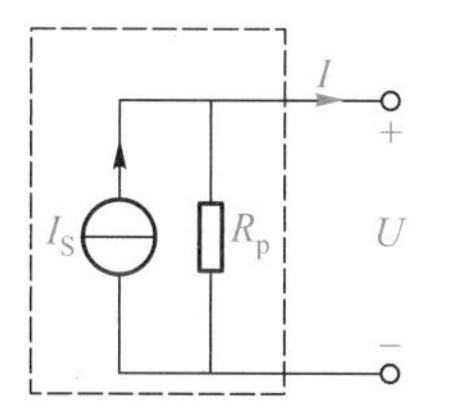

(b) 实际直流电流源的电路模型

图 4-9-2　实际直流电源的电路模型

2. 负载效应

图 4-9-3(a)所示带负载 R_L 的实际直流电压源,负载电压

$$U=\frac{R_L}{R_S+R_L}U_S \tag{4-9-1}$$

U 随 R_L 变化的曲线如图(b)所示。只有当 $R_L\gg R_S$ 时,才有 $U\to U_S$,否则 $U<U_S$。实际直流电压源带上负载时,输出电压低于空载电压的现象称为负载效应。在图(b)中,当 $R_L\geqslant100R_S$ 时,$\frac{|U-U_S|}{U_S}\leqslant1\%$。

图 4-9-3(c)所示带负载 R_L 的实际直流电流源,负载电流

$$I=\frac{R_p}{R_p+R_L}I_S \tag{4-9-2}$$

I 随 R_L 变化的曲线如图(d)所示。只有当 $R_L\ll R_p$ 时,才有 $I\to I_S$,否则 $I<I_S$,这就是负载效应。当 $R_L\leqslant0.01R_p$ 时,$\frac{|I-I_S|}{I_S}\leqslant1\%$。

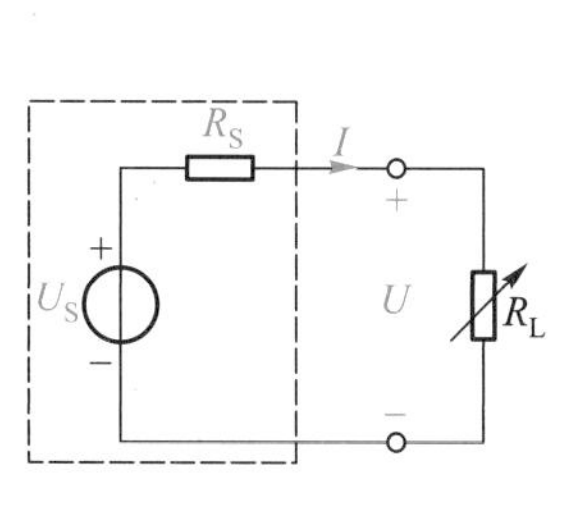

(a) 带负载的实际直流电压源

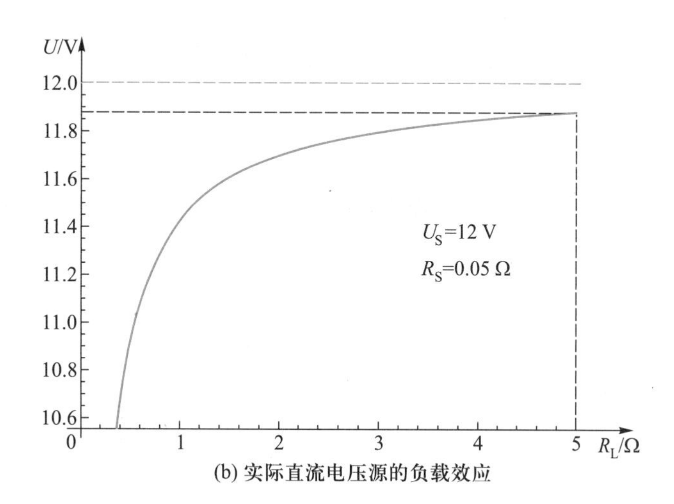

(b) 实际直流电压源的负载效应

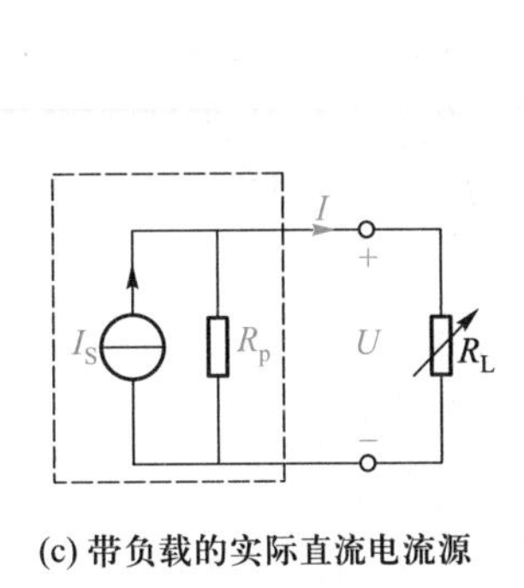

(c) 带负载的实际直流电流源

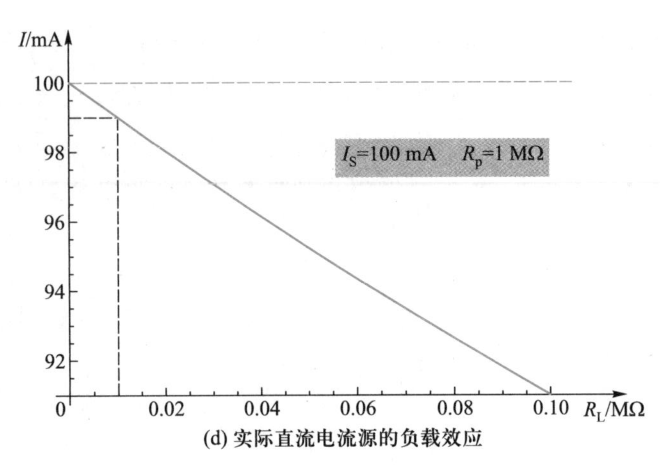

(d) 实际直流电流源的负载效应

图 4-9-3 带负载的实际直流电源

3. 参数测定

如何测量实际直流电压源的空载电压 U_S 和内阻 R_S、实际直流电流源的空载电流 I_S 和内阻 R_p 呢?

图 4-9-4(a)所示为测量实际直流电源端口 $U-I$ 特性的电路,实际直流电源带上可调电阻负载,用直流电压表 V 测量负载电压 U、直流电流表 A 测量负载电流 I,调节 R_L,将不同 R_L 值下的 U、I 值绘制于 $U-I$ 坐标系中,用最小二乘法将这些点拟合成直线,就是实际直流电源的端口 $U-I$ 特性。图(b)为电压源的 $U-I$ 特性,由此可得空载电压 U_S 和内阻 R_S。图(c)为电流源的 $U-I$ 特性,由此可得空载电流 I_S 和内阻 R_p。

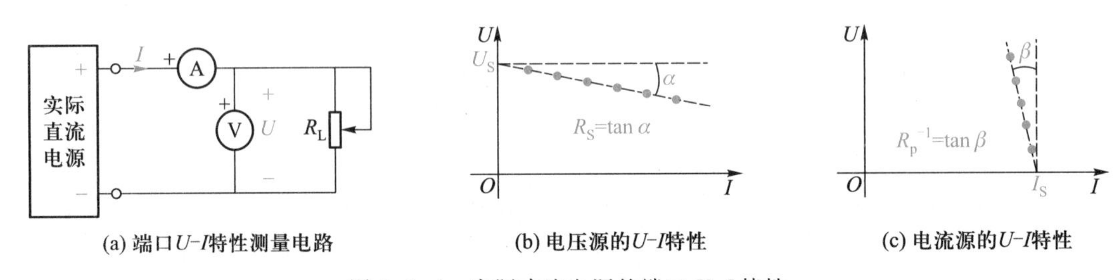

(a) 端口$U-I$特性测量电路 (b) 电压源的$U-I$特性 (c) 电流源的$U-I$特性

图 4-9-4 实际直流电源的端口 $U-I$ 特性

在测量实际直流电压源的 $U-I$ 特性时,要避免因 R_L 过小导致电压源的电流超出其允许范围。在测量实际直流电流源的 $U-I$ 特性时,要避免因 R_L 过大导致电流源的电压超出其允许范围。

4.9.2 器件参数误差对电路的影响

在建立实际电路的电路模型时,认为实际电路中所有器件标称的参数是精确的、不变的。事实上,器件参数的实际值与其标称值之间存在误差。例如:标称值为 100 Ω、精度为 5% 的电阻,其实际值分布在 100×0.95 ~ 100×1.05 Ω 范围内。市场上可以购买到 5% 精度的普通电阻和 1% 精度的精密电阻。另外,实际电路在使用过程中,器件老化、环境温度变化也会导致器件参数的实际值偏离标称值。

器件参数偏离了标称值,会导致电路的响应偏离按标称值计算得到的结果,也就是说,实际响应值与设计预期的响应值存在偏差。设计电路时,需要分析每一个器件的参数偏差对响应的影响程度,称为灵敏度分析。参数偏差对响应影响显著的器件,要选用精密器件,从而将响应值控制在可以接受的范围内,获得期望的电路性能。

以图 4-9-5 所示电路来进一步说明灵敏度的概念及其分析方法。电路的响应为 u,由结点分析法得

$$\left(\frac{1}{R_1}+\frac{1}{R_2}\right)u=\frac{1}{R_1}u_S+i_S$$

$$u=\frac{R_2}{R_1+R_2}u_S+\frac{R_1R_2}{R_1+R_2}i_S \tag{4-9-3}$$

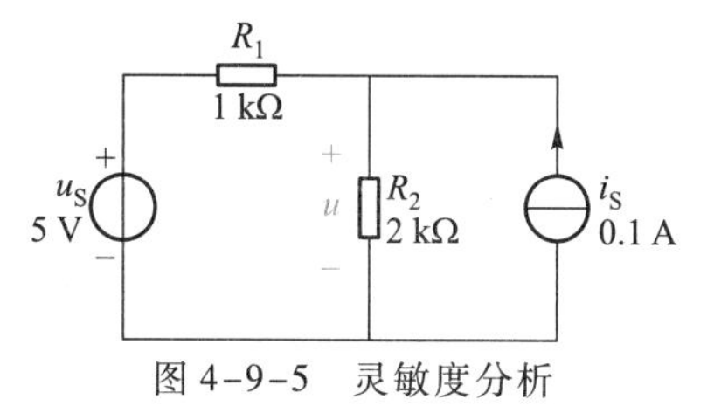

图 4-9-5 灵敏度分析

计算当 R_1 变为 $R_1+\Delta R_1$ 时,u 的变化 Δu,要用到泰勒公式。泰勒公式为

$$f(x)=f(x_0)+f'(x_0)(x-x_0)+\frac{f''(x_0)}{2!}(x-x_0)^2+\cdots \tag{4-9-4}$$

当 $x-x_0$ 足够小时,略去含 $x-x_0$ 的二次方及以上次方的项,得

$$f(x)\approx f(x_0)+f'(x_0)(x-x_0)$$

由 $x-x_0$ 导致 $f(x)$ 变化量

$$\Delta f=f(x)-f(x_0)\approx f'(x_0)(x-x_0) \tag{4-9-5}$$

将式(4-9-5)应用到图 4-9-5 所示电路中,当 R_1 变为 $R_1+\Delta R_1$ 时,u 的变化量为

$$\Delta u|_{R_1}\approx\frac{\partial u}{\partial R_1}\Delta R_1 \tag{4-9-6}$$

$\frac{\Delta u|_{R_1}}{\Delta R_1}$就是响应 u 对参数 R_1 的灵敏度,它约等于 u 对 R_1 的导数,即

$$\boxed{\frac{\Delta u|_{R_1}}{\Delta R_1}\approx\frac{\partial u}{\partial R_1}} \tag{4-9-7}$$

将式(4-9-3)及图 4-9-5 中的参数代入上式,得到响应 u 对参数 R_1 的灵敏度

$$\frac{\partial u}{\partial R_1}=\frac{-R_2u_S}{(R_1+R_2)^2}+\frac{R_2^2i_S}{(R_1+R_2)^2}=\left[\frac{-2\times10^3\times5}{(3\times10^3)^2}+\frac{(2\times10^3)^2\times0.1}{(3\times10^3)^2}\right]\ \text{V/Ω}=\frac{13}{300}\ \text{V/Ω}$$

依此类推,响应 u 对其他参数的灵敏度为

$$\boxed{\frac{\Delta u|_{R_2}}{\Delta R_2}\approx\frac{\partial u}{\partial R_2}} \tag{4-9-8}$$

$$\frac{\partial u}{\partial R_2}=\frac{R_1u_S}{(R_1+R_2)^2}+\frac{R_1^2i_S}{(R_1+R_2)^2}=\left[\frac{10^3\times5}{(3\times10^3)^2}+\frac{(10^3)^2\times0.1}{(3\times10^3)^2}\right]\ \text{V/Ω}=\frac{7}{600}\ \text{V/Ω}$$

$$\boxed{\frac{\Delta u|_{u_S}}{\Delta u_S}\approx\frac{\partial u}{\partial u_S}} \tag{4-9-9}$$

$$\frac{\partial u}{\partial u_S}=\frac{R_2}{R_1+R_2}=\frac{2\times10^3}{3\times10^3}=\frac{2}{3}$$

$$\boxed{\frac{\Delta u|_{i_S}}{\Delta i_S}\approx\frac{\partial u}{\partial i_S}} \tag{4-9-10}$$

$$\frac{\partial u}{\partial i_S}=\frac{R_1R_2}{R_1+R_2}=\frac{10^3\times 2\times 10^3}{3\times 10^3}\ \text{V/A}=\frac{2000}{3}\ \text{V/A}$$

响应对参数的偏导数就是响应对参数的灵敏度。但是，获得复杂电路响应的表达式是极其不易的，偏导数计算也非常繁琐，我们对图 4-9-5 所示简单电路用此方法来理解灵敏度概念，但不能用这种方法计算复杂电路的灵敏度，进一步的讨论放在 19.6 节。幸运的是，电路计算机分析软件 PSpice、Multisim 都有灵敏度分析功能，理解灵敏度概念及其计算方法，就能利用软件进行灵敏度分析。

回到图 4-9-5 中，按照参数的标称值计算响应，由式(4-9-3)得

$$u=\frac{R_2}{R_1+R_2}u_S+\frac{R_1R_2}{R_1+R_2}i_S=\left(\frac{2\times 10^3}{3\times 10^3}\times 5+\frac{10^3\times 2\times 10^3}{3\times 10^3}\times 0.1\right)\ \text{V}=70\ \text{V}$$

假定 R_1 增大 10%，即 $\Delta R_1=0.1\ \text{k}\Omega$、$R_1=1.1\ \text{k}\Omega$，其他参数精确，响应则为 $u\approx 70\ \text{V}+\Delta u|_{R_1}$，前面已求得灵敏度 $\frac{\partial u}{\partial R_1}=\frac{13}{300}\ \text{V}/\Omega$，因此

$$u\approx 70+\Delta u|_{R_1}=70+\frac{\partial u}{\partial R_1}\times\Delta R_1=\left(70+\frac{39}{900}\times 0.1\times 10^3\right)\ \text{V}=\left(70+\frac{13}{3}\right)\ \text{V}=74.33\ \text{V}$$

R_1 增大 10% 导致 u 增大了 4.33 V(6.19%)。74.33 V 这个结果是近似的，可将 $R_1=1.1\ \text{k}\Omega$、其他参数不变的条件代入式(4-9-3)来计算精确值，有

$$u=\frac{R_2}{R_1+R_2}u_S+\frac{R_1R_2}{R_1+R_2}i_S=\left(\frac{2\times 10^3}{3.1\times 10^3}\times 5+\frac{10^3\times 2\times 10^3}{3.1\times 10^3}\times 0.1\right)\ \text{V}=74.19\ \text{V}$$

74.19 V 是精确值，74.33 V 是近似值，二者的差别缘于对泰勒级数的近似处理时，ΔR_1 不是足够小。

假定 R_2 减小 1%，即 $\Delta R_2=-0.02\ \text{k}\Omega$、$R_2=1.98\ \text{k}\Omega$，其他参数精确，响应则为 $u\approx 70\ \text{V}+\Delta u|_{R_2}$，前面已求得灵敏度 $\frac{\partial u}{\partial R_2}=\frac{7}{600}\ \text{V}/\Omega$，因此

$$u\approx 70+\Delta u|_{R_2}=70+\frac{\partial u}{\partial R_2}\times\Delta R_2=\left[70+\frac{7}{600}\times(-0.02\times 10^3)\right]\ \text{V}=\left(70-\frac{7}{30}\right)\ \text{V}=69.77\ \text{V}$$

R_2 减小 1% 导致 u 减小了 0.23 V(0.33%)。我们还是将 $R_2=1.98\ \text{k}\Omega$、其他参数不变的条件代入式(4-9-3)来计算精确值，有

$$u=\frac{R_2}{R_1+R_2}u_S+\frac{R_1R_2}{R_1+R_2}i_S=\left(\frac{1.98\times 10^3}{2.98\times 10^3}\times 5+\frac{10^3\times 1.98\times 10^3}{2.98\times 10^3}\times 0.1\right)\ \text{V}=69.76\ \text{V}$$

69.77 V 是精确值，69.76 V 是近似值，几乎没有差别，这是因为 ΔR_2 足够小。显然，当参数变化越小，由灵敏度分析得出的响应的近似误差就越小。

假定 R_1 增大 5%($\Delta R_1=0.05\ \text{k}\Omega$)、$R_2$ 减小 4%($\Delta R_2=-0.08\ \text{k}\Omega$)、其他参数精确，响应则为 $u\approx 70\ \text{V}+\Delta u|_{R_1}+\Delta u|_{R_2}$，即

$$u\approx 70+\frac{\partial u}{\partial R_1}\times\Delta R_1+\frac{\partial u}{\partial R_2}\times\Delta R_2=\left[70+\frac{13}{300}\times 0.05\times 10^3+\frac{7}{600}\times(0.08\times 10^3)\right]\ \text{V}=71.23\ \text{V}$$

精确值为

$$u=\frac{R_2}{R_1+R_2}u_S+\frac{R_1R_2}{R_1+R_2}i_S=\left[\frac{1.92\times 10^3}{(1.05+1.92)\times 10^3}\times 5+\frac{1.05\times 10^3\times 1.92\times 10^3}{(1.05+1.92)\times 10^3}\times 0.1\right]\ \text{V}=71.11\ \text{V}$$

PSpice 软件提供两种类型的灵敏度计算。一种是单位灵敏度计算,给出参数在标称值上增大 1 个单位(电阻为 1 Ω、电压源为 1 V、电流源为 1 A)时的响应增量;另一种是 1% 灵敏度计算,给出参数增大标称值的 1% 时的响应增量。在满足参数变化量足够小的条件下,对于线性电路,参数增大 n 个单位时的响应增量等于单位灵敏度的响应增量的 n 倍,参数增大 n% 的响应增量等于 1% 灵敏度的响应增量的 n 倍,多个参数同时变化时的响应增量等于各参数单独变化时的响应增量的叠加。

习题 4

线性特性与线性电路(4.2 节)

4-1 计算题 4-1 图中 u_S 分别取 36 V、27 V 时的电压 u_2。

4-2 计算题 4-2 图中 u_S 分别取 20 V、15 V 时的电流 i_1、i_2。

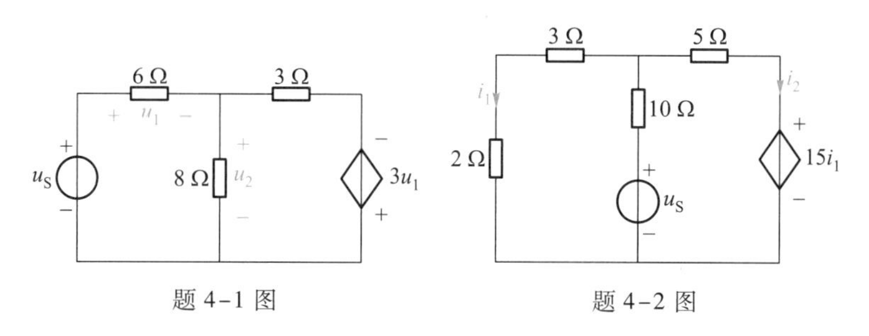

题 4-1 图　　题 4-2 图

4-3 计算题 4-3 图中 i_S 分别为 6 A、1.5 A 时的电压 u_1、u_2。

4-4 题 4-4 图所示电路,(1)当 $u_S=264$ V 时,计算 i_x、u_O;(2)若要 $i_x=3$ A,u_S 要取何值?此时 u_O 等于多少?

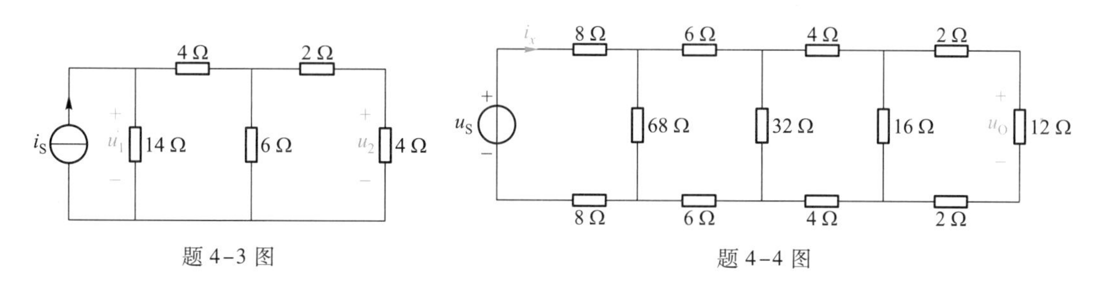

题 4-3 图　　题 4-4 图

叠加定理(4.3 节)

4-5 用叠加定理确定题 4-5 图中的 u_x,并计算 2 Ω 消耗的功率。

4-6 用叠加定理确定题 4-6 图中的 u_x,并用结点分析法校验结果。你认为哪个方法较好?

4-7 用叠加定理确定题 4-7 图中的 u,并用结点分析法校验结果。你认为哪个方法较好?

4-8 用叠加定理确定题 4-8 图中的 u_x,并用结点分析法校验结果。

4-9 用叠加定理确定题 4-9 图中的 i_x:(1)当 $u_S=60$ V、$i_S=5$ A 时;(2)当 $u_S=-30$ V、$i_S=3$ A 时。

4-10 (1)题 4-10 图所示电路中,$u_S=30$ V、$i_{S1}=1$ A、$i_{S2}=2$ A,用叠加定理求 i_x;(2)你认为还有更简单的方法求 i_x 吗?如果有,用它校验(1)的结果;(3)若还需求出 $u_S=10$ V、$i_{S1}=2$ A、$i_{S2}=1$ A 时的 i_x,最好的方法是什么?确定此时的 i_x。

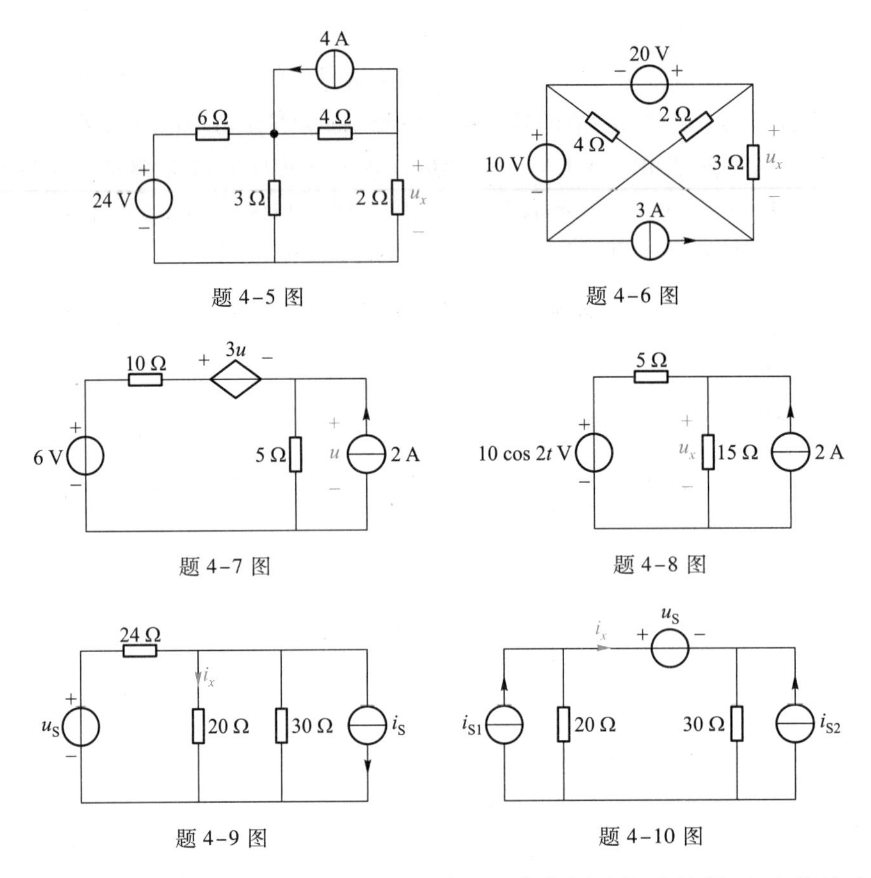

题 4-5 图　题 4-6 图

题 4-7 图　题 4-8 图

题 4-9 图　题 4-10 图

4-11 (1)用叠加定理确定题 4-11 图中的 u_x;(2)用网孔分析法检验结果;(3)你认为对题 4-11 图所示含受控源电路哪种方法更简单？说明理由。

4-12 题 4-12 图所示电路中：当 $u_S=10$ V、$i_S=0$ 时，$u_x=4$ V；当 $u_S=5$ V、$i_S=1$ A 时，$u_x=7$ V。确定以下情况下的 u_x:(1)当 $u_S=5$ V、$i_S=0$ 时；(2)当 $u_S=0$、$i_S=1$ A 时；(3)当 $u_S=50$ V、$i_S=5$ A 时；(4)写出 u_x 用 u_S、i_S 表示的函数，并用此函数校验(1)~(3)的结果。

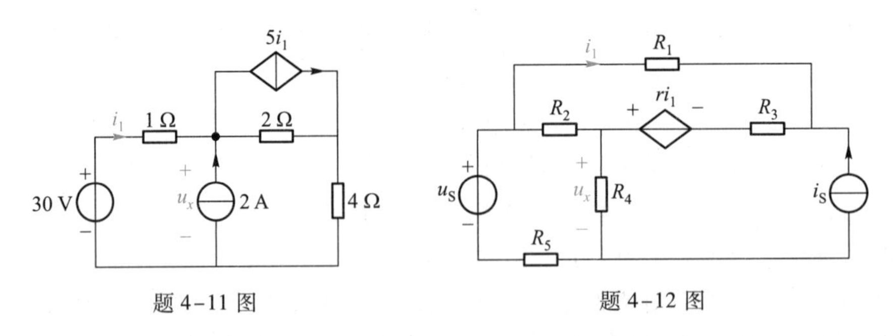

题 4-11 图　题 4-12 图

4-13 确定题 4-13 图中的 i_x:(1)当 $u_{S1}=24$ V、$i_S=4$ A、$u_{S2}=60$ V 时；(2)写出 i_x 用 u_{S1}、i_S、u_{S2} 表示的函数。

4-14 题 4-14 图所示电路中，N 由线性电阻构成。当 $u_S=10$ V、$i_S=1$ A 时，$u_x=18$ V；当 $u_S=2$ V、$i_S=5$ A 时，$u_x=30$ V。确定以下情况下的 u_x:(1)当 $u_S=0$、$i_S=1$ A 时；(2)当 $u_S=1$ V、$i_S=0$ 时；(3)写出 u_x 用 i_S、u_S 表示的函数；(4)在 $u_S=11$ V 时，要使 $u_x=0$，i_S 取何值？

4-15 题 4-15 图所示电路中，N 由线性电阻和线性受控源构成。当 $u_{S1}=2$ V、$u_{S2}=4$ V、$i_S=1$ A 时，$i_x=5$ A；当 $u_{S1}=3$ V、$u_{S2}=0$、$i_S=2$ A 时，$i_x=4$ A；当 $u_{S1}=0$、$u_{S2}=4$ V、$i_S=2$ A 时，$i_x=2$ A。确定以下情况下的 i_x：(1) 当 $u_{S1}=7$ V、$u_{S2}=0$、$i_S=0$ 时；(2) 当 $u_{S1}=0$、$u_{S2}=7$ V、$i_S=0$ 时；(3) 当 $u_{S1}=0$、$u_{S2}=0$、$i_S=7$ A 时；(4) 写出 u_x 用 u_{S1}、u_{S2}、i_S 表示的函数。

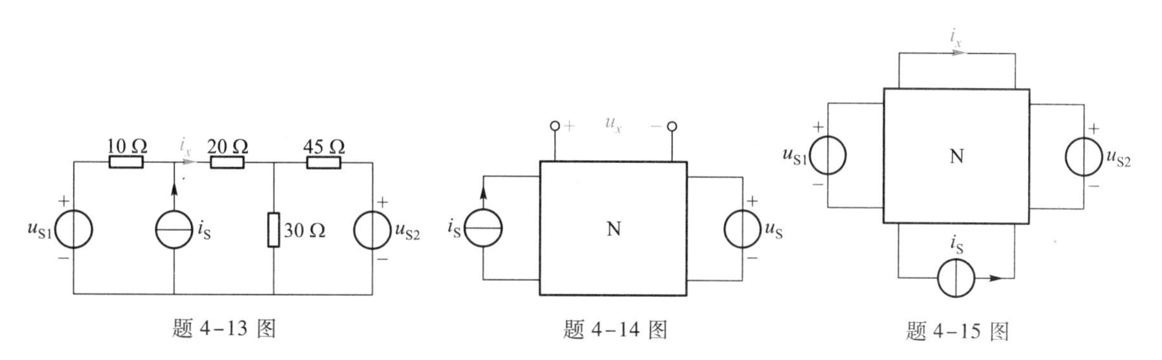

题 4-13 图　　题 4-14 图　　题 4-15 图

替代定理(4.4 节)

4-16 题 4-16 图中，电压源的功率为零，应用替代定理确定 R_x。

4-17 题 4-17 图中，2 A 电流源提供功率 40 W，应用替代定理确定 i_S。

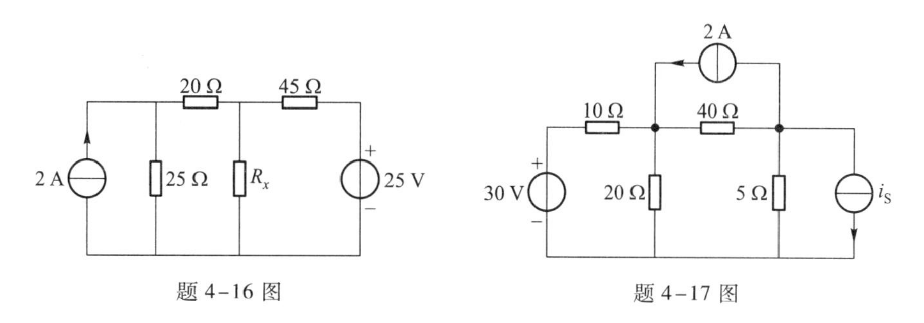

题 4-16 图　　题 4-17 图

4-18 应用替代定理解释：(1) 列写结点方程时，为何能将电压源支路视为电导为零、电流源为 i_S 的诺顿支路(参考图 3-3-12)？(2) 列写网孔方程时，为何能将电流源支路视为电阻为零、电压源为 u_S 的戴维南支路(参考图 3-4-10)？

戴维南定理与诺顿定理(4.5 节)

4-19 确定题 4-19 图所示电路的戴维南等效电路。

4-20 确定题 4-20 图所示电路的诺顿等效电路。

4-21 确定题 4-21 图所示电路的戴维南等效电路。

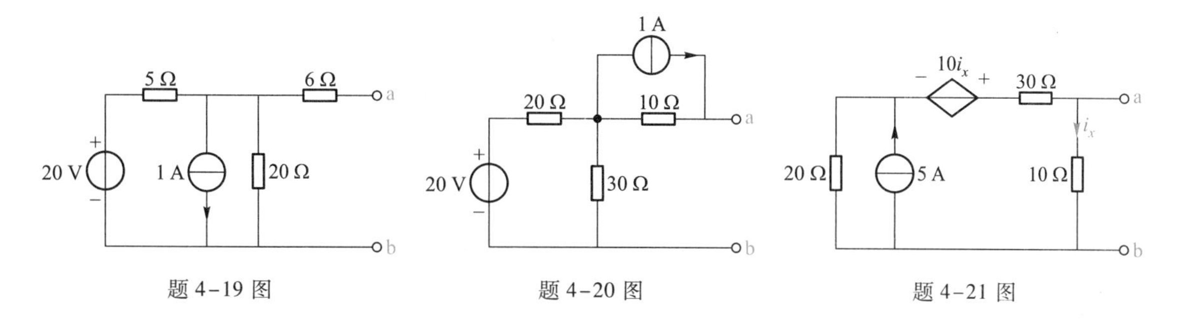

题 4-19 图　　题 4-20 图　　题 4-21 图

4-22 确定题4-22图所示电路的诺顿等效电路。

4-23 题4-23图所示电路中,(1)u_S 取何值时,它提供的功率为零;(2)u_S 取何值时,它吸收功率10 W。

4-24 题4-24图(a)所示电路中,(1)若电压表为理想电压表(内阻 $R_V\to\infty$),它的读数为多少?(2)若电压表的内阻 $R_V=10\ \text{k}\Omega$,它的读数又为多少?(3)要使测量相对误差小于0.2%,对电压表的内阻有何要求?(测量相对误差 $\gamma=\dfrac{|\text{测量值}-\text{准确值}|}{\text{准确值}}\times 100\%$);(4)若用电流表测量电流,如题4-24图(b)所示,也要使测量相对误差小于0.2%,对电流表的内阻有何要求?

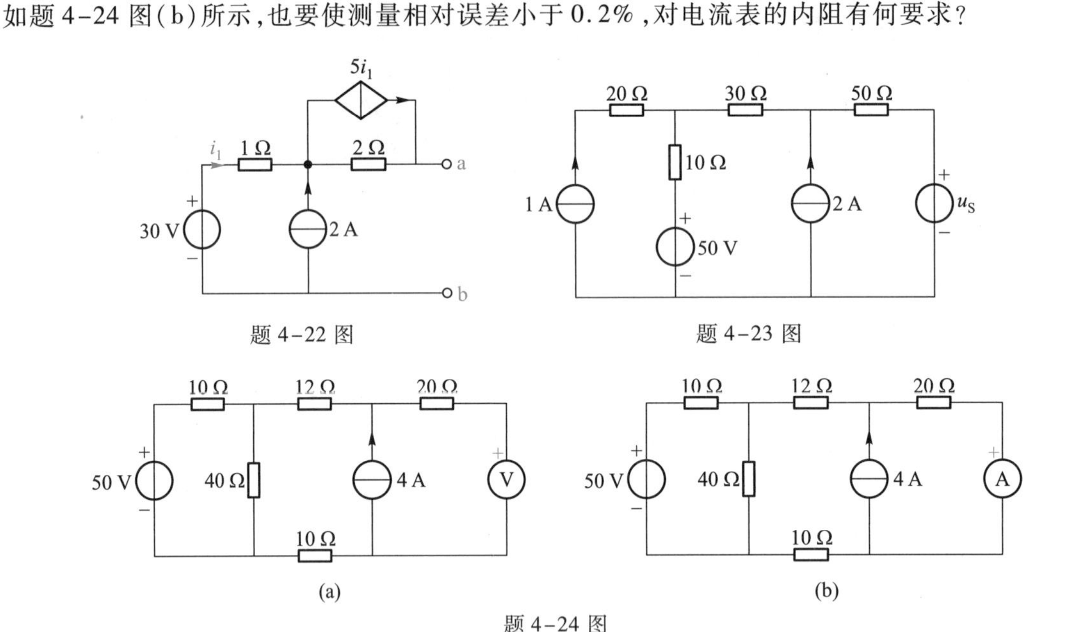

题4-22图

题4-23图

(a)

(b)

题4-24图

4-25 对题4-25图所示电路,回答:(1)二极管D处于导通状态还是截止状态?(2)若D处于导通状态,其导通压降记为0.7V,其导通电流为多少?

4-26 对题4-26图所示电路,回答:(1)二极管D处于导通状态还是截止状态?(2)若D处于导通状态,其导通压降记为0.7 V,其导通电流为多少?

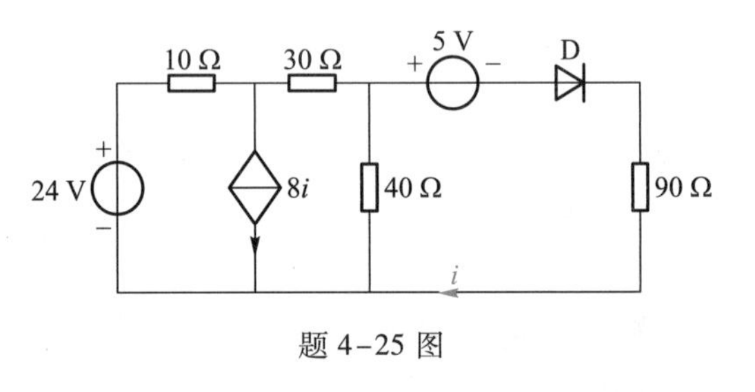

题4-25图

4-27 由题4-27图所示电路测量网络N的等效电路。调节 R_L:当电压表读数为10 V时,电流表读数为1 A;当电压表读数为20 V时,电流表读数为0.5 A。确定N的戴维南等效电路。

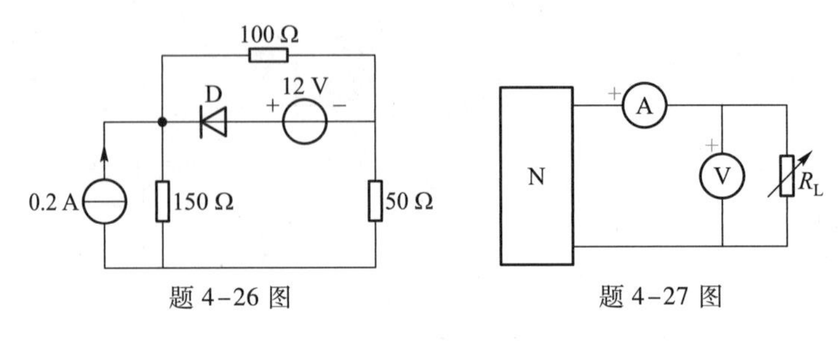

题4-26图

题4-27图

最大功率传输定理(4.6节)

4-28 题4-28图所示电路中，R_L为何值时获得最大功率？最大功率为多少？

4-29 题4-29图所示电路中，R_L为何值时获得最大功率？最大功率为多少？

4-30 一个线性一端口网络：当端口接100 Ω电阻时，电阻消耗功率16 W；当端口接225 Ω电阻时，电阻消耗功率9 W。求：(1)一端口网络能提供给外部电阻的最大功率；(2)能从一端口网络获得最大功率的电阻阻值。

4-31 一个实际直流电压源，其端口开路时能提供25 V电压，当端口接100 Ω电阻时，电阻消耗功率5.76 W。(1)求电压源的内阻；(2)求电压源能提供给外部电阻的最大功率；(3)求能够从电压源获得最大功率的电阻阻值；(4)实际电压源能否工作在输出最大功率状态？为什么？

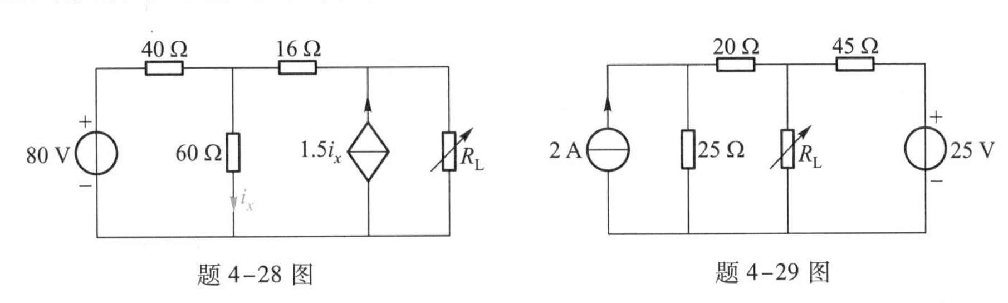

题4-28图　　题4-29图

4-32 一个实际直流电流源，其端口短路时能提供2 A电流，当端口接10 Ω电阻时，电阻消耗功率39.2 W。求：(1)电流源的内阻；(2)电流源能提供给外部电阻的最大功率；(3)能够从电流源获得最大功率的电阻阻值。(4)实际电流源能否工作在输出最大功率状态？为什么？

4-33 题4-33图所示电路中，R_L为何值时获得最大功率？最大功率为多少？

4-34 题4-34图所示电路中，(1)调节R_L，使它消耗功率1.5 W，此时R_L为何值？(2)调节R_L，它能消耗的最大功率为多少？此时R_L又为何值？

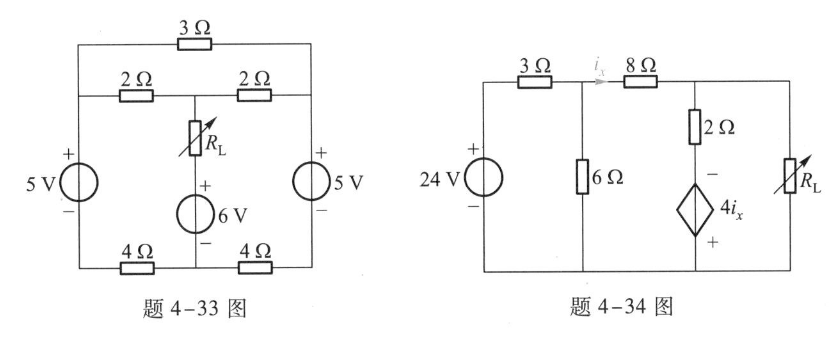

题4-33图　　题4-34图

特勒根定理与互易定理(4.7节)　电路定理综合运用(4.8节)

4-35 题4-35图中，N_R由线性电阻构成，求图(b)中的电流i。

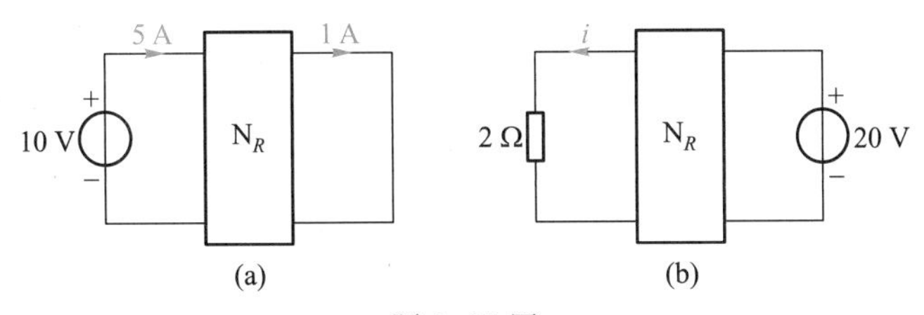

题4-35图

4-36 题4-36图中，N_R 由线性电阻构成，对电路进行两次测量，数据如表所示。请通过计算，补上漏记的数据。

u_S/V	R_2/Ω	R_3/Ω	i_1/A	i_2/A	i_3/A
4.00	10.0	10.0	1.00	0.200	0.500
5.00	5.00	5.00	2.00	1.00	漏记

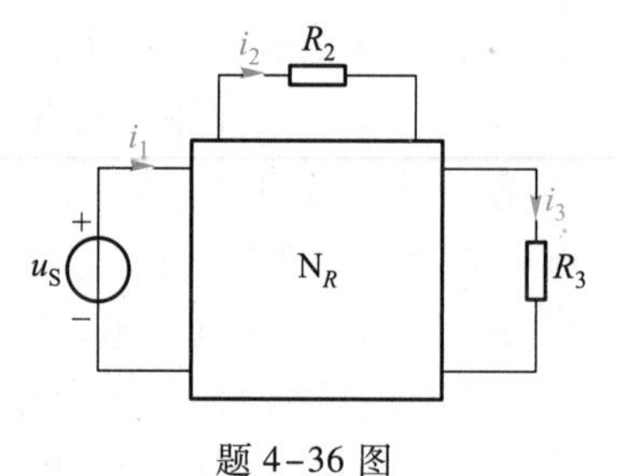

题4-36图

4-37 题4-37图中，N_R 由线性电阻构成，求图(b)中的电流 i。

4-38 题4-38图中，N_R 由线性电阻构成，求图(b)中的电流 i。

4-39 用互易定理求题4-39图中电压 u_O。

4-40 求题4-40图中电流 i。

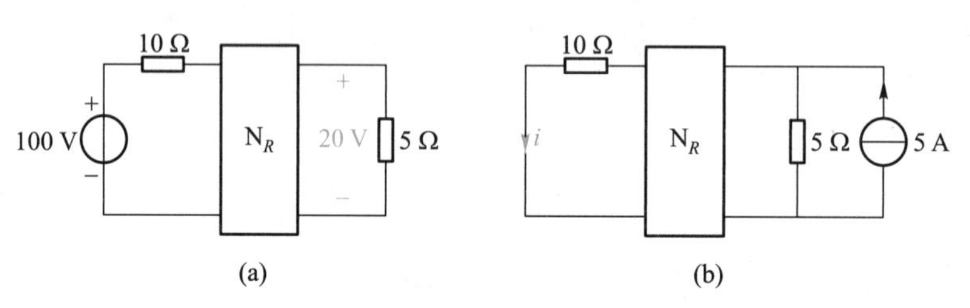

题4-37图

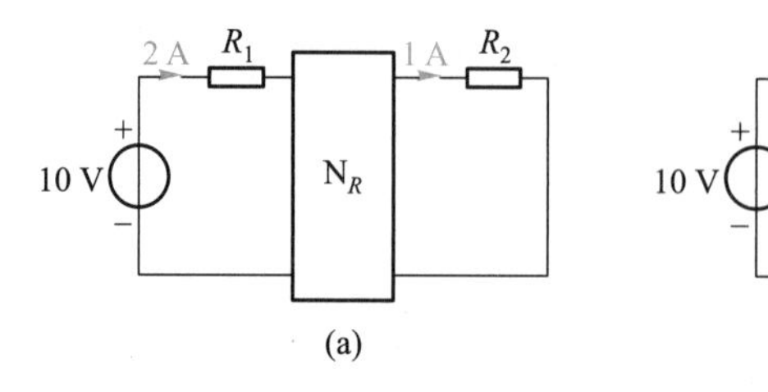

(b)

题4-38图

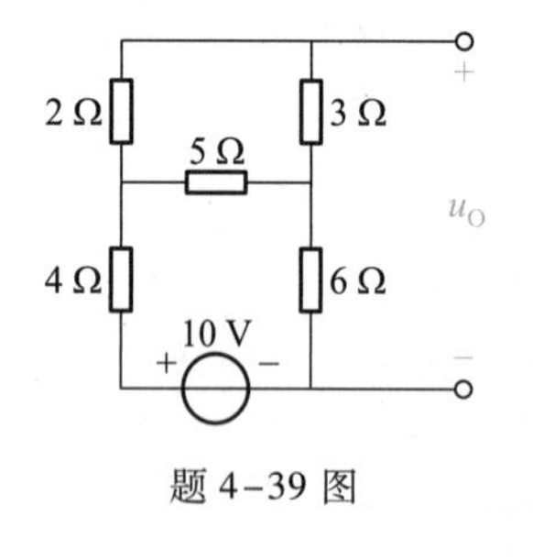

题4-39图

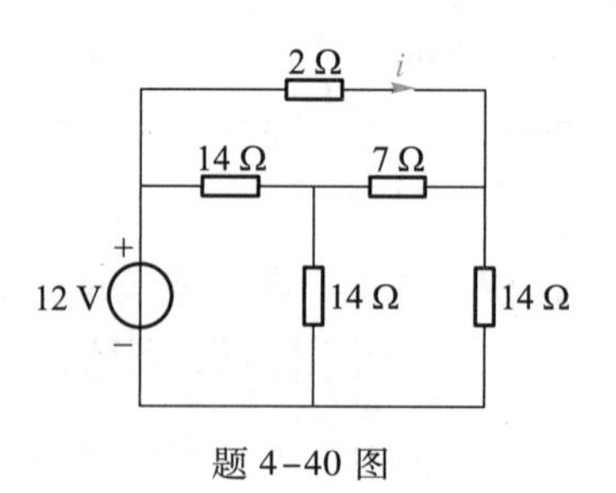

题4-40图

4-41 求题4-41图中电压 u。

4-42 求题4-42图中电流 i。

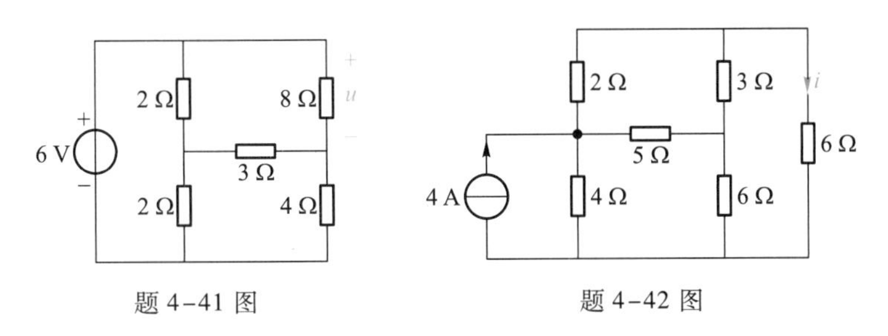

题 4-41 图　　　　题 4-42 图

综合检测

4-43 电路如题 4-43 图所示，欲使 $i_x=0$，u_S 要取何值？分别用叠加定理、戴维南定理、结点方程、网孔方程分析。

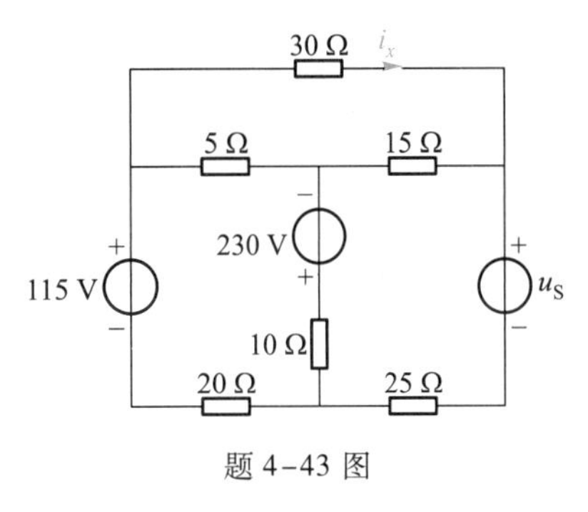

题 4-43 图

4-44 用内阻为 50 kΩ 的电压表测量网络 N 的电压，如题 4-44 图(a)所示，电压表的读数为 19.996 V，用内阻为 0.25 Ω 的电流表测量网络 N 的电流，如题 4-44 图(b)所示，电流表的读数为 1.951 2 A。(1)计算网络 N 的戴维南等效电路参数(测量值)；(2)考虑内阻对测量的影响，确定戴维南等效电路参数的实际值；(3)计算测量相对误差$\left(\gamma=\dfrac{|\text{测量值}-\text{准确值}|}{\text{准确值}}\times 100\%\right)$；(4)你认为这里要如何改善测量误差？

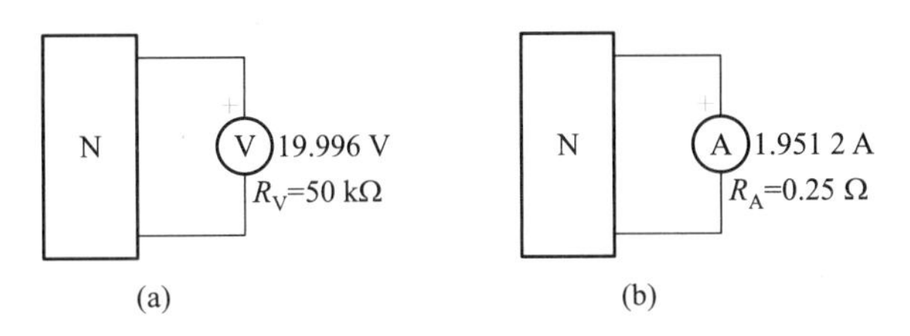

题 4-44 图

4-45 题 4-45 图所示电路中，(1)当 $R_x=2\ \Omega$ 和 $R_x=6\ \Omega$ 时，i_x 分别为多少？(2)R_x 为何值时获得最大功率，最大功率是多少？

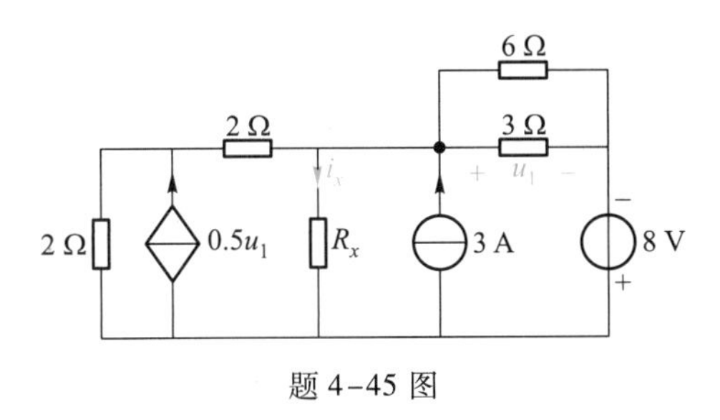

题 4-45 图

4-46 现有 N 个电池，每个电池的开路电压为 U、内阻为 R，将电池进行适当的串联与并联，构成电池阵列，向电阻 R_L 供电。问：(1)欲使 R_L 获得的功率最大，电池如何连接？(2)当 $N=100$、$U=3\ \text{V}$、$R=1\ \Omega$、$R_L=4\ \Omega$ 时，R_L 获得的最大功率是多少？每个电池的电流为多少？

4-47 题 4-47 图中,N 由线性电阻和独立电源组成,在图(a)中:当 $i_S=0$ 时,$u_1=2$ V、$u_2=4$ V;当 $i_S=4$ A 时,$u_2=8$ V。求图(b)中的电压 u_1。

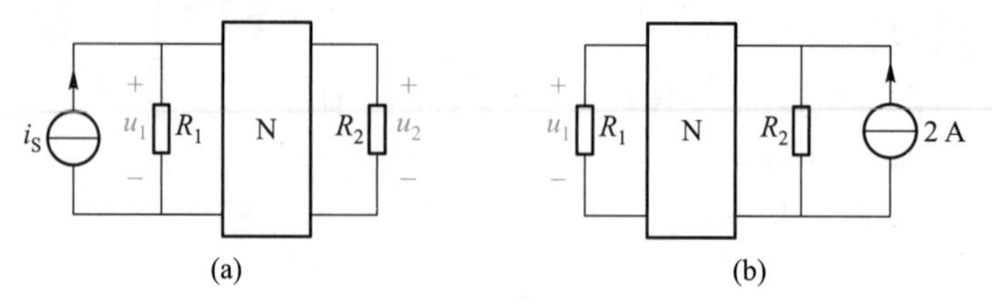

题 4-47 图

习题 4 参考答案

含运算放大器的电路

5.1 概述

我们已经学习了电阻、独立电源、受控电源等电路元件，以及电阻电路分析的各种方法。本章将学习一种应用非常广泛的电路器件，称为运算放大器(operational amplifier)，简称为运放(op amp)。图 5-1-1 所示为运算放大器芯片，其内部电路较为复杂，必须具备电子器件的知识才能分析其内部电路。但是，分析包含运算放大器的电路，只需掌握运算放大器的输入/输出特性。在不具备电子器件知识时学习运算放大器，有如下三点用意：(1)学习集成电路芯片的输入/输出特性的运用方法；(2)体会受控电源的作用，从输入/输出特性而言，运算放大器是有源器件，其电路模型包含受控电源；(3)利用运算放大器和电阻，设计诸如具有放大、相加、相减功能的电路，这些电路广泛应用于信号处理中。

首先，了解集成运算放大器的端子功能、端子电压及电流关系、输入/输出特性、电路模型；然后，从工程的角度，将集成运算放大器理想化，提出理想运算放大器；最后，用理想运算放大器的特性，分析具有放大、相加、相减功能的运算放大电路，包括运算放大电路的参数设计。

图 5-1-1　集成运算放大器芯片

目标 1　掌握集成运算放大器的端子功能、输入/输出特性和电路模型。
目标 2　掌握理想运算放大器的特性及其应用。
目标 3　掌握基本运算放大电路的分析与设计。

难点　理解理想运算放大器的特性。

5.2 集成运算放大器

使用集成电路芯片，必须了解其端子的功能，了解端子对信号的要求，掌握其输入/输出特性。下面分端子功能、电路符号、端子电压和电流、输入/输出特性、线性区电路模型、开环状态、闭环状态等 7 点，全面介绍集成运算放大器(即实际运算放大器)。

1. 端子功能

典型的集成运算放大器是有 8 个脚的芯片，如图 5-2-1 所示。正电源(U^{+})、负电源(U^{-})是外接工作电源端子,连接直流电压源,图 5-2-2 所示为 $U^{+}=12$ V、$U^{-}=-12$ V 的电源连接方式。信号从同相输入端(noninverting input)、反相输入端(inverting input)输入,同相输入端、反相输入端对工作电源公共点的电压用 u_{p}、u_{n} 表示,输出端(output)对工作电源公共点的电压用 u_{o} 表示。平衡端(balance)可用来改善集成运算放大器的性能,有时不用。空端(no connection)是不与电路相连的端子。

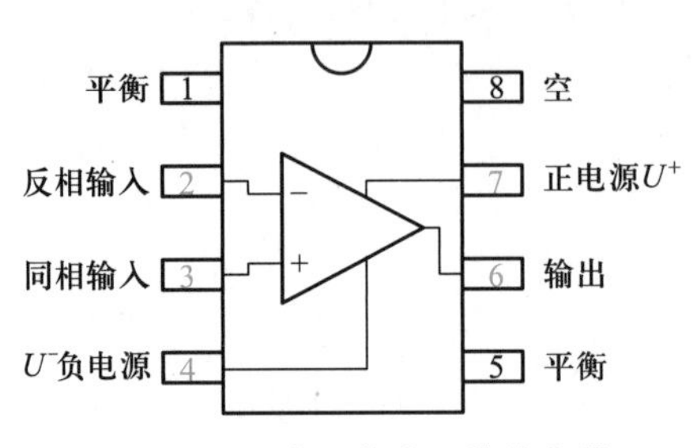

图 5-2-1 典型集成运算放大器

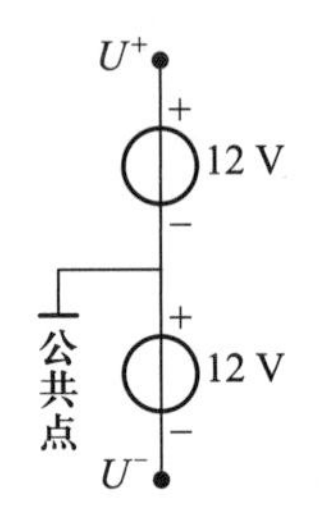

图 5-2-2 工作电源连接方式

2. 电路符号

同相输入、反相输入、输出、正电源、负电源是集成运算放大器的 5 个关键端子,电路符号只体现这 5 个端子,如图 5-2-3(a)所示。三角形表明信号传输方向,三角形内的+、-分别代表同相输入、反相输入,所有电压是端子对电源公共点的电位。为了简便,有时也省去工作电源端子,如图 5-2-3(b)所示。本书中,仅在涉及工作电源大小的问题中采用完整符号,否则采用简化符号。

3. 端子电压和电流

图 5-2-4 中标出了集成运算放大器的电压、电流变量。各端子电流满足以下 KCL 方程

$$i_{p}+i_{n}+i^{+}+i^{-}=i_{o} \tag{5-2-1}$$

无论采用图 5-2-3 中哪一个符号,这个关系不变。电压源 U_{CC} 的范围视芯片型号而定,常用 12 V、5 V。

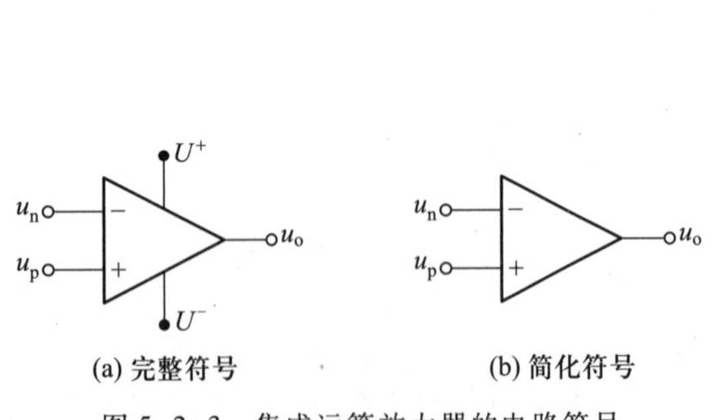

图 5-2-3 集成运算放大器的电路符号

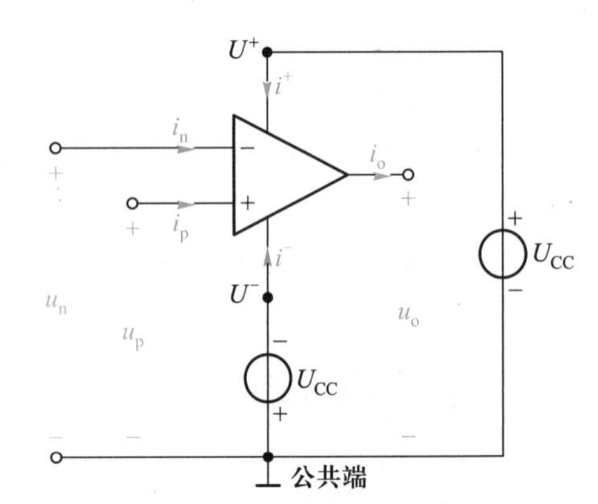

图 5-2-4 集成运算放大器的端子电压和电流

4. 输入/输出特性

以 $u_{d}=u_{p}-u_{n}$ 为输入,u_{o} 为输出,对内部电路分析或对外部端子进行测量,获得集成运算放大器的输入/输出特性,如图 5-2-5(a)所示,用图(b)所示折线来近似。近似特性的方程为

$$u_o=\begin{cases}U_{CC}, & u_d>U_{CC}/A\\ Au_d, & -U_{CC}/A\leqslant u_d\leqslant U_{CC}/A \quad (u_d=u_p-u_n)\\ -U_{CC}, & u_d<-U_{CC}/A\end{cases} \tag{5-2-2}$$

A 为电压增益(或放大倍数)。特性分为正饱和(positive saturation)、线性(linear region)、负饱和(negative saturation)三个区,分界点由工作电源 U_{CC}和增益 A 决定。通常 U_{CC}不高于24 V、A 不低于 10^5,因此,线性区对应的 u_d 范围非常小,为微伏级。

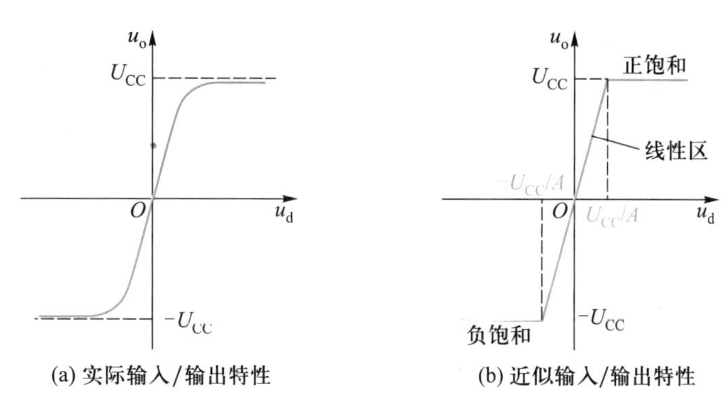

(a) 实际输入/输出特性　　(b) 近似输入/输出特性

图 5-2-5　集成运算放大器的输入/输出特性

5. 线性区的电路模型

用线性电路来模拟线性区特性,称为电路模型,如图 5-2-6 所示。显然,当输出端开路($i_o=0$)时,从电路模型可得 $u_o=Au_d=A(u_p-u_n)$,这与线性区特性方程一致。电路模型中,R_i 为输入电阻,R_o 为输出电阻,通常 R_i 很大,而 R_o 很小。增益 A、输入电阻 R_i、输出电阻 R_o、电压源 U_{CC}的典型值范围见表 5-2-1。

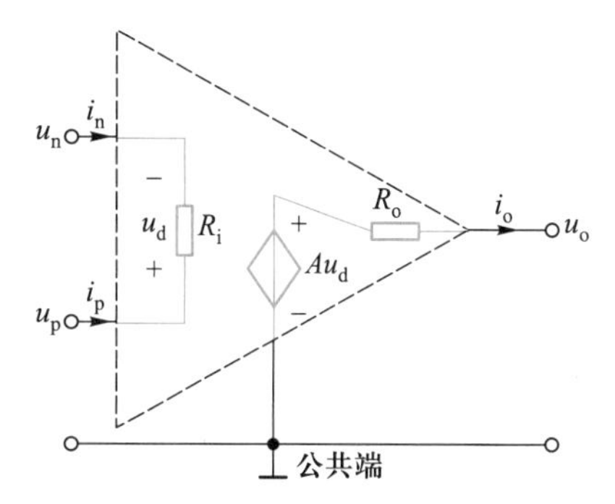

图 5-2-6　集成运算放大器线性区的电路模型

6. 开环状态——电压比较器

图 5-2-7(a)中的集成运算放大器为开环状态(open-loop),其标志是:不存在连接同相输入(或反相输入)端与输出端的支路(或由支路构成的路径)。在图 5-2-7(a)中,假定 $A=10^5$,$u_i=5\cos\omega t$ V,则输入电压 $u_d=u_p-u_n=-u_i$,近似特性中饱和区与线性区的分界点在 $|Au_i|=12$ V 处,即在 $|u_i|=12/10^5=0.12$ mV 处。由此,输出电压

$$u_o=\begin{cases}12\text{ V}, & u_i<-0.12\text{ mV}\\ -Au_i, & -0.12\text{ mV}\leqslant u_i\leqslant 0.12\text{ mV}\\ -12\text{ V}, & u_i>0.12\text{ mV}\end{cases}$$

表 5-2-1　集成运算放大器参数的典型值范围

参数	增益 A	输入电阻 R_i	输出电阻 R_o	电压源 U_{CC}
典型值范围	$10^5\sim10^8$	$10^6\sim10^{13}$ Ω	10 ~ 100 Ω	5 ~ 24 V

输入、输出电压波形如图 5-2-7(b)所示。开环状态下,集成运算放大器工作在线性区的范围极小,可忽略不计,输出随着输入电压过零在 12 V、-12 V 之间转换,因此,图 5-2-7(a)所示电路为过零比较器(comparator)。

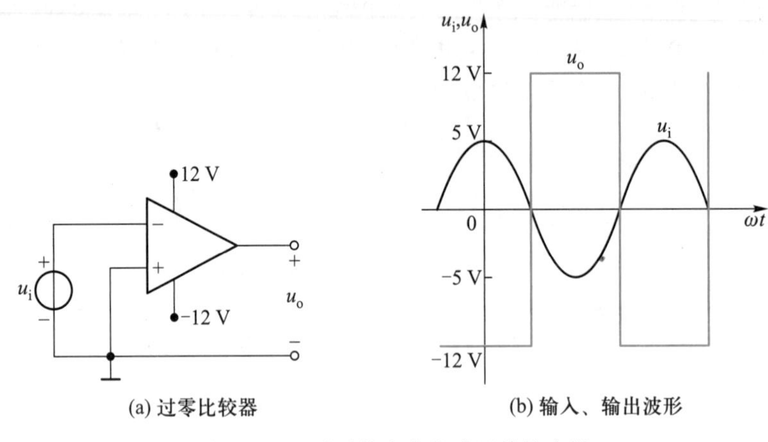

(a) 过零比较器　　(b) 输入、输出波形

图 5-2-7　开环状态的集成运算放大器

图 5-2-8(a)中,集成运算放大器处于开环状态,$u_d = u_i - U_{REF}$。近似地:当 $u_i > U_{REF}$ 时,$u_o = U_{CC}$;当 $u_i < U_{REF}$ 时,$u_o = -U_{CC}$。图(a)所示电路为过参考电压 U_{REF} 的比较器,波形如图 5-2-8(b)所示。可见,开环运算放大器可以检测一个信号是否超过或低于某个门槛电压 U_{REF}。

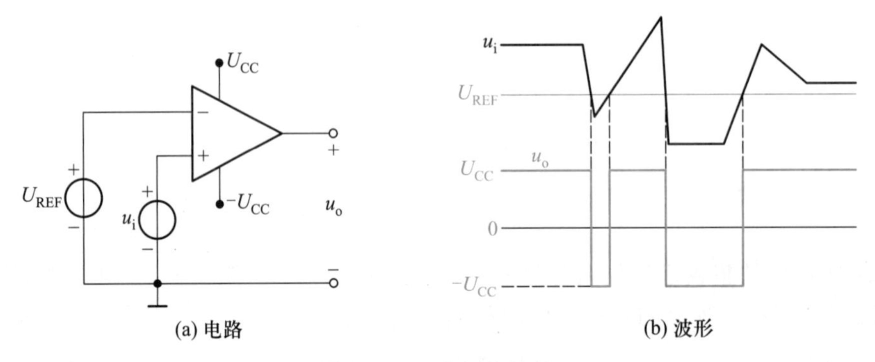

(a) 电路　　(b) 波形

图 5-2-8　电压比较器

7. 闭环状态——放大电路

图 5-2-9 所示电路,电阻 R_f 将反相输入端与输出端连接,R_f 为反馈支路(feedback)。存在反馈支路时,集成运算放大器处于闭环状态(closed-loop)。开环状态下的集成运算放大器很难工作在线性区,而反馈能使集成运算放大器长期稳定工作在线性区,从而获得具有不同功能的线性放大电路。

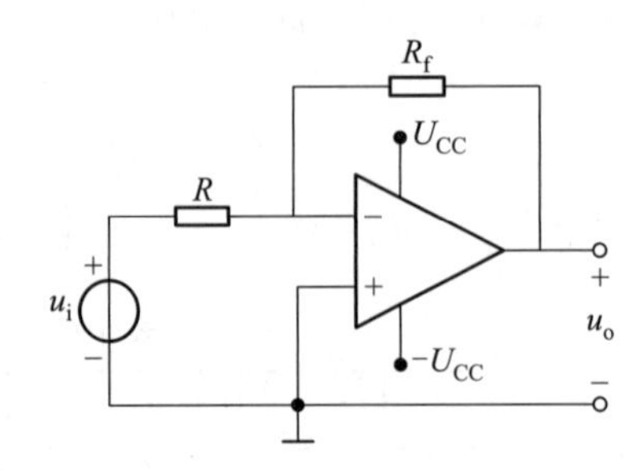

图 5-2-9　闭环状态的集成运算放大器

反馈的本质是将输出量通过支路(或路径)引到输入

端,引到输入端的量称为反馈量。原始输入量与反馈量相加或相减,形成新的输入量。如果原始输入量与反馈量相加,为正反馈;如果原始输入量与反馈量相减,则为负反馈。图 5-2-10(a)所示电路,反馈支路连接于反相输入端和输出端,原始输入量为 $u_d=u_p-u_n$,将 u_o 引到了 u_n 上,形成负反馈。如图 5-2-10(b)所示电路,反馈支路连接于同相输入端和输出端,原始输入量还是 $u_d=u_p-u_n$,将 u_o 引到了 u_p 上,形成正反馈。

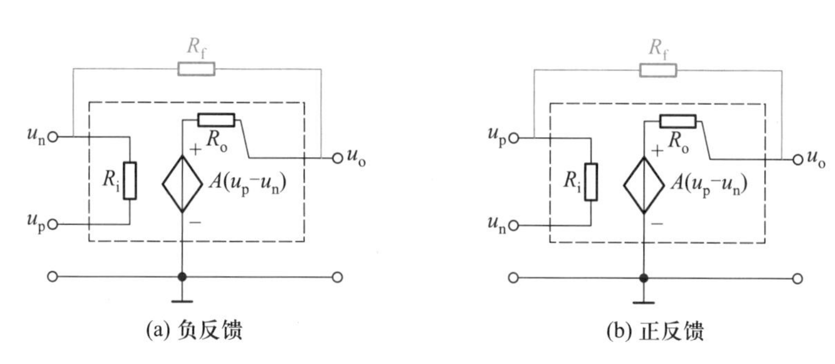

图 5-2-10 反馈

负反馈有利于放大电路稳定工作,通常使用负反馈。图 5-2-10 所示电路中,同样是在 u_p 上加上小扰动,两个电路中产生的输出电压波动过程则不同。

在图 5-2-10(a)所示的负反馈电路中,电压波动过程为

$$小扰动\to u_p\uparrow\to u_o=A(u_p-u_n)\uparrow\to u_n\uparrow\to(u_p-u_n)\downarrow\to u_o\downarrow$$

表明小扰动使得输入电压上升,而负反馈能抑制因输入电压上升导致的输出电压上升。

在图 5-2-10(b)所示正反馈电路中,电压波动过程则为

$$小扰动\to u_p\uparrow\to u_o=A(u_p-u_n)\uparrow\to u_p\uparrow\uparrow\to(u_p-u_n)\uparrow\uparrow\to u_o\uparrow\uparrow$$

表明小扰动使得输入电压上升,而正反馈却放大了因输入电压上升导致的输出电压上升,最终使输出电压达到饱和。

5.3 理想运算放大器

提出理想运算放大器之前,先对一个线性放大电路加以分析,以此说明如下 3 个问题:

- 为什么要提出理想运算放大器;
- 理想运算放大器和集成运算放大器的差别;
- 如何理解理想运算放大器的特性。

1. 线性放大电路分析

图 5-3-1(a)所示带负反馈的电路中,$R_1=10\ \text{k}\Omega$,$R_2=20\ \text{k}\Omega$,$R_L=1\ \text{k}\Omega$,$R_o=50\ \Omega$,$R_i=2\ \text{M}\Omega$,$A=2\times10^5$。如果集成运算放大器工作在线性区,则输出电压 u_o 和输入电压 u_i 的关系为线性关系,虚线框内的电路为线性放大电路。

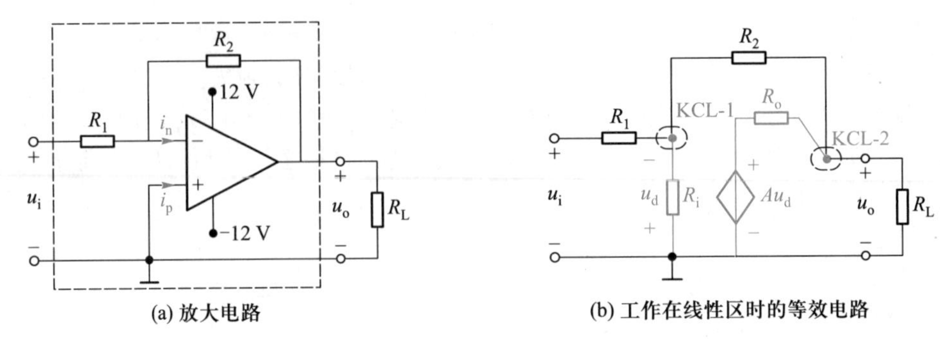

图 5-3-1 线性放大电路

图 5-3-1(a)中的集成运算放大器是否工作在线性区呢？要回答这个问题，必须先确定 u_o 与 u_i 的关系。假设集成运算放大器工作在线性区，将其用线性区电路模型等效，如图 5-3-1(b)所示。在图 5-3-1(b)中应用结点法，以 $-u_d$、u_o 为结点电位，结点方程为

$$\begin{cases}\left(\dfrac{1}{R_1}+\dfrac{1}{R_2}+\dfrac{1}{R_i}\right)(-u_d)-\dfrac{1}{R_2}u_o=\dfrac{u_i}{R_1}\\ -\dfrac{1}{R_2}(-u_d)+\left(\dfrac{1}{R_2}+\dfrac{1}{R_o}+\dfrac{1}{R_L}\right)u_o=\dfrac{Au_d}{R_o}\end{cases}\tag{5-3-1}$$

$$\left(\text{或写 KCL 方程}\quad\begin{cases}\dfrac{-u_d-u_i}{R_1}+\dfrac{-u_d-u_o}{R_2}+\dfrac{-u_d}{R_i}=0 \quad (\text{KCL-1})\\ \dfrac{u_o-(-u_d)}{R_2}+\dfrac{u_o-Au_d}{R_o}+\dfrac{u_o}{R_L}=0 \quad (\text{KCL-2})\end{cases}\right)$$

解得

$$u_o=\frac{\dfrac{1}{R_1}\left(\dfrac{1}{R_2}-\dfrac{A}{R_o}\right)}{\left(\dfrac{1}{R_1}+\dfrac{1}{R_2}+\dfrac{1}{R_i}\right)\left(\dfrac{1}{R_2}+\dfrac{1}{R_o}+\dfrac{1}{R_L}\right)-\dfrac{1}{R_2}\left(\dfrac{1}{R_2}-\dfrac{A}{R_o}\right)}u_i\tag{5-3-2}$$

代入参数得

$$u_o=-1.999\ 968u_i\tag{5-3-3}$$

显然，u_o 与 u_i 为线性关系，-1.999 968 是图 5-3-1(a)中虚线框内电路的增益，称为闭环增益。

式(5-3-3)是在集成运算放大器工作在线性区的假设下得出的。在 $U_{CC}=12$ V 情况下，只有当

$$|u_o|=|-1.999\ 968u_i|\leqslant 12\tag{5-3-4}$$

时，集成运算放大器才工作在线性区，为此，输入电压必须满足 $|u_i|\leqslant 6$ V。可见，工作电源 U_{CC} 和电路的闭环增益共同决定能保证集成运算放大器工作在线性区的输入电压范围。

取 $u_i=5$ V，由结点方程解得 5-3-1(a)中的 u_o 后，很容易得到

$$u_d=-5.262\ 416\times10^{-5}\ \text{V},\quad i_n=2.631\ 208\times10^{-11}\ \text{A},\quad i_p=-2.631\ 208\times10^{-11}\ \text{A}$$

i_n、i_p 非常小，工程上可以将它们近似为零。闭环增益-1.999 968 近似为-2 也是可行的。

将 i_n、i_p 近似为零，相当于视 $R_i\to\infty$。对式(5-3-2)求 $A\to\infty$ 的极限，得

$$\frac{u_o}{u_i}=\lim_{A\to\infty}\frac{\frac{1}{R_1}\left(\frac{1}{R_2}-\frac{A}{R_o}\right)}{\left(\frac{1}{R_1}+\frac{1}{R_2}+\frac{1}{R_i}\right)\left(\frac{1}{R_2}+\frac{1}{R_o}+\frac{1}{R_L}\right)-\frac{1}{R_2}\left(\frac{1}{R_2}-\frac{A}{R_o}\right)}=-\frac{R_2}{R_1}=-2 \tag{5-3-5}$$

将闭环增益近似为-2,相当于视 $A\to\infty$。且式(5-3-5)表明,当 $A\to\infty$ 时,闭环增益仅由 R_1、R_2 决定,与 R_o、R_L 无关,因此,输出电压 u_o 不受负载影响,相当于 $R_o=0$,对负载 R_L 而言,电路等效为电压源。

将以上结果归纳于表 5-3-1 中。表中数据表明,近似计算的结果工程上是可以接受的。近似计算的本质是将集成运算放大器理想化,视为 $A\to\infty$、$R_i\to\infty$、$R_o=0$ 的理想运算放大器。

表 5-3-1 对图 5-3-1(a)所示电路分析结果对照(取 $u_i=5$ V 时)

物理量	闭环增益	反相输入电流 i_n	同相输入电流 i_p	输入电压 u_d
精确计算 $A=2\times10^5$ $R_i=2$ MΩ $R_o=50$ Ω	-1.999 968	$2.631\ 208\times10^{-11}$ A	$-2.631\ 208\times10^{-11}$ A	$-5.262\ 416\times10^{-5}$ V
近似计算 $A\to\infty$ $R_i\to\infty$ $R_o=0$	-2	0	0	0

目标 1 检测:掌握集成运算放大器的端子功能、输入/输出特性和电路模型

测 5-1 测 5-1 图中,集成运算放大器的参数为:$R_o=50$ Ω,$R_i=2$ MΩ,$A=2\times10^5$,工作在线性区。(1)用线性区电路模型计算电路的闭环增益;(2)$u_s=1$ V,计算 u_o、u_d、i_o;(3)确定保证集成运算放大器工作在线性区的 u_s 范围。

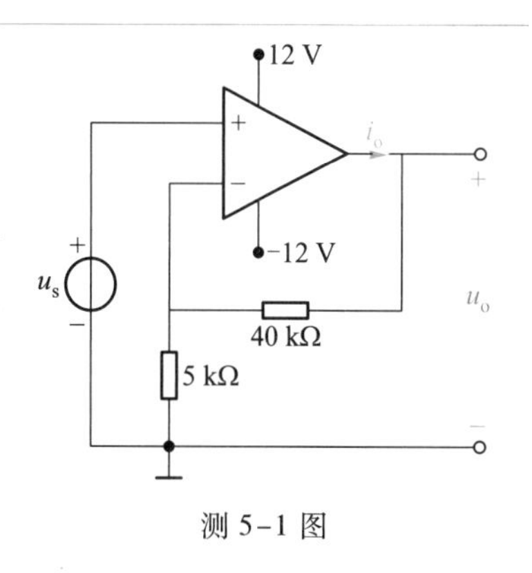

测 5-1 图

答案:(1) 8.999 594;(2) $u_o=8.999\ 594$ V,$u_d=4.504\ 796\ 8\times10^{-5}$ V,$i_o=0.199\ 991$ mA;(3) $|u_s|<1.33$ V。

2. 理想运算放大器

理想运算放大器满足:增益 $A\to\infty$、输入电阻 $R_i\to\infty$、输出电阻 $R_o=0$。由这些条件得出工作在线性区的理想运算放大器具有以下特性:

$$i_n=i_p=0 \quad (虚断路特性) \tag{5-3-6}$$

$$u_n=u_p \quad (虚短路特性) \tag{5-3-7}$$

且输出端对负载等效为由输入电压控制的受控电压源,输出电压不受负载影响。当理想运算放大器处于开环状态、闭环状态但工作于饱和区时,式(5-3-6)、(5-3-7)不再成立。

理想运算放大器

参数:增益 $A\to\infty$,输入电阻 $R_i\to\infty$,输出电阻 $R_o=0$。

线性区特性:

同相输入电流 $i_p=0$,反相输入电流 $i_n=0$,称之为“虚断路”。

同相输入端电压与反相输入电压 $u_p=u_n$,称之为“虚短路”。

输出端电压与负载无关,对负载等效为电压源。

3. 含理想运算放大器电路的分析方法

理想运算放大器是集成运算放大器的理想化模型,将集成运算放大器视为理想的进行分析,所得结果满足工程要求。用结点法分析含理想运算放大器的电路是非常方便的,步骤如下。

含理想运算放大器电路分析步骤

1. 标出电路中各结点的电位变量;
2. 列写部分结点用结点电位表示的 KCL 方程;
3. 求解方程,得到输出电压等变量。

例 5-3-1 按理想运算放大器分析图 5-3-1(a)所示电路,计算 u_o、i_o。运算放大器工作在线性区。

解:标出图 5-3-1(a)所示电路各结点的电位变量,如图 5-3-2 所示。由虚短路特性得

$$u_n=u_p=0$$

u_s 已知,仅 u_o 未知,只需要列写一个结点的 KCL 方程,就可以求得 u_o。图 5-3-2 中所示的 KCL-1、KCL-2、KCL-3 方程中:由于虚断路特性,$i_p=0$,KCL-2 方程无意义;由于输出电流 i_o 无法用结点电位表示,列写 KCL-3 方程必须保留 i_o,对求解 u_o 无帮助;只有 KCL-1 方程能够用结点电位 u_s、u_o 表示。结合虚断路特性($i_n=0$),KCL-1 为

$$\frac{u_n-u_s}{R_1}+\frac{u_n-u_o}{R_2}=0 \tag{5-3-8}$$

将 $u_n=0$ 代入并解得

$$u_o=-\frac{R_2}{R_1}u_s \tag{5-3-9}$$

由 KCL-3 方程确定 i_o,即

$$i_o=\frac{u_o}{R_L}+\frac{u_o-u_n}{R_2}=\frac{u_o}{R_L}+\frac{u_o}{R_2}=-\left(\frac{1}{R_L}+\frac{1}{R_2}\right)\frac{R_2}{R_1}u_s \tag{5-3-10}$$

当运算放大器工作在线性区时,即 u_s 满足 $|u_o|=\left|-\frac{R_2}{R_1}u_s\right|\leqslant U_{CC}$时,以上结果正确。

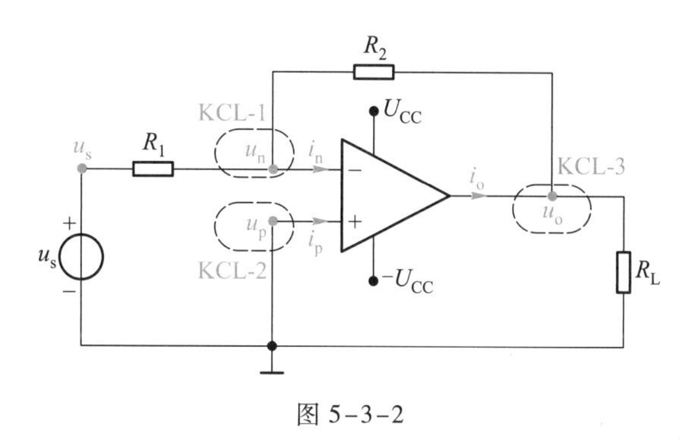

图 5-3-2

目标 2 检测:掌握理想运算放大器的特性及其应用

测 5-2 测 5-2 图所示电路中,运算放大器视为理想的。(1)计算电路的闭环增益;(2)u_s=1 V,计算 u_o、i_o;(3)u_s 在什么范围内运算放大器不会饱和。

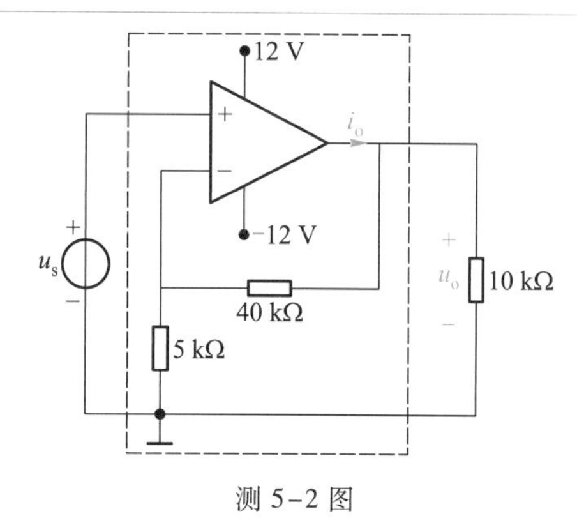

测 5-2 图

答案:(1) 9;(2) u_o=9 V,i_o=1.1 mA;(3) $|u_s|\leqslant 4/3$ V。

5.4 运算放大电路

集成运算放大器和电阻组合,可以实现对输入信号反相放大、同相放大、电压跟随、加权求和、加权求差等非常有用的运算。一般情况下,我们都把集成运算放大器当作理想运算放大器来分析。这一节介绍实现以上运算功能的基本电路。

5.4.1 反相比例放大电路

图 5-4-1(a)为反相比例放大电路(inverting amplifier)。在例 5-3-1 中已得出了

$$u_o=-\frac{R_2}{R_1}u_s \tag{5-4-1}$$

式中的"-"号表明,输出电压 u_o 与输入电压 u_s 相位相反(交流下)或极性相反(直流下)。通过调节 R_2(或 R_1),实现闭环增益的任意调节。图 5-4-1(a)中:信号源输出电流为 $i_s=\frac{u_s-u_n}{R_1}=\frac{u_s}{R_1}$,提供电阻 R_1 吸收的功率;负载 R_L 吸收的功率来自于运算放大器的工作电源;负反馈支路 R_2 让运算放大器能够稳

定地工作在线性区，当 u_s 满足 $\left|-\frac{R_2}{R_1}u_s\right| \leqslant U_{CC}$ 时，运算放大器工作于线性区。图 5-4-1(a)还可以等效为图(b)，电源端口的输入电阻 $R_{in}=R_1$，负载端口的输出电阻(也就是戴维南等效电阻)$R_{out}=0$。

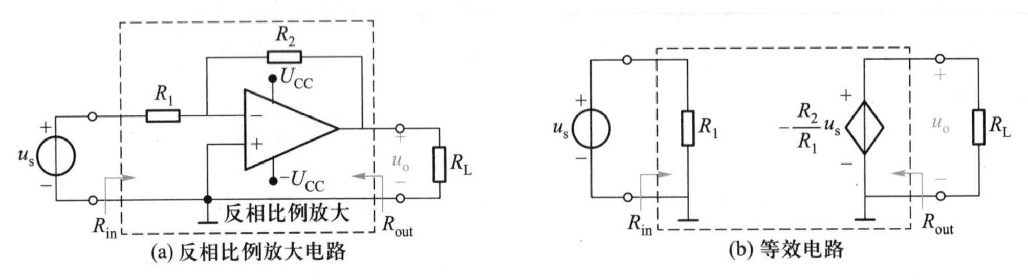

图 5-4-1 反相比例放大电路及其等效电路

目标 3 检测：掌握基本运算放大电路的分析与设计

测 5-3 (1)计算测 5-3 图所示放大电路的闭环增益；(2)工作电源 $U_{CC}=12$ V，确定运算放大器不会饱和的 u_s 范围。

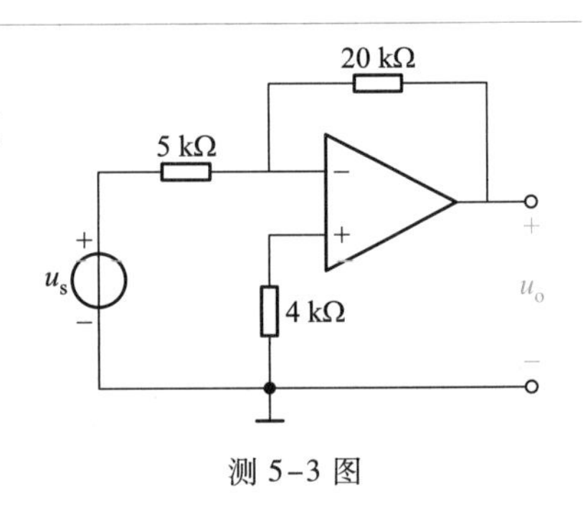

测 5-3 图

答案：(1) -4；(2) $|u_s| \leqslant 3$ V。提示：同相输入端电阻上电流为零，因此 $u_n=u_p=0$。

5.4.2 同相比例放大电路

图 5-4-2 为同相比例放大电路(noninverting amplifier)。由虚断路特性得，同相输入端电流为零，即 R_s 的电流为零，因此 $u_p=u_s$。由虚短路特性得：$u_n=u_p=u_s$。结合虚断路特性列写反相输入端的 KCL 方程，得

$$\frac{u_n}{R_1}+\frac{u_n-u_o}{R_2}=0 \qquad (5-4-2)$$

将 $u_n=u_s$ 代入并解得

$$u_o=\left(1+\frac{R_2}{R_1}\right)u_s \qquad (5-4-3)$$

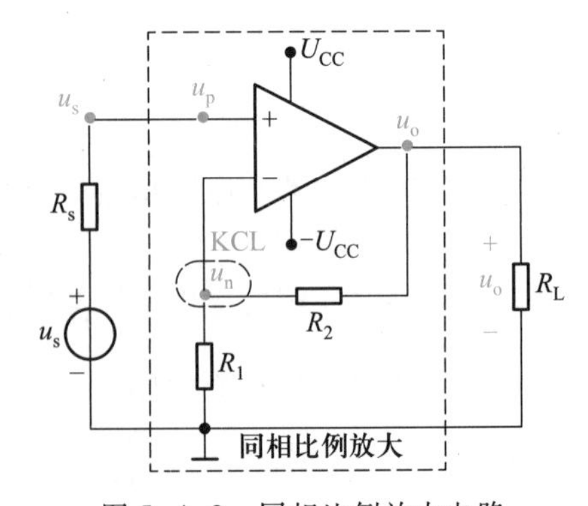

图 5-4-2 同相比例放大电路

式(5-4-3)表明：输出电压 u_o 与输入电压 u_s 同相位(交流下)或同极性(直流下)；通过调节 R_2(或 R_1)调节电路的闭环增益，但闭环增益不小于 1；信号源 u_s 输出功率为 0，即放大电路的输入电阻 $R_{in}\to\infty$，负载 R_L 吸收的功率来自于运算放大器的工作电源；负反馈支路 R_2 让

运算放大器能够稳定地工作在线性区，当 u_s 满足 $\left|\left(1+\frac{R_2}{R_1}\right)u_s\right| \leqslant U_{CC}$ 时，运算放大器工作在线性区。

目标 3 检测：掌握基本运算放大电路的分析与设计

测 5-4 (1)计算测 5-4 图所示放大电路的闭环增益；(2)工作电源 $U_{CC}=12$ V，确定运算放大器不会饱和的 u_s 范围。

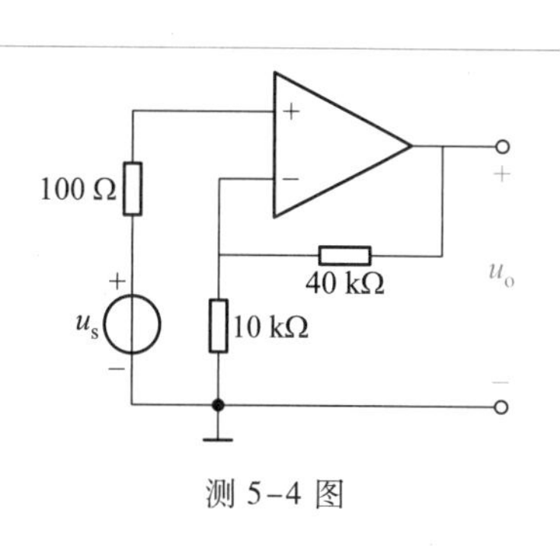

测 5-4 图

答案：(1) 5；(2) $|u_s| \leqslant 2.4$ V。

5.4.3 缓冲放大电路（电压跟随器）

如图 5-4-2 所示，当 $R_1=\infty$ 时，$u_o=\left(1+\frac{R_2}{R_1}\right)u_s$ 变为 $u_o=u_s$，此时 R_2 可为任何值（但 $R_2 \neq \infty$），取 $R_2=0$，得到图 5-4-3(a)所示电路。由于虚断路特性，R_s 的电流为零，故 $u_n=u_p=u_s$，因此

$$u_o=u_s \tag{5-4-4}$$

图 5-4-3(a)所示电路称为电压跟随器（voltage follower），它的闭环增益为 1，电压源输出功率为 0，负载吸收的功率来自于运算放大器的工作电源。如果将有内阻 R_s 的信号源直接驱动负载 R_L，如图(b)所示，负载上的电压

$$u_o=\frac{R_L}{R_L+R_s}u_s \tag{5-4-5}$$

显然，$u_o<u_s$，且 u_o 会随 R_L 改变而改变。如果期望 u_o 等于 u_s，且不随 R_L 变化，则在带内阻的信号源和负值之间加入电压跟随器，如图 5-4-3(a)所示，信号源自身不提供功率，而由电压跟随器向负载提供功率，因而称为缓冲放大电路（buffer amplifier）。

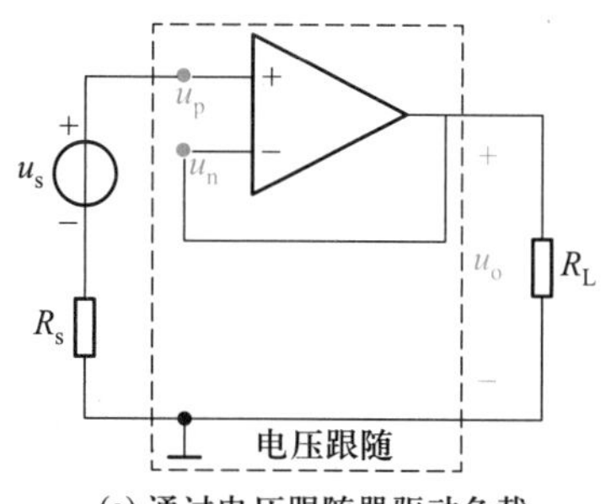

(a) 通过电压跟随器驱动负载

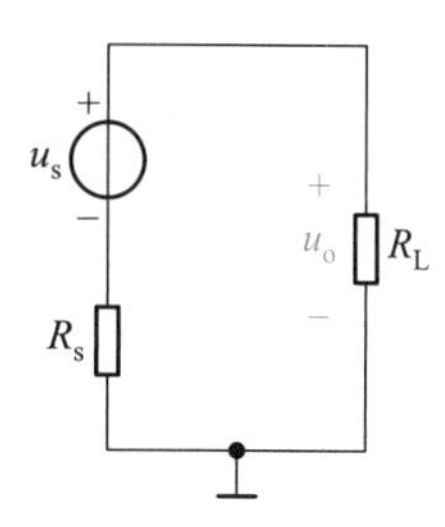

(b) 带内阻的信号源直接驱动负载

图 5-4-3 缓冲放大电路（电压跟随器）

目标3检测:掌握基本运算放大电路的分析与设计

测5-5 如测5-5图所示,运算放大器工作在线性区。(1)计算负载 R_L 吸收的功率;(2)若去掉运算放大器,直接将 R_s 与 R_L 相连接,再计算 R_L 吸收的功率。

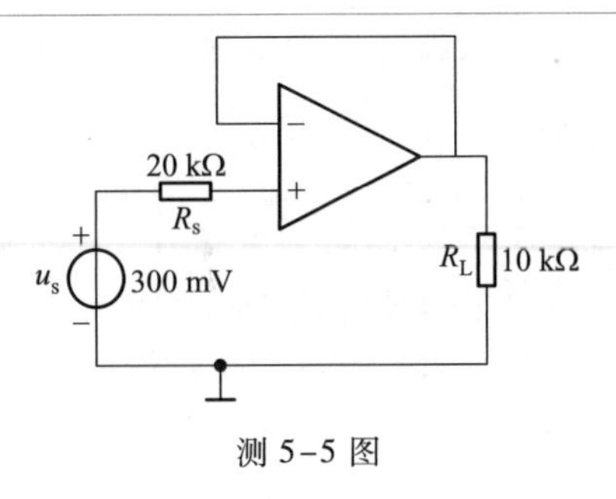

测5-5图

答案:(1) 9μW;(2) 1μW。

5.4.4 求和放大电路

1. 反相求和放大电路

图5-4-4为反相求和放大电路(summing amplifier),输入电压为 u_1、u_2、u_3。用结点法来得到输出电压 u_o,图中 $u_p=0$,由虚短路特性得,$u_n=u_p=0$,结合虚断路特性列写反相输入结点的KCL方程,得

$$\frac{u_n-u_1}{R_1}+\frac{u_n-u_2}{R_2}+\frac{u_n-u_3}{R_3}+\frac{u_n-u_o}{R_f}=0 \quad (5-4-6)$$

将 $u_n=0$ 代入并解得

$$u_o=-\left(\frac{R_f}{R_1}u_1+\frac{R_f}{R_2}u_2+\frac{R_f}{R_3}u_3\right) \quad (5-4-7)$$

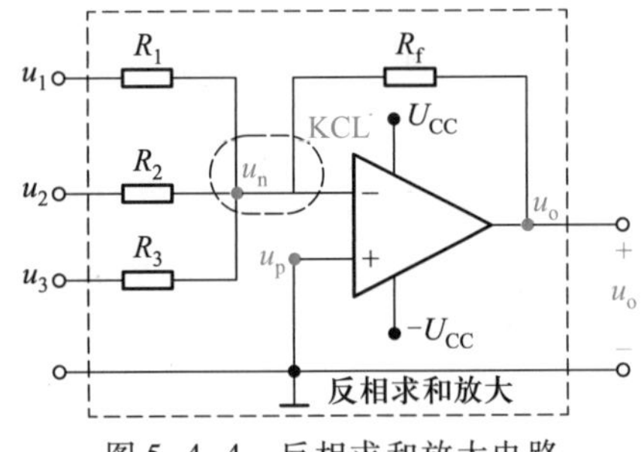

图5-4-4 反相求和放大电路

输出 u_o 是输入电压 u_1、u_2、u_3 的反相加权和,通过电阻调节加权系数。图5-4-4为3个电压的反相加权和,依此类推,可以实现多个电压的反相加权和。在图5-4-4所示反相求和放大电路中,信号源 u_1、u_2、u_3 输出电流分别为 u_1/R_1、u_2/R_2、u_3/R_3。当 $|u_o|\leqslant U_{CC}$ 时,运算放大器工作在线性区。

目标3检测:掌握基本运算放大电路的分析与设计

测5-6 如测5-6图所示,(1)假定运算放大器工作在线性区,确定 u_o 的表达式;(2) $u_1=0.2$ V,$u_2=0.5$ V,求 u_o;(3)若 $u_1=0.2$ V,确定保证运算放大器工作在线性区的 u_2 范围。

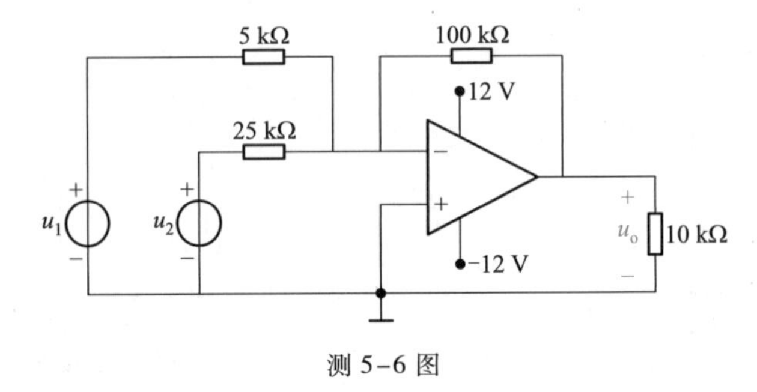

测5-6图

答案:(1) $u_o=-(20u_1+4u_2)$;(2) $u_o=-6$ V;(3) $-4\text{ V}\leqslant u_2\leqslant 2$ V。

2. 同相求和放大电路

图 5-4-5 为同相求和放大电路，输入电压为 u_1、u_2、u_3。结合虚断路特性，图中 KCL-1 方程为

$$\frac{u_n}{R_4}+\frac{u_n-u_o}{R_5}=0 \tag{5-4-8}$$

解得

$$u_n=\frac{R_4}{R_4+R_5}u_o \tag{5-4-9}$$

结合虚断路特性，图中 KCL-2 方程为

$$\frac{u_p-u_1}{R_1}+\frac{u_p-u_2}{R_2}+\frac{u_p-u_3}{R_3}=0 \tag{5-4-10}$$

考虑到 $u_p=u_n$，且将式(5-4-9)代入式(5-4-10)得

$$u_o=\frac{1+\frac{R_5}{R_4}}{\frac{1}{R_1}+\frac{1}{R_2}+\frac{1}{R_3}}\left(\frac{1}{R_1}u_1+\frac{1}{R_2}u_2+\frac{1}{R_3}u_3\right) \tag{5-4-11}$$

式(5-4-11)表明：图 5-4-5 实现了输入电压 u_1、u_2、u_3 的同相加权和，若取 $R_1=R_2=R_3$，则

$$u_o=\frac{1}{3}\left(1+\frac{R_5}{R_4}\right)(u_1+u_2+u_3) \tag{5-4-12}$$

此时，图 5-4-5 称为加法器。

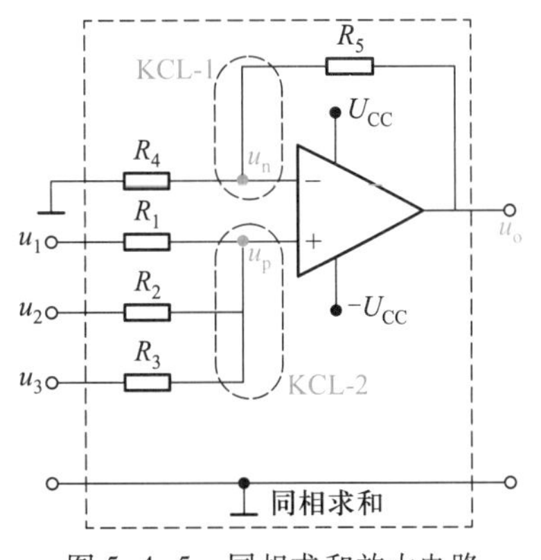

图 5-4-5 同相求和放大电路

目标 3 检测：掌握基本运算放大电路的分析与设计

测 5-7 测 5-7 图所示电路：(1) 运算放大器工作在线性区，确定 u_o 的表达式；(2) $u_1=1$ V，$u_2=2$ V，求 u_o。

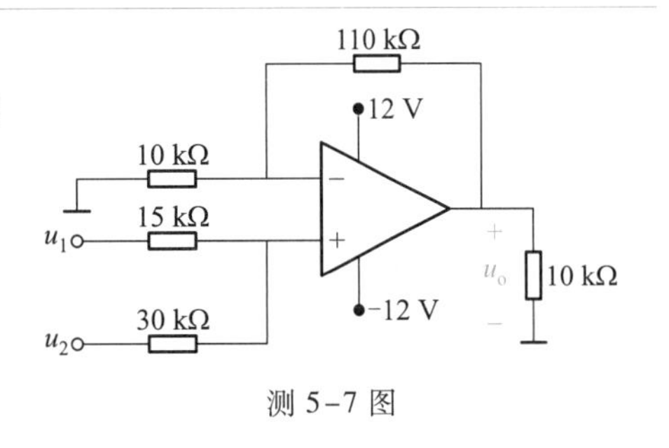

测 5-7 图

答案：(1) $u_o=8u_1+4u_2$；(2) $u_o=12$ V。

5.4.5 差分放大电路

图 5-4-6 为差分放大电路（difference amplifier），输入电压为 u_1、u_2。用结点法来得到输出电压 u_o。由虚短路特性得，$u_n=u_p$，但除 u_o 未知外，u_n、u_p 也未知，须列写两个方程，消除 u_n、u_p 得到 u_o 和 u_1、u_2 的关系。结合虚断路特性，分别列写反相输入、同相输入结点的 KCL 方程，得

$$\begin{cases} \dfrac{u_n-u_1}{R_1}+\dfrac{u_n-u_o}{R_2}=0 & (\text{KCL}-1) \\ \dfrac{u_p-u_2}{R_3}+\dfrac{u_p}{R_4}=0 & (\text{KCL}-2) \end{cases} \tag{5-4-13}$$

由 KCL-2 得

$$u_p=\frac{R_4}{R_3+R_4}u_2 \tag{5-4-14}$$

将 $u_n=u_p=\dfrac{R_4}{R_3+R_4}u_2$ 代入 KCL-1，得

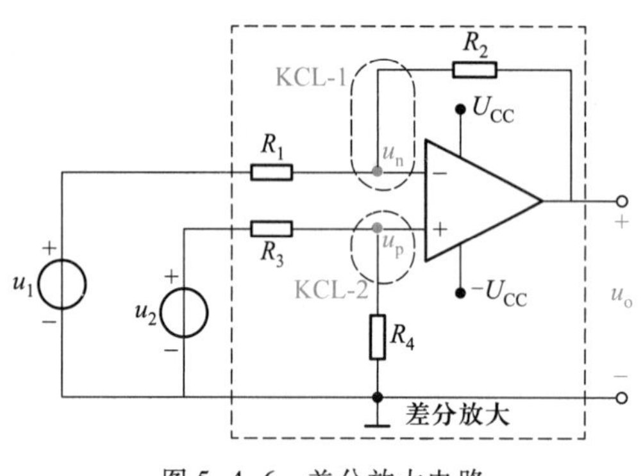

图 5-4-6 差分放大电路

$$u_o=\frac{R_4(R_1+R_2)}{R_1(R_3+R_4)}u_2-\frac{R_2}{R_1}u_1=\frac{R_2}{R_1}\frac{1+R_1/R_2}{1+R_3/R_4}u_2-\frac{R_2}{R_1}u_1 \tag{5-4-15}$$

输出 u_o 是输入电压 u_1、u_2 的加权求差，通过电阻调节权系数。当 $R_1/R_2=R_3/R_4$ 时，

$$u_o=\frac{R_2}{R_1}(u_2-u_1) \tag{5-4-16}$$

这就是减法器。当 $R_1=R_2$、$R_3=R_4$ 时

$$u_o=u_2-u_1 \tag{5-4-17}$$

当 $|u_o|\leqslant U_{CC}$ 时，运算放大器工作在线性区。

目标 3 检测：掌握基本运算放大电路的分析与设计

测 5-8 用图 5-4-6 所示电路设计差分放大器。(1) $u_o=5u_2-6u_1$，确定 R_1/R_2、R_3/R_4 的值；(2) $u_o=10(u_2-u_1)$，确定 R_1/R_2、R_3/R_4 的值。

答案：(1) $R_1/R_2=1/6$、$R_3/R_4=2/5$；(2) $R_1/R_2=1/10$、$R_3/R_4=1/10$。

例 5-4-1 图 5-4-7 所示电路为用于仪器仪表中的放大电路，u_1、u_2 为信号源，确定输出电压 u_o 的表达式。

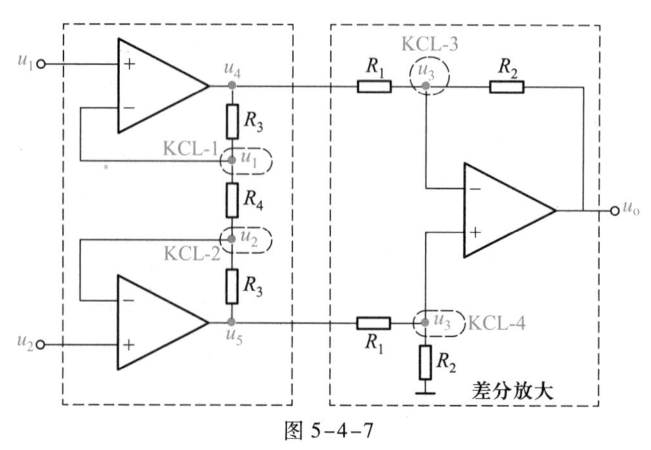

图 5-4-7

解：应用虚短路特性标出图 5-4-7 中各结点的电位。需列写 4 个方程，消除 u_3、u_4、u_5，才能获得 u_o 和 u_1、u_2 的关系。

结合虚断路特性列写图中 KCL-1 方程，得

$$\frac{u_1-u_4}{R_3}+\frac{u_1-u_2}{R_4}=0$$

解得

$$u_4=\left(1+\frac{R_3}{R_4}\right)u_1-\frac{R_3}{R_4}u_2$$

结合虚断路特性列写图中 KCL-2 方程，得

$$\frac{u_2-u_5}{R_3}+\frac{u_2-u_1}{R_4}=0$$

解得

$$u_5=\left(1+\frac{R_3}{R_4}\right)u_2-\frac{R_3}{R_4}u_1$$

结合虚断路特性列写图中 KCL-3、KCL-4 方程，得

$$\begin{cases}\dfrac{u_3-u_4}{R_1}+\dfrac{u_3-u_o}{R_2}=0\\[2ex]\dfrac{u_3-u_5}{R_1}+\dfrac{u_3}{R_2}=0\end{cases}$$

解得

$$u_o=\frac{R_2}{R_1}(u_5-u_4)$$

这个结果也可直接利用差分放大电路的结论得到。将前面已得出的 u_4、u_5 代入上式得

$$\begin{aligned}u_o&=\frac{R_2}{R_1}\left[\left(1+\frac{R_3}{R_4}\right)u_2-\frac{R_3}{R_4}u_1\right]-\frac{R_2}{R_1}\left[\left(1+\frac{R_3}{R_4}\right)u_1-\frac{R_3}{R_4}u_2\right]\\&=\frac{R_2}{R_1}\left(1+\frac{2R_3}{R_4}\right)(u_2-u_1)\end{aligned}$$

图 5-4-7 所示差分放大电路与图 5-4-6 相比，信号源 u_1、u_2 输出电流为零，即信号输入端 u_1、u_2 的输入电阻都是 ∞。

目标 3 检测：掌握基本运算放大电路的分析与设计

测 5-9 如测 5-9 图所示，理想运算放大器工作在线性区。(1)确定 u_o 的表达式；(2)若 $u_{i1}=10\ \text{V}$，$u_{i2}=10.1\ \text{V}$，计算 u_o。

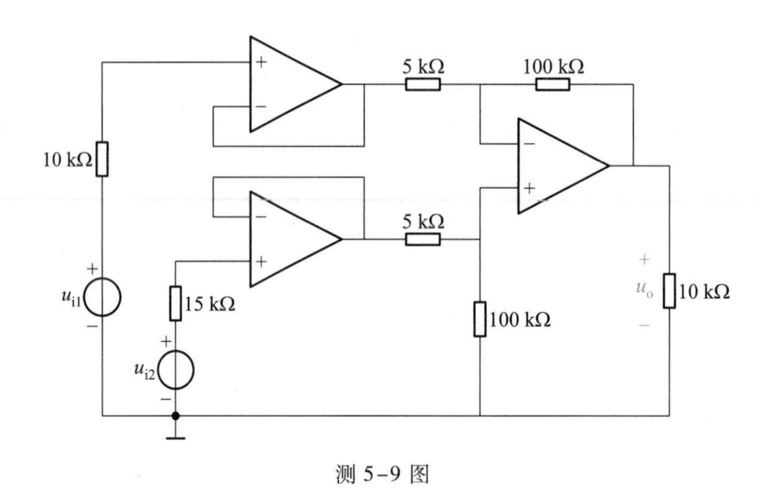

测 5-9 图

答案:(1) $u_o=20(u_{i2}-u_{i1})$;(2) $u_o=2$ V。

我们已分析了 5 种基本运算放大电路,将它们归纳于表 5-4-1 中。表 5-4-1 中的每个运算放大电路均引入了负反馈,应用时请注意这一点,切不可将同相输入、反相输入接错。

表 5-4-1 基本运算放大电路汇总

放大电路	电路结构	输入/输出关系
反相比例放大电路	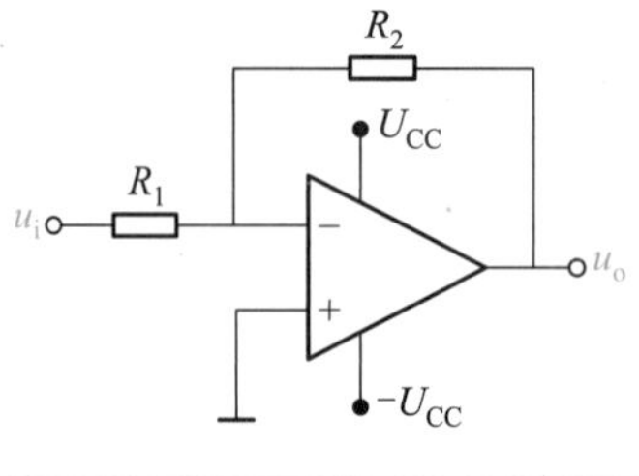	$u_o=-\dfrac{R_2}{R_1}u_i$
同相比例放大电路	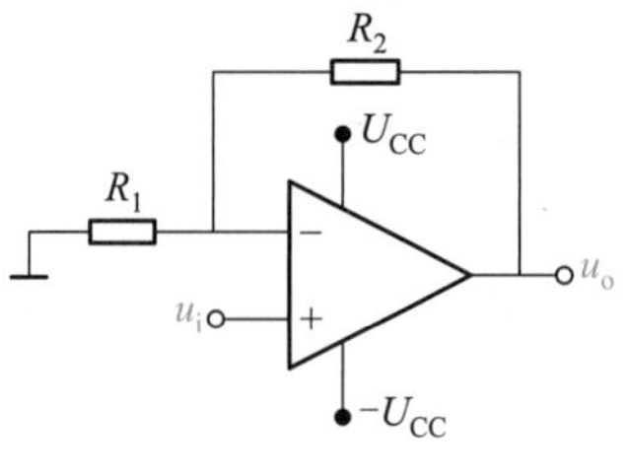	$u_o=\left(1+\dfrac{R_2}{R_1}\right)u_i$
电压跟随器(缓冲放大电路)	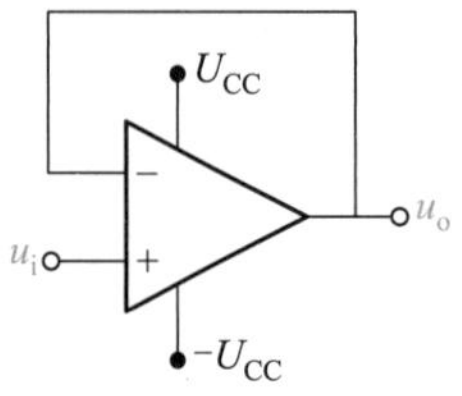	$u_o=u_i$

续表

放大电路	电路结构	输入/输出关系
反相求和放大电路	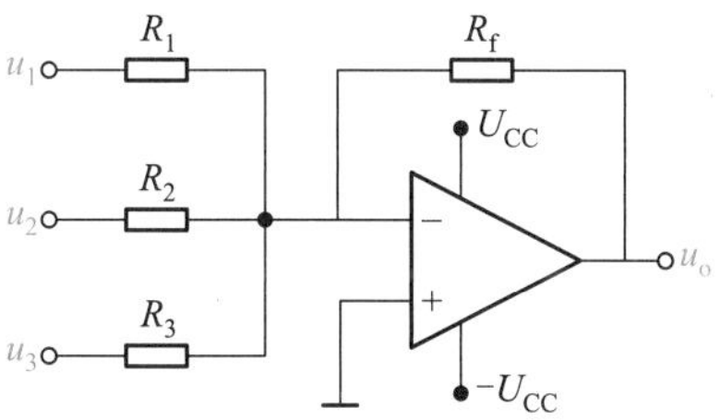 u_1, u_2, u_3, R_1, R_2, R_3, R_f, U_{CC}, $-U_{CC}$, −, +, u_o	$u_o=-\left(\frac{R_f}{R_1}u_1+\frac{R_f}{R_2}u_2+\frac{R_f}{R_3}u_3\right)$
同相求和放大电路	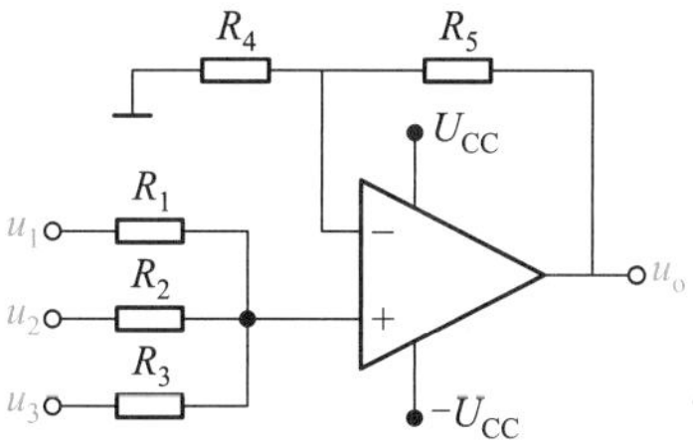 R_4, R_5, U_{CC}, u_1, u_2, u_3, R_1, R_2, R_3, −, +, $-U_{CC}$, u_o	$u_o=\frac{1+\frac{R_5}{R_4}}{\frac{1}{R_1}+\frac{1}{R_2}+\frac{1}{R_3}}\left(\frac{1}{R_1}u_1+\frac{1}{R_2}u_2+\frac{1}{R_3}u_3\right)$
加法器	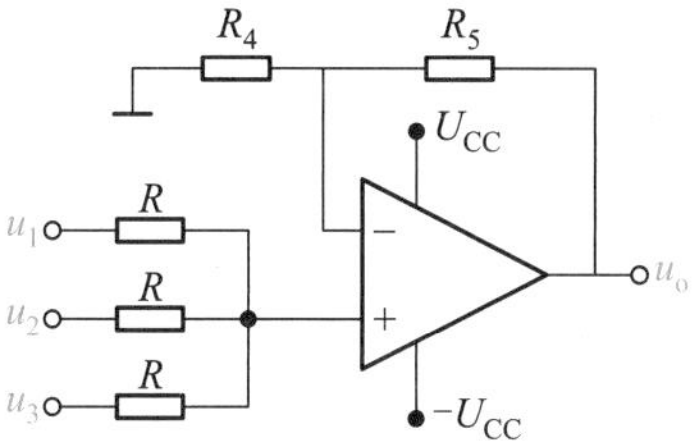 R_4, R_5, U_{CC}, u_1, u_2, u_3, R, R, R, −, +, $-U_{CC}$, u_o	$u_o=\frac{1}{3}\left(1+\frac{R_5}{R_4}\right)(u_1+u_2+u_3)$
差分放大电路	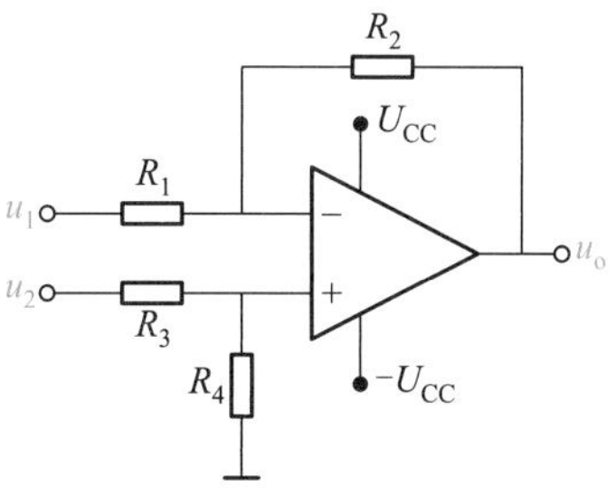 R_2, U_{CC}, u_1, u_2, R_1, R_3, R_4, −, +, $-U_{CC}$, u_o	$u_o=\frac{R_2}{R_1}\,\frac{1+R_1/R_2}{1+R_3/R_4}u_2-\frac{R_2}{R_1}u_1$
减法器	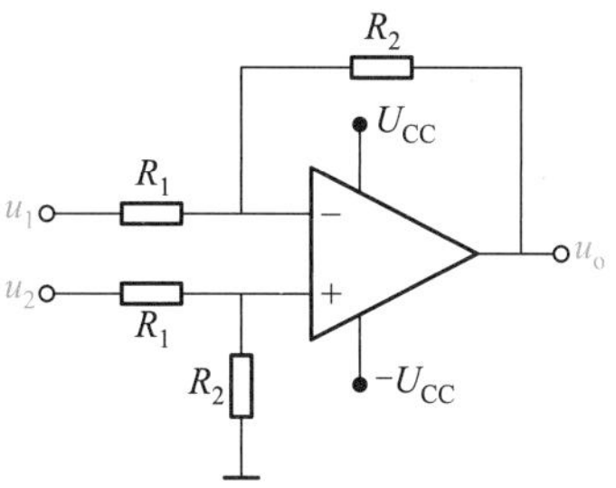 R_2, U_{CC}, u_1, u_2, R_1, R_1, R_2, −, +, $-U_{CC}$, u_o	$u_o=\frac{R_2}{R_1}(u_2-u_1)$

续表

放大电路	电路结构	输入/输出关系
双端输出减法器	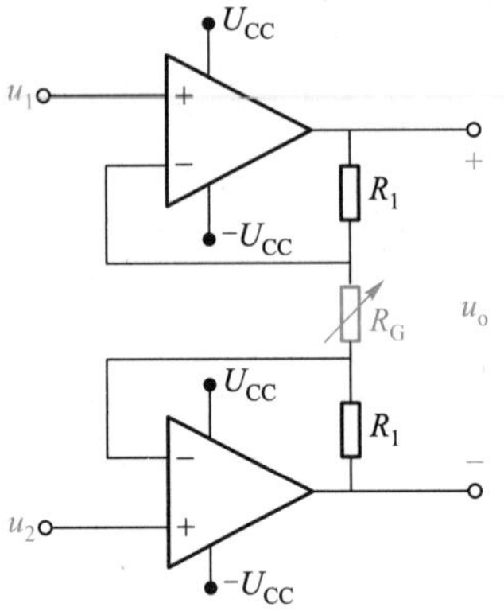	$u_o=\left(1+\frac{2R_1}{R_G}\right)(u_2-u_1)$
单端输出减法器	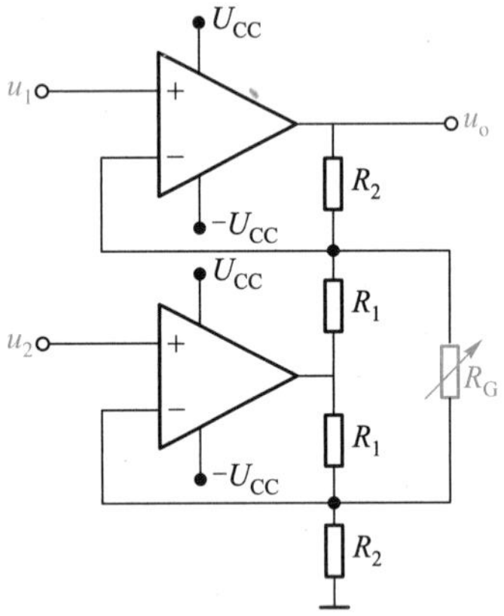	$u_o=\left(1+\frac{R_2}{R_1}+\frac{2R_2}{R_G}\right)(u_1-u_2)$

5.5 运算放大电路的级联

运算放大电路的输出电压与负载无关,这一特点有益于通过电路级联形成多级放大电路,获得高的闭环增益。图 5-5-1 为 3 级运算放大电路级联,前一级的输出端口与后一级的输入端口对接,第 1、2、3 级运算放大电路的闭环增益为 A_1、A_2、A_3,由于运算放大电路的输出电压与负载无关,因此

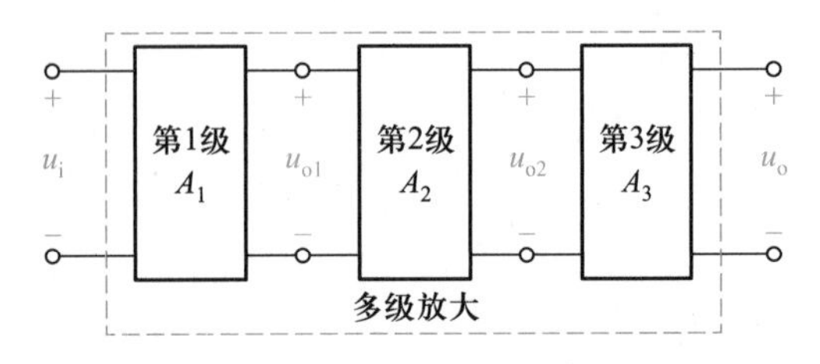

图 5-5-1 运算放大电路级联

$$u_{o1}=A_1u_i$$

$$u_{o2}=A_2u_{o1}=A_2A_1u_i$$

$$u_o=A_3u_{o2}=A_3A_2A_1u_i$$

多级运算放大电路的闭环增益为

$$A=A_3A_2A_1 \tag{5-5-1}$$

例 5-5-1 图 5-5-2 所示电路的所有运算放大器工作在线性区,确定输出电压 u_o 的表达式。

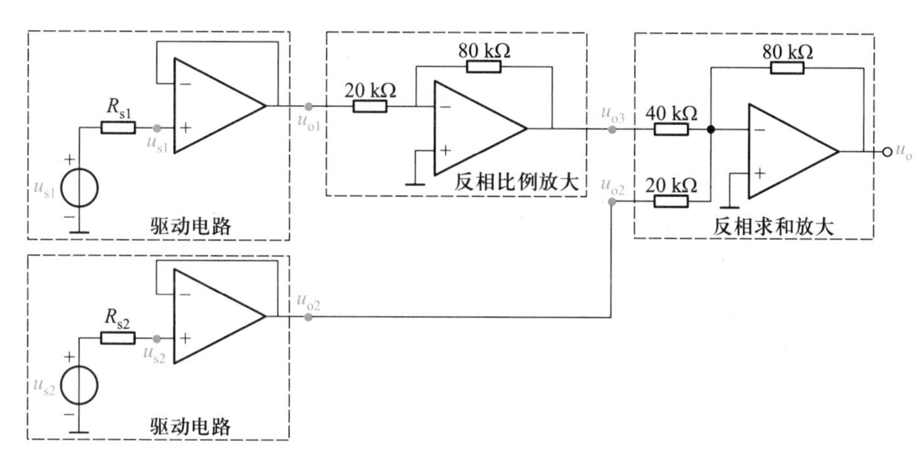

图 5-5-2

解:图 5-5-2 包含 4 个相互独立的基本运算放大电路,用虚线框标出。运算放大器工作在线性区,可视为理想运算放大器来分析。两个驱动电路的输出电压为

$$u_{o1}=u_{s1},\quad u_{o2}=u_{s2}$$

反相比例放大电路的输出电压为

$$u_{o3}=-\frac{80}{20}u_{o1}=-4u_{s1}$$

u_{o2}、u_{o3}为反相求和放大电路的输入电压,因此

$$u_o=-\left(\frac{80}{20}u_{o2}+\frac{80}{40}u_{o3}\right)$$

将 $u_{o2}=u_{s2}$、$u_{o3}=-4u_{s1}$代入上式,得

$$u_o=-(4u_{s2}-8u_{s1})=8u_{s1}-4u_{s2}$$

目标 3 检测:掌握基本运算放大电路的分析与设计

测 5-10 测 5-10 图所示电路中,理想运算放大器工作在线性区。(1)图中包含哪几个基本运算放大电路;(2)确定 u_o 的表达式。

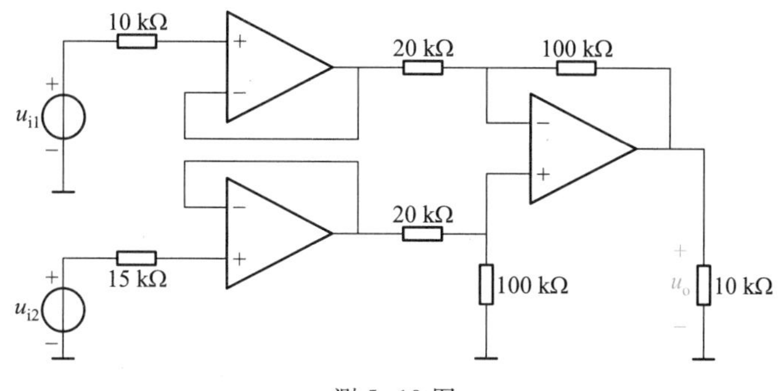

测 5-10 图

答案:(1) 2 个缓冲放大电路,1 个差分放大电路;(2) $u_o=5(u_{i2}-u_{i1})$。

5.6 拓展与应用

运算放大器可用来实现信号的比例放大、加权求和、加权求差等运算。运算放大器的用途非常广泛，还用于积分器、微分器、滤波器、数字量和模拟量转换器、电压和电流转换器、仪用放大器等电路中。

5.6.1 仪用运算放大器

图 5-6-1(a)为仪用运算放大器(instrumentation amplifier)的电路，它与图 5-4-7 所示电路结构相同，参数关系为：$R_1=R_2=R_3=R$、$R_4=R_G$，因此，由例 5-5-1 的结果，得到图 5-6-1(a)电路的输入、输出关系，为

$$u_o=\left(1+\frac{2R}{R_G}\right)(u_2-u_1) \tag{5-6-1}$$

通过调节 R_G 来改变仪用运算放大器的增益。为了使用简便、性能稳定、可靠性高，芯片生产厂家将图 5-6-1(a)中虚线框内电路封装成一个芯片，称为集成仪用运算放大器，它同样有 2 个电源端、同相输入端、反相输入端、输出端，还有 2 个增益调节端，符号如图 5-6-1(b)所示。由于集成仪用运算放大器的增益由外接电阻 R_G 决定，因而适用面广。

集成仪用运算放大器不仅输入电阻很高，且它只放大输入信号的差值，增益可在大范围内调节(如 1 ~1 000)，使用方便，性能价格比高。由于只对输入信号的差值放大，输入端 u_1、u_2 上的噪声电压因波形相同而在 u_2-u_1 中相互抵消，因此，能够有效抑制输入端的噪声电压。

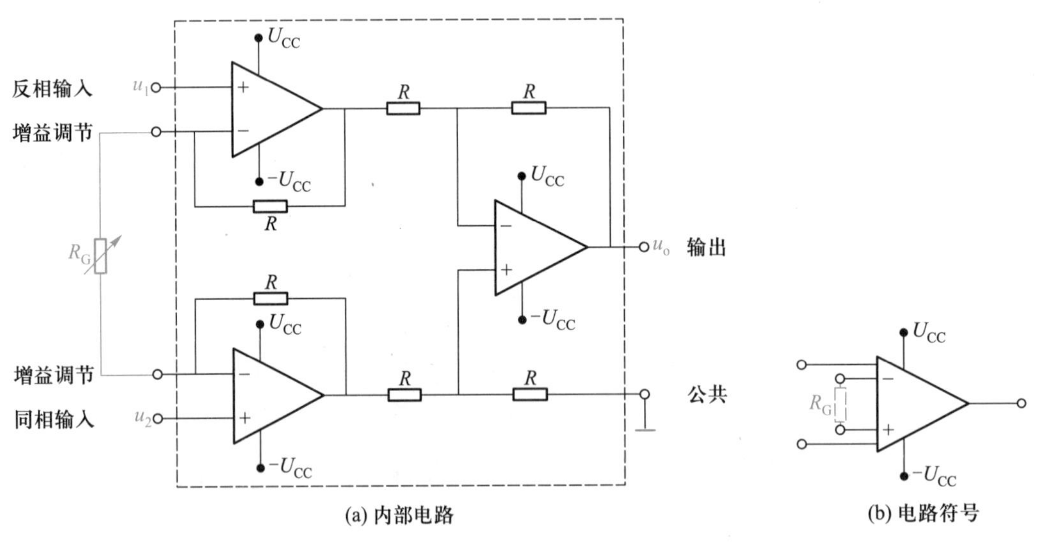

图 5-6-1 仪用运算放大器

5.6.2 金属棒弯曲度测量

工程实际中经常要检测弹性固体的形状变化，如弯曲、拉伸、扭转。这些变形通常是微小

的，将这些微小的变形转换为电信号，检测这些电信号离不开放大电路。

这里，利用电阻应变片检测一根金属棒的弯曲度，并用放大电路放大检测到的微小信号。电阻应变片是一个细金属丝格栅，其电阻值随金属丝拉伸而增大，随金属丝缩短而减小。金属丝正常时的电阻为 R，长度为 l，金属丝拉伸或缩短的长度为 Δl，其电阻变化为 ΔR，则有

$$\Delta R = kR\frac{\Delta l}{l} \tag{5-6-2}$$

式中 k 为厂商设定的应变系数，典型值为 $k=2$。通常 ΔR 非常小，无法用直接测量电阻值的方法获得，因此采用惠斯登电桥。将两对电阻应变片分别贴在金属棒的伸长面和压缩面，如图 5-6-2(a)所示，伸长面上电阻应变片的阻值为 $R+\Delta R$，压缩面上电阻应变片的阻值为 $R-\Delta R$，将四个电阻应变片连成惠斯登电桥，如图 5-6-2(b)所示，电桥的输出由仪用运算放大器进行放大。在图 5-6-2(b)中，仪用运算放大器工作在线性区，输入电阻近似为∞，故可用电阻分压得到

$$u_1 = u_{c'd'} = \frac{R-\Delta R}{2R}U_{REF}, \quad u_2 = u_{cd} = \frac{R+\Delta R}{2R}U_{REF} \tag{5-6-3}$$

假定仪用运算放大器的增益为 A，则

$$u_o = A(u_2 - u_1) = A\frac{\Delta R}{R}U_{REF} \tag{5-6-4}$$

将式(5-6-2)代入式(5-6-4)得

$$u_o = Ak\frac{\Delta l}{l}U_{REF} \tag{5-6-5}$$

由 u_o 求得 $\Delta l/l$。$\Delta l/l$ 的大小表征了金属棒的弯曲程度。

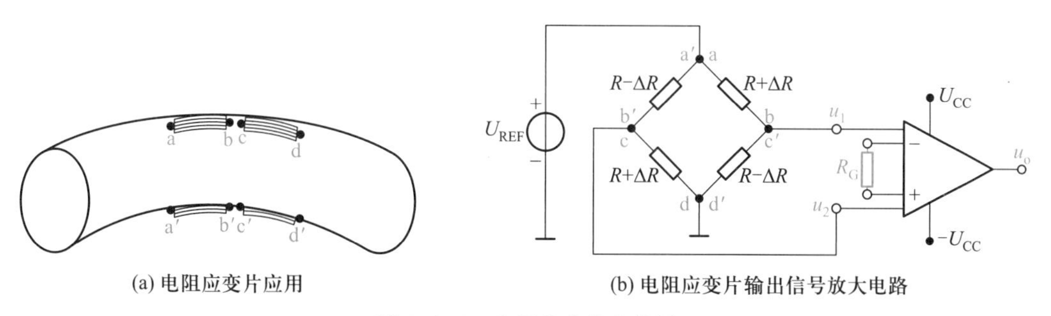

(a) 电阻应变片应用　　(b) 电阻应变片输出信号放大电路

图 5-6-2　金属棒弯曲度检测

习题 5

集成运算放大器(5.2 节)

5-1　运算放大器的输入电阻 $R_i = 1\ \text{M}\Omega$、输出电阻 $R_o = 50\ \Omega$、开环放大倍数 $A = 10^5$、工作电源 $\pm U_{CC} = \pm 12\ \text{V}$。

(1) 画出运算放大器线性区的电路模型；

(2) 运算放大器的同相端对电源公共点的电压为 10.02 mV，反相端对电源公共点的电压为 10.00 mV。输出端开路时输出电压为多少？输出端接 200 Ω 负载时输出电压又为多少？

(3) 同相端对电源公共点的电压为 10.0 mV,反相端对电源公共点的电压为 10.2 mV。输出端开路时输出电压为多少？输出端接 200 Ω 负载时输出电压又为多少？

5-2 题 5-2 图中,运算放大器的输入电阻 $R_i=10\ \mathrm{k\Omega}$、输出电阻 $R_o=100\ \Omega$、开环放大倍数 $A=10^5$, $u_s=\sin 2\pi t\ \mathrm{mV}$, $R_s=10\ \mathrm{k\Omega}$。写出 u_o 的表达式,并画出波形。

5-3 题 5-3 图中,运算放大器的输入电阻 $R_i=10\ \mathrm{k\Omega}$、输出电阻 $R_o=100\ \Omega$、开环放大倍数 $A=10^5$, $|u_s|<12\ \mathrm{V}$。(1) $R_L=200\ \Omega$ 时,求 u_o/u_s;(2) $R_L=\infty$ 时,求 u_o/u_s。

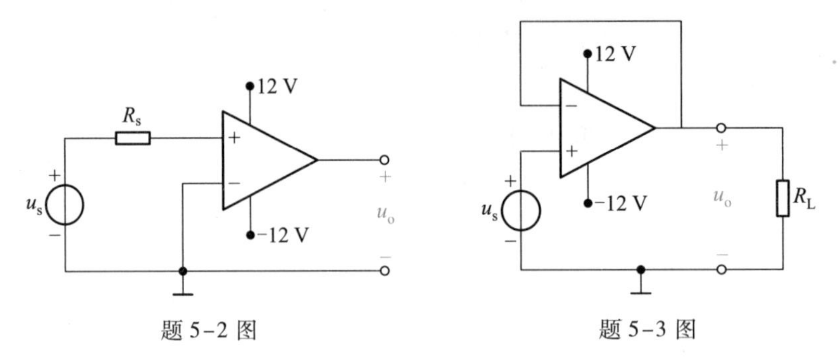

题 5-2 图　　题 5-3 图

5-4 题 5-4 图中,运算放大器的输入电阻 $R_i=100\ \mathrm{k\Omega}$、输出电阻 $R_o=100\ \Omega$、开环放大倍数 $A=10^5$,工作在线性区。(1) 求 u_o/u_s;(2) 确定 u_s 的范围。

理想运算放大器(5.3 节)

5-5 题 5-5 图中,运算放大器视为理想的,对下列 u_s 求 u_o。(1) $u_s=3\ \mathrm{V}$;(2) $u_s=-5\ \mathrm{V}$;(3) $u_s=7\ \mathrm{V}$;(4) $u_s=-6.5\ \mathrm{V}$。

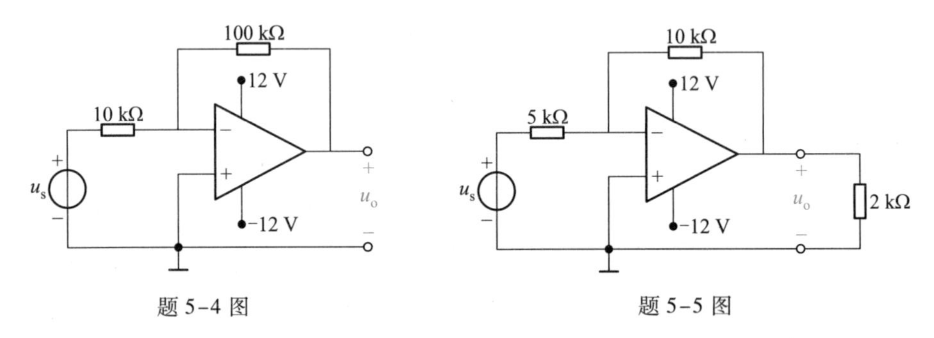

题 5-4 图　　题 5-5 图

5-6 题 5-6 图中,运算放大器视为理想的,对下列 u_s 求 u_o。(1) $u_{s1}=2\ \mathrm{V}$, $u_{s2}=0$;(2) $u_{s1}=3\ \mathrm{V}$, $u_{s2}=0$;(3) $u_{s1}=2\ \mathrm{V}$, $u_{s2}=3\ \mathrm{V}$;(4) $u_{s1}=1\ \mathrm{V}$, $u_{s2}=4\ \mathrm{V}$;(5) $u_{s2}=5\ \mathrm{V}$,要使运算放大器工作在线性区,对 u_{s1} 有何限制？

5-7 题 5-7 图中,运算放大器视为理想的,在一定的 R_L 值下, i_L 恒定。(1) 确定 i_L;(2) 确定能使 i_L 恒定的 R_L 范围。

5-8 题 5-8 图(a)中,运算放大器视为理想的,在 u_1 满足一定条件下,负载 R_L 的电流恒定。(1) 证明图(a)等效为图(b),其中 $g=\dfrac{1}{R_1}\left(1+\dfrac{R_f}{R_2}\right)$;(2) u_1 要满足什么条件？

5-9 题 5-9 图(a)为负阻变换器,它将正电阻 R 变换为负电阻。运算放大器视为理想的,且工作在线性区,证明图(a)等效为图(b)。

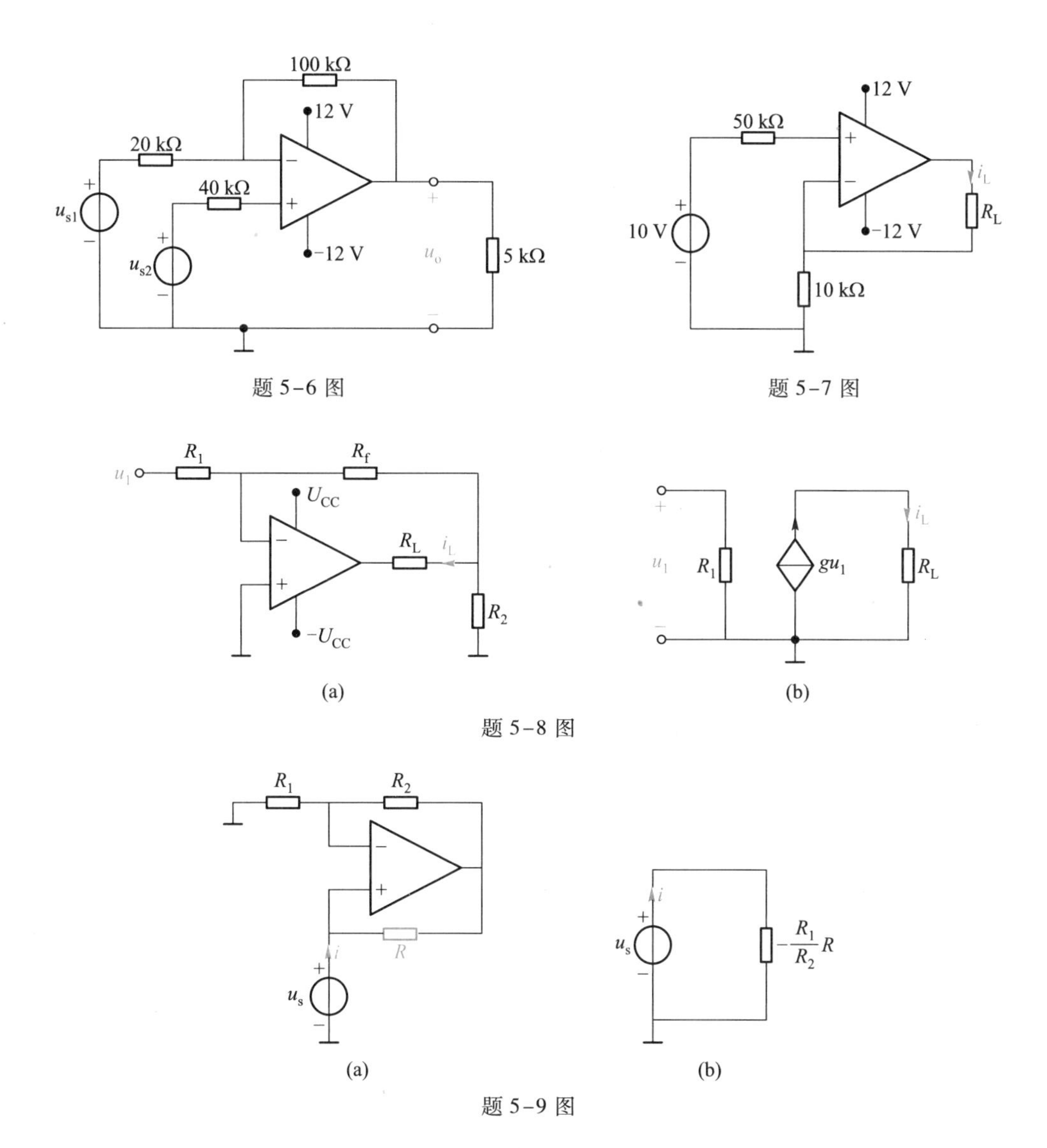

题 5-6 图

题 5-7 图

(a)

(b)

题 5-8 图

(a)

(b)

题 5-9 图

5-10 题 5-10 图(a)为电压-电流转换器。运算放大器视为理想的,且工作在线性区,证明图(a)等效为图(b)。

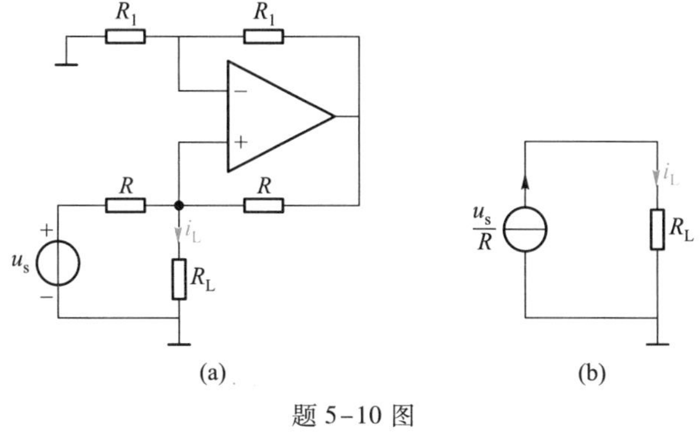

(a)

(b)

题 5-10 图

运算放大电路(5.4 节)

5-11 题 5-11 图中,运算放大器视为理想的,且工作在线性区,求 u_o/u_s。

5-12 题 5-12 图中,运算放大器视为理想的,且工作在线性区,求 u_o/u_s。

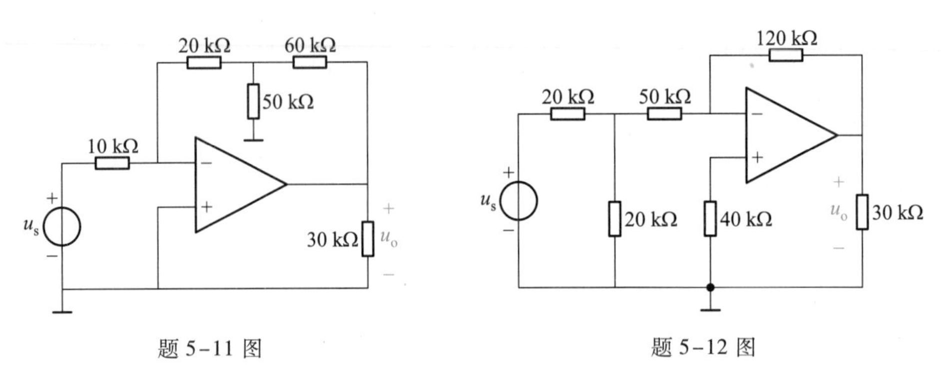

题 5-11 图　　题 5-12 图

5-13 题 5-13 图中,运算放大器视为理想的,且工作在线性区。(1)求 u_o/u_s;(2)确定 u_s 的范围。

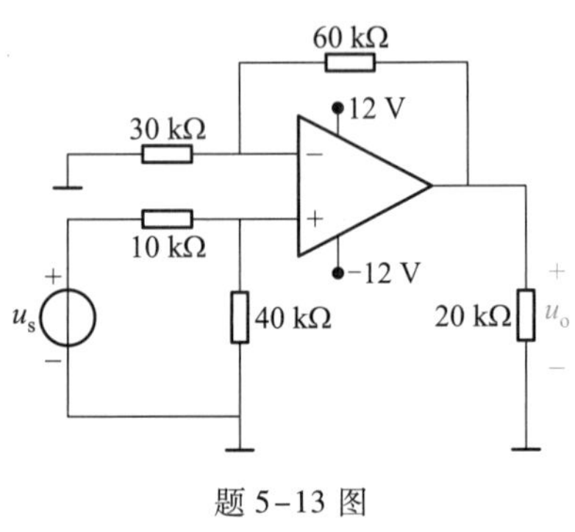

题 5-13 图

5-14 题 5-14 图中,传感器的输出电压为 5 mV,输出电阻为 19 kΩ。(1)用内阻为 1 kΩ 的电压表测量传感器的输出电压,如图(a)所示,电压表的读数为多少?(2)在传感器与电压表中间加入电压跟随器,如图(b)所示,电压表的读数又为多少?(3)由(1)、(2)的结果能得出什么结论?

5-15 (1)在题 5-15 图(a)中,信号源直接连到负载,计算负载的电压、负载吸收的功率、信号源提供的功率;(2)在信号源与负载之间加电压跟随器,如图(b)所示,再计算负载的电压、负载吸收的功率、信号源提供的功率;(3)由(1)、(2)的结果能得出什么结论?

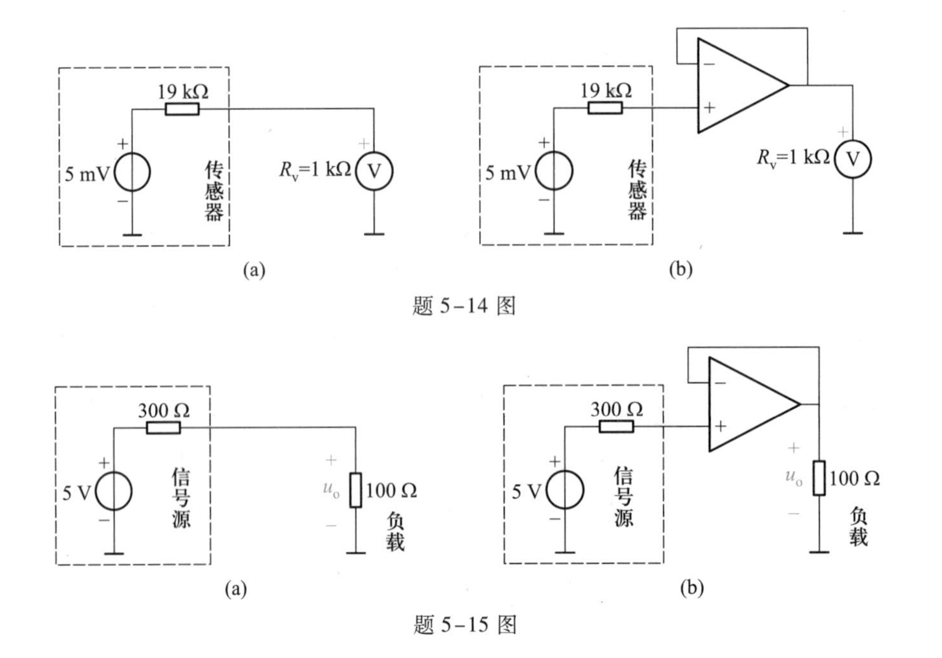

题 5-15 图

5-16 题 5-16 图中，运算放大器视为理想的，且工作在线性区。求 30 kΩ 电阻消耗的功率、理想电压源提供的功率。

5-17 题 5-17 图中，运算放大器视为理想的，且工作在线性区，求 u_o。

5-18 题 5-18 图中，运算放大器视为理想的，且工作在线性区，求 u_o。

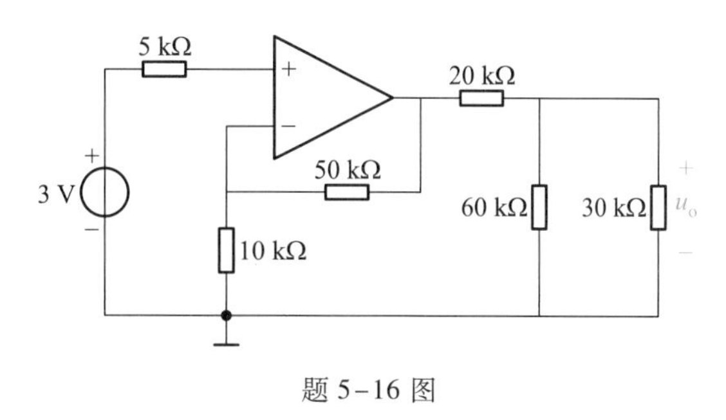

题 5-16 图

5-19 检测电桥的输出电流或输出电压，都可判断电桥是否平衡。题 5-19 图(a)中，电桥平衡时 u_o 等于零。为了提高检测的灵敏度，对电桥的输出电压进行差分放大，如图(b)所示。计算图(a)、(b)中的 u_o。

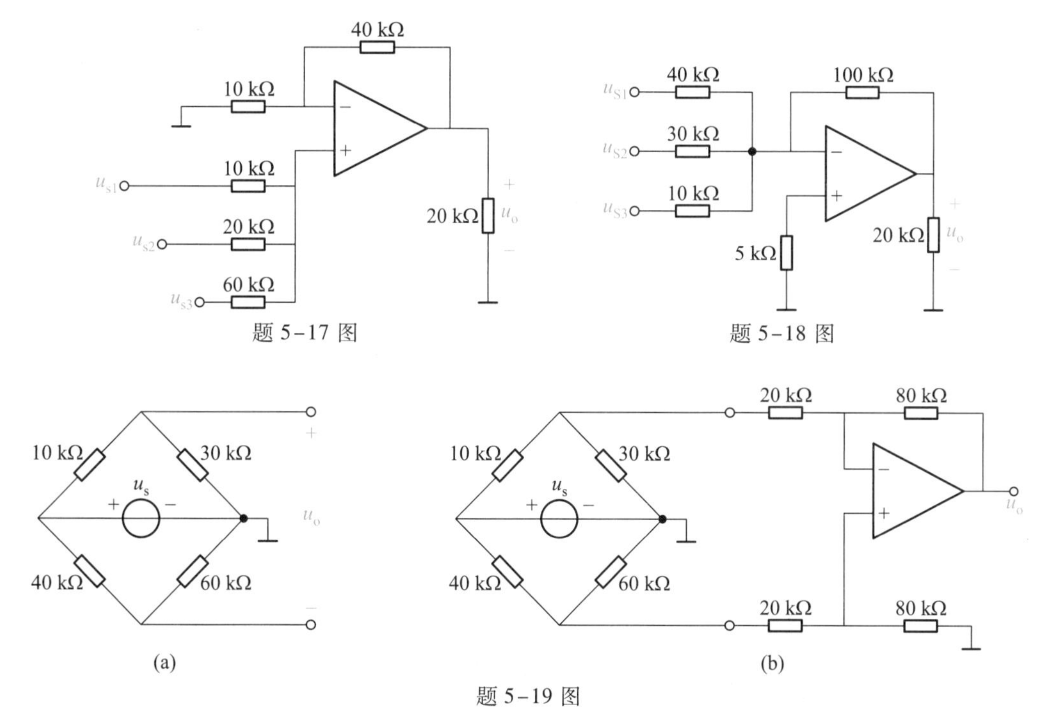

题 5-17 图

题 5-18 图

题 5-19 图

5-20 题 5-20 图为单端输出差分放大电路，求 u_o。

运算放大电路的级联(5.5 节)

5-21 求题 5-21 图中的 u_o。

5-22 题 5-22 图所示电路为模拟量运算电路，利用放大电路的级联求 u_o。

5-23 利用放大电路的级联求题 5-22 图中的 u_o。

▶ 综合检测

5-24 题 5-24 图所示电路中，运算放大器视为理想的，且工作在线性区。(1)确定输出电压 u_o；(2)若将图中 100 kΩ 电阻断开，再计算 u_o。

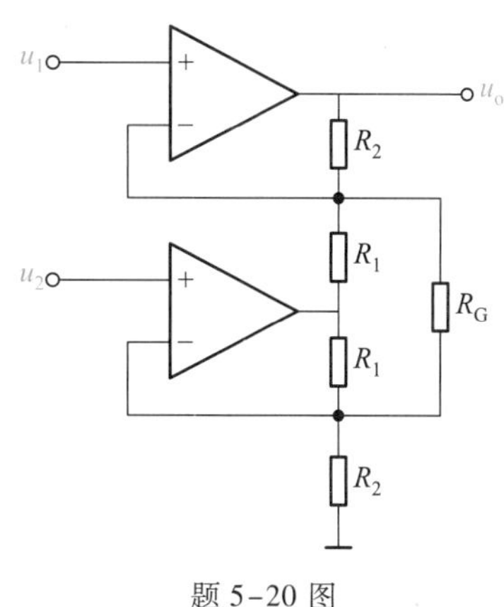

题 5-20 图

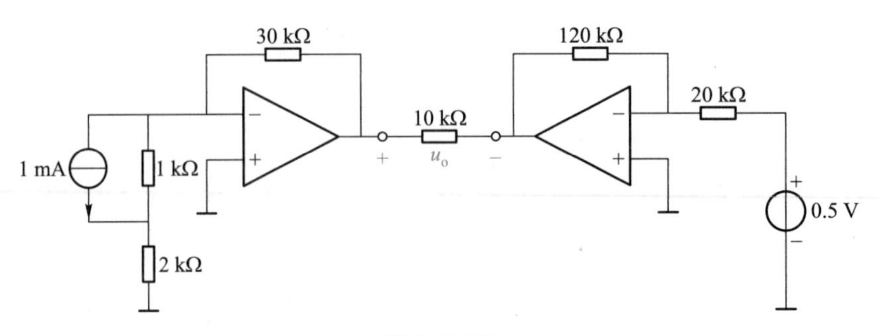

题 5-21 图

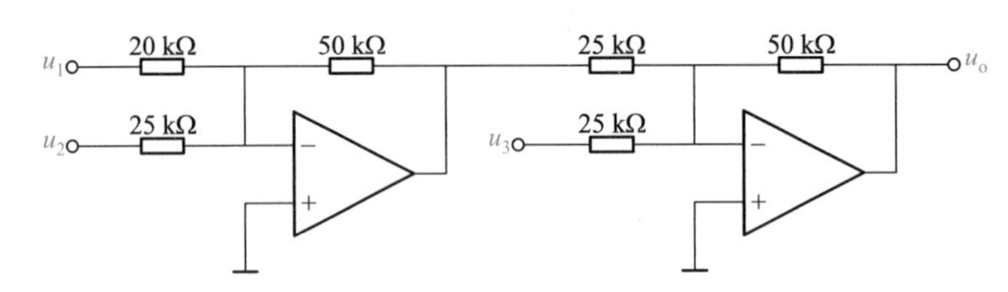

题 5-22 图

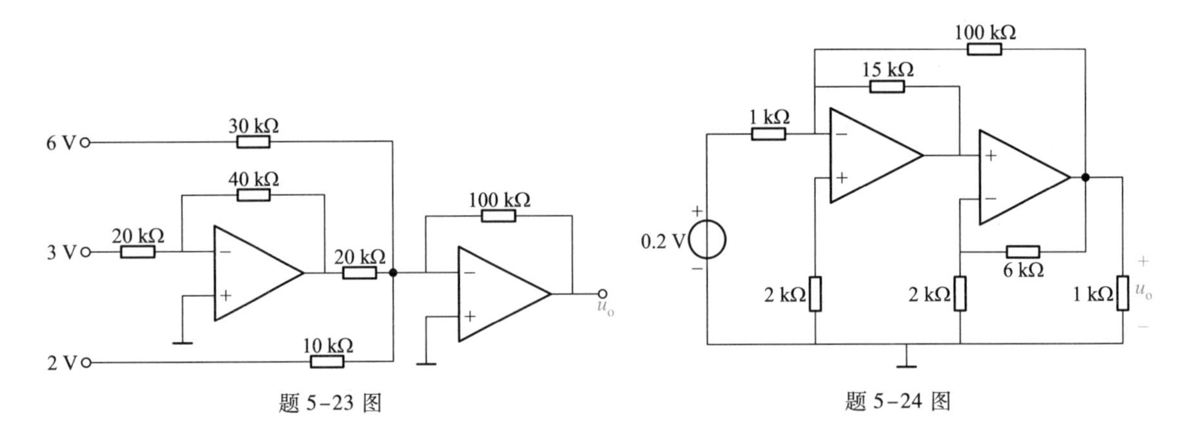

题 5-23 图　　题 5-24 图

5-25 题 5-25 图所示电路中，运算放大器视为理想的，且工作在线性区。(1) 当 R_x 调到 60 kΩ 时，输出电压为多少？(2) R_x 任意可调，R_x 的调节范围如何？

5-26 题 5-26 图所示差分放大电路中，运算放大器视为理想的。(1) u_b = 4.0 V，u_a 在什么范围内变化能确保运算放大器工作在线性区？(2) 从信号源 u_b 看进去的电阻为多少？(3) 从信号源 u_a 看进去的电阻为多少？

(提示：从一个信号源看进去的等效电阻是在其他信号源置零的条件下，该信号源端口电压和电流的比值。)

5-27 (1) 使用运算放大器设计一个放大倍数为 4 的反相比例放大器，限用 10 kΩ 的电阻。(2) 若用 (1) 设计的放大器放大 2.5 V 的直流输入信号，运算放大器的工作电源最低要为多少？(3) 在 (1) 和 (2) 的设计参数下，比例放大器输入题 5-27 图所示正弦信号，在图中画出输出信号的波形，要体现输入和输出的对应关系。

题 5-25 图

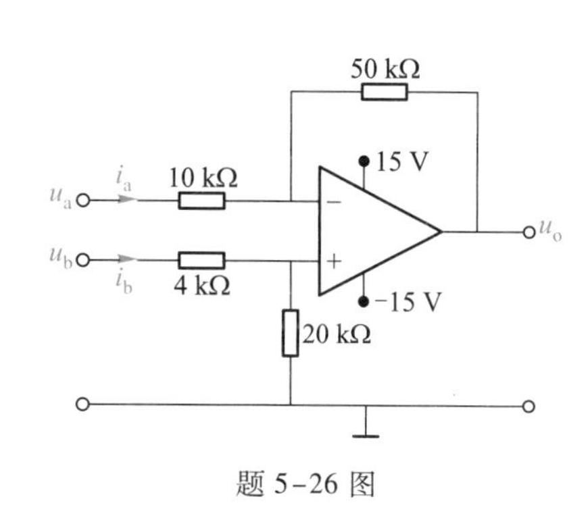

题 5-26 图

5-28 使用运算放大器设计反相求和放大器，将输入信号电压 u_1、u_2、u_3、u_4 进行反相求和，反馈电阻取 60 kΩ，输出电压为 $u_o=-(3u_1+5u_2+4u_3+2u_4)$。画出电路，标明各电阻的阻值。

5-29 使用运算放大器设计题 5-29 图所示同相求和放大器，使得 $u_o=4u_a+u_b+2u_c$。(1) 计算 R_b、R_c、R_f 的值。(2) 在(1)得出的参数下，若 $u_a=0.75$ V、$u_b=1.0$ V、$u_c=1.5$ V，求 u_o、i_a、i_b、i_c。(3) 若将(2)中 3 个输入电压均加倍，u_o 又为多少？

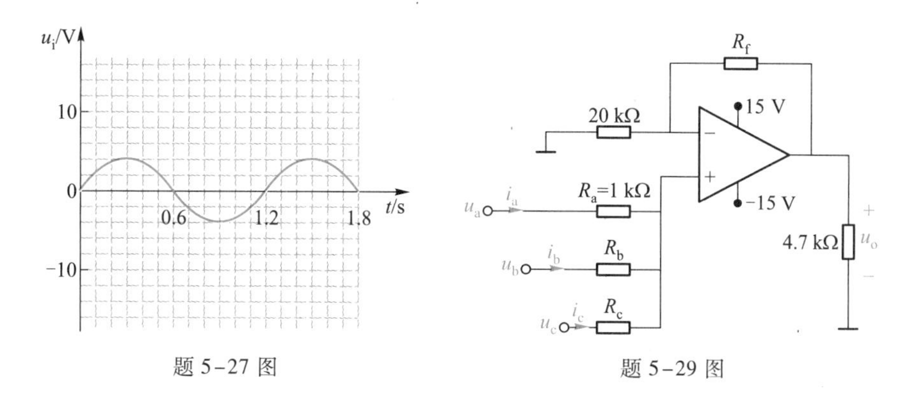

题 5-27 图　　　　题 5-29 图

习题 5 参考答案

非线性电阻电路

6.1 概述

前面已讨论了线性电阻电路的各种分析方法，本章讨论非线性电阻电路（nonlinear resistive circuit）的常用分析方法，包括：电路方程分析法、分段线性化方法、图解法及小信号分析法。

非线性电阻元件的 u-i 关系为非线性方程，因而非线性电路的方程为非线性方程组。非线性方程组一般不易得到解析解，而采用数值计算方法，编写成计算机程序，求得数值解。

线性电阻电路所对应的线性代数方程组大都有唯一解。如图 6-1-1(a) 所示线性电阻电路，线性一端口网络的端口 u-i 关系为

$$u=u_{\mathrm{oc}}-R_{\mathrm{eq}}i$$

线性电阻负载的 u-i 关系为

$$u=R_{\mathrm{L}}i$$

两者对应的直线在 u-i 平面上的交点就是电路的解，如图 6-1-1(b) 所示。也称交点 Q 为电路的工作点。

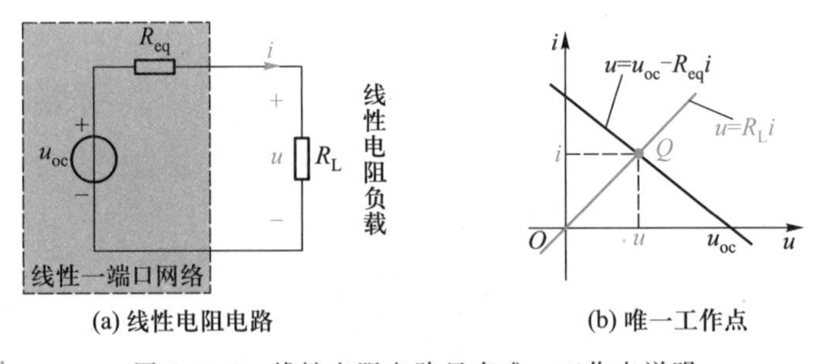

(a) 线性电阻电路　　(b) 唯一工作点

图 6-1-1　线性电阻电路只有唯一工作点说明

非线性电阻电路所对应的非线性代数方程组可能有唯一解，也可能有多个解。在图 6-1-2(a) 所示非线性电阻电路中：

- 若非线性电阻具有图 6-1-2(b) 所示 $i=g(u)$ 的特性，则电路有唯一工作点 Q；
- 若非线性电阻具有图 6-1-2(c) 所示 $i=f(u)$ 的特性，则电路有 Q_1、Q_2 和 Q_3 三个可能的工作点。

分析复杂非线性电阻电路，通常要列写非线性方程组，如结点方程、网孔（回路）方程，用数值法求解方程组。简单非线性电阻电路问题，可用一些特殊的方法，包括：分段线性化方法、图解法和小信号分析法。

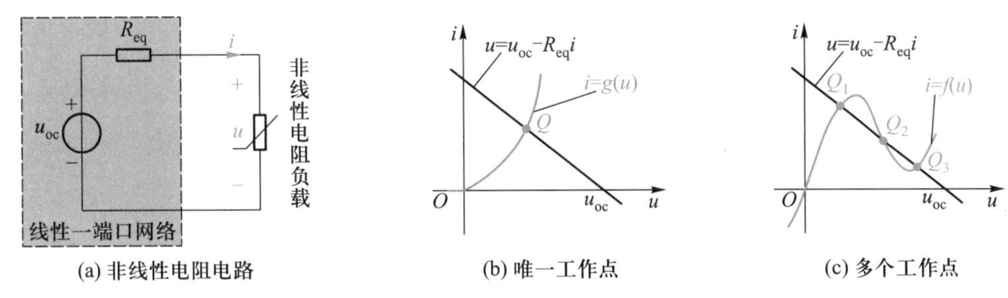

(a) 非线性电阻电路　　(b) 唯一工作点　　(c) 多个工作点

图 6-1-2　非线性电路具有一个或多个工作点说明

目标 1　能够列写非线性电阻电路的方程，理解方程的特点。

目标 2　掌握分段线性化方法、图解法及小信号分析法的应用场合，并熟练应用这些方法。

难点　理解小信号分析法的适用条件和小信号等效电路。

6.2 电路方程分析法

与线性电阻电路方程分析法类似，非线性电阻电路也可以建立一定的方程来分析。由于非线性电阻有压控型电阻（电流是电压的单值函数）和流控型电阻（电压是电流的单值函数）之分，压控型电阻的电压不便于用电流表示，流控型电阻的电流不便于用电压表示。因此，含有压控型非线性电阻的电路，适宜用结点方程；含有流控型非线性电阻的电路，适宜用网孔（或回路）方程。既有压控型又有流控型非线性电阻的电路，只能用混合变量方程。

例 6-2-1　图 6-2-1(a)所示电路中：(1) 若非线性电阻的特性为：$i_1=2u_1^2$、$i_2=5u_2^4$，列写结点方程；(2) 若非线性电阻的特性为：$u_1=0.2i_1^2$、$u_2=0.5i_2^4$，列写网孔方程；(3) 若非线性电阻的特性为：$u_1=0.2i_1^2$、$i_2=5u_2^4$，列写混合变量方程。

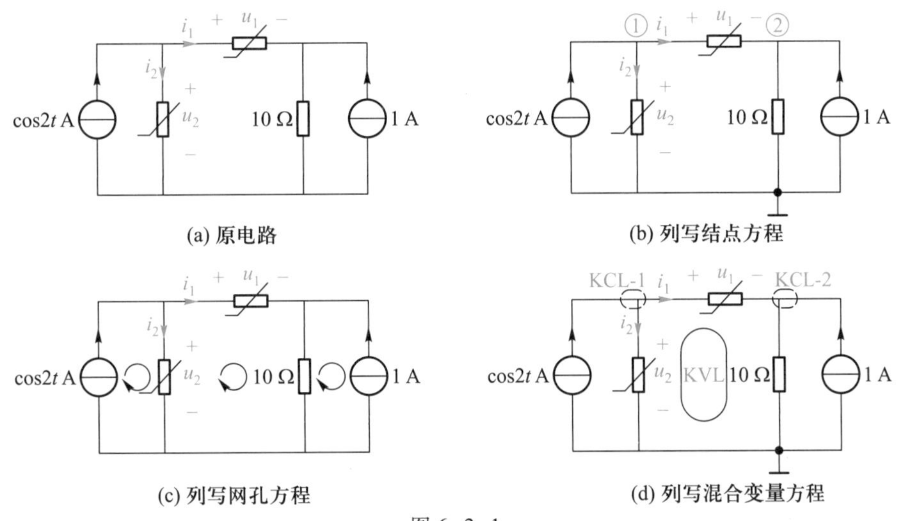

(a) 原电路　　(b) 列写结点方程

(c) 列写网孔方程　　(d) 列写混合变量方程

图 6-2-1

解：(1) 非线性电阻为压控型，采用以电压为变量的分析方程，即结点方程。取参考结点如图 6-2-1(b) 所示，并在结点 1、2 应用 KCL。10 Ω 电阻的电流为$\frac{u_2-u_1}{10}$，结点 1、2 的 KCL 为

$$\begin{cases} i_1+i_2=\cos 2t \\ i_1-\dfrac{u_2-u_1}{10}=-1 \end{cases}$$

将 $i_1=2u_1^2$、$i_2=5u_2^4$ 代入以上方程，得

$$\begin{cases} 2u_1^2+5u_2^4=\cos 2t \\ 2u_1^2-\dfrac{u_2-u_1}{10}=-1 \end{cases} \tag{6-2-1}$$

这是非线性方程组。求解非线性方程组属于“数值分析”的内容，超出了本书的范围。

(2) 非线性电阻改为流控型，则采用以电流为变量的分析方程，即网孔方程。取网孔如图 6-2-1(c) 所示，并对网孔应用 KVL。10 Ω 电阻的电压为 $10(i_1+1)$，中间网孔的 KVL 方程为

$$u_2=u_1+10(i_1+1)$$

网孔电流关系方程为

$$i_2=\cos 2t-i_1$$

将 $u_1=0.2i_1^2$、$u_2=0.5i_2^4$ 代入上面两式，得

$$\begin{cases} 0.5i_2^4=0.2i_1^2+10(i_1+1) \\ i_2=\cos 2t-i_1 \end{cases} \tag{6-2-2}$$

(3) 非线性电阻一个为流控型、一个为压控型，流控型非线性电阻的电流、压控型非线性电阻的电压必须为方程中的变量，因此，选择适当的 KCL、KVL 方程，如图 6-2-1(d) 中所示。由 KCL-2 得，10 Ω 电阻的电压为 $10(i_1+1)$，由 KVL 得

$$u_2=u_1+10(i_1+1)$$

再由 KCL-1 得

$$i_1+i_2=\cos 2t$$

将 $u_1=0.2i_1^2$、$i_2=5u_2^4$ 代入上面两式得

$$\begin{cases} u_2=0.2i_1^2+10(i_1+1) \\ i_1+5u_2^4=\cos 2t \end{cases} \tag{6-2-3}$$

非线性电阻电路的方程分析法

非线性电阻电路的方程为非线性方程或非线性方程组，通常用数值分析法获得数值解。

1. 当电路中只有压控型非线性电阻时，用电压变量列写结点 KCL 方程。
2. 当电路中只有流控型非线性电阻时，用电流变量列写网孔（或回路）KVL 方程。
3. 当电路中既有压控型、又有流控型非线性电阻时，用混合变量列写适当的 KCL、KVL 方程。

目标 1 检测:能够列写非线性电阻电路的分析方程

测 6-1 测 6-1 图所示电路中,(1)若非线性电阻的特性为 $u=i^2(i\geqslant 0)$,确定非线性电阻的电流;(2)若非线性电阻的特性为 $i=u^2(u\geqslant 0)$,确定非线性电阻的电压。

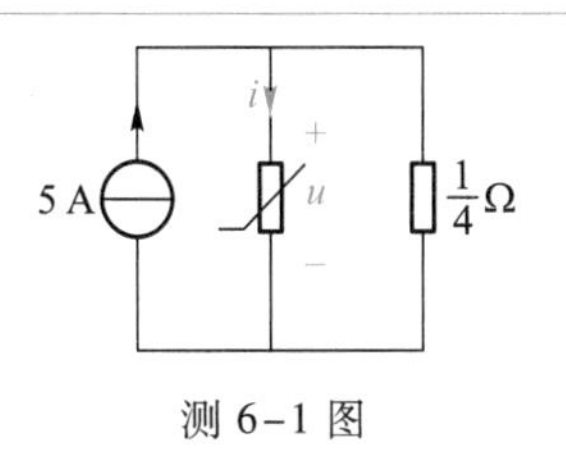

测 6-1 图

答案:(1) 1 A;(2) 1 V。

6.3 分段线性化方法

将非线性电阻的特性用分段线性的折线近似,对应于折线的每一段,非线性电阻用线性模型取代,非线性电路分析变为若干个线性电路的计算,这种方法称为分段线性化方法(piecewise linear analysis)。分段线性化方法的实施分为三步。

第一步:将非线性电阻的特性分段线性化。图 6-3-1(a)所示隧道二极管的特性用 3 段直线来近似,如图 6-3-1(b)所示,各段直线的参数如下:

第 1 段:斜率为 $\tan\alpha_1=G_1(>0)$,与 u 轴的交点为 $U_{S1}(=0)$,与 i 轴的交点为 $I_{S1}(=0)$,电压范围为 $0\leqslant u\leqslant U_1$,电流范围为 $0\leqslant i\leqslant I_1$;

第 2 段:斜率为 $\tan\alpha_2=G_2(<0)$,与 u 轴的交点为 $U_{S2}(>0)$,与 i 轴的交点为 $I_{S2}(>0)$,电压范围为 $U_1\leqslant u\leqslant U_2$,电流范围为 $I_1\leqslant i\leqslant I_2$;

第 3 段:斜率为 $\tan\alpha_3=G_3(>0)$,与 u 轴的交点为 $U_{S3}(>0)$,与 i 轴的交点为 $I_{S3}(<0)$,电压范围为 $U_2\leqslant u\leqslant U_3$,电流范围为 $I_2\leqslant i\leqslant I_3$。

第二步:建立非线性电路的线性化模型。图 6-3-1(b)中各段直线方程为

$$u=U_{Sk}+R_k i \quad \text{或} \quad i=I_{Sk}+G_k u \tag{6-3-1}$$

与以上方程对应的线性化电路模型如图 6-3-1(c)所示。

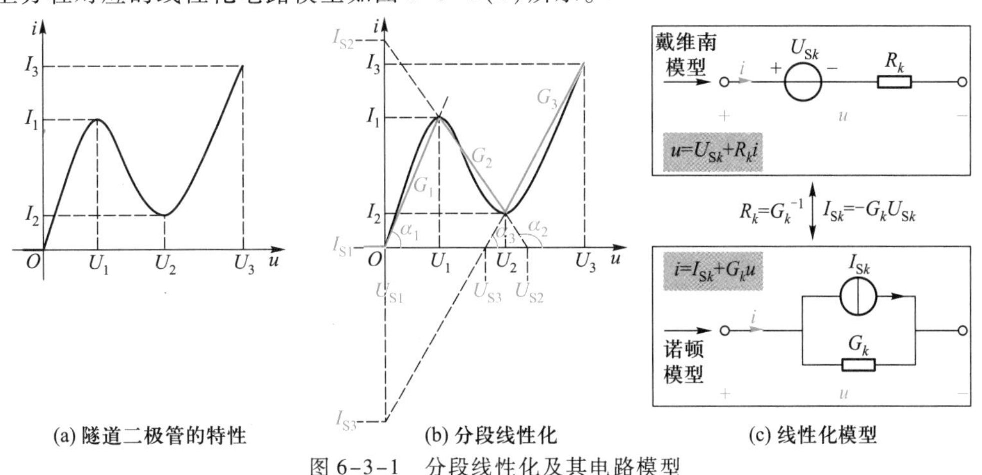

图 6-3-1 分段线性化及其电路模型

第三步:计算各种组合下的线性化模型。假设隧道二极管分别工作于第1、2、3段,计算对应于各段的线性电路,求得隧道二极管的电压和电流,当隧道二极管的电压和电流均落在某段的范围内时,就是电路的解。

例6-3-1 图6-3-2(a)所示电路中,非线性电阻的线性化特性如图6-3-2(c)所示,确定各非线性电阻的电流。

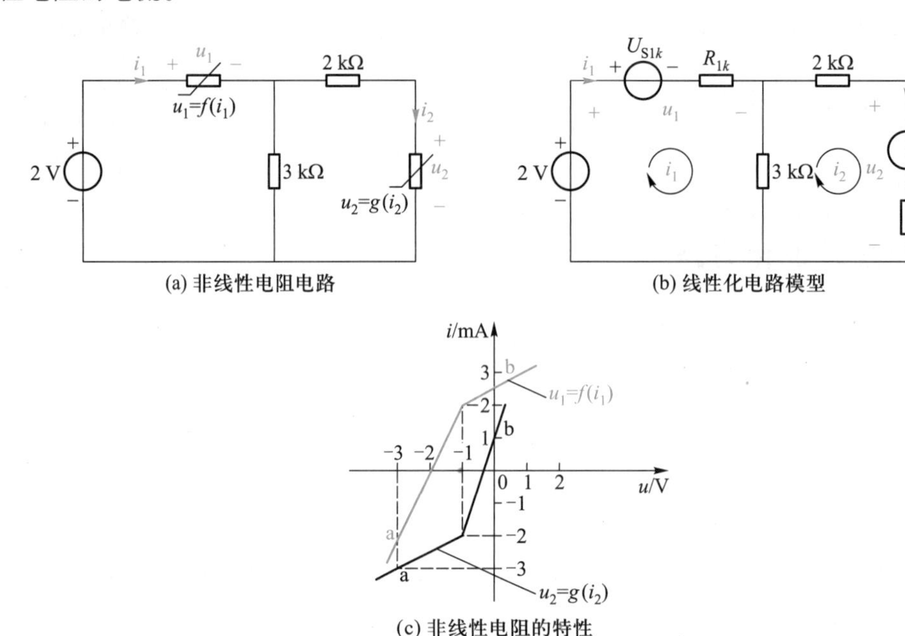

(c) 非线性电阻的特性

图6-3-2

解:非线性电阻采用戴维南模型,图6-3-2(a)的线性化模型如图6-3-2(b)所示。

图6-3-2(c)中各段直线的方程和电流、电压范围为:

$u_1=f(i_1)$的a段:$u_1=U_{S11}+R_{11}i_1=-2\ \text{V}+(0.5\ \text{k}\Omega)i_1$,$-\infty<i_1\leqslant 2\ \text{mA}$,$-\infty<u_1\leqslant -1\ \text{V}$;

$u_1=f(i_1)$的b段:$u_1=U_{S12}+R_{12}i_1=-5\ \text{V}+(2\ \text{k}\Omega)i_1$,$2\ \text{mA}\leqslant i_1<\infty$,$-1\ \text{V}\leqslant u_1<\infty$;

$u_2=g(i_2)$的a段:$u_2=U_{S21}+R_{21}i_2=3\ \text{V}+(2\ \text{k}\Omega)i_2$,$-\infty<i_2\leqslant -2\ \text{mA}$,$-\infty<u_2\leqslant -1\ \text{V}$;

$u_2=g(i_2)$的b段:$u_2=U_{S22}+R_{22}i_2=-\dfrac{1}{3}\ \text{V}+\left(\dfrac{1}{3}\ \text{k}\Omega\right)i_2$,$-2\ \text{mA}\leqslant i_2<\infty$,$-1\ \text{V}\leqslant u_2<\infty$。

用网孔分析法计算图6-3-2(b)所示电路中的i_1、i_2。网孔方程为

$$\begin{cases}(3+R_{1k})i_1-3i_2=2-U_{S1k}\\ -3i_1+(5+R_{2k})i_2=-U_{S2k}\end{cases}\quad(k=1,2)\tag{6-3-2}$$

两个非线性电阻的工作状态有4种组合,对每一种组合,将线性化方程的参数代入网孔方程中,解得电流i_1、i_2,并判断i_1、i_2是否落在该组合对应段的范围内。

组合1:$u_1=f(i_1)$和$u_2=g(i_2)$均工作于a段,式(6-3-2)为

$$\begin{cases}(3+R_{11})i_1-3i_2=2-U_{S11}\\ -3i_1+(5+R_{21})i_2=-U_{S21}\end{cases}$$

将$u_1=f(i_1)$的a段、$u_2=g(i_2)$的a段线性方程参数代入上式得

$$\begin{cases}(3+0.5)i_1-3i_2=2-(-2)\\-3i_1+(5+2)i_2=-3\end{cases}$$

解得

$$i_1=1.23\ \text{mA},\quad i_2=0.10\ \text{mA}$$

i_2 不在 $u_2=g(i_2)$ 的 a 段范围($-\infty<i_2\leqslant-2$ mA)内,组合 1 不可能。

组合 2:$u_1=f(i_1)$ 和 $u_2=g(i_2)$ 均工作于 b 段,式(6-3-2)为

$$\begin{cases}(3+2)i_1-3i_2=2-(-5)\\-3i_1+\left(5+\dfrac{1}{3}\right)i_2=-\left(-\dfrac{1}{3}\right)\end{cases}$$

解得

$$i_1=2.17\ \text{mA},\quad i_2=1.28\ \text{mA}$$

i_1、i_2 均在各自的 b 段范围内,这种组合是电路的一种工作状态。非线性电路可能存在多种解,还要计算其他组合。

组合 3:$u_1=f(i_1)$ 工作于 a 段、$u_2=g(i_2)$ 工作于 b 段,式(6-3-2)为

$$\begin{cases}(3+0.5)i_1-3i_2=2-(-2)\\-3i_1+\left(5+\dfrac{1}{3}\right)i_2=-\left(-\dfrac{1}{3}\right)\end{cases}$$

解得

$$i_1=2.31\ \text{mA},\quad i_2=1.36\ \text{mA}$$

i_1 不在 $u_1=f(i_1)$ 的 a 段范围($-\infty<i_1\leqslant2$ mA)内,这种组合不可能。

组合 4:$u_1=f(i_1)$ 工作于 b 段、$u_2=g(i_2)$ 工作于 a 段时,网孔方程式(6-3-2)为

$$\begin{cases}(3+2)i_1-3i_2=2-(-5)\\-3i_1+(5+2)i_2=-3\end{cases}$$

解得

$$i_1=1.54\ \text{mA},\quad i_2=0.23\ \text{mA}$$

i_2 不在 $u_2=g(i_2)$ 的 a 段范围($-\infty<i_2\leqslant-2$ mA)内,这种组合不可能。

综上所述,图 6-3-2(a)中,$u_1=f(i_1)$ 和 $u_2=g(i_2)$ 均工作于 b 段,且 $i_1=2.17$ mA、$i_2=1.28$ mA。

分段线性化方法的步骤

1. 将非线性电阻的特性用分段线性的折线近似,写出各段直线方程,明确电压和电流范围。
2. 将非线性电阻用戴维南模型或诺顿模型替换,画出线性化电路模型。
3. 对所有可能的工作点组合,在线性化模型中计算非线性电阻的电压或电流,确定实际工作点。

目标 2 检测：掌握分段线性化方法并熟练应用

测 6-2 测 6-2 图(a)所示电路中，二极管和非线性电阻的特性如图(b)所示。(1)写出 $f(u_1,i_1)=0$ 和 $u_2=g(i_2)$ 各段的方程；(2)确定电路工作在非线性电阻的哪一段；(3)确定 i_1、i_2 和 u。

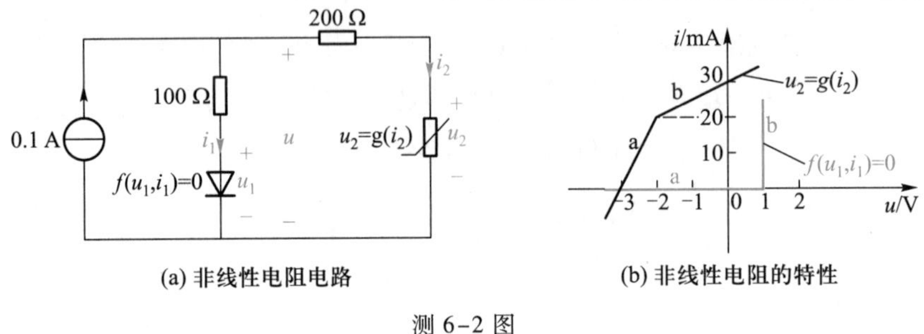

(a) 非线性电阻电路　　(b) 非线性电阻的特性

测 6-2 图

答案：(1) $i_1=0$、$u_1=1$ V，$u_2=-3$ V+(50 Ω)i_2、$u_2=-6$ V+(200 Ω)i_2；(2) $u_1=f(i_1)$的 b 段、$u_2=g(i_2)$的 b 段；(3) $i_1=66$ mA、$i_2=34$ mA、$u=7.6$ V。

6.4 图解法

仅有一个非线性电阻，且激励为直流电源的电路，可用图解法确定非线性电阻的工作点。在直流电源激励下的非线性电阻电路中，非线性电阻的电压和电流为常数，对应于其特性曲线上的一个点，称为静态工作点(quiescent point)或直流工作点。图 6-4-1(a)所示仅有一个非线性电阻的电路，含源线性电阻网络等效为戴维南支路，如图 6-4-1(b)所示。设非线性电阻的特性方程为

$$i=f(u) \tag{6-4-1}$$

图 6-4-1(b)中戴维南支路的 $u-i$ 关系为

$$u=U_{\mathrm{OC}}-R_{\mathrm{eq}}i \tag{6-4-2}$$

联立求解式(6-4-1)、(6-4-2)，得到：$u=U_Q$、$i=I_Q$，即为非线性电阻的静态工作点。静态工作点本质上是曲线 $i=f(u)$ 和直线 $u=U_{\mathrm{OC}}-R_{\mathrm{eq}}i$ 的交点，即图 6-4-1(c)所示的 Q 点。用两线相交的方法得到静态工作点，称为图解法。

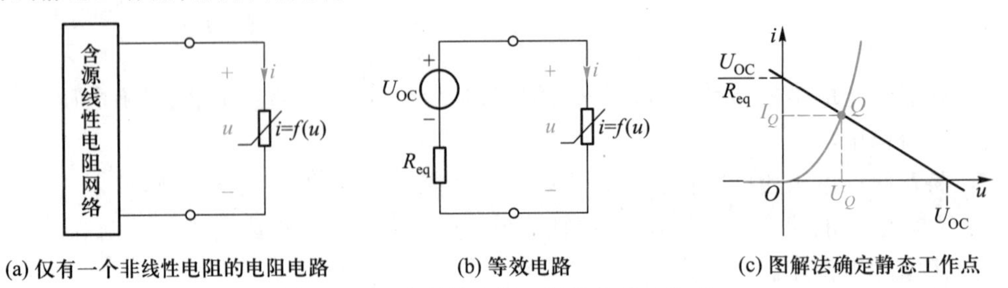

(a) 仅有一个非线性电阻的电阻电路　　(b) 等效电路　　(c) 图解法确定静态工作点

图 6-4-1 非线性电阻电路的静态工作点

例 6-4-1 图 6-4-2(a)所示电路中,非线性电阻的特性如图(b)所示,确定非线性电阻的电压和电流。(1)用图解法;(2)用分段线性化方法。

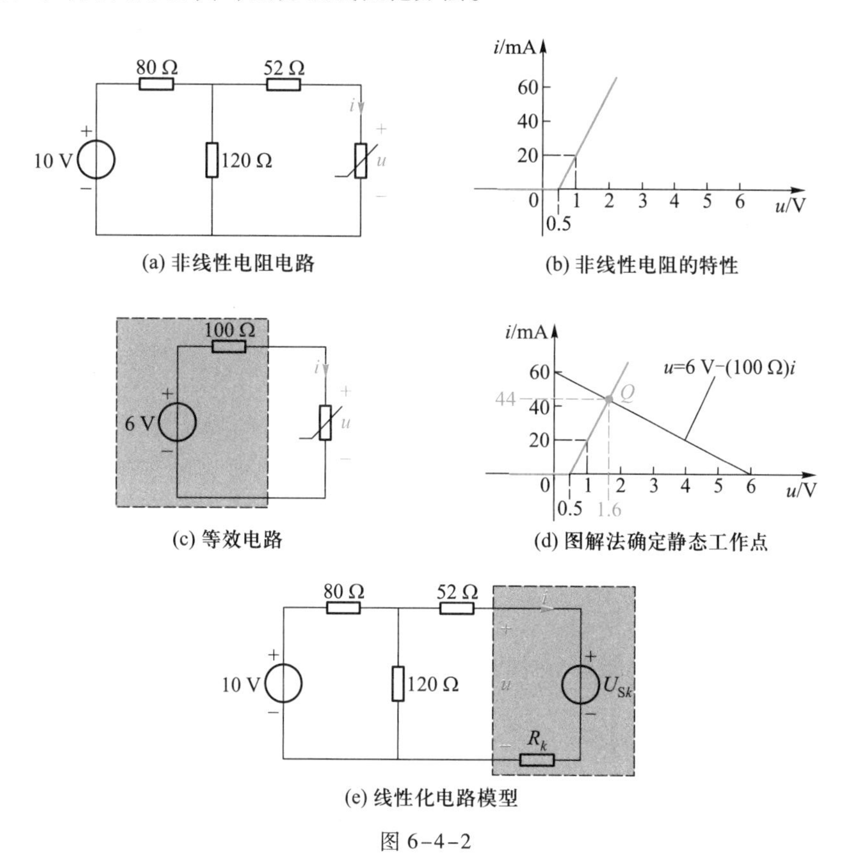

(a) 非线性电阻电路

(b) 非线性电阻的特性

(c) 等效电路

(d) 图解法确定静态工作点

(e) 线性化电路模型

图 6-4-2

解:(1)图解法。图 6-4-2(a)中只有一个非线性电阻,且为直流电路,适宜用图解法。线性电路部分等效为戴维南支路,如图(c)所示。戴维南支路的特性(即 u-i 关系)为

$$u=6\ \text{V}-(100\ \Omega)i \tag{6-4-3}$$

将该直线画在图(b)中,它与 u 轴的交点为 6 V、与 i 轴的交点为 6 V/100 Ω=60 mA,如图(d)所示,由此估计出交点 Q 的坐标,为

$$U_Q=1.6\ \text{V},\quad I_Q=44\ \text{mA}$$

写出晶体二极管 Q 点所在段的直线方程,与戴维南支路的特性方程联立求解,可以获得 Q 点坐标的精确值。晶体二极管 Q 点所在段的直线方程为

$$u=0.5+25i \tag{6-4-4}$$

由式(6-4-3)和(6-4-4)解得

$$u=U_Q=1.6\ \text{V},\quad i=I_Q=0.044\ \text{A}$$

(2)分段线性化方法。图 6-4-2(a)的线性化电路模型如图(e)所示。非线性电阻的特性分为两段:

第 1 段:方程为 $i=0$,范围为 $i=0$、$u\leqslant 0.5$ V,线性化戴维南电路模型中 $R_1=\infty$、$U_{S1}=0$;

第 2 段:方程为 $u=0.5+25i$,范围为 $i\geqslant 0$、$u\geqslant 0.5$ V,线性化戴维南电路模型中 $R_2=25\ \Omega$、

$U_{S2}=0.5\ \text{V}$。

当非线性电阻工作于第 1 段时,图 6-4-2(e)中 $R_1=\infty$、$U_{S1}=0$,因此

$$i=0,\quad u=\frac{80}{80+120}\times 10\ \text{V}=4\ \text{V}$$

$u=4\ \text{V}$ 不在第 1 段电压范围($u\leqslant 0.5\ \text{V}$)内,非线性电阻不可能工作于第 1 段。

当非线性电阻工作于第 2 段时,图 6-4-2(e)中 $R_2=25\ \Omega$、$U_{S2}=0.5\ \text{V}$,120 Ω 电阻的电压为 $(52+25)i+0.5=77i+0.5$,以此为结点电位列写结点方程,得

$$\left(\frac{1}{80}+\frac{1}{120}+\frac{1}{52+25}\right)(77i+0.5)=\frac{10}{80}+\frac{0.5}{52+25}$$

解得

$$i=0.044\ \text{A}$$

应用 KVL 得

$$u=0.5+25i=(0.5+25\times 0.044)\ \text{V}=1.6\ \text{V}$$

$i=0.044\ \text{A}$、$u=1.6\ \text{V}$ 都在第 2 段范围($i\geqslant 0$、$u\geqslant 0.5\ \text{V}$)内,非线性电阻工作于第 2 段。

由此,图 6-4-2(a)中非线性电阻的电压、电流为

$$u=1.6\ \text{V},\quad i=44\ \text{mA}$$

目标 2 检测:掌握图解法并熟练应用

测 6-3 确定测 6-3 图(a)中 u 和 i。非线性电阻的特性如图(b)所示。

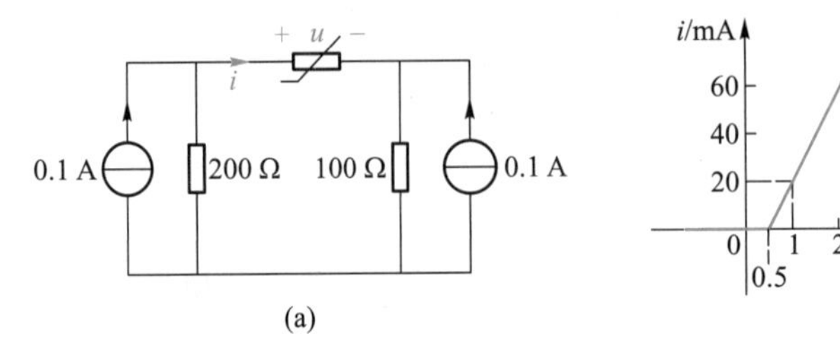

测 6-3 图

答案:$u=1.23\ \text{V}$,$i=29\ \text{mA}$。

6.5 小信号分析法

在电子放大电路中,虽然只有一个非线性电阻,但却既有直流电源又有交流电源。直流电源称为偏置电源,它决定着非线性电阻的工作点范围,交流电源可能是电路要处理的信号。

这类电路线性部分的戴维南等效电路如图 6-5-1(a)所示,R 为等效电阻,U 为开路电压的直流分量,u_s 为开路电压的交流分量。假定 $u_s=U_m\cos\omega t$,戴维南等效电路的端口 u-i 关系为

$$u=U+u_s-Ri \tag{6-5-1}$$

将式(6-5-1)画到图(b)中：

- 当 $u_s=0$ 时，对应于图中过 Q_0 点的直线；
- 当 $u_s=U_m$ 时，对应于图中过 Q_1 点的直线；
- 当 $u_s=-U_m$ 时，对应于图中过 Q_2 点的直线；

当 u_s 由 U_m 变到 $-U_m$ 时，非线性电阻的工作点由 Q_1 沿曲线移动到 Q_2，Q_0 是静态工作点。

如果 U_m 足够小，即 u_s 的变化范围足够小，那么，工作点的移动范围也就足够小，以至于可用过 Q_0 点的切线来近似非线性电阻的特性，如图 6-5-1(c)所示，非线性电路近似成线性电路，这种近似分析方法称为小信号分析法(small signal analysis)。U_m 足够小的 $u_s=U_m\cos\omega t$ 就是小信号，其他变化范围足够小的非正弦信号也是小信号。

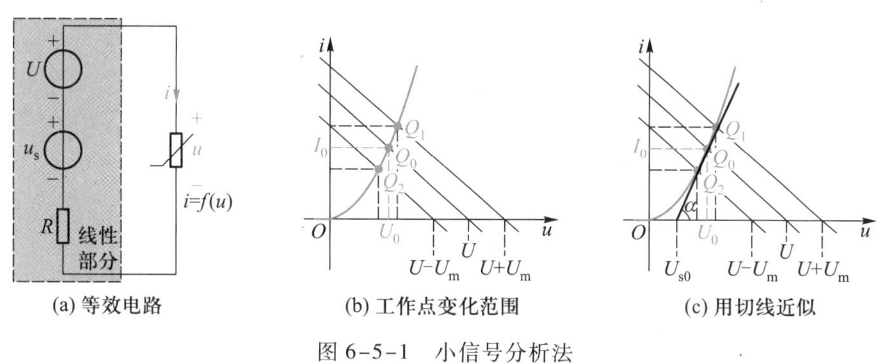

图 6-5-1 小信号分析法

小信号分析法的步骤

1. 确定静态工作点。
2. 将非线性电阻的特性用静态工作点处的切线近似，写出切线方程。
3. 将切线方程与戴维南等效电路的端口特性方程联立求解，得到非线性电阻的电压和电流。

例 6-5-1 图 6-5-2 所示电路中，小信号 $u_s=0.09\cos500t$ V，非线性电阻的特性方程为 $u=\frac{1}{3}i^3-2i$。确定非线性电阻的电压和电流。

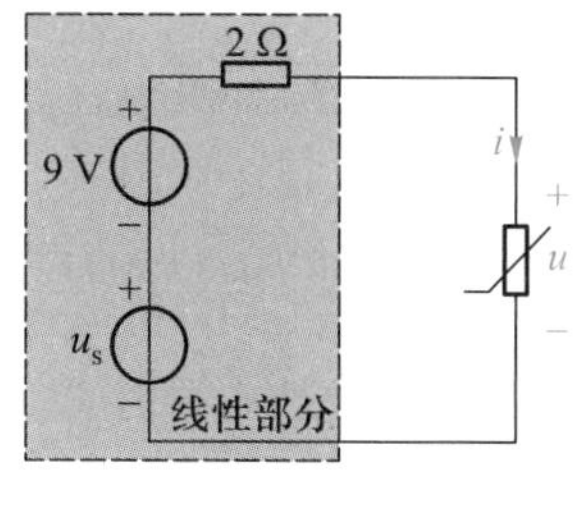

图 6-5-2

解：(1) 确定图 6-5-2 所示电路的静态工作点 Q_0。令 $u_s=0$，线性部分特性方程为 $u=9-2i$，非线性电阻的特性方程为 $u=\frac{1}{3}i^3-2i$，联立方程

$$\begin{cases}u=9-2i\\u=\frac{1}{3}i^3-2i\end{cases}$$

解得

$$u=3\ \text{V}=U_0,\quad i=3\ \text{A}=I_0$$

（2）确定非线性电阻在静态工作点 Q_0 处的切线方程。过 $Q_0(U_0,I_0)$ 的切线方程的一般形式为

$$\boxed{\frac{u-U_0}{i-I_0}=\left.\frac{\mathrm{d}u}{\mathrm{d}i}\right|_{Q_0}=R_{\mathrm{d0}}}$$ （R_{d0} 为非线性电阻在 Q_0 处的动态电阻）

由非线性电阻的特性方程 $u=\frac{1}{3}i^3-2i$ 得

$$R_{\mathrm{d0}}=\left.\frac{\mathrm{d}u}{\mathrm{d}i}\right|_{Q_0}=\left.\frac{\mathrm{d}\left(\frac{1}{3}i^3-2i\right)}{\mathrm{d}i}\right|_{i=I_0}=(i^2-2)\big|_{i=I_0}=(3^2-2)\ \Omega=7\ \Omega$$

将 $U_0=3$ V、$I_0=3$ A、$R_{\mathrm{d0}}=7\ \Omega$ 代入前面的切线方程，得

$$u=-18+7i$$

（3）将切线方程与线性部分的端口 u-i 关系联立求解。考虑小信号，图 6-5-2 中线性部分的 u-i 关系为

$$u=9+u_{\mathrm{s}}-2i=9+0.09\cos500t-2i$$

联立方程

$$\begin{cases}u=-18+7i\\u=9+0.09\cos500t-2i\end{cases}$$

解得

$$u=(3+0.07\cos500t)\ \text{V},\quad i=(3+0.01\cos500t)\ \text{A}$$

目标 2 检测：掌握小信号分析法并熟练应用

测 6-4 测 6-4 图所示电路中，小信号 $i_{\mathrm{s}}=0.04\cos100t$ A，非线性电阻的特性为 $i=\begin{cases}u^2, & (u\geqslant0)\\0, & (u<0)\end{cases}$。（1）确定静态工作点；（2）确定非线性电阻的电压和电流。

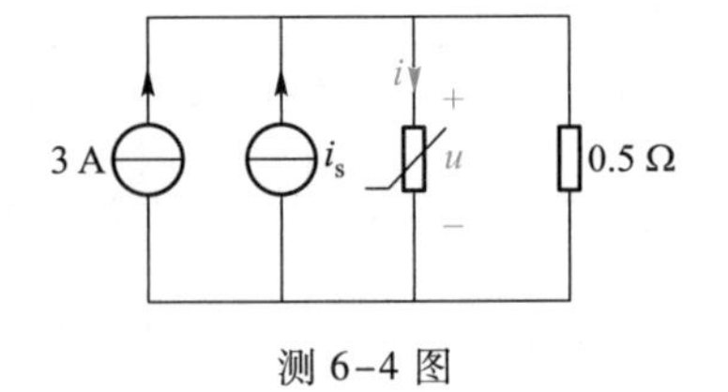

测 6-4 图

答案：（1）$U_0=1$ V，$I_0=1$ A；（2）$u=(1+0.01\cos100t)$ V，$i=(1+0.02\cos100t)$ A。

小信号分析法的计算还可以简化。将非线性电阻用过 Q_0 点的切线近似以后，电路变为线性的，可以应用叠加定理来计算，不需要具体写出切线方程，也不需要求解联立方程组。

设图 6-5-1(a)所示电路的静态工作点为 $Q_0(U_0,I_0)$，它是 $u_{\mathrm{s}}=0$ 时电路的解。即有

$$\begin{cases}I_0=f(U_0)\\U_0=U-RI_0\end{cases}\tag{6-5-2}$$

非线性电阻的特性在 Q_0 处的切线方程为

$$\boxed{\frac{i-I_0}{u-U_0}=\left.\frac{\mathrm{d}i}{\mathrm{d}u}\right|_{Q_0}=\left.\frac{\mathrm{d}f(u)}{\mathrm{d}u}\right|_{Q_0}=G_{\mathrm{d0}}}$$ （G_{d0}为非线性电阻在 Q_0 处的动态电导）

即

$$u=(U_0-G_{\mathrm{d0}}^{-1}I_0)+G_{\mathrm{d0}}^{-1}i=(U_0-R_{\mathrm{d0}}I_0)+R_{\mathrm{d0}}i \tag{6-5-3}$$

将切线方程式(6-5-3)等效为戴维南支路,图 6-5-1(a)变为图 6-5-3(a)所示线性电路。用叠加定理计算图 6-5-3(a)所示线性电路,直流电压源 U 和 $U_0-R_{\mathrm{d0}}I_0$ 一起作用,小信号电压源 u_s 单独作用,如图 6-5-3(b)所示。

图 6-5-3(b)中,因为 U_0、I_0 就是 $u_s=0$ 时非线性电阻的电压、电流,因此

$$u'=U_0,\quad i'=I_0$$

而

$$u''=\frac{R_{\mathrm{d0}}}{R+R_{\mathrm{d0}}}u_s,\quad i''=\frac{1}{R+R_{\mathrm{d0}}}u_s$$

所以

$$u=u'+u''=U_0+\frac{R_{\mathrm{d0}}}{R+R_{\mathrm{d0}}}u_s,\quad i=i'+i''=I_0+\frac{1}{R+R_{\mathrm{d0}}}u_s \tag{6-5-4}$$

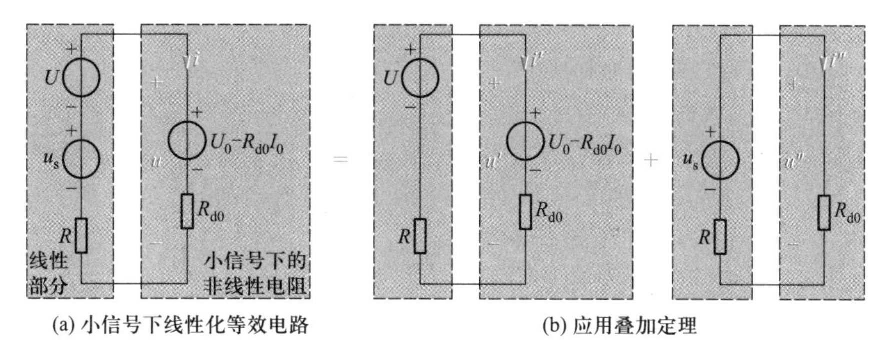

(a) 小信号下线性化等效电路　　(b) 应用叠加定理

图 6-5-3　小信号下线性化等效电路及其计算

综上所述,小信号下,非线性电阻的电压和电流是在静态工作点上叠加一个小信号分量,小信号分量由图 6-5-3(b)中右边电路求得,该电路称为小信号等效电路。通过小信号等效电路计算小信号分量,减少了小信号分析法的计算工作量。

简化的小信号分析法的步骤

1. 令小信号 $u_s=0$,将线性部分的端口特性方程与非线性电阻的特性方程联立求解,确定非线性电阻的静态工作点 $Q_0(U_0,I_0)$,即非线性电阻的电压、电流直流分量:

$$u'=U_0\qquad i'=I_0$$

2. 确定非线性电阻在静态工作点处的动态电阻或动态电导;

$$R_{d0}=\left.\frac{du}{di}\right|_{Q_0}\qquad G_{d0}=\left.\frac{di}{du}\right|_{Q_0}\qquad R_{d0}=G_{d0}^{-1}$$

3. 画出小信号单独作用的等效线性电路（小信号等效电路），计算非线性电阻电压、电流的小信号分量：

$$u''=\frac{R_{d0}}{R+R_{d0}}u_s\qquad i''=\frac{1}{R+R_{d0}}u_s$$

4. 将直流分量和小信号分量叠加：

$$u=u'+u''\qquad i=i'+i''$$

例 6-5-2 图 6-5-4(a)所示电路中，小信号 $u_s=0.01\cos 200t$ V，非线性电阻的特性方程为 $i=\begin{cases}0.01u^2, & u\geqslant 0\\ 0, & u<0\end{cases}$。确定非线性电阻的电压和电流。

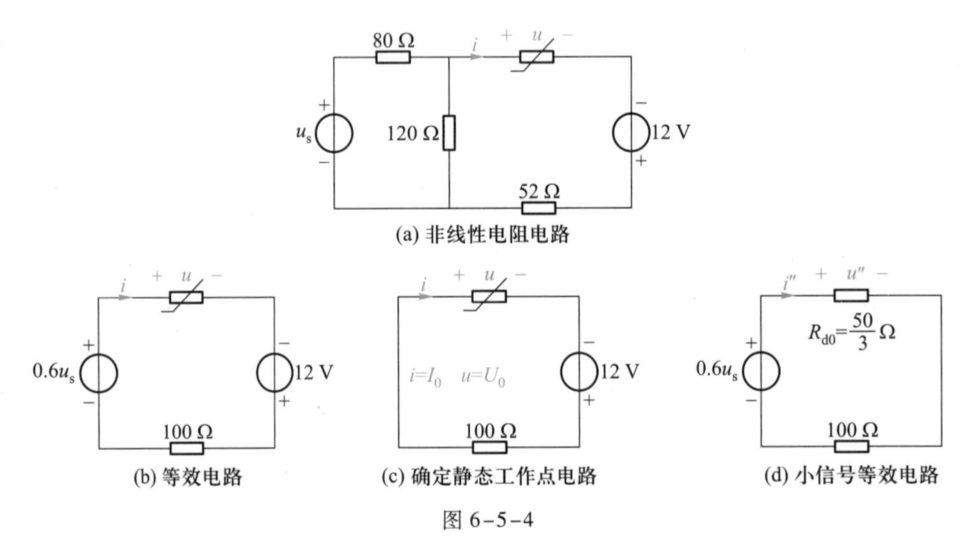

图 6-5-4

解：将图 6-5-4(a)所示电路的线性部分等效为戴维南支路，如图 6-5-4(b)所示。用简化的小信号分析法，分以下 4 步。

第 1 步：确定静态工作点。令小信号 $u_s=0$，图 6-5-4(b)变为图 6-5-4(c)，将非线性电阻的特性方程

$$i=\begin{cases}0.01u^2, & u\geqslant 0\\ 0, & u<0\end{cases}$$

与线性部分的特性方程

$$u=12-100i$$

联立，解得静态工作点

$$u=3\ \text{V}=U_0（舍去\ u=-4\ \text{V}），\quad i=0.09\ \text{A}=I_0$$

第 2 步：计算非线性电阻在静态工作点处的动态电阻。有

$$G_{d0}=\left.\frac{di}{du}\right|_{u=U_0}=0.02u\big|_{u=U_0}=0.06\ \text{S}$$

$$R_{d0}=G_{d0}^{-1}=\frac{50}{3}\ \Omega$$

第 3 步：画出小信号等效电路。小信号等效电路如图 6-5-4(d)所示。由此得

$$u''=\frac{\frac{50}{3}}{100+\frac{50}{3}}\times 0.6u_s=\frac{6}{70}u_s=8.57\times10^{-4}\cos200t\ \mathrm{V}$$

$$i''=\frac{1}{100+\frac{50}{3}}\times 0.6u_s=\frac{18}{3\ 500}\times 0.01\cos200t\ \mathrm{A}=5.14\times10^{-5}\cos200t\ \mathrm{A}$$

第 4 步：将直流分量和小信号分量叠加。非线性电阻的电压、电流为

$$u=U_0+u''=(3+8.57\times10^{-4}\cos200t)\ \mathrm{V}$$

$$i=I_0+i''=(0.09+5.14\times10^{-5}\cos200t)\ \mathrm{A}$$

目标 2 检测：掌握小信号分析法并熟练应用

测 6-5　测 6-5 图所示电路中，小信号 $i_s=0.04\cos100t$ A，非线性电阻的特性为 $i=\begin{cases}u^2, & (u\geqslant0)\\ 0, & (u<0)\end{cases}$。用简化的小信号分析法确定非线性电阻的电压和电流。

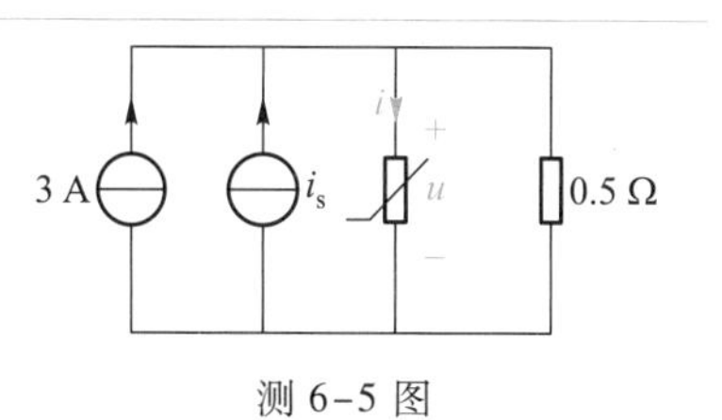

测 6-5 图

答案：$u=(1+0.01\cos100t)$ V，　$i=(1+0.02\cos100t)$ A。

例 6-5-3　图 6-5-5(a)所示电路中，非线性电阻的特性为：$i_1=0.4u_1^2(u_1\geqslant0)$、$i_2=0.1u_2^2(u_2\geqslant0)$，小信号 $i_s=0.01\cos200t$ A。确定非线性电阻的电压和电流。

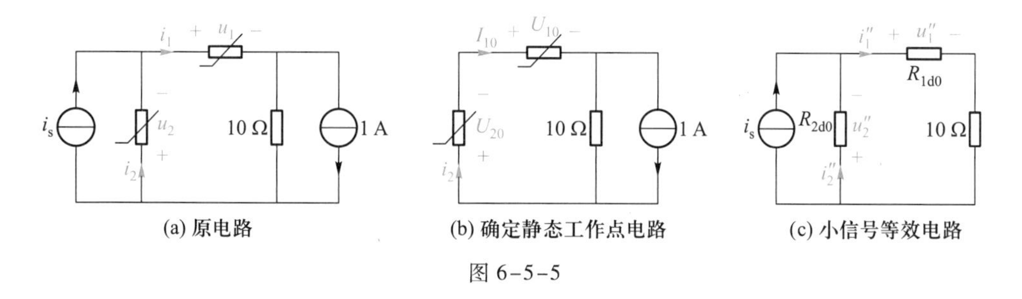

图 6-5-5

解：(1) 确定非线性电阻的静态工作点。将图 6-5-5(a)中小信号电源置零，得到图 6-5-5(b)，由此确定静态工作点。由 KCL 得

$$I_{10}=I_{20}$$

考虑到 $i_1=0.4u_1^2(u_1\geqslant0)$、$i_2=0.1u_2^2(u_2\geqslant0)$，得

$$0.4U_{10}^2=0.1U_{20}^2\quad(U_{10}\geqslant0,\quad U_{20}\geqslant0)$$

即

$$2U_{10}=U_{20}\quad(U_{10}\geqslant0,\quad U_{20}\geqslant0)$$

由 KVL、KCL 得

$$-\frac{U_{10}+U_{20}}{10}+1=I_{10}$$

考虑到 $i_1=0.4u_1^2 \quad (u_1\geqslant 0)$ 和 $2U_{10}=U_{20}$，得

$$-\frac{U_{10}+2U_{10}}{10}+1=0.4U_{10}^2 \quad (U_{10}\geqslant 0)$$

解得

$$U_{10}=1.25\ \text{V}=u_1'$$

由此

$$U_{20}=2U_{10}=2.5\ \text{V}=u_2'$$

$$I_{10}=0.4U_{10}^2=0.625\ \text{A}=i_1',\quad I_{20}=I_{10}=0.625\ \text{A}=i_2'$$

（2）计算非线性电阻在工作点处的静态电阻。由 $i_1=0.4u_1^2$、$i_2=0.1u_2^2$ 得

$$G_{1\text{d}0}=\left.\frac{\text{d}i_1}{\text{d}u_1}\right|_{Q_{10}}=0.4\times 2u_1\,|_{u_1=U_{10}}=0.4\times 2\times 1.25\ \text{S}=1\ \text{S},\quad R_{1\text{d}0}=G_{1\text{d}0}^{-1}=1\ \Omega$$

$$G_{2\text{d}0}=\left.\frac{\text{d}i_2}{\text{d}u_2}\right|_{Q_{20}}=0.1\times 2u_2\,|_{u_2=U_{20}}=0.1\times 2\times 2.5\ \text{S}=0.5\ \text{S},\quad R_{2\text{d}0}=G_{2\text{d}0}^{-1}=2\ \Omega$$

（3）计算小信号等效电路。小信号等效电路如图 6-5-5(c)，由线性电阻分流关系得

$$i_1''=\frac{R_{2\text{d}0}}{R_{1\text{d}0}+10+R_{2\text{d}0}}i_s=\frac{2}{1+10+2}i_s=\frac{2}{13}i_s=1.54\cos 200t\ \text{mA}$$

$$i_2''=i_1''-i_s=\frac{2}{13}i_s-i_s=-\frac{11}{13}i_s=-8.46\cos 200t\ \text{mA}$$

$$u_1''=R_{1\text{d}0}i_1''=1.54\cos 200t\ \text{mV},\quad u_2''=R_{2\text{d}0}i_2''=-16.9\cos 200t\ \text{mV}$$

（4）将直流分量和小信号分量叠加。非线性电阻的电压和电流为

$$i_1=i_1'+i_1''=I_{10}+i_1''=(625+1.54\cos 200t)\ \text{mA}$$

$$i_2=i_2'+i_2''=I_{20}+i_2''=(625-8.46\cos 200t)\ \text{mA}$$

$$u_1=u_1'+u_1''=U_{10}+u_1''=(1\ 250+1.54\cos 200t)\ \text{mV}$$

$$u_2=u_2'+u_2''=U_{20}+u_2''=(2\ 500-16.9\cos 200t)\ \text{mV}$$

目标 2 检测：掌握小信号分析法并熟练应用

测 6-6 测 6-6 图所示电路中，非线性电阻的特性为：$i_1=0.01u_1^2$ $(u_1\geqslant 0)$、$i_2=0.03u_2^2(u_2\geqslant 0)$，小信号电源 $u_s=0.01\cos 100t$ V。确定非线性电阻的电压和电流。

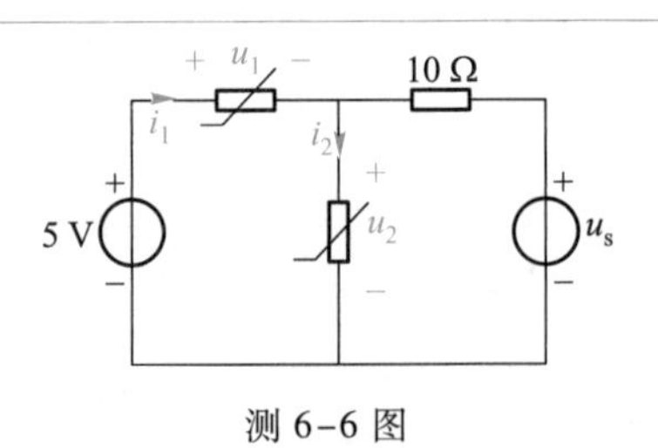

测 6-6 图

答案：$i_1=(150-0.32\cos 100t)$ mA，$i_2=(38+0.27\cos 100t)$ mA，$u_1=(3\ 880-4.13\cos 100t)$ mV，$u_2=(1\ 120+4.02\cos 100t)$ mV。

6.6 拓展与应用

晶体二极管是在工程中有着广泛应用的非线性电阻器件。本节讨论的限幅电路和桥式整流电路是晶体二极管的典型应用,也是非线性电阻电路分析的简单实例。

6.6.1 限幅电路

工程中为了保护电器件,有时需要将输出电压限定在一定的范围内。为此,利用二极管设计限幅电路。参考 1.4.1 小节了解二极管的特性。

图 6-6-1(a)所示电路为单向限幅电路,其输出电压 u_o 不高于直流电压源的电压 U。假设输入电压为 $u_i=A\sin\omega t$,输入和输出电压波形如图(b)所示。二极管的压降(0.7 V)比 U 明显小,为方便讨论忽略不计。因此,当$\dfrac{R_L u_i}{R+R_L}\geqslant U$ 时,二极管 D 导通(相当于短路),输出电压

$$u_o=U$$

当$\dfrac{R_L u_i}{R+R_L}<U$ 时,二极管 D 截止(相当于开路),输出电压

$$u_o=\frac{R_L u_i}{R+R_L}$$

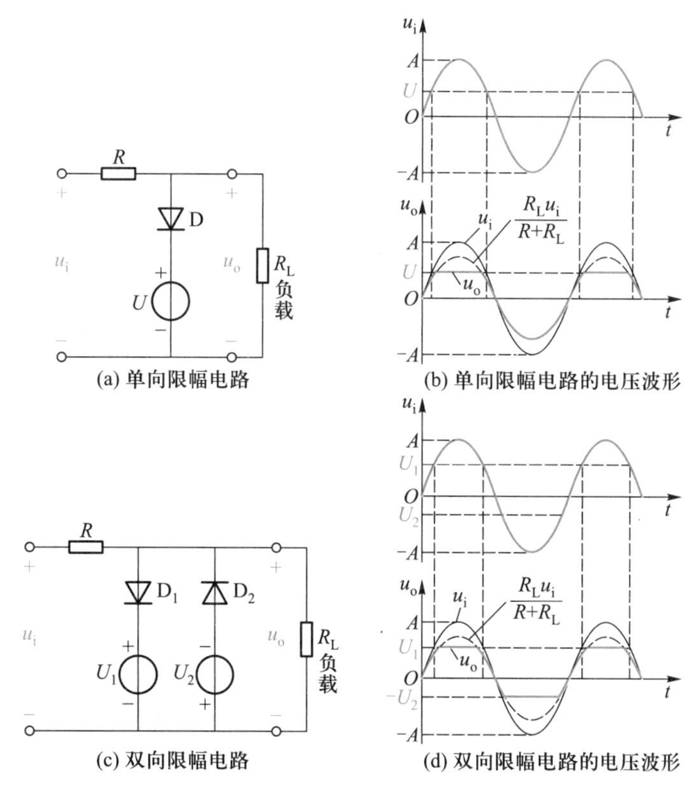

图 6-6-1 限幅电路

于是,输出电压 $u_o \leqslant U$,实现了单向限幅。

图 6-6-1(c)所示电路为双向限幅电路,其输出电压不高于直流电压源的电压 U_1、不低于直流电压源的电压 $-U_2$。还是设输入电压 $u_i = A\sin\omega t$,输入和输出电压波形如图 6-6-1(d)所示。

➢ 当 $\dfrac{R_L u_i}{R+R_L} \geqslant U_1$ 时,二极管 D_1 导通、D_2 截止,输出电压 $u_o = U_1$;

➢ 当 $\dfrac{R_L u_i}{R+R_L} \leqslant -U_2$ 时,二极管 D_2 导通、D_1 截止,输出电压 $u_o = -U_2$;

➢ 当 $-U_2 < \dfrac{R_L u_i}{R+R_L} < U_1$ 时,二极管 D_1、D_2 都截止,输出电压 $u_o = \dfrac{R_L u_i}{R+R_L}$。

显然,$-U_2 \leqslant u_o \leqslant U_1$,实现了双向限幅。

6.6.2 整流电路

我们可以从电池获得直流电压,也可以将正弦形式的电网电压整流成直流电压。直流稳压电源就是将正弦形式的电网电压转换成稳定的直流电压的装置,它离不开整流电路。整流电路分为半波整流电路、全波整流电路、桥式整流电路。

图 6-6-2(a)为单相桥式整流电路,单相是指输入只有一个电压 u_i,如果输入有 3 个不同的电压(三相电压),则为三相整流电路。图(b)为单相桥式整流电路的输入电压、输出电压波形。输入电压 u_i 为正弦波,而输出电压 u_o 恒为正,u_o 再经过滤波电路变为直流电压。参考14.4 节了解滤波电路。

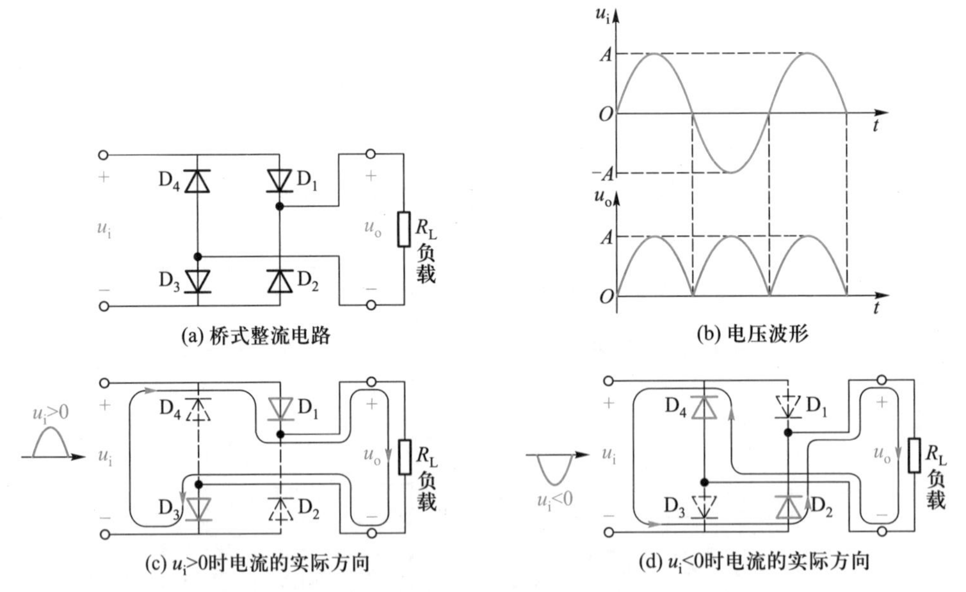

图 6-6-2 单相桥式整流电路

图 6-6-2(a)中,将二极管近似为理想二极管,当 $u_i>0$ 时,D_1、D_3 导通(相当于短路),D_2、D_4 截止(相当于开路),电流的实际方向如图(c)所示,输出电压

$$u_o = u_i \quad (当\ u_i>0\ 时)$$

当 $u_i<0$ 时,D_2、D_4 导通,D_1、D_3 截止,电流的实际方向如图(d)所示,输出电压

$$u_o=-u_i \quad (\text{当 } u_i<0 \text{ 时})$$

因此,输出电压 u_o 的波形如图(b)所示。

习题 6

电路方程分析法(6.2 节)

6-1 题 6-1 图所示电路中,非线性电阻的特性方程为 $i_D=5e^{(0.4u_D-1)}$,列写电路的结点方程。

6-2 题 6-2 图所示电路中,非线性电阻的特性方程为 $u=2i^2+3(i\geqslant0)$,列写电路的网孔方程,确定 i。

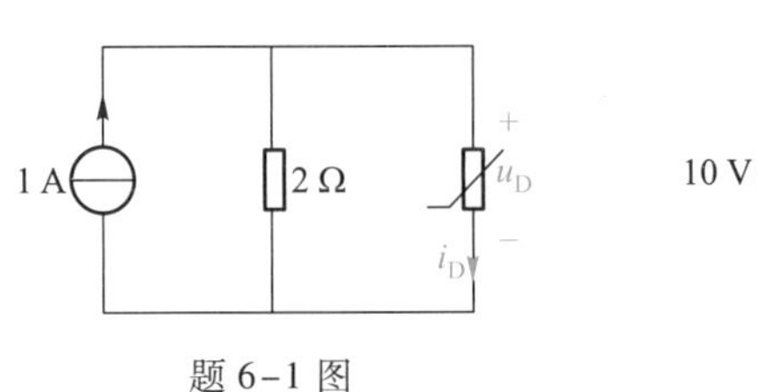

题 6-1 图

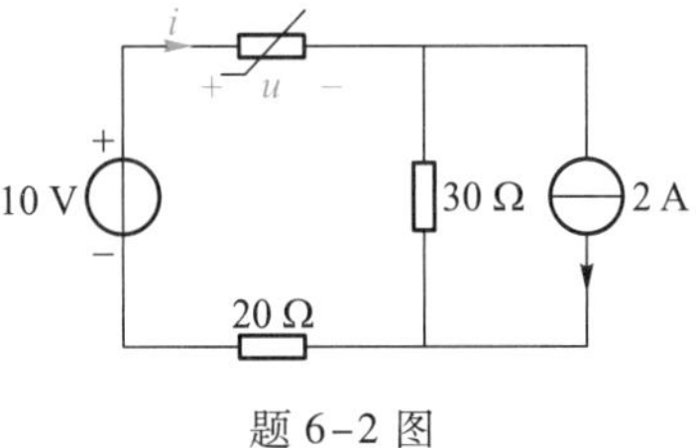

题 6-2 图

6-3 题 6-3 图所示电路中,非线性电阻的特性为:$u_1=i_1^2(i_1>0)$,$u_2=i_2^2(i_2>0)$,列写求解电路的方程。

6-4 题 6-4 图所示电路中,非线性电阻的特性为:$i_1=u_1^2(u_1>0)$,$i_2=u_2^2(u_2>0)$,列写求解电路的方程。

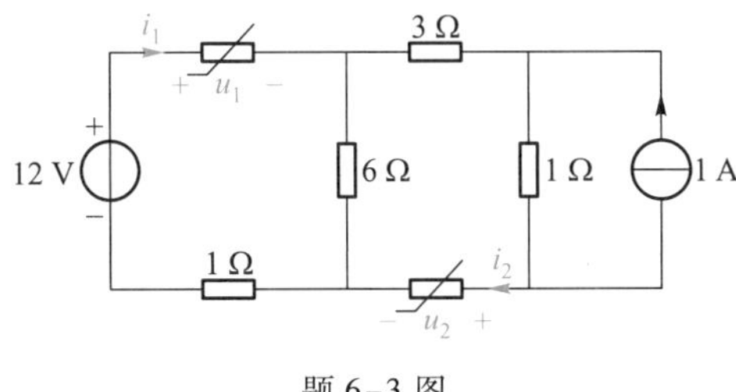

题 6-3 图

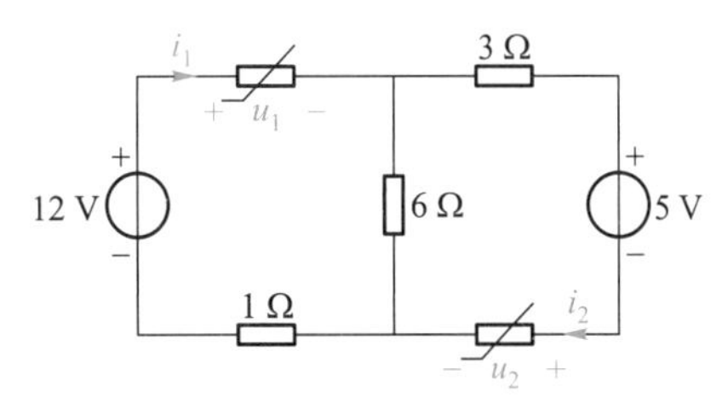

题 6-4 图

分段线性化方法(6.3 节)

6-5 题 6-5 图所示电路中,二极管的导通压降为 0.7 V,截止电流为零。(1)用分段线性化方法确定 u;(2)用戴维南定理校验(1)的结果。

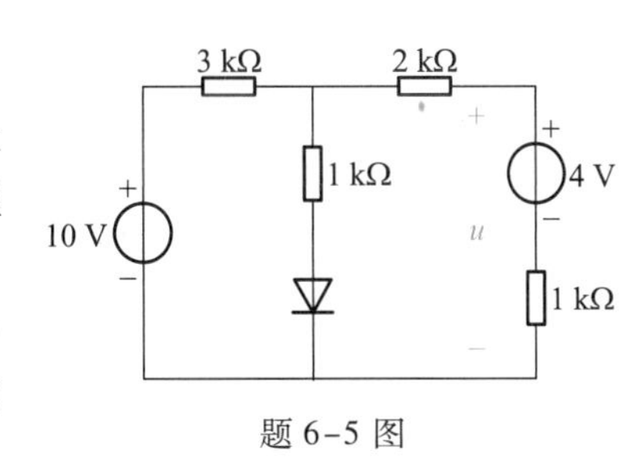

题 6-5 图

6-6 题 6-6 图(a)所示电路中,非线性电阻的特性如图(b)所示。用分段线性化方法确定各非线性元件的电压和电流。

图解法(6.4 节)

6-7 题 6-7 图(a)所示电路中,非线性电阻的特性如图(b)所示,确定电路的工作点。

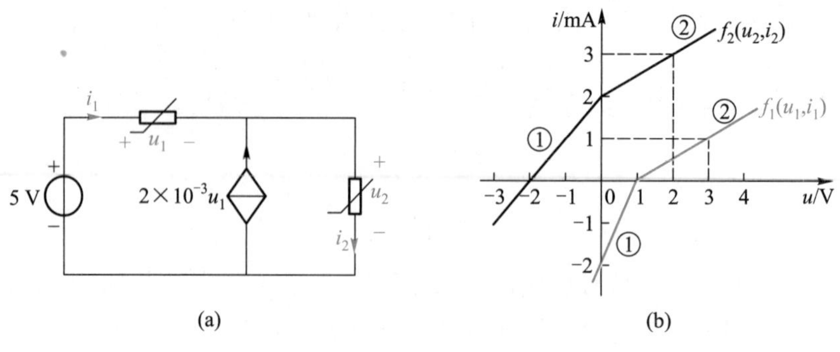

题 6-6 图

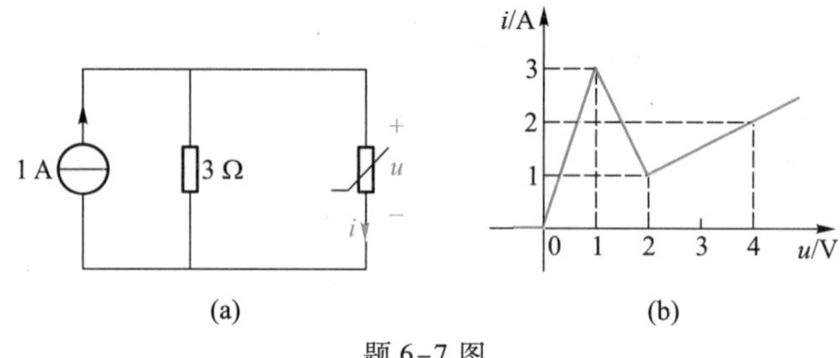

题 6-7 图

6-8 题 6-8 图(a)所示电路中,网络 N 的端口特性如图(b)所示,求 u、i。

6-9 题 6-9 图中,$u=i^2-7i(i>0)$确定非线性电阻的静态工作点。

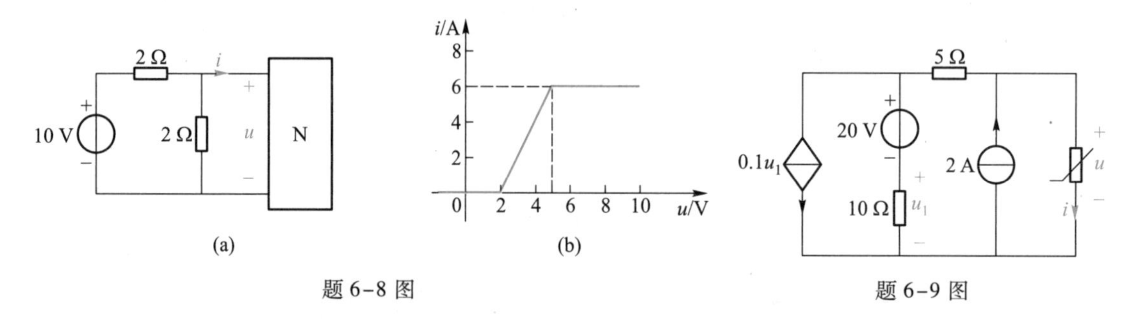

题 6-8 图

题 6-9 图

小信号分析法(6.5 节)

6-10 题 6-10 图(a)所示电路中,非线性电阻的特性如图(b)所示。(1)找出该电路所有的静态工作点;(2)计算每个静态工作点处的动态电阻;(3)画出小信号等效电路。

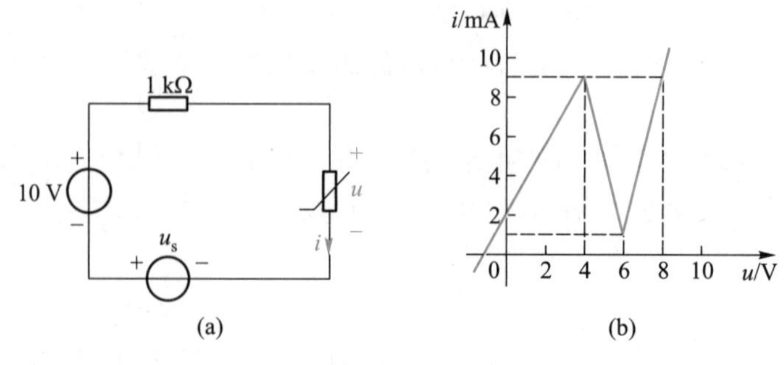

题 6-10 图

6-11 题 6-11 图所示电路中，非线性电阻的特性为 $u=i^3-2i$，小信号 $u_s=0.1\cos\omega t$ V。确定：(1) 非线性电阻的静态工作点；(2) 计算静态工作点处的动态电阻；(3) 确定经过静态工作点的切线方程；(4) 用近似直线方程计算电流 i；(5) 画出小信号等效电路；(6) 用小信号等效电路计算电流 i。

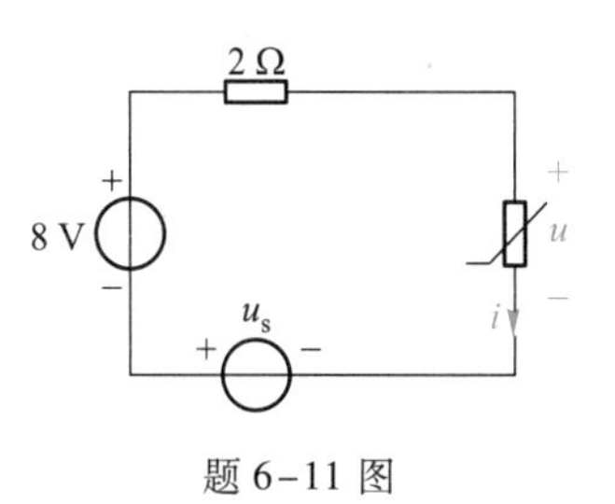

题 6-11 图

6-12 题 6-12 图所示电路中，$u_S=(3+U_m\cos\omega t)$ V，U_m 足够小，非线性电阻的特性为 $u=\begin{cases} i^2, & i>0 \\ 0, & i\leqslant 0 \end{cases}$。确定非线性电阻的电流 i。

6-13 题 6-13 图所示电路中，非线性电阻的特性方程分别为 $i_1=\begin{cases} u_1^2, & u_1\geqslant 0 \\ 0, & u_1<0 \end{cases}$，$i_2=f_2(u)=\begin{cases} 0.5u_2^2+u_2, & u_2\geqslant 0 \\ 0, & u_2<0 \end{cases}$，且已知 $i_S=8$ A 时，$u=U_0=2$ V。求 $i_S=(8+0.35\cos\omega t)$ A 时的 u。

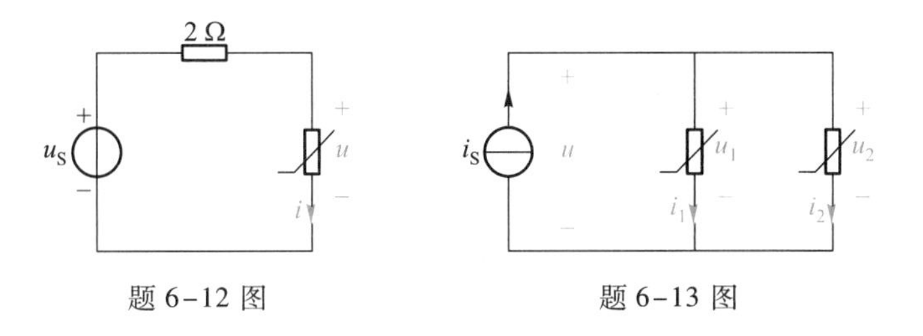

题 6-12 图　　题 6-13 图

综合检测

6-14 求题 6-14 图所示电路中各支路的电流。非线性电阻的特性为 $i_3=\begin{cases} 0, & u_3\leqslant 0 \\ u_3^2, & u_3>0 \end{cases}$。

6-15 题 6-15 图所示电路中，非线性电阻的特性为 $i=u^2(u>0)$，电流源 $I_S=10$ A、$i_s=\cos t$ A。确定非线性电阻的电压。

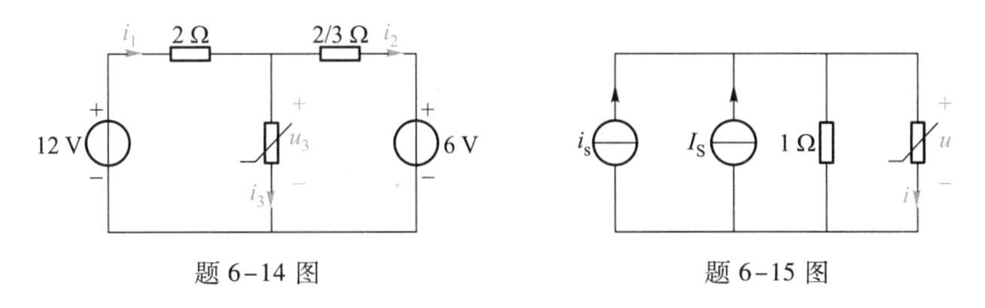

题 6-14 图　　题 6-15 图

6-16 题 6-16 图 (a) 所示电路中，稳压二极管的特性如图 (b) 所示，其反向击穿工作电流范围为 $I_{z\,min}=10$ mA、$I_{z\,max}=40$ mA，反向击穿电压 $U_z=6$ V。电源 $u_S=(10+\sin t)$ V，流过稳压二极管的电流随 u_S 的变化而变化。回答：(1) 该稳压二极管能否稳定工作于反向击穿状态？(2) 若能，确定稳压二极管的电流变化范围。

6-17 题 6-17 图所示电路中，$i_s=0.04\cos\omega t$ A，非线性电阻的特性为 $i=\begin{cases} u^2, & u\geqslant 0 \\ 0, & u<0 \end{cases}$。确定非线性电阻的电压。

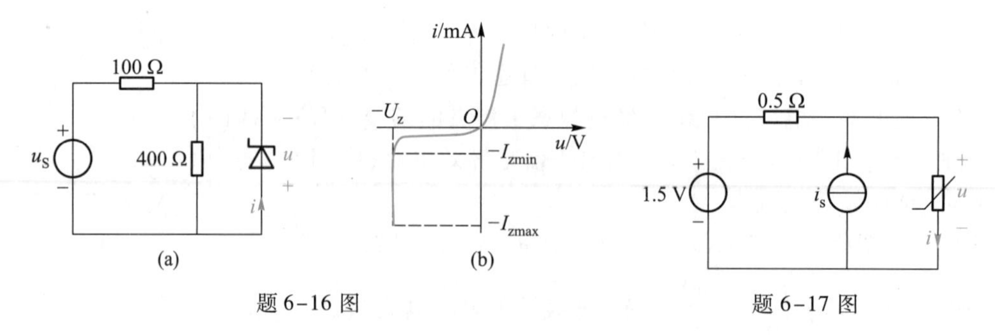

题 6-16 图　　题 6-17 图

6-18 图 6-6-1 所示限幅电路与图 6-6-2 所示单相桥式整流电路中,若取二极管的导通压降为 0.7 V,分析二极管的导通压降对电路输出的影响。

▶ 习题 6 参考答案

电容、电感及动态电路

7.1 概述

在第 1 章中提到,需要定义电容(元件)和电感(元件)来分别表征电场和磁场储能。电容、电感都能存储和释放能量,是不消耗能量的无源元件,称为储能元件。

含储能元件的电路称为动态电路。当动态电路发生结构、参数或激励突变时,储能元件的储能不能突变[①],使得电路的响应会从突变前的稳态(即稳定状态),经历渐变过程,再到新的稳态。这个渐变过程称为暂态过程或过渡过程。因此,动态电路可以处于暂态过程中或稳态。计算与分析暂态过程中的响应称为暂态分析,计算与分析稳态时的响应则称为稳态分析。

本章内容包含以下三个方面:

- 为了方便表达暂态过程中变化规律复杂的变量,以及对这些变量进行运算,引入广义函数。
- 定义电容、电感元件,并分析它们的性质。
- 概述暂态过程的时域分析方法,建立暂态分析的总体思路。

目标 1　掌握分段波形的广义函数表示方法。

目标 2　掌握电容的特性、u-i 关系、电容串联与并联等效。

目标 3　掌握电感的特性、u-i 关系、电感串联与并联等效。

目标 4　掌握动态电路的初始值计算、微分方程列写与求解、暂态分析的总体思路。

难点　理解和应用电荷守恒和磁链守恒,列写动态电路的微分方程。

7.2 广义函数

数学中通常用分段表达式来表示一个不连续的函数,如

$$f(t)=\begin{cases}0, & t<0\\ A\cos\omega t, & t>0\end{cases} \tag{7-2-1}$$

① 严格地说,当电容的电压、电感的电流为有限值时,储能不能突变。实际电路中的电压、电流都是有限值。

和

$$\frac{\mathrm{d}f(t)}{\mathrm{d}t}=\begin{cases}0, & t<0\\ \infty, & t=0\\ -A\omega\sin\omega t, & t>0\end{cases} \tag{7-2-2}$$

称为分段函数。借助单位阶跃函数和单位冲激函数,可将式(7-2-1)、(7-2-2)的分段函数,表示成定义域为$(-\infty,+\infty)$的一个表达式,称为广义函数②。将分段函数写成广义函数,简化了表达形式,方便于对函数进行加、减、微分、积分运算。

7.2.1 单位阶跃函数

1. 单位阶跃函数的定义

单位阶跃函数用来表达函数(或波形)的跳变。定义为

$$\boxed{\varepsilon(t)=\begin{cases}1, & t>0\\ 0, & t<0\end{cases}} \tag{7-2-3}$$

其波形如图 7-2-1 所示。$\varepsilon(0_-)=0$,$\varepsilon(0_+)=1$,而 $\varepsilon(0)$未定义,介于 0 和 1 之间。因跳变量为 1,故称单位阶跃函数(unit step function)。

波形的跳变可以发生在任何时刻。用 $\varepsilon(t-t_0)$表示 t_0 时刻跳变。令 $t'=t-t_0$,则有

$$\varepsilon(t-t_0)=\varepsilon(t')=\begin{cases}1, & t'>0 \quad (\text{即 } t>t_0)\\ 0, & t'<0 \quad (\text{即 } t<t_0)\end{cases}$$

其波形如图 7-2-2 所示。$\varepsilon(t-t_0)$为 $\varepsilon(t)$延迟 t_0 的函数。由此,单位阶跃函数定义一般化为

$$\boxed{\varepsilon[f(t)]=\begin{cases}1, & f(t)>0\\ 0, & f(t)<0\end{cases}} \tag{7-2-4}$$

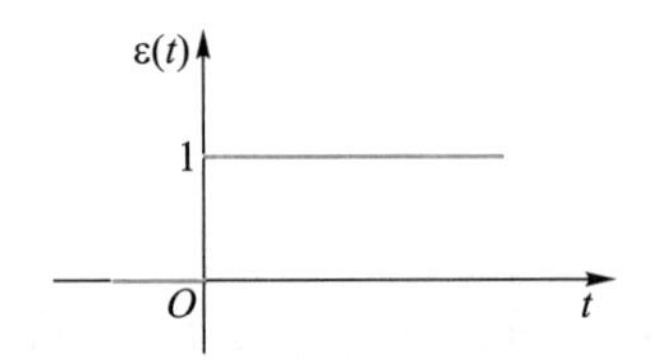

图 7-2-1 单位阶跃函数的波形

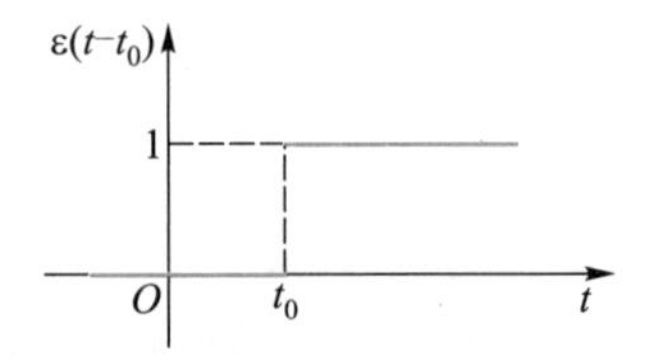

图 7-2-2 延迟 t_0 的单位阶跃函数波形

例 7-2-1 分别画出 $\varepsilon(-t)$、$\varepsilon(2-t)$的波形。

解:由式(7-2-4)可知,

$$\varepsilon(-t)=\begin{cases}1, & -t>0 \quad (\text{即 } t<0)\\ 0, & -t<0 \quad (\text{即 } t>0)\end{cases}$$

其波形如图 7-2-3(a)所示。

$$\varepsilon(2-t)=\begin{cases}1, & 2-t>0 \quad (\text{即 } t<2)\\ 0, & 2-t<0 \quad (\text{即 } t>2)\end{cases}$$

② 从函数空间角度来看,广义函数是以单位阶跃函数、单位冲激函数,以及它们的各阶导数为基元,用常用的连续可导函数为域,构成的更广泛的函数空间。这种函数空间是线性空间,它满足数学分析中相加、求导、积分的运算规则。

其波形如图 7-2-3(b)所示。

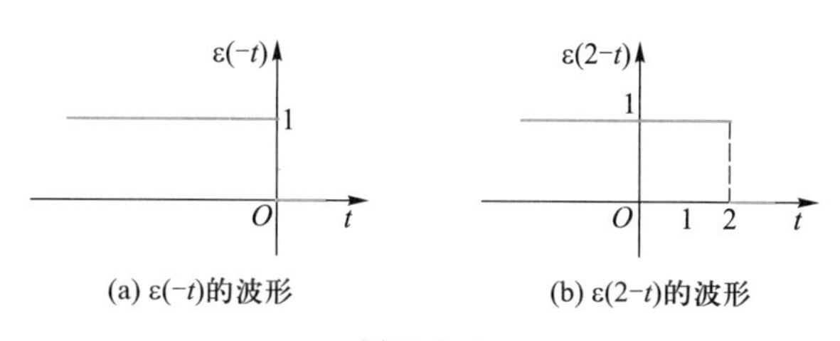

(a) ε(−t)的波形　　(b) ε(2−t)的波形

图 7-2-3

2. 分段波形的广义函数

借助单位阶跃函数可将分段波形表示成定义域为(-∞,+∞)的一个表达式,即广义函数。如:式(7-2-1)可写为 $f(t)=A\cos(\omega t)\varepsilon(t)$,用图 7-2-4 加以说明。将图(a)所示在(-∞,+∞)域内连续的波形,乘以图(b)所示单位阶跃波形,得到图(c)所示分段波形,$f(t)=A\cos(\omega t)\varepsilon(t)$ 就是图(c)所示分段波形的广义函数。注意图(c)中,$t=0$ 点没有定义。

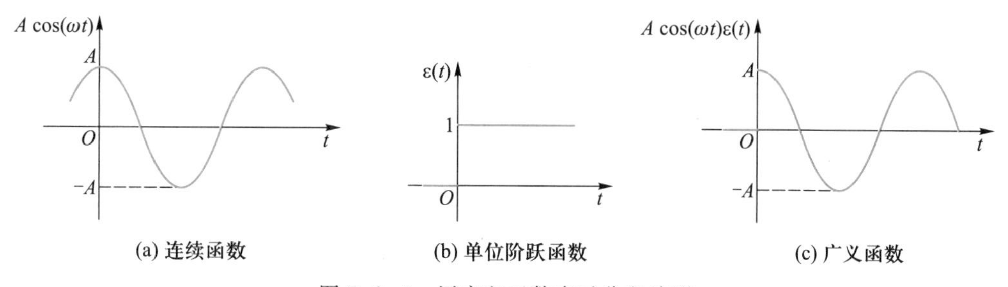

(a) 连续函数　　(b) 单位阶跃函数　　(c) 广义函数

图 7-2-4　用广义函数表示分段波形

3. 连续波形的截取

图 7-2-5(a)所示波形是指数波形在 $t_1 \sim t_2$ 之间的一段,如何写出该波形的广义函数呢?先看如何用单位阶跃函数表示图(b)所示波形。图(b)中的函数 $G(t_1,t_2)$,可视为两个单位阶跃函数之差,如图(c)所示,或视为两个单位阶跃函数之积,如图(d)所示,即

$$G(t_1,t_2)=\varepsilon(t-t_1)-\varepsilon(t-t_2)=\varepsilon(t-t_1)\times\varepsilon(t_2-t)$$

$G(t_1,t_2)$称为闸门函数(gate function)。借助闸门函数,可以对连续波形上任意一段进行截取。由此,图(a)所示波形的广义函数为

$$f(t)=\mathrm{e}^{-at}G(t_1,t_2)=\mathrm{e}^{-at}[\varepsilon(t-t_1)-\varepsilon(t-t_2)]$$

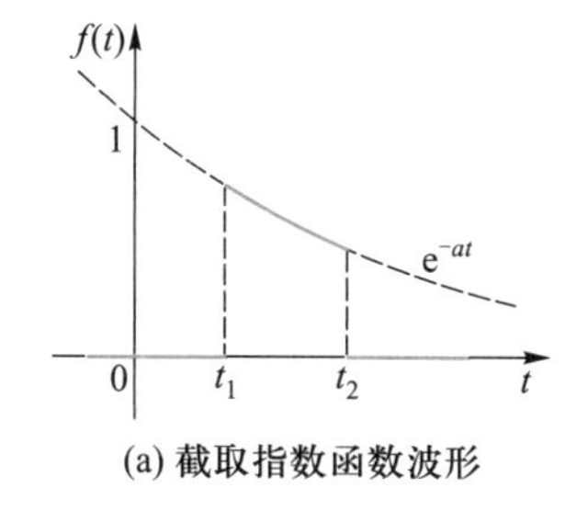

(a) 截取指数函数波形

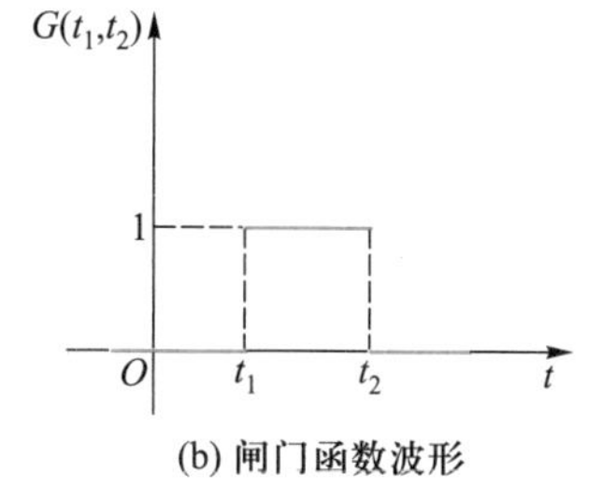

(b) 闸门函数波形

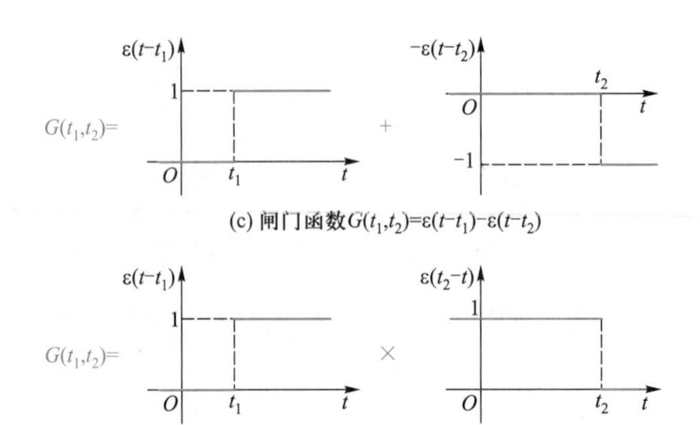

(c) 闸门函数$G(t_1,t_2)=\varepsilon(t-t_1)-\varepsilon(t-t_2)$

(d) 闸门函数$G(t_1,t_2)=\varepsilon(t-t_1)\times\varepsilon(t_2-t)$

图 7-2-5　连续波形的截取

4. 用单位阶跃函数取代开关

单位阶跃函数还可以用来描述电路在某一时刻突然接入电源的操作。图 7-2-6(a)表示在 $t=0$ 时刻有一直流电压源 U_S 接入电路中，它可由图 7-2-6(b)所示电路等效，开关的动作由 $\varepsilon(t)$取代。

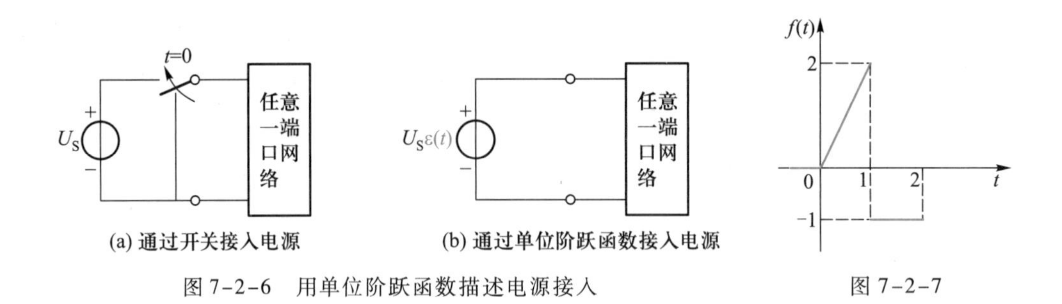

(a) 通过开关接入电源　　(b) 通过单位阶跃函数接入电源

图 7-2-6　用单位阶跃函数描述电源接入　　图 7-2-7

例 7-2-2　写出图 7-2-7 所示分段波形的广义函数。

解：图 7-2-7 所示波形由两段波形叠加而成。第一段为连续函数 $2t$ 和闸门函数 $G(0,1)=\varepsilon(t)-\varepsilon(t-1)$之积，第二段为连续函数$-1$ 和闸门函数 $G(1,2)=\varepsilon(t-1)-\varepsilon(t-2)$之积。两段之和即为图 7-2-7 所示分段波形。因此

$$\begin{aligned}f(t)&=2tG(0,1)+(-1)G(1,2)=2t[\varepsilon(t)-\varepsilon(t-1)]+(-1)[\varepsilon(t-1)-\varepsilon(t-2)]\\&=2t\varepsilon(t)+[-(2t+1)]\varepsilon(t-1)+(1)\varepsilon(t-2)\end{aligned}$$

从例 7-2-2 的结果可以总结出分段波形的广义函数具有如下通式

$$f(t)=\sum_{k=1}^{n}\phi_k(t)\varepsilon(t-t_k)\tag{7-2-5}$$

其中：$\phi_k(t)$为在$(-\infty,+\infty)$内连续可导函数，$\varepsilon(t-t_k)$表达了分段波形的跳变点和转折点，n 为跳变点和转折点的总个数。

目标 1 检测：分段函数（或波形）的广义函数表示方法

测 7-1 将分段函数 $u=\begin{cases}2, & t<0 \\ -5, & 0<t<1 \\ 0, & t>1\end{cases}$ 写成广义函数。

答案：$u=2\varepsilon(-t)-5\varepsilon(t)+5\varepsilon(t-1)$

测 7-2 写出测 7-2 图所示分段波形的广义函数。

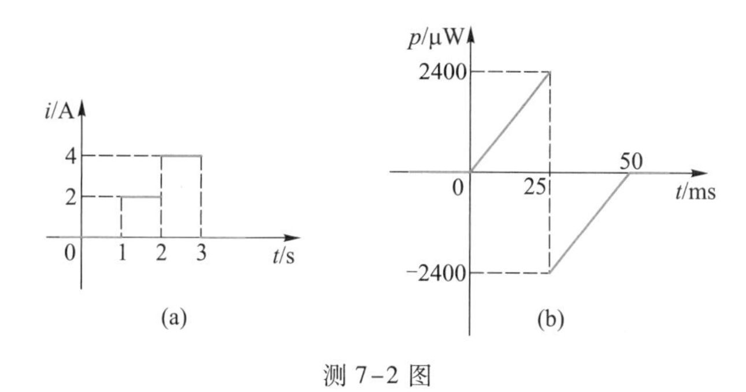

测 7-2 图

答案：$i=[2\varepsilon(t-1)+2\varepsilon(t-2)-4\varepsilon(t-3)]$ A （t 的单位为 s）。

$p=\{96t[\varepsilon(t)-\varepsilon(t-25)]+96(t-50)[\varepsilon(t-25)-\varepsilon(t-50)]\}$ μW （t 的单位为 ms）。

7.2.2 单位冲激函数

1. 单位冲激函数的定义

单位阶跃函数用来表达函数的转折和跳变，单位冲激函数则用来表达函数值趋于无穷大的情况。为了理解单位冲激函数，先看图 7-2-8(a)所示矩形脉冲函数 $P_\Delta(t)$，宽度 $\Delta\to 0$ 时，高度 $\Delta^{-1}\to\infty$，而面积保持为 1。图(b)所示矩形脉冲波 $AP_\Delta(t-t_0)$，宽度 $\Delta\to 0$ 时，仍有高度 $A\Delta^{-1}\to\infty$，但面积保持为 A。上述脉冲波在 $\Delta\to 0$ 时的极限，可用单位冲激函数来表示。

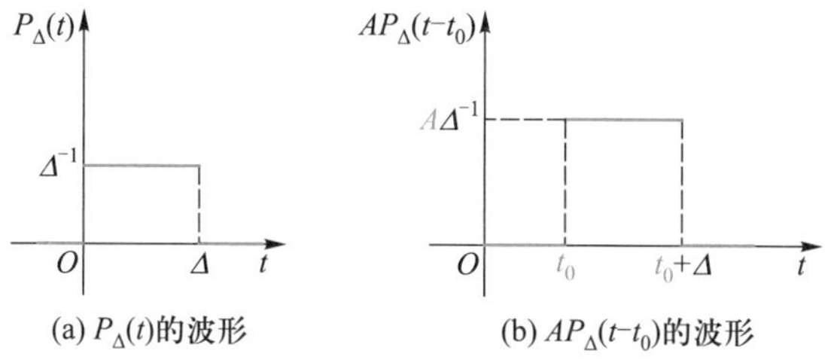

图 7-2-8 矩形单脉冲波

单位冲激函数（unit impulse function）$\delta(t)$ 定义为

$$\begin{cases}\delta(t)=0, & t\neq 0 \\ \int_{-\infty}^{\infty}\delta(t)\,\mathrm{d}t=1\end{cases} \tag{7-2-6}$$

其波形如图 7-2-9(a)所示。图 7-2-9(a)为图 7-2-8(a)所示波形在 $\Delta \to 0$ 时的极限。单位冲激函数 $\delta(t)$ 仅在 $t=0$ 时取值非零，但其波形与 t 轴所围面积 $\int_{-\infty}^{\infty}\delta(t)\mathrm{d}t=1$，该面积称冲激强度(strength of the impulse fuction)，因冲激强度为 1，故称单位冲激函数。不同的冲激函数在冲激点的值均为 ∞，用冲激强度来加以区分。图 7-2-8(b)所示波形在 $\Delta \to 0$ 时的极限用 $A\delta(t-t_0)$ 表示，波形如图 7-2-9(b)所示，为在 t_0 时刻出现的、冲激强度为 A 的冲激函数。

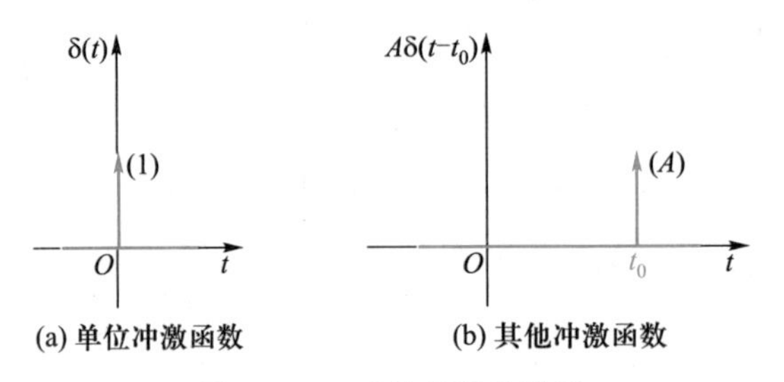

图 7-2-9　冲激函数的波形

2. 单位冲激函数与单位阶跃函数的关系

图 7-2-9(a)为图 7-2-8(a)在 $\Delta \to 0$ 时的极限，因此，单位冲激函数 $\delta(t)$ 和矩形脉冲函数 $P_\Delta(t)$ 的关系为

$$\delta(t)=\lim_{\Delta\to 0}P_\Delta(t)$$

而矩形脉冲函数 $P_\Delta(t)$ 可以用单位阶跃函数表示

$$P_\Delta(t)=\frac{1}{\Delta}[\varepsilon(t)-\varepsilon(t-\Delta)]$$

由此

$$\delta(t)=\lim_{\Delta\to 0}P_\Delta(t)=\lim_{\Delta\to 0}\frac{\varepsilon(t)-\varepsilon(t-\Delta)}{\Delta}=\frac{\mathrm{d}\varepsilon(t)}{\mathrm{d}t}$$

单位阶跃函数和单位冲激函数构成如下关系

$$\boxed{\begin{aligned}&\delta(t)=\frac{\mathrm{d}\varepsilon(t)}{\mathrm{d}t} && \varepsilon(t)=\int_{-\infty}^{t}\delta(t)\mathrm{d}t\\&\delta(t-t_0)=\frac{\mathrm{d}\varepsilon(t-t_0)}{\mathrm{d}t} && \varepsilon(t-t_0)=\int_{-\infty}^{t}\delta(t-t_0)\mathrm{d}t\end{aligned}} \tag{7-2-7}$$

3. 单位冲激函数的筛分性

冲激函数具有一个重要性质，即筛分性(sampling property)。筛分性直观理解为：通过冲激函数找出连续函数某一点之值。假定 $f(t)$ 在 t_0 处连续，且在 $(-\infty,\infty)$ 上处处有界，则有

$$\boxed{f(t)\delta(t-t_0)=f(t_0)\delta(t-t_0)} \tag{7-2-8}$$

这是因为：根据冲激函数的定义，$\delta(t-t_0)$ 仅在 $t=t_0$ 时刻不为零，而在 $t=t_0$ 时刻函数 $f(t)$ 的取值为 $f(t_0)$，因此，$f(t)\delta(t-t_0)$ 等于 $f(t_0)\delta(t-t_0)$。

对式(7-2-8)进行积分，得

$$\int_{-\infty}^{+\infty}f(t)\delta(t-t_0)\mathrm{d}t=\int_{-\infty}^{+\infty}f(t_0)\delta(t-t_0)\mathrm{d}t=f(t_0)\int_{-\infty}^{+\infty}\delta(t-t_0)\mathrm{d}t=f(t_0)$$

即有

$$\int_{-\infty}^{+\infty} f(t)\delta(t-t_0)\,\mathrm{d}t=f(t_0) \tag{7-2-9}$$

式(7-2-9)或式(7-2-8)称为冲激函数的筛分性,它表明:对一个连续函数乘上冲激函数、并进行积分,可将连续函数在冲激函数出现时刻的值求出。

例 7-2-3 写出图 7-2-10 所示波形的广义函数表达式。

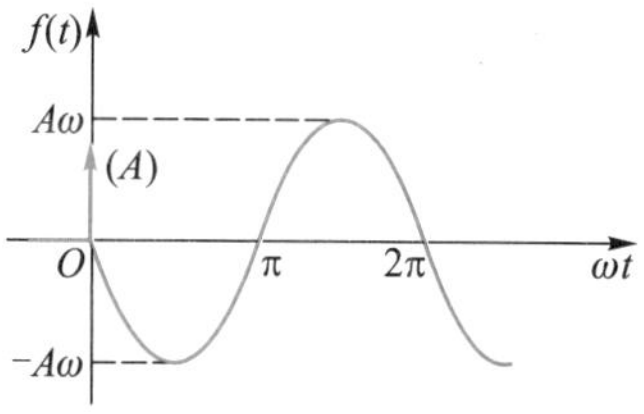

解:$f(t)$是包含冲激的分段波形,其 $t>0$ 的部分用$[-A\omega\sin(\omega t)]\varepsilon(t)$表示,冲激部分用 $A\delta(t)$ 表示,两部分相加得到$f(t)$的广义函数,为

$$f(t)=(-A\omega\sin\omega t)\varepsilon(t)+A\delta(t)$$

若将$f(t)$写成分段函数,即为

$$f(t)=\begin{cases}0, & t<0\\ \infty, & t=0\\ -A\omega\sin\omega t, & t>0\end{cases}$$

这正是式(7-2-2),它是$[A\cos(\omega t)]\varepsilon(t)$的一阶导数。

图 7-2-10

7.2.3 广义函数的微分与积分

将分段函数表示为广义函数,方便于函数运算。分段函数的加、减、微分、积分运算是不方便的,而广义函数很方便实现上述运算。广义函数的加、减运算,实质上是将带有相同的阶跃函数项合并、相同的冲激函数项合并。下面推导广义函数的微分、积分运算规则。在例 7-2-2 中归纳出分段波形的广义函数具有通式(7-2-5),即为

$$f(t)=\sum_{k=1}^{n}\phi_k(t)\varepsilon(t-t_k)$$

上式表达了任何有 n 个跳变点和转折点(但不包含冲激函数)的分段波形,掌握该函数的微分、积分运算规则,就可以对任何广义函数进行微分、积分运算。

1. 微分运算

按 $\dfrac{\mathrm{d}(uv)}{\mathrm{d}t}=v\dfrac{\mathrm{d}u}{\mathrm{d}t}+u\dfrac{\mathrm{d}v}{\mathrm{d}t}$的微分规则对$f(t)=\sum\limits_{k=1}^{n}\phi_k(t)\varepsilon(t-t_k)$求微分,有

$$\frac{\mathrm{d}f}{\mathrm{d}t}=\frac{\mathrm{d}}{\mathrm{d}t}\left[\sum_{k=1}^{n}\phi_k(t)\varepsilon(t-t_k)\right]=\sum_{k=1}^{n}\frac{\mathrm{d}}{\mathrm{d}t}[\phi_k(t)\varepsilon(t-t_k)]=\sum_{k=1}^{n}\left[\frac{\mathrm{d}\phi_k(t)}{\mathrm{d}t}\varepsilon(t-t_k)+\phi_k(t)\frac{\mathrm{d}\varepsilon(t-t_k)}{\mathrm{d}t}\right]$$

$\phi_k(t)$是连续可导函数,$\dfrac{\mathrm{d}\phi_k(t)}{\mathrm{d}t}$存在,用 $\phi_k'(t)$ 表示。$\dfrac{\mathrm{d}\varepsilon(t-t_k)}{\mathrm{d}t}=\delta(t-t_k)$,由此

$$\frac{\mathrm{d}f}{\mathrm{d}t}=\sum_{k=1}^{n}[\phi_k'(t)\varepsilon(t-t_k)+\phi_k(t)\delta(t-t_k)]$$

根据冲激函数的筛分性,$\phi_k(t)\delta(t-t_k)=\phi_k(t_k)\delta(t-t_k)$,因此

$$\frac{\mathrm{d}f}{\mathrm{d}t}=\sum_{k=1}^{n}[\phi_k'(t)\varepsilon(t-t_k)+\phi_k(t_k)\delta(t-t_k)]$$

故广义函数的微分运算规则为

$$\frac{\mathrm{d}}{\mathrm{d}t}[\phi_k(t)\varepsilon(t-t_k)]=\phi_k'(t)\varepsilon(t-t_k)+\phi_k(t)\delta(t-t_k)=\phi_k'(t)\varepsilon(t-t_k)+\phi_k(t_k)\delta(t-t_k) \tag{7-2-10}$$

2. 积分运算

对 $f(t)=\sum_{k=1}^{n}\phi_k(t)\varepsilon(t-t_k)$ 求积分，有

$$\int_{-\infty}^{t}f\mathrm{d}t=\int_{-\infty}^{t}\left[\sum_{k=1}^{n}\phi_k(t)\varepsilon(t-t_k)\right]\mathrm{d}t=\sum_{k=1}^{n}\int_{-\infty}^{t}\phi_k(t)\varepsilon(t-t_k)\mathrm{d}t$$

$\varepsilon(t-t_k)$ 在 $t<t_k$ 为 0、$t>t_k$ 为 1，积分有效区间为 (t_k,t)，在积分有效区间里，积分号下的函数为 $\phi_k(t)\times1$，积分可写为 $\int_{t_k}^{t}\phi_k(t)\mathrm{d}t$，但 $\int_{t_k}^{t}\phi_k(t)\mathrm{d}t$ 只在 $t>t_k$ 成立。广义函数的积分运算规则为

$$\int_{-\infty}^{t}[\phi_k(t)\varepsilon(t-t_k)]\mathrm{d}t=\left[\int_{t_k}^{t}\phi_k(t)\mathrm{d}t\right]\varepsilon(t-t_k) \tag{7-2-11}$$

于此

$$\int_{-\infty}^{t}f\mathrm{d}t=\sum_{k=1}^{n}\left\{\left[\int_{t_k}^{t}\phi_k(t)\mathrm{d}t\right]\varepsilon(t-t_k)\right\}$$

积分时，注意积分下限变化和移到积分号外的阶跃函数。例如：计算 $\int_{-\infty}^{t}[2t\varepsilon(t)]\mathrm{d}t$ 时，被积函数在 $t<0$ 时为 0，积分下限应改为 0，积分变为 $\int_{0}^{t}2t\mathrm{d}t$，但对照 $\int_{-\infty}^{t}[2t\varepsilon(t)]\mathrm{d}t$ 与 $\int_{0}^{t}2t\mathrm{d}t$，前者因被积函数在 $t<0$ 时为 0 而使得积分结果在 $t<0$ 时亦为 0，后者则没有此特点。为使两者结果一致，后者须乘上单位阶跃函数，即 $\int_{-\infty}^{t}2t\varepsilon(t)\mathrm{d}t=\left(\int_{0}^{t}2t\mathrm{d}t\right)\varepsilon(t)$。

例 7-2-4　对例 7-2-2 的图 7-2-7 所示波形 $f(t)$ 的广义函数进行微分、积分运算，即求 $\frac{\mathrm{d}f}{\mathrm{d}t}$ 和 $\int_{-\infty}^{t}f\mathrm{d}t$ 的广义函数，并画出波形。

解：例 7-2-2 已得到了图 7-2-7 所示波形的广义函数，为

$$f(t)=2t\varepsilon(t)-(2t+1)\varepsilon(t-1)+\varepsilon(t-2)$$

由广义函数的微分运算规则，即式(7-2-10)，得到

$$\frac{\mathrm{d}f}{\mathrm{d}t}=[2\varepsilon(t)+2t\delta(t)]-[2\varepsilon(t-1)+(2t+1)\delta(t-1)]+[\delta(t-2)]$$

利用冲激函数的筛分性对上面的结果进行简化，得

$$\frac{\mathrm{d}f}{\mathrm{d}t}=[2\varepsilon(t)]-[2\varepsilon(t-1)+3\delta(t-1)]+[\delta(t-2)]=2\varepsilon(t)-2\varepsilon(t-1)-3\delta(t-1)+\delta(t-2)$$

为了画出波形，将广义函数变成分段函数，有

$$\frac{\mathrm{d}f}{\mathrm{d}t}=\begin{cases}0, & t<0\\ 2, & 0<t<2,t\neq1\\ 0, & t>2,t\neq2\\ -\infty, & t=1\\ \infty, & t=2\end{cases}$$

波形如图 7-2-11(b)所示。将图(b)和图(a)所示的$f(t)$波形对照：在$f(t)$的转折点$t=0$处，$\frac{df}{dt}$不连续(出现跳变)；在$f(t)$的跳变点$t=1$、$t=2$处，$\frac{df}{dt}$出现冲激；$f(t)$在$t=1$负跳变，跳变值为3，$\frac{df}{dt}$在$t=1$处则出现冲激强度为3的负冲激；$f(t)$在$t=2$正跳变，跳变值为1，$\frac{df}{dt}$在$t=2$处出现冲激强度为1的正冲激。

由广义函数的积分运算规则，即式(7-2-11)得

$$\begin{aligned}\int_{-\infty}^{t} f\mathrm{d}t &= \int_{-\infty}^{t} 2t\varepsilon(t)\,\mathrm{d}t-\int_{-\infty}^{t}(2t+1)\varepsilon(t-1)\,\mathrm{d}t+\int_{-\infty}^{t}\varepsilon(t-2)\,\mathrm{d}t\\ &=\left(\int_{0}^{t}2t\mathrm{d}t\right)\varepsilon(t)-\left[\int_{1}^{t}(2t+1)\,\mathrm{d}t\right]\varepsilon(t-1)+\left(\int_{2}^{t}\mathrm{d}t\right)\varepsilon(t-2)\\ &=t^{2}\varepsilon(t)-(t^{2}+t-2)\varepsilon(t-1)+(t-2)\varepsilon(t-2)\end{aligned}$$

写成分段函数，为

$$\int_{-\infty}^{t} f\mathrm{d}t=\begin{cases}0, & t<0\\ t^{2}, & 0<t<1\\ 2-t, & 1<t<2\\ 0, & t>2\end{cases}$$

其波形如 7-2-11(c)所示。将图(c)和图(a)对照：在$f(t)$的转折点$t=0$处、跳变点$t=1$和$t=2$处，$\int_{-\infty}^{t} f\mathrm{d}t$均连续。不难理解，积分波形仅在被积函数中包含冲激函数时，才出现跳变。

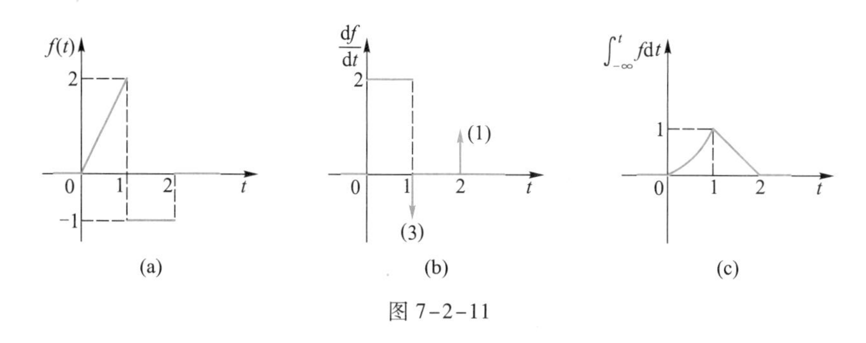

图 7-2-11

目标1检测：广义函数的微分与积分运算

测 7-3　对测 7-3 图所示波形求$\frac{du}{dt}$的广义函数，确定$\left.\frac{du}{dt}\right|_{t=1.5\ \mathrm{s}}$，并画出$\frac{du}{dt}$的波形。

答案：$\frac{du}{dt}=2[\varepsilon(t-1)-\varepsilon(t-2)]-2\delta(t-2)$，$\left.\frac{du}{dt}\right|_{t=1.5\ \mathrm{s}}=2\ \mathrm{V/s}$

测 7-4　对测 7-4 图所示波形求$\int_{-\infty}^{t} i\mathrm{d}t$的广义函数，确定$\left[\int_{-\infty}^{t} i\mathrm{d}t\right]_{t=5\ \mathrm{s}}$，并画出$\int_{-\infty}^{t} i\mathrm{d}t$的波形。

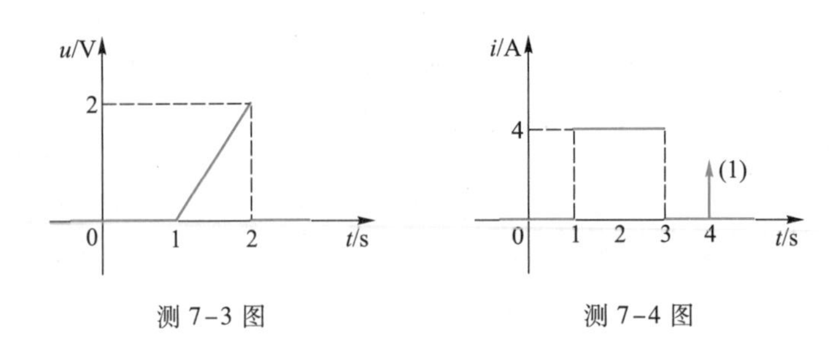

测 7-3 图　　测 7-4 图

答案：$\int_{-\infty}^{t} i\mathrm{d}t=[4(t-1)\varepsilon(t-1)-4(t-3)\varepsilon(t-3)+\varepsilon(t-4)]\mathrm{C}$，$\left[\int_{-\infty}^{t} i\mathrm{d}t\right]_{t=5\ \mathrm{s}}=9\ \mathrm{C}$

7.3 电容

电容(capacitor)，即电容元件的简称，是仅存储电场能量的电路元件。本节定义电容元件的特性、分析其性质。

电容器是指实际中的器件，有时也简称为电容。电容器广泛应用于电子、通信、计算机、电力等工程领域。例如：无线电接收机通过电容器来选择信号频率；计算机系统中利用电容器来存储信息；电力系统中使用电容器来降低电能传输的功率损耗。

任何电容器都由被电介质隔离的两个导体构成，图 7-3-1 所示平板电容器为电容器的典型结构。通常采用陶瓷材料、聚酯材料、电解质等作为电介质，图 7-3-2 分别为用陶瓷、聚酯、电解液作电介质的常见电容器。

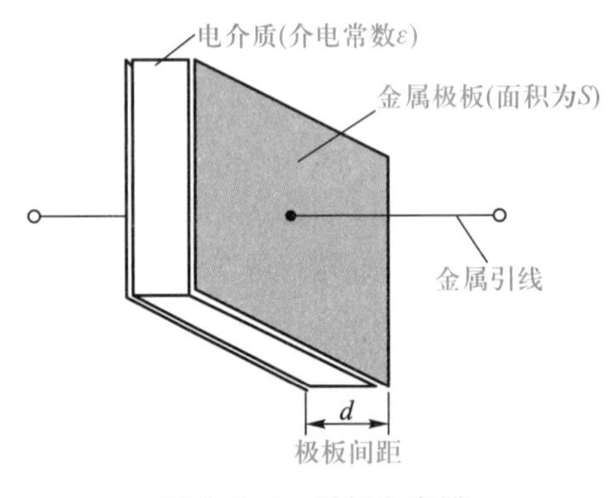

图 7-3-1　平板电容器

电容器在存储电场能量的同时，由于电介质的不完善(即电导率 $\gamma\neq0$)而消耗一定的电能，严格来说，电容器的电路模型为电容和电阻并联，但在很多情况下，忽略电介质消耗的电能，仅用电容作为电路模型。

(a) 瓷片电容

(b) 聚酯膜电容

(c) 电解电容

图 7-3-2　几种常用电容器

7.3.1 电容的 q-u 特性

电容(元件)极板间的电压和极板上聚集的电荷是一对因果关系。极板间存在电压时，两极板上就会集聚等量异号的电荷，反之，极板上集聚了等量异号的电荷，极板间就一定存在电压。因此，电容的特性用电荷与电压的关系来表征，即为 q-u 特性。若电荷与电压构成线性关系，则称为线性电容，否则称为非线性电容；若电荷与电压的关系不随时间而变，则称为非时变电容，否则称为时变电容。本书只涉及线性非时变电容。

图 7-3-3(a)为线性非时变电容的电路符号，其 q-u 特性为

$$\boxed{q=Cu} \quad (\text{线性非时变电容}) \tag{7-3-1}$$

式中：q 是正极板的电荷，C 为电容量(capacitance)。当 q 的单位为库仑(C)，u 的单位为伏特(V)时，C 的单位为法拉(F)③。

电容器的电容量通常介于皮法(pF)和微法(μF)之间。1 F=10^6 μF=10^9 nF=10^{12} pF。图 7-3-1 所示平行板电容器，当极板尺寸远大于极板间距、电介质为线性时④，极板间的电场近似为均匀分布，电容量 $C=\varepsilon S/d$。

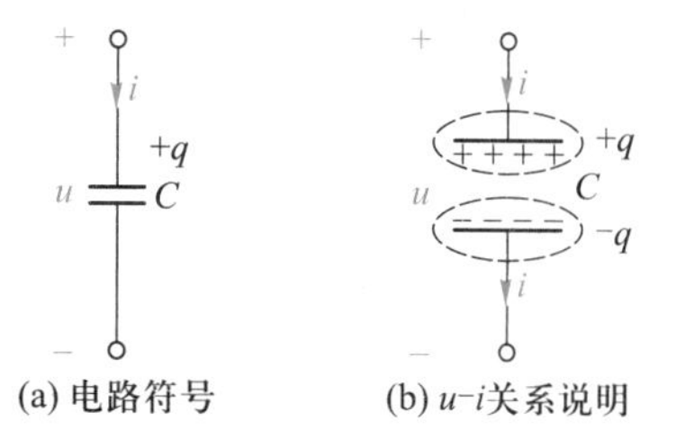

图 7-3-3 线性非时变电容

7.3.2 电容的 u-i 关系

在电路分析中常用的是电容的 u-i 关系。图 7-3-3(b)中，当极板间电压变化时，极板上的电荷随之而变，与外部电路形成电荷交换，在导线中产生传导电流 i。电容可以视为极板间填充了理想电介质的电容器，电荷不能穿过极板间的介质实现正、负极板电荷中和，只能通过极板上的导线与外部电路进行电荷交换。因此

$$i=\frac{\mathrm{d}q}{\mathrm{d}t} \tag{7-3-2}$$

将 $q=Cu$ 代入，得

$$\boxed{i=C\frac{\mathrm{d}u}{\mathrm{d}t}} \tag{7-3-3}$$

式(7-3-3)为线性非时变电容微分形式的 u-i 关系，它表明：电容的电流与电压的变化率成正比，变化的电压才能形成电流。因此，电容也称为动态元件。

对式(7-3-3)两边积分得

$$\int_{t_0}^{t}\frac{\mathrm{d}u}{\mathrm{d}t}\mathrm{d}t=\frac{1}{C}\int_{t_0}^{t}i\mathrm{d}t$$

$$u(t)-u(t_0)=\frac{1}{C}\int_{t_0}^{t}i\mathrm{d}t$$

---

③ 电容量 C 的单位法拉(faraday)，取自英国物理学家 Michael Faraday(1797—1878)之名。

④ 若电介质的极化特性与所加电场的大小无关，则称为线性介质，即 ε 为常数的电介质。若电介质的极化特性与所加电场的方向无关，则称为各向同性介质。极板间的电介质为各向同性的线性介质时，电容器为线性无极性电容器。

于是

$$u(t)=u(t_0)+\frac{1}{C}\int_{t_0}^{t} i\mathrm{d}t \tag{7-3-4}$$

式(7-3-4)为电容积分形式的 $u-i$ 关系，$u(t_0)$代表电容在 t_0 时刻已具有的电压，称为初始电压(initial voltage)，$\frac{1}{C}\int_{t_0}^{t} i\mathrm{d}t$ 代表在 t_0 后流过电容的电流对电压的作用。暂态分析时，通常取 $t_0=0$，式(7-3-4)写为

$$u(t)=u(0)+\frac{1}{C}\int_{0}^{t} i\mathrm{d}t \tag{7-3-5}$$

考虑到电流 i 可能包含冲激项 $\delta(t)$，式(7-3-5)更一般的形式为

$$u(t)=u(0_-)+\frac{1}{C}\int_{0_-}^{t} i\mathrm{d}t \tag{7-3-6}$$

取 $t_0=-\infty$，考虑到 $u(-\infty)=0$，式(7-3-4)也可写为

$$u(t)=\frac{1}{C}\int_{-\infty}^{t} i\mathrm{d}t \tag{7-3-7}$$

式(7-3-7)表明：电容在 t 时刻的电压，由 $-\infty \sim t$ 的电流决定。因此，电容是记忆元件(memory element)。线性电阻则是即时元件，因为线性电阻的 $u-i$ 关系为 $u(t)=Ri(t)$，t 时刻的电压仅与 t 时刻的电流相关。

电容的 $u-i$ 关系归纳为

$$\begin{aligned} &i=C\frac{\mathrm{d}u}{\mathrm{d}t} &\quad& u(t)=\frac{1}{C}\int_{-\infty}^{t} i\mathrm{d}t \\ &u(t)=u(t_0)+\frac{1}{C}\int_{t_0}^{t} i\mathrm{d}t &\quad& u(t)=u(0_-)+\frac{1}{C}\int_{0_-}^{t} i\mathrm{d}t \end{aligned} \tag{7-3-8}$$

必须注意到，无论是微分形式的 $u-i$ 关系还是积分形式的 $u-i$ 关系，均以电压、电流参考方向关联为前提。

电容器的工作电压必须低于其耐压值。耐压值是电容器能承受的最高电压。电容器极板间距一定时，介质中的电场强度随极板间电压升高而增大，当电场强度超过介质的击穿场强时，电容器损坏。

7.3.3 电容的重要性质

由线性非时变电容的 $u-i$ 关系得出两点重要性质，即：直流稳态性质、电容电压连续性。这两点性质将在暂态分析中反复使用。

1. 电容的直流稳态性质

由 $i=C\frac{\mathrm{d}u}{\mathrm{d}t}$ 可知，当电容电压不随时间而变时，电流为零，电容相当于开路。例如：图 7-3-4(a)所示电路在 $t=0$ 时开关闭合，当 $t\to\infty$ 时，电路中的所有电压、电流均不再变化，即达到直流稳态，此时电容相当于开路，如图 7-3-4(b)所示，电容上的电压为

$$u(\infty)=\left(\frac{6}{2+6}\times 36\right)\text{ V}=27\text{ V}$$

如果假定在开关闭合前电路已达到稳态，则在 $t=0_-$ 时电容亦相当于开路，得到图 7-3-4(c) 所示电路，因此

$$u(0_-)=36\ \text{V}$$

直流稳态电路中的电容相当于开路，其电流为零，电压恒定。

(a) 动态电路　(b) $t\to\infty$ 时的直流稳态　(c) $t=0_-$ 时的直流稳态

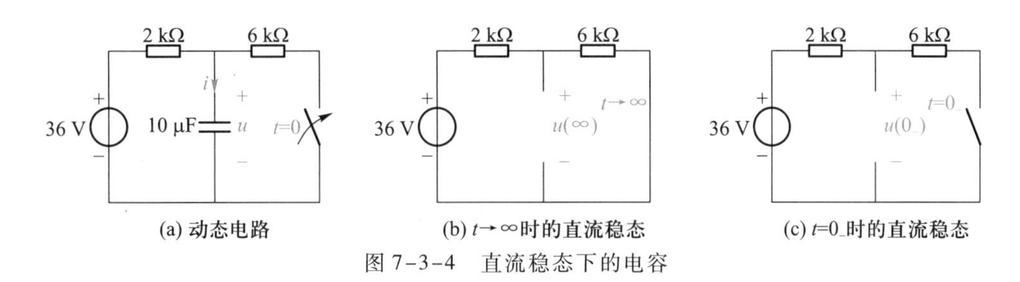

图 7-3-4　直流稳态下的电容

2. 电容电压连续性

由式 $u(t)=u(t_0)+\dfrac{1}{C}\displaystyle\int_{t_0}^{t} i\mathrm{d}t$ 可知，只要电容电流在 t_0 处为有限值，电容的电压就在 t_0 处连续，即有 $u(t_{0-})=u(t_{0+})$。这是因为 $u(t_{0+})=u(t_{0-})+\dfrac{1}{C}\displaystyle\int_{t_{0-}}^{t_{0+}} i\mathrm{d}t$，$i(t)$ 在 t_0 处为有限值，使得 $\dfrac{1}{C}\displaystyle\int_{t_{0-}}^{t_{0+}} i\mathrm{d}t=0$。因此，若电容电流处处有界（不要求连续），则电容的电压处处连续⑤。例如：图 7-3-4(a) 所示电路，在开关闭合前已处于直流稳态，$u(0_-)=36$ V。在 $t=0$ 时开关闭合，电容电流 $i(0)$ 不可能为∞，因此 $u(0_+)=u(0_-)=36$ V。值得注意的是，图(a)所示电路中，电容电压以外的其他电压、电流不存在连续性，如 $i(0_+)\neq i(0_-)$。

电容电流在 t_0 处为有限值，电容电压就在 t_0 处连续；
电容电流在 t_0 处为无限大，电容电压就在 t_0 处跳变。

图 7-3-4(a) 所示电路在 $t=0\sim\infty$ 的过程中，电容电压从 $u(0_+)=36$ V 变化到 $u(\infty)=27$ V，这个变化过程称为暂态过程（或过渡过程），$t=0_+$ 是暂态过程的起点，$t\to\infty$ 是暂态过程的终点，故称 $u(0_+)$ 为初始值、$u(\infty)$ 为稳态值。

例 7-3-1　如图 7-3-5 所示电路，将一个不带电荷的电容接到直流电压源上，求电流 i。

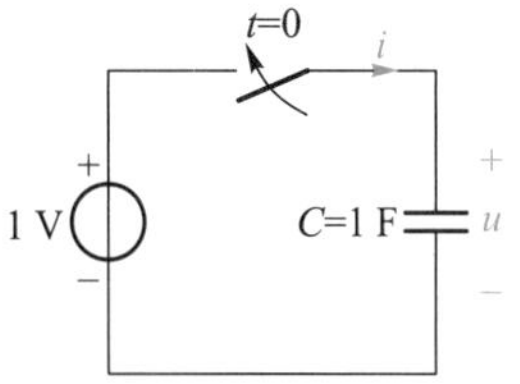

图 7-3-5

解： 由题意知，$u(0_-)=0$。$t=0$ 时开关闭合，$u=\varepsilon(t)$ V。电流

$$i=C\frac{\mathrm{d}u}{\mathrm{d}t}=\frac{\mathrm{d}\varepsilon(t)}{\mathrm{d}t}=\delta(t)\ \text{A}$$

电容电荷

$$q=\int_{-\infty}^{t} i\mathrm{d}t=\int_{-\infty}^{t}\delta(t)\mathrm{d}t=\varepsilon(t)\text{C}\quad (\text{或 } q=Cu=\varepsilon(t))$$

---

⑤ 工程上认为电容的电压总是连续变化的。因为，实际电路中不可能出现无穷大的电流。

开关闭合使电容电压在 $t=0$ 时从 $u(0_-)=0$ 跳变到 $u(0_+)=1$ V，在 $t=0$ 时电容电流为冲激函数。冲激电流使电容极板电荷发生跳变。可见，若电容电压（或电荷）跳变，则电容电流必含冲激函数。如果将电容器突然接到电压源两端，电容器可能因过流而损坏。

7.3.4 电容的储能

对电容施加电压，极板之间产生电场，因而存储电场能量。下面通过电容吸收的功率来获得电容的储能。电压 u 和电流 i 为关联参考方向时，电容吸收的功率

$$p=ui=u\left(C\frac{\mathrm{d}u}{\mathrm{d}t}\right)=Cu\frac{\mathrm{d}u}{\mathrm{d}t}$$

电容从 $-\infty$ 到 t 吸收的能量

$$w(t)=\int_{-\infty}^{t}p\mathrm{d}t=\int_{-\infty}^{t}Cu\frac{\mathrm{d}u}{\mathrm{d}t}\mathrm{d}t=\int_{-\infty}^{t}Cu\mathrm{d}u=\frac{1}{2}Cu^2(t)-\frac{1}{2}Cu^2(-\infty)$$

考虑到 $u(-\infty)=0$，电容在 t 时刻的储能为

$$\boxed{w(t)=\frac{1}{2}Cu^2(t)} \tag{7-3-9}$$

式(7-3-9)表明：电容在 t 时刻的储能仅与该时刻的电压有关，而电容量 C 体现了电容储能能量的大小，在电压一定的条件下，C 越大，电容储能越多。电容的储能能够全部释放，本身不消耗能量，因此称它为储能元件（storage element）。

例 7-3-2 图 7-3-6(a)中，电流源 i_s 具有如图 7-3-6(b)所示波形。(1)电容在接入电路前不带电荷，确定电容的电压波形；(2)电容在接入电路前具有电压 $u(0_-)=2$ V，再确定电容的电压波形；(3)画出 $u(0_-)=2$ V 时，电容的储能曲线和吸收功率曲线。

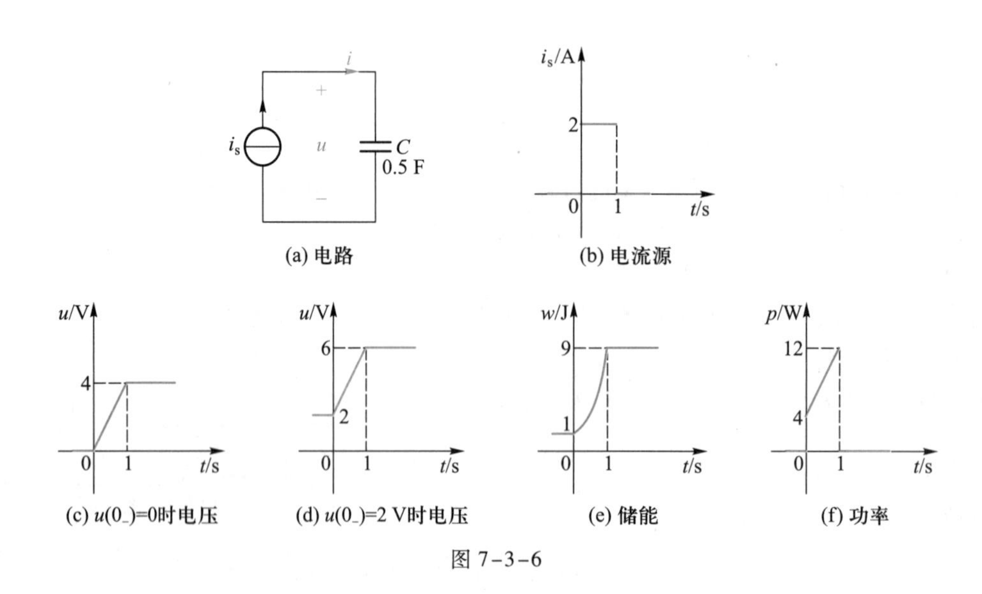

图 7-3-6

解：先写出 i_s 的函数，然后用电容的 u-i 关系确定 u 的函数。

$$i_s=2[\varepsilon(t)-\varepsilon(t-1)]$$

(1) 由电容的 u-i 关系得

$$u=u(0_-)+\frac{1}{C}\int_{0_-}^{t}i\mathrm{d}t=2\int_{0_-}^{t}i_s\mathrm{d}t$$

$$=2\int_{0_-}^{t}2[\varepsilon(t)-\varepsilon(t-1)]\mathrm{d}t=2\left(\int_{0}^{t}2\mathrm{d}t\right)\varepsilon(t)-2\left(\int_{1}^{t}2\mathrm{d}t\right)\varepsilon(t-1)=4t\varepsilon(t)-4(t-1)\varepsilon(t-1)$$

将 u 变成分段函数,得

$$u=\begin{cases}0\ \mathrm{V}, & t<0\\ 4t\ \mathrm{V}, & 0\leqslant t<1\ \mathrm{s}\\ 4\ \mathrm{V}, & t\geqslant 1\ \mathrm{s}\end{cases}$$

其波形如图 7-3-6(c)所示。电容电流虽有跳变,但处处为有限值,即不含冲激函数。因此,电容电压是一个连续波形。

(2) 电容在接入电路前具有电压 $u(0_-)=2$ V,则

$$u=\begin{cases}2\ \mathrm{V}, & t<0\\ (2+4t)\ \mathrm{V}, & 0\leqslant t<1\ \mathrm{s}\\ 6\ \mathrm{V}, & t\geqslant 1\ \mathrm{s}\end{cases}$$

波形如图 7-3-6(d)所示,$u(0_-)=2$ V 影响电容电压的整个波形。

(3) 电容的储能

$$w=\frac{1}{2}Cu^2=\begin{cases}1\ \mathrm{J}, & t<0\\ (1+2t)^2\ \mathrm{J}, & 0\leqslant t<1\ \mathrm{s}\\ 9\ \mathrm{J}, & t\geqslant 1\ \mathrm{s}\end{cases}$$

波形如图 7-3-6(e)所示。当电容电压连续变化时,电容的储能连续变化。

电容吸收功率

$$p=ui=\begin{cases}0\ \mathrm{W}, & t<0\\ (4+8t)\ \mathrm{W}, & 0<t<1\ \mathrm{s}\\ 0\ \mathrm{W}, & t>1\ \mathrm{s}\end{cases}$$

波形如图 7-3-6(f)所示。功率曲线下的面积,就是电容在电流源作用下增加的储能。

目标 2 检测:电容的电压-电流关系应用、储能计算

测 7-5 在关联参考方向下,测 7-5 图所示三角脉冲电压加于 5 μF 的电容。求:(1)电容电压的广义函数、分段函数;(2)电容电流的广义函数、分段函数,画出波形;(3)电容储能的分段函数,画出波形;(4)电容吸收功率的分段函数,画出波形;(5)分析电容功率的吸收、发出和储能增、减之间的对应关系。

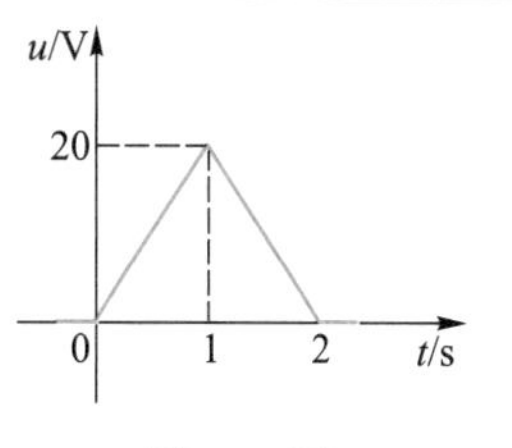

测 7-5 图

答案:(1) $u=[20t\varepsilon(t)+40(1-t)\varepsilon(t-1)-20(2-t)\varepsilon(t-2)]$ V, $u=\begin{cases}0, & t\leqslant 0\\ 20t\ \mathrm{V}, & 0<t\leqslant 1\ \mathrm{s}\\ 20(2-t)\ \mathrm{V}, & 1\ \mathrm{s}\leqslant t\leqslant 2\ \mathrm{s}\\ 0, & t>2\ \mathrm{s}\end{cases}$;

（2）$i=0.1[\varepsilon(t)-2\varepsilon(t-1)+\varepsilon(t-2)]\ \text{mA}$，$i=\begin{cases}0, & t<0\\ 0.1\ \text{mA}, & 0<t<1\ \text{s}\\ -0.1\ \text{mA}, & 1\ \text{s}<t<2\ \text{s}\\ 0, & 2\ \text{s}<t\end{cases}$；

（3）$w=\begin{cases}0, & t<0\\ t^2\ \text{mJ}, & 0<t<1\ \text{s}\\ (2-t)^2\text{mJ}, & 1\ \text{s}<t<2\ \text{s}\\ 0, & 2\ \text{s}<t\end{cases}$；（4）$p=\begin{cases}0, & t<0\\ 2t\ \text{mW}, & 0<t<1\ \text{s}\\ -2(2-t)\text{mW}, & 1\ \text{s}<t<2\ \text{s}\\ 0, & 2\ \text{s}<t\end{cases}$

7.3.5 电容的串联与并联

多个线性非时变电容串联或并联，从端口而言，等效为一个线性非时变电容。为了方便讨论，假定串联（或并联）操作在 $t=0$ 时刻完成，串联（或并联）前各电容已具有电压 $u_k(0_-)$，串联（或并联）操作后，各电容的初始电压为 $u_k(0_+)$。下面依据 $t>0$ 时端口 $u-i$ 关系相同的等效原则，来确定等效电容的初始电压 $u(0_+)$、电容量 C_{eq}，并分析串联电容之间的分压关系。

1. 电容串联

图 7-3-7(a)所示，串联前的 n 个电容均有储能，即 $u_k(0_-)\neq 0(k=1\sim n)$。$t=0$ 时刻串联，串联瞬间每个电容的储能不变，即 $u_k(0_+)=u_k(0_-)(k=1\sim n)$。根据 KVL 和电容的 $u-i$ 关系，图 7-3-7(a)所示电路的端口 $u-i$ 关系为（注意到每个电容的电流相同）：

$$u=\sum_{k=1}^{n}u_k=\sum_{k=1}^{n}\left[u_k(0_+)+\frac{1}{C_k}\int_{0_+}^{t}i\mathrm{d}t\right]=\sum_{k=1}^{n}u_k(0_+)+\left(\sum_{k=1}^{n}\frac{1}{C_k}\right)\times\left(\int_{0_+}^{t}i\mathrm{d}t\right)$$

图 7-3-7(b)所示等效电容的 $u-i$ 关系为 $u=u(0_+)+\dfrac{1}{C_{eq}}\displaystyle\int_{0_+}^{t}i\mathrm{d}t$，与上式对照不难得出以下结论：带有储能的 n 个电容串联，等效电容的初始电压、电容量为

$$u(0_+)=\sum_{k=1}^{n}u_k(0_+)=\sum_{k=1}^{n}u_k(0_-),\quad \frac{1}{C_{eq}}=\sum_{k=1}^{n}\frac{1}{C_k} \tag{7-3-10}$$

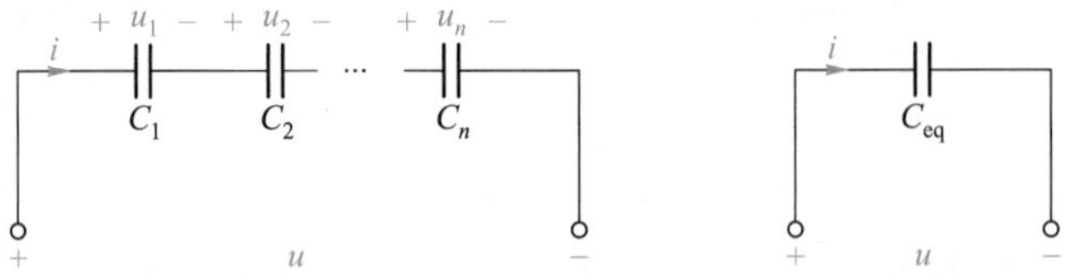

+ u_1 − + u_2 − + u_n −
i C_1 C_2 … C_n
+ u −

i C_{eq}
+ u −

(a) 串联　　(b) 等效电容

图 7-3-7 电容串联

下面来分析串联电容之间的分压关系。在图 7-3-7(a)中，$t>0$ 后，端口电压 u 在各电容之间如何分配呢？不难想象，分压关系应该由串联之前已具有的电压、电容共同决定。

只分析 $u_k(0_-)=0(k=1\sim n)$ 的简单情况。此时

$$u_k=0+\frac{1}{C_k}\int_{0_+}^{t}i\mathrm{d}t\qquad u=0+\frac{1}{C_{eq}}\int_{0_+}^{t}i\mathrm{d}t$$

分压关系为

$$\frac{u_k}{u}=\frac{1/C_k}{1/C_{\mathrm{eq}}}=\frac{1/C_k}{\sum\limits_{k=1}^{n}\frac{1}{C_k}} \tag{7-3-11}$$

式(7-3-11)表明:没有储能的电容串联,各电容按电容量的倒数正比分压。当 $n=2$ 时,$C_{\mathrm{eq}}=\frac{C_1C_2}{C_1+C_2}$,分压关系为

$$\frac{u_1}{u}=\frac{1/C_1}{1/C_{\mathrm{eq}}}=\frac{C_2}{C_1+C_2}\qquad \frac{u_2}{u}=\frac{1/C_2}{1/C_{\mathrm{eq}}}=\frac{C_1}{C_1+C_2} \tag{7-3-12}$$

例 7-3-3 图 7-3-8 中,$u_1(0_-)=U_1$,$u_2(0_-)=U_2$,$t=0$ 时刻电容串联,并通以有界电流 i。确定:(1) $u_1(0_+)$,$u_2(0_+)$;(2) 串联后等效电容 C_{eq}、等效电容的初始电压 $u(0_+)$;(3) $t>0$ 后,u_1、u_2 与 u 的关系。

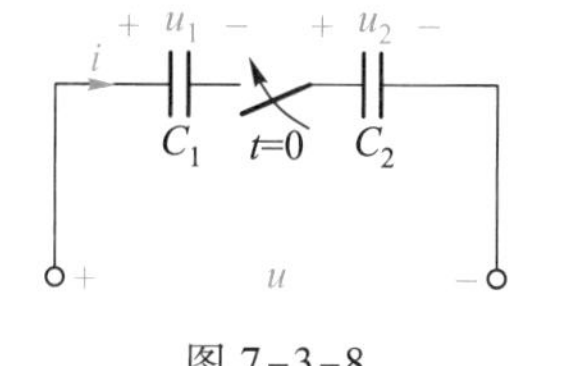

图 7-3-8

解:(1) 串联瞬间,电容的储能不会跳变,即有:$u_1(0_+)=u_1(0_-)=U_1$、$u_2(0_+)=u_2(0_-)=U_2$。

(2) 等效电容的电容量

$$C_{\mathrm{eq}}=\frac{1}{C_1^{-1}+C_2^{-1}}=\frac{C_1C_2}{C_1+C_2}$$

等效电容的初始电压

$$u(0_+)=u_1(0_+)+u_2(0_+)=U_1+U_2$$

(3) 由于电容初始电压不为零,$t>0$ 后,u_1、u_2 与 u 的关系不仅与 C_1、C_2 有关,还与 $u_1(0_+)$、$u_2(0_+)$有关。只有 $u-u_1(0_+)-u_2(0_+)$的部分按照电容量分配。因此

$$u_1=u_1(0_+)+\frac{C_2}{C_1+C_2}[u-u_1(0_+)-u_2(0_+)]=U_1+\frac{C_2}{C_1+C_2}(u-U_1-U_2)$$

$$u_2=u_2(0_+)+\frac{C_1}{C_1+C_2}[u-u_1(0_+)-u_2(0_+)]=U_2+\frac{C_1}{C_1+C_2}(u-U_1-U_2)$$

目标 2 检测:电容的串联等效、电压-电流关系应用

测 7-6 测 7-6 图所示电路中,$u_1(0_-)=2$ V,$u_2(0_-)=4$ V,$u_3(0_-)=0$。试确定:(1) $u_1(0_+)$,$u_2(0_+)$,$u_3(0_+)$;(2) 串联后等效电容 C_{eq}、等效电容的初始电压 $u(0_+)$;(3) $t=0.5$ s 时,电压 u_1、u_2、u_3 的值;(4) 用分压关系验证(3)结果;(5) 计算 $t=\infty$ 时每个电容的储能、电路的总储能。

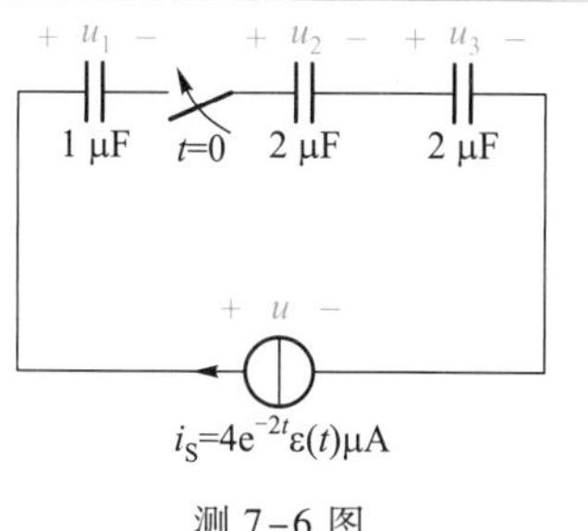

测 7-6 图

答案:(1) 2 V,4 V,0;(2) 0.5 μF,6 V;(3) $(4-2e^{-1})$ V,$(5-e^{-1})$ V,$(1-e^{-1})$ V;(5) 8 μJ,25 μJ,1 μJ,34 μJ。

2. 电压相等的电容并联

图 7-3-9(a)所示 n 个线性非时变电容并联,等效为一个线性非时变电容,如图(b)所示。假定电容并联前具有相同的电压,即 $u_k(0_-)=U_0(k=1\sim n)$。$t=0$ 时刻并联,并联后的每个电容

储能不变，即 $u_k(0_+)=u_k(0_-)(k=1\sim n)$，且等效电容的初始电压 $u(0_+)=U_0$。根据 KCL 和电容的 $u-i$ 关系，图 7-3-9(a)的端口 $u-i$ 关系为(注意到每个电容的电压相同)

$$i=\sum_{k=1}^{n} i_k=\sum_{k=1}^{n}\left(C_k\frac{\mathrm{d}u}{\mathrm{d}t}\right)=\left(\sum_{k=1}^{n}C_k\right)\times\frac{\mathrm{d}u}{\mathrm{d}t}$$

对照图 7-3-9(b)的端口 $u-i$ 关系，即 $i=C_{\text{eq}}\dfrac{\mathrm{d}u}{\mathrm{d}t}$，并联等效电容为 $C_{\text{eq}}=\sum\limits_{k=1}^{n}C_k$。由此，具有相同电压 U_0 的 n 个电容并联，等效电容的初始电压、电容量为

$$\boxed{u(0_+)=U_0 \qquad C_{\text{eq}}=\sum_{k=1}^{n}C_k} \tag{7-3-13}$$

例 7-3-4 图 7-3-10 所示电路已达稳态。假定各电容在接入电路前没有储能。求：(1)端口等效电容；(2)各电容的电压；(3)如果用相同耐压值(电容能承受的最大电压)的电容器构成电路，耐压值最低为多少？

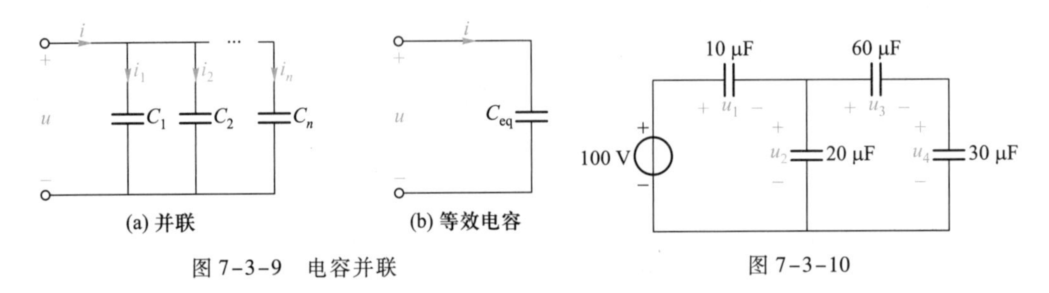

图 7-3-9 电容并联

图 7-3-10

解：(1) 等效电容量计算与电容储能无关，电容串、并联计算公式和电导串、并联计算公式相似。60 μF 与 30 μF 串联的等效电容为

$$C_1=\frac{60\times30}{60+30}\ \mu\text{F}=20\ \mu\text{F}$$

C_1 和 20 μF 并联，等效电容为

$$C_2=(20+20)\ \mu\text{F}=40\ \mu\text{F}$$

C_2 与 10 μF 串联，总的等效电容

$$C_{\text{eq}}=\frac{40\times10}{40+10}\ \mu\text{F}=8\ \mu\text{F}$$

(2) 接入电路前没有储能的电容按式(7-3-11)分压，即

$$u_1=\frac{C_2}{10+C_2}\times100=\frac{40}{10+40}\times100\ \text{V}=80\ \text{V}$$

$$u_2=100-u_1=20\ \text{V}$$

$$u_3=\frac{30}{60+30}u_2=\frac{20}{3}\ \text{V}$$

$$u_4=u_2-u_3=\left(20-\frac{20}{3}\right)\ \text{V}=\frac{40}{3}\ \text{V}$$

(3) 由(2)的计算结果可见，图 7-3-10 中各电容器电压中的最大值是 $u_1=80$ V，电容器的耐压值不能低于 80 V。

目标 2 检测:电容串联与并联等效

测 7-7 电容器由于内部电介质存在微弱的导电性,应该用电容元件和电阻元件(称为漏电阻)并联为模型,但漏电阻通常很大而被视为∞。在此将漏电阻视为∞。(1)试用 3 个 10 μF、耐压值为 16 V 的电容器组合成等效电容为 30 μF、10/3 μF、20/3 μF 的电容器组,画出电路;(2)计算电容器组的耐压值,并总结电容器组合对电容量、耐压值的影响规律。

答案:(1) 3 个并联,3 个串联,2 个并联后与一个串联;(2) 电容器组耐压值(端口电压最大值)分别为:16 V、48 V、24 V,串联使容量变小、耐压值提高,并联使电容量加大、耐压值降低。

*3. 电压不相等的电容并联

电容并联,等效电容量的计算不受储能影响,但等效电容的初始电压与并联前的储能相关。因此,这里只需分析如何获得等效电容的初始电压。

若图 7-3-11 中的 n 个电容在并联前具有不相等的电压,但并联后,各电容电压必须相等。因此,在并联瞬间($t=0$),各电容的电压跳变,即

$$u_k(0_+)\neq u_k(0_-) \quad (k=1\sim n)$$

$t=0$ 时刻,各电容上流过冲激电流,即 i_1、i_2、…、i_n 中含有 $\delta(t)$ 项,图 7-3-11 中虚线框表示的闭合面 S_1(或 S_2)所包围的极板之间,出现电荷瞬间重新分配。在端口电流 $i(0)\neq\infty$ 的条件下,闭合面 S_1 和 S_2 之间不能形成电荷瞬间交换,因为流入 S_1(流出 S_2)的电荷为 $\int_{0_-}^{0_+} i\mathrm{d}t=0$。于是,闭合面 S_1(或 S_2)内的电荷在电容并联前瞬间($t=0_-$)、并联后瞬间($t=0_+$)总量不变,但 C_1、C_2、…、C_n 各自的电荷在并联前瞬间($t=0_-$)、并联后瞬间($t=0_+$)跳变。这种电荷瞬间重新分配、但总量保持不变的现象,称为电荷守恒。

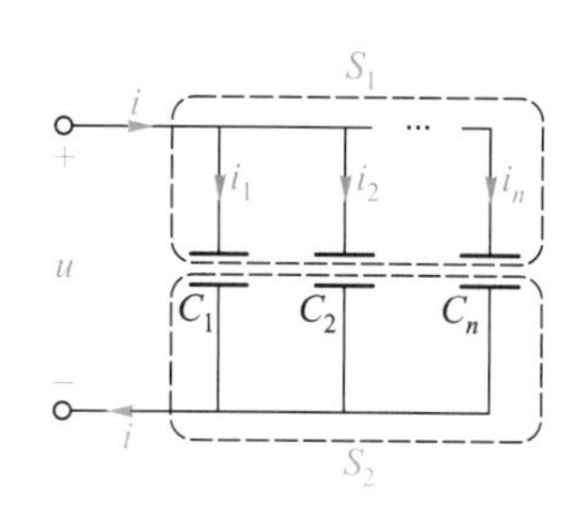

图 7-3-11 电容并联

下面通过电荷守恒来确定并联等效电容的初始电压。$\sum_{k=1}^{n} q_k(0_-)$、$\sum_{k=1}^{n} q_k(0_+)$ 分别为并联前、后瞬间闭合面 S_1 内的总电荷,两者相等,即

$$\boxed{\sum_{k=1}^{n} C_k u_k(0_+)=\sum_{k=1}^{n} C_k u_k(0_-)} \tag{7-3-14}$$

考虑到 $t=0_+$ 时刻各电容电压均为 $u(0_+)$,式(7-3-14)变为

$$\left(\sum_{k=1}^{n} C_k\right) u(0_+)=\sum_{k=1}^{n} C_k u_k(0_-)$$

等效电容的初始电压为

$$u(0_+)=\frac{\sum_{k=1}^{n} C_k u_k(0_-)}{\sum_{k=1}^{n} C_k} \tag{7-3-15}$$

例 7-3-5 图 7-3-12(a)所示电路，在 $t<0$ 时，电容 C_1 的电压已达到稳定值，电容 C_2 已被充电到 4 V。$t=0$ 时开关闭合。求 C_1 和 C_2 并联后的等效电容量 C_{eq}、等效电容的初始电压 $u(0_+)$。参见图(b)。

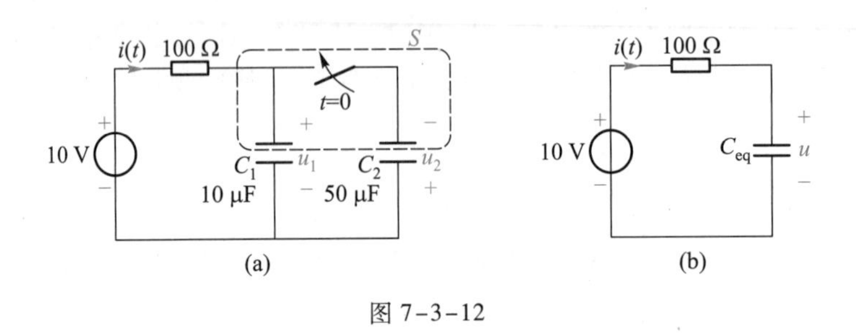

图 7-3-12

解：$t=0_-$ 时电路处于直流稳态，电容相当于开路，因此 $u_1(0_-)=10$ V。已知 $u_2(0_-)=4$ V。$t=0$ 时开关闭合，则有

$$u_1(0_+)+u_2(0_+)=0 \quad (\text{KVL 方程})$$

显然，两个电容的电压在 $t=0$ 时要发生跳变，否则就不满足上面的 KVL 方程。由图 7-3-12(a)左边网孔的 KVL 可得

$$i(0)=\frac{10-u_1(0)}{100}$$

其中：$u_1(0)$ 是介于 $u_1(0_-)$ 到 $u_1(0_+)$ 之间的有限值，即 $u_1(0)\neq\infty$，由此，$i(0)$ 亦为有限值。因此，闭合面 S 内电荷守恒，注意到 S 内电容极板电荷异号，电荷守恒关系为

$$C_1u_1(0_-)-C_2u_2(0_-)=C_1u_1(0_+)-C_2u_2(0_+) \quad (\text{电荷守恒方程})$$

结合 KVL 方程和电荷守恒方程，解得

$$u_1(0_+)=-\frac{5}{3}\ \text{V},\quad u_2(0_+)=\frac{5}{3}\ \text{V}$$

等效电容的初始电压为 $u(0_+)=u_1(0_+)=-\frac{5}{3}$ V；等效电容量 $C_{eq}=C_1+C_2=60$ μF。

上述结果表明：电容 C_1 的电压从 $u_1(0_-)=10$ V 跳变到 $u_1(0_+)=-\frac{5}{3}$ V，该电容在 $t=0$ 承受的冲激电流为

$$i_1(0)=C_1\left.\frac{\mathrm{d}u_1}{\mathrm{d}t}\right|_{t=0}=C_1[u_1(0_+)-u_1(0_-)]\delta(t)=-\frac{350}{3}\delta(t)\ \mu\text{A}$$

电容 C_2 的电压从 $u_2(0_-)=4$ V 跳变到 $u_2(0_+)=\frac{5}{3}$ V，该电容在 $t=0$ 承受的冲激电流为

$$i_2(0)=C_2\left.\frac{\mathrm{d}u_2}{\mathrm{d}t}\right|_{t=0}=C_2[u_2(0_+)-u_2(0_-)]\delta(t)=-\frac{350}{3}\delta(t)\ \mu\text{A}$$

工程中，应避免将两个电压不同的电容器进行直接并联，从而避免短时过电流对电容器使用寿命的影响，甚至损坏电容器。

目标 2 检测:电容串联与并联等效

测 7-8 测 7-8 图所示电路在开关投向左边前处于稳态,$t=0$ 时开关投向左边。计算:(1) $u_1(0_-)$,$u_2(0_-)$;(2) $u_1(0_+)$,$u_2(0_+)$;(3) $t>0$ 后等效电容的电容量和初始电压;(4) $t=0_+$时电路的储能。

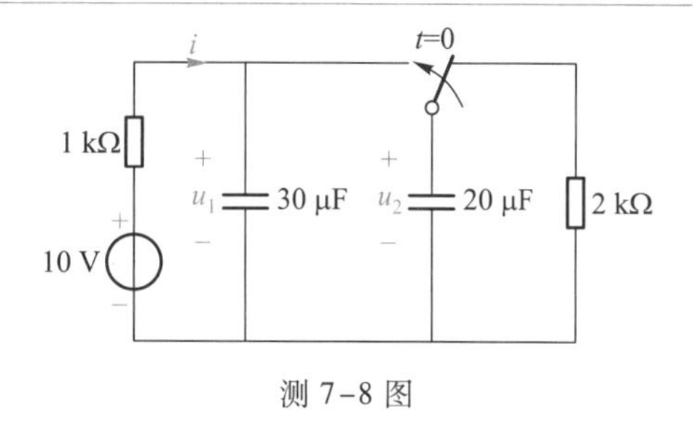

测 7-8 图

答案:(1) 10 V,0 V;(2) 6 V,6 V;(3) 50 μF,6 V;(4) 0.9 mJ。

7.4 电感

电感(inductor)是电感元件的简称,为仅存储磁场能量的电路元件。本节定义电感元件的特性、分析其性质。

电感器指实际中的器件,任何通有电流的导体周围都有磁场,因此,能通过电流的导体均可看成是电感器。为了加大电感器存储磁场能量的能力,用表面绝缘的导线绕制成图 7-4-1(a)所示的螺线管状、或图(b)所示的螺线环状。电感器应用广泛,电力电子系统中应用电感器来限制电流突变,电力系统中利用电感器实现滤波,许多电器件的电源系统中包含电感器。

线圈中的磁心材料可以是塑料或木头等非铁磁材料、铁或钢等铁磁材料。由于铁磁材料会在磁场的作用下发热,绕制线圈的导线总存在电阻,导致线圈在存储磁场能量的同时,一定伴随着电能消耗,因此,低频下线圈的电路模型为电感与电阻串联。

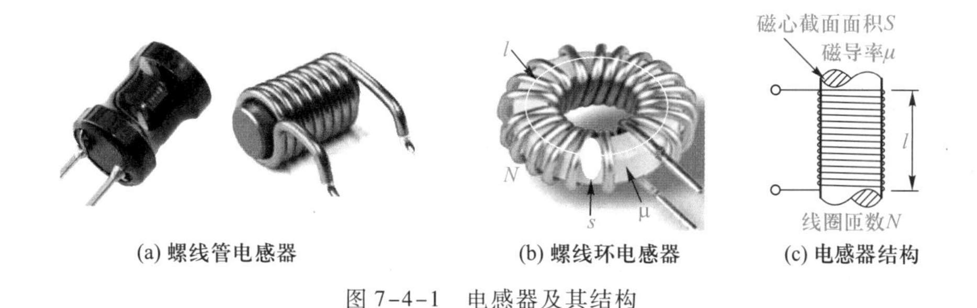

(a) 螺线管电感器 (b) 螺线环电感器 (c) 电感器结构

图 7-4-1 电感器及其结构

7.4.1 电感的 Ψ-i 特性

电感(元件)是仅储存磁场能量的理想线圈。如图 7-4-2 所示,电流 i 产生与线圈相交的磁通,将各匝线圈的磁通累加,就是磁链 Ψ,Ψ 的方向与 i 的方向符合右手螺旋定则。磁链与电流构成因果关系,因此电感的特性用 Ψ 与 i 的关系来描述,称为 Ψ-i 特性。若 Ψ 与 i 为线性关系,则称为线性电感,否则为非线性电感;若 Ψ 与 i 的关系不随时间改变,则称为非时变电感,否则为时变电感。

图 7-4-3 为线性非时变电感的电路符号,其 Ψ-i 特性方程为

$$\boxed{\Psi = Li} \tag{7-4-1}$$

L 为电感量(inductance)。当 i 的单位为安培(A)、Ψ 的单位为韦伯(Wb)时,L 的单位为亨利(H)[⑥]。

实际电感器的电感量介于纳亨(nH)到毫亨(mH),1 H = 10^3 mH = 10^6 μH = 10^9 nH。图 7-4-1(c)所示电感器,当线圈的长度远大于线圈的直径、线圈密绕、磁心材料为线性磁介质时,线圈中的磁场近似为均匀分布,电感量 $L \approx \mu \dfrac{N^2 S}{l}$。可见电感量与线圈的几何尺寸、磁介质特性相关。

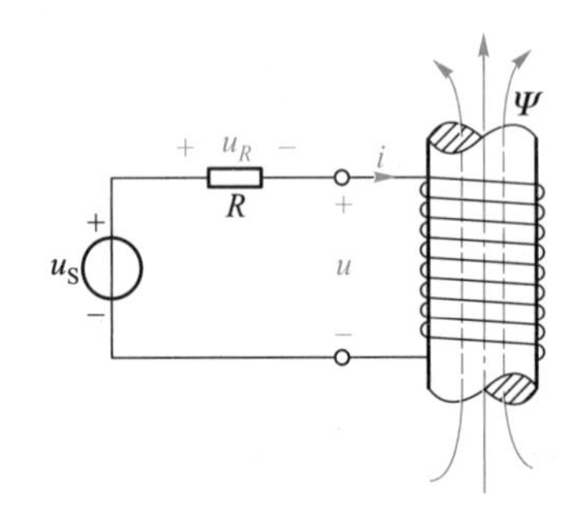

图 7-4-2　通有电流的线圈

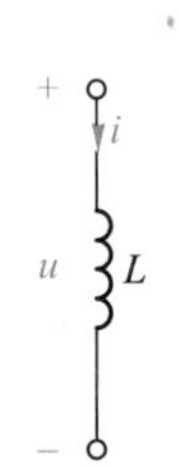

图 7-4-3　线性非时变电感的符号

7.4.2 电感的 u-i 关系

电路分析时常用的是电感的 u-i 关系。根据法拉第电磁感应定律,当磁链 Ψ 发生变化时,线圈中产生感应电压 u,感应电压和磁链的大小关系为

$$|u| = \left|\frac{\mathrm{d}\Psi}{\mathrm{d}t}\right|$$

楞次定律指出:感应电压 u 总是阻碍磁链 Ψ 的变化。在图 7-4-2 中:当 u_S 恒定不变时,i 恒定不变,$u=0$;若 u_S 增大而使 i 增大、从而使 Ψ 增大,线圈因此产生感应电压 u,u 要阻碍 i 增大,即 u 要使 i 下降,u 为正值时才能使 R 上的电压 $u_R(=u_S-u)$ 下降,即 i 下降。可见,Ψ 增大产生的 u 为正,应该将上式的绝对值符号去掉,得到

$$\boxed{u = \frac{\mathrm{d}\Psi}{\mathrm{d}t}} \tag{7-4-2}$$

对于线性非时变电感,$\Psi = Li$,式(7-4-2)变为

$$\boxed{u = L\frac{\mathrm{d}i}{\mathrm{d}t}} \quad (线性非时变电感) \tag{7-4-3}$$

---

⑥ 电感量 L 的单位亨利(henry),取自美国科学家 Joseph Henry(1797—1878)之名。

式(7-4-3)为电感微分形式的 $u-i$ 关系，它表明：电压与电流的变化率成正比，电流变化时才有电压。因此，电感也称为动态元件。

对式(7-4-3)两边积分得

$$\int_{t_0}^{t}\frac{\mathrm{d}i}{\mathrm{d}t}\mathrm{d}t=\frac{1}{L}\int_{t_0}^{t}u\mathrm{d}t$$

$$i(t)-i(t_0)=\frac{1}{L}\int_{t_0}^{t}u\mathrm{d}t$$

因此

$$\boxed{i(t)=i(t_0)+\frac{1}{L}\int_{t_0}^{t}u\mathrm{d}t} \tag{7-4-4}$$

式(7-4-4)为电感积分形式的 $u-i$ 关系。其中：$i(t_0)$ 代表电感在 t_0 时刻已具有的电流，称为初始电流(initial current)；$\frac{1}{L}\int_{t_0}^{t}u\mathrm{d}t$ 表示在 t_0 后电感的电压对电流的作用。

令 $t_0\to-\infty$，且 $i(-\infty)=0$，式(7-4-4)写为

$$i=\frac{1}{L}\int_{-\infty}^{t}u\mathrm{d}t \tag{7-4-5}$$

式(7-4-5)表明：t 时刻的电感电流与在 t 以前电感电压的全部状态相关，和电容相似，电感也是一种记忆元件。

暂态分析时常取 $t_0=0$，且考虑到 $t=0$ 时电感电压中可能有冲激，式(7-4-4)常写为

$$\boxed{i(t)=i(0_-)+\frac{1}{L}\int_{0_-}^{t}u(t)\mathrm{d}t} \tag{7-4-6}$$

综上所述，线性非时变电感的 $u-i$ 关系可归纳如下

$$\boxed{u=L\frac{\mathrm{d}i}{\mathrm{d}t},\quad i=\frac{1}{L}\int_{-\infty}^{t}u\mathrm{d}t,\quad i(t)=i(t_0)+\frac{1}{L}\int_{t_0}^{t}u\mathrm{d}t,\quad i(t)=i(0_-)+\frac{1}{L}\int_{0_-}^{t}u\mathrm{d}t} \tag{7-4-7}$$

上述 $u-i$ 关系均以电压、电流的参考方向关联为前提。

电感器的工作电流必须低于其允许电流。允许电流是电感器能承受的最大电流。电流超过允许电流，即是超过绕制电感器的导线的载流量，导线过度发热导致绝缘层损坏、线圈变形。

7.4.3 电感的重要性质

线性非时变电感的直流性质和电流连续性，是暂态分析时反复使用的重要性质，它们可通过线性非时变电感的 $u-i$ 关系获得。

1. 电感的直流稳态性质

由 $u=L\frac{\mathrm{d}i}{\mathrm{d}t}$ 得：当电感的电流不随时间改变时，电压为零，电感相当于短路。例如：图 7-4-4(a)所示电路，在 $t=0$ 时开关闭合；当 $t\to\infty$ 时，电路中的所有电压、电流均不再变化，即达到直流稳态，此时电感相当于短路，如图(b)所示，电流 $i(\infty)=\frac{36}{2+2}\times\frac{1}{2}\ \mathrm{mA}=4.5\ \mathrm{mA}$。假定在开

关闭合前电路已达到稳态，则 $t=0_-$ 时，电感亦相当于短路，得到图(c)所示电路，$i(0_-)=\frac{36}{2+4}\text{ mA}=6\text{ mA}$。

> 直流稳态电路中的电感相当于短路，电感电压为零、电流恒定。

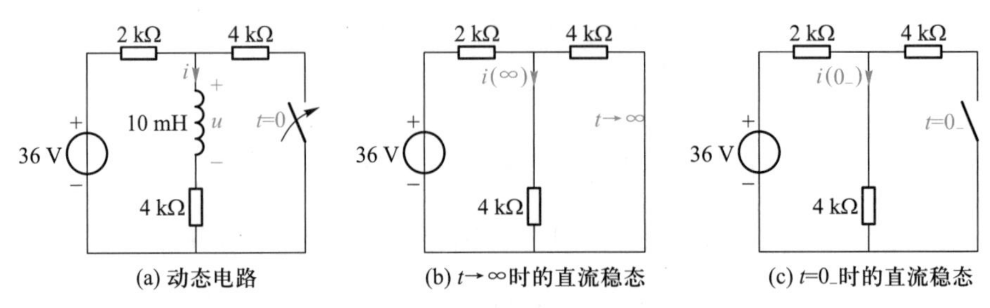

图 7-4-4 直流稳态下的电感

2. 电感电流连续性

由 $i(t)=i(t_0)+\frac{1}{L}\int_{t_0}^{t}u\mathrm{d}t$ 得：当电感的电压在 t_0 时刻为有限值时，电流在 t_0 时刻连续，即 $i(t_{0+})=i(t_{0-})$；若电感的电压处处有界（不要求连续），则电感的电流处处连续[⑦]。因为 $i(t_{0+})=i(t_{0-})+\frac{1}{L}\int_{t_{0-}}^{t_{0+}}u\mathrm{d}t$，$u$ 在 t_0 处为有限值，使得 $\frac{1}{L}\int_{t_{0-}}^{t_{0+}}u\mathrm{d}t=0$。例如：图 7-4-4(a) 所示电路，在开关闭合前处于直流稳态，$i(0_-)=6\text{ mA}$。在 $t=0$ 时刻开关闭合，电感电压 $u(0)$ 不可能为 ∞，因此 $i(0_+)=i(0_-)$。值得注意的是：图 7-4-4(a) 所示电路中，电感电流以外的其他电压、电流不存在连续性，如 $u(0_+)\neq u(0_-)$。

> 电感电压在 t_0 处为有限值，则电感电流在 t_0 处连续；
> 电感电压在 t_0 处为无限大，则电感电流在 t_0 处跳变。

图 7-4-4(a) 所示电路在 $t=0\sim\infty$ 的过程中，电感电流经历从初始值 $i(0_+)=6\text{ mA}$ 变化到稳态值 $i(\infty)=4.5\text{ mA}$ 的暂态过程。

例 7-4-1 在图 7-4-5 电路中，电感在没有储能的状态下突然接到直流电流源上，求电压 u。

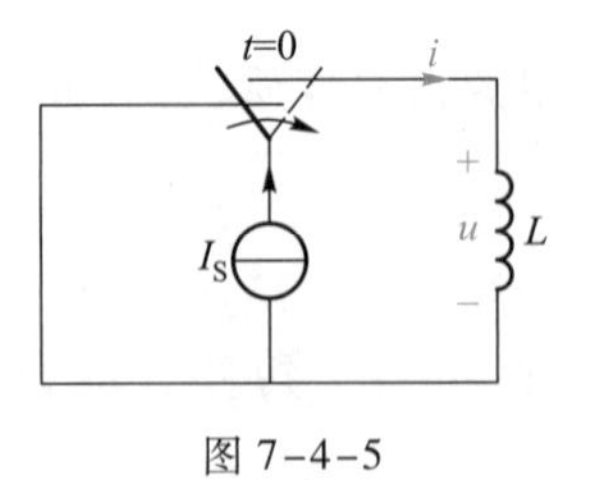

图 7-4-5

解：由题意知，$i(0_-)=0$。$t>0$ 后，$i=I_S\varepsilon(t)$，因此，$i(0_+)=I_S$。电感电压

$$u=L\frac{\mathrm{d}i}{\mathrm{d}t}=L\frac{\mathrm{d}[I_S\varepsilon(t)]}{\mathrm{d}t}=LI_S\delta(t)$$

由于电感电流被强迫发生跳变，电感上出现冲激电压。工程上应避免快速断开电感器，强迫电流快速改变会导致过电压，损坏器件。

⑦ 工程中认为电感电流总是连续变化的。因为，实际电路中不可能出现无限大的电压。

目标 3 检测:电感的特性、电压-电流关系应用

测 7-9　测 7-9 图所示电路中,各支路的电压、电流已不再变化,试确定 u_C 和 i_L 的值。

答案:10 V,　2 A。

测 7-10　测 7-10 图所示电路在开关打开前处于稳态,$t=0$ 时开关打开。计算:(1) $i_1(0_-)$, $i_2(0_-)$;(2) $i_1(0_+)$, $i_2(0_+)$;(3) $i_1(\infty)$, $i_2(\infty)$;(4)哪个电感承受了冲激电压?什么原因?

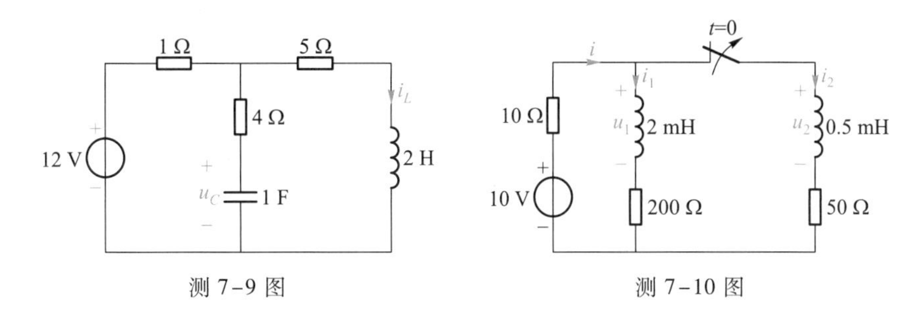

测 7-9 图　　测 7-10 图

答案:(1) 40 mA,　160 mA;(2) 40 mA,　0 mA;(3) 47.6 mA,　0 mA;(4) 0.5mH。

7.4.4 电感的储能

通有电流的电感将存储磁场能量。当电感的电压 u 和电流 i 取关联参考方向时,电感吸收的功率 $p=ui$,线性非时变电感有 $u=L\dfrac{\mathrm{d}i}{\mathrm{d}t}$,因此

$$p=\left(L\frac{\mathrm{d}i}{\mathrm{d}t}\right)i=Li\frac{\mathrm{d}i}{\mathrm{d}t}$$

电感从 $-\infty$ 到 t 吸收的能量

$$w(t)=\int_{-\infty}^{t}p\mathrm{d}t=\int_{-\infty}^{t}Li\frac{\mathrm{d}i}{\mathrm{d}t}\mathrm{d}t=\frac{1}{2}Li^2(t)-\frac{1}{2}Li^2(-\infty)$$

考虑到 $i(-\infty)=0$,电感在 t 时刻的储能为

$$\boxed{w(t)=\frac{1}{2}Li^2(t)}\tag{7-4-8}$$

式(7-4-8)表明:电感在 t 时刻的储能仅与该时刻电流有关;L 表征电感储能的能力,电流一定时,L 越大,电感储能越多。电感的储能能够全部释放,本身不产生也不消耗能量,因此,称它为储能元件。

例 7-4-2　图 7-4-6(a)所示电路中,$i_S=\begin{cases}0, & t<0\\ 10te^{-2t}\mathrm{A}, & t\geqslant 0\end{cases}$。(1)画出 i_S 的波形;(2)将 i_S 写成广义函数;(3)求 u 的分段函数,并画出波形;(4)定性分析电感的功率、储能变化关系;(5)分析电感电压何时出现跳变?

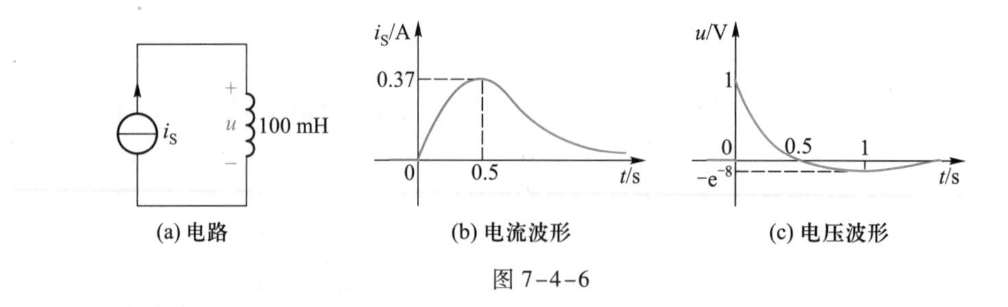

(a) 电路　　(b) 电流波形　　(c) 电压波形

图 7-4-6

解：(1) 因 $i_S(0)=0$ 和 $i_S(\infty)=0$，所以，i_S 必有一个极大值，出现在 $\frac{\mathrm{d}i_S}{\mathrm{d}t}=(10\mathrm{e}^{-2t}-20t\mathrm{e}^{-2t})=0$ 处，即 $t=0.5$ s 处，i_S 的波形如图 7-4-6(b)所示。

(2) 用单位阶跃函数表示 i_S，$i_S=10t\mathrm{e}^{-2t}\varepsilon(t)$ A。

(3) 用广义函数计算电感电压(也可用分段函数计算)：

$$u=L\frac{\mathrm{d}i_S}{\mathrm{d}t}=0.1\frac{\mathrm{d}}{\mathrm{d}t}[10t\mathrm{e}^{-2t}\varepsilon(t)]=0.1[10t\mathrm{e}^{-2t}\delta(t)+(10\mathrm{e}^{-2t}-20t\mathrm{e}^{-2t})\varepsilon(t)]\ \mathrm{V}$$

$$=(1-2t)\mathrm{e}^{-2t}\varepsilon(t)\ \mathrm{V}\quad (\text{应用了冲激函数的筛分性})$$

写成分段函数

$$u=\begin{cases}0\ \mathrm{V}, & t<0\\ (1-2t)\mathrm{e}^{-2t}\ \mathrm{V}, & t>0\end{cases}$$

下面对 u 定性分析，确定 u 的波形。因为：$u(0_+)=1$ V，$u(\infty)=0$ V，$u(0.5)=0$ V，所以，u 必有极小值。u 的极小值出现在 $\frac{\mathrm{d}u}{\mathrm{d}t}=(4t-4)\mathrm{e}^{-2t}=0$ 处，即 $t=1$ s 处。u 的波形如图 7-4-6(c)所示。

(4) 由电感的电压和电流波形得出：$0<t<2$ s 内电感吸收功率，储能增加；$t>2$ s 后，电感发出功率，逐渐释放全部储能。

(5) 虽然电感电流连续变化，但是，电感电压在电流的转折点 $t=0$ 处出现跳变。

目标 3 检测：电感的特性、电压-电流关系应用

测 7-11 在测 7-11(a)图中，电压源的电压如图(b)所示。(1)写出电流 i 的分段函数，画出波形；(2)计算 $t=1.5$ s、3 s 时电感的储能；(3)定性分析电感的功率、储能变化关系；(4)电感电流是否跳变？

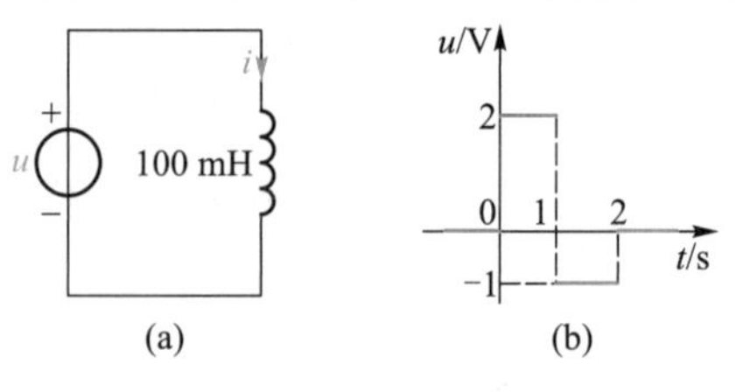

(a)　　(b)

测 7-11 图

答案：(1) $i=\begin{cases}0, & t\leqslant 0\\ 20t\ \mathrm{A}, & 0\leqslant t\leqslant 1\ \mathrm{s}\\ (30-10t)\ \mathrm{A}, & 1\ \mathrm{s}\leqslant t\leqslant 2\ \mathrm{s}\\ 10\ \mathrm{A}; & t\geqslant 2\ \mathrm{s}\end{cases}$；(2) 11.25 J，5 J；(4) 不会跳变。

7.4.5 电感的串联与并联

多个线性非时变电感串联或并联，从端口而言可以等效为一个线性非时变电感。为了方便讨论，假定串联（或并联）操作在 $t=0$ 时刻完成，串联（或并联）前各电感已具有电流 $i_k(0_-)$，串联（或并联）后，各电感的初始电流为 $i_k(0_+)$。下面依据 $t>0$ 时端口 u-i 关系相同的等效原则，来确定等效电感的初始电流 $i(0_+)$、电感量 L_{eq}，并分析并联电感之间的分流关系。

1. 电感并联

图 7-4-7(a)所示，并联前的 n 个电感均有储能，即 $i_k(0_-)\neq 0(k=1\sim n)$。$t=0$ 时刻并联，并联瞬间每个电感的储能不变，即 $i_k(0_+)=i_k(0_-)(k=1\sim n)$。根据 KCL 和电感的 u-i 关系，图 7-4-7(a)的端口 u-i 关系为（注意到每个电感的电压相同）

$$i=\sum_{k=1}^{n} i_k=\sum_{k=1}^{n}\left[i_k(0_+)+\frac{1}{L_k}\int_{0_+}^{t} u\mathrm{d}t\right]=\sum_{k=1}^{n} i_k(0_+)+\left(\sum_{k=1}^{n}\frac{1}{L_k}\right)\times\left(\int_{0_+}^{t} u\mathrm{d}t\right)$$

将图 7-4-7(b)所示等效电感的 u-i 关系 $i=i(0_+)+\frac{1}{L_{eq}}\int_{0_+}^{t} u\mathrm{d}t$ 与上式对照，不难得出，等效电感的初始电流、电感量为

$$i(0_+)=\sum_{k=1}^{n} i_k(0_+)=\sum_{k=1}^{n} i_k(0_-)\qquad \frac{1}{L_{eq}}=\sum_{k=1}^{n}\frac{1}{L_k}\tag{7-4-9}$$

下面来分析并联电感之间的分流关系。在图 7-4-7(a)中，$t>0$ 后，端口电流 i 在各电感之间如何分配呢？分流关系由电感并联前的电流、电感共同决定。对于 $i_k(0_-)=0(k=1\sim n)$ 的简单情况，有

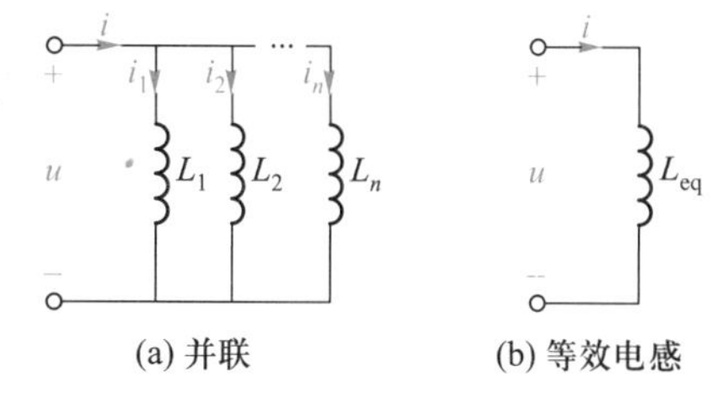

(a) 并联　(b) 等效电感

图 7-4-7　线性非时变电感并联

$$i_k=0+\frac{1}{L_k}\int_{0_+}^{t} u\mathrm{d}t,\quad i=0+\frac{1}{L_{eq}}\int_{0_+}^{t} u\mathrm{d}t$$

分流关系为

$$\frac{i_k}{i}=\frac{1/L_k}{1/L_{eq}}=\frac{1/L_k}{\sum\limits_{k=1}^{n}\frac{1}{L_k}}\tag{7-4-10}$$

式(7-4-10)表明：没有储能的电感并联，各电感按电感量的倒数正比分流。当 $n=2$ 时，$L_{eq}=\frac{L_1L_2}{L_1+L_2}$，分流关系为

$$\frac{i_1}{i}=\frac{1/L_1}{1/L_{eq}}=\frac{L_2}{L_1+L_2}\qquad \frac{i_2}{i}=\frac{1/L_2}{1/L_{eq}}=\frac{L_1}{L_1+L_2}\tag{7-4-11}$$

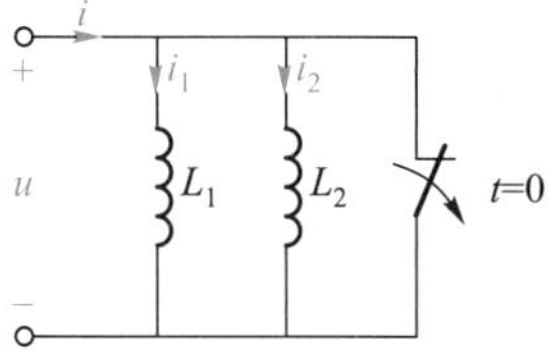

并联等效电感的计算表达式、无初始储能的电感并联时的分流关系，类似于电阻并联。

图 7-4-8

例 7-4-3　图 7-4-8 中，已知 $i_1(0_-)=I_1$ 和 $i_2(0_-)=I_2$。$t=0$ 时开关打开，并施加有界电压 $u=U\mathrm{e}^{-at}\varepsilon(t)$。确定：(1) $i_1(0_+)$、$i_2(0_+)$；(2)并联后等效电感量 L_{eq}、等效电感的初始电流 $i(0_+)$；(3) $t>0$ 后，i_1、i_2 与 i 的关系；(4) $i_1(\infty)$，$i_2(\infty)$。

解：(1) $t=0$ 时开关打开，由于 u 为有界函数，由 $u=L_1\dfrac{\mathrm{d}i_1}{\mathrm{d}t}$ 与 $u=L_2\dfrac{\mathrm{d}i_2}{\mathrm{d}t}$ 可知，电流 i_1 与 i_2 连续变化，即有：$i_1(0_+)=i_1(0_-)=I_1$，$i_2(0_+)=i_2(0_-)=I_2$。

(2) 并联后等效电感量

$$L_{\mathrm{eq}}=\frac{1}{L_1^{-1}+L_2^{-1}}=\frac{L_1L_2}{L_1+L_2}$$

等效电感的初始电流

$$i(0_+)=i_1(0_+)+i_2(0_+)=I_1+I_2$$

(3) 由于电感初始电流不为零，在 $t>0$ 后，i_1、i_2 与 i 的关系不仅与 L_1、L_2 有关，还与 $i_1(0_+)$、$i_2(0_+)$ 有关，只有 $i-i_1(0_+)-i_2(0_+)$ 的部分按照电感量分配。因此

$$i_1=i_1(0_+)+\frac{L_2}{L_1+L_2}[i-i_1(0_+)-i_2(0_+)]=I_1+\frac{L_2}{L_1+L_2}(i-I_1-I_2)$$

$$i_2=i_2(0_+)+\frac{L_1}{L_1+L_2}[i-i_1(0_+)-i_2(0_+)]=I_2+\frac{L_1}{L_1+L_2}(i-I_1-I_2)$$

(4) 由电感的 $u-i$ 关系得

$$i_1(\infty)=i_1(0_+)+\frac{1}{L_1}\int_{0_+}^{\infty}[U\mathrm{e}^{-at}\varepsilon(t)]\mathrm{d}t=I_1+\frac{U}{aL_1}$$

$$i_2(\infty)=I_2+\frac{U}{aL_2}$$

目标 3 检测：电感的并联等效、电压-电流关系应用

测 7-12 测 7-12 图所示电路在开关闭合前处于稳态。确定：(1) $i_1(0_-)$，$i_2(0_-)$；(2) $i_1(0_+)$，$i_2(0_+)$；(3) 并联后等效电感 L_{eq}、等效电感的初始电流 $i(0_+)$；(4) $i_1(\infty)$，$i_2(\infty)$。

答案：(1) 2 A，0；(2) 2 A，0；(3) 0.067 H，2 A；(4) 2 A，0。

测 7-13 测 7-13 图所示电路在开关打开前处于稳态，且已知 $i_1(0_-)=I_1$，$i_2(0_-)=I_2$，$t=0$ 时开关打开。确定：(1) $i_1(0_+)$，$i_2(0_+)$，$i(0_+)$；(2) 并联等效电感 L_{eq}；(3) $i(\infty)$；(4) 用分流关系确定 $i_1(\infty)$，$i_2(\infty)$；(5) $t=0_+$ 的储能 $w_1(0_+)$，$w_2(0_+)$，等效电感储能 $w(0_+)$。

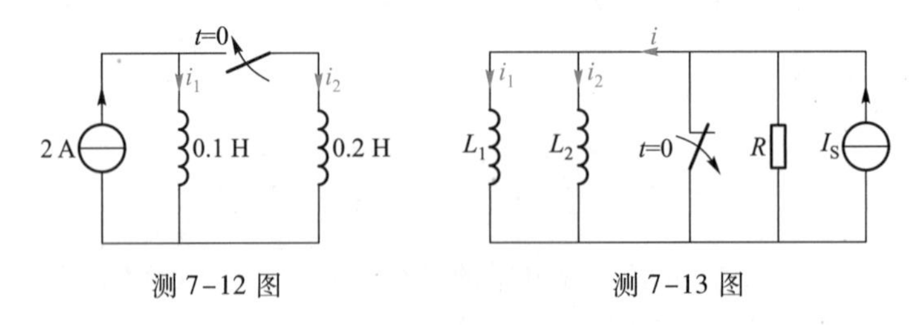

测 7-12 图　　测 7-13 图

答案：(1) I_1，I_2，(I_1+I_2)；(2) $\dfrac{L_1L_2}{L_1+L_2}$；(3) I_{S}；(4) $I_1+(I_{\mathrm{S}}-I_1-I_2)\dfrac{L_2}{L_1+L_2}$，$I_2+(I_{\mathrm{S}}-I_1-I_2)\dfrac{L_1}{L_1+L_2}$；

(5) $\dfrac{1}{2}L_1I_1^2$，$\dfrac{1}{2}L_2I_2^2$，$\dfrac{1}{2}\dfrac{L_1L_2}{L_1+L_2}(I_1+I_2)^2$。

2. 电流相等的电感串联

图 7-4-9 所示 n 个线性非时变电感串联等效为一个线性非时变电感。假定电感串联前具有相同的电流，即 $i_k(0_-)=I_0(k=1\sim n)$。$t=0$ 时刻串联，串联后的每个电感储能不变，即 $i_k(0_+)=i_k(0_-)(k=1\sim n)$。因此，等效电感的初始电流 $i(0_+)=I_0$。根据 KCL 和电感的 u-i 关系，图 7-4-9(a)的端口 u-i 关系为(注意：每个电感的电流相同)

$$u=\sum_{k=1}^{n}u_k=\sum_{k=1}^{n}\left(L_k\frac{\mathrm{d}i}{\mathrm{d}t}\right)=\left(\sum_{k=1}^{n}L_k\right)\times\frac{\mathrm{d}i}{\mathrm{d}t}$$

对照图 7-4-9(b)的端口 u-i 关系 $u=L_{\mathrm{eq}}\dfrac{\mathrm{d}i}{\mathrm{d}t}$，串联等效电感为 $L_{\mathrm{eq}}=\sum\limits_{k=1}^{n}L_k$。由此，具有相同电流 I_0 的 n 个电感串联，等效电感的初始电流、电感量为

$$\boxed{i(0_+)=I_0\qquad L_{\mathrm{eq}}=\sum_{k=1}^{n}L_k}\tag{7-4-12}$$

例 7-4-4 图 7-4-10 所示电路已达到稳态，各电感在接入电路前无储能。求：(1)端口等效电感；(2)电流 i_1、i_2、i_3。

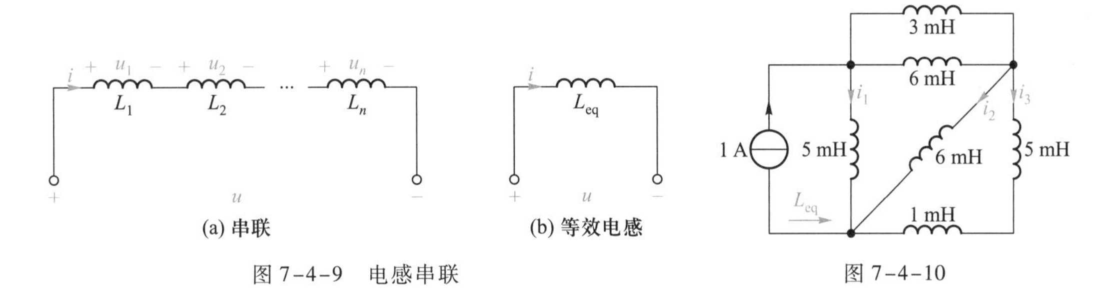

图 7-4-9 电感串联

图 7-4-10

解：(1) 等效电感的计算与电感的储能无关，计算公式和电阻串、并联计算公式相似。3 mH 与 6 mH 并联的等效电感为

$$L_1=\frac{6\times3}{6+3}\ \mathrm{mH}=2\ \mathrm{mH}$$

5 mH 与 1 mH 串联的等效电感为

$$L_2=(5+1)\ \mathrm{mH}=6\ \mathrm{mH}$$

L_2 和 6 mH 并联，等效电感为

$$L_3=\frac{6\times6}{6+6}\ \mathrm{mH}=3\ \mathrm{mH}$$

L_3 与 L_1 串联，等效电感为

$$L_4=(3+2)\ \mathrm{mH}=5\ \mathrm{mH}$$

L_4 与 5 mH 并联，等效电感为

$$L_{\mathrm{eq}}=\frac{5\times5}{5+5}\ \mathrm{mH}=2.5\ \mathrm{mH}$$

(2) 对接入电路前无储能的电感，按式(7-4-10)计算分流，分流关系和电阻分流关系类似。即

$$i_1=\frac{L_4}{L_4+5}\times 1=0.5\ \text{A}$$

$$i_2+i_3=1-i_1=0.5\ \text{A}$$

$$i_2=\frac{L_2}{6+L_2}(i_2+i_3)=0.25\ \text{A}$$

$$i_3=0.25\ \text{A}$$

目标3检测：电感串联与并联等效

测7-14 测7-14图所示电路已处于稳态，且各电感在接入电路前无储能。计算：(1)端口等效电感；(2) i_1、i_2、i_3。

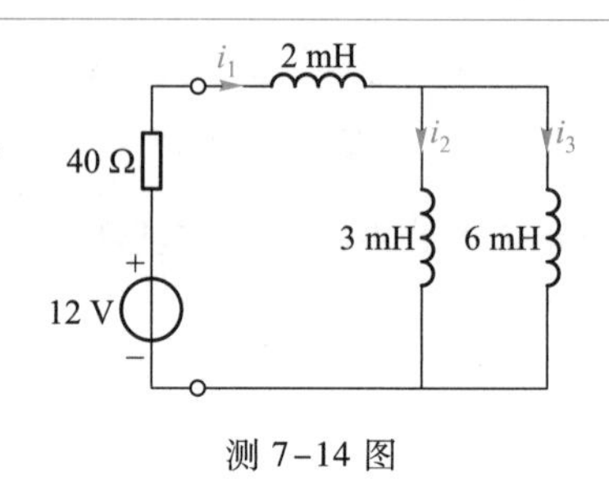

测7-14图

答案：(1) 4 mH；(2) 0.3 A，0.2 A，0.1 A。

*3. 电流不相等的电感串联

等效电感量的计算不受储能影响，但等效电感的初始电流与储能相关。这里只需分析如何获得等效电感的初始电流。

图7-4-11中的 n 个电感在串联前具有不相等的电流，而串联后各电感电流必须相等。因此，在串联瞬间($t=0$)，电感电流跳变，即

$$i_k(0_+)\neq i_k(0_-)\quad (k=1\sim n)$$

$t=0$ 时刻，各电感承受冲激电压，即 u_1、u_2、…、u_n 中含有 $\delta(t)$ 项，图7-4-11中虚线框表示的回路 l 内的磁链瞬间重新分配。在端口电压 $u(0)$ 为有限值的条件下，由 $u=\frac{\mathrm{d}\Psi}{\mathrm{d}t}$ 可知，回路 l 内的总磁链 Ψ 不能跳变，即在并联前瞬间($t=0_-$)、并联后瞬间($t=0_+$)相等，但 L_1、L_2、…、L_n 各自的磁链，在并联前瞬间、并联后瞬间跳变。这种磁链瞬间重新分配、但总量保持不变的现象，称为磁链守恒。

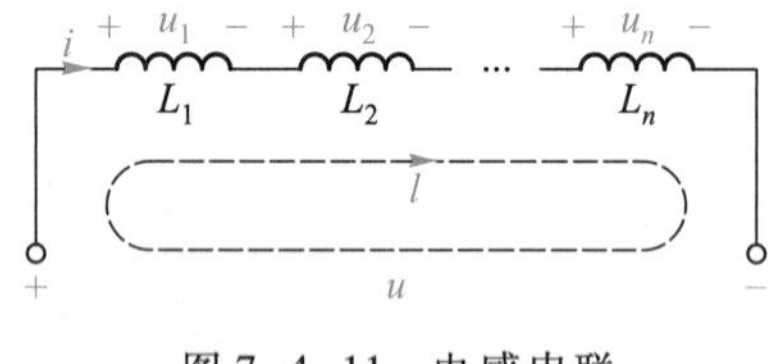

图7-4-11 电感串联

下面通过磁链守恒来确定串联等效电感的初始电流。对图7-4-11中的回路 l，磁链守恒关系为

$$\sum_{k=1}^{n}\Psi_k(0_+)=\sum_{k=1}^{n}\Psi_k(0_-)$$

$\sum_{k=1}^{n}\Psi_k(0_-)$、$\sum_{k=1}^{n}\Psi_k(0_+)$ 分别为电感串联前、串联后瞬间回路 l 内的总磁链，进一步表示为

$$\boxed{\sum_{k=1}^{n}L_k i_k(0_+)=\sum_{k=1}^{n}L_k i_k(0_-)}\tag{7-4-13}$$

考虑到 $t=0_+$ 时刻各电感电流均为 $i(0_+)$，式(7-4-13)变为

$$\left(\sum_{k=1}^{n}L_k\right)i(0_+)=\sum_{k=1}^{n}L_ki_k(0_-)$$

等效电感的初始电流为

$$i(0_+)=\frac{\sum_{k=1}^{n}L_ki_k(0_-)}{\sum_{k=1}^{n}L_k} \tag{7-4-14}$$

例 7-4-5　图 7-4-12 所示电路中，各元件参数已知，I_S 为直流电流源，开关打开前电路已处于稳态。计算：(1) $i_{L1}(0_+)$，$i_{L2}(0_+)$，$u(0_+)$；(2) 串联等效电感量、等效电感的储能 $w(0_+)$；(3) 电感承受的冲激电压 $u_{L1}(0)$，$u_{L2}(0)$。

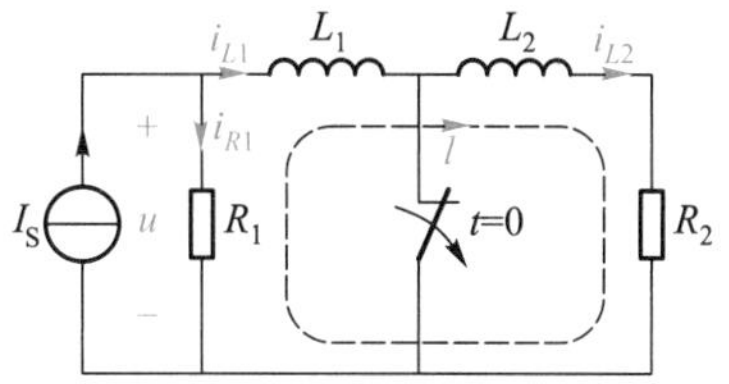

图 7-4-12

解：(1) 由于电路在开关打开前已处于直流稳态，电感相当于短路，因此

$$i_{L1}(0_-)=I_S,\quad i_{L2}(0_-)=0$$

开关打开瞬间，电感 L_1、L_2 通过相同的电流，即

$$i_{L1}(0_+)=i_{L2}(0_+)\quad \text{(KCL 方程)}$$

电感电流在 $t=0$ 跳变。如果 $u_{L1}(0)+u_{L2}(0)\neq\infty$，那么回路 l 内的总磁链在 $t=0_-$ 和 $t=0_+$ 守恒。

由 KVL、KCL 可说明 $u_{L1}(0)+u_{L2}(0)\neq\infty$。在回路 l 内，有

$$u_{L1}(0)+u_{L2}(0)=R_1i_{R1}(0)-R_2i_{L2}(0)=R_1[I_S-i_{L1}(0)]-R_2i_{L2}(0)$$

由于 $i_{L1}(0)\neq\infty$，$i_{L2}(0)\neq\infty$，因此 $u_{L1}(0)+u_{L2}(0)\neq\infty$。

回路 l 内，磁链守恒方程为

$$L_1i_{L1}(0_-)+L_2i_{L2}(0_-)=L_1i_{L1}(0_+)+L_2i_{L2}(0_+)\quad \text{(磁链守恒方程)}$$

由前面的 KCL 方程和上面的磁链守恒方程解得

$$i_{L1}(0_+)=i_{L2}(0_+)=\frac{L_1I_S}{L_1+L_2}$$

再由 KCL 得

$$i_{R1}(0_+)=I_S-i_{L1}(0_+)=\frac{L_2I_S}{L_1+L_2}$$

由此

$$u(0_+)=R_1i_{R1}(0_+)=\frac{R_1L_2I_S}{L_1+L_2}$$

(2) 等效电感的电感量和储能为

$$L_{eq}=L_1+L_2$$

$$w(0_+)=\frac{1}{2}(L_1+L_2)\left(\frac{L_1I_S}{L_1+L_2}\right)^2$$

(3) 电感 L_1、L_2 在 $t=0$ 时承受冲激电压，分别为

$$u_{L1}(0)=L_1\left.\frac{\mathrm{d}i_{L1}}{\mathrm{d}t}\right|_{t=0}=L_1[i_{L1}(0_+)-i_{L_1}(0_-)]\delta(t)=-\frac{L_1L_2I_S}{L_1+L_2}\delta(t)$$

$$u_{L2}(0)=L_2\left.\frac{\mathrm{d}i_{L2}}{\mathrm{d}t}\right|_{t=0}=L_2[i_{L2}(0_+)-i_{L_2}(0_-)]\delta(t)=\frac{L_1L_2I_S}{L_1+L_2}\delta(t)$$

工程中,应避免将两个电流不同的电感器进行串联操作,或直接切断工作中的电感器,从而避免电感器承受短时过电压,过电压会导致线圈匝间绝缘击穿。

目标 3 检测:电感串联与并联等效

测 7-15 测 7-15 图所示电路在开关打开前处于稳态,$t=0$ 时开关打开。计算:(1) $i_1(0_-)$, $i_2(0_-)$;(2) $i_1(0_+)$, $i_2(0_+)$;(3) 两个电感在 $t=0$ 承受的冲激电压 $u_1(0)$, $u_2(0)$(关联参考方向下);(4) 电路的总储能 $w(0_-)$、$w(0_+)$。

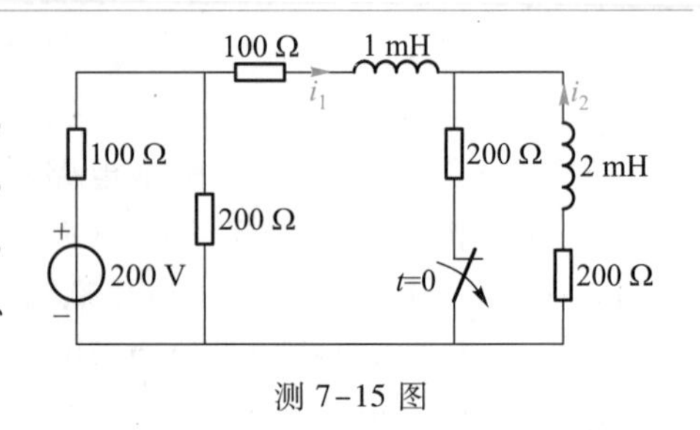

测 7-15 图

答案:(1) $\frac{1}{2}$ A, $-\frac{1}{4}$ A;(2) $\frac{1}{3}$ A, $-\frac{1}{3}$ A;(3) $-\frac{1}{6}\delta(t)$ mV, $-\frac{1}{6}\delta(t)$ mV;(4) $\frac{3}{16}$ mJ, $\frac{1}{6}$ mJ。

7.5 动态电路的暂态分析概述

电容和电感是储能元件,也是动态元件,还是记忆元件。含储能元件的电路是动态电路。动态电路在结构、参数或激励发生突变时,响应要经历暂态过程。计算与分析响应的暂态过程就是暂态分析。

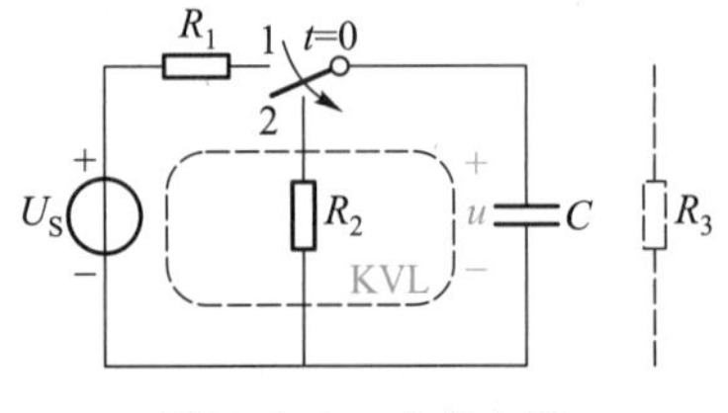

图 7-5-1 动态电路

图 7-5-1 所示动态电路,当开关处于 1 位很长时间后,电路中的电压、电流不再变化,电路处于稳态。开关从 1 位换到 2 位,电路结构改变,各电压、电流将发生变化,如:电压 u 要从 $u(0_-)=U_S$ 向 $u(\infty)=0$ 变化,经历一定的时间,电路将达到新的稳态。

电阻性电路则不同,若图 7-5-1 中的电容换成电阻 R_3,开关从 1 位换到 2 位时,电路从稳态瞬间变换到新的稳态,电压 u 从 $\frac{R_3U_S}{R_1+R_3}$ 瞬间变到 0。电阻性电路没有暂态过程。

动态电路的结构改变、参数变化和电源跳变,都会引起暂态过程。把能引起暂态过程的因素统称为换路(switching),且认为换路是瞬间完成的[⑧]。

本节对暂态过程的经典时域分析法进行概述,建立这种分析方法的思路。在接下来的第 8 章、第 9 章,将详尽分析两类动态电路的暂态过程。

⑧ 换路是瞬间完成的假设,虽然和实际情况有些不符,但带来的误差在工程上一般可以接受。

7.5.1 动态电路的微分方程

暂态过程的时域分析是根据电路的 KVL、KCL 和电路元件的 u-i 关系,建立关于待求变量(输出量)与电路中的独立电源(输入量)之间的关系,称之为输入-输出方程。由于储能元件的 u-i 关系是微分或积分关系,因而动态电路的输入-输出方程为微分方程。

图 7-5-1 所示电路,$t=0$ 时换路,要确定 $t>0$ 后 u 的变化规律,则应建立关于 u 的微分方程。R_2、U_S 与 C 构成回路的 KVL 为

$$R_2 C \frac{\mathrm{d}u}{\mathrm{d}t}+u=0 \quad (t>0)$$

这是一阶微分方程。

对图 7-5-2 所示电路建立关于 i_L 的微分方程。$t>0$ 后,各元件通过的电流为 i_L,网孔的 KVL 方程为

$$Ri_L+L\frac{\mathrm{d}i_L}{\mathrm{d}t}+\left[u_C(0_+)+\frac{1}{C}\int_{0_+}^{t} i_L \mathrm{d}t\right]=u_S \quad (t>0)$$

两边求导得

$$L\frac{\mathrm{d}^2 i_L}{\mathrm{d}t^2}+R\frac{\mathrm{d}i_L}{\mathrm{d}t}+\frac{1}{C}i_L=\frac{\mathrm{d}u_S}{\mathrm{d}t} \quad (t>0)$$

这是关于 i_L 的二阶微分方程。

可见,对于线性非时变动态电路,输出量与输入量的关系为常系数线性微分方程。微分方程的阶数,称为电路的阶数(order of circuit)。图 7-5-1 所示电路为一阶电路(first-order circuit),图 7-5-2 所示电路为二阶电路(second-order circuit)。

例 7-5-1 分别以 u_C、i_L 为变量,建立图 7-5-3 所示电路在换路后的微分方程。

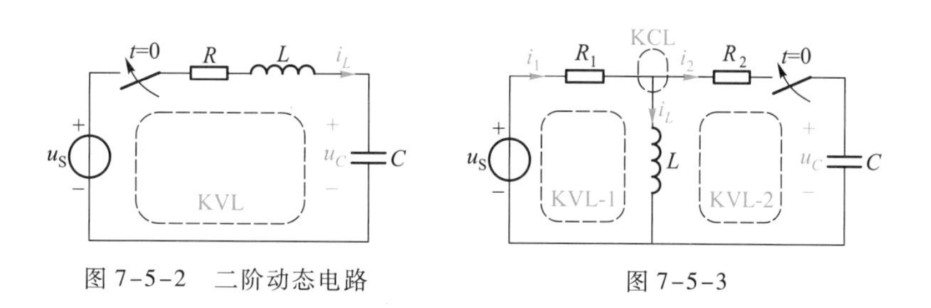

图 7-5-2 二阶动态电路　　图 7-5-3

解:换路后,电路有 2 个独立的 KVL 方程和 1 个 KCL 方程,分别为

$$\begin{cases} u_S=R_1 i_1+u_L & (\text{KVL-1}) \\ u_L=R_2 i_2+u_C & (\text{KVL-2}) \\ i_1=i_2+i_L & (\text{KCL}) \end{cases}$$

将 $i_2=C\dfrac{\mathrm{d}u_C}{\mathrm{d}t}$、$u_L=L\dfrac{\mathrm{d}i_L}{\mathrm{d}t}$ 代入上式,并消去 i_1 得

$$\begin{cases} u_S = R_1\left(C\dfrac{du_C}{dt} + i_L\right) + L\dfrac{di_L}{dt} & (1) \\ L\dfrac{di_L}{dt} = R_2 C\dfrac{du_C}{dt} + u_C & (2) \end{cases}$$

消除 u_C,得到 i_L 的微分方程。由方程(1)得

$$\frac{du_C}{dt} = \frac{1}{R_1 C}u_S - \frac{1}{C}i_L - \frac{L}{R_1 C}\frac{di_L}{dt} \tag{3}$$

将 $\dfrac{du_C}{dt}$ 的表达式代入方程(2)得

$$L\frac{di_L}{dt} = R_2 C\left(\frac{1}{R_1 C}u_S - \frac{1}{C}i_L - \frac{L}{R_1 C}\frac{di_L}{dt}\right) + u_C$$

化简为

$$L\frac{di_L}{dt} = \frac{R_2}{R_1}u_S - R_2 i_L - \frac{R_2 L}{R_1}\frac{di_L}{dt} + u_C$$

再对两边求一阶导数得

$$L\frac{d^2 i_L}{dt^2} = \frac{R_2}{R_1}\frac{du_S}{dt} - R_2\frac{di_L}{dt} - \frac{R_2 L}{R_1}\frac{d^2 i_L}{dt^2} + \frac{du_C}{dt}$$

再将 $\dfrac{du_C}{dt}$ 的表达式(3)代入得

$$L\frac{d^2 i_L}{dt^2} = \frac{R_2}{R_1}\frac{du_S}{dt} - R_2\frac{di_L}{dt} - \frac{R_2 L}{R_1}\frac{d^2 i_L}{dt^2} + \frac{1}{R_1 C}u_S - \frac{1}{C}i_L - \frac{L}{R_1 C}\frac{di_L}{dt}$$

整理得

$$(R_1 + R_2)LC\frac{d^2 i_L}{dt^2} + (R_1 R_2 C + L)\frac{di_L}{dt} + R_1 i_L = R_2 C\frac{du_S}{dt} + u_S$$

以类似思路,在式(1)、(2)中消除 i_L 得到 u_C 的微分方程。有

$$(R_1 + R_2)LC\frac{d^2 u_C}{dt^2} + (R_1 R_2 C + L)\frac{du_C}{dt} + R_1 u_C = L\frac{du_S}{dt}$$

u_C、i_L 的微分方程的阶数相同,且方程左边相同,即微分方程的特征根相同。这非巧合,而是必然结果。

归纳以上分析,n 阶线性非时变动态电路的输入-输出方程具有如下一般形式

$$\boxed{\frac{d^n y(t)}{dt^n} + a_1\frac{d^{n-1} y(t)}{dt^{n-1}} + \cdots + a_n\frac{dy(t)}{dt} = f(t)} \tag{7-5-1}$$

其中:$y(t)$ 为电路中的任意电压或电流,$a_1 \sim a_n$ 为常数,$f(t)$ 是关于电路中独立电源的函数。

> 动态电路的阶数等于微分方程的阶数;
> 微分方程的阶数等于电路中独立的储能元件个数;
> 同一电路中不同电压或电流的微分方程具有相同的特征根。

目标 4 检测:掌握列写动态电路的微分方程

测 7-16 测 7-16 图所示电路在开关打开前处于稳态,$t=0$ 时开关打开。(1)列写 $t>0$ 后 i_1 的微分方程;(2)说明 $t>0$ 后电路的阶数;(3)说明电路的阶数与储能元件个数的关系。

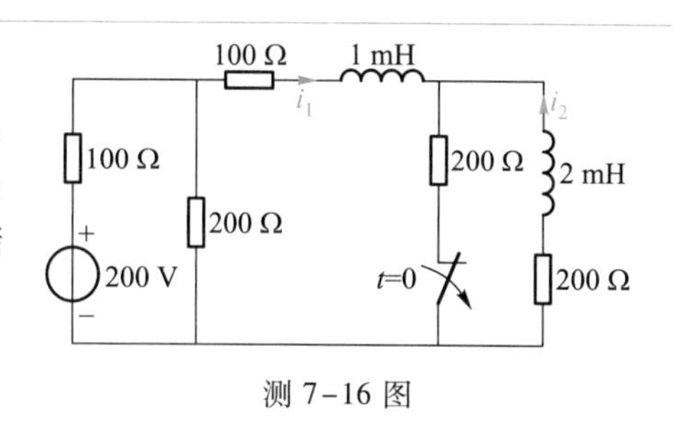

测 7-16 图

答案:(1) $\dfrac{\mathrm{d}i_1}{\mathrm{d}t}+\dfrac{11\times10^5}{9}i_1=\dfrac{4\times10^5}{9}$;(2) 1 阶;(3) 电路的阶数就是独立储能元件个数。

测 7-17 测 7-17 图所示电路在开关投向左边前处于稳态,$t=0$ 时开关投向左边。(1)列写 $t>0$ 后 u_1 的微分方程;(2)说明 $t>0$ 后电路的阶数;(3)说明电路的阶数与储能元件个数的关系。

答案:(1) $\dfrac{\mathrm{d}u_1}{\mathrm{d}t}+20u_1=200$;(2) 1 阶;(3) 电路的阶数就是独立储能元件个数。

测 7-18 对测 7-18 图所示电路:(1)分别列写 u_C、i_L 的微分方程;(2)说明电路的阶数。

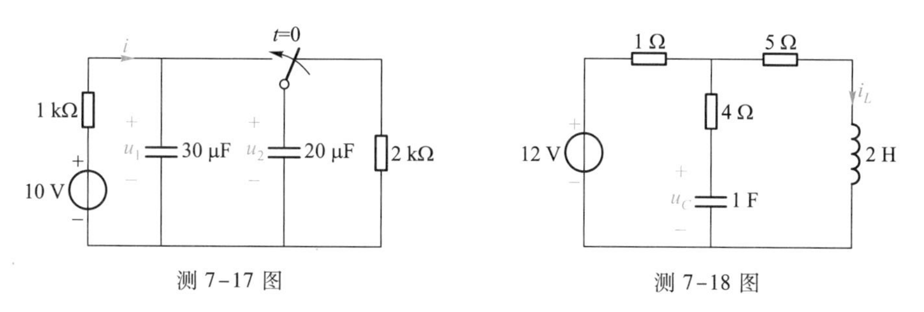

测 7-17 图　　　　测 7-18 图

答案:(1) $\dfrac{\mathrm{d}^2u_C}{\mathrm{d}t^2}+3.1\dfrac{\mathrm{d}u_C}{\mathrm{d}t}+0.6u_C=6$,$\dfrac{\mathrm{d}^2i_L}{\mathrm{d}t^2}+3.1\dfrac{\mathrm{d}i_L}{\mathrm{d}t}+0.6i_L=1.2$;(2) 二阶。

*7.5.2 常系数线性微分方程的解

式(7-5-1)所示形式的微分方程中,系数 $a_1\sim a_n$ 为常数,称为常系数线性微分方程。如果方程右边 $f(t)=0$,则为常系数齐次线性微分方程,如果方程右边 $f(t)\neq0$,则为常系数非齐次线性微分方程。下面以二阶微分方程为例,来分析常系数线性微分方程的解。

1. 常系数齐次线性微分方程的解

假设齐次线性微分方程为

$$\frac{\mathrm{d}^2y(t)}{\mathrm{d}t^2}+a_1\frac{\mathrm{d}y(t)}{\mathrm{d}t}+a_2y(t)=0 \qquad (7-5-2)$$

$y(t)=\mathrm{e}^{st}$是方程可能的解,将 $y(t)=\mathrm{e}^{st}$代入式(7-5-2)中,得

$$s^2\mathrm{e}^{st}+a_1s\mathrm{e}^{st}+a_2\mathrm{e}^{st}=0$$

即

$$(s^2+a_1 s+a_2)\mathrm{e}^{st}=0 \tag{7-5-3}$$

要式使(7-5-3)成立,必有

$$s^2+a_1 s+a_2=0 \tag{7-5-4}$$

由式(7-5-4)解得

$$s_{1,2}=\frac{-a_1\pm\sqrt{a_1^2-4a_2}}{2} \tag{7-5-5}$$

由此,$y_1=\mathrm{e}^{s_1 t}$ 和 $y_2=\mathrm{e}^{s_2 t}$ 都是式(7-5-2)的解。式(7-5-4)称为特征方程,s_1、s_2 称为特征根。

可见,特征方程式(7-5-4)与微分方程式(7-5-2)的对应关系是:$\frac{\mathrm{d}^2 y(t)}{\mathrm{d}t^2}\to s^2$,$\frac{\mathrm{d}y(t)}{\mathrm{d}t}\to s^1$,$y(t)\to s^0$,$\frac{\mathrm{d}^2 y(t)}{\mathrm{d}t^2}+a_1\frac{\mathrm{d}y(t)}{\mathrm{d}t}+a_2 y(t)\to s^2+a_1 s+a_2=0$。

当 $s_1\neq s_2$ 时,$\frac{\mathrm{e}^{s_1 t}}{\mathrm{e}^{s_2 t}}$不等于常数,$y_1=\mathrm{e}^{s_1 t}$、$y_2=\mathrm{e}^{s_2 t}$是式(7-5-2)的两个线性无关的解,两个线性无关的解线性组合就是通解。式(7-5-2)的通解为

$$\boxed{y(t)=k_1\mathrm{e}^{s_1 t}+k_2\mathrm{e}^{s_2 t}} \quad (s_1\neq s_2,\text{且为实数}) \tag{7-5-6}$$

k_1、k_2 为常数,由微分方程的初始条件确定。如果特征根为复数,如 $s_1=\alpha+\mathrm{j}\beta$,$s_2=\alpha-\mathrm{j}\beta$,则式(7-5-6)为复指数函数,须用欧拉公式变换为实函数。由于 $y_1=\mathrm{e}^{(\alpha+\mathrm{j}\beta)t}$ 和 $y_2=\mathrm{e}^{(\alpha-\mathrm{j}\beta)t}$ 是方程的两个线性无关的解,它们的线性组合$\frac{\mathrm{e}^{(\alpha+\mathrm{j}\beta)t}+\mathrm{e}^{(\alpha-\mathrm{j}\beta)t}}{2}$和$\frac{\mathrm{e}^{(\alpha+\mathrm{j}\beta)t}-\mathrm{e}^{(\alpha-\mathrm{j}\beta)t}}{2\mathrm{j}}$也是方程的解,且线性无关。应用欧拉公式将这两个解变换为三角函数,有

$$\frac{\mathrm{e}^{(\alpha+\mathrm{j}\beta)t}+\mathrm{e}^{(\alpha-\mathrm{j}\beta)t}}{2}=\frac{\mathrm{e}^{\alpha t}(\mathrm{e}^{\mathrm{j}\beta t}+\mathrm{e}^{-\mathrm{j}\beta t})}{2}=\mathrm{e}^{\alpha t}\cos\beta t$$

$$\frac{\mathrm{e}^{(\alpha+\mathrm{j}\beta)t}-\mathrm{e}^{(\alpha-\mathrm{j}\beta)t}}{2\mathrm{j}}=\frac{\mathrm{e}^{\alpha t}(\mathrm{e}^{\mathrm{j}\beta t}-\mathrm{e}^{-\mathrm{j}\beta t})}{2\mathrm{j}}=\mathrm{e}^{\alpha t}\sin\beta t$$

可见,$\mathrm{e}^{\alpha t}\cos\beta t$ 和 $\mathrm{e}^{\alpha t}\sin\beta t$ 是式(7-5-2)的两个线性无关的解,将它们线性组合成方程的通解。当特征根为 $s_{1,2}=\alpha\pm\mathrm{j}\beta$ 时,式(7-5-2)的通解可写为

$$\boxed{y(t)=k_1\mathrm{e}^{\alpha t}\cos\beta t+k_2\mathrm{e}^{\alpha t}\sin\beta t=k\mathrm{e}^{\alpha t}\cos(\beta t+\theta)} \quad (s_1\neq s_2,\text{且为复数}) \tag{7-5-7}$$

k_1、k_2(或 k、θ)由初始条件确定。

当 $s_1=s_2$ 时,$y_1=\mathrm{e}^{s_1 t}=\mathrm{e}^{s_2 t}$ 只是方程的一个解,还要寻找一个与 y_1 线性无关的解,$y_2=t\mathrm{e}^{s_1 t}$ 就是。因为将 $y_2=t\mathrm{e}^{s_1 t}$代入微分方程式(7-5-2)中,得

$$(s_1^2 t+2s_1)\mathrm{e}^{s_1 t}+a_1(s_1 t+1)\mathrm{e}^{s_1 t}+a_2 t\mathrm{e}^{s_1 t}=0$$

变化为

$$(s_1^2+a_1 s_1+a_2)t\mathrm{e}^{s_1 t}+(2s_1+a_1)\mathrm{e}^{s_1 t}=0 \tag{7-5-8}$$

因为 s_1 是特征根,所以式(7-5-8)中第 1 项系数 $s_1^2+a_1 s_1+a_2=0$,又因 s_1 是重根,由式(7-5-5)知$s_1=-\frac{a_1}{2}$,所以式(7-5-8)中第 2 项系数 $2s_1+a_1=0$,故式(7-5-8)成立,也就是说 $y_2=t\mathrm{e}^{s_1 t}$是方程的解。将 $y_1=\mathrm{e}^{s_1 t}$和 $y_2=t\mathrm{e}^{s_1 t}$线性组合得到式(7-5-2)的通解。当特征根为 $s_1=s_2$ 时,式(7-5-2)的通解为

$$\boxed{y(t)=k_1\mathrm{e}^{s_1t}+k_2t\mathrm{e}^{s_1t}=(k_1+k_2t)\mathrm{e}^{s_1t}}\quad (s_1=s_2,\text{且为实数}) \tag{7-5-9}$$

以上确定二阶常系数齐次线性微分方程通解的方法，适用于任意阶次的常系数齐次线性微分方程，其规律归纳如下。

常系数齐次线性微分方程的通解

特征方程的根		通解中的对应项
单重实根	$s_1=r$	$k\mathrm{e}^{rt}$
单重共轭复根	$s_{1,2}=\alpha\pm \mathrm{j}\beta$	$k_1\mathrm{e}^{\alpha t}\cos\beta t+k_2\mathrm{e}^{\alpha t}\sin\beta t=k\mathrm{e}^{\alpha t}\cos(\beta t+\theta)$
n 重实根	$s_{1,2,\cdots,n}=r$	$(k_1+k_2t+\cdots+k_nt^{n-1})\mathrm{e}^{rt}$
m 重共轭复根	$s_{1,2}=\alpha\pm \mathrm{j}\beta$	$\mathrm{e}^{\alpha t}(k_1+k_2t+\cdots+k_mt^{m-1})\cos\beta t$ $+\mathrm{e}^{\alpha t}(h_1+h_2t+\cdots+h_mt^{m-1})\sin\beta t$

通解=各项的线性组合

例 7-5-2 求解常系数齐次线性微分方程。(1) $\dfrac{\mathrm{d}u_C}{\mathrm{d}t}+5u_C=0, u_C(0_+)=10\ \mathrm{V}$；(2) $\dfrac{\mathrm{d}^2i_L}{\mathrm{d}t^2}+2\dfrac{\mathrm{d}i_L}{\mathrm{d}t}+i_L=0, i_L(0_+)=2, \left.\dfrac{\mathrm{d}i_L}{\mathrm{d}t}\right|_{t=0_+}=20\ \mathrm{A/s}$。

解：(1) 特征方程为 $s+5=0$，由此特征根 $s=-5$。通解形式为

$$u_C=k\mathrm{e}^{-5t}$$

将 $u(0_+)=10\ \mathrm{V}$ 代入，得 $k=10$。因此

$$u=10\mathrm{e}^{-5t}\ \mathrm{V}\quad (t>0)$$

(2) 特征方程为 $s^2+2s+1=0$，由此特征根 $s_1=s_2=-1$。通解形式为

$$i_L=(k_1+k_2t)\mathrm{e}^{-t}$$

将 $i_L(0_+)=2\ \mathrm{A}$、$\left.\dfrac{\mathrm{d}i_L}{\mathrm{d}t}\right|_{t=0_+}=20\ \mathrm{A/s}$ 代入，得

$$\begin{cases}k_1=2\\k_2-k_1=20\end{cases}$$

解得 $k_1=2$、$k_2=22$。因此

$$i_L=(2+22t)\mathrm{e}^{-t}\ \mathrm{A}\quad (t>0)$$

目标 4 检测：微分方程求解

测 7-19 求解微分方程：(1) $\dfrac{\mathrm{d}i_L}{\mathrm{d}t}+3i_L=0, i_L(0_+)=2\ \mathrm{A}$；(2) $\dfrac{\mathrm{d}^2u_C}{\mathrm{d}t^2}+2\dfrac{\mathrm{d}u_C}{\mathrm{d}t}+2u_C=0, u_C(0_+)=4\ \mathrm{V}$, $\left.\dfrac{\mathrm{d}u_C}{\mathrm{d}t}\right|_{t=0_+}=-12\ \mathrm{V/s}$。

答案：(1) $i_L=2\mathrm{e}^{-3t}\ \mathrm{A}$；(2) $u_C=\mathrm{e}^{-t}(4\cos t-8\sin t)\ \mathrm{V}$。

2. 常系数非齐次线性微分方程的解

设二阶常系数非齐次线性微分方程为

$$\frac{\mathrm{d}^2 y(t)}{\mathrm{d}t^2}+a_1\frac{\mathrm{d}y(t)}{\mathrm{d}t}+a_2 y(t)=f(t) \tag{7-5-10}$$

它的解为齐次方程的通解 $y_{\mathrm{h}}(t)$ 和非齐次方程的特解 $y_{\mathrm{p}}(t)$ 之和，即

$$\boxed{y(t)=y_{\mathrm{h}}(t)+y_{\mathrm{p}}(t)} \tag{7-5-11}$$

$y_{\mathrm{h}}(t)$ 的形式由特征根决定（如前所述），$y_{\mathrm{p}}(t)$ 的形式与 $f(t)$ 相关。下面仅讨论 $f(t)$ 为常数和正弦函数时 $y_{\mathrm{p}}(t)$ 的确定方法。

当 $f(t)$ 为常数，即 $f(t)=C$ 时，$y_{\mathrm{p}}(t)$ 也为常数，设为 $y_{\mathrm{p}}(t)=C_{\mathrm{p}}$，代入非齐次线性微分方程式(7-5-10)中，得

$$a_2 C_{\mathrm{p}}=C$$

由此

$$\boxed{y_{\mathrm{p}}(t)=C_{\mathrm{p}}=\frac{C}{a_2}} \tag{7-5-12}$$

当 $f(t)$ 为正弦函数，即 $f(t)=A\cos(\omega t+\theta)$ 时，$y_{\mathrm{p}}(t)$ 也为同频率的正弦函数，设为

$$\boxed{y_{\mathrm{p}}(t)=A_{\mathrm{p}}\cos(\omega t+\theta_{\mathrm{p}})} \tag{7-5-13}$$

代入非齐次线性微分方程式(7-5-10)中，得

$$\frac{\mathrm{d}^2}{\mathrm{d}t^2}[A_{\mathrm{p}}\cos(\omega t+\theta_{\mathrm{p}})]+a_1\frac{\mathrm{d}}{\mathrm{d}t}[A_{\mathrm{p}}\cos(\omega t+\theta_{\mathrm{p}})]+a_2 A_{\mathrm{p}}\cos(\omega t+\theta_{\mathrm{p}})=A\cos(\omega t+\theta)$$

由此解得 A_{p} 和 θ_{p}。

确定 $y_{\mathrm{p}}(t)$ 后，将初始条件代入 $y(t)=y_{\mathrm{h}}(t)+y_{\mathrm{p}}(t)$ 中，确定 $y_{\mathrm{h}}(t)$ 中的系数。

常系数非齐次线性微分方程的解

1. 常系数非齐次线性微分方程的解 = 齐次方程的通解 + 非齐次方程的特解；
2. 齐次方程的通解形式由齐次微分方程的特征根分布情况决定；
3. 非齐次方程的特解是适合于微分方程的一个解，与方程右边的函数形式相关；
4. 待定常数由初始条件确定。

例 7-5-3 求解常系数非齐次线性微分方程。(1) $\frac{\mathrm{d}u}{\mathrm{d}t}+20u=200$，$u(0_+)=4\ \mathrm{V}$；(2) $\frac{\mathrm{d}^2 i_L}{\mathrm{d}t^2}+3\frac{\mathrm{d}i_L}{\mathrm{d}t}+2i_L=6$，$i_L(0_+)=0$，$\left.\frac{\mathrm{d}i_L}{\mathrm{d}t}\right|_{t=0_+}=4\ \mathrm{A/s}$；(3) $\frac{\mathrm{d}u_C}{\mathrm{d}t}+4u_C=2\cos 2t$，$u_C(0_+)=0$。

解：(1) 特征方程为 $s+20=0$，特征根 $s=-20$，通解为 $u_{\mathrm{h}}=k\mathrm{e}^{-20t}$。易得特解 $u_{\mathrm{p}}=10$。微分方程的解为

$$u=u_{\mathrm{h}}+u_{\mathrm{p}}=k\mathrm{e}^{-20t}+10$$

将 $u(0_+)=4\ \mathrm{V}$ 代入其中，得 $k=-6$。因此

$$u=(10-6\mathrm{e}^{-20t})\ \mathrm{V}\quad(t>0)$$

(2) 特征方程为 $s^2+3s+2=0$，特征根 $s_1=-1$、$s_1=-2$，通解为 $i_{L\mathrm{h}}=k_1\mathrm{e}^{-t}+k_2\mathrm{e}^{-2t}$。易得特解 $i_{L\mathrm{p}}=3$。

微分方程的解为

$$i_L = i_{Lh} + i_{Lp} = k_1 e^{-t} + k_2 e^{-2t} + 3$$

将 $i_L(0_+) = 0$，$\left.\frac{di_L}{dt}\right|_{t=0_+} = 4$ A/s 代入其中，得

$$\begin{cases} k_1 + k_2 + 3 = 0 \\ -k_1 - 2k_2 = 4 \end{cases}$$

解得 $k_1 = -2$，$k_2 = -1$。因此

$$i_L = (-2e^{-t} - e^{-2t} + 3)\ \text{A} \quad (t>0)$$

（3）特征方程为 $s+4=0$，特征根 $s=-4$，通解为 $u_{Ch} = ke^{-4t}$。设特解 $u_{Cp} = A_p\cos(2t+\theta_p)$，将特解代入方程得

$$\frac{d}{dt}[A_p\cos(2t+\theta_p)] + 4A_p\cos(2t+\theta_p) = 2\cos 2t$$

化简得

$$-2A_p\sin(2t+\theta_p) + 4A_p\cos(2t+\theta_p) = 2\cos 2t$$

$$-2A_p(\sin 2t\cos\theta_p + \cos 2t\sin\theta_p) + 4A_p(\cos 2t\cos\theta_p - \sin 2t\sin\theta_p) = 2\cos 2t$$

$$(-2A_p\cos\theta_p - 4A_p\sin\theta_p)\sin 2t + (-2A_p\sin\theta_p + 4A_p\cos\theta_p)\cos 2t = 2\cos 2t$$

比较等号两边的系数，得

$$\begin{cases} -2A_p\cos\theta_p - 4A_p\sin\theta_p = 0 \\ -2A_p\sin\theta_p + 4A_p\cos\theta_p = 2 \end{cases}$$

由第 1 式得 $\tan\theta_p = -0.5$，$\theta_p = -26.6°$；再由第 2 式得 $A_p = 0.45$。因此

$$u_C = u_{Ch} + u_{Cp} = ke^{-4t} + 0.45\cos(2t - 26.6°)$$

将 $u(0_+) = 0$ 代入上式得，$k = -0.40$，因此

$$u_C = u_{Ch} + u_{Cp} = [-0.40e^{-4t} + 0.45\cos(2t - 26.6°)]\ \text{V}$$

目标 4 检测：微分方程求解

测 7-20 求解微分方程：（1）$4\frac{di_L}{dt} + 12i_L = 6$，$i_L(0_+) = 0$；（2）$2\frac{d^2u_C}{dt^2} + 6\frac{du_C}{dt} + 6u_C = 120$，$u_C(0_+) = -10$ V，$\left.\frac{du_C}{dt}\right|_{t=0_+} = 15$ V/s；（3）$\frac{du_C}{dt} + 10u_C = 20\sin 5t$，$u_C(0_+) = 0$。

答案：（1）$i_L = 0.5(1-e^{-3t})$ A；（2）$u_C = \left[45.8e^{-1.5t}\sin\left(\frac{\sqrt{3}}{2}t - 139.1°\right) + 20\right]$ V；（3）$u_C = [0.80e^{-10t} + 1.79\cos(5t - 26.6°)]$ V。

7.5.3 初始值

暂态过程的时域分析是一个建立微分方程、求解微分方程的过程。求解微分方程需要相应的初始值。对于 n 阶电路，若换路发生在 $t=0$ 时刻，初始值就是变量及其 1 ~ $(n-1)$ 阶导数在 $t=0_+$ 时刻的值。初始值不仅与换路后的电路结构、参数相关，还与储能元件在换路前已具有的

储能相关。

换路前，电路的储能用 $u_C(0_-)$、$i_L(0_-)$ 表征，$u_C(0_-)$、$i_L(0_-)$ 称为电路的原始状态（original state）。换路后，$u_C(0_+)$、$i_L(0_+)$ 表征了电路在 $t=0_+$ 时的储能，$u_C(0_+)$、$i_L(0_+)$ 称为电路的初始状态（initial state）。待求变量在 $t=0_+$ 时的值 $y(0_+)$ 称为变量的初始值。

7.5.4 换路规律

电路从原始状态变换到初始状态所遵循的规律称为换路规律。分为状态连续换路和状态跳变换路两种。状态连续换路时，$u_C(0_+)=u_C(0_-)$、$i_L(0_+)=i_L(0_-)$；状态跳变换路时，$u_C(0_+)\neq u_C(0_-)$、$i_L(0_+)\neq i_L(0_-)$。

1. 状态连续换路

在电容上没有冲激电流、电感上没有冲激电压的前提下，$u_C(0_+)=u_C(0_-)$，$i_L(0_+)=i_L(0_-)$，为状态连续换路。实际电路中，不会出现无限大的电压、电流，即不会出现冲激电压、冲激电流。因此，$u_C(0_+)=u_C(0_-)$、$i_L(0_+)=i_L(0_-)$ 通常是成立的，这个规律实质上是电容电压连续、电感电流连续的体现。

例 7-5-4 图 7-5-4(a)所示电路，若 $R_1=R_2=5\ \Omega$，$L=1\ \text{H}$，$C=1\ \text{F}$，$u_S=10\ \text{V}$，$u_C(0_-)=3\ \text{V}$。确定：(1) $u_C(0_+)$，$i_L(0_+)$；(2) $i_1(0_+)$，$i_2(0_+)$；(3) $u_C(\infty)$，$i_1(\infty)$，$i_2(\infty)$。

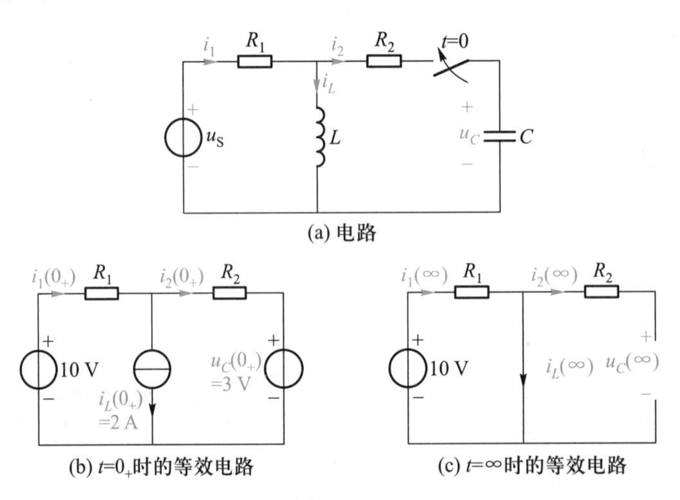

图 7-5-4

解：变量的初始值，由原始状态和 $t>0$ 时电路中的电源共同决定。必须先确定电路的原始状态，再确定初始状态，最后才能确定各变量的初始值。

(1) 确定电路的原始状态。$t=0_-$ 时电路已处于直流稳态，L 相当于短路，C 相当于开路。因此

$$i_L(0_-)=\frac{u_S}{R_1}=\frac{10}{5}\text{A}=2\ \text{A},\quad u_C(0_-)=3\ \text{V}\quad（已知条件）$$

(2) 确定电路的初始状态。$t=0$ 时，电感不会承受冲激电压，电容没有冲激电流，属于连续换路。因此

$$i_L(0_+)=i_L(0_-)=2\ \text{A},\quad u_C(0_+)=u_C(0_-)=3\ \text{V}$$

(3) 计算变量的初始值 $i_1(0_+)$、$i_2(0_+)$。利用 $t=0_+$时刻的 KCL、KVL 方程计算初始值。或利用替代定理,将电感用电流源替代、电容用电压源替代,得出 $t=0_+$时刻的等效电路,如图(b)所示,由等效电路计算初始值。两种方法均可得到以下方程

$$\begin{cases} i_1(0_+)=i_L(0_+)+i_2(0_+) & (\text{KCL}) \\ 10-u_C(0_+)=R_1 i_1(0_+)+R_2 i_2(0_+) & (\text{KVL}) \end{cases}$$

代入数值,解得

$$i_1(0_+)=1.7\ \text{A},\quad i_2(0_+)=-0.3\ \text{A}$$

(4) 计算稳态值。$t\to\infty$ 后,电路已处于新的直流稳态,电感相当于短路,电容相当于开路。依此得到 $t=\infty$ 时的等效电路,如图(c)所示。由等效电路得

$$i_1(\infty)=i_L(\infty)=\frac{10}{5}\ \text{A}=2\ \text{A},\quad i_2(\infty)=0,\quad u_C(\infty)=0$$

目标 4 检测:确定动态电路的初始值

测 7-21 测 7-21 图所示电路在开关闭合前处于稳态。(1)计算电路中的 $i(0_+)$、$i_C(0_+)$、$u_L(0_+)$;(2)计算稳态值 $i(\infty)$。

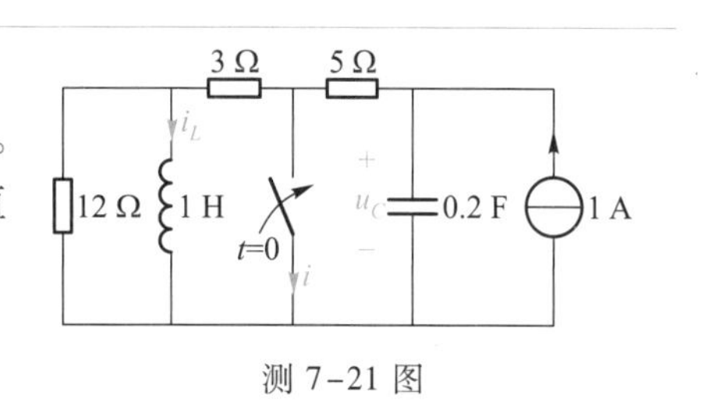

测 7-21 图

答案:(1) 0.8 A,-0.6 A,-2.4 V;(2) 1 A。

*2. 状态跳变换路

在实际电路变成电路模型的过程中,会忽略一些因素,如:忽略电源的内阻、忽略开关的接触电阻等因素,这会导致电路模型出现跳变换路。了解跳变换路情况,有利于分析工程问题中瞬态过电压和过电流产生的原因。

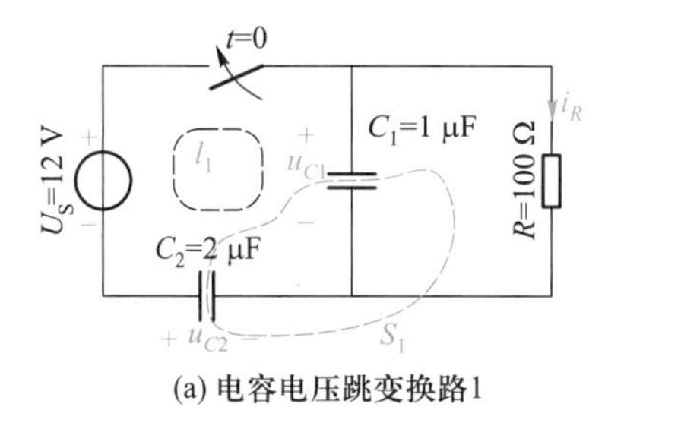

(a) 电容电压跳变换路1　(b) 电容电压跳变换路2

图 7-5-5 电容电压跳变换路

如图 7-5-5(a)所示,忽略电压源内阻、开关的接触电阻和接通时间,导致在开关闭合时出现跳变换路。换路前,u_{C1}、u_{C2}之间没有约束关系,且 $u_{C1}(0_-)=0$,$u_{C2}(0_-)=3$ V。但换路后,出现 $U_S=u_{C1}(0_+)-u_{C2}(0_+)$的 KVL 约束,$u_{C1}$、$u_{C2}$必须在 $t=0$ 跳变才能满足此 KVL 约束。因此,$t=0$ 时开关闭合,电容 C_1、C_2 承受冲激电流,$u_{C1}(0_+)\neq u_{C1}(0_-)$,$u_{C2}(0_+)\neq u_{C2}(0_-)$。

将图 7-5-5(a)中的电压源去掉,变成图(b)所示电路,$t=0$ 时开关闭合,仍然出现跳变换路。因为换路后,$u_{C1}(0_+)=u_{C2}(0_+)$,而换路前,$u_{C1}(0_-)=0$、$u_{C2}(0_-)=3$ V。图(b)所示电路换路,

实质上是电压不相等的电容并联。电容并联的本质就是：原来的电容电压没有约束关系，并联后要满足电压相等的 KVL 约束。图(b)所示电路与图(a)所示电路没有本质差别。

电容电压跳变换路的电路有明显的标志，那就是：因换路形成了仅由电容构成的回路(图 7-5-5(b)所示回路 l_2)，或因换路形成了仅由电容和独立电压源构成的回路(图 7-5-5(a)所示回路 l_1)。这两种回路统称为纯电容回路。若换路不形成纯电容回路，则属于连续换路。

电容电压跳变换路的电路标志

电路通过换路，形成了仅由电容构成的纯电容回路，或形成了仅由电容和独立电压源构成的纯电容回路。

确定电路为跳变换路后，如何计算电路的初始状态呢？对于图 7-5-5 所示电路，$u_{C1}(0_+)$、$u_{C2}(0_+)$为电路的初始状态。虽然 u_{C1} 从 $u_{C1}(0_-)$跳变到 $u_{C1}(0_+)$，但是 $u_{C1}(0)\neq\infty$，因此 $i_R(0)=\dfrac{u_{C1}(0)}{R}\neq\infty$。$i_R(0)\neq\infty$ 使得在 $t=(0_-,0_+)$期间通过 R 的电荷 $\int_{0_-}^{0_+}i_R(0)\,\mathrm{d}t=0$，这说明闭合面 S_1、S_2 内的总电荷在 $t=(0_-,0_+)$守恒。因此，可以通过纯电容回路的 KVL 方程、电容电荷守恒方程来确定 $u_{C1}(0_+)$、$u_{C2}(0_+)$。

对图 7-5-5(a)所示电路，纯电容回路的 KVL 方程、电容电荷守恒方程为

$$\begin{cases}U_S=u_{C1}(0_+)-u_{C2}(0_+) & \text{(KVL 方程)}\\ C_1u_{C1}(0_-)+C_2u_{C2}(0_-)=C_1u_{C1}(0_+)+C_2u_{C2}(0_+) & \text{(电荷守恒方程)}\end{cases}$$

代入参数解得

$$u_{C1}(0_+)=10\ \text{V},\quad u_{C2}(0_+)=-2\ \text{V}$$

电荷守恒方程中，因为闭合面 S_1 包围的电容极板极性相同，因此电容电荷相加。

对图 7-5-5(b)所示电路，纯电容回路的 KVL 方程、电容电荷守恒方程为

$$\begin{cases}u_{C1}(0_+)=u_{C2}(0_+)\\ C_1u_{C1}(0_-)+C_2u_{C2}(0_-)=C_1u_{C1}(0_+)+C_2u_{C2}(0_+)\end{cases}$$

代入参数解得

$$u_{C1}(0_+)=u_{C2}(0_+)=2\ \text{V}$$

图 7-5-5(a)所示电路，虽然有 C_1、C_2 两个储能元件，且它们不构成串联、并联关系，但换路后，u_{C1}、u_{C2}的电压要满足一个 KVL 方程，只有一个是独立变量，因此，该电路是一阶电路。由

$$\begin{cases}U_S=u_{C1}-u_{C2}\\ C_2\dfrac{\mathrm{d}u_{C2}}{\mathrm{d}t}+C_1\dfrac{\mathrm{d}u_{C1}}{\mathrm{d}t}+\dfrac{u_{C1}}{R}=0\end{cases}$$

得到电路的微分方程，分别为

$$3\times10^{-4}\frac{\mathrm{d}u_{C1}}{\mathrm{d}t}+u_{C1}=0,\quad 3\times10^{-4}\frac{\mathrm{d}u_{C2}}{\mathrm{d}t}+u_{C2}=-12$$

均为一阶微分方程。而图 7-5-5(b)所示电路，换路后 C_1、C_2 并联为一个电容，显然是一阶电路。

电容电压跳变换路时的初始状态计算

1. 电路通过换路,形成了仅由电容构成的纯电容回路,或仅由电容和独立电压源构成的纯电容回路,则电容的电压在换路瞬间发生跳变,电容在换路瞬间承受冲激电流。
2. 电路的初始状态由换路形成的纯电容回路的 KVL 方程、换路瞬间的电荷守恒方程一起确定。

目标 4 检测:确定动态电路的初始值

测 7-22 测 7-22 图所示电路在开关投向左边前处于稳态,$t=0$ 时开关投向左边。计算:(1)$u_1(0_-)$、$u_2(0_-)$;(2)$u_1(0_+)$、$u_2(0_+)$。

答案:(1) $u_1(0_-)=10$ V,$u_2(0_-)=0$;(2) $u_1(0_+)=4$ V,$u_2(0_+)=9$ V。

测 7-23 对测 7-23 图所示电路在开关投向左边前处于稳态,且 $u_3(0_-)=0$,$t=0$ 时开关投向左边。计算 $u_1(0_+)$、$u_2(0_+)$、$u_3(0_+)$。提示:列写 2 个电荷守恒方程。

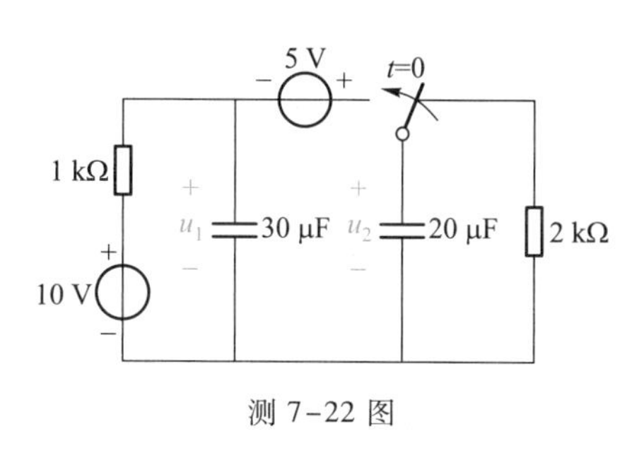

测 7-22 图

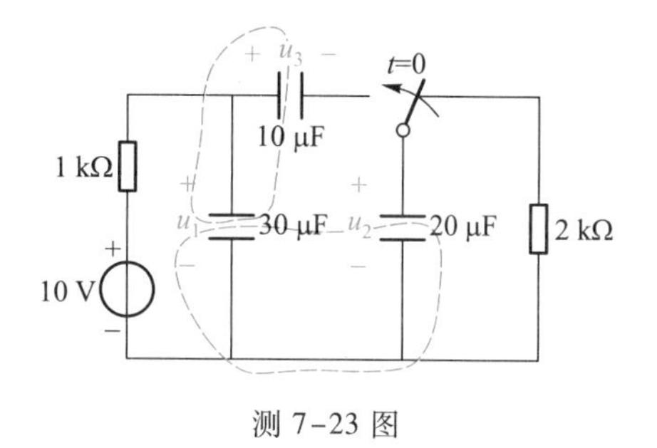

测 7-23 图

答案:$u_1(0_+)=\dfrac{90}{11}$ V,$u_2(0_+)=\dfrac{30}{11}$ V,$u_3(0_+)=\dfrac{60}{11}$ V。

下面分析电感电流的跳变换路。将电流源内阻视为无穷大,导致在开关闭合时出现跳变换路。

如图 7-5-6(a)所示,电路换路前 $t=0_-$ 的稳态电路如图(b)所示,显然有 $i_{L1}(0_-)=i_{L2}(0_-)$。用结点分析法求 $i_{L1}(0_-)$。结点方程为

$$\left(\frac{1}{R_1}+\frac{1}{R_2}+\frac{1}{R_3}\right)R_1 i_{L1}(0_-)=I_S+\frac{U_S}{R_3}$$

代入参数得

$$\left(\frac{1}{4}+\frac{1}{4}+\frac{1}{4}\right)4i_{L1}(0_-)=2+\frac{16}{6}$$

解得

$$i_{L1}(0_-)=i_{L2}(0_-)=1.75\ \text{A}$$

图 7-5-6(a)所示电路换路后，由闭合面 S_1 形成新的 KCL 方程，即 $i_{L1}(0_+)+i_{L2}(0_+)=I_S$，显然 i_{L1}、i_{L2} 在 $t=0$ 时跳变，否则 $i_{L1}(0_+)+i_{L2}(0_-)=I_S$ 不成立。

图 7-5-6(c)所示电路，换路前，$i_{L1}(0_-)=i_{L2}(0_-)=1$ A。换路后，由闭合面 S_2 形成新的 KCL 方程，即 $i_{L1}(0_+)+i_{L2}(0_+)=0$，显然 i_{L1}、i_{L2} 在 $t=0$ 时跳变。

上述闭合面 S_1、S_2 的 KCL 方程，为广义结点的 KCL 方程。这里，S_2 相交的支路全部为电感，称为纯电感广义结点，S_1 相交的支路全部为电感和独立电流源，亦称为纯电感广义结点。

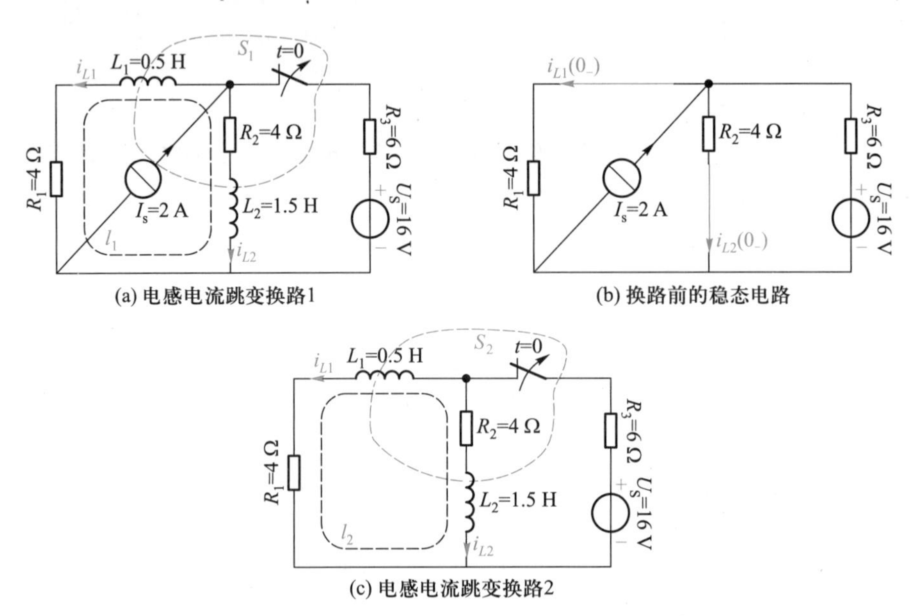

图 7-5-6　电感电流跳变换路

> **电感电流跳变换路的电路标志**
>
> 电路通过换路，形成了仅由电感构成的纯电感广义结点（或结点），或形成了仅由电感和独立电流源构成的纯电感广义结点（或结点）。

确定电路为跳变换路后，再来计算电路的初始状态。图 7-5-6(a)所示电路中，$i_{L1}(0_+)$、$i_{L2}(0_+)$要满足纯电感广义结点的 KCL 方程，即

$$i_{L1}(0_+)+i_{L2}(0_+)=I_S$$

除此之外，在包含 L_1、L_2 的回路 l_1 中，L_1、L_2 的磁链在 $t=(0_-,0_+)$守恒，即

$$L_1 i_{L1}(0_+)-L_2 i_{L2}(0_+)=L_1 i_{L1}(0_-)-L_2 i_{L2}(0_-)$$

代入数据，得

$$\begin{cases} i_{L1}(0_+)+i_{L2}(0_+)=2 \\ 0.5 i_{L1}(0_+)-1.5 i_{L2}(0_+)=0.5\times1.75-1.5\times1.75 \end{cases}$$

解得

$$i_{L1}(0_+)=0.625\ \text{A},\quad i_{L2}(0_+)=1.375\ \text{A}$$

l_1 回路的磁链守恒方程中磁链相减，是因为 i_{L1}、i_{L2} 和回路 l_1 的方向关系不同。

对图 7-5-6(c)所示电路，纯电感广义结点的 KCL 方程、回路 l_2 的磁链守恒方程为

$$\begin{cases} i_{L1}(0_+)+i_{L2}(0_+)=0 \\ L_1 i_{L1}(0_+)-L_2 i_{L2}(0_+)=L_1 i_{L1}(0_-)-L_2 i_{L2}(0_-) \end{cases}$$

代入数据,得

$$\begin{cases} i_{L1}(0_+)+i_{L2}(0_+)=0 \\ 0.5 i_{L1}(0_+)-1.5 i_{L2}(0_+)=0.5\times1-1.5\times1 \end{cases}$$

解得

$$i_{L1}(0_+)=-0.5\ \text{A},\quad i_{L2}(0_+)=0.5\ \text{A}$$

图 7-5-6(a)所示电路,L_1、L_2 不构成串联、并联关系,但换路后 i_{L1}、i_{L2} 要满足一个 KCL 方程,只有一个是独立变量,因此为一阶电路。图 7-5-6(c)所示电路,换路后 L_1、L_2 串联,是一阶电路。

电感电流跳变换路时初始状态计算

1. 电路通过换路,形成了仅由电感构成的纯电感广义结点(或结点),或形成了仅由电感和独立电流源构成的纯电感广义结点(或结点),则电感的电流在换路瞬间发生跳变,电感在换路瞬间承受冲激电压。
2. 电路的初始状态由换路形成的纯电感广义结点(或结点)的 KCL 方程、换路瞬间的磁通链守恒方程一起确定。

目标 4 检测:确定动态电路的初始值

测 7-24 测 7-24 图所示电路在开关打开前处于稳态,$t=0$ 时开关打开。计算:(1) $i_1(0_-)$、$i_2(0_-)$;(2) $i_1(0_+)$、$i_2(0_+)$。

答案:(1) $i_1(0_-)=0, i_2(0_-)=-1$ A;(2) $i_1(0_+)=-\frac{3}{4}$ A, $i_2(0_+)=-\frac{5}{4}$ A。

测 7-25 测 7-25 图所示电路在开关打开前处于稳态,$t=0$ 时开关打开。计算:(1) $i_1(0_-)$、$i_2(0_-)$、$i_3(0_-)$;(2) $i_1(0_+)$、$i_2(0_+)$、$i_3(0_+)$。提示:列写 2 个磁链守恒方程。

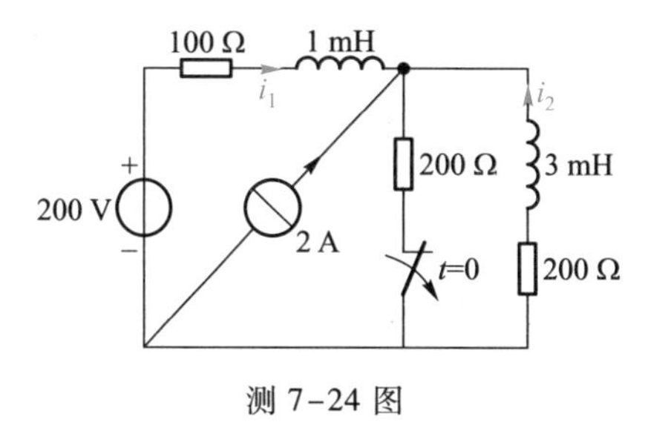

测 7-24 图

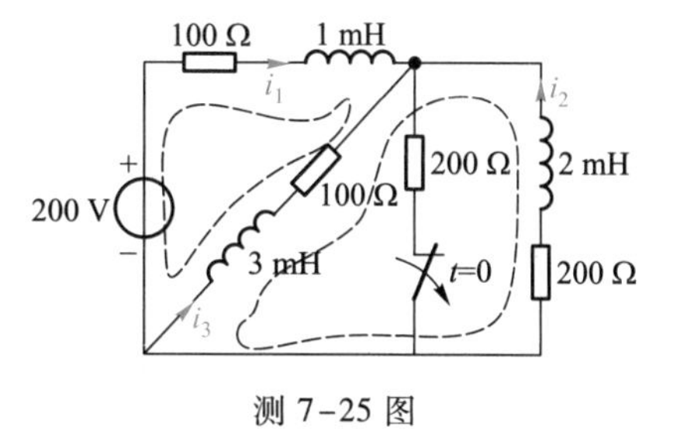

测 7-25 图

答案:(1) $i_1(0_-)=\frac{4}{3}$ A, $i_2(0_-)=-\frac{1}{3}$ A, $i_3(0_-)=-\frac{2}{3}$ A;(2) $i_1(0_+)=\frac{38}{33}$ A, $i_2(0_+)=-\frac{14}{33}$ A, $i_3(0_+)=-\frac{24}{33}$ A。

7.5.5 暂态过程计算

前面已论述了如何建立微分方程、如何确定变量的初始值、如何求解常系数线性微分方程。下面通过2个例题来阐述暂态分析的总体思路。

暂态过程时域分析法步骤

建立微分方程，计算初始值，求解微分方程。

例7-5-5 图7-5-7所示电路，开关闭合前处于稳态，$t=0$ 时开关闭合，求 i_L 的变化规律。

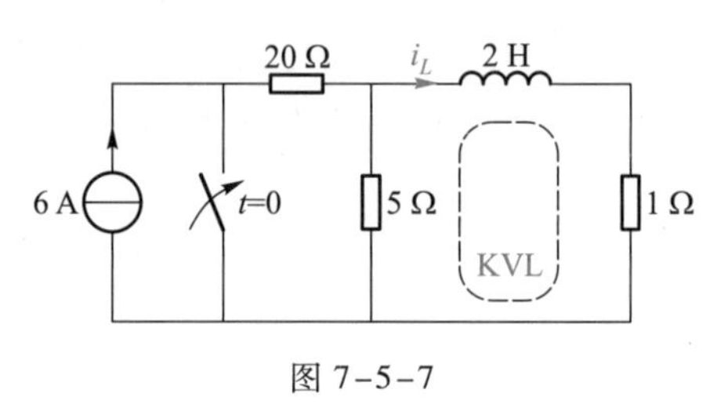

图7-5-7

解：首先建立微分方程，然后确定所需初始条件，最后求解微分方程。

(1) 建立微分方程。$t>0$ 时，网孔的KVL方程为

$$2\frac{\mathrm{d}i_L}{\mathrm{d}t}+1\times i_L+\frac{5\times20}{5+20}\times i_L=0$$

得到微分方程

$$2\frac{\mathrm{d}i_L}{\mathrm{d}t}+5i_L=0$$

该电路为一阶电路。

(2) 计算初始值 $i_L(0_+)$。先由电路的原始状态确定电路的初始状态，最后得到待求变量的初始值。电路的原始状态由换路前的稳态电路确定，即

$$i_L(0_-)=\frac{5}{1+5}\times6\ \text{A}=5\ \text{A}$$

换路没有形成纯电感广义结点，电路为连续换路，初始状态为

$$i_L(0_+)=i_L(0_-)=5\ \text{A}$$

本例以 i_L 为待求量，变量初始值即是初始状态值。

(3) 求解微分方程。微分方程的特征根为 $s=-2.5$，通解为 $i_{Lh}=k\mathrm{e}^{-2.5t}$。特解为0。因此

$$i_L=k\mathrm{e}^{-2.5t}$$

代入初始条件确定积分常数。显然，$i_L(0_+)=k=5$，因此

$$i_L=5\mathrm{e}^{-2.5t}\ \text{A}\quad(t>0)$$

目标4检测：掌握暂态过程的计算思路

测7-26 测7-26图所示电路，$t=0$ 时开关闭合。求 i_L 的变化规律。

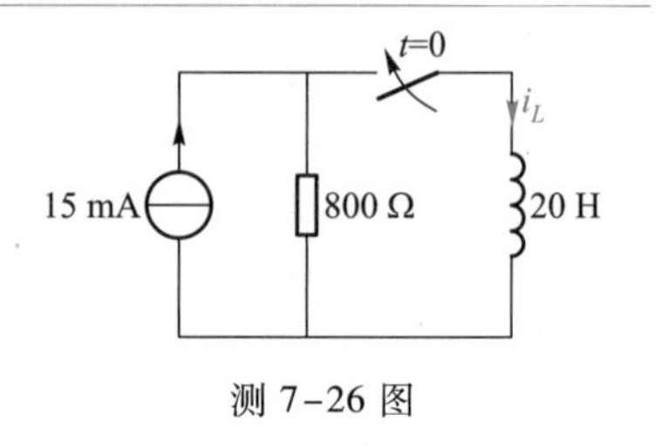

测7-26图

答案：$i_L=(-15\mathrm{e}^{-40t}+15)$ mA　($t>0$)。

例 7-5-6 图 7-5-8(a)所示电路,开关打开前处于稳态,$t=0$ 时开关打开,对 $t>0$,计算 u_C。

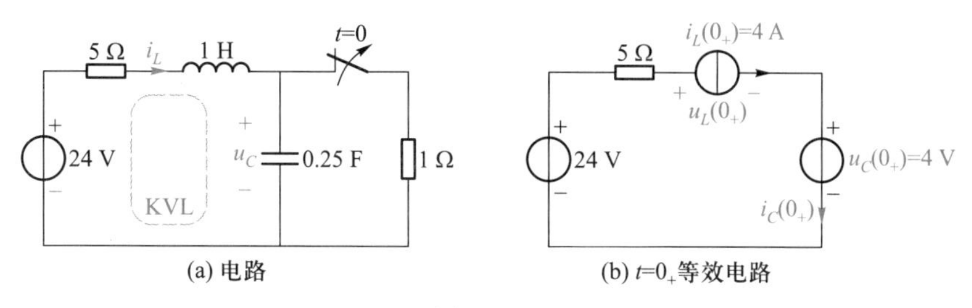

(a) 电路　　(b) $t=0_+$ 等效电路

图 7-5-8

解:首先建立微分方程,然后确定所需初始条件,最后求解微分方程。

(1) 建立微分方程。$t>0$ 后,图(a)中 $i_L=0.25\dfrac{\mathrm{d}u_C}{\mathrm{d}t}$,列写左边网孔的 KVL 方程

$$5\times0.25\frac{\mathrm{d}u_C}{\mathrm{d}t}+1\times\frac{\mathrm{d}}{\mathrm{d}t}\left(0.25\frac{\mathrm{d}u_C}{\mathrm{d}t}\right)+u_C=24\quad(t>0)$$

得

$$\frac{\mathrm{d}^2u_C}{\mathrm{d}t^2}+5\frac{\mathrm{d}u_C}{\mathrm{d}t}+4u_C=96\quad(t>0)$$

此电路为二阶电路。

(2) 计算初始值。原始状态为

$$u_C(0_-)=\frac{1}{5+1}\times24\ \mathrm{V}=4\ \mathrm{V},\quad i_L(0_-)=\frac{24}{5+1}\ \mathrm{A}=4\ \mathrm{A}$$

换路没有形成纯电感结点和纯电容回路,电路为连续换路。因此,初始状态为

$$u_C(0_+)=u_C(0_-)=4\ \mathrm{V},\quad i_L(0_+)=i_L(0_-)=4\ \mathrm{A}$$

还需确定$\left.\dfrac{\mathrm{d}u_C}{\mathrm{d}t}\right|_{0_+}$。根据电容的 $u-i$ 关系,有$\dfrac{\mathrm{d}u_C}{\mathrm{d}t}=\dfrac{1}{C}i_C$,因此,$\left.\dfrac{\mathrm{d}u_C}{\mathrm{d}t}\right|_{0_+}=\dfrac{1}{C}i_C(0_+)$。$i_C(0_+)$由图(b)所示等效电路确定,不难得到 $i_C(0_+)=4\ \mathrm{A}$。故$\left.\dfrac{\mathrm{d}u_C}{\mathrm{d}t}\right|_{0_+}=\dfrac{4}{0.25}\ \mathrm{V/s}=16\ \mathrm{V/s}$。

若要求$\left.\dfrac{\mathrm{d}i_L}{\mathrm{d}t}\right|_{0_+}$,必须先确定 $u_L(0_+)$。由图(b)所示等效电路得

$$u_L(0_+)=(-5\times4+24-4)\ \mathrm{V}=0$$

故$\left.\dfrac{\mathrm{d}i_L}{\mathrm{d}t}\right|_{0_+}=\dfrac{1}{L}u_L(0_+)=\dfrac{0}{1}\mathrm{A/s}=0\ \mathrm{A/s}$。

(3) 求解微分方程。特征方程为 $s^2+5s+4=0$,特征根 $s_1=-1$,$s_2=-4$。方程的通解 $u_{Ch}=k_1\mathrm{e}^{-t}+k_2\mathrm{e}^{-4t}$。方程的特解 $u_{Cp}=24\ \mathrm{V}$。故

$$u_C=u_{Ch}+u_{Cp}=(k_1\mathrm{e}^{-t}+k_2\mathrm{e}^{-4t})+24$$

代入初始值确定 k_1、k_2,有

$$\begin{cases}u_C(0_+)=(k_1+k_2)+24=4\\ \left.\dfrac{\mathrm{d}u_C}{\mathrm{d}t}\right|_{0_+}=(-k_1\mathrm{e}^{-t}-4k_2\mathrm{e}^{-4t})\big|_{t=0_+}=-k_1-4k_2=16\end{cases}$$

解得 $k_1=-\frac{64}{3}$，$k_2=\frac{4}{3}$。所以

$$u_C=\left(-\frac{64}{3}e^{-t}+\frac{4}{3}e^{-4t}+24\right)\ \text{V}\quad (t>0)$$

目标4检测：掌握暂态过程的计算思路

测7-27　测7-27图所示电路，已知 $u_C(0_-)=0$，$i_L(0_-)=0$，$t=0$ 时开关闭合。求 i_L 的变化规律。

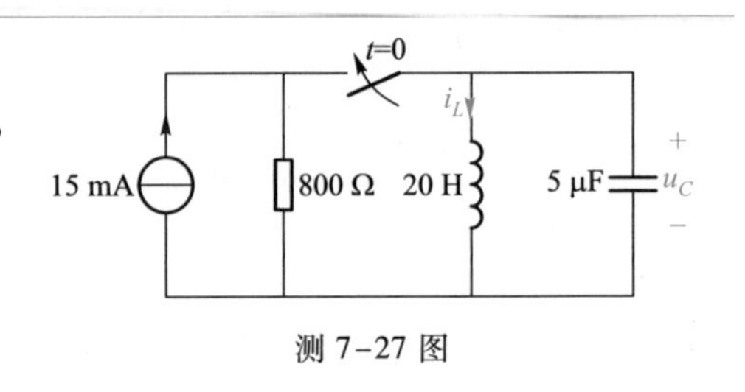

测7-27图

答案：$i_L=(-20e^{-50t}+5e^{-200t}+15)$ mA　$(t>0)$。

7.6 拓展与应用

电阻、电容既可以是分立的电子器件，也可以在集成芯片中实现，电感因体积较大而只能制成分立器件。电阻、电容广泛出现在各类电路中，相对而言，电感的应用不如电容广泛。电容、电感、耦合电感的应用主要体现在以下4个方面。

(1) 利用电容、电感的储能性质。储存一定能量的电容、电感可以在短时释放储能，电容短时释放储能可以获得短时大电流，电感短时释放储能可以获得短时高电压。

(2) 利用电容电压连续、电感电流连续性质。电容电压连续性可以限制电压的尖峰，电感电流连续性可以抑制电流的尖峰。

(3) 利用电容、电感对不同频率正弦信号作用的差异性质。电容、电感对不同频率正弦信号作用的差异性，能实现对信号频率的选择，构成滤波电路。

(4) 磁场耦合应用于电能传输。电路通过电流通路实现电能传输，而磁场耦合通过磁介质（如空气）实现电能传输。广泛应用于电力系统、电子设备中的变压器是利用磁场耦合传输电能的典型应用。

以上这些方面的应用将在后面的内容中陆续涉及，在此仅介绍用电阻、电容、运算放大器实现积分运算、微分运算。

7.6.1 积分运算电路

图7-6-1为积分电路，它实现对输入信号的积分运算。图中运算放大器工作在线性区，由虚短路得

$$u_n=u_p=0$$

结合虚断路，在反相输入端应用KCL，得

$$\frac{u_i-u_n}{R}+C\frac{d(u_o-u_n)}{dt}=0$$

将 $u_n=0$ 代入并解得

$$u_o=-\frac{1}{RC}\int_{-\infty}^{t}u_i\,\mathrm{d}t \tag{7-6-1}$$

实际应用时,图 7-6-1 所示积分电路存在饱和问题。如果输入电压是直流电压,则积分的累计效应终会使运算放大器饱和,因此,输入电压中不能含有直流分量。例如,在 $t=0$ 时加上 $u_i=U_0+U_1\cos\omega t$,且 $u_0(0_-)=0$,应用叠加定理,当 U_0 单独作用时,有

$$u_o=-\frac{1}{RC}\int_0^t U_0\,\mathrm{d}t=-\frac{U_0}{RC}t$$

随着 t 的增长,无论 U_0 多么小,u_o 总会达到 $-U_{CC}$,运算放大器饱和。而当 $U_1\cos\omega t$ 单独作用时,有

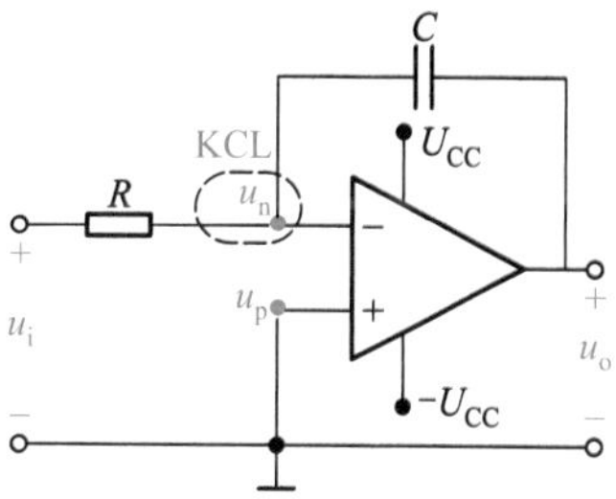

图 7-6-1　积分电路

$$u_o=-\frac{1}{RC}\int_0^t U_1\cos\omega t\,\mathrm{d}t=-\frac{U_1}{RC\omega}\sin\omega t$$

只要控制好电路的增益,运算放大器就不会饱和。

7.6.2　微分运算电路

图 7-6-2 为微分电路,它实现对输入信号的微分运算。图中运算放大器工作在线性区,由虚短路得

$$u_n=u_p=0$$

结合虚断路,在反相输入端应用 KCL,得

$$C\frac{\mathrm{d}(u_i-u_n)}{\mathrm{d}t}+\frac{u_o-u_n}{R}=0$$

将 $u_n=0$ 代入并解得

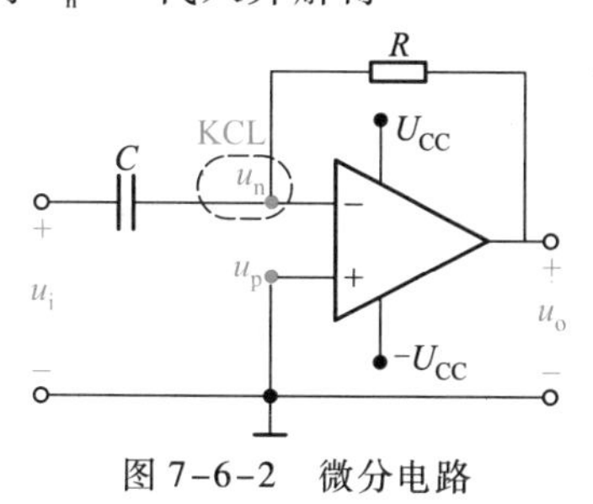

图 7-6-2　微分电路

$$u_o=-RC\frac{\mathrm{d}u_i}{\mathrm{d}t} \tag{7-6-2}$$

图 7-6-2 所示微分电路中的运算放大器很难稳定工作在线性区。当输入端存在噪声(输入波形上的小毛刺)时,噪声的幅值可能不大,但其变化率足够大,能使 $\frac{\mathrm{d}u_i}{\mathrm{d}t}$ 大到让运算放大器饱和。因此,图 7-6-2 所示微分电路没有实用价值。

习题 7

广义函数(7.2 节)

7-1　将下列分段函数表示为广义函数。

$$f_1(t)=\begin{cases}0, & t<0\\ -4, & t>0\end{cases},\quad f_2(t)=\begin{cases}0, & t<1\\ 5, & 1<t<3\\ -3, & 3<t<5\\ 0, & t>5\end{cases},\quad f_2(t)=\begin{cases}0, & t<1\\ 2-t, & 1<t<3\\ -4+t, & 3<t<5\\ 1, & t>5\end{cases}。$$

7-2 对下列广义函数:(1)画出波形;(2)计算一阶导数;(3)计算$(-\infty,t)$内的积分。

$f_1(t)=e^{-t}\varepsilon(t)$, $f_2(t)=\varepsilon(t)+\varepsilon(t-1)-2\varepsilon(t-2)$, $f_3(t)=\sin t[\varepsilon(t)-\varepsilon(t-1)]$。

7-3 (1)写出题7-3图所示波形的广义函数;(2)用作图方式画出各波形的一阶导数波形;(3)用作图方式画出各波形在$(-\infty,t)$区间的积分波形。

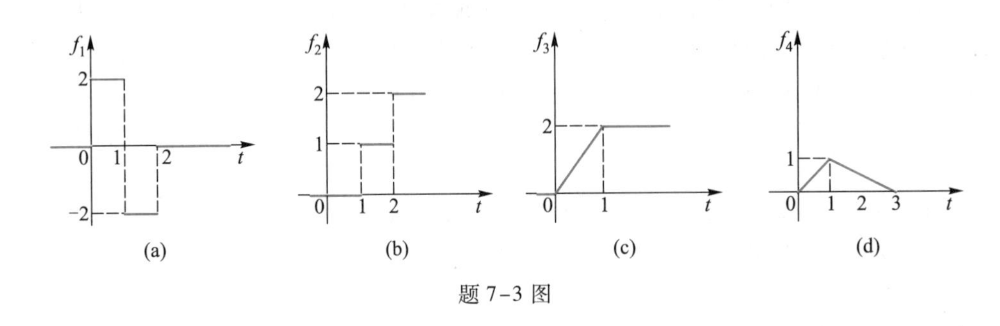

题7-3图

7-4 计算下列积分

$$f_1(t)=\int_{-\infty}^{\infty}2t\delta(t-1)\,dt,\quad f_2(t)=\int_{-\infty}^{\infty}2e^{-2t}\delta(t-2)\,dt,$$

$$f_3(t)=\int_{-\infty}^{\infty}(2e^{-2t}\sin t)\delta(t-2)\,dt。$$

电容(7.3节)

7-5 一个2 μF的电容的电压为$4te^{-2t}$ V,确定电容的电流和储能。

7-6 用$0.4e^{-0.1t}\varepsilon(t)$ A的电流对一个4 mF、没有储能的电容充电,在0~10 s时间内,电容储存了多少能量?

7-7 一个20 mF、已充电到100 V的电容,将它放电到40 V。(1)电容释放的能量是多少?(2)假定放电在10 s内完成,计算放电的平均功率和平均电流。

7-8 若1 F线性非时变电容的电压如题7-3图中$f_3(t)$所示,求关联参考方向下的电容电流,并画出波形。电压、电流和时间均取国际单位。

7-9 若题7-3图中$f_3(t)$是1 F、$u(0_-)=1$ V的电容的电流,求关联参考方向下的电容电压,并画出波形。电压、电流和时间均取国际单位。

7-10 题7-10图(a)所示电路中,$u_C(0_-)=0$,i_C的波形如图(b)所示。分别求$t=1$ s、$t=2$ s、$t=3$ s时电容的储能。

7-11 1 μF电容的电流如题7-11图所示,当电容电压从0升至10 V时,电容电流共出现了多少个脉冲?请画出u_C的波形。

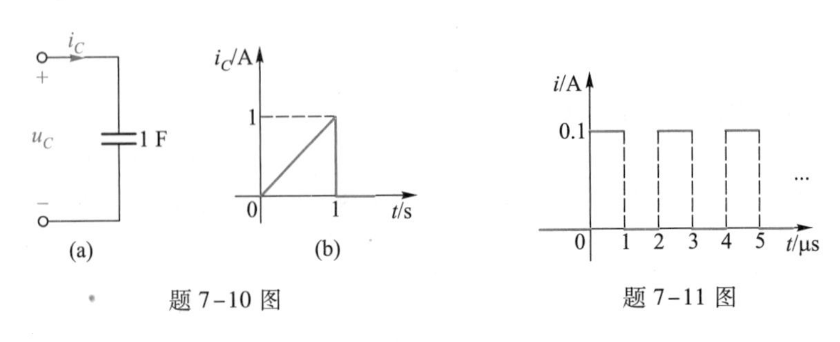

题7-10图　　题7-11图

7-12 求题 7-12 图所示电路的端口等效电容。

7-13 求题 7-13 图所示电路的端口等效电容。

7-14 求题 7-14 图所示电路中各电容的储能。

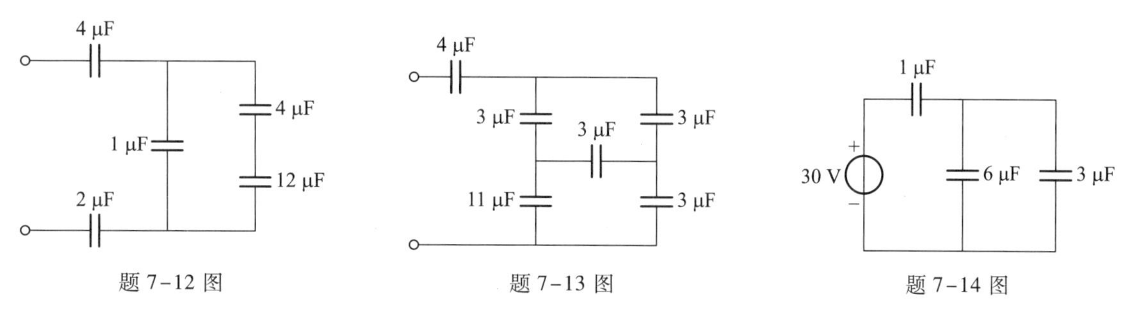

题 7-12 图　　题 7-13 图　　题 7-14 图

7-15 电路如题 7-15 图所示。(1)求端口等效电容;(2)若 $u=10(1-e^{-0.5t})\varepsilon(t)$ V,$u_1(0_-)=0$、$u_2(0_-)=0$、$u_3(0_-)=0$,求 $u_1(t)$、$u_2(t)$、$u_3(t)$;(3)在(2)的条件下,求 $i(t)$、$i_1(t)$、$i_2(t)$。

7-16 现有 10 μF、耐压值为 300 V 的电容若干,请设计一电容器组,其电容量为 40 μF、耐压值为 600 V,画出电路。

7-17 题 7-17 图所示电路在开关闭合前处于稳态,且 $u_1(0_-)=3$ V、$u_2(0_-)=9$ V。计算:(1)$u_1(0_+)$、$u_2(0_+)$;(2)电路在 $t=0_+$时的储能;(3)电容串联后的等效电容量、等效电容的初始电压、等效电容在 $t=0_+$时的储能;(4)电阻在 $t=0$ 到 $t=\infty$ 期间消耗的能量;(5)电路在 $t=\infty$ 时的储能;(6)$u_1(\infty)$、$u_2(\infty)$。

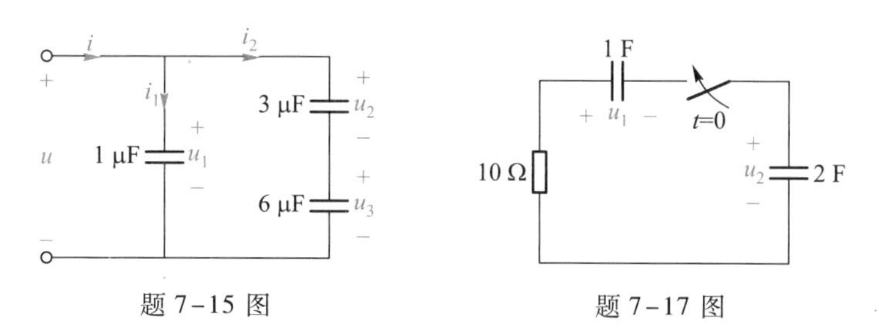

题 7-15 图　　题 7-17 图

*7-18 题 7-18 图所示各电路在开关闭合前处于稳态,且 $u_1(0_-)=5$ V、$u_2(0_-)=2$ V。(1)计算每个电路的$u_1(0_+)$、$u_2(0_+)$;(2)对 3 个电路进行对比,解释为什么在结果上有差异;(3)为什么要指定 $u_1(0_-)$、$u_2(0_-)$的值?

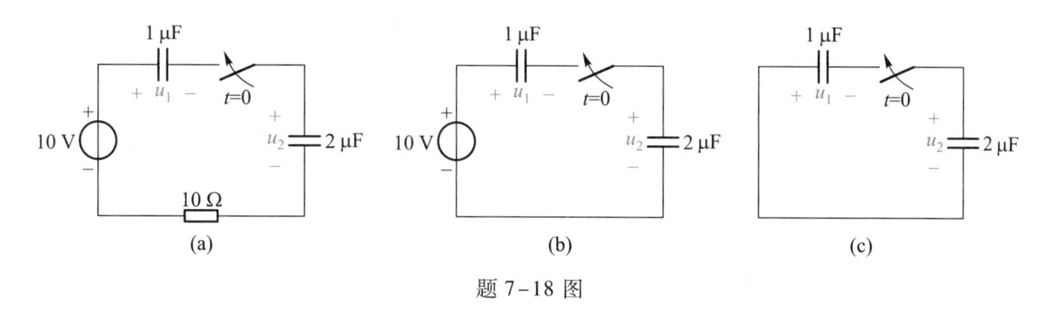

题 7-18 图

*7-19 题 7-19 图所示各电路在开关闭合前处于稳态,且 $u_2(0_-)=2$ V。(1)计算每个电路的

$u_1(0_+)$、$u_2(0_+)$；(2) 对 2 个电路进行对比，解释在结果上有差异的原因。

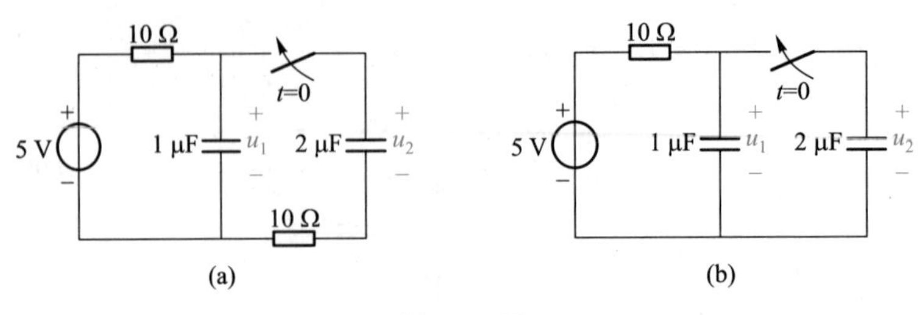

题 7-19 图

*7-20 题 7-20 图所示各电路在开关闭合前处于稳态，且 $u_2(0_-)=5$ V。计算每个电路的 $u_1(0_+)$、$u_2(0_+)$。

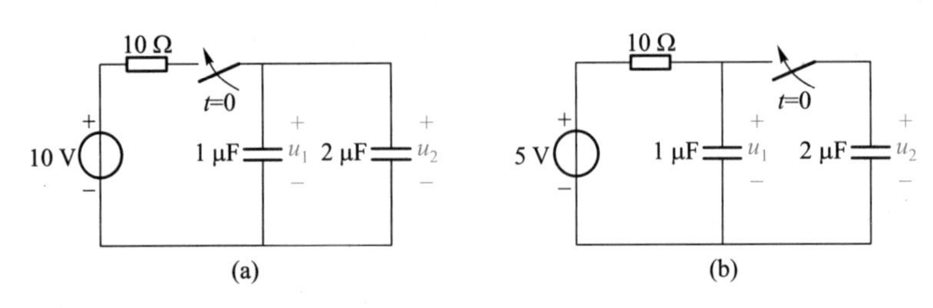

题 7-20 图

电感（7.4 节）

7-21 电感量 $L=2$ mH 的电感，电压 u_L 与电流 i_L 为关联方向，i_L 为下列函数时，确定 u_L。(1) $i_L=3$ A；(2) $i_L=\varepsilon(t)$ A；(3) $i_L=\mathrm{e}^{-10t}\varepsilon(t)$ A；(4) $i_L=(2\sin t)\varepsilon(t)$ A。

7-22 电感量 $L=200$ mH、$i_L(0_-)=1$ A 的电感，电压 $u_L=10\mathrm{e}^{-10t}\varepsilon(t)$ V 且与 i_L 为关联方向。确定 i_L 和 $t=0.1$ s 时电感的储能。

7-23 题 7-23 图所示电压脉冲加在 $L=200$ mH 电感上，电感电流 $i_L(0_-)=0$。请问多少个脉冲后电感的电流为达到 5 A？

7-24 一个 0.4 H 的电感，电流由 1 A 下降到 0.2 A。(1) 电感释放了多少能量？(2) 若电流为线性下降，经历时间为 1 ms，电感的电压为多少？

7-25 计算题 7-25 图中电容、电感的储能。

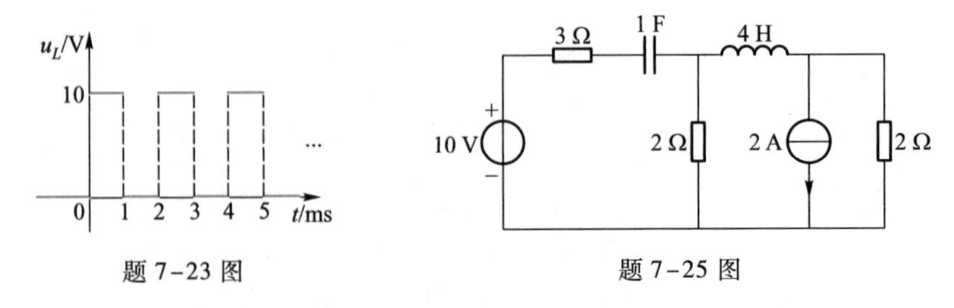

题 7-23 图　　题 7-25 图

7-26 计算题 7-26 图中电容、电感的储能。

7-27 计算题 7-27 图所示电路的等效电感。

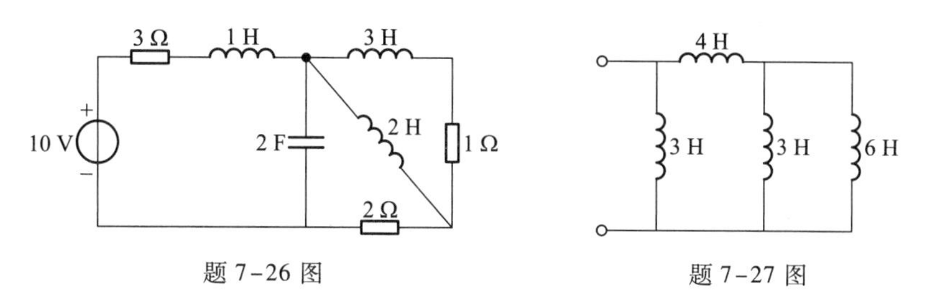

题 7-26 图　　题 7-27 图

7-28 计算题 7-28 图所示电路的等效电感。

7-29 题 7-29 图所示电路中，各电感初始电流为零。(1) 求端口等效电感；(2) 若 $i=3(1-e^{-0.5t})\varepsilon(t)$ A，求 u_3、u_2 及 i_1、i_2。

7-30 题 7-30 图所示电路在开关打开前处于稳态，且 $i_1(0_-)=2$ A、$i_2(0_-)=1$ A。确定：(1) $i_1(0_+)$、$i_2(0_+)$；(2) 电路在 $t=0_+$ 的储能；(3) 并联等效电感的电感量、初始电流、$t=0_+$ 时的储能；(4) 电阻在 $t=0\sim\infty$ 期间吸收的能量；(5) 电路在 $t=\infty$ 的储能；(6) $i_1(\infty)$、$i_2(\infty)$。

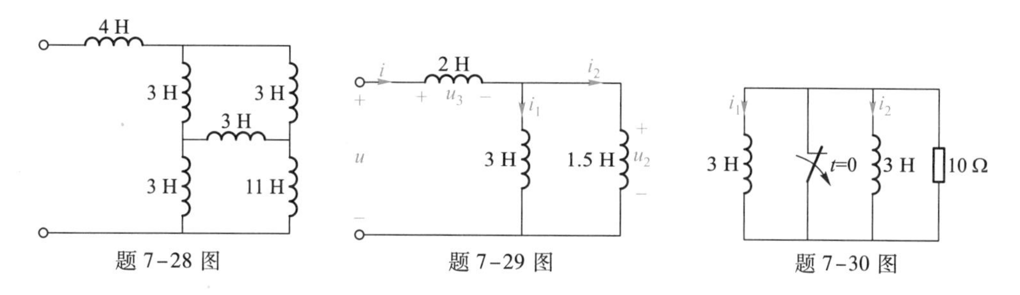

题 7-28 图　　题 7-29 图　　题 7-30 图

*7-31 题 7-31 图所示各电路在开关打开前处于稳态。(1) 图 (a) 中，$i_2(0_-)=1$ A，计算 $i_1(0_+)$、$i_2(0_+)$；(2) 计算图 (b) 中的 $i_1(0_+)$、$i_2(0_+)$；(3) 图 (c) 中，$i_2(0_-)=1$ A，计算 $i_1(0_+)$、$i_2(0_+)$；(4) 对 3 个电路进行对比，为什么在结果上会有差异？

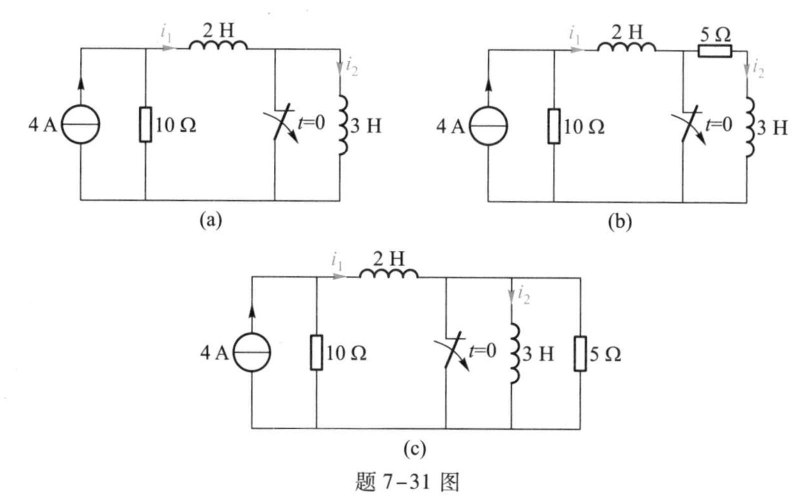

题 7-31 图

*7-32 题 7-32 图所示各电路在开关打开前处于稳态，且 $i_1(0_-)=2$ A、$i_2(0_-)=1$ A。(1) 计算每个电路的 $i_1(0_+)$、$i_2(0_+)$；(2) 对 3 个电路进行对比，为什么会在结果上有差异？(3) 为什么要指定 $i_1(0_-)$、$i_2(0_-)$ 的值？

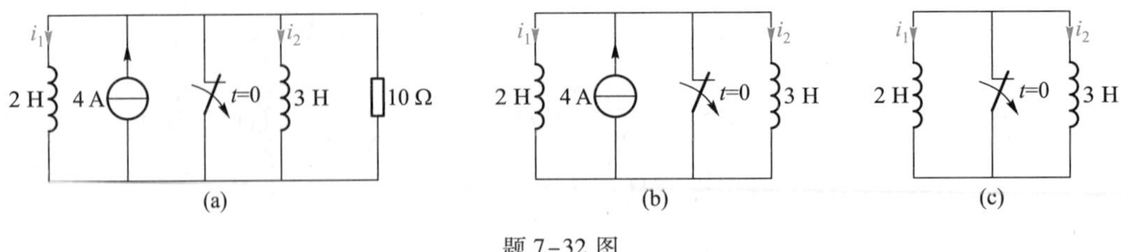

题 7-32 图

*7-33 题 7-33 图所示各电路在开关打开前处于稳态，且 $i_1(0_-)=2$ A、$i_2(0_-)=1$ A、$i_3(0_-)=3$ A。(1)计算各图中的 $i_1(0_+)$、$i_2(0_+)$、$i_3(0_+)$；(2)对 2 个电路进行对比，为什么会在结果上有差异？

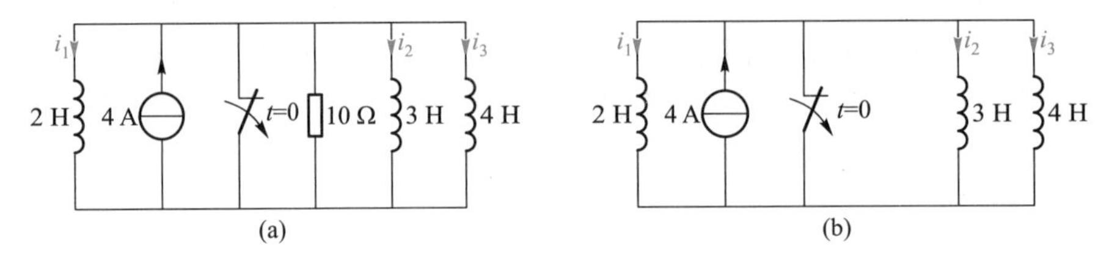

题 7-33 图

动态电路的暂态分析概述(7.5 节)

7-34 题 7-34 图所示电路，开关闭合前已达到稳态。确定：(1)电路的阶数；(2) $t>0$ 后 u_C 的微分方程；(3) $u_C(0_+)$、$i_1(0_+)$、$i_C(0_+)$；(4) $u_C(\infty)$；(5) $u_C(t)$ ($t>0$)；(6)用 $u_C(\infty)$ 检验 $u_C(t)$。

7-35 题 7-35 图所示电路，开关闭合前已达到稳态。确定：(1)电路的阶数；(2) $t>0$ 后 i_L 的微分方程；(3) $i_L(0_+)$、$u_L(0_+)$；(4) $i_L(\infty)$；(5) $i_L(t)$ ($t>0$)；(6)用 $i_L(\infty)$ 检验 $i_L(t)$。

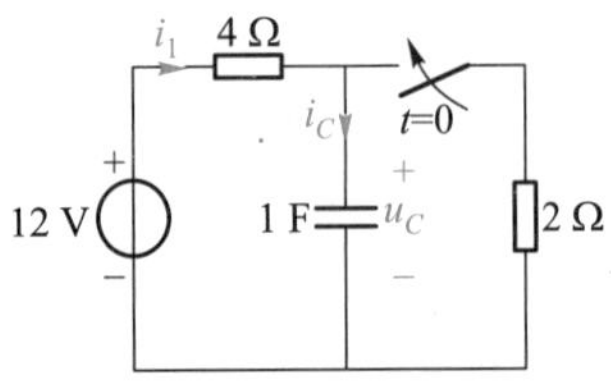

题 7-34 图

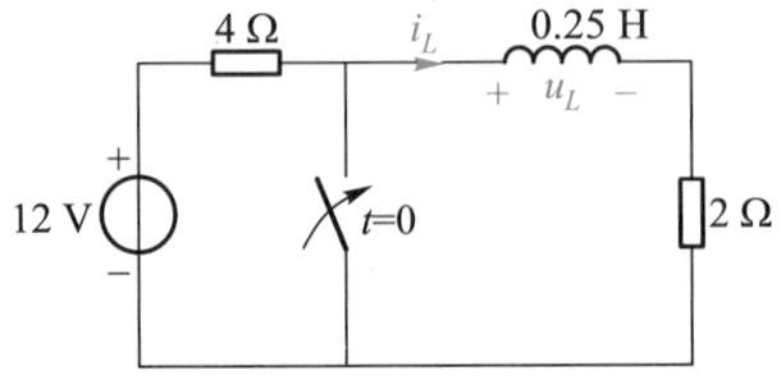

题 7-35 图

7-36 题 7-36 图所示电路在开关打开前处于稳态。确定：(1)电路的阶数；(2) $t>0$ 后 u_C 的微分方程、i_L 的微分方程；(3) $u_C(0_+)$、$i_L(0_+)$、$i_C(0_+)$、$u_L(0_+)$；(4) $\left.\frac{\mathrm{d}u_C}{\mathrm{d}t}\right|_{0_+}$、$\left.\frac{\mathrm{d}i_L}{\mathrm{d}t}\right|_{0_+}$；(5) $u_C(\infty)$、$i_L(\infty)$；(6) $u_C(t)$ ($t>0$)；(7)用 $u_C(\infty)$ 检验 $u_C(t)$。

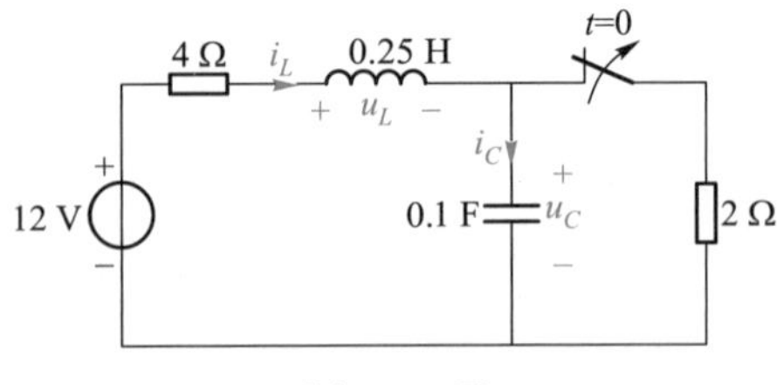

题 7-36 图

7-37 题 7-37 图所示电路，开关打开前已处于稳定状态。确定：(1)电路的阶数；(2) $t>0$ 后 i_L 的微分方程；(3) $u_C(0_+)$、$i_L(0_+)$；(4) $\left.\frac{\mathrm{d}i_L}{\mathrm{d}t}\right|_{0_+}$；(5) $i_L(\infty)$；(6) $i_L(t)$ ($t>0$)；(7)用 $i_L(\infty)$ 检验 $i_L(t)$。

7-38 题 7-38 图所示电路中，u_1、u_2 为输入，u_o 为输出。确定电路的输入-输出方程。

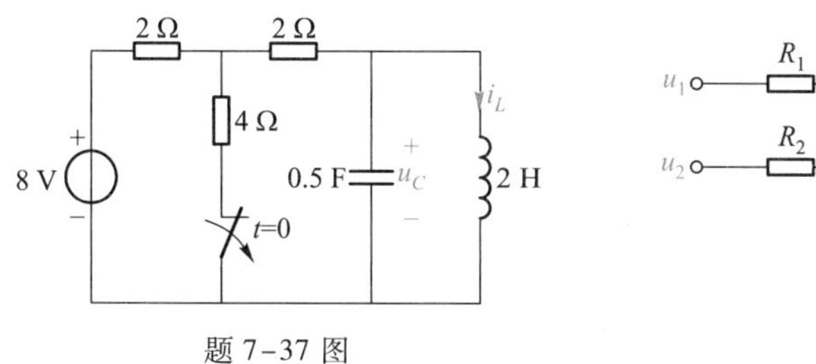

题 7-37 图

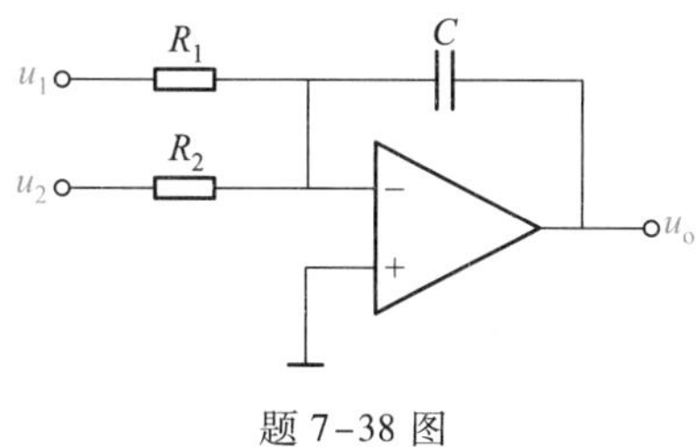

题 7-38 图

7-39 题 7-39 图(a)所示电路的输出电压 u_o 波形如图(b)所示。确定输入电压 u_i 的波形。

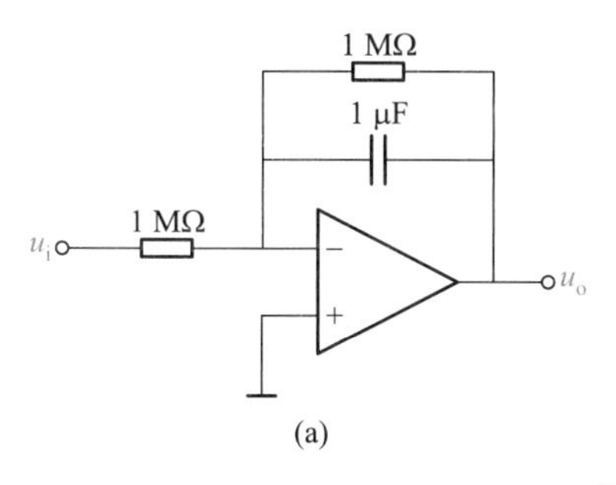

(a)

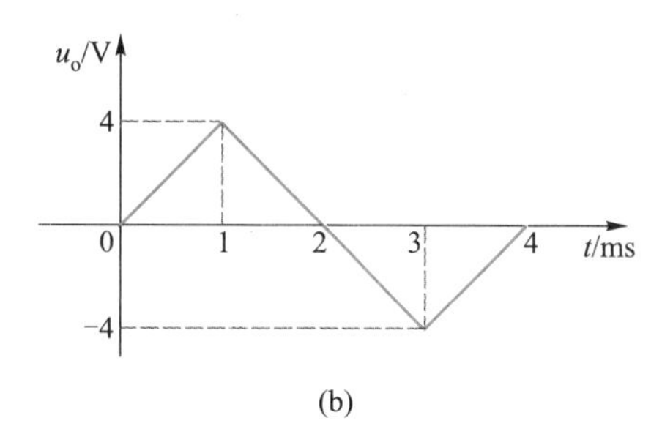

(b)

题 7-39 图

7-40 列写题 7-40 图所示电路关于 u_o 的微分方程。

7-41 写出题 7-41 图(a)所示电路的输入/输出方程。当电路的输入为图(b)所示波形时,确定输出波形。

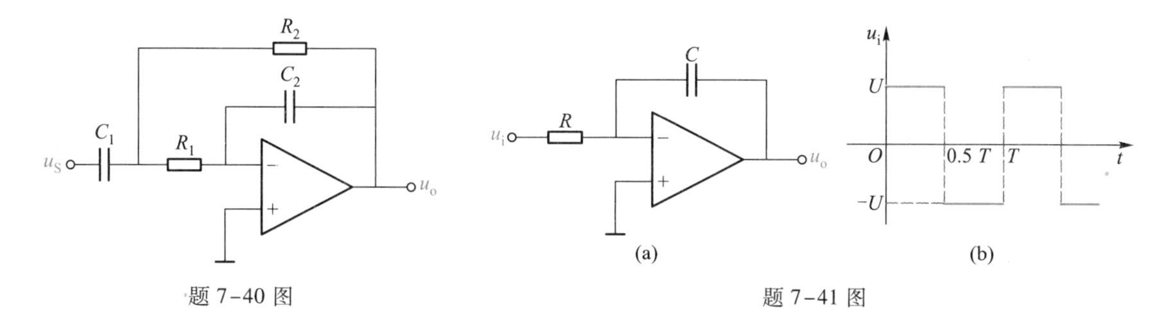

题 7-40 图

(a) (b)

题 7-41 图

7-42 写出题 7-42 图(a)所示电路的输入/输出方程。当电路的输入为图(b)所示波形时,确定输出波形。

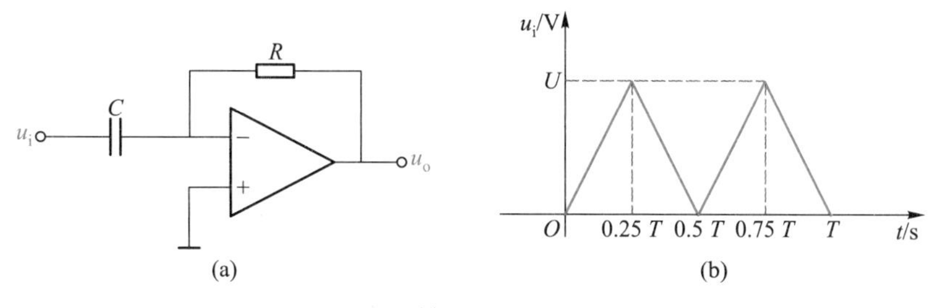

(a) (b)

题 7-42 图

*7-43 题 7-43 图所示各电路在开关闭合前处于稳态，且 $u_1(0_-)=5\ \text{V}$、$u_2(0_-)=2\ \text{V}$、$u_3(0_-)=-2/3\ \text{V}$。(1)计算每个电路的 $u_1(0_+)$、$u_2(0_+)$、$u_3(0_+)$；(2)对 3 个电路进行对比，解释为什么在结果上有差异。

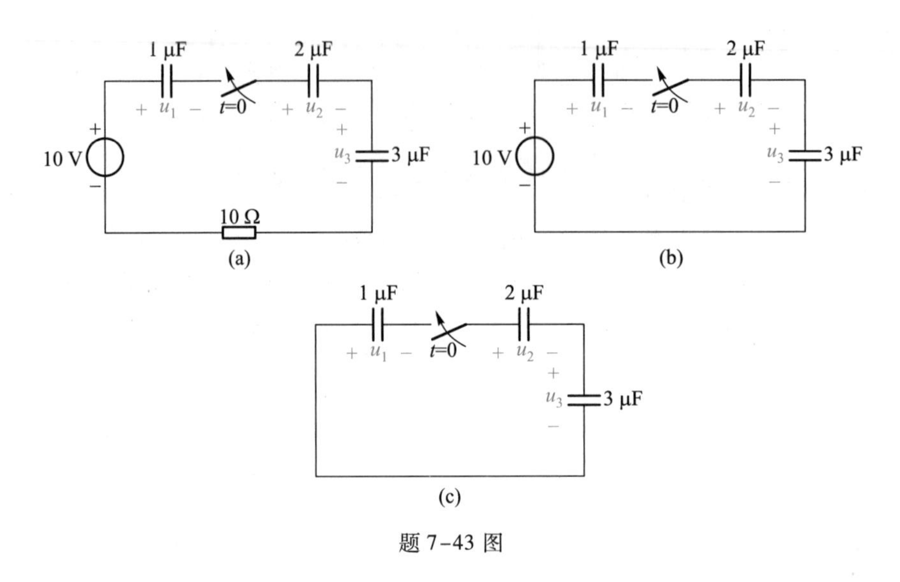

题 7-43 图

*7-44 题 7-44 图所示各电路在开关打开前处于稳态。(1)计算图(a)中的 $i_1(0_+)$、$i_2(0_+)$；(2)图(b)中，$i_2(0_-)=2\ \text{A}$，求 $i_1(0_+)$、$i_2(0_+)$。

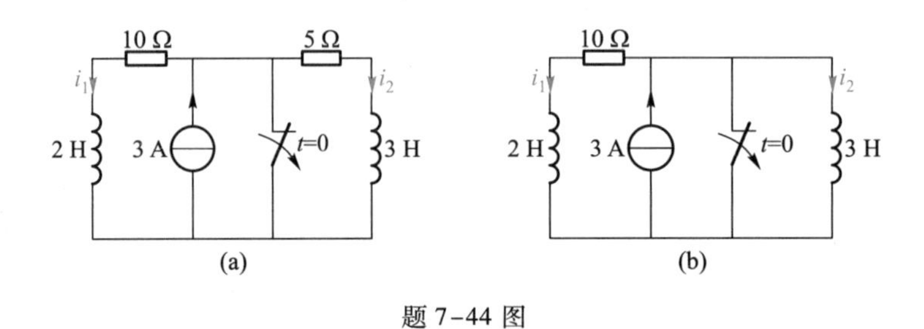

题 7-44 图

*7-45 题 7-45 图所示各电路在开关打开前处于稳态，且 $i_1(0_-)=2\ \text{A}$、$i_2(0_-)=1\ \text{A}$。计算各图中的 $i_1(0_+)$、$i_2(0_+)$、$i_3(0_+)$。

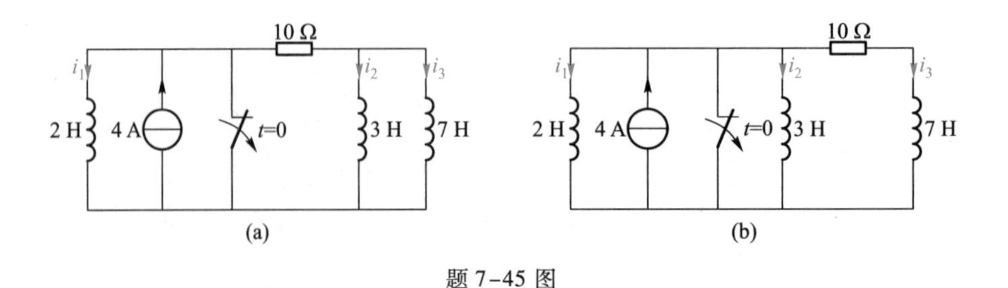

题 7-45 图

*7-46 题 7-46 图中，$i_1(0_-)=1$ A、$i_2(0_-)=2$ A。求 $i_1(0_+)$、$i_2(0_+)$、$i_3(0_+)$。

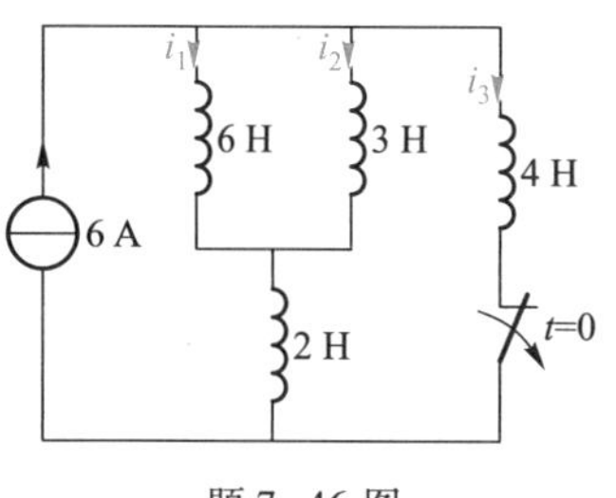

题 7-46 图

▶ 综合检测

7-47 题 7-47 图所示电流 i 流过 375mH 的线性时不变电感。(1)写出电流 i 的广义函数，并由广义函数获得分段函数；(2)通过广义函数运算，求得电感电压 u(关联参考方向下)的广义函数。(3)写出电感电压 u 的分段函数；(4)写出电感吸收的瞬时功率 p 的分段函数；(5)写出电感储存的磁场能量 w 的分段函数；(6)分析电流、电压、功率、储能波形的连续性，并定性判断前面计算结果的正确性。

7-48 给一个不带电的 300 μF 电容通以题 7-48 图所示波形的电流 i，在关联参考方向下：(1)写出电流 i 的广义函数，并由广义函数获得分段函数；(2)试确定电容电压 u 的广义函数；(3)确定 u 的分段函数；(4)写出电容吸收的瞬时功率分段函数；(5)写出电容储存电场能量的分段函数；(6)分析电流、电压、功率、储能波形的连续性，并定性判断前面计算结果的正确性。

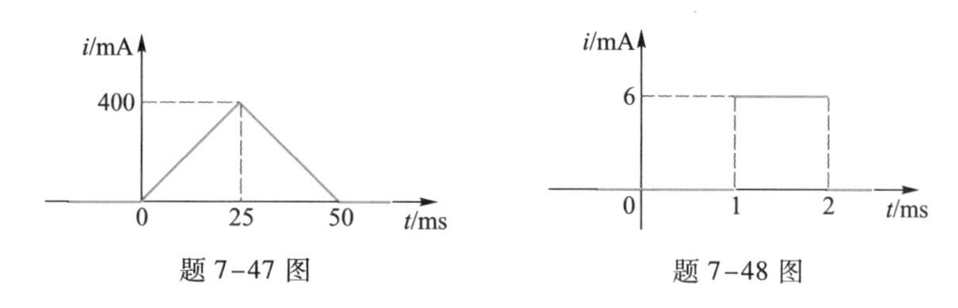

题 7-47 图　　题 7-48 图

7-49 电容电压在什么条件下连续？在什么条件下出现跳变？举例说明。电感电流在什么条件下连续？在什么条件下出现跳变？举例说明。

7-50 题 7-50 图所示电路中，$i_1(0_-)=4$ A，$i_2(0_-)=-16$ A，N 为任意网络。已知 $t>0$ 时，$u=-1\,800\mathrm{e}^{-20t}$ V。(1)在 $t<0$ 时，$i_1(0_-)=4$ A，$i_2(0_-)=-16$ A 可否长期维持？(2)确定 $t=0_+$时可以用一个什么样等效电感取代并联电感？等效电感的储能为多少？(3)求 $t>0$ 后的 i_1、i_2、i。(4)在 $0<t<\infty$ 期间，N 吸收的能量为多少？(5)$t=0_-$时并联电感的总储能为多少？(6)从(4)和(5)的结论能看出什么？(7)根据 u、i 的变化规律，网络 N 是否可以等效为电阻？

7-51 题 7-51 图所示电路中，$u_1(0_-)=45$ V，$u_2(0_-)=-15$ V，N 为任意网络。已知 $t>0$ 时，$i=900\mathrm{e}^{-2\,500t}$ μA。(1)确定 $t=0_+$时可以用一个什么样等效电容取代串联电容？等效电容的储能为多少？(2)求 $t>0$ 的 u_1、u_2、u。(3)在 $0<t<\infty$ 期间，N 吸收的能量为多少？(4)$t=0_-$时串联电容的总储能为多少？(5)从(3)和(4)的结论能看出什么？

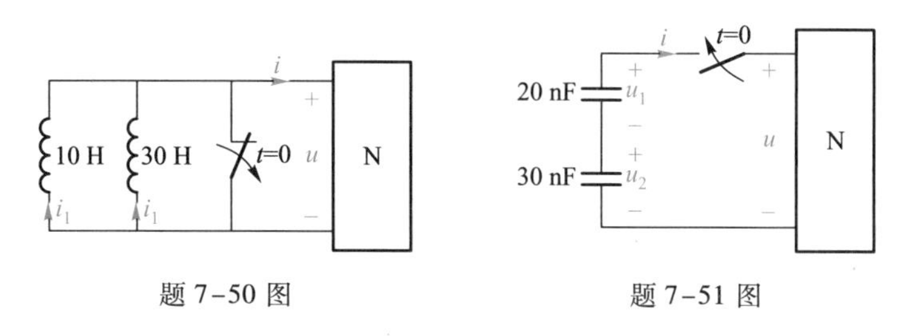

题 7-50 图　　题 7-51 图

7-52 题 7-52 图所示电路在开关处于 a 位时已达稳态，在 $t=0$ 时开关投到 b 位。(1)求 $i_1(0_-)$、

$i_2(0_-)$、$i_3(0_-)$；(2) 求 $i_1(0_+)$、$i_2(0_+)$、$i_3(0_+)$；(3) 确定 $t>0$ 时电路的阶数；(4) 确定 $i_1(\infty)$，$i_2(\infty)$、$i_3(\infty)$、$u_o(\infty)$。

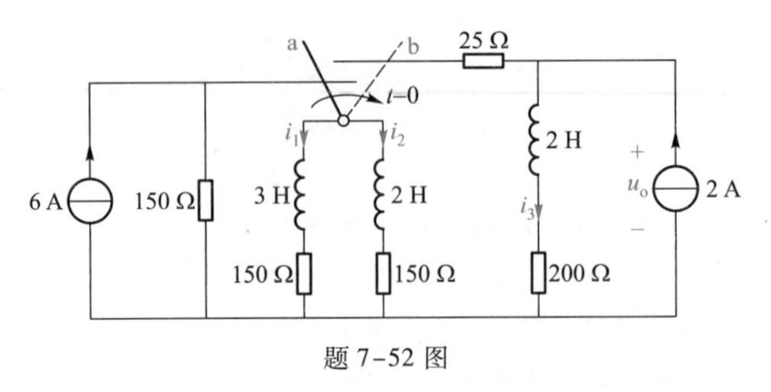

题 7-52 图

7-53 题 7-53 图所示电路在开关闭合前处于稳态。(1) 求 $t>0$ 的 i；(2) 用 $i(\infty)$ 检验 (1) 的结果。

7-54 题 7-54 图所示电路在开关处于 a 位时已达稳态，在 $t=0$ 时开关投到 b 位。(1) 求 $u_1(0_-)$、$u_2(0_-)$；(2) 求 $u_1(0_+)$、$u_2(0_+)$、$i_o(0_+)$；(3) 确定 $t>0$ 时电路的阶数；(4) 列写 $t>0$ 时关于 $u_1(t)$ 的微分方程；(5) 确定 $u_1(\infty)$，$u_2(\infty)$、$i_o(\infty)$；(6) 确定 $t>0$ 时的 $u_1(t)$；(7) 总结暂态过程的分析思路。

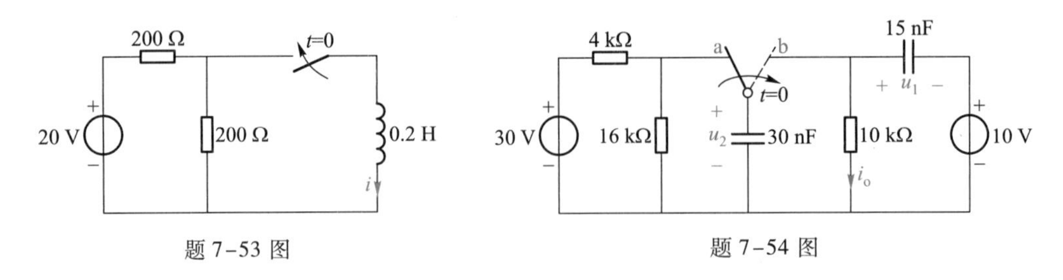

题 7-53 图　　　　题 7-54 图

▶ 习题 7 参考答案

第8章 一阶电路的暂态分析

8.1 概述

从第7章的阐述已知：(1)含储能元件的电路为动态电路，它可以工作于暂态和稳态；(2)动态电路的复杂度用电路的阶数来表征，一阶电路仅含一个独立储能元件，是最简单的动态电路；(3)暂态过程的时域分析含建立微分方程、确定初始条件、求解微分方程三个步骤。

通过第7章的学习，我们掌握了暂态过程的计算思路，但对暂态响应的变化规律及其应用知之甚少。学习本章，进一步掌握时域分析法的同时，理解物理概念，总结变化规律，了解工程应用。

典型的一阶电路是：由电阻 R 和电容 C 串联而成的 RC 电路、由电阻 R 和电感 L 串联而成的 RL 电路，如图8-1-1所示。这是因为：只含一个电容的电路，总是可以将电容以外的电路视为一端口网络，并等效为戴维南支路，从而简化为图8-1-1(a)所示的 RC 电路。同样，只含一个电感的电路总可以简化为图8-1-1(b)所示的 RL 电路。因此，以 RC 电路、RL 电路为分析对象，来探讨一阶电路暂态过程的概念和规律，具有代表性。

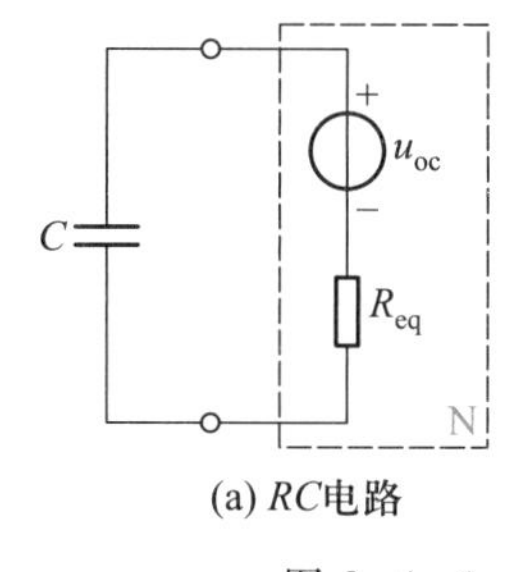

(a) RC电路

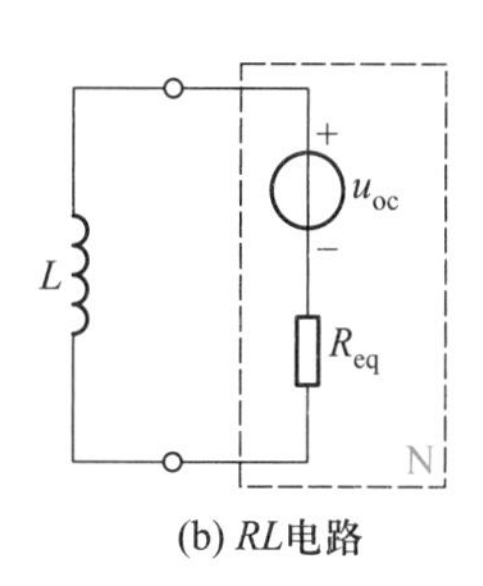

(b) RL电路

图8-1-1 典型一阶电路

动态电路换路后，电路中的响应由换路前电路的储能、换路后电路的激励共同决定。也就是说，暂态响应有以下三种激励方式：

- 换路后电路中无独立电源，仅由换路前的储能释放产生的响应，称为零输入响应；
- 换路前电路无储能，仅由换路后电路中的独立电源产生的响应，称为零状态响应；
- 由换路后电路中的独立电源、换路前电路的储能共同激励产生的响应，称为全响应。

本章以 RC 电路、RL 电路为分析对象，探讨一阶电路的各种响应。

目标1　掌握一阶电路零输入响应的变化规律。

目标2　掌握直流电源激励的一阶电路响应的计算方法(三要素法)。

目标3　掌握自由分量与强制分量、暂态分量与稳态分量、阶跃响应与冲激响应等概念。

目标4　掌握含运算放大器一阶电路的分析。

目标 5　∗ 掌握线性非时变特性的应用。
目标 6　∗ 掌握一阶电路的冲激响应计算。

难点　∗ 分析状态跳变换路问题，∗ 线性非时变特性的应用，∗ 计算冲激响应。

8.2 零输入响应(自然响应)

换路后电路中没有独立电源，仅由换路前电路的储能释放形成的暂态过程，称之为零输入响应(zero-input response)。因零输入响应是储能的自然释放过程，它的变化规律体现出电路自身固有的特性，故也称为自然响应(natural response)。

零输入响应(自然响应)仅体现电路自身固有的特性。

8.2.1 *RC* 电路的零输入响应

图 8-2-1(a)所示电路在 $t<0$ 时处于稳态，$t=0$ 换路，换路前电容已有储能，换路后为 R 和 C 的串联回路，如图 8-2-1(b)所示，即为 RC 电路。通过建立微分方程、确定初始条件、求解微分方程来计算 u_C、i_R，并分析它们的变化规律。

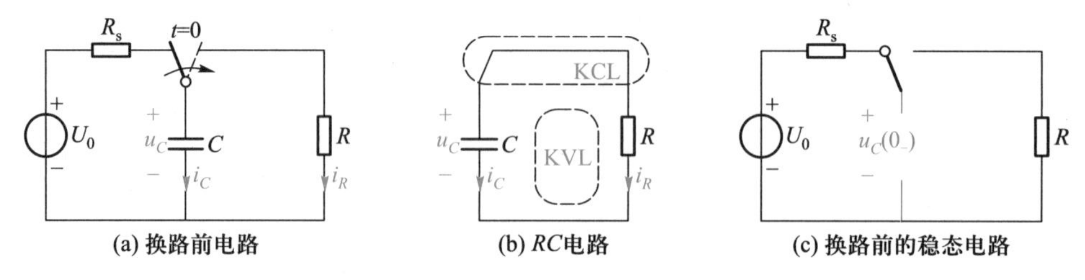

图 8-2-1　RC 电路的零输入响应

1. 零输入响应分析

建立关于 u_C 的微分方程。图 8-2-1(b)中，由 KCL、电容的 u-i 关系得

$$i_R=-i_C=-C\frac{\mathrm{d}u_C}{\mathrm{d}t}$$

KVL 方程为

$$RC\frac{\mathrm{d}u_C}{\mathrm{d}t}+u_C=0 \qquad (8-2-1)$$

式(8-2-1)就是电路的微分方程，为一阶齐次微分方程。

确定初始条件。求解式(8-2-1)所需初始条件为 $u_C(0_+)$。换路前的稳态电路如图 8-2-1(c)所示，由它得

$$u_C(0_-)=U_0$$

电路为连续换路，即

$$u_C(0_+)=u_C(0_-)=U_0 \tag{8-2-2}$$

求解微分方程。式(8-2-1)的特征方程为

$$RCs+1=0$$

特征根

$$\boxed{s=-\frac{1}{RC}}$$

特征根 s 的量纲为秒分之一,即频率的量纲,称为固有频率(natural frequency),它与储能无关,由电路结构和元件参数决定。式(8-2-1)的通解为

$$u_C=k\mathrm{e}^{st}=k\mathrm{e}^{-\frac{t}{RC}}$$

由初始值确定常数 k。将式(8-2-2)代入上式得

$$k=U_0$$

因此

$$u_C=U_0\mathrm{e}^{-\frac{t}{RC}}\quad (t\geqslant 0) \tag{8-2-3}$$

$$i_R=-C\frac{\mathrm{d}u_C}{\mathrm{d}t}=\frac{U_0}{R}\mathrm{e}^{-\frac{t}{RC}}\quad\left(\text{或 } i_R=\frac{u_C}{R}=\frac{u_0}{R}\mathrm{e}^{-\frac{t}{RC}}\right)\quad (t>0)^{⑨} \tag{8-2-4}$$

u_C 与 i_R 的波形如图 8-2-2 所示,$\tau=RC$,$I_0=U_0/R$,且 $i_R(0_+)=u_C(0_+)/R=I_0$。图 8-2-2 所示波形表明 RC 电路的零输入响应具有以下规律:电路中的各变量均从 $t=0_+$时的初始值开始,按同一指数规律衰减到0;电容电压在 $t=0$ 处连续,而其他变量在 $t=0$ 时跳变;各变量衰减的速率取决于 R、C 的值。

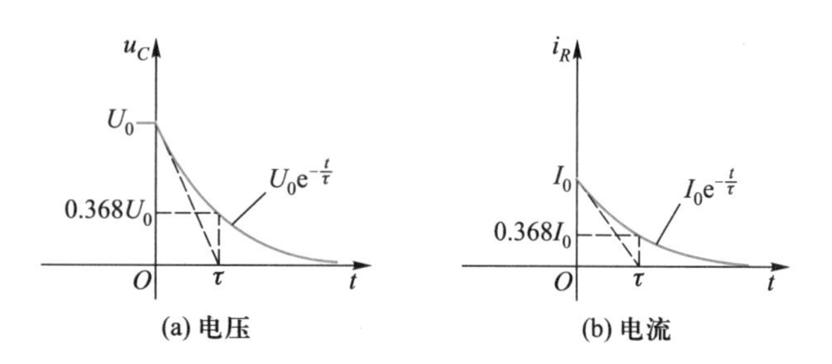

图 8-2-2 RC 电路的零输入响应波形

RC 电路零输入响应的规律

从初始值开始,按指数规律衰减到0,具有 $y(0_+)\mathrm{e}^{-\frac{t}{\tau}}$的形式,$\tau=RC$。

2. 能量转换

零输入响应是电路的初始储能自然释放的过程,电路参数决定储能自然释放过程的规律。在 u_C 从 $u_C(0_+)=U_0$ 衰减到 $u_C(\infty)=0$ 的过程中,电容释放储能,电阻消耗电能。

换路前,电容储能为

---

⑨ 由于 i_R 在 $t=0$ 处不连续,因此表达式只适合于 $t>0$。

$$w_C(0_-)=\frac{1}{2}CU_0^2$$

由于是连续换路，换路瞬间电容的初始储能不变，即

$$w_C(0_+)=w_C(0_-)=\frac{1}{2}CU_0^2$$

在 $t=0_+$瞬间电阻上流过最大电流。电阻消耗的能量

$$w_R(t)=\int_0^t p_R\mathrm{d}t=\int_0^t\left(\frac{u_C}{R}\right)^2R\mathrm{d}t=\int_0^t\left(\frac{U_0\mathrm{e}^{-\frac{t}{RC}}}{R}\right)^2R\mathrm{d}t=\frac{1}{2}CU_0^2(1-\mathrm{e}^{-\frac{2t}{RC}})$$

到 $t=\infty$ 时，电阻消耗的总能量为$\frac{1}{2}CU_0^2$，等于电容的初始储能 $w_C(0_+)$。

3. RC 电路的时间常数

上述结果表明：决定 RC 电路零输入响应指数衰减速率的因子是 RC。由 $\mathrm{e}^{-\frac{t}{RC}}$可知，$RC$ 具有时间的量纲，当 R 的单位为 Ω、C 的单位为 F 时，RC 的单位为 s(秒)。令

$$\boxed{\tau=RC} \tag{8-2-5}$$

称 τ 为电路的时间常数(time constant)。引入时间常数 τ 后，式(8-2-3)写为

$$u_C=U_0\mathrm{e}^{-\frac{t}{\tau}} \tag{8-2-6}$$

由此得到：$u_C(0)=U_0\mathrm{e}^0=U_0$；$u_C(\tau)=U_0\mathrm{e}^{-1}=0.368U_0$。推广到 $u_C(t+\tau)$，有

$$u_C(t+\tau)=U_0\mathrm{e}^{-\frac{t+\tau}{\tau}}=U_0\mathrm{e}^{-\frac{t}{\tau}}\mathrm{e}^{-1}=u_C(t)\mathrm{e}^{-1}=0.368u_C(t)$$

上式表明：每经历一个 τ 的时间，零输入响应衰减到起始值的 0.368 倍。表 8-2-1 列出了 $u_C(t)/U_0$在不同时刻的值。

表 8-2-1 $u_C(t)/U_0$ 随 τ 的变化

t	0	τ	2τ	3τ	4τ	5τ	…	∞
$u_C(t)/U_0$	1	0.367 88	0.135 34	0.049 79	0.018 32	0.006 74	…	0

电路时间常数的物理含义

零输入响应(自然响应)从初始值开始，衰减到初始值的 36.8% 所需的时间。

图 8-2-2、表 8-2-1 均表明 $t=\infty$ 时电路才达到稳态。工程中认为，$t=5\tau$ 时电路近似达到稳态，RC 电路暂态过程时长近似为 5τ，τ 越大，暂态过程越长。图 8-2-3 分别画出了不同 τ 值下 u_C/U_0 的曲线。

时间常数 τ 可以通过电路参数计算而得。在电路参数未知时，时间常数 τ 也可以用测量方法测得。例如，用示波器获得零输入响应 u_C 的波形，如图 8-2-4 所示，在波形上任取一点 P，P 点对应于时间 t_1，过 P 点作曲线的切线，切线交 t 轴于 t_2，时间常数

$$\tau=t_2-t_1$$ [10]

[10] 数学上称 t_2-t_1 为 P 点的次切距，当 $t_1=0$ 时，t_2 就为切距。

因为图 8-2-4 中切线的斜率

$$k=\left.\frac{\mathrm{d}u_C}{\mathrm{d}t}\right|_{t=t_1}=\left(-\frac{1}{\tau}\right)U_0\mathrm{e}^{-\frac{t_1}{\tau}}=-\frac{1}{\tau}u_C(t_1)$$

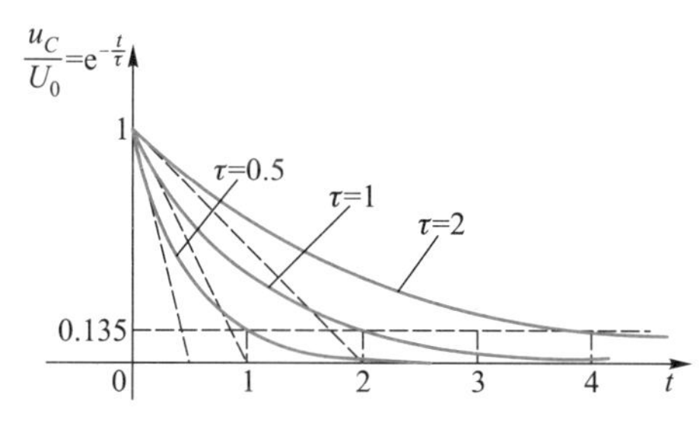

图 8-2-3　不同 τ 值下 $u_C(t)/U_0$ 的曲线

图 8-2-4　时间常数 τ 的几何意义

由斜率计算三角形的边长,得

$$t_2-t_1=\frac{u_C(t_1)}{|k|}=\frac{u_C(t_1)}{\left|-\frac{1}{\tau}u_C(t_1)\right|}=\tau \tag{8-2-7}$$

当 $t_1=0$ 时,则 $t_2=\tau$。或者按时间常数的物理含义来测量。

综上所述,任何只包含一个电容(或包含多个电容,但可以等效为一个电容)的一阶电路,在确定其零状态响应时,均可等效为图 8-2-1(b)所示的 RC 电路,且电路中的任何电压、电流,均按同一个时间常数、依照指数规律衰减。因此,含电容一阶电路的零输入响应,可通过简单步骤来计算。

计算含电容一阶电路零输入响应(自然响应)$y(t)$的简单步骤

1. 将电路等效为 RC 电路,计算时间常数 $\tau=R_{\mathrm{eq}}C$
2. 计算待求变量的初始值 $u_C(0_-)\to u_C(0_+)\to y(0_+)$
3. 写出零输入响应 $y(t)=y(0_+)\mathrm{e}^{-\frac{t}{\tau}}$

例 8-2-1　图 8-2-5(a)所示电路中,$u_C(0_-)=10$ V,$t=0$ 时开关闭合。对 $t>0$,求 u_C。

解:当 $t>0$ 时,图 8-2-5(a)可以等效为图(b)所示 RC 电路。通过 RC 电路零状态响应计算之简单步骤求得 u_C。

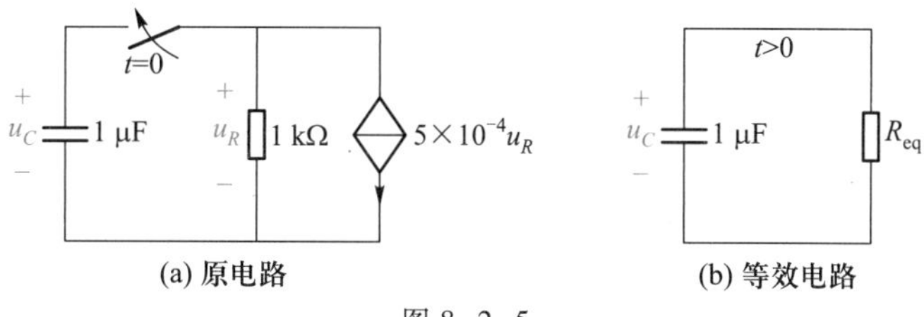

图 8-2-5

计算时间常数。受控源的电压为 u_R、电流为 $5\times10^{-4}u_R$,等效为 $\frac{u_R}{5\times10^{-4}u_R}=2\ \mathrm{k\Omega}$ 的电阻。图(b)中,R_{eq} 等于 1 kΩ 和 2 kΩ 并联,即 $R_{\mathrm{eq}}=2/3\ \mathrm{k\Omega}$。于是时间常数

$$\tau=R_{eq}C=\frac{2}{3}\times10^{3}\times1\times10^{-6}\ \text{s}=\frac{2}{3}\times10^{-3}\ \text{s}$$

确定初始值。已知 $u_C(0_-)=10\ \text{V}$，电路为连续换路，即有

$$u_C(0_+)=u_C(0_-)=10\ \text{V}$$

写出零输入响应表达式。即

$$u_C=u_C(0_+)\text{e}^{-\frac{t}{\tau}}=10\text{e}^{-1\,500t}\ \text{V}\quad(t>0)$$

目标 1 检测:一阶电路的零输入响应

测 8-1 测 8-1 图所示电路中，$u_C(0_-)=12\ \text{V}$，$t=0$ 时开关闭合。对 $t>0$ 求 u_C。

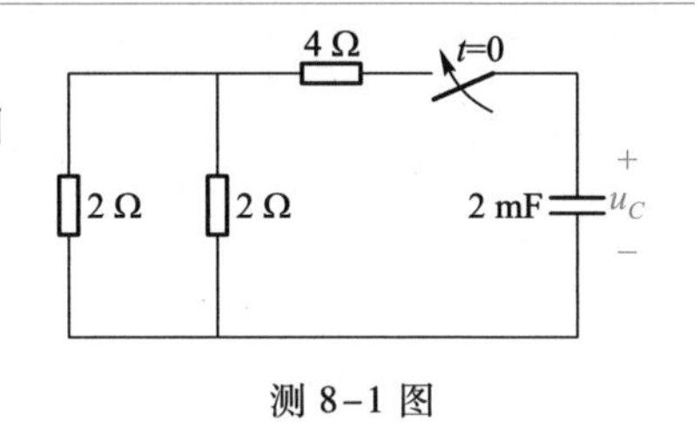

测 8-1 图

答案：$u_C=12\text{e}^{-100t}\ \text{V}$。

例 8-2-2 图 8-2-6(a)所示电路在开关打开前处于稳态，$t=0$ 时开关打开。对 $t>0$ 求 i_o。

解：当 $t>0$ 时，图 8-2-6(a)可以等效为图(b)所示 RC 电路。通过 RC 电路零状态响应计算之简单步骤求得 u_C。

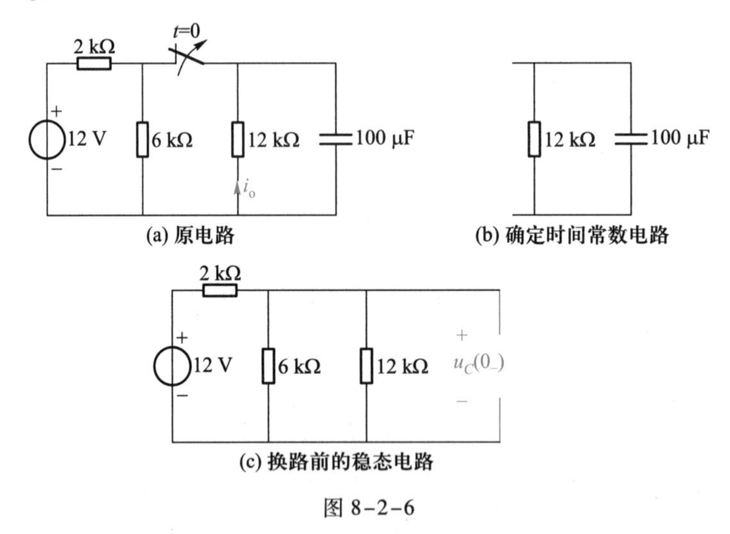

(a) 原电路 (b) 确定时间常数电路

(c) 换路前的稳态电路

图 8-2-6

确定时间常数。由图(b)得

$$\tau=RC=12\times10^{3}\times100\times10^{-6}\ \text{s}=1.2\ \text{s}$$

确定初始值。开关打开前的稳态电路如图(c)所示，由它确定 $u_C(0_-)$。图中 12 kΩ 和 6 kΩ 并联等于 4 kΩ，由分压关系得

$$u_C(0_-)=\frac{4}{4+2}\times12\ \text{V}=8\ \text{V}$$

电路为连续换路，即

$$u_C(0_+)=u_C(0_-)=8\ \text{V}$$

由图 8-2-6(a)确定初始值 $i_o(0_+)$。有

$$i_o(0_+)=\frac{-u_C(0_+)}{12\times10^3}=-\frac{8}{12\times10^3}\ \text{A}=-\frac{2}{3}\ \text{mA}$$

写出零输入响应。有

$$i_o=i_o(0_+)\text{e}^{-\frac{t}{\tau}}=-\frac{2}{3}\text{e}^{-\frac{t}{1.2}}\ \text{mA}\quad(t>0)$$

目标 1 检测:一阶电路的零输入响应

测 8-2 测 8-2 图所示电路在开关打开前处于稳态,$t=0$ 时开关打开。(1)对 $t>0$ 求 u_o;(2)若电路中的电压源的电压增大一倍,即为 40 V,u_o 为多少?

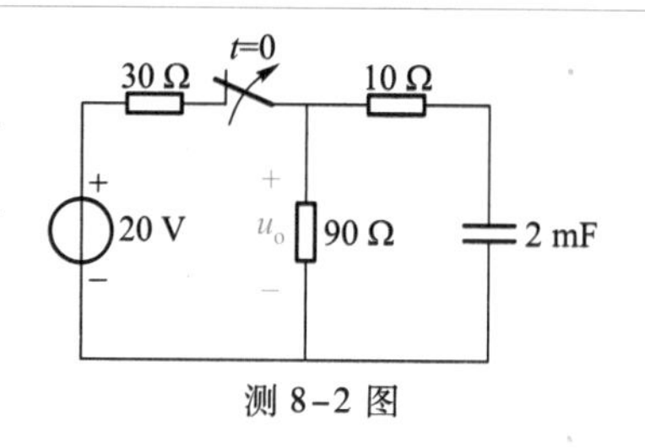

测 8-2 图

答案:(1) $u_o=13.5\text{e}^{-5t}$ V;(2) $u_o=27\text{e}^{-5t}$ V。

8.2.2 *RL* 电路的零输入响应

如图 8-2-7(a)所示,换路前处于稳态,$t=0$ 时开关打开,形成 *RL* 回路,如图(b)所示,称为 *RL* 电路。换路后回路中没有独立电源,为零输入响应。还是通过建立微分方程、确定初始条件、求解微分方程来计算 i_L、u_R,并分析其变化规律。

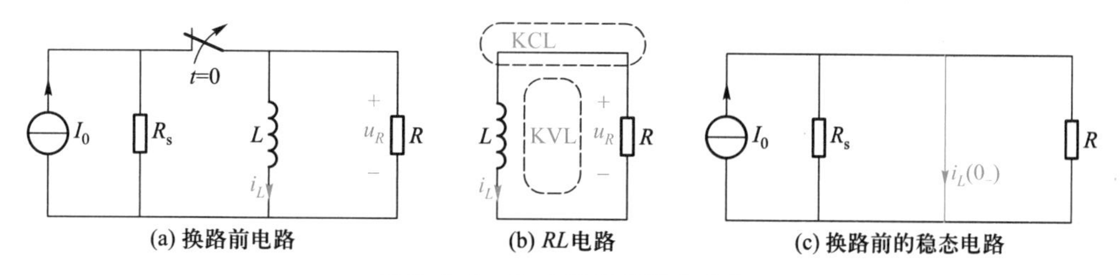

图 8-2-7 *RL* 电路的零输入响应

1. 零输入响应分析

建立关于 i_L 的微分方程。图 8-2-7(b)中,由 KVL、电感的 u-i 关系得

$$u_R=u_L=L\frac{\text{d}i_L}{\text{d}t}$$

再列写 KCL 方程,有

$$i_L+\frac{u_R}{R}=0$$

结合以上两式得

$$\frac{L}{R}\frac{\mathrm{d}i_L}{\mathrm{d}t}+i_L=0 \tag{8-2-8}$$

式(8-2-8)即是电路的微分方程,为一阶齐次微分方程。

确定初始条件。求解式(8-2-8)所需初始条件为 $i_L(0_+)$。换路前的稳态电路如图 8-2-7(c)所示,解得

$$i_L(0_-)=I_0$$

电路为连续换路,即有

$$i_L(0_+)=i_L(0_-)=I_0 \tag{8-2-9}$$

求解微分方程。式(8-2-8)的特征方程为

$$\frac{L}{R}s+1=0$$

特征根

$$s=-\frac{R}{L}=-\frac{1}{GL}\quad (G=R^{-1})$$

式(8-2-8)的通解为

$$i_L=k\mathrm{e}^{st}=k\mathrm{e}^{-\frac{t}{GL}}$$

由初始值确定待定常数 k。将式(8-2-9)代入上式得

$$k=I_0$$

因此

$$i_L=I_0\mathrm{e}^{-\frac{t}{GL}}\quad (t\geqslant 0) \tag{8-2-10}$$

$$u_R=L\frac{\mathrm{d}i_L}{\mathrm{d}t}(=-Ri_L)=-RI_0\mathrm{e}^{-\frac{t}{GL}}\quad (t>0) \tag{8-2-11}$$

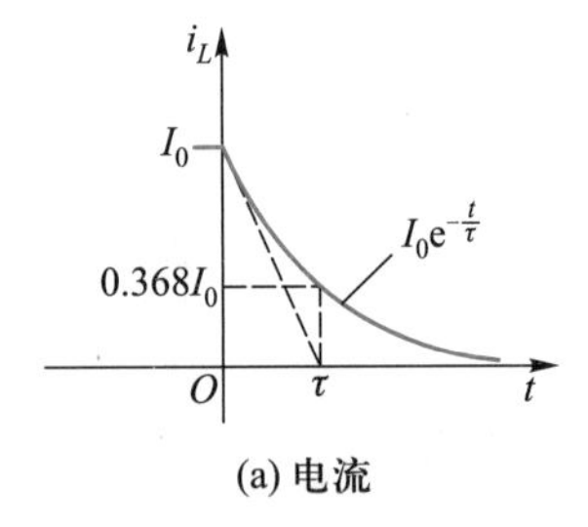

(a) 电流

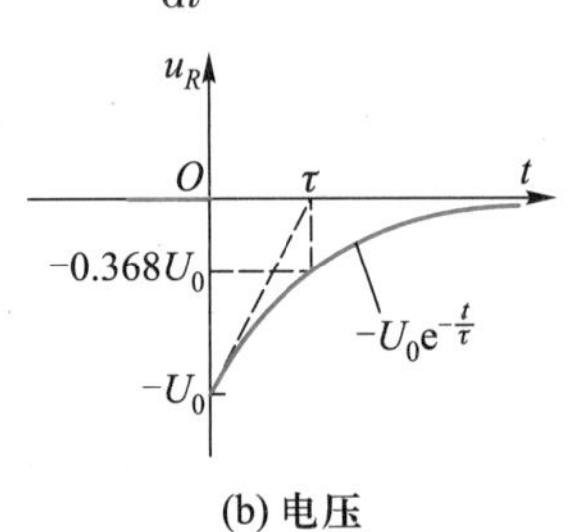

(b) 电压

图 8-2-8 RL 电路的零输入响应波形

i_L 与 u_R 的波形如图 8-2-8 所示,图中:$\tau=GL$,$U_0=RI_0$,且 $u_R(0_+)=-Ri_L(0_+)=-U_0$。从波形可知 RL 电路的零输入响应具有以下规律:电路中的各变量均从 $t=0_+$ 时的初始值开始,按同一指数规律衰减到 0;电感电流在 $t=0$ 处连续,而其他变量在 $t=0$ 处跳变;各变量衰减的速率取决于 R、L 的值。

RL 电路零输入响应的规律

从初始值开始,按指数规律衰减到 0,具有 $y(0_+)\mathrm{e}^{-\frac{t}{\tau}}$ 的形式,$\tau=GL$。

2. 能量转换

RL 电路的零输入响应也是初始储能自然释放的过程,变化规律仅由电路参数决定。在 i_L 从 $i_L(0_+)=I_0$ 衰减到 $i_L(\infty)=0$ 的过程中,电感释放储能,电阻消耗电能。

换路前电感储能为

$$w_L(0_-)=\frac{1}{2}LI_0^2$$

由于是连续换路,换路后电感的初始储能为

$$w_L(0_+)=w_L(0_-)=\frac{1}{2}LI_0^2$$

在 $t=0_+$瞬刻,电阻承受最大电压。电阻消耗的能量

$$w_R(t)=\int_0^t p_R\mathrm{d}t=\int_0^t Ri_L^2\mathrm{d}t=\int_0^t R(I_0e^{-\frac{t}{GL}})^2\mathrm{d}t=\frac{1}{2}LI_0^2(1-e^{-\frac{2t}{GL}})\qquad(注意:G=R^{-1})$$

到 $t=\infty$ 时,电阻消耗的总能量为$\frac{1}{2}LI_0^2$,等于电感的初始储能 $w_L(0_+)$。

3. *RL* 电路的时间常数

上述分析结果表明:决定 RL 电路零输入响应指数衰减速率的因子是 GL。GL 具有时间的量纲,当 G 的单位为 S,L 的单位为 H 时,GL 的单位为 s(秒)。RL 电路的时间常数为

$$\tau=GL=L/R\tag{8-2-12}$$

引入时间常数 τ,式(8-2-10)写为

$$i_L=I_0\mathrm{e}^{-\frac{t}{\tau}}\tag{8-2-13}$$

RL 电路时间常数的物理含义和前述 RC 电路时间常数一致。

综上所述,与 RC 电路一样,任何只包含一个电感(或多个电感可以等效为一个电感)的一阶电路,在确定其零状态响应时,均可等效为图 8-2-7(b)所示的 RL 电路,且电路中的任何电压、电流,均按同一时间常数、依照指数规律衰减。含电感一阶电路的零输入响应,也可通过简单步骤来计算。

计算含电感一阶电路零输入响应(自由响应)$y(t)$的简单步骤

1. 将电路等效为 RL 电路,计算时间常数 $\tau=G_{\mathrm{eq}}L=L/R_{\mathrm{eq}}$
2. 计算待求变量的初始值 $i_L(0_-)\to i_L(0_+)\to y(0_+)$
3. 写出零输入响应 $y(t)=y(0_+)\mathrm{e}^{-\frac{t}{\tau}}$

例 8-2-3 图 8-2-9(a)所示电路在开关打开前处于稳态,$t=0$ 时开关打开。对 $t>0$ 求 i_o。

解:当 $t>0$ 时,图 8-2-9(a)可以等效为图(b)所示 RL 电路。通过 RL 电路零状态响应计算之简单步骤求得 i_o。

确定时间常数。在图 8-2-9(b)中,等效电阻

$$R_{\mathrm{eq}}=\frac{(40+120)\times160}{(40+120)+160}\ \Omega=80\ \Omega$$

时间常数

$$\tau=\frac{L}{R_{\mathrm{eq}}}=\frac{0.4}{80}\ \mathrm{s}=5\times10^{-3}\ \mathrm{s}$$

确定初始值。换路前的稳态电路如图 8-2-9(c)所示,解得

$$i_L(0_-)=\frac{80}{20+\frac{120\times40}{120+40}}\times\frac{120}{120+40}\ \mathrm{A}=1.2\ \mathrm{A}$$

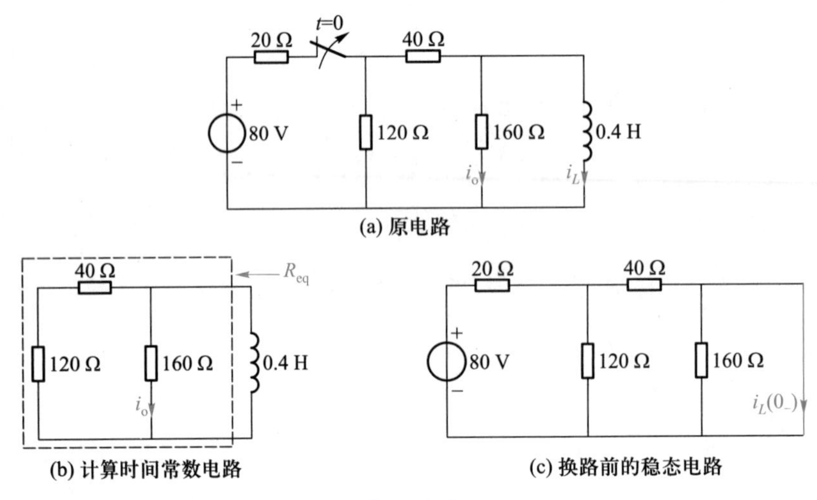

图 8-2-9

电路为连续换路,即有

$$i_L(0_+)=i_L(0_-)=1.2\ \text{A}$$

回到图 8-2-9(a),在 $t=0_+$瞬间,40 Ω 与 120 Ω 串联后,与 160 Ω 并联,应用电阻分流关系,得

$$i_o(0_+)=-\frac{120+40}{(120+40)+160}\times i_L(0_+)=-0.6\ \text{A}$$

写出零输入响应表达式。零输入响应

$$i_o=i_o(0_+)\text{e}^{-\frac{t}{\tau}}=-0.6\text{e}^{-200t}\ \text{A}\quad (t>0)$$

目标 1 检测:一阶电路的零输入响应

测 8-3 如测 8-3 图所示,在开关打开前处于稳态,$t=0$时开关打开。对 $t>0$ 求 i_L。

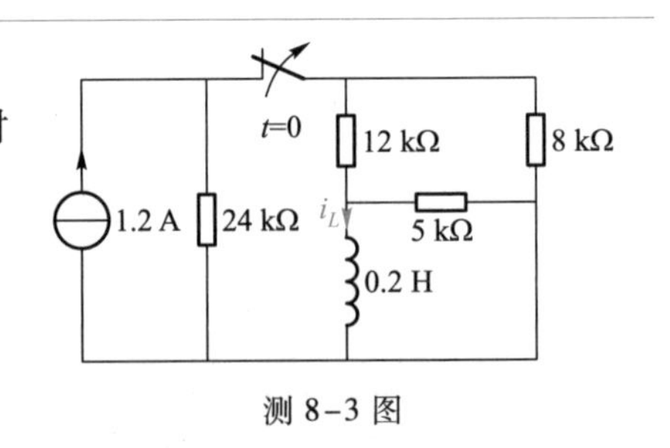

测 8-3 图

答案:$i_L=0.4\text{e}^{-20\ 000t}$ A。

例 8-2-4 图 8-2-10(a)所示电路在开关于 1 位时处于稳态,$t=0$ 时,开关由 1 位换到 2 位。对 $t>0$ 求 u_L。

解:可用两种方法求解。

方法 1:由 *RL* 电路零状态响应计算之简单步骤求解。

确定时间常数。当 $t>0$ 时,图 8-2-10(a)可以等效为图(b)所示 *RL* 电路,流过图中受控源的电流为 u/R_1,方向与电压方向非关联,受控源等效为电阻

$$R_d=-\frac{6u}{u/R_1}=-6R_1=-12\ \Omega$$

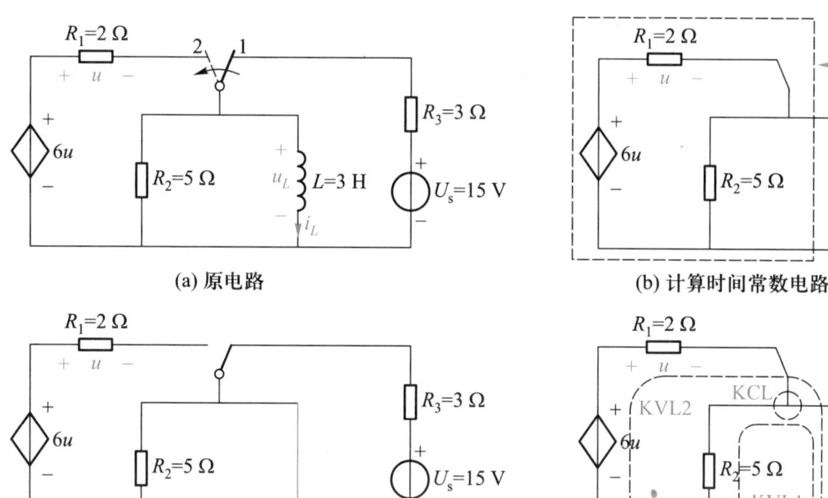

(a) 原电路　(b) 计算时间常数电路

(c) 换路前的稳态电路　(d) 换路后且独立电源置零后电路

图 8-2-10

R_{eq} 为 R_d 和 R_1 串联后、再与 R_2 并联，即

$$R_{eq}=\frac{(R_d+R_1)R_2}{(R_d+R_1)+R_2}=\frac{(-12+2)\times5}{(-12+2)+5}\ \Omega=10\ \Omega$$

时间常数

$$\tau=\frac{L}{R_{eq}}=\frac{3}{10}\ \text{s}=0.3\ \text{s}$$

确定初始值。图 8-2-10(a)换路前的稳态电路如图(c)所示，解得

$$i_L(0_-)=\frac{U_s}{R_3}=\frac{15}{3}\ \text{A}=5\ \text{A}$$

电路为连续换路，即

$$i_L(0_+)=i_L(0_-)=5\ \text{A}$$

回到图 8-2-10(b)中，u_L 的初始值为

$$u_L(0_+)=-R_{eq}i_L(0_+)=-10\times5\ \text{V}=-50\ \text{V}$$

写出零输入响应。有

$$u_L=u_L(0_+)\text{e}^{-\frac{t}{\tau}}=-50\text{e}^{-\frac{10t}{3}}\ \text{V}\quad(t>0)$$

方法 2：列写微分方程求解。在此，列写 i_L 的微分方程更方便。

列写微分方程。对图 8-2-10(d)应用 KCL、KVL 获得微分方程。由 KVL-1 得，R_2 的电流为 u_L/R_2，KCL 方程为

$$\frac{u_L}{R_2}+i_L-\frac{u}{R_1}=0 \tag{1}$$

KVL-2 的方程为

$$6u-u-u_L=0 \tag{2}$$

联立方程(1)、(2)消除 u，且将 $u_L=L\dfrac{\text{d}i_L}{\text{d}t}$ 代入其中，得

$$L\left(\frac{1}{R_2}-\frac{1}{5R_1}\right)\frac{di_L}{dt}+i_L=0$$

代入参数得

$$0.3\frac{di_L}{dt}+i_L=0 \tag{3}$$

确定初始值。$i_L(0_+)$的计算过程与方法1一致，即$i_L(0_+)=5$ A。

求解微分方程。式(3)的特征方程为

$$0.3s+1=0$$

特征根

$$s=-10/3$$

微分方程的解为

$$i_L=ke^{st}=ke^{-\frac{10t}{3}}$$

将$i_L(0_+)=5$ A代入上式，得到$k=5$。因此

$$i_L=5e^{-\frac{10t}{3}}\text{ A}\quad(t\geqslant 0)$$

由$u_L=L\dfrac{di_L}{dt}$得

$$u_L=-50e^{-\frac{10t}{3}}\text{ V}\quad(t>0)$$

相比之下，方法1更简单。但方法1只能用于计算一阶电路的零输入响应。方法2适用于求解任何阶次电路的任何响应。

目标1检测：一阶电路的零输入响应

测8-4 测8-4图所示的电路在开关打开前处于稳态，$t=0$时开关打开。对$t>0$用两种方法求u。

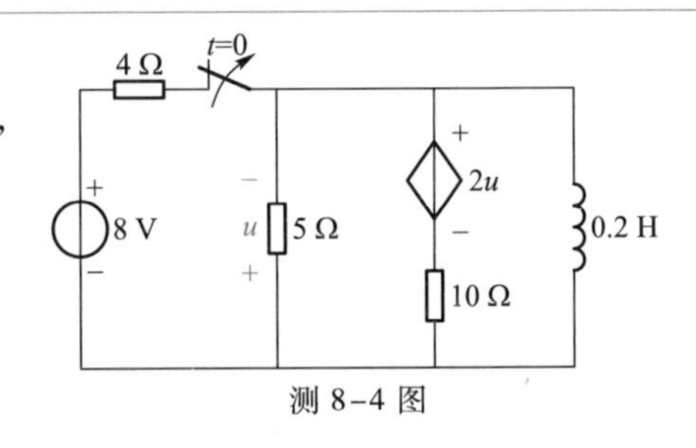

测8-4图

答案：$u=4e^{-10t}$ V。

---

*例8-2-5 图8-2-11(a)所示电路中，$C_1=C_2=C$，$u_{C1}(0_-)=U_0$，$u_{C2}(0_-)=0$。$t=0$时开关闭合，对$t>0$求i、u_{C1}、u_{C2}。

解：图8-2-11(a)中虽有两个电容，但在$t>0$后，电容串联，等效为图(b)所示RC电路，等效电容

$$C_{eq}=\frac{C_1C_2}{C_1+C_2}=0.5C$$

为一阶零输入响应问题。时间常数

$$\tau=RC_{eq}=0.5RC$$

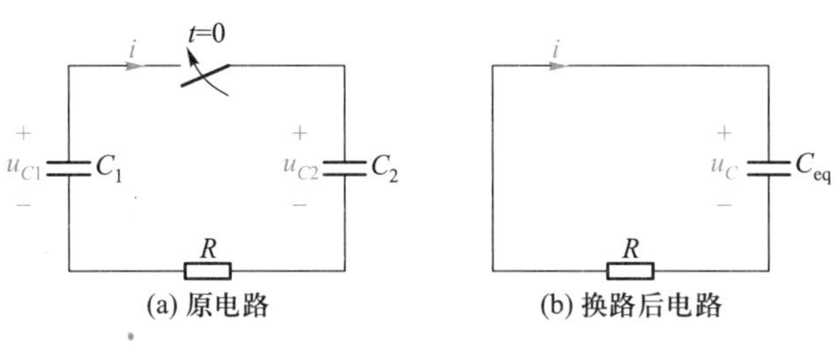

图 8-2-11

电路为连续换路,即有

$$u_{C1}(0_+)=u_{C1}(0_-)=U_0,\quad u_{C2}(0_+)=u_{C2}(0_-)=0$$

由此,图 8-2-11(b)中等效电容的初始电压

$$u_C(0_+)=u_{C2}(0_+)-u_{C1}(0_+)=-U_0$$

电流初始值

$$i(0_+)=-\frac{u_C(0_+)}{R}=\frac{U_0}{R}$$

因此

$$u_C=u_C(0_+)\mathrm{e}^{-\frac{t}{\tau}}=-U_0\mathrm{e}^{-\frac{t}{\tau}}\quad(t\geqslant 0)$$

$$i=i(0_+)\mathrm{e}^{-\frac{t}{\tau}}=\frac{U_0}{R}\mathrm{e}^{-\frac{t}{\tau}}\quad(t>0)$$

由电容的 u-i 关系确定 u_{C1}、u_{C2}。有

$$u_{C1}=u_{C1}(0_+)+\frac{1}{C_1}\int_{0+}^{t}(-i)\,\mathrm{d}t=U_0-\frac{1}{C}\int_{0+}^{t}\frac{U_0}{R}\mathrm{e}^{-\frac{2t}{RC}}\mathrm{d}t=\frac{1}{2}U_0(1+\mathrm{e}^{-\frac{2t}{RC}})\quad(t\geqslant 0)$$

$$u_{C2}=u_C+u_{C1}=\frac{1}{2}U_0(1-\mathrm{e}^{-\frac{2t}{RC}})\quad(t\geqslant 0)$$

请注意:本例虽然是零输入响应问题,但 $u_{C1}(\infty)=u_{C2}(\infty)=\frac{1}{2}U_0$,而不是趋于零,因此,$u_{C1}$、$u_{C2}$不满足 $y(0_+)\mathrm{e}^{-\frac{t}{\tau}}$的变化规律。其物理过程为:当开关闭合后,$C_1$ 释放储能,R 消耗电能,C_2 增加储能,C_1 的电压下降,C_2 的电压上升,当两者相等时,电流 i 为 0,暂态过程结束。通常,电路的零输入响应都是从初始值开始,按指数规律衰减到零,即具有 $y(0_+)\mathrm{e}^{-\frac{t}{\tau}}$的形式,但也会出现本例中电容电压不能衰减到零的例外。请读者思考:如何用电荷守恒来解释。

目标 1 检测:一阶电路的零输入响应

*测 8-5** 测 8-5 图所示电路在开关打开前处于稳态,$i_{L1}(0_-)=1$ A、$i_{L2}(0_-)=0$,$t=0$ 时开关打开。对 $t>0$ 求 i、i_{L1}、i_{L2}。

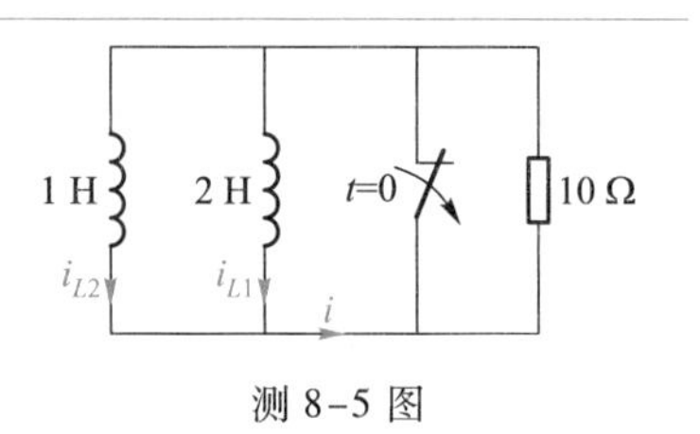

测 8-5 图

答案:$i=\mathrm{e}^{-15t}$ A,$i_{L1}=\left(\frac{2}{3}+\frac{1}{3}\mathrm{e}^{-15t}\right)$ A,$i_{L2}=\frac{2}{3}(-1+\mathrm{e}^{-15t})$ A。

8.3 直流电源激励下的响应

零输入响应(自然响应)的规律仅由电路自身特性决定。而电路中存在独立电源时,响应中既要体现电路自身的特性,也要体现独立电源的变化规律。因此,不同类型独立电源激励下的响应必须分别讨论。典型独立电源包括:直流电源、正弦交流电源。

换路前电路没有储能,换路后电路中存在独立电源,由独立电源激励形成暂态过程,称为零状态响应(zero-state response)。若换路前电路已有储能,换路后电路中存在独立电源,储能和独立电源共同激励形成暂态过程,称之为全响应(complete response)。

本节讨论:*RC* 电路与 *RL* 电路在直流电源激励下的零状态响应、全响应,总结响应的变化规律,归纳出计算一阶电路响应的简单步骤,即三要素法。

8.3.1 直流电源激励的 *RC* 电路

1. 零状态响应(阶跃响应)

图 8-3-1(a)所示电路,开关闭合前处于零状态,即 $u_C(0_-)=0$。$t=0$ 时开关闭合,将直流电源 U_S 接入电路,形成 *RC* 电路的零状态响应。

直流电源激励的零状态响应,本质上是给电路突然加上恒定的电压源或电流源。图 8-3-1(a)所示电路,等价于图(b)所示电路。在图(b)中,$t<0$ 时 $U_S\varepsilon(t)=0$,必有 $u_C(0_-)=0$;$t>0$ 时 $U_S\varepsilon(t)=U_S$,与图(a)在零状态下开关闭合效果相同。图(b)所示电路为阶跃电源激励的零状态响应,称为阶跃响应(step response)。而直流电源激励的零状态响应,亦可称为阶跃响应。请阅读本页脚注⑪,了解本书对零状态响应、阶跃响应、全响应三个名词使用的考虑。

---

⑪ 国内教材中,阶跃响应一词,专指阶跃电源激励的零状态响应。国内教材按照激发暂态过程的原因不同,将电路的响应分为零输入响应、零状态响应和全响应,并按此分类展开讨论。但是,在论述了直流电源激励的零状态响应后,再讨论阶跃响应,因两者本质相同而显得重复。且在讨论全响应之后才提出三要素法,失去了应用三要素法的过程。

美国教材中,阶跃电源激励的零状态响应、直流电源激励的零状态响应、直流电源激励的非零状态响应,三者统称为阶跃响应。美国教材从暂态响应的性质出发,将零输入响应单独讨论,零状态响应、全响应一起讨论,且只讨论直流电源激励下的零状态响应、全响应,并把它们统称为阶跃响应。没有电源激励的电路称为 source-free circuits,其响应称为 natural response(自然响应);直流电源激励的电路的响应称为 step response(阶跃响应)。step response 的定义是:The step response is the response of the circuit due to a sudden application of a dc voltage or current source(阶跃响应是直流电压源或电流源突然施加于电路引起的响应)。在分析阶跃响应时引入三要素法,应用三要素法的过程较长。

本书的论述中,将直流电源激励的零状态响应、阶跃电源激励的零状态响应,称为阶跃响应,不专门讨论阶跃响应。直流电源激励的非零状态响应,在本书中称为全响应。从研究暂态响应的规律出发,分零输入响应、直流电源激励的响应、正弦电源激励的响应三部分讨论。在分析零输入响应时注重电路自身特性对响应的影响,在分析直流电源激励的响应时注重三要素法。这样处理有两点好处:其一是零状态响应、阶跃响应、全响应三个名词的定义与国内教材一致;其二是较早引入三要素法,延长其应用过程,提高教学效率。

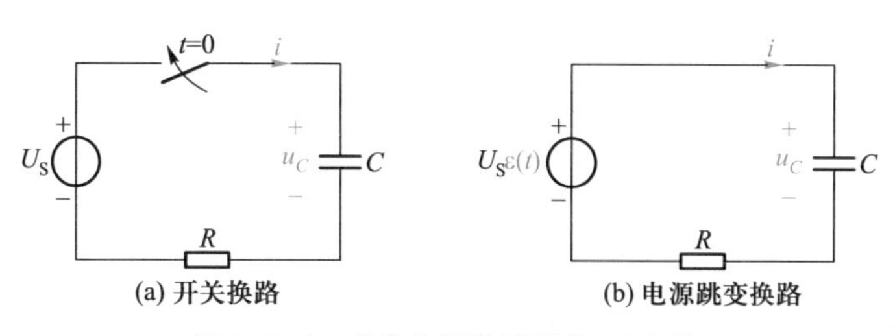

图 8-3-1 直流电源激励下的 RC 电路

阶跃响应是：
直流电源（恒定电压源、恒定电流源）激励的零状态响应，
或
阶跃电源（阶跃电压源、阶跃电流源）激励的零状态响应。

还是通过微分方程来分析零状态响应。首先建立微分方程。$t>0$ 时，电路的 KVL 方程为

$$Ri+u_C=U_S$$

将 $i=C\dfrac{du_C}{dt}$代入上式得

$$RC\frac{du_C}{dt}+u_C=U_S \quad (t>0) \tag{8-3-1}$$

式(8-3-1)为图 8-3-1 所示电路的微分方程，它是非齐次方程，电路中电源的作用体现在方程的右边。

然后确定初始条件。求解式(8-3-1)需要 $u_C(0_+)$。电路为连续换路，即有

$$u_C(0_+)=u_C(0_-)=0 \tag{8-3-2}$$

最后求解微分方程。式(8-3-1)方程的解由通解 u_{Ch}和特解 u_{Cp}两部分构成，即

$$u_C=u_{Ch}+u_{Cp}$$

由 6.6.2 小节的论述可知

$$u_{Ch}=ke^{-\frac{t}{RC}}=ke^{-\frac{t}{\tau}} \quad (\tau=RC) \tag{8-3-3}$$

$$u_{Cp}=U_S \tag{8-3-4}$$

因此

$$u_C=ke^{-\frac{t}{\tau}}+U_S \tag{8-3-5}$$

将 $u_C(0_+)=0$ 代入上式得

$$k=-U_S \tag{8-3-6}$$

因此

$$u_C=U_S(1-e^{-\frac{t}{\tau}}) \quad (t\geqslant 0) \tag{8-3-7}$$

不难得到

$$i=C\frac{du_C}{dt}=\frac{U_S}{R}e^{-\frac{t}{\tau}} \quad \left(或\ i=\frac{U_S-u_C}{R}=\frac{U_S}{R}e^{-\frac{t}{\tau}}\right) \quad (t>0) \tag{8-3-8}$$

u_C 与 i 的波形如图 8-3-2 所示。u_C 从初始值 $u_C(0_+)=0$ 开始连续上升，按指数规律趋近于稳态

值 $u_C(\infty)=U_S$。i 由初始值 $i(0_+)=U_S/R$ 开始,按指数规律衰减到稳态值 $i(\infty)=0$,它在 $t=0$ 时刻跳变,$t=0_+$ 时刻最大。

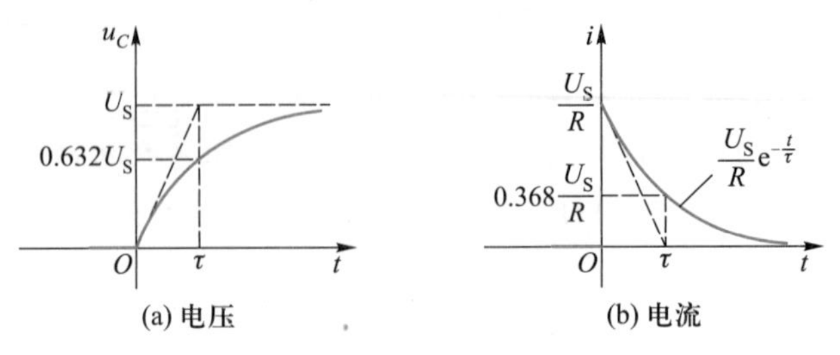

图 8-3-2 在直流电源激励下 RC 电路的零状态响应

u_C 和 i 的波形显示,RC 电路零状态响应的变化规律仍然由时间常数 $\tau=RC$ 决定。换路后:经过 τ,$u_C(\tau)$ 离稳态值 $u_C(\infty)$ 的差值为 $0.368u_C(\infty)$,$i(\tau)$ 衰减到初始值 $i(0_+)$ 的 0.368 倍;经过 5τ,响应 $u_C(5\tau)$ 离稳态值 $u_C(\infty)$ 的差值为 $0.006\ 74u_C(\infty)$,$i(5\tau)$ 衰减到初始值 $i(0_+)$ 的 0.006 74倍。RC 电路零状态响应暂态过程的近似长度依然为 $5\tau=5RC$。

RC 电路暂态过程的长短

与电路的激励、储能状态无关。零状态响应和零输入响应一样,换路后经过 $5\tau=5RC$,电路近似进入稳态。

是否存在计算零状态应的简单步骤呢?由于 $u_C(\infty)=U_S$、$i(0_+)=U_S/R$,式(8-3-7)、式(8-3-8)可分别写为

$$u_C=U_S(1-e^{-\frac{t}{\tau}})=u_C(\infty)(1-e^{-\frac{t}{\tau}}) \tag{8-3-9}$$

$$i=\frac{U_S}{R}e^{-\frac{t}{\tau}}=i(0_+)e^{-\frac{t}{\tau}} \tag{8-3-10}$$

从式(8-3-9)和式(8-3-10)不能得出计算 RC 电路零状态响应的简单步骤。这并不意味着,RC 电路的零状态响应不能像零输入响应一样用简单步骤来计算。接下来的讨论,将归纳出可以计算零输入响应、直流电源激励下的零状态响应和全响应的简单步骤。

2. 全响应

图 8-3-1(a)所示 RC 电路,在开关闭合前已有储能,$u_C(0_-)=U_0$,$t=0$ 时开关闭合,将直流电源 U_S 接入电路,形成 RC 电路的全响应。注意:此时图(a)和图(b)不再等价。

在此,u_C 的计算过程与前面零状态响应的计算过程相同,仅在确定式(8-3-5)的常数 k 时,将 $u_C(0_+)=U_0$ 代入式(8-3-5),得到

$$k=U_0-U_S \tag{8-3-11}$$

RC 电路的全响应为

$$u_C=U_S+(U_0-U_S)e^{-\frac{t}{\tau}} \quad (t\geqslant 0) \tag{8-3-12}$$

$$i=C\frac{du_C}{dt}=\frac{U_S-U_0}{R}e^{-\frac{t}{\tau}}\quad\left(或\ i=\frac{U_S-u_C}{R}=\frac{U_S-U_0}{R}e^{-\frac{t}{\tau}}\right)\quad (t>0) \tag{8-3-13}$$

RC 电路全响应的波形如图 8-3-3 所示。当 $U_0<U_S$ 时,开关闭合后,$u_C>0$,$i>0$,电容增加储

能，直到 $u_C=U_S$，波形如图中实线所示。当 $U_0>U_S$ 时，开关闭合后，$u_C>0$，$i<0$，电容减少储能，直到 $u_C=U_S$，波形如图中虚线所示。

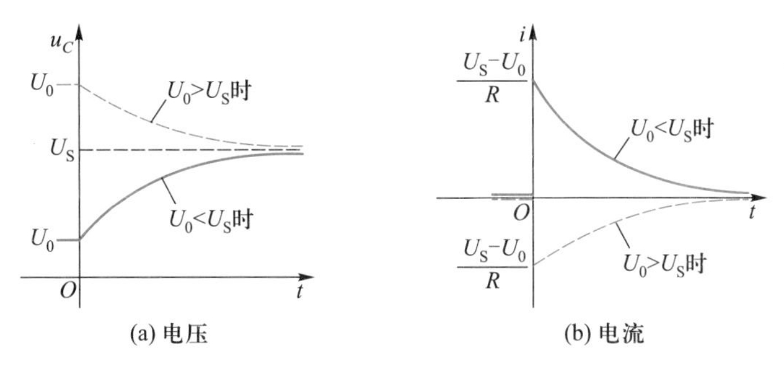

图 8-3-3　*RC* 电路在直流电源激励下的全响应

计算全响应的简单步骤是什么呢？下面通过分析全响应的变化规律，归纳出计算全响应的简单步骤。图 8-3-1(a)*RC* 电路在全响应条件下，$u_C(0_+)=U_0$、$u_C(\infty)=U_S$，式(8-3-12)可写为

$$u_C=u_C(\infty)+[u_C(0_+)-u_C(\infty)]\mathrm{e}^{-\frac{t}{\tau}} \tag{8-3-14}$$

此时，$i(0_+)=\dfrac{U_S-U_0}{R}$、$i(\infty)=0$，按照式(8-3-14)的规律写出 i 的全响应表达式，为

$$i=i(\infty)+[i(0_+)-i(\infty)]\mathrm{e}^{-\frac{t}{\tau}}=0+\left(\frac{U_S-U_0}{R}-0\right)\mathrm{e}^{-\frac{t}{\tau}}=\frac{U_S-U_0}{R}\mathrm{e}^{-\frac{t}{\tau}} \tag{8-3-15}$$

式(8-3-15)与式(8-3-13)一致。表明 *RC* 电路全响应的变化规律为式(8-3-14)。

RC 电路的零状态响应是否符合式(8-3-14)的规律呢？图 8-3-1(a)所示 *RC* 电路在零状态响应条件下，$u_C(0_+)=0$，$u_C(\infty)=U_S$，$i(0_+)=\dfrac{U_S-u_C(0_+)}{R}=\dfrac{U_S}{R}$，$i(\infty)=0$，将它们代入式(8-3-14)中，得

$$u_C=u_C(\infty)+[u_C(0_+)-u_C(\infty)]\mathrm{e}^{-\frac{t}{\tau}}=U_S+(0-U_S)\mathrm{e}^{-\frac{t}{\tau}}=U_S(1-\mathrm{e}^{-\frac{t}{\tau}})$$

$$i=i(\infty)+[i(0_+)-i(\infty)]\mathrm{e}^{-\frac{t}{\tau}}=\frac{U_S}{R}\mathrm{e}^{-\frac{t}{\tau}}$$

这正是零状态响应的结果式(8-3-7)和(8-3-8)。表明 *RC* 电路的零状态响应亦符合式(8-3-14)的规律。

RC 电路的零输入响应是否符合式(8-3-14)的规律呢？若图 8-3-1(a)所示 *RC* 电路中，$U_S=0$，$u_C(0_-)=U_0$，就是零输入响应。此时，$u_C(0_+)=U_0$，$u_C(\infty)=0$，$i(0_+)=\dfrac{u_C(0_+)}{R}=\dfrac{U_0}{R}$，$i(\infty)=0$，将它们代入式(8-3-14)，得

$$u_C=u_C(\infty)+[u_C(0_+)-u_C(\infty)]\mathrm{e}^{-\frac{t}{\tau}}=0+(U_0-0)\mathrm{e}^{-\frac{t}{\tau}}=U_0\mathrm{e}^{-\frac{t}{\tau}}$$

$$i=i(\infty)+[i(0_+)-i(\infty)]\mathrm{e}^{-\frac{t}{\tau}}=0+\left(\frac{U_0}{R}-0\right)\mathrm{e}^{-\frac{t}{\tau}}=\frac{U_0}{R}\mathrm{e}^{-\frac{t}{\tau}}$$

结果与式(8-2-3)、(8-2-4)一致。表明 *RC* 电路的零输入响应亦符合式(8-3-14)的规律。

3. 三要素法

以上分析表明：*RC* 电路的零输入响应、直流电源激励下的零状态响应和全响应，均满足

式(8-3-14)表示的规律。将式(8-3-14)写为一般形式,即

$$\boxed{y(t)=y(\infty)+[y(0_+)-y(\infty)]\mathrm{e}^{-\frac{t}{\tau}}} \tag{8-3-16}$$

其中:$y(t)$为RC电路的任意电压或电流,$y(0_+)$为初始值,$y(\infty)$为稳态值,τ为时间常数。计算RC电路的零输入响应、直流电源激励下的零状态响应和全响应,只需首先确定$y(0_+)$、$y(\infty)$、τ,然后按照式(8-3-16)写出响应表达式$y(t)$。称$y(0_+)$、$y(\infty)$、τ为一阶电路的三要素,这种计算暂态响应的简单步骤,称为三要素法。

计算RC电路响应$y(t)$的简单步骤(三要素法)

1. 将电路中的独立电源置零,等效为RC电路,计算时间常数$\tau=R_{eq}C$
2. 计算待求变量的初始值$u_C(0_-)\to u_C(0_+)\to y(0_+)$
3. 计算待求变量的直流稳态值(电容等效为开路)$y(\infty)$
4. 写出响应表达式$y(t)=y(\infty)+[y(0_+)-y(\infty)]\mathrm{e}^{-\frac{t}{\tau}}$

式(8-3-16)是从全响应的结果归纳而得的,这样的做法不够严谨,下面进行严谨的推导。直流电源激励的一阶电路,以电路中的任何电压或电流为变量,用$y(t)$表示,其微分方程为

$$\frac{\mathrm{d}y(t)}{\mathrm{d}t}+\frac{1}{\tau}y(t)=F \tag{8-3-17}$$

其中:τ为时间常数,F为与直流电源相关的常数。方程的解为

$$y(t)=y_h(t)+y_p(t)=k\mathrm{e}^{-\frac{t}{\tau}}+\tau F \tag{8-3-18}$$

其中:$y_p(t)=\tau F$,是特解;$y_h(t)=k\mathrm{e}^{-\frac{t}{\tau}}$,是通解。分别令式(8-3-18)中$t=0_+$、$t=\infty$,得到

$$y(0_+)=k+\tau F$$

$$y(\infty)=\tau F$$

于是就有

$$k=y(0_+)-y(\infty)$$

式(8-3-18)写为

$$y(t)=[y(0_+)-y(\infty)]\mathrm{e}^{-\frac{t}{\tau}}+y(\infty)$$

即得到了式(8-3-16)。

三要素法是计算一阶电路的简单方法。但是,应该注意到只有电路的激励为直流电源时才有$y_p(t)=y(\infty)$,从而容易获得$y_p(t)$。如果电路的激励为正弦电源,则$y_p(t)$为正弦函数,不易求得$y_p(t)$。

例8-3-1 图8-3-4(a)所示电路开关闭合前处于稳态,$t=0$时开关闭合。(1)对$t>0$求u_C;(2)电路的响应是否可称为阶跃响应?(3)若是阶跃响应,画出与图8-3-4(a)等价的阶跃响应电路。

解:(1) 图8-3-4(a)所示电路,$u_C(0_-)=0$,为零状态,在$t>0$后电路中有直流电压源激励,为RC电路在直流电源激励下的零状态响应问题。用三要素法计算。

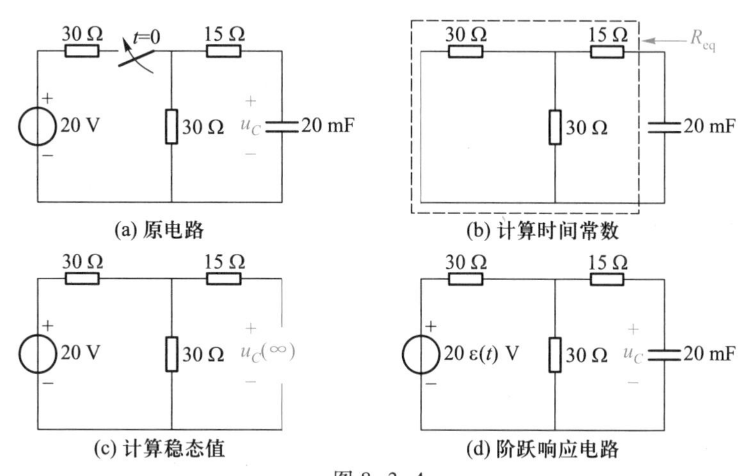

图 8-3-4

第 1 步：确定时间常数。将 $t>0$ 后电路中的电压源置零，如图(b)所示，等效为 RC 电路。等效电阻

$$R_{eq}=\left(\frac{30\times30}{30+30}+15\right)\ \Omega=30\ \Omega$$

时间常数

$$\tau=R_{eq}C=30\times20\times10^{-3}\ \text{s}=0.6\ \text{s}$$

第 2 步：确定初始值。电路为连续换路，即有

$$u_C(0_+)=u_C(0_-)=0$$

第 3 步：确定稳态值。$t\to\infty$ 的稳态电路如图(c)所示，电容开路。解得

$$u_C(\infty)=\frac{30}{30+30}\times20\ \text{V}=10\ \text{V}$$

第 4 步：写出响应表达式。根据式(8-3-16)，有

$$u_C=u_C(\infty)+[u_C(0_+)-u_C(\infty)]e^{-\frac{t}{\tau}}=[10+(0-10)e^{-\frac{t}{0.6}}]\ \text{V}=10(1-e^{-\frac{5t}{3}})\ \text{V}\quad(t\geqslant0)$$

(2) 阶跃响应是阶跃电源激励下的零状态响应，换路由电源跳变引起。直流电源激励下的零状态响应，换路由开关动作引起，与阶跃响应本质相同。图 8-3-4(a)所示电路的响应可称为阶跃响应。

(3) 图 8-3-4(a)所示电路等价于图 8-3-4(d)所示阶跃响应电路。

目标 2 检测：直流电源激励下一阶电路的响应

测 8-6 测 8-6 图所示电路，开关闭合前处于稳态，$t=0$ 时开关闭合。(1)对 $t>0$ 求 i_o；(2)画出等价的阶跃响应电路。

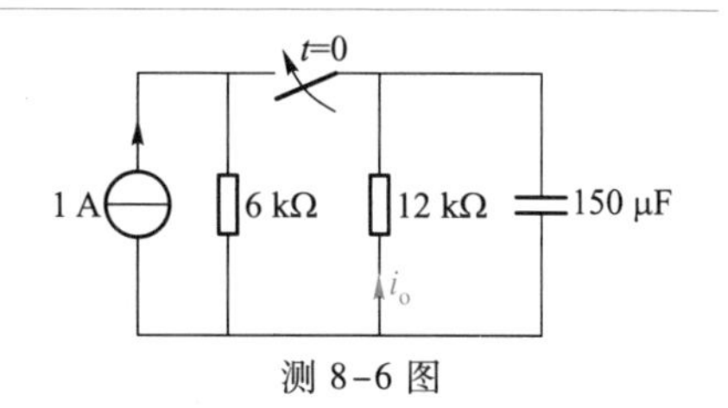

测 8-6 图

答案：$i_o=-\frac{1}{3}(1-e^{-\frac{5}{3}t})$ A。

例 8-3-2 图 8-3-5(a)所示电路在开关闭合前处于稳态，$t=0$ 时开关闭合。对 $t>0$ 求 u_C 与 i。

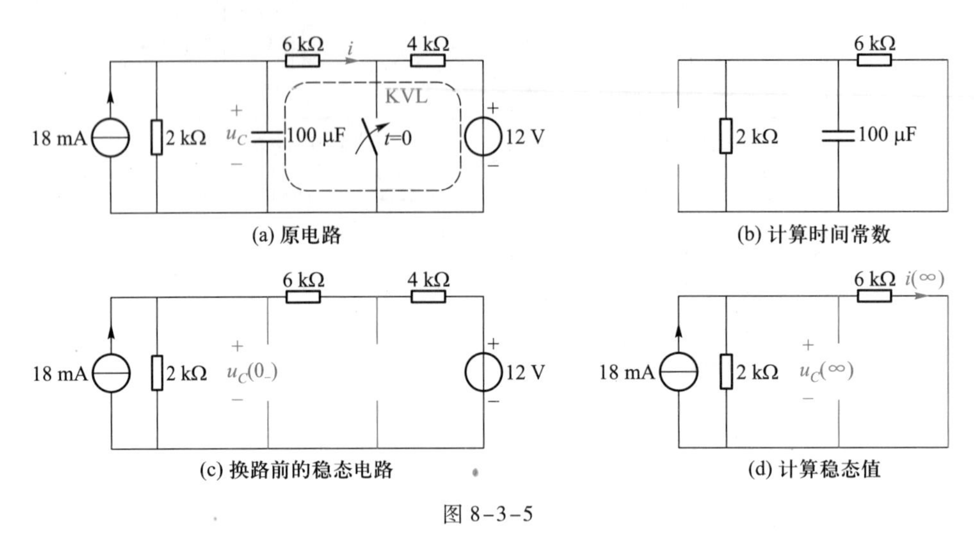

图 8-3-5

解：图 8-3-5(a)所示电路，在 $t<0$ 时电容有储能，在 $t>0$ 时电路中有直流电压源激励，为 RC 电路在直流电源激励下的全响应问题。用三要素法计算。

第 1 步：确定时间常数。将 $t>0$ 后电路中的电流源置零（开路），如图 8-3-5(b)所示，并等效为 RC 电路。等效电阻为 2 kΩ 并联 6 kΩ，即

$$R_{eq}=\frac{2\times6}{2+6}\ \text{k}\Omega=1.5\ \text{k}\Omega$$

时间常数

$$\tau=R_{eq}C=1.5\times10^3\times100\times10^{-6}\ \text{s}=0.15\ \text{s}$$

第 2 步：确定初始值。先确定换路前的电容电压。换路前的稳态电路如图 8-3-5(c)所示，用结点方程确定 $u_C(0_-)$。结点方程为

$$\left(\frac{1}{2\times10^3}+\frac{1}{10\times10^3}\right)u_C(0_-)=18\times10^{-3}+\frac{12}{10\times10^3}$$

解得 $u_C(0_-)=32$ V。也可用叠加定理计算 $u_C(0_-)$。

电路为连续换路，即有

$$u_C(0_+)=u_C(0_-)=32\ \text{V}$$

回到图 8-3-5(a)所示电路，在 $t=0_+$ 瞬间，由 KVL 得

$$i(0_+)=\frac{u_C(0_+)}{6\times10^3}=\frac{32}{6\times10^3}\ \text{A}=5.33\ \text{mA}$$

第 3 步：确定稳态值。$t\to\infty$ 的稳态电路如图 8-3-5(d)所示。解得

$$u_C(\infty)=\frac{2\times6}{2+6}\times10^3\times18\times10^{-3}\ \text{V}=27\ \text{V}$$

$$i(\infty)=\frac{u_C(\infty)}{6\times10^3}=\frac{27}{6\times10^3}\ \text{A}=4.5\ \text{mA}$$

第 4 步：写出响应表达式。有

$$u_C=u_C(\infty)+[u_C(0_+)-u_C(\infty)]e^{-\frac{t}{\tau}}=[27+(32-27)e^{-\frac{t}{0.15}}]\ \text{V}=(27+5e^{-\frac{20t}{3}})\ \text{V}\quad(t\geq0)$$

$$i=i(\infty)+[i(0_+)-i(\infty)]e^{-\frac{t}{\tau}}=[4.5+(5.33-4.5)e^{-\frac{t}{0.15}}]\ \text{mA}=(4.5-0.83e^{-\frac{20t}{3}})\ \text{mA}\quad(t>0)$$

目标 2 检测：直流电源激励下一阶电路的响应

测 8-7 测 8-7 图所示电路，开关打开前处于稳态，$t=0$ 时开关打开。对 $t>0$ 求 u_C 与 i。

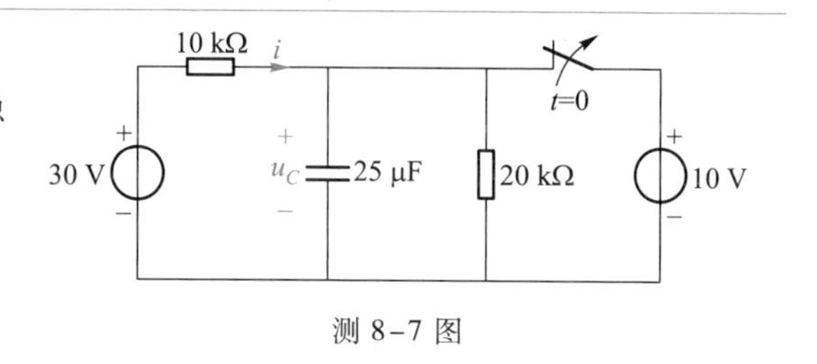

测 8-7 图

答案：$u_C=(20-10e^{-6t})$ V，$i=(1+e^{-6t})$ mA。

例 8-3-3 图 8-3-6(a)所示电路开关打开前处于稳态，$t=0$ 时开关打开。对 $t>0$ 求 i。

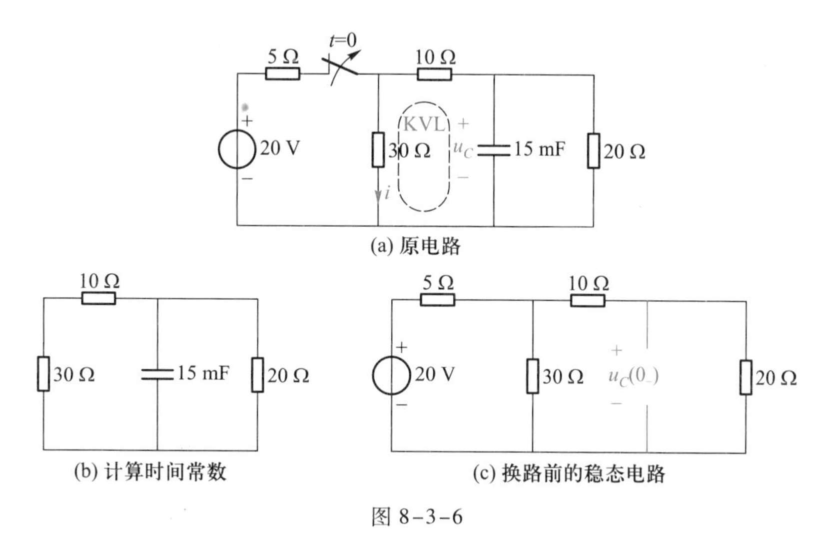

图 8-3-6

解：如图 8-3-6(a)所示，在 $t<0$ 时电容有储能，在 $t>0$ 时电路中没有电源，为 RC 电路零输入响应问题。用三要素法计算。

第 1 步：确定时间常数。$t>0$ 后，电路如图 8-3-6(b)所示。将其等效为 RC 电路，等效电阻

$$R_{eq}=\frac{(10+30)\times20}{(10+30)+20}\ \Omega=\frac{40}{3}\ \Omega$$

时间常数

$$\tau=R_{eq}C=\frac{40}{3}\times15\times10^{-3}\ \text{s}=0.2\ \text{s}$$

第 2 步：确定初始值。先确定换路前的电容电压。换路前的稳态电路如图 8-3-6(c)所示。利用电阻分压关系得

$$u_C(0_-)=\frac{15}{5+15}\times 20\times\frac{20}{10+20}\ \text{V}=10\ \text{V}$$

电路为连续换路,即有

$$u_C(0_+)=u_C(0_-)=10\ \text{V}$$

回到图 8-3-6(a),在 $t=0_+$瞬间,由 KVL 得

$$i(0_+)=\frac{u_C(0_+)}{10+30}=\frac{10}{10+30}\ \text{A}=0.25\ \text{A}$$

第 3 步:确定稳态值。显然

$$i(\infty)=0$$

第 4 步:写出响应表达式。有

$$i=i(\infty)+[i(0_+)-i(\infty)]\mathrm{e}^{-\frac{t}{\tau}}=0.25\mathrm{e}^{-5t}\ \text{A}\quad(t>0)$$

目标 2 检测:直流电源激励下一阶电路的响应

测 8-8 测 8-8 图所示电路,开关闭合前处于稳态,$t=0$ 时开关闭合。对 $t>0$ 求 u_o。

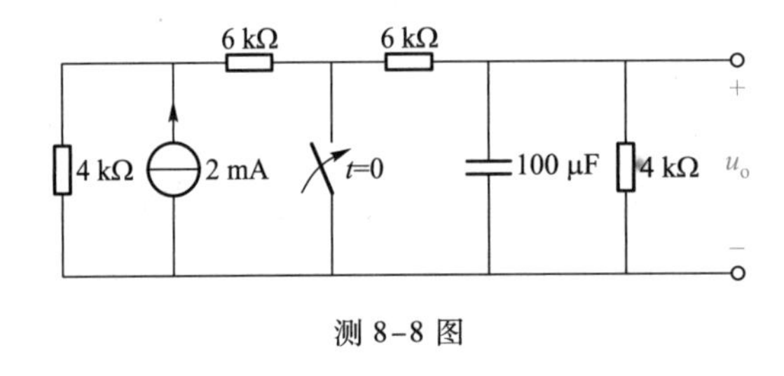

测 8-8 图

答案:$u_o=1.6\mathrm{e}^{-\frac{25}{6}t}$ V。

4. 自由分量与强制分量、暂态分量与稳态分量

直流电源激励的一阶电路,响应的通式为

$$y(t)=y_h(t)+y_p(t)=[y(0_+)-y(\infty)]\mathrm{e}^{-\frac{t}{\tau}}+y(\infty)$$

通解 $y_h(t)=[y(0_+)-y(\infty)]\mathrm{e}^{-\frac{t}{\tau}}$的形式与零输入响应相同,它由电路的自身特性决定,称为自由分量(natural component)。该项是逐渐衰减的,在电路换路后经历 5τ 就接近于零,故又称为暂态分量(transient component)。

特解 $y_p(t)=y(\infty)$的形式与电路中的独立电源相同,因电源的作用而产生,称为强制分量(forced component)。它永久存在,而电路达到稳态时只剩下它,故又称为稳态分量(steady-state component)[12]。

RC 电路中,u_C 的全响应、零状态响应均包含自由分量和强制分量,而零输入响应只有自由分量。其全响应还可以写为

[12] 在直流或正弦电源激励的稳定电路中,自由分量就是暂态分量,强制分量就是稳态分量。如果激励是衰减的指数,强制分量与激励变化规律相同,也是衰减的指数,则稳态分量为 0,此时强制分量不再是稳态分量。

$$u_C(t)=[u_C(0_+)-u_C(\infty)]e^{-\frac{t}{\tau}}+u_C(\infty)=u_C(0_+)e^{-\frac{t}{\tau}}+u_C(\infty)(1-e^{-\frac{t}{\tau}}) \quad (8-3-19)$$

显然，上式最右边第 1 项为零输入响应，第 2 项为零状态响应。它表明 *RC* 电路中，u_C 的全响应等于零输入响应和零状态响应的叠加。这本质上是电路换路前的储能、换路后的独立电源分别作用于电路，将各自产生的响应叠加，是线性电路的线性特性在暂态过程中的体现。

全响应＝自由分量+强制分量＝暂态分量+稳态分量

$$u_C(t)=[u_C(0_+)-u_C(\infty)]e^{-\frac{t}{\tau}}+u_C(\infty)$$

零状态响应＝自由分量+强制分量＝暂态分量+稳态分量

$$u_C(t)=-u_C(\infty)e^{-\frac{t}{\tau}}+u_C(\infty)$$

零输入响应＝自由（暂态）分量

$$u_C(t)=u_C(0_+)e^{-\frac{t}{\tau}}$$

全响应＝零输入响应+零状态响应

$$u_C(t)=u_C(0_+)e^{-\frac{t}{\tau}}+u_C(\infty)(1-e^{-\frac{t}{\tau}})$$

8.3.2 直流电源激励的 *RL* 电路

8.3.1 小节详尽分析了直流电源激励下的 *RC* 电路，总结出 *RC* 电路的响应规律、响应的简单计算方法。*RC* 电路的结论全部适用于 *RL* 电路。读者可以仿效 *RC* 电路的分析方法，对 *RL* 电路加以分析，证明 *RC* 电路的结论适用于 *RL* 电路。本节将直接应用三要素法分析 *RL* 电路的全响应。

计算一阶电路响应 $y(t)$ 的简单步骤（三要素法）

1. 将电路中的独立电源置 0，等效为 *RC*（或 *RL*）电路，计算时间常数 $\tau=R_{eq}C$（或 $\tau=G_{eq}L$）
2. 计算待求变量的初始值 $u_C(0_-)\to u_C(0_+)\to y(0_+)$（或 $i_L(0_-)\to i_L(0_+)\to y(0_+)$）
3. 计算待求变量的直流稳态值 $y(\infty)$（电容等效为开路，电感等效为短路）
4. 写出响应表达式

$$y(t)=y(\infty)+[y(0_+)-y(\infty)]e^{-\frac{t}{\tau}}$$

如图 8-3-7(a) 所示，换路前电路处于稳态，直流电流源由开关短路，不输出功率，电感也由开关短路，但电感可以带有储能，也可以不带储能。$t=0$ 时开关打开，直流电流源作用于 *RL* 回路，即为 *RL* 电路。

假定图 8-3-7(a) 中 $i_L(0_-)=I_0$，则为 *RL* 电路的全响应问题。用三要素法计算全响应 i_L、u。

第 1 步：计算时间常数。开关打开且电流源置零，如图 8-3-7(b) 所示，时间常数

$$\tau=\frac{L}{R} \quad (8-3-20)$$

第 2 步：计算初始值。已知 $i_L(0_-)=I_0$，电路为连续换路，即有

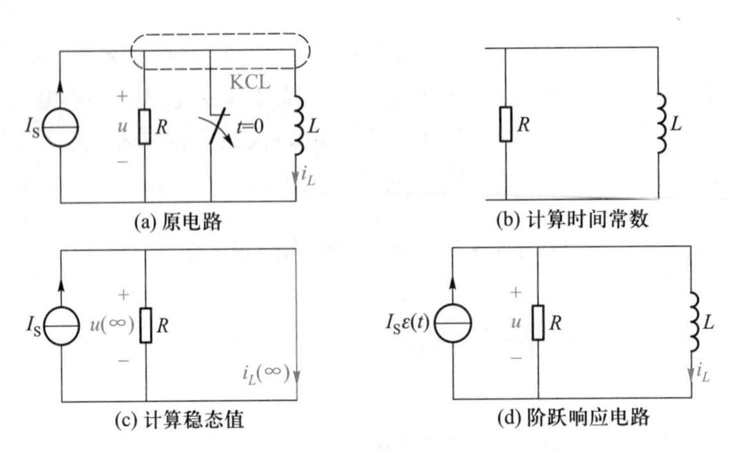

图 8-3-7 直流电源激励下的 RL 电路

$$i_L(0_+)=i_L(0_-)=I_0$$

在 $t=0_+$时刻，由图 8-3-7(a)中 KCL 得

$$u(0_+)=R[I_S-i_L(0_+)]=R(I_S-I_0)$$

第 3 步：计算稳态值。稳态电路如图 8-3-7(c)所示。得

$$i_L(\infty)=I_S,\quad u(\infty)=0$$

第 4 步：写出响应表达式。根据式(8-3-16)，有

$$i_L=i_L(\infty)+[i_L(0_+)-i_L(\infty)]e^{-\frac{t}{\tau}}=I_S+(I_0-I_S)e^{-\frac{R}{L}t} \tag{8-3-21}$$

$$u=u(\infty)+[u(0_+)-u(\infty)]e^{-\frac{t}{\tau}}=R(I_S-I_0)e^{-\frac{R}{L}t} \tag{8-3-22}$$

式(8-3-21)、(8-3-22)为 RL 电路的全响应。i_L 从初始值 I_0 依指数规律变化到稳态值 I_S；u 从初始值 $R(I_S-I_0)$依指数规律变化到稳态值 0；时间常数 τ 决定暂态过程的时长，暂态过程时长近似为 $5\tau=5L/R$。

假定图 8-3-7(a)所示电路中，$i_L(0_-)=0$，则为 RL 电路的零状态响应问题。对式(8-3-21)、(8-3-22)令 $I_0=0$，即得到零状态响应。零状态响应为

$$i_L=I_S(1-e^{-\frac{R}{L}t}) \tag{8-3-23}$$

$$u=RI_Se^{-\frac{R}{L}t} \tag{8-3-24}$$

在 $i_L(0_-)=0$ 的条件下，图(a)与图(d)等价。图(d)为 RL 电路的阶跃响应。

假定图(a)中，$i_L(0_-)=I_0$，而 $I_S=0$(电流源开路)，则为 RL 电路的零输入响应。对式(8-3-21)、(8-3-22)令 $I_S=0$，即得到零输入响应。零输入响应为

$$i_L=I_0e^{-\frac{R}{L}t}$$

$$u=-RI_0e^{-\frac{R}{L}t}$$

这正是前面已得到的零输入响应式(8-2-10)、(8-2-11)。

RL 电路与 RC 电路有相同的规律。RL 电路中的 i_L 具有以下特点：

全响应＝自由分量+强制分量＝暂态分量+稳态分量

$$i_L=[i_L(0_+)-i_L(\infty)]e^{-\frac{t}{\tau}}+i_L(\infty)$$

零状态响应＝自由分量+强制分量＝暂态分量+稳态分量

$$i_L=-i_L(\infty)e^{-\frac{t}{\tau}}+i_L(\infty)$$

零输入响应＝自由(暂态)分量

$$i_L=i_L(0_+)e^{-\frac{t}{\tau}}$$

全响应＝零输入响应+零状态响应

$$i_L=i_L(0_+)e^{-\frac{t}{\tau}}+i_L(\infty)(1-e^{-\frac{t}{\tau}})$$

例 8-3-4 图 8-3-8(a)所示，电路在开关闭合前处于稳态，$t=0$ 时开关闭合。(1)对 $t>0$ 求 i_L、i_o；(2)写出 i_L 中的自由分量、强制分量；(3)写出 i_o 中的暂态分量、稳态分量。

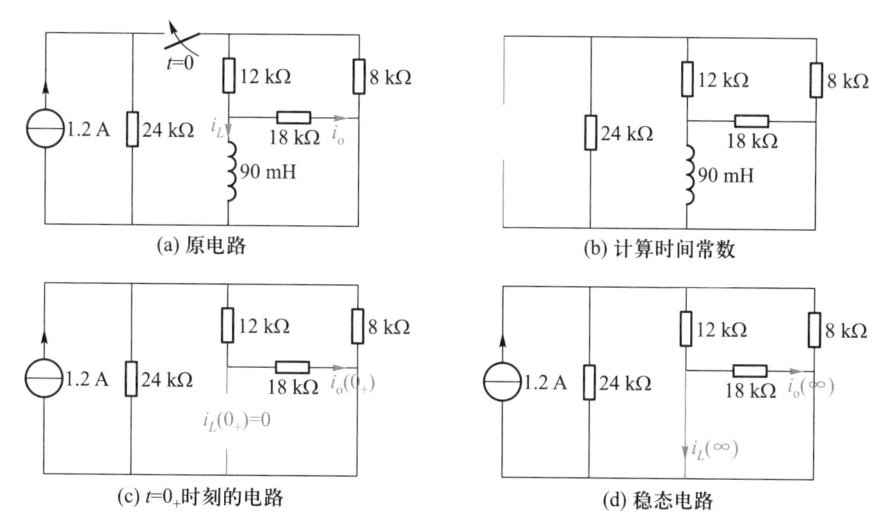

图 8-3-8

解：(1) 如图 8-3-8(a)所示，在 $t<0$ 时电感没有储能，在 $t>0$ 时电路中有独立电源，为零状态响应问题。用三要素法计算。

第 1 步：确定时间常数。$t>0$ 的电路如图 8-3-8(b)所示，将其等效为 RL 电路，24 kΩ 和8 kΩ 并联等于 6 kΩ，6 kΩ 和 12 kΩ 串联等于 18 kΩ，18 kΩ 再和 18 kΩ 并联等于 9 kΩ。等效电阻

$$R_{eq}=9\ \text{k}\Omega$$

时间常数

$$\tau=\frac{L}{R_{eq}}=\frac{90\times10^{-3}}{9\times10^{3}}\ \text{s}=10^{-5}\ \text{s}$$

第 2 步：确定初始值。显然 $i_L(0_-)=0$，电路为连续换路，即有

$$i_L(0_+)=i_L(0_-)=0$$

为了确定初始值 $i_o(0_+)$，画出 $t=0_+$时刻的电路，如图 8-3-8(c)所示，由于 $i_L(0_+)=0$，所以电感视为开路。由电导分流关系得

$$i(0_+)=\frac{\frac{1}{12+18}}{\frac{1}{24}+\frac{1}{12+18}+\frac{1}{8}}\times1.2\ \text{A}=0.2\ \text{A}$$

第 3 步:确定稳态值。稳态电路如图 8-3-8(d)所示,电感视为短路,解得

$$i_o(\infty)=0$$

$$i_L(\infty)=\frac{\frac{1}{12}}{\frac{1}{24}+\frac{1}{12}+\frac{1}{8}}\times1.2\ \text{A}=0.4\ \text{A}$$

第 4 步:写出响应表达式。有

$$i_L=i_L(\infty)+[i_L(0_+)-i_L(\infty)]\text{e}^{-\frac{t}{\tau}}=0.4(1-\text{e}^{-10^5t})\ \text{A}\quad(t\geqslant0)$$

$$i_o=i_o(\infty)+[i_o(0_+)-i_o(\infty)]\text{e}^{-\frac{t}{\tau}}=0.2\text{e}^{-10^5t}\ \text{A}\quad(t>0)$$

(2) i_L 中的自由分量、强制分量分别为:-0.4e^{-10^5t} A、0.4 A。

(3) i_o 中的暂态分量、稳态分量分别为:0.2e^{-10^5t} A、0 A。

目标 3 检测:自由分量与强制分量、暂态分量与稳态分量

测 8-9 测 8-9 图所示电路,开关打开前处于稳态,$t=0$ 时开关打开。(1)对 $t>0$ 求 i_L、u;(2)写出 i_L 中的自由分量、强制分量;(3)写出 u 中的暂态分量、稳态分量;(4)写出 i_L 的零状态响应分量、零输入响应分量。

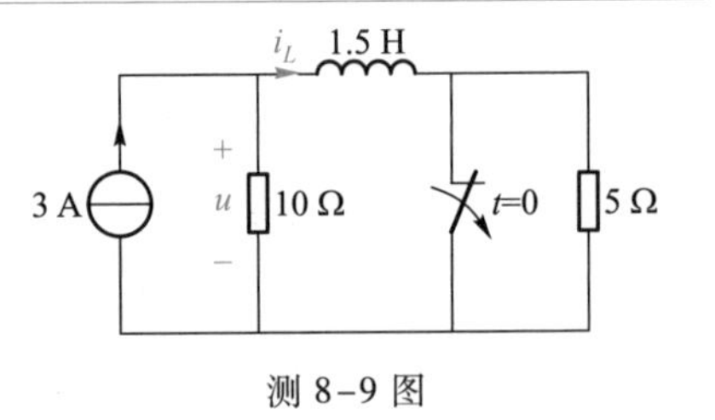

测 8-9 图

答案:(1) $i_L=(2+\text{e}^{-10t})$ A,$u=10(1-\text{e}^{-10t})$ V;(2) e^{-10t} A、2 A;(3) -10e^{-10t} V、10 V;(4) $2(1-\text{e}^{-10t})$ A、3e^{-10t} A。

例 8-3-5 图 8-3-9(a)所示电路开关闭合前处于稳态,$t=0$ 时开关闭合。(1)对 $t>0$ 求 u_{ab};(2)写出 u_{ab} 中的自由分量、强制分量;(3)写出 u_{ab} 中的零输入响应分量、零状态响应分量。

解:(1) 图 8-3-9(a)所示电路,在 $t<0$ 时有储能,在 $t>0$ 时电路中有独立电源,为全响应问题。电路中既有电感也有电容,是否是一阶电路呢?如果不是一阶电路,则不能用三要素法,只能列写微分方程求解。电路的阶数与独立电源无关,可以先将独立电源置零来判断电路的阶数。图(a)所示电路在 $t>0$ 时独立电源置零,得到图(b)所示电路。可见,电感形成 *RL* 回路,电容形成 *RC* 回路,它们互不相关,i_L 按照 *RL* 回路的时间常数变化,u_C 按照 *RC* 回路的时间常数变化。因此图(a)所示电路为两个一阶电路,可以用三要素法分别求得 i_L、u_C,再由 i_L、u_C 得到 u_{ab}。图(a)中 u_{ab} 和 i_L、u_C 的关系为

$$u_{ab}=(1-i_L)\times1+u_C$$

下面用三要素法分别计算 i_L、u_C。

第 1 步:确定时间常数。由图 8-3-9(b)得,*RL* 回路的时间常数

$$\tau_L=\frac{L}{R_{eq}}=\frac{1}{2}\ \text{s}=0.5\ \text{s}$$

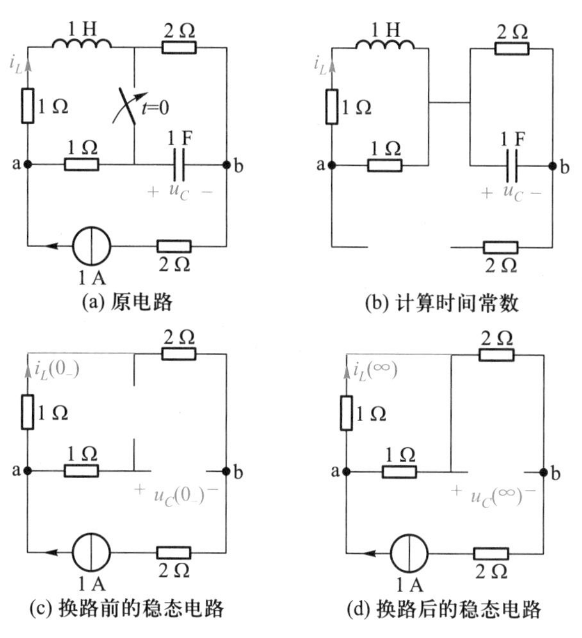

(a) 原电路 (b) 计算时间常数

(c) 换路前的稳态电路 (d) 换路后的稳态电路

图 8-3-9

RC 回路的时间常数

$$\tau_C = RC = 2\times1\ \text{s} = 2\ \text{s}$$

第 2 步:确定初始值。$t<0$ 时的稳态电路如图(c)所示,有

$$i_L(0_-)=1\ \text{A},\quad u_C(0_-)=(1+2)i_L(0_-)=3\ \text{V}$$

电路为连续换路。即有

$$i_L(0_+)=i_L(0_-)=1\ \text{A},\quad u_C(0_+)=u_C(0_-)=3\ \text{V}$$

第 3 步:确定稳态值。稳态电路如图 8-3-9(d)所示,电感视为短路,解得

$$i_L(\infty)=0.5\ \text{A},\quad u_C(\infty)=2\ \text{V}$$

第 4 步:写出响应表达式。有

$$i_L=i_L(\infty)+[i_L(0_+)-i_L(\infty)]e^{-\frac{t}{\tau_L}}=0.5(1+e^{-2t})\quad(t\geqslant0)$$

$$u_C=u_C(\infty)+[u_C(0_+)-u_C(\infty)]e^{-\frac{t}{\tau_C}}=(2+e^{-0.5t})\quad(t\geqslant0)$$

因此

$$u_{ab}=(1-i_L)\times1+u_C=[1-0.5(1+e^{-2t})]\times1+(2+e^{-0.5t})=(2.5-0.5e^{-2t}+e^{-0.5t})\ \text{V}\quad(t>0)$$

(2) u_{ab}中的自由分量、强制分量分别为:$(-0.5e^{-2t}+e^{-0.5t})$ V、2.5 V。

(3) 要将 u_{ab}分解为零输入响应、零状态响应之和,可先将 i_L、u_C 分别分解为零输入响应、零状态响应之和。有

$$i_L=i_L(0_+)e^{-\frac{t}{\tau_L}}+i_L(\infty)(1-e^{-\frac{t}{\tau_L}})=e^{-2t}+0.5(1-e^{-2t})\ \text{A}$$

$$u_C=u_C(0_+)e^{-\frac{t}{\tau_C}}+u_C(\infty)(1-e^{-\frac{t}{\tau_C}})=3e^{-0.5t}+2(1-e^{-0.5t})\ \text{V}$$

由 i_L、u_C 的零输入响应分量计算 u_{ab}的零输入响应分量。u_{ab}的零输入响应分量为

$$(-1\times e^{-2t}+3e^{-0.5t})=(-e^{-2t}+3e^{-0.5t})\ \text{V}$$

由 i_L、u_C 的零状态响应分量计算 u_{ab}的零状态响应分量。u_{ab}的零状态响应分量为

$$[1-0.5(1-e^{-2t})]\times 1+2(1-e^{-0.5t})=(2.5+0.5e^{-2t}-2e^{-0.5t})\ \text{V}$$

目标 3 检测:自由分量与强制分量、暂态分量与稳态分量

测 8-10 测 8-10 图所示电路在开关打开前处于稳态,$t=0$ 时开关打开。(1)对 $t>0$,求 u;(2)写出 u 中的暂态分量、稳态分量;(3)写出 u 中的零状态响应分量、零输入响应分量。

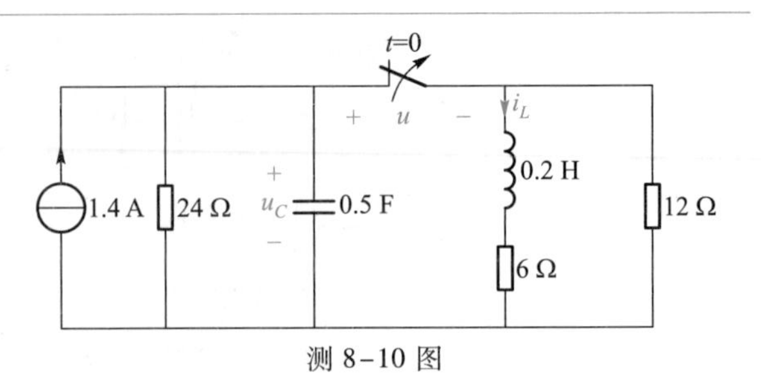

测 8-10 图

答案:(1) $u=(33.6-28.8e^{-\frac{t}{12}}+9.6e^{-90t})$ V;(2) $(-28.8e^{-\frac{t}{12}}+9.6e^{-90t})$ V、33.6 V;(3) $33.6(1-e^{-\frac{t}{12}})$ V、$(4.8e^{-\frac{t}{12}}+9.6e^{-90t})$ V。

例 8-3-6 图 8-3-10(a)所示电路,在 $t<0$ 时处于稳态,$t=0$ 时开关 S_1 闭合,$t=20$ ms 时开关 S_2 闭合。(1)对 $t>0$ 求 i;(2)计算 $t=40$ ms 时的 i 值。

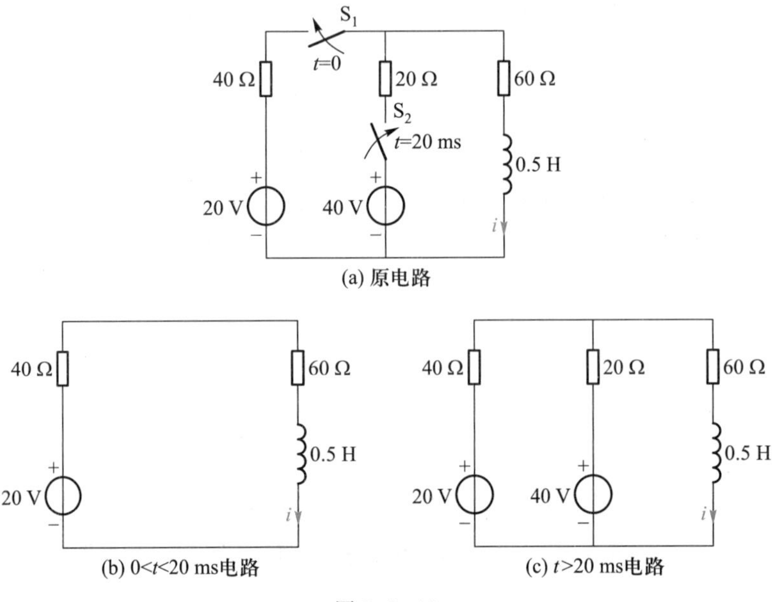

图 8-3-10

解:(1) 分 $t<0$、$0<t<20$ ms、$t>20$ ms 三个时间段来分析。

当 $t<0$ 时:S_1、S_2 均处在打开状态,电感没有储能,$i(0_-)=0$。

当 $0<t<20$ ms 时:S_1 闭合,如图 8-3-10(b)所示。假定 S_2 永远断开,用三要素法计算该电路的零状态响应。电路为连续换路,即

$$i(0_+)=i(0_-)=0$$

确定图(b)的时间常数时,电压源视为短路,等效为 RL 电路。时间常数

$$\tau=\frac{L}{R_{eq}}=\frac{0.5}{60+40}\ \text{s}=5\ \text{ms}$$

计算稳态值时,图(b)中的电感视为短路,得

$$i(\infty)=\frac{20}{60+40}\ \mathrm{A}=0.2\ \mathrm{A}$$

因此

$$i=i(\infty)+[i(0_+)-i(\infty)]\mathrm{e}^{-\frac{t}{\tau}}=0.2(1-\mathrm{e}^{-200t})\ \mathrm{A}\quad(0<t<20\ \mathrm{ms})$$

当 $t>20$ ms 时：S_2 闭合，电路如图 8-3-10(c)所示。$t=20$ ms 时，电感已有储能，S_2 接入新的电源，电路又一次换路，$t=20$ ms 是全响应的起始点。还是用三要素法计算该电路的全响应。电路为连续换路，初始值

$$i(0.02_+)=i(0.02_-)=0.2(1-\mathrm{e}^{-200\times0.02})=0.196\ 3\ \mathrm{A}$$

确定图 8-3-10(c)的时间常数时，两个电压源视为短路，等效为 RL 电路。20 Ω 和 40 Ω 并联，再和 60 Ω 串联。等效电阻

$$R_{\mathrm{eq}}=\left(\frac{20\times40}{20+40}+60\right)\ \Omega=\frac{220}{3}\ \Omega$$

时间常数

$$\tau=\frac{L}{R_{\mathrm{eq}}}=\frac{0.5\times3}{220}\ \mathrm{s}=\frac{3}{440}\ \mathrm{s}$$

计算稳态值时，图 8-3-10(c)中的电感视为短路，列写结点方程

$$\left(\frac{1}{20}+\frac{1}{40}+\frac{1}{60}\right)\times60i(\infty)=\frac{40}{20}+\frac{20}{40}$$

解得

$$i(\infty)=\frac{10}{22}\ \mathrm{A}=0.454\ 5\ \mathrm{A}$$

因此

$$i=i(\infty)+[i(0.02_+)-i(\infty)]\mathrm{e}^{-\frac{t-0.02}{\tau}}=[0.454\ 5-0.258\ 2\mathrm{e}^{-\frac{440(t-0.02)}{3}}]\ \mathrm{A}\quad(t>20\ \mathrm{ms})$$

写成分段函数

$$i=\begin{cases}0, & t<0\\ 0.2(1-\mathrm{e}^{-200t})\ \mathrm{A}, & 0<t<20\ \mathrm{ms}\\ [0.454\ 5-0.258\ 2\mathrm{e}^{-\frac{440(t-0.02)}{3}}]\ \mathrm{A}, & t>20\ \mathrm{ms}\end{cases}$$

(2) 当 $t=40$ ms 时，$i(0.04)=[0.454\ 5-0.258\ 2\mathrm{e}^{-\frac{440(0.04-0.02)}{3}}]=0.440\ 8\ \mathrm{A}$

目标 2 检测：直流电源激励下一阶电路的响应

测 8-11 测 8-11 图所示电路在 $t<0$ 时处于稳态，$t=0$ 时开关 S_1 闭合，$t=2$ s 时开关 S_2 闭合。(1) 对 $t>0$ 求 i；(2) 计算 $t=1$ s、$t=3$ s时 i 的值。

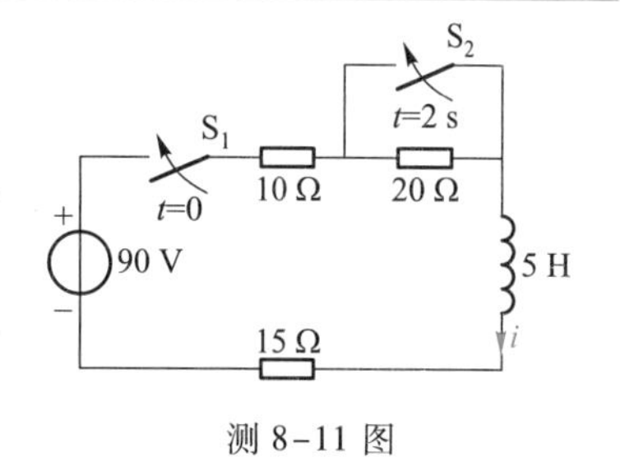

测 8-11 图

答案：(1) $i=\begin{cases}2(1-\mathrm{e}^{-9t})\ \mathrm{A}, 0\leqslant t\leqslant2\ \mathrm{s}\\ [3.6-1.6\mathrm{e}^{-5(t-2)}]\ \mathrm{A}, t>2\ \mathrm{s}\end{cases}$；(2) 2.0 A，3.6 A

*例 8-3-7 图 8-3-11(a)所示电路在 $t<0$ 时处于稳态，且 $u_{C2}(0_-)=3\ \text{V}$，$t=0$ 时开关闭合。对 $t>0$，用三要素法求 u_{C1}、u_{C2}。

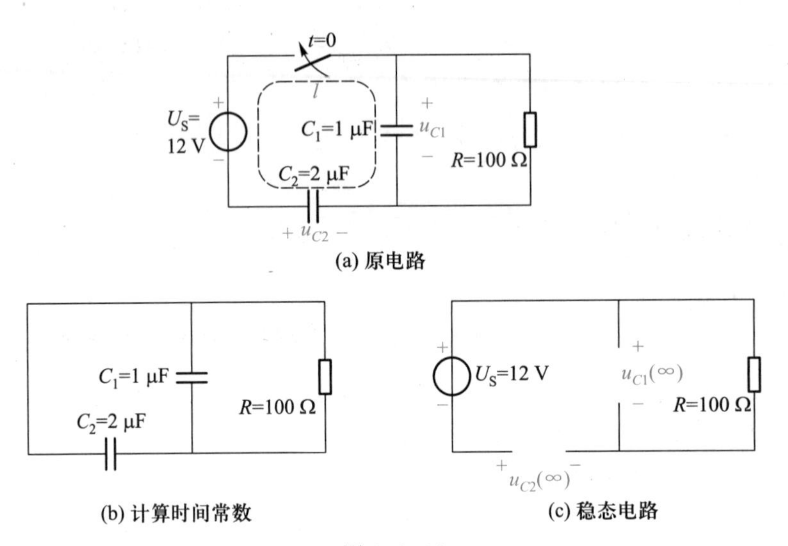

图 8-3-11

解：图 8-3-11(a)所示电路虽然有两个电容，但是开关闭合后形成纯电容回路，是一阶电路，电压源为直流电源，可以用三要素法计算。

计算时间常数。开关闭合后，电压源置零，电路如图(b)所示，为 RC 电路。时间常数

$$\tau=RC_{\text{eq}}=R(C_1+C_2)=100\times3\times10^{-6}\ \text{s}=3\times10^{-4}\ \text{s}$$

计算初始值。显然有

$$u_{C1}(0_-)=0,u_{C2}(0_-)=3\ \text{V}$$

由于开关闭合形成了图 8-3-11(a)所示纯电容回路 l，电路为跳变换路，需由 KVL 和电荷守恒确定初始值(参考 7.5.4 小节内容)。有

$$\begin{cases}U_{\text{S}}=u_{C1}(0_+)-u_{C2}(0_+)\\C_1u_{C1}(0_-)+C_2u_{C2}(0_-)=C_1u_{C1}(0_+)+C_2u_{C2}(0_+)\end{cases}$$

代入数值解得

$$u_{C1}(0_+)=10\ \text{V},u_{C2}(0_+)=-2\ \text{V}$$

计算稳态值。稳态电路如图 8-3-11(c)所示，电容视为开路，有

$$u_{C1}(\infty)=0,u_{C2}(\infty)=-U_{\text{S}}=-12\ \text{V}$$

写出响应表达式

$$u_{C1}=u_{C1}(\infty)+[u_{C1}(0_+)-u_{C1}(\infty)]\text{e}^{-\frac{t}{\tau}}=10\text{e}^{-\frac{10\,000t}{3}}\ \text{V}\quad(t>0)$$

$$u_{C2}=u_{C2}(\infty)+[u_{C2}(0_+)-u_{C2}(\infty)]\text{e}^{-\frac{t}{\tau}}=(-12+10\text{e}^{-\frac{10\,000t}{3}})\ \text{V}\quad(t>0)$$

目标 2 检测:直流电源激励下一阶电路的响应

*测 8-12 测 8-12 图所示电路在 $t<0$ 时处于稳态,且 $u_{C2}(0_-)=3\ \text{V}$,$t=0$ 时开关闭合。对 $t>0$,用三要素法求 u_{C1}、u_{C2}。

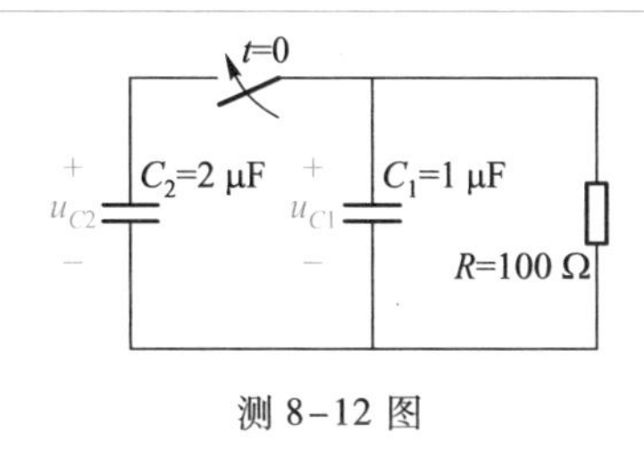

测 8-12 图

答案:$u_{C1}=u_{C2}=2\mathrm{e}^{-\frac{10\,000t}{3}}\ \text{V}\quad(t>0)$。

*测 8-13 测 8-13 图所示电路在 $t<0$ 时处于稳态,$t=0$时开关从右侧换到左侧。对 $t>0$,用三要素法求 u_1、u_2。

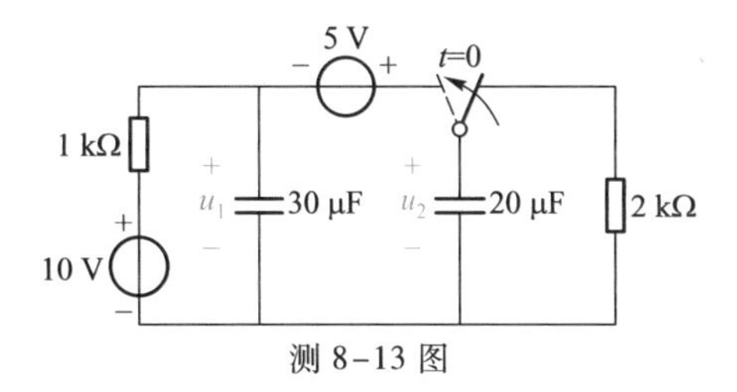

测 8-13 图

答案:$u_1=(10-6\mathrm{e}^{-20t})\ \text{V}\quad(t>0)$,$u_2=(15-6\mathrm{e}^{-20t})\ \text{V}\quad(t>0)$。

*例 8-3-8 图 8-3-12(a)所示电路在 $t<0$ 时处于稳态,$t=0$ 时开关打开。对 $t>0$,用三要素法求 i_{L1}、i_{L2}。

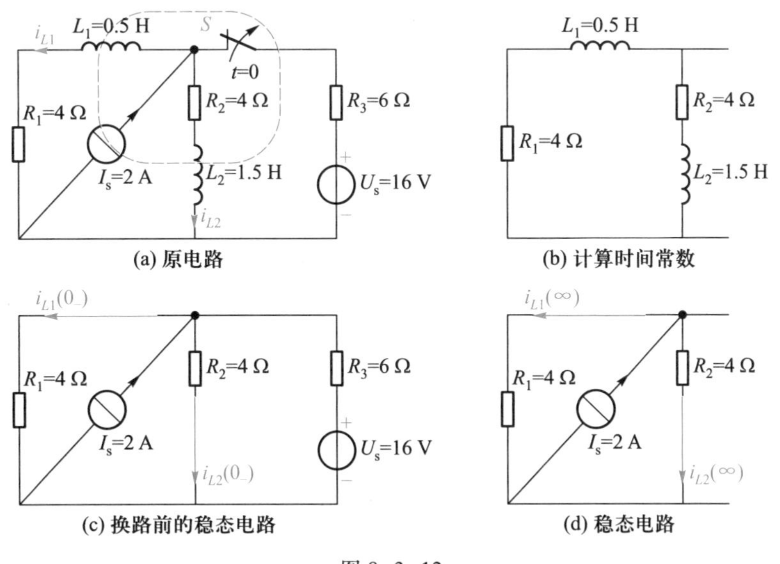

图 8-3-12

解:图 8-3-12(a)所示电路,开关打开且电流源置 0,电感为串联,是一阶电路的全响应问题。激励为直流电流源,可以用三要素法计算。

计算时间常数。开关打开、且电流源置零,电路如图 8-3-12(b)所示,为 RL 电路。时间常数

$$\tau=\frac{L_{eq}}{R_{eq}}=\frac{L_1+L_2}{R_1+R_2}=\frac{0.5+1.5}{4+4}\ \text{s}=0.25\ \text{s}$$

计算初始值。$t=0_-$ 时的稳态电路如图 8-3-12(c)所示，应用叠加定理计算 $i_{L1}(0_-)$、$i_{L2}(0_-)$。有

$$i_{L1}(0_-)=\frac{\frac{1}{R_1}}{\frac{1}{R_1}+\frac{1}{R_2}+\frac{1}{R_3}}\times I_s+\frac{U_s}{R_3+\frac{R_1\times R_2}{R_1+R_2}}\times\frac{R_2}{R_1+R_2}=\left(\frac{\frac{1}{4}}{\frac{1}{4}+\frac{1}{4}+\frac{1}{6}}\times 2+\frac{16}{6+\frac{4\times 4}{4+4}}\times\frac{4}{4+4}\right)\ \text{A}$$

$$=(0.75+1)\ \text{A}=1.75\ \text{A}$$

$$i_{L2}(0_-)=\frac{\frac{1}{R_2}}{\frac{1}{R_1}+\frac{1}{R_2}+\frac{1}{R_3}}\times I_s+\frac{U_s}{R_3+\frac{R_1\times R_2}{R_1+R_2}}\times\frac{R_1}{R_1+R_2}=1.75\ \text{A}$$

由于开关打开形成了图(a)所示纯电感广义结点，电路为跳变换路，要由 KCL 和磁通链守恒确定初始值(参考 7.5.4 节内容)。有

$$\begin{cases}i_{L1}(0_+)+i_{L2}(0_+)=I_s\\ L_1 i_{L1}(0_+)-L_2 i_{L2}(0_+)=L_1 i_{L1}(0_-)-L_2 i_{L2}(0_-)\end{cases}$$

代入参数，解得

$$i_{L1}(0_+)=0.625\ \text{A},\quad i_{L2}(0_+)=1.375\ \text{A}$$

计算稳态值。稳态电路如图(d)所示，电感视为短路，按照电阻分流，有

$$i_{L1}(\infty)=\frac{R_2}{R_1+R_2}I_s=\frac{4}{4+4}\times 2\ \text{A}=1\ \text{A}$$

$$i_{L2}(\infty)=1\ \text{A}$$

写出响应表达式。有

$$i_{L1}=i_{L1}(\infty)+[i_{L1}(0_+)-i_{L1}(\infty)]e^{-\frac{t}{\tau}}=(1-0.375e^{-4t})\ \text{A}\quad(t>0)$$

$$i_{L2}=i_{L2}(\infty)+[i_{L2}(0_+)-i_{L2}(\infty)]e^{-\frac{t}{\tau}}=(1+0.375e^{-4t})\ \text{A}\quad(t>0)$$

目标 2 检测：直流电源激励下一阶电路的响应

*测 8-14 测 8-14 图所示电路，$t<0$ 时处于稳态，$t=0$ 时开关打开。对 $t>0$，用三要素法求 i_1、i_2。

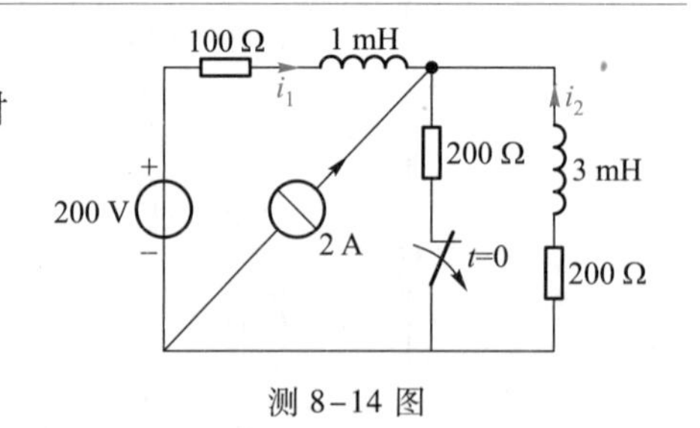

测 8-14 图

答案：$i_1=\left(-\frac{2}{3}-\frac{1}{12}e^{-75\,000t}\right)$ A　$(t>0)$，$i_2=\left(-\frac{4}{3}+\frac{1}{12}e^{-75\,000t}\right)$ A　$(t>0)$。

*例 8-3-9 图 8-3-13(a)所示电路在 $t<0$ 时处于稳态，$i_{L1}(0_-)=1$ A，$i_{L2}(0_-)=0$，$t=0$ 时开关打开。(1)对 $t>0$，用三要素法求 i_{L1}、i_{L2}；(2)计算 $t=0_-$、$t=0_+$、$t=\infty$ 三个时刻，L_1、L_2 的储能、并

联等效电感的储能；(3) 计算 $t=0_+$ 到 $t=\infty$ 期间电阻消耗的能量。

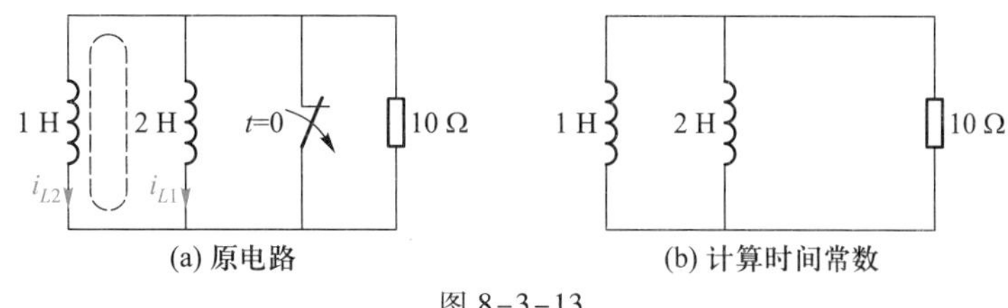

(a) 原电路　　(b) 计算时间常数

图 8-3-13

解：(1) 如图 8-3-13(a) 所示，开关打开，电感为并联，是一阶电路的零输入响应问题。用三要素法计算。

计算时间常数。开关打开，电路如图(b)所示，为 RL 电路。时间常数

$$\tau=\frac{L_{\mathrm{eq}}}{R}=\frac{\frac{1\times2}{1+2}}{10}\ \mathrm{s}=\frac{1}{15}\ \mathrm{s}$$

计算初始值。电路为连续换路，即有

$$i_{L1}(0_+)=i_{L1}(0_-)=1\ \mathrm{A}$$
$$i_{L2}(0_+)=i_{L2}(0_-)=0$$

计算稳态值。图 8-3-13(a) 中，开关打开，电感视为短路，无法通过分流获得电感的稳态电流。但是由 KCL 可得

$$i_{L1}(\infty)+i_{L2}(\infty)=0 \tag{1}$$

还是不能求得稳态值。在图(a)中，并联电感可以等效为一个电感，开关打开，等效电感释放储能，当等效电感的储能释放完毕时，流过电阻的电流为 0，暂态过程结束，但此时两个电感各自还保存着储能。两个电感储能的释放过程，遵循图(a)中虚线所示回路的磁链守恒原则。因为在 $t=0_-\rightarrow t=\infty$ 的过程中，虚线所示回路中没有电阻消耗磁链。因此有如下磁链守恒方程：

$$2\times i_{L1}(\infty)-1\times i_{L2}(\infty)=2\times i_{L1}(0_+)-1\times i_{L2}(0_+) \tag{2}$$

由(1)、(2)两式解得

$$i_{L1}(\infty)=\frac{2}{3}\ \mathrm{A},\quad i_{L2}(\infty)=-\frac{2}{3}\ \mathrm{A}$$

写出响应表达式。有

$$i_{L1}=i_{L1}(\infty)+[i_{L1}(0_+)-i_{L1}(\infty)]\mathrm{e}^{-\frac{t}{\tau}}=\left(\frac{2}{3}+\frac{1}{3}\mathrm{e}^{-15t}\right)\ \mathrm{A}\quad(t\geqslant0)$$

$$i_{L2}=i_{L2}(\infty)+[i_{L2}(0_+)-i_{L2}(\infty)]\mathrm{e}^{-\frac{t}{\tau}}=\left(-\frac{2}{3}+\frac{2}{3}\mathrm{e}^{-15t}\right)\ \mathrm{A}\quad(t\geqslant0)$$

读者可将本例计算方法与测 8-5 的计算方法对照。

(2) $t=0_-$ 时刻，L_1、L_2 的储能为

$$w_{L1}(0_-)=0.5L_1[i_{L1}(0_-)]^2=0.5\times2\times1^2\ \mathrm{J}=1\ \mathrm{J}$$
$$w_{L2}(0_-)=0.5L_2[i_{L2}(0_-)]^2=0$$

并联等效电感的储能为

$$w_L(0_-)=0.5\frac{L_1\times L_2}{L_1+L_2}[i_{L1}(0_-)+i_{L2}(0_-)]^2=0.5\frac{2\times1}{2+1}(1+0)^2\ \mathrm{J}=\frac{1}{3}\ \mathrm{J}$$

$t=0_+$时刻 L_1、L_2 的储能、并联等效电感的储能与 $t=0_-$时刻相同,因为电感电流相同。即

$$w_{L1}(0_+)=1\ \text{J},\quad w_{L2}(0_+)=0,\quad w_L(0_+)=\frac{1}{3}\ \text{J}$$

$t=\infty$ 时刻,L_1、L_2 的储能为

$$w_{L1}(\infty)=0.5L_1[i_{L1}(\infty)]^2=0.5\times2\times\left(\frac{2}{3}\right)^2\ \text{J}=\frac{4}{9}\ \text{J}$$

$$w_{L2}(\infty)=0.5L_2[i_{L2}(\infty)]^2=0.5\times1\times\left(-\frac{2}{3}\right)^2\ \text{J}=\frac{2}{9}\ \text{J}$$

并联等效电感的储能为

$$w_L(\infty)=0.5\frac{L_1\times L_2}{L_1+L_2}[i_{L1}(\infty)+i_{L2}(\infty)]^2=0.5\frac{2\times1}{2+1}\left(\frac{2}{3}-\frac{2}{3}\right)^2=0$$

(3) $t=0_+$到 $t=\infty$ 期间,电阻消耗的能量为

$$\begin{aligned}w_R&=\int_{0+}^{\infty}R(i_{L1}+i_{L2})^2\mathrm{d}t\\&=\int_{0+}^{\infty}10\left[\left(\frac{2}{3}+\frac{1}{3}\mathrm{e}^{-15t}\right)+\left(-\frac{2}{3}+\frac{2}{3}\mathrm{e}^{-15t}\right)\right]^2\mathrm{d}t\\&=\int_{0+}^{\infty}10(\mathrm{e}^{-15t})^2\mathrm{d}t\\&=\frac{1}{3}\ \text{J}\end{aligned}$$

可见

$$w_R=w_L(0_+)=w_L(0_-)$$

$$[w_{L1}(0_+)+w_{L2}(0_+)]-w_R=\left(1-\frac{1}{3}\right)\ \text{J}=\frac{2}{3}\ \text{J}$$

$$w_{L1}(\infty)+w_{L2}(\infty)=\left(\frac{4}{9}+\frac{2}{9}\right)\ \text{J}=\frac{2}{3}\ \text{J}$$

表明:等效电感在 $t=0_-$(或 $t=0_+$)时刻的储能全部由电阻消耗;$t=\infty$ 时,L_1、L_2 还有$\frac{2}{3}$ J 的储能不能释放,为并联电感的捕获能量。

目标 2 检测:直流电源激励下一阶电路的响应

*测 8-15 测 8-15 图所示电路中,$u_{C1}(0_-)=5$ V,$u_{C2}(0_-)=10$ V,$t=0$时开关闭合。(1)对 $t>0$,用三要素法求 u_{C1}、u_{C2};(2)计算在 $t=0_-$、$t=0_+$、$t=\infty$ 三个时刻,C_1、C_2 的储能、串联等效电容的储能;(3)计算 $t=0_+$到 $t=\infty$ 期间电阻消耗的能量;(4)计算串联电容捕获的能量;(5)解释电容为何捕获能量,而不能将所有储能释放到电阻上。

测 8-15 图

答案:(1) $u_{C1}=(9-4\mathrm{e}^{-\frac{5t}{4}})$ V、$u_{C2}=(9+\mathrm{e}^{-\frac{5t}{4}})$ V;(2) 125 μJ、2 000 μJ、100 μJ;(3) 100 μJ;(4) 2 025 μJ。

8.3.3 *RC* 电路的方波响应

在电子电路中，常遇到方波（也称脉冲序列）电源激励的电路。图 8-3-14(a)所示方波电压源，作用于图(b)所示零状态 *RC* 电路，电路处于直流激励响应和零输入响应的交替过程中。下面分析 u_C 和 i_C 的变化规律。方波的半周期 T 与 *RC* 电路达到稳态所需时间 5τ 比较，分为 $T>5\tau$ 和 $T<5\tau$ 两种情况讨论。

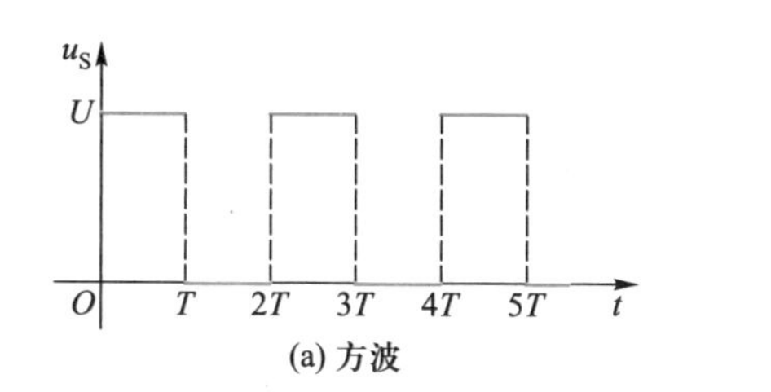

(a) 方波

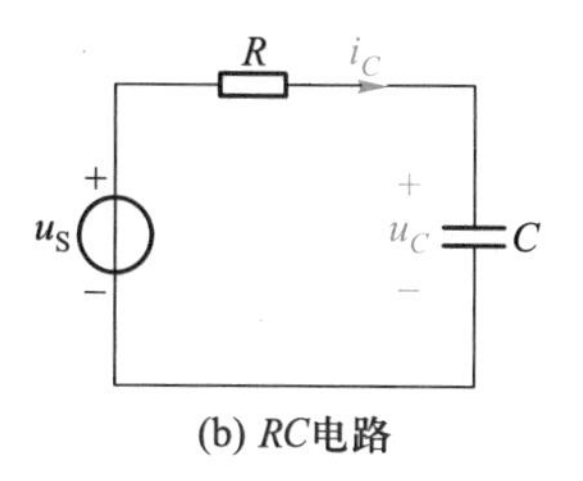

(b) *RC*电路

图 8-3-14 方波电源激励下的 *RC* 电路

1. $T>5\tau$ 情况

由于 $T>5\tau$，电路在 $u_S=U$、$u_S=0$ 下的响应均能在 T 的时间内达到稳态，电容充电时能达到最高电压 U，电容放电时能达到最低电压 0。因此，在 $u_S=U$ 的时段内为阶跃响应，且电路在电源由 U 降为 0 前达到稳态；而在 $u_S=0$ 的时段内为零输入响应，且电路在电源由 0 升为 U 前达到稳态。u_C 和 i_C 的波形如图 8-3-15 所示。

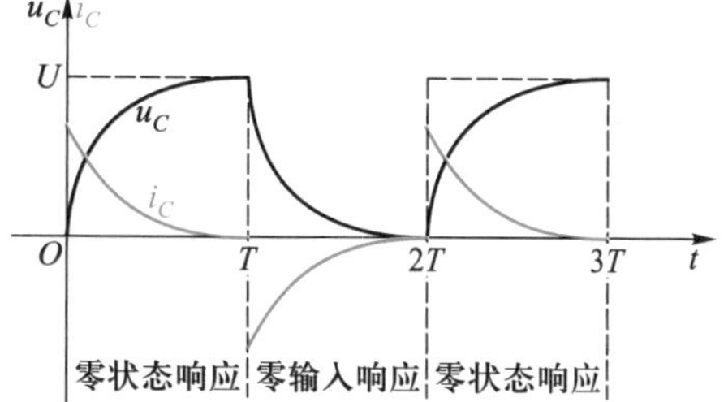

图 8-3-15 *RC* 电路的方波响应 u_C 和 i_C ($T>5\tau$)

2. $T<5\tau$ 情况

$T<5\tau$ 时，电路在 $u_S=U$、$u_S=0$ 下的响应均不能在 T 的时间内达到稳态，电容充电时不能达到最高电压 U，电容放电时不能达到最低电压 0。电路处于全响应和零输入响应的交替过程中，在 $u_S=U$ 的时段内为直流激励下的全响应，而在 $u_S=0$ 的时段内为零输入响应。u_C 的波形如图 8-3-16(a)所示。$0<t<T$ 内电容充电，u_C 从 0 上升，在 $t=T$ 时还未达到稳态值 U，电源电压就下降为 0，电容转为放电，当 $t=2T$ 时，u_C 还未达到稳态值 0，电源电压已上升为 U，电容在带有储能情况下再充电，因此 $u_C(3T)>u_C(T)$，由此导致 $u_C(4T)>u_C(2T)$。经过若干个 T 后，充电、放电稳定在最高电压 U_2 和最低电压 U_1 之间，如图(b)所示，波形是 *RC* 电路的方波稳态响应，也就是方波激励下 u_C 的稳态分量，即 *RC* 电路的微分方程$\left(RC\dfrac{\mathrm{d}u_C}{\mathrm{d}t}+u_C=u_S\right)$的特解。

工程中比较关注稳态响应，即图 8-3-16(b)所示波形，图中 U_1、U_2 可用三要素法求得。U_1 为充电过程的初始值，U 为充电过程无限持续下去的稳态值，U_2 是经过时间 T 时的电容电压，根据三要素法，有

$$U_2=U+(U_1-U)\mathrm{e}^{-\frac{T}{\tau}} \tag{8-3-25}$$

而在放电过程中，U_2 为初始值，放电过程无限持续下去的稳态值为 0，U_1 是经过时间 T 时的电容

电压，由三要素法得

$$U_1 = 0 + (U_2 - 0)\mathrm{e}^{-\frac{T}{\tau}} \tag{8-3-26}$$

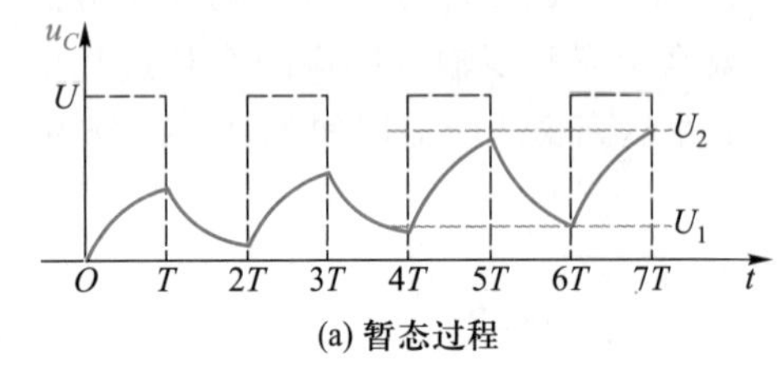

(a) 暂态过程

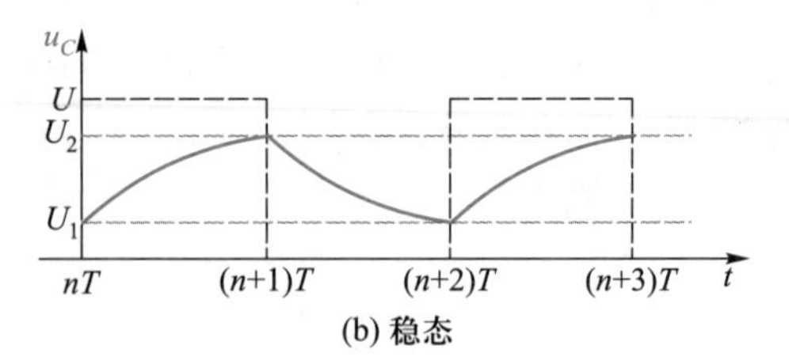

(b) 稳态

图 8-3-16 RC 电路的方波响应 $u_C(T<5\tau)$

联立式(8-3-25)和式(8-3-26)解得

$$U_2 = \frac{U}{1+\mathrm{e}^{-\frac{T}{\tau}}}, \quad U_1 = \frac{U\mathrm{e}^{-\frac{T}{\tau}}}{1+\mathrm{e}^{-\frac{T}{\tau}}} \tag{8-3-27}$$

为了方便，令 $a=\mathrm{e}^{-\frac{T}{\tau}}$，式(8-3-27)写为

$$U_2 = \frac{1}{1+a}U, \quad U_1 = \frac{a}{1+a}U \tag{8-3-28}$$

图 8-3-16(a)是稳态分量和暂态分量的叠加，u_C 的稳态分量 $u_{C\mathrm{p}}$ 和暂态分量 $u_{C\mathrm{h}}$ 的波形如图 8-3-17 所示。暂态分量 $u_{C\mathrm{h}} = -U_1\mathrm{e}^{-\frac{t}{\tau}}$，由 $RC\dfrac{\mathrm{d}u_C}{\mathrm{d}t}+u_C=0$、$u_C(0_-)=-U_1$ 确定。

图 8-3-18 为 i_C 的稳态响应波形，对 RC 电路应用 KVL 可求得 I_1、I_2、I_3、I_4。由图 8-3-16(b)知，$u_C(0_+)=U_1$。由图 8-3-14 知，$i_C(0_+)=I_1$，且 $u_\mathrm{S}(0_+)=U$。在图 8-3-14(b)所示电路中应用 KVL，得

$$I_1 = \frac{u_\mathrm{S}(0_+)-u_C(0_+)}{R} = \frac{U-U_1}{R} \tag{8-3-29}$$

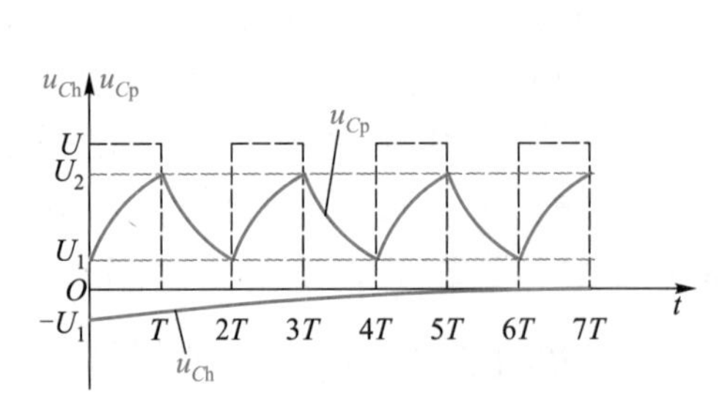

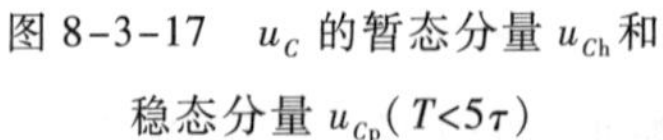
图 8-3-17 u_C 的暂态分量 $u_{C\mathrm{h}}$ 和稳态分量 $u_{C\mathrm{p}}(T<5\tau)$

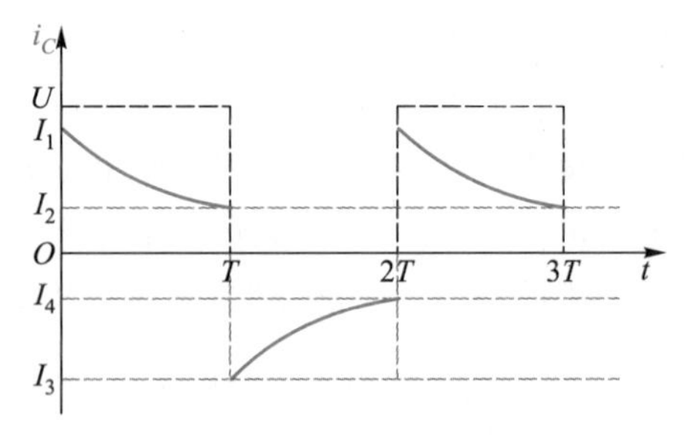

图 8-3-18 电流 i_C 的稳态波形($T<5\tau$)

同理，$u_C(T_-)=U_2$，$i_C(T_-)=I_2$，$u_\mathrm{S}(T_-)=U$，因此

$$I_2 = \frac{u_\mathrm{S}(T_-)-u_C(T_-)}{R} = \frac{U-U_2}{R} \tag{8-3-30}$$

$u_C(T_+)=U_2$，$i_C(T_+)=I_3$，$u_\mathrm{S}(T_+)=0$，因此

$$I_3=\frac{u_S(T_+)-u_C(T_+)}{R}=\frac{0-U_2}{R}=-\frac{U_2}{R} \tag{8-3-31}$$

$u_C(2T_-)=U_1, i_C(2T_-)=I_2, u_S(2T_-)=0$,因此

$$I_4=\frac{u_S(2T_-)-u_C(2T_-)}{R}=\frac{0-U_1}{R}=-\frac{U_1}{R} \tag{8-3-32}$$

将式(8-3-28)代入式(8-3-29)~式(8-3-32)中,得

$$I_1=-I_3=\frac{1}{1+a}\frac{U}{R},\qquad I_2=-I_4=\frac{a}{1+a}\frac{U}{R} \tag{8-3-33}$$

式(8-3-33)中,$a=\mathrm{e}^{-\frac{T}{\tau}}$。

目标 2 检测:直流电源激励下一阶电路的响应

测 8-16 峰值为 10 V、频率为 500 Hz 的方波电压源作用于 RC 电路,参见图 8-3-14。分别对(1)$R=1\ \mathrm{k}\Omega$、$C=0.1\ \mu\mathrm{F}$;(2)$R=200\ \Omega$、$C=1\ \mu\mathrm{F}$;(3)$R=1\ \mathrm{k}\Omega$、$C=1\ \mu\mathrm{F}$ 三种情况,画出电容电压和电流的稳态波形,标明转折点或跳变点的值。

答案:(1) $T=1$ ms,$\tau=0.1$ ms,[10 V,0],[±10 mA,0];(2) $T=1$ ms,$\tau=1$ ms,[10 V,0],[±50 mA,0];(3) $T=1$ ms,$\tau=2$ ms,[7.31 V,2.69 V],[±7.31 mA,±2.69 mA]。

8.4 正弦电源激励下的 *RC* 电路

1. 全响应计算

图 8-4-1 为正弦电源激励的 RC 电路,$u_C(0_-)=U_0$,$t=0$ 时开关闭合,将正弦电源 $u_S=U_m\cos(\omega t+\phi)$ 接入电路中。ϕ 为电源接入时刻($t=0$)的相位角,称为合闸角,它影响电源接入时的瞬时值 $u_S(0)=U_m\cos\phi$。因激励不是直流电源,故通过微分方程来计算全响应 u_C。

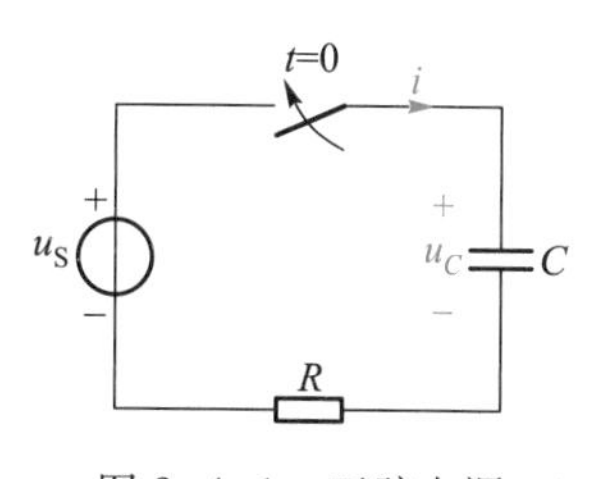

图 8-4-1 正弦电源激励的 RC 电路

列写微分方程。由 KVL 得

$$RC\frac{\mathrm{d}u_C}{\mathrm{d}t}+u_C=u_S\quad(t>0) \tag{8-4-1}$$

确定初始条件。电路为连续换路,初始值为

$$u_C(0_+)=u_C(0_-)=U_0 \tag{8-4-2}$$

确定通解。式(8-4-1)的特征根为

$$s=-\frac{1}{RC}=-\frac{1}{\tau} \tag{8-4-3}$$

因此,式(8-4-1)的通解为

$$u_{Ch}=k\mathrm{e}^{-\frac{t}{\tau}} \tag{8-4-4}$$

确定特解。式(8-4-1)的特解与电路的激励有相同的形式,设为

$$u_{Cp}=A_{m}\cos(\omega t+\theta) \tag{8-4-5}$$

将式(8-4-5)代入式(8-4-1)中,且考虑到 $u_S=U_m\cos(\omega t+\phi)$,得

$$-A_{m}RC\omega\sin(\omega t+\theta)+A_{m}\cos(\omega t+\theta)=U_{m}\cos(\omega t+\phi)$$

变为

$$A_{m}\sqrt{(\omega RC)^{2}+1}\left[-\frac{\omega RC}{\sqrt{(\omega RC)^{2}+1}}\sin(\omega t+\theta)+\frac{1}{\sqrt{(\omega RC)^{2}+1}}\cos(\omega t+\theta)\right]=U_{m}\cos(\omega t+\phi) \tag{8-4-6}$$

令 $\tan\beta=\omega RC$,则 $\sin\beta=\dfrac{\omega RC}{\sqrt{(\omega RC)^{2}+1}}$,$\cos\beta=\dfrac{1}{\sqrt{(\omega RC)^{2}+1}}$,见图 8-4-2。式(8-4-6)变为

$$A_{m}\sqrt{(\omega RC)^{2}+1}\left[-\sin\beta\sin(\omega t+\theta)+\cos\beta\cos(\omega t+\theta)\right]=U_{m}\cos(\omega t+\phi)$$

应用三角函数积化和差关系得

$$A_{m}\sqrt{(\omega RC)^{2}+1}\cos(\omega t+\theta+\beta)=U_{m}\cos(\omega t+\phi)$$

因此

$$\begin{cases}A_{m}=\dfrac{U_{m}}{\sqrt{(\omega RC)^{2}+1}}\\ \theta=\phi-\beta=\phi-\arctan\omega RC\end{cases} \tag{8-4-7}$$

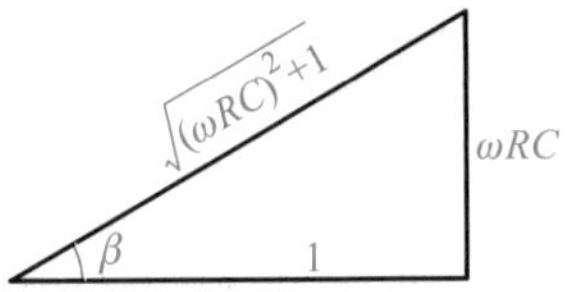

图 8-4-2 三角函数关系

式(8-4-1)的特解为

$$u_{Cp}=\frac{U_{m}}{\sqrt{(\omega RC)^{2}+1}}\cos[\omega t+(\phi-\arctan\omega RC)] \tag{8-4-8}$$

确定待定系数 k。为了表达简洁,在下面的表达式中,特解依然使用前面设定的形式,即式(8-4-5),但记住特解已经求得。式(8-4-1)的解为

$$u_{C}=u_{Ch}+u_{Cp}=k\mathrm{e}^{-\frac{t}{\tau}}+A_{m}\cos(\omega t+\theta) \tag{8-4-9}$$

将初始值 $u_C(0_+)=U_0$ 代入上式得

$$k=U_{0}-A_{m}\cos\theta$$

因此,正弦电源激励的 RC 电路的全响应应为

$$u_{C}=(U_{0}-A_{m}\cos\theta)\mathrm{e}^{-\frac{t}{\tau}}+A_{m}\cos(\omega t+\theta)\quad(t\geqslant 0) \tag{8-4-10}$$

其中 A_m、θ 的具体表达式见式(8-4-7)。

分析式(8-4-10):(1)等式右边第一项为自由分量,也就是暂态分量,$t=5\tau=5RC$ 后衰减接近于 0;(2)等式右边第二项为强制分量,也就是稳态分量,它是与电源同频率、幅值和初相恒定的正弦函数;(3)当 $t>5\tau$ 后,u_C 以及电路中的其他电压、电流,均只剩下稳态分量,都是与电源同频率、幅值和初相恒定的正弦函数,称此时的电路为正弦稳态电路。

正弦稳态电路

正弦电源激励的动态电路进入稳态后,电路中的电压、电流是与电源同频率的正弦函数,是微分方程的特解,它们频率相同,而幅值、初相位不同。正弦稳态电路分析是通过某种方法,确定这些电压、电流的幅值和初相位。

2. 零状态响应分析

若 $u_C(0_-)=0$，即 $U_0=0$，式(8-4-10)变为

$$u_C=(-A_m\cos\theta)\mathrm{e}^{-\frac{t}{\tau}}+A_m\cos(\omega t+\theta)\quad(t\geqslant 0)\tag{8-4-11}$$

式(8-4-11)为正弦电源激励的 RC 电路的零状态响应。图 8-4-3 画出了两种情况下 u_C 的波形。

图 8-4-3(a)中，取 $-0.5\pi<\theta<0$、且时间常数 τ 和 $0.2T(T=2\pi/\omega)$ 接近。电路经历一个 T 后近似达到稳态。

图 8-4-3(b)中，取 $\theta=0$(对应于 $\phi=\arctan\omega RC$)且 $5\tau\gg T$。此时 $(-A_m\cos\theta)\mathrm{e}^{-\frac{t}{\tau}}=-A_m\mathrm{e}^{-\frac{t}{\tau}}$，零状态响应的暂态分量最大且衰减极慢，电路要经历多个 T 的时间才能达到稳态。在 $t=0.5T$ 附近，电容电压值最大，$|u_C|_{\max}\approx 2A_m$(A_m 是稳态电压的幅值)。电容承受的暂态最高电压接近稳态最高电压的两倍，这种现象称为暂态过电压现象，在选择电容器的耐压值时要加以考虑。

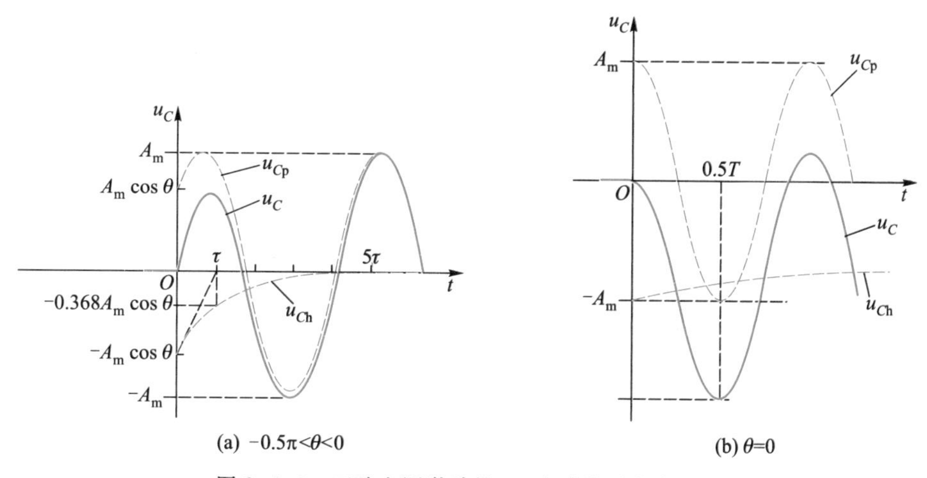

图 8-4-3 正弦电源激励的 RC 电路的零状态响应

若取 $|\theta|=0.5\pi$，对应于 $\phi=\pm0.5\pi+\arctan\omega RC$，则 $(-A_m\cos\theta)\mathrm{e}^{-\frac{t}{\tau}}=0$，即零状态响应的暂态分量等于 0，开关闭合后电路直接达到稳态，暂态过程时长为 0。

8.5 含运算放大器的一阶电路

运算放大器、电阻结合，可以构成同相比例放大器、反相比例放大器、加法器、减法器。而运算放大器、电阻、储能元件结合，可以构成积分器、微分器、有源滤波器。由于电感无法在集成芯片上实现，因此与运算放大器结合的储能元件通常是电容。本节分析运算放大器、电阻、电容结合的一阶电路。

例 8-5-1 图 8-5-1(a)所示电路在开关闭合前处于稳态，$t=0$ 时开关闭合，运算放大器为理想运算放大器。(1)求 $t>0$ 的响应 u_o；(2)计算能确保运算放大器工作于线性区的 u_S 范围。

解：(1) 图 8-5-1(a)所示电路为一阶电路，可用三要素法计算，也可通过微分方程计算。

为了简便，先求 u_C，再由图(a)中 KVL、结合虚短路和虚断路特性，得到 $u_O = u_C$。

方法 1：三要素法。

确定初始值。开关闭合前电容没有储能，且电路为连续换路，因此

$$u_C(0_+) = u_C(0_-) = 0$$

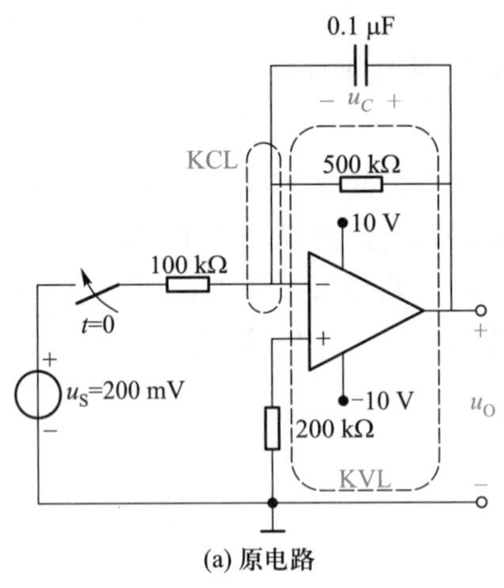

(a) 原电路

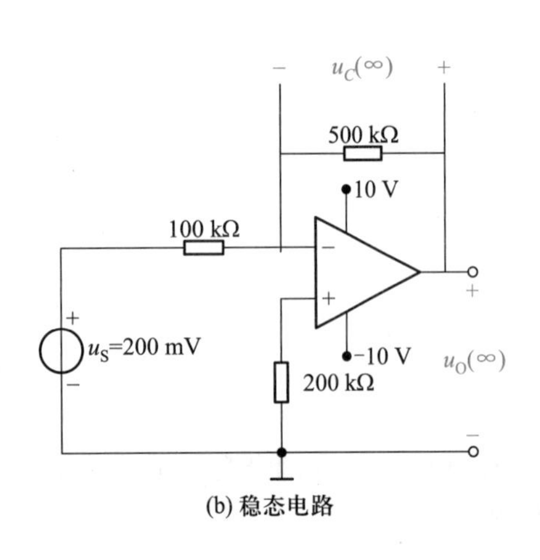

(b) 稳态电路

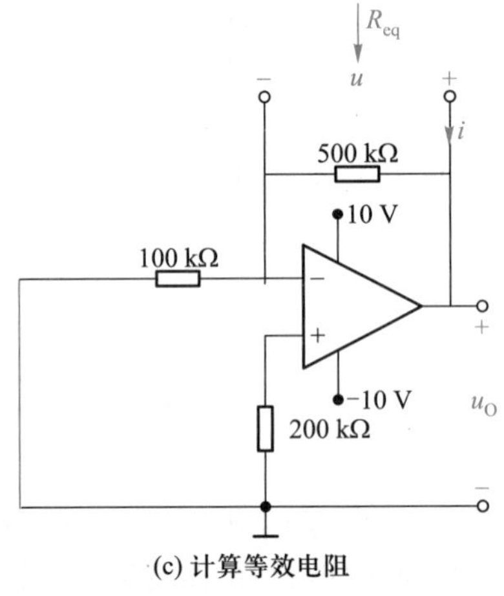

(c) 计算等效电阻

图 8-5-1

确定稳态值。$t=\infty$ 时电容开路，如图 8-5-1(b)所示，为反向比例放大电路，可得

$$u_C(\infty) = u_O(\infty) = -\frac{500}{100}\times 200\ \text{mV} = -1\ \text{V}$$

确定时间常数。首先要确定图(c)中的等效电阻 R_{eq}。在其端口加电压 u，产生电流 i，由 u、i 之比确定 R_{eq}。根据运算放大器的虚短路、虚断路特性，100 kΩ 电阻上电流为 0，i 流过 500 kΩ 电阻，因此

$$R_{eq} = \frac{u}{i} = 500\ \text{k}\Omega$$

所以

$$\tau = R_{eq}C = 500\times 10^3 \times 0.1\times 10^{-6}\ \text{s} = 0.05\ \text{s}$$

写出响应表达式。有

$$u_C=[u_C(0_+)-u_C(\infty)]e^{-\frac{t}{\tau}}+u_C(\infty)=-(1-e^{-20t})\ \text{V}\quad(t\geqslant0)$$

$$u_0=u_C=-(1-e^{-20t})\ \text{V}\quad(t>0)$$

方法 2:列写微分方程。依然先求 u_C,图 8-5-1(a)中开关闭合,列写图中的 KCL 方程,且结合虚短路和虚断路特性,有

$$\frac{200\times10^{-3}}{100\times10^{3}}+0.1\times10^{-6}\frac{du_C}{dt}+\frac{u_C}{500\times10^{3}}=0$$

$$\frac{du_C}{dt}+20u_C=-20\quad(t>0)$$

方程的通解为 ke^{-20t}、特解为-1 V。因此

$$u_C=ke^{-20t}-1$$

将初始值 $u_C(0_+)=0$ 代入其中,得 $k=1$。于是

$$u_C=(e^{-20t}-1)\ \text{V}\quad(t\geqslant0)$$

$$u_0=u_C=(e^{-20t}-1)\ \text{V}\quad(t>0)$$

(2) 由上面分析可知,$u_0=u_0(\infty)(1-e^{-20t})$。由于运算放大器的工作电压源为±10 V,且 $|u_0|_{max}=|u_0(\infty)|$,因此,当 $|u_0(\infty)|\leqslant10$ V 时,运算放大器工作于线性区。前面已得 $u_0(\infty)=-\frac{500}{100}u_S$,因此 $|u_S|\leqslant2$ V。$u_S>2$ V 时运算放大器工作于负饱和;$u_S<-2$ V 时运算放大器工作于正饱和。

目标 4 检测:含运算放大器的一阶电路分析

测 8-17 测 8-17 图所示电路,运算放大器为理想的。(1)求阶跃响应 u_0;(2)在什么条件下,(1)所得结论不成立;(3)求虚线框内电路的等效电路,通过等效电路计算阶跃响应 u_0。

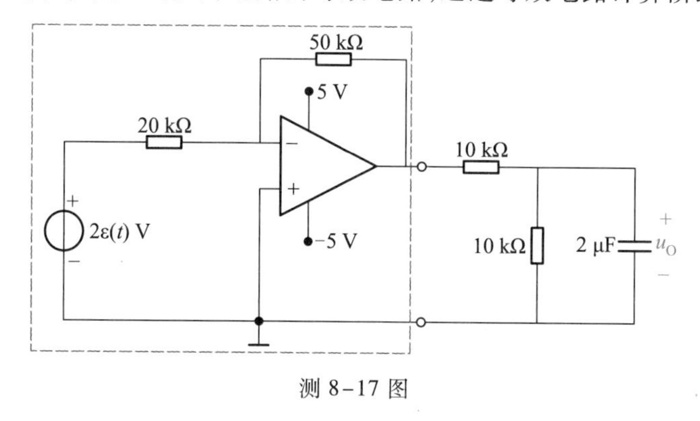

测 8-17 图

答案:(1) $2.5(e^{-100t}-1)\varepsilon(t)$ V;(2) 阶跃电压源超出$[-2\varepsilon(t)\ \text{V},2\varepsilon(t)]$范围。

例 8-5-2 图 8-5-2(a)所示电路,开关闭合前电容没有储能,开关闭合后运算放大器工作于线性区。(1)确定 $t>0$ 后 u_0 和 u_S 的关系;(2)$u_S=20$ mV,$R=100$ kΩ,$C=0.1$ μF,$U_{CC}=5$ V,开

关闭合后多长时间运算放大器达到饱和；(3) 在(2) 的参数下，若 u_S 为图(b) 所示波形，画出对应的 u_O 波形；(4) 若将图(b) 所示波形的幅值扩大一倍，即在 100 mV、-100 mV 之间变化，再画出对应的 u_O 波形；(5) 图(a) 所示电路，若开关闭合前电容有储能，且 $u_S=0$，开关闭合后电容的储能能否释放。

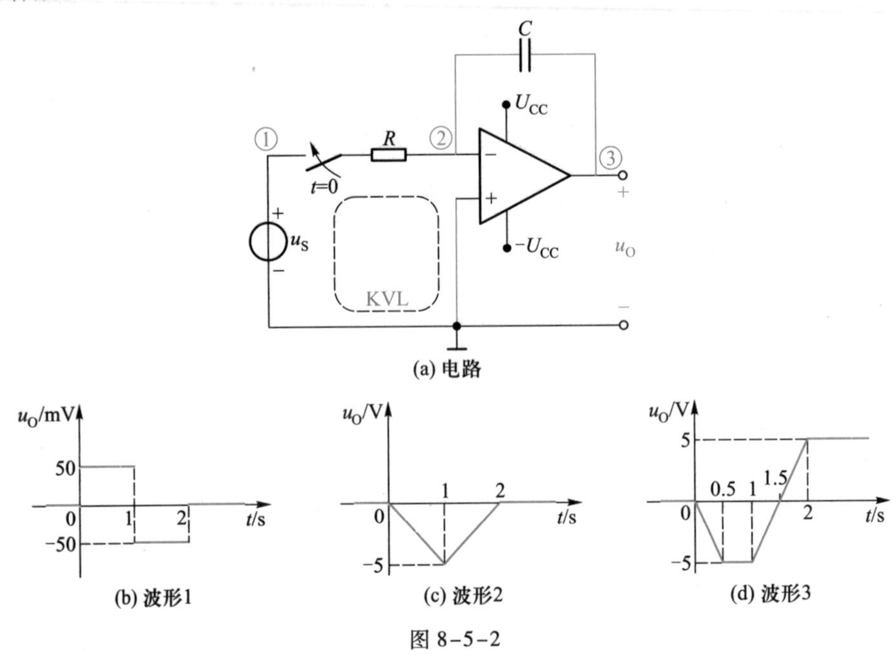

图 8-5-2

解：(1) 图 8-5-2(a) 所示电路，工作于线性区的理想运算放大器，具有虚短路、虚断路特性。由虚短路特性得，结点 2 的电位为 0。结点 1、3 的电位分别为 u_S、u_O。结合虚断路特性，列写结点 2 的 KCL 方程，得

$$\frac{u_S-0}{R}+C\frac{\mathrm{d}(u_O-0)}{\mathrm{d}t}=0 \quad (t>0)$$

化简得

$$\frac{\mathrm{d}u_O}{\mathrm{d}t}=-\frac{1}{RC}u_S$$

两边积分得

$$u_O(t)-u_O(t_0)=-\frac{1}{RC}\int_{t_0}^{t}u_S\mathrm{d}t$$

开关在 $t=0$ 闭合，因此 $t_0=0_+$，且 $u_O(0_+)=u_C(0_-)=0$。u_O 和 u_S 的关系为

$$u_O(t)=-\frac{1}{RC}\int_{0_+}^{t}u_S\mathrm{d}t$$

u_O 和 u_S 构成积分关系，称图 8-5-2(a) 所示电路为积分器。

(2) 当 $u_O(t)$ 达到 $-U_{CC}$ 时，运算放大器负饱和。在给定参数下

$$u_O(t)=-\frac{1}{RC}\int_{0_+}^{t}u_S\mathrm{d}t=-100\int_{0_+}^{t}u_S\mathrm{d}t$$

当 $u_S=20$ mV 时

$$u_0(t)=-100\int_{0_+}^{t}20\times10^{-3}\mathrm{d}t=-2t\ \mathrm{V}$$

当$-2t=-5$时，运算放大器进入负饱和状态，解得$t=2.5$ s。运算放大器在$t=2.5$ s后进入负饱和状态。

（3）波形如图 8-5-2(c)所示。

（4）波形如图 8-5-2(d)所示。

（5）电容的储能不能释放。由图(a)中 KVL 可知，开关闭合且$u_S=0$时，电阻R上电流为0，因而电容上电流亦为0，电容不能释放电荷。图(d)所示波形中，$t>2$ s后，u_S为0，而u_O维持5 V，亦说明了电容不能释放电荷。实际情况是电容的储能缓慢释放。

目标 4 检测：含运算放大器的一阶电路分析

测 8-18　测 8-18 图所示电路，开关闭合前电容没有储能，开关闭合后，理想运算放大器工作于线性区。确定$t>0$后u_O和u_S的关系。

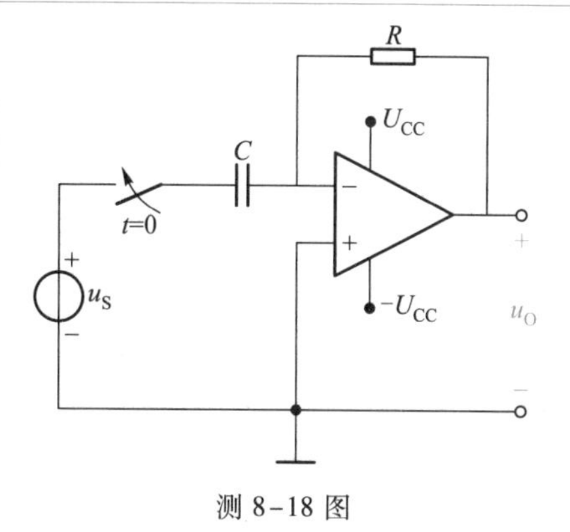

测 8-18 图

答案：$u_O=-RC\dfrac{\mathrm{d}u_S}{\mathrm{d}t}$。

8.6 线性非时变特性

除独立电源以外，电路中的所有元件是线性非时变元件，电路则为线性非时变电路。电阻电路的线性特性，表现为响应和激励的关系符合可加性和齐次性。那么，动态电路的线性特性、非时变特性如何体现在暂态响应中呢？抽象地说，线性非时变动态电路的暂态响应与激励、换路前储能的关系，均体现在常系数线性微分方程上。

> **线性非时变电路**
> 除独立电源外，元件是线性、非时变元件。
> 线性非时变动态电路的微分方程是常系数线性微分方程。

8.6.1 线性特性

通过RC电路来分析线性非时变特性在响应和激励关系中的体现。图 8-6-1(a)所示直流电源激励下的线性非时变RC电路，$u_C(0_-)=U_0$，全响应为

$$u_C=U_S+(U_0-U_S)e^{-\frac{t}{RC}} \quad (t\geqslant 0)$$

也可写为

$$u_C=U_0e^{-\frac{t}{RC}}+U_S(1-e^{-\frac{t}{RC}}) \quad (t\geqslant 0) \tag{8-6-1}$$

式(8-6-1)表明以下规律

(1) 零输入响应分量 $U_0e^{-\frac{t}{RC}}$ 与电容的原始电压(即换路前的电压)U_0 成正比,若电容的原始电压增大到 k 倍,变为 kU_0,零输入响应分量则为 $kU_0e^{-\frac{t}{RC}}$;

(2) 零状态响应分量 $U_S(1-e^{-\frac{t}{RC}})$ 与激励 U_S 成正比,若激励增大到 k 倍,变为 kU_S,零状态响应分量则为 $kU_S(1-e^{-\frac{t}{RC}})$;

(3) 电容的原始电压 U_0、直流电压源 U_S 共同激励的响应,等于各自单独激励的响应之叠加。

前两点体现了齐次性,第三点体现了可加性,合起来为线性特性(linear property)。与电阻电路的线性特性本质相同,只是暂态响应是时间的函数。

下面重点讨论零状态响应与激励间的关系。图 8-6-1(a)所示电路中,$u_C(0_-)=U_0=0$,为零状态响应,此时,式(8-6-1)变为

$$u_C=U_S(1-e^{-\frac{t}{RC}}) \quad (t\geqslant 0) \tag{8-6-2}$$

且电路等价于图 8-6-1(b),式(8-6-2)又可写为

$$u_C=U_S(1-e^{-\frac{t}{RC}})\varepsilon(t) \tag{8-6-3}$$

式(8-6-2)中 $t\geqslant 0$ 的条件被单位阶跃函数 $\varepsilon(t)$ 取代。显然,式(8-6-2)和式(8-6-3)在 $t\geqslant 0$ 区间是等价的,但式(8-6-3)包含了在 $t<0$ 时 $u_C=0$ 的信息,而式(8-6-2)没有。由此,式(8-6-3)的表示方式只适合在 $t<0$ 区间为 0 的变量。零状态响应在 $t<0$ 区间必为 0,因此,零状态响应一定可以写成式(8-6-3)的形式。式(8-6-3)的波形如图 8-6-1(c)所示。

将上述规律一般化,若 $x_1(t)$ 激励下的零状态响应为 $y_1(t)$、$x_2(t)$ 激励下的零状态响应为 $y_2(t)$,则零状态响应的线性特性体现为:$k_1x_1(t)+k_2x_2(t)$ 激励下的零状态响应为 $k_1y_1(t)+k_2y_2(t)$,k_1、k_2 为常数。

线性非时变电路零状态响应的线性特性体现为:

若 $x_1(t)$ 作用下的零状态响应为 $y_1(t)$

$x_2(t)$ 作用下的零状态响应为 $y_2(t)$,则

$k_1x_1(t)+k_2x_2(t)$ 作用下的零状态响应为 $k_1y_1(t)+k_2y_2(t)$

8.6.2 非时变特性

线性非时变电路的零状态响应还具有非时变特性(time-invariance property)。在图 8-6-1(b)中,$U_S\varepsilon(t)$ 激励下的零状态响应为 $u_C=U_S(1-e^{-\frac{t}{RC}})\varepsilon(t)$,若将激励换为 $U_S\varepsilon(t-t_0)$,如图(d)所示,零状态响应变为 $u_C=U_S(1-e^{-\frac{t-t_0}{RC}})\varepsilon(t-t_0)$,即将图(c)所示波形延迟 t_0,如图(e)所示。

零状态响应的非时变特性概括为：若 $x(t)$ 激励下的零状态响应 $y(t)$，则将激励 $x(t)$ 延迟 t_0，变为 $x(t-t_0)$ 作用于电路，其零状态响应为 $y(t)$ 延迟 t_0，即为 $y(t-t_0)$。

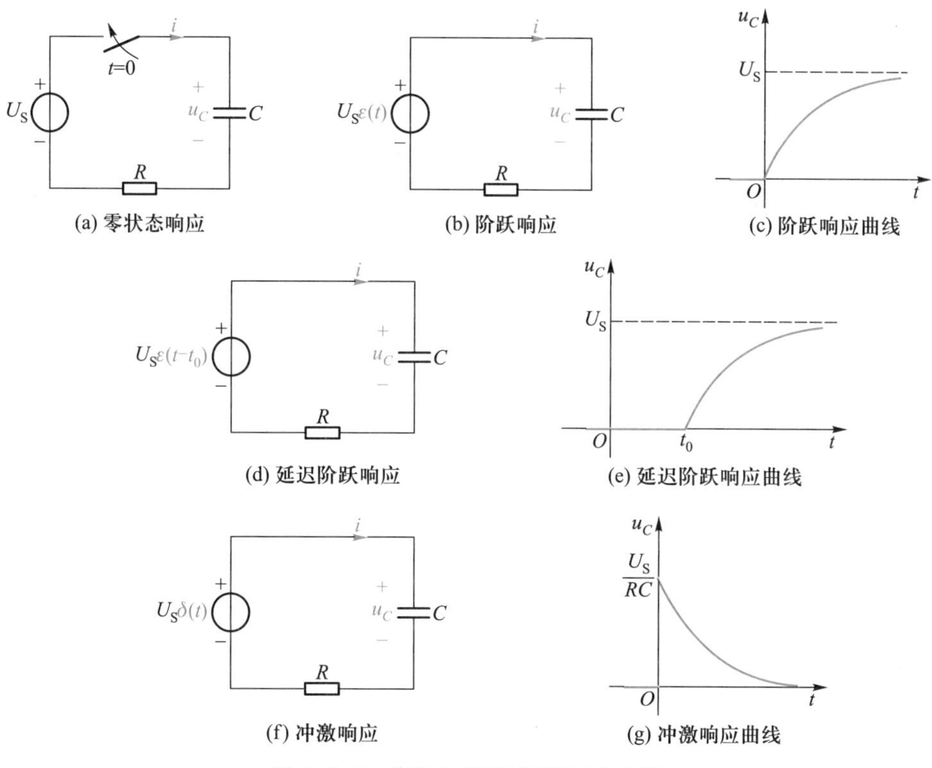

图 8-6-1　直流电源激励下的 RC 电路

> 线性非时变电路零状态响应的非时变特性体现为：
> 若 $x(t)$ 作用下的零状态响应为 $y(t)$，
> 则 $x(t-t_0)$ 作用下的零状态响应为 $y(t-t_0)$。

综合线性特性和非时变特性，还能得到：$\frac{\mathrm{d}x(t)}{\mathrm{d}t}$ 激励下的零状态响应为 $\frac{\mathrm{d}y(t)}{\mathrm{d}t}$，$\int_{0_-}^{t} x(t)\mathrm{d}t$ 激励下的零状态响应为 $\int_{0_-}^{t} y(t)\mathrm{d}t$。例如，将图 8-6-1(b)中的激励 $U_S\varepsilon(t)$ 求导变为 $U_S\delta(t)$，如图 8-6-1(f)所示，则零状态响应可由图(b)的零状态响应求导获得。图 8-6-1(c)所示波形的一阶导数波形如图(g)所示。图 8-6-1(b)的零状态响应为式(8-6-3)，对式(8-6-3)进行求导运算

$$\frac{\mathrm{d}}{\mathrm{d}t}\left[U_S(1-\mathrm{e}^{-\frac{t}{RC}})\varepsilon(t)\right]=U_S(1-\mathrm{e}^{-\frac{t}{RC}})\delta(t)+\frac{U_S}{RC}\mathrm{e}^{-\frac{t}{RC}}\varepsilon(t)=\frac{U_S}{RC}\mathrm{e}^{-\frac{t}{RC}}\varepsilon(t)$$

这正是图 8-6-1(g)所示波形。

线性非时变电路零状态响应的线性特性、非时变特性结合：

若 $x(t)$ 激励下的零状态响应为 $y(t)$

则 $\dfrac{dx(t)}{dt}$ 激励下的零状态响应为 $\dfrac{dy(t)}{dt}$，

$\int_{0_-}^{t} x(t)dt$ 激励下的零状态响应为 $\int_{0_-}^{t} y(t)dt$。

最后必须指出：线性特性与非时变特性是任何阶次的线性非时变电路共有的性质，并不局限于一阶电路。

8.6.3 单位阶跃响应与单位冲激响应

由单位阶跃电源 $\varepsilon(t)$ 激励下的零状态响应，称为单位阶跃响应(unit step response)，用 $s(t)$ 表示。图 8-6-1(b)中，若 $U_S=1$ V，则为 RC 电路的单位阶跃响应。而将图(b)中的电源改为单位冲激函数 $\delta(t)$，此时的零状态响应，称为单位冲激响应(unit impulse response)，用 $h(t)$ 表示。根据零状态响应的线性非时变特性，由于 $\delta(t)=\dfrac{d\varepsilon(t)}{dt}$，所以有

$$\boxed{h(t)=\frac{ds(t)}{dt}} \tag{8-6-4}$$

式(8-6-4)表明，可以通过电路的单位阶跃响应来计算单位冲激响应。

不难得出，图 8-6-1(b)所示 RC 电路的单位阶跃响应为

$$u_C(t)=(1-e^{-\frac{t}{RC}})\varepsilon(t) \quad (\text{单位阶跃响应}) \tag{8-6-5}$$

$$i_C(t)=C\frac{du_C(t)}{dt}=C\frac{d}{dt}[(1-e^{-\frac{t}{RC}})\varepsilon(t)]=C\left[\frac{1}{RC}e^{-\frac{t}{RC}}\varepsilon(t)+(1-e^{-\frac{t}{RC}})\delta(t)\right]$$

利用冲激函数的筛分性将上式化简，得

$$i_C(t)=\frac{1}{R}e^{-\frac{t}{RC}}\varepsilon(t) \quad (\text{单位阶跃响应}) \tag{8-6-6}$$

根据式(8-6-4)，由式(8-6-5)、(8-6-6)计算图(b)所示 RC 电路的单位冲激响应。对式(8-6-5)求导得

$$u_C(t)=\frac{d}{dt}[(1-e^{-\frac{t}{RC}})\varepsilon(t)]=\frac{1}{RC}e^{-\frac{t}{RC}}\varepsilon(t)+(1-e^{-\frac{t}{RC}})\delta(t)$$

$$u_C(t)=\frac{1}{RC}e^{-\frac{t}{RC}}\varepsilon(t) \quad (\text{单位冲激响应}) \tag{8-6-7}$$

对式(8-6-6)求导得

$$i_C(t)=\frac{d}{dt}\left[\frac{1}{R}e^{-\frac{t}{RC}}\varepsilon(t)\right]=-\frac{1}{R^2C}e^{-\frac{t}{RC}}\varepsilon(t)+\frac{1}{R}e^{-\frac{t}{RC}}\delta(t)$$

$$i_C(t)=-\frac{1}{R^2C}e^{-\frac{t}{RC}}\varepsilon(t)+\frac{1}{R}\delta(t) \quad (\text{单位冲激响应}) \tag{8-6-8}$$

例 8-6-1 电路如图 8-6-2(a)所示。计算：(1)图(a)的单位阶跃响应 u_C；(2)激励为图(b)所示波形下的零状态响应 u_C；(3)$u_S=3\delta(t)$ V 时的零状态响应 u_C。

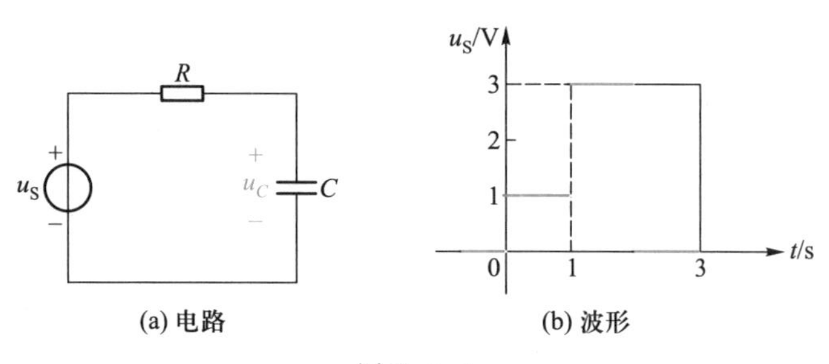

(a) 电路　　(b) 波形

图 8-6-2

解：利用零状态响应的线性非时变特性，可以计算某些复杂波形激励下的零状态响应。

（1）图 8-6-2(a) 的单位阶跃响应，就是 $u_S=\varepsilon(t)$ V 激励下的零状态响应，用 $s(t)$ 表示。可用三要素法计算 $s(t)$。有

$$s(t)=u_C(\infty)+[u_C(0_+)-u_C(\infty)]e^{-\frac{t}{\tau}}=1+(0-1)e^{-\frac{t}{\tau}}=(1-e^{-\frac{t}{RC}})\varepsilon(t)\ \text{V}$$

（2）图 8-6-2(b) 所示 u_S 的广义函数为

$$u_S=[\varepsilon(t)-\varepsilon(t-1)]+3[\varepsilon(t-1)-\varepsilon(t-3)]=\varepsilon(t)+2\varepsilon(t-1)-3\varepsilon(t-3)\ \text{V}$$

根据零状态响应的线性非时变特性，该 u_S 激励下的零状态响应为

$$\begin{aligned}u_C&=s(t)+2s(t-1)-3s(t-3)\\&=(1-e^{-\frac{t}{RC}})\varepsilon(t)+2(1-e^{-\frac{t-1}{RC}})\varepsilon(t-1)-3(1-e^{-\frac{t-3}{RC}})\varepsilon(t-3)\ \text{V}\end{aligned}$$

（3）当 $u_S=3\delta(t)$ V 时，由于 $\delta(t)=\dfrac{d\varepsilon(t)}{dt}$，因此，由 $3\delta(t)$ 作用下的零状态响应为

$$u_C=3\frac{ds(t)}{dt}=\frac{3}{RC}e^{-\frac{t}{RC}}\varepsilon(t)+3(1-e^{-\frac{t}{RC}})\delta(t)=\frac{3}{RC}e^{-\frac{t}{RC}}\varepsilon(t)\ \text{V}$$

目标 5 检测：线性非时变特性应用

测 8-19　电路如测 8-19 图(a)所示。(1)计算单位阶跃响应 u（即 $i_S=\varepsilon(t)$ A 时）；(2)计算激励为图(b)所示波形下的零状态响应 u；(3)计算 $i_S=\delta(t-1)$ mA 时的零状态响应 u；(4)计算激励为图(c)所示波形下的零状态响应 u（提示：对激励波形求导数）。

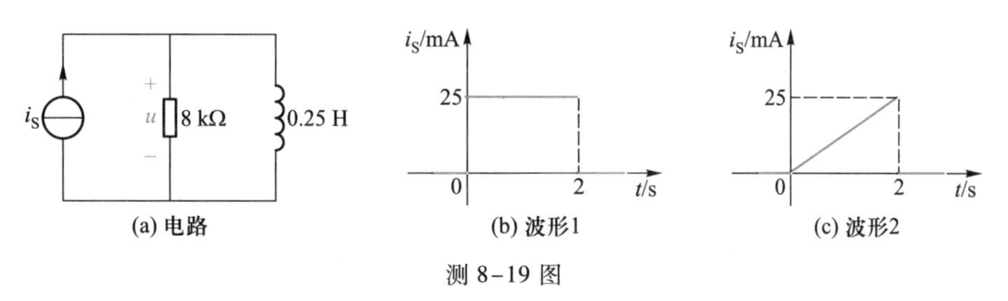

(a) 电路　　(b) 波形1　　(c) 波形2

测 8-19 图

答案：(1) $s(t)=8\ 000e^{-32\ 000t}\varepsilon(t)$ V；(2) $u=200[e^{-32\ 000t}\varepsilon(t)-e^{-32\ 000(t-2)}\varepsilon(t-2)]$ V；

(3) $u=-256\ 000e^{-32\ 000(t-1)}\varepsilon(t-1)+8\delta(t-1)$ V；

(4) $u=\int_{-\infty}^{t}\left\{\frac{0.025}{2}[s(t)-s(t-2)]-0.025\frac{ds(t-2)}{d(t-2)}\right\}$ V。

*8.6.4 任意电源激励下的零状态响应（卷积积分）

利用零状态响应的线性特性与非时变特性，只能计算某些波形激励下的零状态响应，如例 8-6-1 中可以用阶跃函数表示的波形。当激励为任意波形时，线性非时变电路的零状态响应要通过卷积积分来计算。卷积积分的基本思路是：将任意激励波形分解为一系列冲激函数的叠加，对于线性非时变电路，任意激励波形作用下的响应，就等于一系列冲激响应的叠加。通过卷积积分计算零状态响应的理论依据就是零状态响应的线性特性与非时变特性。

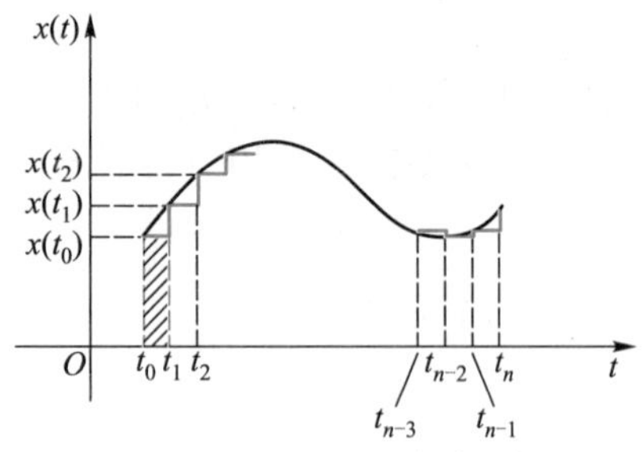

图 8-6-3 连续波形的脉冲近似表示

假设激励波形 $x(t)$ 如图 8-6-3 所示，其作用于电路的时间为 $t_0 \sim t_n$，将 $t_0 \sim t_n$ 进行 n 等分，每等分的宽度为 Δt，则

$$\Delta t=\frac{t_n-t_0}{n} \tag{8-6-9}$$

于是，$x(t)$ 可用宽度为 Δt 的一系列矩形脉冲之和来近似表示，即用阶梯波形 $x_{\Delta t}(t)$ 近似光滑波形 $x(t)$。$x_{\Delta t}(t)$ 用脉冲函数表示的表达式为

$$\begin{aligned} x_{\Delta t}(t) &= x(t_0)P_{\Delta t}(t-t_0)\Delta t+x(t_1)P_{\Delta t}(t-t_1)\Delta t+\cdots+x(t_{n-1})P_{\Delta t}(t-t_{n-1})\Delta t \\ &=\sum_{k=0}^{n-1} x(t_k)P_{\Delta t}(t-t_k)\Delta t \end{aligned} \tag{8-6-10}$$

其中：脉冲函数 $P_{\Delta t}(t-t_k)$ 为在 $t=t_k$ 开始、持续时间为 Δt、高度为 $1/\Delta t$ 的单位面积矩形脉冲。

设线性非时变电路对脉冲函数 $P_{\Delta t}(t)$ 的零状态响应为 $\mathrm{h}_{\Delta t}(t)$，由线性非时变特性得，电路对 $P_{\Delta t}(t-t_k)$ 的零状态响应为 $\mathrm{h}_{\Delta t}(t-t_k)$。根据叠加定理，结合 $x_{\Delta t}(t)$ 的表达式，电路对激励 $x_{\Delta t}(t)$ 的零状态响应 $y_{\Delta t}(t)$ 为

$$y_{\Delta t}(t)=\sum_{k=0}^{n-1} x(t_k)\mathrm{h}_{\Delta t}(t-t_k)\Delta t \tag{8-6-11}$$

当 $n\to\infty$ 时：离散变量 t_k 变为连续变量 τ，Δt 变为 $\mathrm{d}\tau$，单位脉冲函数 $P_{\Delta t}(t-t_k)$ 变为单位冲激函数 $\delta(t-\tau)$，单位脉冲响应 $\mathrm{h}_{\Delta t}(t-t_k)$ 变为冲激响应 $\mathrm{h}(t-\tau)$，求和变为积分，阶梯波形 $x_{\Delta t}(t)$ 变为光滑波形 $x(t)$，零状态响应 $y_{\Delta t}(t)$ 变为 $y(t)$。于是，电路对于任意输入 $x(t)$ 产生的零状态响应 $y(t)$ 为

$$y(t)=\int_{t_0}^{t} x(\tau)\mathrm{h}(t-\tau)\mathrm{d}\tau=x(t)*\mathrm{h}(t) \tag{8-6-12}$$

若 $t_0=0$，则

$$\boxed{y(t)=\int_{0}^{t} x(\tau)\mathrm{h}(t-\tau)\mathrm{d}\tau=x(t)*\mathrm{h}(t)} \tag{8-6-13}$$

通过换元，积分也可写为

$$\boxed{y(t)=\int_{0}^{t} \mathrm{h}(\tau)x(t-\tau)\mathrm{d}\tau=\mathrm{h}(t)*x(t)} \tag{8-6-14}$$

式(8-6-13)～(8-6-14)称为卷积积分(convolution integral)，它表明：对于线性非时变电路，任意激励函数 $x(t)$ 作用下的零状态响应，等于冲激响应 $\mathrm{h}(t)$ 与激励函数 $x(t)$ 的卷积。

线性非时变电路的零状态响应 $y(t)$ 等于：
激励函数 $x(t)$ 和电路冲激响应 $\mathrm{h}(t)$ 的卷积，即

$$y(t)=\int_0^t x(\tau)\mathrm{h}(t-\tau)\mathrm{d}\tau=\int_0^t \mathrm{h}(\tau)x(t-\tau)\mathrm{d}\tau$$

例 8-6-2 电路如图 8-6-4 (a)所示，$R=1\ \Omega$，$L=1\mathrm{H}$，激励波形如图 (b)和(c)所示。试用卷积积分计算两种激励波形下的零状态 i_L。

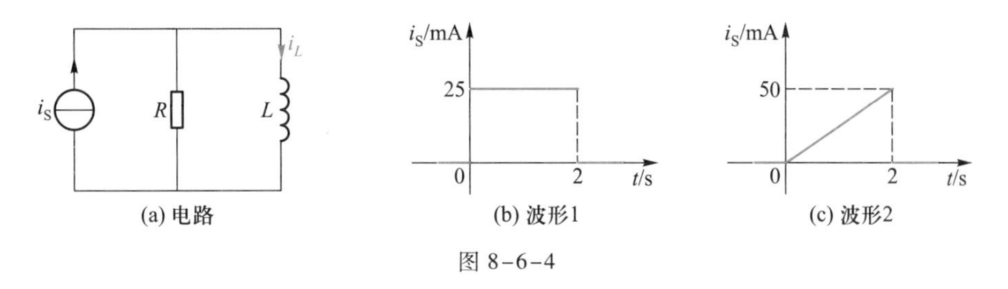

(a) 电路　(b) 波形1　(c) 波形2

图 8-6-4

解：先计算单位阶跃响应，再得出单位冲激响应，最后计算卷积积分。

(1) 令 $i_S=\varepsilon(t)$ A，计算单位阶跃响应 $i_L=s(t)$。应用三要素法，$i_L(0_+)=i_L(0_-)=0$，$i_L(\infty)=1$ A，$\tau=L/R=1$ s。因此

$$s(t)=i_L(\infty)+[i_L(0_+)-i_L(\infty)]\mathrm{e}^{-\frac{t}{\tau}}=(1-\mathrm{e}^{-t})\varepsilon(t)\ \mathrm{A}$$

(2) 由线性非时变特性得出单位冲激响应 $\mathrm{h}(t)$。由 $\mathrm{h}(t)=\dfrac{\mathrm{d}s(t)}{\mathrm{d}t}$ 得

$$\mathrm{h}(t)=(1-\mathrm{e}^{-t})\delta(t)+\mathrm{e}^{-t}\varepsilon(t)=\mathrm{e}^{-t}\varepsilon(t)\ \mathrm{A}$$

(3) 写出图(b)所示激励的广义函数表达式。即

$$i_S=0.025[\varepsilon(t)-\varepsilon(t-2)]\ \mathrm{A}$$

(4) 按式(8-6-13)计算图(b)所示激励下的零状态响应，即

$$\begin{aligned}i_L&=\int_{0_-}^t i_S(\tau)\mathrm{h}(t-\tau)\mathrm{d}\tau=\int_{0_-}^t 0.025[\varepsilon(\tau)-\varepsilon(\tau-2)]\mathrm{e}^{-(t-\tau)}\varepsilon(t-\tau)\mathrm{d}\tau\\&=0.025\int_{0_-}^t \mathrm{e}^{-(t-\tau)}\varepsilon(\tau)\varepsilon(t-\tau)\mathrm{d}\tau-0.025\int_{0_-}^t \mathrm{e}^{-(t-\tau)}\varepsilon(\tau-2)\varepsilon(t-\tau)\mathrm{d}\tau\end{aligned}$$

上式第 1 项中，$\varepsilon(\tau)\varepsilon(t-\tau)$ 构成闸门函数，其开放区间为 $0<\tau<t$，在此区间内，闸门函数的值为 1，且积分结果仅对于 $t>0$ 成立，于是第 1 项写为 $0.025\left[\int_0^t \mathrm{e}^{-(t-\tau)}\mathrm{d}\tau\right]\varepsilon(t)$。第 2 项中，$\varepsilon(\tau-2)\varepsilon(t-\tau)$ 构成闸门函数，其开放区间为 $2<\tau<t$，在此区间内，闸门函数的值为 1，且积分结果仅对于 $t>2$ 成立，于是第 2 项写为 $0.025\left[\int_2^t \mathrm{e}^{-(t-\tau)}\mathrm{d}\tau\right]\varepsilon(t-2)$。由此

$$\begin{aligned}i_L&=0.025\left[\int_0^t \mathrm{e}^{-(t-\tau)}\mathrm{d}\tau\right]\varepsilon(t)-0.025\left[\int_2^t \mathrm{e}^{-(t-\tau)}\mathrm{d}\tau\right]\varepsilon(t-2)\\&=0.025(1-\mathrm{e}^{-t})\varepsilon(t)-0.025[1-\mathrm{e}^{-(t-2)}]\varepsilon(t-2)\ \mathrm{A}\end{aligned}$$

(5) 计算图 (c)所示激励下的零状态响应。将图 (c)所示激励用阶跃函数表示，有

$$i_S=0.025t[\varepsilon(t)-\varepsilon(t-2)]\ \mathrm{A}$$

按式(8-6-13)计算卷积积分,即

$$
\begin{aligned}
i_L &= \int_{0_-}^{t} i_S(\tau)\mathrm{h}(t-\tau)\mathrm{d}\tau = \int_{0_-}^{t} 0.025\tau[\varepsilon(\tau)-\varepsilon(\tau-2)]\mathrm{e}^{-(t-\tau)}\varepsilon(t-\tau)\mathrm{d}\tau \\
&=0.025\int_{0_-}^{t} \tau\mathrm{e}^{-(t-\tau)}\varepsilon(\tau)\varepsilon(t-\tau)\mathrm{d}\tau-0.025\int_{0_-}^{t} \tau\mathrm{e}^{-(t-\tau)}\varepsilon(\tau-2)\varepsilon(t-\tau)\mathrm{d}\tau \\
&=0.025\left[\int_{0}^{t} \tau\mathrm{e}^{-(t-\tau)}\mathrm{d}\tau\right]\varepsilon(t)-0.025\left[\int_{2}^{t} \tau\mathrm{e}^{-(t-\tau)}\mathrm{d}\tau\right]\varepsilon(t-2) \\
&= 0.025\mathrm{e}^{-t}(\tau\mathrm{e}^{\tau}-\mathrm{e}^{\tau})\Big|_{0}^{t}\varepsilon(t)-0.025\mathrm{e}^{-t}(\tau\mathrm{e}^{\tau}-\mathrm{e}^{\tau})\Big|_{2}^{t}\varepsilon(t-2) \\
&= 0.025(t-1+\mathrm{e}^{-t})\varepsilon(t)-0.025[t-1-\mathrm{e}^{-(t-2)}]\varepsilon(t-2)
\end{aligned}
$$

目标 5 检测:线性非时变特性应用

测 8-20 测 8-20 图所示电路中,$R=1\ \Omega$,$C=1\ \mathrm{F}$,u_S 的波形如图所示。应用卷积积分、线性非时变特性计算零状态响应 u_C。

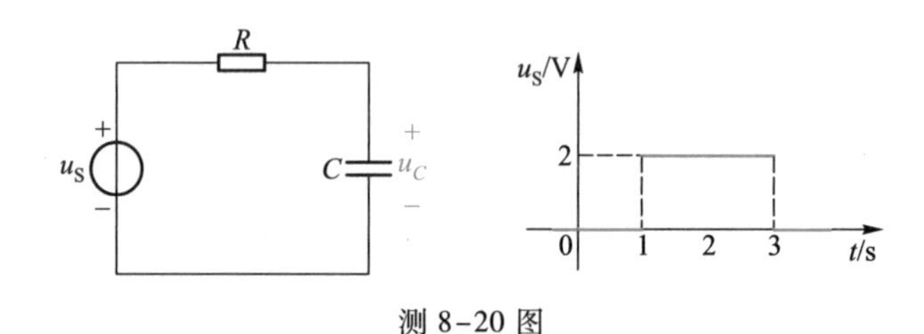

测 8-20 图

答案:$u_C=2[1-\mathrm{e}^{-(t-1)}]\varepsilon(t-1)-2[1-\mathrm{e}^{-(t-3)}]\varepsilon(t-3)$。

*8.7 冲激响应计算

前面已经得出,线性非时变电路的单位冲激响应可由单位阶跃响应求导得到。但是,这种关系只在零状态的条件下成立。下面提出冲激电源激励响应的直接计算方法,包括零状态响应和非零状态响应计算。

冲激函数作用于电路时,会使电路的状态发生跳变,即 $u_C(0_+)\neq u_C(0_-)$ 或 $i_L(0_+)\neq i_L(0_-)$。当 $t>0_+$ 后,冲激电源已为 0,电路变为由 $u_C(0_+)$ 或 $i_L(0_+)$ 作用下的零输入响应。因此,冲激响应分析可分两步走:第 1 步,确定在冲激电源作用下电路的初始状态 $u_C(0_+)$ 或 $i_L(0_+)$;第 2 步,计算由 $u_C(0_+)$ 或 $i_L(0_+)$ 产生的零输入响应。第 1 步是关键。

图 8-7-1(a)为单位冲激电压源激励的 RC 电路,$u_C(0_-)=0$,由于 $t=0$ 时冲激电源的作用,电容上流过冲激电流,使得 $u_C(0_+)\neq u_C(0_-)$。由

$$u_C(0_+)=u_C(0_-)+\frac{1}{C}\int_{0_-}^{0_+} i_C(0)\mathrm{d}t \tag{8-7-1}$$

可知,为了计算 $u_C(0_+)$,必须先确定 $i_C(0)$。

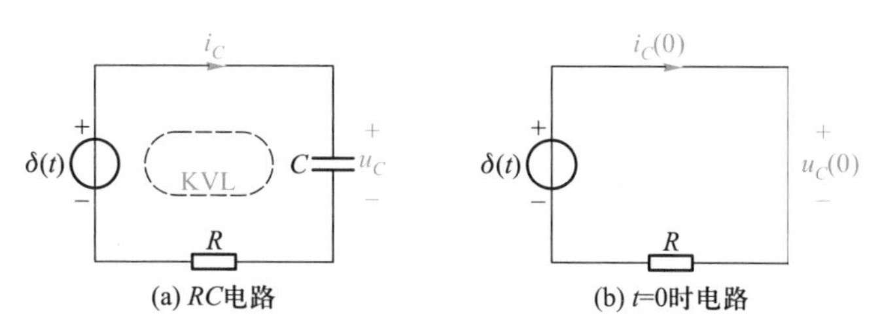

图 8-7-1 RC 电路的冲激响应

$i_C(0)$可由电路获得。在 $t=0$ 时刻，图(a)所示电路的 KVL 方程为

$$Ri_C(0)+u_C(0)=\delta(t)$$

因此

$$i_C(0)=\frac{\delta(t)-u_C(0)}{R} \tag{8-7-2}$$

虽然 $u_C(0_+)\neq u_C(0_-)$，但 $u_C(0_+)$、$u_C(0_-)$均为有限值，因此 $u_C(0)$亦为有限值。式(8-7-2)中，$\delta(t)-u_C(0)\approx\delta(t)$，该式变为

$$i_C(0)\approx\frac{1}{R}\delta(t) \tag{8-7-3}$$

在推导式(8-7-3)时，利用了 $\delta(t)-u_C(0)\approx\delta(t)$，可以理解为在求 $i_C(0)$时，有限大小的电容电压 $u_C(0)$相对于无穷大的冲激电源可以忽略不计。因此，可将电容视为短路，得到 $t=0$ 时刻的电路如图(b)所示。由图(b)易得

$$i_C(0)=\frac{1}{R}\delta(t)$$

将 $i_C(0)$代入式(8-7-1)得

$$u_C(0_+)=u_C(0_-)+\frac{1}{C}\int_{0_-}^{0_+}\frac{1}{R}\delta(t)\,\mathrm{d}t=\frac{1}{RC} \tag{8-7-4}$$

求得 $u_C(0_+)$后，不难得到 $t>0_+$时电路的零输入响应，即

$$u_C=u_C(0_+)\mathrm{e}^{-\frac{t}{\tau}}\varepsilon(t)=\frac{1}{RC}\mathrm{e}^{-\frac{t}{RC}}\varepsilon(t) \tag{8-7-5}$$

$$i_C=C\frac{\mathrm{d}u_C}{\mathrm{d}t}=\frac{1}{R}\mathrm{e}^{-\frac{t}{RC}}\delta(t)-\frac{1}{R^2C}\mathrm{e}^{-\frac{t}{RC}}\varepsilon(t)=\frac{1}{R}\delta(t)-\frac{1}{R^2C}\mathrm{e}^{-\frac{t}{RC}}\varepsilon(t) \tag{8-7-6}$$

式(8-7-6)表明了 $i_C(t)$包含冲激函数。为了方便于响应之间的微分、积分运算，通常要用广义函数表示冲激响应和阶跃响应。

冲激电源激励的响应之直接计算方法

1. 计算冲激电源在电容上产生的冲激电流 $i_C(0)$、在电感上产生的冲激电压 $u_L(0)$；
2. 由 $i_C(0)$确定电容的初始电压 $u_C(0_+)$，由 $u_L(0)$确定电感的初始电流 $i_L(0_+)$；
3. 计算 $t>0$ 后的零输入响应。

例 8-7-1 电路如图 8-7-2(a)所示。(1)计算单位阶跃响应 u_C；(2)用线性非时变特性计

算单位冲激响应 u_C；(3) 直接计算单位冲激响应 u_C。

解：(1) 图 8-7-2(a) 中，$i_S=\varepsilon(t)$ A 时的零状态响应为单位阶跃响应。等价于直流电源激励下的零状态响应，用三要素法计算。

确定初始值。电路为连续换路，因此

$$u_C(0_+)=u_C(0_-)=0$$

确定稳态值。稳态时电容相当于开路，电路如图 8-7-2(b) 所示。有

$$u_C(\infty)=\frac{6\times12}{6+12}\times10^3\times1\ \text{V}=4\ \text{kV}$$

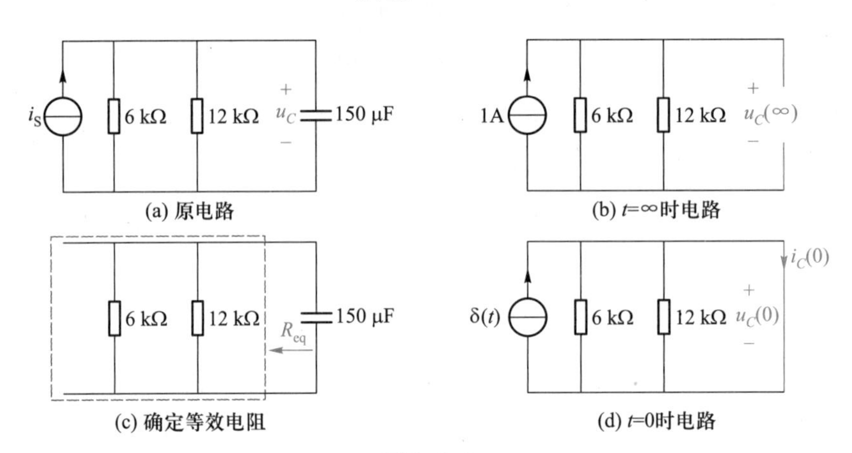

图 8-7-2

确定时间常数。电压源置零得到图(c)所示电路。等效电阻为

$$R_{eq}=\frac{6\times12}{6+12}\ \text{k}\Omega=4\ \text{k}\Omega$$

时间常数

$$\tau=R_{eq}C=4\times10^3\times150\times10^{-6}\ \text{s}=0.6\ \text{s}$$

写出单位阶跃响应。为

$$s(t)=u_C(t)=u_C(\infty)+[u_C(0_+)-u_C(\infty)]\mathrm{e}^{-\frac{t}{\tau}}=4(1-\mathrm{e}^{-\frac{5}{3}t})\varepsilon(t)\ \text{kV}$$

(2) 图 8-7-2(a) 中，$i_S=\delta(t)$ A 时的零状态响应为单位冲激响应。线性非时变电路的单位冲激响应为单位阶跃响应的一阶导数。因此，单位冲激响应为

$$h(t)=\frac{\mathrm{d}s(t)}{\mathrm{d}t}=4(1-\mathrm{e}^{-\frac{5}{3}t})\delta(t)+4\times\frac{5}{3}\mathrm{e}^{-\frac{5}{3}t}\varepsilon(t)=\frac{20}{3}\mathrm{e}^{-\frac{5}{3}t}\varepsilon(t)\ \text{kV}$$

(3) 直接计算图 8-7-2(a) 的冲激响应，须先确定 $u_C(0_+)$，再确定零输入响应。

为确定 $u_C(0_+)$，必须先确定 $i_C(0)$。由于 $i_C(0)$ 一定含有 $\delta(t)$，无论 $u_C(0)$ 为何值，只要 $u_C(0)$ 是有限值，均可将 C 在 $t=0$ 时刻视为短路⑬，得到图 8-7-2(d) 所示电路，解得

$$i_C(0)=\delta(t)\ \text{A}$$

---

⑬ 利用替代定理，将 C 替代成电压为 $u_C(0)$ 的电压源，$i_C(0)$ 是电压源 $u_C(0)$ 和电压源 $\delta(t)$ 共同激励下的响应，相比之下，电压源 $u_C(0)$ 单独激励下的响应可以忽略。

故

$$u_C(0_+)=u_C(0_-)+\frac{1}{C}\int_{0_-}^{0_+} i_C(0)\,\mathrm{d}t=0+\frac{1}{150\times10^{-6}}\int_{0_-}^{0_+}\delta(t)\,\mathrm{d}t=\frac{20}{3}\ \mathrm{kV}$$

利用三要素法确定 $t\geqslant0_+$ 的零输入响应。显然 $u_C(\infty)=0$，前面已得到 $\tau=0.6$ s，因此

$$h(t)=u_C(t)=u_C(\infty)+[u_C(0_+)-u_C(\infty)]\mathrm{e}^{-\frac{t}{\tau}}=\frac{20}{3}\mathrm{e}^{-\frac{5t}{3}}\varepsilon(t)\ \mathrm{kV}$$

目标 6 检测：冲激响应、阶跃响应计算

测 8-21 电路如测 8-21 图所示。(1) 计算单位阶跃响应 u_C（即 $u_S=\varepsilon(t)$ V）；(2) 通过单位阶跃响应计算单位冲激响应 u_C（即 $u_S=\delta(t)$ V）；(3) 直接计算单位冲激响应 u_C。

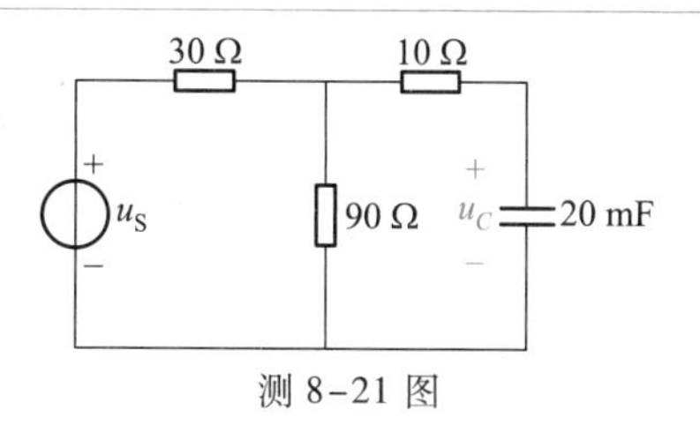

测 8-21 图

答案：(1) $s(t)=\frac{3}{4}(1-\mathrm{e}^{-\frac{20t}{13}})\varepsilon(t)$ V；(2) $h(t)=\frac{15}{13}\mathrm{e}^{-\frac{20t}{13}}\varepsilon(t)$ V。

例 8-7-2 电路如图 8-7-3(a)所示。(1) 计算电路的单位阶跃响应 i_L；(2) 通过单位阶跃响应计算单位冲激响应 i_L；(3) 直接计算单位冲激响应 i_L。

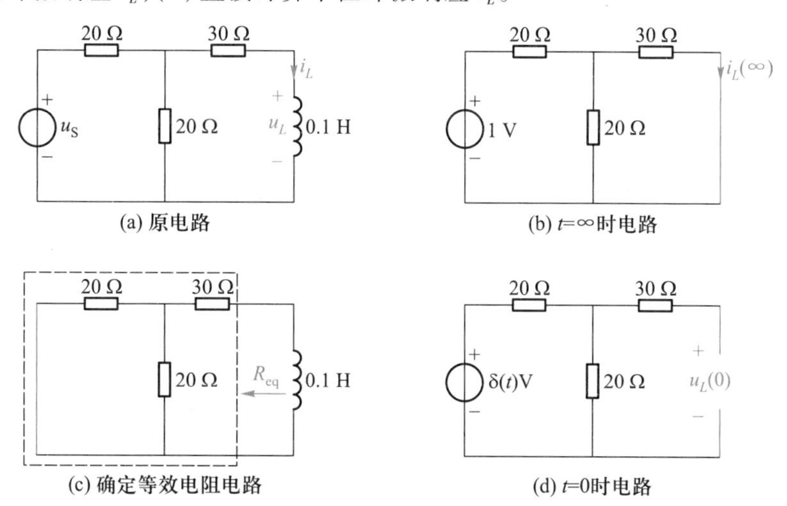

图 8-7-3

解：(1) 图 8-7-3(a)中，$u_S=\varepsilon(t)$ V 时的零状态响应为单位阶跃响应。等价于直流电源激励下的零状态响应，用三要素法计算。

确定初始值。电路为连续换路，因此

$$i_L(0_+)=i_L(0_-)=0$$

确定稳态值。稳态时电感相当于短路，稳态电路如图(b)所示，电流

$$i_L(\infty)=\frac{1}{20+\frac{20\times30}{20+30}}\times\frac{20}{20+30}\times1\ \mathrm{A}=\frac{1}{80}\ \mathrm{A}$$

确定时间常数。电压源置零,得到图(c)所示电路。等效电阻为

$$R_{eq}=\left(30+\frac{20\times20}{20+20}\right)\ \Omega=40\ \Omega$$

时间常数

$$\tau=\frac{L}{R_{eq}}=\frac{0.1}{40}\ \text{s}=\frac{1}{400}\ \text{s}$$

写出单位阶跃响应表达式。为

$$s(t)=i_L(t)=i_L(\infty)+[i_L(0_+)-i_L(\infty)]\mathrm{e}^{-\frac{t}{\tau}}=\frac{1}{80}(1-\mathrm{e}^{-400t})\varepsilon(t)\ \text{A}$$

(2) 图(a)中,$u_S=\delta(t)$ V 时的零状态响应为单位冲激响应。线性非时变电路的单位冲激响应为单位阶跃响应的一阶导数,因此,单位冲激响应为

$$h(t)=\frac{\mathrm{d}s(t)}{\mathrm{d}t}=\frac{1}{80}(1-\mathrm{e}^{-400t})\delta(t)+\frac{400}{80}\mathrm{e}^{-400t}\varepsilon(t)=5\mathrm{e}^{-400t}\varepsilon(t)\ \text{A}$$

(3) 直接计算图(a)的冲激响应,须先确定 $i_L(0_+)$,再确定零输入响应。

为确定 $i_L(0_+)$,必须先确定 $u_L(0)$。由于 $u_L(0)$ 一定含有 $\delta(t)$,无论 $i_L(0)$ 为何值,只要 $i_L(0)$ 是有限值,均可将 L 在 $t=0$ 时刻视为开路⑭,得到图 8-7-3(d)所示电路,有

$$u_L(0)=\frac{20}{20+20}\delta(t)=\frac{1}{2}\delta(t)\ \text{V}$$

故

$$i_L(0_+)=i_L(0_-)+\frac{1}{L}\int_{0_-}^{0_+}u_L(0)\,\mathrm{d}t=0+\frac{1}{0.1}\int_{0_-}^{0_+}\frac{1}{2}\delta(t)\,\mathrm{d}t=5\ \text{A}$$

利用三要素法确定 $t\geqslant0_+$ 的零输入响应。显然 $i_L(\infty)=0$,前面已得到 $\tau=\frac{1}{400}$ s,因此

$$h(t)=i_L(t)=5\mathrm{e}^{-400t}\varepsilon(t)\ \text{A}$$

目标 6 检测:冲激响应、阶跃响应计算

测 8-22 电路如测 8-22 图所示。(1)计算单位阶跃响应 $i_L(u_S=\varepsilon(t)\ \text{V})$;(2)通过单位阶跃响应计算单位冲激响应 $i_L(u_S=\delta(t)\ \text{V})$;(3)直接计算单位冲激响应 i_L。

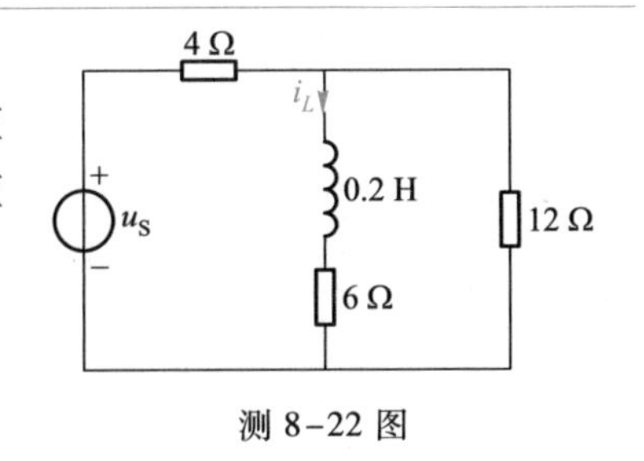

测 8-22 图

答案:(1) $s(t)=\frac{1}{12}(1-\mathrm{e}^{-45t})\varepsilon(t)$ A;(2) $h(t)=\frac{15}{4}\mathrm{e}^{-45t}\varepsilon(t)$ A。

---

⑭ 利用替代定理将 L 替代成电流为 $i_L(0)$ 的电流源,$u_L(0)$ 是电流源 $i_L(0)$ 和电压源 $\delta(t)$ 共同作用下的响应,相比之下,电流源 $i_L(0)$ 单独作用下的响应可以忽略不计。

8.8 拓展与应用

8.8.1 警示闪光灯电路

闪光灯有很多应用场合。如照相机的闪光灯,它由开关控制闪光。如高层建筑最高处起警示作用的闪光灯,它是自动周期性闪光。

图 8-8-1(a)所示为警示闪光灯电路。不论用何种方式获得直流电源,电源部分总可以等效为戴维南支路。灯泡在电压大于 U_{max}时点亮,点亮时等效为电阻 R_2,在电压小于 U_{min}时熄灭,熄灭时相当于开路。开关闭合时,电容充电,u 上升,灯泡相当于开路,直到 $u>U_{max}$时灯泡点亮,此时图(a)所示电路等效为图(b)所示电路,电容放电,u 下降,直到 $u<U_{min}$时灯泡熄灭(R_2 开路),电容又开始充电,进入下一个循环。在电容充电、放电的循环中,灯泡在电容放电期间点亮、充电期间熄灭,形成灯光闪烁效果。开关闭合一段时间后,灯泡电压变化规律如图(c)所示,电容充电的稳态电压为 U_S,电容放电的稳态电压为 U_{OC},U_{OC}是图(b)中电容的稳态电压,即

$$U_{OC}=\frac{R_2}{R_1+R_2}U_S$$

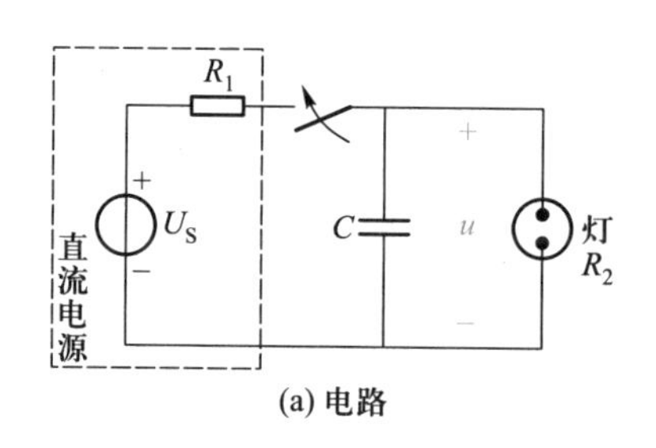

(a) 电路

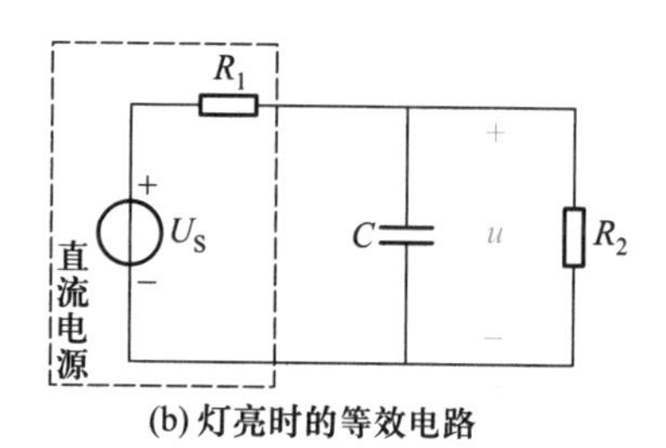

(b) 灯亮时的等效电路

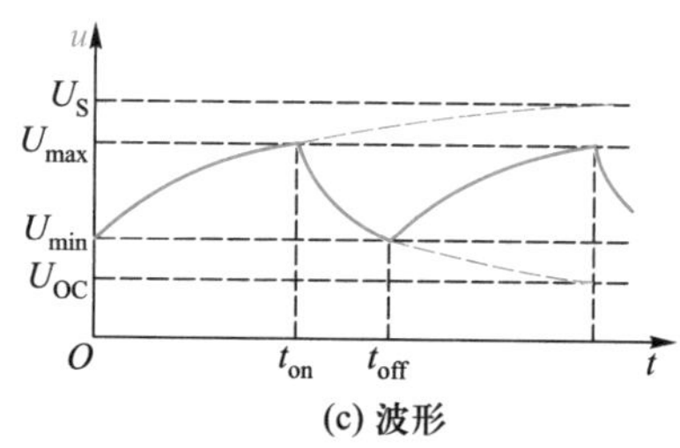

(c) 波形

图 8-8-1 警示闪光灯电路

在 t_{on}时刻灯泡点亮,在 t_{off}时刻灯泡熄灭。由三要素法得

$$U_{max}=U_S+(U_{min}-U_S)e^{-\frac{t_{on}}{R_1C}} \quad (由充电曲线得出)$$

$$U_{min}=U_{OC}+(U_{max}-U_{OC})e^{-\frac{t_{off}-t_{on}}{RC}} \quad (由放电曲线得出,R=R_1 /\!/ R_2)$$

解得

$$t_{on}=R_1C\ \ln\frac{U_{min}-U_S}{U_{max}-U_S}$$

$$t_{off}-t_{on}=\frac{R_1R_2}{R_1+R_2}C\ \ln\frac{U_{max}-U_{OC}}{U_{min}-U_{OC}}$$

在 $t_{off}-t_{on}$ 的表达式中,要使 $t_{off}-t_{on}>0$,则要求 $\ln\frac{U_{max}-U_{OC}}{U_{min}-U_{OC}}>0$,由此要求 $U_{max}>U_{min}>U_{OC}$。

例如:一个便携闪光灯,$U_S=6\ V$,$R_2=0.5\ k\Omega$,$C=1\ 000\ \mu F$,$U_{max}=4\ V$,$U_{min}=1\ V$,闪光间隔时间 $t_{on}=4\ s$。试确定 R_1、亮灯时间 $t_{off}-t_{on}$。由 $t_{on}=R_1C\ \ln\frac{U_{min}-U_S}{U_{max}-U_S}$ 得

$$4=R_1\times 1\ 000\times 10^{-6}\times\ln\frac{1-6}{4-6}$$

解得

$$R_1=4.365\ k\Omega\quad(\text{选标称值为 } 4.3\ k\Omega \text{ 的电阻})$$

将 $R_1=4.3\ k\Omega$ 代入 U_{OC} 的表达式得

$$U_{OC}=\frac{R_2}{R_1+R_2}U_S=\frac{0.5}{4.3+0.5}\times 6\ V=0.625\ V$$

由 $t_{off}-t_{on}=\frac{R_1R_2}{R_1+R_2}C\ \ln\frac{U_{max}-U_{OC}}{U_{min}-U_{OC}}$ 得

$$t_{off}-t_{on}=\frac{4.3\times 0.5\times 10^3}{4.3+0.5}\times 1\ 000\times 10^{-6}\times\ln\frac{4-0.625}{1-0.625}\ s=0.984\ s$$

8.8.2 汽车打火电路(*RL* 电路)

图 8-8-2 为汽车打火系统原理电路。汽车电池仅提供 12V 直流电压,而打火时,需要 kV 级电压。打火操作时,闭合开关 S 一段时间,使电感线圈充电,然后断开开关 S,线圈上产生 kV 级电压,加到火花塞电极间,击穿气隙形成电弧,点燃汽油雾滴和空气的混合气体。火花塞电极间的击穿电压范围一般为 6~10kV,火花塞放电时,可视为非线性电阻,火花塞未放电时,电极间开路。

例如:图 8-8-2 中,$r_L=4\ \Omega$,$L=8\ mH$,$U_S=12\ V$,计算电感要在开关 S 闭合多长时间后才能达到最大储能。假定开关 S 的开断时间为 2 μs,即在 2 μs 内,电感电流降为零,计算 S 开断时火花塞气隙承受的电压。

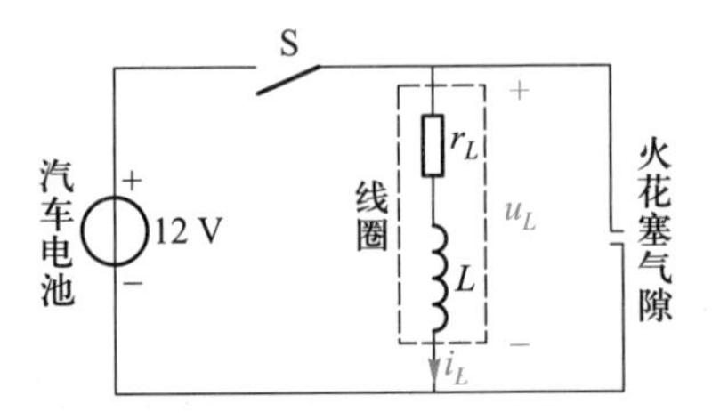

图 8-8-2 汽车打火系统原理图

当电感被充电到稳态电流时储存的能量最大,所需的时间大约为 5τ,因此,充电时间

$$t_c=5\tau=5\times\frac{L}{r_L}=5\times\frac{8\times 10^{-3}}{4}s=10\times 10^{-3}s$$

开关 S 闭合后,电感电流的稳态值为

$$i_L(\infty)=\frac{U_S}{r_L}=\frac{12}{4}\ A=3\ A$$

电感的最大储能为

$$w_m=\frac{1}{2}Li_L^2(\infty)=\frac{1}{2}\times 8\times 10^{-3}\times 3^2\ J=36\times 10^{-3}\ J$$

开关 S 需 2 μs 时间才能完全开断，即 i_L 在 2 μs 时间内从 3 A 下降到 0，线圈上的电压

$$u_L=L\frac{\mathrm{d}i_L}{\mathrm{d}t}+r_Li_L\approx L\frac{\Delta i_L}{\Delta t}=8\times10^{-3}\times\frac{3}{2\times10^{-6}}\text{ V}=12\text{ kV}$$

应该注意到，图 8-8-2 中开关 S 承受的电压为(u_L-12) V，开关 S 同火花塞一样承受很高的瞬态电压，必须确保开关 S 的触点之间不会被击穿，这是 RL 打火电路的缺点。

习题 8

零输入响应(8.2 节)

8-1 题 8-1 图所示电路中，$u_C(0_-)=10$ V，求 $t>0$ 时的响应 u_R。

8-2 题 8-2 图所示电路在开关闭合前处于稳态，求 $t>0$ 时的响应 u_C、i 及 i_R。

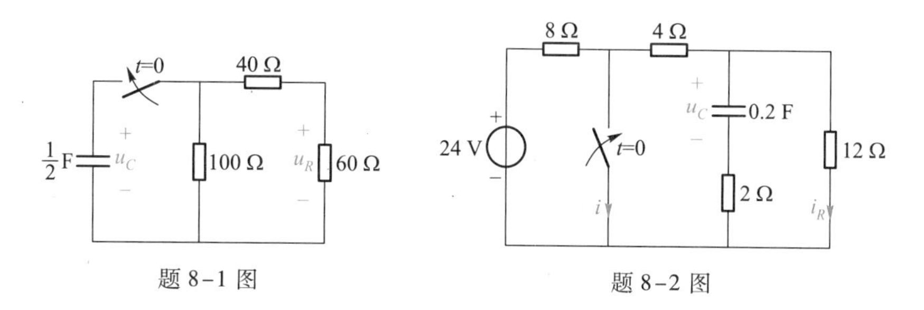

题 8-1 图　　题 8-2 图

8-3 一个 $C=40$ μF 的电容通过电阻 R 放电，放电过程中电阻吸收的能量 $W_R=5$ J，放电最大电流为 0.5 A。求：(1) 电容的原始电压 $u_C(0_-)$；(2) 电阻 R 的值；(3) 电容电压从原始值下降到 184 V 所需的时间 t_0。

8-4 题 8-4 图所示电路中，$u_C(0_-)=10$ V，求 $t>0$ 时的响应 i。

8-5 题 8-5 图所示电路在开关打开前处于稳态，电流表的读数为 5 A，$R=50$ Ω，$L=1$ H，电压表内阻 $R_V=6\ 000$ Ω。开关在 $t=0$ 时打开，求电压表承受的电压的最大值。

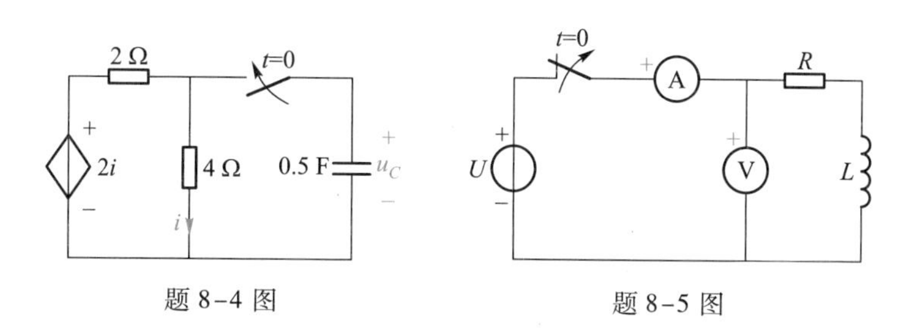

题 8-4 图　　题 8-5 图

8-6 一电感 L 通过电阻 R 释放原始储能。设其原始电流为 100 A，经过 2 s，它的电流下降到 36.8 A。(1) 再经过 4 s，它的电流将降为多少安培？(2) 若 $L=1$ H，求电阻 R。

8-7 题 8-7 图所示电路在开关闭合前处于稳态，求 $t>0$ 时的响应 u_L、i。

8-8 题 8-8 图所示电路在开关打开前处于稳态，求 $t>0$ 时的响应 i_L。

直流电源激励下的响应(8.3 节)

8-9 求题 8-9 图所示电路在 $t>0$ 时的零状态响应 u_C。

8-10 求题 8-10 图所示电路在 $t>0$ 时的零状态响应 u_C、i。

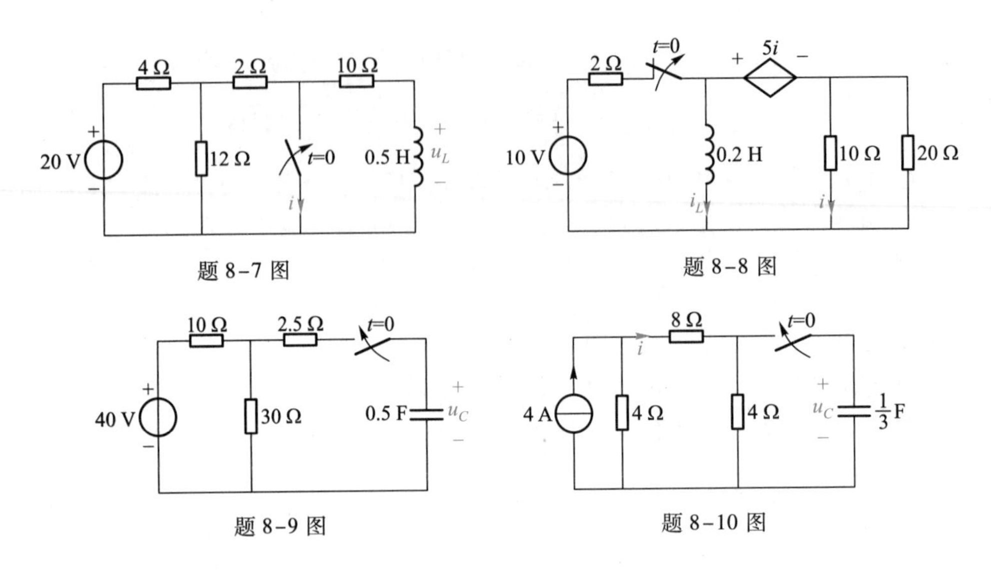

题 8-7 图　　题 8-8 图

题 8-9 图　　题 8-10 图

8-11 题 8-11 图所示电路中，$u_C(0_-)=0$，$R=50\ \Omega$，开关闭合后 1.5 ms 时 $i=0.11$ A。求：(1)电容 C 的值；(2)电流的初始值 $i(0_+)$；(3)$t>0$ 时的 u_C。

8-12 题 8-12 图所示延时电路，当 $u_C=20$ V 时可使其端接继电器动作。设 $u_C(0_-)=0$，问：(1)开关闭合后多长时间继电器动作？(2)欲使继电器在开关闭合后 3 秒动作，R 应调至何值？

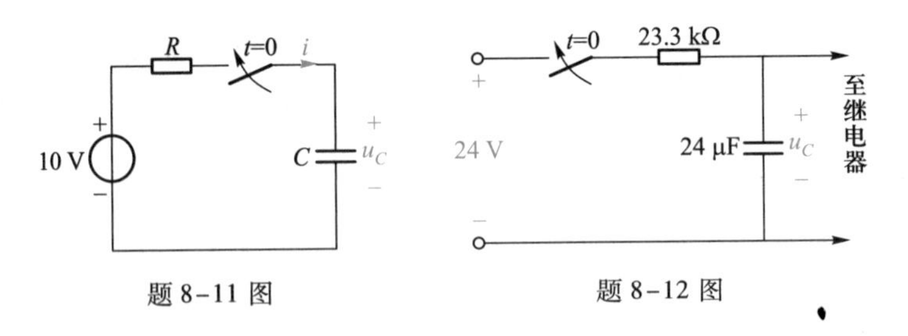

题 8-11 图　　题 8-12 图

8-13 题 8-13 图所示电路在开关闭合前处于稳态，求 $t>0$ 时的零状态响应 i_L。

8-14 题 8-14 所示电路在开关闭合前处于稳态，求 $t>0$ 时的零状态响应 i_L。

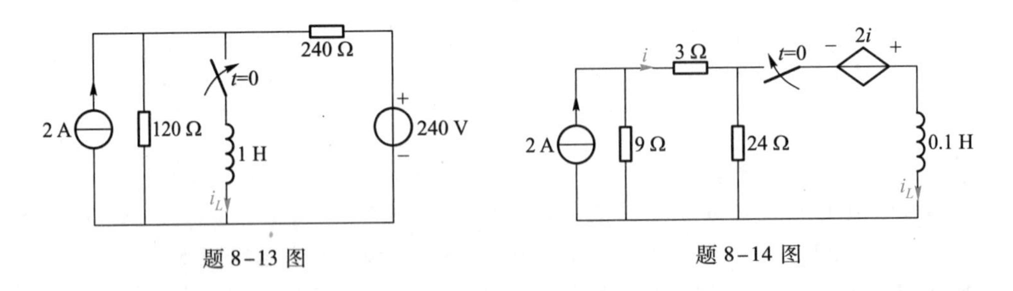

题 8-13 图　　题 8-14 图

8-15 一延时继电器原理电路如题 8-15 图所示，接通电源，当通过继电器的电流 i 达到一定值时开关 SJ 闭合，从接通电源到开关 SJ 闭合的时间称为延迟时间。为使延时时间能在一定范围内调节，电路中串入可调电阻 R。(1)求 i 的表达式；(2)设继电器的线圈电阻 $R_L=250\ \Omega$、电感 $L=14.4$ H，R 从 0～250 Ω 可调，$U_S=6$ V，电流 i 达到 0.006 A 时开关 S 闭合，求延时时间调节范围。

8-16 求题 8-16 图所示电路的单位阶跃响应 u_O。

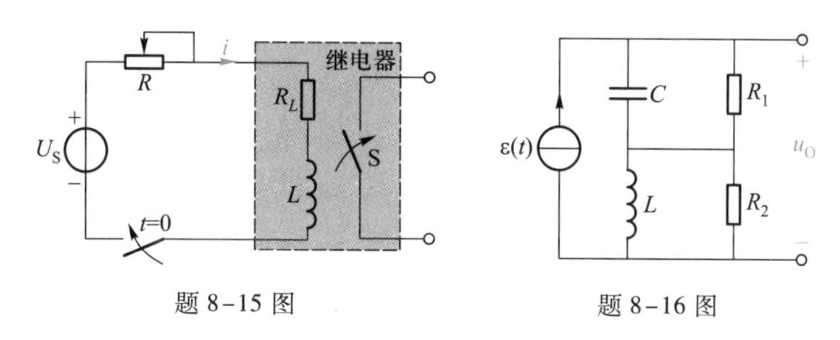

题 8-15 图　　　　题 8-16 图

8-17 电路如题 8-17 图所示。欲使单位阶跃响应 i 中不包含暂态分量，电路参数之间应满足何种关系？

8-18 求题 8-18 图所示电路的阶跃响应 u_C。

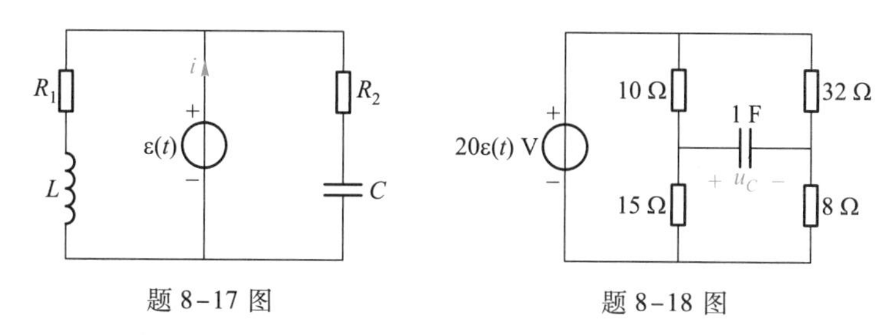

题 8-17 图　　　　题 8-18 图

8-19 求题 8-19 图所示电路的阶跃响应 i_L。

8-20 求题 8-20 图所示电路的阶跃响应 u_C。

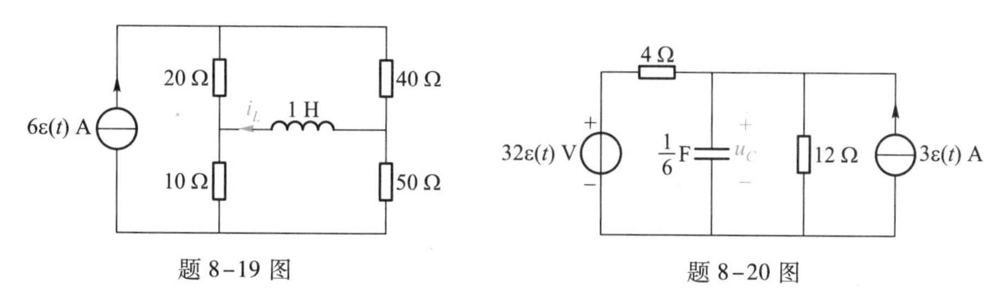

题 8-19 图　　　　题 8-20 图

8-21 求题 8-21 图所示电路的阶跃响应 i_L。

8-22 求题 8-22 图所示电路的阶跃响应 u_C。

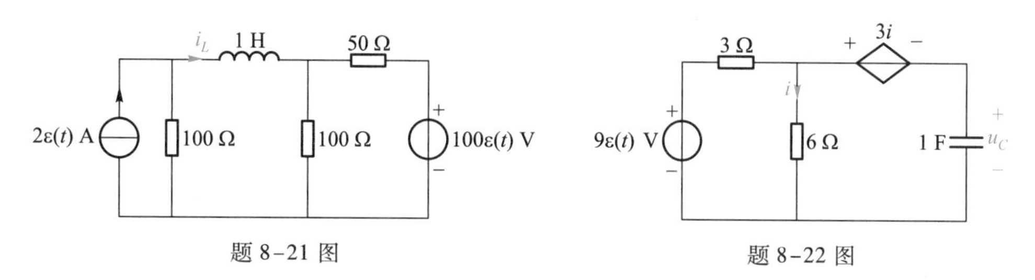

题 8-21 图　　　　题 8-22 图

8-23 求题 8-23 图所示电路的阶跃响应 i_L。

8-24 题 8-24 图所示电路原已达稳态，开关在 $t=0$ 时闭合。求全响应 u_C。

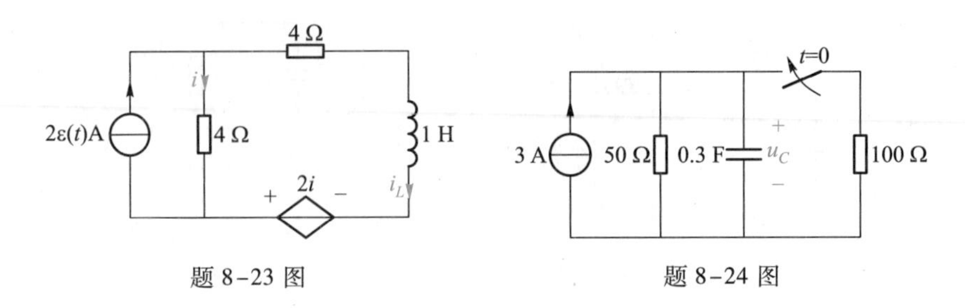

题 8-23 图　　　题 8-24 图

8-25 题 8-25 图所示电路在开关打开前已达稳态。对 $t>0$ 求：(1) i_L；(2) i_L 的零状态响应和零输入响应；(3) i_L 的自由分量和强制分量。

8-26 题 8-26 图所示电路在开关闭合前已达稳态。求 $t>0$ 时的响应 i_L。

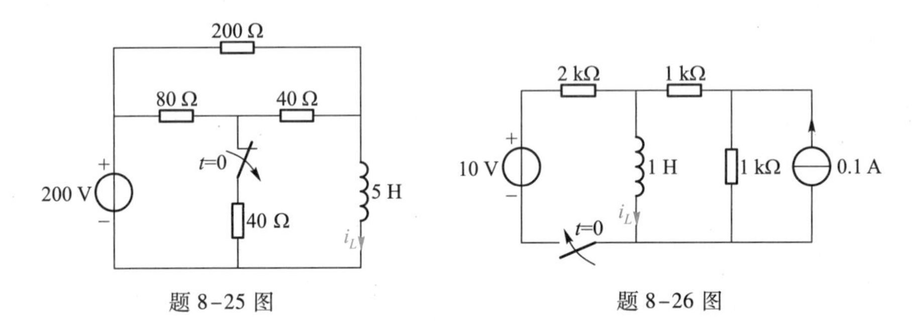

题 8-25 图　　　题 8-26 图

8-27 RC 电路的全响应 $u_C=(10-6\mathrm{e}^{-10t})$ V，若电容的原始储能不变，电源增大 1 倍，此时的全响应 u_C 应为多少？

8-28 题 8-28 图所示电路在开关闭合前已达稳态。求 $t>0$ 时的响应 i_1、i_2 和 i。

8-29 题 8-29 图所示电路在开关闭合前已达稳态，求 $t>0$ 时的响应 u_C、i_L 和 i。

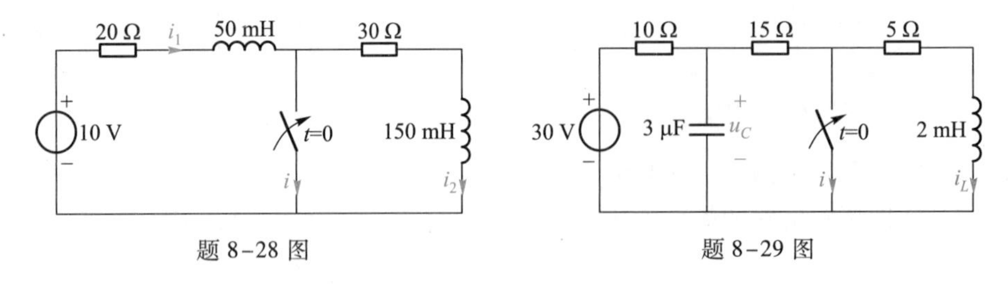

题 8-28 图　　　题 8-29 图

8-30 题 8-30 图所示电路在开关打开前已达稳态，求 $t>0$ 时的响应 u_C、i_L 和 u。

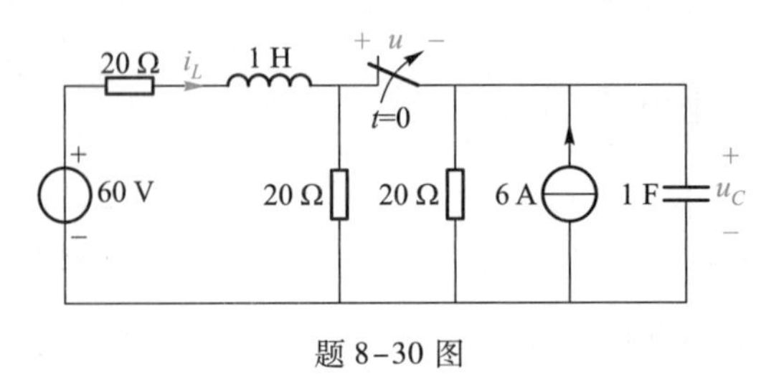

题 8-30 图

8-31 题 8-31 图所示电路中，N 为线性无源电阻网络，电容的原始储能为零。当 $u_S=\varepsilon(t)$ V 时，$u_O=\left(\frac{1}{2}+\frac{1}{8}e^{-\frac{1}{4}t}\right)\varepsilon(t)$ V。保持 u_S 不变，将 2F 的电容换成 2H 的电感，求此时的零状态响应 u_O。

8-32 题 8-32 图(a)所示电路中，电容没有储能，电源 u_S 的波形如图(b)所示。求：(1)电路达到稳态后，u_C 的最大值、最小值；(2)定性画出稳态时 u_C 的波形。

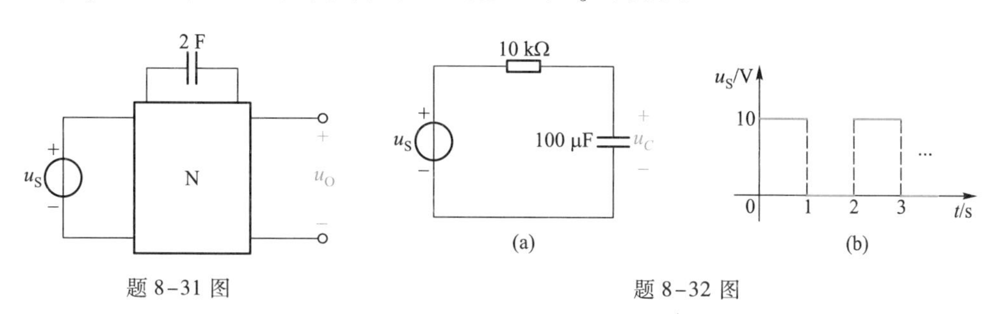

题 8-31 图　　题 8-32 图

正弦电源激励下的 *RC* 电路(8.4 节)

8-33 题 8-33 图所示电路中，$u_s=50\cos(1\,000t)$ V，$u_C(0_-)=10$ V。求 $t>0$ 时的响应 u_C。

8-34 题 8-34 图所示电路中，$u_s=220\sqrt{2}\sin(314t+90°)$ V。求 $t>0$ 时的响应 i_L。

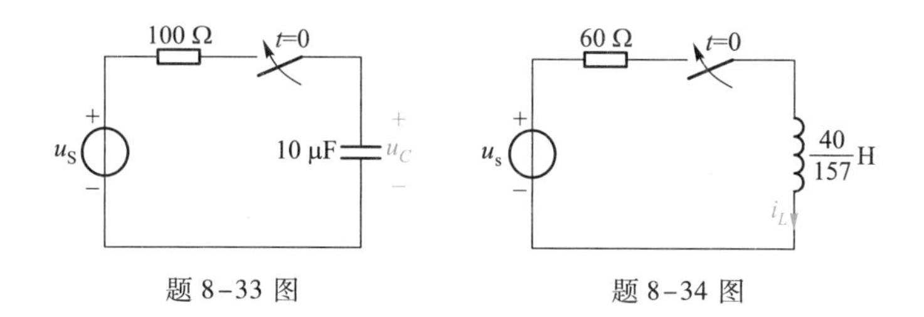

题 8-33 图　　题 8-34 图

含运算放大器的一阶电路(8.5 节)

8-35 题 8-35 图所示电路中，$u_C(0_-)=1$ V。(1)假定 $t>0$ 时运算放大器工作于线性区，求 $t>0$ 时的 u_O；(2)确定能使运算放大器工作于线性区的最小 U_{CC}；(3)若 $U_{CC}=5$ V，写出 $t>0$ 时 u_O 的表达式。

8-36 题 8-36 图所示电路在开关闭合前处于稳态。(1)假定 $t>0$ 时运算放大器工作于线性区，求 $t>0$ 时的 u_O；(2)确定能使运算放大器工作于线性区的最小 U_{CC}。

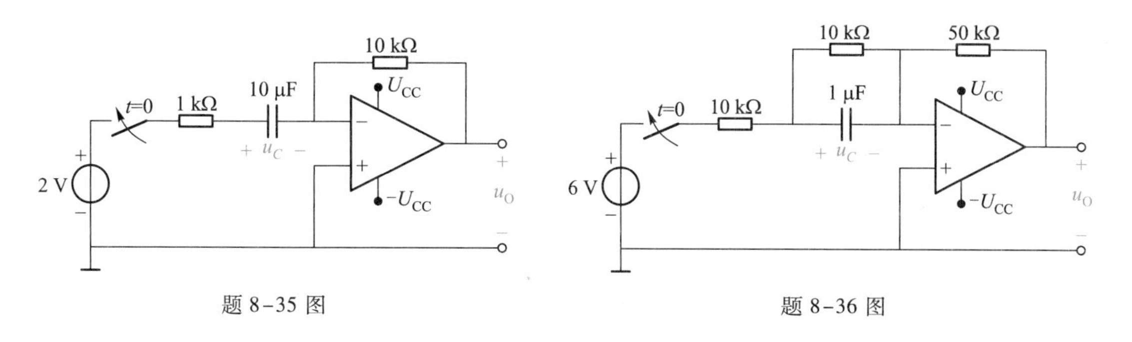

题 8-35 图　　题 8-36 图

8-37 电路如题 8-37 图所示。(1)假定 $t>0$ 时运算放大器工作于线性区，求 $t>0$ 时的 u_O；(2)确定能使运算放大器工作于线性区的最小 U_{CC}。

8-38 题 8-38 图所示电路中，$u_C(0_-)=0$。(1)开关合上多长时间，运算放大器达到饱和？(2)写出 u_O 的表达式。

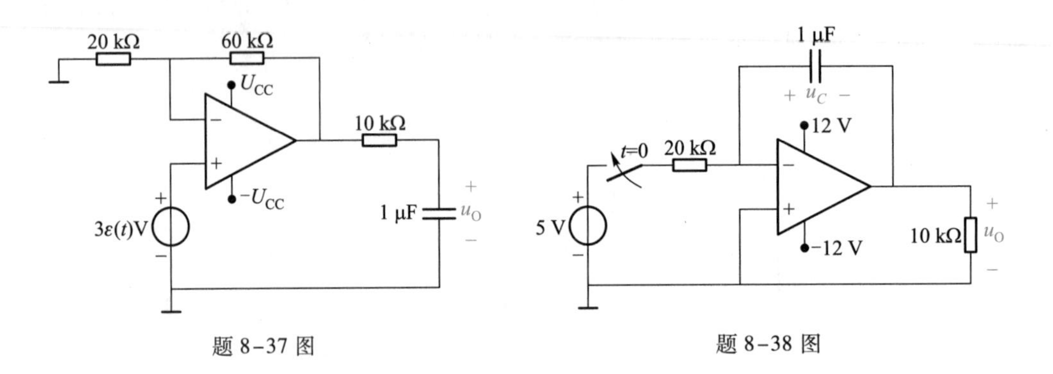

题 8-37 图　　题 8-38 图

8-39 题 8-39 图所示电路中，$u_C(0_-)=0$。(1)开关合上多长时间，运算放大器达到饱和？(2)写出 u_O 的表达式。

线性特性与非时变特性(8.6 节)

8-40 题 8-40 图(a)所示电路中，u_S 的波形如图(b)所示。求零状态响应 i_L。

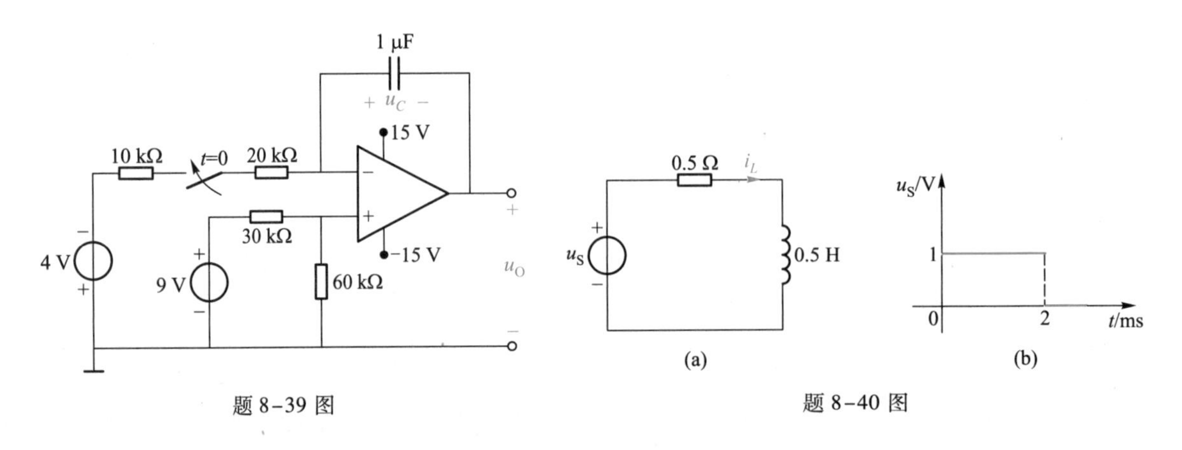

题 8-39 图　　题 8-40 图

8-41 题 8-41 图(a)所示电路中，N 为线性非时变电阻网络，电路的单位阶跃响应为 $i_C=\mathrm{e}^{-t}\varepsilon(t)$ A。求当 u_S 为图(b)所示波形时的零状态响应 i_C。

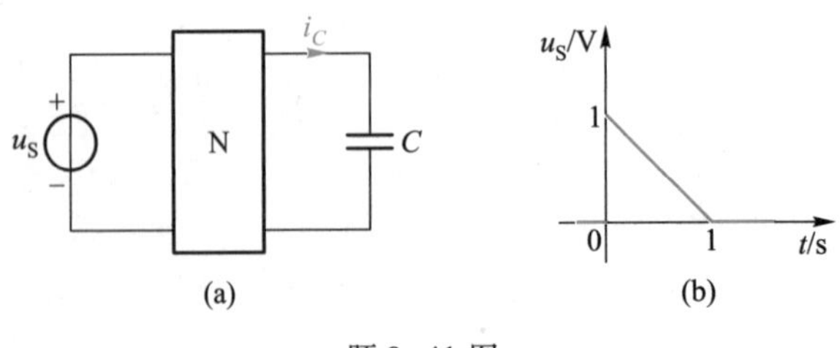

题 8-41 图

8-42 图 8-42(a)所示电路中，u_S 的波形如图(b)所示。$R=1\ \Omega$，$C=1$ F。求电路的零状态响应 u_C。

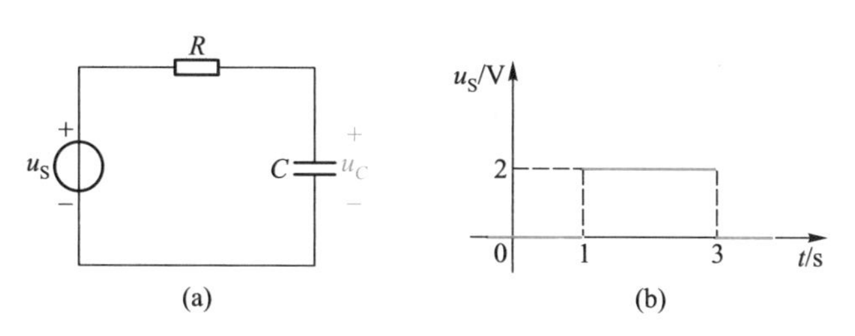

题 8-42 图

8-43 电路如题 8-43 图(a)所示，i_S 的波形如图(b)所示。计算零状态响应 u_C。

8-44 题 8-44 图所示电路中，N 为线性非时变无源零状态网络，$u_S=\delta(t)$ V 时，$u_O=0.5e^{-2t}\varepsilon(t)$ V。求 $u_S=2e^{-2t}\varepsilon(t)$ V 时的响应 u_O。

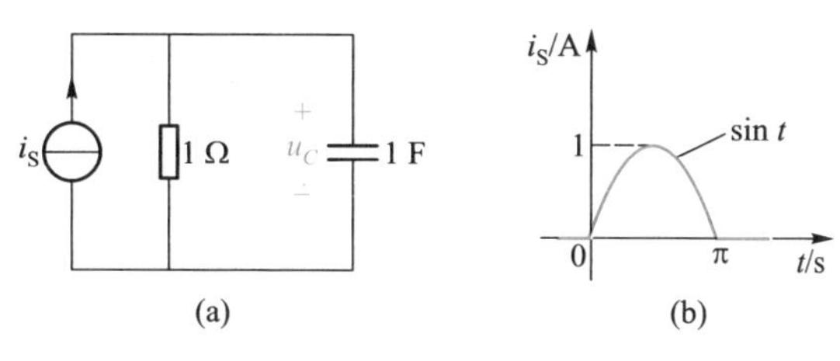

题 8-43 图

8-45 题 8-45 图所示电路中，N 为线性非时变无源零状态网络，$i_S=\delta(t)$ A 时，$i_O=e^{-t}\varepsilon(t)$ A。求 $i_S=2t[\varepsilon(t)-\varepsilon(t-1)]$ A 时的响应 i_O。

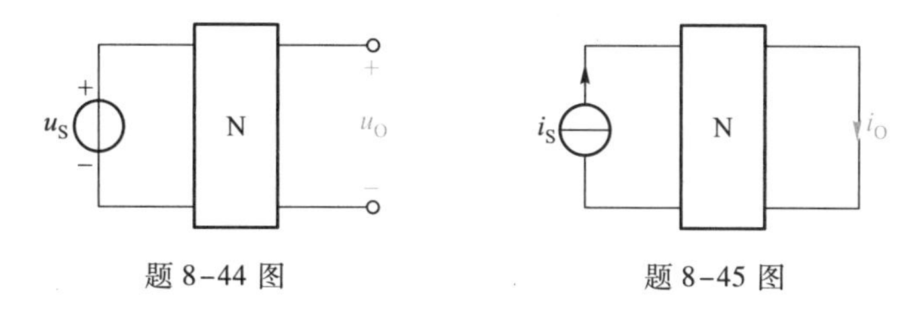

题 8-44 图　　题 8-45 图

冲激响应计算(8.7 节)

8-46 求题 8-46 图所示电路的单位冲激响应 i_L，并验证单位冲激响应 h(t) 与单位阶跃响应 s(t) 的关系为 $h(t)=\dfrac{ds(t)}{dt}$。

8-47 用两种方法求题 8-47 图所示电路的单位冲激响应 u_C、i。

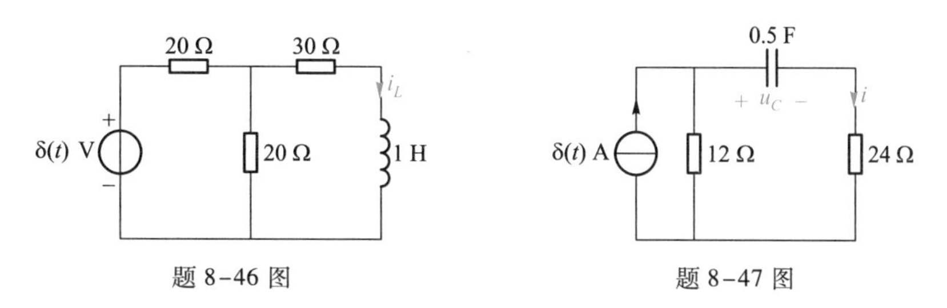

题 8-46 图　　题 8-47 图

8-48 求题 8-48 图所示电路的零状态响应 u_C、i_C。

8-49 求题 8-49 图所示电路的零状态响应 u_C、i_L。

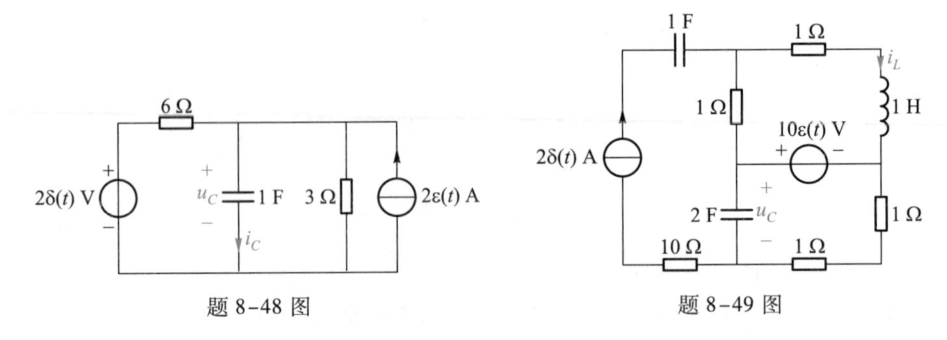

题 8-48 图　　题 8-49 图

8-50 题 8-50 图所示电路中，N 为不含受控电源的线性非时变无源零状态网络。图(a)中，$i_S=\delta(t)$ A 时，$i_2=\frac{1}{8}e^{-2t}\varepsilon(t)$ A。求图(b)中 $u_S=\delta(t)$ V 时的响应 u_1。

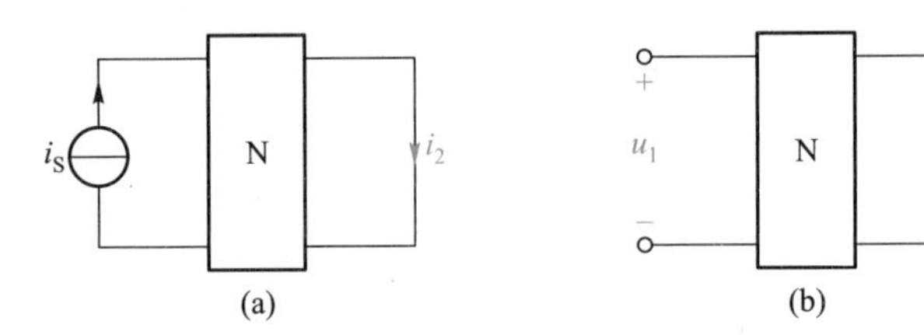

题 8-50 图

▶ 综合检测

8-51 计算题 8-51 图所示电路的响应 u_O。

8-52 计算题 8-52 图所示电路的响应 u_O。

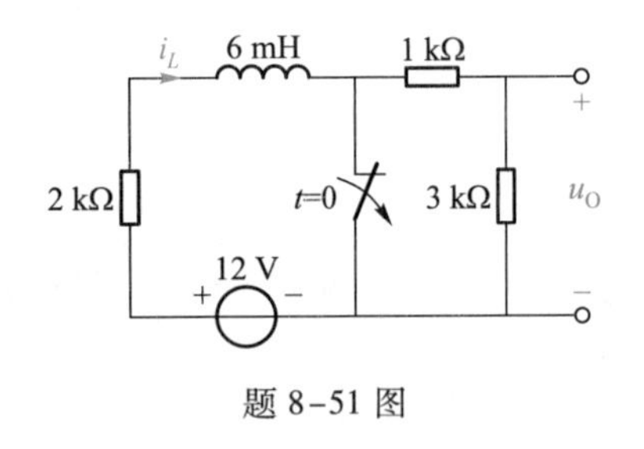

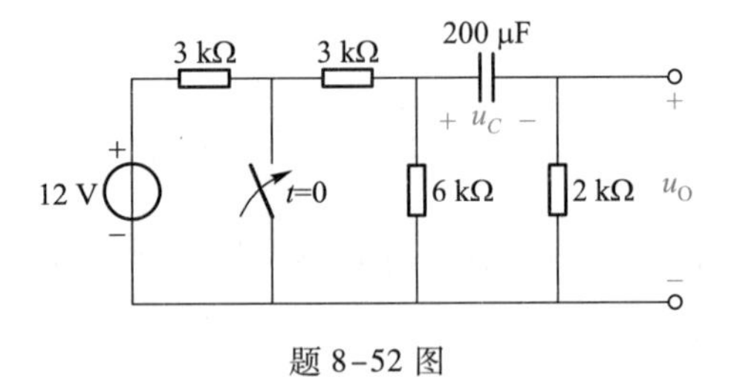

题 8-51 图　　题 8-52 图

8-53 计算题 8-53 图所示电路的响应 i_O。

8-54 计算题 8-54 图所示电路的响应 i_O。

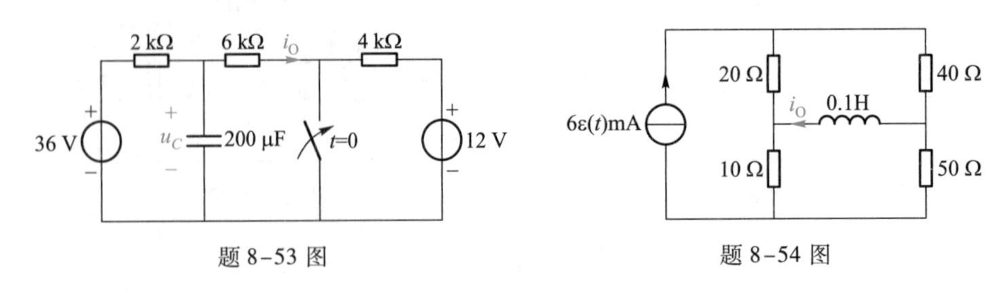

题 8-53 图　　题 8-54 图

8-55 题 8-55 图所示电路中，在 $t=0_-$ 时电感没有储能。(1) 试确定 $u_O(t)$ 的广义函数表达式；(2) 计算 $u_O(50_+\mu s)$、$u_O(50_-\mu s)$；(3) 计算 $i_O(50_+\mu s)$、$i_O(50_-\mu s)$。

8-56 题 8-56 图所示电路中，$u_O(0_-)=4$ V，$t=0$ 时开关 1 闭合，$t=3$ μs 时开关 2 闭合，求 $t>0$ 的 $u_O(t)$。

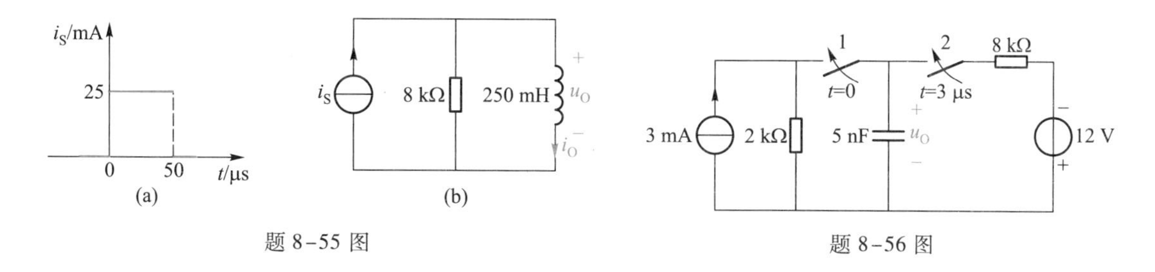

题 8-55 图　　　　题 8-56 图

8-57 题 8-57 图(a)所示电路的电容处于周期性充电、放电过程，方波电源、稳态电压 u_O 波形如图(b)所示。(1) 求稳态电压 u_O 的表达式。(2) 若增大电阻值，画出 u_O 波形的示意图。(3) 若减小电阻值，画出 u_O 波形的示意图。(4) 在什么条件下，电路在方波电源的一个周期中经历零状态和零输入两种响应过程。

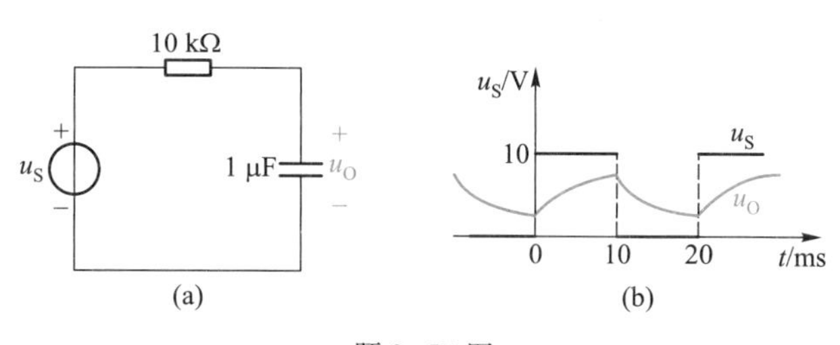

题 8-57 图

8-58 题 8-58 图所示含运算放大器的电路，在零状态下、$t=0$ 时开关闭合。(1) 列写微分方程，求 $t>0$ 的 u_O。(2) 用三要素法求 $t>0$ 的 u_{O1}。(3) 为何可以用三要素法求 u_{O1}？可否用三要素法求 u_O？(4) 判断两个运算放大器是否工作在线性区；(5) 能够确保两个运算放大器工作在线性区的最大 u_S 为多少？

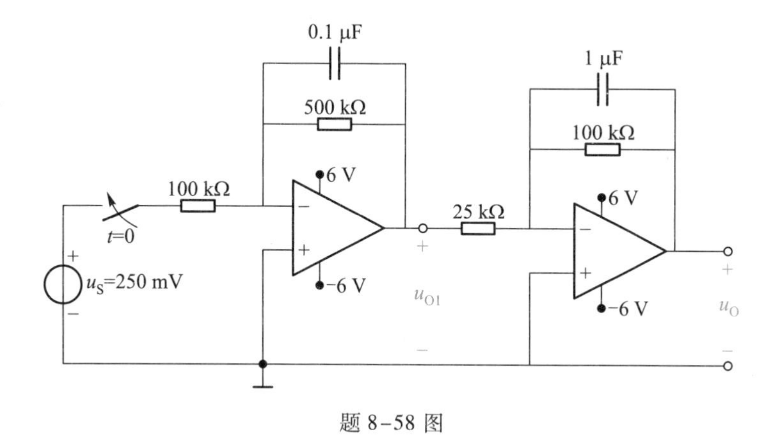

题 8-58 图

8-59 题 8-59 图所示电路中，$u_o=(20-15e^{-10t})$ V($t>0$)。(1)求 a、b 端口的输入电阻；(2)求 $u_o(0_-)$；(3)若仅将 u_S 置 0(短接)，此时 $u_o=(k-8e^{-10t})$ V($t>0$)，k 为多少？(4)若仅将 i_S 置 0(断开)，确定此时的 u_o。(5)将电容的原始储能增大一倍且电流源反向，两个电源共同作用下的全响应 u_o 又为多少？

8-60 题 8-60 图所示电路在开关闭合前已达稳态。(1)求 $t>0$ 时的响应 i_L；(2)计算 $t>0$ 时的响应 i；(3)计算$t=0$时的响应 i。

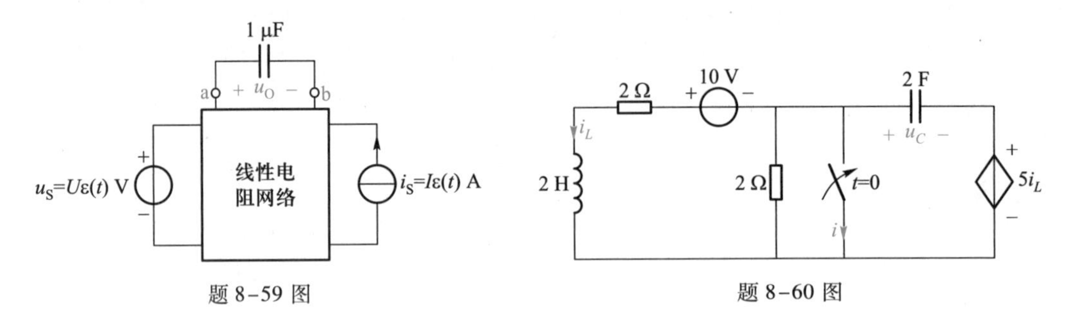

题 8-59 图　　　　题 8-60 图

▶ 习题 8 参考答案

第9章 二阶电路的暂态分析

9.1 概述

微分方程为二阶的电路称为二阶电路(second-order circuit),二阶电路中含两个独立的储能元件。典型的二阶电路如图9-1-1(a)、(b)所示,图(a)为 RLC 串联电路,图(b)为 RLC 并联电路,它们均包含了电阻、电感、电容三类元件,是具有代表性、且最简单的二阶电路。图(c)、(d)所示电路也是二阶电路,称为一般二阶电路,它们所含的两个储能元件虽然为同类型,但相互独立。图(c)中两个电容的电压相互独立,图(d)中两个电感的电流相互独立。

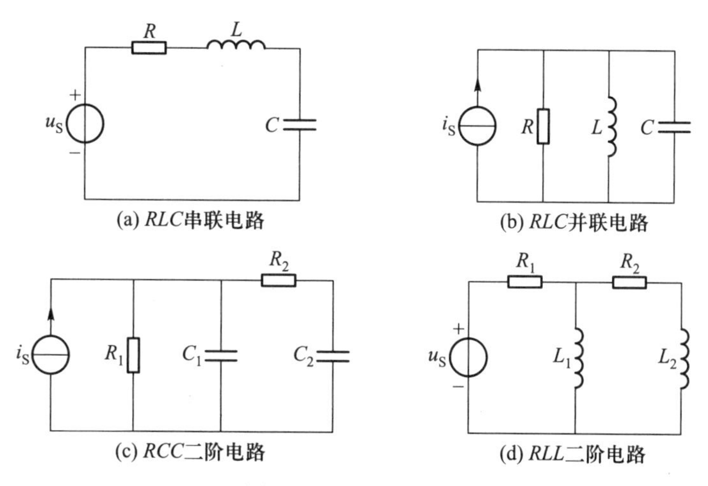

图9-1-1　二阶电路

与一阶电路相同,二阶电路暂态分析仍然是列写微分方程、确定初始条件、求解微分方程3个步骤。本章首先分析 RLC 串联电路、RLC 并联电路的零输入响应(即自然响应),总结自然响应的变化规律。然后分析直流电源激励下的零状态响应(即阶跃响应)。最后分析一般二阶电路在直流电源激励下的全响应,归纳二阶电路的分析方法。

目标1　掌握 RLC 串联电路、RLC 并联电路零输入响应(自然响应)的变化规律。

目标2　掌握直流电源激励下的 RLC 串联电路、RLC 并联电路之响应计算方法,自由分量与强制分量、暂态分量与稳态分量、阶跃响应等概念。

目标3　掌握一般二阶电路暂态响应的计算方法。

目标4 了解二阶电路冲激响应计算，了解电路对偶性的意义。

难点 理解自然响应的变化规律，列写一般二阶电路的微分方程。

9.2 零输入响应（自然响应）

零输入响应是由储能元件的储能自然释放形成的暂态过程，它的变化规律体现出电路自身的固有特性，也称为自然响应。

9.2.1 *RLC* 串联电路的零输入响应

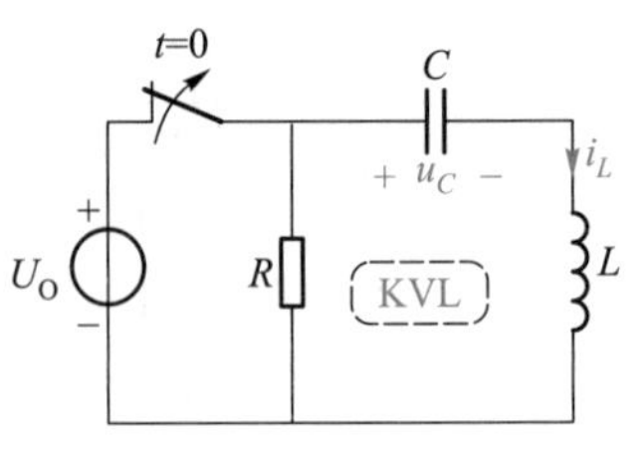

图 9-2-1 *RLC* 串联电路的零输入响应

图 9-2-1 所示电路在开关打开前处于稳态，$u_C(0_-)=U_0$、$i_L(0_-)=0$。开关打开后，为零输入 *RLC* 串联电路。下面分析 $t>0$ 后的响应。

列写微分方程。$t>0$ 后，回路的 KVL 方程为

$$u_C+L\frac{\mathrm{d}i_L}{\mathrm{d}t}+Ri_L=0$$

将 $i_L=C\dfrac{\mathrm{d}u_C}{\mathrm{d}t}$ 代入上式得

$$\frac{\mathrm{d}^2u_C}{\mathrm{d}t^2}+\frac{R}{L}\frac{\mathrm{d}u_C}{\mathrm{d}t}+\frac{1}{LC}u_C=0 \tag{9-2-1}$$

式(9-2-1)是二阶方程，因此图 9-2-1 为二阶电路。

确定初始值。求解式(9-2-1)需要初始值 $u_C(0_+)$ 和 $\left.\dfrac{\mathrm{d}u_C}{\mathrm{d}t}\right|_{0_+}$。图 9-2-1 所示电路为连续换路，即有

$$u_C(0_+)=u_C(0_-)=U_0,\quad i_L(0_+)=i_L(0_-)=0$$

由电容的 $u-i$ 关系可得

$$\left.\frac{\mathrm{d}u_C}{\mathrm{d}t}\right|_{0_+}=\frac{i_C(0_+)}{C}=\frac{i_L(0_+)}{C}=0$$

求解微分方程。式(9-2-1)的特征方程为

$$s^2+\frac{R}{L}s+\frac{1}{LC}=0$$

特征根为

$$s_1=-\frac{R}{2L}+\sqrt{\left(\frac{R}{2L}\right)^2-\frac{1}{LC}},\quad s_2=-\frac{R}{2L}-\sqrt{\left(\frac{R}{2L}\right)^2-\frac{1}{LC}} \tag{9-2-2}$$

为了表达方便，令

$$\alpha=\frac{R}{2L},\quad \omega_0=\frac{1}{\sqrt{LC}} \tag{9-2-3}$$

特征根可写为

$$s_1=-\alpha+\sqrt{\alpha^2-\omega_0^2},\quad s_2=-\alpha-\sqrt{\alpha^2-\omega_0^2}\tag{9-2-4}$$

微分方程式(9-2-1)可以写为以下标准形式

$$\frac{\mathrm{d}^2u_C}{\mathrm{d}t^2}+2\alpha\frac{\mathrm{d}u_C}{\mathrm{d}t}+\omega_0^2u_C=0$$

s_1 和 s_2 是电路的固有频率,由电路结构和元件参数决定,与电路储能无关。不同的 R、L、C 参数会导致 $\alpha>\omega_0$、$\alpha=\omega_0$ 和 $\alpha<\omega_0$ 三种情况。

当 $\alpha>\omega_0$ 时,称为过阻尼情况(over-damped case)。
当 $\alpha=\omega_0$ 时,称为临界阻尼情况(critically damped case)。
当 $\alpha<\omega_0$ 时,称为欠阻尼情况(under damped case)。

上述三种情况下微分方程解的形式不同(参见7.5.2小节)。下面分三种情况求微分方程式(9-2-1)的解。

1. 过阻尼情况($\alpha>\omega_0$)

当 $R>2\sqrt{L/C}$ 时,$\alpha>\omega_0$,s_1 和 s_2 为不相等的负实根[15]。式(9-2-1)的解为

$$u_C=k_1\mathrm{e}^{s_1t}+k_2\mathrm{e}^{s_2t}\tag{9-2-5}$$

k_1、k_2 为由初始值决定的常数。将 $u_C(0_+)=U_0$、$\left.\frac{\mathrm{d}u_C}{\mathrm{d}t}\right|_{0_+}=0$ 代入上式得

$$\begin{cases}k_1+k_2=U_0\\ s_1k_1+s_2k_2=0\end{cases}$$

解得

$$k_1=\frac{s_2U_0}{s_2-s_1},\quad k_2=\frac{-s_1U_0}{s_2-s_1}$$

由此

$$u_C=\frac{U_0}{s_2-s_1}(s_2\mathrm{e}^{s_1t}-s_1\mathrm{e}^{s_2t})\tag{9-2-6}$$

$$i_L=C\frac{\mathrm{d}u_C}{\mathrm{d}t}=\frac{CU_0s_1s_2}{s_2-s_1}(\mathrm{e}^{s_1t}-\mathrm{e}^{s_2t})=\frac{U_0}{L(s_2-s_1)}(\mathrm{e}^{s_1t}-\mathrm{e}^{s_2t})\tag{9-2-7}$$

推导式(9-2-7)时用到 $s_1s_2=\omega_0^2=(LC)^{-1}$。

过阻尼情况下 u_C 的波形如图9-2-2(a)所示。因 $|s_1|<|s_2|$,故 u_C 中的第1项比第2项衰减慢。仅在 $t=0$ 时刻才有 $\frac{\mathrm{d}u_C}{\mathrm{d}t}=0$(也就是 $i_L=0$),其他时刻 $\frac{\mathrm{d}u_C}{\mathrm{d}t}<0$,表明 u_C 的最大值就在 $t=0$ 时刻,u_C 是单调衰减的。i_L 的波形如图(b)所示。i_L 的初始值为0,稳态值也为0,表明 i_L 必有极值。由 $\frac{\mathrm{d}i_L}{\mathrm{d}t}=0$ 求得 i_L 的极值出现的时刻

---

[15] R、L、C 均为正参数。

$$t_{m}=\frac{\ln(s_2/s_1)}{s_1-s_2} \tag{9-2-8}$$

考虑到 $s_2-s_1=-2\sqrt{\alpha^2-\omega_0^2}<0$，以及 $|s_1|<|s_2|$ 使得 $e^{s_1t}-e^{s_2t}\geqslant 0$，故 i_L 的极值为负。

由图 9-2-2(b)来分析电路的能量转换过程。当 $0<t<t_m$ 时，u_C 减小，$|i_L|$ 增大，电容释放储能，电感增加储能；当 $t>t_m$ 时，u_C 继续减小，$|i_L|$ 减小，电容继续释放储能，电感释放储能。电阻上流过的电流等于 i_L，电阻始终以 $p_R=i_L^2R$ 的功率消耗能量。

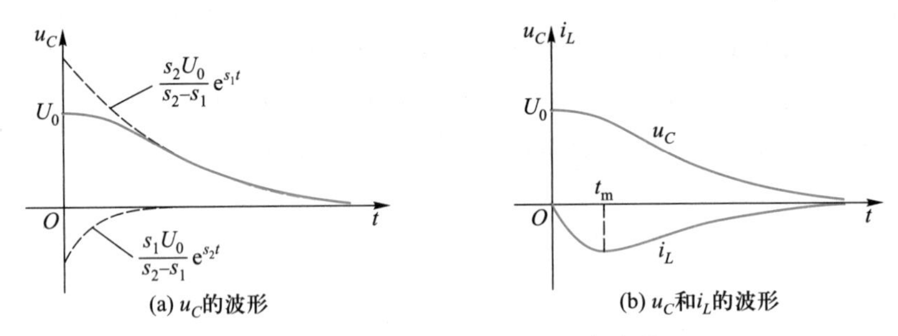

图 9-2-2 过阻尼状态下的响应波形

2. 临界阻尼情况($\alpha=\omega_0$)

当 $R=2\sqrt{L/C}$ 时，$\alpha=\omega_0$，$s_1=s_2=-\alpha$，为相等负实根。式(9-2-1)的通解为

$$u_C=(k_1+k_2t)e^{s_1t}=(k_1+k_2t)e^{-\alpha t}$$

式中 k_1、k_2 为由初始值决定的常数。将 $u_C(0_+)=U_0$、$\left.\frac{du_C}{dt}\right|_{0_+}=0$ 代入上式，解得 $k_1=U_0$，$k_2=\alpha U_0$。因此

$$u_C=U_0(1+\alpha t)e^{-\alpha t} \tag{9-2-9}$$

$$i_L=C\frac{du_C}{dt}=-CU_0\alpha^2te^{-\alpha t}=-\frac{U_0}{L}te^{-\alpha t} \tag{9-2-10}$$

临界阻尼情况下，u_C 和 i_L 的波形与图 9-2-2(b)类似。$\frac{du_C}{dt}=0$(也就是 $i_L=0$)只在 $t=0$ 时刻成立，其他时刻 $\frac{du_C}{dt}<0$ 表明 u_C 的最大值在 $t=0$ 时刻，u_C 是单调衰减的。由 $\frac{di_L}{dt}=0$ 求得 i_L 的极值出现的时刻

$$t_m=\frac{1}{\alpha} \tag{9-2-11}$$

由式(9-2-10)可知 $i_L\leqslant 0$，故 i_L 的极值为负。电路的能量转换过程也与过阻尼情况相同。

3. 欠阻尼情况($\alpha<\omega_0$)

当 $R<2\sqrt{L/C}$ 时，$\alpha<\omega_0$，s_1 和 s_2 为有负实部的共轭复根。令 $\omega_0^2-\alpha^2=\omega_d^2$，式(9-2-4)变为

$$s_1=-\alpha+j\omega_d,\quad s_2=-\alpha-j\omega_d \tag{9-2-12}$$

式(9-2-1)的解可设为

$$u_C=ke^{-\alpha t}\sin(\omega_dt+\theta) \tag{9-2-13}$$

k、θ 为由初始值决定的常数。将 $u_C(0_+)=U_0$、$\left.\frac{du_C}{dt}\right|_{0_+}=0$ 代入上式得

$$\begin{cases} k\sin\theta = U_0 \\ -\alpha\sin\theta + \omega_d\cos\theta = 0 \end{cases} \tag{9-2-14}$$

由 $\omega_0^2-\alpha^2=\omega_d^2$ 可知,α、ω_0、ω_d 构成直角三角形,再由式(9-2-14)中的$-\alpha\sin\theta+\omega_d\cos\theta=0$ 得$\tan\theta=\omega_d/\alpha$,表明 θ 是该直角三角形的一个角,如图 9-2-3 所示。结合式(9-2-14)与图 9-2-3 得

$$k=\frac{U_0}{\sin\theta}=\frac{U_0}{\omega_d/\omega_0},\quad \theta=\arctan\frac{\omega_d}{\alpha} \tag{9-2-15}$$

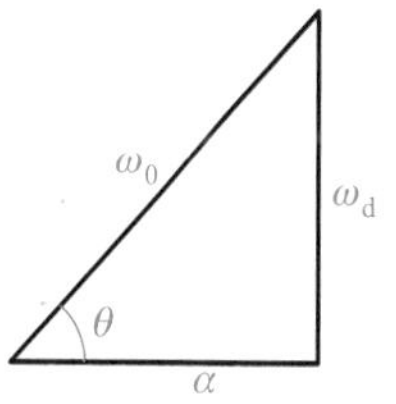

将式(9-2-15)代入式(9-2-13),电容电压

$$u_C=\frac{\omega_0 U_0}{\omega_d}e^{-\alpha t}\sin(\omega_d t+\theta) \tag{9-2-16}$$

电感电流

$$i_L=C\frac{du_C}{dt}=-\frac{U_0}{L\omega_d}e^{-\alpha t}\sin(\omega_d t) \tag{9-2-17}$$

图 9-2-3 α、ω_0 和 ω_d 的关系

在式(9-2-17)的推导过程中用到 $\omega_0^2=(LC)^{-1}$。

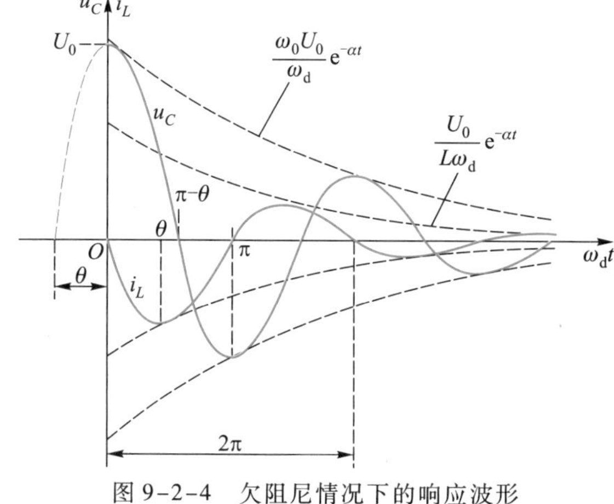

图 9-2-4 欠阻尼情况下的响应波形

欠阻尼情况下 u_C、i_L 的波形如图 9-2-4 所示。u_C 的极值点出现在$\frac{du_C}{dt}=0$(也就是 $i_L=0$)处,$t=0$ 是 u_C 的第 1 个极值点。由$\frac{di_L}{dt}=0$ 求得 i_L 在 $\omega_d t=\theta$ 时出现第 1 个极值点。与过阻尼情况不同,欠阻尼情况下,u_C 是振荡衰减的。

电路的能量转换过程是电场能量、磁场能量的衰减振荡过程。电容周期性地经历释放能量、吸收能量、再释放能量、再吸收能量的过程,电感亦如此。在振荡过程中,电阻始终消耗能量。由图 9-2-4 得到表 9-2-1,该表反映了能量的振荡过程。

表 9-2-1 欠阻尼情况下的能量振荡过程

电阻消耗能量		
$0\leqslant\omega_d t<\theta$	$\theta\leqslant\omega_d t<\pi-\theta$	$\pi-\theta\leqslant\omega_d t<\pi$
$\|u_C\|$减小,电容释放能量	$\|u_C\|$减小,电容释放能量	$\|u_C\|$增大,电容吸收能量
$\|i_L\|$增大,电感吸收能量	$\|i_L\|$减小,电感释放能量	$\|i_L\|$减小,电感释放能量

欠阻尼情况下,二阶电路的零输入响应中包含 α、ω_0、ω_d 三个因子。α 为阻尼因子(damping factor),它决定响应衰减快慢。ω_d 为衰减振荡角频率或阻尼振荡角频率(damped oscillation angular frequency)。在图 9-2-1 中 $R=0$ 的理想情况下,$\alpha=0$,称为无阻尼情况(undamped case),此时 $\omega_d=\sqrt{\omega_0^2-\alpha^2}=\omega_0=1/\sqrt{LC}$。因此称 ω_0 为无阻尼振荡角频率,也称谐振频率。

无阻尼情况是欠阻尼情况的特例。在无阻尼($R=0$)情况下,$\alpha=0$、$\omega_d=\omega_0=1\sqrt{LC}$,且图 9-2-3 中$\theta=\pi/2$。将它们代入式(9-2-16)和式(9-2-17)得到无阻尼情况下的 u_C、i_L。

即

$$u_C=U_0\sin(\omega_0 t+\pi/2) \tag{9-2-18}$$

$$i_L=-\frac{U_0}{L\omega_0}\sin(\omega_0 t)=-U_0\sqrt{\frac{C}{L}}\sin(\omega_0 t) \tag{9-2-19}$$

波形如图 9-2-5 所示，是角频率为 ω_0 的等幅正弦波，称为无阻尼振荡（undamped oscillation）。无阻尼振荡过程中，电容释放能量时，电感吸收来自电容的全部能量，反之，电感释放能量时，电容吸收来自电感的全部能量，形成无衰减振荡。

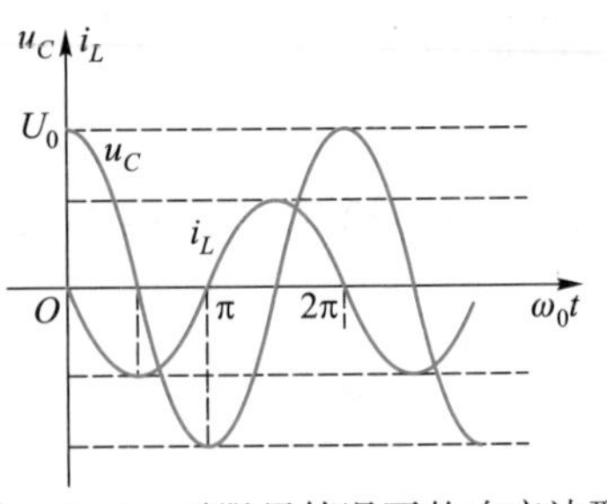

图 9-2-5　无阻尼情况下的响应波形

以上分析了 *RLC* 串联电路的零输入响应（自然响应）的变化规律。电路的固有频率 s_1、s_2 决定零输入响应的变化规律。归纳如下：

过阻尼情况：$\alpha>\omega_0$	$s_{1,2}=-\alpha\pm\sqrt{\alpha^2-\omega_0^2}$	$u_C=\dfrac{U_0}{s_2-s_1}(s_2 e^{s_1 t}-s_1 e^{s_2 t})$
临界阻尼情况：$\alpha=\omega_0$	$s_{1,2}=-\alpha$	$u_C=U_0(1+\alpha t)e^{-\alpha t}$
欠阻尼情况：$\alpha<\omega_0$	$s_{1,2}=-\alpha\pm j\sqrt{\omega_0^2-\alpha^2}=-\alpha\pm j\omega_d$	$u_C=\dfrac{\omega_0 U_0}{\omega_d}e^{-\alpha t}\sin(\omega_d t+\theta)$
无阻尼情况：$\alpha=0$ （无阻尼情况是欠阻尼情况的特例）	$s_{1,2}=\pm j\omega_0$	$u_C=U_0\sin(\omega_0 t+\pi/2)$

将过阻尼、临界阻尼、欠阻尼三种情况下的 u_C 波形进行对比，如图 9-2-6 所示。*RLC* 串联电路中，在参数 *L*、*C* 一定的条件下，*R* 从零逐渐增大，电路经历欠阻尼→临界阻尼→过阻尼状态，对应于图 9-2-6 中 u_C 波形的变化顺序为：a→b→c→d→e。临界阻尼下的波形 c 最先趋于稳态值（$u_C(\infty)=0$），也就是说，临界阻尼情况下暂态过程时间最短。过阻尼情况下，*R* 越大，u_C 衰减越慢，暂态过程时间越长，波形 e 较波形 d 达到稳态的时间长。欠阻尼情况下，*R* 越小，u_C 衰减越慢、且振荡频率越大，暂态过程时间越长，波形 a 较波形 b 达到稳态的时间长。

例 9-2-1　图 9-2-7 所示电路在开关打开前处于稳态，$t=0$ 时开关打开，求 i_L。

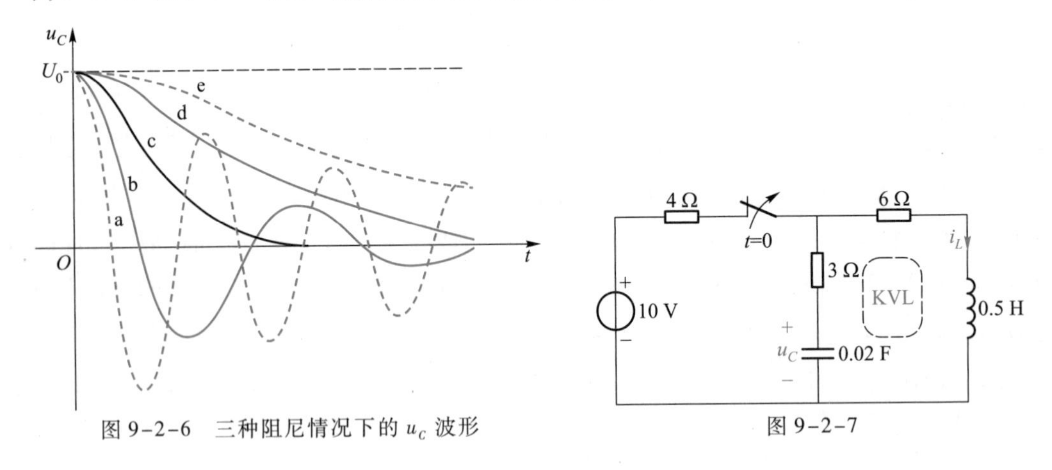

图 9-2-6　三种阻尼情况下的 u_C 波形

图 9-2-7

解:确定初始值。由 $t<0$ 时的稳态电路(电容视为开路,电感视为短路)得,

$$i_L(0_-)=\frac{10}{4+6}\ \text{A}=1\ \text{A},\quad u_C(0_-)=6i_L(0_-)=6\ \text{V}$$

电路为连续换路,即

$$i_L(0_+)=i_L(0_-)=1\ \text{A},\quad u_C(0_+)=u_C(0_-)=6\ \text{V}$$

由电感的 u-i 关系、以及 $t=0_+$时电路的 KVL 方程得

$$\left.\frac{\mathrm{d}i_L}{\mathrm{d}t}\right|_{0_+}=\frac{u_L(0_+)}{L}=\frac{-(3+6)i_L(0_+)+u_C(0_+)}{L}=\frac{-9\times1+6}{0.5}\ \text{A/s}=-6\ \text{A/s}$$

确定微分方程的解。$t>0$ 后,电路为 RLC 串联,可以直接套用前面已得结论。即

$$\alpha=\frac{R}{2L}=\frac{3+6}{2\times0.5}=9,\quad \omega_0=\frac{1}{\sqrt{LC}}=\frac{1}{\sqrt{0.02\times0.5}}=10$$

$$s_{1,2}=-\alpha\pm\sqrt{\alpha^2-\omega_0^2}=-9\pm\mathrm{j}\sqrt{100-81}=-9\pm\mathrm{j}4.36$$

特征根为共轭复根,电路为欠阻尼情况,i_L 的表达式为

$$i_L=k\mathrm{e}^{-9t}\sin(4.36t+\theta)$$

将 $i_L(0_+)=1\ \text{A}$、$\left.\frac{\mathrm{d}i_L}{\mathrm{d}t}\right|_{0_+}=-6\ \text{A/s}$ 代入上式,得

$$\begin{cases}k\sin\theta=1\\-9k\sin\theta+4.36k\cos\theta=-6\end{cases}$$

解得 $k\cos\theta=0.69$,再结合 $k\sin\theta=1$ 得到 $\tan\theta=1.45$,最后得出 $\theta=55.41°$,$k=1.21$。因此

$$i_L=1.21\mathrm{e}^{-9t}\sin(4.36t+55.41°)\ \text{A}\quad(t>0)$$

目标 1 检测: RLC 串联电路的零输入响应(自然响应)

测 9-1 测 9-1 图所示电路,在 $t<0$ 时处于稳态,$t=0$ 时开关打开,求 $R=40\ \Omega$、$20\ \Omega$、$10\ \Omega$ 三种情况下的响应 u_C。

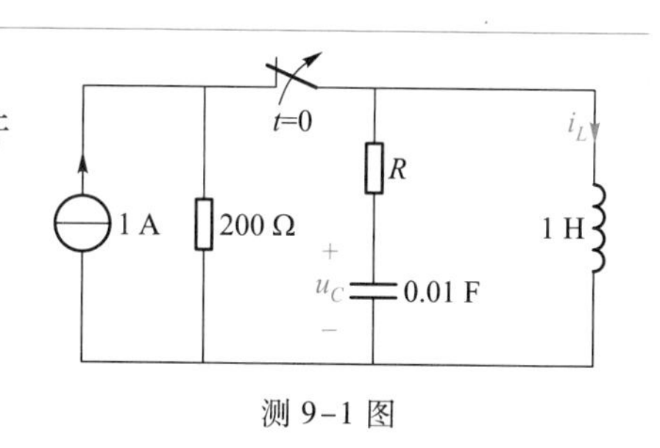

测 9-1 图

答案:$u_C=2.89(-\mathrm{e}^{-2.68t}+\mathrm{e}^{-37.32t})$ V,$u_C=-100t\mathrm{e}^{-10t}$ V,$u_C=-11.55\mathrm{e}^{-5t}\sin(8.66t)$ V。

9.2.2 RLC 并联电路的零输入响应

图 9-2-8(a)所示电路,在开关闭合前处于稳态,$u_C(0_-)=0$,$i_L(0_-)=I_0$。开关闭合后,电路为零输入 RLC 并联电路,如图(b)所示。下面分析图(b)的响应。

列写微分方程。$t>0$ 后,图 9-2-8(b)中的 KCL 方程为

$$i_L+\frac{1}{R}\left(L\frac{\mathrm{d}i_L}{\mathrm{d}t}\right)+C\frac{\mathrm{d}}{\mathrm{d}t}\left(L\frac{\mathrm{d}i_L}{\mathrm{d}t}\right)=0$$

式中：$L\frac{\mathrm{d}i_L}{\mathrm{d}t}$为电感的电压，$\frac{1}{R}\left(L\frac{\mathrm{d}i_L}{\mathrm{d}t}\right)$为电阻的电流，$C\frac{\mathrm{d}}{\mathrm{d}t}\left(L\frac{\mathrm{d}i_L}{\mathrm{d}t}\right)$为电容的电流。经整理、且令 $G=1/R$得

$$\frac{\mathrm{d}^2 i_L}{\mathrm{d}t^2}+\frac{G}{C}\frac{\mathrm{d}i_L}{\mathrm{d}t}+\frac{1}{LC}i_L=0 \tag{9-2-20}$$

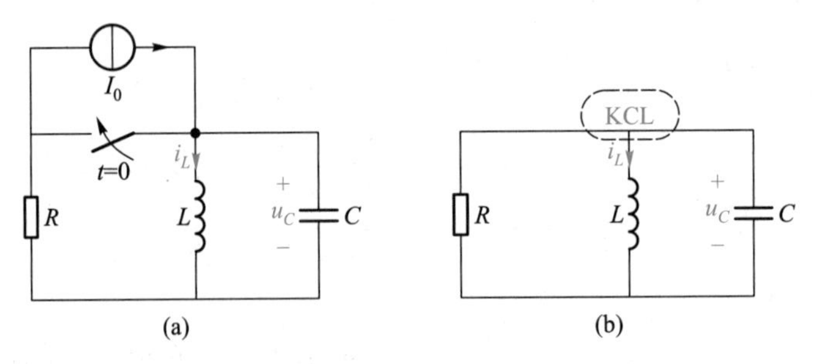

图 9-2-8 *RLC* 并联电路的零输入响应

式(9-2-20)是二阶微分方程，图 9-2-8(b)为二阶电路。

确定初始值。求解式(9-2-20)需要初始值 $i_L(0_+)$和$\left.\frac{\mathrm{d}i_L}{\mathrm{d}t}\right|_{0_+}$。图 9-2-8(a)所示电路为连续换路，即有

$$i_L(0_+)=i_L(0_-)=I_0,\quad u_C(0_+)=u_C(0_-)=0$$

由电感的 u-i 关系可得

$$\left.\frac{\mathrm{d}i_L}{\mathrm{d}t}\right|_{0_+}=\frac{1}{L}u_L(0_+)=\frac{1}{L}u_C(0_+)=0$$

求解微分方程。式(9-2-20)的特征方程为

$$s^2+\frac{G}{C}s+\frac{1}{LC}=0$$

特征根为

$$s_{1,2}=-\frac{G}{2C}\pm\sqrt{\left(\frac{G}{2C}\right)^2-\frac{1}{LC}} \tag{9-2-21}$$

令

$$\alpha=\frac{G}{2C},\quad \omega_0=\frac{1}{\sqrt{LC}} \tag{9-2-22}$$

因此

$$s_{1,2}=-\alpha\pm\sqrt{\alpha^2-\omega_0^2} \tag{9-2-23}$$

引入阻尼因子 α 和无阻尼振荡角频率 ω_0 后，式(9-2-20)可写为标准形式

$$\frac{\mathrm{d}^2 i_L}{\mathrm{d}t^2}+2\alpha\frac{\mathrm{d}i_L}{\mathrm{d}t}+\omega_0^2 i_L=0 \tag{9-2-24}$$

而 *RLC* 串联电路关于 u_C 的微分方程式(9-2-1)可以写为

$$\frac{\mathrm{d}^2 u_C}{\mathrm{d}t^2}+2\alpha\frac{\mathrm{d}u_C}{\mathrm{d}t}+\omega_0^2 u_C=0 \tag{9-2-25}$$

二者微分方程相同。因此,可将 RLC 串联电路在过阻尼、临界阻尼、欠阻尼三种情况下 u_C 的表达式直接引用到 RLC 并联电路中,获得 i_L 的表达式。

(1) 当 $\alpha>\omega_0$ 时,为过阻尼情况。此时 $G>2\sqrt{\frac{C}{L}}$,电感电流

$$i_L=\frac{I_0}{s_2-s_1}(s_2\mathrm{e}^{s_1t}-s_1\mathrm{e}^{s_2t}) \tag{9-2-26}$$

(2) 当 $\alpha=\omega_0$ 时,为临界阻尼情况。此时 $G=2\sqrt{\frac{C}{L}}$,电感电流

$$i_L=I_0(1+\alpha t)\mathrm{e}^{-\alpha t} \tag{9-2-27}$$

(3) 当 $\alpha<\omega_0$ 时,为欠阻尼情况。此时 $G<2\sqrt{\frac{C}{L}}$,电感电流

$$i_L=\frac{\omega_0 I_0}{\omega_\mathrm{d}}\mathrm{e}^{-\alpha t}\sin(\omega_\mathrm{d}t+\theta),\quad \theta=\arctan\frac{\omega_\mathrm{d}}{\alpha},\quad \omega_\mathrm{d}=\sqrt{\omega_0^2-\alpha^2} \tag{9-2-28}$$

将 RLC 串联电路的零输入响应和 RLC 并联电路的零输入响应对照,如表 9-2-2 所示。将 RLC 串联电路的零输入响应进行如下替换:

$$L\rightarrow C、C\rightarrow L、R\rightarrow G、u_C\rightarrow i_L、U_0\rightarrow I_0$$

得到 RLC 并联电路的零输入响应。这种性质称为对偶性质(duality)。图 9-2-1 和图 9-2-8(b)为对偶电路。应用电路的对偶性质,可以降低电路分析的工作量。

表 9-2-2 RLC 串联电路、RLC 并联电路零输入响应对照

零输入响应	 $u_C(0_-)=U_0,\ i_L(0_-)=0$ RLC串联电路	 $i_L(0_-)=I_0,\ u_C(0_-)=0$ RLC并联电路
微分方程	$\frac{\mathrm{d}^2u_C}{\mathrm{d}t^2}+\frac{R}{L}\frac{\mathrm{d}u_C}{\mathrm{d}t}+\frac{1}{LC}u_C=0$	$\frac{\mathrm{d}^2i_L}{\mathrm{d}t^2}+\frac{G}{C}\frac{\mathrm{d}i_L}{\mathrm{d}t}+\frac{1}{LC}i_L=0$
特征根	$s_{1,2}=-\frac{R}{2L}\pm\sqrt{\left(\frac{R}{2L}\right)^2-\frac{1}{LC}}$ $=-\alpha\pm\sqrt{\alpha^2-\omega_0^2}$	$s_{1,2}=-\frac{G}{2C}\pm\sqrt{\left(\frac{G}{2C}\right)^2-\frac{1}{LC}}$ $=-\alpha\pm\sqrt{\alpha^2-\omega_0^2}$
标准化微分方程	$\frac{\mathrm{d}^2u_C}{\mathrm{d}t^2}+2\alpha\frac{\mathrm{d}u_C}{\mathrm{d}t}+\omega_0^2u_C=0$	$\frac{\mathrm{d}^2i_L}{\mathrm{d}t^2}+2\alpha\frac{\mathrm{d}i_L}{\mathrm{d}t}+\omega_0^2i_L=0$

续表

响应表达式	过阻尼 $\alpha>\omega_0$	$u_C=\dfrac{U_0}{s_2-s_1}(s_2\mathrm{e}^{s_1t}-s_1\mathrm{e}^{s_2t})$	$i_L=\dfrac{I_0}{s_2-s_1}(s_2\mathrm{e}^{s_1t}-s_1\mathrm{e}^{s_2t})$
	临界阻尼 $\alpha=\omega_0$	$u_C=U_0(1+\alpha t)\mathrm{e}^{-\alpha t}$	$i_L=I_0(1+\alpha t)\mathrm{e}^{-\alpha t}$
	欠阻尼 $\alpha<\omega_0$	$u_C=\dfrac{\omega_0 U_0}{\omega_\mathrm{d}}\mathrm{e}^{-\alpha t}\sin(\omega_\mathrm{d}t+\theta)$	$i_L=\dfrac{\omega_0 I_0}{\omega_\mathrm{d}}\mathrm{e}^{-\alpha t}\sin(\omega_\mathrm{d}t+\theta)$
		$\omega_\mathrm{d}=\sqrt{\omega_0^2-\alpha^2}$　$\theta=\arctan\dfrac{\omega_\mathrm{d}}{\alpha}$ α、ω_d、ω_0、θ 构成直角三角形	

注：本表中，u_C 与 i_L 的表达式与电路的原始储能相关。在原始储能与本节讨论的情形相同时，才能直接套用 u_C 与 i_L 的表达式。

例 9-2-2　图 9-2-9 所示电路在开关打开前处于稳态，$t=0$ 时开关打开，求 u_C。

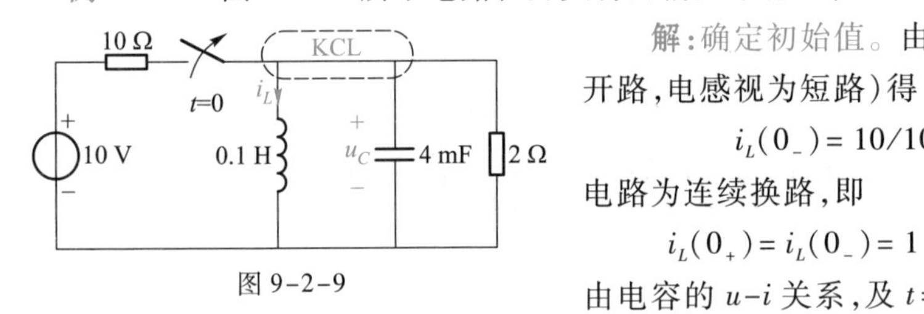

图 9-2-9

解：确定初始值。由 $t<0$ 时的稳态电路（电容视为开路，电感视为短路）得

$$i_L(0_-)=10/10=1\ \mathrm{A},\quad u_C(0_-)=0$$

电路为连续换路，即

$$i_L(0_+)=i_L(0_-)=1\ \mathrm{A},\quad u_C(0_+)=u_C(0_-)=0$$

由电容的 $u-i$ 关系，及 $t=0_+$ 时电路的 KCL 得

$$\left.\frac{\mathrm{d}u_C}{\mathrm{d}t}\right|_{0_+}=\frac{i_C(0_+)}{C}=\frac{-i_L(0_+)-\dfrac{u_C(0_+)}{R}}{C}=\frac{-1}{0.004}=-250\ \mathrm{V/s}$$

确定微分方程的解。$t>0$ 后，电路为 RLC 并联，直接套用前面已得结论，有

$$\alpha=\frac{G}{2C}=\frac{1/2}{2\times0.004}=62.5\ \mathrm{s}^{-1},\quad \omega_0=\frac{1}{\sqrt{LC}}=\frac{1}{\sqrt{0.1\times0.004}}=50\ \mathrm{rad/s}$$

$$s_{1,2}=-\alpha\pm\sqrt{\alpha^2-\omega_0^2}=-62.5\pm\sqrt{62.5^2-50^2}=-62.5\pm37.5=(-25\ \mathrm{s}^{-1},-100\ \mathrm{s}^{-1})$$

特征根为不相等负实根，为过阻尼情况。u_C 的表达式为

$$u_C=k_1\mathrm{e}^{-25t}+k_2\mathrm{e}^{-100t}$$

将 $u_C(0_+)=0$、$\left.\dfrac{\mathrm{d}u_C}{\mathrm{d}t}\right|_{0_+}=-250\ \mathrm{V/s}$ 代入上式，得

$$\begin{cases}k_1+k_2=0\\-25k_1-100k_2=-250\end{cases}$$

解得 $k_1=-10/3$，$k_2=10/3$。因此

$$u_C=\left(-\frac{10}{3}\mathrm{e}^{-25t}+\frac{10}{3}\mathrm{e}^{-100t}\right)\ \mathrm{V}\quad(t>0)$$

目标1检测：*RLC* 并联电路的零输入响应(自然响应)

测9-2 测9-2图所示电路，在 $t<0$ 时处于稳态，在 $t=0$时开关闭合，列出 u_C 的微分方程，并求 u_C。

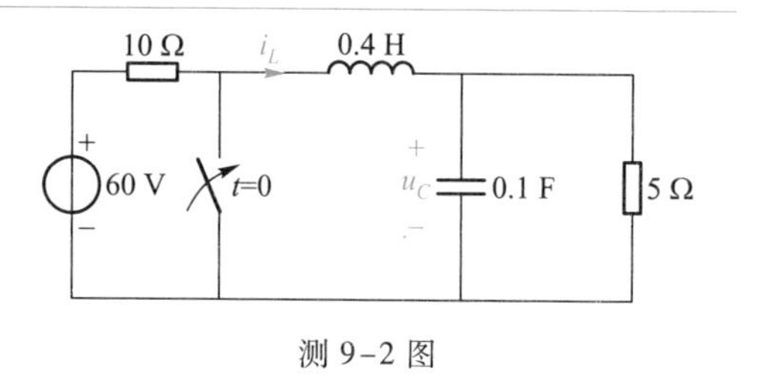

测9-2图

答案：$\dfrac{d^2u_C}{dt^2}+2\dfrac{du_C}{dt}+25u_C=0$，$u_C=20.41e^{-t}\sin(4.9t+78.46°)$ V。

9.3 直流电源激励下的响应

本节仍以 *RLC* 串联电路、*RLC* 并联电路为对象，分析二阶电路在直流电源激励下的零状态响应，即二阶电路的阶跃响应。

9.3.1 直流电源激励下的 *RLC* 串联电路

RLC 串联电路在零状态下接到直流电压源上，如图9-3-1(a)所示，为直流电源激励下的零状态响应。显然，图(a)与图(b)所示的电路等价，两者都称为阶跃响应。

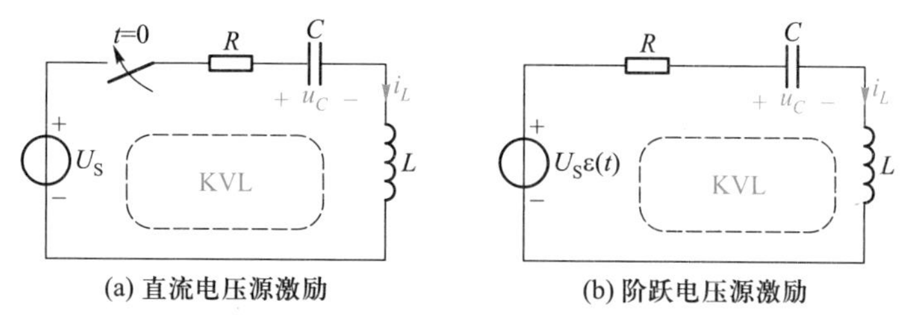

(a) 直流电压源激励　　(b) 阶跃电压源激励

图9-3-1　*RLC* 串联电路

$t>0$ 时，对图9-3-1所示电路应用KVL得

$$L\frac{di_L}{dt}+u_C+Ri_L=U_S \tag{9-3-1}$$

将 $i_L=C\dfrac{du_C}{dt}$代入上式得

$$\frac{d^2u_C}{dt^2}+\frac{R}{L}\frac{du_C}{dt}+\frac{1}{LC}u_C=\frac{U_S}{LC} \tag{9-3-2}$$

令 $\alpha=\dfrac{R}{2L}$、$\omega_0=\dfrac{1}{\sqrt{LC}}$，式(9-3-2)可以写成

$$\frac{d^2u_C}{dt^2}+2\alpha\frac{du_C}{dt}+\omega_0^2u_C=\omega_0^2U_S \tag{9-3-3}$$

式(9-3-3)的解为通解(自由分量)和特解(强制分量)之和。即

$$u_C = u_{Ch} + u_{Cp} \tag{9-3-4}$$

自由分量 u_{Ch} 和零状态响应一样,仍然分为过阻尼、临界阻尼和欠阻尼三种情况。由 $t\to\infty$ 时的稳态电路,得到强制分量

$$u_{Cp} = u_C(\infty) = U_S \tag{9-3-5}$$

式(9-3-3)的解有以下三种形式:

(1) 过阻尼情况:$\alpha>\omega_0$,$s_1=-\alpha+\sqrt{\alpha^2-\omega_0^2}$,$s_2=-\alpha-\sqrt{\alpha^2-\omega_0^2}$,$u_{Ch}=k_1e^{s_1t}+k_2e^{s_2t}$,因此

$$u_C = U_S + k_1 e^{s_1 t} + k_2 e^{s_2 t} \tag{9-3-6}$$

(2) 临界阻尼情况:$\alpha=\omega_0$,$s_1=s_2=-\alpha$,$u_{Ch}=(k_1+k_2t)e^{-\alpha t}$,因此

$$u_C = U_S + (k_1 + k_2 t) e^{-\alpha t} \tag{9-3-7}$$

(3) 欠阻尼情况:$\alpha<\omega_0$,$s_1=-\alpha+j\sqrt{\omega_0^2-\alpha^2}=-\alpha+j\omega_d$,$s_2=-\alpha-j\sqrt{\omega_0^2-\alpha^2}=-\alpha-j\omega_d$,$u_{Ch}=ke^{-\alpha t}\sin(\omega_d t+\theta)$,因此

$$u_C = U_S + k e^{-\alpha t}\sin(\omega_d t + \theta) \tag{9-3-8}$$

式(9-3-6)、(9-3-7)、(9-3-8)中的待定系数由初始值确定。电路为零状态下连续换路,因此

$$i_L(0_+) = i_L(0_-) = 0, \quad u_C(0_+) = u_C(0_-) = 0$$

由电容的 u-i 关系、以及 KCL 得

$$\left.\frac{\mathrm{d}u_C}{\mathrm{d}t}\right|_{0_+} = \frac{i_C(0_+)}{C} = \frac{i_L(0_+)}{C} = 0$$

将 $u_C(0_+)=0$、$\left.\dfrac{\mathrm{d}u_C}{\mathrm{d}t}\right|_{0_+}=0$ 分别代入式(9-3-6)、(9-3-7)、(9-3-8)得

$$u_C = U_S - \frac{U_S}{s_2 - s_1}(s_2 e^{s_1 t} - s_1 e^{s_2 t}) \tag{9-3-9}$$

$$u_C = U_S - U_S(1 + \alpha t) e^{-\alpha t} \tag{9-3-10}$$

$$u_C = U_S - \frac{\omega_0 U_S}{\omega_d} e^{-\alpha t}\sin\left(\omega_d t + \arctan\frac{\omega_d}{\alpha}\right) \tag{9-3-11}$$

式(9-3-9)、(9-3-10)、(9-3-11)分别对应于过阻尼($\alpha>\omega_0$)、临界阻尼($\alpha=\omega_0$)、欠阻尼($\alpha<\omega_0$)情况,波形如图 9-3-2 所示。过阻尼、临界阻尼情况下,电容电压均从初始值 $u_C(0_+)=0$ 逐渐上升到稳态值 $u_C(\infty)=U_S$。而欠阻尼情况下,电容、电压均从初始值逐渐上升,越过稳态值,然后形成衰减的正弦振荡。临界阻尼依然是暂态过程最短的情况。

例 9-3-1 图 9-3-3 所示电路在开关打开前处于稳态,$t=0$ 时开关打开,对 $t>0$ 求 u_C 和 i_L,并定性分析波形的变化规律。

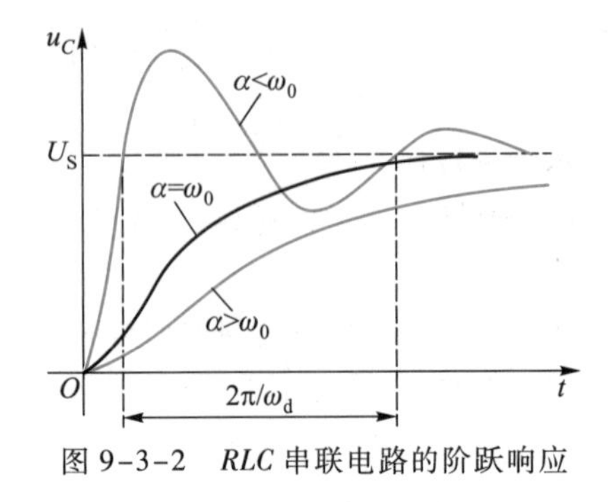

图 9-3-2 *RLC* 串联电路的阶跃响应

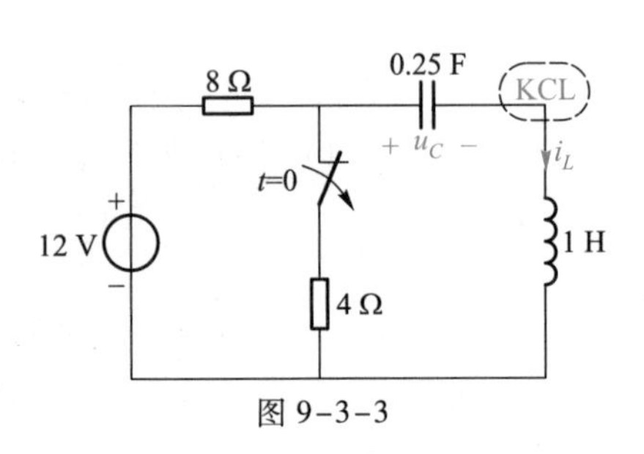

图 9-3-3

解:确定初始值。由 $t<0$ 时的稳态电路得

$$u_C(0_-)=\frac{4}{4+8}\times 12\ \text{V}=4\ \text{V},\quad i_L(0_-)=0$$

电路为连续换路,即

$$u_C(0_+)=u_C(0_-)=4\ \text{V},\quad i_L(0_+)=i_L(0_-)=0$$

电容在换路前已储能,电路为直流电源激励下的全响应。由电容的 $u-i$ 关系,及 $i=0_+$时电路的KCL方程得

$$\left.\frac{\mathrm{d}u_C}{\mathrm{d}t}\right|_{0_+}=\frac{i_C(0_+)}{C}=\frac{i_L(0_+)}{C}=0$$

确定 u_C 的解。$t>0$ 后,电路为 RLC 串联,直接套用前面已得结论得

$$\alpha=\frac{R}{2L}=\frac{4}{2\times 1}=2\ \text{s}^{-1},\quad \omega_0=\frac{1}{\sqrt{LC}}=\frac{1}{\sqrt{1\times 0.25}}=2\ \text{rad/s}$$

$$s_{1,2}=-\alpha\pm\sqrt{\alpha^2-\omega_0^2}=-2\ \text{s}^{-1}$$

特征根为相等负实根,电路为临界阻尼情况,u_C 的自由分量为

$$u_{\text{Ch}}=(k_1+k_2t)\mathrm{e}^{-2t}$$

由 $t\to\infty$ 时的稳态电路得到 u_C 的强制分量

$$u_{\text{Cp}}=u_C(\infty)=12\ \text{V}$$

u_C 为强制分量和自由分量之和,即

$$u_C=u_{\text{Cp}}+u_{\text{Ch}}=12+(k_1+k_2t)\mathrm{e}^{-2t}$$

将 $u_C(0_+)=4$ V、$\left.\frac{\mathrm{d}u_C}{\mathrm{d}t}\right|_{0_+}=0$ 代入上式得

$$\begin{cases}12+k_1=4\\-2k_1+k_2=0\end{cases}$$

解得 $k_1=-8$,$k_2=-16$。因此

$$u_C=[12-8(1+2t)\mathrm{e}^{-2t}]\ \text{V}\quad (t>0)$$

计算电感电流 i_L。电感电流等于电容电流,即

$$i_L=C\frac{\mathrm{d}u_C}{\mathrm{d}t}=0.25[-16\mathrm{e}^{-2t}+16(1+2t)\mathrm{e}^{-2t}]=8t\mathrm{e}^{-2t}\ \text{A}\quad (t>0)$$

由 i_L 的表达式不难得出 $i_L(0_+)=0$、$i_L(\infty)=0$,与从图 9-3-3 得到的结果一致,表明以上结果正确。

分析 u_C 波形的变化规律。由于 i_L 在 $0<t<\infty$ 期间不为 0,即在 $0<t<\infty$ 期间$\frac{\mathrm{d}u_C}{\mathrm{d}t}\neq 0$,表明 u_C 没有极值点,它从初始值($u_C(0_+)=4$ V)逐渐上升到稳态值($u_C(\infty)=12$ V)。

分析 i_L 波形的变化规律。由于 $i_L(0_+)=0$、$i_L(\infty)=0$,且$\frac{\mathrm{d}i_L}{\mathrm{d}t}=8\mathrm{e}^{-2t}-16t\mathrm{e}^{-2t}$,在 $t=0.5$ s 时$\frac{\mathrm{d}i_L}{\mathrm{d}t}=0$,表明 i_L 在 $i=0.5$ s 处为极大值。因此,i_L 从初始值($i_L(0_+)=0$)逐渐上升,到 $t=0.5$ s 达到极大值,随后逐渐下降,趋于稳态值($i_L(\infty)=0$)。

目标 2 检测：直流电源激励下 *RLC* 串联电路的响应

测 9-3 测 9-3 图所示电路 $t<0$ 时处于稳态，$t=0$ 开关打开。对 $t>0$ 分别求 $R=4\ \Omega$、$R=0$ 下的全响应 u_C 和 i_L，并定性分析波形的变化规律。

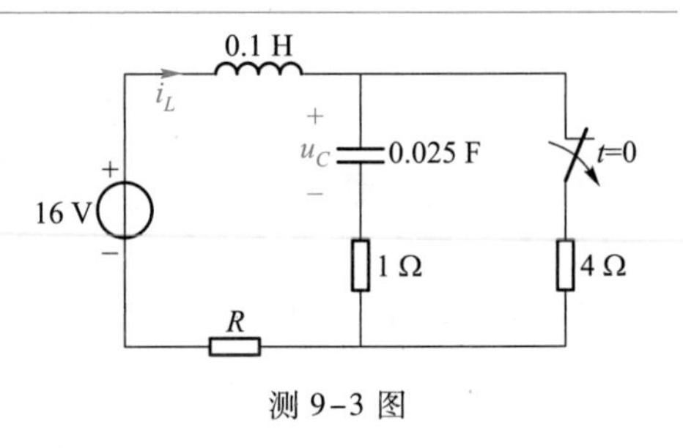

测 9-3 图

答案：$u_C=(16-8e^{-10t})$ V，$i_L=2e^{-10t}$ A；$u_C=[16+8.25e^{-5t}\sin(19.4t)]$ V，$i_L=-4.13e^{-5t}\sin(19.4t-75.6°)$ A。

9.3.2 直流电源激励下的 *RLC* 并联电路

图 9-3-4(a)所示电路，开关打开前处于零状态，在 $t=0$ 时开关打开，将直流电流源接入 *RLC* 并联电路，它和图(b)所示电路等价，均可称为 *RLC* 并联电路的阶跃响应。

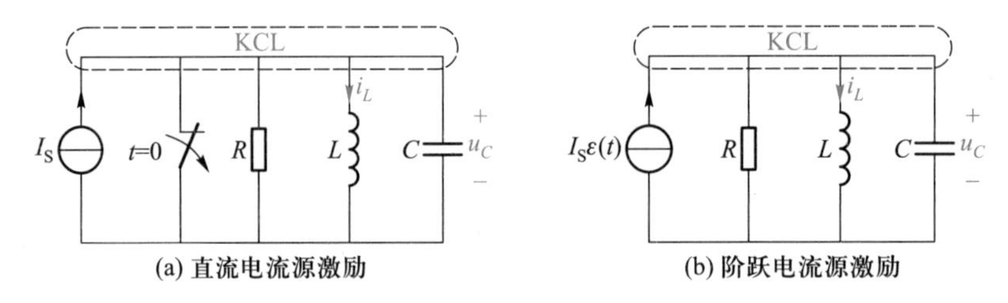

图 9-3-4 *RLC* 并联电路

对 $t>0$ 的电路列写 KCL 方程，得

$$\frac{u_C}{R}+i_L+C\frac{\mathrm{d}u_C}{\mathrm{d}t}=I_S \tag{9-3-12}$$

且 $u_C=L\frac{\mathrm{d}i_L}{\mathrm{d}t}$，将其代入式(9-3-12)得

$$\frac{\mathrm{d}^2 i_L}{\mathrm{d}t^2}+\frac{1}{RC}\frac{\mathrm{d}i_L}{\mathrm{d}t}+\frac{1}{LC}i_L=\frac{I_S}{LC} \tag{9-3-13}$$

将 R^{-1} 用 G 表示，式(9-3-13)可写为

$$\frac{\mathrm{d}^2 i_L}{\mathrm{d}t^2}+\frac{G}{C}\frac{\mathrm{d}i_L}{\mathrm{d}t}+\frac{1}{LC}i_L=\frac{I_S}{LC} \tag{9-3-14}$$

令 $\alpha=\frac{G}{2C}$、$\omega_0=\frac{1}{\sqrt{LC}}$，式(9-3-14)写成标准化形式

$$\frac{\mathrm{d}^2 i_L}{\mathrm{d}t^2}+2\alpha\frac{\mathrm{d}i_L}{\mathrm{d}t}+\omega_0^2 i_L=\omega_0^2 I_S \tag{9-3-15}$$

式(9-3-15)与式(9-3-3)具有对偶性，对式(9-3-3)的解实施 $u_C\to i_L$、$U_S\to I_S$ 的替换，得到式(9-3-15)的解，如表 9-3-1 所列。

表 9-3-1 *RLC* 串联电路、*RLC* 并联电路阶跃响应对照

		RLC 串联电路	*RLC* 并联电路
零状态响应		R，C，$+\ u_C\ -$，i_L，L，$U_S\varepsilon(t)$	$I_S\varepsilon(t)$，R，L，i_L，C，u_C
微分方程		$\frac{d^2u_C}{dt^2}+\frac{R}{L}\frac{du_C}{dt}+\frac{1}{LC}u_C=U_S$	$\frac{d^2i_L}{dt^2}+\frac{G}{C}\frac{di_L}{dt}+\frac{1}{LC}i_L=I_S$
标准化微分方程		$\frac{d^2u_C}{dt^2}+2\alpha\frac{du_C}{dt}+\omega_0^2u_C=\omega_0^2U_S$ $\alpha=R/2L,\omega_0=1/\sqrt{LC}$	$\frac{d^2i_L}{dt^2}+2\alpha\frac{di_L}{dt}+\omega_0^2i_L=\omega_0^2I_S$ $\alpha=G/2C,\omega_0=1/\sqrt{LC}$
特征根		$s_{1,2}=-\alpha\pm\sqrt{\alpha^2-\omega_0^2}$	
响应表达式	过阻尼 $\alpha>\omega_0$	$u_C=U_S-\frac{U_S}{s_2-s_1}(s_2e^{s_1t}-s_1e^{s_2t})$	$i_L=I_S-\frac{I_S}{s_2-s_1}(s_2e^{s_1t}-s_1e^{s_2t})$
	临界阻尼 $\alpha=\omega_0$	$u_C=U_S-U_S(1+\alpha t)e^{-\alpha t}$	$i_L=I_S-I_S(1+\alpha t)e^{-\alpha t}$
	欠阻尼 $\alpha<\omega_0$	$u_C=U_S-\frac{\omega_0U_S}{\omega_d}e^{-\alpha t}\sin(\omega_dt+\theta)$	$i_L=I_S-\frac{\omega_0I_S}{\omega_d}e^{-\alpha t}\sin(\omega_dt+\theta)$
		$\omega_d=\sqrt{\omega_0^2-\alpha^2}\quad\theta=\arctan\frac{\omega_d}{\alpha}$ α、ω_d、ω_0、θ 构成直角三角形	

备注：本表中，u_C 与 i_L 的表达式与电路的原始储能、电源相关。当原始储能、电源与本节讨论的情形相同时，可直接套用 u_C 与 i_L 的表达式。

例 9-3-2 图 9-3-5(a)所示电路在开关闭合前处于稳态，$t=0$ 时开关闭合，对 $t>0$ 求 i_L 和 u_C，并定性分析波形的变化规律。

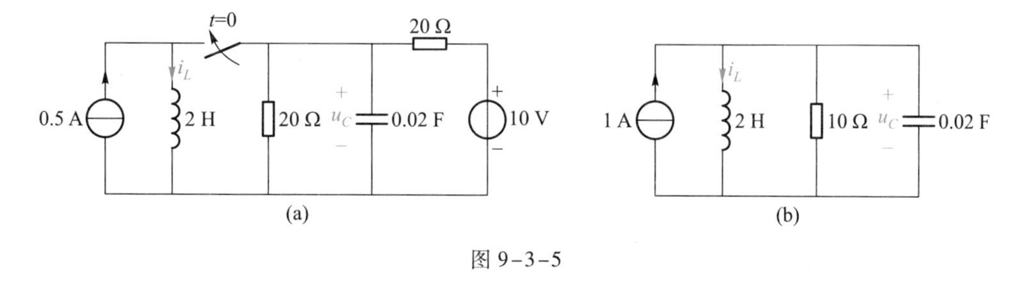

图 9-3-5

解：确定初始值。$t<0$ 时，由图 9-3-5(a)得

$$u_C(0_-)=\frac{20}{20+20}\times10\ \text{V}=5\ \text{V},\quad i_L(0_-)=0.5\ \text{A}$$

电路为连续换路，即

$$u_C(0_+)=u_C(0_-)=5\ \text{V},\quad i_L(0_+)=i_L(0_-)=0.5\ \text{A}$$

电路在换路前已储能，为直流电源激励下的全响应。由电感的 $u-i$ 关系、及 $t=0_+$时电路的 KVL 方程得

$$\left.\frac{\mathrm{d}i_L}{\mathrm{d}t}\right|_{0_+}=\frac{u_L(0_+)}{L}=\frac{u_C(0_+)}{L}=\frac{5}{2}\ \text{A/s}$$

确定 i_L 的微分方程的解。$t>0$ 后，对图 9-3-5(a)所示电路进行等效。将右边的戴维南支路等效为诺顿支路，等效诺顿支路的 0.5 A 电流源和左边 0.5 A 电流源并联成 1 A，等效诺顿支路的 20 Ω 电阻和中间 20 Ω 并联成 10 Ω 电阻，得到图(b)所示电路，为 *RLC* 并联电路。直接套用前面已得结论得

$$\alpha=\frac{G}{2C}=\frac{10^{-1}}{2\times0.02}=2.5\ \text{s}^{-1},\quad \omega_0=\frac{1}{\sqrt{LC}}=\frac{1}{\sqrt{2\times0.02}}=5\ \text{rad/s}$$

$$s_{1,2}=-\alpha\pm\sqrt{\alpha^2-\omega_0^2}=-2.5\pm\mathrm{j}\sqrt{5^2-2.5^2}=-2.5\pm\mathrm{j}2.5\sqrt{3}$$

特征根为共轭复根，电路为欠阻尼情况，自由分量的形式为

$$i_{Lh}=k\mathrm{e}^{-2.5t}\sin(2.5\sqrt{3}t+\theta)$$

由 $t\to\infty$ 时的稳态电路确定 i_L 的强制分量，得到

$$i_{Lp}=i_L(\infty)=1\ \text{A}$$

i_L 的表达式为强制分量和自由分量之和，即

$$i_L=i_{Lp}+i_{Lh}=1+k\mathrm{e}^{-2.5t}\sin(2.5\sqrt{3}t+\theta)$$

将 $i_L(0_+)=0.5\ \text{A}$、$\left.\frac{\mathrm{d}i_L}{\mathrm{d}t}\right|_{0_+}=\frac{5}{2}\ \text{A/s}$ 代入上式，得

$$\begin{cases}1+k\sin\theta=0.5\\-2.5k\sin\theta+2.5\sqrt{3}k\cos\theta=2.5\end{cases}$$

解得 $k\sin\theta=-0.5$、$k\cos\theta=0.5/\sqrt{3}$，进一步解得 $\theta=-60°$、$k=1/\sqrt{3}$。因此

$$i_L=\left[1+\frac{1}{\sqrt{3}}\mathrm{e}^{-2.5t}\sin(2.5\sqrt{3}t-60°)\right]\ \text{A}\quad(t>0)$$

确定电容电压 u_C。电容电压和电感电压相等，因此

$$u_C=L\frac{\mathrm{d}i_L}{\mathrm{d}t}=\frac{2}{\sqrt{3}}\mathrm{e}^{-2.5t}[-2.5\sin(2.5\sqrt{3}t-60°)+2.5\sqrt{3}\cos(2.5\sqrt{3}t-60°)]$$

$$=-\frac{10}{\sqrt{3}}\mathrm{e}^{-2.5t}\sin(2.5\sqrt{3}t-120°)\ \text{A}\quad(t>0)$$

定性分析 i_L 的变化规律。i_L 从初始值($i_L(0_+)=0.5$ A)开始逐渐上升，越过稳态值($i_L(\infty)=1$ A)，随后以稳态值为中心轴，形成衰减正弦振荡，振荡角频率为 $2.5\sqrt{3}$ rad/s。

定性分析 u_C 的变化规律。u_C 从初始值($u_C(0_+)=5$ V)开始逐渐下降，越过稳态值($u_C(\infty)=0$)，随后以稳态值为中心轴，形成衰减正弦振荡，振荡角频率为 $2.5\sqrt{3}$ rad/s。

目标 2 检测：直流电源激励下 *RLC* 并联电路的响应

测 9-4 测 9-4 图所示电路，在 $t<0$ 时处于稳态，$t=0$时开关打开，对 $t>0$ 求全响应 i_L 和 u_C，并定性描述波形变化规律。

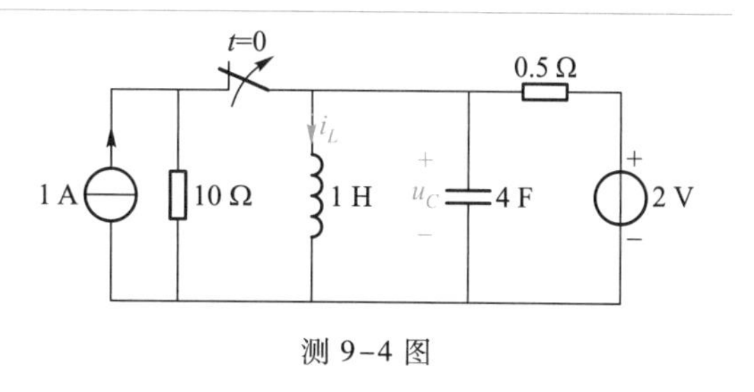

测 9-4 图

答案：$i_L=\left[4+\frac{2}{\sqrt{3}}e^{-0.25t}\sin\left(\frac{\sqrt{3}}{4}t+60°\right)\right]$ A，$u_C=-\frac{1}{\sqrt{3}}e^{-0.25t}\sin\left(\frac{\sqrt{3}}{4}t\right)$ V。

9.4 一般二阶电路

由前面的分析可知，电路的阶次与电路中的独立电源无关。*RLC* 串联电路或 *RLC* 并联电路是在独立电源置零后，能够通过等效变换为 *R*、*L*、*C* 三个元件串联或 *R*、*L*、*C* 三个元件并联的电路，是工程应用中最为常见的二阶电路。那些在独立电源置 0 后不能通过等效变换为 *R*、*L*、*C* 串联或 *R*、*L*、*C* 并联的二阶电路，称为一般二阶电路（general second-order circuits）。一般二阶电路，尤其是包含运算放大器的二阶电路，经常出现于工程应用中。

计算一般二阶电路的任意响应 $y(t)$，包含以下 4 个步骤：

（1）确定初始值 $y(0_+)$ 和 $\left.\frac{dy}{dt}\right|_{0_+}$。关于 $y(0_+)$ 的计算可参阅 7.5.3 小节。

（2）确定强制分量 $y_p(t)$。如果电路的激励为直流电源，则 $y_p(t)=y(\infty)$。

（3）确定自由分量 $y_h(t)$ 的形式。$y_h(t)$ 的形式与电路的激励无关，由微分方程的特征根（也就是电路的固有频率）决定。对 $t>0$ 的电路，将电源置零后再列写微分方程，由此求得特征根，这是获得复杂电路特征根的简单方法。根据特征根的分布确定 $y_h(t)$ 的形式。$y_h(t)$ 的形式有过阻尼、临界阻尼、欠阻尼三种情况之分。

（4）确定 $y(t)=y_p(t)+y_h(t)$。将 $y(0_+)$、$\left.\frac{dy}{dt}\right|_{0_+}$ 代入 $y(t)$ 中，确定 $y_h(t)$ 中的待定常数。

例 9-4-1 图 9-4-1(a) 所示电路在 $t=0_-$ 时处于稳态，对 $t>0$ 求 i_L、u_C。

解：确定初始值。$t<0$ 时，图 9-4-1(a) 中的电感视为短路、电容视为开路，求得

$$u_C(0_-)=6\ \text{V},\quad i_L(0_-)=1.5\ \text{A}$$

电路为连续换路，即

$$u_C(0_+)=u_C(0_-)=6\ \text{V},\quad i_L(0_+)=i_L(0_-)=1.5\ \text{A}$$

电容、电感在换路前已储能，为直流电源激励下的全响应电路。由于 $\left.\frac{di_L}{dt}\right|_{0_+}=\frac{u_L(0_+)}{L}$，必须先确定 $u_L(0_+)$。在 $t=0_+$ 时刻，将电容替代为电压源，电感替代为电流源，得到图 9-4-1(b) 所示电

路。应用结点法,结点方程为

$$\left(\frac{1}{4}+\frac{1}{8}\right)u_L(0_+)=\frac{12-u_C(0_+)}{4}-i_L(0_+) \quad（实质上是 KCL 方程）$$

$$\left(\frac{1}{4}+\frac{1}{8}\right)u_L(0_+)=\frac{12-6}{4}-3$$

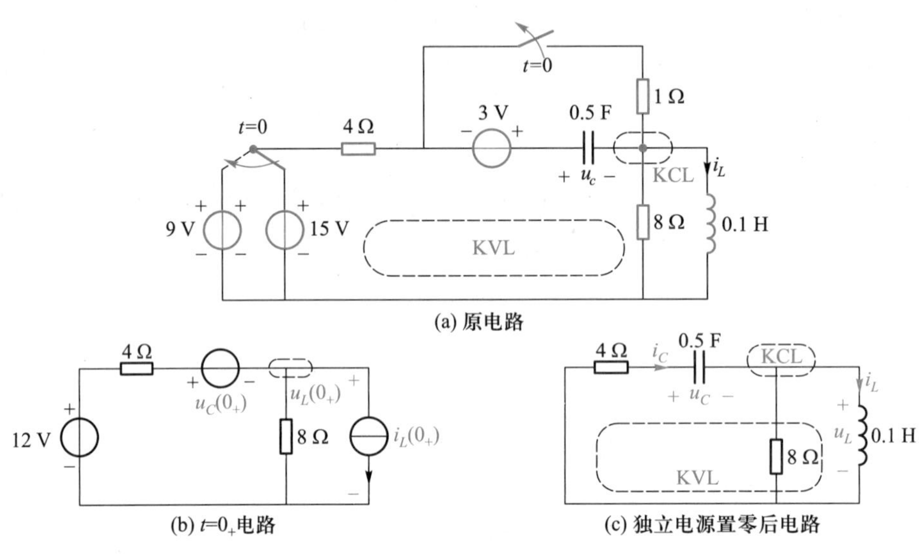

(a) 原电路

(b) t=0₊电路

(c) 独立电源置零后电路

图 9-4-1

解得 $u_L(0_+)=-4\ \text{V}$。因此

$$\left.\frac{\mathrm{d}i_L}{\mathrm{d}t}\right|_{0_+}=\frac{u_L(0_+)}{L}=\frac{-4}{0.1}\ \text{A/s}=-40\ \text{A/s}$$

确定强制分量。$t\to\infty$ 时,图 9-4-1(a)中的电感视为短路、电容视为开路,得

$$i_{Lp}=i_L(\infty)=0$$

确定自由分量。为了简便,将独立电源置 0 后再列写微分方程。图 9-4-1(a)所示电路在 $t>0$后,独立电源置 0,得到图 9-4-1(c)所示电路。应用 KCL、KVL 得

$$i_C=\frac{u_L}{8}+i_L \quad (\text{KCL})$$

$$4i_C+u_C+u_L=0 \quad (\text{KVL})$$

将 KVL 方程两边求导、并结合 $i_C=0.5\dfrac{\mathrm{d}u_C}{\mathrm{d}t}$,得

$$4\frac{\mathrm{d}i_C}{\mathrm{d}t}+2i_C+\frac{\mathrm{d}u_L}{\mathrm{d}t}=0$$

将 KCL 方程和 $u_L=0.1\dfrac{\mathrm{d}i_L}{\mathrm{d}t}$代入上式得

$$4\frac{\mathrm{d}}{\mathrm{d}t}\left(\frac{0.1}{8}\frac{\mathrm{d}i_L}{\mathrm{d}t}+i_L\right)+2\left(\frac{0.1}{8}\frac{\mathrm{d}i_L}{\mathrm{d}t}+i_L\right)+\frac{\mathrm{d}}{\mathrm{d}t}\left(0.1\frac{\mathrm{d}i_L}{\mathrm{d}t}\right)=0$$

化简得

$$\frac{\mathrm{d}^2 i_L}{\mathrm{d}t^2}+26.83\frac{\mathrm{d}i_L}{\mathrm{d}t}+13.33 i_L=0$$

上式为标准化二阶微分方程，因此

$$\alpha=26.83/2=13.42\ \mathrm{s}^{-1},\quad \omega_0=\sqrt{13.33}=3.65\ \mathrm{rad/s}$$

特征根为

$$s_{1,2}=-\alpha\pm\sqrt{\alpha^2-\omega_0^2}=-13.42\pm\sqrt{13.42^2-3.65^2}=(-0.51\ \mathrm{s}^{-1},-26.33\ \mathrm{s}^{-1})$$

特征根为不相等负实根，是过阻尼情况，自由分量形式为

$$i_{Lh}=k_1\mathrm{e}^{-0.51t}+k_2\mathrm{e}^{-26.33t}$$

确定 i_L。i_L 为强制分量和自由分量之和，即

$$i_L=i_{Lp}+i_{Lh}=0+k_1\mathrm{e}^{-0.51t}+k_2\mathrm{e}^{-26.33t}$$

将初始值 $i_L(0_+)=3\ \mathrm{A}$、$\left.\frac{\mathrm{d}i_L}{\mathrm{d}t}\right|_{0_+}=-40\ \mathrm{A/s}$ 代入上式，得

$$\begin{cases}k_1+k_2=3\\-0.51k_1-26.33k_2=-40\end{cases}$$

解得 $k_1=1.51$，$k_2=1.49$。因此

$$i_L=(1.51\mathrm{e}^{-0.51t}+1.49\mathrm{e}^{-26.33t})\ \mathrm{A}\quad (t>0)$$

确定 u_C。回到图 9-4-1(a)中，应用 KCL、KVL 得

$$u_C=12-4\left(\frac{u_L}{8}+i_L\right)-u_L=12-1.5u_L-4i_L=12-1.5\times0.1\frac{\mathrm{d}i_L}{\mathrm{d}t}-4i_L$$
$$=(12-5.92\mathrm{e}^{-0.51t}-0.08\mathrm{e}^{-26.33t})\ \mathrm{V}\quad (t>0)$$

由 u_C 的表达式得：$u_C(0_+)=12-5.92-0.08=6.00\ \mathrm{V}$，$u_{C2}(\infty)=12\ \mathrm{V}$。由图(a)得：$u_C(0_+)=6\ \mathrm{V}$，$u_C(\infty)=12\ \mathrm{V}$。两者吻合，表明 i_L、u_C 结果正确。

目标 3 检测：一般二阶电路响应的计算

测 9-5 测 9-5 图所示电路，在 $t<0$ 时处于稳态，$t=0$ 开关闭合，对 $t>0$ 求 u_C 和 i_L。

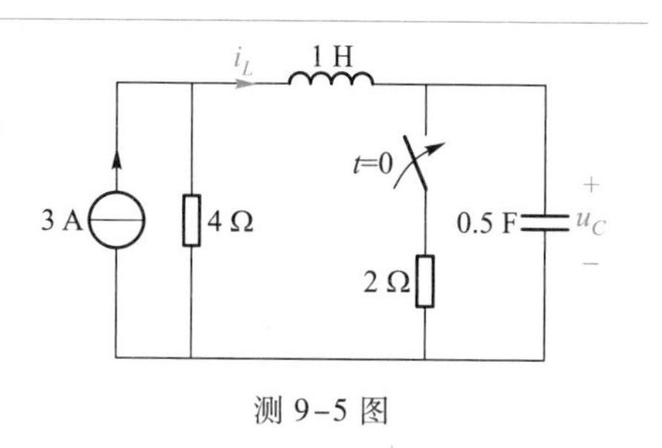

测 9-5 图

答案：$u_C=(4+12\mathrm{e}^{-2t}-4\mathrm{e}^{-3t})\ \mathrm{V}$，$i_L=(2-6\mathrm{e}^{-2t}+4\mathrm{e}^{-3t})\ \mathrm{A}$。

例 9-4-2 图 9-4-2(a)所示电路在开关闭合前处于稳态，$t=0$ 时开关闭合，对 $t>0$ 求 u_{C1}、u_{C2}。

解： 确定初始值。$t<0$ 时，图 9-4-2(a)中的电容视为开路，电流源流过 4 Ω 电阻，4 Ω 电阻上的电压为 12 V。两个电容串联分压，有

$$u_{C1}(0_-)=\frac{C_2}{C_1+C_2}\times12=\frac{0.5}{1+0.5}\times12\ \mathrm{V}=4\ \mathrm{V},\quad u_{C2}(0_-)=\frac{C_1}{C_1+C_2}\times12=\frac{1}{1+0.5}\times12\ \mathrm{V}=8\ \mathrm{V}$$

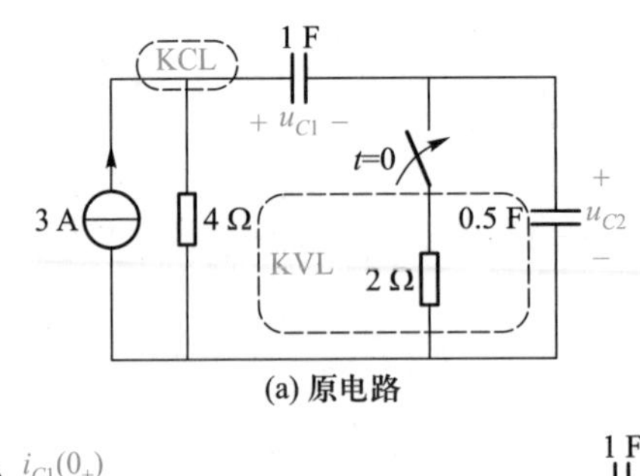

(a) 原电路

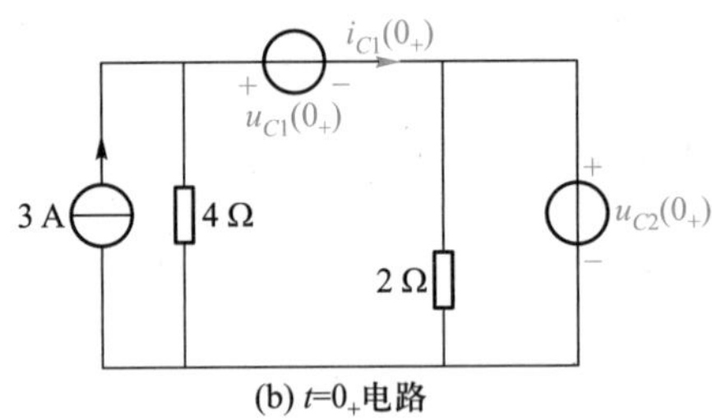

(b) t=0₊电路

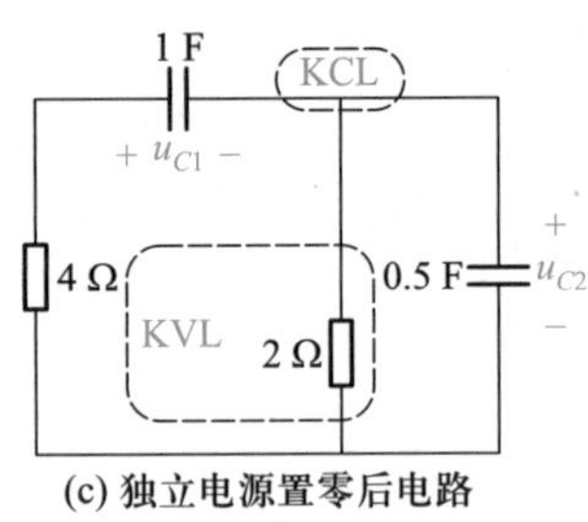

(c) 独立电源置零后电路

图 9-4-2

电路为连续换路,即

$$u_{C1}(0_+)=u_{C1}(0_-)=4\ \text{V},\quad u_{C2}(0_+)=u_{C2}(0_-)=8\ \text{V}$$

电容在换路前已储能,电路为直流电源激励下的全响应。由于$\left.\frac{\mathrm{d}u_{C1}}{\mathrm{d}t}\right|_{0_+}=\frac{i_{C1}(0_+)}{C_1}$,必须先确定 $i_{C1}(0_+)$。在 $t=0_+$时刻,将电容替代为电压源,得到图 9-4-2(b)所示电路。由图 9-4-2(b)求得 $i_{C1}(0_+)=0$。因此

$$\left.\frac{\mathrm{d}u_{C1}}{\mathrm{d}t}\right|_{0_+}=\frac{i_{C1}(0_+)}{C_1}=0$$

确定强制分量。$t\to\infty$ 时,图 9-4-2(a)中的电容视为开路,得

$$u_{C1\mathrm{p}}=u_{C1}(\infty)=12\ \text{V}$$

确定自由分量。图 9-4-2(a)所示电路在 $t>0$、且将其中的独立电源置 0 后,得到图(c)所示电路。应用 KCL、KVL 获得图(c)所示电路的微分方程。KCL、KVL 方程为

$$C_1\frac{\mathrm{d}u_{C1}}{\mathrm{d}t}=\frac{u_{C2}}{2}+C_2\frac{\mathrm{d}u_{C2}}{\mathrm{d}t}\quad\text{(KCL)}$$

$$u_{C1}+u_{C2}+4C_1\frac{\mathrm{d}u_{C1}}{\mathrm{d}t}=0\quad\text{(KVL)}$$

由 KVL 方程解得 $u_{C2}=-u_{C1}-4C_1\frac{\mathrm{d}u_{C1}}{\mathrm{d}t}$,将它代入 KCL 方程得

$$C_1\frac{\mathrm{d}u_{C1}}{\mathrm{d}t}=\frac{1}{2}\left(-u_{C1}-4C_1\frac{\mathrm{d}u_{C1}}{\mathrm{d}t}\right)+C_2\frac{\mathrm{d}}{\mathrm{d}t}\left(-u_{C1}-4C_1\frac{\mathrm{d}u_{C1}}{\mathrm{d}t}\right)$$

整理得

$$4C_1C_2\frac{\mathrm{d}^2u_{C1}}{\mathrm{d}t^2}+(3C_1+C_2)\frac{\mathrm{d}u_{C1}}{\mathrm{d}t}+0.5u_{C1}=0$$

将 $C_1=1$、$C_2=0.5$ 代入、并写成标准形式的二阶微分方程,得

$$\frac{\mathrm{d}^2 u_{C1}}{\mathrm{d}t^2}+\frac{7}{4}\frac{\mathrm{d}u_{C1}}{\mathrm{d}t}+\frac{1}{4}u_{C1}=0$$

因此

$$\alpha=\frac{7/4}{2}\ \mathrm{s}^{-1}=\frac{7}{8}\ \mathrm{s}^{-1},\quad \omega_0=\sqrt{\frac{1}{4}}\ \mathrm{rad/s}=\frac{1}{2}\ \mathrm{rad/s}$$

特征根为

$$s_{1,2}=-\alpha\pm\sqrt{\alpha^2-\omega_0^2}=-\frac{7}{8}\pm\sqrt{\left(\frac{7}{8}\right)^2-\left(\frac{1}{2}\right)^2}=(-0.16\ \mathrm{s}^{-1},-1.6\ \mathrm{s}^{-1})$$

特征根为不相等负实根,电路为过阻尼情况,自由分量为

$$u_{C1\mathrm{h}}=k_1\mathrm{e}^{-0.16t}+k_2\mathrm{e}^{-1.6t}$$

确定 u_{C1}。u_{C1}为强制分量和自由分量之和,即

$$u_{C1}=u_{C1\mathrm{p}}+u_{C1\mathrm{h}}=12+k_1\mathrm{e}^{-0.16t}+k_2\mathrm{e}^{-1.6t}$$

将初始值 $u_{C1}(0_+)=4\ \mathrm{V}$、$\left.\frac{\mathrm{d}u_{C1}}{\mathrm{d}t}\right|_{0_+}=0$ 分别代入上式,得

$$\begin{cases}12+k_1+k_2=4\\ -0.16k_1-1.6k_2=0\end{cases}$$

$$\Rightarrow\begin{cases}k_1+k_2=-8\\ k_1+10k_2=0\end{cases}$$

解得 $k_1=-8.89$、$k_2=0.89$。因此

$$u_{C1}=[12-8.89\mathrm{e}^{-0.16t}+0.89\mathrm{e}^{-1.6t}]\ \mathrm{V}\quad (t>0)$$

确定 u_{C2}。回到图 9-4-2(a)中,应用 KCL 求得 4 Ω 电阻上的电流,为 $3-C_1\frac{\mathrm{d}u_{C1}}{\mathrm{d}t}$,再应用 KVL 得

$$4\left(3-C_1\frac{\mathrm{d}u_{C1}}{\mathrm{d}t}\right)=u_{C1}+u_{C2}$$

解得

$$\begin{aligned}u_{C2}&=12-u_{C1}-4C_1\frac{\mathrm{d}u_{C1}}{\mathrm{d}t}=12-u_{C1}-4\frac{\mathrm{d}u_{C1}}{\mathrm{d}t}\\&=[12-12+8.89\mathrm{e}^{-0.16t}-0.89\mathrm{e}^{-1.6t}-4(1.42\mathrm{e}^{-0.16t}-1.42\mathrm{e}^{-1.6t})]\ \mathrm{V}\\&=3.21\mathrm{e}^{-0.16t}+4.79\mathrm{e}^{-1.6t}\ \mathrm{V}\quad (t>0)\end{aligned}$$

由 u_{C2}的表达式得:$u_{C2}(0_+)=3.21+4.79=8\ \mathrm{V}$,$u_{C2}(\infty)=0$。由图(a)得:$u_{C2}(0_+)=8\ \mathrm{V}$,$u_{C2}(\infty)=0$。两者吻合,表明 u_{C1}、u_{C2}结果正确。

目标 3 检测：一般二阶电路响应的计算

测 9-6 测 9-8 图所示电路在 $t<0$ 时处于稳态，$t=0$ 开关闭合，对 $t>0$ 求 i_{L1}、i_{L2}。

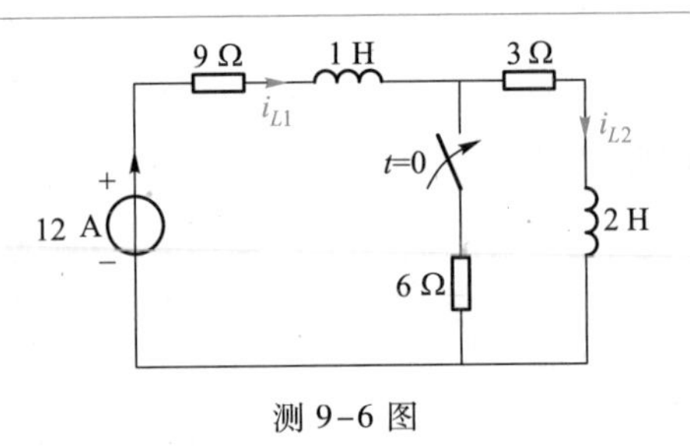

测 9-6 图

答案：$i_{L1}=(1.09+0.11e^{-3.00t}-0.19e^{-16.50t})$ A， $i_{L2}=(0.73+0.23e^{-3.00t}+0.04e^{-16.50t})$ A

例 9-4-3 图 9-4-3(a) 所示电路中，运算放大器工作于线性区，$u_S=5\varepsilon(t)$ V，$R_1=R_2=10$ kΩ，$C_1=20$ μF，$C_2=100$ μF。对 $t>0$ 求 u_o。

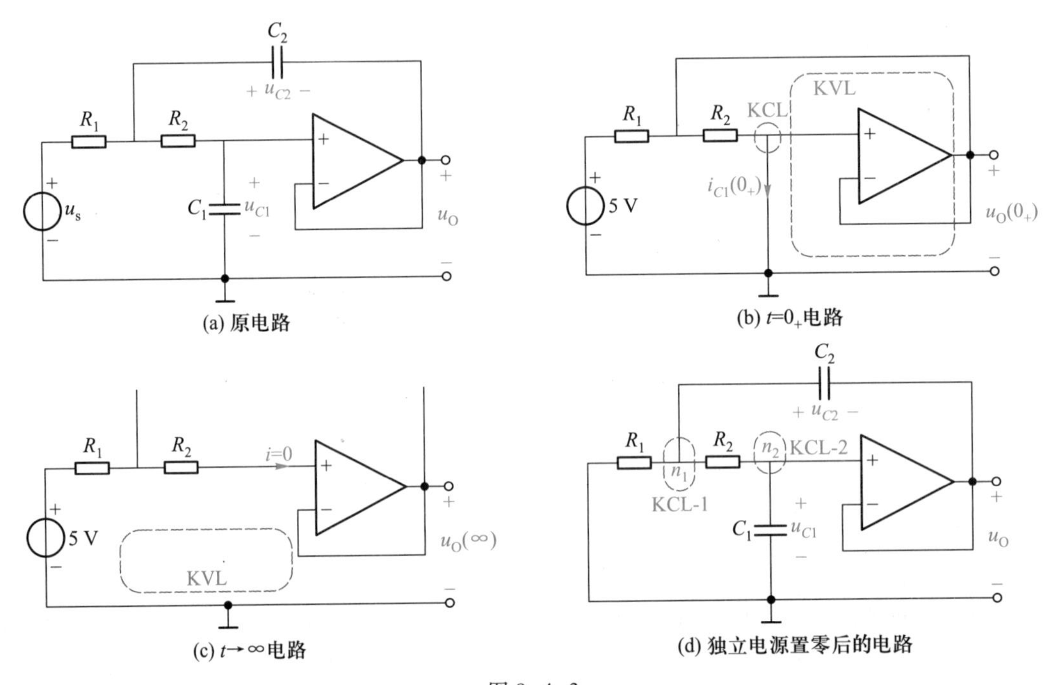

图 9-4-3

解： 确定初始值。$t<0$ 时电路处于零状态，有

$$u_{C1}(0_-)=0,\quad u_{C2}(0_-)=0$$

电路为连续换路，即

$$u_{C1}(0_+)=u_{C1}(0_-)=0,\quad u_{C2}(0_+)=u_{C2}(0_-)=0$$

在图 9-4-3(a) 中应用运算放大器的虚短路特性，得 $u_O=u_{C1}$，因此

$$u_O(0_+)=u_{C1}(0_+)=0$$

$$\left.\frac{du_O}{dt}\right|_{0_+}=\left.\frac{du_{C1}}{dt}\right|_{0_+}=\frac{i_{C1}(0_+)}{C_1}$$

由于 $u_{C1}(0_+)=0$、$u_{C2}(0_+)=0$，图(a)在 $t=0_+$ 时刻两个电容均可视为短路，得到图(b)所示电路。

对图(b)应用KVL和运算放大器的虚短路特性，可知 R_2 上电压等于 $u_0(0_+)$，即为零，再由KCL和虚断路特性得

$$i_{C1}(0_+)=0$$

因此

$$\left.\frac{\mathrm{d}u_0}{\mathrm{d}t}\right|_{0_+}=\frac{i_{C1}(0_+)}{C_1}=0$$

确定强制分量。$t\to\infty$ 时，图(a)中的电容视为开路，得到图(c)所示电路。对图(c)应用运算放大器的虚断路特性，可知 R_1 和 R_2 的电流为0，故同相输入端的电位为5 V。因此

$$u_{\mathrm{op}}=u_0(\infty)=5\ \mathrm{V}$$

确定自由分量。$t>0$ 后，将图(a)所示电路的独立电源置0，得到图(d)所示电路。结点 n_1 的电位为 u_0+u_{C2}、n_2 的电位为 u_0。列写 n_1、n_2 的KCL方程，有

$$\frac{u_0+u_{C2}}{R_1}+\frac{u_0+u_{C2}-u_{C1}}{R_2}+C_2\frac{\mathrm{d}u_{C2}}{\mathrm{d}t}=0\quad(\text{KCL}-1)$$

$$\frac{u_0-(u_0+u_{C2})}{R_2}+C_1\frac{\mathrm{d}u_0}{\mathrm{d}t}=0\quad(\text{KCL}-2)$$

从KCL-2得，$u_{C2}=R_2C_1\frac{\mathrm{d}u_0}{\mathrm{d}t}$，将它代入KCL-1，得

$$R_2C_1C_2\frac{\mathrm{d}^2u_0}{\mathrm{d}t^2}+\left(C_1+\frac{R_2}{R_1}C_1\right)\frac{\mathrm{d}u_0}{\mathrm{d}t}+\frac{1}{R_1}u_0=0$$

将 $R_1=R_2=10\ \mathrm{k}\Omega$、$C_1=20\ \mu\mathrm{F}$、$C_2=100\ \mu\mathrm{F}$ 代入上式，并整理成标准形式的二阶微分方程

$$\frac{\mathrm{d}^2u_0}{\mathrm{d}t^2}+2\frac{\mathrm{d}u_0}{\mathrm{d}t}+5u_0=0$$

因此

$$\alpha=2/2=1\ \mathrm{s}^{-1},\quad \omega_0=\sqrt{5}\ \mathrm{rad/s}$$

特征根为

$$s_{1,2}=-\alpha\pm\sqrt{\alpha^2-\omega_0^2}=-1\pm\sqrt{1-5}=-1\pm\mathrm{j}2$$

特征根为共轭复根，电路为欠阻尼情况，自由分量的形式为

$$u_{\mathrm{oh}}=k\mathrm{e}^{-t}\sin(2t+\theta)$$

确定 u_0。u_0 为强制分量和自由分量之和，即

$$u_0=u_{\mathrm{op}}+u_{\mathrm{oh}}=5+k\mathrm{e}^{-t}\sin(2t+\theta)$$

将初始值 $u_0(0_+)=0$、$\left.\frac{\mathrm{d}u_0}{\mathrm{d}t}\right|_{0_+}=0$ 分别代入上式中，得

$$\begin{cases}5+k\sin\theta=0\\-k\sin\theta+2k\cos\theta=0\end{cases}$$

$$\begin{cases}k\sin\theta=-5\\k\cos\theta=-2.5\end{cases}$$

解得 $\theta=64.43°$，$k=-5.59$。因此

$$u_0=5-5.59\mathrm{e}^{-t}\sin(2t+64.43°)\ \mathrm{V}\quad(t>0)$$

目标 3 检测：一般二阶电路响应的计算

测 9-7 测 9-7 图所示电路在 $t<0$ 时处于稳态，$t=0$ 时开关闭合，对 $t>0$ 求 u_O。

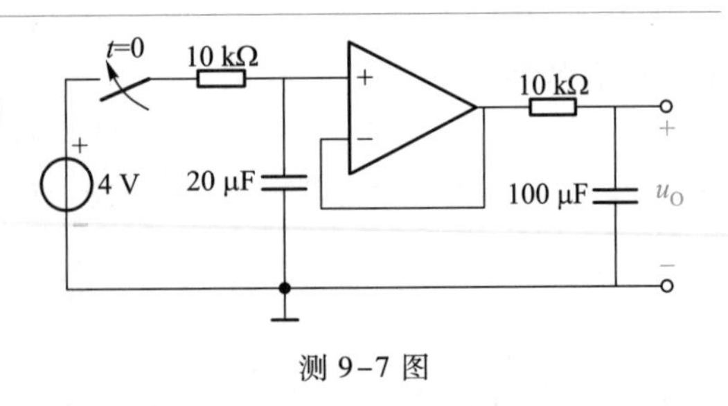

测 9-7 图

答案：$u_O=(4-5e^{-t}+e^{-5t})$ V　($t>0$)。

9.5 *RLC* 串联电路的方波响应

图 9-5-1(a)所示方波电压源作用于图(b)所示 *RLC* 串联电路，如果方波的 T 大于电路达到稳态所需时间，则电路处于阶跃响应和零输入响应的交替过程中，在电压源非零时段内为阶跃响应，而在电压源为零时段内为零输入响应。如果方波的 T 小于电路达到稳态所需时间，则电路处于全响应和零输入响应的交替过程中，在电压源非零时段内为直流激励下的全响应，而在电压源为零时段内为零输入响应。

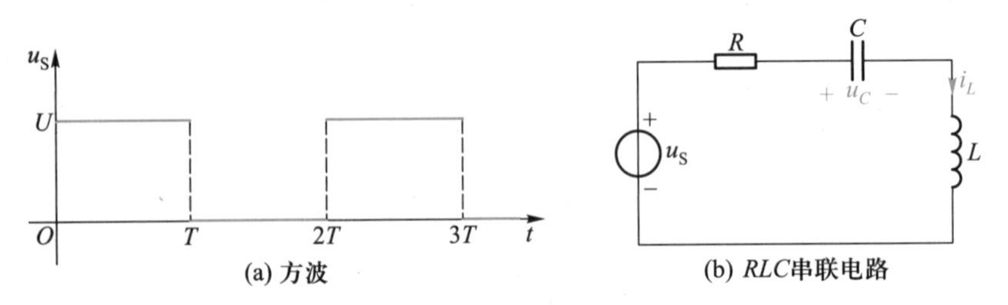

图 9-5-1　方波激励下的 *RLC* 串联电路

下面分析：在 T 大于电路达到稳态所需时间的情况下，电路分别为过阻尼和欠阻尼情况时，图 9-5-1(b)中 u_C 和 i_L 的变化规律。由前面分析已知，对于 *RLC* 串联电路，$\alpha=R/2L$，$\omega_0=1/\sqrt{LC}$。$\alpha>\omega_0$ 时电路为过阻尼情况，$\alpha<\omega_0$ 时电路为欠阻尼情况。

（1）过阻尼情况下，u_C、i_L 的波形如图 9-5-2 所示。在 $0<t<T$ 时段，与 *RLC* 串联电路阶跃响应波形相同(参见图 9-3-2)；在 $T<t<2T$ 时段，与 *RLC* 串联电路零输入响应波形相同(参见图 9-2-2)。

（2）欠阻尼情况下，u_C、i_L 的波形如图 9-5-3 所示。在 $0<t<T$ 时段，与 *RLC* 串联电路阶跃响应波形相同(参见图 9-3-2)；在 $T<t<2T$ 时段，与 *RLC* 串联电路零输入响应波形相同(参见图 9-2-4)。与过阻尼情况不同的是，电容的充电、放电过程，均是由初始值经过减幅正弦振荡达到稳态值，电感上的电流亦是减幅正弦振荡形式。振荡幅值的衰减规律由 $ke^{-\alpha t}$ 决定，振荡角频率为 $\omega_d(=\sqrt{\omega_0^2-\alpha^2})$。由于 $i_L=i_C=C\dfrac{du_C}{dt}$，因此当 u_C 取极值时，i_L 为 0。

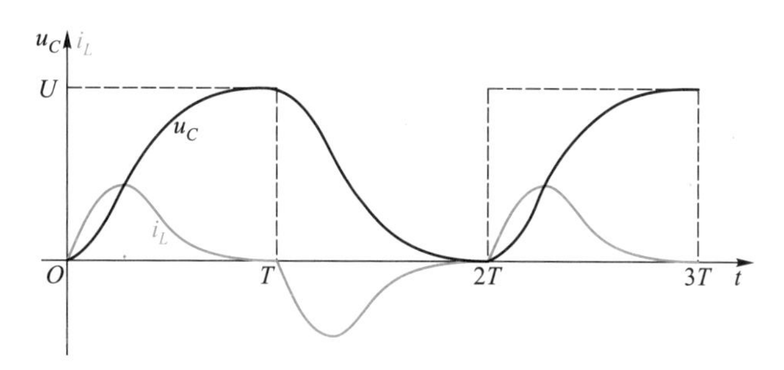

图 9-5-2　*RLC* 串联电路的方波响应（过阻尼情况下）

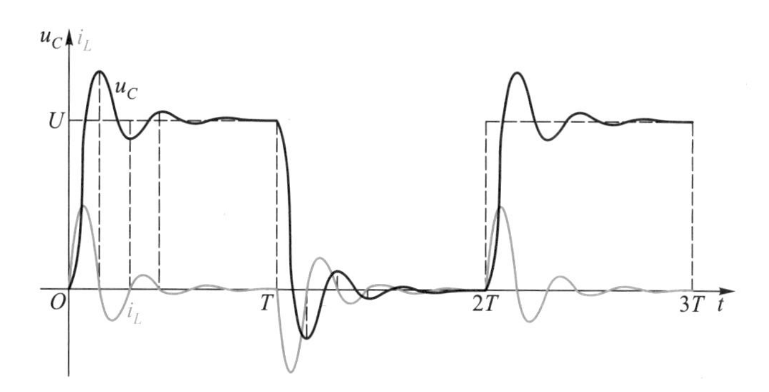

图 9-5-3　*RLC* 串联电路的方波响应（欠阻尼情况）

可以利用示波器观测 *RLC* 串联电路的方波响应，并测得电路的 α 和 ω_0。给 *RLC* 串联电路施加适当频率的方波，方波的 T 大于电路达到稳态所需时间，示波器上显示图 9-5-2（或图 9-5-3 所示）波形。过阻尼情况下，测得 u_C 任意两点的值 $u_C(t_1)$ 和 u_C，结合 $u_C(t_2)$ 的表达式

$$u_C=U-\frac{U}{s_2-s_1}(s_2 e^{s_1 t}-s_1 e^{s_2 t})\quad（由式(9-3-9)得出）\tag{9-5-1}$$

可解得 s_1、s_2。再由 $s_{1,2}=-\alpha\pm\sqrt{\alpha^2-\omega_0^2}$ 解得 α 和 ω_0。欠阻尼情况下，测得 u_C 在 $0<t<T$ 内相邻两个高于 U 的峰值 $u_C(t_{1m})$ 和 $u_C(t_{2m})$，有

$$\omega_d(t_{2m}-t_{1m})=2\pi\quad(t_{2m}>t_{1m})\tag{9-5-2}$$

$$\frac{e^{-\alpha t_{1m}}}{e^{-\alpha t_{2m}}}=\frac{u_C(t_{1m})-U}{u_C(t_{2m})-U}\tag{9-5-3}$$

由此解得 ω_d 和 α，再由 $\omega_d=\sqrt{\omega_0^2-\alpha^2}$ 得到 ω_0。

*9.6 二阶电路的冲激响应

在 8.6.3 小节已得出：线性非时变电路的冲激响应等于其阶跃响应的一阶导数。8.7 节给出了直接计算冲激响应的方法，即将冲激响应计算分解为初始状态计算和零输入响应计算。这些方法适用于任何阶次的线性非时变电路。

例 9-6-1　电路如图 9-6-1(a)所示：(1)用两种方法计算单位冲激响应 u_C；(2)若 $u_C(0_-)=2$ V、

$i_L(0_-)=0$,再用两种方法计算 u_C。

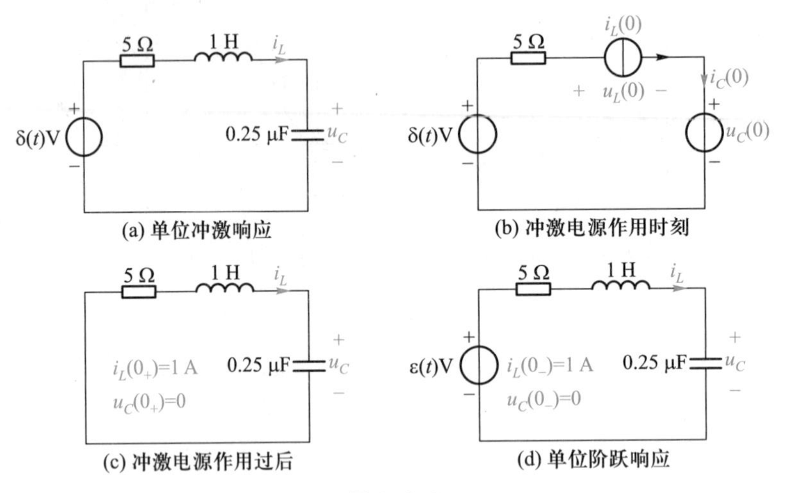

图 9-6-1

解:(1) 用直接计算冲激响应和通过阶跃响应计算冲激响应两种方法分析。

方法 1:直接计算冲激响应,分为 $t=0$ 和 $t>0$ 两段来计算。

在 $t=0$ 时刻,冲激电源作用于电路,电感和电容分别用电流源和电压源替代,如图 9-6-1(b)所示,$u_C(0)$ 和 $i_L(0)$ 虽然未知但为有限值,相对于电源 $\delta(t)$ 忽略不计,因此

$$i_C(0)=0,\quad u_L(0)=\delta(t)$$

所以

$$u_C(0_+)=u_C(0_-)+\frac{1}{C}\int_{0_-}^{0_+} i_C(0)\,\mathrm{d}t=0+4\int_{0_-}^{0_+} 0\,\mathrm{d}t=0$$

$$i_L(0_+)=i_L(0_-)+\frac{1}{L}\int_{0_-}^{0_+} u_L(0)\,\mathrm{d}t=0+\int_{0_-}^{0_+} \delta(t)\,\mathrm{d}t=1\ \text{A}$$

冲激响应是零状态响应,故 $u_C(0_-)=0$、$i_L(0_-)=0$。

在 $t>0$ 后,冲激电源电压为 0,电路如图(c)所示,为零输入响应,由 KVL 列写微分方程,得

$$L\frac{\mathrm{d}}{\mathrm{d}t}\left(C\frac{\mathrm{d}u_C}{\mathrm{d}t}\right)+u_C+RC\frac{\mathrm{d}u_C}{\mathrm{d}t}=0$$

$$\frac{1}{4}\frac{\mathrm{d}^2u_C}{\mathrm{d}t^2}+\frac{5}{4}\frac{\mathrm{d}u_C}{\mathrm{d}t}+u_C=0$$

微分方程的特征方程为

$$s^2+5s+4=0$$

特征根为

$$s_1=-1\ \text{s}^{-1},\quad s_2=-4\ \text{s}^{-1}$$

因此

$$u_C=k_1\mathrm{e}^{-t}+k_2\mathrm{e}^{-4t}$$

将 $u_C(0_+)=0$ 与 $C\left.\dfrac{\mathrm{d}u_C}{\mathrm{d}t}\right|_{0+}=i_L(0_+)=1$ 代入 u_C,得

$$\begin{cases}k_1+k_2=0\\0.25(-k_1-4k_2)=1\end{cases}$$

$$k_1=\frac{4}{3},\quad k_2=-\frac{4}{3}$$

因此，图(a)所示电路的单位冲激响应为

$$u_C=\left(\frac{4}{3}e^{-t}-\frac{4}{3}e^{-4t}\right)\varepsilon(t)\ \text{V}=h(t)$$

方法 2：通过阶跃响应计算冲激响应。先计算单位阶跃响应 $s(t)$，再由单位阶跃响应得到单位冲激响应 $h(t)$。

计算单位阶跃响应 $s(t)$ 的电路如图(d)所示。由微分方程计算 u_C，微分方程为

$$\frac{1}{4}\frac{d^2u_C}{dt^2}+\frac{5}{4}\frac{du_C}{dt}+u_C=1\quad(t>0)$$

初始条件为 $u_C(0_+)=u_C(0_-)=0$、$i_L(0_+)=i_L(0_-)=0$，解得

$$u_C=\left(1-\frac{4}{3}e^{-t}+\frac{1}{3}e^{-4t}\right)\varepsilon(t)\ \text{V}=s(t)$$

单位冲激响应为

$$h(t)=\frac{ds(t)}{dt}=\frac{d}{dt}\left[\left(1-\frac{4}{3}e^{-t}+\frac{1}{3}e^{-4t}\right)\varepsilon(t)\right]=\left(\frac{4}{3}e^{-t}-\frac{4}{3}e^{-4t}\right)\varepsilon(t)\ \text{V}$$

(2) 计算电路在冲激电源和储能共同作用下的全响应，仍然可用前面的两种方法。

方法 1：分为 $t=0$ 和 $t>0$ 两段来直接计算响应。

$t=0$ 时，仍然有图(b)，即

$$i_C(0)=0,\quad u_L(0)=\delta(t)$$

所以

$$u_C(0_+)=u_C(0_-)+\frac{1}{C}\int_{0_-}^{0_+}i_C(0)\,dt=2+4\int_{0_-}^{0_+}0\,dt=2\ \text{V}$$

$$i_L(0_+)=i_L(0_-)+\frac{1}{L}\int_{0_-}^{0_+}u_L(0)\,dt=0+\int_{0_-}^{0_+}\delta(t)\,dt=1\ \text{A}$$

在 $t>0$ 时后，电路还如图(c)所示，只是求解微分方程的初始条件变了，即

$$\frac{1}{4}\frac{d^2u_C}{dt^2}+\frac{5}{4}\frac{du_C}{dt}+u_C=0$$

$$u_C(0_+)=2\ \text{V},\quad C\frac{du_C}{dt}\bigg|_{0+}=i_L(0_+)=1\ \text{A}$$

解得

$$u_C=(4e^{-t}-2e^{-4t})\ \text{V}\quad(t>0)$$

方法 2：分解为零状态响应和零输入响应之和。先确定单位阶跃响应，由单位阶跃响应得到单位冲激响应；由微分方程计算零输入响应。

由单位阶跃响应得到单位冲激响应的过程同前，即

$$u_C'=h(t)=\left(\frac{4}{3}e^{-t}-\frac{4}{3}e^{-4t}\right)\varepsilon(t)\ \text{V}$$

由微分方程计算零输入响应。前面已列出零输入响应的微分方程,即

$$\frac{1}{4}\frac{\mathrm{d}^2u_C}{\mathrm{d}t^2}+\frac{5}{4}\frac{\mathrm{d}u_C}{\mathrm{d}t}+u_C=0$$

求解微分方程的初始条件为

$$u_C(0_+)=u_C(0_-)=2\ \mathrm{V},\quad C\frac{\mathrm{d}u_C}{\mathrm{d}t}\bigg|_{0+}=i_L(0_+)=i_L(0_-)=0$$

解得

$$u_C''=\left(\frac{8}{3}\mathrm{e}^{-t}-\frac{2}{3}\mathrm{e}^{-4t}\right)\ \mathrm{V}\quad(t>0)$$

因此

$$u_C=u_C'+u_C''=\left(\frac{4}{3}\mathrm{e}^{-t}-\frac{4}{3}\mathrm{e}^{-4t}\right)+\left(\frac{8}{3}\mathrm{e}^{-t}-\frac{2}{3}\mathrm{e}^{-4t}\right)=(4\mathrm{e}^{-t}-2\mathrm{e}^{-4t})\ \mathrm{V}\quad(t>0)$$

目标 4 检测:了解二阶电路冲激响应计算

测 9-8 测 9-8 图所示电路,$u_C(0_-)=2\ \mathrm{V}$、$i_L(0_-)=0.5\ \mathrm{A}$,对 $t>0$ 求 u_C,并用不同的方法验证结果。

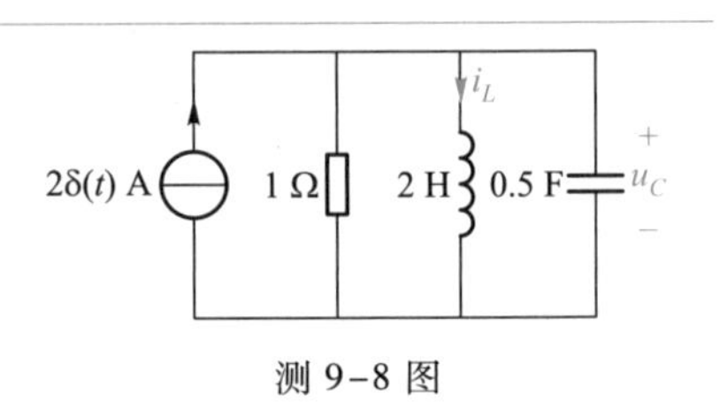

测 9-8 图

答案:$u_C=(6-7t)\mathrm{e}^{-t}\ \mathrm{V}\quad(t>0)$。

9.7 电路的对偶性

由于电和磁的对偶,电路理论中存在许多对偶关系,用对偶性看问题可以事半功倍。我们先通过实例来理解对偶性,再提出获得对偶电路的方法。

图 9-7-1(a)所示电路,网孔电流取顺时针方向(必须取顺时针方向),网孔分析方程为

$$\begin{cases}(4\ \Omega+5\ \Omega)i_{\mathrm{m1}}-(4\ \Omega)i_{\mathrm{m2}}=10\ \mathrm{V}\\-(4\ \Omega)i_{\mathrm{m1}}+(4\ \Omega+8\ \Omega+10\ \Omega)i_{\mathrm{m2}}=-(8\ \Omega)\times3\ \mathrm{A}\end{cases}\tag{9-7-1}$$

对网孔方程做如下替换:$i_{\mathrm{m1}}\to u_{\mathrm{n1}}$、$i_{\mathrm{m2}}\to u_{\mathrm{n2}}$、$\Omega\to\mathrm{S}$、$\mathrm{V}\to\mathrm{A}$、$\mathrm{A}\to\mathrm{V}$,成为另一个电路的结点方程,即

$$\begin{cases}(4\ \mathrm{S}+5\ \mathrm{S})u_{\mathrm{n1}}-(4\ \mathrm{S})u_{\mathrm{n2}}=10\ \mathrm{A}\\-(4\ \mathrm{S})u_{\mathrm{n1}}+(4\ \mathrm{S}+8\ \mathrm{S}+10\ \mathrm{S})u_{\mathrm{n2}}=-(8\ \mathrm{S})\times3\ \mathrm{V}\end{cases}\tag{9-7-2}$$

不难得出,式(9-7-2)对应的电路如图 9-7-1(b)所示。式(9-7-1)和(9-7-2)有相同的解,即

$$i_{\mathrm{m1}}=u_{\mathrm{n1}},\quad i_{\mathrm{m2}}=u_{\mathrm{n2}}$$

因此,两个电路的物理量存在以下对偶关系:

图 9-7-1(a)中的网孔电流　对偶于　图 9-7-1(b)中的结点电位;

图 9-7-1(a)中元件的电压　对偶于　图 9-7-1(b)中对应元件的电流;

图 9-7-1(a)中元件的电流　对偶于　图 9-7-1(b)中对应元件的电压；
图 9-7-1(a)中的戴维南支路(串联)　对偶于　图 9-7-1(b)中的诺顿支路(并联)；
图 9-7-1(a)中的电阻　对偶于　图 9-7-1(b)中的电导；
图 9-7-1(a)中的电压源　对偶于　图 9-7-1(b)中的电流源；
图 9-7-1(a)中的电流源　对偶于　图 9-7-1(b)中的电压源。

这就是电路的对偶性(duality)。图 9-7-1(a)和图 9-7-1(b)为对偶电路(dual circuit)。求得一个电路的解,也就得到了其对偶电路的解。

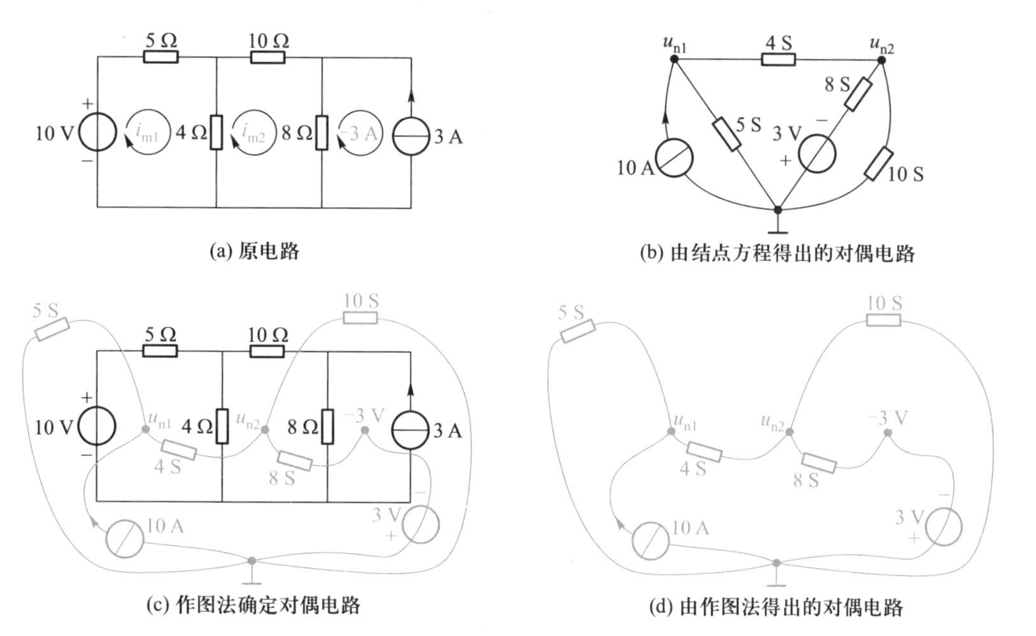

(a) 原电路　(b) 由结点方程得出的对偶电路
(c) 作图法确定对偶电路　(d) 由作图法得出的对偶电路

图 9-7-1　电路的对偶性

对 偶 电 路

如果表征两个电路特性的方程是关于对偶变量的相同方程,则这两个电路是对偶电路。例如:一个电路的网孔方程和另一个电路的结点方程相同,这两个电路就是对偶电路。网孔只存在于平面电路,因此,平面电路才有对偶电路。

将网孔方程变为结点方程,从而获得对偶电路。然而,获得对偶电路并不需要写出网孔或结点方程,可采用作图法。在图 9-7-1(a)的每个网孔中放置一个结点,结点电位值等于网孔电流值,外网孔中放置参考结点;网孔间公共支路对偶于结点间支路;电阻对偶于电导;电压源对偶于电流源,若电压源方向与网孔电流方向一致,则电流源流出结点;电流源对偶于电压源,若电流源方向与网孔电流方向一致,则电压源形成正向的结点电位,如图(c)所示。

网孔电流 i_{m1}、i_{m2}、-3 A　对偶于　结点电位 u_{n1}、u_{n2}、-3 V；
网孔 1、2 间 4 Ω 电阻　对偶于　结点 1、2 间 4 S 电导；
网孔 1、外网孔间 5 Ω 电阻　对偶于　结点 1、参考结点间 5 S 电导；
网孔 1、外网孔间 10 V 电压源　对偶于　结点 1、参考结点间 10 A 电流源；

网孔 3、外网孔间 3 A 电流源　　　对偶于　　　结点 3、参考结点间 3 V 电压源。

作图法得出的对偶电路如图(d)所示,它与图(b)所示电路相同。

对　偶　性

元件性质、电路结构、电路变量、电路方程对偶关系

元件性质对偶:电阻—电导,电感—电容,电压源—电流源;

电路结构对偶:戴维南支路—诺顿支路,串联—并联,网孔—结点,开路—短路;

电路变量对偶:电压—电流,电容电压—电感电流,电感电压-电容电流;

电路方程对偶:网孔方程—结点方程,KCL—KVL。

参考方向对偶关系

与网孔方向(顺时针方向)一致的电流源——正极性连到与网孔对应的结点的电压源;

与网孔方向(顺时针方向)一致的电压源——流出与网孔对应的结点的电流源;

与网孔方向(顺时针方向)一致的电压变量——流出与网孔对应的结点的电流变量;

与网孔方向(顺时针方向)一致的电流变量——正极性连到与网孔对应的结点的电压变量;

例 9-7-1　画出图 9-7-2(a)所示电路的对偶电路,在对偶电路中标明与电压 u 对偶的变量,并比较两个变量的微分方程。

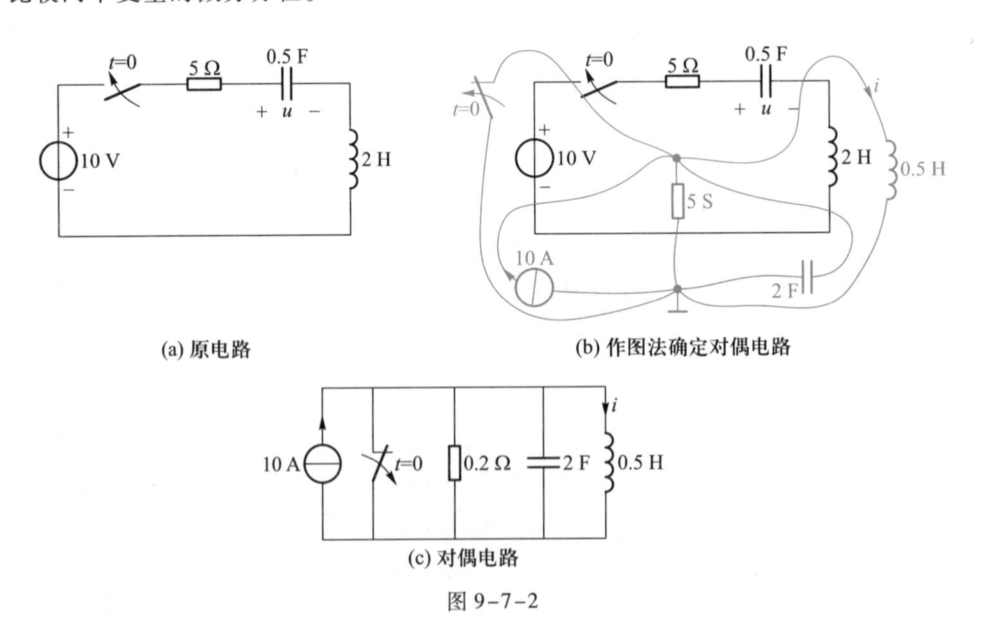

(a) 原电路　　(b) 作图法确定对偶电路

(c) 对偶电路

图 9-7-2

解:用作图法确定图 9-7-2(a)所示电路的对偶电路,过程如图 9-7-2(b)所示,对偶电路如图 9-7-2(c),电容对偶于电感,开关闭合对偶于开关打开。图 9-7-2(a)中电容电压 u 对偶于图 9-7-2(c)中电感电流 i,u 的方向与网孔电流方向一致,i 的方向则流出结点。

图 9-7-2(a)关于 u 的微分方程,与图 9-7-2(c)关于 i 的微分方程相同。应用 KVL 列写图 9-7-2(a)关于 u 的微分方程,有

$$2\frac{\mathrm{d}}{\mathrm{d}t}\left(0.5\frac{\mathrm{d}u}{\mathrm{d}t}\right)+5\times0.5\frac{\mathrm{d}u}{\mathrm{d}t}+u=0\quad(t>0)$$

应用 KCL 列写图 9-7-2(c)关于 i 的微分方程,有

$$2\frac{\mathrm{d}}{\mathrm{d}t}\left(0.5\frac{\mathrm{d}i}{\mathrm{d}t}\right)+5\times0.5\frac{\mathrm{d}i}{\mathrm{d}t}+i=0\quad(t>0)$$

目标 4 检测:了解电路对偶性的意义

测 9-9 画出测 9-9 图所示电路的对偶电路,并将 i_L、u_C 标在对偶电路中。

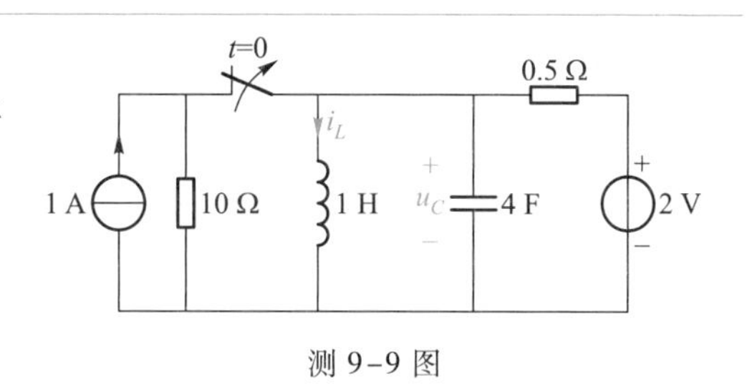

测 9-9 图

答案:

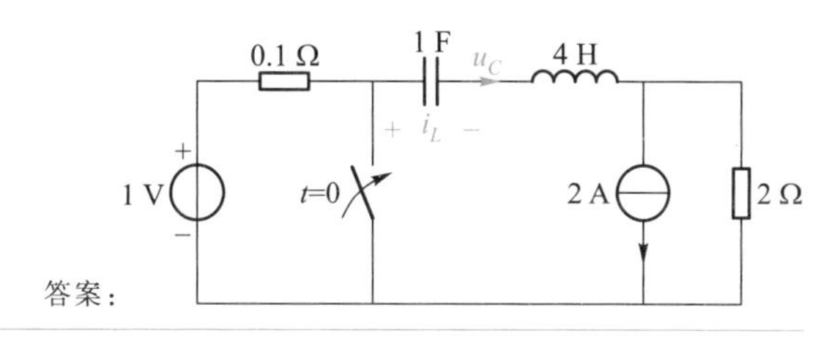

9.8 拓展与应用

9.8.1 大电流正弦振荡电路

RLC 串联电路可用来产生幅值高达千安级的正弦振荡电流,应用于断路器开断电弧能力测试中。

出于安全考虑,电力系统输电线路上要安装断路器。图 9-8-1 所示为简单电力系统,由两条三相输电线路将发电厂的电能输送到工厂。当系统中由于某种不正常原因导致输电线路的电流过大时,断路器能自动断开,切断输电线路。为了测试断路器开断电弧的能力(可简单理解为切断电流的能力),需要对断路器的触点通以数千安培的工频(50 Hz)正弦电流。试验时采用 *RLC* 串联电路来产生满足上述要求的电流。图 9-8-2 为试验装置原理图,r_L 为线圈电阻,被测试断路器的触点处于闭合状态,忽略触点的接触电阻,视为短路。试验前,开关位于 1 位,电容充电到电压 U_0。试验时,将开关投向 2 位,电容接到线圈和断路器触点串联支路上,断路器触点上流过电流 i_L。选择合适的参数,可以使 i_L 为数千安培的工频正弦电流。

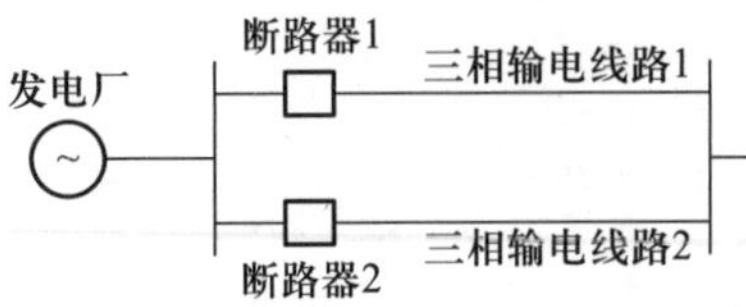

图 9-8-1 简单电力系统

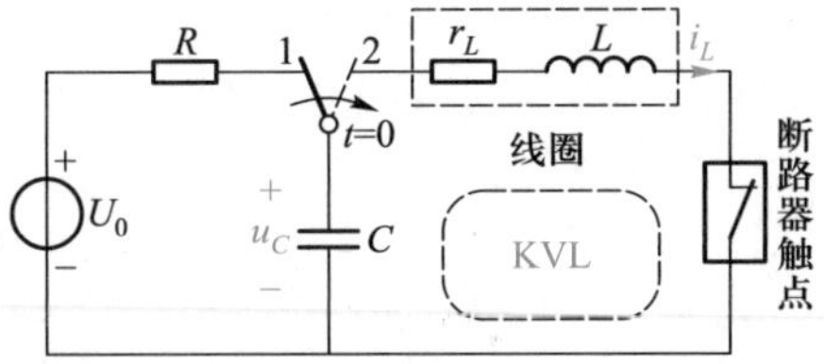

图 9-8-2 大电流正弦振荡电路

首先计算零输入响应 i_L。$t<0$ 时,$i_L(0_-)=0$,$u_C(0_-)=U_0$。$t=0$ 时开关接到线圈上,电路连续换路,有

$$i_L(0_+)=i_L(0_-)=0,\quad u_C(0_+)=u_C(0_-)=U_0$$

由图 9-8-2 在 $t=0_+$时的 KVL 方程得

$$u_L(0_+)=-r_Li_L(0_+)+u_C(0_+)=u_C(0_+)=U_0$$

由电感的 $u-i$ 关系得

$$\left.\frac{\mathrm{d}i_L}{\mathrm{d}t}\right|_{0_+}=\frac{u_L(0_+)}{L}=\frac{U_0}{L}$$

$t>0$ 后,图 9-8-2 为 RLC 串联电路,套用 RLC 串联电路的结论,即

$$\alpha=r_L/2L,\quad \omega_0=1/\sqrt{LC}$$

因绕制线圈的导线须具有较大的截面,才可以承受大电流,所以 r_L 很小,$\alpha\approx0$,电路近似为无阻尼状态(属于欠阻尼情况)。故有

$$\omega_{\mathrm{d}}=\sqrt{\omega_0^2-\alpha^2}\approx\omega_0$$

$$i_L\approx k\sin(\omega_0t+\theta)$$

将初始值 $i_L(0_+)=0$、$\left.\frac{\mathrm{d}i_L}{\mathrm{d}t}\right|_{0_+}=\frac{U_0}{L}$ 代入上式,得

$$\begin{cases}k\sin\theta=0\\k\omega_0\cos\theta=U_0/L\end{cases}$$

解得 $\theta=0$,$k=U_0/\omega_0L$。于是

$$i_L\approx\frac{U_0}{\omega_0L}\sin(\omega_0t)$$

可见,流过被测试断路器触点的电流为正弦电流。

然后根据要求确定电路参数。假定:$U_0=10$ kV,要求产生的电流最大瞬时值为 20 kA、频率为 50 Hz,确定 r_L、L、C 值。不难得出

$$\omega_0=1/\sqrt{LC}=2\pi\times50$$

$$\frac{U_0}{\omega_0L}=\frac{10\times10^3}{100\pi L}=20\times10^3$$

联立以上两式解得

$$L=\frac{1}{200\pi}=1.59\times10^{-3}\ \mathrm{H},\quad C=\frac{1}{50\pi}=6.37\times10^{-3}\ \mathrm{F}$$

9.8.2 汽车打火电路(*RLC* 串联电路)

RLC 串联电路也用来产生高达千伏级的暂态电压,应用于汽车电子打火系统。图 9-8-3(a)为汽车打火电路,12 V 直流电源为汽车电池模型(忽略电池内阻),电容上的开关在非打火状态时处于闭合状态,火花塞的两个电极间充满空气和汽油雾滴的混合气体。打火时,操作钥匙或按键断开电容上的开关,电路产生瞬态电压 u_o,线性变压器将 u_o 放大,得到千伏级的 u_{sp},当 u_{sp} 超过火花塞电极间混合气体的击穿电压时,电极间产生放电火花,点燃混合气体。火花塞电极间的击穿电压范围一般为 6 ~ 10 kV,火花塞放电时,可视为非线性电阻。火花塞未放电时,电极间开路,结合线性变压器的特性(将在 13.5 节讨论),图(a)等效于图(b)。用图(b)所示电路来计算火花塞未放电时承受的电压 u_{sp}。

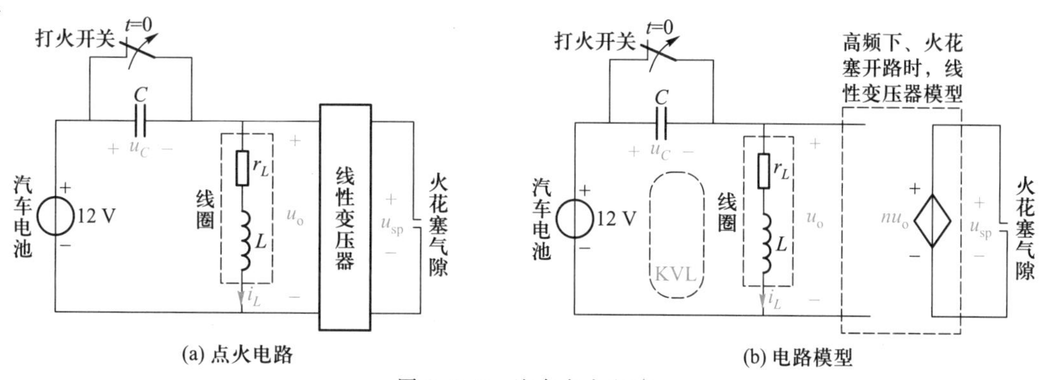

图 9-8-3　汽车点火电路

图 9-8-3(a)中,$r_L=4\ \Omega$,$L=8\ \text{mH}$,$C=1\ \mu\text{F}$,高频下,当火花塞开路时,线性变压器实现 $u_{sp}\approx nu_o=100u_o$。计算火花塞电极间的最大电压。

首先计算电流 i_L。图 9-8-3(b)中 $t<0$ 时,$i_L(0_-)=\dfrac{12}{4}\ \text{A}=3\ \text{A}$,$u_C(0_-)=0$。$t=0$ 时打开开关,电路连续换路,有

$$i_L(0_+)=i_L(0_-)=3\ \text{A},\quad u_C(0_+)=u_C(0_-)=0$$

由图 9-8-3(b)在 $t=0_+$ 时的 KVL 得,电感上的电压

$$u_L(0_+)=-r_Li_L(0_+)-u_C(0_+)+12=(-4\times3-0+12)\ \text{V}=0$$

由电感的 u-i 关系得

$$\left.\frac{\mathrm{d}i_L}{\mathrm{d}t}\right|_{0_+}=\frac{u_L(0_+)}{L}=0$$

$t=\infty$ 时,i_L 的强制分量为

$$i_{Lp}=i_L(\infty)=0$$

$t>0$ 后电路为 *RLC* 串联,套用 *RLC* 串联电路的结论,有

$$\alpha=r_L/2L=4/(2\times8\times10^{-3})=250$$

$$\omega_0=1/\sqrt{LC}=1/\sqrt{8\times10^{-3}\times10^{-6}}=1.118\times10^4$$

$$\omega_d=\sqrt{\omega_0^2-\alpha^2}\approx\omega_0$$

电路为欠阻尼情况,i_L 的自由分量为

$$i_{Lh} \approx k\mathrm{e}^{-250t}\sin(1.118\times10^4 t+\theta)$$

强制分量 i_{Lp} 和自由分量 i_{Lh} 相加，得到 i_L 的表达式

$$i_L \approx k\mathrm{e}^{-250t}\sin(1.118\times10^4 t+\theta)$$

将初始值 $i_L(0_+)=3$ A、$\left.\dfrac{\mathrm{d}i_L}{\mathrm{d}t}\right|_{0_+}=0$ 代入上式得

$$\begin{cases} k\sin\theta=3 \\ -250k\sin\theta+1.118\times10^4 k\cos\theta=0 \end{cases}$$

解得 $\theta=88.72°$，$k=3.00$。于是

$$i_L \approx 3.00\mathrm{e}^{-250t}\sin(1.118\times10^4 t+88.72°)\ \mathrm{A}$$

然后计算 $|u_o|$ 的最大值。图9-8-3(b)中有

$$u_o=r_L i_L+L\frac{\mathrm{d}i_L}{\mathrm{d}t}=268.39\mathrm{e}^{-250t}\sin(1.118\times10^4 t+177.44°)\approx-268.39\mathrm{e}^{-250t}\sin(1.118\times10^4 t)\ \mathrm{V}$$

当 sin 函数取 1 时 $|u_o|$ 达最大值。由 $\sin(1.118\times10^4 t_m)=1$ 解得 $|u_o|$ 达最大值的时刻，$t_m=1.41\times10^{-4}$ s。$|u_o|$ 的最大值

$$|u_o|_{max}\approx268.39\mathrm{e}^{-250t_m}=259.09\ \mathrm{V}$$

最后计算火花塞电极间的最大电压。线性变压器将 u_o 放大，$|u_{sp}|$ 的最大值为

$$|u_{sp}|_{max}=100|u_o|_{max}=25.91\ \mathrm{kV}$$

$|u_{sp}|_{max}$ 超过了火花塞电极间的击穿电压范围（6 ~ 10 kV），满足打火要求，且打火时间小于 t_m（1.41×10^{-4} s）。

▶ 习题 9

零输入响应（9.2 节）

9-1 题9-1图所示 RLC 串联电路中，$L=125$ mH、$C=8$ μF、$R=500$ Ω。(1)确定电路的固有频率；(2)电路为欠阻尼、过阻尼还是临界阻尼状态？(3)若要求欠阻尼振荡频率为 800 rad/s，R 要取何值？(4)在(3)的参数下，确定电路的固有频率；(5)R 取何值时电路为临界阻尼状态。

9-2 题9-1图所示 RLC 串联电路中，$R=210$ Ω，固有频率 $s_1=-6\ \mathrm{s}^{-1}$、$s_2=-8\ \mathrm{s}^{-1}$。确定 L、C。

9-3 题9-1图所示 RLC 串联电路中，电容电流 $i_C=k\mathrm{e}^{-100t}\sin(200t+\theta)$ A，$C=100$ μF。确定 L、R。

9-4 题9-1图所示 RLC 串联电路中，电感电压 $u_L=(k_1+k_2t)\mathrm{e}^{-50t}$ V，$L=500$ mH。确定 C、R。

9-5 题9-5图所示 RLC 并联电路中，$L=5/18$ H、$C=10$ μF、$R=50$ Ω。(1)确定电路的固有频率；(2)电路为欠阻尼、过阻尼还是临界阻尼状态？(3)写出电阻电流的变化规律；(4)若要求欠阻尼振荡频率为 300 rad/s，R 要取何值？(5)在(4)的参数下，确定电路的固有频率；(6)R 取何值时电路为临界阻尼状态。

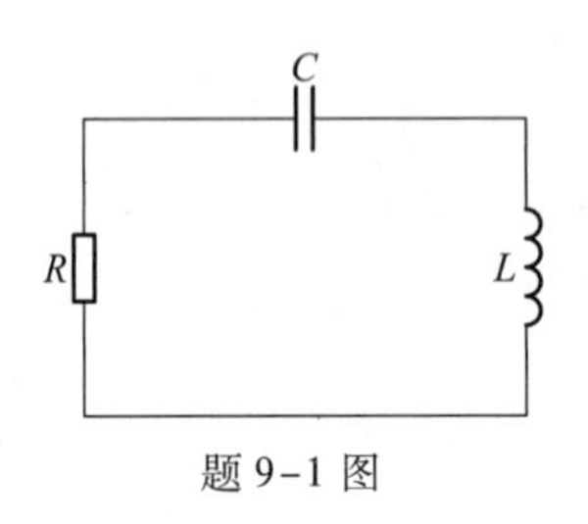

题9-1图

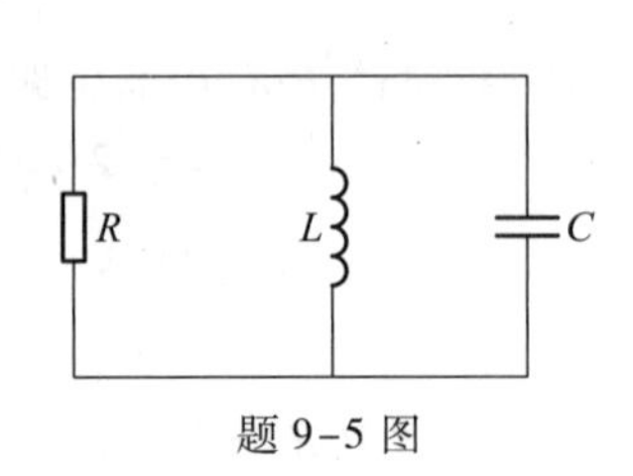

题9-5图

9-6 题 9-5 图所示 *RLC* 并联电路中，电容的电压与电流为：$u_C = (4e^{-20t}\cos 50t - 10e^{-20t}\sin 50t)$ V、$i_C = -5.8e^{-20t}\cos 50t$ mA，且为关联参考方向。确定 L、C、R。

9-7 题 9-5 图所示 *RLC* 并联电路中，电感的电压与电流为：$u_L = (30e^{-10t} - 40e^{-20t})$ V、$i_L = (-60e^{-10t} + 40e^{-20t})$ mA，且为关联参考方向。确定 L、C、R。

9-8 题 9-8 图所示电路在开关打开前处于稳态。确定：(1) $u_C(0_+)$、$i_L(0_+)$；(2) $u_L(0_+)$、$\left.\dfrac{di_L}{dt}\right|_{0_+}$；(3) 电路的固有频率；(4) $t>0$ 时 i_L；(5) $t>0$ 时 u_O；(6) 用 i_L 的微分方程校验结果。

9-9 题 9-9 图所示电路在开关闭合前处于稳态，求 $t>0$ 时的响应 u_O。

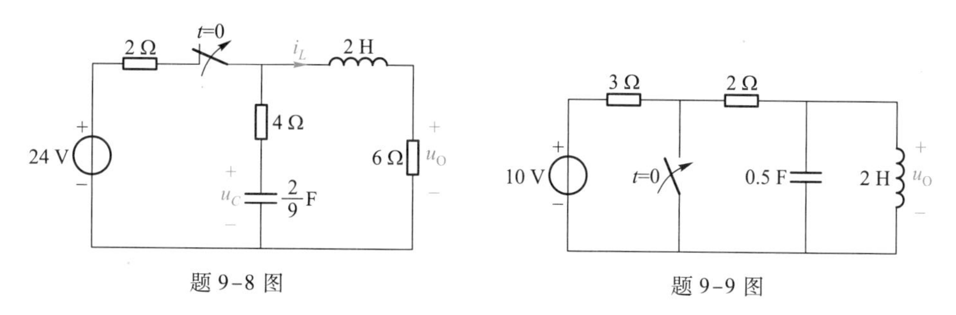

题 9-8 图　　题 9-9 图

9-10 题 9-10 图在开关打开前处于稳态。求 $t>0$ 时的响应 u_C。

直流电源激励下的响应(9.3 节)

9-11 题 9-11 图所示电路在开关闭合前为零状态，对 $t>0$ 求响应 i_L。

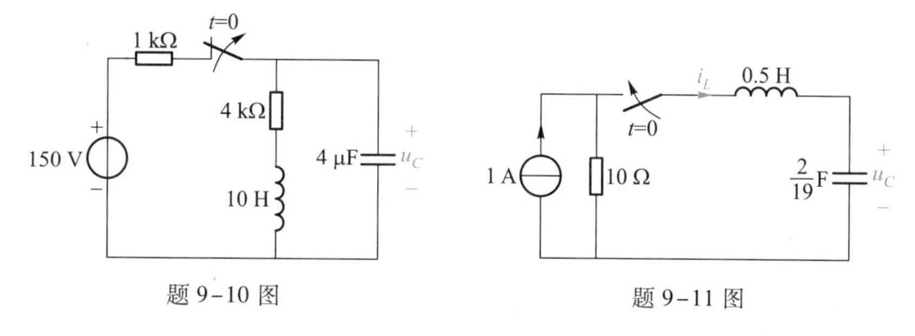

题 9-10 图　　题 9-11 图

9-12 题 9-12 图所示电路在开关打开前已达稳态。对 $t>0$ 求 u_C 及 u_C 的自由分量与强制分量。

9-13 题 9-13 图所示电路在开关打开前已达稳态。对 $t>0$ 求 i_L。

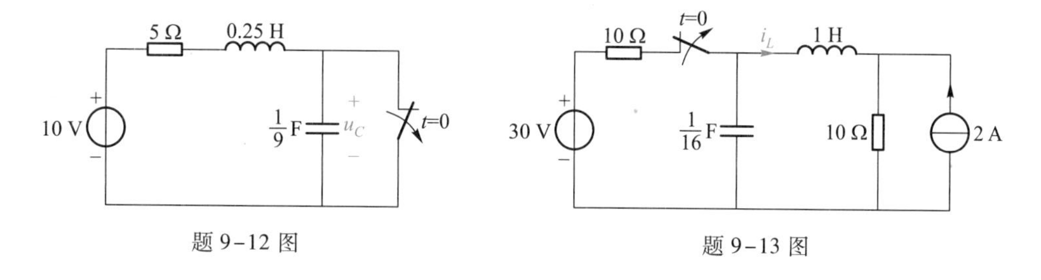

题 9-12 图　　题 9-13 图

9-14 题 9-14 图所示电路在开关闭合前已达稳态。对 $t>0$ 求 u_C。

9-15 题 9-15 图所示电路在开打开前已达稳态。对 $t>0$ 求 i_L。

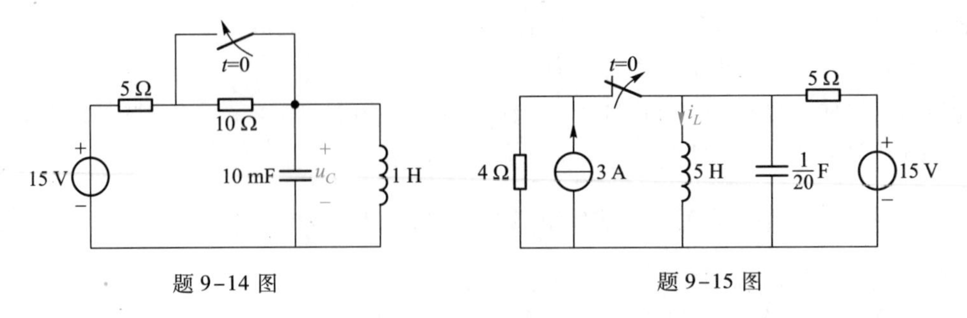

题 9-14 图　　　　题 9-15 图

9-16　求题 9-16 图所示电路在 $t>0$ 时的 i_L。

9-17　求题 9-17 图所示电路在 $t>0$ 时的 u_C。

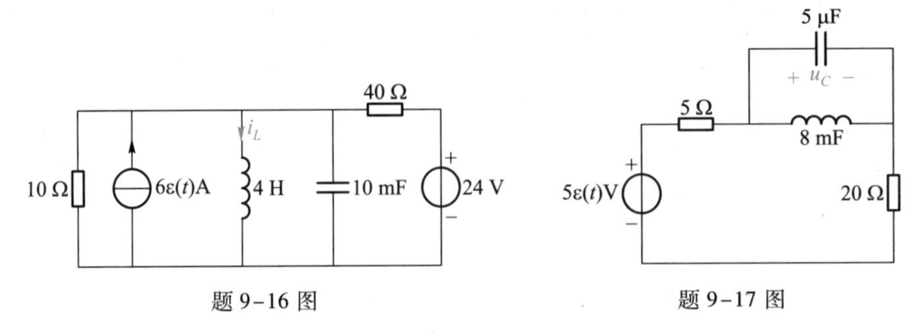

题 9-16 图　　　　题 9-17 图

9-18　求题 9-18 图所示电路在 $t>0$ 时的 i_L。

一般二阶电路(9.4 节)

9-19　题 9-19 图在开关打开前处于稳态。求 $t>0$ 时的响应 u_C。

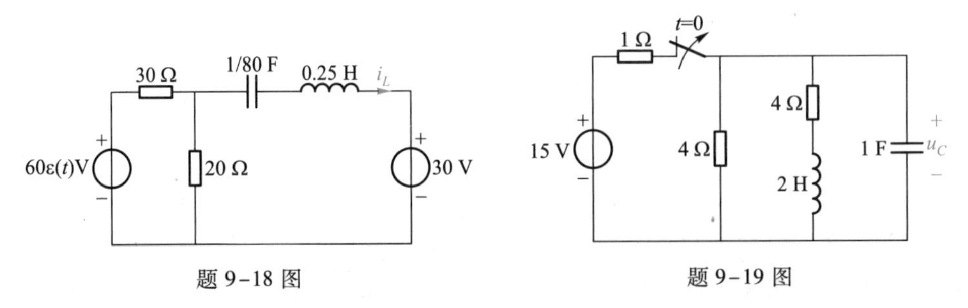

题 9-18 图　　　　题 9-19 图

9-20　求题 9-20 图所示电路在 $t>0$ 时的 u_C。

9-21　求题 9-21 图所示电路在 $t>0$ 时的 i_2。

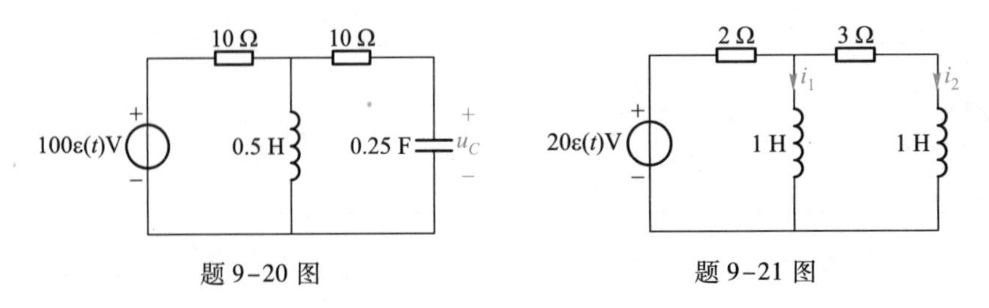

题 9-20 图　　　　题 9-21 图

9-22　求题 9-22 图所示电路在 $t>0$ 时的 u_1。

9-23　确定题 9-23 图所示电路中运算放大器工作于线性区的输出电压 u_0。

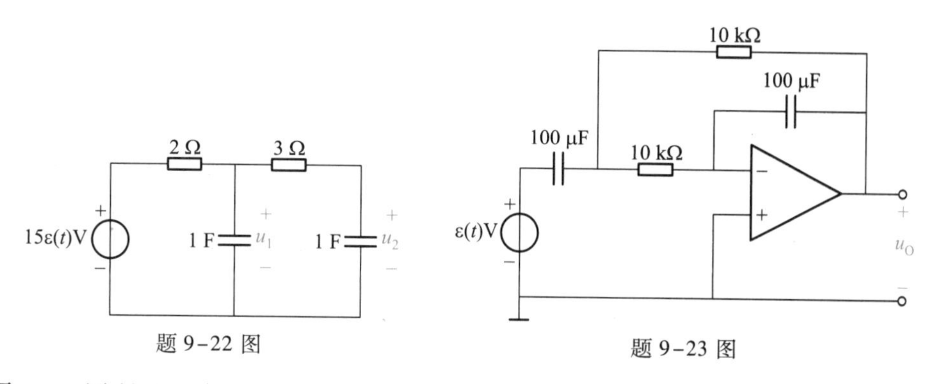

题 9-22 图

题 9-23 图

9-24 题 9-24 图所示电路在开关闭合前处于稳态。对 $t>0$,确定运算放大器工作于线性区的输出电压 u_O。

9-25 确定题 9-25 图所示电路中运算放大器工作于线性区的输出电压 u_O

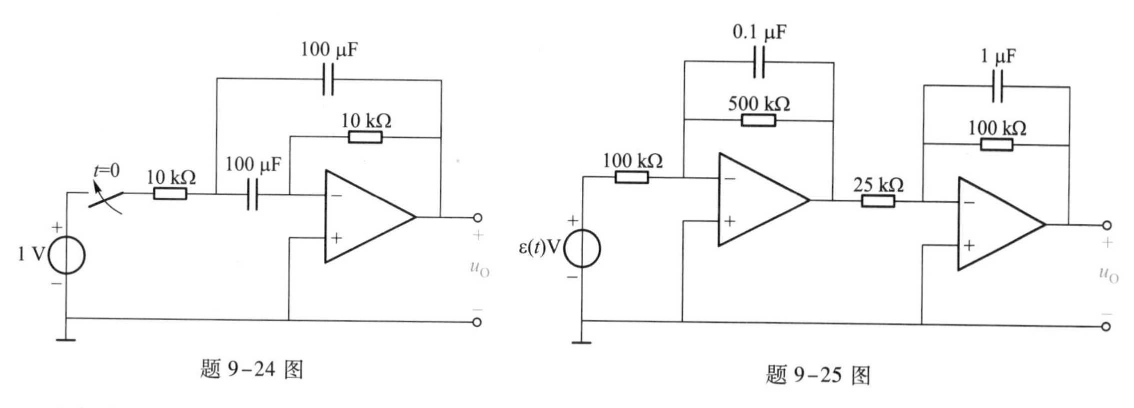

题 9-24 图

题 9-25 图

二阶电路的冲激响应(9.6 节)

9-26 求题 9-26 图所示电路的冲激响应 i_L。

9-27 求题 9-27 图所示电路的冲激响应 u_C。

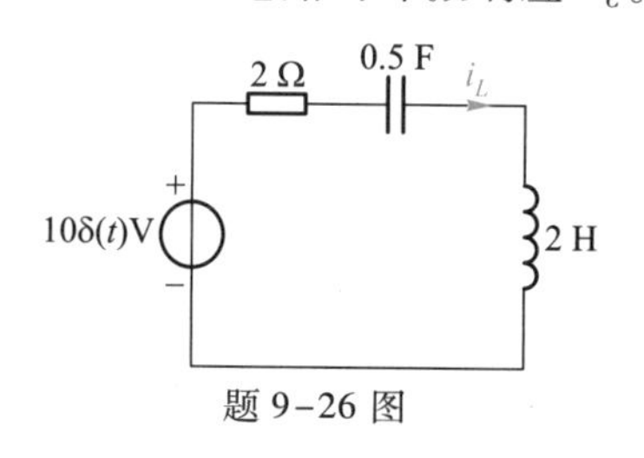

题 9-26 图

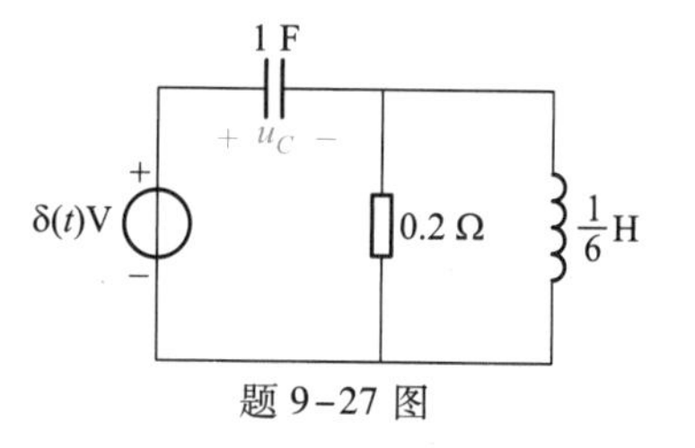

题 9-27 图

电路的对偶性(9.7 节)

9-28 用对偶性分析表 9-2-2 中的各表达式,进一步理解 *RLC* 串联电路和 *RLC* 并联电路零输入响应的规律。

9-29 用对偶性分析表 9-3-1 中的各表达式,进一步理解 *RLC* 串联电路和 *RLC* 并联电路零状态响应的规律。

9-30 画出题 9-13 图所示电路的对偶电路,并将原电路中的变量标在对偶电路中。

9-31 画出题 9-14 图所示电路的对偶电路,并将原电路中的变量标在对偶电路中。

9-32 画出题 9-15 图所示电路的对偶电路,并将原电路中的变量标在对偶电路中。

9-33 画出题9-19图所示电路的对偶电路，并将原电路中的变量标在对偶电路中。

▶ 综合检测

9-34 题9-34图所示电路在开关闭合前处于稳态。(1)求 $i_0(0_+)$、$\left.\frac{\mathrm{d}i_0}{\mathrm{d}t}\right|_{0_+}$；(2)确定电路的固有频率；(3)求 $t>0$ 的 i_0；(4)定性画出 i_0 的波形；(5)将800 Ω电阻变为8 kΩ，再确定电路的固有频率，并定性画出 i_0 的波形。

9-35 题9-35图所示电路在开关闭合前处于稳态，且 $u_1(0_-)=2$ V。(1)对 $t>0$，确定运算放大器工作于线性区的输出电压 u_0；(2)运算放大器能否长期工作于线性区？(3)确定 $u_0(\infty)$。

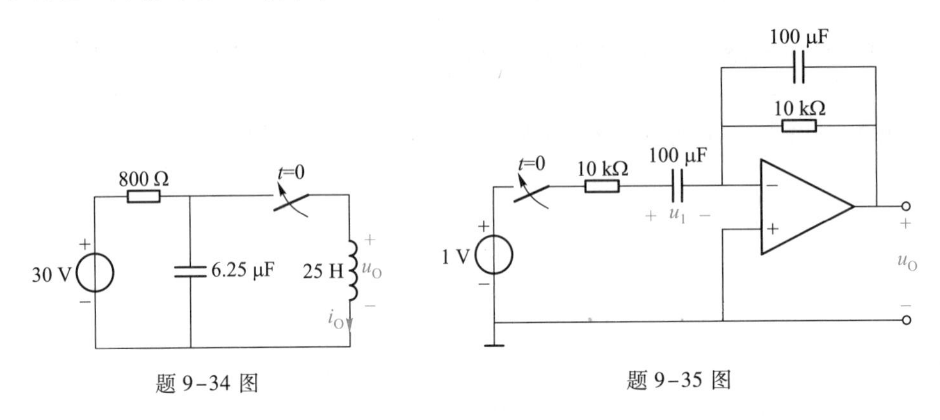

题9-34图　　题9-35图

9-36 题9-36图所示零状态电路中，$\delta(t)$为冲激电源。(1)求 $u_C(0_+)$、$i_L(0_+)$；(2)求 $\left.\frac{\mathrm{d}u_C}{\mathrm{d}t}\right|_{0_+}$、$\left.\frac{\mathrm{d}i_L}{\mathrm{d}t}\right|_{0_+}$；(3)求 $t>0$ 的 u_C；(4)若将冲激电压源改为阶跃电压源 $3\varepsilon(t)$ V，确定 u_C。

9-37 (1)画出题9-37图所示电路的对偶电路，并将原电路中的 u_C、i_L 标在对偶电路中；(2)分别对原电路、对偶电路列写 u_C 的微分方程。

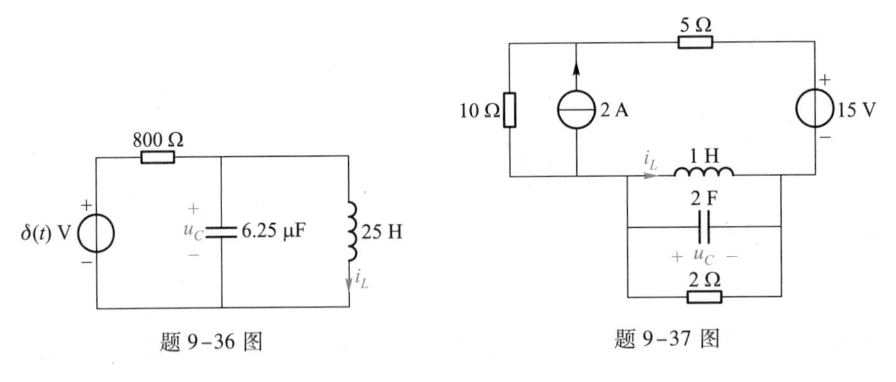

题9-36图　　题9-37图

▶ 习题9参考答案

正弦稳态分析

10.1 概述

正弦形式的电量被广泛应用于工程实际中。相比于直流电量,正弦电量易于产生与传输,因此,电力系统中,发电厂提供的是正弦电压,工厂、实验室、家庭使用的是正弦电压。通信系统中也广泛采用正弦信号作为被传输信号的载波信号。

前面各章讨论的问题局限于直流电源激励下的电路。本章讨论正弦电源激励下电路的稳态响应,称为正弦稳态响应,这类电路则称为正弦稳态电路(sinusoidal steady-state circuits)。研究正弦稳态响应的意义不仅在于正弦电量的广泛应用,还在于它是研究任意周期性电源激励下线性非时变电路的稳态响应的基础。

8.4 节分析了正弦电源激励下的 RC 电路,对正弦稳态响应获得了以下认识:(1)正弦电源激励的动态电路进入稳态后,电压、电流均是与电源同频率、幅值恒定的正弦电量;(2)正弦稳态响应实质上是电路微分方程的特解;(3)正弦稳态电路分析,就是通过某种方法确定响应的幅值和初相位。

分析任何电路都是依据 KCL、KVL 方程和元件的 u-i 关系。正弦稳态电路中,由于各元件的电压、电流是频率相同、幅值与初相位不同的正弦函数,不难想象,KCL、KVL 方程是同频率正弦函数相加减的代数方程,元件的 u-i 关系则是同频率正弦函数的比例关系(对电阻元件)或微积分关系(对电感、电容元件)。

理论上,求解上述 KCL、KVL 和 u-i 方程就可以确定正弦稳态响应,但是这种思路下的计算是复杂的。我们知道,同频率正弦函数的加减运算、正弦函数的微积分运算,结果仍是同频率的正弦函数,这一性质使得正弦稳态电路的分析可以避开正弦函数的时域运算,而采用相量法来分析。相量法将正弦电量的运算用体现正弦电量的幅值与初相位的复数运算取代,使得正弦稳态电路的分析变得简单。

本章的核心即是相量法,相量法包括正弦电量与相量的对应关系、正弦电量的运算与相量运算的对应关系、电路基本方程(KCL、KVL 和 u-i 关系)的相量形式。在相量法基础上提出正弦稳态电路的重要概念——阻抗与导纳。在阻抗与导纳基础上得出正弦稳态电路的相量模型,并将前面所学的电路分析方法引入相量模型的分析中。

目标 1 掌握正弦电量的特征。

目标 2 掌握正弦电量和相量互换、正弦电量运算的相量法。

目标 3 掌握元件和电路的相量模型、简单正弦稳态电路的相量法分析。

目标 4　掌握阻抗、导纳的概念。

目标 5　掌握分析相量模型的各种方法。

难点　理解相量法的思路,利用相量图分析正弦稳态电路。

10.2 正弦电量

正弦电量(sinusoid)是指按正弦函数(sine)或余弦函数(cosine)规律变化的电量,它属于交流(alternating current,AC)。正弦函数与余弦函数的互换关系为

$$\boxed{\begin{aligned}&\sin(\omega t\pm 180°)=-\sin\omega t\\&\cos(\omega t\pm 180°)=-\cos\omega t\\&\sin(\omega t\pm 90°)=\pm\cos\omega t\\&\cos(\omega t\pm 90°)=\mp\sin\omega t\end{aligned}} \tag{10-2-1}$$

以上互换关系可由三角函数和差化积公式导出。和差化积公式为

$$\boxed{\begin{aligned}&\sin(A\pm B)=\sin A\cos B\pm\cos A\sin B\\&\cos(A\pm B)=\cos A\cos B\mp\sin A\sin B\end{aligned}} \tag{10-2-2}$$

式(10-2-1)、(10-2-2)是本章常用的三角函数公式。

用图 10-2-1 来帮助记忆式(10-2-1)。图 10-2-1 中,横轴代表 $\cos\omega t$ 的系数,纵轴代表 $\sin\omega t$ 的系数,纵轴方向朝下,逆时针方向的角度为正(类似于极坐标)。图 10-2-1(a)表示 $\cos\omega t$ 的相位加 90°就是 $-\sin\omega t$,减 90°就是 $\sin\omega t$。图 10-2-1(b)表示 $\sin\omega t$ 的相位加 180°就是 $-\sin\omega t$,减 180°还是 $-\sin\omega t$。图 10-2-1(c)表示 $\cos\omega t$ 的相位加 60°和 $-\sin\omega t$ 的相位减 30°相等。图 10-2-1(d)用来计算三角函数之和,表示

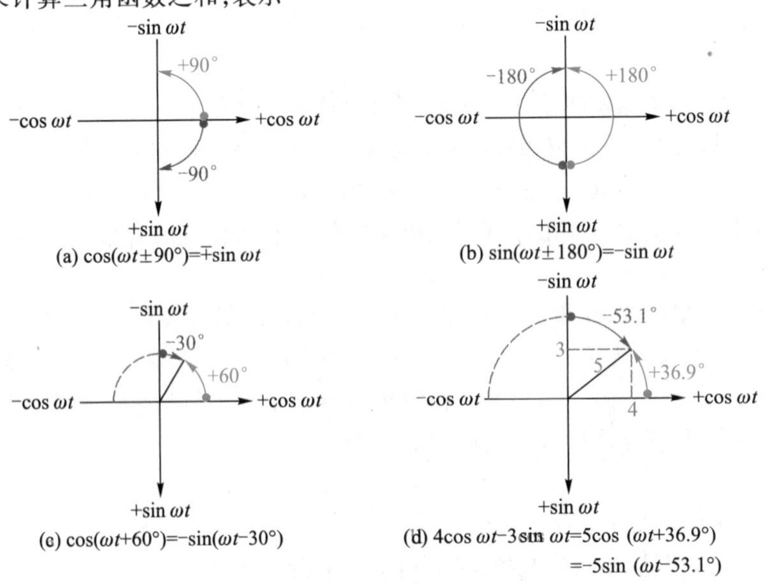

图 10-2-1　三角函数互换

$$4\cos\omega t-3\sin\omega t=\sqrt{4^2+3^2}\cos\left(\omega t+\arctan\frac{3}{4}\right)=-\sqrt{4^2+3^2}\sin\left(\omega t-\arctan\frac{4}{3}\right)$$

目标 1 检测:掌握正弦电量的特征

测 10-1 电流 $i_1=5\cos(100t-30°)$ A、$i_2=2\sin(100t+120°)$ A。(1)将 i_1 用 sine 函数表示;(2)将i_2 用 cosine 函数表示;(3)求 i_1+i_2,用 cosine 函数表示;(4)求 i_1-i_2,用 sine 函数表示。

答案:$5\sin(100t+60°)$ A;$2\cos(100t+30°)$ A;$6.24\cos(100t-13.9°)$ A;$4.36\sin(100t+36.6°)$ A。

10.2.1 正弦电量的三要素

假定正弦电压

$$u=U_m\cos(\omega t+\phi) \tag{10-2-3}$$

u 的波形如图 10-2-2 所示。U_m、ω 和 ϕ 称为三要素。U_m 为振幅(amplitude)。ω 为角频率(angular frequency),单位是弧度/秒(rad/s)。正弦电量的周期(period)$T=2\pi/\omega$,单位为秒(s),频率(frequency)$f=1/T$,单位为 s^{-1},称为赫兹(Hz)。$(\omega t+\phi)$称为相位(phase),ϕ 为 $t=0$ 时的相位,称为初相位,简称为初相,单位为弧度(或度),且$|\phi|\leqslant\pi$。正弦电量的三要素决定了正弦电量的变化规律,是正弦电量之间进行比较的依据。

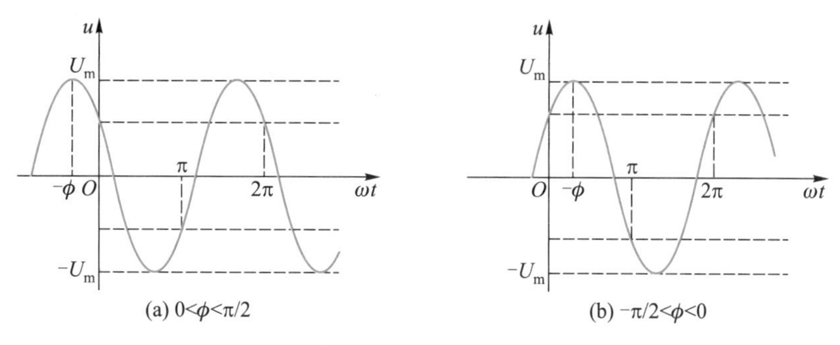

图 10-2-2 正弦电压

例 10-2-1 正弦电压 u 的幅值为 100 V、周期为 1ms,$t=0$ 时的电压值为 50V。确定:(1)角频率(rad/s);(2)频率(Hz);(3)u 的余弦函数表达式;(4)将 u 转换为正弦函数。

解:依题意,$U_m=100$ V,$T=1$ ms,$u(0)=50$ V。

(1) 角频率 $\omega=\frac{2\pi}{T}=\frac{2\pi}{1\times10^{-3}}$ rad/s$=2\ 000\pi$ rad/s。

(2) 频率 $f=\frac{1}{T}=\frac{1}{1\times10^{-3}}$ Hz$=1\ 000$ Hz。

(3) 假设余弦函数表达式为:$u=U_m\cos(\omega t+\phi)$,由 $t=0$ 时的电压值为 50 V 得

$$u(0)=100\cos\phi=50$$

求得初相位 $\phi=\pm60°$。因此,余弦函数表达式为

$$u=100\cos(2\ 000\pi t\pm60°)\ \text{V}$$

(4) 余弦函数和正弦函数转换,由图 10-2-1(a)得

$$\sin(\omega t+\phi)=\cos[(\omega t+\phi)-90°]$$

将 $u=100\ \cos(2\ 000\pi t\pm 60°)$ V 按上式进行变换,即

$u=100\cos(2\ 000\pi t+60°)\ \text{V}=100\cos[(2\ 000\pi t+150°)-90°]\ \text{V}=100\sin(2\ 000\pi t+150°)\ \text{V}$

或 $u=100\cos(2\ 000\pi t-60°)\ \text{V}=100[\cos(2\ 000\pi t+30°)-90°]\ \text{V}=100\sin(2\ 000\pi t+30°)\ \text{V}$

目标 1 检测:掌握正弦电量的特征

测 10-2 余弦函数表示的电流 i,幅值为 10 A、频率为 500 Hz,$\omega t=0$ 时的值为 -5 A。确定:(1)角频率(rad/s);(2)周期(s);(3)i 的余弦函数表达式;(4)将 i 转换为正弦函数。

答案:$1\ 000\pi$ rad/s,2 ms,$i=10\cos(1\ 000\pi t\pm 120°)$ A,$i=10\sin(1\ 000\pi t-150°)$ A 或 $i=10\sin(1\ 000\pi t-30°)$ A。

10.2.2 同频率正弦电量的相位关系

用相位差来表征两个同频率正弦电量的相位关系。图 10-2-3 所示一端口正弦稳态电路,$u=U_{\rm m}\cos(\omega t+\phi_u)$,$i=I_{\rm m}\cos(\omega t+\phi_i)$,则电压和电流的相位差为

$$\varphi=(\omega t+\phi_u)-(\omega t+\phi_i)=\phi_u-\phi_i \tag{10-2-4}$$

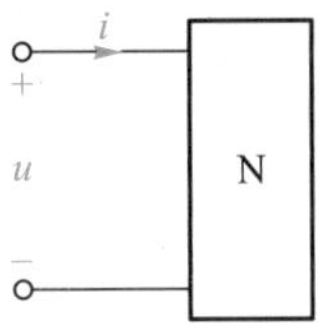

图 10-2-3 正弦稳态一端口电路

式(10-2-4)表明:同频率正弦电量的相位差等于初相之差,是与时间无关的常数。

相位差 φ 反映了两个同频率正弦电量从零达到最大值的先后,用超前(lead)、滞后(lag)表达。当 $|\varphi|\leqslant\pi$ 时,$\varphi>0$ 表示 u 超前 i;$\varphi<0$ 则表示 u 滞后 i;$\varphi=0$ 表示 u 与 i 同相(in phase),$\varphi=\pm\pi$ 表示 u 与 i 反相(opposite phase)。当 $|\varphi|>\pi$ 时,应将 φ 进行 $\varphi'=\varphi\pm 2\pi$ 的换算,使 $|\varphi'|<\pi$,再由 φ' 按照上述规则来判断正弦电量的相位关系,详细应用见下面的例题。

例 10-2-2 分析图 10-2-3 所示正弦稳态电路端口电压 u 和电流 i 之相位关系,并画出 u、i 的波形。假设:(1)$u=U_{\rm m}\cos\left(\omega t-\dfrac{\pi}{2}\right)$,$i=I_{\rm m}\cos\left(\omega t+\dfrac{\pi}{4}\right)$;(2)$u=U_{\rm m}\cos\left(\omega t-\dfrac{\pi}{2}\right)$,$i=I_{\rm m}\cos\left(\omega t+\dfrac{2\pi}{3}\right)$。

解:由相位差确定相位关系。

(1) 相位差

$$\varphi=\phi_u-\phi_i=-\frac{\pi}{2}-\frac{\pi}{4}=-\frac{3\pi}{4}$$

由于 $|\varphi|<\pi$,可直接用 φ 来判断相位关系。$\varphi<0$ 表明 u 滞后 i $3\pi/4$。u、i 的波形如图 10-2-4(a)所示。从波形可以直观判断 u、i 的相位关系。观察 u、i 最靠近的两个正峰(它们之间的相位差不能超过 π),即图 10-2-4(a)中标 $|\varphi|$ 之处,显然 i 先于 u 达到正峰值,故 u 滞后 i,滞后角度为 $|\varphi|$。

（2）相位差

$$\varphi=\phi_u-\phi_i=-\frac{\pi}{2}-\frac{2\pi}{3}=-\frac{7\pi}{6}$$

$|\varphi|>\pi$，则要计算 φ'，在 $\varphi<0$ 的情况下选择 $\varphi'=\varphi+2\pi$，故 $\varphi'=5\pi/6$。再根据 φ' 的正负确定相位关系。此处 $\varphi'>0$，故 u 超前 i $5\pi/6$。这种情况下 u、i 的波形如图 10-2-4(b)所示。$|\varphi|>\pi$ 表明 u、i 相邻正峰间的相位差超过了 π，不能再用 φ 判断相位关系。将 φ 换算成 φ'，本质上是求出相距不超过 π 的相邻正峰间的相位差 φ'，φ' 才可用来判断相位关系。观察图 10-2-4(b)中标注 $|\varphi'|$ 处，u 先于 i 达到正峰值，故 u 超前 i，超前角度为 $|\varphi'|$。

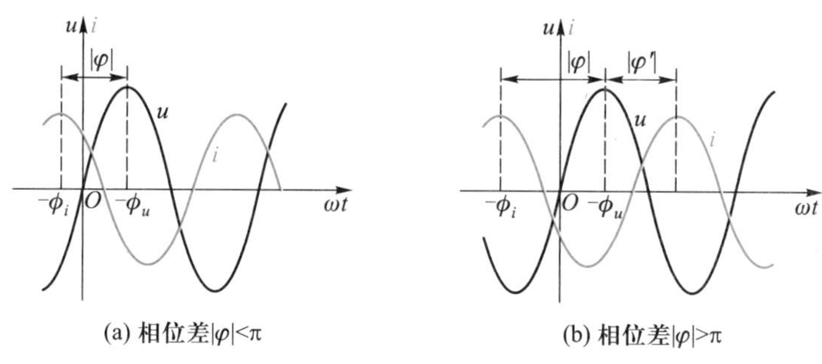

(a) 相位差$|\varphi|<\pi$　　(b) 相位差$|\varphi|>\pi$

图 10-2-4　同频率正弦电量的相位差

目标 1 检测：掌握正弦电量的特征

测 10-3　确定 i_1、i_2、i_3 的相位关系，并画出波形。$i_1=3\cos(\omega t+90°)$，$i_2=5\cos(\omega t-150°)$，$i_3=10\sin(\omega t+120°)$。

答案：i_1 滞后 i_2 120°；i_1 超前 i_3 60°；i_2 和 i_3 反相。

10.2.3 正弦电量的有效值

工程中常用有效值来衡量周期性电压或电流的大小。将周期性电压或电流在一个周期内产生的效应转换为相同效应下的直流电压或电流，该直流电压或电流称为周期电压或电流的有效值(effective value)。下面推导有效值的计算公式。

周期为 T 的电流 i 流过线性非时变电阻 R 时，电阻在周期 T 内消耗的电能为

$$W_1=\int_0^T i^2R\mathrm{d}t$$

直流电流 I 流过电阻 R 时，在相同的时间 T 内，电阻消耗的电能为

$$W_2=I^2RT$$

当 $W_1=W_2$ 时，I 为 i 的有效值，即

$$\boxed{I=\sqrt{\frac{1}{T}\int_0^T i^2\mathrm{d}t}} \qquad (10-2-5)$$

式(10-2-5)表明：周期性电流(或电压)的有效值为其瞬时值之平方在一个周期内的平均值的

平方根，因此又称为均方根值(root mean square value，简写为 RMS)。

当 i 为正弦电流时，若 $i=I_m\cos(\omega t+\phi)$，将其代入式(10-2-5)得

$$I=\sqrt{\frac{1}{T}\int_0^T I_m^2\cos^2(\omega t+\phi)\,dt}=\sqrt{\frac{I_m^2}{T}\int_0^T\frac{[1+\cos2(\omega t+\phi)]}{2}dt}=\frac{I_m}{\sqrt{2}}$$

可见，正弦电流的有效值为其幅值除以$\sqrt{2}$。电力系统中常见的 220 V、380 V 均为有效值，电气设备的铭牌上标出的额定电压、额定电流均为有效值。电压、电流的有效值采用与瞬时值相对应的大写字母表示。

有　效　值

周期电量的有效值是和它效应相等的直流电量，等于其均方根值。

$$I=\sqrt{\frac{1}{T}\int_0^T i^2\,dt}\qquad U=\sqrt{\frac{1}{T}\int_0^T u^2\,dt}$$

正弦电量的有效值等于其幅值除以$\sqrt{2}$。

$$I=I_m/\sqrt{2}\qquad U=U_m/\sqrt{2}$$

例 10-2-3　(1)计算图 10-2-5 所示三角波电压的有效值；(2)假设 $u=100\cos\left(\omega t-\frac{\pi}{2}\right)$ V，$i=6\sin\left(\omega t+\frac{\pi}{4}\right)$ A，计算正弦电压、电流的有效值。

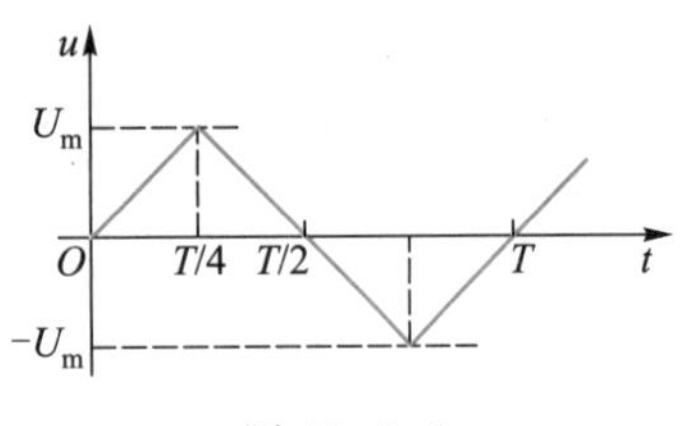

图 10-2-5

解：(1) 三角波电压的有效值为均方根值，即

$$U=\sqrt{\frac{1}{T}\int_0^T u^2\,dt}$$

$\int_0^T u^2\,dt$ 是 u^2 在一个周期 T 内的面积，它为 u^2 在 $T/4$ 内面积的 4 倍，即

$$\int_0^T u^2\,dt=4\int_0^{T/4}u^2\,dt$$

在 $0<t<T/4$ 内，三角波电压表达式为

$$u=\frac{4U_m}{T}t$$

因此

$$4\int_0^{T/4}u^2\,dt=4\int_0^{T/4}\left(\frac{4U_m}{T}t\right)^2dt=4\left(\frac{4U_m}{T}\right)^2\times\frac{(T/4)^3}{3}=\frac{U_m^2}{3}T$$

由此

$$U=\sqrt{\frac{1}{T}\int_0^T u^2\,dt}=\sqrt{\frac{1}{T}\left(\frac{U_m^2}{3}T\right)}=\frac{U_m}{\sqrt{3}}$$

(2) 正弦电量的有效值与函数是正弦还是余弦形式无关，与角频率、初相位亦无关。因此

$$U=U_m/\sqrt{2}=\frac{100}{\sqrt{2}}\text{ V}=50\sqrt{2}\text{ V}$$

$$I=I_m/\sqrt{2}=\frac{6}{\sqrt{2}}\ \text{A}=3\sqrt{2}\ \text{A}$$

目标 1 检测:掌握正弦电量的特征

测 10-4 计算测 10-4 图所示矩形脉冲波电压的有效值。

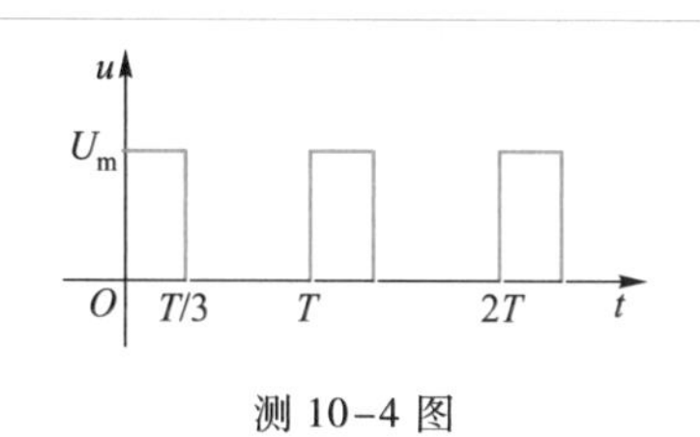

测 10-4 图

答案:$U_m/\sqrt{3}$。

10.3 相量法

相量法是分析正弦稳态电路的方法,它将正弦电量用只体现其有效值与初相位的复数表示,将正弦电量的代数运算、微分、积分运算转换为对应的复数代数运算,从而避开对时域函数的运算,简捷地求取正弦稳态响应。为此,首先要将正弦电量表示为复数,称为相量(phasor),然后推导正弦电量运算的相量方法,最后确定电路规律的相量形式。

相量法包括以下内容:

(1) 正弦量⟶相量(即复数);

(2) 正弦量的运算⟶相量(即复数)运算;

(3) 正弦稳态电路的基本方程(KCL/KVL/u-i 关系)⟶相量(即复数)方程。

10.3.1 正弦电量与相量的对应关系

1. 复数

复数有以下三种表示形式:

直角坐标形式(rectangular form): $z=x+\text{j}y$

极坐标形式(polar form): $z=r\angle\phi$

指数形式(exponential form): $z=r\text{e}^{\text{j}\phi}$

其中:$\text{j}=\sqrt{-1}$,x 为实部(real part),y 为虚部(imaginary part),r 为模值,ϕ 为辐角。它们的互换关系是

$$r=\sqrt{x^2+y^2},\quad \phi=\arctan(y/x)$$

$$x=\text{Re}[z]=r\cos\phi,\quad y=\text{Im}[z]=r\sin\phi$$

复数运算遵循以下规律:

加减运算:$z_1\pm z_2=(x_1\pm x_2)+\text{j}(y_1\pm y_2)$

相乘运算：$z_1 z_2 = r_1 r_2 \angle(\phi_1+\phi_2)$

相除运算：$\dfrac{z_1}{z_2} = \dfrac{r_1}{r_2}\angle(\phi_1-\phi_2)$

开方运算：$\sqrt{z} = \sqrt{r}\angle\dfrac{\phi}{2}$，$\sqrt[n]{z} = \sqrt[n]{r}\angle\dfrac{\phi}{n}$

倒数运算：$\dfrac{1}{z} = \dfrac{1}{r}\angle-\phi$

共轭运算：$z^* = x-\mathrm{j}y = r\angle-\phi = r\mathrm{e}^{-\mathrm{j}\phi}$

常用关系：$\dfrac{1}{\mathrm{j}} = -\mathrm{j}$，$\mathrm{j} = \mathrm{e}^{\mathrm{j}90^\circ}$，$\dfrac{1}{\mathrm{j}} = \mathrm{e}^{-\mathrm{j}90^\circ}$

例 10-3-1 $z_1 = 3-\mathrm{j}4$，$z_2 = 1+\mathrm{j}2$。(1) 写出 z_1、z_2 的极坐标形式；(2) 求 z_1+z_2 的极坐标形式；(3) 求 z_1z_2、$\dfrac{z_1}{z_2}$ 的极坐标形式。

解：(1) $z_1 = \sqrt{3^2+4^2}\angle\arctan\dfrac{-4}{3} = 5\angle-53.1^\circ$，$z_2 = \sqrt{1^2+2^2}\angle\arctan\dfrac{2}{1} = \sqrt{5}\angle63.4^\circ$。

(2) $z_1+z_2 = (3-\mathrm{j}4)+(1+\mathrm{j}2) = 4-\mathrm{j}2 = \sqrt{4^2+2^2}\angle\arctan\dfrac{-2}{4} = 2\sqrt{5}\angle-26.6^\circ = 2\sqrt{5}\,\mathrm{e}^{-\mathrm{j}26.6^\circ}$。

(3) $z_1z_2 = 5\angle-53.1^\circ\times\sqrt{5}\angle63.4^\circ = 5\sqrt{5}\angle10.3^\circ$，$\dfrac{z_1}{z_2} = \dfrac{5\angle-53.1^\circ}{\sqrt{5}\angle63.4^\circ} = \sqrt{5}\angle-116.5^\circ$。

目标 2 检测：掌握正弦电量和相量互换、正弦电量运算的相量法

测 10-5 $z_1 = 10\angle30^\circ$，$z_2 = 20\angle-120^\circ$。(1) 写出 z_1、z_2 的直角坐标形式和指数形式；(2) 求 z_1-z_2 的极坐标形式；(3) 求 z_1z_2、$\dfrac{z_1}{z_2}$ 的极坐标形式。

答案：(1) $z_1 = 5\sqrt{3}+\mathrm{j}5 = 10\mathrm{e}^{\mathrm{j}30^\circ}$，$z_2 = -10-\mathrm{j}10\sqrt{3} = 20\mathrm{e}^{-\mathrm{j}120^\circ}$；
(2) $z_1-z_2 = 29.1\angle50.1^\circ$；(3) $z_1z_2 = 200\angle-90^\circ$、$\dfrac{z_1}{z_2} = 0.5\angle150^\circ$。

---

2. 相量

相量即是复数，其模值对应于正弦电量的有效值（或幅值），其角度对应于正弦电量的初相位。用相量来表示正弦电量的理论依据是欧拉公式，即

$$\boxed{\mathrm{e}^{\mathrm{j}\phi} = \cos\phi+\mathrm{j}\sin\phi} \tag{10-3-1}$$

有

$$\cos\phi = \mathrm{Re}[\mathrm{e}^{\mathrm{j}\phi}],\quad \sin\phi = \mathrm{Im}[\mathrm{e}^{\mathrm{j}\phi}] \tag{10-3-2}$$

式中“Re”代表取实部，“Im”代表取虚部。依此，正弦电量[16] $u = U_\mathrm{m}\cos(\omega t+\phi)$ 可表示为

⑯ 正弦稳态电路分析时，对一个问题必须将其所有的电量统一成相同形式的三角函数，可以统一为 cosine，也可统一为 sine，本书统一成 cosine。

$$u=U_{m}\cos(\omega t+\phi)=\mathrm{Re}[U_{m}e^{j(\omega t+\phi)}] \tag{10-3-3}$$

上式进一步写为

$$u=\mathrm{Re}[U_{m}e^{j\phi}e^{j\omega t}]$$

令 $\dot{U}_{m}=U_{m}e^{j\phi}$,上式写为

$$u=\mathrm{Re}[\dot{U}_{m}e^{j\omega t}] \tag{10-3-4}$$

$\dot{U}_{m}$即是正弦电量 u 对应的相量,它包含了正弦电量的幅值和初相信息,不包含正弦电量的频率信息,式(10-3-4)还可写为

$$u=\mathrm{Re}[\sqrt{2}(Ue^{j\phi})e^{j\omega t}]=\mathrm{Re}[\sqrt{2}\dot{U}e^{j\omega t}] \tag{10-3-5}$$

式中 $\dot{U}=Ue^{j\phi}=U\angle\phi$亦是与正弦电量 u 对应的相量。称 $\dot{U}$ 为有效值相量,$\dot{U}_{m}$为最大值相量。显然

$$\dot{U}_{m}=\sqrt{2}\dot{U} \tag{10-3-6}$$

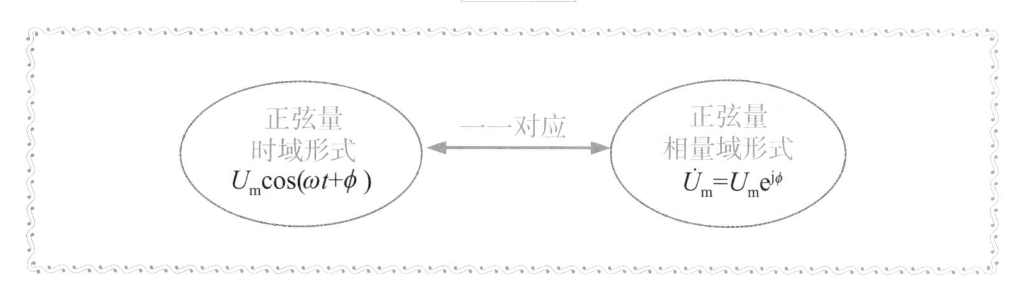

将式(10-3-4)中的 $\dot{U}_{m}e^{j\omega t}$画在复平面上,如图 10-3-1 所示,$\dot{U}_{m}e^{j\omega t}$是相量 $\dot{U}_{m}$以角度速 ω 逆时针方向旋转的结果,$\dot{U}_{m}e^{j\omega t}$在实轴上的投影就是 $U_{m}\cos(\omega t+\phi)$。图 10-3-1 中,$t=0$时,$\mathrm{Re}[\dot{U}_{m}e^{j\omega t}]$对应于正弦波的 a 点,$t=t_1$ 时,$\mathrm{Re}[\dot{U}_{m}e^{j\omega t}]$对应于正弦波的 b 点,$t=t_2$ 时,$\mathrm{Re}[\dot{U}_{m}e^{j\omega t}]$对应于正弦波的 c 点。$\dot{U}_{m}$以角度速 ω 逆时针旋转一周,对应于正弦波 a 点到 d 点。

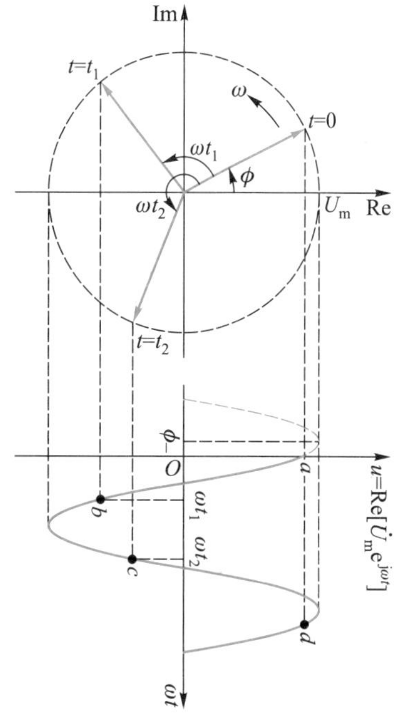

图 10-3-1 相量 $\dot{U}_{m}$逆时针旋转

3. 相量图

若将同频率的正弦电量对应的相量画在同一复平面上,例如:将

$$u=U_{m}\cos(\omega t+\phi_{u})=\mathrm{Re}[U_{m}e^{j\phi_{u}}e^{j\omega t}]=\mathrm{Re}[\dot{U}_{m}e^{j\omega t}]$$

$$i=I_{m}\cos(\omega t+\phi_{i})=\mathrm{Re}[I_{m}e^{j\phi_{i}}e^{j\omega t}]=\mathrm{Re}[\dot{I}_{m}e^{j\omega t}]$$

对应的相量 $\dot{U}_{m}$、$\dot{I}_{m}$画在图 10-3-2 中,$\dot{U}_{m}$、$\dot{I}_{m}$以相同的频率 ω 逆时针方向旋转,保持不变的相位差,这样的图称为相量图(phasor diagram)。相量图形象地反映了相量所对应的正弦电量之间的相位关系。图 10-3-2 中,电压 u 超前于电流 i,超前角度 $\varphi=\phi_{u}-\phi_{i}(|\varphi|<\pi)$,其中$-90°<\phi_{i}<$

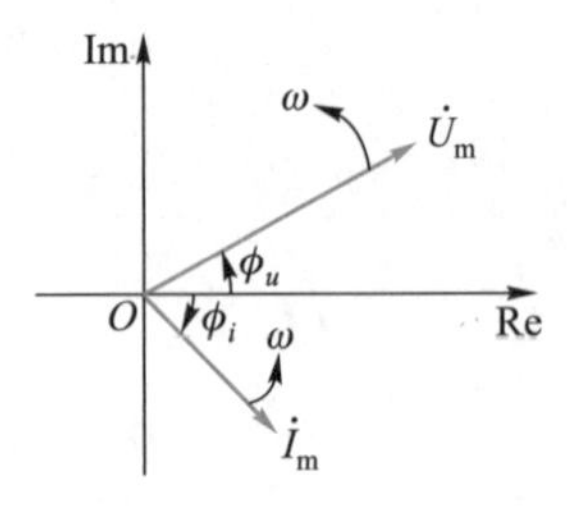

图 10-3-2 相量图

0°、$0°<\phi_u<90°$。

综上所述,在 ω 一定的条件下,正弦电量和相量构成一一对应的关系。考虑到正弦稳态电路中的所有电量为同频率的正弦电量,正弦稳态分析的任务是确定各电量的幅值和初相,即确定各正弦电量对应的相量,因此将 $e^{j\omega t}$ 抛开,仅用相量来建立方程。

例 10-3-2 写出下列各正弦电压所对应的相量(采用 cosine 函数),画出相量图,并分析它们的相位关系。$u_1=4\sqrt{2}\cos100\pi t$ V,$u_2=6\sqrt{2}\cos(100\pi t+60°)$ V,$u_3=-4\sqrt{2}\cos(100\pi t+45°)$ V,$u_4=8\sqrt{2}\sin(100\pi t-120°)$ V。

解:在同一问题中,必须将各正弦电量用同一三角函数表示。将 u_4 换算为 cosine 函数,有

$$\begin{aligned}u_4&=8\sqrt{2}\sin(100\pi t-120°)=8\sqrt{2}\sin[(100\pi t-210°)+90°]\\&=8\sqrt{2}\cos(100\pi t-210°)=8\sqrt{2}\cos(100\pi t-210°+360°)\\&=8\sqrt{2}\cos(100\pi t+150°)\end{aligned}$$

还须将 u_3 前面的负号转换成初相位,即

$$\begin{aligned}u_3&=-4\sqrt{2}\cos(100\pi t+45°)=4\sqrt{2}\cos[(100\pi t+45°)-180°]\\&=4\sqrt{2}\cos(100\pi t-135°)\end{aligned}$$

各正弦电量对应的有效值相量为

$$\dot{U}_1=4\angle 0°\text{ V},\quad \dot{U}_2=6\angle 60°\text{ V},$$

$$\dot{U}_3=4\angle -135°\text{ V},\quad \dot{U}_4=8\angle 150°\text{ V}$$

相量图如图 10-3-3 所示。

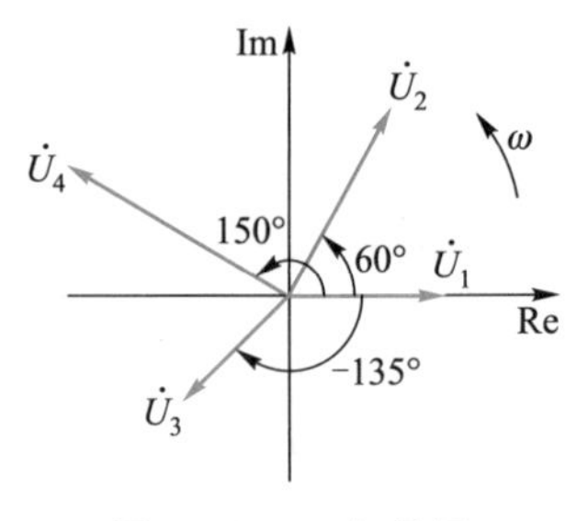

图 10-3-3 相量图

图 10-3-3 中,所有相量按 ω 方向旋转,不难看出,$\dot{U}_2$ 超前 $\dot{U}_1$ 60°,即 u_2 超前 u_1 60°。同理可得:u_3 滞后 u_1 135°,u_4 超前 u_1 150°;u_3 超前 u_2 165°,u_4 超前 u_2 90°;u_4 滞后 u_3 75°。

目标 2 检测:掌握正弦电量和相量互换、正弦电量运算的相量法

测 10-6 写出下列各正弦电量所对应的有效值相量(采用 cosine 函数),画出相量图,并分析它们的相位关系。$u_1=5\sqrt{2}\cos(10t-60°)$ V,$u_2=-10\sqrt{2}\cos(10t+60°)$ V,$u_3=8\sqrt{2}\sin(10t-120°)$ V。

答案:$\dot{U}_1=5\angle -60°$ V,$\dot{U}_2=10\angle -120°$ V,$\dot{U}_3=8\angle 150°$ V;u_1 超前 u_2 60°,u_2 超前 u_3 90°,u_1 超前 u_3 150°。

10.3.2 正弦电量运算的相量方法

正弦稳态电路分析,涉及同频率正弦电量的代数运算、正弦电量的微分和积分运算,为了用相量运算来分析正弦稳态电路,必须建立正弦电量运算与相量运算之间的对应关系。

1. 线性代数运算

假定正弦电量

$$u_1=\sqrt{2}U_1\cos(\omega t+\phi_1)=\mathrm{Re}[\sqrt{2}\dot{U}_1\mathrm{e}^{\mathrm{j}\omega t}]$$
$$u_2=\sqrt{2}U_2\cos(\omega t+\phi_2)=\mathrm{Re}[\sqrt{2}\dot{U}_2\mathrm{e}^{\mathrm{j}\omega t}]$$

则

$$u=u_1\pm u_2=\mathrm{Re}[\sqrt{2}\dot{U}_1\mathrm{e}^{\mathrm{j}\omega t}]\pm\mathrm{Re}[\sqrt{2}\dot{U}_2\mathrm{e}^{\mathrm{j}\omega t}]=\mathrm{Re}[\sqrt{2}(\dot{U}_1\pm\dot{U}_2)\mathrm{e}^{\mathrm{j}\omega t}]$$

上式表明:u 仍是角频率为 ω 的正弦电量。假定 u 对应的相量为 $\dot{U}$,有

$$\dot{U}=\dot{U}_1\pm\dot{U}_2=U_1\angle\phi_1\pm U_2\angle\phi_2=U\angle\phi \tag{10-3-7}$$

将 $\dot{U}$ 转换为正弦电量,得到 u 的时域表达式

$$u=\sqrt{2}U\cos(\omega t+\phi)$$

可见,同频率正弦电量的代数运算,与它们的相量之代数运算相对应,可以通过相量运算的结果得到同频率正弦电量代数运算的结果。

例 10-3-3 电气工程中的三相电压源由 3 个同频率的正弦电压源连接而成,如图 10-3-4(a)所示,$u_a=220\sqrt{2}\cos(314t)$ V,$u_b=220\sqrt{2}\cos(314t-120°)$ V,$u_c=220\sqrt{2}\cos(314t+120°)$ V。计算 u_{ab}。

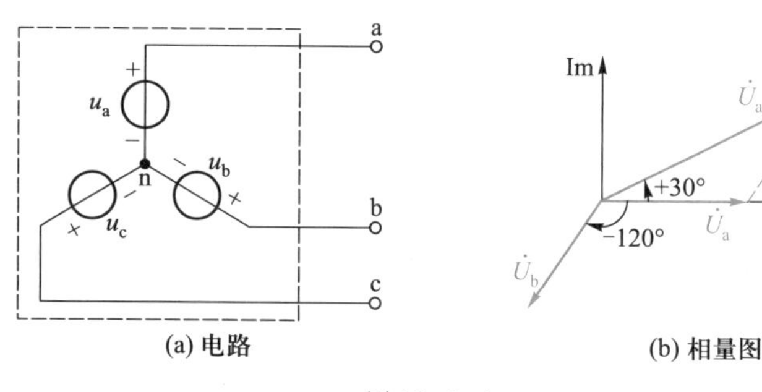

(a) 电路 (b) 相量图

图 10-3-4

解:由 KVL 得,$u_{ab}=u_a-u_b$,可以通过三角函数和差化积运算求得 u_{ab}。这里我们用相量法来计算 u_{ab},先由 u_a 对应的相量 $\dot{U}_a$、u_b 对应的相量 $\dot{U}_b$ 得到 u_{ab} 对应的相量 $\dot{U}_{ab}$,再将 $\dot{U}_{ab}$ 变换成 u_{ab}。将正弦电量变换为相量,有

$$\dot{U}_a=220\angle 0°\ \mathrm{V},\quad \dot{U}_b=220\angle -120°\ \mathrm{V},\quad \dot{U}_c=220\angle 120°\ \mathrm{V}$$

$u_{ab}=u_a-u_b$ 对应的相量运算为

$$\begin{aligned}\dot{U}_{ab}&=\dot{U}_a-\dot{U}_b=(220\angle 0°-220\angle -120°)\ \mathrm{V}\\&=\{220-[220\cos(-120°)+\mathrm{j}220\sin(-120°)]\}\ \mathrm{V}\\&=(220+110+\mathrm{j}110\sqrt{3})\ \mathrm{V}\\&=381.1\angle 30°\ \mathrm{V}\end{aligned}$$

将 $\dot{U}_{ab}$ 变换成 u_{ab},得

$$u_{ab}=381.1\sqrt{2}\cos(\omega t+30°)\ \mathrm{V}$$

$\dot{U}_{ab}$ 也可以通过相量图确定。相量图如图(b)所示,由几何关系得

$$\dot{U}_{ab}=(2\times 220\cos 30°)\angle 30°=220\sqrt{3}\angle 30°\ \mathrm{V}$$

目标 2 检测:掌握正弦电量和相量互换、正弦电量运算的相量法

测 10-7 计算例 10-3-3 中的 u_{bc}、u_{ca},并用相量图验证结果的正确性。

答案:$u_{bc}=381.1\sqrt{2}\cos(\omega t-90°)$ V,$u_{ca}=381.1\sqrt{2}\cos(\omega t+150°)$ V。

2. 微分与积分运算

设正弦电量 $u=\sqrt{2}U\cos(\omega t+\phi)$,其导数 $u_d=\dfrac{du}{dt}$,积分 $u_i=\int u dt$。应该注意到:因为正弦稳态电路中的电压、电流都是同频率的正弦函数,所以正弦稳态电路分析中的积分是不要常数的不定积分。由于 $u=\mathrm{Re}[\sqrt{2}\dot{U}e^{j\omega t}]$,因此

$$u_d=\frac{du}{dt}=\frac{d}{dt}\{\mathrm{Re}[\sqrt{2}\dot{U}e^{j\omega t}]\}=\mathrm{Re}\left[\frac{d}{dt}(\sqrt{2}\dot{U}e^{j\omega t})\right]=\mathrm{Re}[\sqrt{2}(j\omega\dot{U})e^{j\omega t}]$$

u_d 依然是角频率为 ω 的正弦电量,它对应的相量 $\dot{U}_d$ 为

$$\dot{U}_d=j\omega\dot{U} \tag{10-3-8}$$

同理有

$$u_i=\int u dt=\int\{\mathrm{Re}[\sqrt{2}\dot{U}e^{j\omega t}]\}dt=\mathrm{Re}\left[\int(\sqrt{2}\dot{U}e^{j\omega t})dt\right]=\mathrm{Re}\left[\sqrt{2}\left(\frac{\dot{U}}{j\omega}\right)e^{j\omega t}\right]$$

u_i 依然是角频率为 ω 的正弦电量,它对应的相量 $\dot{U}_i$ 为

$$\dot{U}_i=\frac{\dot{U}}{j\omega} \tag{10-3-9}$$

式(10-3-8)和(10-3-9)分别对应于正弦电量的微分和积分运算。

在正弦稳态电路分析时,电路的 KCL 与 KVL 方程、元件的 $u-i$ 关系,只涉及正弦电量的线性代数运算、微分和积分运算,而这些运算都有与之对应的相量运算。

正弦量运算	对应	相量运算
$u_1\pm u_2$	⟷	$\dot{U}_1\pm\dot{U}_2$
$\dfrac{du}{dt}$	⟷	$j\omega\dot{U}$
$\int u dt$	⟷	$\dfrac{\dot{U}}{j\omega}$

例 10-3-4 某正弦电源激励的电路的微分方程为

$$2\frac{d^2u}{dt^2}+5\frac{du}{dt}+u=100\sin(5t-30°)$$

试求微分方程的特解 u_p。

解:微分方程的特解 u_p 与方程右边函数具有相同的形式,即为同频率的正弦波。因此,求

微分方程的特解涉及的运算是正弦电量的导数及同频率正弦电量的相加运算，可以采用相量法来求解。设

$$u_{\mathrm{p}}=U_{\mathrm{pm}}\sin(5t+\phi_{\mathrm{p}})$$ [17]

其对应的相量为

$$\dot{U}_{\mathrm{pm}}=U_{\mathrm{pm}}\angle\phi_{\mathrm{p}}$$

微分方程对应的相量方程为

$$2\times(\mathrm{j}\omega)^{2}\dot{U}_{\mathrm{pm}}+5\times(\mathrm{j}\omega)\dot{U}_{\mathrm{pm}}+\dot{U}_{\mathrm{pm}}=100\angle-30^{\circ}$$

由此

$$\begin{aligned}\dot{U}_{\mathrm{pm}}&=\frac{100\angle-30^{\circ}}{2\times(\mathrm{j}\omega)^{2}+5\times(\mathrm{j}\omega)+1}\ \mathrm{V}\\&=\frac{100\angle-30^{\circ}}{2\times(\mathrm{j}5)^{2}+5\times(\mathrm{j}5)+1}\ \mathrm{V}=\frac{100\angle-30^{\circ}}{-49+\mathrm{j}25}\ \mathrm{V}=\frac{100\angle-30^{\circ}}{55\angle153^{\circ}}\ \mathrm{V}\\&=1.82\angle-183^{\circ}\ \mathrm{V}=1.82\angle177^{\circ}\ \mathrm{V}\end{aligned}$$

将 $\dot{U}_{\mathrm{pm}}$ 转换为正弦电量，得

$$u_{\mathrm{p}}=1.82\sin(5t+177^{\circ})\ \mathrm{V}$$

特解 u_{p} 即是稳态解，与初始条件无关。

目标 2 检测：掌握正弦电量和相量互换、正弦电量运算的相量法

测 10-8 求微分方程 $\frac{\mathrm{d}^{3}u}{\mathrm{d}t^{3}}+3\frac{\mathrm{d}^{2}u}{\mathrm{d}t^{2}}+2\frac{\mathrm{d}u}{\mathrm{d}t}+2u=10\sqrt{2}\sin t$ 的特解。

答案：$10\sin(t-135^{\circ})$。

例 10-3-5 图 10-3-5(a)所示电路已处于稳态，设 $i_{\mathrm{s}}=2\sqrt{2}\cos(100t-30^{\circ})$ A，计算电流源的电压 u。

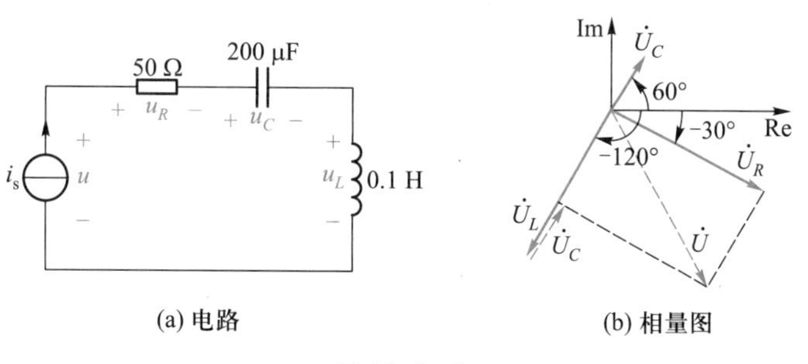

图 10-3-5

---

[17] 题设条件中，微分方法右边的函数为 sine 函数，不必换为 cosine 函数，只需保持结果与题设条件为相同的函数即可。

解：电路是在正弦电流源作用下的稳态电路，因此，u、u_R、u_L、u_C 都是和 i_s 同频率的正弦函数。根据元件的 u-i 关系，有

$$u_R = Ri_s,\quad u_C = \frac{1}{C}\int i_s \mathrm{d}t,\quad u_L = L\frac{\mathrm{d}i_s}{\mathrm{d}t}$$

根据 KVL 有

$$u = u_R + u_C + u_L = Ri_s + \frac{1}{C}\int i_s \mathrm{d}t + L\frac{\mathrm{d}i_s}{\mathrm{d}t}$$

显然，通过三角函数的时域运算可以求得 u，但计算繁琐。

我们还是用相量法来计算 u。先将 i_s 变换为相量，即

$$\dot{I}_s = 2\angle -30^\circ\ \mathrm{A}$$

然后应用正弦电量运算和相量运算的对应关系，得到 u_R、u_L、u_C 对应的相量。与 $u_R = Ri_s$ 对应的相量运算为

$$\dot{U}_R = R\dot{I}_s = 100\angle -30^\circ\ \mathrm{V}$$

与 $u_C = \frac{1}{C}\int i_s \mathrm{d}t$ 对应的相量运算为

$$\dot{U}_C = \frac{\dot{I}_s}{\mathrm{j}\omega C} = \frac{2\angle -30^\circ}{\mathrm{j}100\times 200\times 10^{-6}}\ \mathrm{V} = 100\angle -120^\circ\ \mathrm{V}$$

与 $u_L = L\frac{\mathrm{d}i_s}{\mathrm{d}t}$ 对应的相量运算为

$$\dot{U}_L = \mathrm{j}\omega L\dot{I}_s = \mathrm{j}100\times 0.1\times 2\angle -30^\circ = 20\angle 60^\circ\ \mathrm{V}$$

与 $u = u_R + u_C + u_L$ 对应的相量运算为

$$\begin{aligned}\dot{U} &= \dot{U}_R + \dot{U}_C + \dot{U}_L = (100\angle -30^\circ + 100\angle -120^\circ + 20\angle 60^\circ)\ \mathrm{V}\\ &= [(86.6-\mathrm{j}50) + (-50-\mathrm{j}86.6) + (10+\mathrm{j}17.3)]\ \mathrm{V}\\ &= (46.6-\mathrm{j}119.3)\ \mathrm{V}\\ &= 128.1\angle -68.7^\circ\ \mathrm{V}\end{aligned}$$

128.1 为 u 的有效值，-68.7° 为 u 的初相位。将相量 $\dot{U}$ 转换为正弦电量时，因 i_s 为 cosine 函数，角频率为 100 rad/s，故 u 也是角频率为 100 rad/s 的 cosine 函数，即

$$u = 128.1\sqrt{2}\cos(100t - 68.7^\circ)\ \mathrm{V}$$

$\dot{U}$ 还可以由相量图中 $\dot{U}_R$、$\dot{U}_C$、$\dot{U}_L$ 的几何关系求得。相量图如图 10-3-5(b) 所示，先将 $\dot{U}_C$ 平移到与 $\dot{U}_L$ 首尾相连，获得 $\dot{U}_L + \dot{U}_C = 80\angle -120^\circ$，然后对 $\dot{U}_L + \dot{U}_C$ 和 $\dot{U}_R$ 作平行四边形，得到 $\dot{U}$。

本例分析过程表明：可将正弦稳态下的时域方程转换为相量方程，通过求解相量方程来求得正弦稳态响应。但是，如果能从电路直接列出相量方程，正弦稳态电路的分析会进一步简化。为此，将引出 KCL、KVL 及 u-i 关系的相量形式。

目标 2 检测:掌握正弦电量和相量互换、正弦电量运算的相量法

测 10-9　测 10-9 图中,$u_s=U_m\cos(\omega t+\phi)$。本书 7.4 节分析测 10-9 图所示电路的暂态响应时,得出以下结论:电路的微分方程为 $RC\frac{\mathrm{d}u_C}{\mathrm{d}t}+u_C=u_s$,微分方程的特解为 $u_{Cp}=A\cos(\omega t+\theta)$,其中:$A=\frac{U_m}{\sqrt{(\omega RC)^2+1}}$,$\theta=\phi-\arctan\omega RC$。(1)用例 10-3-4 的方法证明上述结论的正确性。(2)用例 10-3-5 的方法求电路达到稳态后的 u_C。

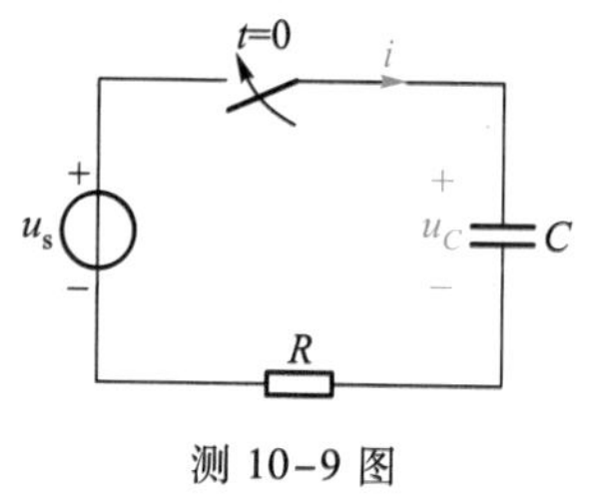

测 10-9 图

10.3.3 基尔霍夫定律的相量形式

线性非时变正弦稳态电路中的 KCL、KVL 方程为同频率正弦电量的代数和方程。对任意结点有

$$\sum i_k=0$$

若将上式中的电流都用对应的相量表示,并依据同频率正弦电量代数运算和相量代数运算的对应关系,得到相量形式的 KCL 方程,为

$$\boxed{\sum \dot{I}_k=0} \tag{10-3-10}$$

图 10-3-6(a)为正弦稳态电路时域形式下的结点,电流 i_1、i_2、i_3 为同频率的正弦电量,满足方程

$$i_1+i_2-i_3=0$$

将正弦电量转换为相量,得到图 10-3-6(b)所示相量域结点,与 $i_1+i_2-i_3=0$ 对应的相量方程为

$$\dot{I}_1+\dot{I}_2-\dot{I}_3=0$$

相量方程 $\dot{I}_1+\dot{I}_2-\dot{I}_3=0$ 还可以用图 10-3-6(c)所示相量图来表示。一个相量形式的 KCL 方程对应于相量图中的一个多边形。

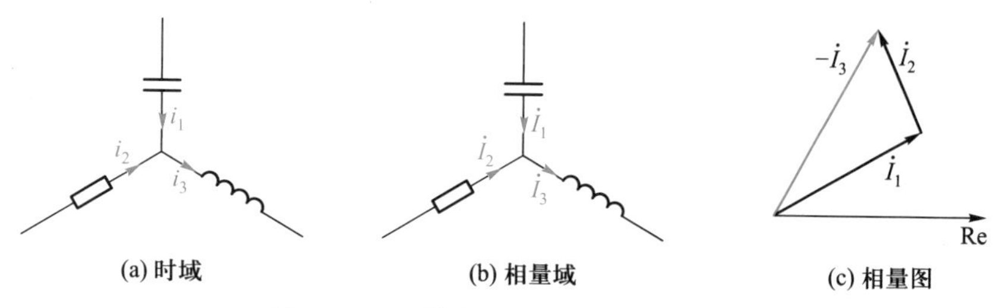

图 10-3-6　结点 KCL 方程的相量形式

同理,对任意回路的 KVL 方程

$$\sum u_k = 0$$

与之对应的相量方程为

$$\boxed{\sum \dot{U}_k = 0} \tag{10-3-11}$$

图 10-3-7(a)为正弦稳态电路时域形式下的回路,电压 u_1、u_2、u_3 为同频率的正弦电量,满足方程

$$u_1 + u_2 + u_3 = 0$$

将正弦电量转换为相量,得到图 10-3-7(b)所示相量域回路,与 $u_1 + u_2 + u_3 = 0$ 对应的相量方程为

$$\dot{U}_1 + \dot{U}_2 + \dot{U}_3 = 0$$

相量方程 $\dot{U}_1 + \dot{U}_2 + \dot{U}_3 = 0$ 还可以用图 10-3-7(c)所示相量图来表示。一个相量形式的 KVL 方程对应于相量图中的一个多边形。

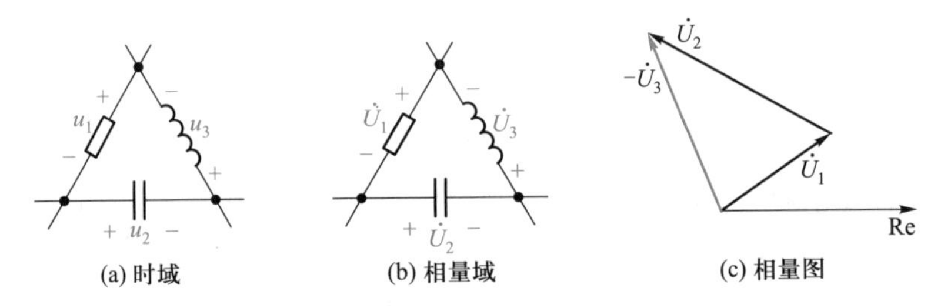

图 10-3-7 回路 KVL 方程的相量形式

10.3.4 电路的相量模型

工作于正弦稳态下的线性非时变电阻、电感和电容,当电压和电流都用相量表示时,电压和电流相量满足的关系称为相量模型。

1. 电阻的相量模型

电阻在图 10-3-8(a)所示参考方向下,时域下的 u-i 关系为

$$u_R = Ri_R$$

工作于正弦稳态下时,电压和电流用相量表示,如图 10-3-8(b)所示,根据正弦电量运算与相量运算的对应关系,相量形式的 u-i 关系为

$$\boxed{\dot{U}_R = R\dot{I}_R} \tag{10-3-12}$$

若 $\dot{I}_R = I_R\underline{/\phi_i}$,$\dot{U}_R = U_R\underline{/\phi_u}$,则式(10-3-12)可分解为有效值关系、初相关系,即

$$U_R = RI_R \quad (\text{电压和电流有效值关系})$$

$$\phi_u = \phi_i \quad (\text{电压和电流初相位关系})$$

图 10-3-8(b)为电阻的相量模型,相量图如图(c)所示。

2. 电感的相量模型

电感在图 10-3-9(a)所示参考方向下,时域下的 u-i 关系为

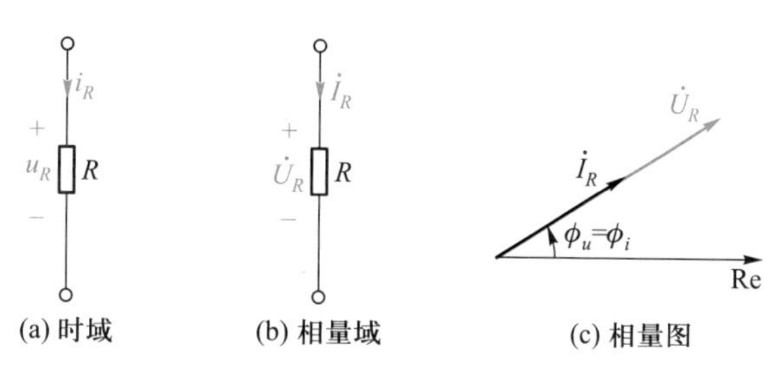

图 10-3-8　电阻的相量模型

$$u_L = L\frac{\mathrm{d}i_L}{\mathrm{d}t}$$

工作于正弦稳态下时，电压、电流用相量表示，如图 10-3-9(b)所示，根据正弦电量微分运算与相量运算的对应关系，相量形式的 u-i 关系为

$$\boxed{\dot{U}_L = \mathrm{j}\omega L\dot{I}_L} \tag{10-3-13}$$

若 $\dot{I}_L = I_L\angle\phi_i$，$\dot{U}_L = U_L\angle\phi_u$，则式(10-3-13)可分解为

$$U_L = \omega LI_L \quad \text{（电压和电流有效值关系）}$$

$$\phi_u = \phi_i + 90° \quad \text{（电压和电流初相位关系）}$$

定义 $X_L \overset{\text{def}}{=\!=} \omega L$，与电阻的量纲相同，称为感抗(inductive reactance)；定义 $B_L \overset{\text{def}}{=\!=} \dfrac{1}{\omega L}$，与电导的量纲相同，称为感纳(inductive susceptance)。当 $\omega=0$ 时，$X_L=0$，电感相当于短路；当 $\omega\to\infty$ 时，$X_L\to\infty$，电感相当于开路。图 10-3-9(b)为电感的相量模型，电感的电压超前电流 90°，相量图如图(c)所示。

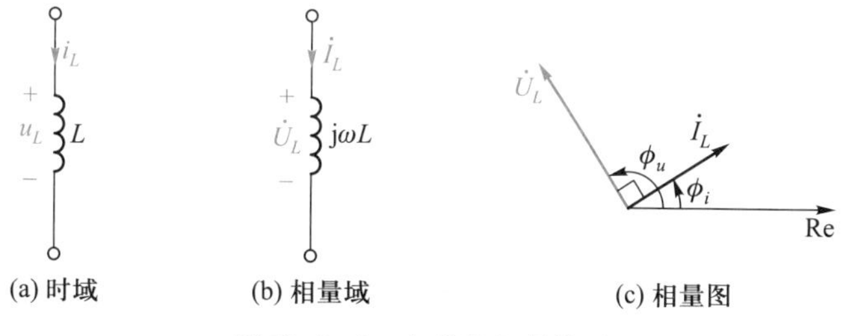

图 10-3-9　电感的相量模型

3. 电容的相量模型

电容在图 10-3-10(a)所示参考向下，时域 u-i 关系为

$$i_C = C\frac{\mathrm{d}u_C}{\mathrm{d}t}$$

工作于正弦稳态时，电压和电流分别表示为相量 $\dot{U}_C = U_C\angle\phi_u$ 和 $\dot{I}_C = I_C\angle\phi_i$，电容的相量模型如图(b)所示，其相量形式的 u-i 关系为

$$\dot{I}_C = \mathrm{j}\omega C\dot{U}_C$$

或写为

$$\boxed{\dot{U}_C = \frac{1}{\mathrm{j}\omega C}\dot{I}_C} \tag{10-3-14}$$

将式(10-3-14)分解为

$$U_C=\frac{1}{\omega C}I_C \quad （电压和电流有效值关系）$$

$$\phi_u=\phi_i-90^\circ \quad （电压和电流初相位关系）$$

定义 $X_C \overset{\text{def}}{=} \frac{1}{\omega C}$，具有电阻的量纲，称为容抗(capacitive reactance)；定义 $B_C \overset{\text{def}}{=} \omega C$，具有电导的量纲，称为容纳(capacitive susceptance)。当 $\omega=0$ 时，$X_C\to\infty$，电容相当于开路；当 $\omega\to\infty$ 时，$X_C\to 0$，电容相当于短路。电容电压滞后于电流 90°，相量图如图 10-3-10(c)所示。

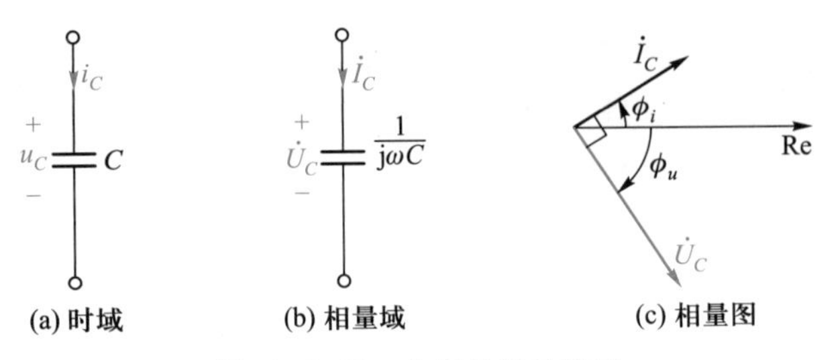

图 10-3-10 电容的相量模型

4. 受控电源的相量模型

以 VCVS 为例说明线性非时变受控电源的相量模型。图 10-3-11(a)为 VCVS 的时域模型，当其工作于正弦稳态电路中，电压、电流用相量表示，受控源的相量模型如图(b)所示。

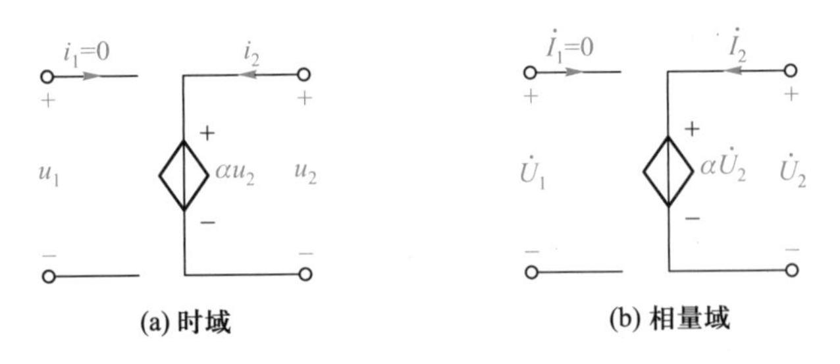

图 10-3-11 VCVS 的相量模型

元件的 u-i 关系

元件	时域	频域(相量形式)
R	$u=Ri$	$\dot{U}=R\dot{I}$
L	$u=L\frac{di}{dt}$	$\dot{U}=j\omega L\dot{I}=jX_L\dot{I}$
C	$i=C\frac{du}{dt}$	$\dot{U}=\frac{\dot{I}}{j\omega C}=-jX_C\dot{I}$

5. 电路的相量模型与相量法

将正弦稳态电路中各元件(包括正弦电源)用其相量模型表示，就是电路的相量模型。在电路相量模型中，根据相量形式的 KCL、KVL 和 u-i 关系，直接列写出相量形式的电路分析方程，这就是相量法。

相量法的步骤

1. 将时域电路中的正弦量用相量表示，画出电路的相量模型；
2. 在相量模型中，列写相量形式的 KCL、KVL、元件的 $u-i$ 关系方程；
3. 从相量形式的方程中获得相量解；
4. 将相量解变换为正弦量。

例 10-3-6 图 10-3-12(a)所示电路中，$u_s=100\sqrt{2}\cos(1\ 000t)$ V，$R=100\ \Omega$，$C=10\ \mu F$，$L=0.2$ H。计算稳态响应 i、u_R、u_C、u_L。

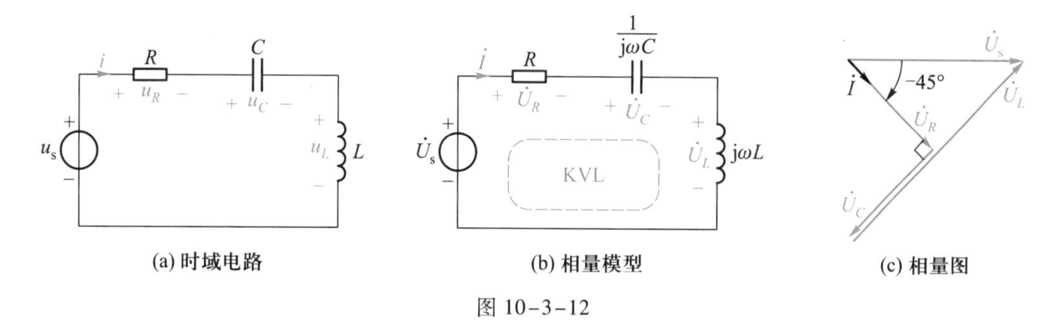

图 10-3-12

解：图 10-3-12(a)所示电路已达到稳态，i、u_R、u_C、u_L 是和电源同频率的正弦函数，将它们转换为相量后，得到相量模型如图(b)所示，图中 $\dot{U}_s=U\angle 0°$。元件相量形式的 $u-i$ 关系为

$$\dot{U}_R=R\dot{I},\quad \dot{U}_L=\mathrm{j}\omega L\dot{I},\quad \dot{U}_C=\frac{1}{\mathrm{j}\omega C}\dot{I}$$

相量形式的 KVL 为

$$\begin{aligned}\dot{U}_s&=\dot{U}_R+\dot{U}_L+\dot{U}_C\\&=R\dot{I}+\mathrm{j}\omega L\dot{I}+\frac{1}{\mathrm{j}\omega C}\dot{I}=\left(R+\mathrm{j}\omega L+\frac{1}{\mathrm{j}\omega C}\right)\dot{I}\end{aligned}$$

由此

$$\dot{I}=\frac{\dot{U}_s}{R+\mathrm{j}\omega L+\dfrac{1}{\mathrm{j}\omega C}}=\frac{U\angle 0°}{R+\mathrm{j}\left(\omega L-\dfrac{1}{\omega C}\right)}=\frac{U}{\sqrt{R^2+\left(\omega L-\dfrac{1}{\omega C}\right)^2}}\angle\left(-\arctan\frac{\omega L-\dfrac{1}{\omega C}}{R}\right)$$

由题设参数可得，感抗 $\omega L=200\ \Omega$，容抗 $1/\omega C=100\ \Omega$。因此

$$\dot{I}=\frac{100}{\sqrt{100^2+(200-100)^2}}\angle\left(-\arctan\frac{200-100}{100}\right)=\frac{1}{\sqrt{2}}\angle -45°\ \mathrm{A}$$

于是

$$\dot{U}_R=R\dot{I}=\frac{100}{\sqrt{2}}\angle -45°=50\sqrt{2}\angle -45°\ \mathrm{V}$$

$$\dot{U}_C=\frac{1}{\mathrm{j}\omega C}\dot{I}=-\mathrm{j}100\times\frac{1}{\sqrt{2}}\angle -45°=50\sqrt{2}\angle -135°\ \mathrm{V}$$

$$\dot{U}_L = \text{j}\omega L\dot{I} = \text{j}200\times\frac{1}{\sqrt{2}}\angle -45° = 100\sqrt{2}\angle 45°\ \text{V}$$

以上相量均为有效值相量,且电源为 cos 函数,角频率 $\omega=1\ 000\ \text{rad/s}$。将各相量转换为正弦电量,得

$$i=\cos(1\ 000t-45°)\ \text{A},\quad u_R=100\cos(1\ 000t-45°)\ \text{V}$$

$$u_C=100\cos(1\ 000t-135°)\ \text{V},\quad u_L=200\cos(1\ 000t+45°)\ \text{V}$$

相量图如图 10-3-12(c)所示,电压相量首位相连,形成多边形,对应于 $\dot{U}_s=\dot{U}_R+\dot{U}_L+\dot{U}_C$ 的 KVL 方程。

目标 3 检测:掌握元件和电路的相量模型、简单电路的相量法分析

测 10-10 测 10-10 图中,$u_s=100\cos(1\ 000t+30°)\ \text{V}$,$R=100\ \Omega$,$C=10\ \mu\text{F}$,电路处于稳态。(1)画出电路的相量模型;(2)计算稳态响应 i、u_R、u_C;(3)画出能体现 KVL 方程和元件 u-i 关系的相量图。

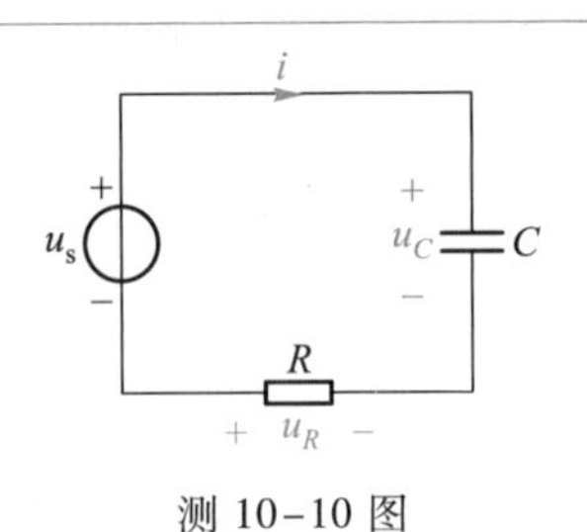

测 10-10 图

答案:$i=0.5\sqrt{2}\cos(1\ 000t+75°)\ \text{A}$,$u_R=50\sqrt{2}\cos(1\ 000t-105°)\ \text{V}$,$u_C=50\sqrt{2}\cos(1\ 000t-15°)\ \text{V}$。

例 10-3-7 图 10-3-13(a)所示电路中,$i_s=\sin(1\ 000t)\ \text{A}$,$R=200\ \Omega$,$C=10\ \mu\text{F}$,$L=0.2\ \text{H}$。计算稳态响应 u、i_R、i_L、i_C。

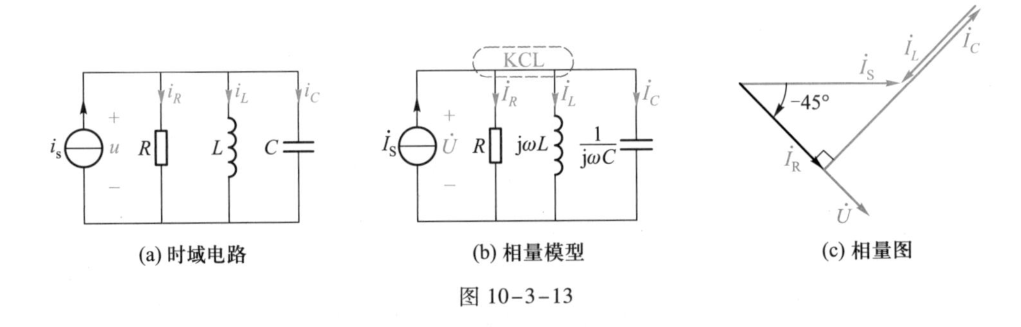

(a) 时域电路　　(b) 相量模型　　(c) 相量图

图 10-3-13

解:图 10-3-13(a)所示电路已达到稳态,相量模型如图(b)所示,图中 $\dot{I}_s=1\angle 0°\ \text{A}$,感抗 $\omega L=200\ \Omega$,容抗 $1/\omega C=100\ \Omega$。元件相量形式的 u-i 关系为

$$\dot{I}_R=\frac{\dot{U}}{R}=\frac{\dot{U}}{200},\quad \dot{I}_L=\frac{\dot{U}}{\text{j}\omega L}=\frac{\dot{U}}{\text{j}200},\quad \dot{I}_C=\frac{\dot{U}}{\frac{1}{\text{j}\omega C}}=\frac{\dot{U}}{-\text{j}100}$$

相量形式的 KCL 为

$$\dot{I}_s=\dot{I}_R+\dot{I}_L+\dot{I}_C=\frac{\dot{U}}{200}+\frac{\dot{U}}{\text{j}200}+\frac{\dot{U}}{-\text{j}100}=\left(\frac{1}{200}+\text{j}\frac{1}{200}\right)\dot{U}$$

由此

$$\dot{U}=\frac{\dot{I}_s}{\left(\frac{1}{200}+\mathrm{j}\frac{1}{200}\right)}=\frac{1\angle 0^\circ}{\left(\frac{1}{200}+\mathrm{j}\frac{1}{200}\right)}=100\sqrt{2}\angle -45^\circ\ \mathrm{V}$$

于是

$$\dot{I}_R=\frac{\dot{U}}{200}=\frac{100\sqrt{2}\angle -45^\circ}{200}=0.5\sqrt{2}\angle -45^\circ\ \mathrm{A}$$

$$\dot{I}_L=\frac{\dot{U}}{\mathrm{j}200}=\frac{100\sqrt{2}\angle -45^\circ}{\mathrm{j}200}=0.5\sqrt{2}\angle -135^\circ\ \mathrm{A}$$

$$\dot{I}_C=\frac{\dot{U}}{-\mathrm{j}100}=\frac{100\sqrt{2}\angle -45^\circ}{-\mathrm{j}100}=\sqrt{2}\angle 45^\circ\ \mathrm{A}$$

以上相量均为最大值相量,且电源为 sine 函数,角频率 $\omega=1\ 000\ \mathrm{rad/s}$。将各相量转换为正弦电量,得

$$u=100\sqrt{2}\sin(1\ 000t-45^\circ)\ \mathrm{V},\quad i_R=0.5\sqrt{2}\sin(1\ 000t-45^\circ)\ \mathrm{A}$$

$$i_L=0.5\sqrt{2}\sin(1\ 000t-135^\circ)\ \mathrm{A},\quad i_C=\sqrt{2}\sin(1\ 000t+45^\circ)\ \mathrm{A}$$

相量图如图(c)所示,电流相量首尾相连,形成多边形,对应于 $\dot{I}_s=\dot{I}_R+\dot{I}_L+\dot{I}_C$ 的 KCL 方程。

目标 3 检测:掌握元件和电路的相量模型、简单电路的相量法分析

测 10-11 测 10-11 图中,$i_s=\sqrt{2}\sin(1\ 000t)$ A,$R=100\ \Omega$,$L=0.1$ H,电路处于稳态。(1)画出电路的相量模型;(2)计算稳态响应 u、i_R、i_L;(3)画出能体现 KCL 方程的相量图;(4)总结:什么情况下用有效值相量,什么情况下用最大值相量;电源为 sine 函数时是否一定要变换为 cosine 函数;如何在相量图中体现 KCL、KVL、元件的u-i关系。

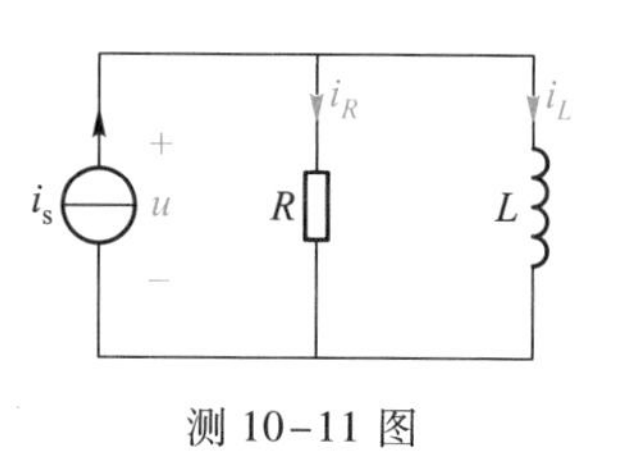

测 10-11 图

答案:$u=100\sin(1\ 000t+45^\circ)$ V,$i_R=\sin(1\ 000t+45^\circ)$ A,$i_L=\sin(1\ 000t-45^\circ)$ A。

10.4 阻抗与导纳

前一节讨论了如何用相量法分析简单正弦稳态电路,本节引入阻抗和导纳的概念,以实现对复杂正弦稳态电路的分析。

10.4.1 元件的阻抗与导纳

前面已得线性非时变电阻、电感和电容相量形式的 u-i 关系为

$$\dot{U}_R=R\dot{I}_R,\quad \dot{U}_L=\mathrm{j}\omega L\dot{I}_L,\quad \dot{U}_C=\frac{1}{\mathrm{j}\omega C}\dot{I}_C$$

它们具有统一的形式,即

$$\boxed{\dot{U}=Z\dot{I} \quad 或 \quad \dot{I}=Y\dot{U}} \tag{10-4-1}$$

式 10-4-1 中,Z 与 Y 为复数,Z 的量纲为 Ω,Y 的量纲为 S。因此,式 10-4-1 为相量形式的欧姆定律。称 Z 为复阻抗(impedance),简称为阻抗,称 Y 为复导纳(admittance),简称为导纳。

元件的阻抗与导纳

元件	阻抗(Ω)	导纳(S)
R	$Z=R$	$Y=\dfrac{1}{R}=G$
L	$Z=\mathrm{j}\omega L=\mathrm{j}X_L$	$Y=\dfrac{1}{\mathrm{j}\omega L}=-\mathrm{j}B_L$
C	$Z=\dfrac{1}{\mathrm{j}\omega C}=-\mathrm{j}X_C$	$Y=\mathrm{j}\omega C=\mathrm{j}B_C$

显然,阻抗 $Z=\dot{U}/\dot{I}$,导纳 $Y=\dot{I}/\dot{U}$,它们均是正弦稳态下两个相量的比值。但是阻抗、导纳不是相量,因为阻抗、导纳不对应于正弦电量。电感、电容的阻抗、导纳与其工作的正弦电量的频率相关。

例 10-4-1 图 10-4-1 所示电路中,电感的电流 $i_L=5\cos(1\,000t+60°)$ A。计算:(1)感抗;(2)感纳;(3)复阻抗;(4)复导纳;(5)稳态电压 u_L;(6)将电压参考方向反过来,电流参考方向不变,(1)~(5)的结果有何变化?(7)电流的频率增大一倍,(1)~(5)的结果如何变化?

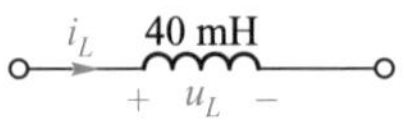

图 10-4-1

解:(1) 感抗 $X_L=\omega L=1\,000\times40\times10^{-3}$ Ω $=40$ Ω。

(2) 感纳 $B_L=\dfrac{1}{\omega L}=\dfrac{1}{1\,000\times40\times10^{-3}}$ S $=0.025$ S。

(3) 阻抗 $Z=\mathrm{j}\omega L=\mathrm{j}X_L=\mathrm{j}40$ Ω

(4) 导纳 $Y=\dfrac{1}{\mathrm{j}\omega L}=-\mathrm{j}B_L=-\mathrm{j}0.025$ S

(5) 电流相量 $\dot{I}_L=5\underline{/60°}$ A,由相量形式的欧姆定律求得电压相量,即

$$\dot{U}_L=Z\dot{I}_L=\mathrm{j}40\times5\underline{/60°}=200\underline{/150°}\ \mathrm{V}$$

将相量转换为正弦电量

$$u_L=200\cos(1\,000t+150°)\ \mathrm{V}$$

(6) 元件的 u-i 关系、欧姆定律是在电压、电流为关联参考方向下得出的结论,当参考方向为非关联时,(1)~(4)的结果不变,(5)的结果要改变。此时,电压相量

$$\dot{U}_L=-Z\dot{I}_L=-\mathrm{j}40\times5\underline{/60°}=200\underline{/-30°}\ \mathrm{V}$$

$$u_L=200\cos(1\,000t-30°)\ \mathrm{V}$$

改变参考方向,不会改变问题的本质。(1)~(4)的结果是电感的参数,与参考方向无关。

(7) 电流的频率增大一倍时,电感的感抗、复阻抗均增大到 2 倍,而感纳、复导纳减小到 0.5 倍,因感抗增大到 2 倍,故稳态电压 u_L 的幅值也增大到 2 倍。

目标 4 检测：掌握阻抗、导纳的概念

测 10-12　测 10-12 图所示电路中，电容的电流 $i_C=5\ \cos(1\ 000t+60°)$ A。计算：(1)容抗；(2)容纳；(3)复阻抗；(4)复导纳；(5)稳态电压 u_C；(6)将电压参考方向反过来，电流参考方向不变，(1) ~ (5)的结果有何变化？(7)电流的频率增大一倍，(1) ~ (5)的结果如何变化？

测 10-12 图

答案：(1) 50 Ω；(2) 0.02 S；(3) -j50 Ω；(4) j0.02 S；(5) $u_C=250\cos(1\ 000t-30°)$ V；(6) $u_C=250\cos(1\ 000t+150°)$ V；(7) 容抗、复阻抗减小到 0.5 倍，容纳、复导纳增大到 2 倍，稳态电压 u_C 的幅值减小到 0.5 倍。

10.4.2 *RLC* 支路的阻抗与导纳

1. *RLC* 串联支路的阻抗

应用相量形式的 KVL 和元件的 u-i 关系推导图 10-4-2(a)所示 *RLC* 串联支路的阻抗。由阻抗的定义得

$$Z=\frac{\dot{U}}{\dot{I}}=\frac{\dot{U}_R+\dot{U}_L+\dot{U}_C}{\dot{I}}$$

代入元件的 u-i 关系得

$$Z=\frac{R\dot{I}+\mathrm{j}\omega L\dot{I}+\dfrac{1}{\mathrm{j}\omega C}\dot{I}}{\dot{I}}=R+\mathrm{j}\left(\omega L-\frac{1}{\omega C}\right)=R+\mathrm{j}(X_L-X_C)$$

令 $X=X_L-X_C$，则

$$Z=R+\mathrm{j}X=|Z|\underline{/\varphi_z} \tag{10-4-2}$$

X 体现了感抗、容抗的综合作用，称为电抗(reactance)。$|Z|$为阻抗模，φ_z 为阻抗角。显然有

$$|Z|=\frac{U}{I}=\sqrt{R^2+X^2}\qquad \varphi_z=\phi_u-\phi_i=\arctan\frac{X}{R} \tag{10-4-3}$$

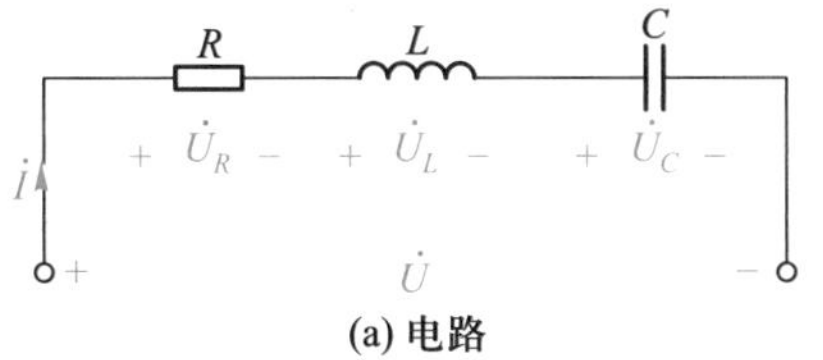

(a) 电路

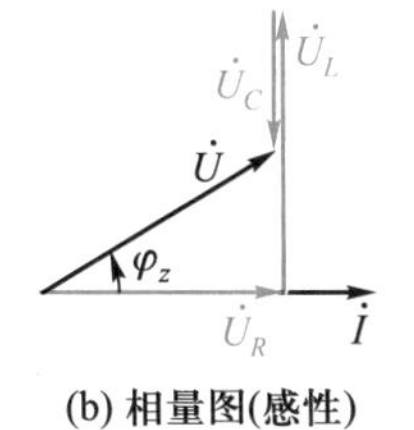

(b) 相量图(感性)

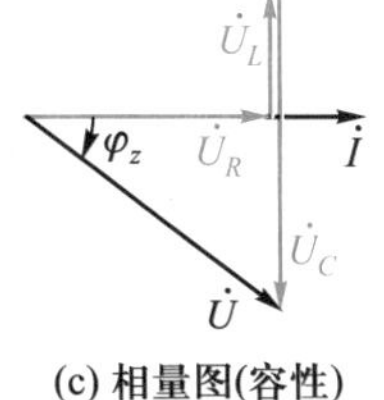

(c) 相量图(容性)

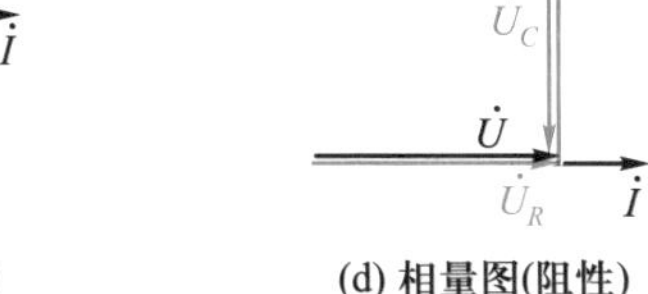

(d) 相量图(阻性)

图 10-4-2　*RLC* 串联支路

当 $X>0$ 时，容抗抵消部分感抗，支路等效为电阻和电感串联，呈感性（inductive），相量图如图 10-4-2(b)所示。感性支路的电压超前于电流，阻抗角 $0<\varphi_z<90°$。

当 $X<0$ 时，感抗抵消部分容抗，支路等效为电阻和电容串联，呈容性（capacitive），相量图如图 10-4-2(c)所示。容性支路的电压滞后于电流，阻抗角 $-90°<\varphi_z<0$。

当 $X=0$ 时，感抗和容抗互消，电感和电容串联等效为短路，支路等效为电阻，呈阻性（resistive），相量图如图 10-4-2(d)所示。阻性支路的电压和电流同相，阻抗角 $\varphi_z=0$。此时，电路处于电感储能与电容储能的完全交换状态，称为串联谐振。由 $X=\omega L-\dfrac{1}{\omega C}=0$ 得 $\omega=\dfrac{1}{\sqrt{LC}}$，称为电路的谐振角频率。当电源的角频率 ω 与电路参数 L、C 满足 $\omega=\dfrac{1}{\sqrt{LC}}$ 时，电路处于串联谐振状态。对谐振电路的深入分析放在 14.3 节。

2. *RLC* 并联支路的导纳

应用相量形式的 KCL 和元件的 $u-i$ 关系推导图 10-4-3(a)所示 RLC 并联支路的导纳。由导纳的定义得

$$Y=\frac{\dot{I}}{\dot{U}}=\frac{\dot{I}_R+\dot{I}_L+\dot{I}_C}{\dot{U}}$$

代入元件的 $u-i$ 关系得

$$Y=\frac{\dfrac{\dot{U}}{R}+\dfrac{\dot{U}}{\mathrm{j}\omega L}+\mathrm{j}\omega C\dot{U}}{\dot{U}}=\frac{1}{R}+\mathrm{j}\left(\omega C-\frac{1}{\omega L}\right)=G+\mathrm{j}(B_C-B_L)$$

令 $B=B_C-B_L$，则

$$Y=G+\mathrm{j}B=|Y|\angle\varphi_Y \tag{10-4-4}$$

B 体现了容纳、感纳的综合作用，称为电纳（susceptance）。$|Y|$ 为导纳模，φ_Y 为导纳角。有

$$|Y|=\frac{I}{U}=\sqrt{G^2+B^2}\qquad \varphi_Y=\phi_i-\phi_u=\arctan\frac{B}{G} \tag{10-4-5}$$

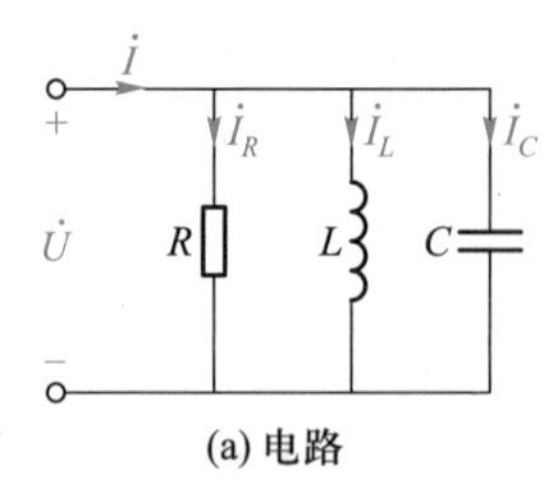

(a) 电路

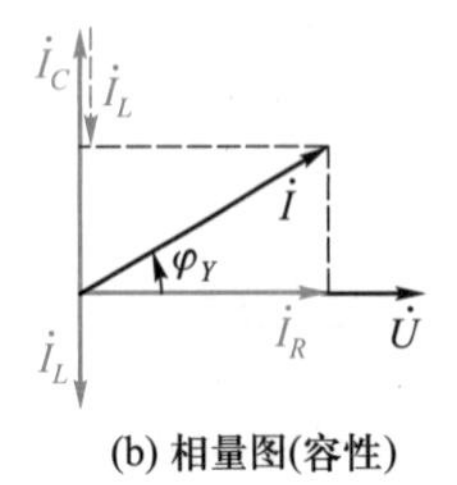

(b) 相量图(容性)

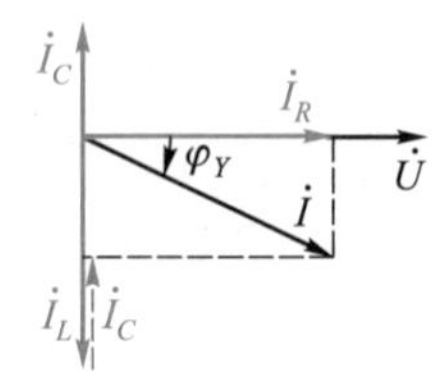

(c) 相量图(感性)

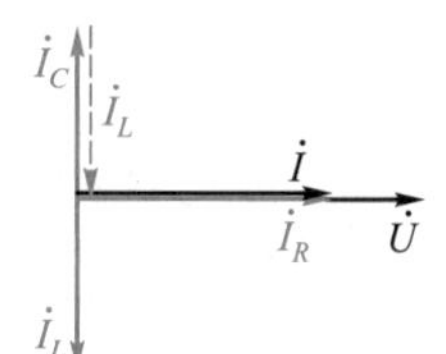

(d) 相量图(阻性)

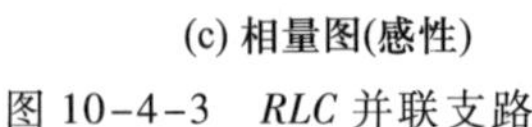
图 10-4-3 *RLC* 并联支路

当 $B>0$ 时，感纳抵消部分容纳，支路等效为电阻和电容并联，呈容性，相量图如图 10-4-3(b)所示，支路电压滞后于支路电流。

当 $B<0$ 时，容纳抵消部分感纳，支路等效为电阻和电感并联，呈感性，相量图如图 10-4-3(c)所示，支路电压超前于支路电流。

当 $B=0$ 时，感纳和容纳互消，电感和电容并联等效为开路，支路等效为电阻，呈阻性，相量图如图 10-4-3(d)所示，支路电压和支路电流同相。此时，电路也处于电感储能与电容储能的完全交换状态，称为并联谐振。由 $B=\dfrac{1}{\omega C}-\omega L=0$ 得，谐振角频率为 $\omega=\dfrac{1}{\sqrt{LC}}$。

支路的阻抗与导纳

RLC 串联支路：$Z=R+\mathrm{j}\left(\omega L-\dfrac{1}{\omega C}\right)=R+\mathrm{j}X \quad Y=\dfrac{1}{Z}=\dfrac{R}{R^2+X^2}+\mathrm{j}\dfrac{-X}{R^2+X^2}=G+\mathrm{j}B$

RLC 并联支路：$Y=G+\mathrm{j}\left(\omega C-\dfrac{1}{\omega L}\right)=G+\mathrm{j}B \quad Z=\dfrac{1}{Y}=\dfrac{G}{G^2+B^2}+\mathrm{j}\dfrac{-B}{G^2+B^2}=R+\mathrm{j}X$

支路呈感性：$X>0$ 或 $B<0$ 或 $\dot{U}$ 超前 $\dot{I}$

支路呈容性：$X<0$ 或 $B>0$ 或 $\dot{U}$ 滞后 $\dot{I}$

支路呈阻性：$X=0$ 或 $B=0$ 或 $\dot{U}$、$\dot{I}$ 同相

例 10-4-2 图 10-4-4(a)所示电路中，$u_s=120\cos(5\,000t+60°)$ V。求稳态响应 i、u_L。

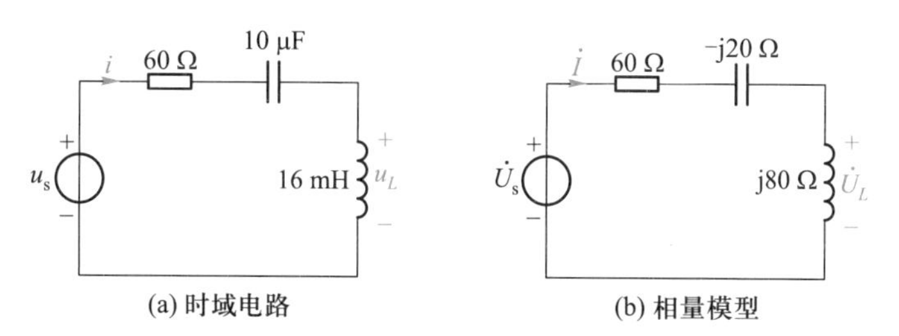

(a) 时域电路　　(b) 相量模型

图 10-4-4

解：画出相量模型。由 $u_s=120\cos(5\,000t+60°)$ V 知，$\omega=5\,000$ rad/s，$\dot{U}_s=120\angle 60°$ V。电感、电容的阻抗分别为

$$Z_L=\mathrm{j}\omega L=\mathrm{j}5\,000\times16\times10^{-3}\ \Omega=\mathrm{j}80\ \Omega$$

$$Z_C=\frac{1}{\mathrm{j}\omega C}=\frac{1}{\mathrm{j}5\,000\times10\times10^{-6}}\ \Omega=-\mathrm{j}20\ \Omega$$

电路的相量模型如图(b)所示。

分析相量模型。从相量模型得，电源端总阻抗

$$Z=R+Z_L+Z_C=(60+\mathrm{j}80-\mathrm{j}20)\ \Omega=(60+\mathrm{j}60)\ \Omega$$

因此

$$\dot{I}=\frac{\dot{U}_s}{Z}=\frac{120\angle 60^\circ}{60+\mathrm{j}60}\ \mathrm{A}=\sqrt{2}\angle 15^\circ\ \mathrm{A}$$

又

$$\dot{U}_L=Z_L\dot{I}=\mathrm{j}80\times\sqrt{2}\angle 15^\circ\ \mathrm{V}=80\sqrt{2}\angle 105^\circ\ \mathrm{V}$$

写出正弦函数。稳态响应 i、u_L 为

$$i=\sqrt{2}\cos(5\ 000t+15^\circ)\ \mathrm{A},\quad u_L=80\sqrt{2}\cos(5\ 000t+105^\circ)\ \mathrm{V}$$

目标 4 检测:掌握阻抗、导纳的概念

测 10-13 测 10-13 图所示电路中,$i_s=0.2\sqrt{2}\cos(5\ 000t+45^\circ)$ A。求稳态响应 u、i_C。

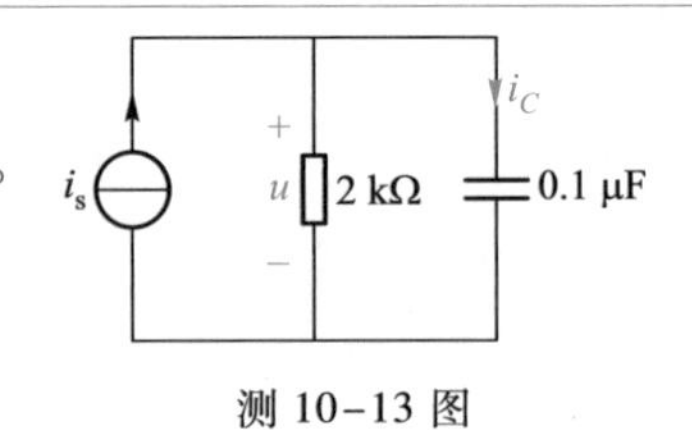

测 10-13 图

答案:(1) $u=400\cos(5\ 000t)$ V,$i_C=0.2\cos(5\ 000t+90^\circ)$ A。

10.4.3 阻抗的联结

由前面分析已知,R、L、C 三类无源元件串联或并联构成的支路,都可以等效为一个阻抗或一个导纳。下面分析阻抗互连的等效阻抗问题。阻抗互连包含串联、并联、星形联结和三角形联结。

1. 阻抗串联

图 10-4-5 所示 n 个阻抗串联,由 KVL、相量形式的欧姆定律得

$$\dot{U}=\dot{U}_1+\dot{U}_2+\cdots+\dot{U}_n=(Z_1+Z_2+\cdots+Z_n)\dot{I}$$

由此,n 个阻抗串联的等效阻抗为

$$Z_{\mathrm{eq}}=Z_1+Z_2+\cdots+Z_n=\sum_{k=1}^{n}Z_k \tag{10-4-6}$$

阻抗分压关系为

$$\frac{\dot{U}_k}{\dot{U}}=\frac{Z_k\dot{I}}{Z_{\mathrm{eq}}\dot{I}}=\frac{Z_k}{Z_{\mathrm{eq}}} \tag{10-4-7}$$

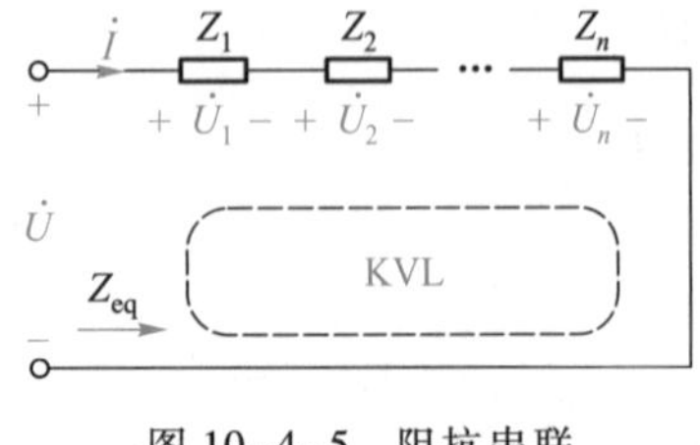

图 10-4-5 阻抗串联

由于相量形式的欧姆定律($\dot{U}=Z\dot{I}$)与线性电阻的欧姆定律($u=Ri$)形式相似,因此,阻抗串联的等效阻抗计算式($Z_{\mathrm{eq}}=\sum_{k=1}^{n}Z_k$)与电阻串联的等效电阻计算式($R_{\mathrm{eq}}=\sum_{k=1}^{n}R_k$)相似,阻抗分压关系式$\left(\frac{\dot{U}_k}{\dot{U}}=\frac{Z_k}{Z_{\mathrm{eq}}}\right)$与电阻分压关系式$\left(\frac{u_k}{u}=\frac{R_k}{R_{\mathrm{eq}}}\right)$亦

相似。

2. 阻抗并联

图 10-4-6 所示 n 个阻抗并联，由 KCL、相量形式的欧姆定律得

$$\dot{I}=\dot{I}_1+\dot{I}_2+\cdots+\dot{I}_n=\left(\frac{1}{Z_1}+\frac{1}{Z_2}+\cdots+\frac{1}{Z_n}\right)\dot{U}$$

为了表达方便，将阻抗 Z_k 转换为导纳 Y_k，$Y_k=Z_k^{-1}$，上式写为

$$\dot{I}=\dot{I}_1+\dot{I}_2+\cdots+\dot{I}_n=\left(\frac{1}{Z_1}+\frac{1}{Z_2}+\cdots+\frac{1}{Z_n}\right)\dot{U}=(Y_1+Y_2+\cdots+Y_n)\dot{U}$$

由此，n 个导纳并联的等效导纳为

$$\boxed{Y_{\mathrm{eq}}=Y_1+Y_2+\cdots+Y_n=\sum_{k=1}^{n}Y_k} \tag{10-4-8}$$

导纳分流关系为

$$\boxed{\frac{\dot{I}_k}{\dot{I}}=\frac{Y_k\dot{U}}{Y_{\mathrm{eq}}\dot{U}}=\frac{Y_k}{Y_{\mathrm{eq}}}} \tag{10-4-9}$$

导纳并联的等效导纳计算式 $\left(Y_{\mathrm{eq}}=\sum_{k=1}^{n}Y_k\right)$ 与电导并联的等效电导计算式 $\left(G_{\mathrm{eq}}=\sum_{k=1}^{n}G_k\right)$ 相似，导纳分流关系式 $\left(\frac{\dot{I}_k}{\dot{I}}=\frac{Y_k}{Y_{\mathrm{eq}}}\right)$ 与电导分流关系式 $\left(\frac{i_k}{i}=\frac{G_k}{G_{\mathrm{eq}}}\right)$ 亦相似。

3. 阻抗星形和三角形联结

由于阻抗串联、并联与电阻串联、并联相似，那么，阻抗星形联结和三角形联结的互换关系，必与电阻星形联结和三角形联结的互换关系相似。

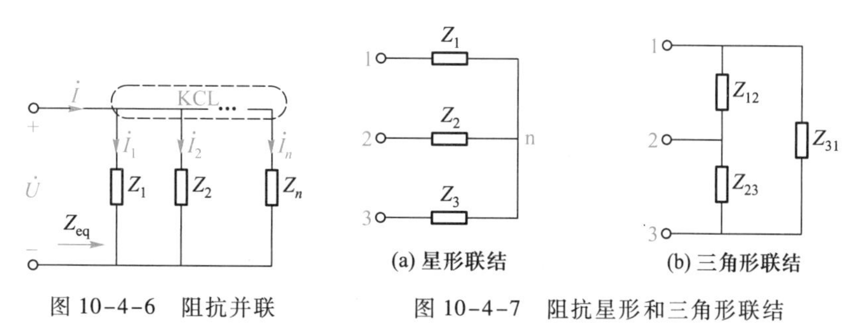

图 10-4-6 阻抗并联

图 10-4-7 阻抗星形和三角形联结

图 10-4-7(a)所示星形联结等效为图(b)所示三角形联结，导纳换算关系为

$$\boxed{\begin{aligned}Y_{12}&=\frac{Y_1Y_2}{Y_1+Y_2+Y_3}\\Y_{23}&=\frac{Y_2Y_3}{Y_1+Y_2+Y_3}\\Y_{31}&=\frac{Y_3Y_1}{Y_1+Y_2+Y_3}\end{aligned}} \tag{10-4-10}$$

图 10-4-7(b)所示三角形联结等效为图(a)所示星形联结，阻抗换算关系为

$$\boxed{\begin{aligned} Z_1 &= \frac{Z_{12}Z_{31}}{Z_{12}+Z_{23}+Z_{31}} \\ Z_2 &= \frac{Z_{23}Z_{12}}{Z_{12}+Z_{23}+Z_{31}} \\ Z_3 &= \frac{Z_{31}Z_{23}}{Z_{12}+Z_{23}+Z_{31}} \end{aligned}} \tag{10-4-11}$$

当星形联结的阻抗 $Z_1 = Z_2 = Z_3 = Z_Y$ 时，则三角形联结的阻抗 $Z_{12} = Z_{23} = Z_{31} = Z_\Delta$，且

$$\boxed{Z_\Delta = 3Z_Y \quad 或 \quad Z_Y = Z_\Delta/3} \tag{10-4-12}$$

例 10-4-3 图 10-4-8(a)所示电路中，$u_s = 90\sin(100t)$ V。计算电源端的等效阻抗，并求稳态响应 i_L、u_C。

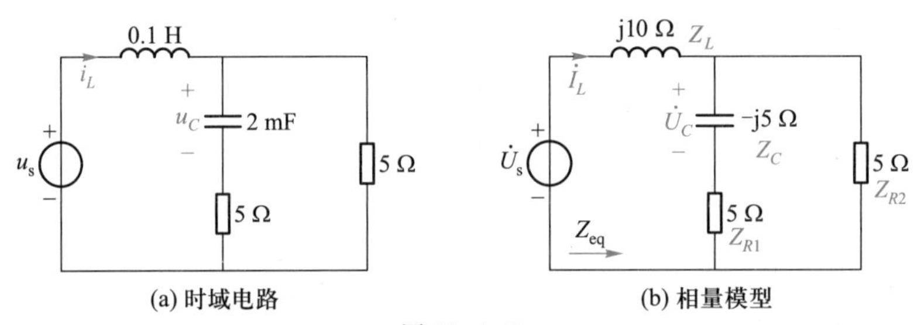

图 10-4-8

解：画出相量模型。由 $u_s = 90\sin(100t)$ V 知，$\omega = 100$ rad/s，$\dot{U}_s = 90\angle 0°$ V。电感、电容的阻抗分别为

$$Z_L = j\omega L = j100\times 0.1\ \Omega = j10\ \Omega$$

$$Z_C = \frac{1}{j\omega C} = \frac{1}{j100\times 2\times 10^{-3}}\ \Omega = -j5\ \Omega$$

电路的相量模型如图(b)所示。

分析相量模型。电容和电阻串联支路的阻抗

$$Z_1 = Z_C + Z_{R1} = (5-j5)\ \Omega$$

Z_1 和 Z_{R2} 并联得

$$Z_2 = Z_1 /\!/ Z_{R2} = \frac{Z_1 Z_{R2}}{Z_1 + Z_{R2}} = \frac{(5-j5)\times 5}{(5-j5)+5}\ \Omega = (3-j)\ \Omega$$

Z_2 和 Z_L 串联得

$$Z_{eq} = Z_L + Z_2 = [j10 + (3-j)]\ \Omega = (3+j9)\ \Omega$$

因此

$$\dot{I}_L = \frac{\dot{U}_s}{Z_{eq}} = \frac{90\angle 0°}{3+j9}\ \text{A} = 9.5\angle -71.6°\ \text{A}$$

要确定 $\dot{U}_C$，需先用 Z_1 和 Z_{R2} 的分流关系确定电容电流 $\dot{I}_C$（参考方向与 $\dot{U}_C$ 关联）。即

$$\dot{I}_C = \frac{Z_{R2}}{Z_1 + Z_{R2}}\dot{I}_L = \frac{5}{(5-j5)+5}\times 9.5\angle -71.6°\ \text{A} = \frac{9.5\angle -71.6°}{5\angle -26.6°}\ \text{A} = 1.9\angle -45.0°\ \text{A}$$

由此

$$\dot{U}_C=Z_C\dot{I}_C=-\mathrm{j}5\times1.9\angle -45.0^\circ\ \mathrm{V}=9.5\angle -135.0^\circ\ \mathrm{V}$$

写出正弦函数。稳态响应 i_L、u_C 为

$$i_L=9.5\sin(100t-71.6^\circ)\ \mathrm{A}\quad u_C=9.5\sin(100t-135^\circ)\ \mathrm{V}$$

目标 4 检测：掌握阻抗、导纳的概念

测 10-14 测 10-14 图所示电路中，$u_s=10\sqrt{2}\sin(10t+75^\circ)$ V。计算电源端的等效阻抗，并求稳态响应 u_C、i_R。

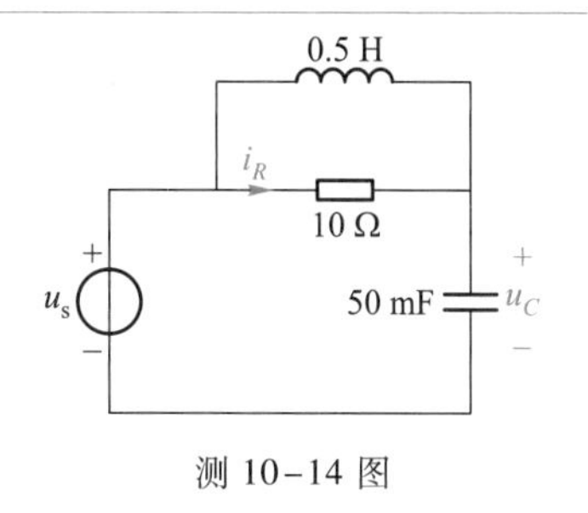

测 10-14 图

答案：(1) $u_C=10\sin(10t-60^\circ)$ V，$i_R=\sqrt{5}\sin(10t+93.4^\circ)$ A。

例 10-4-4 求图 10-4-9(a)所示电路的等效阻抗。

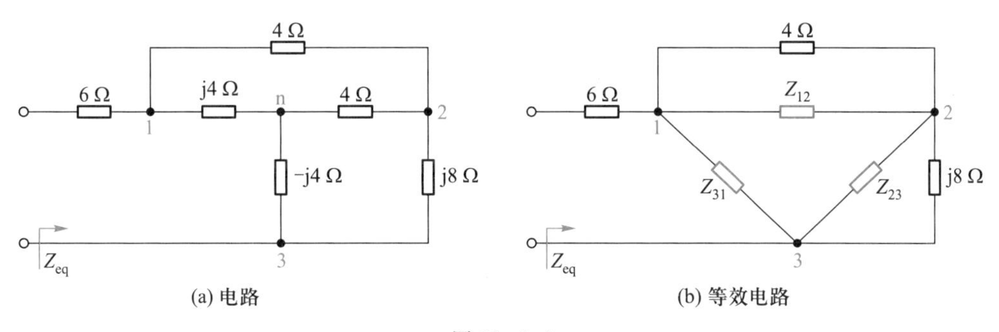

(a) 电路　　(b) 等效电路

图 10-4-9

解：采用星形联结和三角形联结互换，选择图 10-4-9(a)中结点 1、2、3 的星形变换成三角形，如图(b)所示。由式(10-4-10)得

$$Z_{12}=\frac{(\mathrm{j}4)\times4+4\times(-\mathrm{j}4)+(-\mathrm{j}4)\times(\mathrm{j}4)}{-\mathrm{j}4}\ \Omega=\mathrm{j}4\ \Omega$$

$$Z_{23}=\frac{(\mathrm{j}4)\times4+4\times(-\mathrm{j}4)+(-\mathrm{j}4)\times(\mathrm{j}4)}{\mathrm{j}4}\ \Omega=-\mathrm{j}4\ \Omega$$

$$Z_{31}=\frac{(\mathrm{j}4)\times4+4\times(-\mathrm{j}4)+(-\mathrm{j}4)\times(\mathrm{j}4)}{4}\ \Omega=4\ \Omega$$

因此

$$\begin{aligned}Z_{eq}&=6+[(Z_{12}/\!/4)+(Z_{23}/\!/\mathrm{j}8)]/\!/Z_{31}=\{6+[(\mathrm{j}4/\!/4)+(-\mathrm{j}4/\!/\mathrm{j}8)]/\!/4\}\ \Omega\\&=\left[6+\left(\frac{\mathrm{j}16}{4+\mathrm{j}4}+\frac{32}{\mathrm{j}8-\mathrm{j}4}\right)/\!/4\right]\ \Omega=[6+(2+\mathrm{j}10)/\!/4]\ \Omega=\left[6+\frac{4(2+\mathrm{j}10)}{(2+\mathrm{j}10)+4}\right]\ \Omega\\&=(9.29+\mathrm{j}1.18)\ \Omega\end{aligned}$$

目标 4 检测:掌握阻抗、导纳的概念

测 10-15 计算测 10-15 图所示电路的等效阻抗。

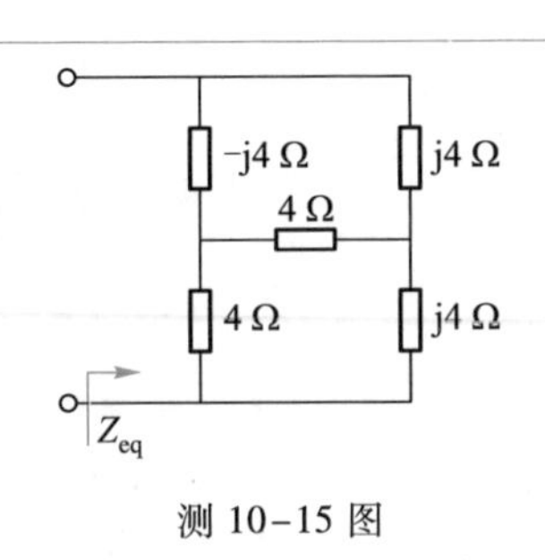

测 10-15 图

答案:12 Ω。

10.4.4 无源网络的等效模型

图 10-4-10(a)所示由阻抗混联构成的无源一端口网络,可等效为阻抗 Z,如图(b)所示,也可等效为导纳 Y,如图(c)所示,且有 $Z=Y^{-1}$。

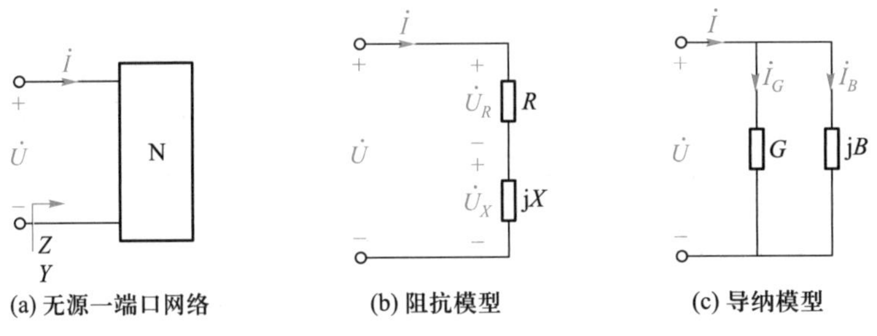

(a) 无源一端口网络 (b) 阻抗模型 (c) 导纳模型

图 10-4-10 无源一端口网络的等效模型

若无源一端口网络等效为图 10-4-10(b)所示阻抗模型,则网络可用电阻 R、电抗 X 串联来模拟。当 $X>0$ 时,网络呈感性;当 $X<0$ 时,网络呈容性;也会出现 $X=0$ 的情况,此时,内部电感和电容的作用相互抵消,网络处于谐振状态,呈阻性。当然,等效参数 R、X 会随电源的频率变化而改变。图 10-4-10(b)所示阻抗模型中:阻抗模 $|Z|$、电阻 R、电抗 $|X|$ 构成直角三角形,称为阻抗三角形,如图 10-4-11(a)所示;端口电压 $\dot{U}$ 正交分解为与电流 $\dot{I}$ 同相的分量 $\dot{U}_R$ 和与电流 $\dot{I}$ 垂直的分量 $\dot{U}_X$,$X>0$ 情况下的相量图如图 10-4-11(b)所示;电压有效值 U、U_R、U_X 构成与阻抗三角形相似的直角三角形,称为电压三角形,如图 10-4-11(c)所示。

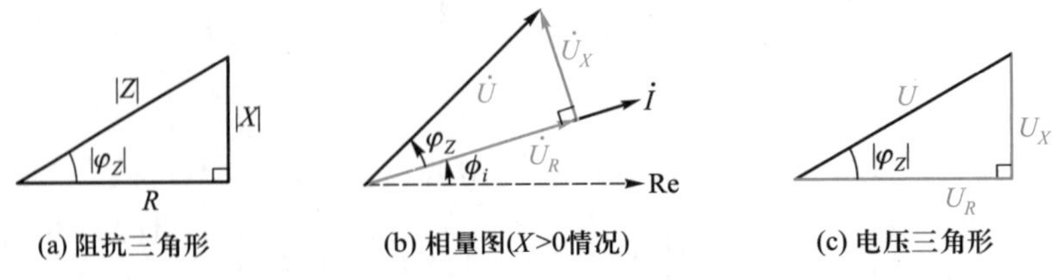

(a) 阻抗三角形 (b) 相量图($X>0$情况) (c) 电压三角形

图 10-4-11 阻抗三角形和电压三角形

若无源一端口网络等效为图 10-4-10(c)所示导纳模型,则网络可用电导 G、电纳 B 并联来模拟。当 $B>0$ 时,网络呈容性;当 $B<0$ 时,网络呈感性;当 $B=0$ 时,网络处于谐振状态,呈阻性。等效参数 G、B 会随电源的频率变化而改变。图 10-4-11(c)所示导纳模型中:导纳模 $|Y|$、电导 G、电纳 $|B|$ 构成直角三角形,称为导纳三角形,如图 10-4-12(a)所示;端口电流 $\dot{I}$ 正交分解为与电压 $\dot{U}$ 同相的分量 $\dot{I}_G$ 和与电压 $\dot{U}$ 垂直的分量 $\dot{I}_B$,$B>0$ 情况下的相量图如图 10-4-12(b)所示;电流有效值 I、I_G、I_B 构成与导纳三角形相似的直角三角形,称为电流三角形,如图 10-4-12(c)所示。

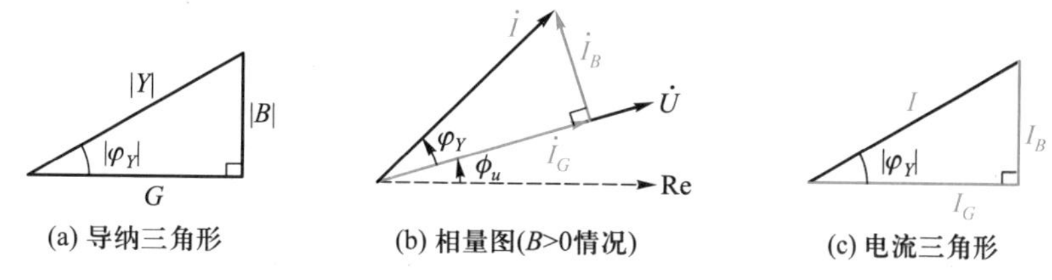

图 10-4-12 导纳三角形和电流三角形

例 10-4-5 图 10-4-13 所示电路在 ω 分别为 1 000 rad/s 和 5 000 rad/s 两种电源角频率下的端口等效阻抗与导纳,并确定网络并联等效模型的等效参数。其中:$R_1=25\ \Omega$,$R_2=100\ \Omega$,$L=25$ mH,$C=10\ \mu$F。

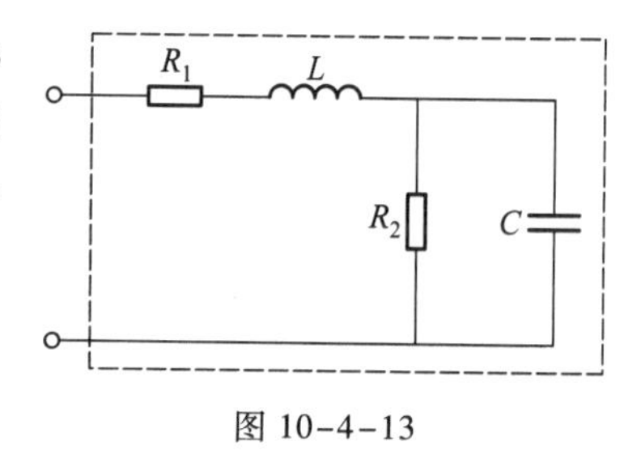

图 10-4-13

解:(1) 当 $\omega_1=1\ 000$ rad/s 时,各元件的阻抗或导纳为

$$Z_{R1}=R_1=25\ \Omega,\quad Z_L(\omega_1)=\mathrm{j}\omega_1 L=\mathrm{j}1\ 000\times 0.025\ \Omega=\mathrm{j}25\ \Omega$$

$$Y_{R2}=\frac{1}{R_2}=0.01\ \mathrm{S},\quad Y_C(\omega_1)=\mathrm{j}\omega_1 C=\mathrm{j}1\ 000\times 10^{-5}\ \mathrm{S}=\mathrm{j}0.01\ \mathrm{S}$$

R_2 并联 C 的等效导纳为

$$Y_{R2}+Y_C(\omega_1)=(0.01+\mathrm{j}0.01)\ \mathrm{S}$$

端口等效阻抗

$$Z(\omega_1)=Z_{R1}+Z_L(\omega_1)+\frac{1}{Y_{R2}+Y_C(\omega_1)}=\left(25+\mathrm{j}25+\frac{1}{0.01+\mathrm{j}0.01}\right)\ \Omega=(75-\mathrm{j}25)\ \Omega$$

端口等效导纳

$$Y(\omega_1)=\frac{1}{Z(\omega_1)}=\frac{1}{75-\mathrm{j}25}\ \mathrm{S}=\frac{3+\mathrm{j}}{250}\ \mathrm{S}$$

并联等效模型的电导为 $G(\omega_1)=\frac{3}{250}$ S,导纳为 $B(\omega_1)=\frac{1}{250}$ S,可用一个 R_{eq} 的电阻、一个电容 C_{eq} 并联来模拟,等效电阻

$$R_{eq}=\frac{1}{G(\omega_1)}=\frac{250}{3}\ \Omega=83.33\ \Omega$$

由

$$B(\omega_1)=\frac{1}{250}=\omega_1 C_{eq}$$

得

$$C_{eq}=4\ \mu\mathrm{F}$$

（2）当 $\omega_2=2\ 000$ rad/s 时，电阻元件的阻抗或导纳不变，电感的阻抗、电容的导纳为

$$Z_L(\omega_2)=2Z_L(\omega_1)=\mathrm{j}50\ \Omega,\quad Y_C(\omega_2)=2Y_C(\omega_1)=\mathrm{j}0.02\ \mathrm{S}$$

端口等效阻抗

$$Z(\omega_2)=Z_{R1}+Z_L(\omega_2)+\frac{1}{Y_{R2}+Y_C(\omega_2)}=\left(25+\mathrm{j}50+\frac{1}{0.01+\mathrm{j}0.02}\right)\ \Omega=(45+\mathrm{j}10)\ \Omega$$

端口等效导纳

$$Y(\omega_2)=\frac{1}{Z(\omega_2)}=\frac{1}{45+\mathrm{j}10}\ \mathrm{S}=\frac{9-\mathrm{j}2}{425}\ \mathrm{S}$$

并联等效模型的电导为 $G(\omega_2)=\frac{9}{425}$ S，导纳为 $B(\omega_2)=-\frac{2}{425}$ S，可用一个 R_{eq} 的电阻、一个电感 L_{eq} 并联来模拟，等效电阻

$$R_{eq}=\frac{1}{G(\omega_2)}=\frac{425}{9}\ \Omega=47.22\ \Omega$$

由

$$B(\omega_2)=-\frac{2}{425}=-\frac{1}{\omega_2 L_{eq}}$$

得

$$L_{eq}=106.25\ \mathrm{mH}$$

本例计算结果表明，网络的等效阻抗、导纳及等效参数均随电源的频率而改变，因此，在论及网络的等效阻抗（或导纳）时，必须指定工作频率。

目标 4 检测：掌握阻抗、导纳的概念

测 10-16 计算测 10-16 图所示电路的端口等效阻抗与导纳，说明电路的性质（感性、容性、阻性）。并确定串联等效模型的等效参数。电源角频率为 100 rad/s。

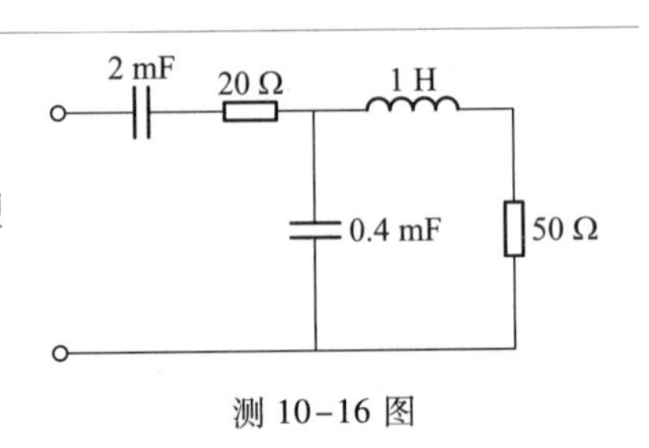

测 10-16 图

答案：$\left(\frac{310}{13}-\mathrm{j}\frac{465}{13}\right)$ Ω，(0.012 9+j0.019 4) S，容性，23.8 Ω，279.6 μF。

10.5 复杂正弦稳态电路分析

在 10.3 节中，我们已用相量法分析过简单正弦稳态电路，本节讨论复杂正弦稳态电路的分析。

无论是简单正弦稳态电路还是复杂正弦稳态电路，正弦稳态响应分析均包含三步：画出电路的相量模型；分析相量模型获得相量解；将相量解变换为正弦电量。分析相量模型获得相量解是关键。对于简单正弦稳态电路，列写 KCL、KVL、u-i 关系方程，或应用阻抗联结和分压、分

流关系,就可以获得相量解。对于复杂正弦稳态电路,需要应用电路方程(结点方程、网孔方程)、电路定理(戴维南定理、叠加定理)等方法,才能获得相量解。

表 10-5-1 中,将正弦稳态电路相量形式的基本方程与电阻电路的基本方程进行对照,两者形式一致。因而两种电路的分析方法相同。就是说,分析电阻电路的方法可以用来分析正弦稳态电路的相量模型。本节通过若干例题阐述复杂正弦稳态电路的分析方法。

表 10-5-1 正弦稳态电路与电阻电路的基本方程对照

	线性非时变正弦稳态电路	线性电阻电路
KCL 方程	$\sum \dot{I}_k=0$	$\sum i_k=0$
KVL 方程	$\sum \dot{U}_k=0$	$\sum u_k=0$
元件 u-i 关系（欧姆定律）	$\dot{U}=Z\dot{I}$ 或 $\dot{I}=Y\dot{U}$	$u=Ri$ 或 $i=Gu$

10.5.1 结点分析与网孔分析

结点分析是通过列写结点 KCL 方程来求得结点电位的电路分析方法。在列写结点的 KCL 方程时,各支路的电流用结点电位表示。因此,这些 KCL 方程被称为结点电位分析方程。可以按照 KCL 的规则来列写,也可以用自导纳、互导纳的概念来列写。

网孔分析是与结点分析相对偶的分析方法。它是通过列写网孔的 KVL 方程来求得网孔电流的电路分析方法。列写网孔的 KVL 方程时,要将各元件上的电压用网孔电流表示,因此,这些 KVL 方程被称为网孔电流分析方程。可以按照 KVL 规则来列写,也可以用自阻抗、互阻抗的概念来列写。

例 10-5-1 求图 10-5-1(a)中的稳态电流 i_1、i_2。图中:$i_s=\cos 2t$ A,$u_s=10\sin 2t$ V。

解:画出相量模型。在确定相量模型时,电路中的正弦电源必须同频率、同三角函数,因此,将 u_s 转换为 cosine 函数,$u_s=10\sin 2t=10\cos(2t-90°)$ V。相量模型如图 10-5-1(b)所示,图中的相量均为最大值相量。

分析相量模型。如图 10-5-1(b)所示相量模型,适宜采用方程来分析。结点分析需要列写 2 个结点方程,网孔方程分析要列写一个回路方程和一个网孔电流关系方程,两种方法工作量相当。在此分别用两种方法分析相量模型。

方法 1:结点分析。用两种方法列写结点电位方程:采用 KCL 规则列写,用自导纳、互导纳概念快速列写。

结点 1 的方程为

$$\frac{\dot{U}_1}{10}+\frac{\dot{U}_1-\dot{U}_2}{\mathrm{j}1}+\frac{\dot{U}_1-\dot{U}_2}{-\mathrm{j}5}=1\angle 0° \quad \text{（按照 KCL 规则列写）}$$

$$\left(\frac{1}{10}+\frac{1}{\mathrm{j}1}+\frac{1}{-\mathrm{j}5}\right)\dot{U}_1-\left(\frac{1}{\mathrm{j}1}+\frac{1}{-\mathrm{j}5}\right)\dot{U}_2=1\angle 0° \quad \text{（快速列写）}$$

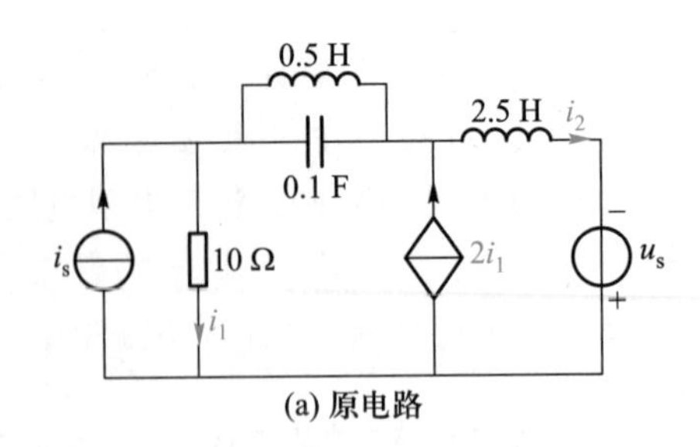

(a) 原电路

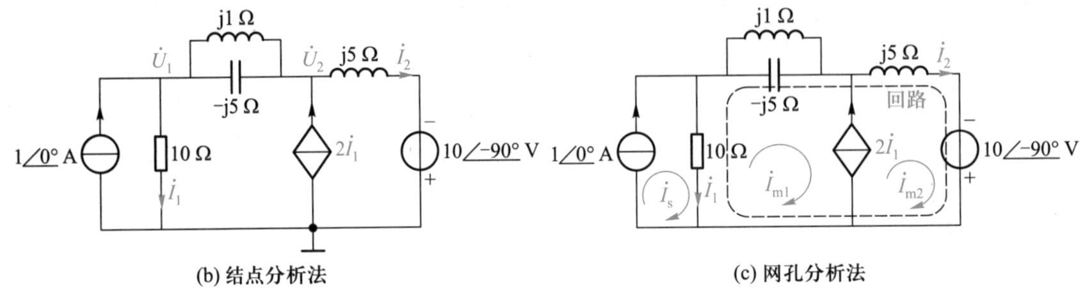

(b) 结点分析法

(c) 网孔分析法

图 10-5-1

化简为

$$(0.1-j0.8)\dot{U}_1+j0.8\dot{U}_2=1 \tag{10-5-1}$$

结点 2 的方程为

$$\frac{\dot{U}_2-\dot{U}_1}{j1}+\frac{\dot{U}_2-\dot{U}_1}{-j5}+\frac{\dot{U}_2+10\angle-90^\circ}{j5}=2\dot{I}_1 \quad \text{（按照 KCL 规则列写）}$$

$$-\left(\frac{1}{j1}+\frac{1}{-j5}\right)\dot{U}_1+\left(\frac{1}{j5}+\frac{1}{j1}+\frac{1}{-j5}\right)\dot{U}_2=2\dot{I}_1-\frac{10\angle-90^\circ}{j5} \quad \text{（快速列写）}$$

将 $\dot{I}_1=\dfrac{\dot{U}_1}{10}$代入，方程化简为

$$(-0.2+j0.8)\dot{U}_1-j\dot{U}_2=2 \tag{10-5-2}$$

用克莱姆法则求解方程式(10-5-1)和(10-5-2)。有

$$\Delta=\begin{vmatrix}0.1-j0.8 & j0.8\\ -0.2+j0.8 & -j\end{vmatrix}=-0.16+j0.06=0.17\angle159.4^\circ$$

$$\Delta_1=\begin{vmatrix}1 & j0.8\\ 2 & -j\end{vmatrix}=-2.6j=2.6\angle-90^\circ,\quad \Delta_2=\begin{vmatrix}0.1-j0.8 & 1\\ -0.2+j0.8 & 2\end{vmatrix}=0.4-j2.4=2.43\angle-80.5^\circ$$

$$\dot{U}_1=\frac{\Delta_1}{\Delta}=\frac{2.6\angle-90^\circ}{0.17\angle159.4^\circ}\text{ V}=15.29\angle110.6^\circ\text{ V},$$

$$\dot{U}_2=\frac{\Delta_2}{\Delta}=\frac{2.43\angle-80.5^\circ}{0.17\angle159.4^\circ}\text{ V}=14.29\angle120.1^\circ\text{ V}$$

计算待求相量。有

$$\dot{I}_1=\frac{\dot{U}_1}{10}=1.53\angle 110.6^\circ\ \text{A}$$

$$\dot{I}_2=\frac{\dot{U}_2+10\angle -90^\circ}{\text{j}5}=\frac{14.29\angle 120.1^\circ-\text{j}10}{\text{j}5}\ \text{A}=\frac{-7.17+\text{j}2.36}{\text{j}5}\ \text{A}=1.51\angle 71.8^\circ\ \text{A}$$

方法 2:网孔分析。选择网孔电流如图 10-5-1(c)所示。左边网孔的电流等于电流源的电流,为已知量,中间网孔和右边网孔的电流待求,但因存在受控电流源支路,只能列写由两个网孔组成回路的 KVL 方程。下面也用两种方法列写网孔电流方程:采用 KVL 规则列写,用自阻抗、互阻抗概念快速列写。为了方便,先计算电感和电容并联部分的阻抗,$Z=(-\text{j}5\,/\!/\,\text{j}1)\ \Omega=\text{j}1.25\ \Omega$。

回路方程为

$$\text{j}1.25\dot{I}_{\text{m1}}+\text{j}5\dot{I}_{\text{m2}}-10\angle -90^\circ+10(\dot{I}_{\text{m1}}-\dot{I}_{\text{s}})=0\quad(\text{按照 KVL 规则列写})$$

$$(10+\text{j}1.25)\dot{I}_{\text{m1}}+\text{j}5\dot{I}_{\text{m2}}-10\dot{I}_{\text{s}}=10\angle -90^\circ\quad(\text{快速列写})$$

将 $\dot{I}_{\text{s}}=1$ 代入,方程化简为

$$(10+\text{j}1.25)\dot{I}_{\text{m1}}+\text{j}5\dot{I}_{\text{m2}}=10-\text{j}10 \tag{10-5-3}$$

由受控电流源支路给定的网孔电流关系方程为

$$\dot{I}_{\text{m2}}-\dot{I}_{\text{m1}}=2\dot{I}_1=2(\dot{I}_{\text{s}}-\dot{I}_{\text{m1}})=2(1-\dot{I}_{\text{m1}})$$

化简得

$$\dot{I}_{\text{m1}}+\dot{I}_{\text{m2}}=2 \tag{10-5-4}$$

用克莱姆法则求解方程式(10-5-3)和(10-5-4)。有

$$\Delta=\begin{vmatrix}10+\text{j}1.25 & \text{j}5\\ 1 & 1\end{vmatrix}=10-\text{j}3.75=10.68\angle -20.6^\circ$$

$$\Delta_1=\begin{vmatrix}10-\text{j}10 & \text{j}5\\ 2 & 1\end{vmatrix}=10-\text{j}20=22.36\angle -63.4^\circ$$

$$\Delta_2=\begin{vmatrix}10+\text{j}1.25 & 10-\text{j}10\\ 1 & 2\end{vmatrix}=10+\text{j}12.5=16.01\angle 51.3^\circ$$

$$\dot{I}_{\text{m1}}=\frac{\Delta_1}{\Delta}=\frac{22.36\angle -63.4^\circ}{10.68\angle -20.6^\circ}=2.09\angle -42.8^\circ\ \text{A}$$

$$\dot{I}_{\text{m2}}=\frac{\Delta_2}{\Delta}=\frac{16.01\angle 51.3^\circ}{10.68\angle -20.6^\circ}=1.50\angle 71.9^\circ\ \text{A}$$

计算待求相量。易得

$$\dot{I}_1=\dot{I}_{\text{s}}-\dot{I}_{\text{m1}}=(1-2.09\angle -42.8^\circ)\ \text{A}=(-0.53+\text{j}1.42)\ \text{A}=1.52\angle 110.5^\circ\ \text{A}$$

$$\dot{I}_2=\dot{I}_{\text{m2}}=1.50\angle 71.9^\circ\ \text{A}$$

将相量转换为正弦电量。应该注意到:在确定电路的相量模型时,电源为 cosine 函数,且为最大值相量。因此

$$i_1=1.52\cos(2t+110.5^\circ)\ \text{A},\quad i_2=1.50\cos(2t+71.9^\circ)\ \text{A}$$

目标 5 检测：掌握相量模型的结点分析、网孔分析

测 10-17 用结点分析、网孔分析，求测 10-17 图所示电路的稳态电流 i_1、i_2。设 $i_s=\sqrt{2}\sin 2t$ A。

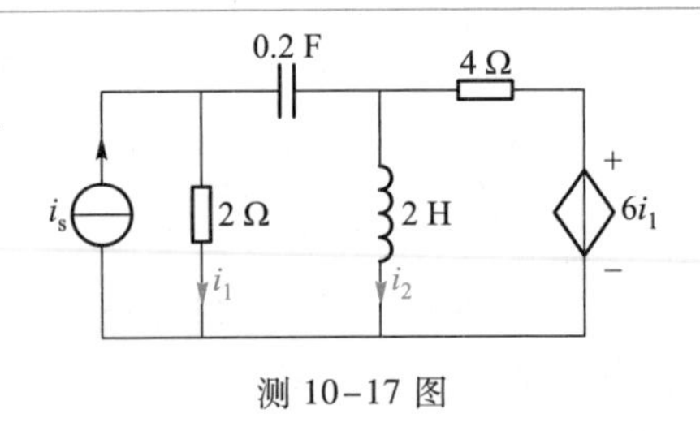

测 10-17 图

答案：$i_1=0.57\sqrt{2}\sin(2t+60°)$ A，$i_2=0.53\sqrt{2}\sin(2t-49°)$ A。

例 10-5-2 求图 10-5-2(a)所示电路的 i_o。设：$u_{s1}=60\sqrt{2}\cos(4\times10^4 t)$ V，$u_{s2}=90\sqrt{2}\sin(4\times10^4 t+180°)$ V。

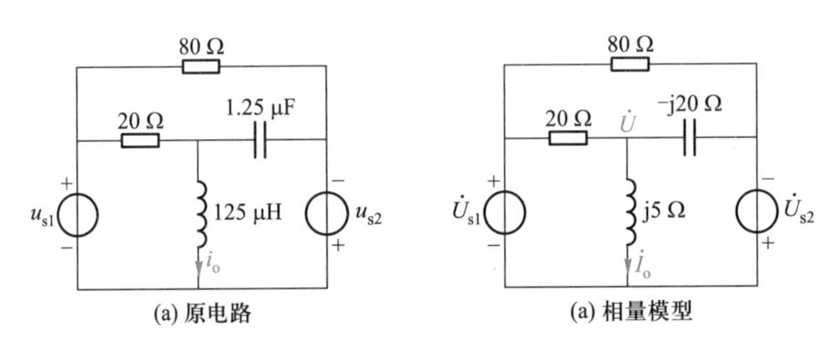

图 10-5-2

解：画出相量模型。先将电源函数统一成 cosine 函数，因此

$$u_{s2}=90\sqrt{2}\sin(4\times10^4 t+180°)\ \text{V}=90\sqrt{2}\sin(4\times10^{-4}t+90°+90°)\ \text{V}=90\sqrt{2}\cos(4\times10^4 t+90°)\ \text{V}$$

采用有效值相量，$\dot{U}_{s1}=60\underline{/0°}$ V，$\dot{U}_{s2}=90\underline{/90°}$ V。相量模型如图(b)所示。

分析相量模型。由于存在两条电压源支路，左边结点、右边结点的电位已知，分别为 $\dot{U}_{s1}$、$-\dot{U}_{s2}$，采用结点分析只需列写一个方程，因此结点分析是最佳选择。

中间结点的方程为

$$\frac{\dot{U}-\dot{U}_{s1}}{20}+\frac{\dot{U}}{j5}+\frac{\dot{U}+\dot{U}_{s2}}{-j20}=0 \quad \text{（按照 KCL 规则列写）}$$

$$\left(\frac{1}{20}+\frac{1}{j5}+\frac{1}{-j20}\right)\dot{U}-\frac{1}{20}\dot{U}_{s1}-\frac{1}{-j20}(-\dot{U}_{s2})=0 \quad \text{（快速列写）}$$

解得 $\dot{U}=47.5\underline{/71.6°}$ V。由此

$$\dot{I}_o=\frac{\dot{U}}{j5}=\frac{47.5\underline{/71.6°}}{j5}\ \text{A}=9.5\underline{/-18.4°}\ \text{A}$$

将相量变换为正弦量。电源为 cosine 函数，且为有效值相量，因此

$$i_o=9.5\sqrt{2}\cos(4\times10^4 t-18.4°)\ \text{A}$$

目标 5 检测：掌握相量模型的结点分析、网孔分析

测 10-18 选择最佳方程，分析测 10-18 图所示稳态电路，确定 $\dot{U}_1$、$\dot{U}_2$。

答案：$\dot{U}_1=4.92\angle 51.9°$ V，$\dot{U}_2=4.77\angle 65.9°$ V。

测 10-19 选择最佳方程分析测 10-19 图所示稳态电路，确定 $\dot{I}_1$、$\dot{I}_2$。

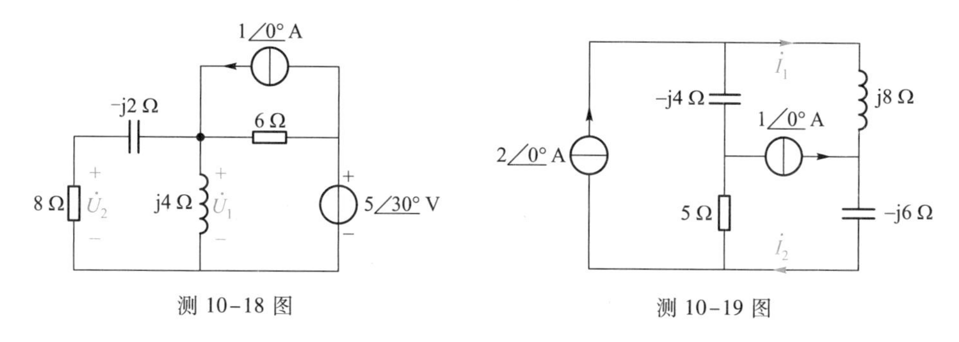

测 10-18 图　　测 10-19 图

答案：$\dot{I}_1=1\angle 0°$ A，$\dot{I}_2=2\angle 0°$ A。

10.5.2 叠加定理应用

用相量法分析正弦稳态电路的关键是分析相量模型。在相量模型中，各阻抗的电压相量、电流相量满足 $\dot{U}=Z\dot{I}$ 关系，Z 是常复数，这是复数范畴内的线性关系，因此相量模型和线性电阻电路一样，符合叠加定理，可用叠加定理来分析。应该注意到，只有线性非时变正弦稳态电路，才有用复常数 Z 表示的相量模型。

同频率的正弦电源激励于线性非时变电路，其稳态响应可以一次计算，也可以叠加计算。而不同频率的正弦电源激励于线性非时变电路，由于阻抗与电源频率相关，其稳态响应只能叠加计算。

例 10-5-3 用叠加定理分析例 10-5-2，如图 10-5-3(a)所示，求稳态响应 i_o。图中 $u_{s1}=60\sqrt{2}\cos(4\times10^4 t)$ V，$u_{s2}=90\sqrt{2}\sin(4\times10^4 t+180°)$ V。

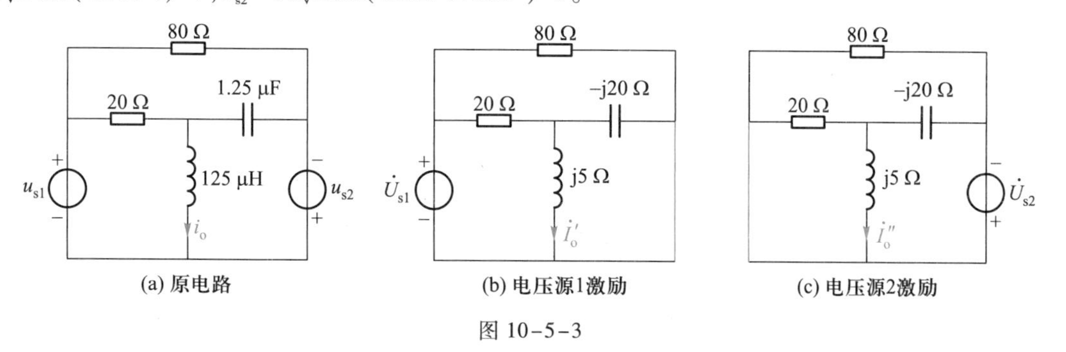

图 10-5-3

解：图 10-5-3(a)所示电路为线性非时变电路，两个电压源的频率相同，既可以一次计算，如例 10-5-2，也可以叠加计算。叠加计算时，要分别画出电压源单独作用的相量模型。为了能将相量进行叠加，依然要将电源统一成一种三角函数，在此统一成 cosine 函数，故

$$\dot{U}_{s1}=60\angle 0^\circ\ \text{V},\quad \dot{U}_{s2}=90\angle 90^\circ\ \text{V}$$

电压源单独作用的相量模型如图(b)和(c)所示。

对图(b)应用阻抗分压计算 $\dot{U}_{s1}$ 单独作用下的 $\dot{I}'_o$。电感和电容并联，再与 20 Ω 电阻串联，总电压为 $\dot{U}_{s1}$。因此，电感和电容并联分得的电压

$$\dot{U}'_o=\text{j}5\dot{I}'_o=\frac{\text{j}5\,/\!/\,(-\text{j}20)}{20+[\text{j}5\,/\!/\,(-\text{j}20)]}\dot{U}_{s1}=\frac{\text{j}\,\dfrac{20}{3}}{20+\text{j}\,\dfrac{20}{3}}\times 60\ \text{V}=6(1+\text{j}3)\ \text{V}$$

$$\dot{I}'_o=\frac{\dot{U}'_o}{\text{j}5}=\frac{6(1+\text{j}3)}{\text{j}5}\ \text{A}=(3.6-1.2\text{j})\ \text{A}$$

同样，对图 10-5-3(c)应用阻抗分压计算 $\dot{U}_{s2}$ 单独作用下的 $\dot{I}''_o$。有

$$\dot{U}''_o=\text{j}5\dot{I}''_o=\frac{20\,/\!/\,(-\text{j}5)}{-\text{j}20+[20\,/\!/\,(-\text{j}5)]}(-\dot{U}_{s2})=\frac{\dfrac{20+\text{j}80}{17}}{-\text{j}20+\dfrac{20+\text{j}80}{17}}\times(-90\angle 90^\circ)\ \text{V}=(9+\text{j}27)\ \text{V}$$

$$\dot{I}''_o=\frac{\dot{U}''_o}{\text{j}5}=\frac{9+\text{j}27}{\text{j}5}\ \text{A}=(5.4-\text{j}1.8)\ \text{A}$$

将所得结果叠加。由于 $\dot{I}'_o$、$\dot{I}''_o$对应的三角函数、频率相同，可以直接相加，即

$$\dot{I}_o=\dot{I}'_o+\dot{I}''_o=[(3.6-\text{j}1.2)+(5.4-\text{j}1.8)]\ \text{A}=(9.0-\text{j}3.0)\ \text{A}=9.49\angle -18.4^\circ\ \text{A}$$

将相量变换为正弦函数。电源为 cosine 函数，且为有效值相量，因此

$$i_o=9.49\sqrt{2}\cos(4\times 10^4 t-18.4^\circ)\ \text{A}$$

本例分析方法与例 10-5-2 采用的结点分析对照，显然结点分析计算量小。

目标 5 检测：掌握叠加定理应用于正弦稳态分析

测 10-20 用叠加定理计算测 10-20 图所示电路的 u_o。$i_s=\cos(1\ 000t)$ A，$u_s=5\sin(1\ 000t+120^\circ)$ V。

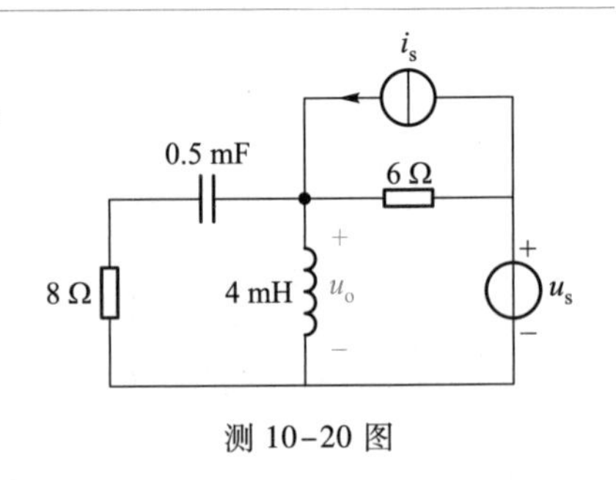

测 10-20 图

答案：$4.92\cos(1\ 000t+51.9^\circ)$ A。

例 10-5-4 求例 10-5-4 图(a)所示电路的稳态电压 u_o。

解：图 10-5-4(a)为三个不同频率的电源共同作用下的稳态电路，必须用叠加定理来分析。各电源单独作用时，电路的相量模型分别如图(b)、(c)和(d)所示。

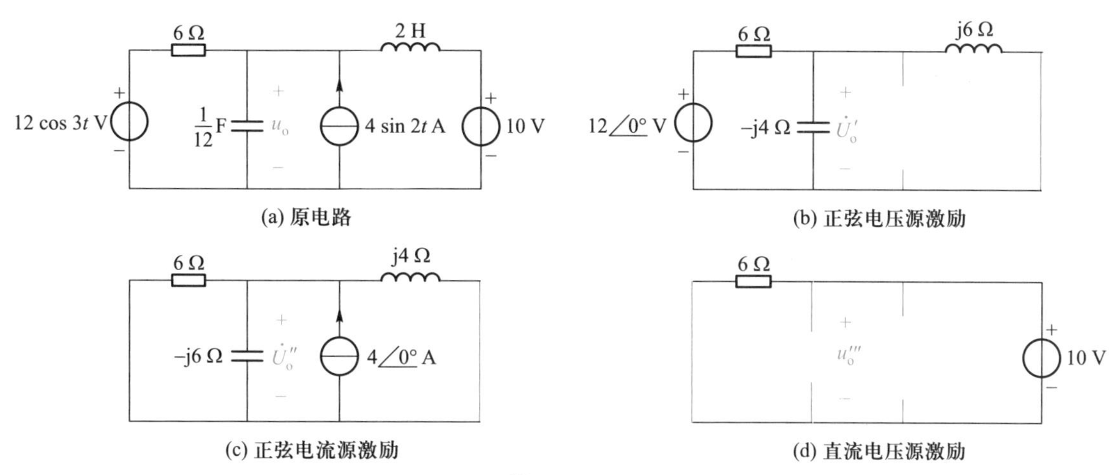

图 10-5-4

在图 10-5-4(b)中，由分压关系得

$$\dot{U}_o'=\frac{\text{j}6/\!/(-\text{j}4)}{6+\text{j}6/\!/(-\text{j}4)}\times 12\angle 0^\circ\ \text{V}=\frac{-\text{j}12}{6-\text{j}12}\times 12\ \text{V}=10.73\angle -26.57^\circ\ \text{V}$$

$$u_o'=10.73\cos(3t-26.57^\circ)\ \text{V}$$

在图 10-5-4(c)中，三个阻抗为并联关系，由分流关系得

$$\dot{U}_o''=\frac{1}{\frac{1}{6}+\frac{1}{-\text{j}6}+\frac{1}{\text{j}4}}\times 4\angle 0^\circ\ \text{V}=\frac{24}{2-\text{j}}\ \text{V}=21.47\angle 26.57^\circ\ \text{V}$$

$$u_o''=21.47\sin(2t+26.57^\circ)\ \text{V}$$

直流电源可视为 $\omega=0$ 的正弦电源，因此，电感的感抗为 0，相当于短路，电容的容抗为 ∞，相当于开路，如图 10-5-4(d)所示。有

$$u_o'''=10\ \text{V}$$

在时域进行叠加，即

$$u_o=u_o'+u_o''+u_o'''=[10+10.73\cos(3t-26.57^\circ)+21.47\sin(2t+26.57^\circ)]\ \text{V}$$

在此，不能用相量相加，即不能用 $\dot{U}_o=\dot{U}_o'+\dot{U}_o''$，因为各相量对应的正弦电量的频率不同。

目标 5 检测：掌握叠加定理应用于正弦稳态分析

测 10-21 确定测 10-21 图所示电路的稳态响应 i_o。

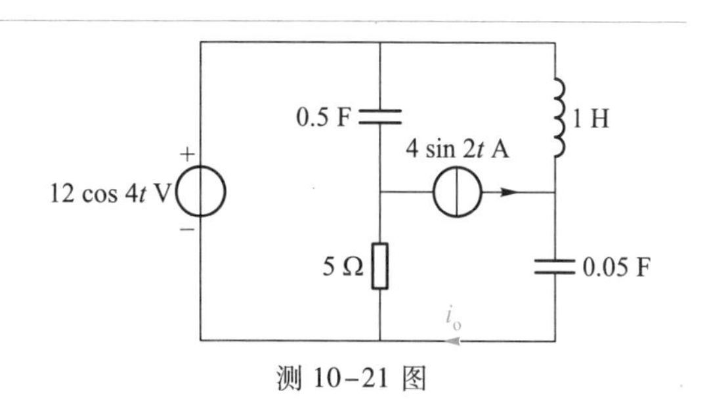

测 10-21 图

答案：[12cos(4t+90°)+sin(2t+180°)] A。

10.5.3 戴维南定理与诺顿定理应用

电路等效的方法也可以用来分析相量模型。对相量模型实施电源变换，或应用戴维南定理和诺顿定理，能获得含源一端口电路的戴维南等效电路或诺顿等效电路。

图 10-5-5(a)为戴维南支路，是实际正弦电压源的相量模型，如电力系统中的发电机；图(b)为诺顿支路，是实际正弦电流源的相量模型。两种电源模型的互换关系为

$$\dot{U}_s = Z_s \dot{I}_s \quad \text{或} \quad \dot{I}_s = \dot{U}_s / Z_s \tag{10-5-5}$$

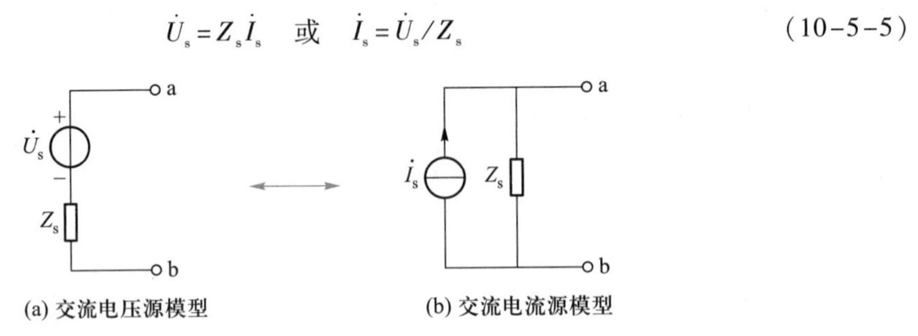

图 10-5-5　电源变换

例 10-5-5　求图 10-5-6(a)所示电路的 $\dot{I}_2$。

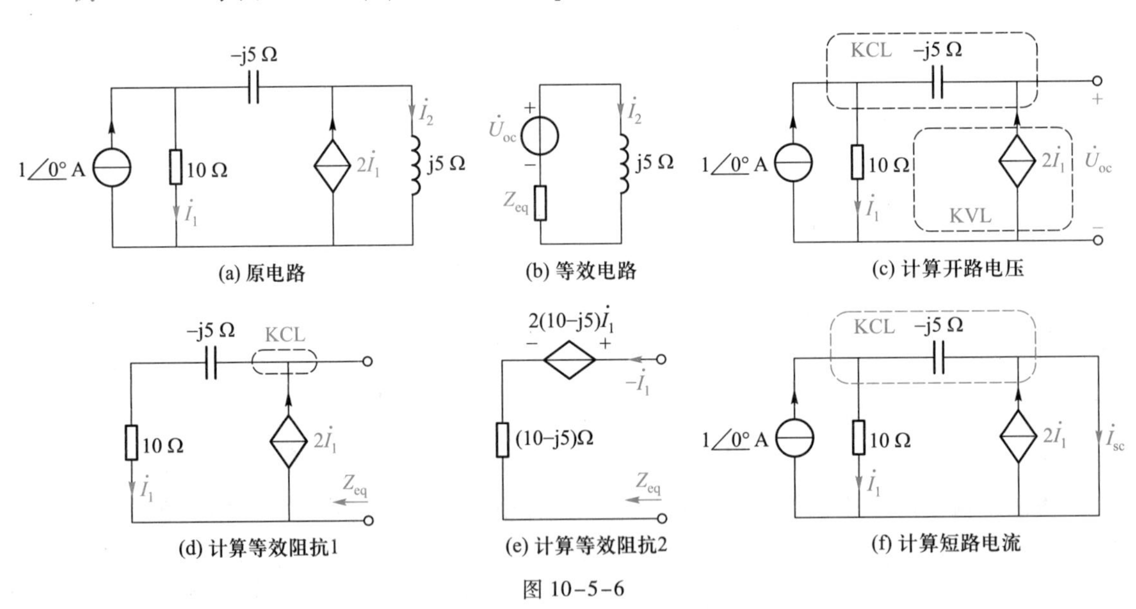

图 10-5-6

解：应用戴维南定理，先确定图 10-5-6(b)所示等效电路，再计算 $\dot{I}_2$。

由图 10-5-6(c)计算开路电压 $\dot{U}_{oc}$。由 KCL 得

$$\dot{I}_1 - 2\dot{I}_1 = 1\angle 0^\circ$$

解得 $\dot{I}_1 = -1$ A。再由 KVL 得

$$\dot{U}_{oc} = -j5(2\dot{I}_1) + 10\dot{I}_1 = (-10+j10)\ \text{V}$$

由图 10-5-6(d)计算等效阻抗 Z_{eq}。电阻和电容串联成阻抗(10−j5) Ω，为诺顿支路，将其

变换为戴维南支路,如图(e)所示。因此

$$Z_{eq}=\frac{2(10-j5)\dot{I}_1}{-\dot{I}_1}+(10-j5)=(-10+j5)\ \Omega$$

由图 10-5-6(b)计算 $\dot{I}_2$。有

$$\dot{I}_2=\frac{\dot{U}_{oc}}{Z_{eq}+j5}=\frac{-10+j10}{(-10+j5)+j5}\ \text{A}=1\angle 0^\circ\ \text{A}$$

计算图 10-5-6(a)的短路电流也很容易,可由开路电压、短路电流求得等效阻抗。由图(f)计算短路电流,应用 KCL 得

$$\dot{I}_{sc}=1\angle 0^\circ-\dot{I}_1+2\dot{I}_1=1+\dot{I}_1$$

再由分流关系得

$$\dot{I}_1=\frac{-j5}{10-j5}\times 1\angle 0^\circ\ \text{A}=\frac{-j}{2-j}\ \text{A}$$

于是

$$\dot{I}_{sc}=\left(1+\frac{-j}{2-j}\right)\ \text{A}=\frac{2-2j}{2-j}\ \text{A}$$

$$Z_{eq}=\frac{\dot{U}_{oc}}{\dot{I}_{sc}}=\frac{(-10+j10)(2-j)}{2-2j}\ \Omega=(-10+5j)\ \Omega$$

目标 5 检测:掌握戴维南定理与诺顿定理应用于正弦稳态分析

测 10-22 用戴维南定理或诺顿定理,求测 10-22 图所示电路的稳态电流 $\dot{I}_2$。

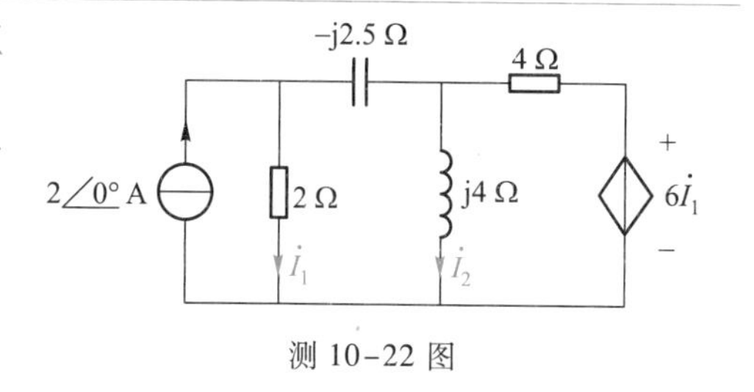

测 10-22 图

答案:1.66∠-33° A。

例 10-5-6 图 10-5-7(a)所示正弦稳态电路中,已知电流 $\dot{I}_o=2\angle 0^\circ$ A,试确定 $\dot{U}_s$。

解:应用戴维南定理,先确定图 10-5-7(b)所示等效电路,再由等效电路和已知电流 $\dot{I}_o$ 确定 $\dot{U}_s$。

(1) 计算开路电压 $\dot{U}_{oc}$。图(c)中,并联部分的等效阻抗为

$$Z=\frac{j4\times(2-j2)}{j4+(2-j2)}\ \Omega=4\ \Omega$$

由分压关系得

$$\dot{U}_{oc}=-\frac{j2}{Z+j2}\dot{U}_s=-\frac{j2}{4+j2}\dot{U}_s=\frac{-1-j2}{5}\dot{U}_s$$

(2) 计算等效阻抗。图 10-5-7(d)中,有

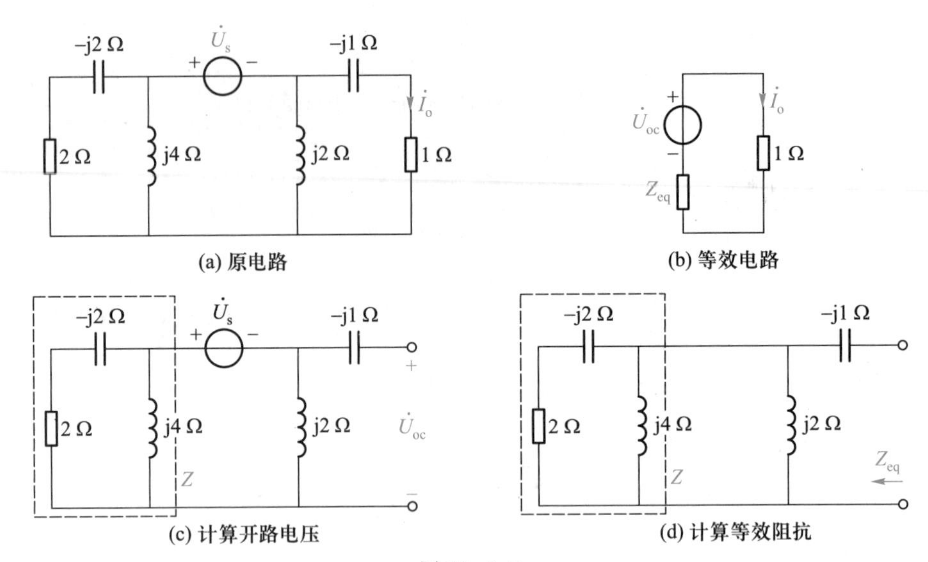

图 10-5-7

$$Z_{eq}=-j1+\frac{j2\times Z}{Z+j2}=-j1+\frac{j2\times 4}{4+j2}=\left(\frac{4}{5}+j\frac{3}{5}\right)\ \Omega$$

（3）由已知电流 $\dot{I}_o=2\angle 0^\circ$ A 确定 $\dot{U}_s$。由图(b)得

$$\dot{I}_o=\frac{\dot{U}_{oc}}{1+Z_{eq}}=\frac{\frac{-1-j2}{5}\dot{U}_s}{1+\left(\frac{4}{5}+j\frac{3}{5}\right)}=\frac{-1-j2}{9+j3}\dot{U}_s=2\angle 0^\circ\ \text{A}$$

解得

$$\dot{U}_s=\left(\frac{9+j3}{-1-j2}\times 2\right)\ \text{V}=(-6+j6)\ \text{V}=8.49\angle 135^\circ\ \text{V}$$

目标 5 检测：掌握戴维南定理与诺顿定理应用于正弦稳态分析

测 10－23　用戴维南定理求测 10－23 图中的电流 $\dot{I}$。

测 10-23 图

答案：5.07$\angle 6.0^\circ$ A。

---

*10.5.4　互易定理应用

在分析正弦稳态电路的相量模型时，还可以应用互易定理。

例 10-5-7 确定图 10-5-8(a)所示正弦稳态电路的电流 $\dot{I}$。

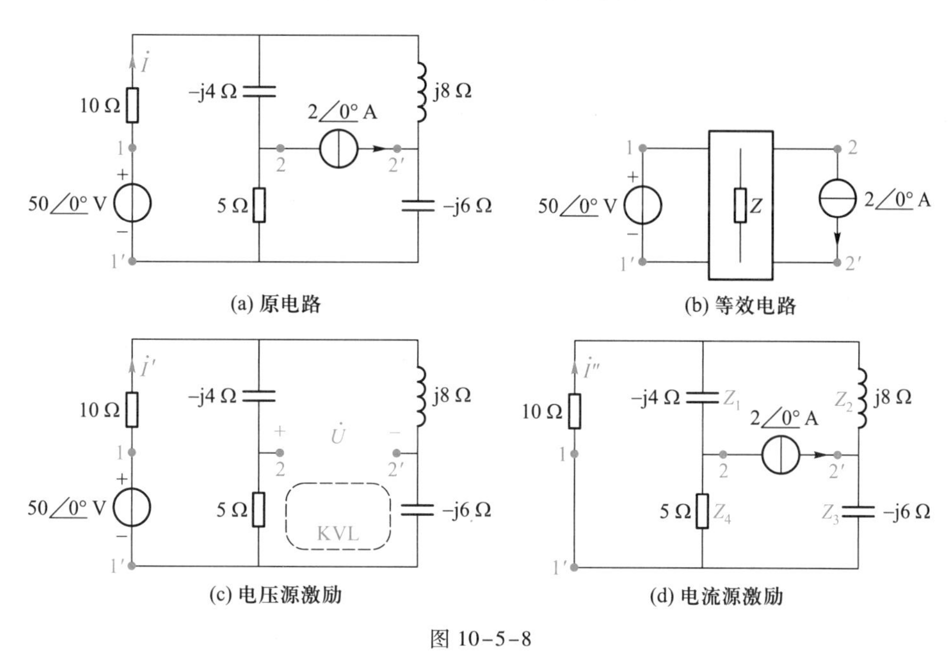

(a) 原电路 (b) 等效电路

(c) 电压源激励 (d) 电流源激励

图 10-5-8

解:图 10-5-8(a)可视为图 10-5-8(b)所示二端口网络。对图(a)应用叠加定理,得到图(c)和(d)。我们很容易求得图(c)中的 $\dot{I}'$,而计算图(d)中 $\dot{I}''$就相对困难一些。虽然图(d)中的阻抗构成电桥(10 Ω 电阻为桥支路),但不满足 $Z_1Z_3=Z_2Z_4$ 的平衡条件。

应用互易定理来计算 $\dot{I}''$。图 10-5-8(c)和图(d)构成互易。图(c)为端口 1 加电压源、端口 2 开路,端口 2 的开路电压为 $\dot{U}$;图(d)为端口 2 加电流源、端口 1 短路,端口 1 短路电流为 $\dot{I}''$。应用互易定理,有

$$\frac{\dot{I}''}{\dot{U}}=\frac{2\angle 0^\circ}{50\angle 0^\circ} \tag{10-5-6}$$

因此,由图(c)求得 $\dot{U}$,就可求得图 10-5-8(d)中的 $\dot{I}''$。下面计算图(c)中的 $\dot{I}'$和 $\dot{U}$。应用阻抗联结关系得

$$\dot{I}'=\frac{50}{10+(5-\mathrm{j}4)/\!/(\mathrm{j}8-\mathrm{j}6)}\ \mathrm{A}=\frac{250-\mathrm{j}100}{58-\mathrm{j}10}\ \mathrm{A}$$

应用分流关系和 KVL 得

$$\dot{U}=\frac{(\mathrm{j}8-\mathrm{j}6)}{(5-\mathrm{j}4)+(\mathrm{j}8-\mathrm{j}6)}\dot{I}'\times 5-\frac{(5-\mathrm{j}4)}{(5-\mathrm{j}4)+(\mathrm{j}8-\mathrm{j}6)}\dot{I}'\times(-\mathrm{j}6)=\frac{50(24+\mathrm{j}40)}{58-\mathrm{j}10}\ \mathrm{V}$$

将 $\dot{U}$ 的结果代入式(10-5-6)得

$$\dot{I}''=\frac{2}{50}\dot{U}=\frac{2}{50}\ \frac{50(24+\mathrm{j}40)}{58-\mathrm{j}10}\ \mathrm{A}=\frac{48+\mathrm{j}80}{58-\mathrm{j}10}\ \mathrm{A}$$

$\dot{I}'$、$\dot{I}''$叠加得

$$\dot{I}=\dot{I}'+\dot{I}''=\left(\frac{250-j100}{58-j10}+\frac{48+j80}{58-j10}\right)\ A=\frac{298-j20}{58-j10}\ A=5.07\angle 6.0^\circ\ A$$

目标 5 检测：掌握互易定理应用于正弦稳态分析

测 10-24 应用互易定理计算测 10-24 图中电流 $\dot{I}_o$。

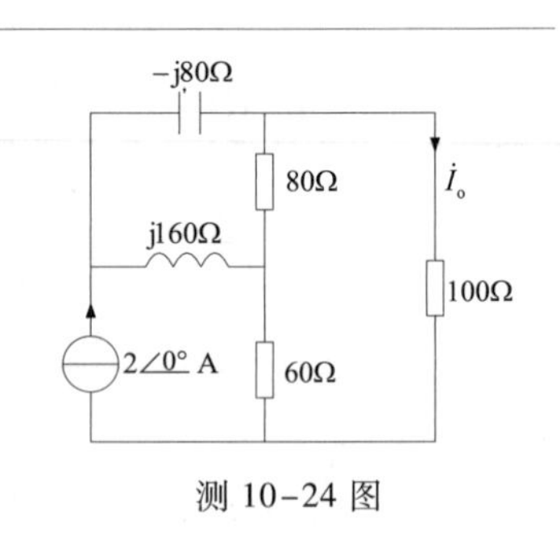

测 10-24 图

答案：$1.58\angle 18.4^\circ$ A。

10.5.5 含运算放大器的正弦稳态电路分析

正弦稳态电路中，工作在线性区的运算放大器仍然按照理想运算放大器来分析，具有虚断路、虚短路特性。

例 10-5-8 图 10-5-9(a)所示正弦稳态电路中，$u_s=2\cos(100t)$ V。(1)确定 u_o；(2)u_s 频率不变，在 u_o 不失真的前提下，u_s 的最大允许幅值为多少？

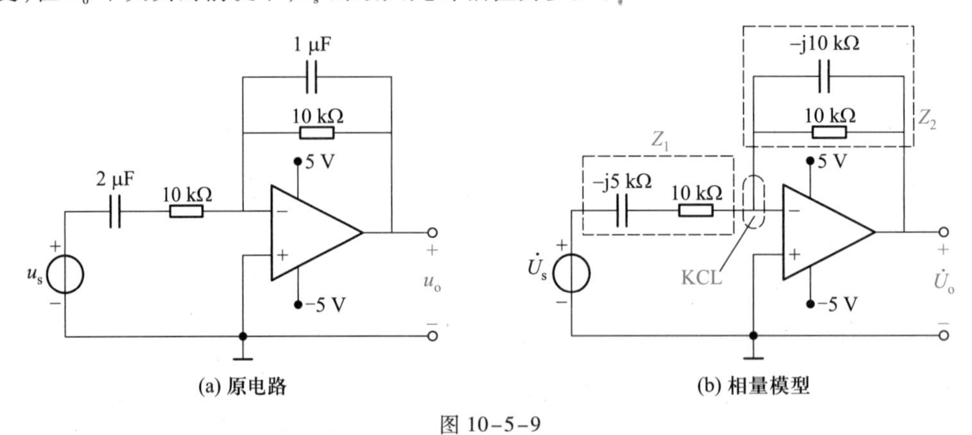

图 10-5-9

解：画出图 10-5-9(a)所示正弦稳态电路的相量模型，如图(b)所示，其中 $\dot{U}_s=2\angle 0^\circ$ V。阻抗

$$Z_1=(10-j5)\ k\Omega,\quad Z_2=\frac{10(-j10)}{10-j10}\ k\Omega=(5-j5)\ k\Omega$$

由运算放大器的虚短路特性可知，反相输入端对地电位为 0。在反相输入端应用虚断路特性和 KCL 得

$$\frac{\dot{U}_s-0}{Z_1}+\frac{\dot{U}_o-0}{Z_2}=0$$

解得

$$\dot{U}_o=-\frac{Z_2}{Z_1}\dot{U}_s=-\frac{5-j5}{10-j5}\dot{U}_s=\frac{-3+j}{5}\dot{U}_s=(0.63\angle 161.6°)\dot{U}_s$$

可见,电路的增益为$0.63\angle 161.6°$,电路将输入电压幅值放大到 0.63 倍,相位移相 161.6°。将$\dot{U}_s=2\angle 0°$ V 代入得

$$\dot{U}_o=1.26\angle 161.6°\ \text{V}$$

因此

$$u_o=1.26\cos(100t+161.6°)\ \text{V}$$

若要保证 u_o 不失真,运算放大器应工作在线性区内,则 u_s 的幅值 U_{sm} 须满足

$$0.63U_{sm}\leqslant 5\ \text{V}$$

即

$$U_{sm}\leqslant\frac{5}{0.63}\ \text{V}=7.94\ \text{V}$$

目标 5 检测:掌握含运算放大器电路的正弦稳态分析

测 10-25 计算测 10-25 图所示正弦稳态电路的增益 $\dot{U}_o/\dot{U}_s$。电压源幅值在什么范围内,输出电压波形为正弦波?

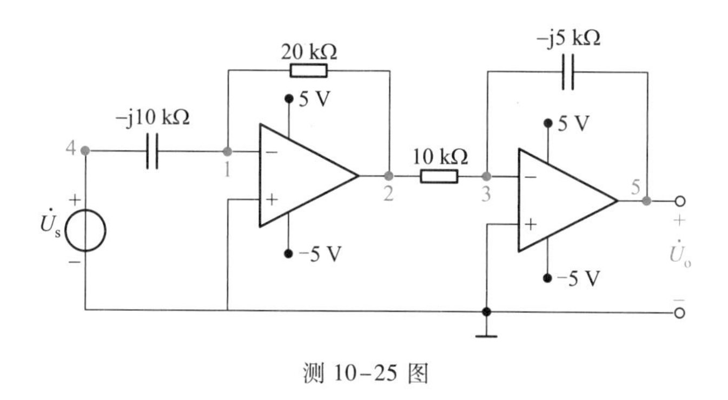

测 10-25 图

答案:$1\angle 0°$, U_{sm}<2.5 V。

例 10-5-9 图 10-5-10 所示正弦稳态电路中,电压源频率为 1 000 rad/s。(1)确定电路的增益 $\dot{U}_o/\dot{U}_s$;(2)电压源频率不变,在输出电压不失真的前提下,电压源的最大允许幅值为多少?

解:由运算放大器的虚短路特性可知,图 10-5-10 中结点 1、3 的电位 $\dot{U}_1=\dot{U}_3=0$。设结点 2 的电位为 $\dot{U}_2$,且已知结点 4 的电位为 $\dot{U}_s$,结点 5 的电位为 $\dot{U}_o$。结点 1、3 的 KCL 方程为

$$\frac{\dot{U}_s-0}{-j10}+\frac{\dot{U}_o-0}{50}+\frac{\dot{U}_2-0}{20}=0\quad(\text{结点 1 的 KCL})$$

$$\frac{\dot{U}_2-0}{10}+\frac{\dot{U}_o-0}{-j5}=0\quad(\text{结点 3 的 KCL})$$

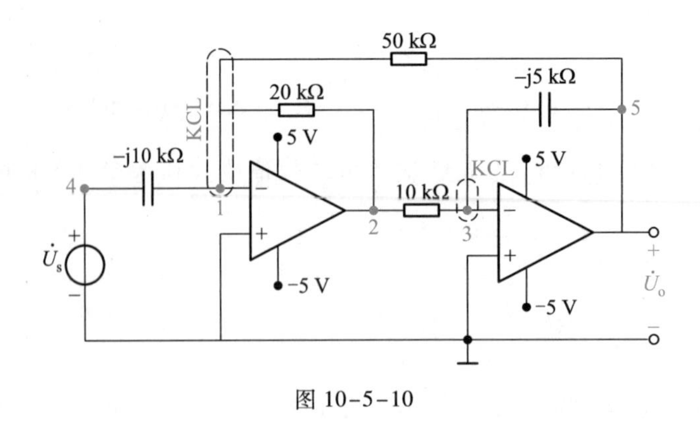

图 10-5-10

解得

$$\frac{\dot{U}_o}{\dot{U}_s}=\frac{25-j5}{26}=0.98\angle -11.3°,\frac{\dot{U}_2}{\dot{U}_s}=1.96\angle -101.3°$$

若要保证输出电压 u_o 不失真，则 u_s 的幅值 U_{sm} 须满足

$$0.98U_{sm}\leqslant 5\ \text{V} \text{ 和 } 1.96\ U_{sm}\leqslant 5\ \text{V}$$

即

$$U_{sm}\leqslant \frac{5}{1.96}\ \text{V}=2.55\ \text{V}$$

目标5检测：掌握含运算放大器正弦稳态分析

测10-26 测10-26图中，正弦电压源的频率为2 000 rad/s。(1)计算电路的放大倍数和相移；(2)在 u_o 不失真的前提下，u_s 的最大允许幅值为多少？

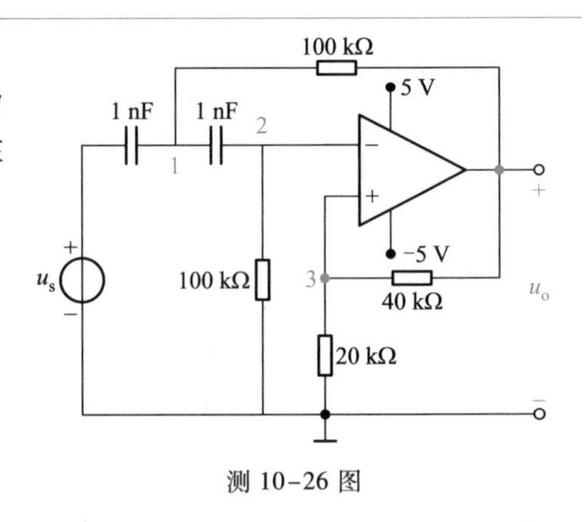

测10-26图

答案：$0.125\angle 180°$，40 V。

*10.6 位形相量图

前面的分析已涉及相量图，相量图是分析正弦稳态电路的辅助工具。正弦稳态电路的基本规律体现在相量形式的KCL、KVL和 $u-i$ 关系对应的方程中，也可以体现在相量图中。相量图中用多边形表达 KCL、KVL 方程。如果相量图中体现了电路所有的 KCL、KVL 和 u-i 关系方程，那么，电路分析就可以用相量图中的几何关系分析来取代。本节讨论如何应用相量图中的几何关系来分析正弦稳态电路。

图 10-6-1(a)所示电路，选择电流的初相位为 0，称为参考相量，画出图(b)所示相量图，图中体现了每个元件的 u-i 关系，但是没有体现

$$\dot{U}=\dot{U}_{R1}+\dot{U}_L+\dot{U}_{R2}+\dot{U}_C$$

的 KVL 方程，这样的相量图对分析电路没有意义。我们也可以画出图(c)所示相量图，图中不仅体现了每个元件的 u-i 关系，也体现 KVL 方程，即 $\dot{U}_{R1}$、$\dot{U}_{R2}$、$\dot{U}_L$、$\dot{U}_C$ 首尾相连得到支路电压 $\dot{U}$，5 个电压构成多边形。我们还可以画出图(d)所示相量图，图中体现了每个元件的 u-i 关系，也体现了 $\dot{U}_{R1}$、$\dot{U}_L$、$\dot{U}_{R2}$、$\dot{U}_C$、$\dot{U}$ 构成的 KVL 方程，与图(c)相比，不同之处在于图(d)中电压首尾相连的顺序由电路中元件的连接顺序决定。显然，在已知电流相量和各元件的阻抗时，从图(c)、(d)中都能利用几何关系确定电压 $\dot{U}$。但是，如果要确定 $\dot{U}_{ac}$、$\dot{U}_{bd}$，在图(d)中则更容易。由 $\dot{U}_{ac}=\dot{U}_{R1}+\dot{U}_L$ 可知，$\dot{U}_{ac}$、$\dot{U}_{R1}$、$\dot{U}_L$ 构成三角形，在图(d)的相量图中标出电路元件的连接点 a、b、c、d、e，如图(e)所示，从 a 指向 c 的相量就是 $\dot{U}_{ac}$，同理可得 $\dot{U}_{bd}$。

以上分析表明，图 10-6-1(e)所示相量图更方便计算。这种电压相量连接顺序和电路元件连接顺序一致的相量图称为位形相量图。在位形相量图中标明电路元件的连接点，无须再标电压相量，因而位形相量图更简洁，如图(f)所示。无论在电路中如何选取电压参考方向，只要元件的连接关系不变，位形相量图的形状则不变，即位形相量图与元件的连接关系相关，而与电压参考方向无关。去掉图(a)中所有电压相量和参考方向，还是能画出图(f)所示的位形相量图。

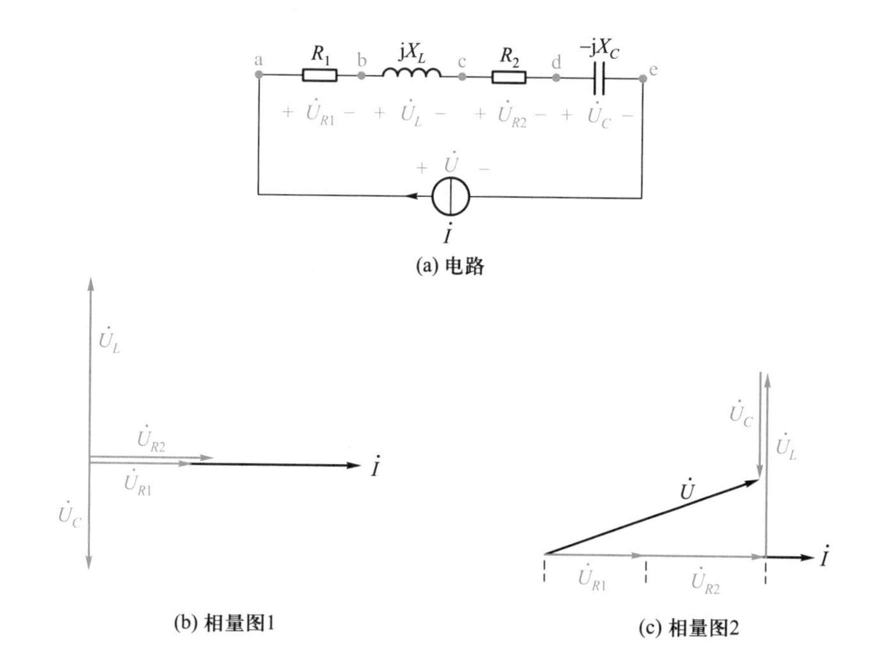

(a) 电路

(b) 相量图1

(c) 相量图2

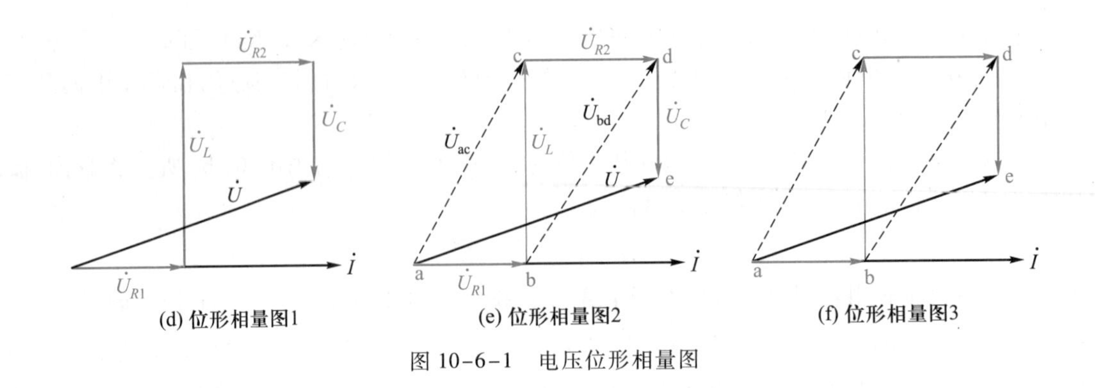

(d) 位形相量图1　(e) 位形相量图2　(f) 位形相量图3

图 10-6-1　电压位形相量图

位形相量图

1. 体现元件的 $\dot{U}$-$\dot{I}$ 关系；
2. 用多边形体现电路的 KCL、KVL 方程；
3. 电压相量首尾相连的顺序与电路元件的连接顺序一致；
4. 相量图中标出电路中元件的连接点；
5. 连接位形相量图中两点的相量对应于电路中两点间的电压；
6. 与电路元件的连接关系相关，与电压参考方向无关。

例 10-6-1 图 10-6-2(a)所示正弦稳态电路中，电压表 V、V_1 和 V_2 的读数分别为100 V、60 V 和 50 V，$R_1=20\ \Omega$。求 R_2 与 X_C 的值。

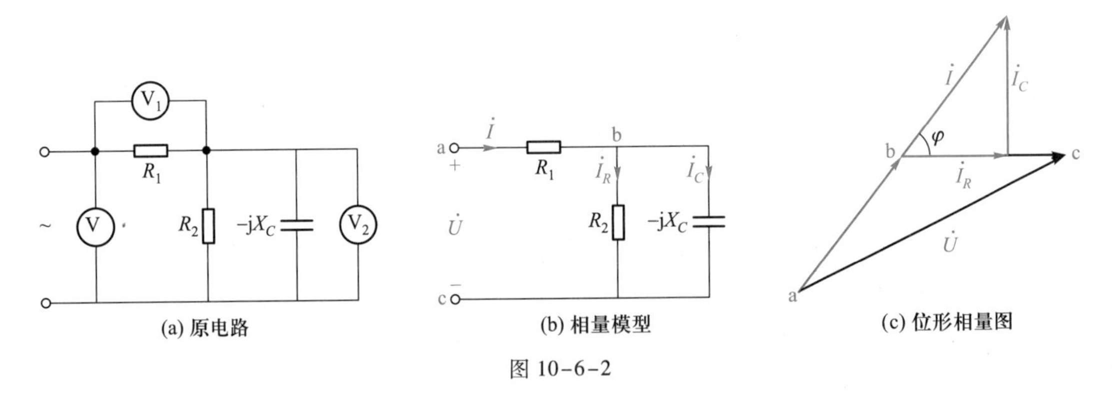

(a) 原电路　(b) 相量模型　(c) 位形相量图

图 10-6-2

解：元件参数未知问题适宜用相量图分析。图 10-6-2(a)的相量模型如图(b)所示。选择 $\dot{U}_{bc}$为参考相量（相位为 0°），则其他相量的相位很容易确定。电流相量图和电压位形相量图如图(c)所示。具体画法为：

第 1 步：画出 $\dot{U}_{bc}$，$\dot{I}_R$与 $\dot{U}_{bc}$同相，$\dot{I}_C$超前 $\dot{U}_{bc}$90°，画出 $\dot{I}_R$和 $\dot{I}_C$；第 2 步：由 KCL（$\dot{I}=\dot{I}_R+\dot{I}_C$）确定 $\dot{I}$；第 3 步：由 $\dot{I}$ 确定 $\dot{U}_{ab}$，$\dot{U}_{ab}$与 $\dot{I}$ 同相，由 a 指向 b；第 4 步：连接 a、c 两点确定 $\dot{U}$，$\dot{U}$ 由 a 指向 c。

相量图中几何关系分析。题目条件给定了 $U_{ab}=60$ V、$U_{bc}=50$ V、$U_{ac}=100$ V。在△abc 中应

用余弦定理,有

$$100^2=60^2+50^2-2\times60\times50\times\cos(180°-\varphi)$$

解得

$$\varphi=49.5°$$

又由 $R_1=20\ \Omega$ 及 $U_{ab}=60\ \text{V}$ 得

$$I=(60/20)\ \text{A}=3\ \text{A}$$

因此

$$I_R=I\cos\varphi=3\times\cos49.5°\ \text{A}=1.95\ \text{A},\quad I_C=I\sin\varphi=3\times\sin49.5°\ \text{A}=2.28\ \text{A}$$

根据元件的 $u-i$ 关系,有

$$R_2=\frac{U_{bc}}{I_R}=\frac{50}{1.95}\ \Omega=25.64\ \Omega,\quad X_C=\frac{U_{bc}}{I_C}=\frac{50}{2.28}\ \Omega=21.93\ \Omega$$

目标 5 检测:掌握相量图与位形相量图的应用

测 10-27 测 10-27 图所示正弦稳态电路端口电压和电流同相位,电压表读数为 100 V,两个电流表读数均为 $5\sqrt{2}$ A。试确定 R、X_L、X_C。

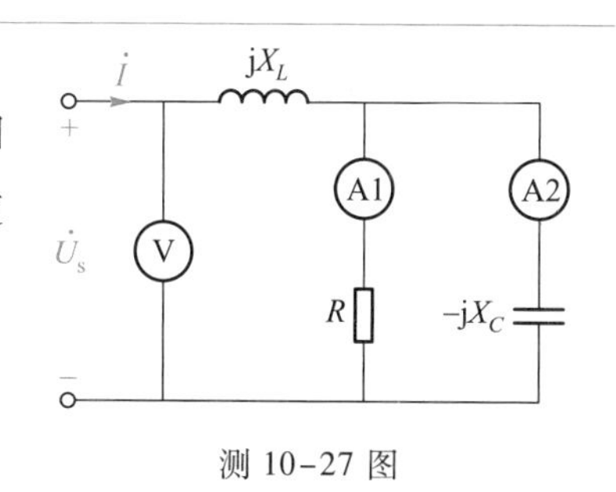

测 10-27 图

答案:$X_L=10\ \Omega$,$R=X_C=20\ \Omega$。

例 10-6-2 图 10-6-3(a)所示正弦稳态电路中,$U_s=100\ \text{V}$,$R_1=20\ \Omega$,$R_2=6.5\ \Omega$,调节 R_1 的中间触头 p,当 $R_{ap}=4\ \Omega$ 时电压表的读数最小,为 30 V。试确定阻抗 Z 的值。

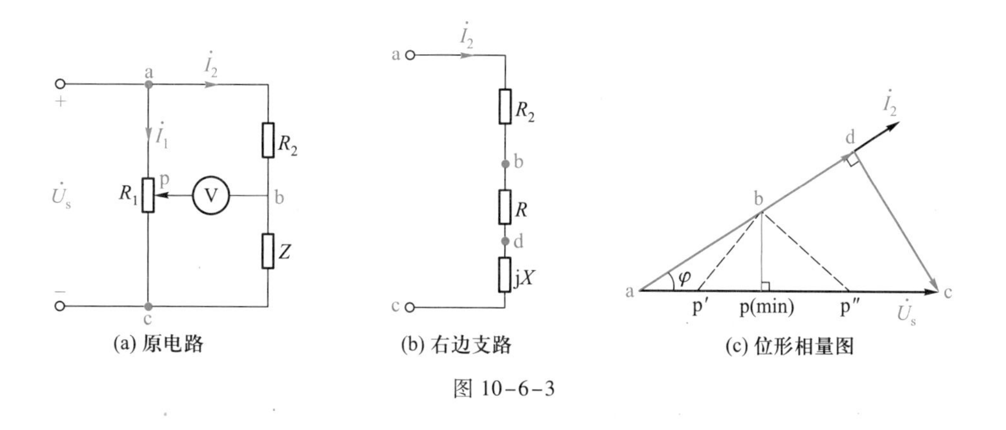

图 10-6-3

解:设未知阻抗 $Z=R+\mathrm{j}X$,X 可正、可负。为了便于画出电压位形相量图,将 Z 等效为串联模型,如图(b)所示。选电压 $\dot{U}_s$ 为参考相量,假定 $X<0$,则 $\dot{I}_2$ 超前于 $\dot{U}_s$ 一个小于 90°的角,如图(c)

所示。由 $\dot{I}_2$确定电压位形图上的 d 点，$\dot{U}_{ad}$与 $\dot{I}_2$同相，$\dot{U}_{dc}$滞后于 $\dot{I}_2$ 90°，△abc 为直角三角形。b 点是 ad 上的一个点，由 b 点向 ac 做垂线到 p 点，U_{bp}最小，即电压表读数最小。

由已知条件可知

$$U_{ap}=\frac{R_{ap}}{R_1}U_s=\frac{4}{20}\times 100\ \text{V}=20\ \text{V},\quad U_{bp}=30\ \text{V}$$

因此，由图(c)中的几何关系可得

$$U_{ad}=U_s\cos\varphi=U_s\times\frac{U_{ap}}{U_{ab}}=100\times\frac{20}{\sqrt{20^2+30^2}}\ \text{V}=\frac{200}{\sqrt{13}}\ \text{V}$$

$$U_{dc}=U_s\sin\varphi=U_s\times\frac{U_{bp}}{U_{ab}}=100\times\frac{30}{\sqrt{20^2+30^2}}\ \text{V}=\frac{300}{\sqrt{13}}\ \text{V}$$

又

$$I_2=\frac{U_{ab}}{R_2}=\frac{\sqrt{20^2+30^2}}{6.5}\ \text{A}=\frac{20}{\sqrt{13}}\ \text{A}$$

故

$$R_2+R=\frac{U_{ad}}{I_2}=\frac{200/\sqrt{13}}{20/\sqrt{13}}\ \Omega=10\ \Omega$$

$$R=10-R_2=(10-6.5)\ \Omega=3.5\ \Omega,\quad |X|=\frac{U_{dc}}{I_2}=\frac{300/\sqrt{13}}{20/\sqrt{13}}\ \Omega=15\ \Omega$$

因此

$$Z=R\pm\text{j}|X|=(3.5\pm\text{j}15)\ \Omega$$

目标 5 检测：掌握相量图与位形相量图的应用

测 10-28 测 10-28 图中电压 $\dot{U}_s$的有效值为 100 V，$\dot{U}_1$和 $\dot{U}_2$的有效值各为 50 V。求电压表 V3 的读数(有效值)。

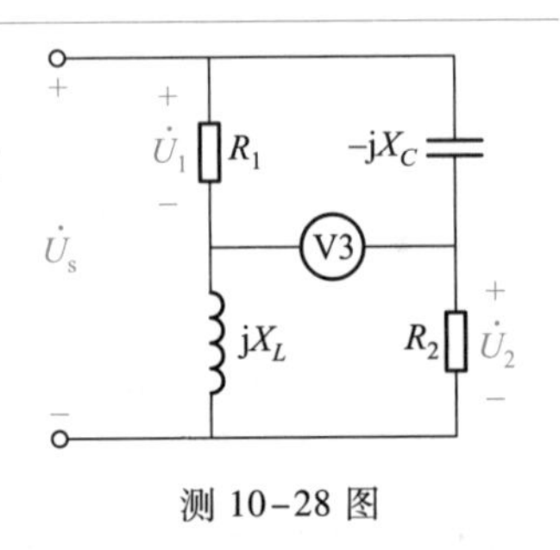

测 10-28 图

答案：50 V。

例 10-6-3 图 10-6-4(a)所示电路中，电压表 V1 和 V2 的读数均为 100 V，电流表 A1、A2 和 A3 的读数均为 5 A，端口电压 $\dot{U}$ 和电流 $\dot{I}$ 同相。求 R_1、X_{C1}及电压表 V 的读数。

解：将图 10-6-4(a)中电压表视为开路、电流表视为短路，画出图(b)所示相量模型，标明元件的连接点和电流相量。以 $\dot{U}_{ce}$为参考相量，电压位形图和电流相量图如图(c)所示。具体步骤为：

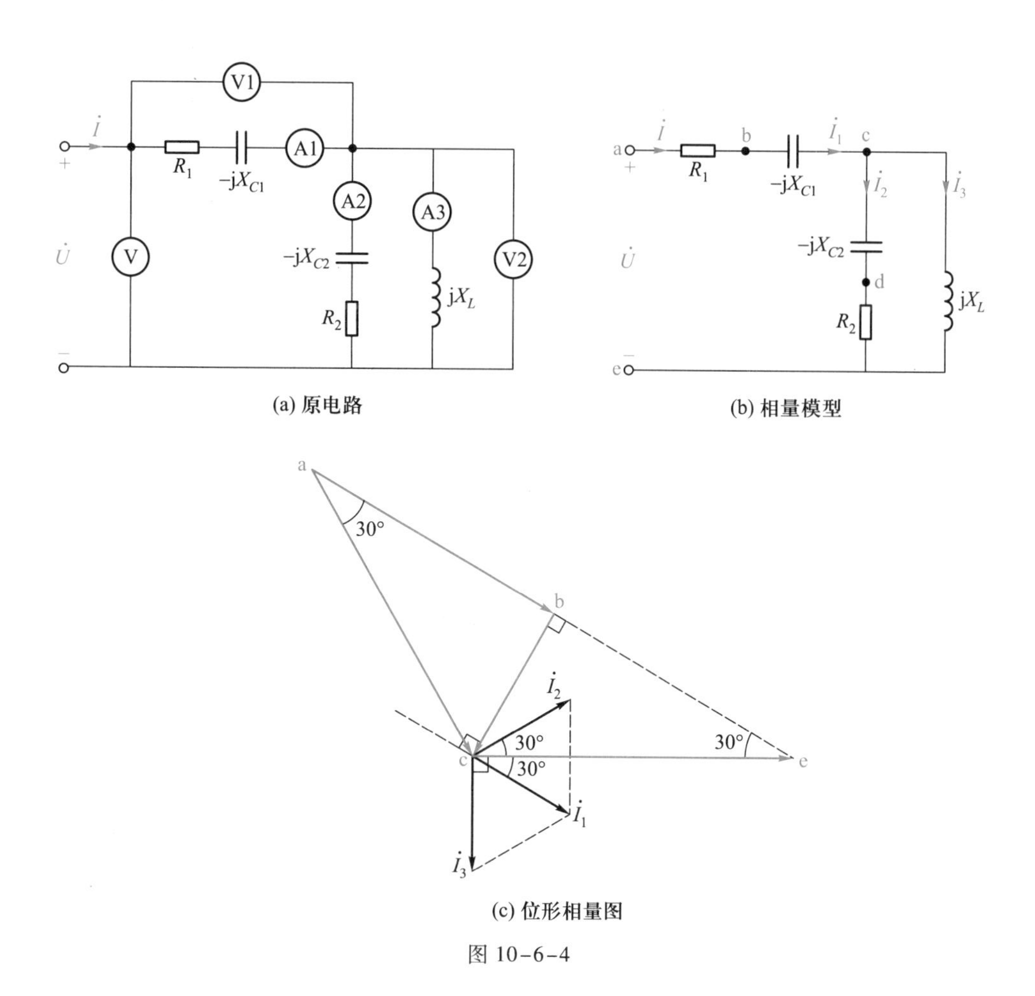

图 10-6-4

第 1 步:由 $\dot{U}_{ce}$确定 $\dot{I}_2$、$\dot{I}_3$的相位,再由 KCL 确定 $\dot{I}_1$,因 $\dot{I}_1$、$\dot{I}_2$、$\dot{I}_3$三者大小相等,故构成等边三角形;第 2 步:由 $\dot{I}_1$确定 $\dot{U}_{bc}$和 $\dot{U}_{ab}$的相位,$\dot{U}_{bc}$滞后 $\dot{I}_1$ 90°,$\dot{U}_{ab}$与 $\dot{I}_1$同相;第 3 步:由于 $\dot{I}$(即 $\dot{I}_1$)与 $\dot{U}$ 及 $\dot{U}_{ab}$同相,且有 $\dot{U}=\dot{U}_{ab}+\dot{U}_{be}$,因此 $\dot{I}$ 与 $\dot{U}_{be}$亦同相,即 a、b、e 三点共线且与 $\dot{I}_1$平行;第 4 步:由于 $U_{ac}=U_{ce}$,故△ace 为等腰三角形。

题目给定了 $I=I_1=I_2=I_3=5$ A、$U_{ac}=U_{ce}=100$ V,由图 10-6-4(c)中的几何关系得

$$U_{bc}=U_{ce}\sin 30°=100\times\frac{1}{2}\ \text{V}=50\ \text{V},\quad U_{be}=U_{ce}\cos 30°=10\times\frac{\sqrt{3}}{2}\ \text{V}=50\sqrt{3}\ \text{V}$$

$$U_{ab}=U_{be}=50\sqrt{3}\ \text{V},\quad U_{ae}=2U_{ab}=100\sqrt{3}\ \text{V}$$

因此

$$R_1=\frac{U_{ab}}{I_1}=\frac{50\sqrt{3}}{5}\ \Omega=10\sqrt{3}\ \Omega,\quad X_{C1}=\frac{U_{bc}}{I_1}=\frac{50}{5}\ \Omega=10\ \Omega$$

电压表 V 的读数为 U_{ae},等于 $100\sqrt{3}$ V。

目标 5 检测：掌握相量图与位形相量图的应用

测 10-29 测 10-29 图中，电流表的读数为 $5\sqrt{3}$ A，电压表的读数均为 $100\sqrt{3}$ V。确定 R、X_L、X_C。

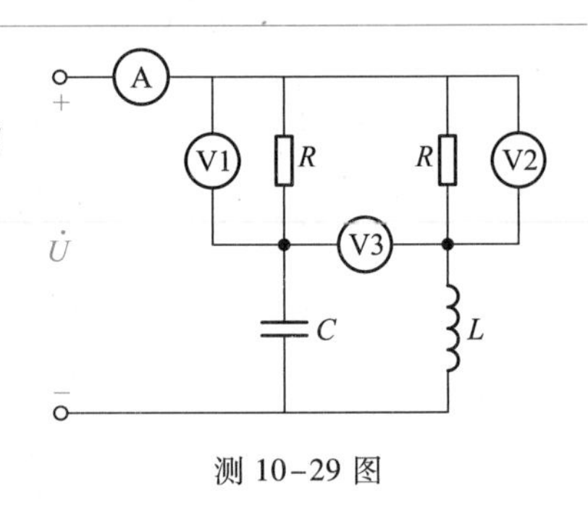

测 10-29 图

答案：$R=20\sqrt{3}\ \Omega$、$X_L=X_C=20\ \Omega$。

10.7 拓展与应用

这里以交流电桥、有源正弦振荡电路、移相器作为正弦稳态电路的应用实例。

10.7.1 交流电桥

本书 2.5.3 小节介绍了直流电桥，直流电桥用来测量直流电阻，即是器件工作于直流下的等效电阻值。交流电桥是用于测量器件的交流电阻、电容器的电容和介质损耗、电感器的电感和交流电阻的精密仪器。图 10-7-1 为交流电桥原理图，cd 支路为交流指零仪，ab 端口接交流电源。当四臂阻抗参数满足

$$Z_1Z_3=Z_2Z_4 \tag{10-7-1}$$

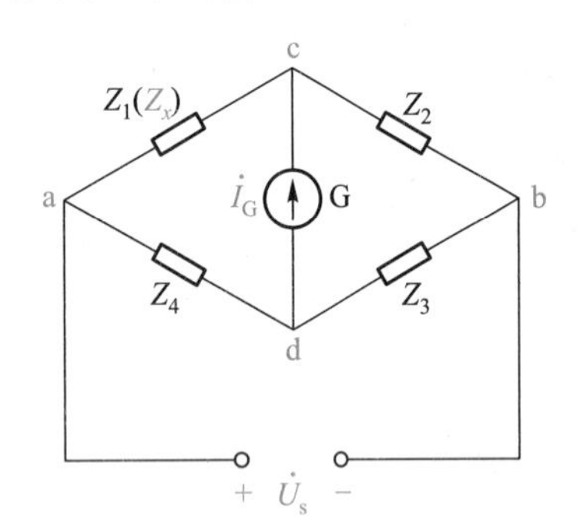

图 10-7-1 交流电桥原理图

时，流过交流指零仪的电流为 0（$I_G=0$），电桥平衡。式（10-7-1）为交流电桥平衡条件。

用于测量电容的交流电桥称为电容电桥。图 10-7-2 为电容电桥原理图，C_n 为高精度标准电容，R_n、R_2、R_3 为高精度可调电阻，C_x 为被测电容器的等效电容，R_x 为被测电容器的等效电阻。在图 10-7-2（a）中，将被测电容器等效为串联模型，调节图中 3 个可调电阻使电桥平衡，平衡条件为

$$\left(R_x+\frac{1}{\mathrm{j}\omega C_x}\right)R_3=\left(R_n+\frac{1}{\mathrm{j}\omega C_n}\right)R_2$$

解得

$$C_x=\frac{R_3}{R_2}C_n \quad R_x=\frac{R_2}{R_3}R_n \tag{10-7-2}$$

在图 10-7-2（b）中，将被测电容器等效为并联模型，调节可调电阻使电桥平衡，平衡条件为

$$\left(\frac{1}{\frac{1}{R_x}+\mathrm{j}\omega C_x}\right)R_3=\left(\frac{1}{\frac{1}{R_\mathrm{n}}+\mathrm{j}\omega C_\mathrm{n}}\right)R_2$$

解得

$$\boxed{C_x=\frac{R_3}{R_2}C_\mathrm{n}\quad R_x=\frac{R_2}{R_3}R_\mathrm{n}}\tag{10-7-3}$$

图 10-7-2(a)所示电容电桥(也称韦恩电桥,Wien-bridge)用于测量损耗小的电容器。这是因为,当电容器的损耗大时,其串联模型中的 R_x 就大,由 $R_x=\frac{R_2}{R_3}R_\mathrm{n}$ 知,R_n 必须很大,这会降低各支路的电流值,从而降低电桥的灵敏度。测量损耗大的电容器宜采用图 10-7-2(b)所示电容电桥,电容器在并联模型下,损耗越大则 R_x 越小,图(b)中的 R_n 也越小,电桥灵敏度越高。

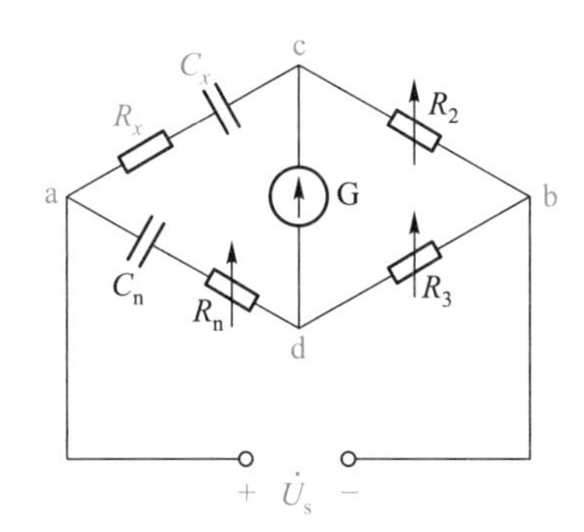

(a) 串联电容电桥(测损耗小的电容器)

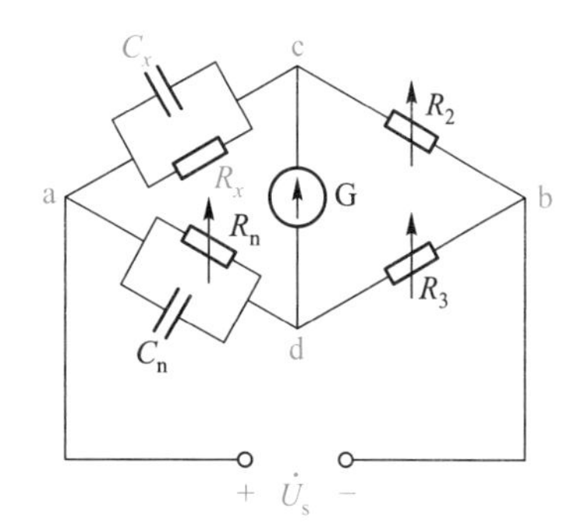

(b) 并联电容电桥(测损耗大的电容器)

图 10-7-2 电容电桥

用于测量电感的交流电桥称为电感电桥。图 10-7-3 为电感电桥原理图,仍然使用高精度标准电容 C_n 和三个高精度可调电阻,L_x 为被测电感器的电感,R_x 为被测电感器的电阻。图(a)所示电感电桥平衡条件为

$$(R_x+\mathrm{j}\omega L_x)\left(R_\mathrm{n}+\frac{1}{\mathrm{j}\omega C_\mathrm{n}}\right)=R_2R_4$$

解得

$$\boxed{L_x=\frac{R_2R_4C_\mathrm{n}}{1+(\omega C_\mathrm{n}R_\mathrm{n})^2}\quad R_x=\frac{R_2R_4R_\mathrm{n}(\omega C_\mathrm{n})^2}{1+(\omega C_\mathrm{n}R_\mathrm{n})^2}}\tag{10-7-4}$$

图(b)所示电感电桥的平衡条件则为

$$(R_x+\mathrm{j}\omega L_x)\left(\frac{1}{\frac{1}{R_\mathrm{n}}+\mathrm{j}\omega C_\mathrm{n}}\right)=R_2R_4$$

解得

$$\boxed{L_x=R_2R_4C_\mathrm{n}\quad R_x=\frac{R_2R_4}{R_\mathrm{n}}}\tag{10-7-5}$$

电感器(即线圈)总是采用串联模型,其感抗和电阻的比值

$$Q=\frac{\omega L_x}{R_x} \tag{10-7-6}$$

被称为品质因数,$Q\geqslant 10$ 的电感器为高 Q 值电感器。图 10-7-3(a)所示电感电桥,由测量结果式(10-7-4)可得 $Q=\frac{\omega L_x}{R_x}=\frac{1}{\omega C_n R_n}$,它表明被测电感器的 Q 值小时,C_n 或 R_n 的值要大,而标准电容不易做得太大,R_n 过大会降低电桥灵敏度。因此,图 10-7-3(a)所示电感电桥(也称海氏电桥,Hay-bridge)适宜于测量高 Q 值电感器,低 Q 值电感器宜采用 10-7-3(b)所示电感电桥(也称麦克斯韦电桥,Maxwell-bridge)来测量。

工程中常见的万用电桥,可以根据测量要求通过转换开关连接成不同的电桥电路。因而,万用电桥既可测量电阻,也可测量电容和电感。

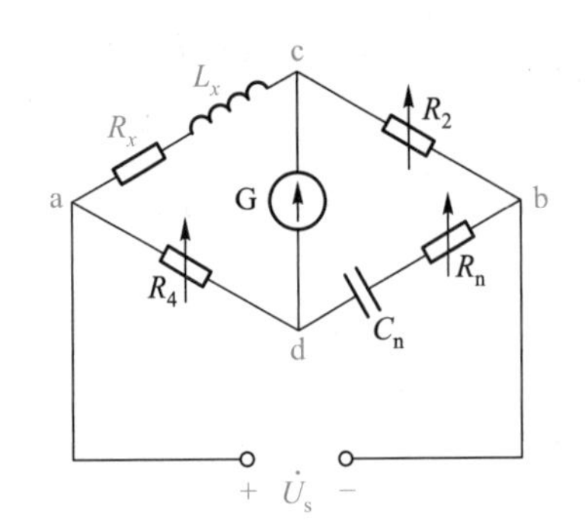

(a) 串联电感电桥(测高Q值电感器)

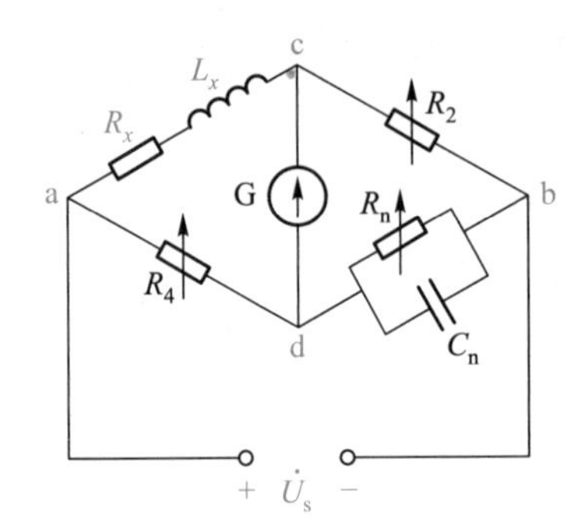

(b) 并联电感电桥(测低Q值电感器)

图 10-7-3 电感电桥

10.7.2 有源正弦振荡器

电子电路、通信系统、微波装置中,通常需要 1 ~ 10 GHz 范围内的正弦信号,这些信号由振荡电路产生。振荡电路由直流电源供电,输出频率一定、幅值稳定的正弦信号。振荡电路有多种类型,图 10-7-4 所示电路为韦恩桥式振荡器(Wien-bridge oscillator),广泛用于产生 1 MHz 以下的正弦振荡信号。

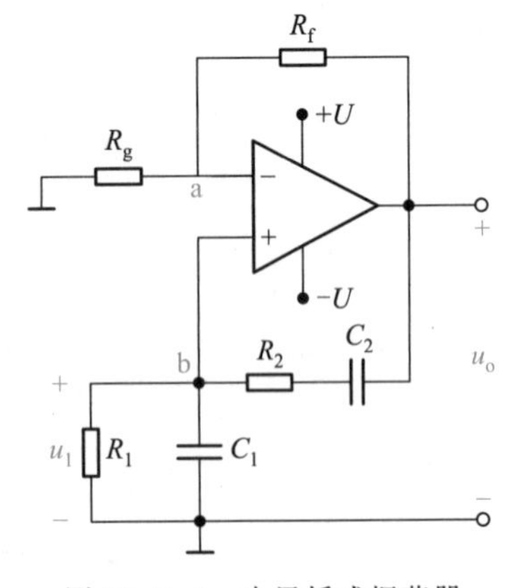

图 10-7-4 韦恩桥式振荡器

图 10-7-4 所示电路在什么条件下才能输出稳定的正弦信号呢?先假定它工作于正弦稳态,即 u_o、u_1 是频率为 ω 的正弦函数,用相量法来分析该电路。为了表达方便,令

$$Z_1=\frac{1}{\frac{1}{R_1}+\mathrm{j}\omega C_1}=\frac{R_1}{1+\mathrm{j}\omega C_1 R_1},\quad Z_2=R_2-\mathrm{j}\frac{1}{\omega C_2}$$

运算放大器工作于线性区,由其虚短路特性知,a、b 两点电位均为 $\dot{U}_1$,在 a 点应用 KCL 和虚断路特性,有

$$\frac{\dot{U}_1}{R_g}+\frac{\dot{U}_1-\dot{U}_o}{R_f}=0$$

解得

$$\dot{U}_1=\frac{R_g}{R_g+R_f}\dot{U}_o=k\dot{U}_o \tag{10-7-7}$$

在 b 点应用 KCL 和虚断路特性,有

$$\frac{\dot{U}_1}{Z_1}+\frac{\dot{U}_1-\dot{U}_o}{Z_2}=0$$

将 $\dot{U}_1=k\dot{U}_o$代入上式、并化简得

$$\left(\frac{k}{Z_1}+\frac{k-1}{Z_2}\right)\dot{U}_o=0$$

上式中,$\dot{U}_o$有非零解的条件也就是图 10-7-4 所示电路能输出稳定正弦信号的条件,为

$$\frac{k}{Z_1}+\frac{k-1}{Z_2}=0$$

解得

$$\frac{Z_2}{Z_1}=\frac{1-k}{k}=h$$

将 Z_1、Z_2 的表达式代入上式,得

$$R_2-\mathrm{j}\frac{1}{\omega C_2}=\frac{hR_1}{1+\mathrm{j}\omega C_1R_1}$$

解得

$$\boxed{R_2=\frac{hR_1}{1+(\omega C_1R_1)^2}\qquad \frac{1}{\omega C_2}=\frac{h\omega C_1R_1^2}{1+(\omega C_1R_1)^2}} \tag{10-7-8}$$

式(10-7-8)是韦恩桥式振荡器的振动频率和参数要满足的约束关系,其中

$$h=\frac{1-k}{k}=\frac{1}{k}-1=\frac{1}{\dfrac{R_g}{R_g+R_f}}-1=\frac{R_f}{R_g} \tag{10-7-9}$$

从式(10-7-8)中可以推出正弦振荡角频率 ω 的表达式,即

$$\omega^2=\frac{1}{R_1R_2C_1C_2} \tag{10-7-10}$$

工程中通常取 $R_1=R_2=R$ 和 $C_1=C_2=C$,此时式(10-7-10)变为

$$\omega=1/RC \tag{10-7-11}$$

由式(10-7-8)、(10-7-11)得

$$h=2$$

考虑到式(10-7-9),有

$$\frac{R_f}{R_g}=2 \tag{10-7-12}$$

代入式(10-7-7)得

$$\frac{\dot{U}_1}{\dot{U}_o}=\frac{R_g}{R_g+R_f}=\frac{1}{3} \tag{10-7-13}$$

当 $R_1=R_2=R$、$C_1=C_2=C$、$R_f/R_g=2$ 时,韦恩桥式振荡器输出正弦信号的角频率为 $\omega=1/RC$,

输出电压 $\dot{U}_o$和输入端电压 $\dot{U}_1$的关系为 $\dot{U}_o/\dot{U}_1=3$。

10.7.3 移相器

移相器用来对正弦信号产生一定的相移,使正弦信号的初相位变为所期望的值。RC 电路既可实现超前移相,也能实现滞后移相。

图 10-7-5(a)为 RC 超前移相电路。RC 环节实现超前移相,电压跟随器使得移相器的特性不受负载(接于运算放大器输出端)的影响。相量图如图(b)所示,输出电压 $\dot{U}_o$超前输入电压 $\dot{U}_i$角度 θ,由相量图不难得出 $\theta=\arctan X_C/R$。也可由分压关系得到 θ,即

$$\frac{\dot{U}_o}{\dot{U}_i}=\frac{R}{R-jX_C}=\frac{R}{\sqrt{R^2+X_C^2}}\angle \arctan\frac{X_C}{R}$$

输出电压 $\dot{U}_o$超前于输入电压 $\dot{U}_i$的角度 θ 为

$$\theta=\arctan\frac{X_C}{R}\quad(0<\theta<90°)\tag{10-7-14}$$

图 10-7-5(c)为 RC 滞后移相电路。相量图如图(d)所示,输出电压 $\dot{U}_o$滞后输入电压 $\dot{U}_i$角度 θ,由相量图易得 $\theta=\arctan R/X_C$。也可由分压关系得到 θ,即

$$\frac{\dot{U}_o}{\dot{U}_i}=\frac{-jX_C}{R-jX_C}=\frac{X_C(X_C-jR)}{R^2+X_C^2}=\frac{X_C}{\sqrt{R^2+X_C^2}}\angle -\arctan\frac{R}{X_C}$$

输出电压 $\dot{U}_o$滞后于输入电压 $\dot{U}_i$的角度 θ 为

$$\theta=\arctan\frac{R}{X_C}\quad(0<\theta<90°)\tag{10-7-15}$$

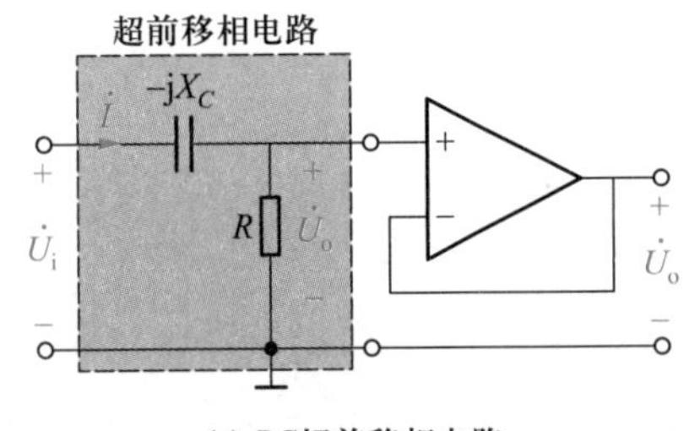

(a) RC超前移相电路

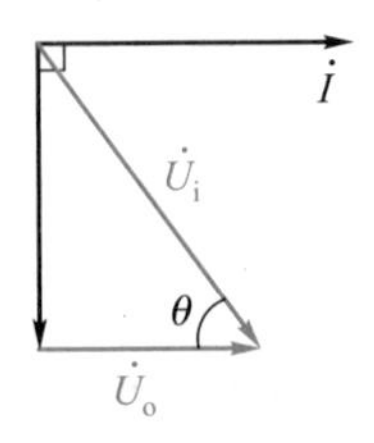

(b) RC超前移相电路相量图

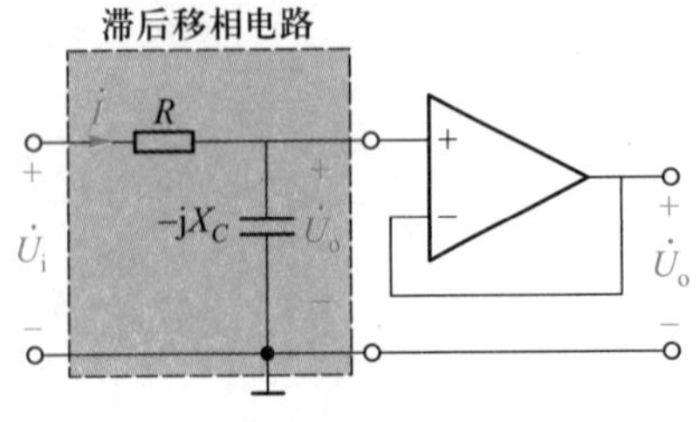

(c) RC滞后移相电路

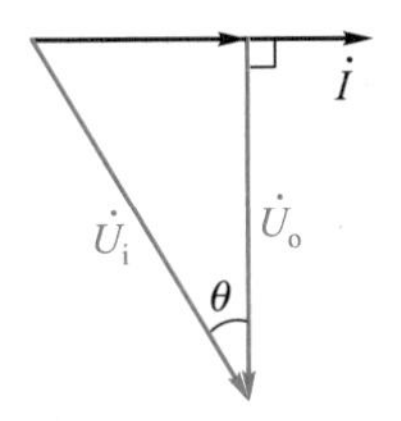

(d) RC滞后移相电路相量图

图 10-7-5 移相电路

习题 10

正弦电量（10.2 节）

10－1 电压 $u=50\sin(4\pi t-120°)$ V。(1)确定其幅值、有效值、初相位、角频率、频率、周期;(2)绘出其波形;(3)将其转换为 cosine 函数;(4)计算 u 在 $t=1.2$ s 的值。

10－2 电流 $i=6\cos(1\,000t+20°)$ A。(1)确定其幅值、初相位、角频率、频率、周期;(2)绘出其波形;(3)将其转换为 sine 函数;(4)计算 i 在 $t=1.2$ s 的值。

10－3 确定 $i_1=-4\sin(314t+25°)$ A 与 $i_2=5\cos(314t-40°)$ A 的相位关系。

10－4 确定 $u=10\cos(100t-60°)$ V 与 $i=3\sin(100t+100°)$ A 的相位关系。

相量法（10.3 节）

10－5 计算下列复数,结果表示为极坐标形式。

(1) $40\angle 60°+30\angle -30°$;　(2) $5\angle 60°+\sqrt{25\angle -120°}+10\mathrm{j}$;

(3) $\dfrac{10\angle 30°+(3+\mathrm{j}4)}{(2+\mathrm{j}4)(3-\mathrm{j}5)}$;　(4) $4\mathrm{j}\mathrm{e}^{\mathrm{j}60°}+5\angle -60°-2\mathrm{e}^{-\mathrm{j}90°}$。

10－6 计算下列行列式,结果表示为直角坐标形式。(1) $\begin{vmatrix} 1+\mathrm{j}2 & -5 \\ -1+\mathrm{j} & 3-\mathrm{j}4 \end{vmatrix}$;(2) $\begin{vmatrix} 30\angle -60° & -5\angle 60° \\ 10\angle -45° & 2\angle 30° \end{vmatrix}$。

10－7 相量 $\dot{U}=(160+\mathrm{j}120)$ V、$\dot{I}=(24-\mathrm{j}32)$ A,角频率为 314 rad/s,写出对应的 cosine 函数。

10－8 正弦电压:$u_1=-10\cos(4t+75°)$ V、$u_2=5\sin(4t-15°)$ V、$u_3=4\cos(4t+120°)$ V。(1)将电压转换为幅值为正的 cosine 函数;(2)将(1)的结果转换为相量;(3)画出相量图;(4)比较各电压的相位关系;(5)用相量法计算 $u=u_1+u_2-u_3$,用幅值为正的 cosine 函数表示。

10－9 用相量法计算:

(1) $3\cos(100t+30°)-5\cos(100t+120°)$;　(2) $4\sin 8t+3\cos(8t-60°)$;

(3) $20\cos(100\pi t+45°)-30\sin(100\pi t-15°)$。

10－10 用相量法计算:

(1) $i=(4\cos t+3\sin t)$ A;(2) $i=\left[3\cos t-4\sin\left(t+\dfrac{\pi}{3}\right)\right]$ A;(3) $u=\left[20\cos\left(3t+\dfrac{\pi}{6}\right)+30\sin\left(3t+\dfrac{\pi}{2}\right)\right]$ V

10－11 用相量法求方程的特解:

(1) $2\dfrac{\mathrm{d}u}{\mathrm{d}t}+4u=9\cos(t+45°)$;　(2) $0.5\dfrac{\mathrm{d}i}{\mathrm{d}t}+1\,000\int_{-\infty}^{t}i\mathrm{d}t+40i=113\sin(100t+30°)$;

(3) $\dfrac{\mathrm{d}i}{\mathrm{d}t}+10\int_{-\infty}^{t}i\mathrm{d}t+6i=5\sin(5t+30°)-3\cos 5t$。

10－12 用相量法求微分方程 $\dfrac{\mathrm{d}^3u}{\mathrm{d}t^3}+3\dfrac{\mathrm{d}^2u}{\mathrm{d}t^2}+2\dfrac{\mathrm{d}u}{\mathrm{d}t}+2u=10\sqrt{2}\sin t$ 的特解。

10－13 题 10－13 图所示电路中,$u_s=20\cos(10t+45°)$ V。(1)以电流 i 为变量列写 KVL 方程;(2)用相量法求方程的特解;(3)确定正弦稳态下的 u_L、u_C。

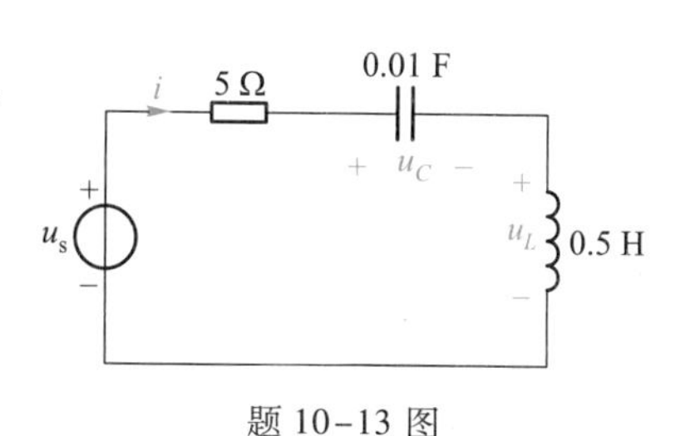

题 10－13 图

10-14 题 10-14 图所示电路中，$i_s=2\sin(4t-30°)$ A。(1)以电流 u 为变量列写 KCL 方程；(2)用相量法求方程的特解；(3)确定正弦稳态下的 i_L、i_C。

10-15 计算题 10-15 图所示稳态电路的电流 i 和电压 u_L。

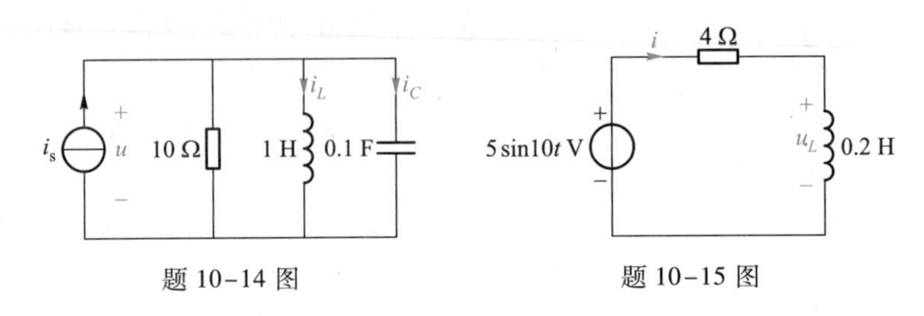

题 10-14 图　　题 10-15 图

10-16 在题 10-16 图所示电路中，u_C 的初相为 π/6。确定 u_L、u_R 和 i 的初相，并定性画出相量图。

10-17 题 10-17 图所示电路中，i_L 的初相为-30°。确定 i_C、i_R 和 u 的初相，并定性画出相量图。

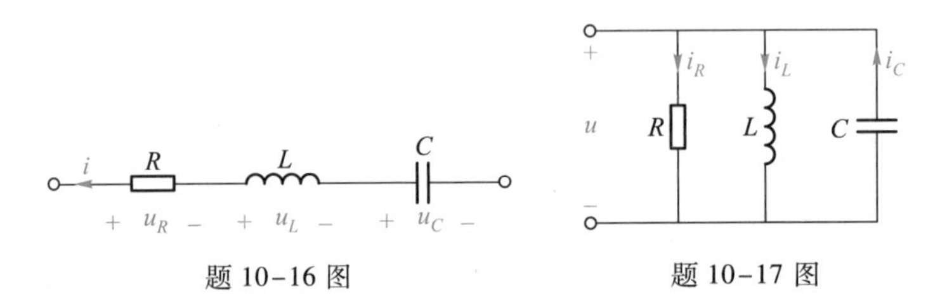

题 10-16 图　　题 10-17 图

10-18 电阻或电感或电容元件的稳态电压为 u、电流为 i，确定元件的参数。

(1) 关联参考方向下，$u=-10\cos(200t+75°)$ V、$i=0.5\cos(200t+165°)$ A；

(2) 非关联参考方向下，$u=100\cos(500t-15°)$ V、$i=\cos(500t-105°)$ A；

(3) 非关联参考方向下，$u=50\cos(1\,000t-30°)$ V、$i=0.5\sin(1\,000t+60°)$ A。

10-19 电阻或电感或电容元件关联参考方向下的电压为 u、电流为 i，计算元件的参数。

(1) $u=20\sin(5t+45°)$ V，$i=2\sin(5t+135°)$ A；(2) $u=2\cos1\,000t$ V，$i=0.1\sin1\,000t$ A；

(3) $u=-5\sin314t$ V，$i=\cos(314t+90°)$ A；(4) $u=5\sin(314t+45°)$ V，$i=0.2\sin314t$ A。

10-20 电感 L 和电容 C 在 $f=50$ Hz 时，$X_L=2X_C$。当 $f=500$ Hz 时，X_L 与 X_C 的比值为多少？

阻抗与导纳(**10.4** 节)

10-21 阻抗的电压 $\dot{U}$(或 u)和电流 $\dot{I}$(或 i)为关联参考方向。

(1) 已知 $\dot{U}=(160+j120)$ V、$\dot{I}=(24-j32)$ A，计算阻抗 Z；

(2) 已知 $\dot{U}=100e^{j36.9°}$ V、$Z=(4+j3)$ Ω，计算 $\dot{I}$；

(3) 已知 $u=80\sin\left(1\,000t+\dfrac{\pi}{6}\right)$ V、$Z=(2.5+j4.33)$ Ω，计算 $\dot{I}$、i；

(4) 已知 $i=2.83\sin(314t+60°)$ A、导纳 $Y=0.04(3-j4)$ S，计算 $\dot{U}$、u；

(5) 已知 $\dot{U}=220\underline{/0°}$ V、$Y=(3+j4)$ S，计算 $\dot{I}$。

10-22 无源一端口网络在关联参考方向下的端口电压 $u=75\cos(5\,000t+30°)$ V、电流 $i=5\cos(5\,000t-15°)$ A，确定：(1)一端口网络的等效阻抗、等效导纳；(2)串联等效电路元件的参数;(3)并联等效电路元件的参数。

10-23 题 10-23 图所示电路中,$u=4\cos(t+45°)$ V、$i=\sqrt{2}\cos t$ A,求 N 最简单的并联等效模型。

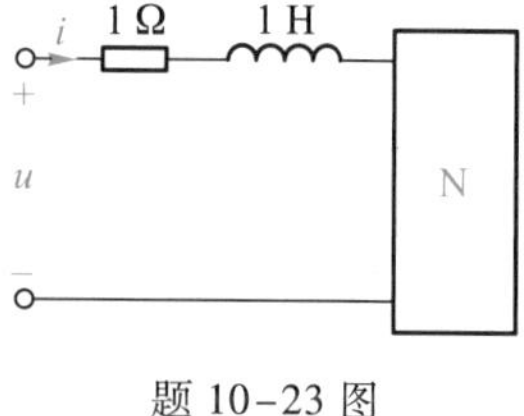

题 10-23 图

10-24 (1)画出题 10-13 图所示电路的相量模型;(2)计算电源端口的等效阻抗;(3)电源频率增大一倍($\omega=20$ rad/s),等效阻抗变为何值?(4)电源角频率为何值时,等效阻抗为 5 Ω?(5)分别计算 $\omega=10$ rad/s、$\omega=20$ rad/s、等效阻抗为 5 Ω 时的电流 i。

10-25 (1)画出题 10-14 图所示电路的相量模型;(2)计算电源端口的等效导纳抗;(3)电源频率下降一半($\omega=2$ rad/s),等效导纳变为何值?(4)电源角频率为何值时,等效阻抗为 10 Ω?(5)分别计算 $\omega=4$ rad/s、$\omega=2$ rad/s、等效阻抗为 10 Ω 时的电压 u。

10-26 题 10-26 图所示电路中,$Z_1=(0.5+\mathrm{j}1.5)$ Ω,$Z_2=(2-\mathrm{j})$ Ω,$Z_3=(2-\mathrm{j}5)$ Ω,$Y_2=(0.5-\mathrm{j}0.5)$ S,$Y_1=Y_3=(0.6-\mathrm{j}1.2)$ S,计算各电路的等效阻抗。

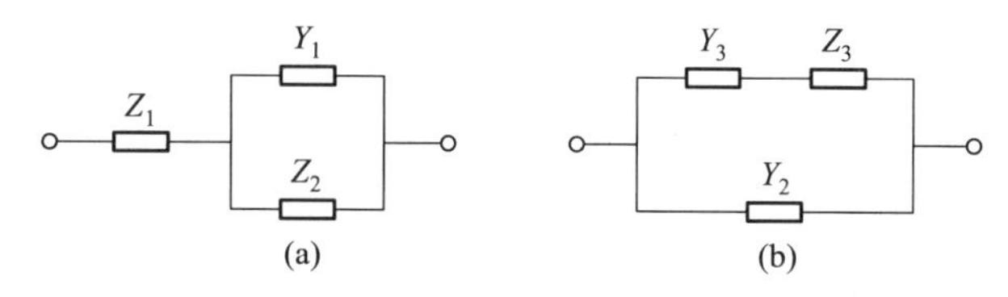

题 10-26 图

10-27 计算题 10-27 图所示电路在 $\omega=4$ rad/s 下的等效阻抗。

10-28 求题 10-28 图所示电路的端口等效导纳。

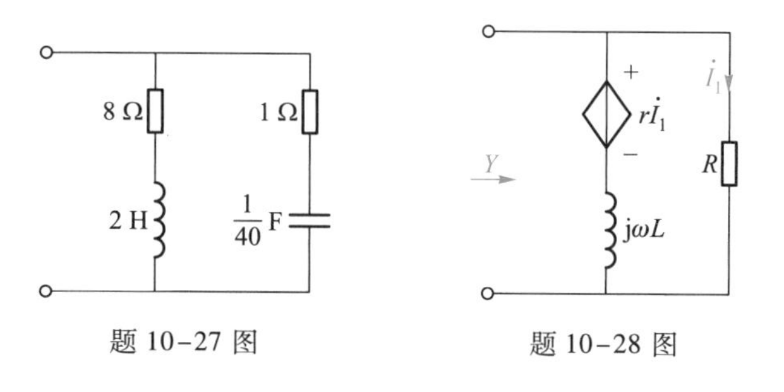

题 10-27 图　　题 10-28 图

10-29 计算题 10-29 图所示电路的等效阻抗或导纳。

10-30 计算题 10-30 图所示电路的等效导纳。

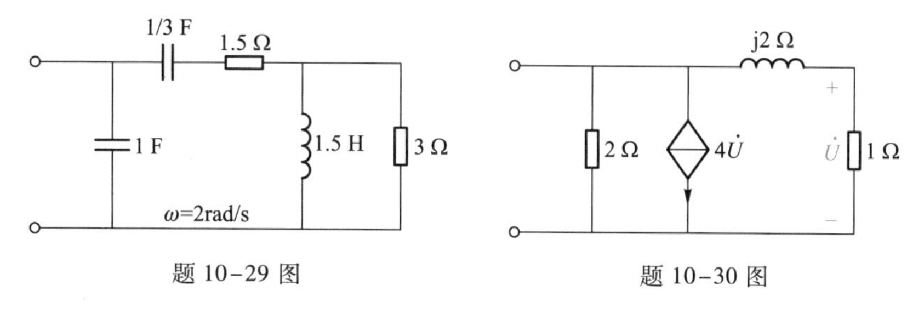

题 10-29 图　　题 10-30 图

10-31 题 10-31 图所示电路中,$u_s=20\cos(4t-15°)$ V。求稳态电压 u。

10-32 题 10-32 图所示电路中，$u_s=6\sin100t$ V。求稳态电流 i。

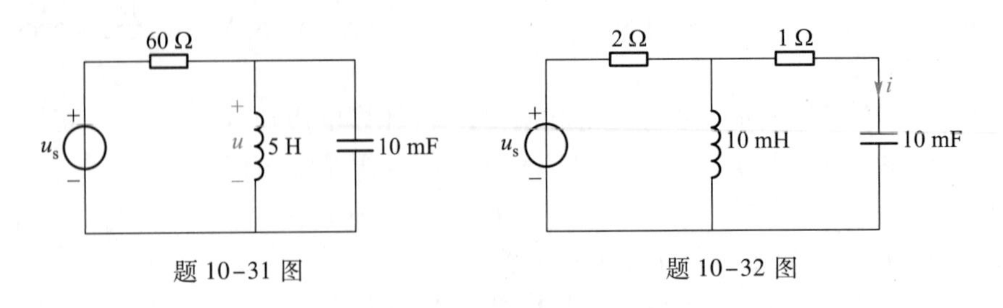

题 10-31 图　　　　题 10-32 图

10-33 题 10-33 图所示电路中，$i_s=\cos2t$ A。求稳态电压 u。

10-34 题 10-34 图所示电路中，$u_s=10\sqrt{2}\cos100t$ V，$R_1=R_2=1$ Ω，$L=0.02$ H，$C_1=C_2=0.01$ F。求稳态电流 i_1 和电压 u_2。

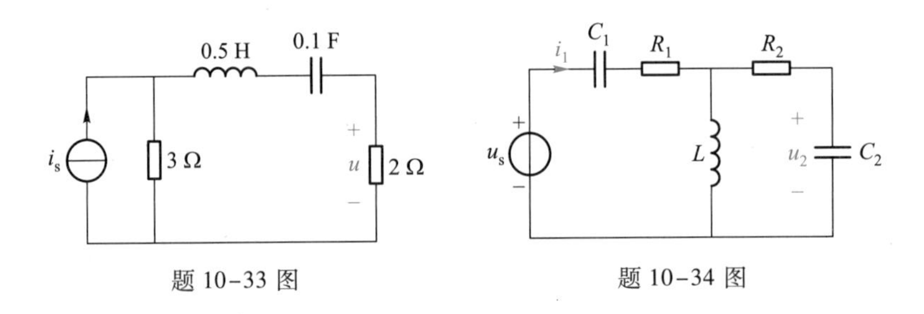

题 10-33 图　　　　题 10-34 图

复杂正弦稳态电路分析(**10.5** 节)

10-35 题 10-35 图所示电路中，$i_s=3\sqrt{2}\cos(3t-45°)$ A、$u_s=50\sqrt{2}\cos(3t+60°)$ V。列写结点方程。

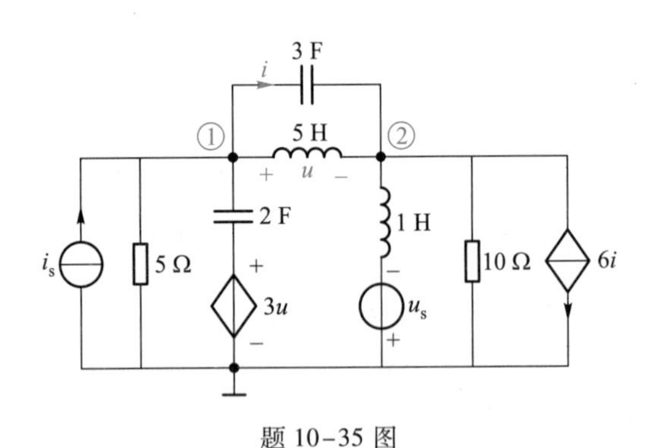

题 10-35 图

10-36 列写题 10-36 图所示电路的网孔方程，图中 $i_s=3\sqrt{2}\cos(10t+30°)$ A。

10-37 题 10-37 图所示电路中，$\dot{U}_s=10\angle0°$ V，$\dot{I}_s=5\angle90°$ A，$Z_1=3\angle90°$ Ω，$Z_2=\mathrm{j}2$ Ω，$Z_3=-\mathrm{j}2$ Ω，$Z_4=1$ Ω，分别用下列方法计算电流 $\dot{I}$。(1) 叠加定理；(2) 戴维南定理；(3) 结点分析；(4) 网孔分析。

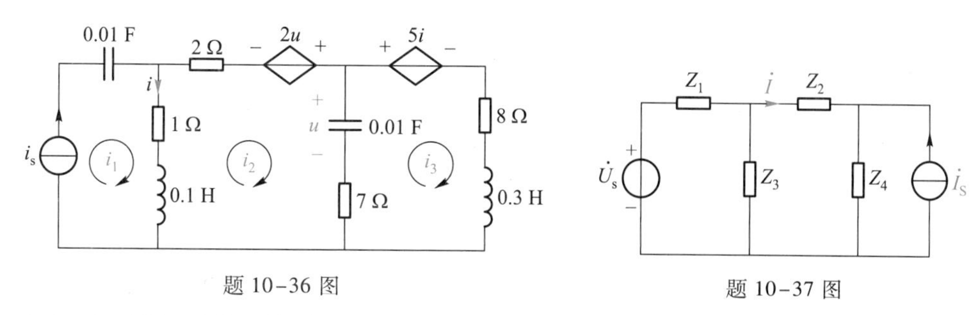

题 10-36 图　　　　题 10-37 图

10-38 (1) 用于测量元件参数的交流电桥原理电路如题 10-38 图(a)所示,若四臂阻抗分别为 Z_1、Z_2、Z_3、Z_x,推导电桥平衡条件;(2) 用图(b)测量电感线圈参数,试导出电桥平衡时 L_x、R_x 与其他参数的关系。

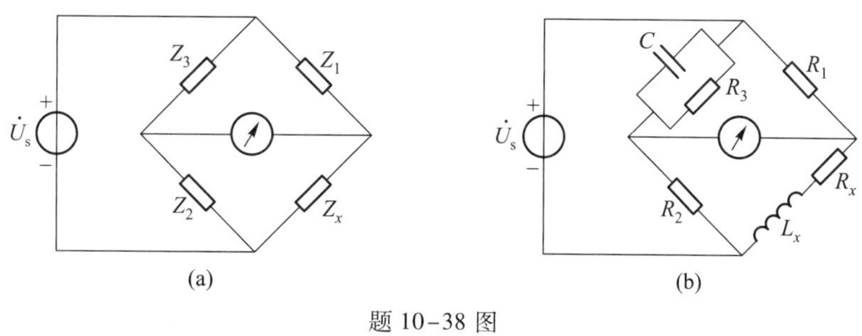

题 10-38 图

10-39 求题 10-39 图所示电路的稳态电压 u。

10-40 题 10-40 图所示电路中,$u_s=50\cos 2\ 000t$ V、$i_s=2\sin 4\ 000t$ A。求稳态电流 i。

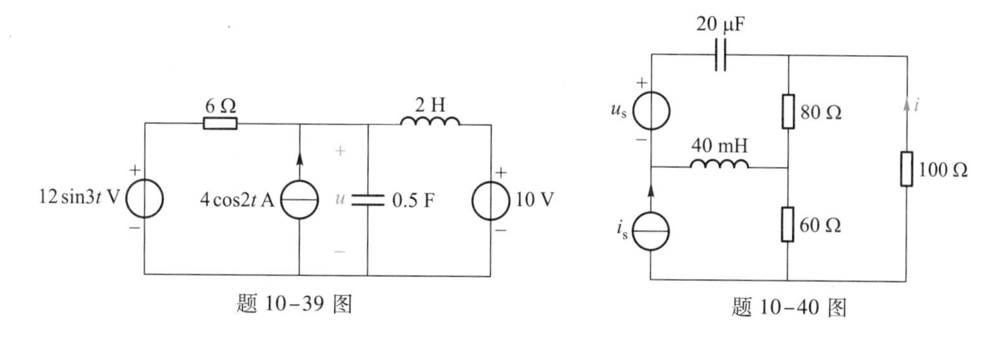

题 10-39 图　　　　题 10-40 图

10-41 分别用戴维南定理、互易定理求题 10-41 图中的电流 $\dot{I}$。

10-42 题 10-42 图所示电路中,运算放大器工作于线性区,$u_s=2\cos 10^4 t$ V,求稳态电压 u_o。

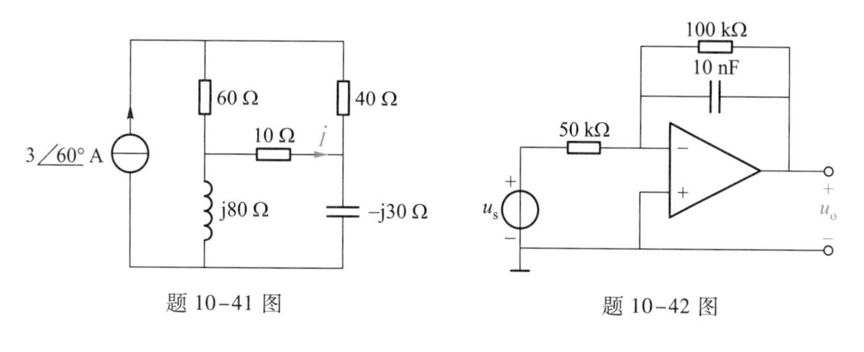

题 10-41 图　　　　题 10-42 图

10-43 题 10-43 图所示电路中，运算放大器工作于线性区，$u_s = 4\sqrt{2}\cos(1\ 000t-60^\circ)$ V，求稳态电压 u_o。

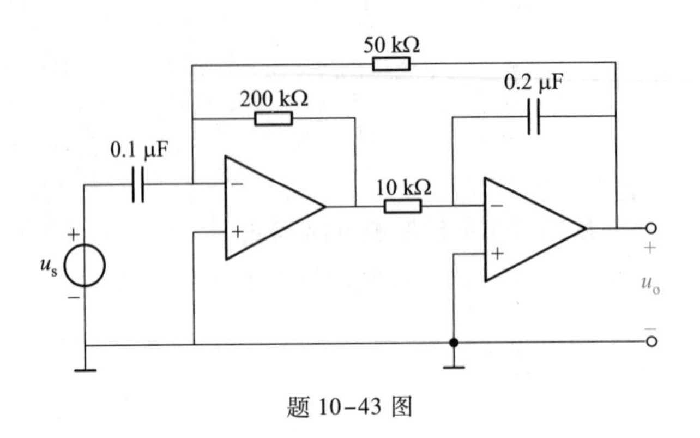

题 10-43 图

位形相量图（10.6 节）

10-44 移相电路如题 10-44 图所示，$C=0.01$ μF，正弦电压 u_1 的角频率 $\omega=1\ 200\pi$ rad/s。欲使输出电压 u_2 滞后于 $u_1 60^\circ$。当电阻 R 应取何值，输出端口视为开路？

10-45 题 10-45 图所示电路中，$R_0=7\ \Omega$，Z 未知，外加电压 $U=200$ V，R_0 和 Z 的电压大小分别为 70 V 和150 V，求 Z。

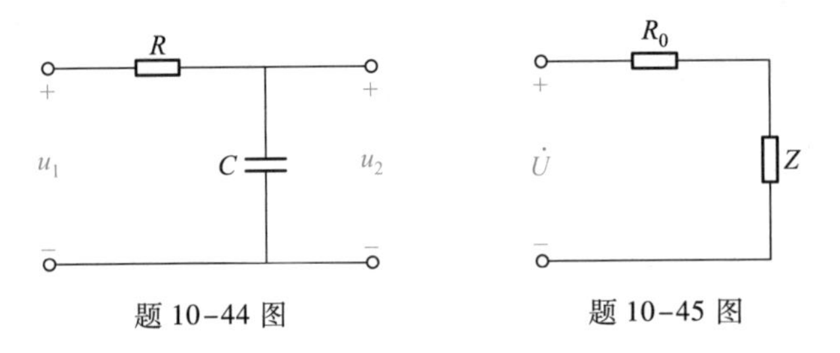

题 10-44 图　　题 10-45 图

10-46 题 10-46 图所示正弦稳态电路中，已知 $X_C=10\ \Omega$，$X_L=5\ \Omega$，$R=5\ \Omega$，交流电表 A_1、V_1 的读数分别为 10 A、100 V。试确定交流电表 A_0 和 V_0 的读数。

10-47 图 10-47 所示正弦稳态电路中，交流电压表的读数分别为：$V_1=30$ V，$V_2=60$V，$V_3=20$ V。求电压表 V 的读数。

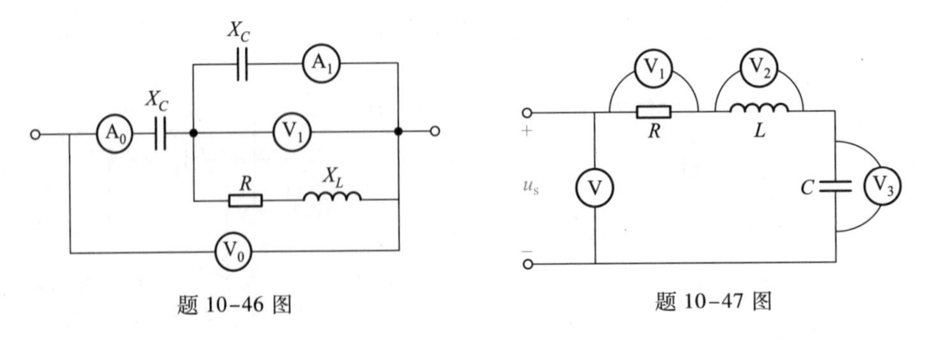

题 10-46 图　　题 10-47 图

10-48 题 10-48 图所示正弦稳态电路中，$\omega=100$ rad/s，$L=0.3$ mH，A、A_1 为内阻可忽略的交流

电流表。已知:(1) A 和 A_1 读数相同;(2) A 读数是 A_1 读数的两倍。问:在以上两种情况下,方框所代表的一个元件(R 或 L 或 C)是何元件,求出该元件的参数。

10-49 题 10-49 图所示正弦稳态电路中,如果参数选择合适,无论 Z_3 如何变化($Z_3 \neq \infty$),I_3 可保持不变。设 $U=220$ V, $f=50$ Hz,要保持 $I_3=10$ A,L_1 和 C_2 应取何值。

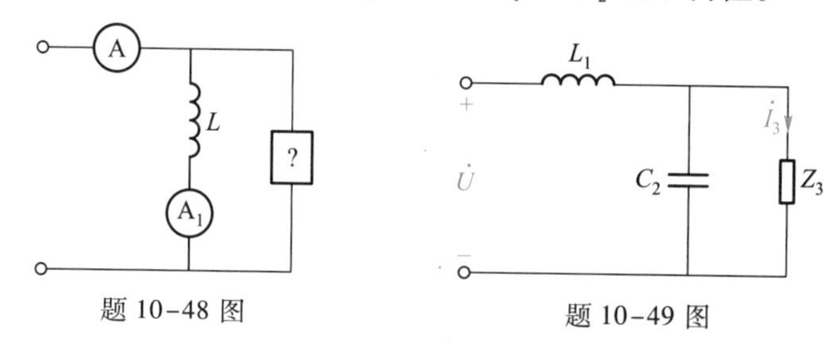

题 10-48 图　　题 10-49 图

10-50 题 10-50 图所示电路中,$Z_1=(100+\mathrm{j}500)\ \Omega$,$Z_2=(400+\mathrm{j}1\ 000)\ \Omega$,欲使 $\dot{I}_2$滞后于 $\dot{U}$ 90°,R 应取何值?

10-51 题 10-51 图所示电路中,$R_1=R_2$,$I_s=10$ A,$U_{cb}=5\sqrt{3}$ V,且 $U_{ab}=U_{cd}$,$\dot{U}_{ab}$与 $\dot{U}_{cd}$的相位差为 60°。确定 R_1、R_2、X_L 及 X_C 的值。

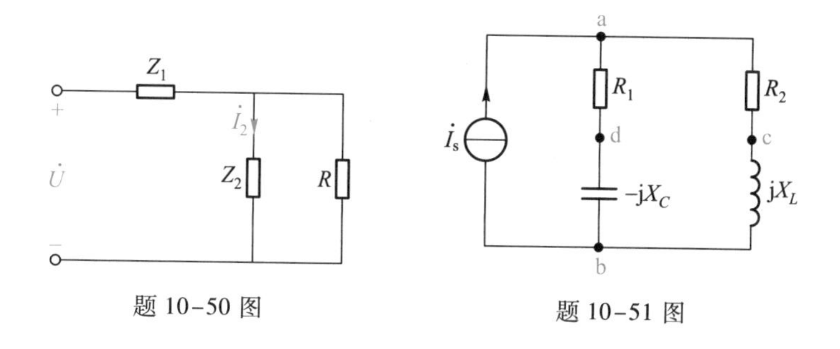

题 10-50 图　　题 10-51 图

综合检测

10-52 对题 10-52 图所示正弦稳态电路:(1)建立关于 u_o 的微分方程;(2)用时域方法从微分方程获得正弦稳态响应 u_o;(3)用相量方法从微分方程获得正弦稳态响应 u_o;(4) 从电路的相量模型获得正弦稳态响应 u_o。

10-53 题 10-53 图所示正弦稳态电路中,$u_{s1}=60\sqrt{2}\cos(4\times10^4 t)$ V,$u_{s2}=90\sqrt{2}\cos(4\times10^4 t+90°)$ V。(1)画出电路的相量模型;(2)在相量模型中采用最简单的网络方程求电流 i_o;(3)若改变电压源频率,$u_{s2}=90\sqrt{2}\cos(8\times10^4 t+90°)$ V,必须用什么方法求 i_o? 求此时 i_o 的表达式。

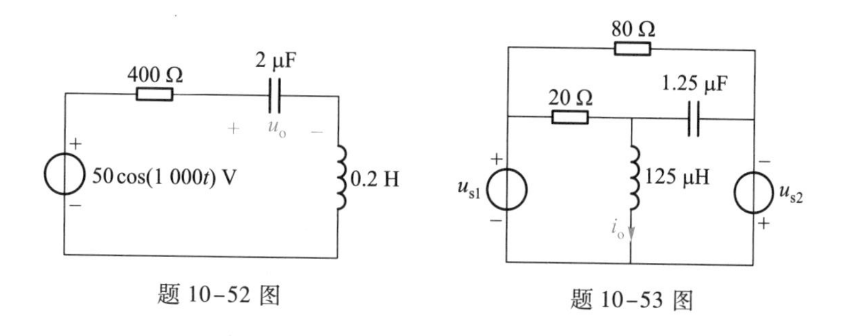

题 10-52 图　　题 10-53 图

10-54 题 10-54 图所示含理想运算放大器正弦稳态电路中，$u_s=10\cos(2\times10^5 t)$ V。(1) 假定运算放大器工作于线性区，确定 $\dot{U}_o$ 和 $\dot{U}_s$ 的关系；(2) 求确保 u_o 为正弦波的最小 C；(3) 求得 C 后，确定 u_o 的表达式。(4) 若取 $C=50$ nF，为了确保 u_o 为正弦波，对 u_s 有何限制？

10-55 题 10-55 图所示电路中，通过选择合适的电阻 R，可以实现 R 上的电流与电源电压相位相差 90°，求该电阻 R。

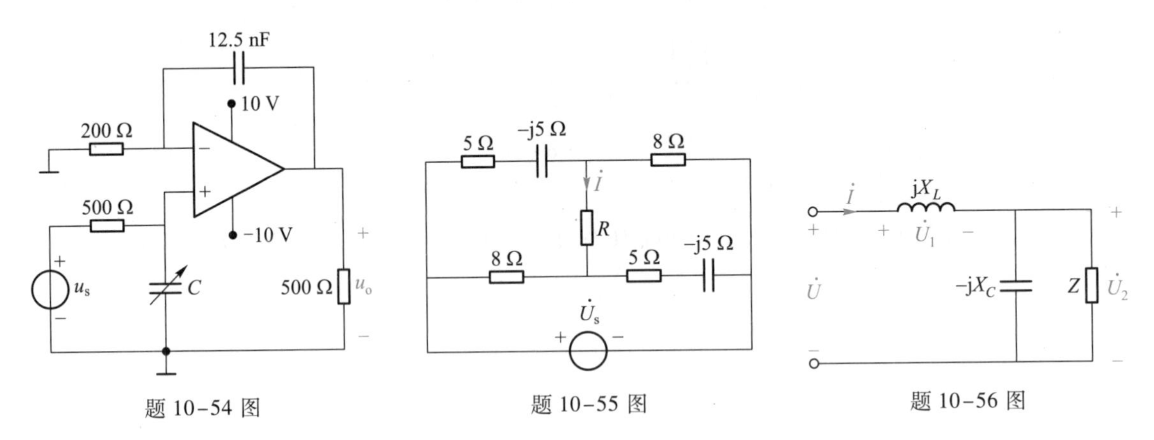

题 10-54 图　　题 10-55 图　　题 10-56 图

10-56 题 10-56 图所示电路中，$U_1=U_2=U=100$ V，$X_L=2X_C=200$ Ω，求阻抗 Z。

▶ 习题 10 参考答案

正弦稳态电路的功率

11.1 概述

第10章对正弦稳态电路的分析仅限于计算电压、电流，没有涉及能量和功率。功率是正弦稳态电路的重要概念。许多电器件都标有额定功率（rated power），如：40 W的日光灯，1 500 W的电热水器。本章专门讨论正弦稳态电路的功率概念和功率计算与测量方法。

由于正弦稳态电路的电压和电流均为同频率的正弦函数，不难理解，正弦稳态电路的瞬时功率是时间的函数，电器件的额定功率显然不是瞬时功率。描述正弦稳态电路功率的物理量还有：有功功率、无功功率、视在功率和复功率。我们将通过对瞬时功率的分析，定义有功功率、无功功率、视在功率、复功率和功率因数，并探讨最大有功功率传输条件和有功功率的测量方法。

目标1　掌握有功功率、无功功率、视在功率、复功率和功率因数的含义及其计算。
目标2　掌握功率因数校正方法、意义及其计算。
目标3　掌握最大有功功率传输条件及其应用。
目标4　掌握有功功率的测量方法。

难点　无功功率的含义、功率因数校正计算。

11.2 瞬时功率

瞬时功率（instantaneous power）$p(t)$是元件或一端口网络在时刻t的功率。如果电压$u(t)$、电流$i(t)$为关联参考方向，则吸收的瞬时功率

$$\boxed{p(t)=u(t)i(t)} \tag{11-2-1}$$

在前面的学习中，我们计算过的都是瞬时功率，因直流电路中的电压、电流不随时间变化，故其瞬时功率是常量。

1. 无源网络的瞬时功率

图11-2-1(a)所示正弦稳态电路中，不含独立电源与受控电源的无源一端口网络的电压、电流为

$$u(t)=\sqrt{2}\,U\cos(\omega t+\phi_u),\quad i(t)=\sqrt{2}\,I\cos(\omega t+\phi_i)$$

网络从正弦电源吸收的瞬时功率

$$p(t)=u(t)i(t)=2UI\cos(\omega t+\phi_u)\cos(\omega t+\phi_i)$$

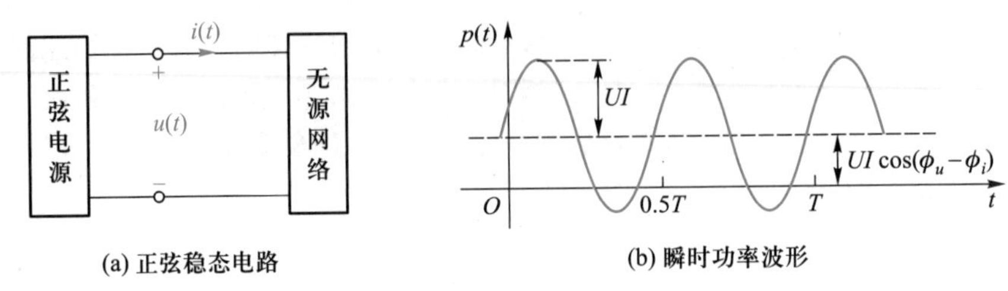

图 11-2-1 正弦稳态电路的瞬时功率

利用三角函数积化和差公式 $\cos\alpha\ \cos\beta=\frac{1}{2}[\cos(\alpha-\beta)+\cos(\alpha+\beta)]$，上式变为

$$p(t)=UI\cos(\phi_u-\phi_i)+UI\cos(2\omega t+\phi_u+\phi_i) \tag{11-2-2}$$

可见，瞬时功率是频率为 2ω 的非正弦函数，波形如图 11-2-1(b)所示。无源网络端口等效阻抗的实部大于或等于零，故 $|\phi_u-\phi_i|\leqslant 90°$，因此 $UI\cos(\phi_u-\phi_i)\leqslant UI$。图(b)对应于 $\phi_u\neq\phi_i$ 的情况，$p(t)>0$ 表明无源网络从电源吸收功率，而 $p(t)<0$ 表明无源网络向电源提供功率。无源网络为何能向电源提供功率呢？要回答这个问题，还需先分析元件的瞬时功率的变化规律。

2. 元件的瞬时功率

由式(11-2-2)可以计算电阻、电感、电容元件吸收的瞬时功率。当无源网络仅是一个电阻元件时，$\phi_u-\phi_i=0$，电阻元件的瞬时功率

$$p_R(t)=UI+UI\cos2(\omega t+\phi_i)=UI[1+\cos2(\omega t+\phi_i)] \tag{11-2-3}$$

当无源网络仅是一个电感元件时，$\phi_u-\phi_i=90°$，电感元件的瞬时功率

$$p_L(t)=UI\cos(2\omega t+2\phi_i+90°)=-UI\sin2(\omega t+\phi_i) \tag{11-2-4}$$

当无源网络仅是一个电容元件时，$\phi_u-\phi_i=-90°$，电容元件的瞬时功率

$$p_C(t)=UI\cos(2\omega t+2\phi_i-90°)=UI\sin2(\omega t+\phi_i) \tag{11-2-5}$$

从以上分析可得：

- 电阻吸收的瞬时功率以 2ω 频率非正弦变化，但 $p_R(t)\geqslant 0$，表明电阻只从电源吸收功率，不能发出功率。
- 电感、电容吸收的瞬时功率以 2ω 频率正弦变化，一个周期内的平均值为零，表明电感、电容只与电源构成功率交换，在一个周期内并不消耗净功率。
- 电感、电容吸收的瞬时功率表达式相差一个负号。

电感、电容吸收的瞬时功率表达式相差一个负号意味着什么呢？用 *RLC* 支路的瞬时功率来说明。

3. *RLC* 支路的瞬时功率

当无源网络为图 11-2-2(a)所示 *RLC* 串联支路时，由 KVL 得，*RLC* 串联支路的瞬时功率

$$p_s(t)=[u_R(t)+u_L(t)+u_C(t)]i(t)=p_R(t)+p_L(t)+p_C(t)$$

结合式(11-2-3)、(11-2-4)、(11-2-5)，上式写为

$$p_s(t)=U_RI[1+\cos2(\omega t+\phi_i)]-U_LI\sin2(\omega t+\phi_i)+U_CI\sin2(\omega t+\phi_i)$$

将 $U_R=RI$、$U_L=\omega LI$、$U_C=\dfrac{I}{\omega C}$代入其中，得

$$p_s(t)=RI^2[1+\cos2(\omega t+\phi_i)]-\left(\omega L-\frac{1}{\omega C}\right)I^2\sin2(\omega t+\phi_i) \tag{11-2-6}$$

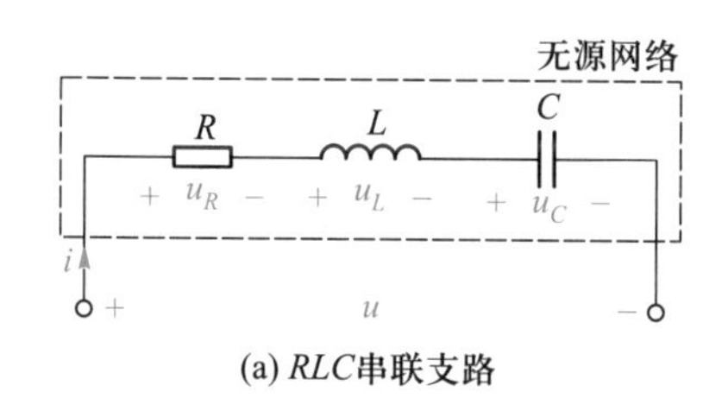

(a) RLC串联支路

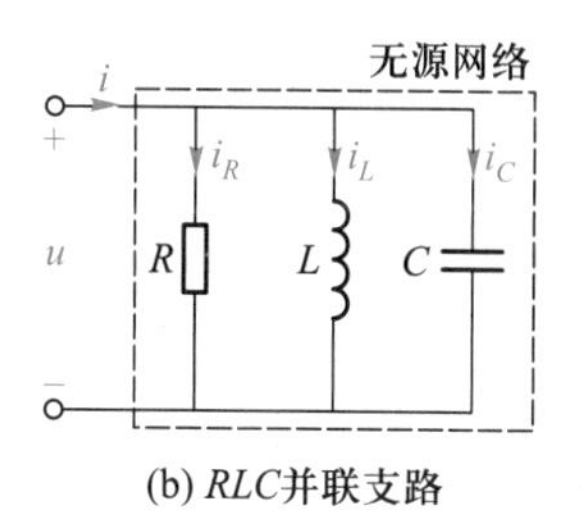

(b) RLC并联支路

图 11-2-2 RLC 支路的瞬时功率

$X=\omega L-\dfrac{1}{\omega C}$为支路的等效电抗，式(11-2-6)的第 2 项可表示为 $p_X(t)$，因此

$$\boxed{p_s(t)=p_R(t)+p_X(t)} \tag{11-2-7}$$

$p_X(t)=-\left(\omega L-\dfrac{1}{\omega C}\right)I^2\sin2(\omega t+\phi_i)$表明：电感和电容的瞬时功率存在互补作用，或相互抵消作用。当电感吸收功率(储能)时，电容正好发出功率(放能)，反之亦然。网络从电源吸收的瞬时功率由 $p_R(t)$和 $p_X(t)$两部分组成。$p_R(t)$恒大于零，是网络消耗的、不可逆转的瞬时功率；$p_X(t)$为正弦量，是电感和电容功率互补后的剩余部分，是网络和电源往复交换的、可逆转的瞬时功率。

不难得出，当无源网络为图 11-2-2(b)所示 RLC 并联支路时，网络的瞬时功率

$$p_p(t)=u(t)[i_R(t)+i_L(t)+i_C(t)]=p_R(t)+p_L(t)+p_C(t)$$

结合式(11-2-3)、(11-2-4)、(11-2-5)，上式写为

$$p_p(t)=GU^2[1+\cos2(\omega t+\phi_u)]-\left(\omega C-\frac{1}{\omega L}\right)U^2\sin2(\omega t+\phi_u) \tag{11-2-8}$$

式中 $G=R^{-1}$。因 $B=\omega C-\dfrac{1}{\omega L}$为支路等效电纳，故上式第 2 项写为 $p_B(t)$，因此

$$\boxed{p_p(t)=p_G(t)+p_B(t)} \tag{11-2-9}$$

$p_G(t)$恒大于零，为网络吸收的瞬时功率；$p_B(t)$为正弦量，亦是电感和电容功率互补后的剩余部分，是网络和电源往复交换的瞬时功率。

任意无源网络从端口而言，均可等效为阻抗 $Z=R+\mathrm{j}X$，或导纳 $Y=G+\mathrm{j}B$。因此，式(11-2-7)和(11-2-9)具有普遍性。即任意无源一端口网络的瞬时功率，都是恒为正的消耗功率和平均值为零的交换功率两部分之和。

瞬 时 功 率

1. 无源网络吸收的瞬时功率=恒为正的消耗功率+均值为零的交换功率。
2. 电阻吸收的瞬时功率恒大于零，为消耗功率。
3. 电感、电容吸收的瞬时功率按正弦变化，平均值为零，为交换功率。
4. 电感、电容吸收的瞬时功率具有互补性。

11.3 有功功率与无功功率

随时间变化的瞬时功率不便于用来描述电路吸收功率的情况,亦不便于测量。由于瞬时功率分为消耗功率和交换功率两个部分,于是定义两个物理量分别表达这两个部分。定义有功功率来表达消耗功率,定义无功功率来表达交换功率。

1. 有功功率

有功功率(real power)定义为瞬时功率的平均值,也称平均功率(average power),用大写字母 P 表示,单位为瓦(W)。若用 T 表示正弦电压或电流的周期,则有功功率

$$\boxed{P \overset{\text{def}}{=\!=} \frac{1}{T}\int_0^T p(t)\,\mathrm{d}t} \tag{11-3-1}$$

如果网络等效为阻抗 $Z=R+\mathrm{j}X$,或导纳 $Y=G+\mathrm{j}B$,有功功率就是

$$P=\frac{1}{T}\int_0^T p_R(t)\,\mathrm{d}t=\frac{1}{T}\int_0^T p_G(t)\,\mathrm{d}t \tag{11-3-2}$$

将式(11-2-2)代入式(11-3-1)中得

$$P=\frac{1}{T}\int_0^T UI\cos(\phi_u-\phi_i)\,\mathrm{d}t+\frac{1}{T}\int_0^T UI\cos(2\omega t+\phi_u+\phi_i)\,\mathrm{d}t$$

该式的第 2 项积分结果为 0,因此

$$\boxed{P=UI\cos(\phi_u-\phi_i)} \tag{11-3-3}$$

由于 $p(t)$ 是网络吸收的瞬时功率,因此式(11-3-3)为网络吸收的有功功率,式中 $\phi_u-\phi_i$ 是关联参考方向下电压、电流的初相之差。显然,如果电压、电流为非关联参考方向,按式(11-3-3)计算的则是网络发出的有功功率。

2. 无功功率

无功功率(reactive power)定义为网络与电源往复交换功率的幅值,用 Q 表示,单位为乏(var,volt-ampere reactive)。为了分析无功功率与网络端口电压、电流的关系,先从一般意义上将网络吸收的瞬时功率表示为恒为正的消耗功率项与平均值为零的交换功率项之和。

设无源网络的等效阻抗 $Z=R+\mathrm{j}X=|Z|\underline{/(\phi_u-\phi_i)}$,其端口电压 $\dot{U}$ 被分解为两个正交的分量 $\dot{U}_R$ 和 $\dot{U}_X$,即

$$\dot{U}=(R+\mathrm{j}X)\dot{I}=R\dot{I}+\mathrm{j}X\dot{I}=\dot{U}_R+\dot{U}_X$$

由阻抗三角形可知,$R=|Z|\cos(\phi_u-\phi_i)$,$X=|Z|\sin(\phi_u-\phi_i)$,因此

$$\dot{U}_R=R\dot{I}=|Z|\cos(\phi_u-\phi_i)\dot{I}=|Z|\cos(\phi_u-\phi_i)I\underline{/\phi_i}$$

$$\dot{U}_X=\mathrm{j}X\dot{I}=|Z|\sin(\phi_u-\phi_i)I\underline{/(\phi_i+90^\circ)}$$

结合 $U=|Z|I$,$\dot{U}_R$、$\dot{U}_X$ 对应的正弦量为

$$u_R=\sqrt{2}U\cos(\phi_u-\phi_i)\cos(\omega t+\phi_i),\quad u_X=\sqrt{2}U\sin(\phi_u-\phi_i)\cos(\omega t+\phi_i+90^\circ)$$

因此,网络吸收的瞬时功率为

$$p(t)=(u_R+u_X)i(t)=p_R(t)+p_X(t)$$

其中

$$p_R(t)=\sqrt{2}U\cos(\phi_u-\phi_i)\cos(\omega t+\phi_i)\times\sqrt{2}I\cos(\omega t+\phi_i)$$
$$=UI\cos(\phi_u-\phi_i)[1+\cos2(\omega t+\phi_i)]$$
$$p_X(t)=\sqrt{2}U\sin(\phi_u-\phi_i)\cos(\omega t+\phi_i+90°)\times\sqrt{2}I\cos(\omega t+\phi_i)$$
$$=-UI\sin(\phi_u-\phi_i)\sin2(\omega t+\phi_i)$$

$p_R(t)$是恒为正[18]的消耗功率项，$p_X(t)$是平均值为零的交换功率项，$p_X(t)$的幅值就是无功功率。因此，网络的无功功率为

$$\boxed{Q=UI\sin(\phi_u-\phi_i)} \tag{11-3-4}$$

无功功率是瞬时交换功率的幅值，自身不包含吸收或发出的含义。但是，考虑到电感和电容的瞬时交换功率具有互补性质，约定电感“吸收”无功功率，电容“发出”无功功率。因此，式(11-3-4)为关联参考方向下网络吸收的无功功率。当网络呈感性时，$0<\phi_u-\phi_i<90°$，由式(11-3-4)得$Q>0$，网络吸收无功功率；当网络呈容性时，$-90°<\phi_u-\phi_i<0°$，由式(11-3-4)得$Q<0$，网络发出无功功率。

式(11-3-3)、(11-3-4)是计算有功功率、无功功率的基本公式。表11-3-1列出了无源网络吸收有功功率、无功功率的其他计算公式。

表 11-3-1 无源网络吸收有功功率与无功功率的计算式(关联参考方向下)

无源一端口网络等效模型	阻抗模型 $Z=R+jX=\|Z\|\angle\varphi_Z$	导纳模型 $Y=G+jB=\|Y\|\angle\varphi_Y$
$(\phi_u-\phi_i)$的值	$\phi_u-\phi_i=\varphi_Z$	$\phi_u-\phi_i=-\varphi_Y$
端口电压正交分解	$\dot{U}=\dot{U}_R+\dot{U}_X=R\dot{I}+jX\dot{I}$	/
端口电流正交分解	/	$\dot{I}=\dot{I}_G+\dot{I}_B=G\dot{U}+jB\dot{U}$
网络吸收的有功功率	$P=UI\cos\varphi_Z=U_RI=I^2R$ U_R为电压的有功分量	$P=UI\cos(-\varphi_Y)=UI_G=U^2G$ I_G为电流的有功分量
网络吸收的无功功率	$Q=UI\sin\varphi_Z=\pm U_XI=I^2X$ U_X为电压的无功分量	$Q=UI\sin(-\varphi_Y)=\mp UI_B=-U^2B$ I_B为电流的无功分量

例 11-3-1 计算图11-3-1所示电路中各元件的有功功率和无功功率。

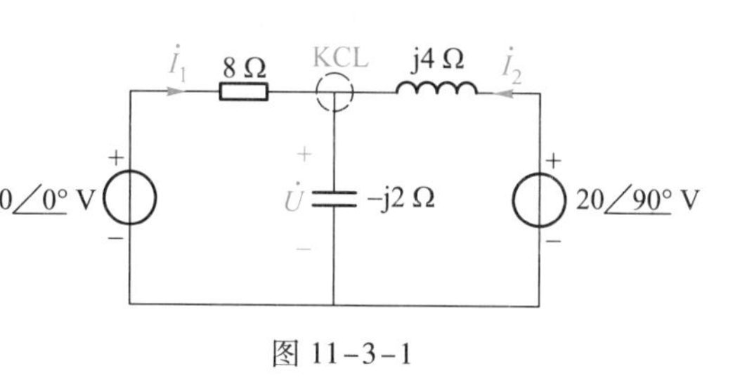

图 11-3-1

解：先用结点分析计算电压$\dot{U}$，从而求得电流$\dot{I}_1$、$\dot{I}_2$，再计算各电源的有功功率、无功功率。结点方程为

[18] 当网络中不含受控源时，等效阻抗的实部$R\geqslant0$，因此$|\phi_u-\phi_i|=|\phi_Z|<90°$，此时$p_R(t)\geqslant0$；当网络中含有受控源时，可能出现等效阻抗的实部$R<0$，即$|\phi_u-\phi_i|>90°$，此时$p_R(t)<0$。

$$\left(\frac{1}{8}+\frac{1}{-\mathrm{j}2}+\frac{1}{\mathrm{j}4}\right)\dot{U}=\frac{40\angle 0^\circ}{8}+\frac{20\angle 90^\circ}{\mathrm{j}4}$$

$$\left(\text{或 KCL 方程:}\frac{\dot{U}-40\angle 0^\circ}{8}+\frac{\dot{U}}{-\mathrm{j}2}+\frac{\dot{U}-20\angle 90^\circ}{\mathrm{j}4}=0\right)$$

解得

$$\dot{U}=(16-\mathrm{j}32)\ \mathrm{V}$$

因此

$$\dot{I}_1=\frac{40\angle 0^\circ-\dot{U}}{8}=\frac{40-16+\mathrm{j}32}{8}\ \mathrm{A}=(3+\mathrm{j}4)\ \mathrm{A}=5\angle 53.13^\circ\ \mathrm{A}$$

$$\dot{I}_2=\frac{20\angle 90^\circ-\dot{U}}{\mathrm{j}4}=\frac{\mathrm{j}20-16+\mathrm{j}32}{\mathrm{j}4}\ \mathrm{A}=(13+\mathrm{j}4)\ \mathrm{A}=13.6\angle 17.10^\circ\ \mathrm{A}$$

$40\angle 0^\circ$ V 电压源提供的有功功率、无功功率为

$$P_1=40\times5\times\cos(0^\circ-53.13^\circ)\ \mathrm{W}=120\ \mathrm{W},Q_1=40\times5\times\sin(0^\circ-53.13^\circ)\ \mathrm{var}=-160\ \mathrm{var}$$

$20\angle 90^\circ$ V 电压源提供的有功功率、无功功率为

$$P_2=20\times13.6\times\cos(90^\circ-17.1^\circ)=80\ \mathrm{W},Q_2=20\times13.6\times\sin(90^\circ-17.10^\circ)\ \mathrm{var}=260\ \mathrm{var}$$

电阻吸收的有功功率

$$P_R=I_1^2R=5^2\times8\ \mathrm{W}=200\ \mathrm{W}$$

电感吸收的无功功率

$$Q_L=I_2^2X=13.6^2\times4\ \mathrm{var}=740\ \mathrm{var}$$

电容吸收的无功功率

$$Q_C=-U^2B=-(16^2+32^2)\times\frac{1}{2}\ \mathrm{var}=-640\ \mathrm{var}$$

由上述结果不难得到

$$P_1+P_2=P_R,\quad Q_1+Q_2=Q_L+Q_C$$

表明电源提供的总有功功率和总无功功率等于负载吸收的总有功功率和总无功功率。

目标 1 检测:有功功率、无功功率的含义和计算方法

测 11-1 计算测 11-1 图中电压源提供的有功功率和无功功率。

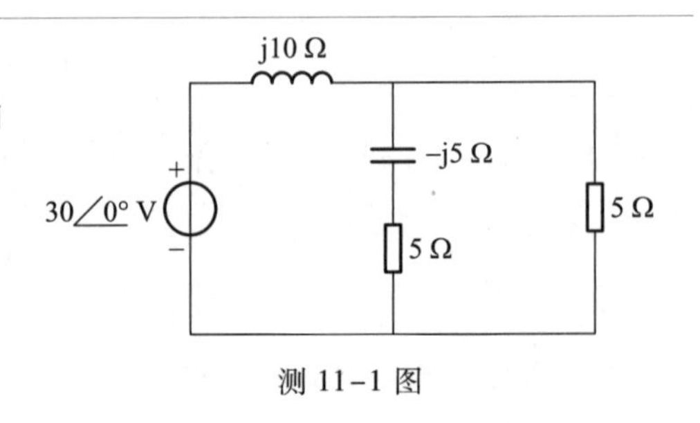

测 11-1 图

答案:30 W,90 var。

11.4 视在功率及功率因数

1. 视在功率

将负载消耗的或电源提供的有功功率的上限定义为视在功率(apparent power)。当负载(或电源)的电压为 $\dot{U}\angle\theta_u$、电流为 $\dot{I}\angle\theta_i$ 时,视在功率 S 为

$$\boxed{S \overset{\text{def}}{=\!=} UI} \tag{11-4-1}$$

单位为伏安(V.A,volt-ampere),它与有功功率 P 和无功功率 Q 的关系是

$$\boxed{P=S\cos(\phi_u-\phi_i) \qquad Q=S\sin(\phi_u-\phi_i) \qquad S=\sqrt{P^2+Q^2}} \tag{11-4-2}$$

显然,P、Q、S 构成图 11-4-1(a)所示直角三角形,称为功率三角形。若 P、Q、S 是阻抗 Z 的功率,则功率三角形和阻抗三角形是相似三角形,此时,图 11-4-1 中 $\phi_u-\phi_i=\varphi_z$。

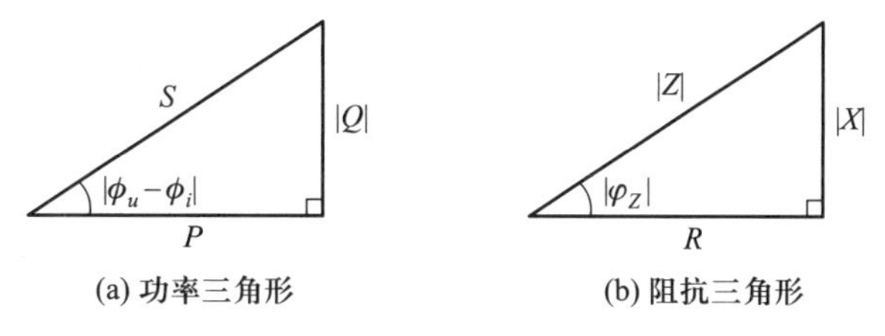

(a) 功率三角形　　(b) 阻抗三角形

图 11-4-1　功率三角形和阻抗三角形

电力设备都有额定电压和额定电流的限制。额定电压 U_N、额定电流 I_N 是设备正常工作时电压、电流的上限。因此,$S_N=U_NI_N$ 就是设备正常工作时视在功率的上限,称为设备的容量。对于发电设备,容量 S_N 决定着它能向负载提供的有功功率上限。

2. 功率因数

功率因数(power factor)是有功功率与视在功率的比值,用 λ 表示,有

$$\boxed{\lambda \overset{\text{def}}{=\!=} \frac{P}{S}=\cos(\phi_u-\phi_i)=\cos\varphi} \tag{11-4-3}$$

$\phi_u-\phi_i=\varphi$,称 φ 为功率因数角。电力系统由电压源供电,负载并联工作,负载电压基本恒定,因此,习惯以电压为参考相量,电流滞后于电压时称为滞后功率因数,即感性功率因数,电流超前电压时称为超前功率因数,即容性功率因数。

例 11-4-1　求图 11-4-2 所示电路中电源提供的有功功率、电源的视在功率以及整个负载的功率因数。

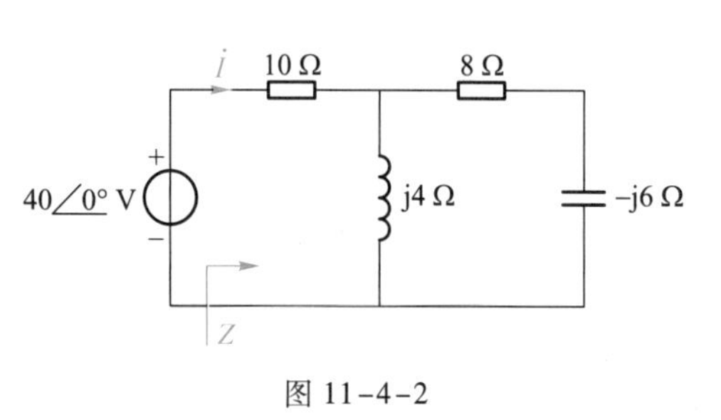

图 11-4-2

解:先确定电源的电流 $\dot{I}$,才能确定电源的功率。负载阻抗

$$Z=10+\frac{\mathrm{j}4\times(8-\mathrm{j}6)}{\mathrm{j}4+(8-\mathrm{j}6)}\ \Omega=12.70\angle 20.6^\circ\ \Omega$$

电源的电流

$$\dot{I}=\frac{40\angle 0^\circ}{Z}=\frac{40}{12.70\angle 20.6^\circ}\ \text{A}=3.15\angle -20.6^\circ\ \text{A}$$

电源提供的有功功率

$$P=40\times 3.15\times\cos(0^\circ+20.6^\circ)\ \text{W}=117.9\ \text{W}$$

电源的视在功率

$$S=40\times 3.15\ \text{V}\cdot\text{A}=126\ \text{V}\cdot\text{A}$$

负载的功率因数

$$\lambda=\cos 20.6^\circ=0.936\quad（感性或滞后）$$

目标 1 检测：视在功率、功率因数的含义和计算方法

测 11-2 并联在有效值为 100 V 的理想电压源上的负载吸收有功功率 300 W，发出无功功率 400 var。(1)计算负载的视在功率和功率因数；(2)计算电压源电流有效值。

答案：(1) 500 V·A，0.6(容性或超前)；(2) 5 A。

11.5 复功率及功率守恒

1. 复功率

为了方便电力系统分析计算，将前述有功功率、无功功率和视在功率综合成一个物理量，称为复功率(complex power)。复功率定义为

$$\boxed{\overline{S}\overset{\text{def}}{=}P+\text{j}Q}\tag{11-5-1}$$

复功率的单位为伏安(V·A)。

关联参考方向下，若网络的端口电压、电流分别为 $\dot{U}=U\angle\phi_u$、$\dot{I}=I\angle\phi_i$，则网络吸收的复功率

$$\boxed{\overline{S}=P+\text{j}Q=UI\cos(\phi_u-\phi_i)+\text{j}UI\sin(\phi_u-\phi_i)=UI\angle(\phi_u-\phi_i)=\dot{U}\dot{I}^*}\tag{11-5-2}$$

式中 $\dot{I}^*$ 为 $\dot{I}$ 的共轭。

不含独立电源的一端口网络可等效为 $Z=R+\text{j}X$ 或 $Y=G+\text{j}B$，此时有

$$\overline{S}=\dot{U}\dot{I}^*=(Z\dot{I})\dot{I}^*=I^2Z\tag{11-5-3}$$

或

$$\overline{S}=\dot{U}\dot{I}^*=\dot{U}(Y\dot{U})^*=U^2Y^*\tag{11-5-4}$$

式中 Y^* 为导纳 Y 的共轭。

$|Z|$、R 和 $|X|$ 构成阻抗三角形；$|Y|$、G 和 $|B|$ 构成导纳三角形；S、P 和 $|Q|$ 构成功率三角形。若将端口电压 $\dot{U}$ 分解为有功分量 $\dot{U}_R$ 和无功分量 $\dot{U}_X$，U、U_R 和 U_X 构成电压三角形；将端口电流 $\dot{I}$

分解为有功分量 $\dot{I}_G$和无功分量 $\dot{I}_B$，I、I_G 和 I_B 构成电流三角形。以上三角形均为相似直角三角形。

2. 复功率守恒

直流电路中，各元件吸收的功率的代数和为零，称为功率守恒（conservation of power），它本质上是瞬时功率守恒。正弦稳态电路中，显然瞬时功率守恒依然成立，是否还有其他功率守恒呢？

图 11-5-1(a)所示 n 个阻抗并联电路中，有

$$\dot{I}=\dot{I}_1+\dot{I}_2+\cdots+\dot{I}_n$$

电源提供的复功率

$$\overline{S}_{\mathrm{p}}=\dot{U}\dot{I}^*=\dot{U}(\dot{I}_1^*+\dot{I}_2^*+\cdots+\dot{I}_n^*)=\dot{U}\dot{I}_1^*+\dot{U}\dot{I}_2^*+\cdots+\dot{U}\dot{I}_n^*=\overline{S}_1+\overline{S}_2+\cdots+\overline{S}_n$$

即电源提供的复功率等于各并联阻抗吸收的复功率之和。

图 11-5-1(b)所示 n 个阻抗串联电路中，有

$$\dot{U}=\dot{U}_1+\dot{U}_2+\cdots+\dot{U}_n$$

电源提供的复功率

$$\overline{S}_{\mathrm{s}}=\dot{U}\dot{I}^*=(\dot{U}_1+\dot{U}_2+\cdots+\dot{U}_n)\dot{I}^*=\dot{U}_1\dot{I}^*+\dot{U}_2\dot{I}^*+\cdots+\dot{U}_n\dot{I}^*=\overline{S}_1+\overline{S}_2+\cdots+\overline{S}_n$$

电源提供的复功率依然等于各串联阻抗吸收的复功率之和。

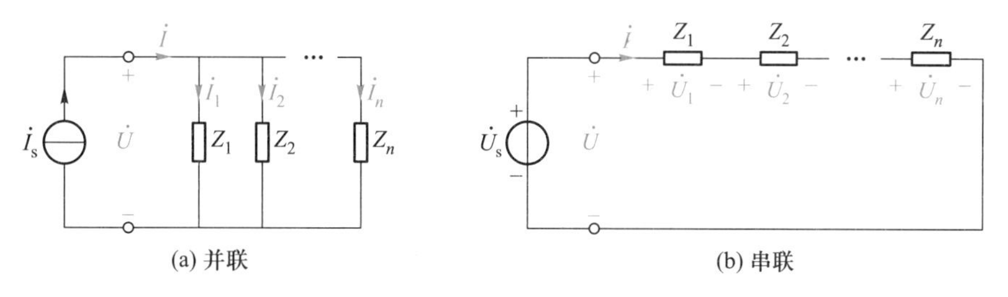

图 11-5-1　并联与串联阻抗的复功率

上述结论可推广到无源一端口网络，端口处电源提供的复功率等于网络内各阻抗吸收的复功率的代数和。或者说，正弦稳态电路中，包括电源在内的各元件吸收的复功率的代数和为零，即

$$\boxed{\sum\overline{S}_k=0} \tag{11-5-5}$$

称式(11-5-5)为复功率守恒。由式(11-5-5)还可得到有功功率守恒和无功功率守恒，即

$$\boxed{\sum P_k=0 \quad \sum Q_k=0} \tag{11-5-6}$$

上述结论已在例 11-3-1 的结果中得到了验证。

由于瞬时功率守恒，有功功率是瞬时功率的平均值，因此，不难理解有功功率守恒。无功功率是交换功率的幅值，但是，电感、电容的交换功率具有互补性，这使得无功功率也守恒。唯独不守恒的功率就是视在功率，因为视在功率全为正，它不守恒也就容易理解了。

正弦稳态电路的功率	
复功率	$\overline{S}=P+\mathrm{j}Q=\dot{U}\dot{I}^{*}=UI\angle\phi_u-\phi_i$
视在功率	$S=UI=\lvert\overline{S}\rvert=\sqrt{P^2+Q^2}$
有功功率	$P=UI\cos(\phi_u-\phi_i)=S\cos(\phi_u-\phi_i)=\mathrm{Re}\lvert\overline{S}\rvert$
无功功率	$Q=UI\sin(\phi_u-\phi_i)=S\sin(\phi_u-\phi_i)=\mathrm{Im}\lvert\overline{S}\rvert$
功率因数	$\lambda=\dfrac{P}{S}=\cos(\phi_u-\phi_i)$
功率守恒	$\sum\overline{S}_k=0\quad\sum P_k=0\quad\sum Q_k=0$

例 11-5-1 图 11-5-2 所示正弦稳态电路中,各负载的功率及功率因数标于图中,确定电源提供的复功率及电路中的电流 $\dot{I}$。

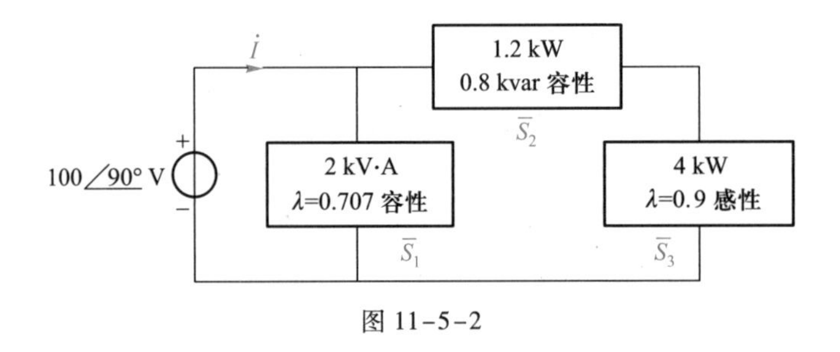

图 11-5-2

解:利用复功率守恒分析。用 $\overline{S}_1$、$\overline{S}_2$、$\overline{S}_3$ 分别表示各负载吸收的复功率。通过功率的单位来判断给定的是何种功率。由功率三角形可得

$$\overline{S}_1=2\angle-\arccos0.707=(1.414-\mathrm{j}1.414)\ \mathrm{kV\cdot A}$$

$$\overline{S}_2=(1.2-\mathrm{j}0.8)\ \mathrm{kV\cdot A}$$

$$\overline{S}_3=[4+\mathrm{j}4\tan(\arccos0.9)]\mathrm{kV\cdot A}=(4+\mathrm{j}1.937)\ \mathrm{kV\cdot A}$$

由复功率守恒得,电源提供的复功率为

$$\overline{S}=\overline{S}_1+\overline{S}_2+\overline{S}_3=[(1.414-\mathrm{j}1.414)+(1.2-\mathrm{j}0.8)+(4+\mathrm{j}1.937)]\ \mathrm{kV\cdot A}=(6.614-\mathrm{j}0.277)\ \mathrm{kV\cdot A}$$

由 $\overline{S}=\dot{U}\dot{I}^{*}$ 计算电流,有

$$\dot{I}=\left(\frac{\overline{S}}{100\angle90^\circ}\right)^{*}=\left(\frac{6.614-\mathrm{j}\ 0.277}{\mathrm{j}100}\right)^{*}\ \mathrm{kA}=0.066\ 2\angle92.4^\circ\ \mathrm{kA}$$

目标 1 检测:复功率的计算、功率守恒的应用

测 11-3 测 11-3 图所示电路中,正弦电压源向 3 个并联负载供电,各负载的功率及功率因数标于图中。求电源提供的电流 $\dot{I}$、复功率 $\overline{S}$ 和负载的总功率因数 λ。

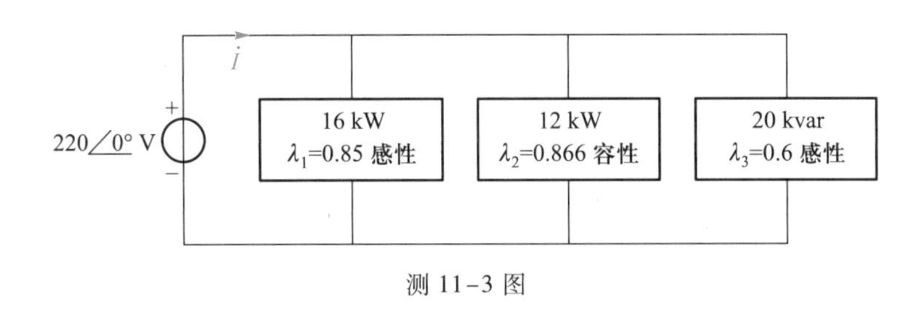

测 11-3 图

答案：$221.6\angle -28.1°$ A，$(43+j23)$ kV·A，0.88。

11.6 功率因数校正

电力系统中，电能从生产地到使用地要经过几百甚至上千公里的长距离输电网络，为了提高发电设备的利用率，降低输送过程中的功率损耗，要尽量减少交换功率的长距离传输。理想情况是负载的功率因数 $\lambda=1$，负载只从电源吸收有功功率。但负载的 λ 由其特性决定，电力系统中，大多数家用电器（如空调、洗衣机、电冰箱）、工业负载（如电动机），它们是 $\lambda<1$ 的感性负载，工作时除了消耗功率外，都要与电源构成功率交换，即从电源吸收无功功率。

功率因数校正（power factor correction）是在不改变负载工作状态的前提下，提高电路的功率因数，从而减少电源与负载之间的交换功率。在感性负载上并联电容器，感性负载所需要的无功功率一部分由电容器提供，一部分由电源提供，对电源而言，电路的功率因数提高了。这种功率因数校正方法在电力系统中称为无功补偿（reactive power compensation）。电力系统通过无功补偿来降低输电线路的电流，从而降低线路损耗、提高发电设备的利用率。

例 11-6-1 容量为 2 500 V·A、电压为 220 V、频率为 50 Hz 的正弦电源，通过输电线路向额定电压为 220 V、功率为 1 210 W、功率因数为 0.5 的感性负载供电，如图 11-6-1(a)所示。通过并联电容器，欲使电路的功率因数提高到 0.9，但仍然为感性，如图(b)所示。假定输电线路阻抗可忽略，确定在负载上并联的电容值。

解：功率因数校正的问题可用多种方法分析。

方法 1：利用功率守恒关系计算并联电容。因忽略了线路阻抗，感性负载在并联电容前后电压不变，因而其工作状态不变，即感性负载吸收的有功功率、无功功率不变。

并联电容前，感性负载吸收的无功功率 Q_1 等于电源提供的无功功率。感性负载的功率因数角 $\varphi_1=\arccos 0.5=60°$，吸收的有功功率 $P_1=1\ 210$ W，根据功率三角形，吸收的无功功率

$$Q_1=P_1\tan\varphi_1=1\ 210\times\tan 60°\ \text{var}=2\ 095.78\ \text{var}$$

并联电容后，感性负载吸收的无功功率一部分来自电容，一部分来自电源，此时，电源提供的无功功率 Q_2 要比 Q_1 小，电源提供的有功功率不变，电路的功率因数角 $\varphi_2=\arccos 0.9=25.84°$（感性），因此

$$Q_2=P_1\tan\varphi_2=1\ 210\times\tan 25.84°\ \text{var}=586.03\ \text{var}$$

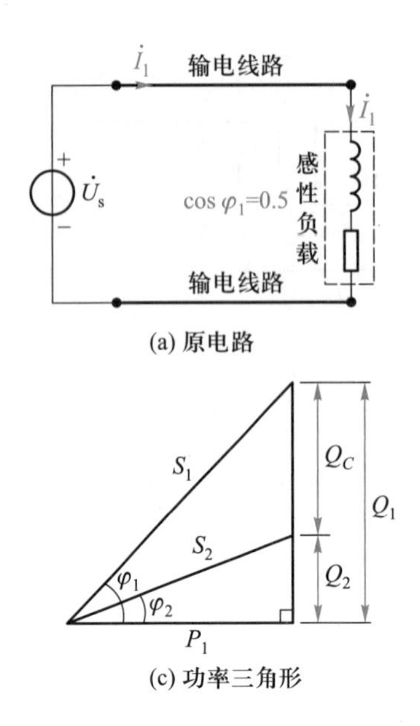

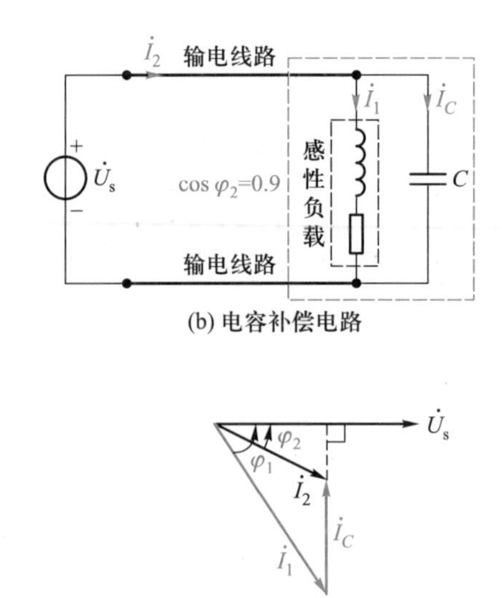

图 11-6-1

电容发出的无功功率

$$Q_C=\frac{U_s^2}{X_C}=\omega CU_s^2$$

功率三角形如图 11-6-1(c)所示,有

$$Q_C=Q_1-Q_2=\omega CU_s^2$$

解得

$$C=\frac{Q_1-Q_2}{\omega U_s^2}=\frac{2\ 095.78-586.03}{2\pi\times50\times220^2}\ \text{F}=99.3\ \mu\text{F}$$

并联电容前与后,电源的视在功率 S_1 和 S_2 为

$$S_1=\sqrt{P_1^2+Q_1^2}=\sqrt{1\ 210^2+2\ 095.78^2}\ \text{V}\cdot\text{A}=2\ 420\ \text{V}\cdot\text{A}$$

$$S_2=\sqrt{P_1^2+Q_2^2}=\sqrt{1\ 210^2+586.03^2}\ \text{V}\cdot\text{A}=1\ 344.45\ \text{V}\cdot\text{A}$$

可见,在并联电容前,负载占用电源的容量为 2 420 V·A,2 500 V·A 的电源容量已没有多少剩余。而在负载上并联 99.3 μF 的电容后,负载占用电源的容量为 1 344.45 V·A,2 500 V·A 的电源容量出现较大的余量,它还有能力给其他负载供电。因此,并联电容提高电路的功率因数,可提高发电设备容量的利用率,在电力系统中意义重大。电力系统通常要求用户将电路的功率因数提高到 0.9 以上。

方法 2:通过计算线路电流来计算并联电容。并联电容前,线路上的电流为 $\dot{I}_1$,并联电容后,由于负载的工作状态不变,负载上的电流仍为 $\dot{I}_1$,因此,并联电容后线路上的电流为

$$\dot{I}_2=\dot{I}_1+\dot{I}_C$$

设 $\dot{U}_s=220\angle 0°$ V,则

$$\dot{I}_1=\frac{P_1}{U_s\cos\varphi_1}\angle-\varphi_1=\frac{1\ 210}{220\times0.5}\angle-60°\ \text{A}=11.0\angle-60°\ \text{A}$$

$$\dot{I}_2=\frac{P_1}{U_s\cos\varphi_2}\angle-\varphi_2=\frac{1\ 210}{220\times0.9}\angle-25.84^\circ\ \text{A}=6.11\angle-25.84^\circ\ \text{A}$$

$$\dot{I}_C=\text{j}\omega C\dot{U}_s$$

将上面各式代入 $\dot{I}_2=\dot{I}_1+\dot{I}_C$ 得

$$C=\frac{\dot{I}_2-\dot{I}_1}{\text{j}\omega\dot{U}_s}=\frac{6.11\angle-25.84^\circ-11.0\angle-60^\circ}{\text{j}2\pi\times50\times220}\ \text{F}=99.3\ \mu\text{F}$$

上式的计算比较麻烦，可画出如图 11-6-1(d)所示相量图，由几何关系来确定 I_C，并由 I_C 确定电容 C。从图 11-6-1(d)可知，电容电流抵消了负载电流的无功分量的一部分，有

$$I_C=\omega CU_s=I_1\sin\varphi_1-I_2\sin\varphi_2$$

解得

$$C=\frac{I_1\sin\varphi_1-I_2\sin\varphi_2}{\omega U_s}=\frac{11\times\sin60^\circ-6.11\times\sin25.84^\circ}{2\pi\times50\times220}\ \text{F}=99.3\ \mu\text{F}$$

并联电容前线路电流为 $I_1=11$ A，并联电容后线路电流为 $I_2=6.11$ A。在输送相同有功功率的条件下，并联电容后线路电流显著减小，因而可减小输电线路的截面积，节约材料，也减少了线路的电阻带来的有功功率损耗。

方法 3：通过等效导纳来计算并联电容。感性负载的等效导纳为

$$Y_1=\frac{I_1}{U_s}\angle-\varphi_1=\frac{11.0}{220}\angle-60^\circ=0.05\angle-60^\circ\text{S}=(0.025-\text{j}0.043\ 3)\text{S}$$

负载和电容并联的等效导纳为

$$Y_2=\frac{I_2}{U_s}\angle-\varphi_2=\frac{6.11}{220}\angle-25.84^\circ\text{S}=(0.025-\text{j}0.012\ 1)\text{S}$$

且有 $Y_2=Y_1+\text{j}\omega C$，因此

$$0.025-\text{j}0.012\ 1=0.025-\text{j}0.043\ 3+\text{j}\omega C$$

$$C=\frac{0.043\ 3-0.012\ 1}{314.16}\ \text{F}=99.3\ \mu\text{F}$$

值得注意的是：并联电容后，总负载依然为感性。通过并联电容提高电路的功率因数，但并不改变功率因数的性质，称为欠补偿，否则为过补偿。显然，欠补偿比过补偿需要的电容量小。电力系统不允许过补偿。另外，在负载端并联电容不影响负载的工作状态，如果串联电容，则会改变负载的电压，从而改变其工作状态，因此，选择并联电容补偿。

目标 2 检测：功率因数校正方法、意义及其计算

测 11-4 测 11-4 图所示电路中，正弦电压源频率为 50 Hz，欲通过并联电容将电路的功率因数提高到 0.95。计算并联电容的值。

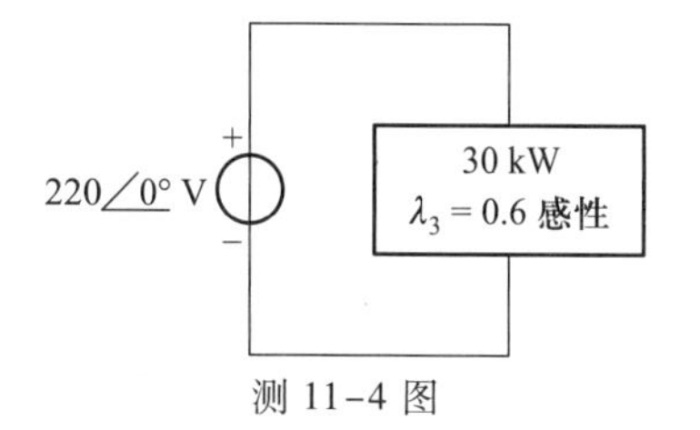

测 11-4 图

答案：$C=1\ 982\ \mu\text{F}$。

11.7 最大有功功率传输

我们已在 4.6 节讨论了最大功率传输定理，涉及的是：在线性电阻电路中，负载电阻如何获得最大功率问题。最大功率传输定理指出，将负载电阻以外的一端口线性电阻网络等效为戴维南电路，在负载电阻任意可调的条件下，负载电阻和戴维南等效电阻相等时，它从电路获得最大功率。这个功率是瞬时功率。这里，我们将最大功率传输定理拓展到正弦稳态电路中，讨论正弦稳态网络中的负载阻抗获得最大有功功率的条件。

11.7.1 负载任意可调

图 11-7-1(a)所示电路中，负载 Z_L 满足什么条件时获得的有功功率最大呢？负载左边是一个含独立电源的线性非时变一端口网络，其戴维南等效电路如图(b)所示。

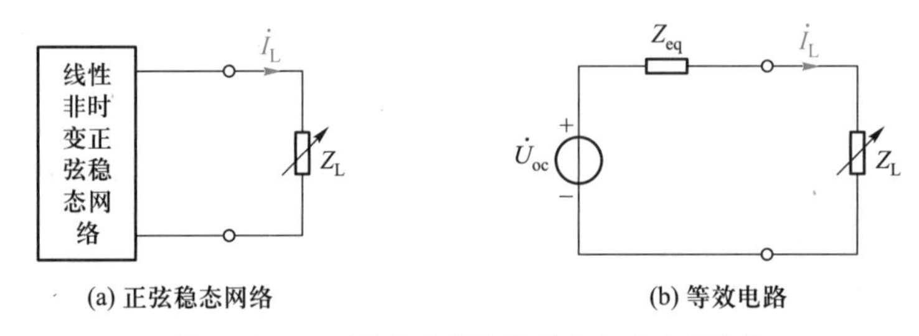

(a) 正弦稳态网络　　(b) 等效电路

图 11-7-1　正弦稳态网络的最大有功功率传输

1. 最大有功功率传输条件

在图 11-7-1(b)中，$Z_{eq}=R_{eq}+jX_{eq}$，$Z_L=R_L+jX_L$，且 R_L 和 X_L 可任意调节。负载获得的有功功率

$$P_L=I_L^2R_L=\left(\frac{|\dot{U}_{oc}|}{|Z_{eq}+Z_L|}\right)^2\times R_L=\frac{U_{oc}^2R_L}{(R_{eq}+R_L)^2+(X_{eq}+X_L)^2}\tag{11-7-1}$$

当 R_L 和 X_L 均可任意调节时，P_L 取极值的条件为

$$\begin{cases}\dfrac{\partial P_L}{\partial R_L}=0\\[2mm]\dfrac{\partial P_L}{\partial X_L}=0\end{cases}\tag{11-7-2}$$

可由式(11-7-2)直接导出 R_L 和 X_L 的值，也可用以下简单办法获得 R_L 和 X_L 的值。由于 R_{eq} 与 R_L 非负，则 $R_{eq}+R_L\geqslant 0$，而 $X_{eq}+X_L$ 可任意取值，显然式(11-7-1)中 P_L 的极值点出现在 $X_{eq}+X_L=0$ 处，即

$$\boxed{X_{eq}=-X_L}\tag{11-7-3}$$

在 $X_{eq}+X_L=0$ 的条件下，由

$$\frac{\partial P_L}{\partial R_L}=\frac{d}{dR_L}\left[\frac{U_{oc}^2R_L}{(R_{eq}+R_L)^2}\right]=\frac{U_{oc}^2[(R_{eq}+R_L)^2-2R_L(R_{eq}+R_L)]}{(R_{eq}+R_L)^4}=\frac{U_{oc}^2(R_{eq}-R_L)}{(R_{eq}+R_L)^3}=0$$

得

$$\boxed{R_{\mathrm{L}}=R_{\mathrm{eq}}} \tag{11-7-4}$$

综合式(11-7-3)与式(11-7-4),负载有功功率 P_{L} 的极值出现在 $Z_{\mathrm{L}}=Z_{\mathrm{eq}}^{*}$处。由

$$\frac{\partial^{2} P_{\mathrm{L}}}{\partial R_{\mathrm{L}}^{2}}=\frac{\mathrm{d}}{\mathrm{d} R_{\mathrm{L}}}\left[\frac{U_{\mathrm{oc}}^{2}\left(R_{\mathrm{eq}}-R_{\mathrm{L}}\right)}{\left(R_{\mathrm{eq}}+R_{\mathrm{L}}\right)^{3}}\right]=\frac{-4 R_{\mathrm{eq}}+2 R_{\mathrm{L}}}{\left(R_{\mathrm{eq}}+R_{\mathrm{L}}\right)^{4}} U_{\mathrm{oc}}^{2}$$

得,当 $Z_{\mathrm{L}}=Z_{\mathrm{eq}}^{*}$时$\frac{\partial^{2} P_{\mathrm{L}}}{\partial R_{\mathrm{L}}^{2}}<0$,因此,上面求得的 P_{L} 的极值为最大值。

综上所述,当负载阻抗 Z_{L} 与网络的戴维南等效阻抗 Z_{eq}满足共轭关系时,即

$$\boxed{Z_{\mathrm{L}}=Z_{\mathrm{eq}}^{*}} \tag{11-7-5}$$

负载从网络获得的有功功率最大。将式(11-7-5)代入式(11-7-1),或将式(11-7-5)应用到图 11-7-1(b)中计算 Z_{L} 的有功功率,均可得到最大有功功率的表达式,为

$$\boxed{P_{\mathrm{Lmax}}=\frac{U_{\mathrm{oc}}^{2}}{4 R_{\mathrm{eq}}}} \tag{11-7-6}$$

式(11-7-5)为最大有功功率传输条件,称为共轭匹配,满足该条件的负载阻抗为共轭匹配负载。式(11-7-6)中的 U_{oc}为戴维南等效电压有效值。

> **最大有功功率传输**
>
> 负载阻抗 Z_{L} 与网络的戴维南等效阻抗 Z_{eq}满足:
>
> $$Z_{\mathrm{L}}=R_{\mathrm{L}}+\mathrm{j} X_{\mathrm{L}}=R_{\mathrm{eq}}-\mathrm{j} X_{\mathrm{eq}}=Z_{\mathrm{eq}}^{*}$$
>
> 负载获得最大有功功率:
>
> $$P_{\mathrm{Lmax}}=\frac{U_{\mathrm{oc}}^{2}}{4 R_{\mathrm{eq}}}$$
>
> (U_{oc}为戴维南等效电压有效值)

2. 特殊情况

若图 11-7-1(a)为工作于正弦稳态下的电阻性网络,即 $Z_{\mathrm{eq}}=R_{\mathrm{eq}}, Z_{\mathrm{L}}=R_{\mathrm{L}}$。负载获得最大有功功率的条件则为 $R_{\mathrm{L}}=R_{\mathrm{eq}}$,最大有功功率 $P_{\mathrm{Lmax}}=\frac{U_{\mathrm{oc}}^{2}}{4 R_{\mathrm{eq}}}$。

若图 11-7-1(a)中 $Z_{\mathrm{eq}}=R_{\mathrm{eq}}+\mathrm{j} X_{\mathrm{eq}}$,而负载为纯电阻,即 $Z_{\mathrm{L}}=R_{\mathrm{L}}$,则负载获得最大有功功率的条件为

$$R_{\mathrm{L}}=\sqrt{R_{\mathrm{eq}}^{2}+X_{\mathrm{eq}}^{2}}=\left|Z_{\mathrm{eq}}\right| \tag{11-7-7}$$

最大有功功率为

$$P_{\mathrm{Lmax}}=\frac{U_{\mathrm{oc}}^{2}\left|Z_{\mathrm{eq}}\right|}{\left(R_{\mathrm{eq}}+\left|Z_{\mathrm{eq}}\right|\right)^{2}+X_{\mathrm{eq}}^{2}} \tag{11-7-8}$$

此处 $X_{\mathrm{L}}=0$,属于负载 Z_{L} 不能任意调节情况。关于此类问题的进一步分析放在 11.7.2 小节。

例 11-7-1 图 11-7-2(a)所示电路中,Z_{L} 可任意调节。确定 Z_{L} 为何值时获得的有功功率最大,并计算此功率。

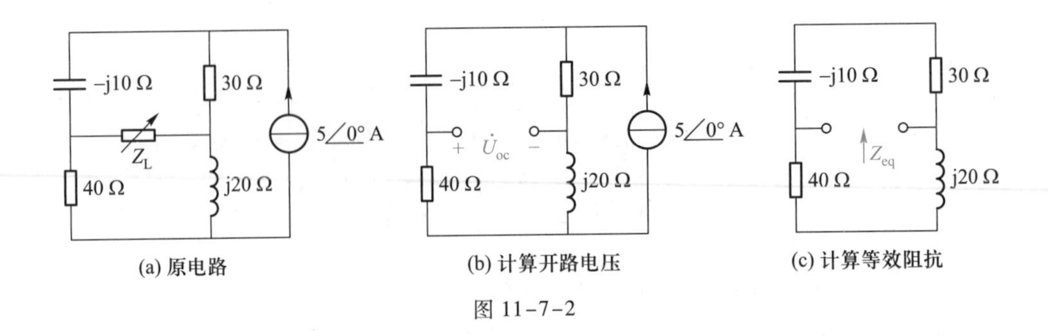

图 11-7-2

解：先确定负载 Z_L 以外电路的戴维南等效电路，再应用最大有功功率传输条件。由图 11-7-2(b)确定开路电压。应用分流关系得

$$\dot{U}_{oc}=\left[\frac{30+j20}{(-j10+40)+(30+j20)}\times 40\times 5\angle 0^\circ-\frac{(-j10+40)}{(-j10+40)+(30+j20)}\times j20\times 5\angle 0^\circ\right]\ \text{V}$$

$$=\frac{5\ 000}{70+j10}\ \text{V}=70.71\angle -8.13^\circ\ \text{V}$$

由图 11-7-2(c)确定等效阻抗。由阻抗并联关系得

$$Z_{eq}=\frac{(40+j20)\times(30-j10)}{(40+j20)+(30-j10)}\ \Omega=\frac{140+j20}{7+j}\ \Omega=20\ \Omega$$

因此，当 $Z_L=Z_{eq}^*=20\ \Omega$ 时，Z_L 获得的有功功率最大，最大有功功率为

$$P_{Lmax}=\frac{U_{oc}^2}{4R_{eq}}=\frac{70.71^2}{4\times 20}=62.5\ \text{W}$$

目标 3 检测：最大有功功率传输条件及其应用

测 11-5 测 11-5 图所示电路中，Z_L 可任意调节。确定 Z_L 为何值时获得的有功功率最大，并求此功率。

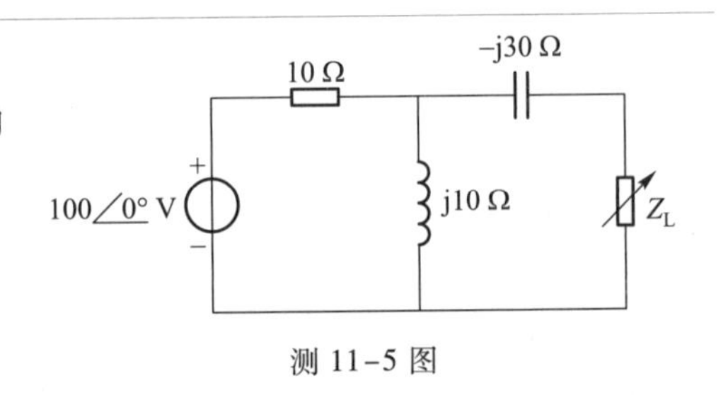

测 11-5 图

答案：(5+j25) Ω，250 W。

例 11-7-2 图 11-7-3(a)所示电路中，Z_L 可任意调节。确定 Z_L 为何值时获得的有功功率最大，并求此功率。若将 Z_L 改为电阻负载 R_L，再求最大有功功率。

解：先确定负载 Z_L 以外电路的戴维南等效电路。由图 11-7-3(b)确定开路电压 $\dot{U}_{oc}$，列写该电路的结点方程，有

$$\left(1+\frac{1}{j1}\right)\dot{U}=\frac{12\angle 0^\circ}{1}+2\dot{U}$$

解得

$$\dot{U}=6\sqrt{2}\angle 135^\circ\ \text{V}$$

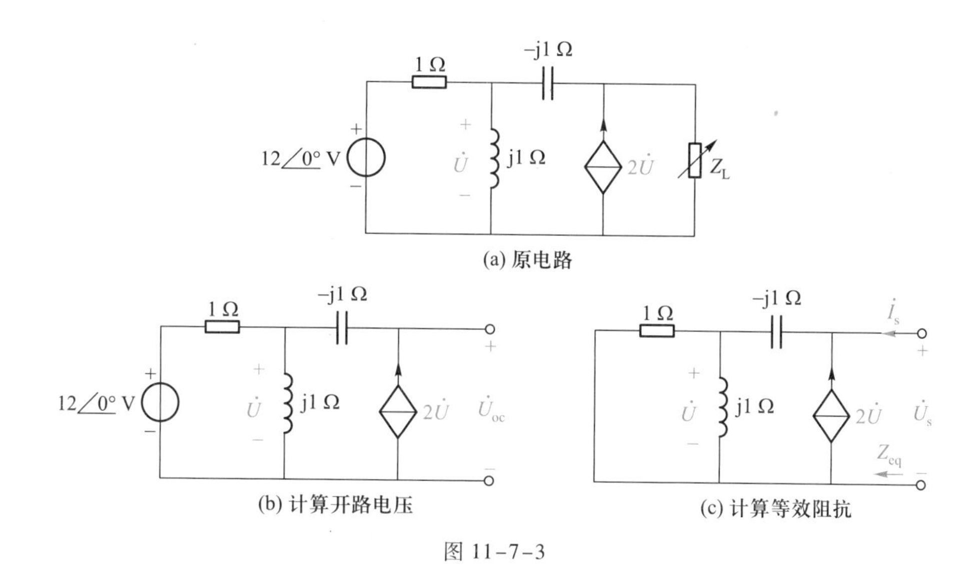

图 11-7-3

因此

$$\dot{U}_{oc}=\dot{U}+(-j1)\times 2\dot{U}=(1-j2)\dot{U}=6\sqrt{10}\angle 71.6°\ \text{V}$$

由图 11-7-43(c)确定等效阻抗 Z_{eq}。通过 KCL、KVL 获得端口 $\dot{U}_s$和 $\dot{I}_s$的关系,由 $Z_{eq}=\dot{U}_s/\dot{I}_s$确定等效阻抗。有

$$\begin{cases}\dot{U}_s=-j1\times(\dot{I}_s+2\dot{U})+\dot{U}\\ \dot{U}=(\dot{I}_s+2\dot{U})\times\dfrac{j1}{1+j1}\end{cases}$$

由第 2 式得

$$\dot{U}=\frac{-1+j}{2}\dot{I}_s$$

代入第 1 式得

$$\dot{U}_s=\frac{1+j}{2}\dot{I}_s$$

因此

$$Z_{eq}=\frac{\dot{U}_s}{\dot{I}_s}=\frac{1+j}{2}\ \Omega$$

根据共轭匹配条件,当 $Z_L=Z_{eq}^*=0.5(1-j)\ \Omega$ 时,Z_L 获得的有功功率最大,此功率为

$$P_{Lmax}=\frac{U_{oc}^2}{4R_{eq}}=\frac{(6\sqrt{10})^2}{4\times 0.5}\ \text{W}=180\ \text{W}$$

当 Z_L 为纯电阻 R_L 时,R_L 获得最大有功功率的条件为 $R_L=|Z_{eq}|=\dfrac{\sqrt{2}}{2}\ \Omega$,此功率为

$$P_{Lmax}=I_L^2R_L=\left(\frac{U_{oc}}{|R_L+Z_{eq}|}\right)^2R_L=\frac{(6\sqrt{10})^2}{\left(\dfrac{1}{2}+\dfrac{\sqrt{2}}{2}\right)^2+\left(\dfrac{1}{2}\right)^2}\times\frac{\sqrt{2}}{2}\ \text{W}=149.1\ \text{W}$$

目标 3 检测:最大有功功率传输条件及其应用

测 11-6 测 11-6 图所示电路中,Z_L 可任意调节。确定 Z_L 为何值时获得的有功功率最大,并求此最大功率。若 Z_L 为可调纯电阻 R_L,则 R_L 为何值时获得的有功功率最大?计算此最大功率。

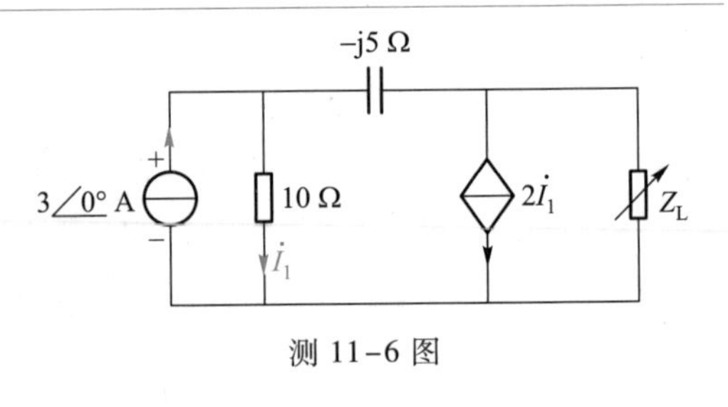

测 11-6 图

答案:$\frac{1}{3}(10+\mathrm{j}5)\ \Omega$,15 W;$\frac{5\sqrt{5}}{3}\ \Omega$,14.2 W。

*11.7.2 负载调节受限

最大有功功率传输问题,实质上是一个数学上求极值的问题。式(11-7-5)和(11-7-6)是在 Z_L 的实部和虚部均可任意调节的前提下得到的。工程中会出现在一定限制条件下的最大有功功率传输出问题。例如:负载阻抗只能任意调节其模值,阻抗角不可调;又如:负载阻抗的实部可以任意调节,虚部不可调节。按照前述推导共轭匹配条件的思路与方法,不难得到各种限制条件下的最大有功功率传输条件。下面讨论几种实用的、负载调节受限下的最大有功功率传输问题。

1. 负载阻抗角固定、阻抗模任意可调

当负载阻抗模值可调、而阻抗角不可调时,最大有功功率传输条件和最大有功功率为

$$\boxed{|Z_L|=|Z_{eq}|} \tag{11-7-9}$$

$$\boxed{P_{Lmax}=\frac{U_{oc}^2\cos\varphi_L}{2(|Z_{eq}|+R_{eq}\cos\varphi_L+X_{eq}\sin\varphi_L)}} \tag{11-7-10}$$

式中,φ_L 为负载 Z_L 的阻抗角。推导过程如下。

负载有功功率

$$P_L=I_L^2R_L=\left(\frac{|\dot{U}_{oc}|}{Z_{eq}+Z_L}\right)^2\times R_L=\frac{U_{oc}^2|Z_L|\cos\varphi_L}{(R_{eq}+|Z_L|\cos\varphi_L)^2+(X_{eq}+|Z_L|\sin\varphi_L)^2} \tag{11-7-11}$$

极值条件为

$$\frac{\partial P_L}{\partial|Z_L|}=U_{oc}^2\cos\varphi_L\times$$

$$\frac{(R_{eq}+|Z_L|\cos\varphi_L)^2+(X_{eq}+|Z_L|\sin\varphi_L)^2-2|Z_L|[(R_{eq}+|Z_L|\cos\varphi_L)\cos\varphi_L+(X_{eq}+|Z_L|\sin\varphi_L)\sin\varphi_L]}{[(R_{eq}+|Z_L|\cos\varphi_L)^2+(X_{eq}+|Z_L|\sin\varphi_L)^2]^2}$$

$$=0$$

上式分子为零,即

$$(R_{eq}+|Z_L|\cos\varphi_L)^2+(X_{eq}+|Z_L|\sin\varphi_L)^2$$
$$=2|Z_L|[(R_{eq}+|Z_L|\cos\varphi_L)\cos\varphi_L+(X_{eq}+|Z_L|\sin\varphi_L)\sin\varphi_L]$$

化简得

$$R_{eq}^2+X_{eq}^2=|Z_L|^2$$

即

$$|Z_L|=|Z_{eq}|$$

匹配条件为 $|Z_L|=|Z_{eq}|$。将此匹配条件代入式(11-7-11),最大有功功率为

$$P_{Lmax}=\frac{U_{oc}^2|Z_{eq}|\cos\varphi_L}{(R_{eq}+|Z_{eq}|\cos\varphi_L)^2+(X_{eq}+|Z_{eq}|\sin\varphi_L)^2}=\frac{U_{oc}^2\cos\varphi_L}{2(|Z_{eq}|+R_{eq}\cos\varphi_L+X_{eq}\sin\varphi_L)}$$

2. 负载为任意可调电阻

电阻负载相当于阻抗角 $\varphi_L=0$、阻抗模值可调问题。因此 $|Z_L|=R_L=|Z_{eq}|$ 为电阻负载获得最大有功功率的条件。将 $\varphi_L=0$ 代入式(11-7-10)得到负载为电阻时的最大有功功率,为

$$P_{Lmax}=\frac{U_{oc}^2}{2(|Z_{eq}|+R_{eq})} \tag{11-7-12}$$

这与式(11-7-8)一致。

3. 负载实部和虚部在一定范围内可调

负载实部和虚部只能在一定范围内可调时,一般不能满足共轭匹配条件,这时应以共轭匹配条件为目标,参数选择尽可能接近共轭匹配点。由 $P_L=\dfrac{U_{oc}^2R_L}{(R_{eq}+R_L)^2+(X_{eq}+X_L)^2}$ 得到负载任意可调时的极值条件,为

$$\frac{\partial P_L}{\partial X_L}=-\frac{2R_L(X_{eq}+X_L)U_{oc}^2}{[(R_{eq}+R_L)^2+(X_{eq}+X_L)^2]^2}=0 \tag{11-7-13}$$

$$\frac{\partial P_L}{\partial R_L}=\frac{U_{oc}^2[(R_{eq}+R_L)^2+(X_{eq}+X_L)^2-2R_L(R_{eq}+R_L)]}{[(R_{eq}+R_L)^2+(X_{eq}+X_L)^2]^2}=0 \tag{11-7-14}$$

单独由第 1 个条件得到

$$X_L=-X_{eq} \tag{11-7-15}$$

单独由第 2 个条件得到

$$R_L=\sqrt{R_{eq}^2+(X_{eq}+X_L)^2} \tag{11-7-16}$$

负载调节受到限制而共轭匹配不能满足时,要尽可能分别接近式(11-7-15)和(11-7-16)的条件,负载所获功率则能接近共轭匹配下的最大有功功率。可先取 X_L 尽量靠近 $-X_{eq}$,然后取 R_L 尽量靠近 $\sqrt{R_{eq}^2+(X_{eq}+X_L)^2}$。

例 11-7-3 对图 11-7-4 所示电路,确定:(1)负载任意可调时,负载获得的最大有功功率。(2)负载电阻在 0 到 4 kΩ 之间可调、容抗在 0 到 2 kΩ 之间可调时,负载获得的最大有功功率。

解:图 11-7-4 中,$Z_{eq}=R_{eq}+jX_{eq}=(3+j4)\ \text{k}\Omega$,$Z_L=R_L+jX_L=R_L-jX_C$,$\dot{U}_{oc}=10\angle 0^\circ\ \text{V}$。

(1) 负载任意可调时,可以实现共轭匹配。因此

$$Z_L=R_L-jX_C=Z_{eq}^*=(3-j4)\ \text{k}\Omega$$

即取 $R_L=3\ \text{k}\Omega$ 和 $X_C=4\ \text{k}\Omega$,负载获得的最大有功功率为

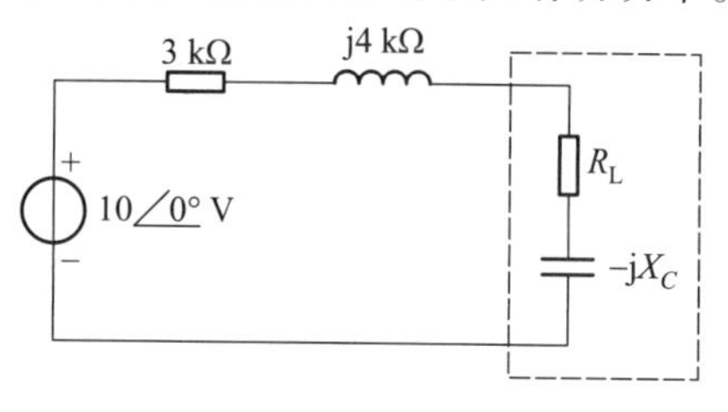

图 11-7-4

$$P_{\text{Lmax}}=\frac{U_{\text{oc}}^2}{4R_{\text{eq}}}=\frac{10^2}{4\times3}\ \text{mW}=8.33\ \text{mW}$$

(2) 负载电阻在 0 到 4 kΩ 之间可调、容抗在 0 到 2 kΩ 之间可调时，首先满足 X_L 尽量靠近 $-X_{\text{eq}}$ 的条件，故取 $X_L=-X_C=-2\ \text{k}\Omega$，然后取 R_L 尽量靠近 $\sqrt{R_{\text{eq}}^2+(X_{\text{eq}}+X_L)^2}$。考虑到 $X_L=-X_C=-2\ \text{k}\Omega$，有

$$\sqrt{R_{\text{eq}}^2+(X_{\text{eq}}+X_L)^2}=\sqrt{3^2+(4-2)^2}\ \text{k}\Omega=3.61\ \text{k}\Omega$$

因此，R_L 应取 3.61 kΩ。此时，负载上流过的电流

$$I_L=\frac{|\dot{U}_{\text{oc}}|}{|Z_{\text{eq}}+Z_L|}=\frac{10}{\sqrt{(3+3.61)^2+(4-2)^2}}\ \text{mA}=1.45\ \text{mA}$$

负载获得的功率为

$$P=I_L^2R_L=1.45^2\times3.61\ \text{mW}=7.57\ \text{mW}$$

此功率(7.57 mW)为负载调节受限时能够获得的最大有功功率，它小于没有限制时能够获得的最大有功功率(8.33 mW)。

目标 3 检测：最大有功功率传输条件及其应用

测 11-7　测 11-7 图所示电路中，$\dot{U}_s=10\angle 0°\ \text{V}$，$Z_s=R_s+\text{j}X_s=(3-\text{j}4)\ \text{k}\Omega$，$Z_L=R_L+\text{j}X_L$。确定以下 3 种情况下的最大有功功率传输条件和 Z_L 获得的最大有功功率：(1) Z_L 可任意调节；(2) Z_L 的阻抗角固定为 30°、阻抗模可任意调节；(3) R_L 的调节范围为 0～2 kΩ，X_L 的调节范围为 0～5 kΩ。

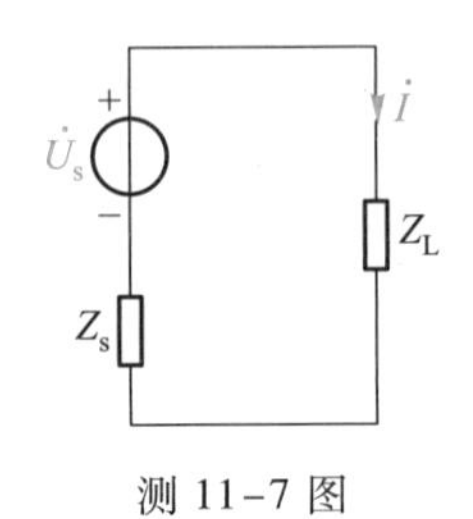

测 11-7 图

答案：(1) $Z_L=(3+\text{j}4)\ \text{k}\Omega$，8.33 mW；(2) $Z_L=(4.33+\text{j}2.5)\ \text{k}\Omega$，7.80 mW；(3) $Z_L=(2+\text{j}4)\ \text{k}\Omega$，8.00 mW。

11.8 有功功率测量

有功功率测量采用瓦特表(wattmeter)。以下介绍瓦特表的工作原理和接线方式。

1. 瓦特表的工作原理

瓦特表由两个线圈构成，如图 11-8-1 所示。电流线圈阻抗很小，近似为短路。电压线圈阻抗很大，近似为开路，附加电阻 R 起到加大电压线圈阻抗的作用。瓦特表的电流线圈、电压线圈均标出一个"*"端，对应于电流 i 流入端、电压 u 正极性端。当在电流线圈中按规定方向流过电流 i、电压线圈按规定极性施加电压 u 时，两个线圈产生的磁场相互作用，带动指针偏转，其偏转角度与 $\frac{1}{T}\int_t^{t+T}ui\text{d}t$ 成正比。因此

$$\text{瓦特表的读数}=\frac{1}{T}\int_t^{t+T}ui\text{d}t=UI\cos(\phi_u-\phi_i)=\text{Re}[\dot{U}\times\dot{I}^*] \tag{11-8-1}$$

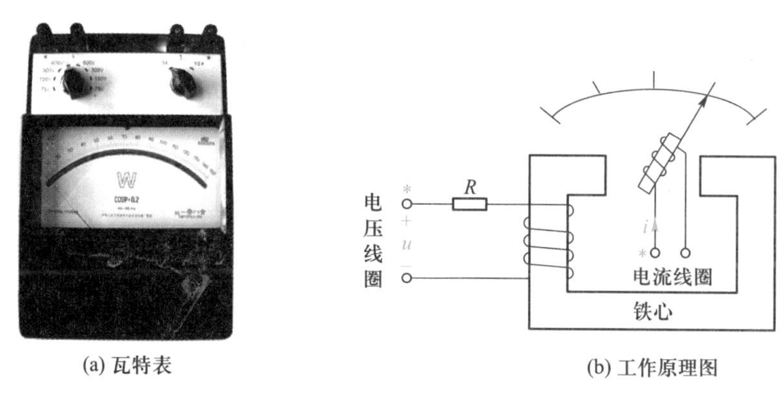

(a) 瓦特表　　(b) 工作原理图

图 11-8-1　瓦特表的工作原理

2. 瓦特表的接线方式

如果上述 u、i 是某个负载关联参考方向下的电压、电流，则瓦特表的读数就是负载吸收的有功功率。因此，我们将负载的电压、电流以适当的方式接入瓦特表，就可以测得负载的有功功率。图 11-8-2 为用瓦特表测量负载 Z_L 消耗的有功功率的接线方式。图(a)中，瓦特表的电压线圈 * 端接到电流线圈非 * 端，称为电压线圈后接法。图(b)中，瓦特表的电压线圈 * 端接到电流线圈 * 端，称为电压线圈前接法。两种接法的差别在于测量误差不同。前者，通过瓦特表电流线圈的电流，除了负载 Z_L 的电流外，还包含了流过电压线圈的微小电流；后者，加在瓦特表电压线圈上的电压，除了负载 Z_L 的电压外，还包含了电流线圈的微小压降。图 11-8-2 中，若将两线圈中任何一个线圈的两个端子对调，指针的偏转方向将改变，读数为负值，此时读数的物理含义是阻抗 Z_L 提供的有功功率。

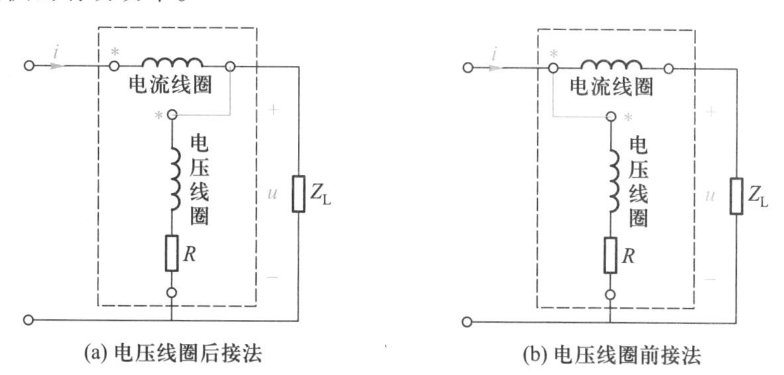

(a) 电压线圈后接法　　(b) 电压线圈前接法

图 11-8-2　瓦特表的接线方法

例 11-8-1　确定图 11-8-3 所示电路中瓦特表的读数，并说明读数的物理含义。

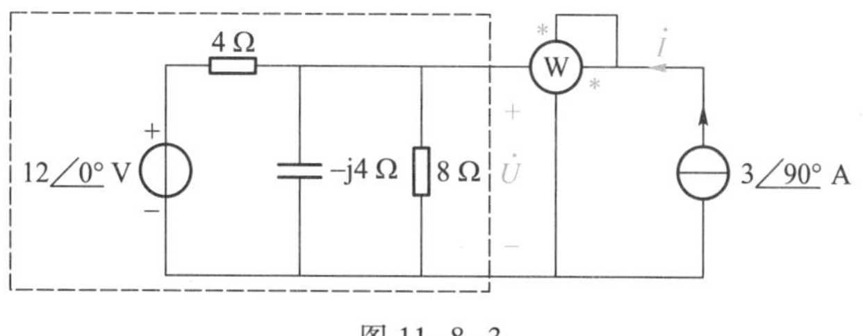

图 11-8-3

解:通过计算流过电流线圈的电流和加在电压线圈两端的电压来确定瓦特表的读数。依据瓦特表 * 端的含义,电压和电流参考方向如图所示。有

$$\dot{I}=3\underline{/90^\circ}\ \text{A}$$

可用结点分析方程确定电压 $\dot{U}$,有

$$\left(\frac{1}{4}+\frac{1}{-\text{j}4}+\frac{1}{8}\right)\dot{U}=\frac{12\underline{/0^\circ}}{4}+3\underline{/90^\circ}$$

解得

$$\dot{U}=9.41\underline{/11.31^\circ}\ \text{V}$$

瓦特表的读数为

$$P=\text{Re}[\dot{U}\dot{I}^*]=9.41\times3\times\cos(11.31^\circ-90^\circ)\ \text{W}=5.54\ \text{W}$$

测得的是虚线框内电路吸收的有功功率,也就是电流源发出的有功功率。

目标 4 检测:有功功率的测量方法

测 11-8 确定测 11-8 图所示电路中瓦特表的读数,并说明读数的物理含义。

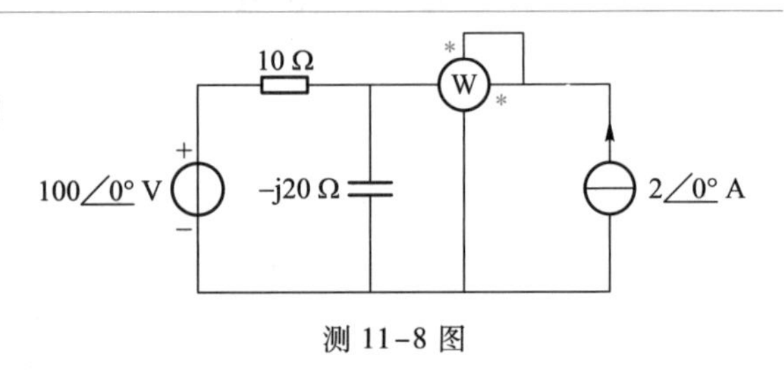

测 11-8 图

答案:192 W。

11.9 拓展与应用

本节介绍用户电费计算方法和电路的交流等效阻抗测量方法。

11.9.1 电费计算

电力企业如何向电力用户收费呢?电力企业将用户分为工业用户、商业用户、居民用户、事业单位用户(包括交通运输单位,教育单位、医疗卫生单位,行政机关等)、农业生产用户等,对不同用户制定相应的收费政策,各地方的政策具有差异性。

电费计算会考虑以下三个方面:

(1) 电量电费。电量电费依据用户的用电量来计算。用电量由电能表(也称电度表)测量。电能表的接线方式和瓦特表相同,它累计用户的用电量,以千瓦 · 时(kWh)计量,1 千瓦 · 时 = 1 度。图 11-9-1(a)为较早期居民使用的单相机械式电能表,图(b)为现已广泛使用的单相电子式电能表。无论哪种电能表,都需要将负载电流、电压引入表中,接线方式如图(c)所示。单位用电量的价格即电价。分时电价是按照用电的高峰和低谷按不同的电价计费,用电高峰时段

电价高，低谷时段电价低。

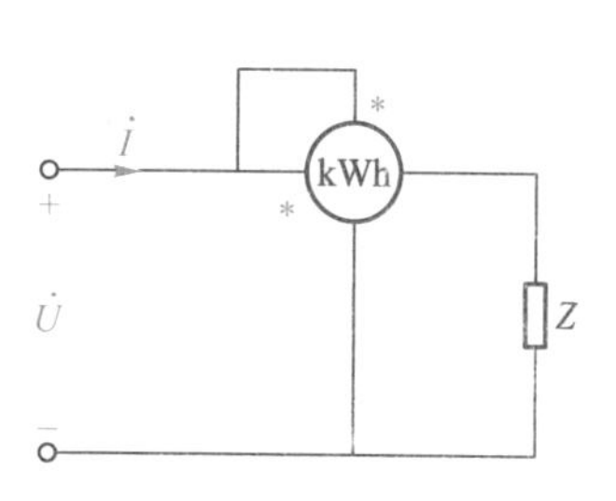

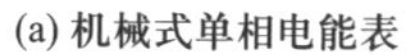

(a) 机械式单相电能表　(b) 电子式单相电能表　(c) 电能表接线方式

图 11-9-1　单相电能表（图片来源：http://www.chint.com）

（2）基础电费。基础电费依据用户安装的变压器容量（kVA）来计算，即使用户没有用电量，但其占用了电力系统容量、线路和设备，必须支付基础电费。也可将用户的最大有功功率（kW）取代变压器容量来计算基础电费，但电价有区别。

（3）力调率电费（就是功率因数奖惩电费）。力调率电费依据用户的月平均功率因数和电量电费与基础电费之和来计费。例如：当月平均功率因数高于 0.9 时，减收电费，每 0.01 减收 0.5% 的电费；低于 0.9 时加收电费，每 0.01 加收 0.5% 的电费。加收或减收电费的比例称为力调率，可查《功率因数与力调率电费表》得出。

因此，用户每月电费构成为

用户电费＝基础电费＋电量电费＋力调率电费

其中：

基础电费＝用户变压器容量（kV·A）×基本电价（元/kV·A/月）

电量电费＝用户月用电量（kWh）×电量电价（元/kWh）

力调率电费＝（基础电费＋电量电费）×力调率

居民用户只付电量电费，工业用户要付基础电费、电量电费和力调率电费。

例 11-9-1　一变压器容量为 500kV·A 的大工业用户，某月用电量为 200 000 kWh。计算用户该月电费。（1）用户月平均功率因数为 0.88；（2）用户月平均功率因数为 0.92。

电价：基本电价为 28 元/kV·A/月。电量电价为 0.85 元/kWh（统一电价，非分时电价）。力调率基准功率因数为 0.9，低于 0.9 时每 0.01 加收 0.5%，高于 0.9 时，每 0.01 减收0.5%。

解：用户电费包括基础电费、电量电费、力调率电费三部分。

（1）各部分电费为

基础电费＝500kV·A×28 元/kV·A/月＝14 000 元/月

电量电费＝200 000 kWh×0.85 元/kWh＝170 000 元

$$力调率=\frac{0.9-0.88}{0.01}\times 0.5\%=1.0\%\ （为正，代表惩罚）$$

力调率电费＝（基础电费＋电量电费）×力调率

＝（14 000＋170 000）×1.0%＝1 840 元

$$用户该月电费=14\ 000+170\ 000+1\ 840=185\ 840 元$$

（2）基础电费、电量电费同上。重新计算力调率，有

$$力调率=\frac{0.9-0.92}{0.01}\times 0.5\%=-1.0\% \quad （为负代表奖励）$$

$$力调率电费=(14\ 000+170\ 000)\times(-1.0\%)=-1\ 840 元$$

$$用户该月电费=14\ 000+170\ 000-1\ 840=182\ 160 元$$

11.9.2 交流等效阻抗测量

10.7.1 小节介绍了用交流电桥测量器件的交流等效电阻、电容器的电容量和介质损耗、电感器的电感量和电阻。工作于正弦稳态下的一般电器件，如果将其等效为阻抗 Z，那么，如何测量 Z 的值呢？图 11-9-2(a) 为利用交流电压表、交流电流表和瓦特表测量阻抗 Z 的电路，给阻抗 Z 施加交流电压 $\dot{U}$，让它工作于期望的交流频率下（电器件的阻抗与工作频率有关），交流电压表、电流表和瓦特表分别测得电压有效值 U、电流有效值 I、有功功率 P，根据 U、I、P 计算阻抗值 Z。设 $Z=|Z|\angle\varphi_Z$，则

$$|Z|=\frac{U}{I}$$

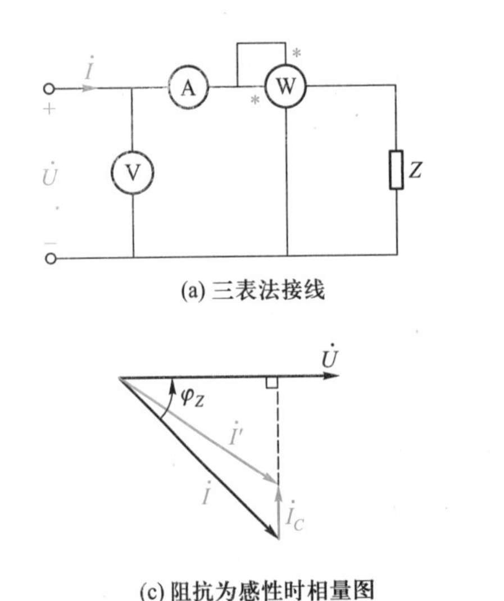

(a) 三表法接线

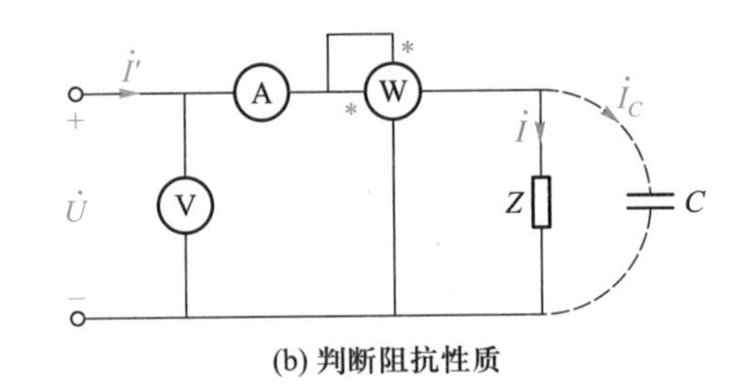

(b) 判断阻抗性质

(c) 阻抗为感性时相量图

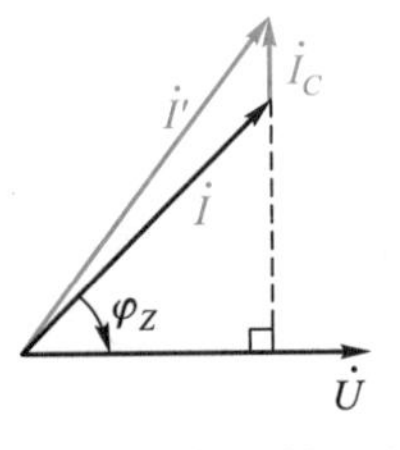

(d) 阻抗为容性时相量图

图 11-9-2 交流等效阻抗测定

由 $P=UI\cos\varphi_Z$ 得

$$\varphi_Z=\pm\arccos\frac{P}{UI}$$

这种测量阻抗的方法称为三表法。

上面得到的阻抗角 φ_Z 取正还是取负，要视阻抗的性质而定。阻抗为感性时取正，容性时取负。如何知道阻抗的性质呢？在阻抗上并联一个微小电容器，如图 11-9-2(b) 所示，比较并联电容器前、后电流表的数值就可以判断阻抗 Z 的性质。在端口电压 U 一定且并联微小电容的前

提下,由于 Z 的电流总为 $\dot{I}$,并联微小电容后,流过电流表的电流为 $\dot{I}'$,有

$$\dot{I}'=\dot{I}+\dot{I}_C$$

Z 为感性时,并联微小电容后的相量图如图 11-9-2(c)所示,因电容 C 微小,X_C 很大,则 I_C 很小,并联微小电容后电路依然是感性,因此 $I'<I$,电流表数值变小。Z 为容性时,并联微小电容后的相量图如图 11-9-2(d)所示。显然 $I'>I$,电流表数值变大。根据并联微小电容前、后电流表数值的变化判断 Z 的性质。电流表数值变小,Z 为感性,φ_Z 取正值;电流表数值变大,Z 为容性,φ_Z 取负值。

例 11-9-2 测量一个线圈和一个电容器串联电路在 50 Hz 下的等效阻抗,如图 11-9-3 所示。自耦调压器接到 220 V 工频电源上,调节调压器使输出电压从 0 上升,直至电流表的读数为 500.0 mA(不能超过线圈的允许电流),此时,电压表的读数为 98.5 V,瓦特表的读数为 35.8 W。用 0.1 μF 的电容判断阻抗性质,并上电容后电流表的读数为 497.7 mA。计算等效阻抗。

解: 依据测量结果,$U=98.5\ \text{V}$,$I=500.0\ \text{mA}$,$P=35.8\ \text{W}$。并联微小电容后电流表的电流变小,表明等效阻抗为感性。等效阻抗为

$$\begin{aligned}Z&=\frac{U}{I}\angle\arccos\frac{P}{UI}\\&=\frac{98.5}{500.0\times10^{-3}}\angle\arccos\frac{35.8}{98.5\times500.0\times10^{-3}}\ \Omega\\&=197\angle43.4^\circ\ \Omega\\&=(143+\text{j}135)\ \Omega\end{aligned}$$

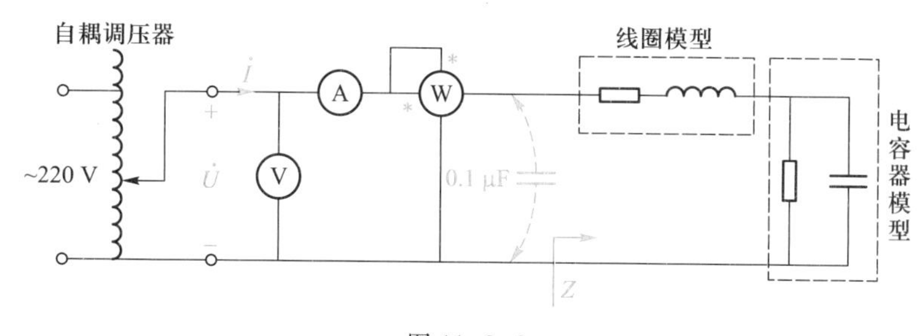

图 11-9-3

习题 11

有功功率与无功功率(11.3 节)

11-1 一端口网络的端口电压 $u=100\sqrt{2}\cos(10t-30^\circ)$ V、$i=2\sqrt{2}\sin10t$ A,u、i 为关联参考方向。(1)计算端口吸收的瞬时功率 p;(2)由瞬时功率表达式计算端口吸收的有功功率 P、无功功率 Q;(3)由 $P=UI\cos\varphi$、$Q=UI\sin\varphi$ 校验(2)所得结果。

11-2 题 11-2 图所示电路中,$i_s=2\sqrt{2}\cos10t$ A,计算电流源提供的有功功率与无功功率。

11-3 题 11-3 图所示电路中,$u_s=6\sin100t$ V,计算电压源提供的有功功率与无功功率。

11-4 题 11-4 图所示电路中,$R_1=10\ \Omega$,Z_2 消耗的有功功率和无功功率分别为 4 W 和 12 var,$\dot{U}_2$ 和 $\dot{U}_1$ 的相位差为 30°。求 Z_2 和 I。

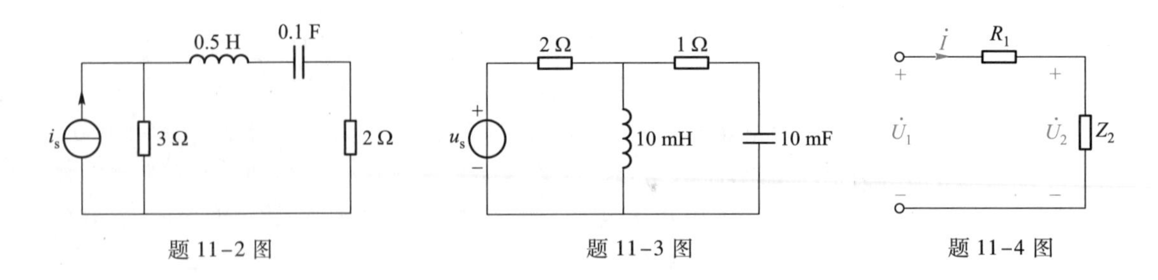

题 11-2 图　　题 11-3 图　　题 11-4 图

视在功率与功率因数(11.4 节)

11-5 题 11-5 图所示电路中, $u_1=60\sqrt{2}\sin 2t$ V, $u_L=80\sqrt{2}\cos 2t$ V, $L=4$H。计算网络 N_2 的有功功率 P_2、无功功率 Q_2、视在功率 S_2、功率因数 $\cos\varphi_2$ 及等效阻抗 Z_2。

11-6 题 11-6 图所示电路中,端口电流 $I=12$ A、$\cos\varphi=0.8$(感性),负载 Z_1 吸收功率 $P_1=1\ 200$ W,负载 Z_2 的电流 $I_2=6$ A、$\cos\varphi_2=0.6$(感性)。求端口电压 U 和视在功率 S、负载 Z_1 的电流 I_1、功率因数 $\cos\varphi_1$。

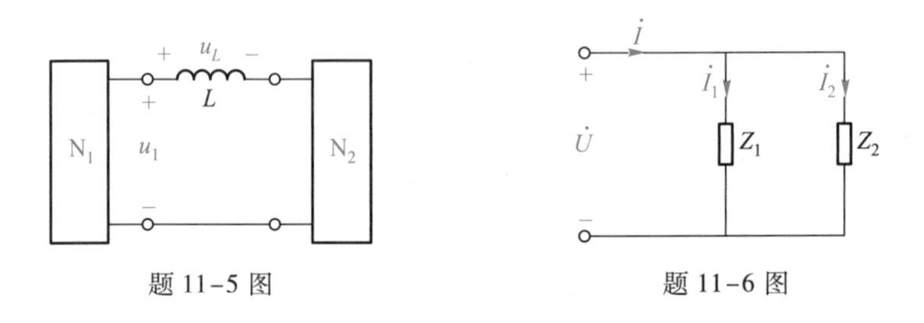

题 11-5 图　　题 11-6 图

复功率及功率守恒(11.5 节)

11-7 计算题 11-7 图所示电路中各元件吸收的复功率,并用功率守恒校验结果。

11-8 题 11-8 图所示电路为 3 条支路并联, $\dot{I}_s=10\angle 0°$ A。计算每条支路吸收的复功率,并用功率守恒校验结果。

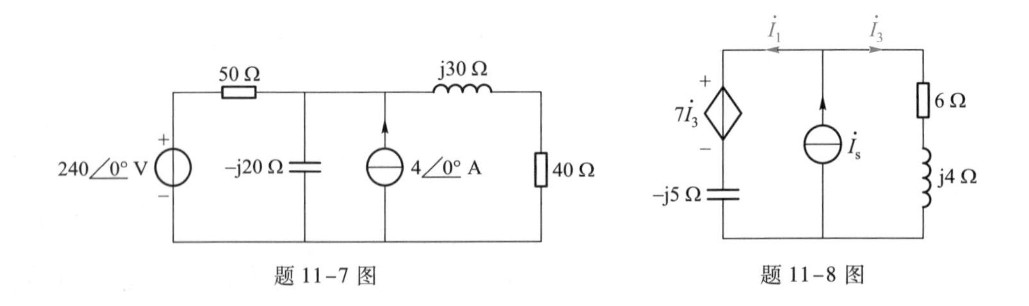

题 11-7 图　　题 11-8 图

功率因数校正(11.6 节)

11-9 题 11-9 图所示电路中,电源电压 $U_s=220$ V、频率 $f=50$ Hz,负载 $Z=(10+\text{j}15)$ Ω。(1)计算负载的有功功率、无功功率、视在功率、功率因数,以及线路电流 I;(2)并联电容将功率因数提高到 0.95,计算并联电容量 C,以及并联电容后电源输出的有功功率、无功功率、视在功率和线路电流 I。

11-10 题 11-10 图所示电路中,并联电容量 C 为何值时电路的功率因数提高到 0.9?计算并联电容后电源输出的有功功率、无功功率、视在功率和线路电流 I。

11-11 (1)计算题 11-11 图所示电路的端口电流和功率因数;(2)欲将端口功率因数提高到 0.866,需并联多大电容?

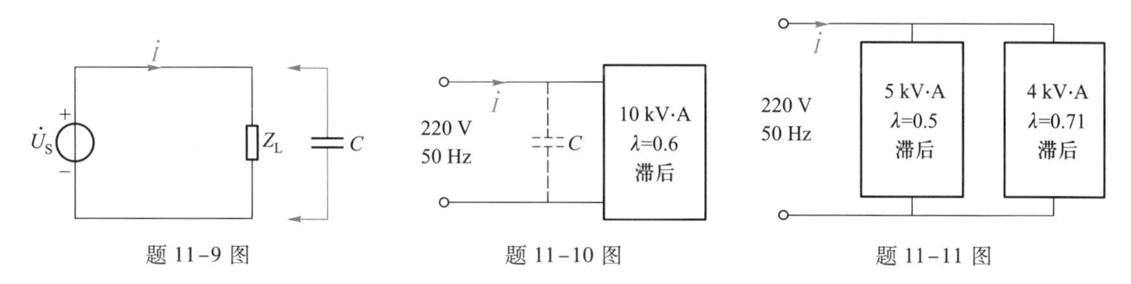

题 11-9 图　　题 11-10 图　　题 11-11 图

11-12 (1)计算题 11-12 图所示电路的端口电流和功率因数;(2)欲将端口功率因数提高到 1,需并联多大电容?

最大有功功率传输(11.7 节)

11-13 题 11-13 图所示电路中,负载 R_L 可任意调节。问:R_L 为何值时吸收的有功功率最大?最大功率为多少?

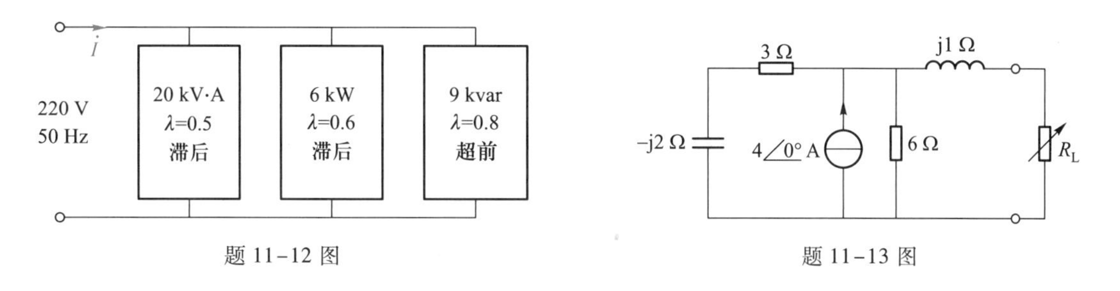

题 11-12 图　　题 11-13 图

11-14 题 11-14 图所示电路中,负载 Z_L 可以任意调节。问:负载 Z_L 为何值时吸收的有功功率最大?最大功率为多少?

11-15 题 11-15 图所示电路中,$R=r_m=1\ \Omega$,$L=\sqrt{3}$ H,$u_s=10\sqrt{2}\sin t$ V。该电路能从 ab 端口送出最大平均功率是多少?

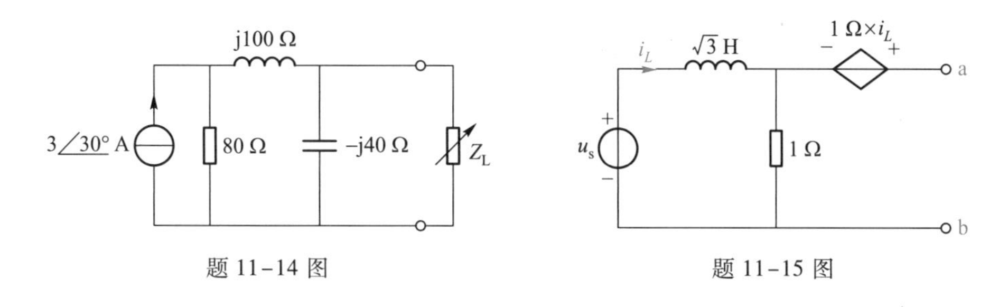

题 11-14 图　　题 11-15 图

11-16 题 11-16 图所示电路中,电源电压 $U_s=2$ V、频率 $f=40$ kHz、内阻 $R_1=125\ \Omega$,负载电阻 $R_2=200\ \Omega$。为使 R_2 获得最大有功功率,L、C 应为多少?

有功功率测量(11.8 节)

11-17 题 11-17 图所示电路中,$U=120$ V,确定功率表的读数、电源提供的有功功率。

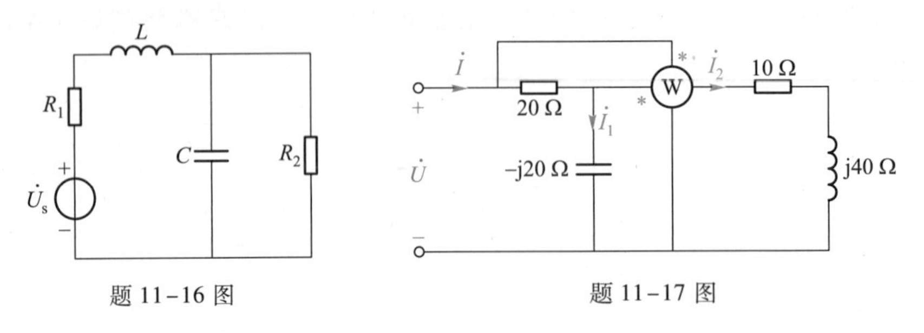

题 11-16 图　　题 11-17 图

11-18 题 11-18 图所示电路为确定负载 Z_2 的实验电路,交流电源电压为 220 V,当 S 闭合时,电流表和瓦特表的读数分别为 10 A 和 1 000 W。为进一步确定负载是感性还是容性,将开关 S 打开,电流表和瓦特表的读数分别是 12 A 和 1 600 W。且已知 Z_1 为感性阻抗。求 Z_2。

11-19 题 11-19 图所示电路中,电压表 V_1 和 V_2 的读数分别为 220 V 和 $100\sqrt{2}$ V,电流表 A_1 和 A_2 的读数分别为 30 A 和 20 A,瓦特表读数为 1 000 W,求 R、X_{L1}、X_{L2} 和 X_C。

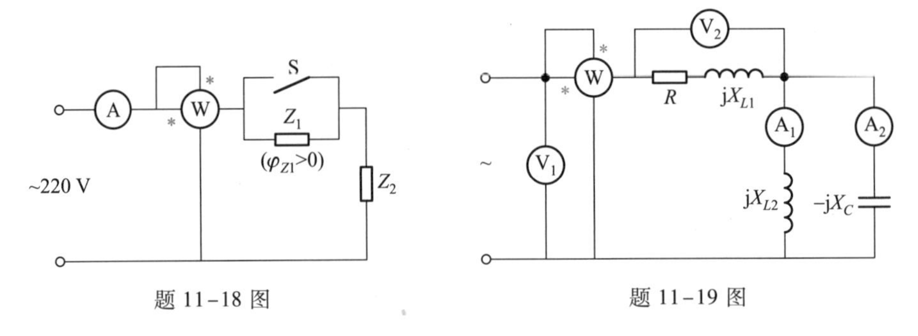

题 11-18 图　　题 11-19 图

11-20 题 11-20 图所示电路中,$I_1=I_2=I_3$,$U=150$ V,瓦特表读数为 1 500 W。求 R、X_L 和 X_C。

11-21 题 11-21 图所示电路中,$X_L=X_C$,电压 U 恒定。开关 S 打开时,$I=10$ A,瓦特表读数为 600 W;开关 S 合上时,$I=10$ A,$U_C=50$ V,瓦特表读数为 1 000 W。求 R_1、R_2、X_L 和 U。

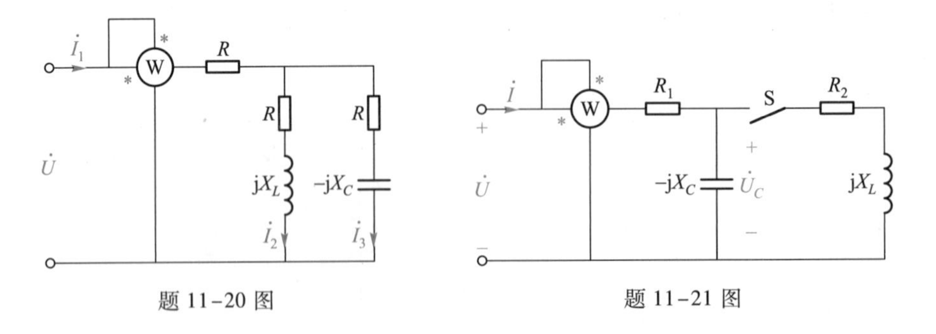

题 11-20 图　　题 11-21 图

▶ 综合检测

11-22 电路如题 11-22 图所示。(1)若已知 $\dot{I}_1=5\underline{/90^\circ}$ A,求 $\dot{I}_2$ 与 Z。(2)若 $Z(=R+jX)$任意可调,Z 为何值时从电路获得最大功率,此最大功率为多少?(3)若 Z 为一任意可调的纯电阻,Z

为何值时从电路获得最大功率，此最大功率为多少？（4）若 Z 为模值任意可调阻抗，阻抗角为 60°（感性），Z 为何值时从电路获得最大功率，此最大功率为多少？（5）若 Z 的调节范围为 [(3+j5) Ω，(6+j10) Ω]，如何调节 Z 使其获得最大功率？（6）比较以上 4 种最大功率，有何体会？

11-23 某工厂有一个功率 1 800 kW、功率因数 0.6（感性）的负载 LA，现添加一个功率 600 kW、功率因数可调的负载 LB，LB 与 LA 并联，使工厂总负载的功率因数达到 0.96（感性）。（1）LB 的无功功率为多少？吸收还是发出？（2）LB 的功率因数为多少？感性还是容性？（3）假定工厂的输入电压有效值为 3 500 V，分别计算添加负载 LB 前、后，线路总电流的有效值。

11-24 题 11-24 图所示电路中，输电线路首端接电源，末端接负载。（1）计算负载、线路首端的功率因数；（2）计算线路消耗的有功功率；（3）在负载两端并联一个电容，使总负载呈阻性，确定并联电容的容抗；（4）计算并联电容后线路消耗的有功功率，并与（2）的结果对比；（5）计算并联电容后线路首端的功率因数，并与（1）的结果对比。（6）在负载上并联电容使线路首端功率因数为 1，计算并联电容的容抗。

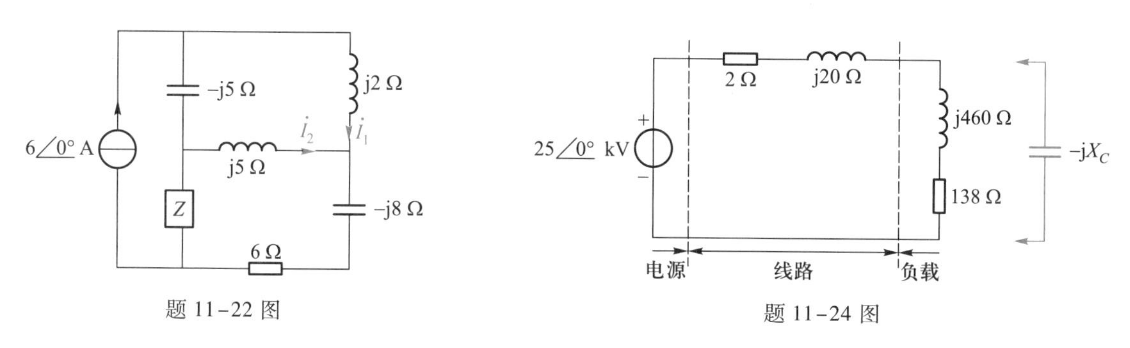

题 11-22 图　　题 11-24 图

11-25 题 11-25 图所示正弦稳态电路，电压 $\dot{U}$ 的有效值为 100 V，$\dot{U}_1$ 和 $\dot{U}_2$ 的有效值均为 50 V。求电压表 V 的读数。

11-26 在题 11-26 图所示正弦稳态电路中，功率表的读数为 100 W，电压表 V 的读数为 100 V，电流表 A_1 和 A_2 的读数相等，电压表 V_2 的读数是 V_1 读数的一半。求参数 R、X_L 和 X_C。

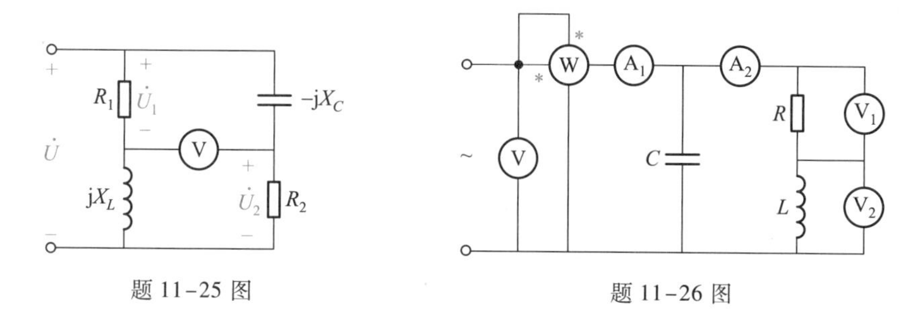

题 11-25 图　　题 11-26 图

习题 11 参考答案

三相正弦稳态电路

12.1 概述

将发电机产生的电能输送到用户的最简单方式是单相供电方式，如图 12-1-1 所示。图(a)中，电压源通过 2 条输电线连到负载，称为单相 2 线制。图(b)中，2 个相同的电压源通过 3 条输电线连到负载，称为单相 3 线制。图(b)中虽有 2 个供电电源，但是它们不仅幅值、频率相同，而且相位相同，仍然为单相电源。

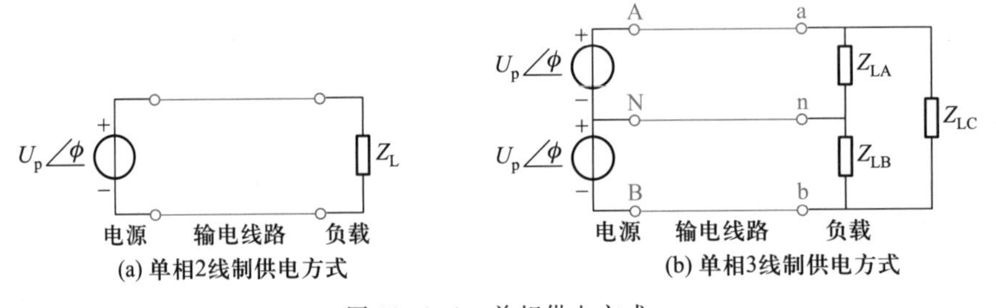

图 12-1-1　单相供电方式

我国居民用电一般采用单相 2 线制供电方式，$U_p=220$ V、$f=50$ Hz，家用电器的额定电压为 220 V。美国居民用电一般采用单相 3 线制供电方式，$U_p=120$ V、$f=60$ Hz，电灯等小功率家用电器的额定电压为 120 V，干衣机等大功率家用电器的额定电压为 240 V。

如果系统由多个幅值、频率相同而相位不同的电压源供电，则为多相供电方式。图 12-1-2(a)为 2 相 3 线制供电方式，2 个电压源的相位差为 90°。(b)为 3 相 4 线制供电方式，3 个电压源的相位彼此相差 120°。

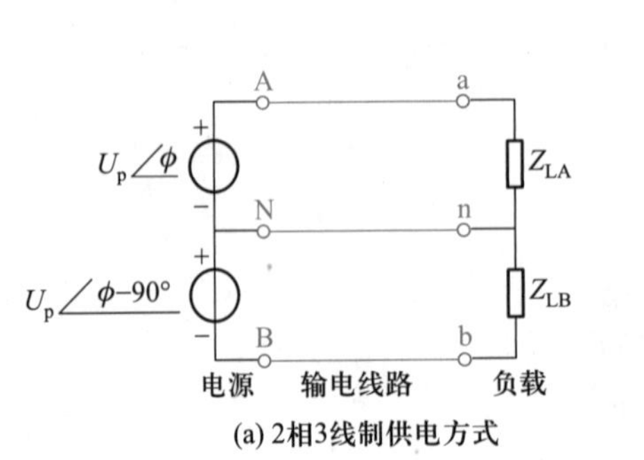

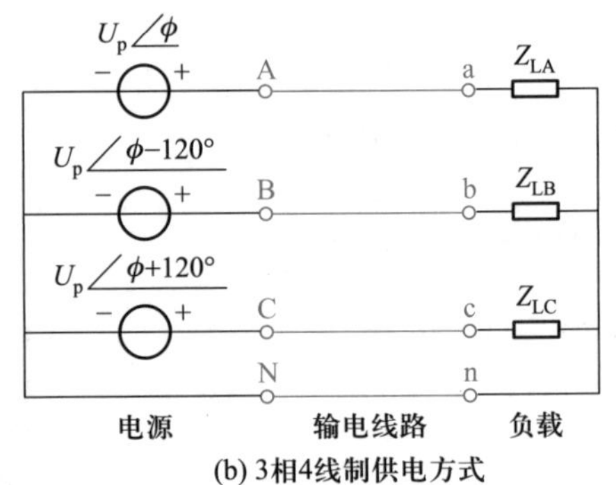

图 12-1-2　多相供电方式

在世界各国,电能的生产、输送、分配与使用广泛采用三相制,称为三相电路。电气工程专业培养有关电能生产、传输直至使用过程中各种电气设备和系统的设计、制造、维护、测量和控制方面的专业人才,课程中广泛涉及复杂三相电路。非电气工程专业的工程技术人员,只需通过本章学习,掌握分析简单三相电路的基本方法。

三相电路包含三相电源、三相变压器、三相输电线路和三相负载,是一种具有特定结构的复杂电路。这种电路结构有三方面的优势:一是能提高发电效率;二是能提升电能远距离传输的经济性;三是能改善负载(主要是三相电动机)的工作性能。

毫无疑问,可用在第 10 章、第 11 章所学知识来分析三相正弦稳态电路。但是,出于经济性考虑,电力系统中的三相电路通常工作于对称状态(严格说是平衡状态),称为对称三相电路或平衡三相电路。利用对称规律简化三相电路的计算是本章学习的重点。

目标 1　掌握对称三相电路线电量与相电量的关系。
目标 2　掌握对称三相电路分相计算法。
目标 3　掌握对称三相电路功率计算。
目标 4　掌握不对称三相电路的特点和计算。
目标 5　掌握三相电路功率测量方法。

难点　理解对称三相电路分相计算原理,不对称三相电路计算。

12.2 三相电路

基本的三相电路包含三相电源、三相负载、三相输电线路,有对称和不对称之分、三线制和四线制之分。

12.2.1 三相电源

1. 对称三相电压

对称三相电压可由三相发电机产生。图 12-2-1(a)为三相发电机的原理示意图。三相发电机由转子、定子构成。转子相当于磁体(N 为北极,S 为南极),以角速度 ω 旋转,在定子和转子间的空隙中形成旋转磁场。定子上绕有 3 个线圈,线圈的始端-末端标记为 A-X、B-Y、C-Z,线圈平面的空间位置彼此相差 120°。当转子以角速度 ω 旋转时,线圈切割磁场而产生感应电势,始端到末端的电压分别以 u_A(即 u_{AX})、u_B(即 u_{BY})、u_C(即 u_{CZ})表示,如图(b)所示。u_A、u_B、u_C 是幅值相同、频率相同(为 ω)的正弦函数,在图(a)所示 ω 方向下,u_A 超前 u_B 120°,u_B 超前 u_C 120°,u_C 超前 u_A 120°。这种幅值相同、频率相同、相位彼此相差 120°的 3 个电压,称为对称三相电压,也称平衡三相电压(balanced three-phase voltage)。

将对称三相电压写为

$$u_A=\sqrt{2}U\cos(\omega t),\quad u_B=\sqrt{2}U\cos(\omega t-120^\circ),\quad u_C=\sqrt{2}U\cos(\omega t-240^\circ)=\sqrt{2}U\cos(\omega t+120^\circ)$$

波形如图 12-2-2(a)所示,且有

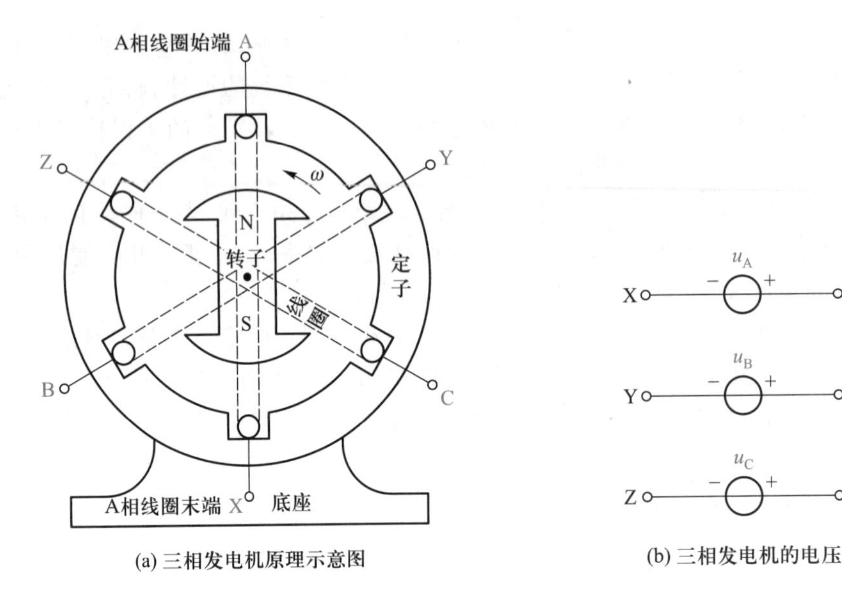

(a) 三相发电机原理示意图　　(b) 三相发电机的电压

图 12-2-1　三相发电机原理

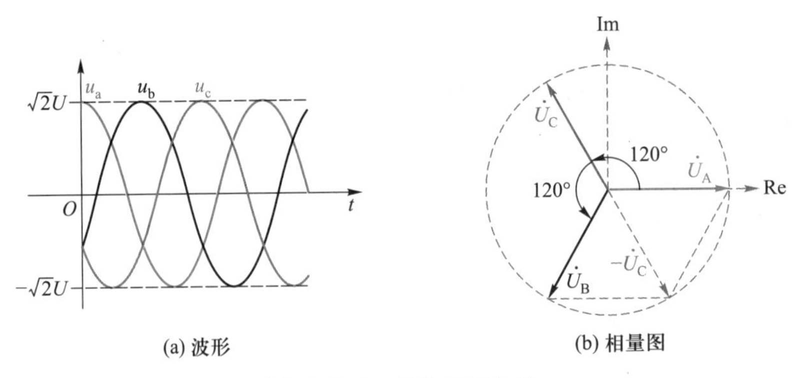

(a) 波形　　(b) 相量图

图 12-2-2　对称三相电压

$$\boxed{u_A+u_B+u_C=0} \tag{12-2-1}$$

用相量表示为

$$\dot{U}_A=U\angle 0^\circ,\quad \dot{U}_B=\dot{U}_A e^{-j120^\circ}=U\angle -120^\circ,\quad \dot{U}_C=\dot{U}_B e^{-j120^\circ}=U\angle -240^\circ=U\angle 120^\circ$$

相量图如图 12-2-2(b)所示,亦有

$$\boxed{\dot{U}_A+\dot{U}_B+\dot{U}_C=0} \tag{12-2-2}$$

2. 对称三相电源

将三相发电机的线圈电压 u_A、u_B、u_C 连接成图 12-2-3 所示形式,就是对称三相电源(balanced three-phase voltage source)。图(a)为星形三相电源的两种画法,X、Y、Z 连接在一起成为 N,N 为中性点。图(b)为三角形三相电源的两种画法,X、Y、Z 分别与 B、C、A 相连。三相发电机是一个对称三相电压源。

因为 $u_A+u_B+u_C=0$,所以图 12-2-3(b)中三角形内没有环流。但是,实际三相发电机输出的三个电压不会严格对称,三相电压之和只是近似为零。考虑到发电机线圈的阻抗,如图 12-2-4 所示,即使在 A、B、C 端子开路情况下,三角形内存在环流 $\dot{I}_m$。由 KVL 得

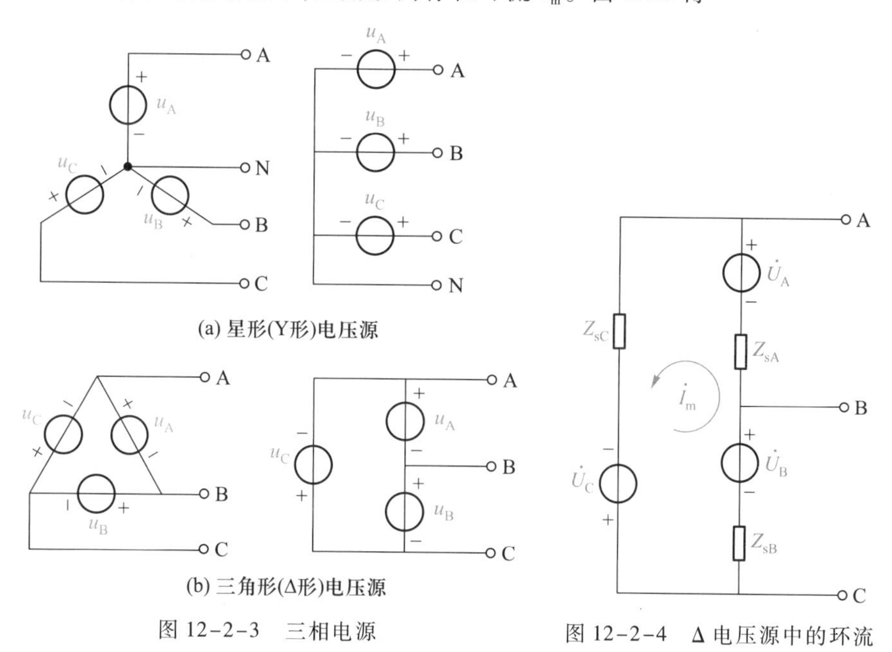

图 12-2-3　三相电源

图 12-2-4　Δ 电压源中的环流

$$\dot{I}_m=\frac{\dot{U}_A+\dot{U}_B+\dot{U}_C}{Z_{sA}+Z_{sB}+Z_{sC}}$$

发电机线圈阻抗小,尽管 $\dot{U}_A+\dot{U}_B+\dot{U}_C$ 接近于零,但环流 $\dot{I}_m$ 可能较大。因此,实际三相发电机通常连接成星形电压源。

3. 对称三相电源的相序

发电机的线圈电压 u_A、u_B、u_C 的相位关系存在两种情况,这种相位关系称为三相电源的相序(sequence),用相量图表示为图 12-2-5 所示。图(a)中,三相电压按 A-B-C 顺序依次滞后 120°,为正序(positive sequence)三相电源。图(b)中,三相电压按 C-B-A 顺序依次滞后 120°,为负序(negative sequence)三相电源。电力系统的三相发电机要接成正序电源。

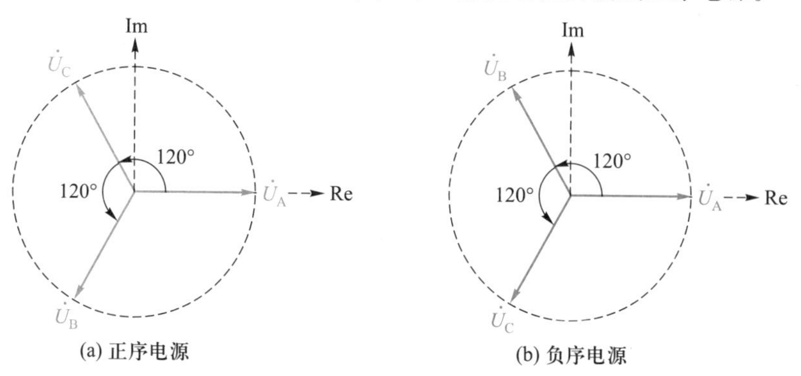

图 12-2-5　对称三相电源的相序

对称三相电压与对称三相电源

对称三相电压：幅值相同、频率相同、相位彼此相差 120°的三个电压。

对称三相电源：对称的三个电压源连接成星形或三角形。

对称三相电源的相序：三个电压源的电压按 A—B—C 顺序依次滞后 120°为正序电源，按 C—B—A 顺序依次滞后 120°为负序电源。

对称三相电压满足：$u_A+u_B+u_C=0$ 或 $\dot{U}_A+\dot{U}_B+\dot{U}_C=0$。

12.2.2 三相负载

三相负载也有星形、三角形两种形式，如图 12-2-6 所示。图(a)为星形负载的两种画法，n 为中性点。图(b)为三角形负载的两种画法。Z_A、Z_B、Z_C 分别称为 A 相、B 相、C 相阻抗，若

$$\boxed{Z_A=Z_B=Z_C} \tag{12-2-3}$$

则为对称(或平衡)三相负载。电力系统中的三相电动机是一个对称三相负载，可以是星形，也可以是三角形。

星形负载和三角形负载可以等效转换。如果星形负载的三相阻抗均为 Z_Y，三角形负载的三相阻抗均为 Z_Δ，则有

$$\boxed{Z_\Delta=3Z_Y} \tag{12-2-4}$$

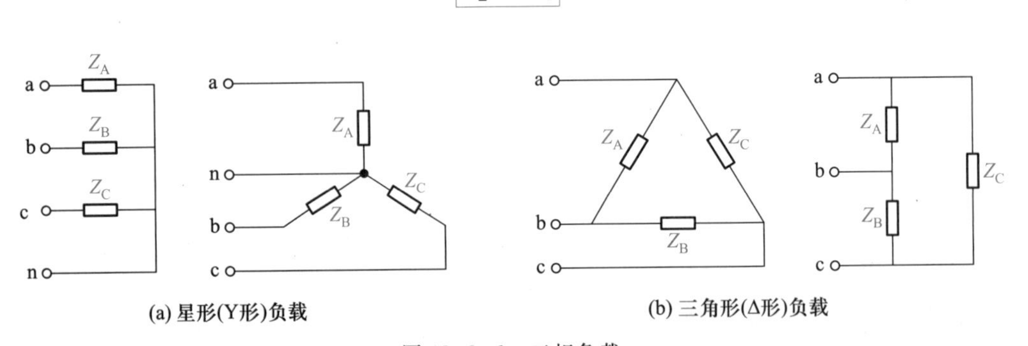

图 12-2-6 三相负载

12.2.3 三相电路的连接方式

将三相电源通过三相输电线路连接到三相负载，就构成了最简单的三相电路(three-phase circuit)。图 12-2-7 所示为 Y 形电源与 Y 形负载通过线路相连构成的三相电路，Aa、Bb、Cc 为端线(line)，俗称火线，Nn 为中线(neutral line)，俗称零线。中线有时有，有时无。电源、负载均可为 Y 形和 Δ 形，按照“电源-负载”的表示方式，有 Y-Y、Y_N-Y_n、Y-Δ、Δ-Y、Δ-Δ 五种连接形式的三相电路，其中

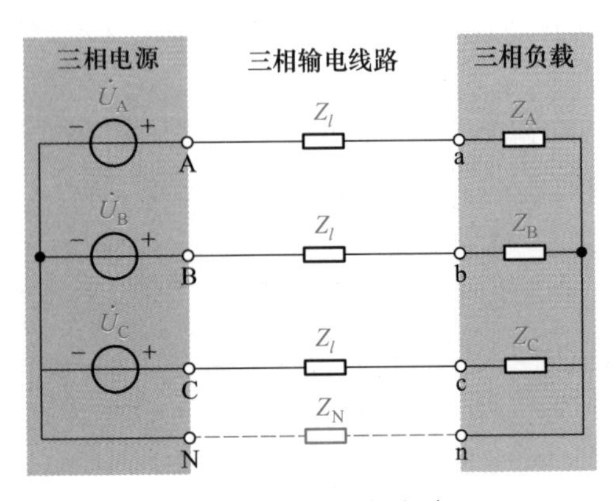

图 12-2-7 三相电路

Y_N-Y_n 为有中线的四线制,其他均为没有中线的三线制。

12.3 对称三相电路的计算

图 12-2-7 所示电路是一个包含多个同频率电源的复杂正弦稳态电路,结点数少,适合用结点方程计算。如果电路中的电压源对称、负载对称、端线阻抗相同,则称为对称三相电路(balanced three-phase circuit)。对称三相电路中的电路变量,具有与电源电压相同的对称规律,这种对称规律可以简化计算。

12.3.1 线电量与相电量

为了表达方便,将三相电路中的电压分为线电压、相电压,电流分为线电流、相电流。在计算对称三相电路之前,先建立线电压和相电压的关系、线电流和相电流的关系。

1. 星形联结下线电压和相电压的关系

相电压是指一相元件的电压。线电压是指端线之间的电压。图 12-3-1(a)所示 Y_N-Y_n 对称三相电路中,$\dot{U}_{AN}$、$\dot{U}_{BN}$、$\dot{U}_{CN}$为电源侧相电压,$\dot{U}_{an}$、$\dot{U}_{bn}$、$\dot{U}_{cn}$为负载侧相电压,$\dot{U}_{AB}$、$\dot{U}_{BC}$、$\dot{U}_{CA}$为电源侧线电压,$\dot{U}_{ab}$、$\dot{U}_{bc}$、$\dot{U}_{ca}$为负载侧线电压。当电源为正序对称时,即 $\dot{U}_{AN}(=\dot{U}_A)$、$\dot{U}_{BN}(=\dot{U}_B)$、$\dot{U}_{CN}(=\dot{U}_C)$为正序对称三相电压,电路的对称性使得:$\dot{U}_{AB}$、$\dot{U}_{BC}$、$\dot{U}_{CA}$为正序对称三相电压,$\dot{U}_{an}$、$\dot{U}_{bn}$、$\dot{U}_{cn}$为正序对称三相电压,$\dot{U}_{ab}$、$\dot{U}_{bc}$、$\dot{U}_{ca}$为正序对称三相电压。以电源侧为例,应用 KVL,线电压 $\dot{U}_{AB}$和相电压 $\dot{U}_{AN}$的关系为

$$\dot{U}_{AB}=\dot{U}_{AN}-\dot{U}_{BN}=\dot{U}_{AN}-\dot{U}_{AN}e^{-j120°}=\dot{U}_{AN}(1-e^{-j120°})=\dot{U}_{AN}\left(\frac{3}{2}+j\frac{\sqrt{3}}{2}\right)=\sqrt{3}\,\dot{U}_{AN}e^{j30°}$$

即

$$\boxed{\dot{U}_{AB}=\sqrt{3}\,\dot{U}_{AN}e^{j30°}=\sqrt{3}\,\dot{U}_{AN}\angle 30°} \tag{12-3-1}$$

同理有

$$\boxed{\dot{U}_{ab}=\sqrt{3}\,\dot{U}_{an}e^{j30°}=\sqrt{3}\,\dot{U}_{an}\angle 30°} \tag{12-3-2}$$

式(12-3-1)表明:星形联结下,线电压 $\dot{U}_{AB}$幅值是相电压 $\dot{U}_{AN}$的$\sqrt{3}$倍,相位超前 $\dot{U}_{AN}$ 30°。这个结论可以用图 12-3-1(b)所示电压相量图完整表示,也可用图(c)所示电压位形相量图完整表示。但请不要忘记电源为正序对称的条件。

2. 星形联结下线电流和相电流的关系

相电流是指流过一相元件的电流。线电流是指流过端线的电流。图 12-3-1(a)所示对称三相电路中,$\dot{I}_{Ap}$、$\dot{I}_{Bp}$、$\dot{I}_{Cp}$为电源侧相电流,$\dot{I}_{ap}$、$\dot{I}_{bp}$、$\dot{I}_{cp}$为负载侧相电流,$\dot{I}_{Al}$、$\dot{I}_{Bl}$、$\dot{I}_{Cl}$为线电流,$\dot{I}_N$为中线电流。显然,在星形联结下线电流和相电流是同一个电流。

当电源为正序对称时,$\dot{I}_{Ap}$、$\dot{I}_{Bp}$、$\dot{I}_{Cp}$为正序对称三相电流,$\dot{I}_{ap}$、$\dot{I}_{bp}$、$\dot{I}_{cp}$为正序对称三相电流,$\dot{I}_{Al}$、$\dot{I}_{Bl}$、$\dot{I}_{Cl}$为正序对称三相电流。

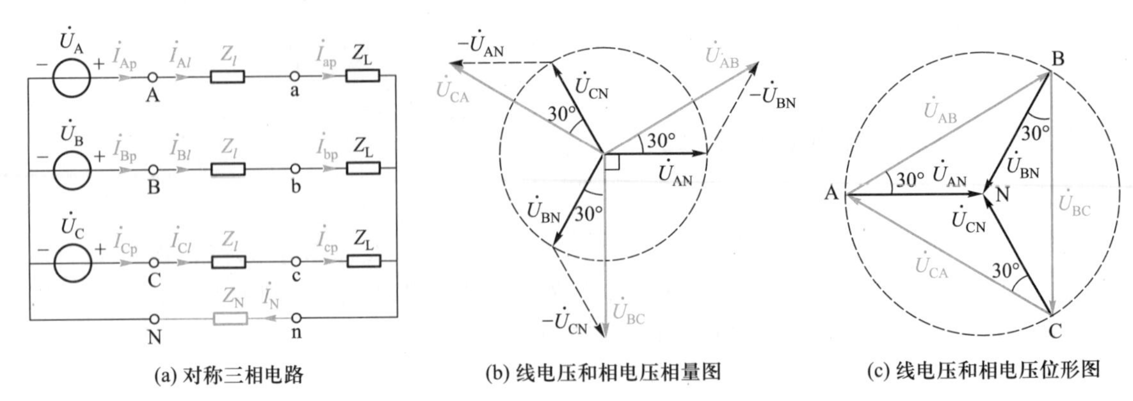

(a) 对称三相电路　(b) 线电压和相电压相量图　(c) 线电压和相电压位形图

图 12-3-1　星形联结对称三相电路的线电量和相电量

3. 三角形联结下线电流和相电流的关系

图 12-3-2(a)所示 Y-Δ 对称三相电路中，当电源为正序对称时，负载侧相电流 $\dot{I}_{ap}$、$\dot{I}_{bp}$、$\dot{I}_{cp}$ 为正序对称三相电流，负载侧线电流 $\dot{I}_{al}$、$\dot{I}_{bl}$、$\dot{I}_{cl}$ 为正序对称三相电流。以负载侧为例，应用 KCL，线电流 $\dot{I}_{al}$ 和相电流 $\dot{I}_{ap}$ 的关系为

$$\dot{I}_{al}=\dot{I}_{ap}-\dot{I}_{cp}=\dot{I}_{ap}-\dot{I}_{ap}e^{-j240°}=\dot{I}_{ap}(1-e^{-j240°})=\dot{I}_{ap}\left(\frac{3}{2}-j\frac{\sqrt{3}}{2}\right)=\sqrt{3}\dot{I}_{ap}e^{-j30°}$$

即

$$\boxed{\dot{I}_{al}=\sqrt{3}\dot{I}_{ap}e^{-j30°}=\sqrt{3}\dot{I}_{ap}\angle -30°} \tag{12-3-3}$$

式(12-3-3)表明：三角形联结下，线电流 $\dot{I}_{al}$ 的幅值是相电流 $\dot{I}_{ap}$ 的 $\sqrt{3}$ 倍，相位滞后于相电流 $\dot{I}_{ap}$ 30°。图 12-3-2(b)所示电流相量图完整地表示了它们的关系。同样应该注意，这是电源正序对称下的结论，且各电流的参考方向必须与图 12-3-2(a)所示一致。

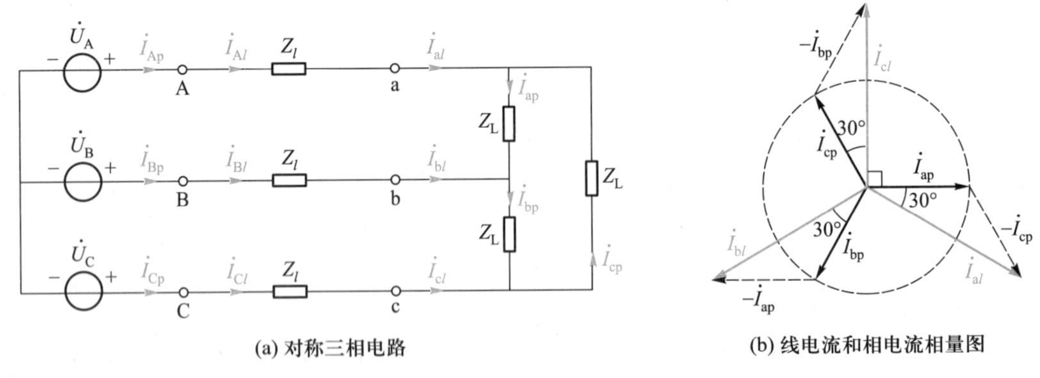

(a) 对称三相电路　(b) 线电流和相电流相量图

图 12-3-2　三角形联结对称三相电路的线电量和相电量

4. 三角形联结下线电压和相电压的关系

图 12-3-2(a)所示对称三相电路中，负载侧线电压 $\dot{U}_{ab}$、$\dot{U}_{bc}$、$\dot{U}_{ca}$ 也就是负载侧相电压。因此，三角形联结下，线电压、相电压是同一个电压。当电源为三角形联结时结论也一样。

正序对称电路中线电量和相电量的关系

Y 形联结：线电压 $\dot{U}_{ab}$ 和相电压 $\dot{U}_{an}$ 的关系为 $\dot{U}_{ab}=\sqrt{3}\,\dot{U}_{an}\angle 30^\circ$。

Y 形联结：线电流和相电流是同一个电流。

Δ 形联结：线电压和相电压是同一个电压。

Δ 形联结：线电流 $\dot{I}_{al}$ 和相电流 $\dot{I}_{ap}$ 的关系为 $\dot{I}_{al}=\sqrt{3}\,\dot{I}_{ap}\angle -30^\circ$。

例 12-3-1 图 12-3-3(a)所示电路中，线电流为正序对称三相电流，且 $\dot{I}_{al}=10\sqrt{3}\angle 90^\circ$ A。(1)写出 $\dot{I}_{bl}$、$\dot{I}_{cl}$；(2)计算相电流 $\dot{I}_{ap}$、$\dot{I}_{bp}$、$\dot{I}_{cp}$；(3)画出电流相量图，验证(1)、(2)结果的正确性。

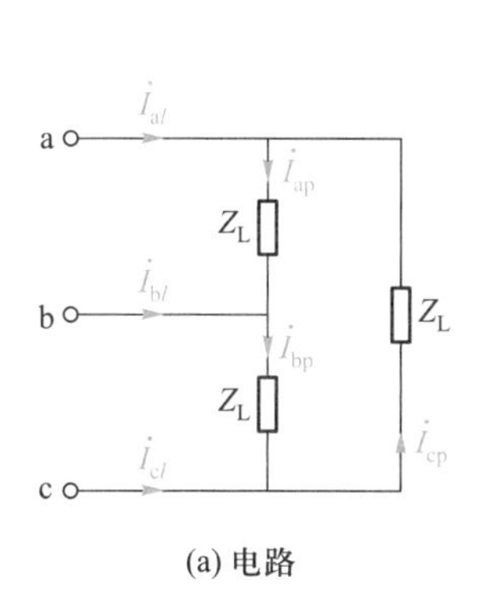

(a) 电路

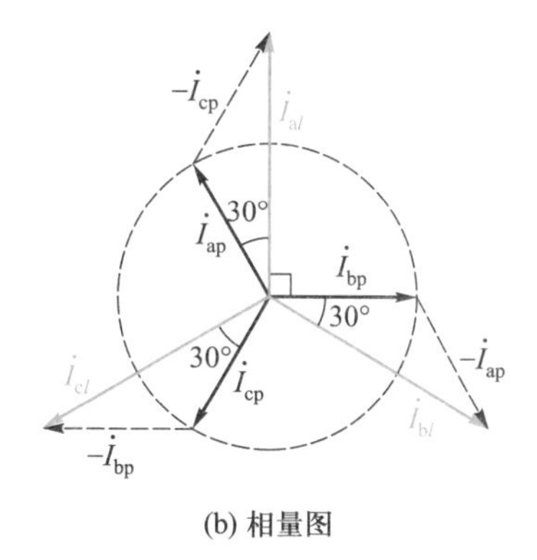

(b) 相量图

图 12-3-3

解：(1) 依照正序对称关系，$\dot{I}_{bl}$滞后 $\dot{I}_{al}$ 120°，$\dot{I}_{cl}$超前 $\dot{I}_{al}$ 120°。因此

$$\dot{I}_{bl}=10\sqrt{3}\angle 90^\circ-120^\circ \text{ A}=10\sqrt{3}\angle -30^\circ \text{ A}$$

$$\dot{I}_{cl}=10\sqrt{3}\angle 90^\circ+120^\circ \text{ A}=10\sqrt{3}\angle 210^\circ \text{ A}=10\sqrt{3}\angle -150^\circ \text{ A}$$

(2) 在正序对称三相电路中，Δ 形联结下线电流 $\dot{I}_{al}$的幅值是相电流 $\dot{I}_{ap}$的$\sqrt{3}$倍，相位滞后于相电流 $\dot{I}_{ap}$ 30°。因此

$$\dot{I}_{ap}=\frac{1}{\sqrt{3}}\dot{I}_{al}e^{j30^\circ}=\frac{10\sqrt{3}\angle 90^\circ}{\sqrt{3}}\angle 30^\circ=10\angle 120^\circ \text{ A}$$

再由正序对称关系得

$$\dot{I}_{bp}=\dot{I}_{ap}\angle -120^\circ=10\angle 0^\circ \text{ A}$$

$$\dot{I}_{cp}=\dot{I}_{bp}\angle -120^\circ=10\angle -120^\circ \text{ A}$$

(3) 先按照(2)的计算结果画出相量 $\dot{I}_{ap}$、$\dot{I}_{bp}$、$\dot{I}_{cp}$，再由 KCL 得到 $\dot{I}_{al}$、$\dot{I}_{bl}$、$\dot{I}_{cl}$，如图 12-3-3(b)所示。将图 12-3-3(b)与(1)的计算结果对照，两者一致。

目标 1 检测：对称三相电路线电量与相电量的关系

测 12-1 星形正序对称三相电源的 A 相电压为 $u_{AN}=220\sqrt{2}\cos(100\pi t+30^\circ)$ V。(1)写出 B 相电压 u_{BN}、C 相电压 u_{CN}；(2)计算线电压 u_{AB}、u_{BC}、u_{CA}；(3)若将 u_{AN}、u_{BN}、u_{CN}顺序连成三角形电源，写

出三角形电源的线电压 u_{AB}、u_{BC}、u_{CA}；(4)若将(3)中三角形电源等效变换成星形电源，写出等效星形电源的相电压 $u_{AN'}$、$u_{BN'}$、$u_{CN'}$，N′为等效星形电源的中性点；(5)画出电压相量图或位形相量图，校验(1)～(4)的结果。

答案：(1) $u_{BN}=220\sqrt{2}\cos(100\pi t-90°)$ V，$u_{CN}=220\sqrt{2}\cos(100\pi t+150°)$ V；
(2) $u_{AB}=381\sqrt{2}\cos(100\pi t+60°)$ V，$u_{BC}=381\sqrt{2}\cos(100\pi t-60°)$ V，$u_{CA}=381\sqrt{2}\cos(100\pi t-180°)$ V；
(3) $u_{AB}=u_{AN}$、$u_{BC}=u_{BN}$、$u_{CA}=u_{CN}$；
(4) $u_{AN'}=127\sqrt{2}\cos(100\pi t)$ V、$u_{BN'}=127\sqrt{2}\cos(100\pi t-120°)$ V、$u_{CN'}=127\sqrt{2}\cos(100\pi t+120°)$ V。

12.3.2 分相计算法

由 Y_N-Y_n 对称三相电路入手讨论对称三相电路的计算，提出分相计算法，并分别对 Y-Δ、Δ-Y、Δ-Δ 连接的对称三相电路进行分相计算。

1. Y_N-Y_n 和 Y-Y 对称三相电路

图 12-3-4(a)所示 Y_N-Y_n 对称三相电路中，$\dot{U}_A$、$\dot{U}_B$、$\dot{U}_C$ 为对称电压源，Z_s 为电源内阻抗，Z_l 为线路阻抗，Z_N 为中线阻抗，Z_L 为负载阻抗。先用结点法计算该电路，以电源中性点 N 为参考结点，列写负载中性点 n 的结点方程，得

$$\left(\frac{3}{Z_s+Z_l+Z_L}+\frac{1}{Z_N}\right)\dot{U}_{nN}=\frac{\dot{U}_A}{Z_s+Z_l+Z_L}+\frac{\dot{U}_B}{Z_s+Z_l+Z_L}+\frac{\dot{U}_C}{Z_s+Z_l+Z_L} \tag{12-3-4}$$

$$\left(\text{或应用 KCL 写为：}\frac{\dot{U}_{nN}-\dot{U}_A}{Z_s+Z_l+Z_L}+\frac{\dot{U}_{nN}-\dot{U}_B}{Z_s+Z_l+Z_L}+\frac{\dot{U}_{nN}-\dot{U}_C}{Z_s+Z_l+Z_L}+\frac{\dot{U}_{nN}}{Z_N}=0\right)$$

考虑到对称电源有 $\dot{U}_A+\dot{U}_B+\dot{U}_C=0$，式(12-3-4)右边为

$$\frac{\dot{U}_A}{Z_s+Z_l+Z_L}+\frac{\dot{U}_B}{Z_s+Z_l+Z_L}+\frac{\dot{U}_C}{Z_s+Z_l+Z_L}=\frac{\dot{U}_A+\dot{U}_B+\dot{U}_C}{Z_s+Z_l+Z_L}=0$$

因此，式(12-3-4)的解为

$$\dot{U}_{nN}=0 \tag{12-3-5}$$

$\dot{U}_{nN}=0$ 表明：无论中线阻抗 Z_N 为何值，中性点 N、n 为等位点，可将 N、n 短接，得到图 12-3-4(b)所示等效电路。

由图 12-3-4(b)计算线电流 $\dot{I}_a$ 相当于由图(c)计算线电流 $\dot{I}_a$。图(c)即为 A 相电路。因此

$$\dot{I}_a=\frac{\dot{U}_A}{Z_s+Z_l+Z_L} \tag{12-3-6}$$

$\dot{I}_b$、$\dot{I}_c$ 可以由对称关系写出，而不必再分出 B 相、C 相来计算。中线电流

$$\dot{I}_n=\dot{I}_a+\dot{I}_b+\dot{I}_c=0 \tag{12-3-7}$$

在三相电路对称条件下，中线电流为零，三相输电只需三根端线，降低了输电成本。

若中线阻抗 $Z_N\to\infty$，图 12-3-4(a)就是 Y-Y 三线制对称三相电路。此时中性点 N、n 依然

为等位点，A 相电路依然是图(c)。将 Y_N-Y_n 或 Y-Y 对称三相电路的中性点 N、n 短接，从而分出一相来计算的方法，称为分相计算法(per-phase method)。通过分相计算法，对称三相电路的计算变为单相电路计算。

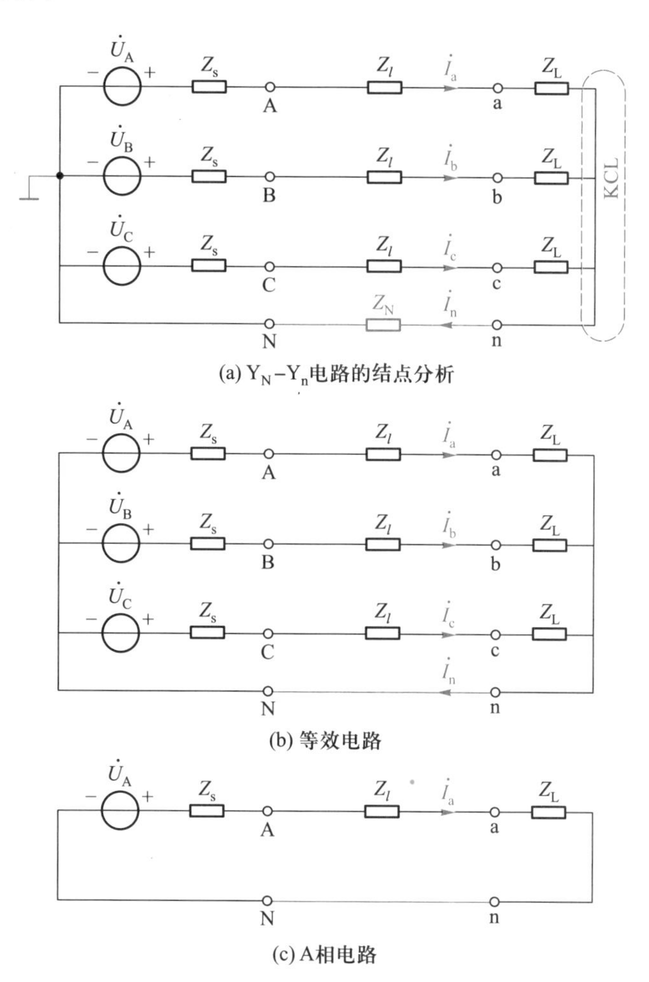

(a) Y_N-Y_n电路的结点分析

(b) 等效电路

(c) A相电路

图 12-3-4 Y_0-Y_0 对称三相电路分相计算

对称三相电路分相计算法

Y_N-Y_n 和 Y-Y 对称三相电路中，不论有、无中线，无论中线阻抗为何值，电源侧中性点 N 和负载侧中性点 n 总为等位点，短接中性点 N、n，三相电路可分为三个单相电路来计算。

通常分出 A 相来计算线电流、相电压等电量，按对称关系写出其他相的电量。

例 12-3-2 图 12-3-5(a)所示 Y-Y 对称三相电路中，正序对称电源 $\dot{U}_A = 220\angle 0°$ V，$Z_s = (4+j2)\ \Omega$，负载 $Z_L = (16+j38)\ \Omega$，线路阻抗忽略不计。计算负载的线电流、相电压和线电压。

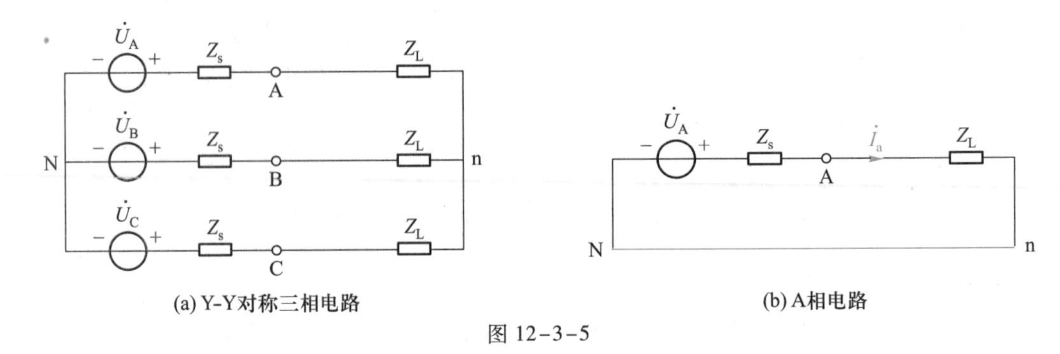

图 12-3-5

解:Y-Y 对称三相电路的电源中性点 N 和负载中性点 n 是等位点,短接 N、n,分出 A 相电路如图(b)所示。负载线电流

$$\dot{I}_a=\frac{\dot{U}_A}{Z_s+Z_L}=\frac{220\angle 0^\circ}{(4+\mathrm{j}2)+(16+\mathrm{j}38)}\ \mathrm{A}=\frac{220}{20+\mathrm{j}40}\ \mathrm{A}=4.92\angle -63.4^\circ\ \mathrm{A}$$

负载相电压

$$\dot{U}_{An}=\dot{I}_aZ_L=(4.92\angle -63.4^\circ)\times(16+\mathrm{j}38)\ \mathrm{V}=202.9\angle 3.8^\circ\ \mathrm{V}$$

由对称三相电路线电压和相电压的关系确定负载线电压,有

$$\dot{U}_{AB}=\sqrt{3}\,\dot{U}_{An}\angle 30^\circ=\sqrt{3}\times 202.9\angle 3.8^\circ+30^\circ\ \mathrm{V}=351.4\angle 33.8^\circ\ \mathrm{V}$$

目标 2 检测:对称三相电路分相计算法

测 12-2 测 12-2 图所示对称三相电路中,正序对称电源 $\dot{U}_{AB}=381\angle 0^\circ$ V,线路阻抗 $Z_l=(1+\mathrm{j}2)\ \Omega$,负载 $Z_L=(29+\mathrm{j}48)\ \Omega$,中线阻抗 $Z_N=(10+\mathrm{j}20)\ \Omega$。计算负载的线电流、相电压和线电压。

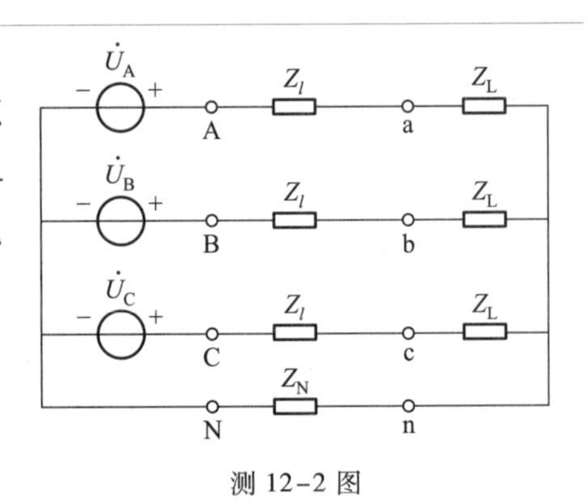

测 12-2 图

答案:$\dot{I}_a=3.8\angle -89.0^\circ$ A,$\dot{U}_{an}=213.1\angle -30.1^\circ$ V,$\dot{U}_{ab}=369.1\angle -0.1^\circ$ V。

2. Y-Δ 对称三相电路

图 12-3-6(a)所示 Y-Δ 对称三相电路,将 Δ 形负载等效变换为 Y 形负载,如图(b)所示。图(b)中,Y 形负载的中性点 n 和电源中性点 N 是等位点,短接 n、N,A 相电路如图(c)所示。计算线电流,有

$$\dot{I}_a=\frac{\dot{U}_A}{Z_l+Z_L/3} \tag{12-3-8}$$

由线电流和相电流的关系计算原三角形负载的相电流。图 12-3-6(a)中,电源为正序对称下,有

$$\dot{I}_{ap}=\frac{\dot{I}_a}{\sqrt{3}}\angle 30^\circ \qquad (12-3-9)$$

其他相的电流可以根据对称关系写出。

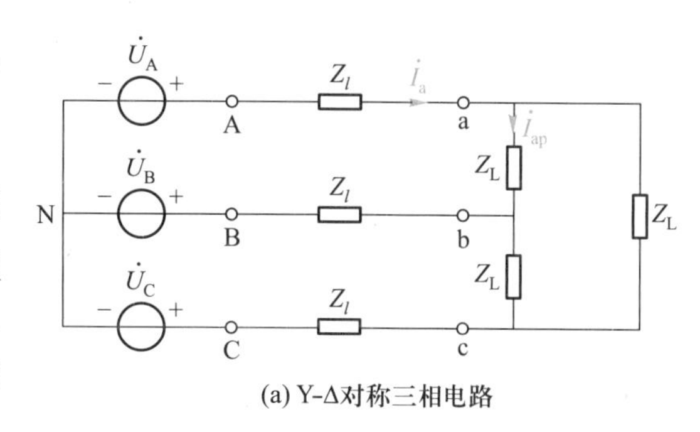

(a) Y-Δ对称三相电路

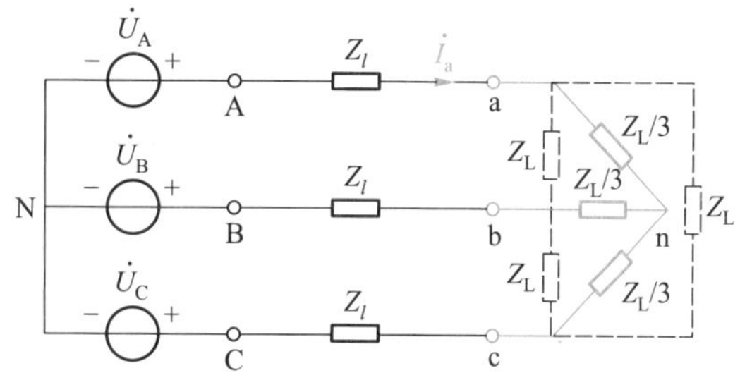

(b) 等效电路

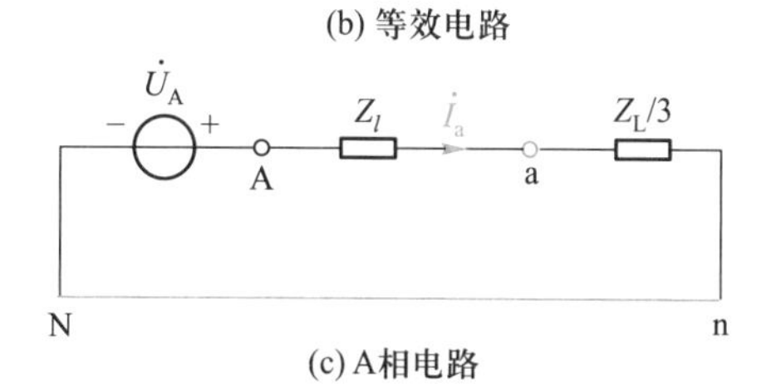

(c) A相电路

图 12-3-6 Y-Δ 对称三相电路分相计算

例 12-3-3 图 12-3-7(a)所示对称三相电路中,正序对称电源 $\dot{U}_A=220\angle 0^\circ$ V,线路阻抗 $Z_l=(1+j2.5)$ Ω,两组负载并联,$Z_1=25$ Ω,$Z_2=(45+j90)$ Ω。计算图中各电流、负载的线电压。

解:将 Δ 形负载 Z_2 等效变换为 Y 形负载 $Z_2/3$,等效 Y 形负载的中性点为 n_2。n_2、n_1 与电源中性点 N 是等位点,短接 n_2、n_1、N,A 相电路如图 12-3-7(b)所示。由 A 相电路计算电源线电流 $\dot{I}_a$、负载线电流 $\dot{I}_{a1}$ 和 $\dot{I}_{a2}$。

等效阻抗

$$Z_{in}=Z_1/\!/\frac{Z_2}{3}=\frac{25\times\frac{1}{3}(45+j90)}{25+\frac{1}{3}(45+j90)}\ \Omega=(15+j7.5)\ \Omega$$

电源线电流

$$\dot{I}_a=\frac{\dot{U}_A}{Z_l+Z_{in}}=\frac{220\angle 0^\circ}{(1+j2.5)+(15+j7.5)}\ \text{A}$$
$$=11.7\angle -32.0^\circ\ \text{A}$$

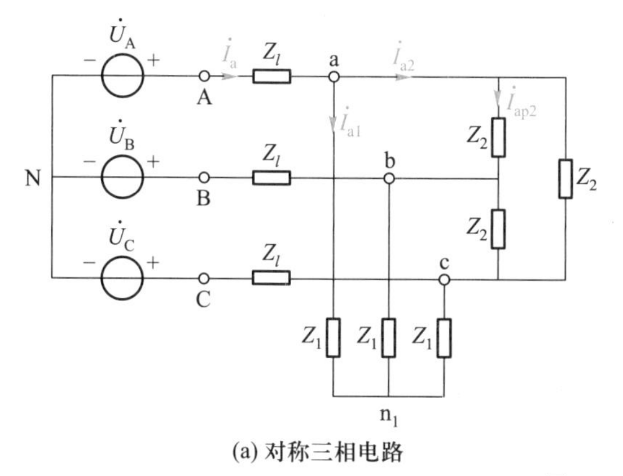

(a) 对称三相电路

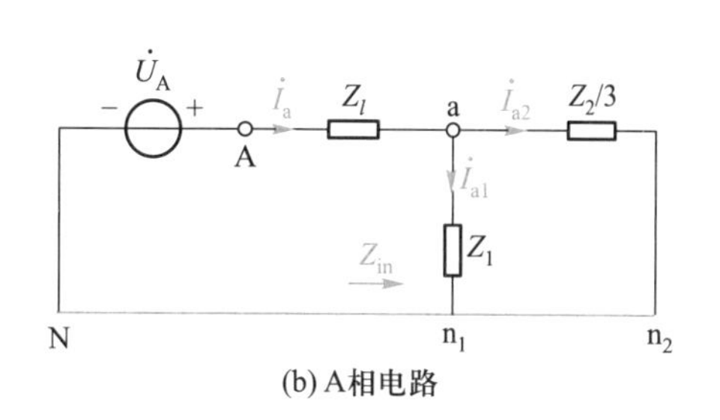

(b) A相电路

图 12-3-7

由分流关系计算负载线电流,有

$$\dot{I}_{a1}=\frac{\frac{Z_2}{3}}{Z_1+\frac{Z_2}{3}}\dot{I}_a=\frac{15+j30}{25+(15+j30)}\times 11.7\angle -32.0^\circ\ \text{A}=\frac{6+j3}{10}\times 11.7\angle -32.0^\circ\ \text{A}=7.85\angle -5.4^\circ\ \text{A}$$

$$\dot{I}_{a2}=\frac{Z_1}{Z_1+\frac{Z_2}{3}}\dot{I}_a=\frac{25}{25+(15+j30)}\times 11.7\underline{/-32.0^\circ}\ A=\frac{8-j6}{20}\times 11.7\underline{/-32.0^\circ}\ A=5.85\underline{/-68.9^\circ}\ A$$

由线电流和相电流的关系计算 Δ 形负载的相电流，即

$$\dot{I}_{ap2}=\frac{\dot{I}_{a2}}{\sqrt{3}}\underline{/30^\circ}=\frac{5.85}{\sqrt{3}}\underline{/-68.9^\circ+30^\circ}\ A=3.38\underline{/-38.9^\circ}\ A$$

Z_1 负载的相电压

$$\dot{U}_{an_1}=Z_1\dot{I}_{a1}=25\times 7.85\underline{/-5.4^\circ}\ V=196.3\underline{/-5.4^\circ}\ V$$

由线电压和相电压的关系确定负载的线电压，即

$$\dot{U}_{ab}=\sqrt{3}\,\dot{U}_{an_1}\underline{/30^\circ}=\sqrt{3}\times 196.3\underline{/-5.4^\circ+30^\circ}\ V=340.0\underline{/24.6^\circ}\ V$$

目标 2 检测：对称三相电路分相计算法

测 12-3 测 12-3 图所示对称三相电路中，正序对称电源 $\dot{U}_{AB}=381\underline{/0^\circ}$ V。计算图中各电流、负载的线电压。

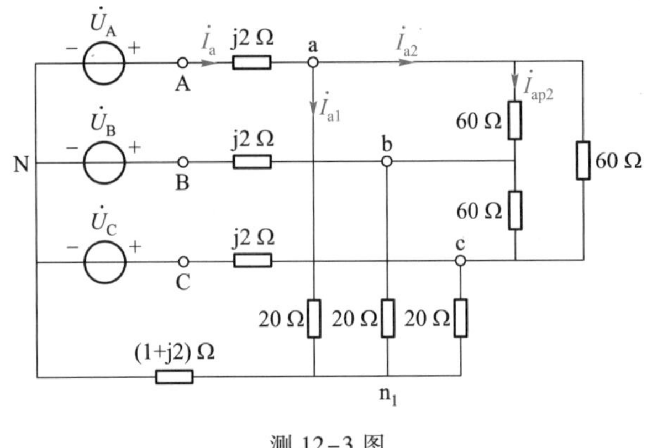

测 12-3 图

答案：$\dot{I}_a=21.6\underline{/-41.3^\circ}$ A，$\dot{I}_{a1}=10.8\underline{/-41.3^\circ}$ A，$\dot{I}_{a2}=10.8\underline{/-41.3^\circ}$ A，$\dot{I}_{ap2}=6.24\underline{/-11.3^\circ}$ A，$\dot{U}_{ab}=374.1\underline{/-11.3^\circ}$ V。

3. Δ-Y 和 Δ-Δ 对称三相电路

在三线制对称三相电路中，只要 A、B、C 之间的电压一致，对称 Y 形电源和对称 Δ 形电源对负载而言就是等效的。如图 12-3-8 所示，在正序对称下，根据线电压和相电压的关系，左边的 Y 形电源提供的线电压为

$$\dot{U}_{AB}=\sqrt{3}\,\dot{U}_A\underline{/30^\circ},\quad \dot{U}_{BC}=\sqrt{3}\,\dot{U}_B\underline{/30^\circ},\quad \dot{U}_{CA}=\sqrt{3}\,\dot{U}_C\underline{/30^\circ}$$

这和右边的 Δ 形电源提供的线电压一致，两者对负载而言是等效的。因此，在 Δ-Y、Δ-Δ 对称三相电路中，总可以将 Δ 形电源等效为 Y 形电源，且等效 Y 形电源的中性点 N 和负载的中性点

n 还是等位点,短接 N、n,分出 A 相来计算。

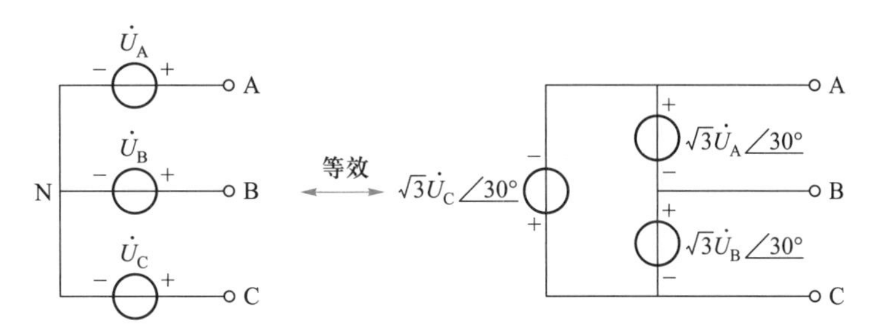

图 12-3-8 Y 形电源与 Δ 形电源等效互换

例 12-3-4 图 12-3-9(a)所示对称三相电路中,电源为正序对称,$\dot{U}_A$已知。写出 $\dot{I}_a$、$\dot{U}_{ab}$的表达式。

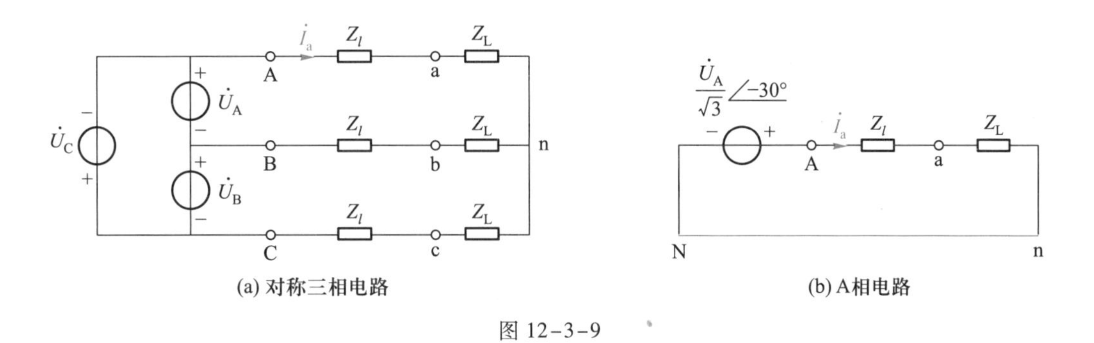

图 12-3-9

解:Δ 形电源等效为 Y 形电源。Δ 形电源的线电压 $\dot{U}_{AB}=\dot{U}_A$,在正序对称下,等效 Y 形电源的相电压为

$$\dot{U}_{AN}=\frac{\dot{U}_{AB}}{\sqrt{3}}\angle -30°=\frac{\dot{U}_A}{\sqrt{3}}\angle -30°$$

N 为等效 Y 形电源的中性点,短接 N、n,A 相电路如图(b)所示。

由图(b)计算负载线电流,为

$$\dot{I}_a=\frac{\dot{U}_{AN}}{Z_l+Z_L}=\frac{\dot{U}_A\angle -30°}{\sqrt{3}(Z_l+Z_L)}$$

负载相电压

$$\dot{U}_{an}=\dot{I}_a Z_L=\frac{Z_L}{\sqrt{3}(Z_l+Z_L)}\dot{U}_A\angle -30°$$

负载线电压

$$\dot{U}_{ab}=\sqrt{3}\dot{U}_{an}\angle 30°=\frac{Z_L}{Z_l+Z_L}\dot{U}_A$$

目标 2 检测:对称三相电路分相计算法

测 12-4 测 12-4 图所示对称三相电路中,负载 $Z=(54+\mathrm{j}108)\ \Omega$,线路阻抗 $Z_l=(2+\mathrm{j}4)\ \Omega$。问:电源线电压为多大才能保证负载线电压为 381 V?此时负载相电流为多大?

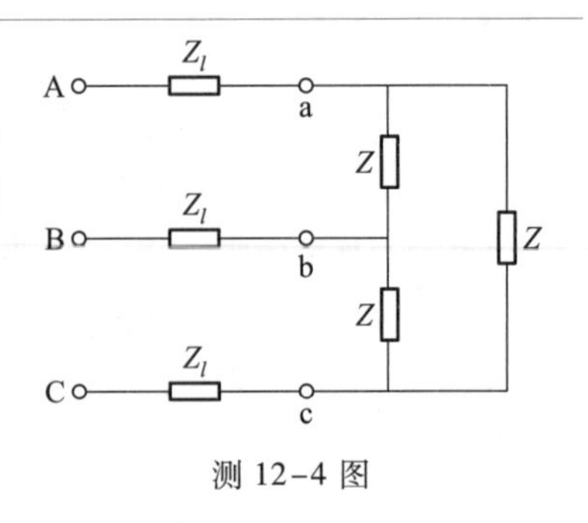

测 12-4 图

答案:423.4 V,3.16 A。

对称三相电路计算

1. 对称三相电路中的 Δ 形电源和 Δ 形负载均可以等效变换为 Y 形。
2. 当对称三相电路中的 Δ 形电源、Δ 形负载均等效为 Y 形后,电源中性点、所有负载中性点都是等位点,短接这些中性点,分出一相(通常为 A 相)来计算。
3. 从分相电路能够计算负载线电流、负载等效成 Y 形后的相电压。
4. 需要应用线电量和相电量的关系获得其他电压和电流。

12.4 对称三相电路的功率

对称三相电路的负载包括 A、B、C 三相,负载的功率是三相功率的总和。正弦稳态下,三相负载的功率概念包含:瞬时功率、有功功率、无功功率、视在功率、复功率。在电路不对称时,只能利用功率守恒原理计算三相负载的功率。在电路对称时,三相电路的功率计算有一定的规律性。下面以对称三相电路中的星形负载为例,从瞬时功率入手,分析三相电路的功率。

1. 瞬时功率

工作于对称三相电路中的星形负载,每相阻抗 $Z=|Z|\angle\varphi$,相电压为

$$u_{\mathrm{an}}=\sqrt{2}U_{\mathrm{p}}\cos(\omega t),\quad u_{\mathrm{bn}}=\sqrt{2}U_{\mathrm{p}}\cos(\omega t-120^\circ),\quad u_{\mathrm{cn}}=\sqrt{2}U_{\mathrm{p}}\cos(\omega t+120^\circ)\qquad(12-4-1)$$

因此,相电流有效值为 $I_{\mathrm{p}}=U_{\mathrm{p}}/|Z|$,相位滞后于相应相电压 φ(取相电压和相电流为关联参考方向),即

$$i_{\mathrm{a}}=\sqrt{2}I_{\mathrm{p}}\cos(\omega t-\varphi),\quad i_{\mathrm{b}}=\sqrt{2}I_{\mathrm{p}}\cos(\omega t-120^\circ-\varphi),\quad i_{\mathrm{c}}=\sqrt{2}I_{\mathrm{p}}\cos(\omega t+120^\circ-\varphi)\qquad(12-4-2)$$

星形负载吸收的瞬时功率

$$\begin{aligned}p&=p_{\mathrm{a}}+p_{\mathrm{b}}+p_{\mathrm{c}}=u_{\mathrm{an}}i_{\mathrm{a}}+u_{\mathrm{bn}}i_{\mathrm{b}}+u_{\mathrm{cn}}i_{\mathrm{c}}\\&=2U_{\mathrm{p}}I_{\mathrm{p}}[\cos(\omega t)\cos(\omega t-\varphi)+\\&\quad\cos(\omega t-120^\circ)\cos(\omega t-120^\circ-\varphi)+\\&\quad\cos(\omega t+120^\circ)\cos(\omega t+120^\circ-\varphi)]\end{aligned}\qquad(12-4-3)$$

应用 $\cos\alpha\cos\beta=\frac{1}{2}[\cos(\alpha+\beta)+\cos(\alpha-\beta)]$将式(12-4-3)化简为

$$p=U_pI_p[3\cos\varphi+\cos(2\omega t-\varphi)+\cos(2\omega t-240°-\varphi)+\cos(2\omega t+240°-\varphi)] \quad (12-4-4)$$

令 $\theta=2\omega t-\varphi$,应用 $\cos(\alpha+\beta)=\cos\alpha\cos\beta-\sin\alpha\sin\beta$,将式(12-4-4)化简为

$$\begin{aligned} p&=U_pI_p(3\cos\varphi+\cos\theta+2\cos\theta\cos 240°)\\ &=3U_pI_p\cos\varphi \end{aligned}$$

上述结果表明:对称三相电路中三相星形负载的瞬时功率是与时间无关的常量,即

$$\boxed{p=3U_pI_p\cos\varphi} \quad (12-4-5)$$

由于星形负载可以等效为三角形负载,于是对称三相电路中三角形负载吸收的瞬时功率也为常量。也就是说,对称条件下,三相制用电的电动机的瞬时功率不随时间而变,因而转子的转动力矩恒定,运转匀速,振动小,噪声低。这是电力系统采用三线制且工作于对称状态的重要原因之一。

2. 其他功率

正弦稳态电路的有功功率、无功功率、复功率是守恒的,所以,工作于正弦稳态下的对称三相电路,无论是星形负载还是三角形负载的功率都是三相功率之和,或是一相功率的 3 倍。有功功率

$$\boxed{P=P_a+P_b+P_c=3U_pI_p\cos\varphi} \quad (12-4-6)$$

无功功率

$$\boxed{Q=Q_a+Q_b+Q_c=3U_pI_p\sin\varphi} \quad (12-4-7)$$

复功率

$$\boxed{\bar{S}=\bar{S}_a+\bar{S}_b+\bar{S}_c=P+jQ=3U_pI_p(\cos\varphi+j\sin\varphi)} \quad (12-4-8)$$

视在功率

$$\boxed{S=|\bar{S}|=3U_pI_p=\sqrt{P^2+Q^2}} \quad (12-4-9)$$

式(12-4-5)~(12-4-9)中,U_p、I_p 是负载的相电压、相电流。也可以将 U_p 换算成线电压 U_l、将 I_p 算成线电流 I_l。当负载为星形时:$U_l=\sqrt{3}U_p$、$I_l=I_p$,因此 $3U_pI_p=\sqrt{3}U_lI_l$。当负载为三角形时:$U_l=U_p$、$I_l=\sqrt{3}I_p$,也有 $3U_pI_p=\sqrt{3}U_lI_l$。对称三相电路的功率计算公式归纳如下。

对称三相电路的功率计算
瞬时功率:$p=3U_pI_p\cos\varphi=\sqrt{3}U_lI_l\cos\varphi$
有功功率:$P=3U_pI_p\cos\varphi=\sqrt{3}U_lI_l\cos\varphi$
无功功率:$Q=3U_pI_p\sin\varphi=\sqrt{3}U_lI_l\sin\varphi$
复功率:$\bar{S}=P+jQ=3U_pI_p(\cos\varphi+j\sin\varphi)=\sqrt{3}U_lI_l(\cos\varphi+j\sin\varphi)$
视在功率:$S=\|\bar{S}\|=3U_pI_p=\sqrt{3}U_lI_l$
功率因数:$\lambda=\cos\varphi=P/S$,φ 是功率因数角,也是负载阻抗的阻抗角。

例 12-4-1 单相供电系统和三相供电系统经济性对比。在传输相同复功率的条件下，三相供电系统比单相供电系统更经济。图 12-4-1(a)为单相供电系统，图(b)为对称三相供电系统。单相负载和三相负载吸收的复功率相同，均为 $\overline{S}_{\mathrm{L}}=P_{\mathrm{L}}+\mathrm{j}Q_{\mathrm{L}}$，负载侧线路间电压有效值相同，均为 U_{L}。为了计算简单，输电线路模型用纯电阻。计算两种供电系统的线路损耗之比、线路消耗的导体材料之比。

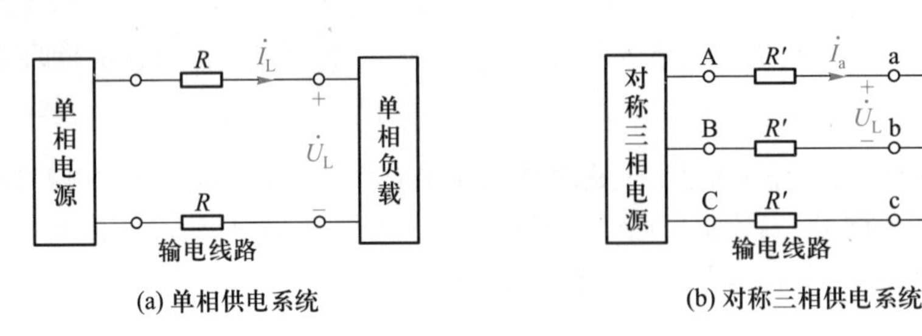

(a) 单相供电系统　　(b) 对称三相供电系统

图 12-4-1

解：(1) 计算单相供电系统的线路损耗。图(a)所示单相供电系统中，负载电压有效值为 U_{L}，负载吸收复功率 $\overline{S}_{\mathrm{L}}=P_{\mathrm{L}}+\mathrm{j}Q_{\mathrm{L}}$。设 $\dot{U}_{\mathrm{L}}=U_{\mathrm{L}}\angle 0°$，由 $\overline{S}_{\mathrm{L}}=\dot{U}_{\mathrm{L}}\dot{I}_{\mathrm{L}}^{*}$ 得

$$\dot{I}_{\mathrm{L}}=\left(\frac{\overline{S}_{\mathrm{L}}}{\dot{U}_{\mathrm{L}}}\right)^{*}=\frac{P_{\mathrm{L}}-\mathrm{j}Q_{\mathrm{L}}}{U_{\mathrm{L}}}$$

线路损耗

$$P_{\mathrm{loss}}=2RI_{\mathrm{L}}^{2}=2R\frac{P_{\mathrm{L}}^{2}+Q_{\mathrm{L}}^{2}}{U_{\mathrm{L}}^{2}}=2R\frac{P_{\mathrm{L}}^{2}}{U_{\mathrm{L}}^{2}}+2R\frac{Q_{\mathrm{L}}^{2}}{U_{\mathrm{L}}^{2}}=P_{\mathrm{Ploss}}+P_{\mathrm{Qloss}}$$

P_{Ploss} 为传输有功功率产生的线路损耗，P_{Qloss} 为传输无功功率产生的线路损耗，降低线路传输的无功功率可以降低线路损耗。

(2) 计算三相供电系统的线路损耗。图 12-4-1(b)所示对称三相供电系统中，负载线电压有效值为 U_{L}，对称三相负载吸收复功率 $\overline{S}_{\mathrm{L}}=P_{\mathrm{L}}+\mathrm{j}Q_{\mathrm{L}}$。设 $\dot{U}_{\mathrm{ab}}=U_{\mathrm{L}}\angle 30°$，视负载为星形，则相电压 $\dot{U}_{\mathrm{an}}=\frac{U_{\mathrm{L}}}{\sqrt{3}}\angle 0°$，一相负载吸收的复功率为 $\overline{S}_{\mathrm{L}}/3$，由 $\overline{S}_{\mathrm{L}}/3=\dot{U}_{\mathrm{an}}\dot{I}_{\mathrm{a}}^{*}$ 得

$$\dot{I}_{\mathrm{a}}=\left(\frac{\overline{S}_{\mathrm{L}}/3}{\dot{U}_{\mathrm{an}}}\right)^{*}=\left(\frac{P_{\mathrm{L}}+\mathrm{j}Q_{\mathrm{L}}}{3\dfrac{U_{\mathrm{L}}}{\sqrt{3}}}\right)^{*}=\frac{P_{\mathrm{L}}-\mathrm{j}Q_{\mathrm{L}}}{\sqrt{3}\,U_{\mathrm{L}}}$$

将 $\dot{I}_{\mathrm{a}}$ 与前面已得出的 $\dot{I}_{\mathrm{L}}$ 对照，显然

$$I_{\mathrm{L}}/I_{\mathrm{a}}=\sqrt{3}$$

这表明：单相输电线路承载的电流是三相输电线路承载电流的 $\sqrt{3}$ 倍。那么，单相输电线路的截面积 s 应是三相输电线路截面积 s' 的 $\sqrt{3}$ 倍(让导线截面的电流密度相同，这里没有考虑集肤效应)，即

$$s/s'=\sqrt{3}$$

长度为 l 的单相输电线路电阻为 R，同等长度的三相输电线路的电阻为 R'，则

$$\frac{R'}{R}=\frac{\rho\dfrac{l}{s'}}{\rho\dfrac{l}{s}}=\frac{s}{s'}=\sqrt{3}$$

三相线路损耗

$$P'_{\text{loss}}=3R'I_{\text{a}}^{2}=3\times\sqrt{3}R\times\left(\frac{I_{\text{L}}}{\sqrt{3}}\right)^{2}=\frac{\sqrt{3}}{2}(2RI_{\text{L}}^{2})=\frac{\sqrt{3}}{2}P_{\text{loss}}$$

表明在导线截面电流密度相同的条件下,三相供电系统的线路损耗 P'_{loss}仅为单相供电系统线路损耗 P_{loss}的$\sqrt{3}/2$ 倍。

(3) 计算两种供电系统所需导体材料的体积。单相供电系统中,线路截面积为 s,导体材料体积为

$$\nu=2sl$$

三相供电系统中,线路截面积为 s',导体材料体积为

$$\nu'=3s'l$$

两者之比

$$\frac{\nu'}{\nu}=\frac{3s'l}{2sl}=\frac{3}{2}\times\frac{s'}{s}=\frac{3}{2}\times\frac{1}{\sqrt{3}}=\frac{\sqrt{3}}{2}$$

表明在导线截面电流密度相同的条件下,三相供电系统导体材料体积 ν'只是单相供电系统导体材料体积 ν 的$\sqrt{3}/2$ 倍。

上述分析说明了在传输相同功率、导线截面电流密度相同的条件下,三相供电系统比单相供电系统更经济,这是电力系统采用三线制且工作于对称状态的重要原因之一。

目标 3 检测:对称三相电路功率计算

测 12-5　测 12-5 图所示对称三相电路中,$Z_l=\text{j}10\ \Omega$,三相感性负载的额定线电压为 381 V,额定线电流为 2 A,功率因数为 0.8。(1)电源线电压为何值时负载工作在额定状态?(2)计算额定状态下负载的有功功率、无功功率、视在功率。

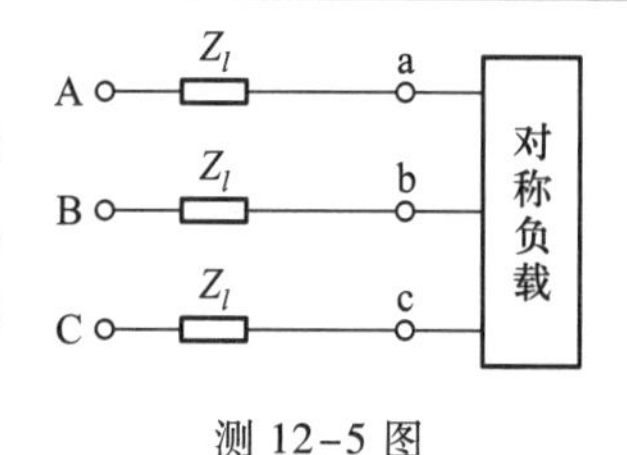

测 12-5 图

答案:(1) 407.8 V;(2) 1 055.9 W,791.9 VAR,1 319.8 VA。

例 12-4-2　图 12-4-2(a)所示对称三相电路中,忽略了电源内阻抗和线路阻抗,50 Hz 电源提供 381 V 线电压,感性负载 1 吸收功率 30 kW,功率因数为 0.6,与负载 1 并联工作的感性负载 2 的视在功率为 75 kV·A,功率因数为 0.8。(1)计算图(a)中电源提供的复功率、负载的总功率因数;(2)计算图(a)中电源的线电流、负载 1 和负载 2 的线电流;(3)通过并联三角形电容来将负载总功率因数提高到 0.9,如图(b)所示,计算电容量、电源的线电流。

解:(1) 负载 1 吸收有功功率 $P_1=30$ kW,滞后功率因数 $\cos\varphi_1=0.6$,由功率三角形得,负载 1 的视在功率

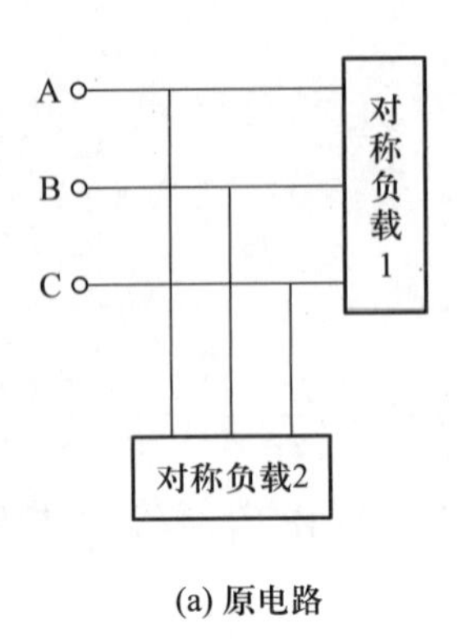

(a) 原电路

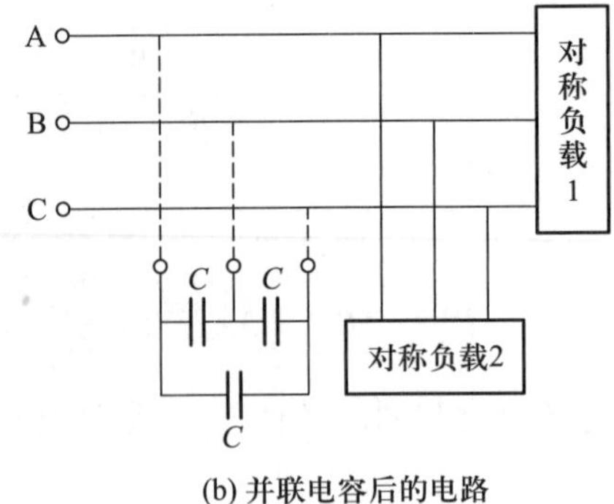

(b) 并联电容后的电路

图 12-4-2

$$S_1=\frac{P_1}{\cos\varphi_1}=\frac{30}{0.6}\ \text{kV}\cdot\text{A}=50\ \text{kV}\cdot\text{A}$$

负载1吸收无功功率

$$Q_1=S_1\sin\varphi_1=50\sqrt{1-0.6^2}\ \text{kvar}=40\ \text{kvar}$$

负载 1 吸收复功率

$$\overline{S}_1=P_1+\text{j}Q_1=(30+\text{j}40)\ \text{kV}\cdot\text{A}$$

负载2的视在功率 $S_2=75\ \text{kV}\cdot\text{A}$，滞后功率因数 $\cos\varphi_2=0.8$，由功率三角形得，负载 2 吸收有功功率

$$P_2=S_2\cos\varphi_2=75\times0.8\ \text{kW}=60\ \text{kW}$$

负载 2 吸收无功功率

$$Q_2=S_2\sin\varphi_2=75\sqrt{1-0.8^2}\ \text{kvar}=45\ \text{kvar}$$

负载 2 吸收复功率

$$\overline{S}_2=P_2+\text{j}Q_2=(60+\text{j}45)\ \text{kV}\cdot\text{A}$$

由功率守恒得，电源发出的复功率等于负载吸收的总复功率，即

$$\overline{S}=P+\text{j}Q=\overline{S}_1+\overline{S}_2=[(30+\text{j}40)+(60+\text{j}45)]\ \text{kV}\cdot\text{A}=(90+\text{j}85)\ \text{kV}\cdot\text{A}$$

负载的总功率因数

$$\cos\varphi=\frac{P}{|\overline{S}|}=\frac{90}{\sqrt{90^2+85^2}}=0.727(\text{感性})$$

（2）总负载的线电压为 $U_l=381\ \text{V}$，吸收有功功率 $P=90\ \text{kW}$，功率因数 $\cos\varphi=0.727$（感性），由 $P=\sqrt{3}U_lI_l\cos\varphi$ 得，电源的线电流

$$I_l=\frac{P}{\sqrt{3}U_l\cos\varphi}=\frac{90}{\sqrt{3}\times381\times0.727}\ \text{kA}=0.188\ \text{kA}$$

同理，负载 1 的线电流 I_{1l}、负载 2 的线电流 I_{2l}分别为

$$I_{1l}=\frac{P_1}{\sqrt{3}U_l\cos\varphi_1}=\frac{30}{\sqrt{3}\times381\times0.6}\ \text{kA}=0.076\ \text{kA}$$

$$I_{2l}=\frac{P_2}{\sqrt{3}U_l\cos\varphi_2}=\frac{60}{\sqrt{3}\times381\times0.8}\ \text{kA}=0.114\ \text{kA}$$

(3) 并联三角形电容后,负载 1、负载 2 的工作状态不变,即 $\bar{S}_1$、$\bar{S}_2$ 不变,电容吸收的复功率为

$$\bar{S}_C = P_C + \mathrm{j}Q_C = 0 - \mathrm{j}\left(3\times\frac{U_l^2}{X_C}\right) = -\mathrm{j}(3\times\omega CU_l^2) = -\mathrm{j}(3\times2\pi fCU_l^2)$$

由功率守恒得,并联电容后电源提供的复功率

$$\bar{S}' = P' + \mathrm{j}Q' = \bar{S}_1 + \bar{S}_2 + \bar{S}_C = [90\ 000 + \mathrm{j}(85\ 000 - 6\pi fCU_l^2)]\ \mathrm{V\cdot A}$$

此时总功率因数提高到了感性0.9,即 $\cos\varphi' = 0.9$(感性),因此

$$\tan\varphi' = \tan(\arccos 0.9) = \frac{Q'}{P'}$$

$$\tan(\arccos 0.9) = \frac{(85\ 000 - 6\pi fCU_l^2)}{90\ 000}$$

将 $U_l = 381$ V、$f = 50$ Hz 代入计算,得到

$$C = 3.03\times10^{-4}\ \mathrm{F}$$

并联电容后,电源提供的有功功率 $P' = 90$ kW,电源提供的无功功率

$$Q' = P'\tan(\arccos 0.9) = 90\ \tan 25.84°\ \mathrm{kvar} = 43.59\ \mathrm{kvar}$$

电源线电压 $U_l = 381$ V,由 $P' = \sqrt{3}U_lI_l'\cos\varphi'$ 得,电源的线电流

$$I_l' = \frac{P'}{\sqrt{3}U_l\cos\varphi'} = \frac{90}{\sqrt{3}\times381\times0.9}\ \mathrm{kA} = 0.152\ \mathrm{kA}$$

显然,并联电容后电源输出的无功 $Q'(=43.59\ \mathrm{kvar})$ 小于并联电容前电源输出的无功 $Q(=85\ \mathrm{kvar})$,并联电容后电源的线电流 $I_l'(=0.152\ \mathrm{kA})$ 小于并联电容前电源的线电流 $I_l(=0.188\ \mathrm{kA})$。

目标 3 检测:对称三相电路功率计算

测 12-6 测 12-6 图所示对称三相电路中,频率为 50 Hz 电源的线电压为 381 V,$Z=(90+\mathrm{j}120)\ \Omega$,功率因数为 0.6 的对称感性负载的无功功率为 800 var。(1) 计算电源提供的复功率、负载的总功率因数;(2) 计算电源的线电流;(3) 并联三角形电容将负载总功率因数提高到0.9,计算电容的电容量、并联电容后电源提供的无功功率、电源的线电流。

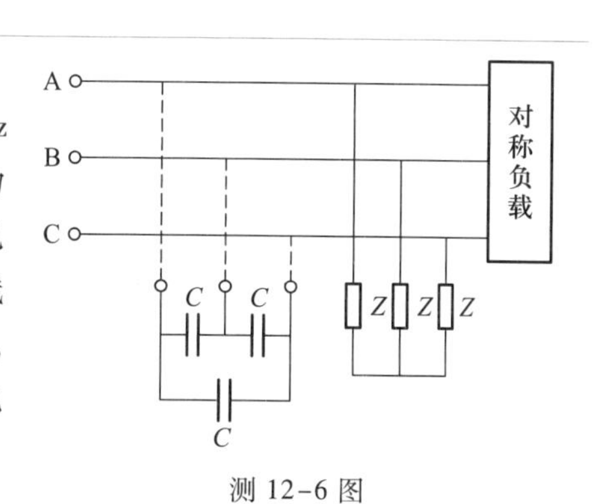

测 12-6 图

答案:(1) (1 180.8+j1 574.4) V·A,0.6;(2) 2.98 A;(3) 7.33 μF,571.9 var,1.99 A。

12.5 不对称三相电路

导致三相电路不对称的原因有:(1) 电源不对称,包括幅值不相等或相位差不相等;(2) 负载

不对称；(3)线路不对称，如端线阻抗不相等。不对称三相电路只能作为复杂正弦稳态电路来分析，通常采用结点方程、网孔方程、相量图等分析方法。不对称三相电路也可分解为三个对称三相电路的叠加，称之为对称分量法，但这超出了本书内容范围。电力系统中，三相电源通常是对称的，通过交叉换位方式能使三相输电线路对称，但是，负载既包含电动机这样的对称三相负载，也包含如照明、家用电器之类的单相负载。因此负载不对称是导致三相电路不对称的常见原因。在此举例分析负载不对称下的三相电路。

> 不对称三相电路采用结点方程、网孔方程、相量图分析。

例 12-5-1 图 12-5-1 所示不对称三相电路中，电源正序对称，忽略电源内阻抗和线路阻抗，线电压 $\dot{U}_{AB}=U_l\angle 30°$。(1)如图(a)所示有中线的不对称 Y 形负载，计算负载各相电流、中线电流；(2)如图(b)所示无中线的不对称 Y 形负载，计算负载各相电流、中性点间电压 $\dot{U}_{n_1N}$；(3)如图(c)所示对称负载和不对称负载并联电路，计算图中所示电流。

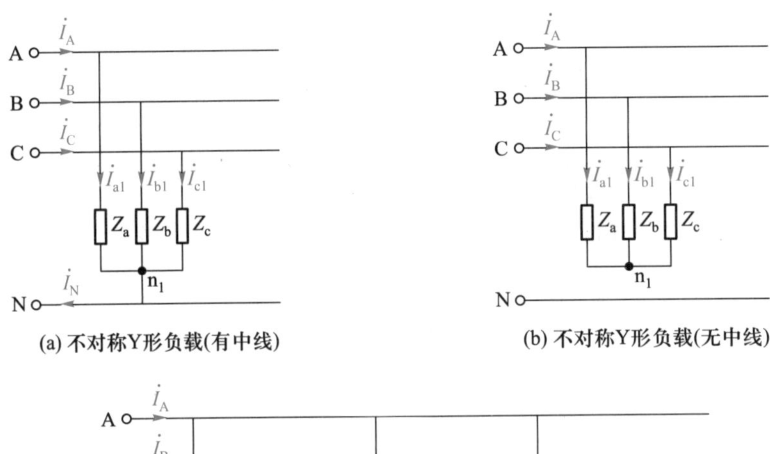

(a) 不对称Y形负载(有中线)　　(b) 不对称Y形负载(无中线)

(c) 对称负载和不对称负载并联

图 12-5-1

解：(1) 如图(a)所示电路，视电源为 Y 形正序对称，有

$$\dot{U}_{AN}=\frac{1}{\sqrt{3}}\dot{U}_{AB}\angle -30°=\frac{1}{\sqrt{3}}U_l\angle 0°,\quad \dot{U}_{BN}=\frac{1}{\sqrt{3}}U_l\angle -120°,\quad \dot{U}_{CN}=\frac{1}{\sqrt{3}}U_l\angle 120°$$

阻抗为零的中线使得不对称负载的相电压仍然对称，且与电源相电压相等。应用 KVL，负载各相电流为

$$\dot{I}_{a1}=\frac{\dot{U}_{AN}}{Z_a}=\frac{U_l}{\sqrt{3}Z_a}\angle 0°,\quad \dot{I}_{b1}=\frac{\dot{U}_{BN}}{Z_b}=\frac{U_l}{\sqrt{3}Z_b}\angle -120°,\quad \dot{I}_{c1}=\frac{\dot{U}_{CN}}{Z_c}=\frac{U_l}{\sqrt{3}Z_c}\angle 120°$$

电源各相电流和负载各相电流相等。应用 KCL,中线电流为

$$\dot{I}_{N}=\dot{I}_{a1}+\dot{I}_{b1}+\dot{I}_{c1}\neq 0$$

不对称 Y 形负载在有阻抗为零的中线时,各相电压依然对称,但各相电流不对称,因而中线电流不为零。低压配电时,为了确保不对称的各相负载正常工作,必须有可靠连接的中线,中线上不许单独安装熔断器或空气开关。

(2) 如图(b)所示不对称 Y 形负载,由于没有中线,负载中性点 n_1、电源中性点 N 的电位不等。应用结点分析法,以 N 为参考结点,计算 n_1 的电位 $\dot{U}_{n_1N}$,再计算负载各相电流。A、B、C 对 N 的电位分别为 $\dot{U}_{AN}$、$\dot{U}_{BN}$、$\dot{U}_{CN}$,结点 n_1 的结点分析方程为

$$\left(\frac{1}{Z_a}+\frac{1}{Z_b}+\frac{1}{Z_c}\right)\dot{U}_{n_1N}-\frac{1}{Z_a}\dot{U}_{AN}-\frac{1}{Z_b}\dot{U}_{BN}-\frac{1}{Z_c}\dot{U}_{CN}=0$$

$$\left(\text{即 KCL 方程}:\frac{\dot{U}_{n_1N}-\dot{U}_{AN}}{Z_a}+\frac{\dot{U}_{n_1N}-\dot{U}_{BN}}{Z_b}+\frac{\dot{U}_{n_1N}-\dot{U}_{CN}}{Z_c}=0\right)$$

解得

$$\dot{U}_{n_1N}=\frac{\dfrac{\dot{U}_{AN}}{Z_a}+\dfrac{\dot{U}_{BN}}{Z_b}+\dfrac{\dot{U}_{CN}}{Z_c}}{\dfrac{1}{Z_a}+\dfrac{1}{Z_b}+\dfrac{1}{Z_c}}\neq 0$$

负载各相电流

$$\dot{I}_{a1}=\frac{\dot{U}_{AN}-\dot{U}_{n_1N}}{Z_a},\quad \dot{I}_{b1}=\frac{\dot{U}_{BN}-\dot{U}_{n_1N}}{Z_b},\quad \dot{I}_{c1}=\frac{\dot{U}_{CN}-\dot{U}_{n_1N}}{Z_c}$$

不对称 Y 形负载在没有中线时,各相电压不再对称,负载中性点和电源中性点之间有电压,称为中性点位移。中性点位移的程度取决于负载的不对称程度。

(3) 如图(c)所示对称负载和不对称负载并联电路,由于各负载的线电压恒定,因而互不影响,可以分别计算各负载的电流。不对称 Y 形负载的相电流与(1)的结果相同。即

$$\dot{I}_{a1}=\frac{U_l}{\sqrt{3}Z_a}\angle 0^\circ,\quad \dot{I}_{b1}=\frac{U_l}{\sqrt{3}Z_b}\angle -120^\circ,\quad \dot{I}_{c1}=\frac{U_l}{\sqrt{3}Z_c}\angle 120^\circ$$

对称三相负载工作于对称状态,即 $\dot{I}_{a2}$、$\dot{I}_{b2}$、$\dot{I}_{c2}$是一组对称电流。由 $P=\sqrt{3}U_lI_l\cos\varphi$ 求得 $\dot{I}_{a2}$的有效值,即

$$I_{a2}=\frac{P}{\sqrt{3}U_l\cos\varphi}$$

负载为感性,且功率因数为 $\cos\varphi$,故电流 $\dot{I}_{a2}$滞后于 $\dot{U}_{AN}$角度 φ。因此

$$\dot{I}_{a2}=\frac{P}{\sqrt{3}U_l\cos\varphi}\angle -\varphi$$

由对称关系得

$$\dot{I}_{b2}=\frac{P}{\sqrt{3}U_l\cos\varphi}\angle -\varphi-120^\circ,\quad \dot{I}_{c2}=\frac{P}{\sqrt{3}U_l\cos\varphi}\angle -\varphi+120^\circ$$

不对称 Δ 形负载的线电流可以应用 KVL、KCL 求得。Δ 形负载每相电压为电源线电压,每相电

流为线电压与阻抗之比,两个相电流之差即为线电流。因此

$$\dot{I}_{a3}=\frac{\dot{U}_{AB}}{Z}-\frac{\dot{U}_{CA}}{2Z},\quad \dot{I}_{b3}=\frac{\dot{U}_{BC}}{Z}-\frac{\dot{U}_{AB}}{Z},\quad \dot{I}_{c3}=\frac{\dot{U}_{CA}}{2Z}-\frac{\dot{U}_{BC}}{Z}$$

其中:$\dot{U}_{AB}=U_l\angle 30°$, $\dot{U}_{BC}=U_l\angle -90°$, $\dot{U}_{CA}=U_l\angle 150°$。

因此,图(c)中电源线电流为

$$\dot{I}_A=\dot{I}_{a1}+\dot{I}_{a2}+\dot{I}_{a3},\quad \dot{I}_B=\dot{I}_{b1}+\dot{I}_{b2}+\dot{I}_{b3},\quad \dot{I}_C=\dot{I}_{c1}+\dot{I}_{c2}+\dot{I}_{c3}$$

中线电流

$$\dot{I}_N=\dot{I}_{a1}+\dot{I}_{b1}+\dot{I}_{c1}$$

目标 4 检测:不对称三相电路的特点和计算

测 12-7 测 12-7 图所示三相电路中,正序对称电源的线电压 $\dot{U}_{AB}=381\angle 30°$ V,λ 为负载的功率因数。(1)计算各负载的线电流;(2)计算电源提供的复功率。

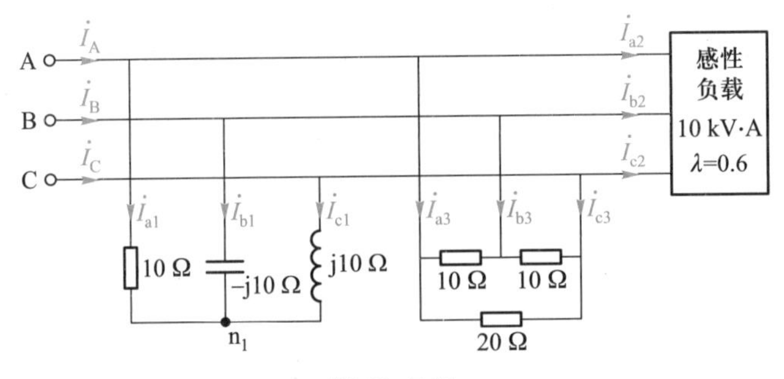

测 12-7 图

答案:(1) $\dot{I}_{a1}=38.1\angle 180°$ A,$\dot{I}_{b1}=73.6\angle -75.0°$ A,$\dot{I}_{c1}=73.6\angle 75.0°$ A;$\dot{I}_{a2}=15.2\angle -53.1°$ A,$\dot{I}_{b2}=15.2\angle -173.1°$ A,$\dot{I}_{c2}=15.2\angle 66.9°$ A;$\dot{I}_{a3}=50.4\angle 10.9°$ A,$\dot{I}_{b3}=65.99\angle -120°$ A,$\dot{I}_{c3}=50.4\angle 109.1°$ A。(2) $\overline{S}=(56.8+\mathrm{j}8)$ kV·A。

例 12-5-2 图 12-5-2(a)所示电路中,电源正序对称,$\dot{U}_{AN}=U_p\angle 0°$。(1)当 $Z_A=Z$ 时,画出电压位形相量图,计算 $\dot{U}_{Bn}$、$\dot{U}_{Cn}$;(2)当 $Z_A\to\infty$(即 A 相负载开路)时,画出电压位形相量图,计算 $\dot{U}_{Bn}$、$\dot{U}_{Cn}$,并与(1)的结果进行比较;(3)当 $Z_A=0$(即 A 相负载短路)时,画出电压位形相量图,计算 $\dot{U}_{Bn}$、$\dot{U}_{Cn}$,并与(1)的结果进行比较。

解:(1)当 $Z_A=Z$ 时,为对称三相电路,中性点 N、n 等电位,已知 $\dot{U}_{AN}=U_p\angle 0°$,因此

$$\dot{U}_{Bn}=\dot{U}_{BN}=U_p\angle -120°,\quad \dot{U}_{Cn}=\dot{U}_{CN}=U_p\angle 120°$$

电压位形相量图如图 12-5-2(b)所示。

(2)当 $Z_A\to\infty$ 时,为不对称三相电路,中性点 N、n 不再是等位点。分析电路可知,n 位于 $\dot{U}_{BC}$的中性点,电压位形相量图如图 12-5-2(c)所示。也可用结点分析法计算 $\dot{U}_{nN}$,结点方程为

$$\left(\frac{1}{Z}+\frac{1}{Z}\right)\dot{U}_{nN}-\frac{\dot{U}_{BN}}{Z}-\frac{\dot{U}_{CN}}{Z}=0$$

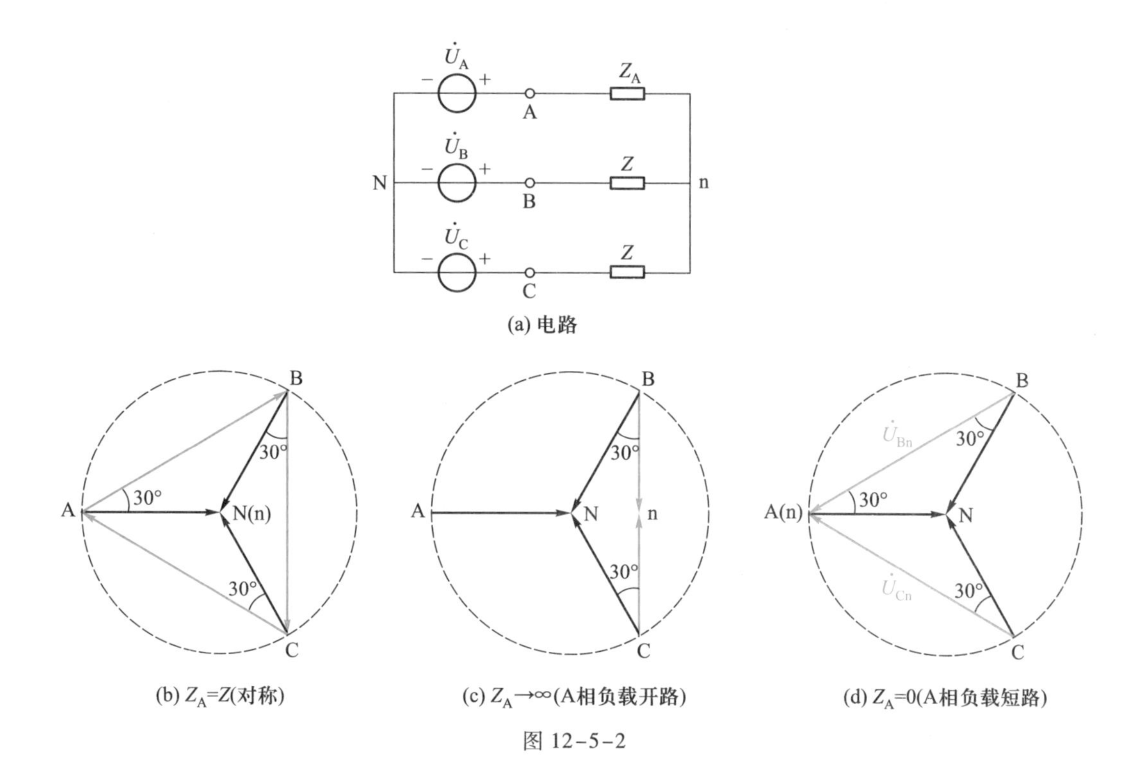

(b) Z_A=Z(对称)　(c) Z_A→∞(A相负载开路)　(d) Z_A=0(A相负载短路)

图 12-5-2

$$\left(\text{即结点 n 的 KCL 方程}:\frac{\dot{U}_{nN}-\dot{U}_{BN}}{Z}+\frac{\dot{U}_{nN}-\dot{U}_{CN}}{Z}=0\right)$$

解得

$$\dot{U}_{nN}=\frac{1}{2}(\dot{U}_{BN}+\dot{U}_{CN})=\frac{1}{2}(-\dot{U}_{AN})$$

于是

$$\dot{U}_{Bn}=\dot{U}_{BN}-\dot{U}_{nN}=\dot{U}_{BN}+\frac{1}{2}\dot{U}_{AN}=U_p\angle -120^\circ+\frac{1}{2}U_p=-j\frac{\sqrt{3}}{2}U_p$$

$$\dot{U}_{Cn}=\dot{U}_{CN}-\dot{U}_{nN}=\dot{U}_{CN}+\frac{1}{2}\dot{U}_{AN}=U_p\angle 120^\circ+\frac{1}{2}U_p=j\frac{\sqrt{3}}{2}U_p$$

计算结果与图 12-5-2(c)一致。A 相负载开路后,余下两相的电压为 $U_{Bn}=U_{Cn}=\frac{\sqrt{3}}{2}U_p$,与对称时的 U_p 相比变小了。因此,对称三线制三相电路当负载一相发生开路故障时,其他两相的电压会降低,不能正常工作。

(3) 当 $Z_A=0$ 时,n 和 A 点等电位,因此 $\dot{U}_{nN}=\dot{U}_{AN}$,电压位形相量图如图 12-5-2(d)所示。若由电路计算,则有

$$\dot{U}_{Bn}=\dot{U}_{BN}-\dot{U}_{nN}=\dot{U}_{BN}-\dot{U}_{AN}=U_p\angle -120^\circ-U_p=\sqrt{3}U_p\angle -150^\circ$$

$$\dot{U}_{Cn}=\dot{U}_{CN}-\dot{U}_{nN}=\dot{U}_{CN}-\dot{U}_{AN}=U_p\angle 120^\circ-U_p=\sqrt{3}U_p\angle 150^\circ$$

计算结果与图 12-5-2(d)一致。A 相负载短路后,余下两相的电压为 $U_{Bn}=U_{Cn}=\sqrt{3}U_p$,与对称

时的 U_p 相比变大了。因此，对称三线制三相电路当负载一相发生短路故障时，其他两相的电压会显著升高，导致损毁。

目标4检测：不对称三相电路的特点和计算

测 12-8　测 12-8 图所示三相电路中，正序对称电源的线电压 $\dot{U}_{AB}=381\angle 30^\circ$ V，$Z_l=$ j10 Ω，$Z_L=(20+$j$40)$ Ω。(1) 计算线电流有效值；(2) 若 a、b 两点短接，写出此时计算线电流有效值的步骤。

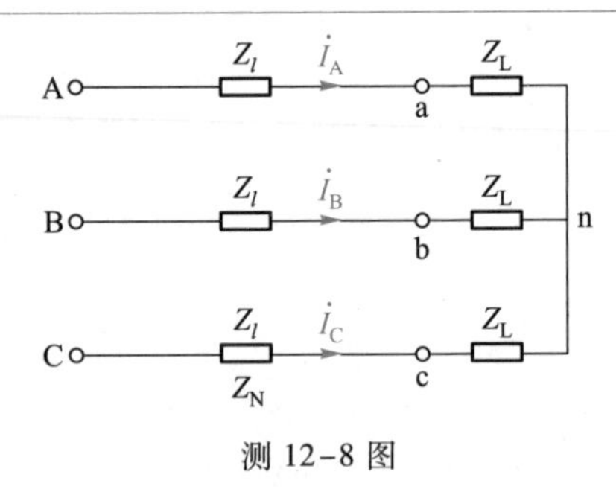

测 12-8 图

答案：(1) $I_A=I_B=I_C=4.09$ A；(2) 将电路等效为 Y-Y 连接，A、B、C 相阻抗分别为 Z_l、Z_l、$Z_l+\frac{3}{2}Z_L$，再用结点法计算线路电流。

例 12-5-3　图 12-5-3 所示不对称三相电路中，不对称负载 A 相为电容，B、C 相为功率相同的白炽灯，白炽灯以电阻 R 为模型。证明：当电源正序对称时，B 相白炽灯总比 C 相的亮。

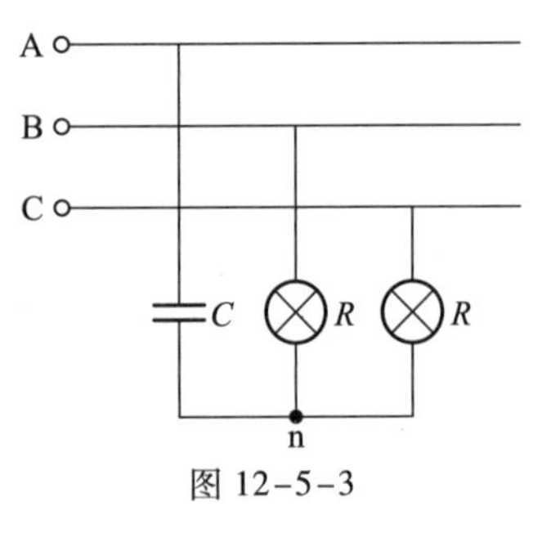

图 12-5-3

解：计算 B、C 相的电压，如果 B 相电压总高于 C 相，则 B 相白炽灯总比 C 相的亮。用结点分析法，以电源中性点 N 为参考结点，视电源为正序对称 Y 形，A、B、C 点对 N 的电位为 $\dot{U}_A$、$\dot{U}_B$、$\dot{U}_C$，负载中性点 n 的电位为 $\dot{U}_n$。n 的结点方程为

$$\left(\mathrm{j}\omega C+\frac{1}{R}+\frac{1}{R}\right)\dot{U}_n-\mathrm{j}\omega C\dot{U}_A-\frac{1}{R}\dot{U}_B-\frac{1}{R}\dot{U}_C=0$$

$$\left(\text{也就是 KCL 方程：}\mathrm{j}\omega C(\dot{U}_n-\dot{U}_A)+\frac{\dot{U}_n-\dot{U}_B}{R}+\frac{\dot{U}_n-\dot{U}_C}{R}=0\right)$$

求解结点方程得

$$\dot{U}_n=\frac{\mathrm{j}\omega C\dot{U}_A+\dfrac{\dot{U}_B+\dot{U}_C}{R}}{\mathrm{j}\omega C+\dfrac{2}{R}}=\frac{\mathrm{j}\omega CR\dot{U}_A+\dot{U}_B+\dot{U}_C}{2+\mathrm{j}\omega RC}$$

设 $\dot{U}_{AB}=U_l\angle 0^\circ$，于是

$$\dot{U}_{Bn}=\dot{U}_B-\dot{U}_n=\dot{U}_B-\frac{\mathrm{j}\omega CR\dot{U}_A+\dot{U}_B+\dot{U}_C}{2+\mathrm{j}\omega RC}=\frac{\dot{U}_B-\dot{U}_C-\mathrm{j}\omega RC(\dot{U}_A-\dot{U}_B)}{2+\mathrm{j}\omega RC}$$

$$=\frac{\dot{U}_{BC}-\mathrm{j}\omega RC\dot{U}_{AB}}{2+\mathrm{j}\omega RC}=\frac{\left(-\dfrac{1}{2}U_l-\mathrm{j}\dfrac{\sqrt{3}}{2}U_l\right)-\mathrm{j}\omega RCU_l}{2+\mathrm{j}\omega RC}$$

$$=\frac{-\dfrac{1}{2}-\mathrm{j}\left(\dfrac{\sqrt{3}}{2}+\omega RC\right)}{2+\mathrm{j}\omega RC}U_l$$

$$\dot{U}_{\mathrm{Cn}}=\dot{U}_{\mathrm{C}}-\dot{U}_{\mathrm{n}}=\dot{U}_{\mathrm{C}}-\frac{\mathrm{j}\omega RC\dot{U}_{\mathrm{A}}+\dot{U}_{\mathrm{B}}+\dot{U}_{\mathrm{C}}}{2+\mathrm{j}\omega RC}=\frac{-(\dot{U}_{\mathrm{B}}-\dot{U}_{\mathrm{C}})+\mathrm{j}\omega RC(\dot{U}_{\mathrm{C}}-\dot{U}_{\mathrm{A}})}{2+\mathrm{j}\omega RC}$$

$$=\frac{-\dot{U}_{\mathrm{BC}}+\mathrm{j}\omega RC\dot{U}_{\mathrm{CA}}}{2+\mathrm{j}\omega RC}=\frac{\left(\frac{1}{2}+\mathrm{j}\frac{\sqrt{3}}{2}\right)U_l+\mathrm{j}\omega RC\left(-\frac{1}{2}+\mathrm{j}\frac{\sqrt{3}}{2}\right)U_l}{2+\mathrm{j}\omega RC}$$

$$=\frac{\left(\frac{1}{2}-\frac{\sqrt{3}\,\omega RC}{2}\right)+\mathrm{j}\left(\frac{\sqrt{3}}{2}-\frac{\omega RC}{2}\right)}{2+\mathrm{j}\omega RC}U_l$$

电压有效值

$$U_{\mathrm{Bn}}=\left|\frac{-\frac{1}{2}-\mathrm{j}\left(\frac{\sqrt{3}}{2}+\omega RC\right)}{2+\mathrm{j}\omega RC}U_l\right|=\frac{\sqrt{\left(\frac{1}{2}\right)^2+\left(\frac{\sqrt{3}}{2}+\omega RC\right)^2}}{|2+\mathrm{j}\omega RC|}U_l=\frac{\sqrt{1+\sqrt{3}\,\omega RC+(\omega RC)^2}}{|2+\mathrm{j}\omega RC|}U_l$$

$$U_{\mathrm{Cn}}=\left|\frac{\left(\frac{1}{2}-\frac{\sqrt{3}\,\omega RC}{2}\right)+\mathrm{j}\left(\frac{\sqrt{3}}{2}-\frac{\omega RC}{2}\right)}{2+\mathrm{j}\omega RC}U_l\right|$$

$$=\frac{\sqrt{\left(\frac{1}{2}-\frac{\sqrt{3}\,\omega RC}{2}\right)^2+\left(\frac{\sqrt{3}}{2}-\frac{\omega RC}{2}\right)^2}}{|2+\mathrm{j}\omega RC|}U_l=\frac{\sqrt{1-\sqrt{3}\,\omega RC+(\omega RC)^2}}{|2+\mathrm{j}\omega RC|}U_l$$

只要 $\omega RC\neq 0$ 和 $\omega RC\neq\infty$，总有 $1+\sqrt{3}\,\omega RC+(\omega RC)^2>1-\sqrt{3}\,\omega RC+(\omega RC)^2$，即总有 $U_{\mathrm{Bn}}>U_{\mathrm{Cn}}$，B 相白炽灯总比 C 相的亮。

图 12-5-3 所示不对称三相负载可以用来测量电源的相序。接电容的相为 A 相，白炽灯亮的一相为 B 相，暗的一相为 C 相，A、B、C 构成正序对称三相电源。

目标 4 检测：不对称三相电路的特点和计算

测 12-9 图 12-5-3 所示相序仪接于线电压为 U_l 的对称电源。(1)为了使两个灯泡的亮度有明显差别，通常取 $1/\omega C=R$，计算此时 U_{Bn}、U_{Cn}；(2)用位形相量图分析图 12-5-3 所示相序仪的原理。

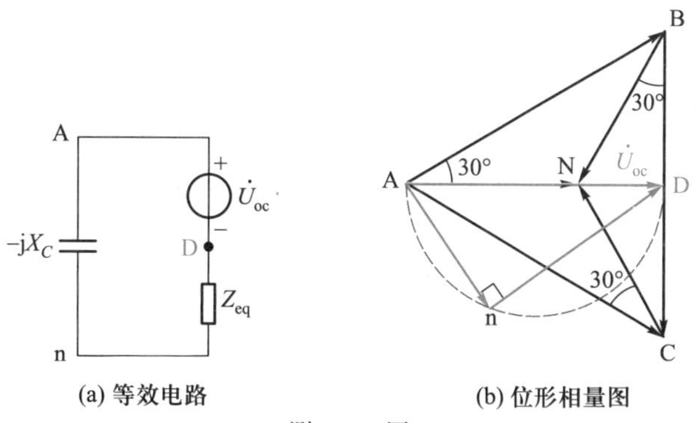

测 12-9 图

答案：(1) $U_{\mathrm{Bn}}=0.86U_l$，$U_{\mathrm{Cn}}=0.23U_l$；(2) 先求电容以外电路的戴维南等效电路，如测 12-9 图(a)所示，开路电压为 $\dot{U}_{\mathrm{oc}}=1.5\dot{U}_{\mathrm{AN}}$，等效阻抗 $Z_{\mathrm{eq}}=0.5R$，再在电压位形相量图中画出 $\dot{U}_{\mathrm{oc}}$，并以此确定 n 点的变化轨迹，如测 12-9 图(b)所示。

12.6 三相电路有功功率的测量

10.8 节介绍了用单相瓦特表测量正弦稳态电路的有功功率。单相瓦特表的电流线圈与负载串联,负载电流 $\dot{I}$ 流入电流线圈 * 端,电压线圈与负载并联,负载电压 $\dot{U}$ 正极性加在电压线圈 * 端,就有

$$瓦特表的读数 = \mathrm{Re}[\dot{U}\times\dot{I}^*] = P \tag{12-6-1}$$

在 $\dot{U}$、$\dot{I}$ 为关联参考方向下,瓦特表的读数就是负载吸收的有功功率。

三相负载的有功功率也可以用单相瓦特表来测量。测量三相负载的有功功率,需要根据三相电路的连接方式来确定单相瓦特表的接入方式。

1. 四线制三相电路

当电路为三相四线制时,用 3 个单相瓦特表测量三相负载的有功功率,瓦特表接入方式如图 12-6-1 所示,称为三瓦特表法。瓦特表电压线圈前接(也可后接),公共端 o 与负载中性点 n 相连。瓦特表 W_1、W_2、W_3 的读数分别为 P_1、P_2、P_3,由式(12-6-1)得

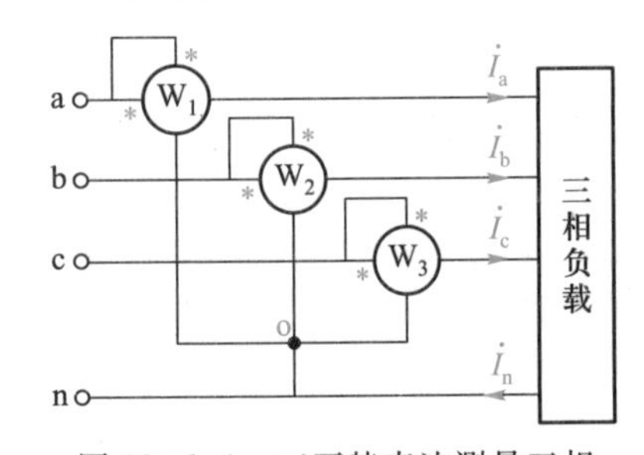

图 12-6-1 三瓦特表法测量三相四线制电路的有功功率

$$P_1 = \mathrm{Re}[\dot{U}_{an}\dot{I}_a^*],\quad P_2 = \mathrm{Re}[\dot{U}_{bn}\dot{I}_b^*],\quad P_3 = \mathrm{Re}[\dot{U}_{cn}\dot{I}_c^*]$$

P_1、P_2、P_3 有具体的物理含义,即为 A、B、C 相吸收的有功功率。负载吸收的有功功率

$$\boxed{P = P_1 + P_2 + P_3} \tag{12-6-2}$$

当电路对称时,$P_1 = P_2 = P_3$。

2. 三线制三相电路

当电路为三相三线制时,图 12-6-1 中公共端 o 可以与 a、b、c 中任何一点相连。如图 12-6-2(a)所示,o 与 c 相连,使得 W_3 因电压线圈的电压为零而读数为零,因而只需 W_1、W_2,如图(b)所示。W_1、W_2 的读数为 P_1、P_2,负载吸收的有功功率

$$\boxed{P = P_1 + P_2} \tag{12-6-3}$$

这是因为,根据式(12-6-1),图 12-6-2(b)中 W_1、W_2 的读数 P_1、P_2 为

$$P_1 = \mathrm{Re}[\dot{U}_{ac}\dot{I}_a^*],\quad P_2 = \mathrm{Re}[\dot{U}_{bc}\dot{I}_b^*]$$

由此

$$P_1 + P_2 = \mathrm{Re}[\dot{U}_{ac}\dot{I}_a^*] + \mathrm{Re}[\dot{U}_{bc}\dot{I}_b^*] = \mathrm{Re}[\dot{U}_{ac}\dot{I}_a^* + \dot{U}_{bc}\dot{I}_b^*] \tag{12-6-4}$$

假定 n 为负载的中性点或等效中性点,则 $\dot{U}_{ac} = \dot{U}_{an} - \dot{U}_{cn}$,$\dot{U}_{bc} = \dot{U}_{bn} - \dot{U}_{cn}$,式(12-6-4)变为

$$P_1 + P_2 = \mathrm{Re}[(\dot{U}_{an} - \dot{U}_{cn})\dot{I}_a^* + (\dot{U}_{bn} - \dot{U}_{cn})\dot{I}_b^*] = \mathrm{Re}[\dot{U}_{an}\dot{I}_a^* + \dot{U}_{bn}\dot{I}_b^* + \dot{U}_{cn}(-\dot{I}_a - \dot{I}_b)^*] \tag{12-6-5}$$

在三线制电路中,$\dot{I}_a + \dot{I}_b + \dot{I}_c = 0$,将 $-\dot{I}_a - \dot{I}_b = \dot{I}_c$ 代入式(12-6-5)中,得

$$P_1 + P_2 = \mathrm{Re}[\dot{U}_{an}\dot{I}_a^* + \dot{U}_{bn}\dot{I}_b^* + \dot{U}_{cn}\dot{I}_c^*] \tag{12-6-6}$$

式(12-6-6)表明:图 12-6-2(b)中,W_1、W_2 的读数 P_1、P_2 之和为三相负载吸收的有功功率 P,

即式(12-6-3)成立。

用两个单相瓦特表测量三相负载有功功率的方法，称为两瓦特表法。两瓦特表法适用条件为

$$\boxed{\dot{I}_a+\dot{I}_b+\dot{I}_c=0} \tag{12-6-7}$$

因此，适用于对称与不对称三线制、对称四线制（因为中线电流为零）的电路。两瓦特表法有 3 种接线方式。将图 12-6-2(a)中 o 与 c 相连，得到图(b)所示接线方式；若将 o 与 b 相连，则去掉 W_2；若将 o 与 a 相连，则去掉 W_1。

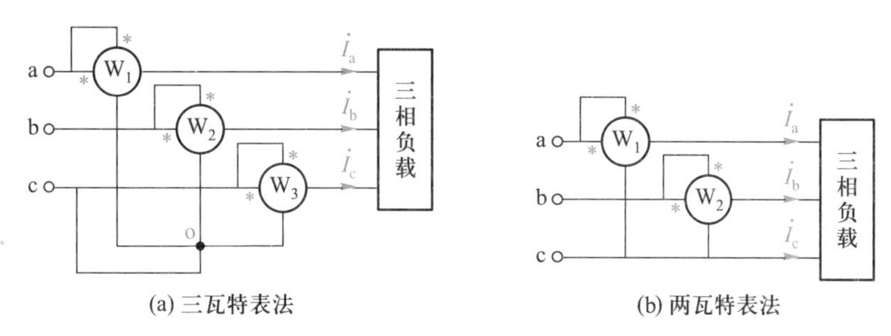

图 12-6-2　两瓦特表法测量三相三线制电路的有功功率

当电路对称时，两瓦特表法的瓦特表读数 P_1、P_2 有一定的规律性。假定电源为正序对称，负载的功率因数角为 φ，令 $\dot{U}_{an}=U_p\angle 0°$，则有

$$\dot{I}_a=I_p\angle -\varphi,\quad \dot{I}_b=I_p\angle -\varphi-120°$$

$$\dot{U}_{ac}=\dot{U}_{an}-\dot{U}_{cn}=\sqrt{3}\,U_p\angle -30°,\quad \dot{U}_{bc}=\dot{U}_{bn}-\dot{U}_{cn}=\sqrt{3}\,U_p\angle -90°$$

因此

$$\begin{aligned}P_1&=\mathrm{Re}[\dot{U}_{ac}\dot{I}_a^*]=\mathrm{Re}[\sqrt{3}\,U_p\angle -30°\times I_p\angle \varphi]=\mathrm{Re}[\sqrt{3}\,U_pI_p\angle \varphi-30°]\\&=\sqrt{3}\,U_pI_p\cos(\varphi-30°)\end{aligned} \tag{12-6-8}$$

$$\begin{aligned}P_2&=\mathrm{Re}[\dot{U}_{bc}\dot{I}_b^*]=\mathrm{Re}[\sqrt{3}\,U_p\angle -90°\times I_p\angle \varphi+120°]=\mathrm{Re}[\sqrt{3}\,U_pI_p\angle \varphi+30°]\\&=\sqrt{3}\,U_pI_p\cos(\varphi+30°)\end{aligned} \tag{12-6-9}$$

- 当 $\varphi=0°$时，$P_1=P_2$，两个瓦特表读数相同；
- 当 $\varphi=60°$时，$P_2=0$，一个瓦特表读数为零；
- 当 $\varphi=-60°$时，$P_1=0$，一个瓦特表读数为零；
- 当$-60°<\varphi<60°$时，$P_1>0$，$P_2>0$，两个瓦特表读数均为正；
- 当 $60°<|\varphi|<180°$时，P_1，P_2 中有一个为负值，两个瓦特表读数一正一负。

对于对称三相电路，由两瓦特表法的读数 P_1、P_2 还可以计算负载吸收的无功功率。由式(12-6-8)、(12-6-9)得

$$P_1-P_2=\sqrt{3}\,U_pI_p\cos(\varphi-30°)-\sqrt{3}\,U_pI_p\cos(\varphi+30°)=\sqrt{3}\,U_pI_p\sin\varphi$$

由此，负载吸收的无功功率

$$\boxed{Q=3U_pI_p\sin\varphi=\sqrt{3}(P_1-P_2)} \tag{12-6-10}$$

由于负载吸收的有功功率为

$$P=3U_{p}I_{p}\cos\varphi=P_{1}+P_{2}$$

因此,负载的功率因数

$$\cos\varphi=\frac{P}{\sqrt{P^{2}+Q^{2}}}=\frac{P_{1}+P_{2}}{\sqrt{(P_{1}+P_{2})^{2}+3(P_{1}-P_{2})^{2}}} \tag{12-6-11}$$

$Q>0$(即 $P_1>P_2$)为感性,$Q<0$(即 $P_1<P_2$)为容性,$Q=0$(即 $P_1=P_2$)为阻性。

三相电路有功功率的测量方法

三瓦特表法:一个单相瓦特表测得一相有功功率,三个表读数之和为三相总有功功率,适用于四线制对称与不对称三相电路。

两瓦特表法:两个单相瓦特表有 3 种接线方式,两个表读数之和为三相总有功功率,适用条件为三个线电流之和等于零,对称与不对称三线制、对称四线制三相电路满足此条件。

例 12-6-1 图 12-6-3 所示对称三相电路中,正序对称三相电源线电压为 380 V,电动机吸收功率为 7.5 kW,功率因数为 0.8。计算:(1)电动机的线电流;(2)两个功率表的读数。

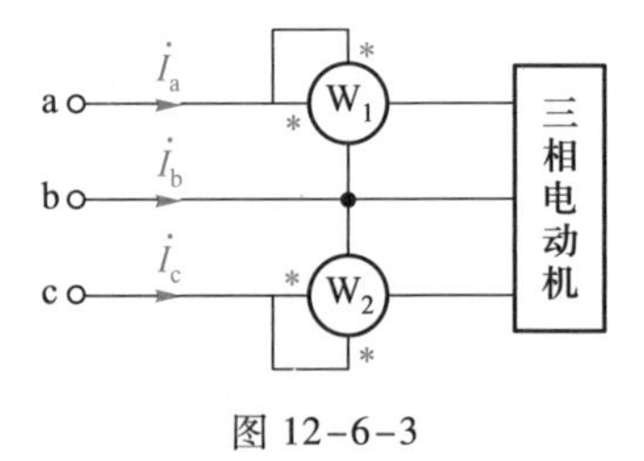

图 12-6-3

解:(1)利用三相电路有功功率表达式计算线电流。电动机的线电压 $U_l=380$ V,功率 $P=7\ 500$ W,功率因数 $\cos\varphi=0.8$,线电流为 I_l,由 $P=\sqrt{3}U_lI_l\cos\varphi$ 得

$$I_l=\frac{P}{\sqrt{3}U_l\cos\varphi}=\frac{7\ 500}{\sqrt{3}\times380\times0.8}\ \text{A}=14.2\ \text{A}$$

(2)先确定瓦特表电流线圈的电流、电压线圈的电压,再计算瓦特表的读数。视电动机为星形联结,以相电压 $\dot{U}_{an}$ 为参考相量,$\dot{U}_{an}=\frac{380}{\sqrt{3}}\angle 0^\circ$ V,电动机为感性负载,功率因数为 0.8,则

$$\dot{I}_a=I_l\angle-\varphi=14.24\angle-\arccos0.8\ \text{A}=14.24\angle-36.9^\circ\ \text{A}$$

$$\dot{I}_c=\dot{I}_a\angle120^\circ=14.24\angle83.1^\circ\ \text{A}$$

$$\dot{U}_{ab}=\sqrt{3}\dot{U}_{an}\angle30^\circ=380\angle30^\circ\ \text{V}$$

$$\dot{U}_{cb}=-\dot{U}_{bc}=-(\dot{U}_{ab}\angle-120^\circ)=\dot{U}_{ab}\angle180^\circ-120^\circ=381\angle90^\circ\ \text{V}$$

因此,W_1 的读数 P_1、W_2 的读数 P_2 为

$$P_1=\text{Re}[\dot{U}_{ab}\times\dot{I}_a^*]=\text{Re}[380\angle30^\circ\times14.24\angle36.9^\circ]\ \text{W}=\text{Re}[5\ 411.2\angle66.9^\circ]\ \text{W}=2\ 123.0\ \text{W}$$

$$P_2=\text{Re}[\dot{U}_{cb}\times\dot{I}_c^*]=\text{Re}[380\angle90^\circ\times14.24\angle-83.1^\circ]\ \text{W}=\text{Re}[5\ 411.2\angle6.9^\circ]\ \text{W}=5\ 372.0\ \text{W}$$

用两个瓦特表读数之和来验证结果的正确性。$P_1+P_2=7\ 495.0$ W,由于计算过程中的舍入误差导致 P_1+P_2 的结果比 P 少 5 W,误差为 0.07%。

目标 4 检测:三相电路功率测量方法

测 12-10 测 12-10 图所示对称三相电路中,正序对称三相电源线电压为 380 V,阻抗 $Z=(60-\text{j}30)\ \Omega$。

(1)计算负载的线电流、相电流有效值;(2)计算两个瓦特表的读数;(3)利用(1)的结果检验(2)的结果。

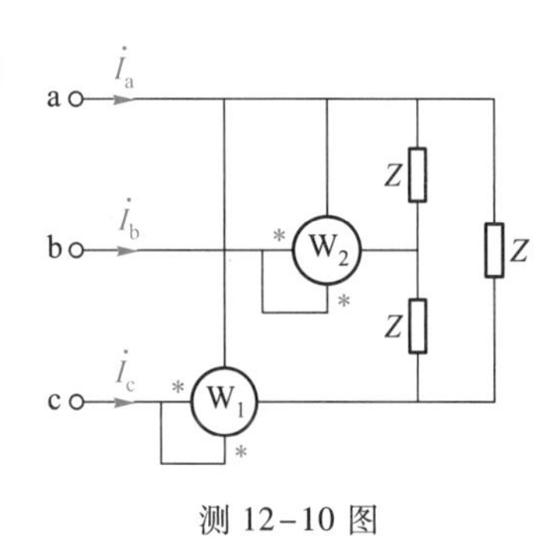

测 12-10 图

答案:(1) $I_l=9.81$ A、$I_p=5.66$ A;(2) $P_1=3\ 721.2$ W,$P_2=2\ 052.1$ W;
(3) 由(1)中相电流计算负载的总功率,$P=3I_p^2\mathrm{Re}[Z]$,若 P 等于 P_1+P_2,则结果正确。

12.7 拓展与应用

居民用电与每个人的生活息息相关。这里介绍住宅小区供电系统,以及由线圈镇流器启动的日光灯的工作原理。

12.7.1 居民用电

中国居民用电主要为 220 V、50 Hz 单相交流供电方式。按照国家电能质量标准,220 V 居民用户的电压允许在+7%、-10%之间波动,即允许在 235~198 V 之间波动。

图 12-7-1 为一个门栋(或一个单元)的 2 个住户的供电电路。10 kV(线电压)三相电压由降压变压器变换为 380 V(线电压),端线(L)、中线(N)和地线(⏚)入户,在端线上串入空气开关。具有过流保护功能的空气开关能在故障或过负荷导致线路过流时自动断开,避免过流导致导线起火、故障导致电器损坏等不良后果。如果用户要使用大功率电器设备,如中央空调设备,则需要三相电源、3 根端线、中线和地线入户,且要安装三相电度表。

中线上不能单独安装空气开关,切断中线时必须同时切断 3 条端线。这是因为,在负载不对称情况下,仅仅中线突然断开,将导致负载相电压不对称,某些相的负载因电压升高而烧毁、某些相的负载因电压降低而不能正常工作。

图 12-7-2 为一种具有过流保护功能的空气开关,C40 代表保护电流为 40 A,保护电流值要根据线路正常工作的最大电流来定。图 12-7-3 为常见的箱式三相变压器外观图片。

12.7.2 日光灯电路

虽然照明种类繁多,但日光灯依然是广泛使用的照明工具。曾经的日光灯采用线圈镇流器和启辉器配合启动,由于线圈镇流器消耗的有功功率和无功功率较大,启辉器的寿命较短,现在的日光灯采用电子电路(电子镇流器)启动。我们还不具备分析电子电路所需的知识,下面通过分析用线圈镇流器启动日光灯来了解其工作原理。

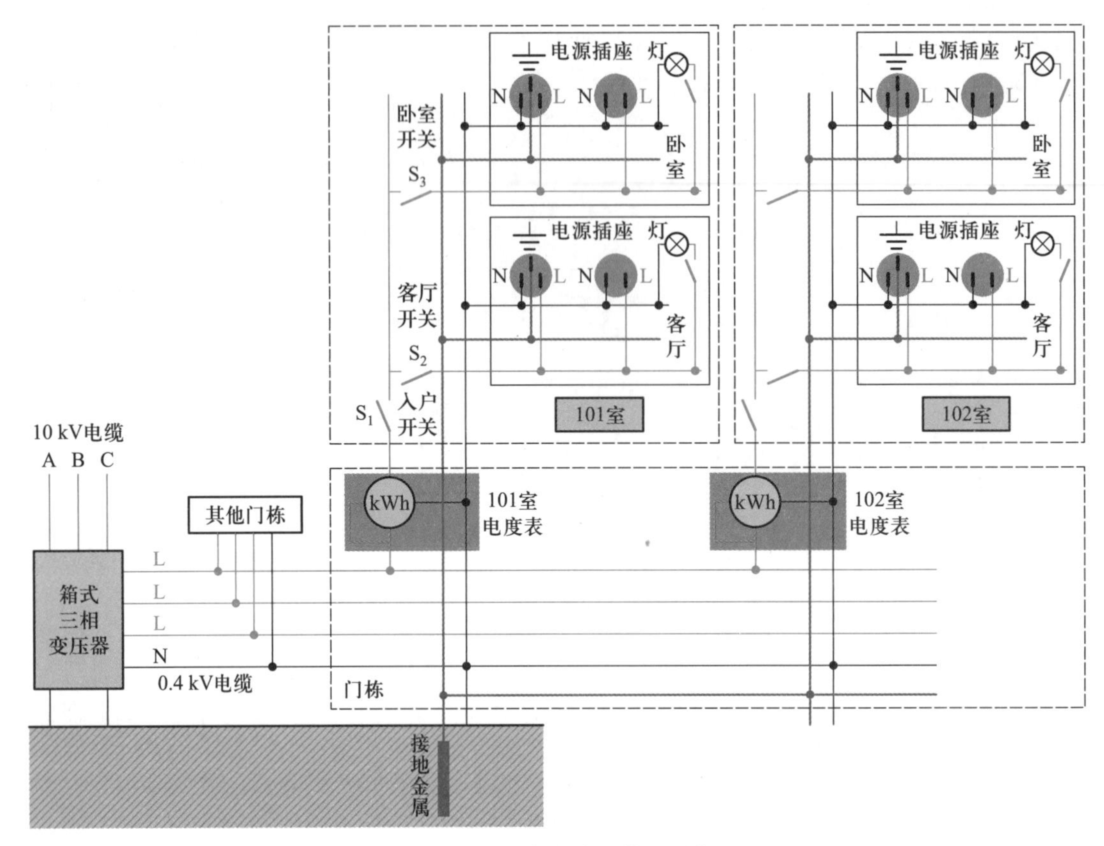

图 12-7-1　住宅小区供电系统

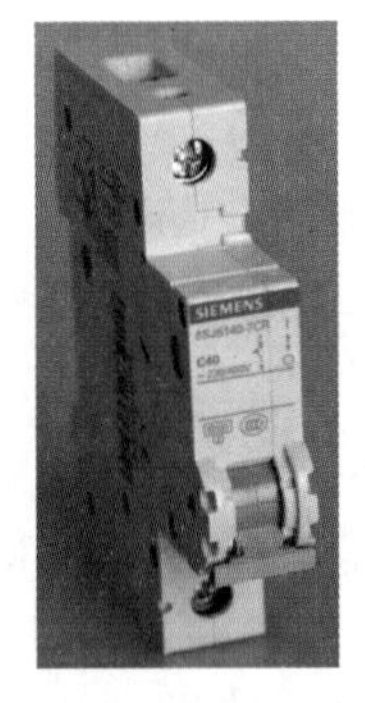

图 12-7-2　空气开关
（来源：www.0791fuwu.com）

图 12-7-3　箱式变压器
（来源：www.99114.com）

1. 构成部件

图 12-7-4(a)为日光灯电路，由镇流器、灯管、启辉器组成。镇流器是一个有铁心的线圈。灯管是两端有灯丝的玻璃管，玻璃管中充有稀薄水银蒸汽和氩气，内壁涂满荧光粉。启辉器为小塑料圆柱，圆柱内有一个充有稀薄氖气的玻璃泡，玻璃泡内有两个电极，其中一个为有弹性的 U 形金属片，电极间并联一个电容器。

2. 发光原理

当日光灯的两个灯丝间有足够高的电压时,电子就会从一端灯丝逸出,通过灯管到达另一端灯丝,形成运流电流(即在灯管中定向运动的电子流)。电子在加速运动的过程中,碰撞管内氩气分子,使之迅速电离。氩气电离产生的热量使水银气化,气化后的水银也被电离并发出强烈的紫外线。在紫外线的激发下,管壁上的荧光粉发出近乎白色的可见光。但是,220 V 交流电压不足以使电子从灯丝逸出,即日光灯不能在 220 V 交流电压下启动,而电子一旦逸出,几十伏交流电压就可以维持一个稳定的电子流,即日光灯能稳定发光。

3. 启动过程

如何启动日光灯呢? 镇流器和启辉器用于启动日光灯。图 12-7-4(a)中的开关闭合瞬间,灯管中没有电流,启辉器电极间开路,镇流器上无压降,220 V 交流电压全部加到启辉器电极间,电极间的气体被击穿,形成弧光放电,这时启辉器闪亮,U 形金属片被电弧加热而伸开,并与另一个电极短接而接通电路,形成通过镇流器的电流。与此同时,弧光放电因电极短接而停止,U 金属片失去热量而复原,启辉器的电极瞬间分离,致使镇流器的电流突然降到零,导致 $u_L=L\dfrac{\mathrm{d}i}{\mathrm{d}t}$ 很大,镇流器上出现远高于 220 V 的电压,这个电压和 220 V 一起加到灯管两端,导致电子从灯丝逸出,灯管发光。灯管发光后,灯管两端电压低,启辉器不能再形成弧光放电。

4. 稳定工作时的电路模型

日光灯启动后进入稳定工作状态,图 12-7-4(b)为稳定工作日光灯的电路模型。灯管为非线性电阻,因此,电流 i_R 中除了 50 Hz 正弦外,还有频率高的谐波。启辉器内的电容器为灯管产生的高次谐波电流提供低阻抗通路,减少电流 i 中的高次谐波,同时也对镇流器消耗的感性无功功率起补偿作用。镇流器用电感和电阻串联模型表示,其阻抗将电流 i 的大小限制在合理范围,故而称为镇流器。镇流器消耗着电路的有功功率和无功功率,降低了日光灯的效率,也使得日光灯为感性负载。

采用电子镇流器的新型日光灯,通过电子线路形成高电压来启动日光灯,改善了线圈镇流器消耗有功功率和无功功率的问题,也不需要启辉器了。

日光灯有被 LED 取代的趋势。LED 具有节能、耐用的优势。

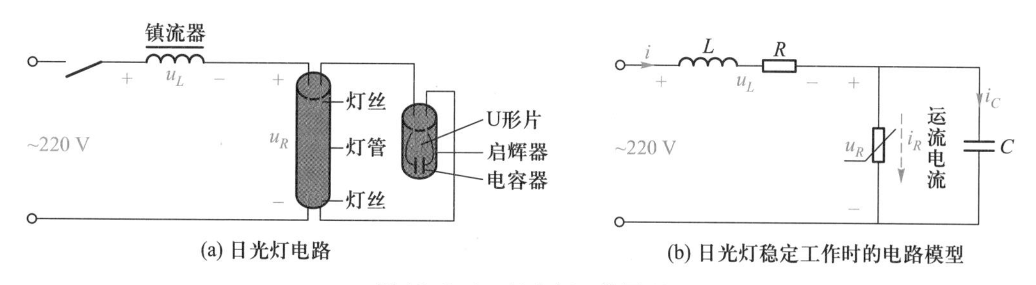

图 12-7-4 日光灯工作原理

习题 12

三相电路(12.2 节)

12-1 回答以下问题:(1)什么是对称三相电压? (2)对称三相电压源有哪几种连接方式? (3)什

么是对称三相负载？(4)三相负载有哪几种形式？(5)什么是对称三相电路？(6)三相电路有哪几种连接形式？(7)什么是火线、零线？(8)对称三相电路的电压或电流有何种对称规律？

12-2 星形对称三相电压源，$\dot{U}_{AN}=220\angle{-110°}$ V、$\dot{U}_{CN}=220\angle{130°}$ V。(1)若为正序电压源，$\dot{U}_{BN}=?$ (2)若为负序电压源，$\dot{U}_{BN}=?$

12-3 接成 Y 形的正序对称三相发电机，$\dot{U}_{AN}=220\angle{30°}$ V、$\dot{U}_{BN}=220\angle{-90°}$ V。(1)确定 $\dot{U}_{CN}$；(2)确定 $\dot{U}_{BC}$；(3)画出电压位形相量图；(4)计算 $\dot{U}_{AN}+\dot{U}_{BN}+\dot{U}_{CN}$ 和 $\dot{U}_{AB}+\dot{U}_{BC}+\dot{U}_{CA}$。

12-4 题 12-4 图所示正序对称三相电压源：(1)图(a)中，$u_A=220\sqrt{2}\sin 314t$ V，画出与它等效的三角形电压源；(2)图(b)中，$\dot{U}_A=400\angle{0°}$ V、$Z_s=(0.6+j3)$ Ω，画出与它等效的星形电压源。

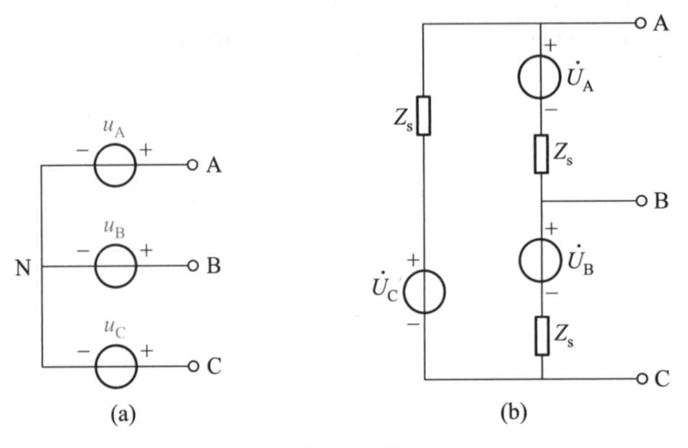

题 12-4 图

对称三相电路计算(12.3 节)

12-5 题 12-5 图所示电路中，正序对称电压源 $\dot{U}_A=220\angle{0°}$ V、内阻抗 $Z_s=(0.2+j1)$ Ω，线路阻抗 $Z_l=(0.8+j3)$ Ω，负载阻抗 $Z_L=(79+j56)$ Ω。计算中线阻抗 $Z_N=(20+j30)$ Ω、$Z_N=\infty$ 两种情况下，负载相电流、负载线电压、电源线电压、中线电流。

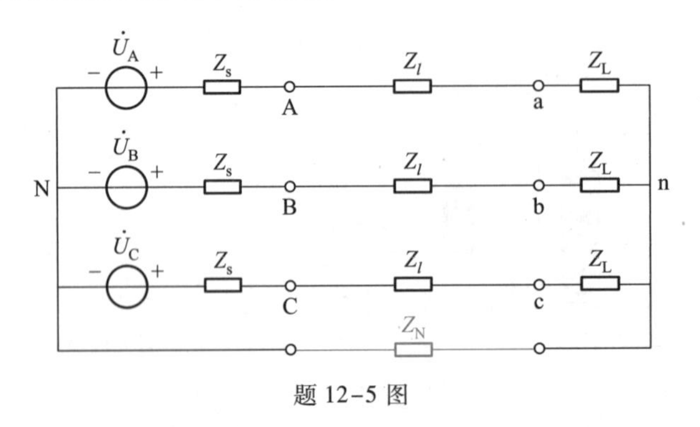

题 12-5 图

12-6 题 12-6 图电路中，正序对称电压源 $\dot{U}_A=220\angle{0°}$ V、内阻抗 $Z_s=(0.2+j1)$ Ω，线路阻抗 $Z_l=(0.8+j3)$ Ω，负载阻抗 $Z_L=(237+j168)$ Ω。计算线路电流、负载相电流、负载线电压、电源线电压。

12-7 题 12-7 图对称三相电路中，正序对称电压源 $\dot{U}_{ab}=220\sqrt{3}\angle{0°}$ V，$Z_L=(267+j171)$ Ω，$Z_l=$

(1+j3) Ω。计算线路电流、电源线电压。

12-8 题 12-8 图电路中，正序对称电压源 $\dot{U}_{AB}=380\angle 0^\circ$ V，线路阻抗 $Z_l=(1+\mathrm{j}2)$ Ω，负载阻抗 $Z_1=(24+\mathrm{j}30)$ Ω、$Z_2=12$ Ω。计算线路电流、各负载相电流。

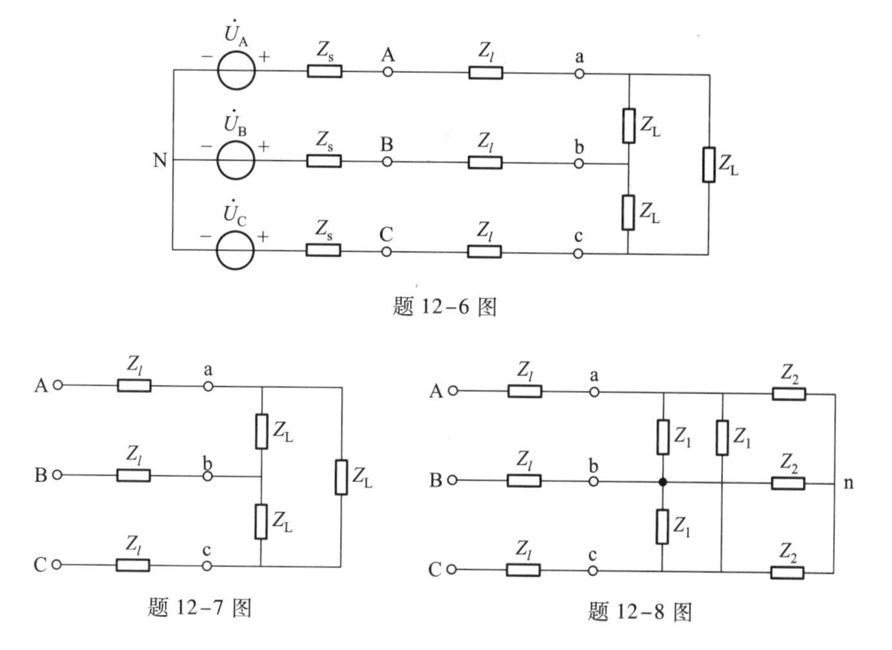

题 12-6 图

题 12-7 图

题 12-8 图

12-9 题 12-9 图电路中，正序对称电压源 $\dot{U}_{AB}=220\sqrt{3}\angle 30^\circ$ V，负载阻抗 $Z_1=(72+\mathrm{j}54)$ Ω、$Z_2=-\mathrm{j}18$ Ω。求电源线电流、各负载的相电流。

12-10 题 12-10 图对称三相电路中，电压源正序对称、电源内阻抗 $Z_s=(1+\mathrm{j}1)$ Ω，线路阻抗 $Z_l=(2+\mathrm{j}2)$ Ω，负载阻抗 $Z=(30+\mathrm{j}18)$ Ω、线电压 $\dot{U}_{ab}=220\sqrt{3}\angle 30^\circ$ V。求 $\dot{I}_{al}$、$\dot{I}_{ap}$、$\dot{U}_{AB}$、$\dot{U}_A$。

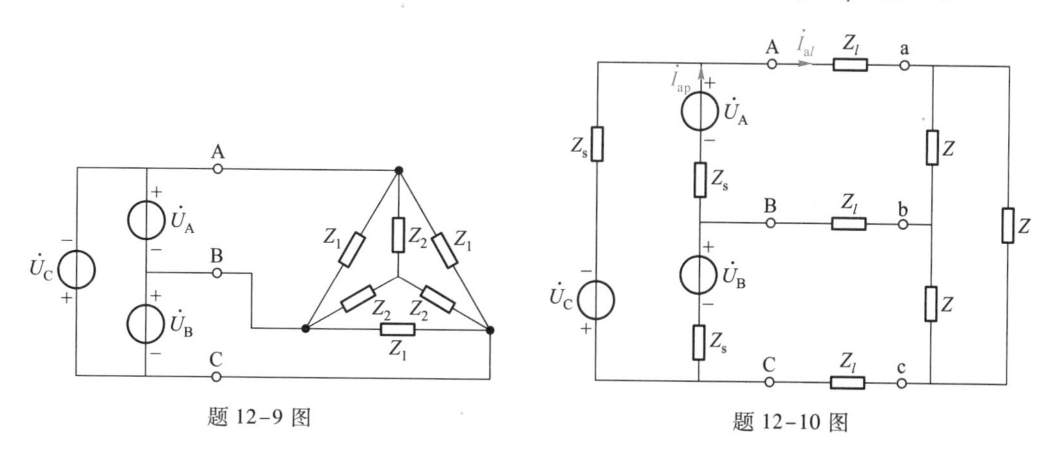

题 12-9 图

题 12-10 图

对称三相电路的功率(12.4 节)

12-11 感性对称三相星形负载的额定功率为 6 kW、功率因数为 0.6、额定线电压为 $220\sqrt{3}$ V，工作于额定状态下。计算：(1)负载吸收的复功率；(2)负载的线电流；(3)负载每相阻抗。

12-12 三角形对称三相负载连接到线电压为 $220\sqrt{3}$ V 的对称三相电压源，负载吸收功率

30 kW、功率因数为0.6(超前)。计算:(1)电源线电流;(2)负载相电流;(3)负载吸收的复功率;(4)负载每相阻抗。

12-13 每相阻抗为(80-j60) Ω 的对称星形三相负载连接到线电压为 $220\sqrt{3}$ V 的对称三相电压源。计算:(1)负载功率因数;(2)负载线电流;(3)负载吸收的复功率。

12-14 对称三相电压源向每相阻抗为 $30\angle 60^\circ$ Ω 的对称三角形负载供电,不计线路阻抗,线路电流为 20 A。计算:(1)负载相电流;(2)负载功率因数;(3)负载线电压;(4)负载吸收的复功率。

12-15 星形对称三相负载连接到线电压为 400 V 的对称三相电压源,电源以 0.6 的超前功率因数提供 4 800 V·A 视在功率。计算:(1)负载相电流;(2)负载每相阻抗;(3)负载吸收的复功率。

12-16 求题 12-7 图所示电路中负载吸收的复功率。

12-17 求题 12-8 图所示电路中负载 Z_1、Z_2 分别吸收的复功率。

12-18 求题 12-9 图所示电路中电源提供的复功率。

12-19 题 12-19 图所示对称三相电路中,Z_l=j10 Ω,感性负载的额定线电压为 $220\sqrt{3}$ V、额定线电流为 2 A、功率因数为 0.8。计算:(1)电源线电压为何值时负载工作在额定状态下?(2)负载的有功功率、无功功率、视在功率。

12-20 题 12-20 图所示对称三相电路中,电源线电压为 400 V,电容的容抗为 20 Ω。计算:(1)电源线电流;(2)电源提供的功率;(3)电源侧的功率因数。

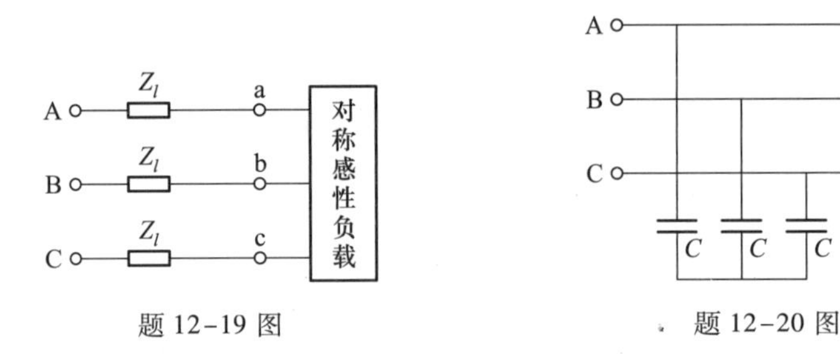

题 12-19 图　　题 12-20 图

12-21 题 12-21 图所示对称三相电路中,输电线路阻抗 Z_l=j2 Ω,第一组负载 Z_1=-j22 Ω,第二组负载工作在额定状态下,其额定线电压为 380 V、额定有功功率为 7 220 W、功率因数为 0.5(感性)。求电源侧的线电压及功率因数。

12-22 某工厂有一组功率因数 0.6(感性)、功率 1 800 kW 的对称三相负载 LA,由线电压为 380 V 的对称三相电源供电,如题 12-22 图所示。今在线路上添加一组功率因数可调、功率 600 kW 的对称三相负载 LB。确定:(1)负载 LB 的功率因数调到何值,可使工厂总功率因数达到 0.96?(2)分别计算添加负载 LB 前、后,线路电流有效值。

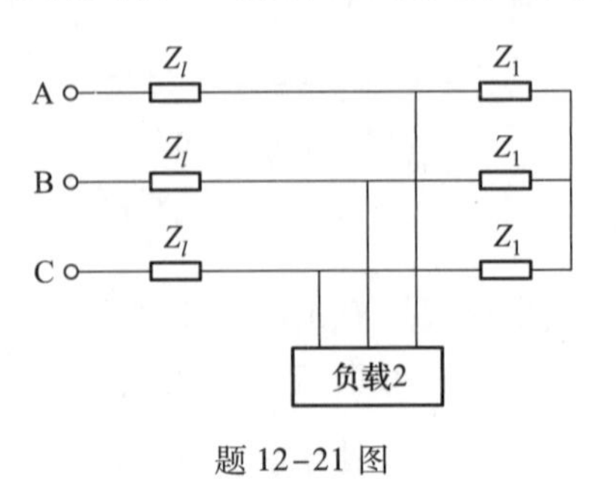

题 12-21 图

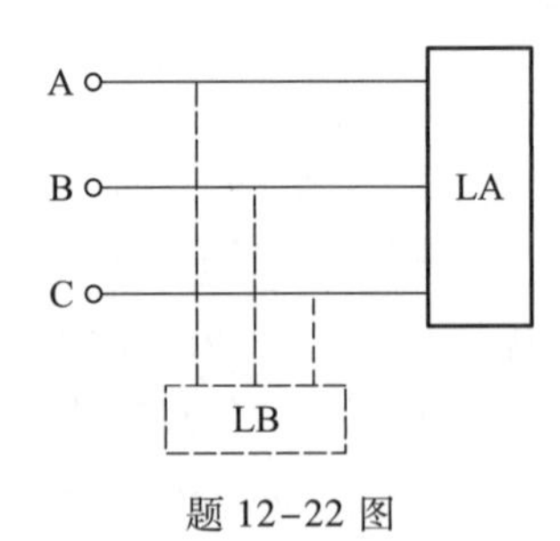

题 12-22 图

不对称三相电路(12.5 节)

12-23 题 12-23 图所示电路中,正序对称三相电压源 $\dot{U}_A=220\angle 0°$ V、$Z_s=(1+j2)$ Ω,线路阻抗 $Z_l=(2+j4)$ Ω,负载阻抗 $Z_A=21$ Ω、$Z_B=(27-j46)$ Ω、$Z_C=(42+j69)$ Ω。计算线路电流与中线电流。

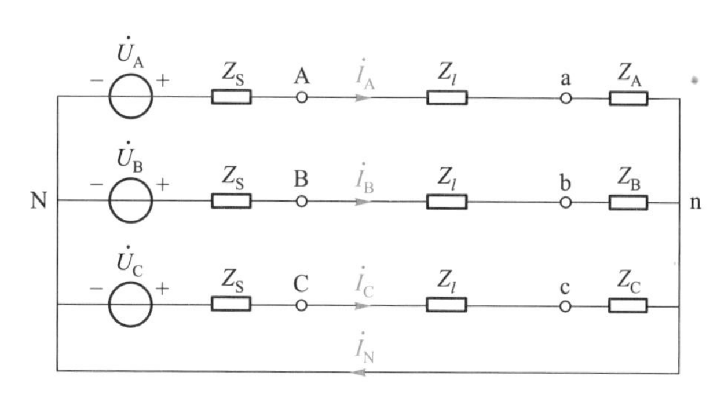

题 12-23 图

12-24 题 12-24 图所示电路中,正序对称三相电压源 $\dot{U}_A=220\sqrt{3}\angle 0°$ V。计算线路电流。

12-25 题 12-25 图所示电路中,正序对称三相电压源 $\dot{U}_{AB}=400\angle 0°$ V。计算线路电流。

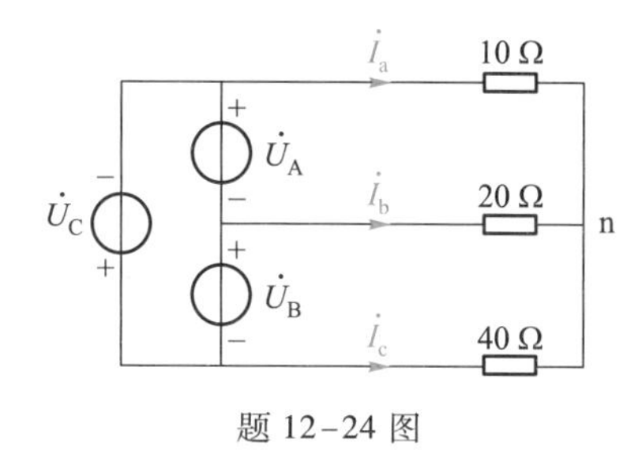

题 12-24 图

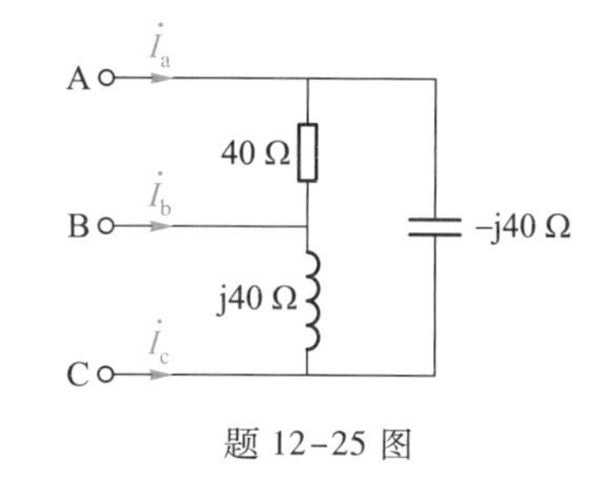

题 12-25 图

12-26 题 12-26 图所示电路中,正序对称三相电压源 $\dot{U}_{AB}=400\angle 0°$ V。计算线路电流,并与题 12-25 进行对比。

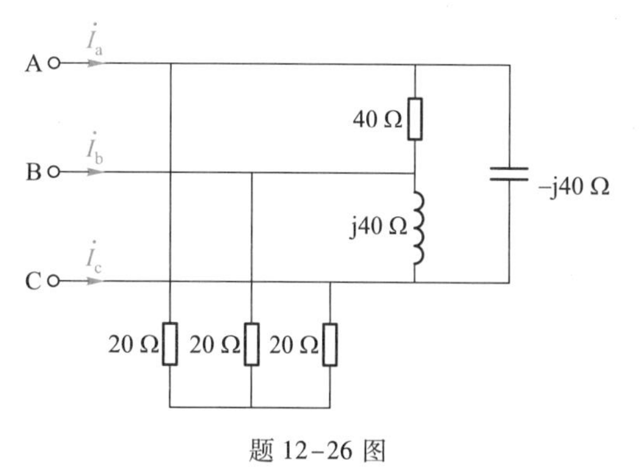

题 12-26 图

三相电路有功功率测量(12.6 节)

12-27 题 12-27 图所示对称三相电路中,线电压为 380 V,功率表的读数分别为 $P_1=866$ W、$P_2=433$ W。计算:(1)负载的功率因数;(2)负载阻抗 Z。

12-28 题 12-28 图所示对称三相电路中,$\dot{U}_{ab}=380\angle 0°$ V,$Z=(60+j30)$ Ω。(1)求线电流 $\dot{I}_b$;(2)求三相负载吸收的有功功率;(3)若用两瓦特表法测量负载吸收的有功功率,在图中画出另一只瓦特表。

12-29 题 12-29 图所示电路中,对称三相感性负载的额定工作线电压为 380 V、额定功率 48 kW、功率因数为0.8,负载工作于额定状态,线路阻抗 $Z_l=(0.2+j0.4)$ Ω。(1)计算电源的线电压、提供的复功率;(2)在图中画出用两瓦特表法测量电源提供的有功功率接线图。

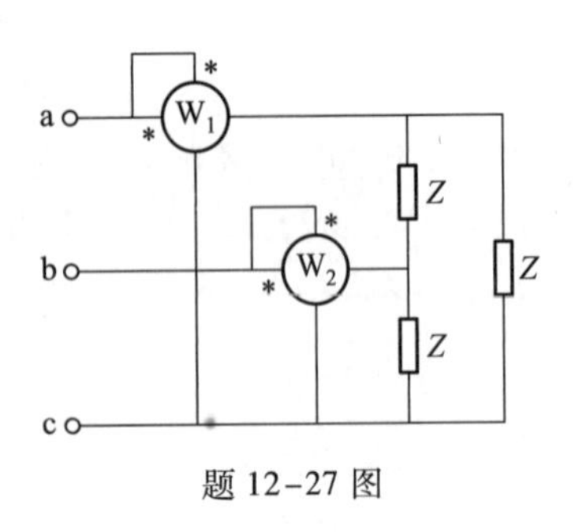

题 12-27 图

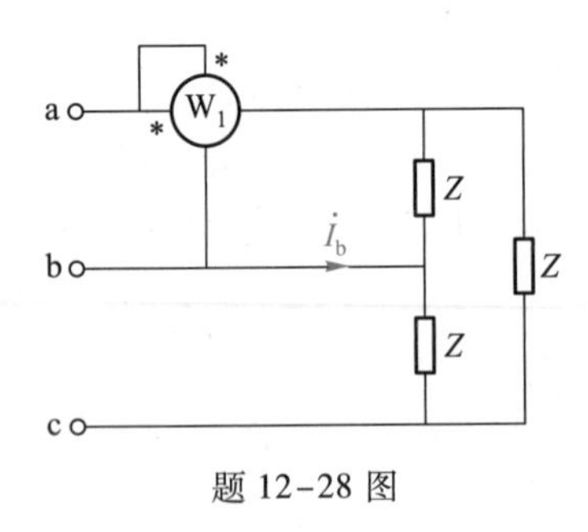

题 12-28 图

12-30 题 12-30 图所示三相电路中，功率表的读数为 1 000 W，对称三相电源相电压为 220 V，线电流为 4 A。(1)求感性负载阻抗 Z；(2)求三相电源提供的总功率；(3)若用两瓦特表法测量电源提供的总功率，在图中画出另一只瓦特表。

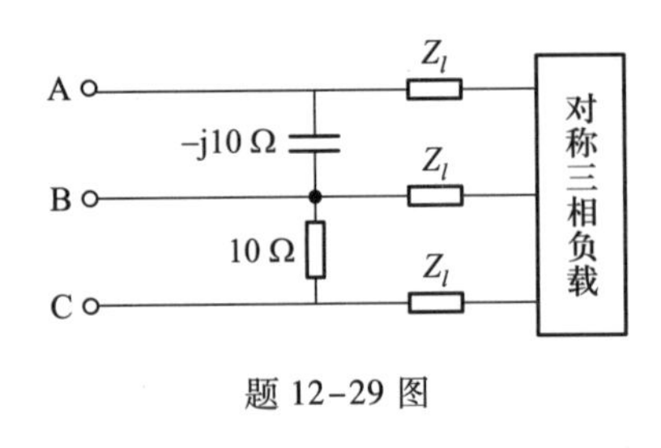

题 12-29 图

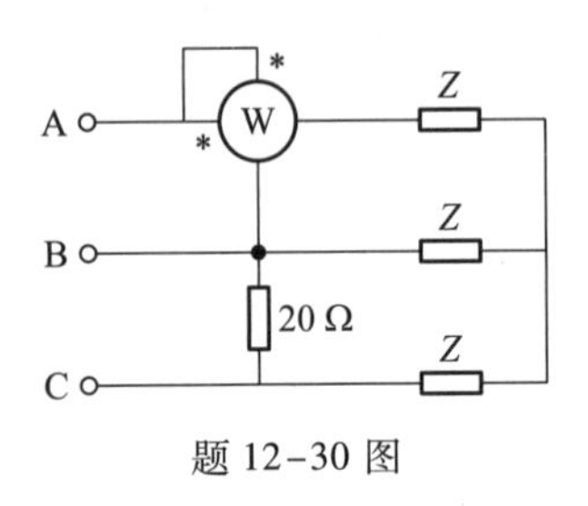

题 12-30 图

12-31 题 12-31 图所示对称三相电路中，电源线电压为 380 V，感性负载的功率为 5 000 W、功率因数为$\sqrt{2}/2$。(1)求感性负载的线电流；(2)求功率表的读数 P_1 和 P_1+P_2；(3)现在负载端并联电容，使电源侧功率因数提高到 0.9，求容抗 X_C。

▶ 综合检测

12-32 题 12-32 图所示三角形联结的对称三相电源，$Z_s=(5.4+j27)\ \Omega$，$\dot{U}_A=11\angle 0°\ \text{kV}$，$\dot{U}_B=11\angle 120°\ \text{kV}$，$\dot{U}_C=11\angle -120°\ \text{kV}$。(1)该电源为何种相序？(2)通过等效变换求等效的星形电源；(3)计算三角形、星形两种联结下，A、B、C 开路时的线电压；(4)计算两种连接下，A、B、C 短路时的线电流、三角形内的环流；(5)从(3)、(4)的计算结果得出获得等效星形电源的另一种方法。

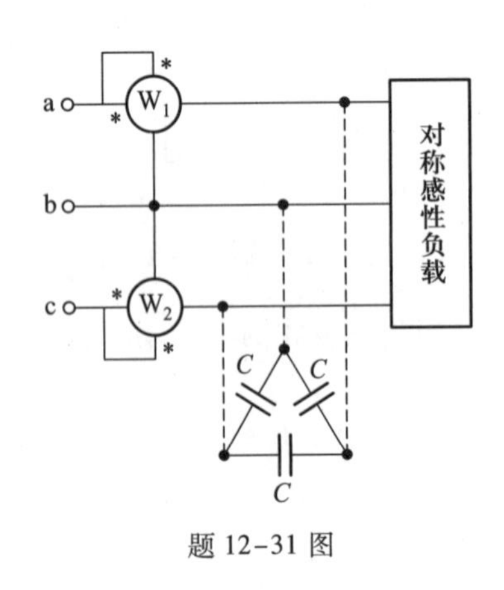

题 12-31 图

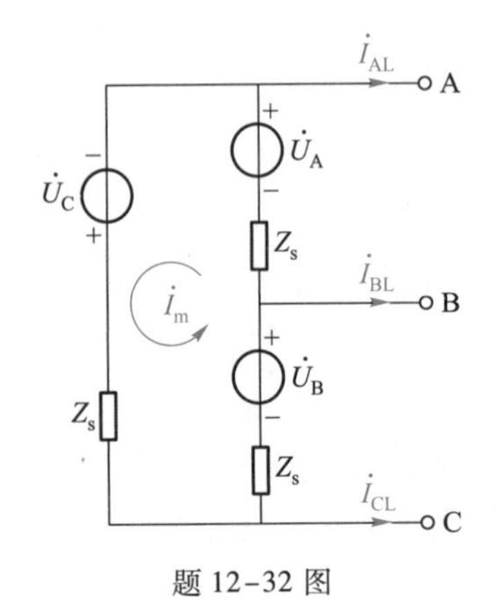

题 12-32 图

12-33 题 12-33 图所示稳态电路中，负载阻抗 $Z=(237+\mathrm{j}165)\ \Omega$，线路阻抗 $Z_l=(0.8+\mathrm{j}3.4)\ \Omega$，正序对称三相电源 $u_A=220\sqrt{2}\cos(314t+30°)$ V、内阻抗 $Z_s=(0.2+\mathrm{j}1.6)\ \Omega$。(1)写出 u_B、u_C，计算 $\dot{U}_A+\dot{U}_B+\dot{U}_C$，是否为对称三相系统？(2)画出 A 相电路，计算电流 $\dot{I}_b$、$\dot{I}_{cp}$、电压 $\dot{U}_{bc}$；(3)计算功率表的读数 P_1、P_2；(4)计算负载吸收的有功功率 P，验证 P 和 P_1、P_2 的关系；(5)计算负载吸收的无功功率 Q，验证 $Q=\sqrt{3}(P_1-P_2)$；(6)计算电源端口的功率因数、电源提供的功率 P_s、线路的损耗 P_{loss}；(7)为了降低线路损耗，在 a、b、c 处并联三相星接电容，将负载侧功率因数提高到 0.95，计算每相电容 C；(8)比较并联电容前、后，线路损耗占电源输送有功功率的百分比；(9)用数据说明提高负载功率因数的好处；(10)总结两瓦特表测量有功功率和无功功率的接线方法与适用条件。

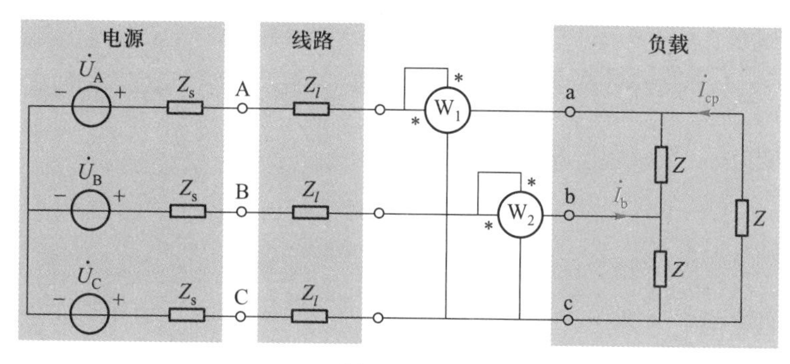

题 12-33 图

12-34 线电压为 6.3 kV 的对称三相电源为一组对称三相负载和一个单相负载供电，如题 12-34 图所示。(1)开关 S 闭合时，计算 3 个线电流；(2)开关 S 闭合时，两瓦特表读数的代数和是否为电源提供的有功功率？(3)计算开关 S 断开时两瓦特表读数的代数和。

12-35 题 12-35 图所示正序对称三相稳态电路中，瓦特表的电流线圈串入 Aa 线，电压线圈接于 b、c。(1)证明瓦特表的读数等于负载无功功率的$\sqrt{3}$倍；(2)电源相序对(1)的结论有无影响？(3)负载不对称时是否也有(1)的结论？(4)中线对(1)的结论有无影响？(5)归纳用瓦特表测量无功功率的方法。

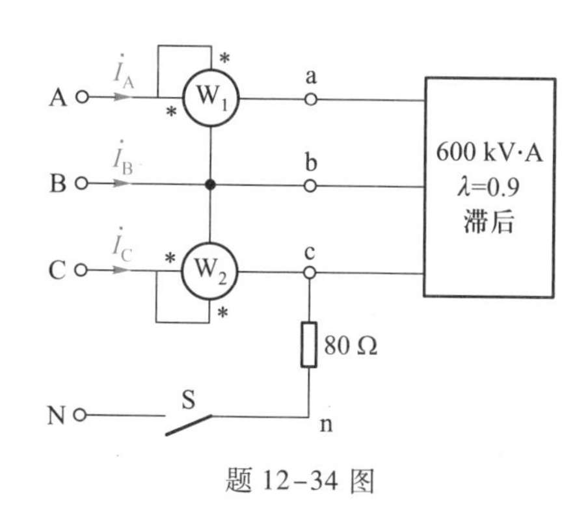

题 12-34 图

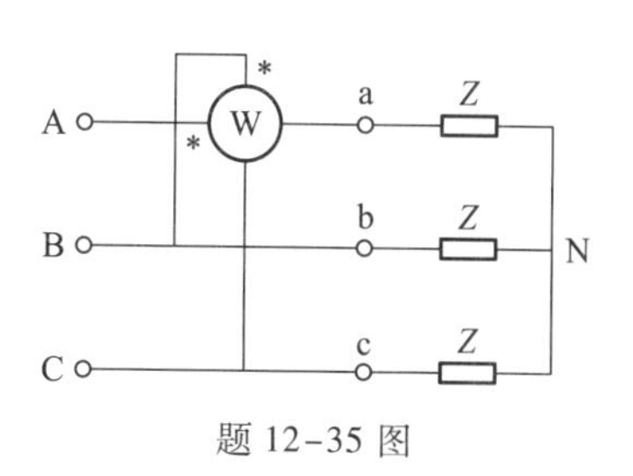

题 12-35 图

▶ 习题 12 参考答案

含磁耦合的电路

13.1 概述

当电路中有多个线圈时，彼此靠近的线圈的磁场会相互影响，称为磁耦合。在一些场合，磁耦合影响电路的正常工作，是电磁干扰的一种，要设法避免。而在另一些场合，磁耦合被用来实现电能传输。我们在7.4节定义的电感元件，只可用来表征没有磁耦合的线圈。用什么电路元件来表征线圈之间的磁耦合呢？

本章定义用来表征磁耦合的电路元件——耦合电感。提出自感、互感、同名端等概念，明确耦合电感的特性方程、电压-电流关系，并探讨实际耦合线圈的电路模型、含有耦合电感电路的分析方法。

变压器是利用磁耦合实现电能传输的实际电器件，广泛用于电力系统、电子电路。电力系统利用变压器来实现电压升高或降低，电子电路利用变压器实现阻抗匹配、电路隔离。

本章定义用来建立实际变压器电路模型的电路元件——理想变压器，包括：理想两线圈变压器、理想自耦变压器、理想三相变压器，探讨含有理想变压器电路的分析方法。

目标1　掌握耦合电感的特性方程、同名端、耦合系数、电压-电流关系。

目标2　掌握含耦合电感电路的计算。

目标3　理解理想变压器的电压关系、电流关系，掌握含理想变压器电路的计算。

目标4　了解变压器的应用。

难点　确定互感电压的极性，理解变压器理想化条件。

13.2 耦合电感

空间上彼此靠近的线圈，它们的磁场相互影响，这种现象称为磁耦合(magnetically coupled)。

1. 自感

有 N 匝的单个线圈如图13-2-1所示，当其流过电流 i 时，i 产生与线圈相交的磁通 Φ。假定线圈匝间没有磁通漏出，则每匝的磁通相同，线圈的磁链 $\Psi=N\Phi$。如果线圈周围的磁介质为线性的，则磁链 Ψ 与电流 i 成线性关系，即

$$\boxed{\Psi=N\Phi=Li} \tag{13-2-1}$$

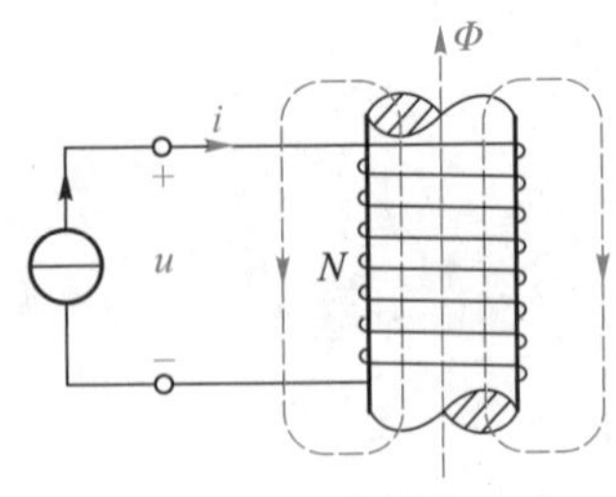

图 13-2-1 线圈的自感

假定线圈没有电阻，则线圈只有感应电压，$u-i$ 关系为

$$\boxed{u=\frac{\mathrm{d}\Psi}{\mathrm{d}t}=L\frac{\mathrm{d}i}{\mathrm{d}t}} \quad \text{（参见 7.4.1 小节）} \tag{13-2-2}$$

L 为线圈的电感。L 表征的是线圈电流产生的、与自身相交的磁链与电流之间的线性关系，称 L 为自感（self-inductance）更为准确。自感 L 的大小由线圈的几何参数（长度、截面积、匝数）和周围磁介质的磁导率决定。

2．互感

自感分别为 L_1、L_2 的两个线圈彼此靠近，如图 13-2-2 所示，线圈 1、2 的匝数分别为 N_1、N_2。当线圈 1 通过电流 i_1 时，如图 13-2-2(a) 所示，i_1 产生的磁通全部相交于线圈 1，用 Φ_{11} 表示，但 Φ_{11} 中有一部分相交于线圈 2，用 Φ_{21} 表示。由于周围的磁介质为线性，两个线圈的磁链 Ψ_{11}、Ψ_{21} 均与电流 i_1 构成线性关系。根据自感 L_1 的定义，有

$$\Psi_{11}=N_1\Phi_{11}=L_1 i_1 \tag{13-2-3}$$

而 Ψ_{21} 与电流 i_1 的线性关系需要引入新的系数 M_{21}，即

$$\Psi_{21}=N_2\Phi_{21}=M_{21} i_1 \tag{13-2-4}$$

M_{21} 表征线圈 1 的电流和由它产生的、与线圈 2 相交的磁链之间的线性关系，称 M_{21} 为线圈 1 对线圈 2 的互感（mutual inductance）。

同理，当线圈 2 通过电流 i_2 时，如图 13-2-2(b) 所示，i_2 产生的磁通全部相交于线圈 2，用 Φ_{22} 表示，但 Φ_{22} 中有一部分相交于线圈 1，用 Φ_{12} 表示。两个线圈的磁链 Ψ_{22}、Ψ_{12} 与电流 i_2 呈线性关系。即

$$\Psi_{22}=N_2\Phi_{22}=L_2 i_2 \tag{13-2-5}$$

引入新的系数 M_{12} 来表示 Ψ_{12} 与电流 i_2 的线性关系，即

$$\Psi_{12}=N_1\Phi_{12}=M_{12} i_2 \tag{13-2-6}$$

M_{12} 表征线圈 2 的电流和由它产生的、与线圈 1 相交的磁链之间的线性关系，称 M_{12} 为线圈 2 对线圈 1 的互感。

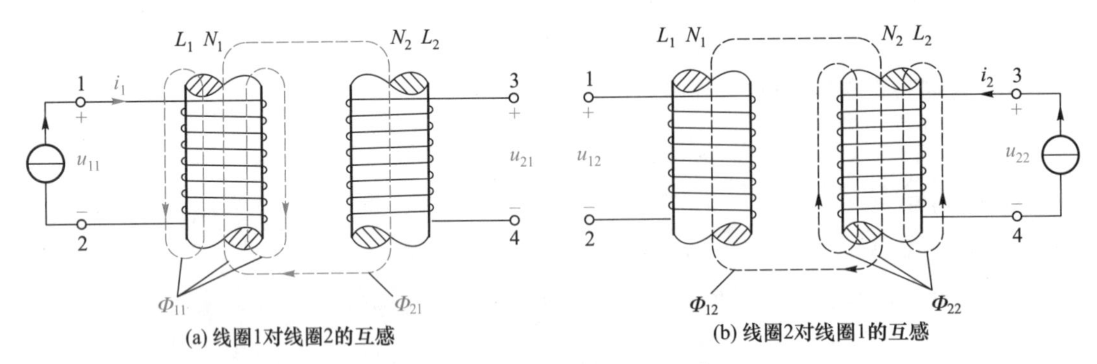

图 13-2-2 磁耦合线圈的互感

通过分析线圈储能，可证明 M_{12} 和 M_{21} 相等（参见附录），即

$$\boxed{M_{12}=M_{21}=M} \tag{13-2-7}$$

M 的大小由两个线圈的几何参数、线圈间的相对位置以及周围磁介质的磁导率共同决定，它表征两个线圈的磁场的相互影响。显然，互感 M 的单位与自感的单位相同，为亨利(H)。

3. 耦合类型

图 13-2-3 所示线圈的耦合是加强型耦合。在 i_1、i_2 同为正(或同为负)时，线圈 2 的存在加大了线圈 1 的磁通，同样，线圈 1 的存在也加大了线圈 2 的磁通，称为加强型耦合。若改变一个线圈的绕向，两个线圈的耦合就变成削弱型耦合。如果改变一个电流的方向，也会变成削弱型耦合。可见，耦合类型由线圈的相对绕向、电流的参考方向共同决定。

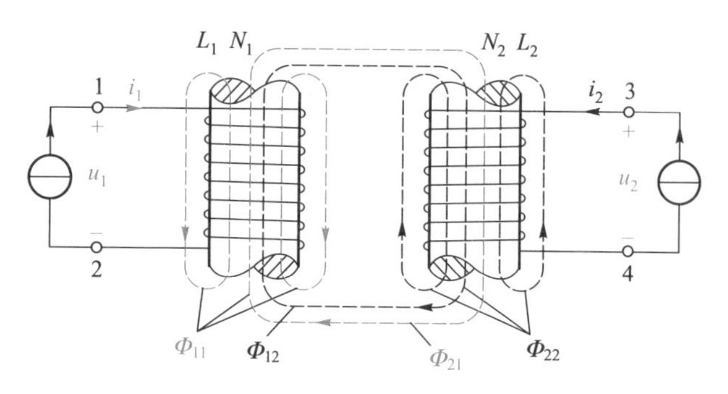

图 13-2-3　加强型耦合线圈

> **线圈耦合类型**
>
> 加强型耦合：两个电流在同一个线圈中产生的磁通方向相同，耦合增加了线圈的磁通；
>
> 削弱型耦合：两个电流在同一个线圈中产生的磁通方向相反，耦合减少了线圈的磁通。

4. 线性耦合电感的特性方程

表征线圈之间磁场耦合的电路元件称为耦合电感元件，简称耦合电感。耦合电感的电流和磁链是一对因果关系，两者的关系就是耦合电感的特性方程，称为 Ψ-i 方程。

图 13-2-3 所示为加强型耦合线圈，当两个线圈同时通有电流时，线圈 1 的磁链 Ψ_1、线圈 2 的磁链 Ψ_2 分别为

$$\begin{cases}\Psi_1 = N_1\Phi_1 = N_1\Phi_{11} + N_1\Phi_{12} = \Psi_{11} + \Psi_{12} \\ \Psi_2 = N_2\Phi_2 = N_2\Phi_{21} + N_2\Phi_{22} = \Psi_{21} + \Psi_{22}\end{cases} \tag{13-2-8}$$

在周围磁介质为线性的前提下，引入自感 L_1、L_2 和互感 M，加强型耦合电感的特性方程为

$$\boxed{\begin{cases}\Psi_1 = L_1 i_1 + M i_2 \\ \Psi_2 = M i_1 + L_2 i_2\end{cases}} \quad (\text{加强型耦合}) \tag{13-2-9}$$

其中：$L_1 i_1$、$L_2 i_2$ 分别为线圈 1、线圈 2 的自感磁链；$M i_2$、$M i_1$ 分别为线圈 1、线圈 2 的互感磁链。磁链的方向和产生该磁链的电流方向符合右手螺旋定则。

对于削弱型耦合线圈，互感磁链与自感磁链方向相反，削弱型耦合电感的特性方程应为

$$\begin{cases}\Psi_1 = L_1 i_1 - M i_2 \\ \Psi_2 = -M i_1 + L_2 i_2\end{cases} \quad \text{（削弱型耦合）} \tag{13-2-10}$$

耦合电感的特性方程归纳如下。

耦合电感的特性方程

$$\begin{cases}\Psi_1 = L_1 i_1 \pm M i_2 \\ \Psi_2 = \pm M i_1 + L_2 i_2\end{cases}$$

对加强型耦合，互感磁链前取“+”号；
对削弱型耦合，互感磁链前取“-”号。

5. 线性耦合电感的 u-i 关系

电路元件只考虑单一电磁现象，因此，不考虑线圈的电阻，线圈上只有感应电压。当各线圈的电压与电流为关联参考方向、磁链方向与产生该磁链的电流方向符合右手螺旋定则时，u-i 关系为

$$\begin{cases}u_1 = \dfrac{d\Psi_1}{dt} = L_1 \dfrac{di_1}{dt} \pm M \dfrac{di_2}{dt} \\ u_2 = \dfrac{d\Psi_2}{dt} = \pm M \dfrac{di_1}{dt} + L_2 \dfrac{di_2}{dt}\end{cases} \tag{13-2-11}$$

其中：$L_1 \dfrac{di_1}{dt}$、$L_2 \dfrac{di_2}{dt}$分别为线圈 1、线圈 2 的自感压降；$M \dfrac{di_2}{dt}$、$M \dfrac{di_1}{dt}$分别为线圈 1、线圈 2 的互感压降；互感压降前的“+”号对应于加强型耦合，“-”号对应于削弱型耦合。

当耦合电感工作在正弦稳态时，电压、电流用相量表示，式(13-2-11)的相量形式为

$$\begin{cases}\dot{U}_1 = j\omega L_1 \dot{I}_1 \pm j\omega M \dot{I}_2 \\ \dot{U}_2 = \pm j\omega M \dot{I}_1 + j\omega L_2 \dot{I}_2\end{cases} \tag{13-2-12}$$

耦合电感的 u-i 关系归纳如下。

耦合电感的 u-i 关系（关联参考方向下）

$$\begin{cases}u_1 = L_1 \dfrac{di_1}{dt} \pm M \dfrac{di_2}{dt} \\ u_2 = \pm M \dfrac{di_1}{dt} + L_2 \dfrac{di_2}{dt}\end{cases} \qquad \begin{cases}\dot{U}_1 = j\omega L_1 \dot{I}_1 \pm j\omega M \dot{I}_2 \\ \dot{U}_2 = \pm j\omega M \dot{I}_1 + j\omega L_2 \dot{I}_2\end{cases}$$

（正弦稳态下）

对加强型耦合电感，互感电压前取“+”号；
对削弱型耦合电感，互感电压前取“-”号。

6. 同名端

上面分析已知，耦合电感的耦合类型由线圈的绕向、电流的参考方向共同决定。当耦合电感用电路符号表示时，我们无法判断线圈的绕向，也就无法准确写出 Ψ-i 方程、u-i 关系。为此，

在耦合电感的电路符号中出现两个“ * ”号，例如：图 13-2-3 所示耦合线圈用图 13-2-4 所示电路符号表示，标记了“ * ”号的两个端子称为同名端。同名端标记遵循以下约定。

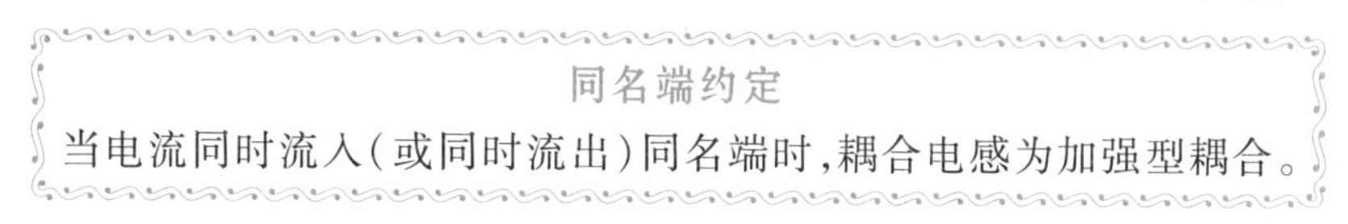

同名端约定

当电流同时流入（或同时流出）同名端时，耦合电感为加强型耦合。

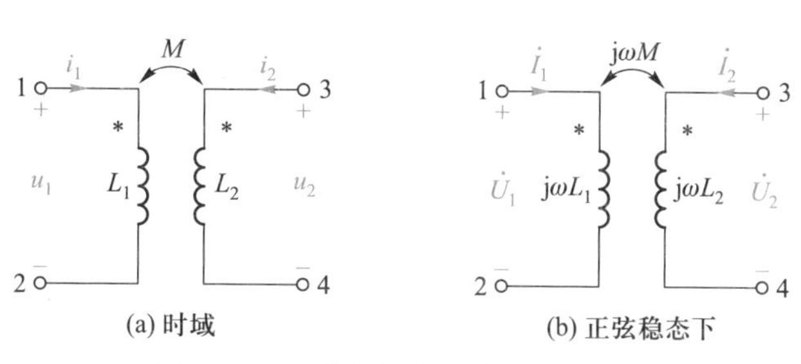

图 13-2-4 线性耦合电感的电路符号

例 13-2-1 图 13-2-5 所示三个线圈两两耦合，从左至右，称为线圈 1、线圈 2、线圈 3，对应的自感为 L_1、L_2、L_3。线圈 1 和 2 的互感为 M_{12}，线圈 2 和 3 的互感为 M_{23}，线圈 3 和 1 的互感为 M_{31}。(1) 用 * 号标出线圈 1 和 2 的同名端，用 · 号标出线圈 2 和 3 的同名端，用 Δ 号标出线圈 3 和 1 的同名端；(2) 假定线圈没有电阻，写出各线圈的 u-i 关系；(3) 如果线圈的电阻分别为 R_1、R_2、R_3，再写出各线圈的 u-i 关系。

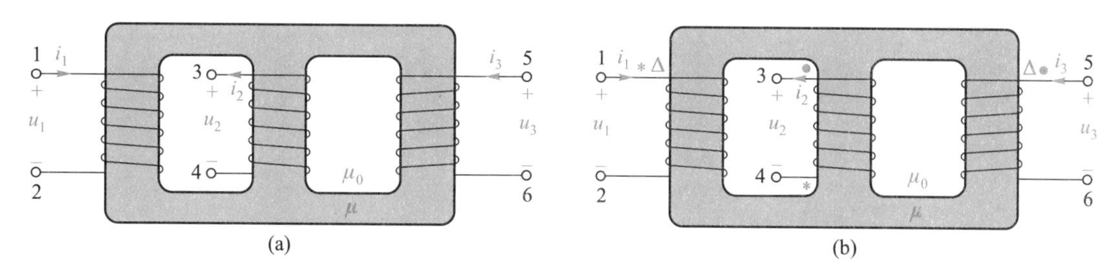

图 13-2-5

解：(1) 对于线圈 1 和 2，电流从端子 1 和 4 流入时，它们在线圈 1 和 2 中产生的磁通方向相同，为加强型耦合，因此在端子 1 和 4 标 * 号。用同样的方法确定其他线圈的同名端，如图(b)所示。

(2) 列写线圈的 u-i 关系时，首先要将线圈的电压、电流变换为关联参考方向。图(b)中，u_1 和 i_1、u_3 和 i_3 已是关联参考方向，将 i_2 变为 $-i_2$，使得 u_2 和 $-i_2$ 为关联参考方向。然后根据电流方向和同名端确定耦合类型。

线圈 1、2 为削弱型耦合，因为 i_1 流入 * 号端而 $-i_2$ 流出 * 号端；

线圈 2、3 为加强型耦合，因为 $-i_2$ 和 i_3 均流入 · 号端；

线圈 3、1 也为加强型耦合，因为 i_3 和 i_1 均流入 Δ 号端。

最后列写线圈的 u-i 关系，由于线圈的电压、电流为关联参考方向，故自感电压前为“+”号，加强型耦合互感电压前取“+”号，削弱型耦合互感电压前取“-”号。因此

$$u_1=u_{11}+u_{12}+u_{13}=L_1\frac{\mathrm{d}i_1}{\mathrm{d}t}-M_{12}\frac{\mathrm{d}(-i_2)}{\mathrm{d}t}+M_{31}\frac{\mathrm{d}i_3}{\mathrm{d}t}$$

$$u_2=u_{22}+u_{21}+u_{23}=L_2\frac{\mathrm{d}(-i_2)}{\mathrm{d}t}-M_{12}\frac{\mathrm{d}i_1}{\mathrm{d}t}+M_{23}\frac{\mathrm{d}i_3}{\mathrm{d}t}$$

$$u_3=u_{33}+u_{31}+u_{32}=L_3\frac{\mathrm{d}i_3}{\mathrm{d}t}+M_{31}\frac{\mathrm{d}i_1}{\mathrm{d}t}+M_{23}\frac{\mathrm{d}(-i_2)}{\mathrm{d}t}$$

（3）当线圈的电阻分别为 R_1、R_2、R_3 时，线圈上除了自感电压、互感电压外，还有电阻压降。因此

$$u_1=u_{R1}+u_{11}+u_{12}+u_{13}=R_1i_1+L_1\frac{\mathrm{d}i_1}{\mathrm{d}t}-M_{12}\frac{\mathrm{d}(-i_2)}{\mathrm{d}t}+M_{31}\frac{\mathrm{d}i_3}{\mathrm{d}t}$$

$$u_2=u_{R2}+u_{22}+u_{21}+u_{23}=R_2(-i_2)+L_2\frac{\mathrm{d}(-i_2)}{\mathrm{d}t}-M_{12}\frac{\mathrm{d}i_1}{\mathrm{d}t}+M_{23}\frac{\mathrm{d}i_3}{\mathrm{d}t}$$

$$u_3=u_{R3}+u_{33}+u_{31}+u_{32}=R_3i_3+L_3\frac{\mathrm{d}i_3}{\mathrm{d}t}+M_{31}\frac{\mathrm{d}i_1}{\mathrm{d}t}+M_{23}\frac{\mathrm{d}(-i_2)}{\mathrm{d}t}$$

目标 1 检测：掌握耦合电感的特性方程、同名端、耦合系数、电压－电流关系

测 13-1 写出测 13-1 图(a)、(b)所示耦合电感的 u-i 关系，不考虑线圈电阻。标出测 13-1 图(c)、(d)所示耦合线圈的同名端。

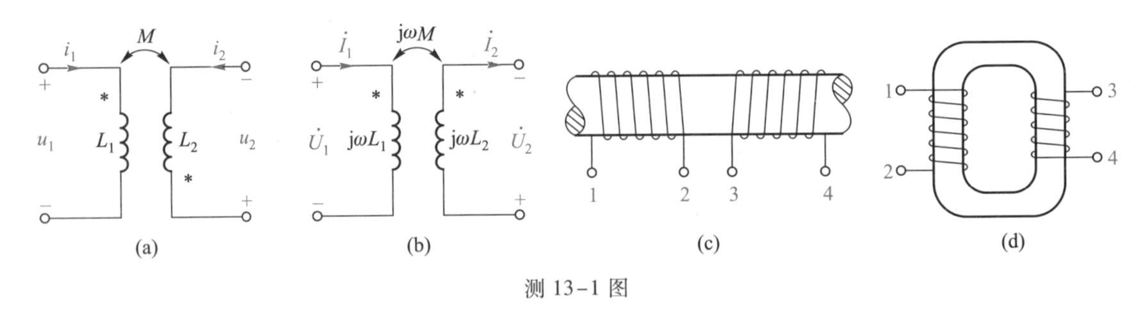

测 13-1 图

答案：(a) $\begin{cases}u_1=L_1\dfrac{\mathrm{d}i_1}{\mathrm{d}t}-M\dfrac{\mathrm{d}i_2}{\mathrm{d}t}\\ u_2=M\dfrac{\mathrm{d}i_1}{\mathrm{d}t}-L_2\dfrac{\mathrm{d}i_2}{\mathrm{d}t}\end{cases}$，(b) $\begin{cases}\dot U_1=\mathrm{j}\omega L_1\dot I_1-\mathrm{j}\omega M\dot I_2\\ \dot U_2=-\mathrm{j}\omega M\dot I_1+\mathrm{j}\omega L_2\dot I_2\end{cases}$；(c) 1、4 为同名端；(d) 1、4 为同名端。

7. 耦合系数

图 13-2-3 所示的两个线圈通过周围空气形成磁场耦合，空气的磁导率近似为 μ_0。当线圈的距离足够大时，线圈间磁场的相互影响小，即 $\Phi_{21}\ll\Phi_{11}$、$\Phi_{12}\ll\Phi_{22}$；当两个线圈的轴线相垂直时，线圈间磁场的相互影响很小。

为了加大线圈间耦合的紧密程度，通常把两个线圈绕在磁心上，如图 13-2-6(a)所示，或将两个线圈内外相套，如图(b)所示，且磁心的磁导率 μ 远大于周围空气的磁导率 μ_0。

互感 $M\neq0$ 表示线圈间存在耦合，但 M 的大小并不能确切地描述耦合的紧密程度。我们先来研究 M 的允许取值范围。由式(13-2-3)和式(13-2-5)得

$$L_1=\frac{N_1\Phi_{11}}{i_1},\qquad L_2=\frac{N_2\Phi_{22}}{i_2}$$

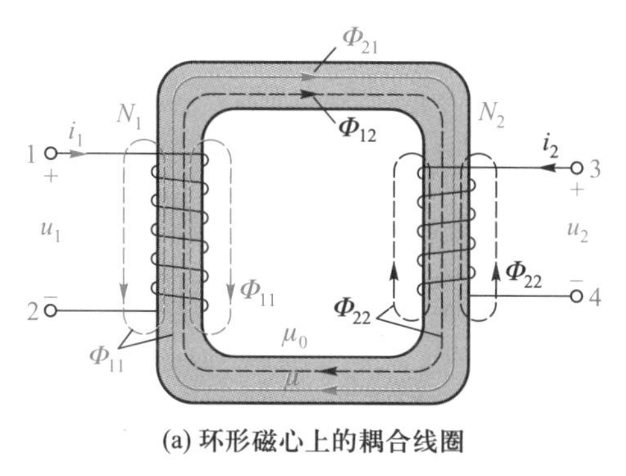

(a) 环形磁心上的耦合线圈

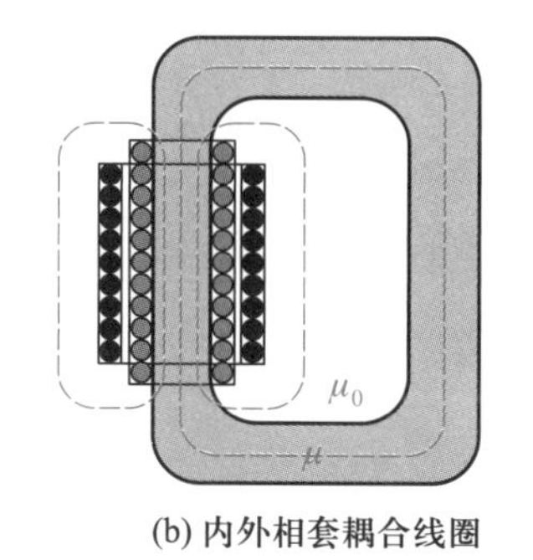

(b) 内外相套耦合线圈

(c) 耦合线圈实物图

图 13-2-6 磁心上的耦合线圈

由式(13-2-4)和式(13-2-6)得

$$M_{21}=\frac{N_2\Phi_{21}}{i_1},\qquad M_{12}=\frac{N_1\Phi_{12}}{i_2}$$

考虑到 $M_{12}=M_{21}=M$,可得

$$\frac{M^2}{L_1L_2}=\frac{M_{12}\times M_{21}}{L_1L_2}=\frac{\dfrac{N_1\Phi_{12}}{i_2}\times\dfrac{N_2\Phi_{21}}{i_1}}{\dfrac{N_1\Phi_{11}}{i_1}\times\dfrac{N_2\Phi_{22}}{i_2}}=\frac{\Phi_{12}\Phi_{21}}{\Phi_{11}\Phi_{22}}$$

因为 $\Phi_{21}\leqslant\Phi_{11}$、$\Phi_{12}\leqslant\Phi_{22}$,所以$\dfrac{M^2}{L_1L_2}=\dfrac{\Phi_{12}\Phi_{21}}{\Phi_{11}\Phi_{22}}\leqslant 1$,即有

$$\boxed{0\leqslant M\leqslant\sqrt{L_1L_2}}\tag{13-2-13}$$

式(13-2-13)表明互感 M 的值存在上限和下限。下限 $M=0$,表示线圈没有耦合;上限 $M=\sqrt{L_1L_2}$,表示线圈紧密耦合。自感不同的耦合电感,M 的上限也不同。因此,M 的值不能确切反映耦合的紧密程度。

定义耦合系数(coefficient of coupling)

$$\boxed{k=\frac{M}{\sqrt{L_1L_2}}}\tag{13-2-14}$$

来表达线圈耦合的紧密程度。显然 $0\leqslant k\leqslant 1$。图 13-2-6(b)为 $k\approx 1$ 的耦合,称 $k=1$ 的耦合为全耦合。

8. 耦合电感的储能

耦合电感和电感一样能存储磁场能量。通过对耦合电感吸收功率进行积分来计算储能。线圈电压、电流为关联参考方向下,耦合电感吸收的功率

$$p(t)=u_1i_1+u_2i_2$$

将耦合电感的 u-i 关系代入得

$$\begin{aligned}p(t)&=\left(L_1\frac{\mathrm{d}i_1}{\mathrm{d}t}\pm M\frac{\mathrm{d}i_2}{\mathrm{d}t}\right)i_1+\left(\pm M\frac{\mathrm{d}i_1}{\mathrm{d}t}+L_2\frac{\mathrm{d}i_2}{\mathrm{d}t}\right)i_2\\&=\frac{1}{2}L_1\frac{\mathrm{d}(i_1^2)}{\mathrm{d}t}+\frac{1}{2}L_2\frac{\mathrm{d}(i_2^2)}{\mathrm{d}t}\pm M\frac{\mathrm{d}(i_1i_2)}{\mathrm{d}t}\end{aligned}$$

耦合电感的储能

$$
\begin{aligned}
w(t)&=\int_{-\infty}^{t}p(t)\mathrm{d}t\\
&=\frac{1}{2}L_1\int_{-\infty}^{t}\frac{\mathrm{d}(i_1^2)}{\mathrm{d}t}\mathrm{d}t+\frac{1}{2}L_2\int_{-\infty}^{t}\frac{\mathrm{d}(i_2^2)}{\mathrm{d}t}\mathrm{d}t\pm M\int_{-\infty}^{t}\frac{\mathrm{d}(i_1i_2)}{\mathrm{d}t}\mathrm{d}t\\
&=\frac{1}{2}L_1[i_1^2(t)-i_1^2(-\infty)]+\frac{1}{2}L_2[i_2^2(t)-i_2^2(-\infty)]\pm M[i_1(t)i_2(t)-i_1(-\infty)i_2(-\infty)]
\end{aligned}
$$

考虑到 $i_1(-\infty)=0$、$i_2(-\infty)=0$，耦合电感在 t 时刻的储能为

$$
\boxed{w(t)=\frac{1}{2}L_1i_1^2(t)+\frac{1}{2}L_2i_2^2(t)\pm Mi_1(t)i_2(t)=\frac{1}{2}L_1i_1^2+\frac{1}{2}L_2i_2^2\pm Mi_1i_2} \tag{13-2-15}
$$

$\frac{1}{2}L_1i_1^2$、$\frac{1}{2}L_2i_2^2$ 为线圈的自感储能，$\pm Mi_1i_2$ 线圈间的互感储能。加强型耦合时互感储能前取“+”号，削弱型耦合时互感储能前取“-”号。式(13-2-15)表明：耦合电感 t 时刻的储能由该时刻流过线圈的电流、自感和互感决定。

例 13-2-2 图 13-2-7 所示电路，$i_1(0_-)=0$，$i_2(0_-)=0$，$t=0$ 时开关闭合。(1)计算耦合电感的耦合系数 k；(2)计算 $t>0$ 后的 i_1、i_2；(3)计算耦合电感的储能 $w(0_+)$ 和 $w(\infty)$。

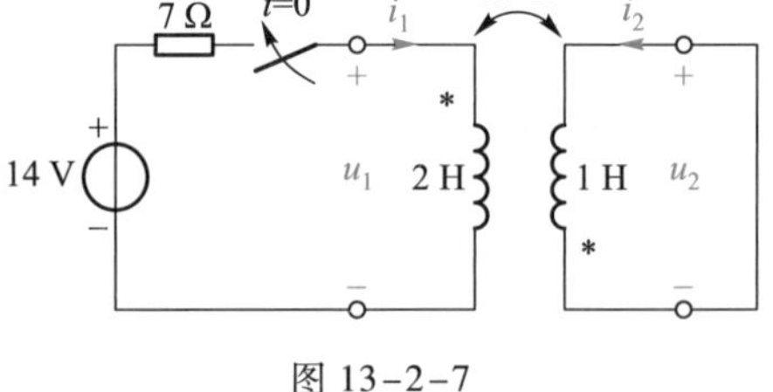

图 13-2-7

解：(1) 耦合系数

$$
k=\frac{M}{\sqrt{L_1L_2}}=\frac{0.5}{\sqrt{2}}=0.354
$$

(2) 用两种方法计算 i_1、i_2。

方法1：列写微分方程。在图中 i_1、i_2 的参考方向下，为削弱型耦合，$u-i$ 关系为

$$
\begin{cases}
u_1=2\dfrac{\mathrm{d}i_1}{\mathrm{d}t}-0.5\dfrac{\mathrm{d}i_2}{\mathrm{d}t}\\
u_2=-0.5\dfrac{\mathrm{d}i_1}{\mathrm{d}t}+\dfrac{\mathrm{d}i_2}{\mathrm{d}t}
\end{cases}
$$

在 $t>0$ 后，应用 KVL 得

$$
\begin{cases}
7i_1+2\dfrac{\mathrm{d}i_1}{\mathrm{d}t}-0.5\dfrac{\mathrm{d}i_2}{\mathrm{d}t}=14\\
-0.5\dfrac{\mathrm{d}i_1}{\mathrm{d}t}+\dfrac{\mathrm{d}i_2}{\mathrm{d}t}=0
\end{cases}
$$

消去 i_2 得

$$
\frac{\mathrm{d}i_1}{\mathrm{d}t}+4i_1=8
$$

初始值为：$i_1(0_+)=i_1(0_-)=0$，$i_2(0_+)=i_2(0_-)=0$。微分方程的特征根 $s=-4$，通解 $i_{1\mathrm{h}}=k\mathrm{e}^{-4t}$，特解 $i_{1\mathrm{p}}=2$。因此

$$
i_1=2+k\mathrm{e}^{-4t}
$$

代入初始值 $i_1(0_+)=0$，得 $k=-2$。故

$$i_1=(2-2\mathrm{e}^{-4t})\ \mathrm{A}\quad t>0$$

由 $u_2=-0.5\frac{\mathrm{d}i_1}{\mathrm{d}t}+\frac{\mathrm{d}i_2}{\mathrm{d}t}=0$ 得

$$\frac{\mathrm{d}i_2}{\mathrm{d}t}=0.5\frac{\mathrm{d}i_1}{\mathrm{d}t}$$

对上式两边积分

$$\int_{0_+}^{t}\frac{\mathrm{d}i_2}{\mathrm{d}t}\mathrm{d}t=\int_{0_+}^{t}0.5\frac{\mathrm{d}i_1}{\mathrm{d}t}\mathrm{d}t$$

$$i_2(t)=0.5i_1(t)-0.5i_1(0_+)+i_2(0_+)=(1-\mathrm{e}^{-4t})\ \mathrm{A}\quad t>0$$

方法 2:用三要素法。由于图 13-2-7 中耦合电感右边线圈短路,从左边线圈往右等效为电感,因此为一阶电路。先计算等效电感,由 $u_2=-0.5\frac{\mathrm{d}i_1}{\mathrm{d}t}+\frac{\mathrm{d}i_2}{\mathrm{d}t}=0$ 得,$\frac{\mathrm{d}i_2}{\mathrm{d}t}=0.5\frac{\mathrm{d}i_1}{\mathrm{d}t}$,将其代入 $u_1=2\frac{\mathrm{d}i_1}{\mathrm{d}t}-0.5\frac{\mathrm{d}i_2}{\mathrm{d}t}$ 得

$$u_1=2\frac{\mathrm{d}i_1}{\mathrm{d}t}-0.25\frac{\mathrm{d}i_1}{\mathrm{d}t}=1.75\frac{\mathrm{d}i_1}{\mathrm{d}t}=L_{\mathrm{eq}}\frac{\mathrm{d}i_1}{\mathrm{d}t}$$

等效电感 $L_{\mathrm{eq}}=1.75\ \mathrm{H}$。再计算三要素,有

$$i_1(0_+)=i_1(0_-)=0,\quad \tau=\frac{L_{\mathrm{eq}}}{R}=\frac{1.75}{7}\ \mathrm{s}=0.25\ \mathrm{s},\quad i_1(\infty)=\frac{14}{7}\ \mathrm{A}=2\ \mathrm{A}$$

由此

$$i_1=i_1(\infty)+[i_1(0_+)-i_1(\infty)]\mathrm{e}^{-\frac{t}{\tau}}=(2-2\mathrm{e}^{-4t})\ \mathrm{A}\quad(t>0).$$

再用方法 1 中的积分关系确定

$$i_2=(1-\mathrm{e}^{-4t})\ \mathrm{A}\quad(t>0)$$

(3)图 13-2-7 中的耦合电感在所示电流参考方向下为削弱型耦合,储能

$$w(t)=\frac{1}{2}L_1i_1^2+\frac{1}{2}L_2i_2^2-Mi_1i_2$$

因此

$$w(0_+)=\frac{1}{2}\times2\times i_1^2(0_+)+\frac{1}{2}\times1\times i_2^2(0_+)-0.5i_1(0_+)i_2(0_+)=0$$

$$\begin{aligned}w(\infty)&=\frac{1}{2}\times2\times i_1^2(\infty)+\frac{1}{2}\times1\times i_2^2(\infty)-0.5i_1(\infty)i_2(\infty)\\&=\left(\frac{1}{2}\times2\times2^2+\frac{1}{2}\times1\times1^2-0.5\times2\times1\right)\ \mathrm{J}\\&=3.5\ \mathrm{J}\end{aligned}$$

目标 1 检测:掌握耦合电感的特性方程、同名端、耦合系数、电压-电流关系

测 13-2 (1)计算测 13-2 图所示耦合电感的耦合系数;(2)开关闭合前电路处于稳态,$t=0$ 时开关闭合,对 $t>0$ 计算图中所标电压和电流;(3)计算耦合电感的储能 $w(0_+)$ 和 $w(\infty)$。

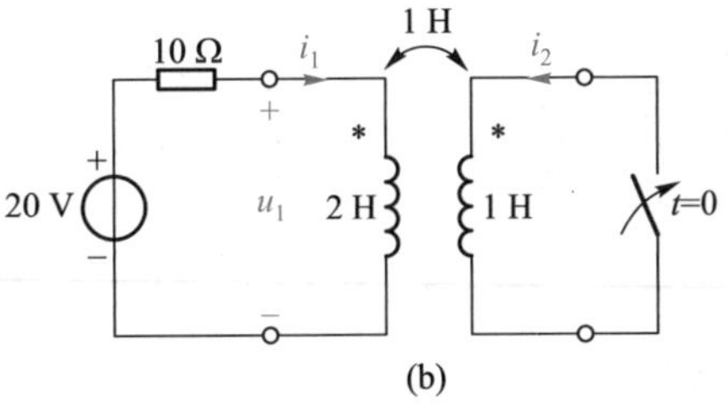

测 13-2 图

答案：(1) $k=0.707$。(2) 图(a)：$i_1=(2-2e^{-5t})$ A，$u_1=20e^{-5t}$ V，$u_2=-10e^{-5t}$ V；图(b)：$i_1=2$ A，$u_1=0$，$i_2=0$。
(3) 图(a)：$w(0_+)=0$，$w(\infty)=4$ J；图(b)：$w(0_+)=4$ J，$w(\infty)=4$ J。

13.3 含耦合电感电路的分析

含耦合电感电路的分析，归纳起来有三种思路。一种是利用耦合电感的电压-电流关系列写方程；另一种是应用去耦合等效电路；第三种是应用映射阻抗概念。下面对图 13-3-1 所示正弦稳态电路，用以上三种方法计算稳态电流 i_1、i_2。

13.3.1 网孔分析法应用

计算图 13-3-1 所示正弦稳态电路的电流 i_1、i_2，必须先画出相量模型，如图 13-3-2 所示。显然，通过两个网孔的 KVL 方程(即网孔方程)可以解得 $\dot{I}_1$、$\dot{I}_2$。在列写 KVL 方程时，涉及耦合电感的电压-电流关系，在图 13-3-2 中的 $\dot{I}_1$、$\dot{I}_2$参考方向下，为削弱型耦合，取电压与电流为关联参考方向，j30 Ω 线圈电压为 $\dot{U}_1=\mathrm{j}30\dot{I}_1-\mathrm{j}10\dot{I}_2$，j20 Ω 线圈电压为 $\dot{U}_2=\mathrm{j}20\dot{I}_2-\mathrm{j}10\dot{I}_1$。由此，KVL 方程为

$$\begin{cases}20\dot{I}_1+(\mathrm{j}30\dot{I}_1-\mathrm{j}10\dot{I}_2)=100\underline{/0^\circ}\\10\dot{I}_2+(\mathrm{j}20\dot{I}_2-\mathrm{j}10\dot{I}_1)+10\dot{I}_2=0\end{cases}$$

整理成

$$\begin{cases}(20+\mathrm{j}30)\dot{I}_1-\mathrm{j}10\dot{I}_2=100\\-\mathrm{j}10\dot{I}_1+(20+\mathrm{j}20)\dot{I}_2=0\end{cases}$$

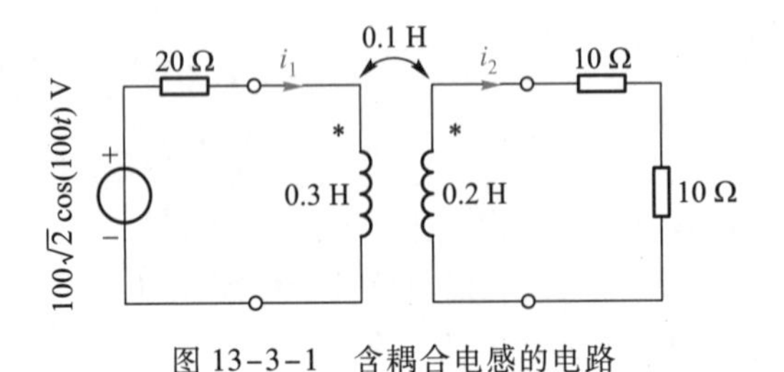

图 13-3-1 含耦合电感的电路

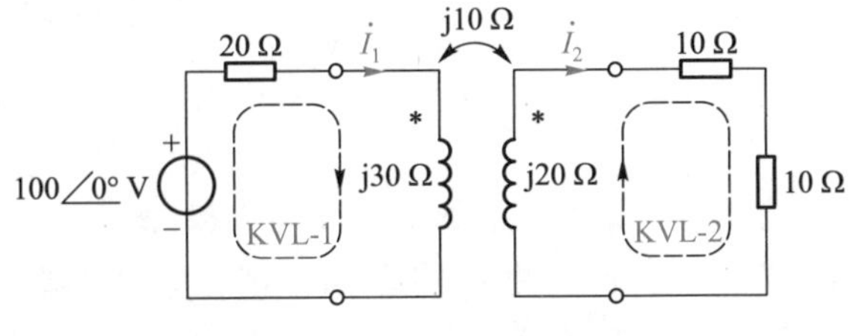

图 13-3-2 电路的相量模型

用克莱姆法则求解，有

$$\Delta=\begin{vmatrix}20+\mathrm{j}30 & -\mathrm{j}10\\ -\mathrm{j}10 & 20+\mathrm{j}20\end{vmatrix}=-100+\mathrm{j}1\ 000$$

$$\Delta_1=\begin{vmatrix}100 & -\mathrm{j}10\\ 0 & 20+\mathrm{j}20\end{vmatrix}=2\ 000+\mathrm{j}2\ 000,\quad \Delta_2=\begin{vmatrix}20+\mathrm{j}30 & 100\\ -\mathrm{j}10 & 0\end{vmatrix}=\mathrm{j}1\ 000$$

$$\dot{I}_1=\frac{\Delta_1}{\Delta}=\frac{180-\mathrm{j}220}{101}\ \mathrm{A}=2.814\angle -50.71^\circ\ \mathrm{A},\quad \dot{I}_2=\frac{\Delta_2}{\Delta}=\frac{100-\mathrm{j}10}{101}\ \mathrm{A}=0.995\angle -5.71^\circ\ \mathrm{A}$$

将相量变换成正弦量

$$i_1=2.814\sqrt{2}\cos(100t-50.71^\circ)\ \mathrm{A},\quad i_2=0.995\sqrt{2}\cos(100t-5.71^\circ)\ \mathrm{A}$$

耦合电感的电压很方便用电流表示，因而便于写出 KVL 方程。因此，通常选用网孔法分析含耦合电感的电路。准确写出用电流表示的线圈电压表达式是这种分析思路的关键。

目标 2 检测：含耦合电感电路的计算

测 13-3 （1）计算测 13-3 图所示正弦稳态电路中的 i_1、i_2；（2）计算 $t=1$ s 时耦合电感的储能。

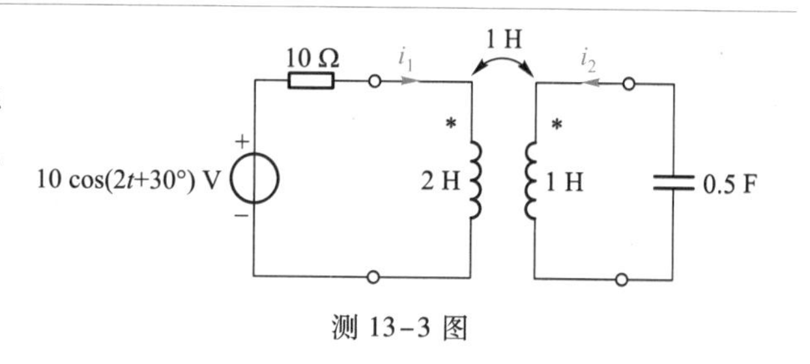

测 13-3 图

答案：（1）$i_1=\cos(2t+30^\circ)$ A，$i_2=2\cos(2t-150^\circ)$ A；（2）0.664 J。

例 13-3-1 计算图 13-3-3 所示电路中的电流 $\dot{I}_1$、$\dot{I}_2$。

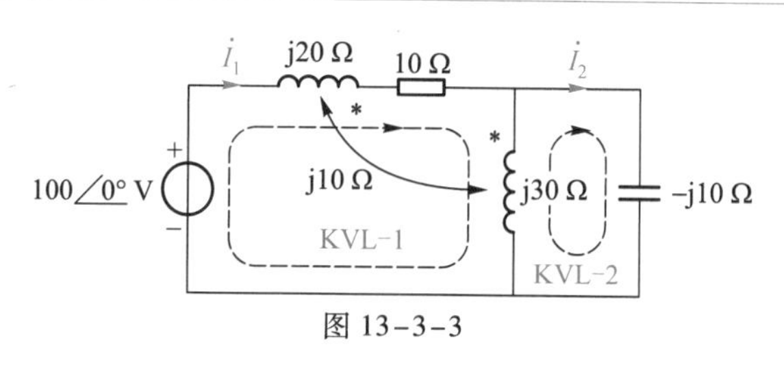

图 13-3-3

解：列写网孔方程。通过 j20 Ω 线圈的电流为 $\dot{I}_1$，通过 j30 Ω 线圈的电流为 $\dot{I}_1-\dot{I}_2$。在 $\dot{I}_1$、$\dot{I}_1-\dot{I}_2$ 的参考方向下，耦合电感为削弱型耦合。取线圈电压与电流为关联参考方向，j20 Ω 线圈的电压为 $\dot{U}_1=\mathrm{j}20\ \dot{I}_1-\mathrm{j}10\ (\dot{I}_1-\dot{I}_2)$，j30 Ω 线圈的电压为 $\dot{U}_2=\mathrm{j}30\ (\dot{I}_1-\dot{I}_2)-\mathrm{j}10\ \dot{I}_1$。列写网孔方程（即 KVL 方程），有

$$\begin{cases}\dot{U}_1+10\dot{I}_1+\dot{U}_2=100\angle 0^\circ\\ (-\mathrm{j}10)\dot{I}_2-\dot{U}_2=0\end{cases}$$

将 $\dot{U}_1$、$\dot{U}_2$ 的表达式代入其中，并化简得

$$\begin{cases}(10+\mathrm{j}30)\dot{I}_1-\mathrm{j}20\dot{I}_2=100\\ \mathrm{j}20\dot{I}_1-\mathrm{j}20\dot{I}_2=0\end{cases}$$

解得

$$\dot{I}_1=5\sqrt{2}\angle -45^\circ\ \mathrm{A},\quad \dot{I}_2=5\sqrt{2}\angle -45^\circ\ \mathrm{A}$$

目标 2 检测：含耦合电感电路的计算

测 13-4 对测 13-4 图所示正弦稳态电路，计算：(1) $\dot{I}_1$、$\dot{I}_2$；(2) 电流源提供的复功率。

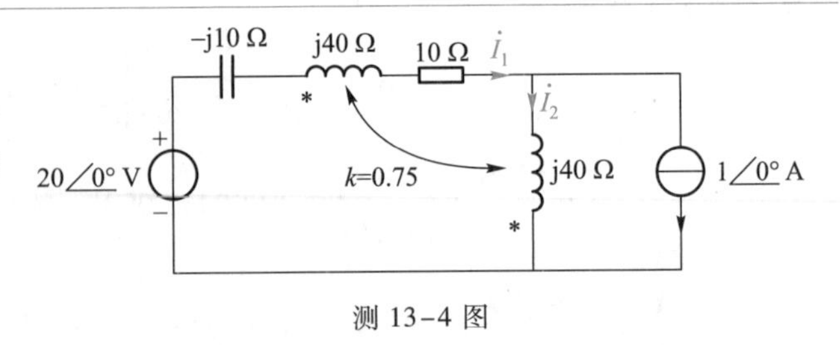

测 13-4 图

答案：(1) $\dot{I}_1=1.58\angle -18.4^\circ$ A，$\dot{I}_2=0.71\angle -45^\circ$ A；(2) $\bar{S}=(-5+\mathrm{j}25)$ V·A。

13.3.2 去耦合等效电路及其应用

当耦合的两个线圈有一个公共端时，可以等效为非耦合的 3 个电感相连，称为去耦等效电路，如图 13-3-4 所示。图(a)为同名端为公共端的去耦等效电路，图(b)为非同名端为公共端的去耦等效电路，两者电路形式相同，电感参数不同。下面利用原电路和去耦等效电路的端子间 $u-i$ 关系相同来证明它们为等效电路。

在图 13-3-4(a)的原电路中，端子间的电压

$$u_{13}=L_1\frac{\mathrm{d}i_1}{\mathrm{d}t}+M\frac{\mathrm{d}i_2}{\mathrm{d}t},\quad u_{23}=L_2\frac{\mathrm{d}i_2}{\mathrm{d}t}+M\frac{\mathrm{d}i_1}{\mathrm{d}t}$$

在图(a)的去耦等效电路中，对应端子间的电压

$$u_{13}=(L_1-M)\frac{\mathrm{d}i_1}{\mathrm{d}t}+M\frac{\mathrm{d}(i_1+i_2)}{\mathrm{d}t}=L_1\frac{\mathrm{d}i_1}{\mathrm{d}t}+M\frac{\mathrm{d}i_2}{\mathrm{d}t}$$

$$u_{23}=(L_2-M)\frac{\mathrm{d}i_2}{\mathrm{d}t}+M\frac{\mathrm{d}(i_1+i_2)}{\mathrm{d}t}=L_2\frac{\mathrm{d}i_2}{\mathrm{d}t}+M\frac{\mathrm{d}i_1}{\mathrm{d}t}$$

显然，原电路和去耦等效电路有相同的端子间 $u-i$ 关系，对外部电路是等效的。

在图 13-3-4(b)的原电路中，端子间的电压

$$u_{13}=L_1\frac{\mathrm{d}i_1}{\mathrm{d}t}-M\frac{\mathrm{d}i_2}{\mathrm{d}t},\quad u_{23}=L_2\frac{\mathrm{d}i_2}{\mathrm{d}t}-M\frac{\mathrm{d}i_1}{\mathrm{d}t}$$

(a) 同名端为公共端

(b) 非同名端为公共端

图 13-3-4 耦合电感的去耦等效电路

在图(b)的去耦等效电路中,对应端子间的电压

$$u_{13}=(L_1+M)\frac{\mathrm{d}i_1}{\mathrm{d}t}+(-M)\frac{\mathrm{d}(i_1+i_2)}{\mathrm{d}t}=L_1\frac{\mathrm{d}i_1}{\mathrm{d}t}-M\frac{\mathrm{d}i_2}{\mathrm{d}t}$$

$$u_{23}=(L_2+M)\frac{\mathrm{d}i_2}{\mathrm{d}t}+(-M)\frac{\mathrm{d}(i_1+i_2)}{\mathrm{d}t}=L_2\frac{\mathrm{d}i_2}{\mathrm{d}t}-M\frac{\mathrm{d}i_1}{\mathrm{d}t}$$

原电路和去耦等效电路有相同的端子间 u-i 关系,对外部电路等效。

应用去耦等效电路来分析图 13-3-1 所示电路,在相量模型中添加一条连线,使耦合电感的两个线圈构成一个公共端,如图 13-3-5(a)所示,由于两边回路只有一条连线,由图中所示 KCL 方程可知连线中电流为零,添加连线并不影响电路的工作状态,即图 13-3-5(a)所示电路与图 13-3-2 所示电路的 $\dot{I}_1$、$\dot{I}_2$ 相同。对图 13-3-5(a)所示电路应用去耦等效,得到图 13-3-5(b)所示电路。分析图 13-3-5(b)所示电路的最佳方法应该是结点法。

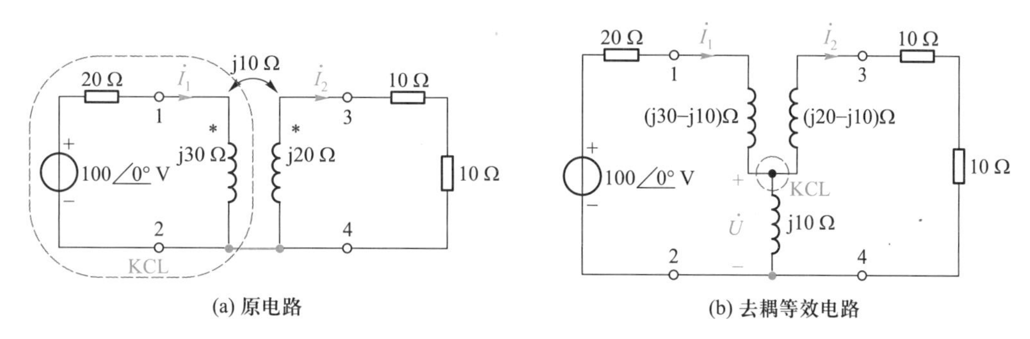

图 13-3-5 去耦等效电路的应用

图 13-3-5(b)所示电路的结点方程为

$$\left(\frac{1}{20+\mathrm{j}20}+\frac{1}{\mathrm{j}10}+\frac{1}{20+\mathrm{j}10}\right)\dot{U}=\frac{100\angle 0^\circ}{20+\mathrm{j}20}$$

解得

$$\dot{U}=\frac{2\ 100+\mathrm{j}800}{101}\ \mathrm{V}$$

因此

$$\dot{I}_1=\frac{100-\dot{U}}{20+\mathrm{j}20}=\frac{180-\mathrm{j}220}{101}\ \mathrm{A}=2.814\angle -50.71^\circ\ \mathrm{A}$$

$$\dot{I}_2=\frac{\dot{U}}{20+\mathrm{j}10}=\frac{100-\mathrm{j}10}{101}\ \mathrm{A}=0.995\angle -5.71^\circ\ \mathrm{A}$$

耦合电感的去耦等效

1. 两个耦合线圈有一个公共端时才可以去耦等效,去耦等效电路的参数与公共端是否为同名端有关。
2. 原电路和去耦等效电路对应端子间的电压、对应支路的电流相等,去耦等效电路比原电路多一个结点,即 3 个电感的连接点。

例 13-3-2 用去耦等效电路分析例 13-3-1,并计算两个线圈的电压。

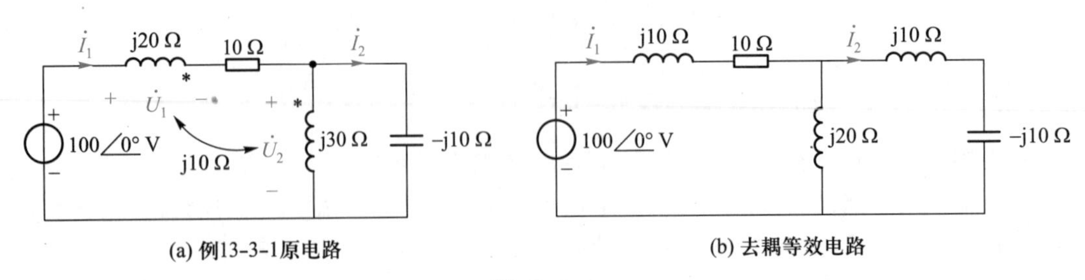

图 13-3-6

解:例 13-3-1 原电路如图 13-3-6(a)所示,线圈同名端相连,其去耦等效电路如图(b)所示。右边 j10 Ω 和−j10 Ω 串联支路的等效阻抗为零,该支路相当于短路,因此,中间 j20 Ω 支路的电流为零,所以

$$\dot{I}_1=\dot{I}_2=\frac{100\angle 0^\circ}{10+\text{j}10}=5\sqrt{2}\angle -45^\circ\ \text{A}$$

最好回到去耦前的电路来计算线圈电压。回到图 13-3-6(a)中,有

$$\dot{U}_1=\text{j}20\dot{I}_1-\text{j}10(\dot{I}_1-\dot{I}_2)=\text{j}20\dot{I}_1=100\sqrt{2}\angle 45^\circ\ \text{V}$$

$$\dot{U}_2=\text{j}30(\dot{I}_1-\dot{I}_2)-\text{j}10\dot{I}_1=-\text{j}10\dot{I}_1=50\sqrt{2}\angle -135^\circ\ \text{V}$$

思考如何在去耦后的电路中计算线圈电压。

目标 2 检测:含耦合电感电路的计算

测 13-5 用去耦等效电路分析测 13-4 题。

测 13-6 用去耦等效计算测 13-6 图所示电路的等效电感 L_{eq}。

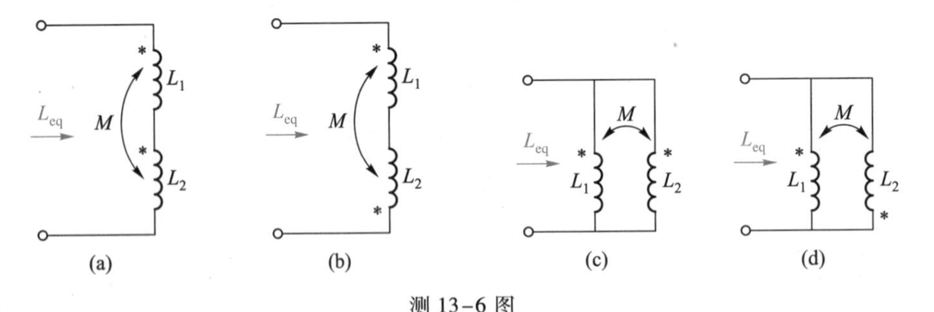

测 13-6 图

答案:(a) $L_{eq}=L_1+L_2+2M$,(b) $L_{eq}=L_1+L_2-2M$,(c) $L_{eq}=\dfrac{L_1L_2-M^2}{L_1+L_2-2M}$,(d) $L_{eq}=\dfrac{L_1L_2-M^2}{L_1+L_2+2M}$。

13.3.3 映射阻抗及其应用

如图 13-3-7(a)所示,耦合电感的一个线圈接电压源,构成电源回路,另一个线圈接负载 Z_2,构成负载回路。对电源回路而言,耦合电感和负载一起等效为阻抗 Z_{in}。确定了 Z_{in},计算 $\dot{I}_1$ 就很简单了。下面推导 Z_{in} 的表达式。电源回路中,有

$$Z_{in}=\frac{\dot{U}_1}{\dot{I}_1}=\frac{j\omega L_1\dot{I}_1+j\omega M\dot{I}_2}{\dot{I}_1}=j\omega L_1+j\omega M\frac{\dot{I}_2}{\dot{I}_1}=j\omega L_1+Z_r \qquad (13-3-1)$$

$Z_{in}=j\omega L_1+Z_r$ 表明图 13-3-7(a)可等效为图(b)。图(a)中,电源回路线圈的电压为自感电压和互感电压之和,写为

$$\dot{U}_1=\dot{U}_1'+\dot{U}_1''=j\omega L_1\dot{I}_1+j\omega M\dot{I}_2$$

互感电压 $\dot{U}_1''=j\omega M\dot{I}_2$ 代表负载回路对电源回路的影响,就是图 13-3-7(b)中阻抗 Z_r 的电压。可见,负载回路对电源回路的影响用一个串联于电源回路的阻抗 Z_r 来表示,称 Z_r 为负载回路在电源回路的映射阻抗(reflected impedance)。利用负载回路的 KVL 方程可推导出 Z_r 的表达式。负载回路的 KVL 方程为

$$j\omega L_2\dot{I}_2+j\omega M\dot{I}_1+Z_2\dot{I}_2=0$$

由此得,$\frac{\dot{I}_2}{\dot{I}_1}=-\frac{j\omega M}{Z_2+j\omega L_2}$,将其代入式(13-3-1)中得

$$Z_{in}=j\omega L_1+Z_r=j\omega L_1+j\omega M\left(-\frac{j\omega M}{Z_2+j\omega L_2}\right)=j\omega L_1+\frac{(\omega M)^2}{Z_2+j\omega L_2} \qquad (13-3-2)$$

$$\boxed{Z_r=\frac{(\omega M)^2}{Z_2+j\omega L_2}} \qquad (13-3-3)$$

式(13-3-3)是在耦合电感为加强型耦合的情况下导出。在削弱型耦合情况下,映射阻抗表达式仍然是式(13-3-3)。这是因为:改变图 13-3-7(a)中同名端使之变为削弱型耦合,相当于在以上推导过程中的 M 前加"-"号,也就是在式(13-3-3)中的 M 前加"-"号,显然表达式不变。

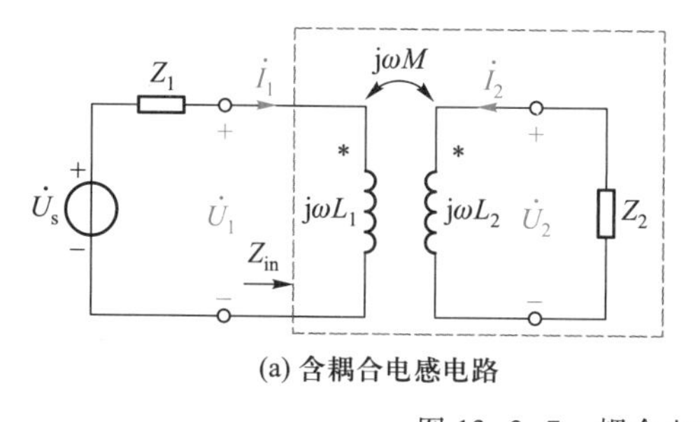

(a) 含耦合电感电路

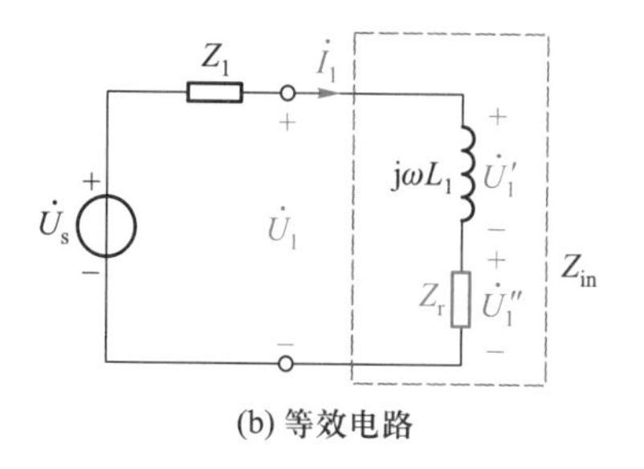

(b) 等效电路

图 13-3-7 耦合电感的映射阻抗

映射阻抗

1. 当耦合电感的两个线圈分别联成电源回路和负载回路时，负载回路对电源回路的影响，可用串联于电源回路的阻抗 Z_r 来表示，Z_r 称为负载回路在电源回路的映射阻抗；
2. 映射阻抗与同名端状况无关，为 $Z_r=\dfrac{(\omega M)^2}{Z_2+j\omega L_2}$，$Z_2$ 为负载阻抗。

下面用映射阻抗来分析图 13-3-1 所示电路。图 13-3-1 所示电路的相量模型如图 13-3-8(a)所示。通过映射阻抗计算 $\dot{I}_1$，应用负载回路的 KVL 方程计算 $\dot{I}_2$。

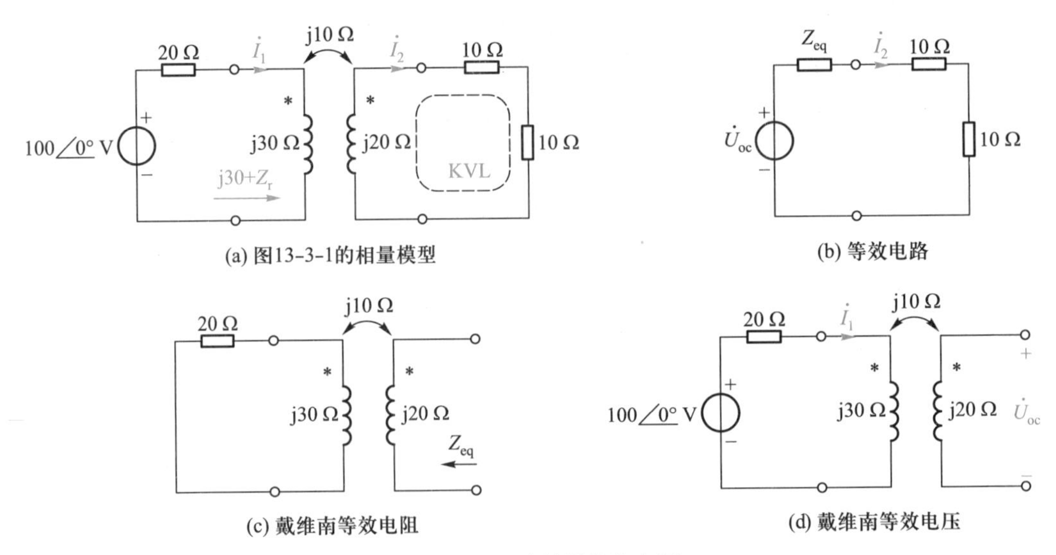

图 13-3-8 映射阻抗的应用

图 13-3-8(a)的电源回路中，映射阻抗

$$Z_r=\frac{10^2}{10+10+j20}\ \Omega=\frac{5-j5}{2}\ \Omega$$

因此

$$\dot{I}_1=\frac{100\angle 0^\circ}{20+j30+Z_r}=\frac{100\angle 0^\circ}{20+j30+\dfrac{5-j5}{2}}\ \text{A}=\frac{200}{45+j55}\ \text{A}=2.814\angle -50.71^\circ\ \text{A}$$

图 13-3-8(a)中的负载回路的 KVL 方程为

$$(10+10)\dot{I}_2+(j20\dot{I}_2-j10\dot{I}_1)=0$$

解得

$$\dot{I}_2=\frac{j10}{20+j20}\dot{I}_1=\frac{j10}{20+j20}\times\frac{200}{45+j55}\ \text{A}=\frac{100-j10}{101}\ \text{A}=0.995\angle -5.71^\circ\ \text{A}$$

也可应用戴维南定理计算 $\dot{I}_2$。图 13-3-8(a)的戴维南等效电路如图(b)所示，Z_{eq} 由图(c)计算，应用映射阻抗概念，有

$$Z_{eq}=\left(j20+\frac{10^2}{20+j30}\right)\ \Omega=\frac{20+j230}{13}\ \Omega$$

$\dot{U}_{oc}$由图 13-3-8(d)计算，j30 Ω 线圈上只有自感电压，j20 Ω 线圈上只有互感电压，因此

$$\dot{U}_{oc}=j\omega M\dot{I}_1=j10\dot{I}_1=j10\times\frac{100\angle 0^\circ}{20+j30}\ V=\frac{300+j200}{13}\ V$$

于是

$$\dot{I}_2=\frac{\dot{U}_{oc}}{Z_{eq}+20}=\frac{\dfrac{300+j200}{13}}{\dfrac{20+j230}{13}+20}\ A=\frac{100-j10}{101}\ A=0.995\angle -5.71^\circ\ A$$

目标 2 检测：含耦合电感电路的计算

测 13-7 利用映射阻抗概念确定：(1) 测 13-7 图所示正弦稳态电路中的电流 $\dot{I}_1$；(2) 电容以外一端口电路的戴维南等效电路、电流 $\dot{I}_2$。

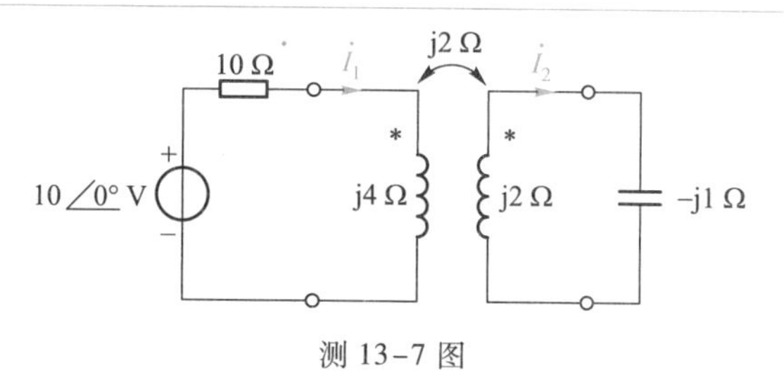

测 13-7 图

答案：(1) $\dot{I}_1=1\angle 0^\circ$ A；(2) $\dot{U}_{oc}=\frac{20+j50}{29}$ V，$Z_{eq}=\frac{10+j54}{29}$ Ω，$\dot{I}_2=2\angle 0^\circ$ A。

13.4 变压器原理

变压器(transformer)是利用磁耦合原理传输电能的一类电器件。变压器的两个线圈绕在同一个磁心上，且一个线圈接电压源，另一个线圈接负载。只有当电流变化时线圈上才有自感电压和互感电压，因此，变压器工作于交流下，在电源与负载之间进行电压变换，通常是升高或降低电压。

工程应用中的变压器，按磁心所用材料不同分为两类：线性变压器和铁心变压器。

线性变压器(linear transformer)用磁导率低、但等于常数的线性磁介质为磁心，用于电压低、频率高的场合，如电子电路和测量仪器中。图 13-4-1(a)所示高频变压器就是线性变压器。大部分磁介质，如塑料、木材、陶瓷等，为线性磁介质，且磁导率与空气相近，所以，线性变压器也被称为空心变压器(air-core transformer)。

铁心变压器(iron-core transformer)用磁导率高、但不为常数的非线性磁介质为磁心(主要是铁合金磁心)，用于电压高、频率低的场合，如仪器设备的交流电源部分、电力系统中。例如：用图 13-4-1(b)所示单相电源变压器为仪器设备提供电源，用图(c)所示自耦调压器为实验室的实验电路提供电压可调电源，用图(d)所示三相干式电力变压器变换电压，它们都是铁心变压器。

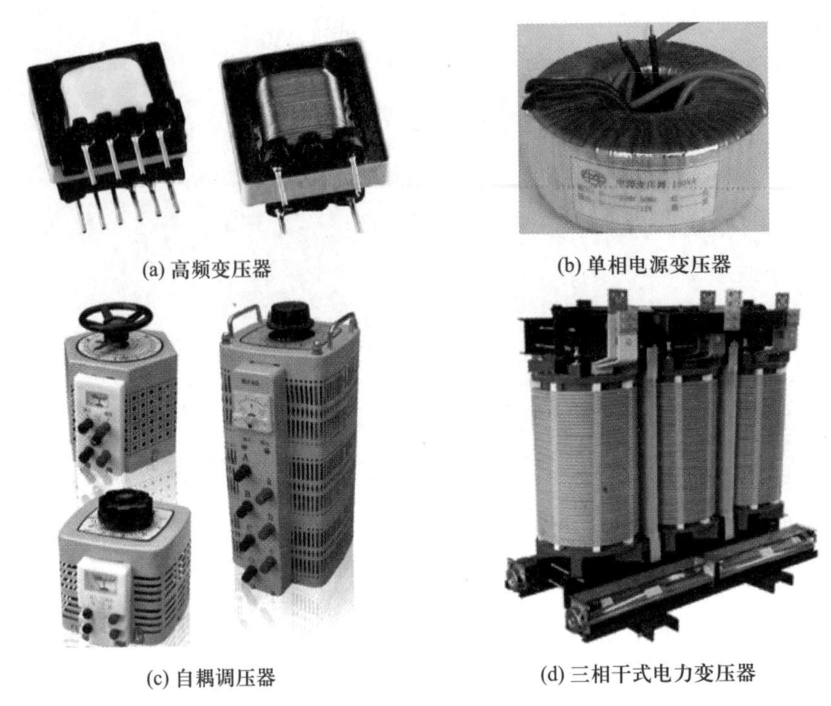

(a) 高频变压器
(b) 单相电源变压器
(c) 自耦调压器
(d) 三相干式电力变压器

图 13-4-1 各类变压器

13.4.1 线性变压器

线性变压器的电路模型如图 13-4-2(a)所示。工程上将变压器的线圈称为绕组。接于电压源的线圈称为一次绕组(primary winding),接于负载的线圈称为二次绕组(secondary winding)。线性耦合电感表征绕组间的磁耦合,电阻 R_1、R_2 表征一次绕组、二次绕组的导线电阻,Z_L 为负载。电压、电流关系为

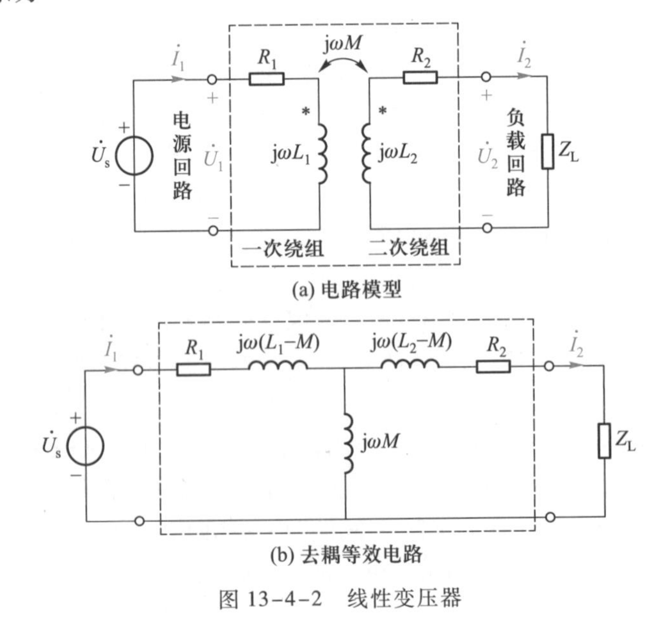

图 13-4-2 线性变压器

$$\begin{cases} \dot{U}_1 = R_1\dot{I}_1 + [\mathrm{j}\omega L_1\dot{I}_1 + \mathrm{j}\omega M(-\dot{I}_2)] \\ \dot{U}_2 = -R_2\dot{I}_2 + [\mathrm{j}\omega M\dot{I}_1 + \mathrm{j}\omega L_2(-\dot{I}_2)] \end{cases} \tag{13-4-1}$$

可用映射阻抗确定图 13-4-2(a)中的电流 $\dot{I}_1$。根据式(13-3-3),负载回路在电源回路的映射阻抗为

$$Z_r = \frac{(\omega M)^2}{R_2 + \mathrm{j}\omega L_2 + Z_L} = \frac{(\omega M)^2}{Z_{22}} \tag{13-4-2}$$

因此

$$\dot{I}_1 = \frac{\dot{U}_s}{R_1 + \mathrm{j}\omega L_1 + Z_r} = \frac{\dot{U}_s}{Z_{11} + Z_r} \tag{13-4-3}$$

$Z_{11} = R_1 + \mathrm{j}\omega L_1$ 为电源回路(或一次绕组回路)的总阻抗;$Z_{22} = R_2 + \mathrm{j}\omega L_2 + Z_L$ 为负载回路(或二次绕组回路)的总阻抗。利用负载回路的 KVL 方程确定图 13-4-2(a)中的电流 $\dot{I}_2$。KVL 方程为

$$\mathrm{j}\omega L_2\dot{I}_2 - \mathrm{j}\omega M\dot{I}_1 + (R_2 + Z_L)\dot{I}_2 = 0$$

$$\dot{I}_2 = \frac{\mathrm{j}\omega M}{R_2 + \mathrm{j}\omega L_2 + Z_L}\dot{I}_1 = \frac{\mathrm{j}\omega M}{Z_{22}}\dot{I}_1 \tag{13-4-4}$$

也可应用去耦等效电路确定 $\dot{I}_1$、$\dot{I}_2$。图 13-4-2(a)等效为图(b),应用阻抗分压、分流关系就可以确定 $\dot{I}_1$、$\dot{I}_2$。

例 13-4-1 图 13-4-3(a)所示电路中,(1) Z_L 为何值时获得最大功率?最大功率是多少?(2) 此时电源输出功率为多少?

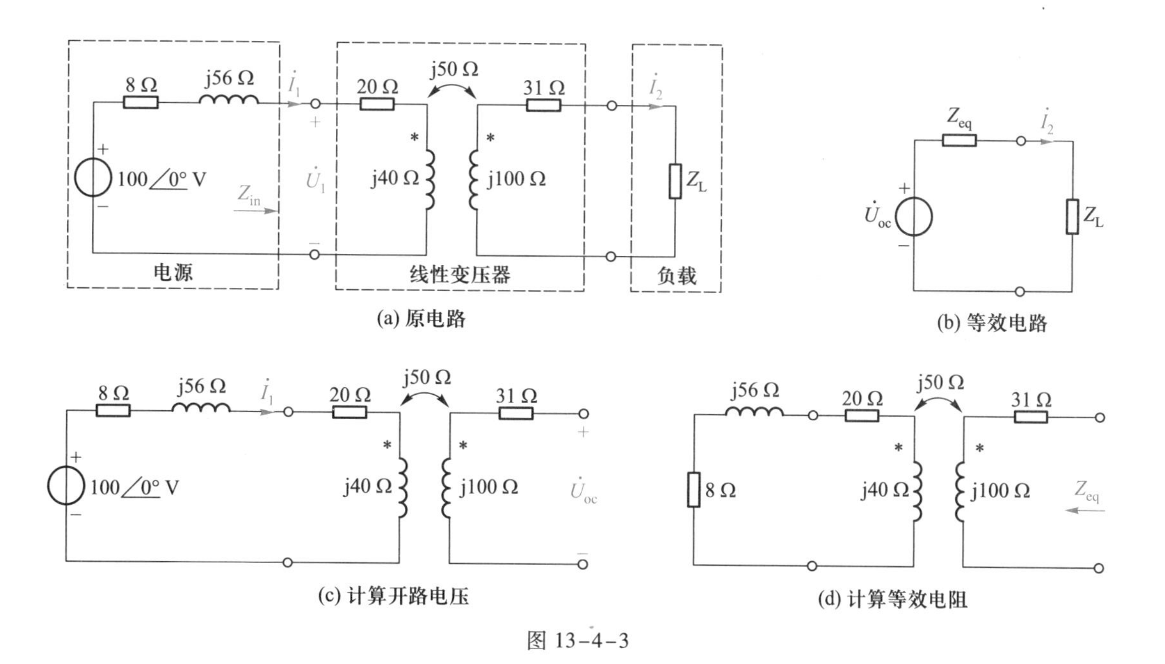

图 13-4-3

解:(1) 先确定图 13-4-3(a)的戴维南等效电路,如图(b)所示,再确定最大功率。由图(c)计算开路电压。开路电压就是 j100 线圈的互感电压,即

$$\dot{U}_{oc}=j\omega M\dot{I}_1=j50\dot{I}_1=j50\times\frac{100\angle 0^\circ}{(8+j56)+(20+j40)}\ V=(48+j14)\ V$$

由图(d)计算等效阻抗。利用映射阻抗概念得

$$Z_{eq}=(31+j100)+Z_r=\left[(31+j100)+\frac{50^2}{(8+j56)+(20+j40)}\right]\ \Omega=(38+j76)\ \Omega$$

根据最大功率传输条件,当 $Z_L=Z_{eq}^*=(38-j76)\ \Omega$ 时,Z_L 获得最大功率。最大功率为

$$P_{Lmax}=\frac{U_{oc}^2}{4\mathrm{Re}[Z_{eq}]}=\frac{48^2+14^2}{4\times 38}\ W=16.45\ W$$

(2) 方法 1:先由图(b)计算 Z_L 获得最大功率时负载回路的电流 $\dot{I}_2$,再由图(a)中电源回路的 KVL 方程计算电源回路的电流 $\dot{I}_1$,从而确定电源输出的功率。在图(b)中

$$\dot{I}_2=\frac{\dot{U}_{oc}}{2\mathrm{Re}[Z_{eq}]}=\frac{48+j14}{2\times 38}\ A=\frac{24+j7}{38}\ A$$

在图(a)中,电源回路的 KVL 方程为

$$(8+j56+20+j40)\dot{I}_1-j50\dot{I}_2=100\angle 0^\circ$$

将 $\dot{I}_2=\dfrac{24+j7}{38}$代入并解得

$$\dot{I}_1=\frac{1\ 059-j1\ 488}{1\ 900}\ A$$

电源端口电压

$$\dot{U}_1=100\angle 0^\circ-(8+j56)\dot{I}_1=\left[100-(8+j56)\frac{1\ 059-j1\ 488}{1\ 900}\right]\ V=\frac{982-j474}{19}\ V$$

电源输出功率

$$P_s=\mathrm{Re}[\dot{U}_1\times\dot{I}_1^*]=\mathrm{Re}\left[\frac{982-j474}{19}\times\frac{1\ 059+j1\ 488}{1\ 900}\right]\ W=\frac{174\ 525}{3\ 610}\ W=48.34\ W$$

方法 2:在确定 $Z_L=(38-j76)\ \Omega$ 后,计算图 13-4-3(a)中电源向右看的等效电阻 Z_{in},Z_{in}吸收的功率就是电源发出的功率。由映射阻抗概念得

$$Z_{in}=20+j40+Z_r=\left(20+j40+\frac{50^2}{31+j100+Z_L}\right)\ \Omega=\left(20+j40+\frac{50^2}{69+j24}\right)\ \Omega=(52.3+j28.8)\ \Omega$$

图 13-4-3(a)中电源回路电流 $\dot{I}_1$的有效值

$$I_1=\frac{100}{|8+j56+Z_{in}|}=\frac{100}{|8+j56+52.3+j28.8|}\ A=0.961\ A$$

电源输出功率,即 Z_{in}吸收的功率为

$$P_s=I_1^2\times\mathrm{Re}[Z_{in}]=I_1^2\times 52.3\ W=48.30\ W$$

目标 2 检测:含耦合电感电路的计算

测 13-8 测 13-8 图所示电路中,(1) Z_L 为何值时获得最大功率?最大功率是多少?(2)此时,理想电压源输出功率为多少?

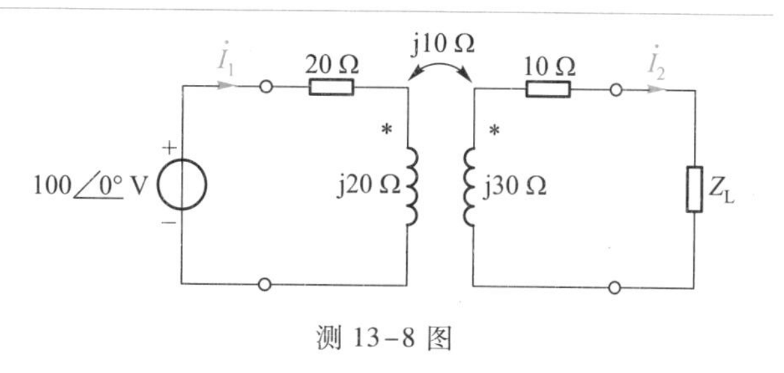

测 13-8 图

答案:(1) $Z_L=(12.5-j27.5)\ \Omega$,$P_{Lmax}=25\ W$;(2) $P_s=250\ W$。

13.4.2 铁心变压器

前面已提到,线性变压器用于电压低、频率高的场合,铁心变压器用于电压高、频率低的场合。这是为什么呢?

图 13-4-2(a)中,为了简单,在不影响问题本质的前提下,不妨假定负载 $Z_L=R_L$,且通常 R_1 比 ωL_1、R_2 比 ωL_2 小很多,就取 $R_1\approx 0$、$R_2\approx 0$。由式(13-4-2)、(13-4-3)得(或用映射阻抗分析),一次绕组的电流

$$\dot I_1=\frac{\dot U_s}{j\omega L_1+\dfrac{(\omega M)^2}{j\omega L_2+R_L}} \tag{13-4-5}$$

当 $R_L\to\infty$ 时,变压器处于空载状态,用 $\dot I_{1oc}$ 表示此时一次绕组的电流,有

$$\dot I_{1oc}=\frac{\dot U_s}{j\omega L_1} \tag{13-4-6}$$

当 $R_L\to 0$ 时,变压器处于二次绕组短路状态(实际变压器不允许短路),用 $\dot I_{1sc}$ 表示此时一次绕组的电流,由式(13-4-5),并结合耦合系数 $k=M/\sqrt{L_1L_2}$,有

$$\dot I_{1sc}=\frac{\dot U_s}{j\omega L_1+\dfrac{(\omega M)^2}{j\omega L_2}}=\frac{\dot U_s}{j\omega L_1-j\omega\dfrac{M^2}{L_2}}\overset{M^2=k^2L_1L_2}{=\!=\!=\!=}\frac{\dot U_s}{j\omega L_1-j\omega\dfrac{k^2L_1L_2}{L_2}}=\frac{\dot U_s}{j\omega L_1-j\omega kL_1} \tag{13-4-7}$$

由式(13-4-7)可知:当 $k\to 1$ 时 $I_{1sc}\to\infty$(所以不允许短路),I_{1sc} 远大于 I_{1oc}。随着负载 R_L 从 ∞ 变到 0,一次绕组的电流从 I_{1oc} 增大到 I_{1sc}。空载电流 I_{1oc} 是一次绕组承受的最小电流,额定工作时的电流要大于空载电流。

由于线性变压器磁心的磁导率小,因而线圈自感 L_1、L_2 小。由式(13-4-6)可知,只有当 U_s 低、ω 高时才不至于 I_{1oc} 很大。否则 I_{1oc} 太大,额定工作电流更大,线圈导线要粗,变压器体积就大。所以,线性变压器只能用在电压低、频率高的场合。

在电压高且频率低的场合,由式(13-4-6)可知,必须通过加大线圈自感来限制 I_{1oc},于是采用磁导率高的铁合金磁心、且合理增加线圈匝数,这就是铁心变压器。

铁合金的磁导率远大于真空磁导率 μ_0，但它是非线性磁介质。交变磁场中的非线性磁介质，其磁畴在反复转向中因摩擦而发热，形成磁滞损耗。铁合金具有良好的导电性，磁场交变而产生的感应电势在铁合金中形成涡旋电流，导致涡流损耗。因此，铁心变压器存在铁心损耗，而线性变压器没有磁心损耗。

适用于各种应用场合的理想的变压器应该是什么样的呢？

首先，磁心要没有损耗，即磁心材料是线性磁介质。而且，线圈最好也没有损耗，即导线电阻 $R_1=0$、$R_2=0$。

然后，线圈自感 $L_1\to\infty$、$L_2\to\infty$，即磁心的磁导率 $\mu\to\infty$ 或线圈的匝数 $N_1\to\infty$、$N_2\to\infty$。显然，$N_1\to\infty$、$N_2\to\infty$ 会使变压器体积无限大，这不可能。而 $\mu\to\infty$ 的线性磁介质也不存在。

最后就是耦合系数 $k=1$，为全耦合。可通过线圈紧密绕制、且内外相套来提高耦合系数，但也只能接近于全耦合。

显然，上述条件都是理想化条件，满足这些条件的变压器就是理想变压器。在许多场合，铁心变压器可以近似为理想变压器来分析。

13.5 理想变压器

理想变压器(ideal transformer)是为了分析铁心变压器而定义的电路元件。用理想变压器作为铁心变压器的近似模型，电路分析简单，结果在大多数情况下可以接受。根据工程应用需求，铁心变压器设计为：有1个一次绕组和1个二次绕组的单相变压器；一次绕组和二次绕组为同一个线圈的自耦变压器；有3个一次绕组和3个二次绕组的三相变压器。本节提出对应于上述铁心变压器的理想变压器。

13.5.1 理想单相变压器

两个线圈绕在一个闭合磁心上，如图13-5-1所示，称为单相变压器。$\boldsymbol{\Phi}$ 为主磁通，$\boldsymbol{\Phi}_{1\sigma}$、$\boldsymbol{\Phi}_{2\sigma}$ 为漏磁通。理想变压器满足以下3个条件。

理想变压器的条件

1. 为线性全耦合系统($k=1$)。
2. 线圈的自感无穷大($L_1\to\infty$、$L_2\to\infty$)。
3. 线圈无损耗，即线圈电阻为零($R_1=R_2=0$)。

下面从理想化条件来分析理想变压器的特性。

1. 电压比

图13-5-1中，由于 $k=1$，故漏磁通 $\boldsymbol{\Phi}_{1\sigma}$、$\boldsymbol{\Phi}_{2\sigma}$ 远小于主磁通 $\boldsymbol{\Phi}$，线圈的磁链等于磁通 $\boldsymbol{\Phi}$ 与匝数之积。应用电磁感应定律且线圈电阻 $R_1=0$、$R_2=0$，有

$$\begin{cases} u_1 = \dfrac{d\Psi_1}{dt} = \dfrac{d(N_1\Phi)}{dt} = N_1 \dfrac{d\Phi}{dt} \\ u_2 = \dfrac{d\Psi_2}{dt} = \dfrac{d(N_2\Phi)}{dt} = N_2 \dfrac{d\Phi}{dt} \end{cases} \tag{13-5-1}$$

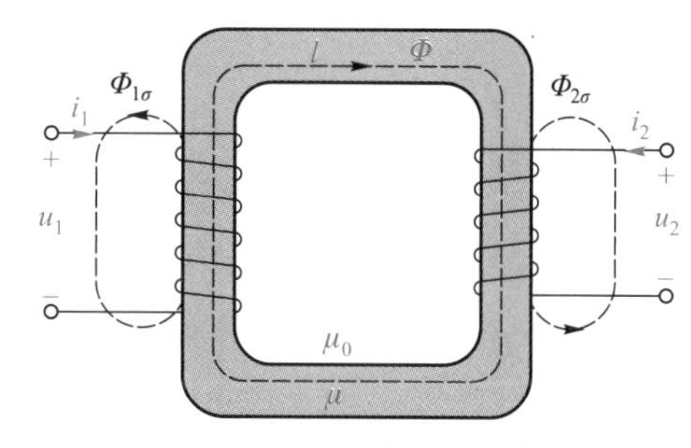

图 13-5-1 单相变压器

由此,理想变压器的绕组电压比为

$$\boxed{\frac{u_1}{u_2} = \frac{N_1}{N_2} = n} \tag{13-5-2}$$

n 为绕组匝比(turns ratio)。正弦稳态下,式(13-5-2)变为相量形式,即有

$$\boxed{\frac{\dot{U}_1}{\dot{U}_2} = \frac{u_1}{u_2} = n} \quad \text{(电压正极性均在同名端)} \tag{13-5-3}$$

式(13-5-3)与电压的参考方向、绕组的同名端相关,电压的正极性均在同名端时成立,否则要在 n 前加负号。式(13-5-3)表明:理想变压器一次绕组、二次绕组的电压比为常数,它就是一次绕组、二次绕组的匝数之比。

2. 电流比

图 13-5-1 中,要使 $L_1 \to \infty$ 、$L_2 \to \infty$,必有磁心材料的磁导率 $\mu \to \infty$ 。主磁通 Φ 为一定量,磁心内的磁场强度 H、磁感应强度 B、截面积 S、磁导率 μ 满足

$$H = \frac{B}{\mu} = \frac{\Phi/S}{\mu}$$

因此,$\mu \to \infty$ 使得 $H=0$。对磁心轴线形成的闭合路径 l 应用安培环路定律,有

$$\oint_l \boldsymbol{H} \cdot d\boldsymbol{l} = N_1 i_1 + N_2 i_2 \tag{13-5-4}$$

因 $H=0$ 而得

$$N_1 i_1 + N_2 i_2 = 0 \tag{13-5-5}$$

由此,理想变压器的电流比为

$$\boxed{\frac{i_1}{i_2} = -\frac{N_2}{N_1} = -\frac{1}{n}} \tag{13-5-6}$$

正弦稳态下,式(13-5-6)变为相量形式,有

$$\boxed{\frac{\dot{I}_1}{\dot{I}_2} = \frac{i_1}{i_2} = -\frac{1}{n}} \quad \text{(电流均为流入同名端)} \tag{13-5-7}$$

式(13-5-7)是电流参考方向均为流入同名端时的结论,否则要去掉式中的负号。式(13-5-7)表明:理想变压器的电流之比等于匝比 n 的倒数。

电流比也可由电压比加上理想变压器无损耗的条件导出。由于无损耗,吸收功率为零,即

$$u_1 i_1 + u_2 i_2 = 0 \tag{13-5-8}$$

将电压比 $u_1 = n u_2$ 代入上式,即得

$$\frac{i_1}{i_2} = -\frac{1}{n}$$

理想变压器的电压比、电流比

当一次绕组电压 u_1 和二次绕组电压 u_2 的正极性(或负极性)均在同名端时,电压比等于匝比,即$\frac{u_1}{u_2}=\frac{N_1}{N_2}=n$。

当一次绕组电流 i_1 和二次绕组电流 i_2 均为流入(或流出)同名端时,电流比等于匝比倒数的负值,即$\frac{i_1}{i_2}=-\frac{N_2}{N_1}=-\frac{1}{n}$。

图 13-5-2 为 3 种理想单相变压器的电路符号。在图(a)中,一次绕组、二次绕组的匝比为 n,是降压变压器(step-down transformer),能够传输功率并降低电压。在图(b)中,二次绕组、一次绕组的匝比为 n,是升压变压器(step-up transformer),能够传输功率并升高电压。在图(c)中,一次绕组、二次绕组的匝比为 1,是隔离变压器(isolation transformer),能够传输功率并对电源回路和负载回路进行电气隔离。

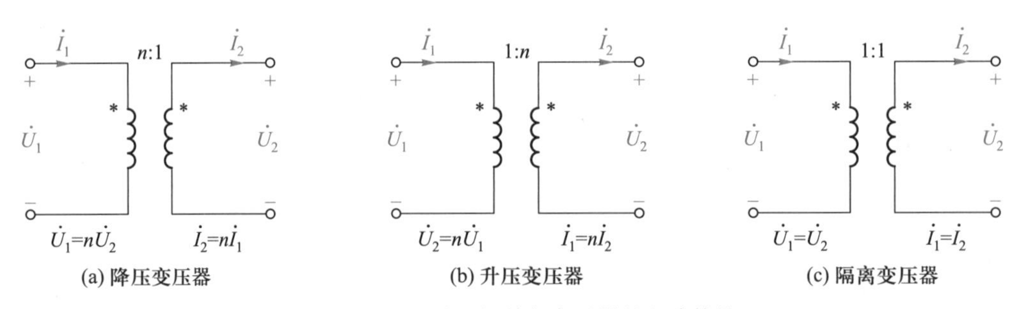

图 13-5-2 3 种理想单相变压器的电路符号

目标 3 检测:理想变压器的电压关系、电流关系

测 13-9 写出测 13-9 图所示理想单相变压器的电压关系、电流关系。

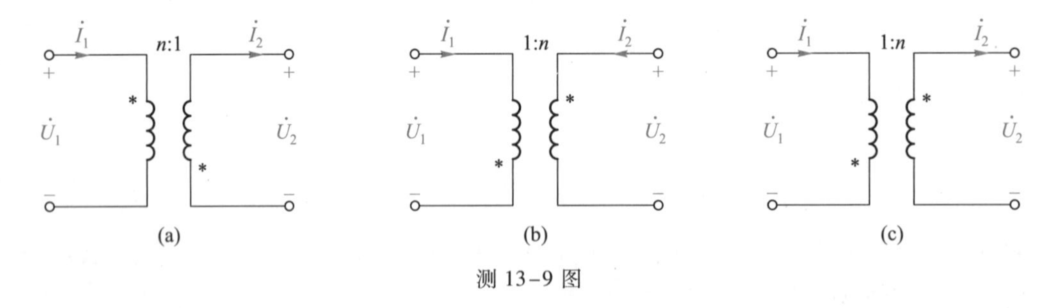

测 13-9 图

答案:(a) $\frac{\dot{U}_1}{\dot{U}_2}=-\frac{n}{1}$,$\frac{\dot{I}_1}{\dot{I}_2}=-\frac{1}{n}$;(b) $\frac{\dot{U}_1}{\dot{U}_2}=-\frac{1}{n}$;$\frac{\dot{I}_1}{\dot{I}_2}=\frac{n}{1}$;(c) $\frac{\dot{U}_1}{\dot{U}_2}=-\frac{1}{n}$,$\frac{\dot{I}_1}{\dot{I}_2}=-\frac{n}{1}$。

3. 功率传输

在图 13-5-3(a)中,理想单相变压器将电压源 $\dot{U}_s$ 提供的功率传输到负载 Z_L,负载吸收的复功率

$$\overline{S}_2=\dot{U}_2\dot{I}_2^*$$

电压源提供的复功率

$$\overline{S}_1=\dot{U}_1\dot{I}_1^*=(n\dot{U}_2)\left(\frac{\dot{I}_2}{n}\right)^*=\dot{U}_2\dot{I}_2^*$$

可见,理想变压器既不消耗有功功率,也不消耗无功功率,是不耗能、不储能的耦合元件。

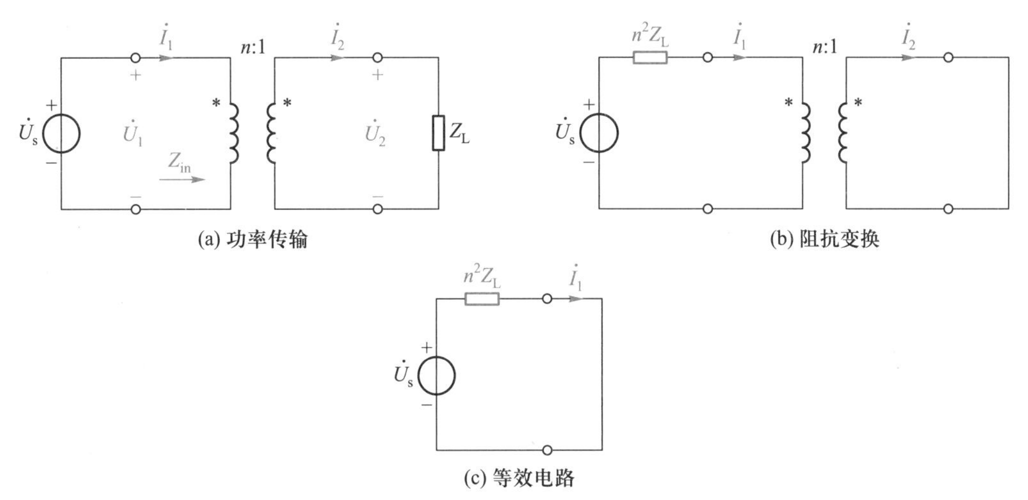

(a) 功率传输　(b) 阻抗变换　(c) 等效电路

图 13-5-3　理想单相变压器的功率传输与阻抗变换

4. 阻抗变换

在图 13-5-3(a)中,从电压源 $\dot{U}_s$ 向右看的等效阻抗为

$$Z_{in}=\frac{\dot{U}_1}{\dot{I}_1}=\frac{n\dot{U}_2}{\dot{I}_2/n}=n^2\frac{\dot{U}_2}{\dot{I}_2}$$

考虑到 $\dot{U}_2/\dot{I}_2=Z_L$,因此

$$\boxed{Z_{in}=n^2Z_L} \tag{13-5-9}$$

式(13-5-9)表明:理想变压器二次绕组回路中的阻抗 Z_L,折算到一次绕组回路为 n^2Z_L;图 13-5-3(a)和图(b)有相同的电流 $\dot{I}_1$、$\dot{I}_2$;图(a)、(b)和(c)有相同的电流 $\dot{I}_1$。

由图 13-5-3(a)到图(b),实质上是将图(a)中二次绕组回路的阻抗 Z_L 乘以匝比的平方后移到一次绕组回路。由图(b)到图(a),可理解为将一次绕组回路的阻抗 n^2Z_L 除以匝比的平方后移到二次绕组回路。在上述阻抗变换过程中,线圈的电流不变。与耦合电感的映射阻抗相同,理想变压器的阻抗变换与同名端无关。

电力系统分析中,应用这种阻抗变换关系简化含理想变压器电路的分析。电信工程中,利用变压器的阻抗变换性质实现阻抗匹配。

例 13-5-1 图 13-5-4(a)所示电路中,(1) Z_L 为何值时获得最大功率?最大功率是多少?(2)此时,电压源输出功率为多少?

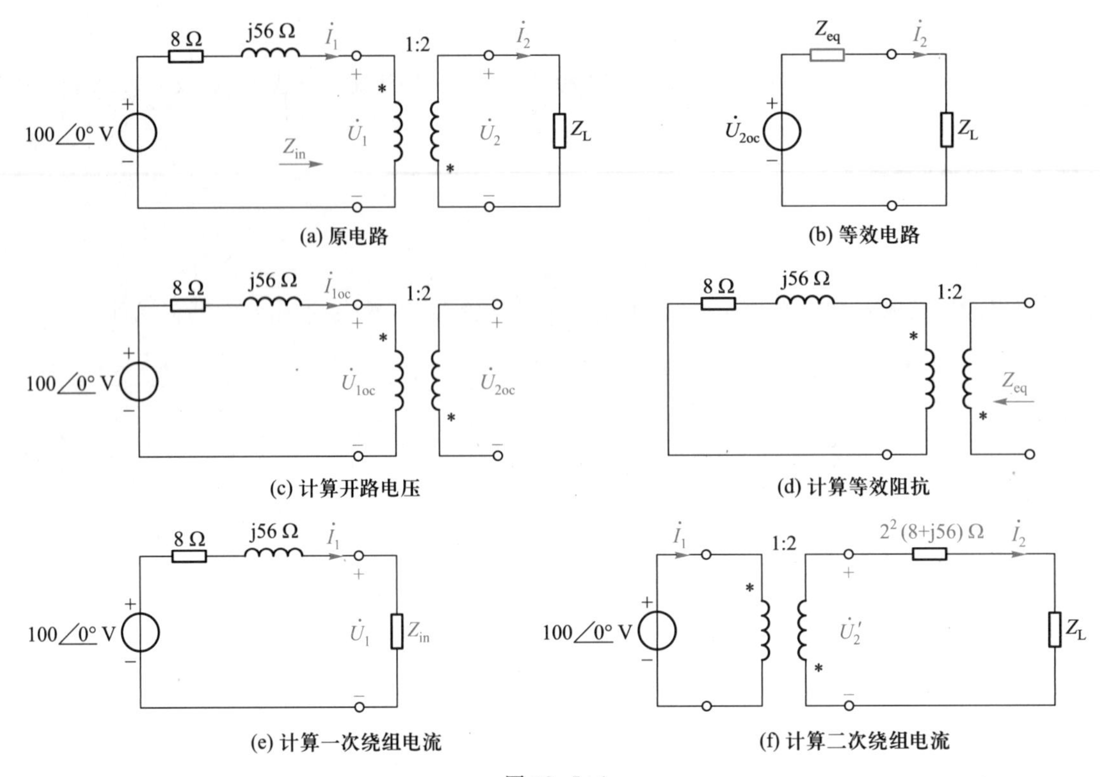

图 13-5-4

解：方法 1：(1) 先确定图 13-5-4(a)的戴维南等效电路，如图(b)所示，再确定最大功率。

由图 13-5-4(c)确定开路电压。由于二次绕组开路，电流为零，因此一次绕组电流也为零，即 $\dot{I}_{1oc}=0$。在一次绕组回路应用 KVL 得

$$\dot{U}_{1oc}=100\underline{/0^\circ}\ \text{V}$$

根据理想变压器的电压比，有

$$\dot{U}_{2oc}=-2\dot{U}_{1oc}=-200\underline{/0^\circ}\ \text{V}$$

由图(d)确定等效阻抗。由阻抗变换性质得

$$Z_{eq}=2^2\times(8+\text{j}56)\ \Omega=(32+\text{j}224)\ \Omega$$

根据最大功率传输条件，当 $Z_L=Z_{eq}^*=(32-\text{j}224)\ \Omega$ 时，Z_L 获得最大功率。最大功率为

$$P_{\text{Lmax}}=\frac{U_{2oc}^2}{4\text{Re}[Z_{eq}]}=\frac{200^2}{4\times32}\ \text{W}=312.5\ \text{W}$$

(2) 在确定 $Z_L=(32-\text{j}224)\ \Omega$ 后，由图 13-5-4(b)计算二次绕组电流 $\dot{I}_2$，有

$$\dot{I}_2=\frac{\dot{U}_{2oc}}{Z_{eq}+Z_L}=\frac{-200\underline{/0^\circ}}{2\times32}\ \text{A}=-3.125\underline{/0^\circ}\ \text{A}$$

由理想变压器的电流比求得图(a)中一次绕组电流，即

$$\dot{I}_1=-2\dot{I}_2=6.25\underline{/0^\circ}\ \text{A}$$

电压源提供的功率为

$$P_s=\text{Re}[100\angle 0^\circ\times\dot{I}_1^*]=100\times6.25\ \text{W}=625\ \text{W}$$

方法 2:(1) 由图(a)计算 Z_{in},图(a)等效为图(e)。由于理想变压器不消耗功率,图(e)中 Z_{in}获得最大功率,就是负载 Z_L 获得最大功率。有

$$Z_{in}=\left(\frac{1}{2}\right)^2 Z_L=\frac{1}{4}Z_L$$

根据最大功率传输条件,当 $Z_{in}=(8+j56)^*\ \Omega=(8-j56)\ \Omega$ 时,Z_{in}获得最大功率。Z_{in}获得的最大功率也就是 Z_L 获得的最大功率,为

$$P_{Lmax}=\frac{100^2}{4\times8}\ \text{W}=312.5\ \text{W}$$

由 $Z_{in}=(8-j56)\ \Omega$ 和 $Z_{in}=\frac{1}{4}Z_L$ 得

$$Z_L=(32-j224)\ \Omega$$

(2) 由于 $Z_{in}=(8-j56)\ \Omega$,图 13-5-4(a)一次绕组电流为

$$\dot{I}_1=\frac{100\angle 0^\circ}{Z_{in}+(8+j56)}=\frac{100\angle 0^\circ}{2\times8}\ \text{A}=6.25\angle 0^\circ\ \text{A}$$

电压源提供的功率为

$$P_s=\text{Re}[100\angle 0^\circ\times\dot{I}_1^*]=100\times6.25\ \text{W}=625\ \text{W}$$

方法 3:(1) 将图(a)中一次绕组回路的阻抗变换到二次绕组回路,如图(f)所示。图(f)中,根据变压器的电压比,二次绕组的电压

$$\dot{U}_2'=-200\angle 0^\circ\ \text{V}$$

根据最大功率传输定理,当

$$Z_L=2^2(8+j56)^*\ \Omega=(32-j224)\ \Omega$$

时获得最大功率,最大功率为

$$P_{Lmax}=\frac{(U_2')^2}{4\times32}=\frac{200^2}{4\times32}\ \text{W}=312.5\ \text{W}$$

(2) 图 13-5-4(f)相当于 $\dot{U}_2'$的电压源串联内阻抗 $2^2(8+j56)\ \Omega$,接到负载 Z_L 上。最大功率传输时,$\dot{U}_2'$电压源输出的功率,一半传输给 Z_L,一半被 $2^2(8+j56)\ \Omega$ 消耗。而 $\dot{U}_2'$电压源输出的功率,就是图 13-5-4(a)中电压源输出的功率。因此,图(a)中电压输出的功率为

$$P_s=2P_{Lmax}=625\ \text{W}$$

在应用阻抗变换时,一次绕组回路、二次绕组回路的电流保持对应关系,而一次绕组、二次绕组的电压并不保持对应关系。本例在图 13-5-4(a)~(f)中,不相同的电压、电流用不同的变量加以区分。

目标 3 检测:含理想变压器电路的计算

测 13-10 测 13-10 图所示电路中,内阻为 800 Ω 正弦信号源向电阻为 8 Ω 的扬声器输送信号,为了实现两者阻抗匹配而使扬声器获得最大功率,在两者之间接入变压器。将变压器近似为理想变压器,其匝比为何值时扬声器

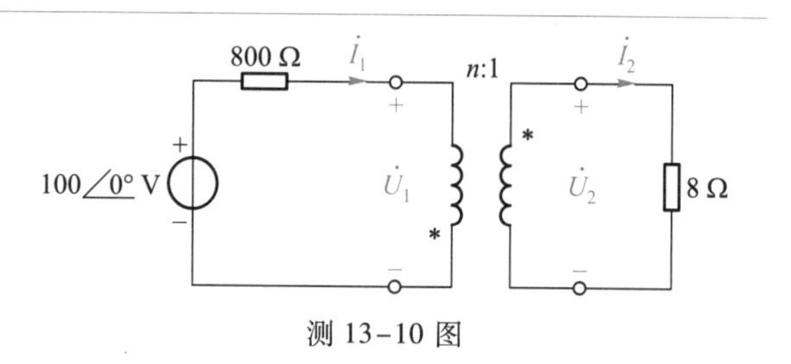

测 13-10 图

获得最大功率？最大功率是多少？一次绕组和二次绕组电压、电流为多少？

答案：$n=10$，$P_{Lmax}=3.125\ W$，$\dot{I}_1=0.062\ 5\angle 0°\ A$，$\dot{I}_2=0.625\angle 180°\ A$，$\dot{U}_1=50\angle 0°\ V$，$\dot{U}_2=5\angle 180°\ V$。

例 13-5-2 一台理想单相变压器一次绕组和二次绕组的额定电压为 5 940 V/220 V，额定容量为 29.7 kV·A，二次绕组有 50 匝。计算：(1) 匝比；(2) 一次绕组匝数；(3) 一次绕组和二次绕组的额定电流。

解：(1) 额定电压为 5 940 V/220 V，表明变压器正常工作时，一次绕组电压 $U_1=5\ 940\ V$，二次绕组电压 $U_2=220\ V$，为降压变压器，匝比等于电压比，即

$$n=\frac{U_1}{U_2}=\frac{5\ 940}{220}=27$$

(2) 二次绕组匝数 $N_2=50$，由 $n=N_1/N_2$ 得，一次绕组匝数

$$N_1=nN_2=1\ 350\ 匝$$

(3) 额定容量 29.7 kV·A 是变压器正常工作时传输的视在功率，即

$$S_1=U_1I_1=S_2=U_2I_2=29\ 700\ V\cdot A$$

式中 I_1、I_2 就是一次绕组、二次绕组正常工作时的电流（即额定电流），计算得

$$I_1=\frac{29\ 700}{5\ 940}\ A=5\ A,\quad I_2=\frac{29\ 700}{200}\ A=135\ A$$

目标 3 检测：含理想变压器电路的计算

测 13-11 一台额定电压为 3 300 V/220 V 的理想单相变压器，一次绕组的额定电流为 3 A。计算：(1) 匝比；(2) 二次绕组的额定电流；(3) 额定容量。

答案：(1) 15；(2) 45 A；(3) 9.9 kV·A。

13.5.2 理想自耦变压器

单相变压器闭合铁心上的两个线圈在电气上是不相连的，自耦变压器则不同。自耦变压器的一种是闭合铁心上只有一个线圈，从线圈中间接出一个抽头，线圈的一部分为一次绕组（或二次绕组），线圈的全部为二次绕组（或一次绕组）。自耦变压器的另一种是闭合铁心上有两个线圈，它们串联起来作为一次绕组（或二次绕组），其中一个线圈作为二次绕组（或一次绕组）。图 13-5-5 为理想自耦变压器的电路符号，图(a)为只有一个线圈的降压自耦变压器，图 13-5-5(b)为有两个线圈的升压自耦变压器，$\dot{U}_1$、$\dot{I}_1$ 为一次绕组电压、电流，$\dot{U}_2$、$\dot{I}_2$ 为二次绕组电压、电流。

自耦变压器广泛用于电气工程中。与单相变压器相比，在相同容量下具有体积小、重量轻、成本低、变比可调等优点，但自耦变压器不能在电气上隔离电源回路和负载回路。

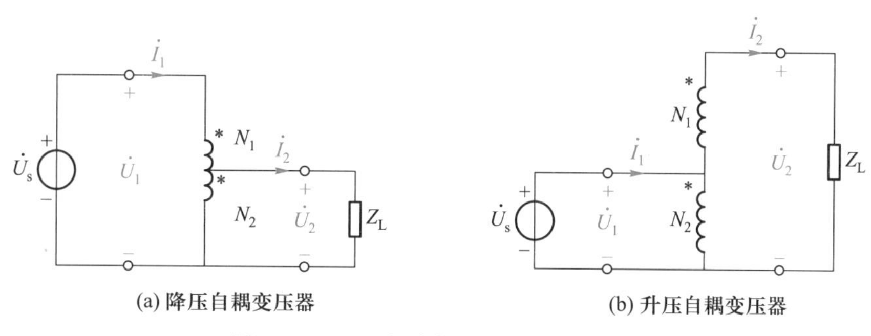

(a) 降压自耦变压器　　(b) 升压自耦变压器

图 13-5-5　理想自耦变压器的电路符号

下面分析理想自耦变压器的电压比、电流比。无论是何种形式的理想自耦变压器,线圈每一匝的磁通相等,故电压比等于匝数比,且磁心中依然有磁感应强度 $H=0$,故电流比可以用安培环路定律推得。电流比也可由电压比加上理想变压器无损耗的条件导出。

图 13-5-5(a)所示降压自耦变压器的电压比为

$$\frac{\dot{U}_1}{\dot{U}_2}=\frac{N_1+N_2}{N_2}=n \tag{13-5-10}$$

流入线圈 N_1 同名端的电流为 $\dot{I}_1$,流入线圈 N_2 同名端的电流为 $\dot{I}_1-\dot{I}_2$。由安培环路定律得

$$N_1\dot{I}_1+N_2(\dot{I}_1-\dot{I}_2)=0$$

于是,电流比为

$$\frac{\dot{I}_1}{\dot{I}_2}=\frac{N_2}{N_1+N_2}=\frac{1}{n} \tag{13-5-11}$$

或者,由于理想变压器无功率损耗,图 13-5-5(a)中电源输入的复功率 $\overline{S}_1=\dot{U}_1\dot{I}_1^*$ 和传输到负载的复功率 $\overline{S}_2=\dot{U}_2\dot{I}_2^*$ 相等,因此

$$\frac{\dot{I}_1}{\dot{I}_2}=\left(\frac{\dot{U}_2}{\dot{U}_1}\right)^*=\frac{N_2}{N_1+N_2}=\frac{1}{n}$$

图 13-5-5(b)所示升压自耦变压器的电压比为

$$\frac{\dot{U}_1}{\dot{U}_2}=\frac{N_2}{N_1+N_2}=\frac{1}{n} \tag{13-5-12}$$

流出线圈 N_1 同名端的电流为 $\dot{I}_2$,流出线圈 N_2 同名端的电流为 $\dot{I}_2-\dot{I}_1$。由安培环路定律得

$$N_1\dot{I}_2+N_2(\dot{I}_2-\dot{I}_1)=0$$

电流比为

$$\frac{\dot{I}_1}{\dot{I}_2}=\frac{N_1+N_2}{N_2}=n \tag{13-5-13}$$

式(13-5-10) ~ (13-5-13)表明:理想自耦变压器的电压比、电流比和理想单相变压器有相同的规律。

例 13-5-3　图 13-5-6(a)所示为一台额定容量为 1 520 kV·A、电压比为 3.8 kV/1.9 kV 的

单相变压器,将它近似为理想变压器来分析。(1)计算单相变压器一次绕组和二次绕组的额定电流;(2)将其改装为5.7 kV/1.9 kV的自耦降压变压器,如图(b)所示,计算自耦变压器的额定容量、一次绕组和二次绕组的额定电流;(3)将其改装为3.8 kV/5.7 kV的自耦升压变压器,如图(c)所示,计算自耦变压器的额定容量、一次绕组和二次绕组的额定电流。注意:改装时要保持两个线圈的额定电压、额定电流不变。

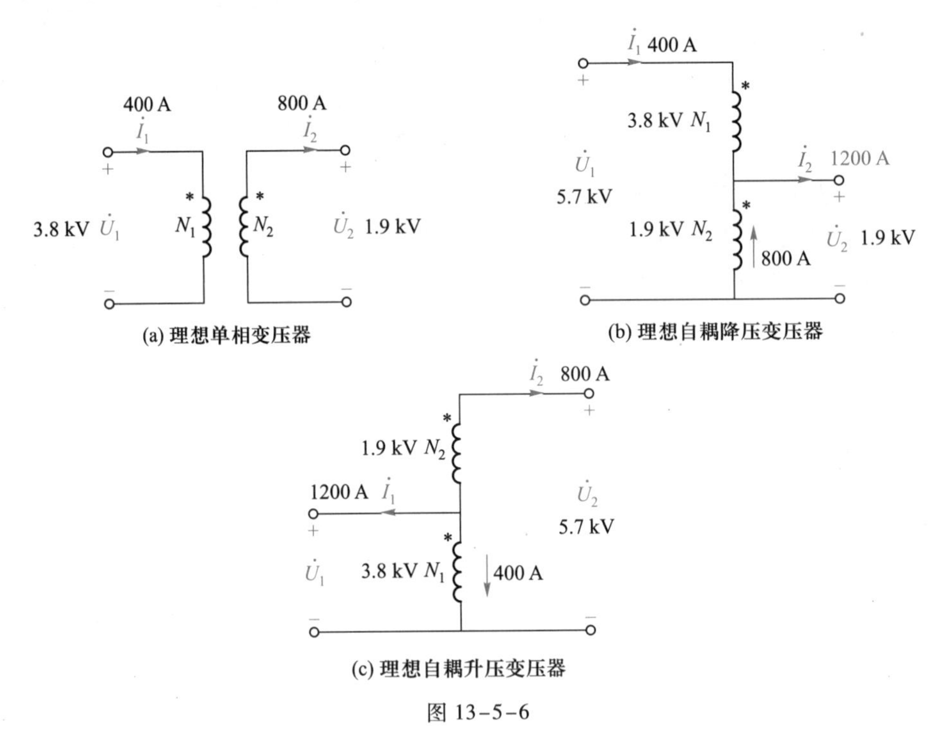

图 13-5-6

解:(1) 单相变压器额定电压为3.8 kV/1.9 kV,变压器正常工作时,一次绕组电压 U_1 = 3.8 kV,二次绕组电压 U_2 = 1.9 kV,为降压变压器,匝比

$$n=\frac{U_1}{U_2}=\frac{3.8}{1.9}=2$$

单相变压器额定容量为 $S_1=S_2=1\ 520\ \text{kV}\cdot\text{A}$,因此,一次绕组和二次绕组的额定电流 I_1、I_2 为

$$I_1=\frac{S_1}{U_1}=\frac{1\ 520\ \text{kV}\cdot\text{A}}{3.8\ \text{kV}}=400\ \text{A},\quad I_2=\frac{S_2}{U_2}=\frac{1\ 520\ \text{kV}\cdot\text{A}}{1.9\ \text{kV}}=800\ \text{A}$$

(2) 改装为5.7 kV/1.9 kV的自耦降压变压器,一次绕组额定电压 U_1 = 5.7 kV,二次绕组额定电压 U_2 = 1.9 kV,匝比

$$n=\frac{U_1}{U_2}=\frac{5.7}{1.9}=3$$

维持线圈 N_1 的额定电流为400 A,则自耦变压器一次绕组的额定电流 I_1 = 400 A,二次绕组的额定电流

$$I_2=nI_1=3\times400\ \text{A}=1\ 200\ \text{A}$$

此时,线圈公共部分 N_2 的额定电流为 I_2-I_1 = 800 A,维持不变。

自耦变压器的容量 $S=S_1=S_2$，为

$$S_1=U_1I_1=5.7\ \text{kV}\times400\ \text{A}=2\ 280\ \text{kV}\cdot\text{A}$$

$$S_2=U_2I_2=1.9\ \text{kV}\times1\ 200\ \text{A}=2\ 280\ \text{kV}\cdot\text{A}$$

(3) 改装为3.8 kV/5.7 kV 的自耦升压变压器，一次绕组额定电压 $U_1=3.8$ kV，二次绕组额定电压 $U_2=5.7$ kV，匝比

$$n=\frac{U_2}{U_1}=\frac{5.7}{3.8}=1.5$$

维持线圈 N_2 的额定电流为 800 A，则自耦变压器二次绕组的额定电流 $I_2=800$ A，一次绕组的额定电流

$$I_1=nI_2=1.5\times800\ \text{A}=1\ 200\ \text{A}$$

此时，线圈公共部分 N_1 的额定电流为 $I_1-I_2=400$ A，维持不变。

自耦变压器的容量 $S=S_1=S_2$，为

$$S_1=U_1I_1=3.8\ \text{kV}\times1\ 200\ \text{A}=4\ 560\ \text{kV}\cdot\text{A}$$

$$S_2=U_2I_2=5.7\ \text{kV}\times800\ \text{A}=4\ 560\ \text{kV}\cdot\text{A}$$

计算结果表明：在的体积、重量、造价相同的情况下，自耦变压器比单相变压器容量大，分别为单相变压器容量的 1.5 倍和 3 倍。

目标 3 检测：含理想变压器电路的计算

测 13-12　一台额定电压为 3 300 V/220 V 的理想自耦变压器，低压侧接 9.9 kV·A 的负载。计算：(1) 自耦变压器的匝比；(2) 一次绕组电流和二次绕组电流；(3) 若绕组总匝数为 1 200 匝，公共部分匝数为多少匝？

答案：(1) 15；(2) 3 A、45 A；(3) 80 匝。

---

*13.5.3 理想三相变压器

电力系统采用三相供电方式，因而使用最多的是三相变压器。一种三相变压器是由 3 个单相变压器连接构成，称为变压器组。另一种是具有特殊磁心结构的三相变压器，称为心式变压器。在容量相同的条件下，心式变压器比变压器组体积小、重量轻、成本低。但变压器组的运输与维护更方便。

无论哪种三相变压器，均有 3 个一次绕组、3 个二次绕组。一次绕组可连接成 Y 形或 Δ 形，二次绕组亦可连接成 Y 形或 Δ 形，构成 Y/Y、Y/Δ、Δ/Y、Δ/Δ 连接的三相变压器，如图 13-5-7 所示。匝比 n 是同一相一次绕组和二次绕组的匝数之比。三相变压器的变比 k_T 是高压侧线电压和低压则线电压之比。当三相变压器对称工作时，三相电压、电流大小相等，相位彼此相差 120°，用分相计算法分出一相计算，与单相变压器分析没有差别。

图 13-5-7(a) 中，绕组电压有效值比、电流有效值比、变压器变比、变压器容量分别为

$$\frac{U_{AN}}{U_{an}}=n,\quad \frac{I_A}{I_a}=\frac{1}{n},\quad k_T=\frac{U_{AB}}{U_{ab}}=n,\quad S=3U_{AN}I_A=3U_{an}I_a$$

图 13-5-7(b)中,绕组电压有效值比、电流有效值比、变压器变比、变压器容量分别为

$$\frac{U_{AB}}{U_{ab}}=n,\quad \frac{I_A}{I_a}=\frac{1}{n},\quad k_T=\frac{U_{AB}}{U_{ab}}=n,\quad S=\sqrt{3}\,U_{AB}I_A=\sqrt{3}\,U_{ab}I_a$$

图 13-5-7(c)中,绕组电压有效值比、电流有效值比、变压器变比、变压器容量分别为

$$\frac{U_{AN}}{U_{ab}}=n,\quad \frac{I_A}{I_a/\sqrt{3}}=\frac{1}{n},\quad k_T=\frac{U_{AB}}{U_{ab}}=\sqrt{3}\,n,\quad S=\sqrt{3}\,U_{AB}I_A=\sqrt{3}\,U_{ab}I_a$$

图 13-5-7(d)中,绕组电压有效值比、电流有效值比、变压器变比、变压器容量分别为

$$\frac{U_{AB}}{U_{an}}=n,\quad \frac{I_A/\sqrt{3}}{I_a}=\frac{1}{n},\quad k_T=\frac{U_{AB}}{U_{ab}}=\frac{n}{\sqrt{3}},\quad S=\sqrt{3}\,U_{AB}I_A=3U_{an}I_a$$

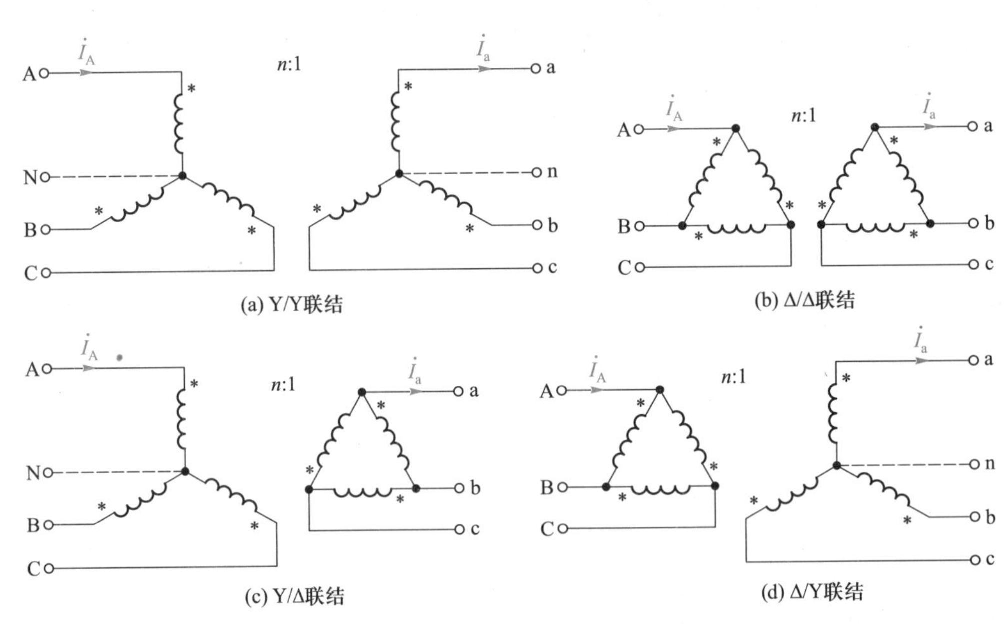

图 13-5-7 三相变压器的连接方式

例 13-5-4 图 13-5-8 所示对称三相电路中,变压器近似为理想变压器,三相变压器将线电压为 35 kV 的三相电压源降为线电压为 6.3 kV 供给负载。已知 $\dot{U}_{AB}=35\angle 0^\circ$ kV,计算 $\dot{U}_{ab}$、$\dot{I}_a$、$\dot{I}_A$、匝比 n、变比 k_T。

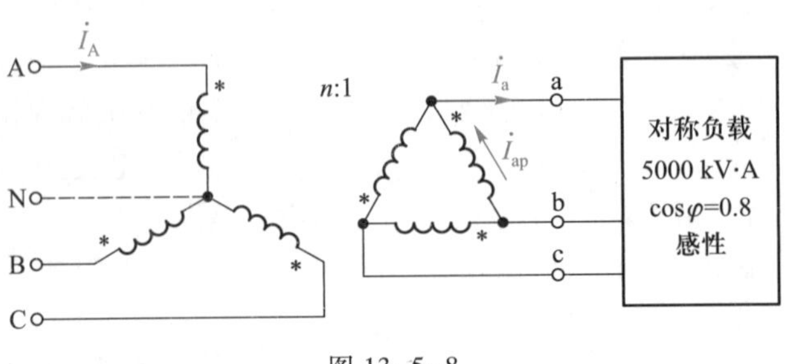

图 13-5-8

解:由 $\dot{U}_{AB}=35\angle 0°$ kV 得,$\dot{U}_{AN}=\frac{35}{\sqrt{3}}\angle -30°$ kV,匝比

$$n=\frac{U_{AN}}{U_{ab}}=\frac{35/\sqrt{3}\ \text{kV}}{6.3\ \text{kV}}=3.207\ 5$$

变比

$$k_T=\frac{U_{AB}}{U_{ab}}=\frac{35}{6.3}=5.555\ 6$$

负载侧线电压

$$\dot{U}_{ab}=\frac{\dot{U}_{AN}}{n}=\frac{\frac{35}{\sqrt{3}}\angle -30°}{3.207\ 5}=6.30\angle -30°\ \text{kV}$$

将负载视为星形联结,相电压

$$\dot{U}_{an}=\frac{\dot{U}_{ab}}{\sqrt{3}}\angle -30°=\frac{6.30\angle -30°}{\sqrt{3}}\angle -30°=3.64\angle -60°\ \text{kV}$$

由负载容量 $S_2=\sqrt{3}U_{ab}I_a$ 得到负载线电流

$$I_a=\frac{S_2}{\sqrt{3}U_{ab}}=\frac{5\ 000\ \text{kV·A}}{\sqrt{3}\times 6.3\ \text{kV}}=458.2\ \text{A}$$

负载为感性,功率因数为 0.8,因此 $\dot{I}_a$滞后于 $\dot{U}_{an}$ 36.9°,故

$$\dot{I}_a=458.2\angle -60°-36.9°\ \text{A}=458.2\angle -96.9°\ \text{A}$$

A 相二次绕组电流(三角形内相电流)为

$$\dot{I}_{ap}=\frac{\dot{I}_a}{\sqrt{3}}\angle 30°=\frac{458.2\angle -96.9°}{\sqrt{3}}\angle 30°\ \text{A}=264.6\angle -66.9°\ \text{A}$$

A 相一次绕组电流为

$$\dot{I}_A=\frac{\dot{I}_{ap}}{n}=\frac{264.6\angle -66.9°}{3.207\ 5}\ \text{A}=82.5\angle -66.9°\ \text{A}$$

结果验算:通过变压器输入、输出复功率检验结果的正确性。题目给定负载吸收复功率

$$\bar{S}_2=P_2+\text{j}Q_2=5\ 000(\cos\varphi+\text{j}\sin\varphi)\ \text{kV·A}=(4\ 000+\text{j}3\ 000)\ \text{kV·A}$$

负载吸收复功率也为

$$\bar{S}_2=3\dot{U}_{ab}\times\dot{I}_{ap}^*=3\times(6.30\angle -30°\ \text{kV})\times(264.6\angle 66.9°\ \text{A})\ \text{kV·A}=(3\ 999.2+\text{j}3\ 002.7)\ \text{kV·A}$$

电源输出复功率

$$\bar{S}_1=P_1+\text{j}Q_1=3\dot{U}_{AN}\times\dot{I}_A^*=3\times\frac{35}{\sqrt{3}}\angle -30°\times 82.5\angle 66.9°\ \text{kV·A}=(3\ 999.5+\text{j}3\ 002.9)\ \text{kV·A}$$

$\bar{S}_1=\bar{S}_2$,表明结果正确。

目标 3 检测:含理想变压器电路的计算

测 13-13 测 13-13 图所示,理想三相变压器的额定电压为 110 kV/11 kV,$\dot{U}_{AB}=110\angle 0°$ kV,计算

$\dot{U}_{an}$、$\dot{I}_a$、$\dot{I}_A$、匝比 n、变比 k_T，电源提供的复功率 $\bar{S}_1$。

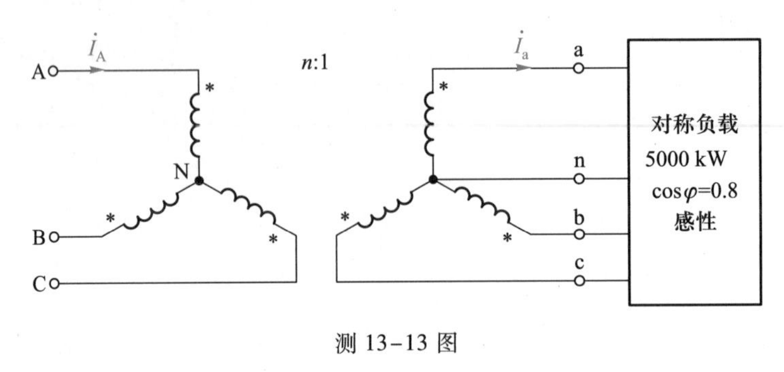

测 13-13 图

答案：$n=k_T=10$，$\dot{U}_{an}=6.35\angle -30°$ kV，$\dot{I}_a=328.1\angle -66.9°$ A，$\dot{I}_A=32.8\angle -66.9°$ A，$\bar{S}_1=(5\,000+j3\,750)$ kV·A。

13.6 拓展与应用

耦合电感与变压器有非常广泛的工程应用。本节除了探讨耦合电感同名端与参数测量方法外，还介绍耦合电感在汽车无线充电、高电压大电流测量上的应用，以及变压器在直流隔离、阻抗匹配、电能传输、高速铁路牵引供电方面的应用。

13.6.1 耦合电感的同名端与参数测量

1. 同名端测定

相互耦合的实际线圈，其电压包含电阻电压和感应电压，电路模型如图 13-6-1(a)所示。可用图 13-6-1(b)所示电路测定线圈的同名端，U_S 为直流电压源，观察在开关合上瞬刻直流电压表的指针偏转方向，若直流电压表指针正向偏转，则 1、3 端子为同名端，反之，则 1、4 端子为同名端。这是因为：开关闭合瞬间，电流 i_1 从零开始上升，$\dfrac{di_1}{dt}>0$，电压表内阻视为∞，总有 $i_2=0$；若 1、3 端子为同名端，则 $u_2=M\dfrac{di_1}{dt}>0$，电压表指针正向偏转；若 1、4 端子为同名端，则 $u_2=$

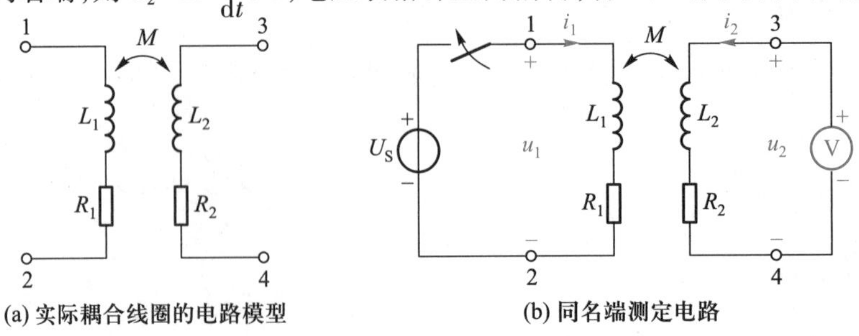

图 13-6-1 同名端测定电路

$-M\dfrac{\mathrm{d}i_1}{\mathrm{d}t}<0$,电压表指针反向偏转。

2. 互感测量

可用图 13-6-2 所示电路测量互感。u_s 为正弦电压源,电路处于正弦稳态,交流电流表、电压表测得有效值 I_1、U_2,电压表内阻视为∞,因此 $\dot{I}_2=0$。根据耦合电感的电压-电流关系,有

$$\dot{U}_2=\pm\mathrm{j}\omega M\dot{I}_1$$

由此

$$U_2=\omega MI_1$$

$$\boxed{M=\frac{U_2}{\omega I_1}} \tag{13-6-1}$$

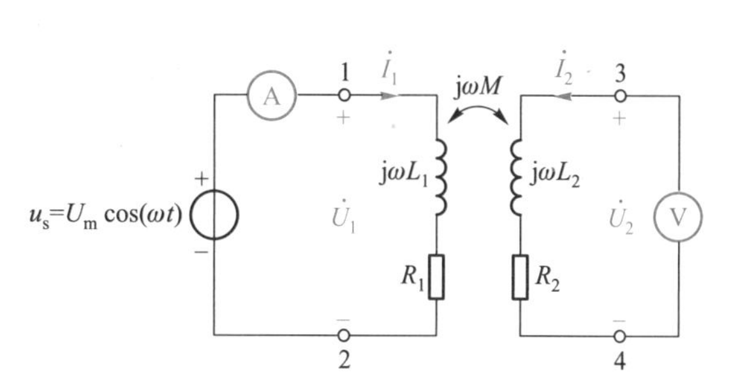

图 13-6-2 互感测量电路

但是,用图 13-6-2 所示电路无法测定同名端。

3. 自感、互感和电阻测量

用图 13-6-3 所示电路可以测量自感、互感和电阻,并测定同名端。图 13-6-3 中,电压源为正弦电源,电路处于正弦稳态。由图(a)测得线圈 2、3 端子串联后的等效阻抗 Z_{14},由图(b)测得线圈 2、4 端子串联后的等效阻抗 Z_{13}。由 Z_{14}、Z_{13} 计算 L_1、L_2、M,并判定同名端。

设电流表读数为 I、电压表读数为 U、功率表读数为 P,三表法测得的等效阻抗模为 $|Z|=U/I$、阻抗角 φ 满足 $P=UI\cos\varphi$。因此,在被测阻抗为感性时,有

$$Z=\frac{U}{I}\angle\arccos\frac{P}{UI}=\frac{U}{I}\left[\frac{P}{UI}+\mathrm{j}\sqrt{1-\left(\frac{P}{UI}\right)^2}\right]=\frac{P}{I^2}+\mathrm{j}\sqrt{\left(\frac{U}{I}\right)^2-\left(\frac{P}{I^2}\right)^2} \tag{13-6-2}$$

由式(13-6-2)可分别得到图 13-6-3(a)的 Z_{14}、图(b)的 Z_{13}的值。

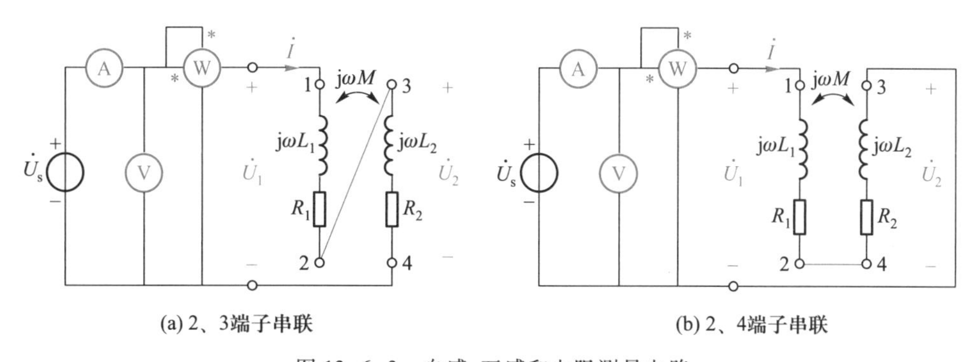

图 13-6-3 自感、互感和电阻测量电路

推导等效阻抗 Z_{14}、Z_{13} 和耦合电感参数之间的关系式。先假定 1、3 端子为同名端,在图 13-6-3(a)中,两线圈流过的电流为 $\dot{I}$,为加强型耦合,电压 $\dot{U}_1$、$\dot{U}_2$和电流 $\dot{I}$ 为关联参考方向。因此

$$\dot{U}_1=\mathrm{j}\omega L_1\dot{I}+R_1\dot{I}+\mathrm{j}\omega M\dot{I},\quad \dot{U}_2=\mathrm{j}\omega L_2\dot{I}+R_2\dot{I}+\mathrm{j}\omega M\dot{I}$$

$$Z_{14}=\frac{\dot{U}_1+\dot{U}_2}{\dot{I}}=R_1+R_2+\mathrm{j}\omega(L_1+L_2+2M) \tag{13-6-3}$$

在图13-6-3(b)中，两线圈流过的电流也为 $\dot{I}$，但为削弱型耦合，电压 $\dot{U}_1$、$-\dot{U}_2$ 和电流 $\dot{I}$ 为关联参考方向。因此

$$\dot{U}_1=\mathrm{j}\omega L_1\dot{I}+R_1\dot{I}-\mathrm{j}\omega M\dot{I},\quad -\dot{U}_2=\mathrm{j}\omega L_2\dot{I}+R_2\dot{I}-\mathrm{j}\omega M\dot{I}$$

$$Z_{13}=\frac{\dot{U}_1-\dot{U}_2}{\dot{I}}=R_1+R_2+\mathrm{j}\omega(L_1+L_2-2M) \tag{13-6-4}$$

由 Z_{14}、Z_{13} 计算 L_1、L_2、M，并判定同名端。由式(13-6-3)和(13-6-4)得

$$\mathrm{j}4\omega M=Z_{14}-Z_{13}$$

因此

$$M=\frac{|Z_{14}-Z_{13}|}{4\omega} \tag{13-6-5}$$

在假定1、3端子为同名端的条件下，$|Z_{14}|>|Z_{13}|$，由此，可以根据测量得到的等效阻抗模值的大小来判断同名端。

由式(13-6-5)得到 $\mathrm{j}\omega M$ 后，由式(13-6-3)或式(13-6-4)都可以获得 R_1+R_2 和 L_1+L_2 的值，但要进一步确定 R_1、R_2、L_1、L_2，还须做一次测量，测量电路如图13-6-4所示。按式(13-6-2)计算，得到等效阻抗 Z_{12}，且

$$Z_{12}=R_1+\mathrm{j}\omega L_1$$

得到 R_1 和 L_1，再由 R_1+R_2 和 L_1+L_2 的值确定 R_2 和 L_2。

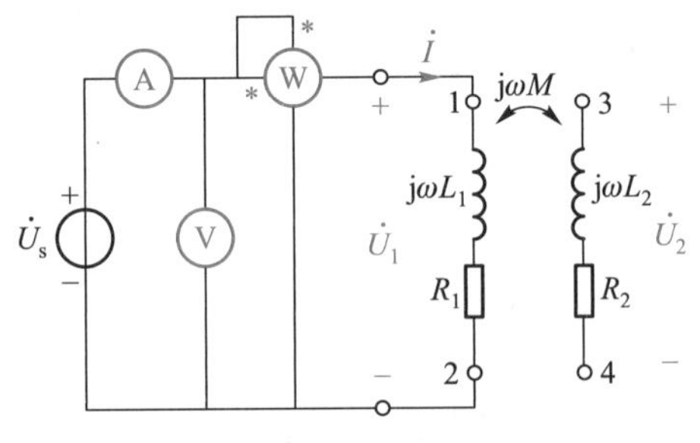

图13-6-4 线圈1的自感和电阻测量电路

13.6.2 汽车无线充电

无线充电技术应用于手机、电动汽车等领域，其原理就是磁耦合。图13-6-5为汽车无线充电图片和原理框图。高频交流电源连接到固定于地面的充电板，充电板内安装一次绕组，汽车内部安装二次绕组。当二次绕组靠近一次绕组时，通过磁耦合，二次绕组上产生感应电压。二次绕组上的交流电压再经过交流/直流转换(AC/DC)电路，变成可以对汽车蓄电池充电的直流电压。

13.6.3 高电压和大电流测量

由于测量仪表的量限限制与操作的安全性考虑，高电压、大电流的测量不能直接使用测量仪表，而要使用测量互感器。测量高电压时使用电压互感器，测量大电流时使用电流互感器。互感器是配合测量仪表使用的小型铁心变压器。电压互感器为一次绕组匝数远多于二次绕组匝数的降压变压器。电流互感器则为一次绕组匝数远少于二次绕组匝数的升压变压器。

图13-6-6(a)所示电路中，电压互感器将输电线路的电压降低，交流电压表测得二次绕组近似于开路状态(因电压表的内阻大)的电压 U_2，再通过匝比计算输电线路的电压，即 $U_1=nU_2$。电压互感器二次绕组额定电压标准值是100 V。

(a) 汽车无线充电图片

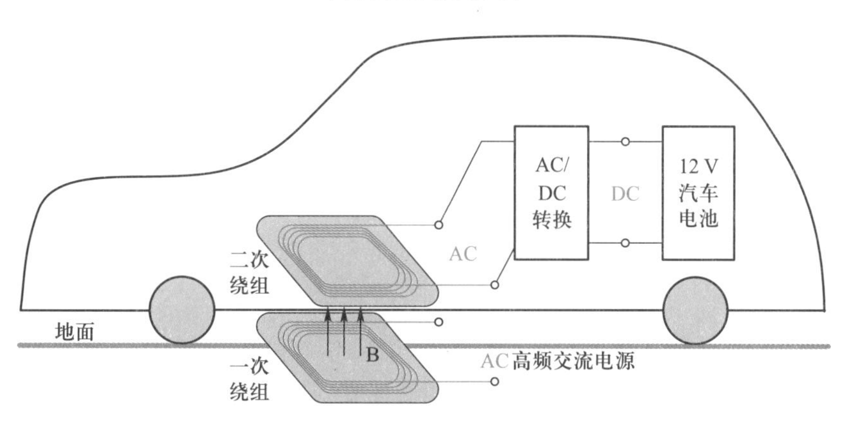

(b) 汽车无线充电原理框图

图 13-6-5　汽车无线充电

电流互感器一次绕组一般只有几匝，甚至一匝。当一次绕组只有一匝时，相当于将被测线路穿过二次绕组，这种就是穿心式电流互感器，如图 13-6-6(c)所示。图 13-6-6(a)中，被测线路作为一次绕组穿过电流互感器，电流表测得二次绕组近似处于短路状态(因电流表内阻小)的电流 I_2，再通过匝比计算输电线路电流，即 $I_1=nI_2$。电流互感器二次绕组的额定电流标准值为 5 A 或 1 A。

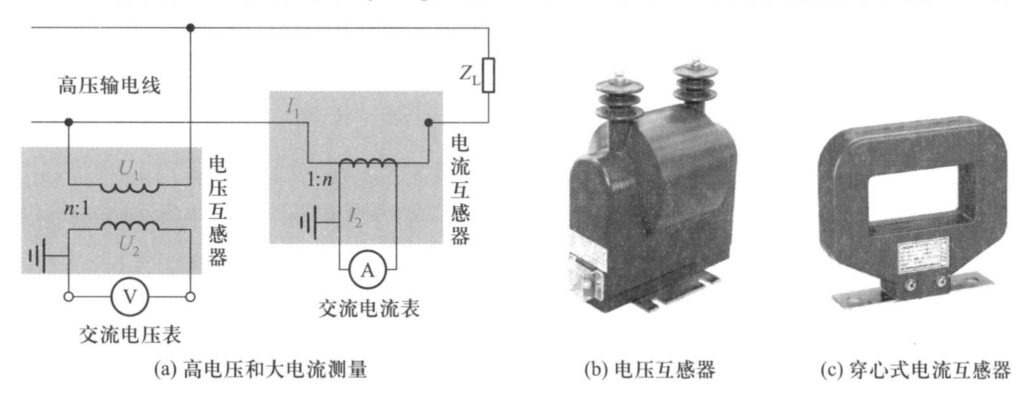

(a) 高电压和大电流测量　(b) 电压互感器　(c) 穿心式电流互感器

图 13-6-6　互感器用于测量高电压和大电流

13.6.4 直流隔离

在多级电子放大电路中，常利用变压器进行级间级联，使得放大电路输出电压中的交流部分达到后一级的输入端，而直流部分被变压器隔离。图 13-6-7 所示多级放大电路，输入级放大电路的输出电压包含直流和交流，设为

$$u_{o1}=U_o+U_m\cos(\omega t+\phi)$$

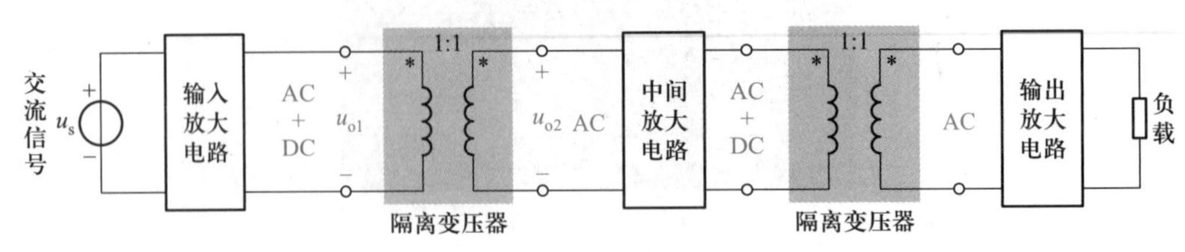

图 13-6-7 变压器隔离直流

经过隔离变压器传输后，只剩下交流，即

$$u_{o2}=U_m\cos(\omega t+\phi)$$

依此类推，三级放大电路实现对交流的多级放大，各级的直流部分不会相互影响，因而各级放大电路的工作点相互独立。

13.6.5 阻抗匹配

在信号传输中，负载要从信号网络获得最大功率，负载阻抗就要与网络的戴维南等效阻抗共轭匹配。当负载阻抗不满足匹配要求时，可用变压器对负载进行阻抗变换。图 13-6-8 所示电路中，扬声器电阻 R_L 只有几欧姆，通常小于信号系统的戴维南等效电阻 R_{eq}，如果扬声器直接接到信号网络的输出端口，它获得的功率小。在扬声器前接入变压器，选择合适的匝比 n，可实现电阻 R_{in} 与 R_{eq} 匹配，即

$$R_{in}=n^2R_L=R_{eq}$$

R_{in} 从信号网络获得最大功率，变压器自身消耗功率小，R_{in} 获得最大功率也就是 R_L 获得了最大功率。相关应用还可参见例 13-5-1。

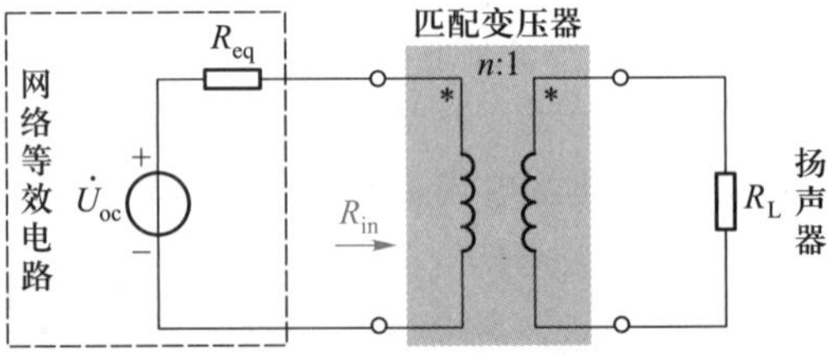

图 13-6-8 变压器用于阻抗匹配

13.6.6 电能传输

电力系统主要包含三相发电机、三相变压器、断路器、三相输电线路和三相负载。图 13-6-9 为简单电力系统，发电机出口线电压为 10.5 kV，额定电压为 10.5 kV/121 kV 的升压变压器将线电压提升到 121 kV，通过架空线路进行长距离（数百千米）电能输送，再由额定电压为110 kV/6.6 kV 的降压变压器将线电压降低到 6.6 kV 左右。由于输电线路上存在压降，因此，升压变压器的二次绕组额定线电压为 121 kV，比降压变压器的一次绕组额定线电压（110 kV）高。

使用升压变压器、降压变压器，输电线路上的电流显著降低，从而减小线路导体截面积，降低因线路电阻带来的功率损耗。如果升压变压器传输的视在功率 $S=5\ \text{MV}\cdot\text{A}$，升压变压器一次绕组电流

$$I_1=\frac{S}{\sqrt{3}U_{1l}}=\frac{5\ \text{MV}\cdot\text{A}}{\sqrt{3}\times 10.5\ \text{kV}}=0.275\ \text{kA}$$

升压变压器二次绕组电流

$$I_2=\frac{S}{\sqrt{3}U_{2l}}=\frac{5\ \text{MV}\cdot\text{A}}{\sqrt{3}\times121\ \text{kV}}=0.023\ 9\text{kA}$$

不采用升压变压器,线路电流为 $I_1=0.275$ kA,采用升压变压器,线路电流为 $I_2=0.023\ 9$ kA。传输 0.023 9 kA 电流所需的导体截面积显著小于传输 0.275 kA 电流所需的导体截面积,且线路损耗为 $P_{\text{loss}}=3\times R_l'I_2^2$,也显著小于 $3\times R_l I_1^2$,R_l'、R_l 为线路电阻。

用高电压输电可以大大降低线路成本和线路损耗。但是,用电设备的绝缘水平有限,必须将电压降低后使用,降压变压器将电压降低到用电设备的额定电压等级。

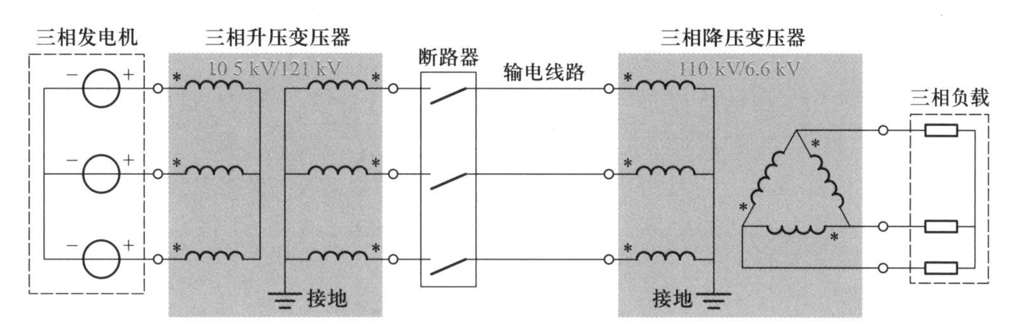

图 13-6-9 简单三相电力系统

13.6.7 高速铁路牵引供电

自耦变压器(以下简称为 AT)用于高速铁路牵引供电系统中,称为 AT 供电方式,是一种先进的牵引供电方式,由于其优良的供电技术指标而被广泛采用。AT 供电方式原理如图 13-6-10(a)所示。牵引变电站将线电压为 220 kV(或 110 kV)的三相电源,通过称为牵引变压器的特制变压器变换成 55 kV 的单相电源。55 kV 单相电源向沿铁路设置的自耦变压器供电,每相隔 10 ~ 20 km 设置一台匝比为 1 : 1 的自耦变压器,自耦变压器将 55 kV 电压变换成 27.5 kV。接触线、引电弓、机车、车轮、钢轨、自耦变压器构成回路,牵引电流 $\dot{I}$ 在回路中的分布

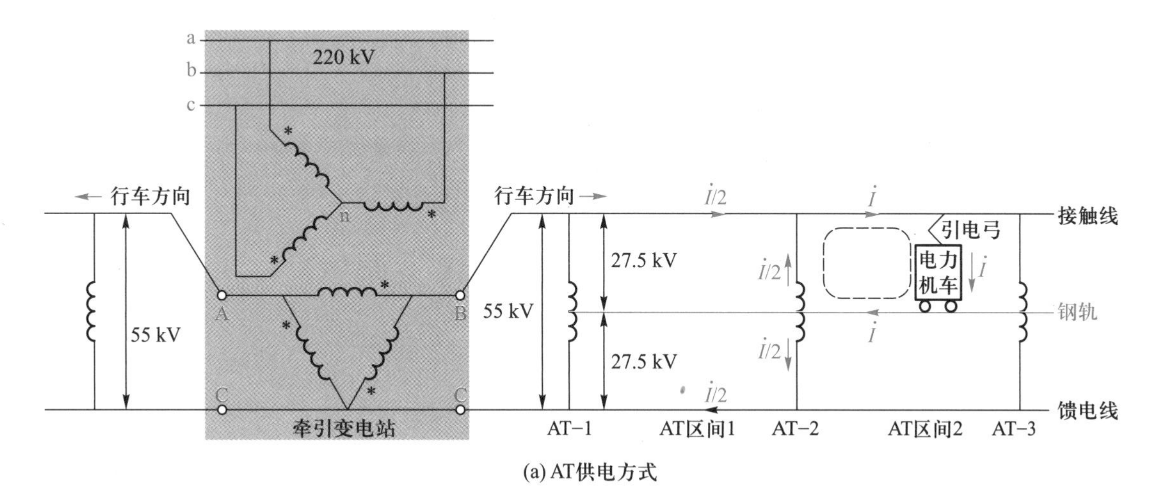

(a) AT供电方式

(b) 高速动车组(来源: www.nipic.com)

图 13-6-10 高速铁路牵引供电

如图 13-6-10(a)所示。由电流分布可知,在没有电力机车的 AT 区间内,接触线电流和馈电线电流大小相等而方向相反,两者对与接触线、馈电线平行架设的通信线路的磁场干扰相互抵消,这是 AT 供电方式的优点之一。且由于供电电压高,电流相对较小,线路电压损失小,因而供电距离(即相邻牵引变电站之间的距离)长,有利于行驶高速机车,这是 AT 供电方式的优点之二。

习题 13

耦合电感(13.2 节)

13-1 确定题 13-1 图所示电路中 $\dot{I}_1$、$\dot{U}_2$的表达式。

13-2 确定题 13-2 图所示电路中 i_1、u_2 的表达式。

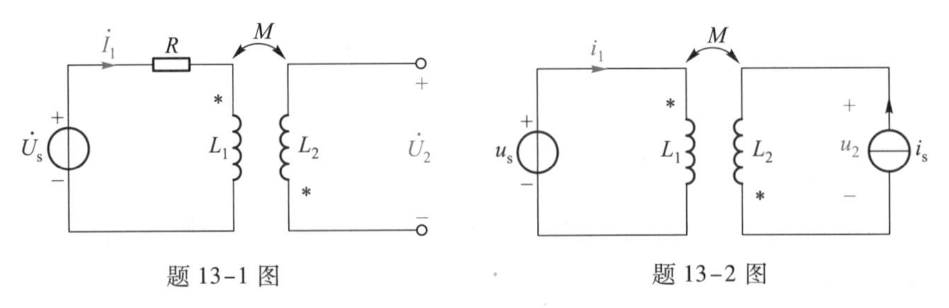

题 13-1 图　　题 13-2 图

13-3 确定题 13-3 图所示电路中 $\dot{I}_1$、$\dot{U}_2$的表达式。

13-4 求题 13-4 图所示电路中的 $\dot{I}_1$、$\dot{U}_2$。

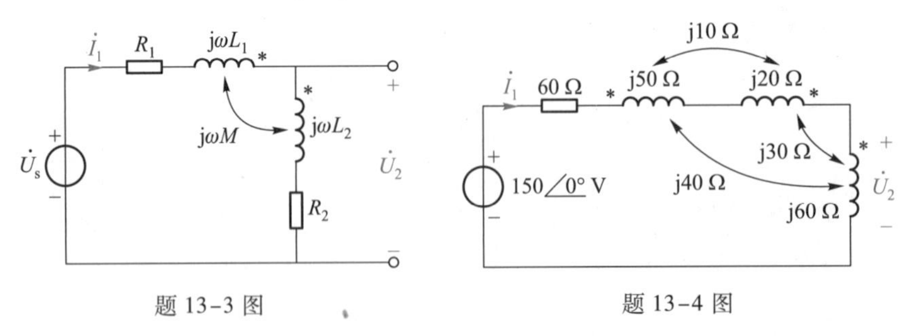

题 13-3 图　　题 13-4 图

13-5 求题 13-5 图所示电路中的 $\dot{I}$。

13-6 求题 13-6 图所示电路中的 $\dot{U}_o$。

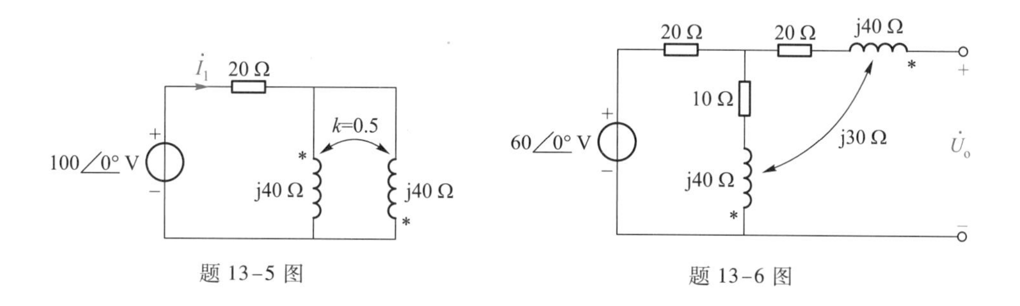

题 13-5 图　　　　题 13-6 图

耦合电感电路分析(13.3 节)

13-7 题 13-7 图所示正弦稳态电路中，$u_s = 10\sin 4t$ V，u_s 与 i 同相位，确定 C。

13-8 题 13-8 图所示电路中，Z 可以任意调节，求 Z 消耗的最大有功功率。

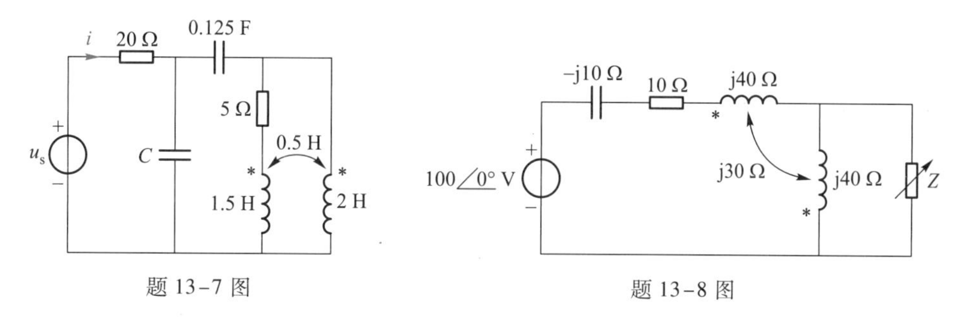

题 13-7 图　　　　题 13-8 图

13-9 稳态电路如题 13-9 图所示，$u_s = 100\cos 10t$ V，调整电容 C，使 i 与 u_s 同相。确定：(1) 电容量 C；(2) 电流 i。

13-10 题 13-10 图所示稳态电路中，$u_s = 100\cos t$ V，调整电容 C，使 i 与 u_s 同相，确定 C。

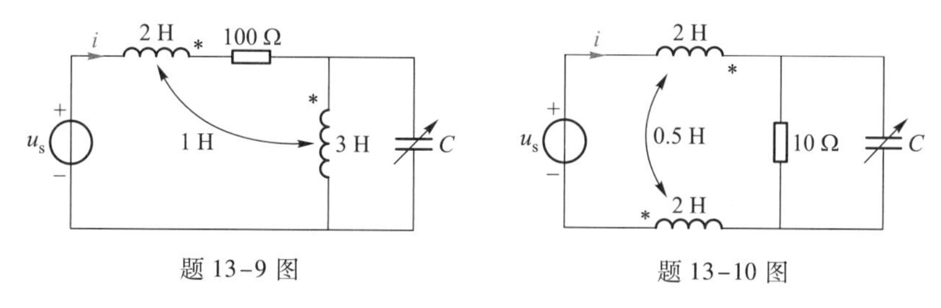

题 13-9 图　　　　题 13-10 图

13-11 计算题 13-11 图中电源提供的复功率、电源端的功率因数。

13-12 题 13-12 图所示电路中，$I_1 = I_2 = I_3 = 10$ A，$X_C = 10$ Ω，电路吸收的有功功率 $250\sqrt{3}$ W，且 $X_M < X_C$。求参数 R、X_{L2}、X_M 及电压 U_2。

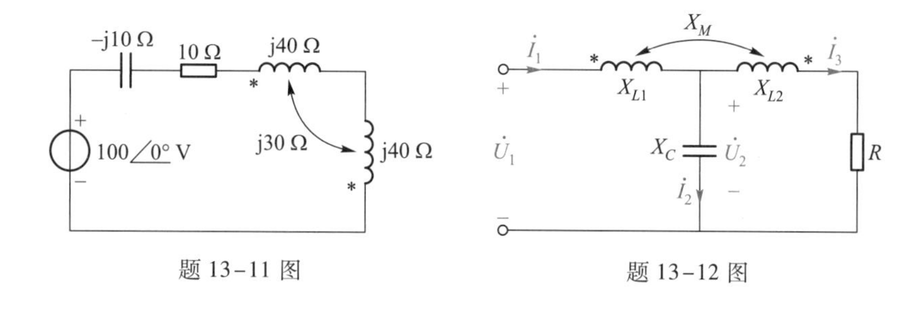

题 13-11 图　　　　题 13-12 图

13-13 题 13-13 图所示正弦稳态电路中,电源 u_s 与 i 同相位。确定电源的角频率。

13-14 题 13-14 图所示稳态电路中,$u_s=100\cos(10^4t)$ V。(1)计算 $Z=10\ \Omega$ 时的 i_1、i_2;(2)若 Z 可以任意调节,Z 为何值时它获得最大功率;(3)确定 Z 获得的最大功率。

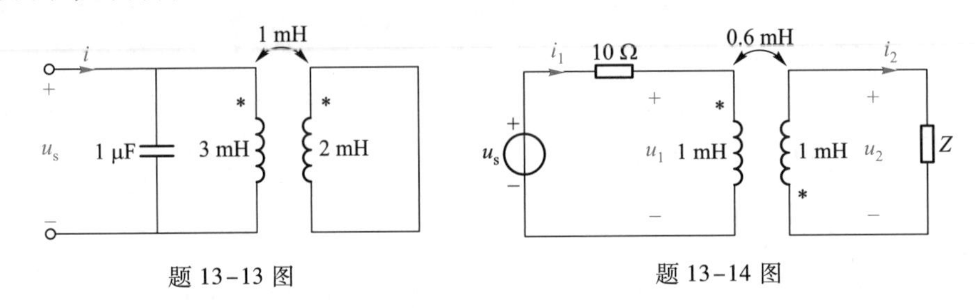

题 13-13 图　　题 13-14 图

变压器原理(13.4 节)

13-15 电路如题 13-15 图所示,计算电流 $\dot{I}_1$、$\dot{I}_2$。

13-16 电路如题 13-16 图所示,计算电流 i_1、i_2。

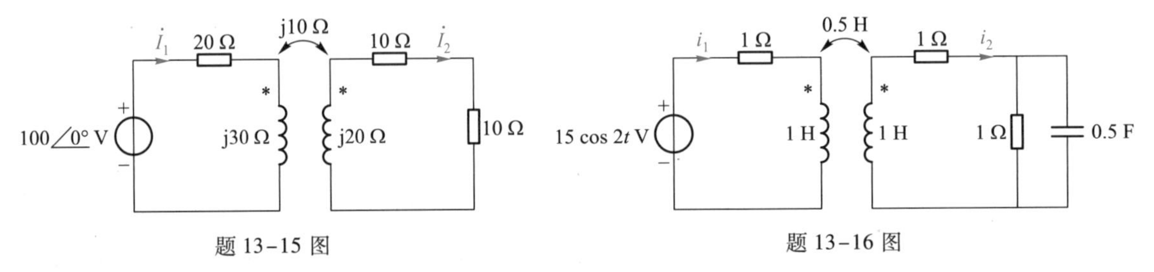

题 13-15 图　　题 13-16 图

理想变压器(13.5 节)

13-17 题 13-17 图所示电路中,两个单相理想变压器的一次绕组串联,推导 $\dot{U}_{R1}$、$\dot{U}_{R2}$的表达式。

13-18 题 13-18 图所示电路中,理想变压器为 3 个线圈绕在一个磁心上的 3 绕组变压器,各绕组匝数为 N、N_1、N_2。推导 $\dot{U}_{R1}$、$\dot{U}_{R2}$的表达式。

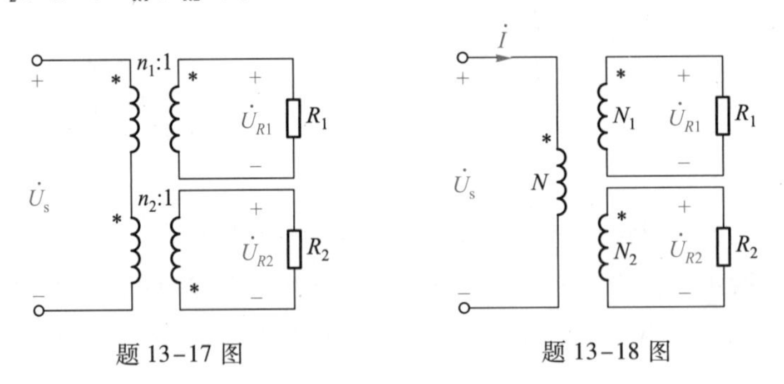

题 13-17 图　　题 13-18 图

13-19 计算题 13-19 图所示电路中的电流 $\dot{I}_1$、$\dot{I}_2$。

13-20 题 13-20 图所示电路中,$u_s=800\sqrt{2}\sin 100t$ V。求负载电阻 R_L 获得的有功功率。

13-21 题 13-21 图所示为单相 3 线制配电电路。(1)计算 I_1、I_2、I_n、I;(2)若变压器的容量为 10 kV·A,电流 I 的最大值为多少?

13-22 题 13-22 图所示电路中,R_L 任意可调。R_L 取何值时,它从电路获得最大功率?最大功率为多少?

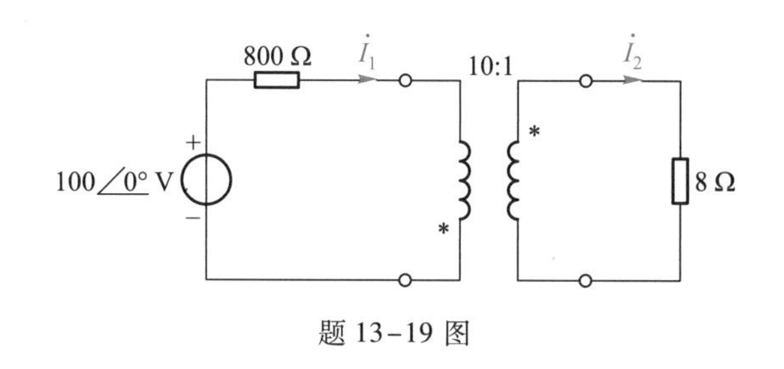

题 13-19 图

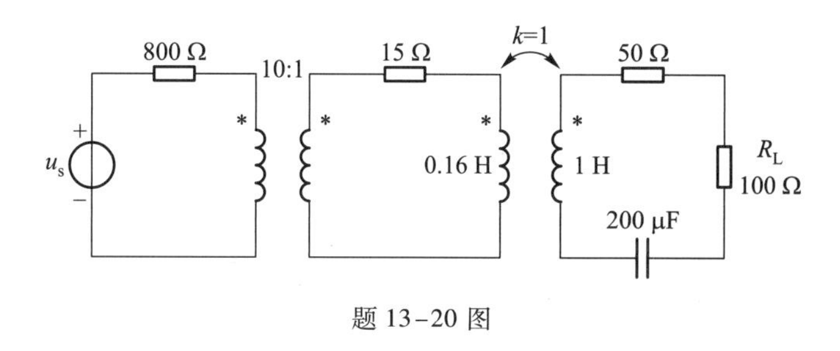

题 13-20 图

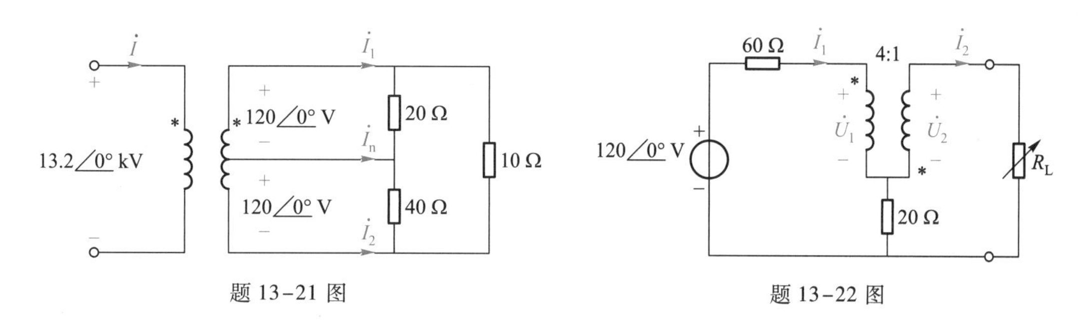

题 13-21 图　　　　题 13-22 图

13-23　题 13-23 图所示电路中，自耦变压器的线圈匝数为 N_1、N_2。(1) 证明 $Z_{in}=\left(1+\frac{N_1}{N_2}\right)^2 Z_L$；(2) 写出 $\dot{I}_1$、$\dot{I}_2$ 的表达式；(3) 推导负载 Z_L 获得最大功率的条件。

13-24　题 13-24 图所示电路中，自耦变压器的线圈匝数为 N_1、N_2。(1) 推导 Z_{in} 的表达式；(2) 写出 $\dot{I}_1$、$\dot{I}_2$ 的表达式；(3) 推导负载 Z_L 获得最大功率的条件。

13-25　题 13-25 图所示电路中，两绕组自耦变压器的线圈匝数为 $N_1=15\ 000$ 匝、$N_2=5\ 000$ 匝，负载 Z_L 任意可调。求 Z_L 获得的最大功率。

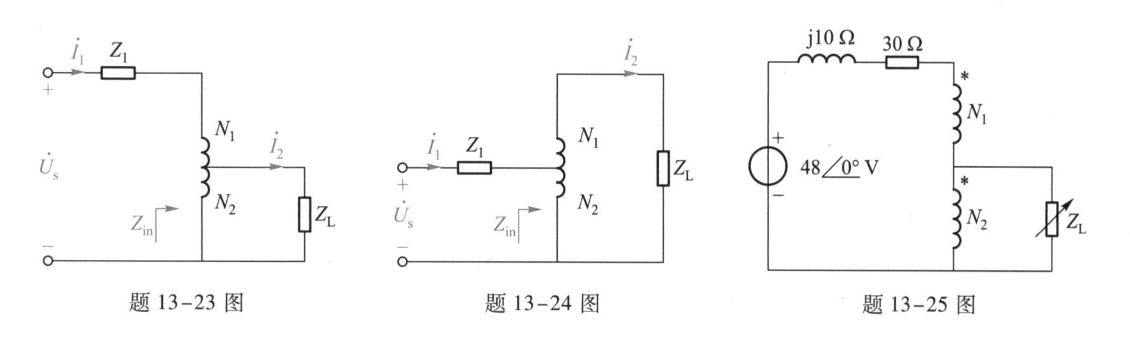

题 13-23 图　　　　题 13-24 图　　　　题 13-25 图

13-26 题 13-26 图所示对称三相电路中，变压器将 6 kV 线电压降为 0.4 kV 线电压，为 60 kV·A 容量的负载供电，$\dot{U}_{AB}=6\angle 0^\circ$ kV。确定：(1) 变压器的连接方式；(2) 变压器的变比；(3) 变压器的匝比 $N_1:N_2$；(4) 电压 $\dot{U}_{ab}$；(5) 电流 I_{Al}、I_{al}、I_{Ap}。

13-27 题 13-27 图所示对称三相电路中，三相自耦变压器的匝比 $N_1:N_2=24$。确定：(1) 变压器的连接方式；(2) 变压器的变比；(3) 电压 $\dot{U}_{ab}$；(4) 电流 $\dot{I}_{al}$、$\dot{I}_{Al}$。

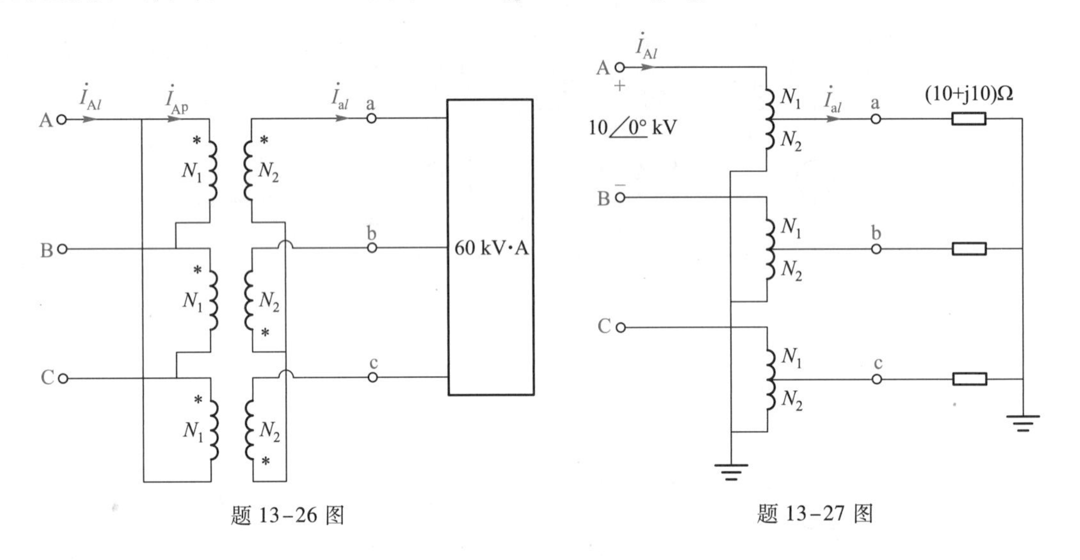

题 13-26 图　　题 13-27 图

▶ 综合检测

13-28 题 13-28 图所示电路中，Z 可以任意调节，求 Z 消耗的最大有功功率。

13-29 题 13-29 图所示正弦稳态电路中，$R_1=2R_2=R$，$I_1=I_2=I_3$，$U=40$ V，电路吸收的功率为 60 W，且电路的并联部分处于谐振状态。求 X_{L2} 和 X_M 的值。

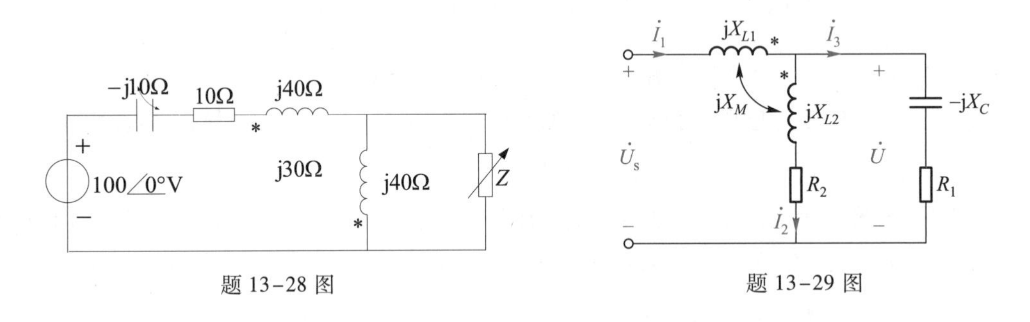

题 13-28 图　　题 13-29 图

13-30 (1) 证明题 13-30 图(a)为(b)的等效电路。(2) 若图(b)中一个线圈的同名端换到另一个端子，等效电路图(a)应作如何相应的改变？(3) 图(a)作为图(b)的等效电路，图(a)中 n 的值可以任意选取，你认为 n 如何选取较为合理？说明理由。

13-31 题 13-31 图所示电路中，正弦电压源的内阻 $Z_s=(10+j10)$ Ω、空载电压有效值为 $U_s=100$ V，变压器将电能传输到负载 Z_L。问：(1) Z_L 取何值时，它从电路获得最大功率？(2) Z_L 获得的最大功率为多少？(3) Z_L 获得最大功率时，变压器的传输效率为多少？

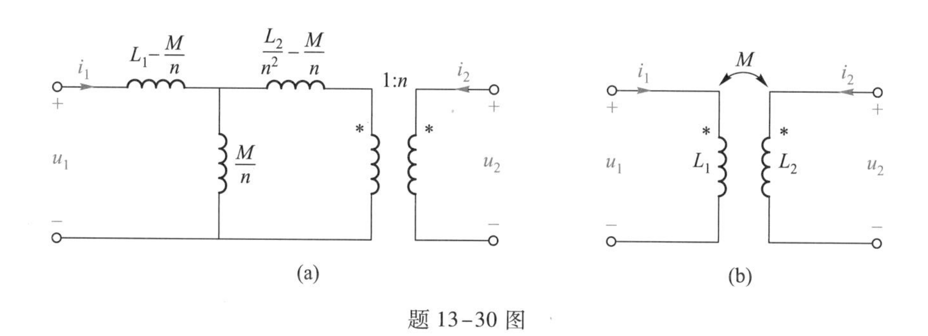

题 13-30 图

13-32 对题 13-32 图所示电路:(1)假定 $R_2=1\ \Omega$,R_1 可以任意调节,R_1 为何值时获得最大功率?最大功率为多少?(2)假定 $R_1=1\ \Omega$,R_2 可以任意调节,R_2 为何值时获得最大功率?最大功率为多少?(3)断开 a、b 之间的连接线,$R_1=1\ \Omega$、$R_2=1\ \Omega$,分别确定 R_1、R_2 获得的功率。

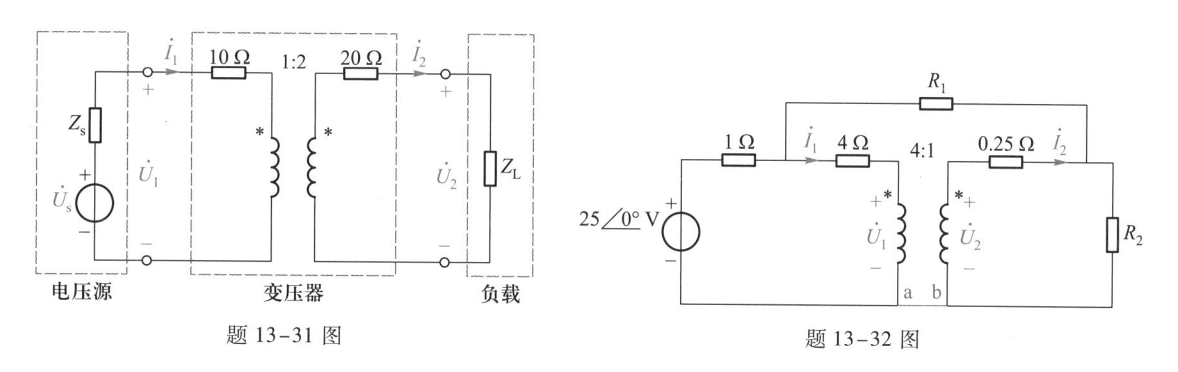

题 13-31 图

题 13-32 图

13-33 题 13-33 图所示电路中,$u_s=100\sqrt{2}\sin10t$ V,Z_L 任意可调。Z_L 为何值时获得的功率最大?最大功率为多少?

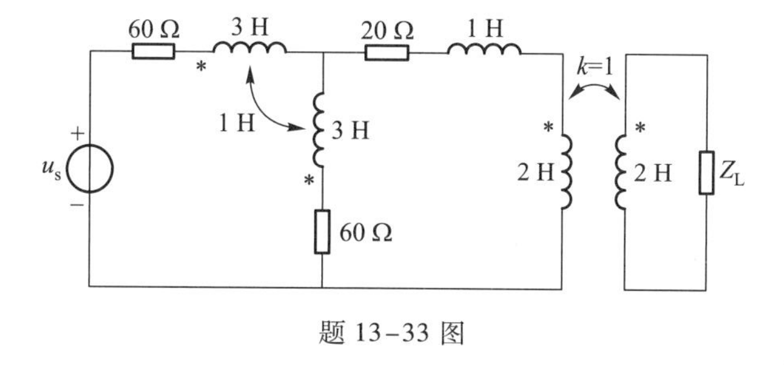

题 13-33 图

13-34 题 13-34 图所示电路中,$u_s=100\sqrt{2}\sin200t$ V。求 i_C。

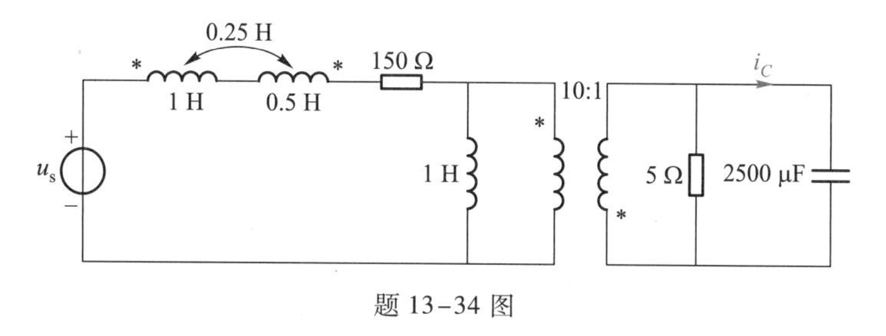

题 13-34 图

13-35 (1)计算题 13-35 图所示电路中 40 Ω 电阻消耗的功率;(2)3 个线圈彼此耦合,能否去耦?

13-36 题 13-36 图所示对称三相电路中,输电线路之间的耦合用 3 个彼此耦合的线圈为电路模型。(1)推导去耦等效电路;(2)画出 A 相电路。

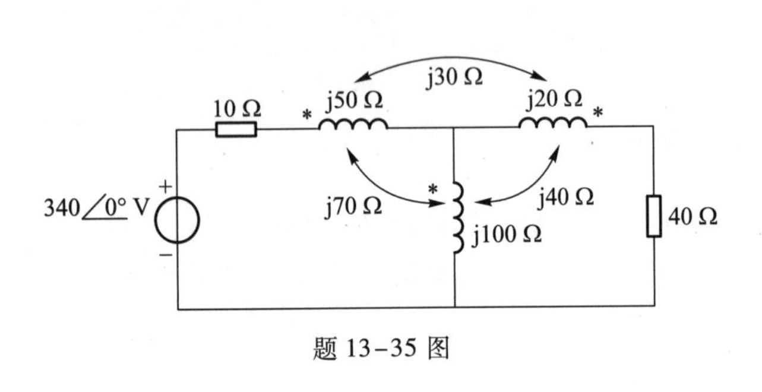

题 13-35 图

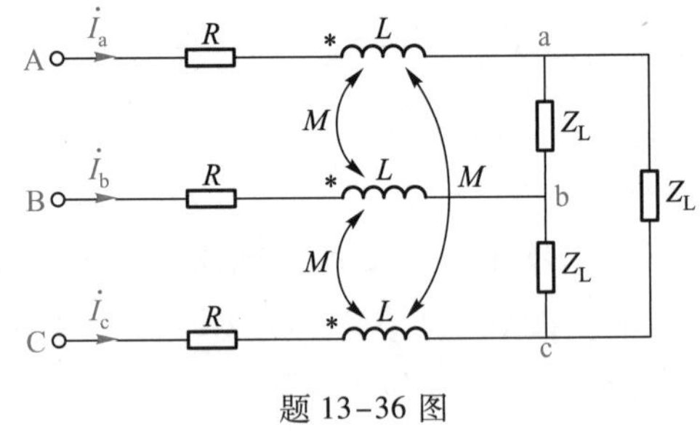

题 13-36 图

习题 13 参考答案

附录　证明互感 $M_{12}=M_{21}$

通过分析耦合电感的储能来证明互感 $M_{12}=M_{21}$。在图1(a)中,L_1 的电流 i_1 恒定为 I_1,L_2 的电流 i_2 由0缓慢上升到 I_2。在 $i_2=0$ 时,L_1 的储能为$\frac{1}{2}L_1I_1^2$。在 i_2 由0缓慢上升到 I_2 的过程中:L_2 上有自感压降,因此 L_2 吸收功率 $u_2i_2=\left(L_2\frac{\mathrm{d}i_2}{\mathrm{d}t}\right)i_2$;$L_1$ 上有互感压降,因此 L_1 吸收功率 $u_1I_1=\left(M_{12}\frac{\mathrm{d}i_2}{\mathrm{d}t}\right)I_1$。在 i_2 升到 I_2 后,耦合电感因吸收了功率而储能增加,增加的储能为

$$\begin{aligned}\Delta w_{\mathrm{a}}&=\int_0^{\infty}\left(L_2\frac{\mathrm{d}i_2}{\mathrm{d}t}\right)i_2\mathrm{d}t+\int_0^{\infty}\left(M_{12}\frac{\mathrm{d}i_2}{\mathrm{d}t}\right)I_1\mathrm{d}t=\int_0^{I_2}L_2i_2\mathrm{d}i_2+\int_0^{I_2}M_{12}I_1\mathrm{d}i_2\\&=\frac{1}{2}L_2I_2^2+M_{12}I_1I_2\end{aligned}\tag{1}$$

于是,当 $i_1=I_1$、$i_2=I_2$ 时,耦合电感的储能为 L_1 原有储能与增加的储能之和,即

$$w_{\mathrm{a}}=\frac{1}{2}L_1I_1^2+\Delta w_{\mathrm{a}}=\frac{1}{2}L_1I_1^2+\frac{1}{2}L_2I_2^2+M_{12}I_1I_2\tag{2}$$

在图1(b)中,i_2 恒定为 I_2,i_1 由0缓慢上升到 I_1。同理可得,在 i_1 升到 I_1 后,耦合电感增加的储能为

$$\begin{aligned}\Delta w_{\mathrm{b}}&=\int_0^{\infty}\left(L_1\frac{\mathrm{d}i_1}{\mathrm{d}t}\right)i_1\mathrm{d}t+\int_0^{\infty}\left(M_{21}\frac{\mathrm{d}i_1}{\mathrm{d}t}\right)I_2\mathrm{d}t=\int_0^{I_1}L_1i_1\mathrm{d}i_1+\int_0^{I_1}M_{21}I_2\mathrm{d}i_1\\&=\frac{1}{2}L_1I_1^2+M_{21}I_1I_2\end{aligned}\tag{3}$$

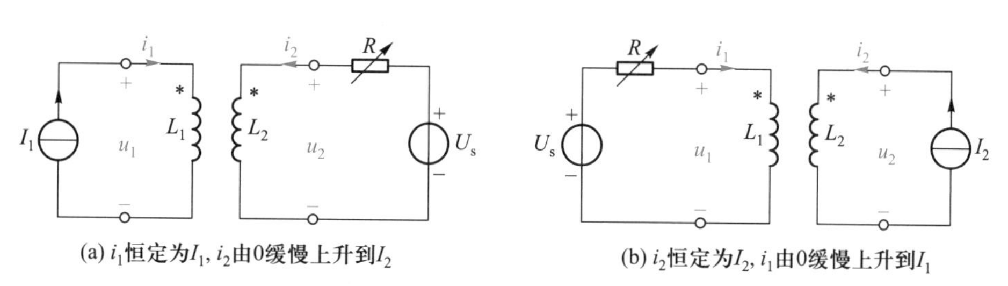

图1　证明 $M_{12}=M_{21}$ 的电路

当 $i_1=I_1$、$i_2=I_2$ 时,耦合电感的储能为

$$w_{\mathrm{b}}=\frac{1}{2}L_2I_2^2+\Delta w_{\mathrm{b}}=\frac{1}{2}L_2I_2^2+\frac{1}{2}L_1I_1^2+M_{21}I_1I_2\tag{4}$$

图1(a)和(b)是实现 $i_1=I_1$、$i_2=I_2$ 的两种方法,耦合电感的储能应该相同,即

$$w_{\mathrm{a}}=w_{\mathrm{b}}$$

比较式(2)和(4),得

$$\boxed{M_{12}=M_{21}} \tag{5}$$

令 $M_{12}=M_{21}=M$,耦合电感的储能为

$$\boxed{w=\frac{1}{2}L_1I_1^2+\frac{1}{2}L_2I_2^2+MI_1I_2} \tag{6}$$

参考文献

[1] 陈崇源,孙亲锡,颜秋容.高等电路[M].武汉:武汉大学出版社,2000.

[2] 陈希有.电路理论教程[M].北京:高等教育出版社,2013.

[3] 颜秋容,谭丹.电路理论[M].北京:电子工业出版社,2009.

[4] 邱关源,罗先觉.电路[M].5版.北京:高等教育出版社,2006.

[5] 周守昌.电路原理[M].北京:高等教育出版社,2004.

[6] 江辑光.电路原理[M].北京:清华大学出版社,1997.

[7] 李瀚荪.电路分析基础[M].3版.北京:高等教育出版社,1993.

[8] 于歆杰,朱桂萍,陆文娟.电路原理[M].北京:清华大学出版社,2007.

[9] 王志功,沈永朝.模拟电子技术基础(电路部分)[M].北京:高等教育出版社,2012.

[10] 肖达川.线性与非线性电路[M].北京:科学出版社,1992.

[11] Charles K. Alexander, Matthew N. O. Sadiku. Fundamentals of Electric Circuits[M].北京:清华大学出版社,2000.

[12] James W. Nilsson, Susan A. Riedel. Electric Circuits[M]. 9th Ed.北京:电子工业出版社,2013.

[13] William H. Hayt, Jr., Jack E. Kemmerty, Steven M. Durbin. Engineering Circuit Analysis[M]. 6th Ed.北京:电子工业出版社,2002.

[14] 沈熙宁.电磁场与电磁波[M].北京:科学出版社,2006.

[15] 冯慈璋.电磁场[M].2版.北京:高等教育出版社,1983.

[16] 赵凯华,陈熙谋.电磁学[M].2版.北京:高等教育出版社,2006.

[17] William H. Hayt Jr., John A. Buck. Engineering Electromagnetics[M]. 6th Ed.北京:机械工业出版社,2002.

[18] 童诗白,华成英.模拟电子技术基础[M].3版.北京:高等教育出版社,2001.

[19] 郑君理,应启珩,杨为理.信号与系统[M].2版.北京:高等教育出版社,2000.

[20] David V. Kerns, Jg. J, David Irwin. Essentials of Electrical and Computer Engineering[M]. NJ: Pearson Prentice Hall, 2004.

[21] 何仰赞,温增银.电力系统分析[M].武汉:华中科技大学出版社,2002.

[22] 熊信银,张步涵.电气工程基础[M].武汉:华中科技大学出版社,2005.

[23] 颜秋容,李妍,曹娟.最大功率传输定理应用的思考[J].电气电子教学学报,2007,29(3):51-53.

[24] 颜秋容.实现最大功率传输的阻抗变换方法研究[J].电气电子教学学报,2011,33(3):40-44.

[25] 颜秋容.磁路对理想变压器特性方程的影响[J].电气电子教学学报,2013,35(2):16-18.

[26] 颜秋容.并联电容调整功率因数的限制条件研究[J].电气电子教学学报,2013,35(3):90-92.
[27] 颜秋容.日光灯电路功率因数提高实验的改进[J].电气电子教学学报,2015,37(4):77-79.
[28] 颜秋容.双口网络串联与并联有效性条件的研究[J].电气电子教学学报,1999,21(1):25-27.

郑重声明